中国科学院科学出版基金资助出版

中国生物物种名录

第一卷　植物

苔藓植物

贯　渝　何　思　编著

科　学　出　版　社
北　京

内 容 简 介

本书根据文献收录了中国苔藓植物共计**150**科**591**属**3021**种。每一种的内容包括中文名、拉丁学名、原基异名及其他异名、生境、国内分布(以省级行政单位描述)和国外分布。另外部分种类列出了模式信息。物种模式产地为中国的,其名称无论是接受名还是异名均列出了模式信息。

本书可作为苔藓植物分类学、系统学和多样性研究的基础资料,也可作为环境保护、林业、医学以及高等院校师生的参考书。

图书在版编目(CIP)数据

中国生物物种名录.第一卷 植物,苔藓植物/贾渝,何思编著.—北京:科学出版社,2013

(中国生物物种名录)

ISBN 978-7-03-036915-4

Ⅰ.①中… Ⅱ.①贾…②何… Ⅲ.①生物—物种—中国—名录②苔藓植物—物种—中国—名录 Ⅳ.①Q152—62②Q949.35-62

中国版本图书馆CIP数据核字(2013)第042317号

责任编辑:马 俊 王 静 / 责任校对:包志虹
责任印制:徐晓晨 / 封面设计:耕者设计工作室

科学出版社 出版
北京东黄城根北街16号
邮政编码:100717
http://www.sciencep.com

北京凌奇印刷有限责任公司 印刷
科学出版社发行 各地新华书店经销
*
2013年10月第 一 版 开本:889×1194 1/16
2015年 1 月第二次印刷 印张:34
字数:1 210 000

POD定价: 198.00元
(如有印装质量问题,我社负责调换)

Species Catalogue of China

Volume 1 Plants

BRYOPHYTES

Authors: Yu Jia Si He

Science Press
2013

编 著 者

贾渝

中国科学院植物研究所

北京香山,100093

中国

何思

密苏里植物园

圣路易斯市,密苏里州,63166—0299

美国

Authors

Yu Jia

Institute of Botany, Chinese Academy of Sciences

Xiangshan, Beijing, 100093

China

Si He

Missouri Botanical Garden

St. Louis, MO 63166—0299

U. S. A.

中国生物物种名录编委会

总　　序

生物多样性保护研究、管理和监测等许多工作都需要翔实的物种名录作为基础。建立可靠的生物物种名录也是生物多样性信息学建设的首要工作。通过物种唯一的有效学名可查询关联到国内外相关数据库中该物种的所有资料，这一点在网络时代尤为重要，也是整合生物多样性信息最容易实现的一种方式。此外，“物种数目”也是一个国家生物多样性丰富程度的重要统计指标。然而，像中国这样生物种类非常丰富的国家，各生物类群研究基础不同，物种信息散见于不同的志书或不同时期的刊物中，分类系统及物种学名也在不断被修订。因此，建立实时更新、资料翔实，且经过专家审订的全国性生物物种名录对我国生物多样性保护具有重要的意义。

生物多样性信息学的发展推动了生物物种名录编研工作。比较有代表性的项目有：全球鱼类数据库（FishBase）、国际豆科数据库（ILDIS）、全球生物物种名录（CoL）、全球植物名录（TPL）和全球生物名称（GNA）等；最有影响的全球生物多样性信息网络（GBIF）也专门设立子项目处理生物物种名称（ECAT）。生物物种名录的核心是明确某个区域或某个类群的物种数量，处理分类学名称，理清生物分类学上有效发表的拉丁学名的性质，即是接受名还是异名，以及其演变过程；好的生物物种名录是生物分类学研究进展的重要标志，是各种志书编研必需的基础性工作。

自2007年以来，中国科学院生物多样性委员会组织国内外100多位分类学专家编辑中国生物物种名录；并于2008年4月正式发布《中国生物物种名录》（光盘版和网络版）（http：//www.sp2000. cn/joaen），此后，每年更新一次；2012年版名录已于同年9月面世，内容包括了70 596个物种（含种下等级）。该名录的发布受到广泛使用和好评，成为环境保护部物种普查和农业部作物野生近缘种普查的核心名录库，并为环境保护部中国年度环境状况公报中物种数量的数据源，使我国成为全球首个按年度连续发布全国生物物种名录的国家。

电子版名录发布以后，有大量的读者来信索取光盘或从网站上下载名录数据，获得了良好的社会效果。有很多读者和编者建议出版《中国生物物种名录》（印刷版），以方便读者，扩大名录的影响。为此，在2011年3月31日中国科学院生物多样性委员会换届大会上，正式征求了委员们的意见，与会者建议尽快编辑出版《中国生物物种名录》（印刷版）。该项工作得到中国科学院生命科学与生物技术局的大力支持，并设立专门项目支持《中国生物物种名录》的编研，项目已于2013年正式启动。

组织编研出版《中国生物物种名录》（印刷版）主要基于以下几点考虑：①及时反映和推动中国生物分类学工作。“三志”是本项工作的重要基础。从目前情况看，植物方面的基础相对较好，2004年10月，《中国植物志》80卷126册全部正式出版，*Flora of China* 的编研也已完成；动物方面的基础相对薄弱，《中国动物志》虽然已经出版130余卷，但仍有很多类群没有出版；《中国孢子植物志》已经出版80余卷，很多类群仍有待编研，且微生物名录数字化基础比较薄弱，在2012年版《中国生物物种名录》（光盘版）中仅收录900多种，而植物有35 000多种，动物有24 000多种。需要及时总结分类学研究成果，把新种和新的修订，包括分类系统修订的信息及时整合到生物物种名录中，以克服志书编写出版周期长的不足，让各个领域的读者和用户能及时了解和使用新的分类学成果。②生物物种名称的审订和处理是志书编写的基础性工作，名录的编研出版可以推动志书的编研；相关学科，如生物地理学、保护生物学、生态学等的研究工作也需要及时更新生物物种名录。③政府部门和社会团体等在生物多样性保护和可持续利用的实践中，希望及时得到中国物种多样性的统计信息。④全球生物物种名录等国际项目需要中国生物物种名录等区域性名录信息不断更新完善，因此，我们的工作也可以在一定程度上推动全球生物多样性编目与保护工作的进展。

编研出版《中国生物物种名录》（印刷版）是一项艰巨的任务，尽管不追求短期内涉及所有类群，也是难度很大的。衷心感谢各位参编人员的严谨奉献精神，感谢几位副主编和工作组的把关和协调，特别感谢不幸逝世的副主编刘瑞玉院士的积极支持。科学出版社慷慨资助出版经费，保证了本系列丛书的顺利出版。在此，对所有为《中国生物物种名录》编研出版付出艰辛努力的同仁表示诚挚的谢意。

虽然我们在《中国生物物种名录》（网络版和光盘版）的基础上，组织了有关专家重新审订和编写名录的印刷版，但限于资料和编研队伍等多方面因素，肯定会有诸多不尽如人意之处，恳请各位同行和专家提出批评指正，以便不断更新完善。

陈宜瑜

2013 年 1 月 30 日于北京

前　言

中国地域辽阔，跨越寒带、温带和热带，地形复杂，山脉走向纵横，海拔高差巨大，如我国最低海拔约为－154m，最高海拔约为8848m，尤其是青藏高原素有“世界第三极”之称。这些地带、地势和海拔高差使中国拥有丰富的植物多样性，根据《中国植物志》的统计，我国有维管植物301科3408属31 142种。我国的苔藓植物也同样丰富，根据Piippo（1990）和Redfearn等（1996）的统计，我国的苔藓植物有3340余种，其中苔类和角苔类植物52科147属884种，藓类植物65科413属2457种。自20世纪90年代后，《中国苔藓志》正式启动并陆续出版，到目前为止计划12卷中已经出版了10卷。此外，《中国藓类志》英文版8卷已经全部出版，还有一些重要的地区性苔藓植物研究成果也不断问世，如《内蒙古苔藓植物志》、《横断山区苔藓志》、《云南植物志》（第17、第18、第19卷）、《贺兰山苔藓植物》及《黔渝湘鄂交界地区苔藓植物物种多样性研究》等。除此之外，一些专科专属的研究也取得了一批成果，如对中国细鳞苔科、羽苔科、叶苔科、木灵藓科、缩叶藓科等的研究，以上这些研究使我们对中国苔藓植物多样性有了更充分的认识。

本书意在以《中国苔藓志》、《中国藓类志》英文版和一些专著性研究为主要参考，在收集其他文献资料的基础上系统梳理出目前中国苔藓植物的种类和分布，作为中国苔藓植物多样性研究的参考资料。

在此之前，我国苔藓植物的专著，如《中国苔藓志》等一直采用陈邦杰先生主编的《中国苔藓植物属志》（上、下册）中的系统。然而，随着苔藓植物系统分类学研究的深入，尤其是最近20年分子系统学方法在苔藓植物分类中的应用取得了许多重要成果，改变了一些分类群的系统位置并得到国际公认，随之而来的是大量分类学名称的变更，因此，继续使用原来的系统已经无法体现和适应当今苔藓植物系统分类学的发展。本书所使用的系统采用了2009年出版，由Frey主编的*Syllabus of Plant Families*（Part 3 Bryophytes and seedless Vascular Plants）。科按上述系统排列，属和种则按字母排序，以方便读者使用。

为了方便读者使用，每个种下列出尽可能多的异名，因此，凡在有关中国苔藓植物报道中出现过的异名全部被收录。生境和分布地点到省级，并列出了该种在世界上的分布。省级地点按地区排序，如东北地区、西北地区、华东地区、华中地区等。世界分布则按亚洲、欧洲、美洲、大洋洲、非洲和南极洲的顺序排列。

本书的种类及其分布以2011年12月底之前正式发表的文献为依据。我们收录种类的原则是所发表文献有标本引证或文献支撑，仅有物种名称的文献没有收录于本书中。为了控制篇幅，藓类植物以《中国苔藓志》第1～第8卷中文版、英文版为基本资料，其中已收录种类的国内分布和全世界分布不再列出文献，没有收录的种类则列出文献，或者分布上漏掉的国内或国际分布也列出文献。苔类和角苔类植物则以《东北苔类植物志》、《西藏植物志》、《横断山区苔藓志》、《云南植物志》第17卷、《中国苔藓志》第9～第10卷、*Epiphyllous Liverworts of China*等为基本资料，其中已收录种类的国内分布和全世界分布不再列出文献，没有收录的种类则列出文献，或者分布上漏掉的国内或国际分布也列出文献。

本次编研后确认，中国藓类植物有86科431属1945种；苔类植物有60科152属1050种；角苔类植物有4科8属26种，总计中国苔藓植物有150科591属3021种。

为了规范中文名称，如果属的模式种在中国有分布则与属的中文名称一致，因此，本书以此为依据调整了少数以前使用的中文名称。中国苔藓植物的系统排列已在本书的编排中体现，读者可查阅目录了解排序。

本书是在物种2000中国节点项目的基础上，进一步修改完善而形成的。在编写过程中也得到科技部自然科技资源平台项目："植物标本的标准化整理、整合及共享平台建设"和中国科学院植物研究所"系统与进化植物学国家重点实验室"的资助。在本书编研过程中，上海师范大学的曹同教授，华东师范大学的王幼芳教授，河北师范大学的赵建成教授，深圳仙湖植物园的张力研究员，中国科学院植物研究所的吴鹏程研究员，汪楣芝高级实验师提出了宝贵的意见和建议，于宁宁、王庆华、何强、李殊静和赵芳芳协助整理部分资料，在此一并表示感谢。

由于中国苔藓植物种类丰富，有关的文献资料量大而零散，加之作者水平有限，难免有不足和遗漏之处，敬请读者指正。

编著者

2013年1月

目　录

绪　论

一、中国苔藓植物的多样性及地理分布

(一)中国苔藓植物的区系特征

地处亚洲大陆东南部的中国大陆及其位于太平洋西侧包括南沙群岛等在内的一系列岛屿,地理位置处于75°E~135°E,3°N~50°N,陆地总面积约为960万km^2,地理类型跨越热带至寒带荒漠,年平均温度为-25~40℃,年降水量一般为100~2000mm。由于中国东西和南北间的差距,山川阻隔形成地理类型的多样性和复杂性,以及海拔差异及太平洋和印度洋气流的影响,孕育着丰富多样的苔藓植物种类,并形成了不同地理特性和气候因素所致的、极为复杂的苔藓植物的地理分布区。

从古地理角度来看,中国在侏罗纪至白垩纪时期,海水从藏北向南逐渐退却,西北陆地逐渐向南扩展。白垩纪末,燕山运动使藏北高原、整个华南包括东南沿海大陆架也都由海变成陆地。第三纪古地中海残余海槽,只龟缩于雅鲁藏布江以南。在第三纪末期,欧亚板块与印度洋板块及太平洋板块相互碰撞,引起喜马拉雅造山运动。至晚第三纪末,整个中国大陆,包括台湾岛等在内构成了大陆板块(中国科学院《中国自然地理》编辑委员会,1985)。

从早第三纪开始,中国整个气候转冷。在晚第三纪时期,我国西部海退,内陆大陆性气候加强。与此几乎同一时期,台湾已耸立成为岛屿。更新世后期,喜马拉雅山脉、冈底斯山脉及喀喇昆仑山脉隆起,阻隔了印度洋的水汽,高寒地区冰川发育。第四纪时期的植物在中国东部很少受自然界影响,大量活化石,如水杉等得以保存下来,而其在同纬度的欧美大陆都早已绝灭(中国科学院《中国自然地理》编辑委员会,1985)。

从地形来看,中国自西向东呈阶梯状,黄河和长江作为中国两条主要河流均起源于西部(任美锷,1985)。冬季西伯利亚寒流、夏季太平洋气流及印度洋气流,均对中国自南至北和由东及西形成热带季风带、亚热带、温带、寒带、草原、荒漠等起了决定性作用,再加上海拔、局部地形和地理位置影响,中国苔藓植物在地理上可划分为10个大区,各区还可根据具体条件的综合影响划分为局部小区。

中国苔藓植物区系是全球苔藓植物较丰富的地区之一,约占全世界苔藓植物的1/10,由于中国跨越热带季风带至荒漠,海拔远超过雪线,生态类型更是复杂而多样,在地史上中国位于古北大陆的欧亚板块。中国苔藓植物区系总的状况是具有较强的泛北极区系特性,但受印度板块影响,并存在丰富的东亚特有类型及中国特有类型。

1. 特有类型

根据近半个多世纪的研究,陈邦杰首先提出中国具有丰富的苔藓植物东亚特有属(陈邦杰,1958;陈邦杰等,1963)。陈邦杰和吴鹏程(1965)进一步明确苔藓植物东亚特有属在我国东部分布丰富,集中在西天目山和黄山。后来,罗健馨和汪楣芝(1986)报道横断山区也有极其丰富的东亚特有属。胡晓云和吴鹏程(1991)发现四川金佛山也是中国苔藓植物特有类型集中分布的地区之一。Wu(1992b)就中国苔藓植物的东亚特有属和中国特有属做了专门研究,现可肯定东亚特有属和中国特有属的分布在中国自东南向西南呈斜线状。在西北部和北部(不包括东北三省)无任何东亚特有属和中国特有苔藓植物属,且在向南方向其数量也明显递减。

调查和研究发现,东亚特有苔藓植物属在中国的分布集中在3个地区,其中最大的一个分布中心为横断山区,包括西藏东南部、云南西北部和四川西南部,在这一地区集中分布了中国2/3以上的东亚特有属和中国特有的苔藓植物属,其次是四川金佛山及其邻近地区,分布有3/5的东亚特有属和中国特有属,而在我国东部沿海的黄山、西天目山向东南延伸至台湾也集中分布了约1/2的特有类型。这一特有现象无疑是中国独特的地理境域在时间上和空间上长期变迁的结果。这种以属为单位的分布格局,包括个别属的分布,以及多个属集中分布于一个局部地理区域或山区,显示了中国苔藓植物在全球分布规律中的重要位置。然而,这种分布现象的存在尚包括两种类型,即以古化石为依据的古分布中心,以及以现有苔藓植物分布所形成的现代分布中心。后者的分布可以完全不同于原有分布区域,但它们总的状况是在变迁过程中的退却,尤其是属分布区边缘的种类分布区的缩小,以及属中一些种类的消失,使作为分类群基本组成单位属的分布区萎缩,并与该属其他分布区"分离",属的分布中心随之形成(吴鹏程,1998)。

2. 中国苔藓植物的分布路线

在我国苔藓植物现有分布格局形成的漫长地史过程中,曾经历了较大范围的迁移。这一生生息息的过程带来苔藓植物新物种的形成,随之也促使一些类群在迁移过程中的消失或萎缩。这一扩展和缩小的漫长过程,显示了我国苔藓植物所存在的一些迁移路线,主要表现有三条:一条系由喜马拉雅地区经滇西北、川西,沿长江流域向东到达我国东南部沿海山区,并可继续向东到达日本东南部,这是喜马拉雅造山运动产生的最深远的影响(吴鹏程和罗健馨,1982;胡人亮和王幼芳,1981;胡晓云和吴鹏程,1991;罗健馨和汪楣芝,1983,1986;黎兴江,1985;吴鹏程,2000);一条系存在于喜马拉雅、横断山区和台湾之间(Wang,1970;Wu et al.,2002);此外,喜马拉雅地区经秦岭山区直至长白山区间也存在苔藓植物在地理分布上的关系,主要呈现泛北极区系的影响,但也有为数较少的东亚特有属在两地区的共同分布,如锦丝藓属 *Actinothuidium* 和多瓣苔属 *Macvicaria*(陈邦杰和吴鹏程,1965;高谦和曹同,1983)。植物的迁移和发展促进了区系的分化和丰富了植物的多样性,中国苔藓植物的区系和现有分布状况也是这一历史必然规律的体现。这一规律将有助于发现和摸清全球范围内苔藓植物的分布规律,为苔藓植物的起源问题寻找依据。

(二) 中国苔藓植物的分区

首先提出中国苔藓植物地理分布区划问题的是陈邦杰(1958),其在对中国各省(自治区)苔藓植物初步调查研究基础上将中国分成7个区,包括岭南区、华中区、华北区、东北区、云贵区、青藏区和蒙新区。之后,Hu (1990)也就中国苔藓植物的分布状况确认中国苔藓植物可分为上述的7个大区。

近40年来,中国科学院组织和积极支持对西藏和横断山区一系列综合性多学科调查,以及全国各科研和教学机构长期在各地的研究,全国志、地方志的出版,尤其是《西藏苔藓志》和《横断山区苔藓志》由全国协作完成,揭示了中国最为复杂、神秘地区苔藓植物区系特性,将中国苔藓植物区划的研究提升至一个全新的时期。事实反映,这一提升就中国原先划分的7个植物分布区有更全面深入的认识,除充实原有各区苔藓植物各个区的基本特性外,必须重新就中国苔藓植物做区域划分,现已可肯定从华中区分出华东区,由华北区中分出华西区,而原来所定的青藏区及云贵区中就云南西北部、四川的西南部和西藏的东南部组成单独的横断山区。此外,对中国其余区的苔藓植物分布格局也有了更进一步深入的认识,使中国苔藓植物分布区的划分更符合中国自然地理的分布格局。

现分别就中国苔藓植物各分布区的地理范围、各区的自然特点,以及在相应地理范围内苔藓植物的代表性科、属和种及它们的生态类型分别予以阐述。对中国植物分布区的划分无疑将会为中国植物的分布格局、分布路线、各区间的关系以至历史地理因素的探讨和认识提供孢子植物的依据,进而对亚洲尤其是亚洲东部和北美洲地区间的历史渊源和变更做出有力的论证。吴鹏程和贾渝(2006)对中国苔藓植物的分区做新的划分,将其分为10个区:岭南区、华东区、华中区、华北区、东北区、华西区、横断山区、云贵区、青藏区、蒙新区。

1. 岭南区

本区为我国苔藓植物科、属、种和生态类型最丰富的地区。苔类植物以细鳞苔科 Lejeuneaceae 为最常见,其他以热带为主的苔类科有指叶苔科 Lepidoziaceae、羽苔科 Plagiochilaceae、耳叶苔科 Frullaniaceae、歧舌苔科 Schistochilaceae、扁萼苔科 Radulaceae、裸蒴苔科 Haplomitriaceae 和角苔科 Anthocerotaceae。藓类植物以锦藓科 Sematophyllaceae 为最丰富,其他以树干或腐木生热带藓类有蕨藓科 Pterobryaceae、蔓藓科 Meteoriaceae、平藓科 Neckeraceae、花叶藓科 Calymperaceae、油藓科 Hookeriaceae、孔雀藓科 Hypopterygiaceae、白发藓科 Leucobryaceae 和羽藓科 Thuidiaceae。

2. 华东区

在这一地区中,苔类植物的疣冠苔科 Aytoniaceae、蛇苔科 Conocephalaceae、带叶苔科 Pallaviciniaceae、耳叶苔科 Frullaniaceae、细鳞苔科 Lejeuneaceae 和光萼苔科 Porellaceae 极为常见。藓类以曲尾藓科 Dicranaceae、丛藓科 Pottiaceae、紫萼藓科 Grimmiaceae、真藓科 Bryaceae、提灯藓科 Mniaceae、珠藓科 Bartramiaceae、蔓藓科 Meteoriaceae、羽藓科 Thuidiaceae 和木灵藓科 Orthotrichaceae 植物为最常见。其他较常出现的科为凤尾藓科 Fissidentaceae、白发藓科 Leucobryaceae、青藓科 Brachytheciaceae、葫芦藓科 Funariaceae、灰藓科 Hypnaceae、平藓科 Neckeraceae、绢藓科 Entodontaceae 和金发藓科 Polytrichaceae。

在华东区中,常见种类有列胞耳叶苔 *Frullania moniliata*、皱萼苔 *Ptychanthus striatus*、密叶光萼苔 *Porella densifolia*、石地钱 *Reboulia hemisphaerica*、蛇苔 *Conocephalum conicum*、花叶溪苔 *Pellia endiviaefolia*。藓类植物以虎尾藓 *Hedwigia ciliata*、尖叶匍灯藓 *Plagiomnium cuspidatum*、黄无尖藓 *Codriophorus anomodon toides*、长齿藓 *Niphotrichum canescens*、麻羽藓 *Claopodium assurgens*、细叶小羽藓 *Haplocladium microphyllum*、狭叶小羽藓 *H. angustifolium* 和鼠尾藓 *Myuroclada maximowiczii* 等为最习见。其他路旁常见的种类有狭叶拟合睫藓 *Pseudosymblepharis angustata*、曲尾藓 *Dicranum scoparium*、梨蒴珠藓 *Bartramia pomiformis* 和火烧地开旷处常成片出现的葫芦藓 *Funaria hygrometrica*。在沟谷小溪边树干多悬垂生长成束的多疣藓 *Neodicladiella pendula*、川滇蔓藓 *Meteorium buchananii*、蔓藓 *M. polytrichum* 和垂倾生长的刀叶树平藓 *Homaliodendron scalpellifolium*。在树基或湿土坡还常贴生尖叶油藓 *Hookeria acutifolium*,阳光较强的树干阴处附生钟帽藓 *Venturiella sinensis*。

3. 华中区

华中区的地理区划概念包括湖北、湖南、陕西南部的秦岭南坡、四川东部和河南南部。

这一地区的山体明显高于华东区的山体,海拔可达3000m以上,降水量可达2000mm,冬季较阴湿,气温可低于−5℃。本区为常绿阔叶林和落叶林交汇处。苔藓植物的一部分亚热带属种也可见于本地区。

苔类在华中区最常见的科为地钱科 Marchantiaceae、钱苔科 Ricciaceae、带叶苔科 *Dilaenaceae*、羽苔科 Plagiochilaceae、光萼苔科 Porellaceae 和耳叶苔科 Frullaniaceae。藓类常见的科为丛藓科 Pottiaceae、凤尾藓科 Fissidentaceae、曲尾藓科 Dicranaceae、紫萼藓科 Grimmiaceae、真藓科 Bryaceae、提灯藓科 Mniaceae、平藓科 Neckeraceae、青藓科 Brachytheciaceae、绢藓科 Entodontaceae 和金发藓科 Polytrichaceae。

在种类方面,地钱 *Marchantia polymorpha*、东亚地钱 *M. tosana*、无纹紫背苔 *Plagiochisma intermedium*、绒苔 *Trichocolea tomentella*、三齿鞭苔 *Bazzania tricrenata* 和异瓣裂叶苔 *Lophozia diversiloba* 为林地和草丛下常见种类。在相类似生境中多形小曲尾藓 *Dicranella heteromalla*、黄牛毛藓 *Ditrichum pallidum*、细叶小羽藓 *Haplocladium microphyllum*、狭叶小羽藓 *H. angustifolium*、暖地大叶藓 *Rhodobryum giganteum*、卷叶湿地藓 *Hyophila involuta*、大麻羽藓 *Claopodium assurgens*、黄边孔雀藓 *Hypopterygium flavolimbatum*、鞭枝疣灯藓 *Trachycystis flagellaris* 和尖叶匍灯藓 *Plagiomnium cuspidatum* 也常呈片丛生。树干和树枝上大量喜湿热的种类呈悬垂和树皮上贴生,包括光萼苔属的多种密叶光萼苔 *Porella densifolia*、毛边光萼苔 *P. perrottetiana*、丛生光萼苔细柄变种 *P. caespitans* var. *setigera*、耳叶苔属的达乌里耳叶苔凹叶变种 *Frullania davurica* subsp. *jackii* 和欧耳叶苔 *F. tamarisci* 以及羽苔属的卵叶羽苔 *Plagiochila ovalifolia* 和刺叶羽苔 *P. sciophila*

等。藓类植物的大灰气藓 *Aerobryopsis subdivergens*、反叶粗蔓藓 *Meteoriopsis reclinata*、川滇蔓藓 *Meteorium buchananii*、拟扭叶藓 *Trachypodopsis serrulata*、陕西白齿藓 *Leucodon exaltatus*、长叶白齿藓 *L. subulatus*、短齿平藓 *Neckera yezoana* 和喜钙拟平藓 *Neckeropsis calcicola* 等使沟谷林内景观极富亚热带的气息。

华中区的东亚北美共有分布类型极为突出，包括耳坠苔 *Ascidiota blepharophylla*、异叶皱蒴藓 *Aulacomnium heterostichum* 和树藓等 *Pleuroziopsis ruthenica* 等。

不少东亚特有苔藓植物属仅见于这一地区，隶属此类型的苔藓有耳坠苔属 *Ascidiota* C. Massal.、新船叶藓属 *Neodolichomitra* Nog. 及囊绒苔属 *Trichocoleopsis* S. Okamura，而拟船叶藓属 *Dolichomitriopsis* S. Okamura 和新绒苔属 *Neotrichocolea* S. Hatt. 向西的分布不逾越四川东部，目前所知为东经 107°。

4. 华北区

本区位于包括辽东半岛在内的黄河流域中下游的北侧。苔藓植物的科主要是以温带分布为主的叶苔科 Jungermanniaceae、紫背苔科 *Plagiochasmaceae*、真藓科 Bryaceae、丛藓科 Pottiaceae、曲尾藓科 Dicranaceae、提灯藓科 Mniaceae、青藓科 Brachytheciaceae、绢藓科 Entodontaceae、羽藓科 Thuidiaceae 和柳叶藓科 Amblystegiaceae。

该地区苔藓植物的生态类型多以土生和石生为主，除少数局限于溪沟外，多数属种能忍受较久的干旱条件。它们包括狭叶拟合睫藓 *Pseudosymblepharis angustata*、卷叶凤尾藓 *Fissidens dubius*、角齿藓 *Ceratodon purpurens*、多形小曲尾藓 *Dicranella heteromalla*、泛生墙藓 *Tortula muralis*、反纽藓 *Timmiella anomala*、长齿藓 *Niphotrichum canescens*、牛角藓 *Cratoneuron filicinum*、无纹紫背苔 *Plagiochisma intermedium* 和石地钱 *Reboulia hemisphaerica* 等。华北地区的树干附生类型不多，在近千米的山区阴坡林内附生有平藓 *Neckera pennata*、小牛舌藓 *Anomodon minor*、羊角藓 *Herpetineuron toccoae* 和白齿藓属 *Leucodon* spp. 植物。在沿海岛屿可稀见少量刀叶树平藓 *Homaliodendron scalpellifolium*，其个体甚小，为中国最北分布的记录。偶然还可见扁枝藓 *Homalia trichomanoides* 着生于树干上。

从区系角度分析，华北地区的苔藓植物以北温带成分为主。

5. 东北区

我国北端松辽平原、大小兴安岭及长白山区均位于这一地区，该地区具有终年不化的永冻地层，夏季极短，冬季长达近半年，其中 2～3 个月的气温在 −20℃ 左右，年降水量为 400～600mm。

苔藓植物经常出现于这一地区的科的分类群为叶苔科 Jungermanniaceae、指叶苔科 Lepidoziaceae 和光萼苔科 Porellaceae 中的一些北方种类，以及藓类中的泥炭藓科 Sphagnaceae、丛藓科 Pottiaceae、真藓科 Bryaceae、提灯藓科 Mniaceae、曲尾藓科 Dicranaceae、壶藓科 Splachnaceae、灰藓科 Hypnaceae、柳叶藓科 Amblystegiaceae、羽藓科 Thuidiaceae、塔藓科 Hylocomiaceae、垂枝藓科 Rhytidiaceae 和金发藓科 Polytrichaceae 中的北温带种类为本区中的主要成分。

在东北区内的苔藓植物生态类型极为丰富，其中最突出的系沼泽塔头生长类型，包括泥炭藓 *Sphagnum palustre*、粗叶泥炭藓 *S. squarrosum* 和密叶泥炭藓 *S. girgensohnii* 等常杂生于莎草类 *Carex* spp. 间，或与三洋藓 *Sanionia uncinata*、褶叶拟湿原藓 *Pseudocalliergon lycopodioides* 混生。在冷杉属 *Abies*、落叶松属 *Larix* 林低洼处赤茎藓 *Pleurozium schreberi*、塔藓 *Hylocomium splendens* 和毛梳藓 *Ptilium crista-castrensis* 多成片生长。

在沼泽塔头中，还常生长沼寒藓 *Paludella squarrosa*、长柄寒藓 *Meesia longiseta*、东亚沼羽藓 *Helodium sachalinense*、牛角藓 *Cratoneuron filicinum*、沼地藓 *Palustriella commutata*、皱蒴藓 *Aulacomnium palustre* 和沼泽皱蒴藓 *A. androgynum* 等。水藓 *Fontinalis antipyretica* 和仰叶水藓 *F. squamosa* 则根着生于溪边石上，上部随溪流漂动。

东北地区林间较特殊的一种生态类型是动物粪土上常见的壶藓科 Splachnaceae 的大短壶藓 *Splachnobryum aquaticum*、长叶短壶藓 *S. obtusum* 和大壶藓 *Splachnum ampullaceum* 等，它们喜氮肥而又适于在耐寒冷生境生育。

在潮湿林地草丛下还常见指叶苔 *Lepidozia reptans*、异叶裂萼苔 *Chiloscyphus profundus*、绿羽藓 *Thuidium assimile*、波叶曲尾藓 *Dicranum polysetum*、折叶曲尾藓 *D. fragilifolium*、曲尾藓 *D. scoparium*、匍灯藓 *Plagiomnium cuspidatum*、钝叶匍灯藓 *P. rostratum*、侧枝匍灯藓 *P. maximoviczii*、万年藓 *Climacium dendroides* 和树藓 *Pleuroziopsis ruthenica*。腐木上则多生长白氏藓 *Brothera leana*、四齿藓 *Tetraphis pellucida*、拟白发藓 *Paraleucobryum enerve* 和鞭枝疣灯藓 *Trachycystis flagellare* 等。在较干燥向阳林地垂枝藓 *Rhytidium rugosum* 和山羽藓 *Abietinella abietina* 常成丛与石蕊 *Cladonia* spp. 等地衣组成群落。

东北地区湿润的杂木林内亦可见长江流域以南常见的悬垂苔藓植物景观，但均系北温带常见种类，现知为枝梢上垂生的垂悬白齿藓 *Leucodon pendulus*。附生树干或枝上的种类包括平藓 *Neckera pennata*、中华木衣藓 *Drummondia sinensis*、扁枝藓 *Homalia trichomanoides* 和小牛舌藓 *Anomodon minor*。

少数东亚特有类型，如锦丝藓 *Actinothuidium hookeri*、褶藓 *Okamuraea hakoniensis* 和短枝褶藓 *O. brachydictyon* 在东北地区常见。

6. 华西区

其地理范围为包括秦岭在内的祁连山及贺兰山以南的兰州地区。气候以干旱和多风沙为特征，降水量在 600mm 以下，最冷月份的气温低于 −20℃。

苔藓植物在该地区主要是温带分布或部分属种习生温带地区的科，包括合叶苔科 Scapaniaceae、叶苔科 Jungermanniaceae、光萼苔科 Porellaceae、牛毛藓科 Ditrichaceae、丛藓科 Pottiaceae、真藓科 Bryaceae、隐蒴藓科 Cryphaeaceae、白齿藓科 Leucodontaceae、大帽藓科 Encalyptaceae、羽藓科 Thuidiaceae、青藓科 Brachytheciaceae 和灰藓科 Hypnaceae。它们的代表种为刺边合叶苔 *Scapania ciliata*、梨蒴管口苔 Solenostoma pyriflorum、耳坠苔 *Ascidiota blepharophylla*、细光萼苔 *Porella gracillima*、钝叶光萼苔 *P. obtusata*、粗齿光萼苔 *P. campylophylla*、对叶藓 *Distichium capillaceum*、斜蒴对叶藓 *D. inclinatum*、牛毛藓 *D. heteromallum*、丛生真藓 *Bry-*

um caespiticium、拟三列真藓 *B. pseudotriquetrum*、毛枝藓 *Pilotrichopsis dentata*、陕西白齿藓 *Leucodon exaltatus*、悬垂白齿藓 *L. pendulus*、高山大帽藓 *Encalypta alpina*、大帽藓 *E. ciliata*、狭叶麻羽藓 *Claopodium aciculum*、齿叶麻羽藓 *C. prionophylum* 等。在海拔 3000m 左右的星塔藓 *Hylocomiastrum pyrenaicum*、柳叶星塔藓 *H. umbratum* 和花斑烟杆藓 *Buxbaumia punctata* 等也为华西区增添了特色。扁蒴藓 *Leyellia platycarpa* 在太白山海拔 3000m 以上的山地出现。

在秦岭南坡,苔藓植物呈现出华西区中与其他区域显然不同的情景,在溪流边蔓藓科 Meteoriaceae 和平藓科 Neckeraceae 植物多疣藓 *Neodicladiella pendula*、东亚蔓藓 *Meteorium atrovariegatum* 和多枝平藓 *Neckera polyclada* 等出现在海拔 2000m 以下,为我国该类植物分布的最北端。

值得注意的是,华西区与云南玉龙山为我国仅有的两个耳坠苔属 *Ascidiota* C. Massal. 分布记录区,而美国的阿拉斯加有该属另一变种,它们的渊源及地理分布关系极富理论意义。

7. 横断山区

本区跨越西藏东南部、云南西北部和四川东南部,为怒江和澜沧江的核心地区,深谷和高耸山峰夹杂其间,河流和山脉在该区由原来的东西向转而向南行,海拔多为 2000～3000m 或远高于 3000m,局部地区海拔在 800m 以下。在低地为常绿阔叶林,而高海拔处针叶林密布。横断山区具有我国其他地区少有分布或从未有分布的苔藓植物的科,包括藻苔科 Takakiaceae、直蒴苔科 Balantiopsidaceae、顶苞苔科 Acrobolbaceae、甲克苔科 Jackiellaceae、疣冠苔科 Aytoniaceae 和星孔苔科 Cleveaceae,以及藓类的高领藓科 Glyphomitriaceae、蕨藓科 Pterobryaceae 和烟杆藓科 Buxbaumiaceae。以属和种的数量来看,在横断山区出现较多的科为指叶苔科 Lepidoziaceae、裂叶苔科 Lophoziaceae、耳叶苔科 Frullaniaceae、细鳞苔科 Lejeuneaceae、泥炭藓科 Sphagnaceae、牛毛藓科 Ditrichaceae、曲尾藓科 Dicranaceae、凤尾藓科 Fissidentaceae、丛藓科 Pottiaceae、提灯藓科 Mniaceae、蔓藓科 Meteoriaceae、平藓科 Neckeraceae、羽藓科 Thuidiaceae、青藓科 Brachytheciaceae、灰藓科 Hypnaceae 和金发藓科 Polytrichaceae。

分布于横断山区较突出的种类有藻苔 *Takakia lepidozioides*、角叶藻苔 *T. ceratophylla*、东亚拟复叉苔 *Pseudolepicolea andoi*、东亚直蒴苔 *Isotachis japonica*、疏叶假护蒴苔 *Metacalypogeia alternifolia*、狭基细裂瓣苔 *Barbilophozia hatcheri*、多枝羽苔 *Plagiochila fruticosa*、钝角顶苞苔 *Acrobolbus ciliatus*、甲克苔 *Jackiella javanica*、耳坠苔 *Ascidiota blepharophylla*、刺边疣鳞苔 *Cololejeunea albodentata*、尖叶疣鳞苔 *C. pseudocristallina*、喜马拉雅薄地钱 *Cryptomitrium himalayense*、多纹泥炭藓 *Sphagnum multifibrosum*、刺叶泥炭藓 *S. pungofolium*、中华并列藓 *Pringleella sinensis*、中华高地藓 *Astomiopsis sinensis*、拟牛毛藓 *Ditrichopsis gymnostoma*、小曲柄藓 *Microcampylopus khasianus*、粗锯齿藓 *Prionidium eroso-denticulatum*、拟短月藓 *Brachymeniopsis gymnostoma*、大短壶藓 *Splachnobryum giganteum*、云南拟丝瓜藓 *Pseudopholia yunnanensis*、云南立灯藓 *Orthomnium yunnanense*、中华刺毛藓 *Anacolia sinensis*、蔓枝藓 *Bryowijkia ambigua*、球蒴藓 *Sphaerotheciella sphaerocarpa*、异节藓 *Diaphanodon blandus*、滇蕨藓 *Pseudopterobryum tenuicuspes*、白翼藓 *Levierella fabroniacea*、薄羽藓 *Leptocladium sinensis*、耳叶斜蒴藓 *Camptothecium auriculatum*、拟疣胞藓 *Clastobryopsis planupla*、厚角藓 *Gammiella pterogonioides*、弯叶金灰藓 *Pylaisia falcata*、北地拟同叶藓 *Isopterygiopsis muelleriana*、拟灰藓 *Hondaella brachytheciella*、齿边长灰藓 *Herzogiella perrobusta*、薄壁藓 *Leptocladiella psilura*、花斑烟杆藓 *Buxbaumia punctata* 和树形小金发藓 *Pogonatum sinense*。这些属和种仅见于本区,或在我国其他区内甚少见而在我国邻近地区有分布,它们对研究我国苔藓植物区系的形成具有较大的科学意义。

8. 云贵区

包括云南高原大部、贵州整个高原部分及四川东南部,海拔一般在 1000m 以上,最高海拔超过 3000m。因受喜马拉雅山系明显影响,云贵区与横断山区形成了一些共同分布的特有属和种,但又分别具有不同的苔藓类型。

在云贵区内主要的苔藓植物科为指叶苔科 Lepidoziaceae、剪叶苔科 Herbertaceae、羽苔科 Plagiochilaceae、扁萼苔科 Radulaceae、细鳞苔科 Lejeuneaceae、光苔科 Cyathodiaceae、地钱科 Marchantiaceae 和角苔科 Anthocerotaceae,以及泥炭藓科 Sphagnaceae、牛毛藓科 Ditrichaceae、曲尾藓科 Dicranaceae、丛藓科 Pottiaceae、木灵藓科 Orthotrichaceae、蔓藓科 Meteoriaceae、平藓科 Neckeraceae、木藓科 Thamnobryaceae、羽藓科 Thuidiaceae、柳叶藓科 Amblystegiaceae、青藓科 Brachytheciaceae、锦藓科 Sematophyllaceae、灰藓科 Hypnaceae 和金发藓科 Polytrichaceae。

云贵区苔藓植物的种类由于海拔的不同存在明显差距,所以物种丰富而多样,为我国苔藓种类最复杂的地区之一。该区在分布上较突出的类型包括厚角鞭苔 *Bazzania fauriana*、长角剪叶苔 *Herberta dicrana*、指叶苔 *Lepidozia reptans*、偏叶管口苔 *Solenostoma*、延叶羽苔 *Plagiochila semidecurrens*、塔叶苔 *Schiffneria hyalina*、小叶拟大萼苔 *Cephaloziella microphylla*、芽胞扁萼苔 *Radula constricta*、爪哇扁萼苔 *R. javanica*、多瓣苔 *Macvicaria ulophylla*、钝叶光萼苔 *Porella obtusa*、丛生光萼苔 *P. caespitans*、鳞毛光萼苔 *P. paraphyllina*、尼泊尔耳叶苔 *Frullania nepalense*、云南耳叶苔 *F. yuennanensis*、多褶苔 *Spruceanthus semirepandus*、云南针鳞苔 *Rhaphidolejeunea yunnanensis*、拟薄鳞苔 *Leptolejeunea apiculata*、佛氏疣鳞苔 *Cololejeunea verdoornii*、阔瓣疣鳞苔 *C. latilobula* 宽翅小叶苔 *Fossombronia longiseta*、光苔 *Cyathodium cavernarum*、背托苔 *Preissia quadrata* 和南亚短角苔 *Notothylas levieri*,以及藓类植物的拟尖叶泥炭藓 *Sphagnum acutifolioides*、加萨泥炭藓 *S. khasianum*、广舌泥炭藓 *S. russowii*、拟牛毛藓 *Ditrichopsis gymnostoma*、梨蒴纤毛藓 *Leptotrichella brasiliensis*、长叶拟白发藓 *Paraleucobryum longifolium*、八齿藓 *Octoblepharum albidum*、网孔凤尾藓 *Fissidens polypodioides*、大凤尾藓 *F. nobilis*、大对齿藓 *Didymodon giganteus*、尖叶美叶藓 *Bellibarbula recurva*、粗对齿藓 *Didymodon eroso-denticulatus*、厚壁薄齿藓 *Leptodontium flexifolium*、并齿藓 *Tetraploden mnioides*、阔边大叶藓 *Rhodobryum laxelimbatum*、具丝毛灯藓 *Rhizomnium tuomikoskii*、南亚立灯藓 *Orthomnion bryoides*、云南立灯藓 *O. yunnanense*、刺藓 *Rhachithecium perpusillum*、云南卷叶藓 *Ulota bellissima*、蔓枝藓 *Bryowijkia ambigua*、卵叶隐蒴

藓 *Cryphaea obovatocarpa*、球蒴藓 *Sphaerotheciella sphaerocarpa*、中华疣齿藓 *Scabridens sinensis*、大耳拟扭叶藓 *Trachypodopsis auriculata*、异节藓 *Diaphanodon blandus*、美绿锯藓 *Duthiella speciosissima*、尖叶拟蕨藓 *Pterobryopsis acuminata*、滇蕨藓 *Pseudopterobryum tenuicuspes*、细带藓 *Trachycladiella aurea*、树平藓 *Homaliodendron flabellatum*、异苞羽枝藓 *Pinnatella alopecuroides*、刺果藓 *Symphyodon perrottetii*、树雉尾藓 *Dendrocyathophorum decolyi*、白翼藓 *Levierella neckeroides*、叉羽藓 *Leptopterigynandrum austro-alpinum*、锦丝藓 *Actinothuidium hookeri*、腋苞藓 *Pterigynandrum filiforme*、圆叶棉藓 *Plagiothecium paleaceum*、台湾棉藓 *P. formosicum*、拟疣胞藓 *Clastobryopsis planula*、厚角藓 *Gammiella pterognioides*、毛尖刺枝藓 *Wijkia tanytricha*、拟波叶金枝藓 *Pseudotrismegistia undulata*、弯叶毛锦藓 *Pylaisiadelpha tenuirostris*、美灰藓 *Hypnum leptothallum*、北地拟同叶藓 *Isopterygiopsis mulleriana*、南木藓 *Macrothamnium macrocarpum*、大角薄膜藓 *Leptohymenium macroalare*、花栉小赤藓 *Oligotrichum crossidioides*、双瓶小金发藓 *Pogonatum microstomum*、双珠小金发藓 *P. pergranulatum* 和黄尖拟金发藓 *Polytrichastrum xanthopilum* 等。

云贵区与越南、泰国、缅甸和尼泊尔等地区在植物历史地理上可能曾经历十分重要的交流，甚至一些属种与台湾和东北地区仍存在共同分布，而在它们之间的广阔地域中目前已不见这些苔藓植物的踪迹，这种影响及现存的关系是十分值得研究和深入探讨的。

9. 青藏区

除西藏东南部和四川西北部现被归入横断山区外，西藏的大部分、青海和甘肃全境，其地理区域与陈邦杰(1958)所提的概念基本相一致。这一地区基本上为海拔 4000m 以上的高原，喜马拉雅山系阻挡了来自印度洋的暖湿气流，除部分地区有针叶林外，仅有高山灌丛。

由于西藏东南部被归入横断山区，所以在青藏区内的苔类明显减少。从整体而言，虽在纬度上偏南，由于整个地区为高海拔，本区中的苔藓以高寒类型为多，主要的科为叉苔科 Metzgeriaceae、剪叶苔科 Herbertaceae、叶苔科 Jungermanniaceae、合叶苔科 Scapaniaceae、羽苔科 Plagiochilaceae、光萼苔科 Porellaceae 和地钱科 Marchantiaceae。藓类植物也主要为北温带的类型，包括泥炭藓科 Sphagnaceae、凤尾藓科 Fissidentaceae、牛毛藓科 Ditrichaceae、曲尾藓科 Dicranaceae、丛藓科 Pottiaceae、紫萼藓科 Grimmiaceae、壶藓科 Splachnaceae、真藓科 Bryaceae、提灯藓科 Mniaceae、碎米藓科 Fabroniaceae、薄罗藓科 Leskeaceae、羽藓科 Thuidiaceae、柳叶藓科 Amblystegiaceae、青藓科 Brachytheciaceae、棉藓科 Plagiotheciaceae、锦藓科 Sematophyllaceae、灰藓科 Hypnaceae 和金发藓科 Polytrichaceae。

青藏区代表性苔藓植物包括长角剪叶苔 *Herberta dicrana*、尼泊尔剪叶苔 *H. nepalensis*、全缘褶萼苔 *Plicanthus birmensis*、深绿叶苔 *Jungermannia atrovirens*、全萼苔 *Gymnomitrion concinnatum*、类钱袋苔 *Apomarsupella revoluta*、高瓣合叶苔 *Scapania nimbosa*、林地合叶苔 *S. nemorosa* 等，其多为胞壁加厚或叶细胞背面具密疣而适于多寒旱的生境。中华光萼苔延叶变种苔 *Porella chinensis* var. *decurrens*、密叶光萼苔 *Porella densifolia*、盔瓣耳叶苔 *Frullania muscicola*、尼泊尔耳叶苔 *F. nepalensis* 和无纹紫背苔 *Plagiochasma intermedium* 等体形较大，且在植物体背面具光泽并在组织构造上加厚防止水分蒸发。藓类植物突出的种类包括多纹泥炭藓 *Sphagnum multifibrosum*、欧黑藓 *Andreaea rupestris*、大凤尾藓 *Fissidens nobilis*、中华高地藓 *Astomiopsis julacea*、斜蒴对叶藓 *Distichium inclinatum*、梨蒴纤毛藓 *Leptotrichella brasiliensis*、扭柄藓 *Campylopodium medium*、钝叶大帽藓 *Encalypta vulgaris*、扭叶丛木藓 *Anoectangium stracheyanum*、高山大丛藓 *Molendoa sendtneriana*、橙色净口藓 *Gymnostomum aurantiacum*、波边毛口藓 *Trichostomum tenuirostre*、小石藓 *Weissia controversa*、反纽藓 *Timmiella anomala*、鹅头叶对齿藓 *Didymodon anserinocapitatus*、黑对齿藓 *D. nigrescens*、美叶藓 *Bellibarbula kurziana*、粗对齿藓 *Didymodon eroso-denticulatus*、高山红叶藓 *Bryoerythrophyllum alpigenum*、中甸墙藓 *Tortula chungtienia*、长尖赤藓 *Syntrichia longimucronata*、旱藓 *Indusiella thianschanica*、缨齿藓 *Jaffueliobryum wrightii*、尖叶小壶藓 *Tayloria acuminata*、尼泊尔短月藓 *Brachymenium nepalense*、绵毛真藓 *Bryum gossypinum*、云南立灯藓 *Orthomnion yunnanense*、球蒴藓 *Sphaerotheciella sphaerocarpa*、西藏白齿藓 *Leucodon tibeticus*、翼叶小绢藓 *Rozea pterogonioides*、短枝褶藓 *Okamuraea brachydictyon*、锦丝藓 *Actinothuidium hookeri*、褶叶拟湿原藓 *Pseudocalliergon lycopodioides*、斜蒴藓 *Camptothecium lutescens*、腋苞藓 *Pterigynandrum filiforme*、牛尾藓 *Struckia argentata*、厚角藓 *Gammiella pterogonioides*、云南毛灰藓 *Homomallium yuennanense* 和全缘小金发藓 *Pogonatum perichaetiale* 等。

在青藏区内苔藓植物出现较多的种或该地区特有的种类多系北温带类型，这是苔藓植物在海拔 3000～4000m 垂直分布上对纬度的反映。尤其是喜马拉雅山系对苔藓植物的影响主要体现在特有成分及分布上较特殊的类型的出现。

10. 蒙新区

本区位于中国东北至西北部，范围包括大兴安岭西部，跨越阴山、贺兰山，直至天山、阿尔泰山地区。苔藓植物在本区的类型以耐干旱属种为主，但也有习生冷湿的类型。苔类植物以裂叶苔科 Lophoziaceae、合叶苔科 Scapaniaceae、齿萼苔科 Lophocoleaceae、光萼苔科 Porellaceae 及疣冠苔科 Aytoniaceae 为主，藓类植物的主要科是曲尾藓科 Dicranaceae、大帽藓科 Encalyptaceae、丛藓科 Pottiaceae、紫萼藓科 Grimmiaceae、真藓科 Bryaceae、木灵藓科 Orthotrichaceae、薄罗藓科 Leskeaceae、羽藓科 Thuidiaceae、青藓科 Brachytheciaceae、灰藓科 Hypnaceae 及金发藓科 Polytrichaceae。

这一地区的生态类型以土生和石生属、种为多。它们的代表类型包括纤枝细裂瓣苔 *Barbilophozia attenuata*、深绿叶苔 *Jungermannia atrovirens*、小叶管口苔 *Solanostoma microphyllum*、温带光萼苔 *Porella platyphylla*、对叶藓 *Distichium capillaceum*、折叶曲尾藓 *Dicranum fragilifolium*、高山大帽藓 *Encalypta alpina*、大对齿藓 *Didymodon giganteus*、硬叶对齿藓 *Didymodon rigidula*、土生墙藓 *Tortula ruralis*、毛尖紫萼藓 *Grimmia pilifera*、拟三列真藓 *Bryum pseudotriquetrum*、泛生丝瓜藓 *Pohlia cruda*、寒地平珠藓 *Plagiopus oederi*、美姿藓 *Timmia megapolitana*、弯叶多毛

藓 *Lescuraea incurvata*、细罗藓 *Leskeella nervosa*、山羽藓 *Abietinella abietina*、叉羽藓 *Leptopterigynandrum austroalpinum*、绿羽藓 *Thuidium assimile*、牛角藓 *Cratoneuron filicinum*、水灰藓 *Hygrohypnum luridum*、灰白青藓 *Brachythecium albicans*、毛梳藓 *Ptilium crista-castrensis* 和赤茎藓 *Pleurozium schreberi* 等。

本地区突出的类群为耐干旱的旱藓 *Indusiella thianschanica*、全缘缨齿藓 *Jaffueliobryum wrightii* 及树干附生的木灵藓 *Orthotrichum anomalum*、钝叶木灵藓 *O. obtusifolium* 等。在寒冷的沼泽地或含氮丰富林地则可见到钝叶寒藓 *Meesia uliginosa*、并齿藓 *Tetraplodon mnioides* 和隐壶藓 *Voitia nivalis*。林边小溪中着生于树根基质上部，随水浮动的水藓两个变种 *Fontinalis antipyretica* var. *antipyretica* 和 *F. antipyretica* var. *gracilis* 均生长良好。此外，水生的还常见钩枝镰刀藓 *Drepanocladus uncinatus*、褶叶拟湿原藓 *Pseudocalliergon lycopodioides* 及牛角藓 *Cratoneuron filicinum*。

从区系角度分析，蒙新区苔藓植物以泛北极类型为主，因此与东北、华北和青藏区的苔藓植物在科、属及部分种类上有相似之处，但这些苔藓植物多见于湿润的林区或相对湿度稍高的地区。在干旱或短期湿润的地区，其代表类型为耐干旱的旱藓、缨齿藓、反叶墙藓 *Tortula reflexa*、小石藓 *Weissia controversa*、桧叶金发藓 *Polytrichum juniperinum* 和毛尖金发藓 *P. piliferum*。总之，蒙新区的苔藓植物与中亚苔藓区系的关系相对较密切，这是本区苔藓植物的最突出之处。

二、中国苔藓植物某些类群的系统位置变化

1. 藓类植物

藓类植物以下一些属在中国的分布有所变动：原来的酸土藓属 *Oxystegus* 在中国记录的 2 个种已经被归并到波边毛口藓 *Trichostomum tenuirostre* 中，因此，该属在中国已经没有分布。在本书所采用的系统中，酸土藓属也已经被归并到毛口藓属 *Trichostomum* 中。丛藓属 *Pottia* 在新系统中已经被归并到墙藓属 *Tortula* 中。在新系统中，毛青藓属 *Tomentypnum* 被放置于灰藓科 Hypnaceae，但是，由于它具有明显的单中肋，我们仍然将其放置于青藓科 Brachytheciaceae。在新系统中，蔓藓属 *Meteorium* 包括了松萝藓属 *Papillaria*，但是，在 2007 年，已经将其重新确认为两个独立的属，在本书中我们仍然将其作为两个独立的属。在新系统中，鳞藓科 Theliaceae 仅包含鳞藓属 *Thelia*，而小鼠尾藓属 *Myurella* 和粗疣藓属 *Fauriella* 分别被放置于棉藓科 Plagiotheciaceae 和异枝藓科 Heterocladiaceae，因此，鳞藓科在中国目前没有分布。在新系统中，没有毛羽藓属 *Bryonoguchia* 的记录，我们根据原来的系统位置将其放置于羽藓科 Thuidiaceae 中。同样，Frey 主编的 *Syllabus of Plant Families* (Part 3 Bryophytes and seedless Vascular Plants) 中也没有承认细柳藓属 *Platydictya*，作者在该书中指出从分子证据来看，该属处于棉藓科的分支中，而在棉藓科列出的属中并没有细柳藓属，因此，我们暂时将其放在棉藓科中。在新系统中，美灰藓属 *Eurohypnum* 被归并到灰藓属 *Hypnum* 中。

2. 苔类植物

小鳞苔属 *Aphanolejeunea* 的系统位置一直存在争议，有些学者将其中的种类归并到疣鳞苔属 *Cololejeunea* 中，在新系统中虽然作者仍然将上述两属作为独立的属，但是他们也指出，在分子数据中，小鳞苔属应被包含在疣鳞苔属中。中国有小鳞苔属 2 种，这 2 种都被处理成为疣鳞苔属的种类，我们接受这些分类处理，因此，小鳞苔属在中国没有分布。

Feldberg 等(2010)将原圆叶苔属 *Jamesoniella* 的种类转移至对耳苔属 *Syzygiella* 中，因此，圆叶苔属在中国没有分布。此外，在这篇文章中，圆叶苔科 Jamesoniellaceae 被处理为隐蒴苔科 Adelanthaceae 的一个亚科并归于叶苔目中。Söderström 等(2010)建立了一个新的科：挺叶苔科 Anastrophyllaceae，并新建立了几个属：*Neoorthocaulis*、*Oleophozia*，将原来裂叶苔属 *Lophozia* 中的部分种类提升为属的等级。我们接受 Váňa 和 Long(2009)对于中国－喜马拉雅地区叶苔科研究中的处理，承认狭叶苔属 *Liochlaena* 和管口苔属 *Solenostoma*。无褶苔属 *Leiocolea* 作为裂叶苔属的一个亚属，但是，分子证据(Yatsentyuk et al., 2004; Hentschel et al., 2007)显示它应该与裂叶苔属分离开，并且不属于裂叶苔科，而应该属于叶苔科。我们承认无褶苔属并将其放置于叶苔科。拟紫叶苔属在本书中被包含在紫叶苔属中。

三、中国记录的苔藓植物部分名称的处理

1. 未见标本引证的名称

以下名称出自于没有引证标本的文献中，本书没有将其收录其中：

Amblystegium brevicuspidatum; *Andreaea sinuosa*; *Atrichum tenellum*; *Homomallium adatum*; *Barbella macroblasta*; *Barbula novoguinensis*; *Brachythecium otaruense*; *Brachythecium sapporense*; *Calyptothecium compressum*; *Claopodium crispifolium*; *Ectropothecium intorquatum*; *Ectropothecium kerstanii*; *Hamatocaulis lapponicum*; *Homomallium adnatum*; *Isopterygium pendulum*; *Meteorium crispifolium*; *Neckera leptodontea*; *Pogonatum philippinense*; *Rhynchostegiella herbaceum*; *Hygrohypnum norvegicum*; *Meiothecium microcarpum*; *Nipponolejeunea pilifera*; *Nipponolejeunea subalpina*; *Ceratolejeunea cornuta*; *Calypogeia cordistipula*; *Calypogeia lunata*。

2. 非正式出版物的名称

以下名称出现于非正式出版物中，本书没有将其收录其中：

Brachythecium calliergonoides; *Bryhnia graminicolor*; *Ctenidium pubescens*; *Rhynchostegiella sakuraii*; *Bryum hawalicum*; *Pseudotaxiphyllum distichaceum*。

3. 错误鉴定或错误引证的名称

以下名称是基于错误鉴定，现将其排除：

Aptychella handelii; *Philonotis gloerata*; *Cyrto-hypnum minutulum*; *Drummondia turkestanica*; *Entosthodon pallescens*; *Hygroamblystegium noterophilum*; *Plagiomnium affine*; *Plagiothecium shinii*; *Platygyrium russulum*; *Schistidium maritimum*; *Papillaria cuspidifera*; *Orthodontium infractum*; *Marsupella arctica*; *Cephalozia zoopsioides*; *Fossobronia longiseta*; *F. foveolata*; *F. wondraczekii*。

引证或报道错误：

苗氏瓶藓 *Amphidium mougeotii* 被报道在中国台湾有分布(Redfearn et al.，1996)是基于对《中国藓类植物属志》(上册)错误的引证。在《中国藓类植物属志》(上册)中报道有苗氏瓶藓台湾变种在台湾地区有分布，而不是苗氏瓶藓。

拟夭命藓 *Ephemeropsis tjibodensis* 在 Redfearn 等(1996)中是基于《中国藓类植物属志》(下册)中的记录，但是，《中国藓类植物属志》(下册)中指出该种分布于热带亚洲和太平洋群岛，并没有在中国。

Pohlia bulbifera 在 Redfearn 等(1996)中的报道是基于胡晓云和吴鹏程(1991)对重庆金佛山的研究，但是，在该文献中并没有该种。

Thériot(1932)报道福建福州市的鼓山有 *Thuidium plumosum* Dozy & Molk、*Hypnum reptile* Sendtn、*Hypnum zickendrathii* Broth.，但是，这些种名存在问题，无法证实，本名录没有收录。

4. 不合格发表的名称

以下名称是不合格发表的名称，现将其排除：

Fissidens bipapillosus C. S. Yang & S. H. Lin; *Lejeunea grandiamphigastria* C. Gao。

5. 被怀疑的名称

以下种类在中国的分布已经被怀疑，本书暂时没有收录：

Distichophyllum jungermannioides 被报道在台湾地区有分布，但是，已经被怀疑(见 *Moss Flora of China* Vol. 6. P30)。

Orthostichopsis tetragona 在《藓类植物属志》(下册)中被明确表示怀疑；Levier(1906)在报道时也标注为 cf.。

Fissidens crassipes 在中国东北的分布是被怀疑的(见 *Moss Flora of China* Vol. 2. P67)。

中国角萼苔 *Ceratolejeunea sinensis* P. C. Chen & P. C. Wu 有可能是日本角鳞苔 *Drepanolejeunea erecta* (Steph.) Grolle 的变异(Zhu et al.，2005)。

长瓣疣鳞苔 *Cololejeunea caihuaella* P. P. H. But & P. C. Wu 模式标本的引证存在问题(Wu and But，2009)。

亚圆叶剪叶苔 Herbertus subrotundatus Y. J. Yi, X. Fu & C. Ga 不属于剪叶苔属(Juslén, 2004)。

第一部分：

藓类植物总录

藓类植物门 Bryophyta Schimp.

藻苔纲 Takakiopsida M. Stech & W. Frey

藻苔目 Takakiales M. Stech & W. Frey

藻苔科 **Takakiaceae** M. Stech & W. Frey

本科全世界仅 1 属。

藻苔属 Takakia S. Hatt. & Inoue
J. Hattori Bot. Lab. **19**:137. 1958.

模式种:*T. lepidozioides* S. Hatt. & Inoue
本属全世界现有 2 种,中国有 2 种。

角叶藻苔

Takakia ceratophylla (Mitt.) Grolle, Oesterr. Bot. Z. **110** (4): 444. 1963. *Lepidozia ceratophylla* Mitt., J. Proc. Linn. Soc. Bot. 5: 103. 1861. **Type**: India: Sikkim, 11 000ft①, *J. D. Hooker 1416* (holotype:BM).
生境　高山潮湿林下、灌丛下或生于地面上。
分布　云南、西藏。印度,北美洲的阿留申群岛。

藻苔

Takakia lepidozioides S. Hatt., Inoue, J. Hattori Bot. Lab. **19**:137. 1958. **Type**: Japan: Mt. Shiroum, on rock with humus, 2400m, Aug. 1957, *H. Inoue s. n.* (holotype:NICH).
生境　高山灌丛林地。
分布　西藏。印度尼西亚(婆罗洲)、尼泊尔、日本,北美洲西北部沿海岛屿。

泥炭藓目 Sphagnales Limpr.

泥炭藓科 **Sphagnaceae** Dumort.

本科仅 1 属。

泥炭藓属 Sphagnum L.
Sp. Pl. 1106. 1753.

模式种:*S. palustre* L.
本属全世界现有 300 余种,中国有 47 种,1 亚种。

拟尖叶泥炭藓

Sphagnum acutifolioides Warnst., Hedwigia **29**:192. 1890. **Type**: India: Assam, in herb. Mitten.
生境　针叶林下沼泽地、岩面潮湿薄土上或生于岩洞及沟边滴水石上。
分布　黑龙江、新疆(买买提明等,2000)、安徽、浙江、江西、四川、云南、福建、海南。喜马拉雅地区、越南(Tan and Iwatsuki, 1993)。

小叶泥炭藓

Sphagnum angustifolium (C. E. O. Jensen ex Russow) C. Jens *in* Tolf, Bih. Kongl. Svenska Vetensk.-Akad. Handl. 16. Afd. **3** (9): 46. 1891. *Sphagnum recurvum* subsp. *angustifolium* C. E. O. Jensen ex Russow, Sitzungsber. Naturf.-Ges. Dorpat **9**:112. 1890.
生境　林地中或沼泽中。
分布　黑龙江、吉林。朝鲜、日本、俄罗斯(远东地区),欧洲、北美洲。

截叶泥炭藓

Sphagnum angstroemii C. Hartm., Handb. Skand. Fl., (ed. 7), 399. 1858.
Sphagnum insulosum Ångström in. Schimp. Syn. Musc. Eur. 683. 1860.
生境　高山针叶林地或高山草甸水中。
分布　内蒙古。俄罗斯(远东地区)、欧洲、北美洲。

尖叶泥炭藓

Sphagnum capillifolium (Ehrh.) Hedw., Fund. Hist. Nat. Musc. Frond. **2**:86. 1782. *Sphagnum palustre* subsp. *capillifolium* Ehrh., Hannovr. Mag. **18**:235. 1780.
Sphagnum nemoreum Scop., Fl. Carniol., (ed. 2), 305. 1772.
Sphagnum acutifolium Ehrh. ex Schrad., Spic. Fl. Germ. 58. 1794.
Sphagnum acutifolium var. *capillifolium* (Ehrh.) Funck Deutschl. Moos. 5. 1820.

① 1ft=0.3048m,下同。

生境　针叶林、杜鹃灌丛下泥炭中、湿地或沼泽地边缘。

分布　黑龙江、吉林、内蒙古、新疆、江西(何祖霞等,2010)、湖北(Salmon,1900)、贵州、云南、西藏。印度、朝鲜、日本、智利(He,1998)、巴西(Yano,1995)、俄罗斯(远东地区),北美洲、非洲。

中华泥炭藓

Sphagnum chinense Brid.,Bryol. Univ. 1:750. 1827.

Type:china.

生境　不详。

分布　地点不详。中国特有。

密叶泥炭藓

Sphagnum compactum Lam. & de Cand. Fl. Franc., ed. 2, **2**:443. 1805.

Sphagnum cymbifolium (Ehrh.) Hedw. var. *compactum* (Lam. & DC.) Schultz, Suppl. Fl. Starg. 64. 1819.

Sphagnum strictum Sull.,Musci Allegh. 49. 1846.

Sphagnum compactum var. *imbricatum* Warnst., Bot. Gaz. **15**:226. 1890.

生境　潮湿林下或高山水湿岩石上。

分布　黑龙江、内蒙古、安徽、江西、四川、云南、福建、海南。喜马拉雅地区。

扭枝泥炭藓

Sphagnum contortum Schultz, Prodr. Fl. Starg. Suppl. 64. 1819.

Sphagnum subsecundum Nees ex Sturm var. *contortum* (Schultz) Huebener, Muscol. Germ. 27. 1833.

生境　靠近水边的密生蕨类植物的湿地上。

分布　吉林、辽宁。日本、乌克兰,欧洲、北美洲。

拟狭叶泥炭藓

Sphagnum cuspidatulum Müll. Hal., Linnaea **38**: 549. 1874.

Type: India: Khasia, *Hooker & Thomson 1284*.

Sphagnum rufulum Müll. Hal.,Linnaea **38**:549. 1874.

生境　高山阴坡针叶林下或潮湿的杜鹃林下,海拔2500~3800m。

分布　四川、贵州、云南、西藏、广东(何祖霞等,2004)。印度、尼泊尔、缅甸、泰国、马来西亚、菲律宾、印度尼西亚。

狭叶泥炭藓

Sphagnum cuspidatum Ehrh. ex Hofm.,Deutschl. Fl. **2**:22. 1796.

Sphagnum laxifolium Müll. Hal., Syn. Musc. Frond. **1**: 97. 1848.

生境　林下潮湿的腐殖质、树干基部上。

分布　黑龙江、内蒙古、云南、福建。印度、尼泊尔、缅甸(Tan and Iwatsuki,1993)、泰国(Tan and Iwatsuki,1993)、柬埔寨(Tan and Iwatsuki,1993)、马来西亚、印度尼西亚、日本、秘鲁(Menzel,1992)、智利(He,1998)、澳大利亚、巴布亚新几内亚,欧洲、北美洲、非洲东部。

细齿泥炭藓

Sphagnum denticulatum Brid.,Bryol. Univ. **1**:10. 1826.

Sphagnum subsecundum var. *rufescens* (Nees & Hornsch.) Huebener, Muscol. Germ. 26. 1833.

Sphagnum acuriculatum Schimp., Mém. Acad. Sci. Sav. Inst. Fr. **15**:80. 1857.

Sphagnum subsecundum Nees ex Sturm var. *acuriculatum* (Schimp.) Schlieph., Verh. Zool. Bot. Ges. Wien **15**: 411. 1865.

Sphagnum subsecundum var. *gravetii* (Russow) C. E. O. Jensen, Bot. Faeros Dan. Invest. 139. 1901.

Sphagnum subsecundum var. *gravetii* (Russow) C. E. O. Jensen fo. *hypisopora* Russow ex Broth. in Handel-Mazzetti, Symb. Sin. **4**:8. 1929.

Sphagnum subsecundum var. *yunnanense* C. E. O. Jensen ex Broth. in Handel-Mazzetti, Symb. Sin. **4**:8. 1929. **Type**: China: Yunnan, weixi Co., 3450m, *Handel-Mazzetti 8493* (holotype: H-BR).

生境　沼泽中。

分布　四川、云南。欧洲、北美洲、非洲(北部)。

长叶泥炭藓

Sphagnum falcatulum Besch., Bull. Soc. Bot. France **32**: LXVII. 1885.

Sphagnum lanceolatum Warnst.,Hedwigia **29**:219. 1890.

生境　高山沼泽地及水湿的林地上,稀见于林下腐殖土和沟边石上。

分布　内蒙古、云南、西藏、广西。澳大利亚、新西兰、智利(He,1998)。

假泥炭藓

Sphagnum fallax (H. Klinggr.) H. Klinggr., Topogr. Fl. Ost. West Preuss. 128. 1880. *Sphagnum cuspidatum* Ehrh. ex Hofm. var. *fallax* H. Klinggr., Schrift. Phys.-Ökon. Ges. Königsberg **13**:7. 1872.

Sphagnum cuspidatum var. *brevifolium* Lindb. ex Braithw., Sphag. Eur. N. Am. 84. 1880.

Sphagnum recurvum var. *brevifolium* (Lindb. ex Braithw.) Warnst.,Flora **67**:608. 1884.

Sphagnum recurvum var. *mucronatum* (Russow) Warnst., Bot. Gaz. **15**:218. 1890.

Sphagnum apiculatum H. Lindb. *in* Bauer, Sitz.-ber. Deuts. Nat.-Med. Ver. Böhmen Lotos **51**: 123. 1903, *nom. superfl.*

Sphagnum recurvum var. *fallax* (H. Klinggr.) Paul in Koppe, Abh. Landesmus. Westfal. **10**(2):12. 1939.

Sphagnum flexuosum var. *fallax* (H. Klinggr.) Hill ex A. Smith, J. Bryol. **9**:394. 1977.

生境　蕨类植物群丛边缘的泥炭地或林地中腐殖土上。

分布　黑龙江、内蒙古。日本、俄罗斯(远东地区),欧洲和、美洲。

锈色泥炭藓

Sphagnum fuscum (Schimp.) H. Klinggr., Schrift. Königl. Phys.-Ökon Ges. Köningsberg **13** (1): 4. 1872. *Sphagnum acutifolium* Schrad. var. *fuscum* Schimp., Mém. Aca. Sci. Sav. Inst. Fr. **15**:64. 1857.

Sphagnum acutifolium Schrad. subsp. *fuscum* (Schimp.) Herib.,Mém. Acad. Sci. Clermont-ferrand, sér. 2, **14**:444. 1899.

生境　沼泽地或阴湿的林地上。

分布　黑龙江、内蒙古。日本、俄罗斯(远东地区),欧洲、北美洲。

密叶泥炭藓

Sphagnum girgensohnii Russow, Beitr. Torfm. 46. 1865.

Sphagnum acutifolium Schrad. var. *tenue* Nees & Hornsch., Bryol. Germ. **1**:21. 1823.

Sphagnum acutifolium subsp. *girgensohnii* (Russow) Cardot, Bull. Soc. Bot. Belgique **25**(1):90. 117. 1886.

Sphagnu mwarnstorfii Röll, Flora **69**:105. 1886.

Sphagnum nemoreum subsp. *girgensohnii* (Russow) Bott., Atti Reale Accad. Lincei, Mem. Cl. Sci. Fis., ser. 3, **13**(1):19. 1919.

生境　沼泽地或潮湿针叶林下。

分布　黑龙江、吉林、内蒙古、四川、贵州、云南、西藏、台湾(Chuang, 1973)。朝鲜、日本、印度尼西亚、尼泊尔、不丹(Noguchi, 1971)、印度、乌克兰、俄罗斯,欧洲、北美洲、格陵兰岛(丹属)。

毛壁泥炭藓

Sphagnum imbricatum Hornsch. ex Russow, Beitr. Torfm. 99. 1865.

Sphagnum austinii Sull. in Austin, Musci Appal. **1**:3. 1870.

生境　沼泽地或潮湿针叶林下。

分布　黑龙江、吉林、内蒙古。朝鲜、日本、印度、乌克兰、俄罗斯(西伯利亚),欧洲、美洲。

泽地泥炭藓

Sphagnum inundatum Russow, Arch. Naturk. Liv-Ehst-Kurlands, ser. 2, Biol. Naturk. **10**:390. 1894.

Sphagnum subsecundum var. *inundatum* (Russow) C. E. O. Jensen, Bot. Faeros Dan Invest. **1**:139. 1901.

Sphagnum subsecundum subsp. *inundatum* (Russow) Meyl., Bull. Soc. Vaud. Sci. Nat. **41**:72. 1905.

Sphagnum inundatum var. *perfibrosum* P. De la Varde, Rev. Bryol. Lichénol. **10**:136. 1938.

Sphagnum auriculatum var. *inundatum* (Russow) M. O. Hill, J. Bryol. **8**:439. 1975.

Sphagnum subsecundum subsp. *inundatum* (Russow) A. Eddy, J. Bryol. **9**:313. 1977., *hom. illeg.*

Sphagnum lescurii var. *inundatum* (Russow) Düll, Bryol. Bei. **4**:11. 1984.

Sphagnum denticulatum var. *inundatum* (Russow) Kartt., Ann. Bot. Fenn. **29**:121. 1992.

垂枝泥炭藓

Sphagnum jensenii H. Lindb., Acta Soc. Fauna Fl. Fenn. **18**(3):13. 1899.

生境　沼泽地、潮湿针叶林下,或潮湿的沟边石壁上。

分布　黑龙江、吉林、辽宁、内蒙古、四川、云南。日本、俄罗斯(远东地区),亚洲中部、欧洲、北美洲。

暖地泥炭藓

Sphagnum junghuhnianum Dozy, Molk., Natuurk. Verh. Kon. Akad. Wetensch. Amsterdam **2**:8. 1854. **Type**: Indonesia: Java, *Junghuhn s. n.*

暖地泥炭藓原亚种

Sphagnum junghuhnianum subsp. **junghuhnianum**

生境　沼泽地、潮湿林下、树干基部或腐木上。

分布　浙江、江西、湖南、四川、贵州、云南、西藏、台湾、广西、海南。印度、泰国、越南(Tan and Iwatsuki, 1993)、印度尼西亚、菲律宾、马来西亚、日本、巴布亚新几内亚(Tan, 2000a)。

暖地泥炭藓拟柔叶亚种

Sphagnum junghuhnianum subsp. **pseudomolle** (Warnst.) H. Suzuki, Jap. J. Bot. **15**:194. 1956.

Sphagnum pseudomolle Warnst., Beih. Bot. Centralbl. **16**: 247. 1904. **Type**: China: Taiwan, Taitum, *Faurie 48*.

Sphagnum junghuhnianum Dozy & Molk. var. *pseudomolle* (Warnst.) Warnst., Sphagn. Univ. 117. 1911.

Sphagnum kiiense Warnst., Sphagn. Univ. 82. 1911.

生境　林地、沼泽地、沟边或滴水岩石。

分布　浙江、江西、四川、贵州、云南、西藏、福建、台湾、广东、海南。喜马拉雅地区、印度、印度尼西亚、菲律宾、马来西亚、泰国、日本。

加萨泥炭藓

Sphagnum khasianum Mitt., J. Proc. Linn. Soc. Bot. Suppl. **1**: 156. 1859. **Type**: India: Khasia, *Hooker & Thomson 1282*.

Sphagnum subsecundum Nees Strum. var. *khasianum* (Mitt.) C. E. O. Jensen ex Broth. Symb. Sin. **4**: 8. 1929. **Type**: China: Sichuan: Yunnanfu, 2250m, *Handel-Mazzetti 13 054*; Sichuan, Ningyuen, 2700m, *Handel-Mazzetti 1530*.

生境　潮湿林地、沼泽地、沟边湿土或滴水岩石。

分布　安徽、四川、贵州、云南、西藏。喜马拉雅地区、印度、泰国。

利尼泥炭藓

Sphagnum lenense H. Lindb. ex Pohle, Trudy Glavn. Bot. Sada, n. s. **33**: 14. 1915. **Type**: Russia: Siberia, A. K. *Cajander s. n.* 1901.

Sphagnum lindbergii subsp. *lenense* (H. Lindb. ex Pohle) Podp., Consp. Musci Eur. 33. 1954.

生境　长满苔藓的沼泽地中。

分布　黑龙江。俄罗斯(远东地区)、阿拉斯加、格陵兰岛(丹属),欧洲、北美洲。

吕宋泥炭藓

Sphagnum luzonense Warnst., Bot. Centralbl. **76**:388. 1898. **Type**: Philippines: Luzon, *Loher 1047*.

Sphagnum luzonense var. *macrophyllum* Warnst., Sphagn. Univ. 398. 1911.

Sphagnum luzonense var. *sordidum* Warnst., Sphagn. Univ. 398. 1911.

Sphagnum subsecundum Nees var. *luzonense* (Warnst.) C. E. O. Jensen ex Broth., Symb. Sin. **4**:8. 1929.

Sphagnum densirameum Dixon, J. Siam Soc. Nat. Hist. Suppl. **9**:4. 1932.

生境　阴湿林地或沼泽地。

分布　云南。泰国、越南、菲律宾。

中位泥炭藓

Sphagnum magellanicum Brid., Muscol. Recent. **2**(1): 24. 1798. **Type**: Chile: Tierra del Fuego.

Sphagnum wallisii Müll. Hal., Linnaea **38**:573. 1874.

Sphagnum medium Limpr., Bot. Centralbl. **7**:313. 1881.

生境　沼泽地或针叶林下。

分布　黑龙江、吉林、内蒙古、安徽、湖南、四川、贵州、云南。喜马拉雅地区、日本、印度尼西亚、俄罗斯、马达加斯加、秘鲁(Menzel, 1992)、智利(He, 1998)、巴西(Churchill, 1998),欧洲、非洲(南部)、北美洲。

小孔泥炭藓

Sphagnum microporum Warnst. ex Cardot, Beih. Bot. Centralbl. **17**: 3. f. 1. 1904.

Sphagnum oligoporum Warnst. & Cardot, Bull. Herb. Boissier, sér. 2, **7**: 711. 1907.

生境　林中的沼泽地,湿地或腐殖土上或生于小溪边的水中。

分布　黑龙江、吉林、内蒙古、江苏、云南、福建。朝鲜。

多纹泥炭藓

Sphagnum multifibrosum X. J. Li & M. Zang, Acta Bot. Yunnan. **6** (1): 77. 1984. **Type**: China: Xizang, Yadong Co., 2300～3200m, *Zang Mu 195* (holotype: HKAS); *Zang Mu 127* (paratype: HKAS).

生境　沼泽地、高山杜鹃林地或水湿的岩壁上。

分布　黑龙江、贵州、云南、西藏、福建。中国特有。

秃叶泥炭藓

Sphagnum obtusiusculum Lindb. ex Warnst., Hedwigia **29**: 196. 1890. **Type**: Madagascar: *Pollen & van Dam*; Reunion Island, *Richard 683*; Bourbon Island, *Rodriguez.*

Sphagnum ericetorum Besch., Ann. Sci. Nat., Bot., sér. 6, **10**: 328. 1880.

生境　沼泽地或高山针叶林下。

分布　黑龙江、新疆、江西、四川、云南。南非、马达加斯加。

舌叶泥炭藓

Sphagnum obtusum Warnst., Bot. Zeitung (Berlin) **35**: 478. 1877.

Sphagnum recurvum var. *obtusum* (Warnst.) Warnst., Hedwigia **23**: 121. 1884.

生境　沼泽地和高山针叶林下。

分布　黑龙江、内蒙古、新疆、江西、四川、云南。南非、马达加斯加。

卵叶泥炭藓

Sphagnum ovatum Hampe, Linnaea **38**: 546. 1874. **Type**: India: Darjeeling, *Kurz 2104*.

生境　沼泽地、溪边、针叶林、常绿阔叶林下、林缘或沟边滴水石上。

分布　新疆、安徽、贵州、云南、西藏、广东(何祖霞等,2004)、广西、海南。尼泊尔、印度、泰国。

泥炭藓

Sphagnum palustre L., Sp. Pl. **2**: 1106. 1753.

Sphagnum cymbifolium (Ehrh.) Hedw., Fund. His. Nat. Musc. Frond. 2: 86. 1872

生境　沼泽地、溪边、针叶林、常绿阔叶林下、林缘或沟边滴水石上。

分布　吉林、辽宁、内蒙古、河北、河南、甘肃(安定国,2002, as. *S. cymbifolium*)安徽、江苏、浙江、江西、湖北、四川、重庆(胡晓云和吴鹏程,1991)、贵州、云南、西藏、福建、台湾、广东、广西、海南、香港。

尼泊尔、印度、泰国、巴西(Yano,1995)。

疣泥炭藓

Sphagnum papillosum Lindb., Contr. Fl. Crypt. As. 280. 1827.

生境　开阔沼泽地。

分布　黑龙江、吉林、内蒙古。日本、格陵兰岛(丹属),欧洲、北美洲。

瓢叶泥炭藓

Sphagnum perichaetiale Hampe, Linnaea **20**: 66. 1847. **Type**: Brazil: *Beyrich s. n.*

Sphagnum beccarii Hampe, Nuovo Giorn. Bot. Ital. **4**: 278. 1872.

Sphagnum griffithianum Warnst., Hedwigia **30**: 151. 1891.

Sphagnum pauciporosum Warnst., Hedwigia **39**: 109. 1900.

Sphagnum japonicum Warnst. var. *philippinense* Warnst., Sphagn. Univ. 520. 1911.

Sphagnum fleischeri Warnst., Hedwigia **57**: 77. 1915.

Sphagnum attenuatum Dixon, J. Bot. **79**: 57. 1941.

Sphagnum holttumii A. Johnson, Gard. Bull. Singapore **17**: 320. 1959.

Sphagnum roseotinctum A. Johnson, Gard. Bull. Singapore **17**: 320. 1959.

生境　沼泽、水湿林地或草甸水中。

分布　吉林、内蒙古。喜马拉雅地区、印度、泰国、柬埔寨、越南、菲律宾、印度尼西亚、马来西亚、秘鲁(Menzel,1992)、马达加斯加、巴西(Churchill, 1998)、哥伦比亚(Churchill, 1998),欧洲、非洲南部。

拟宽叶泥炭藓

Sphagnum platyphylloides Warnst., Hedwigia **30**: 21. 1891. **Type**: Brazil: Minas Gerages, April. 1885, *E. Wainio s. n.*

生境　沼泽地、溪边、针叶林、常绿阔叶林下、林缘或沟边滴水石上。

分布　新疆、安徽、浙江、贵州、云南、西藏、广西、海南。中美洲、南美洲。

阔叶泥炭藓

Sphagnum platyphyllum (Lindb.) Warnst., Flora **67**: 481. 1884. *Sphagnum laricinum* var. *playtphyllum* Lindb., Not. Sällsk. Fauna Fl. Fenn. **13**: 403. 1874, *nom. inval.* Lindb. ex Braithw., Monthl. Microscope. J. **13**: 230. 1875.

Sphagnum subsecundum var. *platyphyllum* (Lindb.) Cardot, Bull. Soc. Bot. Belgique **25**(1): 73. 1886.

Sphagnum isophyllum Russ., Arch. Naturk. Liv-Ehst-Kurlands, ser. 2, Biol. Naturk., **10**: 415. 1894.

Sphagnum subsecundum subsp. *platyphyllum* (Lindb.) Hérib, Mém. Acad. Sci. Clermont-Ferrand **14**: 454. 1899.

Sphagnum contortum var. *platyphyllum* (Lindb.) Åberg Ark. Bot. **23 A**: 34. 5-6. 1937.

生境　溪边的湿地或沼泽。

分布　黑龙江、内蒙古。日本、俄罗斯(远东地区)、格陵兰岛(丹属),欧洲、北美洲。

异叶泥炭藓

Sphagnum portoricense Hampe, Linnaea **25**: 359. 1852.

生境　水湿沼泽地或潮湿林地上。

分布　内蒙古。亚洲北部、中美洲、北美洲。

刺叶泥炭藓

Sphagnum pungifolium X. J. Li, Acta Bot. Yunnan. **15** (2): 257. 1993. **Type**: China: Yunnan, Bijiang Co., *Zang Mu 5817* (holotype:HKAS).

生境　林缘沼泽地或林下潮湿地上。

分布　云南。中国特有。

五列泥炭藓

Sphagnum quinquefarium (Lindb.) Warnst., Hedwigia **25**: 222. 1886. *Sphagnum acutifolium* Schrad. var. *quinquefarium* Lindb. ex Braithw., Sphagn. Eur. N. Amer. 71. 1880.

Sphagnum plumulosum Röll var. *quinquefarium* (Lindb.) Röll, Flora **69**: 89. 1886.

Sphagnum acutifolium subsp. *quinquefarium* (Lindb.) Hérib. Mém. Acad. Sci. Clermont-Ferrand **14**: 445. 1899.

Sphagnum plumulosum subsp. *quinquefarium* (Lindb.) Bott., Atti Reale Accad. Lincei, Mem. Cl. Sci. Fis., ser. 3, **13** (1): 20. 1919.

Sphagnum plumulosum Röll var. *microphyllum* Röll, Hedwigia **46**: 210. 1907.

生境　山区沼泽地或水湿林地上，喜阴湿，一般泥炭藓不生于石灰岩上。

分布　四川、云南。日本，中欧山地、北欧、北美洲。

喙叶泥炭藓

Sphagnum recurvum P. Beauv., Prodr. Aethéogam 88. 1805.

Sphagnum flexuosum Dozy & Molk., Prodr. Fl. Bat. **2** (1): 76. 1851.

Sphagnum flexuosum var. *recurvum* Dozy & Molk., Prodr. Fl. Bat. **2**(1): 77. 1851.

Sphagnum fallax H. Klinggr., Schrift. Naturf. Gas. Danzig ser. 2, **5**(1): 209. 1881.

Sphagnum recurvum P. Beauv. var. *amblyphyllum* (Russow) Warnst., Bot. Gaz. **15**: 219. 1890.

Sphagnum pseudorecurvum Röll, Bot. Centralbl. **39**: 340. 1889.

Sphagnum amblyphyllum (Russow) Zick., Bull. Soc. Nat. Mosc., II, **14**: 278. 1900.

Sphagnum apiculatum H. Lindb., Sitzungsber. Deutschl. Naturwiss.-Med. Vereins Böhmen "Lotos" Prag **51**: 130. 1903.

Sphagnum pseudocuspidatum G. Roth, Eur. Torfm. 75. 1906. *hom. illeg.*

Sphagnum amblyphyllum (Russow) Warnst., Sphagn. Univ. 212. 1911, *hom. illeg.*

生境　沼泽地、针叶林下湿地或塔头甸子中，往往形成垫状藓丛。

分布　黑龙江、吉林、内蒙古、云南、西藏。尼泊尔、印度、日本、俄罗斯(西伯利亚)、秘鲁(Menzel, 1992)、智利(He, 1998)、新西兰，欧洲、北美洲。

岸生泥炭藓

Sphagnum riparium Åongström, Öfvers. Förh. Kongl. Svenska Vetensk.-Akad. **21**: 198. 1864.

Sphagnum intermedium Hoffm. var. *repartum* (Åongström) Braithw., Monthl. Microscop. J. **13**: 62. 1875.

Sphagnum spectabile Schimp., Syn. Musc. Eur. (ed. 2), 834. 1876.

生境　落叶松林下塔头甸子中、生于针阔混交林下或沼泽地。

分布　黑龙江。日本、俄罗斯(远东地区及西伯利亚)，欧洲、北美洲。

红叶泥炭藓

Sphagnum rubellum Wilson, Bryol. Brit. 19. 1855.

生境　高位沼泽或高山林下潮湿地上。

分布　内蒙古、新疆。印度、日本、俄罗斯(远东地区)、格陵兰岛(丹属)，欧洲，北美洲。

广舌泥炭藓

Sphagnum russowii Warnst., Hedwigia **25**: 225. 1886.

Sphagnum acutifolium Schrad. var. *robustum* Russow, Arch. Naturk. Livl-Ehst-Kurlands, ser. 2, Biol. Naturk. **7**: 117. 1865, *hom. illeg.*

Sphagnum robustum (Warnst.) Röll, Flora **69**: 109. 1886.

生境　针叶林下潮湿的腐殖土上，或生于沼泽地及沟边或林缘水湿地上。

分布　黑龙江、内蒙古、四川、重庆(胡晓云和吴鹏程，1991，as *S. robustum*)、云南、西藏。日本、俄罗斯(远东地区及西伯利亚)、格陵兰岛(丹属)，欧洲、北美洲。

丝光泥炭藓

Sphagnum sericeum Müll. Hal., Bot. Zeitung (Berlin) **5**: 481, 484. 1847. **Type**: Indonesia: Sumatra, *Junghuhn s. n.*

Sphagnum holleanum Dozy & Molk., Natuurk. Verh. Kon. Akad. Wetensch. Amsterdam **2**: 6. 1854.

Sphagnum seriolum Müll. Hal., Flora **70**: 421. 1887.

生境　林下潮湿地或水草地上。

分布　云南、台湾。马来西亚、印度尼西亚(苏门答腊岛、爪哇岛)、菲律宾、巴布亚新几内亚。

粗叶泥炭藓

Sphagnum squarrosum Crome in Hoppe, Bot. Zeitung (Regensburg) **2**: 324. 1803.

Sphagnum crassisetum Brid., Sp. Musc. Frond. **1**: 15. 1806.

Sphagnum cymbifolium var. *squarrosum* (Crome) Nees & Hornsch., Bryol. Germ. **1**: 11. 1823.

Sphagnum teres var. *squarrosum* (Crome) Warnst., Eur. Torfm. 121. 1881, *nom. illeg.*

Sphagnum squarrosum var. *subsquarrosum* Russ. ex Warnst., Hedwigia **27**: 271. 1888.

生境　林下积水处、塔头水湿地或沼泽中，偶见于阴湿林下腐木上。

分布　黑龙江、吉林、内蒙古、新疆、四川、云南。印度、朝鲜、日本、格陵兰岛(丹属)、新西兰，北美洲、中亚、欧洲、非洲北部。

羽枝泥炭藓

Sphagnum subnitens Russow & Warnst., Verh. Bot. Vereins Prov. Brandenburg **30**: 115. 1888.

Sphagnum acutifolium Schrad. var. *plumosum* Mild., Bryol. Siles. 382. 1869.

Sphagnum plumulosum Röll., Flora **69**: 89. 1886, *nom. inval.*

生境　高山林地或潮湿的草甸土上，海拔 2000m。

分布　贵州、云南。喜马拉雅地区、日本、俄罗斯(西伯利亚)，智利(He, 1998)，欧洲、北美洲、非洲北部。

偏叶泥炭藓

Sphagnum subsecundum Nees in Sturm, Deutschl. Fl. **2**

(17):3. 1819.

Sphagnum contortum Schultz, Prodr. Fl. Starg. Suppl. 64. 1819.

Sphagnum contortum var. *subsecundum* (Nees ex Sturm) Wilson, Bryol. Brit. **22**:60. 1855.

Sphagnum cavifolium Warnst., Eur. Torfm. 79. 1881, *nom. superfl.*

生境　沼泽、开阔的湿地或森林中背阴的湿地。

分布　黑龙江、辽宁、内蒙古、安徽、贵州、云南。尼泊尔、印度、缅甸、泰国、印度尼西亚(Touw, 1992)、朝鲜、日本、俄罗斯(远东地区),欧洲、南美洲、北美洲。

柔叶泥炭藓

Sphagnum tenellum Ehrh. ex Hoffm., Deutschl. Fl. **2**: 22. 1796.

Sphagnum molluscum Bruch, Flora **8**:635. 1825.

生境　林下、溪边低湿地上、沼泽或水草地上。

分布　黑龙江、云南。印度、日本,欧洲、北美洲、非洲北部。

细叶泥炭藓

Sphagnum teres (Schimp.) Åongström, Handb., Skamd. Fl. (ed. 8), 417. 1861. *Sphagnum quarrosum* Crome var. *teres* Schimp., Versuch & Wickl. Tortm. 64. 1858. **Type**: Europe.

Sphagnum squarrosum Crome subsp. *teres* (Schimp.) Ångström in Hartm., Skand. Fl. (ed. 8), 417. 1861.

生境　林下低湿之腐殖土上、林边、溪边水草地、沼泽地上或塔头甸子水中。

分布　黑龙江、吉林、内蒙古、陕西、新疆、四川、云南、西藏。印度、日本、高加索地区、俄罗斯(西伯利亚),欧洲、北美洲。

阔边泥炭藓

Sphagnum warnstorfii Russow, Sitzungsber. Naturf. Ges. Dorpat **8**:315. 1888 (as *Formenreihe*). **Type**: Europe.

Sphagnum warnstorfianum Rietz., Svensk. Bot. Tidskr. **39**:152. 1945.

生境　深沼泽地、水草地、白桦或柳树林下沼泽地或塔头甸子水中。

分布　黑龙江、新疆。俄罗斯,欧洲、北极地区、北美洲大西洋沿岸。

多枝泥炭藓

Sphagnum wulfianum Girg., Arch. Naturk. Liv-Ehst-Kurlands, ser. 2, Biol. Naturk. 173. 1860.

生境　沼泽或零星生于林地中。

分布　黑龙江。俄罗斯(远东地区)、格陵兰岛(丹属),欧洲、北美洲。

黑藓纲 Andreaeopsida J. H. Schaffn.

黑藓目 Andreaeale Limpr.

黑藓科 **Andreaeaceae** Dumort.

本科有3属,中国有1属。

黑藓属 Andreaea Hedw.
Sp. Musc. Frond. 47. 1801.

模式种: *A. wilsonii* Hook. f.

本属全世界现有90种,中国有5种,1亚种。

玉山黑藓

Andreaea morrisonensis Nog., Trans. Nat. Hist. Soc. Formosa **26**: 139. 1936. **Type**: China: Taiwan, Tainan Co., *Noguchi 6515*.

生境　高山岩石上。

分布　台湾。中国特有。

多态黑藓(贺黄山黑藓)

Andreaea mutabilis Hook. f., Wilson, London J. Bot. **3**: 536. 1844. **Type**: New Zealand: Auckland Island, *J. D. Hooker 50* (lectotype: BM); Campbell Island, *J. D. Hooker Ib.* (syntype: BM).

Andreaea hohuanensis C. C. Chuang, J. Hattori Bot. Lab. **37**: 427. 1973. **Type**: China: Taiwan, *Chuang 5914* (holotype: UBC).

生境　干燥裸岩面上。

分布　台湾。印度尼西亚、巴布亚新几内亚、澳大利亚、塔斯马尼亚、新西兰、智利(He, 1998),欧洲、南美洲、北美洲。

欧黑藓

Andreaea rupestris Hedw., Sp. Musc. Frond. 47. 1801. **Syntypes**: Sweden: "Bructeri," *sin. coll.*; England: "Annaemontani," *sin. coll.*

欧黑藓原亚种

Andreaea rupestris subsp. **rupestris**

Andreaea petrophila Ehrh. ex Fürnr, Flora 10 (Beibl. 2):30. 1827.

Andreaea amurensis Broth., Fl. Aziatsk. Ross. **4**:3. 1914.

Andreaea likiangensis P. C. Chen, Acta Phytotax. Sin. **7**(2): 103. 1958. **Type**: China: Yunnan, Lijiang Co., *W. S. Hsu 335a* (holotype: PE).

生境　高山裸露花岗岩面。

分布　吉林、内蒙古、陕西、新疆、浙江、云南、西藏、福建。世界广布。

欧黑藓东亚亚种

Andreaea rupestris subsp. **fauriei** (Besch.) W. Schultze-Motel, Willdenowia **5**:24. 1968.

Andreaea fauriei Besch., Ann. Sci. Nat., Bot., sér. 7 Bot. **17**:

379. 1893. **Type**: Japan, *Fauriei 138* (isotype: BM).

Andreaea rupestris Hedw. var. *fauriei* (Besch.) Takaki, J. Httori Bot. Lab. **11**: 90. 1954.

Andreaea mamillosula P. C. Chen, Acta Phytotax. Sin. **7**(2): 102. 1958. **Type**: China: Fujian, Mt. Wuyi, *P. C. Chen et al. 960* (holotype: PE); Anhui, *P. C. Chen et al. 6872, 7577, 7575* (paratypes: PE).

生境　高山花岗岩石上。

分布　吉林、甘肃(安定国,2002,as *A. mamillosula*)台湾。日本(Iwatsuki,2004)。

台湾黑藓(新拟)

Andreaea taiwanensis T. Y. Chiang, Bot. Bull. Acad. Sin. **39**: 58 f. 1. 1998. **Type**: China: Taiwan, Nantou Co., Mt. Yusha-ntong-feng, ca. 3200m alt., on rock, Nov. 30. 1987, *T. Y. Chiang 242 99* (holotype: HAST).

生境　岩面上,海拔3200m。

分布　台湾(Chiang,1998a)。中国特有。

王氏黑藓

Andreaea wangiana P. C. Chen, Acta Phytotax. Sin. **7** (2): 94. 1958. **Type**: China: Sichuan, *C. W. Wang 32 837* (holotype: PE); Shannxi, *S. C. Lee (X. J. Li) 716, 717a* (paratypes: PE); Yunnan, *W. S. Hsu 335* (paratype: PE).

Andreaea densifolia auct. non Mitt., J. Proc. Linn. Soc., Bot., Suppl. **1**: 7. 1859.

生境　花岗岩表面,常与紫萼藓混生。

分布　陕西、云南、西藏、台湾。中国特有。

长台藓纲 Oedipodiopsida Goffinet & W. R. Buck

长台藓目 Oedipodiales Goffinet & W. R. Buck

长台藓科 **Oedipodiaceae** Schimp.

本科仅有1属。

长台藓属 Oedipodium Schwägr.
Sp. Musc. Frond., Suppl. 2, **1**: 15. 1823.

模式种: *O. griffithianum* (Dicks.) Schwägr.

本属全世界现仅有1种。

长台藓

Oedipodium griffithianum (Dicks.) Schwägr., Sp. Musc. Frond., Suppl. 2, **1**: 15. 1823. *Bryum griffithianum* Dicks., Fasc. Pl. Crypt. Brit. **4**: 8. pl. 10. f. 10. 1801.

Bryum bulbiforme Broth., Symb. Sin. **4**: 56. pl. 1, f. 16. 1929. **Type**: China: Sichuan, Muli Co., 4625～4725m, Aug. 6. 1915, *Handel-Mazzetti 6933* (holotype: H-BR).

Gymnostomum griffithianum (Dicks.) Smith, Fl. Brit. **3**: 1162. 1804.

生境　岩面薄土。

分布　内蒙古、青海。日本、俄罗斯(Ignatov et al., 2005)、智利(He, 1998),欧洲、北美洲西部。

四齿藓纲 Tetraphidiopsida Goffinet & W. R. Buck

四齿藓目 Tetraphidiales M. Fleisch.

四齿藓科 **Tetraphidaceae** Schimp.

本科全世界有2属。中国有2属。

四齿藓属 Tetraphis Hedw.
Sp. Musc. Frond. 45. 1801.

模式种: *T. pellucida* Hedw.

本属全世界现有2种,中国有2种。

疣柄四齿藓

Tetraphis geniculata Girg. ex Mild., Bot. Zeitung (Berlin) **23**: 155. 1865.

Georgia geniculata (Mild.) Brockm., Arch. Vereins Freunde Naturgesch. Mecklenburg **23**: 90. 1870.

生境　北方高寒山区林下腐木上、枯立木上或倒木上。

分布　吉林、内蒙古。日本、俄罗斯(西伯利亚),北美洲。

四齿藓

Tetraphis pellucida Hedw., Sp. Musc. Frond. 43. pl. 7, f. 1: a-f. 1801.

Georgia pellucida (Hedw.) Rabenh., Deutschl. Krypt-Fl. **2** (3): 231. 1848.

Georgia cuspidata Kindb., Rev. Bryol. **20**: 93. 1893.

Tetraphis cuspidata (Kindb.) Paris, Index Bryol. Suppl. 318. 1900.

Tetraphis cuspidata (Kindb.) Paris, Index Bryol. Suppl. 318. 1900.

生境　北方或西南高山针叶林下的倒腐木上、腐烂的树桩上或稀见于林地上。

分布　黑龙江、吉林、辽宁、内蒙古、陕西、甘肃(安定国,2002)、新疆、四川、重庆(胡晓云和吴鹏程,1991)、贵州、云南、西藏、台湾(Noguchi,1934,as *Georgia pellucida*)。朝鲜、日本、俄罗斯,欧洲、北美洲。

小四齿藓属 Tetrodontium Schwägr.
Sp. Musc. Frond. ,Suppl. 2,**2**:102. 1824.

模式种:*T. brownianum* (Dicks.)Schwägr.

本属全世界现有3种,中国有2种。

小四齿藓

Tetrodontium brownianum (Dicks.) Schwägr., Sp. Musc. Frond., Suppl. 2, **2**: 102. 1824. *Bryum brownianum* Dicks., Fasc. Pl. Crypt. Brit. **4**: 7. 1801. **Type**: England: near Edinburgh, *Brown s. n.*

生境　潮湿和荫蔽的石缝中。

分布　四川。日本,欧洲、北美洲。

无肋小四齿藓

Tetrodontium repandum (Funck.) Schwägr., Sp. Musc. Frond., Suppl. 2, **2**: 102. 1824. *Tetraphis repanda* Funck, Deutschl. Fl., Abt. II, Crypt. **17**:[4]. ic. 1819.

Tetrodontium brownianum (Dicks.)Schwägr. var. *repandum* (Funck)Limpr., Krypt. -Fl. Schlesien **1**:110. 1876.

Tetrodontium brownianum (Dicks.)Schwägr. subsp. *repandum* (Funck)Boulay, Musc. France 209. 1884.

生境　潮湿、荫蔽的石缝中。

分布　吉林。日本、俄罗斯,欧洲、北美洲西部。

金发藓纲 Polytrichopsida Doweld

金发藓目 Polytrichales M. Fleisch.

金发藓科 **Polytrichaceae** Schwägr

本科全世界有17属,中国有6属。

仙鹤藓属 Atrichum P. Beauv.
Mag. Encycl. **5**:329. 1804.
Catharinea Ehrh. ex F. Weber, D. Mohr, Obs. Bot. 31. 1803.

模式种:*A. undulatum* (Hedw.)P. Beauv.

本属全世界现有20种,中国有6种,1变种。

狭叶仙鹤藓

Atrichum angustatum (Brid.)Bruch, Schimp., Bryol. Eur. **4**:237. (Fasc. 21-22. Monogr. 9). 1844. *Polytrichum angustatum* Brid., Muscol. Recent. Suppl. **1**:79. 1806.

Catharinea xanthopelma Müll. Hal., Flora **56**:482. 1873.

Atrichum xanthopelma (Müll. Hal.) A. Jaeger, Ber. Thätigk. St. Gallischen Naturwiss. Ges. **1873-1874**:243. 1875.

生境　潮湿的路边或林地,海拔1500~2500m。

分布　湖北、四川、重庆、贵州、广西(左勤等,2010)。欧洲、北美洲。

卷叶仙鹤藓

Atrichum crispum (James) Sull., Manual (ed. 2), 641. 1856. *Catharinea crispa* James, Proc. Acad. Nat. Sci. Philadelphia **7**:445. 1855.

生境　土坡上,海拔1800m。

分布　河南、陕西(张满祥,1978)。欧洲、北美洲。

小仙鹤藓

Atrichum crispulum Schimp. ex Besch., Ann. Sci. Nat., Bot., sér. 7, **17**:351. 1893. **Type**: Japan: Yokoska, *Savatier 530* .

Catharinea spinulosa Cardot, Bull. Soc. Bot. Genève, ser. 2, **1** (3):1909.

Atrichum henryi (Salm.) E. B. Bartram, Ann. Bryol. **8**: 21. 1935. *Catharinea henryi* Salm., J. Bot. **40**: 1. 1902. **Type**: China: Yunnan, Szemao forest, 5000ft., *Henry 13 608* (isotype: H-BR).

Catharinea gigantea Horik., Bot. Mag. (Tokyo) **50**: 559. 1936.

Atrichum spinulosum (Cardot) Mizut., J. Jap. Bot. **31**: 119. 1956.

Atrichum brevilamellatum P. C. Wu & X. Y. Hu, Acta Phytotax. Sin. **29**(4):334. 1991. *nom. nud.*

生境　较潮湿的路边、林地或土面。

分布　辽宁、江苏(刘仲苓等,1989,as *A. henryi*)、上海(刘仲苓等,1989)、浙江、四川、重庆、贵州、云南、西藏、台湾(Chuang,1973,as *A. spinulosum*)、广西。朝鲜、日本、泰国。

小胞仙鹤藓

Atrichum rhystophyllum (Müll. Hal.) Paris, Index Bryol. Suppl. 17. 1900. *Catharinea rhystophylla* Müll. Hal., Nuovo Giorn. Bot. Ital., n. s., **3**:93. 1896. **Type**: China: Shaanxi, Oct. 22. 1896, *Giraldi s. n.* (lectotype: H-BR).

Catharinea gracilis Müll. Hal., Nuovo Giorn. Bot. Ital., n. s., **3**: 92. 1896. **Type**: China: Shaanxi, Aug. 1894, *Giraldi s. n.*

Catharinea parvirosula Müll. Hal., Nuovo Giorn. Bot. Ital.,

n. s., **5**: 163. 1898. **Type**: China: Shaanxi, Oct. 1896, *Giraldi s. n.*

Atrichum gracile (Müll. Hal.) Paris, Index Bryol. Suppl.: **17**. 1900.

Atrichum parvirosulum (Müll. Hal.) Paris, Index Bryol. Suppl. 17. 1900.

Atrichum angustatum (Brid.) Bruch & Schimp. var. *rhystophyllum* (Müll. Hal.) Richards & Wallace, Trans. Brit. Bryol. Soc. **1**(4): iv. 1950.

Atrichum pallidum Renauld & Cardot var. *gracile* (Müll. Hal.) Nyholm, Lindbergia **1**: 9. 1971.

生境　较潮湿的路边或林地的土面。

分布　江西(何祖霞等,2010)、湖南、四川、重庆、贵州、云南、西藏、广西(左勤等,2010)。朝鲜、日本。

薄壁仙鹤藓

Atrichum subserratum (Hook.) Mitt., J. Proc. Linn. Soc. Bot. Suppl. **1**: 150. 1859. *Polytrichum undulatum* Hedw. var. *subserratum* Hook., J. Bot. (Hook.) **2**: 3. 1840. **Type**: Nepal: *Wallich s. n.* (isotype: NY).

Atrichum flavisetum Mitt., J. Linn. Soc. Bot. Suppl. **1**: 150. 1859.

Atrichum undulatum (Hedw.) P. Beauv. var. *subserratum* (Hook.) Paris, Index Bryol. 55. 1894.

Atrichum pallidum Renauld & Cardot, Bull. Soc. Roy. Bot. Belgique **34**(2): 63. 1895[1896].

Catharinea pallida (Renauld & Cardot) Broth., Nat. Pflanzenfam. **I** (3): 673. 1905, *hom. illeg.*

生境　潮湿的路边或林地。

分布　云南、福建。巴基斯坦(Higuchi and Nishimura, 2003)、喜马拉雅、东亚地区。

仙鹤藓多蒴变种

Atrichum undulatum (Hedw.) P. Beauv. var. **gracilisetum** Besch, Ann. Sci. Nat. Bot. ser. 7, **17**: 351. 1893. **Type**: Japan: Environs d' Aomori, Oct. 17. 1885, *Faurie 1367* (isotype: H-BR).

Catharinea undulata (Hedw.) F. Weber & D. Mohr, Index Mus. Pl. Crypt. [2]. 1803.

Atrichum haussknechtii Jur. & Mild., Verh. Zool. Bot. Ges. Wien **20**: 598. 1870.

Atrichum obtusulum (Müll. Hal.) A. Jaeger, Ber. Thätigk. St. Gallischen Naturwiss. Ges. **1877-1878**: 453. 1880.

Catharinea yunnanensis var. *minor* Broth., Symb. Sin. **4**: 132. 1929. **Type**: China: Sichuan, 2100m, May. 7. 1914, *Handel-Mazzetti 2014* (holotype: H-BR).

Atrichum yunnanense (Broth.) E. B. Bartram, Ann. Bryol. **8**: 20. 1935. *Catharinea yunnanensis* Broth., Sitzungsber. Akad. Wiss. Wien Sitzungsber., Math. Naturwiss. KI. Abt. 1, **131**: 214. 1923.

Atrichum undulatum var. *haussknechtii* (Jur. & Mild.) Frye in Grout, Moss Fl. N. Am. **1**: 103. 1937.

Atrichum yunnanense var. *minus* (Broth.) Wijk & Marg., Taxon **7**: 288. 1958.

Atrichum undulatum var. *yunnanense* (Broth.) P. C. Chen & Z. L. Wan ex W. X. Xu & R. L. Xiong, Acta Bot. Yunnan. **6** (2): 179. 1984.

生境　较潮湿的路边、林地或岩面。

分布　黑龙江、吉林、辽宁、内蒙古、山东、河南、陕西、甘肃(安定国,2002)安徽、江苏、浙江、江西(Ji and Qiang, 2005)、湖北、四川、重庆(Salmon, 1900, as *Atrichum obtusulum*)、贵州、云南、西藏、福建、台湾、广东、广西、香港。巴基斯坦(Higuchi and Nishimura, 2003)、缅甸(Tan and Iwatsuki, 1993)、朝鲜、日本、喜马拉雅地区。

东亚仙鹤藓

Atrichum yakushimense (Horik.) Mizut., J. Jap. Bot. **31**: 119. 1956. *Catharinea yakushimensis* Horik., Bot. Mag. (Tokyo) **50**: 560. f. 38. 1936. **Type**: Japan. (原始文献只有拉丁文描述。虽然没有标本引证,也没有指定标本存放地!但根据法规,这个种名仍然是成立的。)

生境　较潮湿的路边、林地或岩面。

分布　安徽、江西(何祖霞等,2010)、湖北、重庆、贵州、云南、广东(Lou and Koponen, 1986)、广西(左勤等,2010)。日本。

异蒴藓属 Lyellia R. Br.
Trans. Linn. Soc. London 12 (2): 561. 1819.

模式种: *L. crispa* R. Br.

本属全世界现有 4 种,中国有 2 种。

异蒴藓(扁蒴藓)

Lyellia crispa R. Br. bis, Trans. Linn. Soc. London **12** (2): 562. 1819.

生境　低山较潮湿的路边、林地或岩面上。

分布　云南、西藏。尼泊尔、俄罗斯(Ivanova and Ignatov, 2007),北美洲。

宽果异蒴藓(宽果扁蒴藓,小异蒴藓)

Lyellia platycarpa Cardot & Thér., Arch. Bot. Bull. Mens. **1**: 67. 1927. **Type**: China: Yunnan.

Lyellia minor W. X. Xu & R. L. Xiong, Acta Bot. Yunnan. **6** (2): 181. 1984. **Type**: China: Xizang, Linzhi Co., Mt. Shejilashan, on stone, 4600m, Aug. 2. 1975, *Chen Shu-Kun 356* (holotype: YUNU).

生境　高山潮湿的林地或岩面。

分布　陕西、四川、云南、西藏。中国特有。

小赤藓属 Oligotrichum Lam. & Cand.
Fl. Franc. (ed. 3), **2**: 491. 1805.

模式种：*O. hercynicum* (Hedw.) Lam. & DC.

本属全世界现有 28 种，中国有 7 种。

高栉小赤藓

Oligotrichum aligerum Mitt., J. Linn. Soc. London **8**: 48. 1865. **Type**: U. S. A.: Grande Cote, Mt. Rocky, *Drummond s. n.* (holotype: NY).

生境　较潮湿的路边、林地或岩面。

分布　吉林、云南、西藏、台湾。不丹(Hattori, 1971)、日本、韩国，北美洲、中美洲。

花栉小赤藓

Oligotrichum crossidioides P. C. Chen & T. L. Wan ex W. X. Xu & R. L. Xiong, Acta Bot. Yunnan. 6 (2): 179. 1984. **Type**: China: Yunnan, Lushui Co., 3150m, on the ground, Aug. 26. 1978, *Hu Zhi-Hao 78 097* (holotype: YUNU).

生境　较潮湿的路边、林地或岩面。

分布　云南、西藏。中国特有。

镰叶小赤藓

Oligotrichum falcatum Steere, Bryologist **61**: 115. f. 118. 1958. **Type**: U. S. A.: Alaska, July 29. 1952, *W. C. Steere 18 959* (holotype: NY).

Psilopilum falcatum (Steere) H. A. Crum, Steere & L. E. Anderson, Bryologist **68**: 434. 1965[1966].

生境　较潮湿的草甸上。

分布　西藏。喜马拉雅地区、美国(阿拉斯加)、加拿大、格陵兰岛(丹属)。

小赤藓*

Oligotrichum hercynicum (Hedw.) Lam. & Card.

生境　杜鹃林下，海拔 3750m。

分布　西藏(汪楣芝和罗健馨，1994)。日本、欧洲、北美洲(Gary and Merrill, 2007)。

钝叶小赤藓

Oligotrichum obtusatum Broth., Symb. Sin. **4**: 133. 1929. **Type**: China: Yunnan, Dali Co., 3400m, May 25. 1915, *Handel-Mazzetti 6505* (holotype: H-BR).

生境　较潮湿的路边、林地或岩面。

分布　贵州(彭晓磬，2002)、云南、台湾。尼泊尔。

半栉小赤藓

Oligotrichum semilamellatum (Hook. f.) Mitt., J. Proc. Linn. Soc., Bot., Suppl. **1**: 150. 1859. *Polytrichum semilamellatum* Hook. f. in Hook., Icon. Pl. Rar. **2**: pl. 194A. 1837. **Type**: the Himalayas, *Dr. Royle s. n.*

生境　较潮湿的路边、林地或岩面。

分布　云南。喜马拉雅地区。

台湾小赤藓

Oligotrichum suzukii (Broth.) C. C. Chuang, J. Hattori Bot. Lab. **37**: 430. 1973. *Pogonatum suzukii* Broth., Ann. Bryol. **1**: 26. 1928. **Type**: China: Taiwan, Taichung, Mt. Higosinoko, Aug. 6. 1926, *Suzuki 2660* (holotype: H-BR).

Oligotrichum formosanum Nog., Trans. Nat. Hist. Soc. Formosa **24**: 294. 1934. **Type**: China: Taiwan, Mt. Kodama, *Noguchi 5944* (holotype: NICH).

生境　较潮湿的路边或林地。

分布　台湾。中国特有。

小金发藓属 Pogonatum P. Beauv.
Mag. Encycl. **5**: 329. 1804.

模式种：*P. aloides* (Hedw.) P. Beauv.

全世界有 57 种，中国有 20 种及 1 亚种。

小金发藓(高山小金发藓)

Pogonatum aloides (Hedw.) P. Beauv., Prodr. Aethéogam. 84. 1805. *Polytrichum aloides* Hedw., Sp. Musc. Frond.: 96. 1801.

Polytrichum rubellum Menz. ex Brid., J. Bot. (Schrad.) **1800**: 287. 1801.

Pogonatum mnioides I. Hagen, Kongel. Norske Vidensk. Selsk. Skr. (Trondheim) **1913**(1): 30. 1914, *nom. inval.*

生境　低海拔阴湿土坡上。

分布　浙江(Salmon, 1900)、贵州、广东、香港。尼泊尔、不丹、印度、斯里兰卡、缅甸(Tan and Iwatsuki, 1993)、泰国、越南、菲律宾、印度尼西亚、日本、高加索地区，北美洲、非洲。

穗发小金发藓

Pogonatum camusii (Thér.) A. Touw, J. Hattori Bot. Lab. **60**: 26. 1986.

Rhacelopodopsis camusii Thér., Monde Pl., sér. 2, **9**: 22. 1907. **Type**: Japan. Ryukyu Island, *Ferrié s. n.* (holotype: PC).

生境　林边阴湿土壁。

分布　台湾(Noguchi, 1934, as *Rhacelopodopsis camusii*)、广西(左勤等，2010)、海南。泰国、越南(Tan and Iwatsuki, 1993)、印度尼西亚(Touw, 1992)、日本。

刺边小金发藓(卷叶小金发藓、拟刺边小金发藓)

Pogonatum cirratum (Sw.) Brid., Acta Bot. Fenn. **138**: 32. 1989. *Polytrichum cirratum* Sw., J. Bot. (Schrad.) **1800** (2): 175. pl. 4. 1801. **Type**: Indonesia: Java, *Thunberg 25 818*.

刺边小金发藓原亚种

Pogonatum cirratum subsp. **cirratum** Broth., Philipp. J. Sci. ser. C, **5**: 150. 1910.

Neopogonatum semiangulatum W. X. Xu & R. L. Xiong, Acta Bot. Yunnan. **6**: 174. f. 1. 1984. **Type**: China: Yunnan, Xichou Co., 1550m, Jan. 13. 1978, *Zhu Dai-Qing 78 001* (holotype: YUNU).

---

* 汪楣芝和罗健馨(1994)报道小赤藓 *O. hercynicum* (Hedw.) Lam. & Card. 分布于云南，但是，文中所引证的标本(王启无 4216)在《中国苔藓志》第 8 卷中被鉴定为高栉小赤藓。

Neopogonatum yunnanense W. X. Xu & R. L. Xiong, Acta Bot. Yunnan. **6**: 176. f. 2. 1984. **Type**: China: Yunnan, Jinping Co., 2300m, Aug. 30. 1958, *Zhu Wei-Ming 5812* (holotype: YUNU).

生境 亚热带中低山地或具土岩面上。

分布 江苏(张政等,2006)、江西(Ji and Qiang,2005)、湖南、湖北、重庆、贵州、云南、西藏、台湾、广东、广西、海南、香港。泰国、越南、老挝(Tan and Iwatsuki,1993)、日本、菲律宾、马来西亚、印度尼西亚(Touw,1992)。

刺边小金发藓褐色亚种

Pogonatum cirratum subsp. **fuscatum** (Mitt.) Hyvönen, Acta Bot. Fenn. **138**: 32. 1989.

Pogonatum fuscatum Mitt., J. Proc. Linn. Soc., Bot. Suppl. **1**: 154. 1859. **Type**: India: Khasia, *Hooker & Thomson 1203*.

Pogonatum flexicaule Mitt., J. Proc. Linn. Soc., Bot. Suppl. **1**: 152. 1859.

Pogonatum kweitschouense Broth., Symb. Sin. **4**: 133. 1929. **Type**: China: Guizhou, Liping, 750m, July 25. 1917, *Handel-Mazzetti 10 983* (holotype: H-BR).

Pogonatum spurio-cirratum Broth. var. *pumilum* Reimers, Hedwigia **71**: 74. 1931.

Pogonatum spurio-cirratum Broth. var. *pumilum* fo. *hemisphaericum* Reimers, Hedwigia **71**: 74. 1931.

Neopogonatum tibeticum W. X. Xu & R. L. Xiong, Acta Bot. Yunnan. **6**(2): 177. 3. 1984. **Type**: China: Xizang, Chayu Co., 2350m, on the ground, Aug. 18. 1974, *Wu Su-Gong 1806* (holotype: YUNU).

生境 湿热林地或树基上。

分布 浙江、江西(何祖霞等,2010)、湖南、湖北、四川、重庆、云南、福建(Thériot,1932,as *P. kweitschouense*)、台湾。孟加拉国(O′Shea,2003)、尼泊尔、不丹、印度、缅甸、老挝(Hyvönen and Lai,1991)、越南、马来西亚、菲律宾、智利(He,1998)。

扭叶小金发藓

Pogonatum contortum (Brid.) Lesq., Mem. Calif. Acad. Sci. **1**: 27. 1868. *Polytrichum contortum* Menz. ex Brid., J. Bot. (Schrad.) **1800**(2): 287. 1801. **Type**: North America, *Menzies s. n.*

Pogonatum asperrimum Besch., Ann. Sci. Nat., Bot., sér. 7, **17**: 355. 1893.

Catharinella contorta (Brid.) Kindb., Rev. Bryol. **21**: 35. 1894.

生境 林地边缘或稀生于阴湿林地上。

分布 山东(赵遵田和曹同,1998)、四川、广东、广西、海南、香港(Dixon,1933)。孟加拉国(O′Shea,2003)、日本、俄罗斯(远东地区)、北美洲西部。

细疣小金发藓

Pogonatum dentatum (Brid.) Brid., Bryol. Univ. **2**: 122. 1827.

Polytrichum dentatum Brid., J. Bot. (Schrad.) **1800** (1): 287. 1801. **Type**: Western North America, *Menzies s. n.*

Polytrichum capillare Michx., Fl. Bor.-Amer. **2**: 234. 1803.

Pogonatum capillare (Michx.) Brid., Bryol. Univ. **2**: 127. 1827.

Pogonatum rubellum Horik. & Saito, J. Jap. Bot. **31**: 71 f. 1. 1956.

生境 生于向阳砂土上。

分布 吉林、新疆、香港。印度、尼泊尔、日本、朝鲜、俄罗斯(远东地区)、欧洲、北美洲。

暖地小金发藓(多枝小金发藓)

Pogonatum fastigiatum Mitt., J. Proc. Linn. Soc. Bot. Suppl. **1**: 154. 1859. **Type**: India: E. Bengal, Khasia, *Hooker & Thomson 1240*.

Polytrichum ulotopolytrichum Müll. Hal., Gen. Musc. Frond. 184. 1880, *nom. nud.*

Pogonatum arisanense S. Okamura, J. Coll. Sci. Imp. Univ. Tokyo **38**(4): 21. 9. 1916. **Type**: China: Taiwan, Chiayi Co., Mt. Ali, Apr. 6. 1914, *Hayata s. n.* (holotype: NICH).

生境 湿热林地或草丛中。

分布 吉林(Potier de la Varde,1937)、陕西、江西、湖南、四川、云南(Mao and Zhang,2011)、福建、台湾、广东、广西。尼泊尔、不丹、印度、缅甸、泰国(Tan and Iwatsuki,1993)。

东亚小金发藓(小金发藓)

Pogonatum inflexum (Lindb.) Sande Lac., Ann. Mus. Bot. Lugduno-Batavi **4**: 308. 1869. *Polytrichum inflexum* Lindb., Not. Sällsk. Fauna Fl. Fenn. Förh. **9**: 100. 1868. **Type**: Japan: *Siebold s. n.*

Pogonatum rhopalophorum Besch., Ann. Sci. Nat., Bot., sér. 7, **17**: 354. 1893.

生境 温暖湿润林地或路边阴湿土坡上。

分布 山东(赵遵田和曹同,1998)、河南(Tan et al.,1996)、甘肃(Wu et al.,2002)、安徽、江苏(刘仲苓等,1989)、上海、浙江(Potier de la Varde,1937)、江西(Ji and Qiang,2005)、湖南、湖北、重庆、贵州、云南、福建(Thériot,1932)、台湾(Chuang,1973)。朝鲜、日本。

东北小金发藓

Pogonatum japonicum Sull. & Lesq., Proc. Amer. Acad. Arts Sci. **4**: 278. 1859. **Type**: Japan: Mts. of Hakodaki, *Wright s. n.*

Polytrichum grandifolium Lindb., Contr. Fl. Crypt. As. 264. 1872.

Pogonatum grandifolium (Lindb.) A. Jaeger, Ber. Thätigk. St. Gallischen Naturwiss. Ges. **1873-1874**: 253. 1875.

Pogonatum grandifolium var. *tosanum* Cardot, Bull. Soc. Bot. Genève, sér. 2, **1**: 130. 1909.

生境 针叶林林地或树根上。

分布 黑龙江、吉林、辽宁。朝鲜、日本、俄罗斯(远东地区)。

小口小金发藓

Pogonatum microstomum (Schwägr.) Brid., Bryol. Univ. **2**: 745. 1827. *Pogonatum longicollum* P. C. Chen & T. L. Wan, Gen. Musc. Sin. **2**: 304. 1978, *nom. illeg.* **Type**: China: Yunnan, *T. L. Wan* 5329a (PE).

Polytrichum microstomum R. Br. Trans. Linn. Soc. London **12**: 569. 1819, *num. nud.*

Polytrichum microstomum R. Br. ex Schwägr., Sp. Musc. Frond., Suppl. 2, **2**(1): 10. 1826. **Type**: Europe.

Pogonatum minutum Brid., Bryol. Univ. **2**: 127. 1827, *nom. illeg.*

Pogonatum paucidens Besch., Rev. Bryol. **18**: 89. 1891.

Pogonatum macrocarpum Broth., Symb. Sin. **4**: 135. 1929. **Type**: China: Yunnan, Kunming, *Handel-Mazzetti 685* (holotype: H).

Pogonatum submicrostomum Broth., Symb. Sin. **4**: 134. 1929. **Type**: China: Yunnan, Zhongdian Co., *Handel-Mazzetti 6870* (lectotype: H); Sichuan, Muli Co., *Handel-Mazzetti 7580* (syntype: H).

Pogonatum mirabile Horik., Bot. Mag. (Tokyo) **49**: 671. 26. 1935. **Type**: China: Taiwan, Chiayi Co., Mt. Morrison, Aug. 1932, *Horikawa s. n.* (holotype: HIRO).

Pogonatum microstomum var. *ciliatum* W. X. Xu & R. L. Xiong, Acta Bot. Yunnan. **6**: 183. 1984. **Type**: China: Xizang, Gyirong Co., *S. K. Chen 265* (holotype: YUKU; isotypes: H, HKAS).

生境　高海拔林地、土坡或具土岩石上。

分布　四川、云南、西藏、台湾(Chuang, 1973)。不丹(Noguchi, 1971)、缅甸(Tan and Iwatsuki, 1993)、泰国(Touw, 1968)、越南(Tan and Iwatsuki, 1993)、印度尼西亚(Touw, 1992)。

细小金发藓

Pogonatum minus W. X. Xu & R. L. Xiong, Acta Bot. Yunnan. **4**: 51. f. 1. 1982. **Type**: China: Yunnan, Xundian Co., 2120m, Sept. 7. 1977, *Xu Wen-Xuan 77 105* (holotype: YUNU).

生境　土墙上。

分布　重庆、云南。中国特有。

硬叶小金发藓(爪哇小金发藓、小叶小金发藓)

Pogonatum neesii (Müll. Hal.) Dozy, Ned. Kruidk. Arch. **4** (1): 75. 1856. *Polytrichum neesii* Müll. Hal., Syn. Musc. Frond. **2**: 563. 1851. **Type**: Indonesia: Java, *Braun s. n.*

Pogonatum yunnanense Besch., Rev. Bryol. **18**: 89. 1891. **Type**: China: Yunnan, between Hokin and Tali, *Delavay 1916* (*holotype*: *H*; *isotype*: *PE*).

Pogonatum akitense Besch., Ann. Sci. Nat., Bot., sér. 7, **17**: 354. 1893.

Pogonatum pygmaeum Cardot, Bull. Soc. Bot. Genève, sér. 2, **1**: 130. 1909.

Pogonatum muticum Broth., Akad. Wiss. Wien, Math.-Naturwiss. Kl., Abt. 1, **133**: 583. 1924. **Type**: China: Yunnan, near Kunming city, *Handel-Mazzetti 233* (holotype: H).

Pogonatum kiusiuense Sakurai, Bot. Mag. (Tokyo) **49**: 128. 1935.

Pogonatum shiroumanum var. *majus* Sakurai, Bot. Mag. (Tokyo) **49**: 133. 1935.

Pogonatum urasawae Sakurai, Bot. Mag. (Tokyo) **52**: 473. 1938.

Pogonatum akitense Besch. var. *urasawae* (Sakurai) Osada, J. Hattori Bot. Lab. **28**: 200. f. 11. 1965.

Pogonatum iliangense P. C. Chen & Z. L. Wan, Gen. Musc. Sin. **2**: 302. 1978. **Type**: China: Yunnan, Yiliang Co., *W. X. Xu 2* (holotype: PE).

生境　湿热地区林地或树基生长。

分布　江苏(刘仲苓等, 1989, as *P. akitense*)、浙江(刘仲苓等, 1989, as *P. akitense*)、江西(何祖霞等, 2010)、湖南、湖北、云南、香港。孟加拉国(O'Shea, 2003)、朝鲜、日本、尼泊尔、不丹、斯里兰卡、缅甸、越南、泰国、柬埔寨、马来西亚、菲律宾、印度尼西亚、巴布亚新几内亚、澳大利亚、斐济、越南、新喀里多尼亚岛(法属)、萨摩亚群岛、高加索地区。

川西小金发藓

Pogonatum nudiusculum Mitt., J. Proc. Linn. Soc., Bot., Suppl. **1**: 153. 1859. **Type**: India. Khasia, *Hooker & Thomson 1249*.

Polytrichum nudiusculum (Mitt.) Müll. Hal., Linnaea **36**: 13. 1869.

Pogonatum handelii Broth., Symb. Sin. **4**: 135. 1929. **Type**: China: Yunnan, Dali Co., 3050～3350m, May 21. 1915, *Handel-Mazzetti 6396*.

Pogonatum hetero-proliferum Horik., Bot. Mag. (Tokyo) **48**: 461. 1934. **Type**: China: Taiwan, Ilan Co., Mt. Taipingshan, *Horikawa s. n.*

Pogonatum oligotrichoides Horik., J. Jap. Bot. **11**: 416. 1935. **Type**: China: Taiwan, Nan-tou Co., Mt. Morrison, *Horikawa s. n.*

Pogonatum manchuricum Horik., J. Jap. Bot. **12**: 24. 1936. **Type**: China: Jilin, *Horikawa s. n.*

Polytrichum manchuricum (Horik.) C. Gao & G. C Zhang, J. Hattori Bot. Lab. **54**: 201. 1983.

生境　山地林下或草丛中。

分布　甘肃(Wu et al., 2002)、四川、贵州、云南、西藏、台湾。尼泊尔、不丹、印度、斯里兰卡、菲律宾。

双珠小金发藓

Pogonatum pergranulatum P. C. Chen, Feddes Repert. Spec. Nov. Regni Veg. 58. pl. 34, f. 8. **58** (1/3): 34. 1955. **Type**: China: Sichuan, Mt. Omei, 2800m, Aug. 25. 1942, *P. C. Chen 5519* (holotype: PE).

生境　高山湿土面上。

分布　湖北、四川、云南、西藏。中国特有。

全缘小金发藓(四川小金发藓)

Pogonatum perichaetiale (Mont.) A. Jaeger, Ber. Thätigk. St. Gallischen Naturwiss. Ges. **1873-1874**: 257. 1875.

Polytrichum perichaetiale Mont., Ann. Sci. Nat. ser. 2, **17**: 252. 1842. **Type**: India: Madras, *Perrottet* 1622.

Pogonatum integerrimum Hampe in Paris, Index Bryol. 982. 1898, *nom. nud.*

Polytrichum integerrimum Müll. Hal., Gen. Musc. Frond. 181. 1900, *nom. nud.*

Pogonatum setschwanicum Broth., Akad. Wiss. Wien Sitzungsber., Math.-Naturwiss. Kl., Abt. 1, **33**: 583. 1924. **Type**: China: Sichuan, Yanyuan Co., *Handel-Mazzetti 2844* (holotype: H).

生境　高海拔林地上，分布可达海拔 4500m 以上。

分布　新疆、江西(严雄梁等, 2009)、四川、云南、西藏。尼泊尔、不丹、印度、智利(He, 1998)。

南亚小金发藓

Pogonatum proliferum (Griff.) Mitt., J. Proc. Linn. Soc., Bot., Suppl. **1**: 152. 1859. *Polytrichum proliferum* Griff., Cal. J. Nat. Hist. **2**: 475. 1842. **Type**: India: Khasia, *Griffith s. n.*

Pogonatum gymnophyllum Mitt., J. Proc. Linn. Soc., Bot., Suppl. **1**: 152. 1859.

Polytrichum gymnophyllum (Mitt.) Kindb., Enum. Bryin. Exot. 72. 1888.

Pogonatum narburgii Broth., Nat. Pflanzenfam. Ⅰ(3): 690. 1905, nom. *nud*.

Pogonatum takao-montanum Horik., J. Jap. Bot. **22**: 505. 1935. **Type**: China: Taiwan, Pingtung, Jan. 4. 1935, *Horikawa s. n.* (holotype: HIRO).

生境 山地林下或林边。

分布 江西(Ji and Qiang, 2005)、湖南、四川、贵州、云南、台湾、广西。尼泊尔、不丹、印度、缅甸、泰国、越南、菲律宾。

树形小金发藓

Pogonatum sinense (Broth.) Hyvönen & P. C. Wu, Bryologist **96**(4): 633. 1993. *Microdendron sinense* Broth., Symb. Sin. **4**: 137. 1929. **Type**: China: Yunnan, 3800 ~ 4150m, Sept. 17. 1915, *Handel-Mazzetti 8098* (holotype: H-BR).

生境 高山或亚高山阴湿的林地。

分布 四川、云南、西藏。不丹。

苞叶小金发藓

Pogonatum spinulosum Mitt., J. Linn. Soc. London **8**: 156. 1864. **Type**: Japan: Kiushu, Nagasaki, *Oldham 426*.

Pogonatum pellucens Besch., Ann. Sci. Nat., ser. 7, Bot. **17**: 351. 1893.

Polytrichum spinulosum (Mitt.) Broth., Hedwigia **38**: 223. 1899.

Pogonatum spinulosum var. *serricalyx* E. B. Bartram, Ann. Bryol. **8**: 1936. **Type**: China: Guizhou, Mt. Fanjingshan, *S. Y. Cheo 646* (holotype: FH).

生境 低海拔阴湿土坡、土壁或林地上。

分布 黑龙江、吉林、山东、河南、安徽、江苏、浙江、江西、湖南、湖北、四川、重庆、贵州、云南、福建、广西。越南(Tan and Iwatsuki, 1993)、朝鲜、日本、菲律宾。

半栉小金发藓

Pogonatum subfuscatum Broth., Symb. Sin. **4**: 134. 1929. **Type**: China: Yunnan, 3200 ~ 3900m, Sept. 22. 1915, *Handel-Mazzetti 8244* (holotype: H-BR).

Pogonatum formosanum Horik., Bot. Mag. (Tokyo) **49**: 59. 6. 1935. **Type**: China: Taiwan, Chiayi Co., Mt. Ali, *Horikawa s. n.* (holotype: NICH).

Oligotrichum serratomarginatum J. S. Luo & P. C. Wu, Acat. Phytotax. Sin. **18**(1): 125. 1980. **Type**: China: Xizang, Basu Co., 4200m, June. 9. 1976, *Chen Wei-Lie & Li Liang-Qian 76 021* (holotype: PE).

生境 针阔混交林林地上，海拔 2800～4200m。

分布 四川、云南、西藏、台湾。亚洲南部地区。

海岛小金发藓(新拟)

Pogonatum tahitense Schimp., Ann. Sci. Nat. Bot. ser. 7, **20**: 31. 1894. **Type**: Tahiti.

生境 不详。

分布 台湾(Hyvönen and Lai, 1991)。印度尼西亚、美国(夏威夷)、Marguesa 群岛、社会群岛(Hyvönen and Lai, 1991)。

疣小金发藓

Pogonatum urnigerum (Hedw.) P. Beauv., Prodr. 84. 1805.

Polytrichum urnigerum Hedw., Sp. Musc. Frond. 100. pl. 22, f. 5-7. 1801. **Type**: Europe.

Pogonatum himalayanum Mitt., J. Proc. Linn. Soc., Bot., Suppl. **1**: 151. 1859.

Polytrichum urnigerum var. *tsangense* Besch., Ann. Sci. Nat., Bot., ser. 7, **15**: 70. 1892. **Type**: China: Yunnan, Tsang-chan, *Delavay 4046*.

Polytrichum microdendron Müll. Hal., Nuovo Giorn. Bot. Ital., n. s. **3**: 93. 1896. **Type**: China: Shaanxi, Taibaishan, Aug. 1893, *Giraldi s. n.*

Polytrichum polythamnium Müll. Hal., Nuovo Giorn. Bot. Ital., n. s. **3**: 93. 1896. **Type**: China: Shaanxi, Kuan-tou-san, Aug. 1893, *Giraldi s. n.*

Polytrichum thelicarpum Müll. Hal., Nuovo Giorn. Bot. Ital., n. s. **3**: 94. 1896. **Type**: China: Shaanxi, Taibaishan, Aug. 1894, *Giraldi s. n.*

Polytrichum alpinum var. *secundifolium* Broth., Symb. Sin. **4**: 137. 1929. **Type**: China: Sichuan, Yanyuan Co., *Handel-Mazzetti 2947* (holotype: H).

Polytrichum alpinum var. *leptocarpum* Symb. Sin. **4**: 136. 1929. **Type**: China: Yunnan, Lijiang Co., *Handel-Mazzetti 4298* (holotype: H).

Polytrichum higoense Sakurai, Bot. Mag. (Tokyo) **50**: 373. 1936.

生境 较干燥、强阳光林地或生长于石壁上。

分布 吉林、辽宁、内蒙古、河北、山东(赵遵田和曹同, 1998)、河南、陕西、甘肃、新疆、安徽、浙江、江西、湖北、四川、重庆、贵州、云南、西藏、台湾(Chuang, 1973)、广西(左勤等, 2010)。巴基斯坦(Higuchi and Nishimura, 2003)、巴布亚新几内亚(Tan, 2000)、印度尼西亚(Touw, 1992)、坦桑尼亚(Ochyra and Sharp, 1988)。

拟金发藓属 Polytrichastrum G. L. Sm.
Mem. New York Bot. Gard. 21(3): 35. 1971.

模式种：*P. alpinum* (Hedw.) G. L. Sm.

本属全世界现有 13 种，中国有 8 种，1 变种。

拟金发藓(高山金发藓、高山小金发藓、高山拟金发藓、金发藓短叶变种)

Polytrichastrum alpinum (Hedw.) G. L. Sm., Mem. New York Bot. Gard. **21**(3): 37. 1971. *Polytrichum alpinum* Hedw., Sp. Musc. Frond. 92. 1801. **Type**: Europe.

Pogonatum alpinum (Hedw.) Roeh., Ann. Wetterau Ges. **3**(2): 226. 1814.

Polytrichum brevifolium R. Br., Suppl. App. Capt. Parv's Voyage 294. 1824.

Pogonatum alpinum var. *brevifolium* (R. Br.) Brid., Bryol. Univ. **2**: 131. 1827.

Polytrichum alpinum var. *brevifolium* (R. Br.) Müll. Hal., Syn. Musc. Frond. **1**: 211. 1848.

Polytrichastrum alpinum var. *brevifolium* (R. Br.) G. L. Sm., Mem. New York Bot. Gard. **21**(3): 37. 1971.

生境 高山地区林下地面上。

分布　吉林、内蒙古、河北、山西(Wang et al.，1994)、青海、新疆、四川、云南、西藏、台湾(Chuang，1973，as *Pogonatum alpinum*)、广东(何祖霞等，2004)。全世界广泛分布。

厚栉拟金发藓（厚栉金发藓）

Polytrichastrum emodi G. L. Sm.，J. Hattori Bot. Lab. **38**：633. 1974. **Type**：Nepal：between Lama chungbu and Slesa，on soil，4350m，June. 24. 1972，*Iwatsuki 1602*（holotype：NICH；isotype：NY）.

Polytrichum crassilamellatum W. X. Xu & R. L. Xiong，Acta Bot. Yunnan. **6**(2)：179. 1984. **Type**：China：Xizang，Zhongba Co.，Shengli，on tillite，5600m，*Tao De-Ding 2095*（holotype：YUNU）.

生境　路边或林地上。

分布　云南、西藏。喜马拉雅地区。

台湾拟金发藓（台湾金发藓）

Polytrichastrum formosum（Hedw.）G. L. Sm.，Mem. New York Bot. Gard. **21**(3)：37. 1971.

Polytrichum formosum Hedw.，Sp. Musc. Frond. 92. 1801.

台湾拟金发藓原变种

Polytrichastrum formosum var. **formosum**

Polytrichum attenuatum Menzies ex Brid.，J. Bot.（Schrad.）**1800**(2)：286. 1801.

Polytrichum intersedens Cardot，Bull. Soc. Bot. Genève，ser. 2，**1**：130. 1909.

Polytrichum formosum var. *intersedens*（Cardot）Osada，J. Jap. Bot. **41**：81. 1966.

生境　高山或亚高山林地上。

分布　黑龙江、吉林、辽宁、内蒙古、安徽、江苏、上海、浙江、江西、湖南、四川、重庆、贵州、云南、西藏、福建、台湾、广东、广西(左勤等，2010)、香港。尼泊尔、叙利亚、日本、俄罗斯(远东地区)、澳大利亚、新西兰、北非、阿留申群岛，欧洲、北美洲。

台湾拟金发藓圆齿变种

Polytrichastrum formosum var. **densifolium**（Hedw.）G. L. Sm.，Mem. New York Bot. Gard. **21**（3）：37. 1971. *Polytrichum densifolium* Wilson ex Mitt.，J. Proc. Linn. Soc.，Bot.，Suppl. **1**：155. 1859. **Type**：India.

Polytrichum formosum Hedw. var. *densifolium*（Mitt.）Z. Iwats. & Nog *in* Osada & Yano，J. Jap. Bot. **41**：80. 1966.

生境　山区阴湿的路边或林地上。

分布　四川、台湾。喜马拉雅地区、日本。

细叶拟金发藓（细叶金发藓）

Polytrichastrum longisetum（Sw. ex Brid.）G. L. Sm.，Mem. New York Bot. Gard. **21**（3）：37. 1971. *Polytrichum longisetum* Sw. ex Brid.，J. Bot.（Schrad.）**1800**（2）：286. 1801. **Type**：Europe.

Polytrichum gracile Dicks. in Menzies，Bot. Zeitung（Regensburg）**1**：74. 1802.

生境　阴湿山地上。

分布　吉林、内蒙古、新疆。日本、俄罗斯(西伯利亚)、格陵兰岛(丹属)、新西兰，欧洲、北美洲。

多形拟金发藓（多形金发藓）

Polytrichum ohioense Renauld & Cardot，Rev. Bryol. **12**：11. 1885. **Type**：U. S. A：Ohio，*Provost s. n.*

Polytrichum decipiens Limpr.，Laubm. Deutschl. **2**：618. 1893.

Polytrichastrum ohioense（Renauld & Cardot）G. L. Sm.，Mem. New York Bot. Gard. **21**(3)：37. 1971.

生境　路边或林地上。

分布　黑龙江、辽宁、内蒙古、新疆、湖南、湖北、重庆、云南。日本、俄罗斯(萨哈林岛)，欧洲、北美洲。

莓疣拟金发藓（高山金发藓莓疣变种）

Polytrichastrum papillatum G. L. Sm.，J. Hattori Bot. Lab. **38**：633. 1974. **Type**：India：Kashmir，*Duthie s. n.*

Polytrichum alpinum Hedw. var. *fragariformis* W. X. Xu & R. L. Xiong，Acta Bot. Yunnan. **6**(2)：182. 1984. **Type**：China：Xizang，Dingjie Co.，4700m，Nov. 11. 1975，*Zang Mu 2069*（holotype：YUNU）.

Polytrichum alpinum var. *strawberriforme* W. X. Xu & R. L. Xiong，Acta Bot. Yunnan. **6**(2)：197. 1984，*nom. nud.*

Polytrichastrum alpinum（Hedw.）G. L. Sm. var. *fragariformis*（W. X. Xu & R. L. Xiong）Redf. & P. C. Wu，Ann. Missouri Bot. Gard. **73**：199. 1986.

生境　高寒山地具土岩面上。

分布　西藏。喜马拉雅地区。

长栉拟金发藓

Polytrichastrum sexangulare（Flörke ex Brid.）G. L. Sm.，Mem. New York Bot. Gard. **21**（3）：37. 1971. *Polytrichum sexangulare* Flörke ex Brid.，J. Bot.（Schrad.）**1800**(1)：285. 1801.

Polytrichum norvegicum Hedw.，Sp. Musc. Frond. 99，pl. 22，f. 1-5. 1801.

Polytrichastrum norwegicum（Hedw.）Schljakov，Novosti Syst. Niza. Rast. **19**：210. 1982.

Polytrichum crassilamellatum W. X. Xu & R. L. Xiong，Acta Bot. Yunnan. **6**：178. f. 4. 1984. **Type**：China：Xizang，Zhongba Co.，5600m，*Tao De-Ding 2095*(holotype：YUKU).

生境　山区路边湿润土面上，海拔 2100～3500m。

分布　吉林、新疆(Tan and Zhao，1997)。日本、俄罗斯(西伯利亚、千岛群岛)、格陵兰岛(丹属)，欧洲、北美洲。

黄尖拟金发藓

Polytrichastrum xanthopilum（Wilson ex Mitt.）G. L. Sm.，Mem. New York Bot. Gard. **21**(3)：37. 1971.

Polytrichum xanthopilum Wilson ex Mitt.，J. Proc. Linn. Soc.，Bot.，Suppl. **1**：156. 1859. **Type**：India：Sikkim.，*Hooker s. n.*

Polytrichum tibetanum C. Gao，Acta Phytotax. Sin. **17**（4）：117. 1979. **Type**：China：Xizang，Cuona Co.，4500m，Aug. 10. 1974，*Xizang expedition M. 7441*（IFSBH）.

生境　高山林地上。

分布　内蒙古、四川、贵州、云南、西藏。喜马拉雅地区，北美洲。

金发藓属 Polytrichum Hedw.
Sp. Musc. Frond. :88. 1801.

模式种:*P. commune* Hedw.

本属全世界现有 39 种,中国有 6 种。

金发藓

Polytrichum commune Hedw. ,Sp. Musc. Frond. 88. 1801.

Polytrichum commune Hedw. var. *maximovickizii* Lindb. , Contr. Fl. Crypt. As. 224. 1872.

Polytrichum commune Hedw. var. *nigrescens* Warnst. , Verh. Bot. Ver. Brandenburg **41**:65. 1899.

生境　山坡路边或林地上。

分布　吉林、内蒙古、甘肃(安定国,2002)、新疆、安徽(Potier de la Varde,1937)、江苏(刘仲苓等,1989)、上海(刘仲苓等,1989)、江西(Ji and Qiang,2005)、湖南、四川、重庆、贵州、云南、台湾(Hyvönen and Lai,1991)。全世界广泛分布。

桧叶金发藓

Polytrichum juniperinum Hedw. ,Sp. Musc. Frond. 89. 1801.

Polytrichum juniperinum var. *alpinum* Schimp. ,Syn. Musc. Eur. 447. 1860.

生境　较阴湿的林地上。

分布　吉林、内蒙古、新疆、四川、云南、西藏。巴基斯坦(Higuchi and Nishimura,2003)、朝鲜、日本、俄罗斯(西伯利亚、萨哈林和高加索)、印度、秘鲁(Menzel,1992)、智利(He,1998)、格陵兰岛(丹属),非洲、欧洲、北美洲、南太平洋。

毛尖金发藓

Polytrichum piliferum Schrad. ex Hedw. , Sp. Musc. Frond. 90. 1801.

Polytrichum juniperinum var. *piliferoides* W. X. Xu & R. L. Xiong, Acta Bot. Yunnan. **6**(2):183. 1984. **Type**:China: Xizang, Lijia Co. ,4300m, Nov. 9. 1975, *Zang Mu 2135* (holotype:YUNU).

生境　路边或林下土面上。

分布　吉林、内蒙古、新疆、西藏。朝鲜、日本、俄罗斯(西伯利亚、萨哈林岛)、智利(He,1998),欧洲、北美洲、非洲。

球蒴金发藓(珠蒴小金发藓)

Polytrichum sphaerothecium (Besch.) Müll. Hal. , Gen. Musc. Frond. 176. 1900.

Pogonatum sphaerothecium Besch. , Ann. Sci. Nat. , Bot. , sér. 7, Bot. **17**:353. 1893.

Polytrichum sphaerothecium (Besch.) Broth. var. *major* Sakurai, Bot. Mag. (Tokyo) **49**:134. 1935.

生境　高寒山区。

分布　吉林。朝鲜、日本、阿留申群岛。

直叶金发藓

Polytrichum strictum Menz. ex Brid. , J. Bot. (Schrad.) 1800 (1):286. 1801.

Polytrichum juniperinum Hedw. var. *gracilius* Wahlenb. , Fl. Lapp. 344. 1812.

Polytrichum juniperinum var. *strictum* (Brid.) Roehl. , Deutschl. Fl. (ed. 2), Kryptog. Gew. **3**:58. 1813, *nom. illeg.*

Polytrichum juniperinum subsp. *strictum* (Brid.) Nyl. & Sael, Herb. Mus. Fenn. 65. 1859.

生境　林中湿地上。

分布　黑龙江、吉林、辽宁、内蒙古、新疆。朝鲜、日本、俄罗斯、格陵兰岛(丹属),南美洲、欧洲、北美洲、南极地区。

微齿金发藓

Polytrichum swartzii Hartm. , Handb. Skand. Fl. (ed. 5), 361. 1849.

Polytrichum commune subsp. *swartzii* (Hartm.) Hartm. , Handb. Skand. Fl. (ed. 9), **2**:43. 1864.

Polytrichum sinense Cardot & Thér. , Bull. Acad. Int. Géogr. Bot. **13**:82. 1904. **Type**:China:Guizhou, Guiyang city, June. 9. 1898, *Bodinier s. n.*

Polytrichum commune Hedw. var. *swartzii* (Hartm.) Nyholm. , Ill. Moss Fl. Fennoscandia. Musci **2**:681. 1969.

生境　较阴湿的林地上。

分布　重庆、贵州、台湾(Chuang,1973,as *P. commune* Hedw. var. *swartzii*)。日本、俄罗斯(西伯利亚)、格陵兰岛(丹属)、智利(He,1998),欧洲、北美洲(包括阿拉斯加)。

拟赤藓属(新拟)Psilopilum Brid.
Bryol. Univ. **2**:95. 1827.

模式种:*P. arcticum* Brid. [=***P. laevigatum*** (Wahlenb.) Lindb.]

本属全世界现有 4 种,中国有 1 种。

全缘拟赤藓(新拟)

Psilopilum cavifolium (Wilson) I. Hagen, Bryologist **19**:70. 1916.

Polytrichum cavifolium Wilson, Bot. Voy. Herald 44. 1852.

生境　路边,海拔 2470m。

分布　吉林(Vitt and Cao,1989)。北美洲。

真藓纲 Bryopsida Pax

烟杆藓目 Buxbaumiales M. Fleisch.

烟杆藓科 Buxbaumiaceae Schimp.

本科仅 1 属。

烟杆藓属 Buxbaumia Hedw.
Sp. Musc. Frond. 166. 1801.

模式种：*B. aphylla* Hedw.

全世界有 12 种，中国有 3 种。

筒蒴烟杆藓

Buxbaumia minakatae S. Okamura, Bot. Mag. (Tokyo) **25**: 30. f. 1. 1911. **Type**: Japan: Kii, Hiraigodani in Chikanomura, Nishimuro-gun, Dec. 1. 1908, *K. Minakata s. n.*

生境 林地或林下腐木上。

分布 吉林、陕西、台湾。巴基斯坦(Higuchi and Nishimura, 2003)、日本、朝鲜、俄罗斯(远东地区)，北美洲东部。

花斑烟杆藓

Buxbaumia punctata P. C. Chen & X. J. Lee, Acta. Phytotax. Sin. **9**(3): 277. pl. 19. 1964. **Type**: China: Sichuan, Maerkang Co., on rotten log, 3500m, July 8. 1958, *Li Xing-Jiang 1476* (holotype: PE).

生境 高山林地或林下腐木上。

分布 陕西、四川、云南、西藏。中国特有。

圆蒴烟杆藓

Buxbaumia symmetrica P. C. Chen & X. J. Lee, Acta Phytotax. Sin. **9**(3): 279. pl. 19. 1964. **Type**: China: Shannxi, Exian Co., 1800m, Sept. 16. 1962, *Wei Zhi-Ping 4731a* (holotype: PE).

生境 腐木上。

分布 陕西。中国特有。

短颈藓目 Diphysciales M. Fleisch.

短颈藓科 Diphysciaceae M. Fleisch.

本科仅有 1 属。

短颈藓属 Diphyscium D. Mohr
Observ. Bot. 34. 1803.

Theriotia Cardot, Beih. Bot. Centralbl. **17**: 8. 1904.

Muscoflorschuetzia Crosby, Bryologist **81**: 338. 1978.

模式种：*D. foliosum* (Hedw.) D. Mohr

本属全世界现有 16 种，中国有 5 种，1 变种。

乳突短颈藓

Diphyscium chiapense Norris var. **unipapillosum** (Deguchi) T. Y. Chiang & S.-H. Lin, Bot. Bull. Acad. Sin. **42**: 217. 2001. *Diphyscium unipapillosum* Deguchi, J. Jap. Bot. **59**: 97. 1984. **Type**: Japan: Shikoku, Pref. Kochi, Kamiyashiki, Nakamura-shi, 380m, on rock crevices by stream, Mar. 25. 1983, *H. Deguchi 24 901* (holotype: HIRO; isotype: NY).

Diphyscium buckii B. C. Tan, Bryologist **93**: 429. 1990.

生境 林下岩面或树干上，海拔 100～2600m。

分布 江西(Karén et al., 2010)、湖南、台湾。日本、菲律宾。

短颈藓(腐木短颈藓)*

Diphyscium foliosum (Hedw.) D. Mohr, Ind. Musc. Pl. Crypt. 3. 1803. *Buxbaumia foliosa* Hedw., Sp. Musc. Frond. 166. 1801.

Webera sessilis (Schmid.) Lindb. var. *acutifolia* Lindb. ex Braithw., Brit. Moss. Fl. **1**: 293. 1887.

Diphyscium foliosum var. *elatum* Thér., Bull. Soc. Agric. Sarthe 164. 1899.

Diphyscium sessilis (Schmid.) Lindb. var. *acutifolia* (Lind. & Braithw.) Paris, Index Bryol. 2: 80. 1904.

Diphyscium granulosum P. C. Chen, Feddes Repert. Spec. Nov. Regni Veg. **58**: 34. 1955. **Type**: China: Sichuan, Chien-wei, Tsao-tian-ma, 2000m, Sept. 2. 1942, *P. C. Chen 1106* (holotype: PE).

Diphyscium macrophyllum C. K. Wang & S. H. Lin, Hikobia **7**: 21. 1974. **Type**: China: Taiwan, Ilan Co., Mt. Taiping, on crashed rocks and moist soil, 2000m, July. 7. 1972, *S. H. Lin 2804* (holotype: TUNGH).

生境 林下岩面、倒木或林地上。

分布 四川、重庆、贵州、台湾(Karén et al., 2010)。日本、俄罗斯、高加索地区、格陵兰岛(丹属)、美国、墨西哥，欧洲。*

东亚短颈藓

Diphyscium fulvifolium Mitt., Trans. Linn. Soc. London Bot. 2, **3**: 143. 1891. **Type**: Japan: Challenger Expedition, Apr.-May 1875, Challenger Expedition, *Moseley s. n.* (holo-

* 原记录于湖南的标本被证明是错误鉴定(Karén et al., 2010)。

typc:NY; isotypc:BM).

Webera fulvifolia (Mitt.) Broth., Nat. Pflanzenfam. I (3):664. 1904.

Diphyscium fulvifolium Mitt. var. *leveillei* Thér., Symb. Sin. **4**: 131. 1929. **Type**: China: Hunan, Yun-schan Wukang 1800m, Handel-Mazzetti 12 479(H).

Diphyscium rotundatifolium C. K. Wang & S. H. Lin, Ann. Missouri Bot. Gard. **61**: 526. 1974. **Type**: China: Taiwan, Nantou Co., on moist soil, 1150 ~ 1750m, Nov. 12. 1971, *S. H. Lin 1267* (holotype: TUNGH).

生境　具土岩面、朽木或林地上。

分布　安徽、江苏、江西、湖南、湖北、重庆、贵州、云南、福建、台湾、广东、广西。日本、朝鲜、菲律宾。

齿边短颈藓

Diphyscium longifolium Griff., Calcutta J. Nat. Hist. **2**: 477. 1842. **Type**: India: *Faurie 136* (holotype: PC); Khasia, Moosmai, on wet rocks, *Griffith 771* (lectotype: BM; isolectotypes: E, NY, S).

Diphyscium rupestre Dozy & Molk., Pl. Jungh. **3**: 340. 1854.

Diphyscium peruvianum Spruce ex Mitt., J. Linn. Soc., Bot. **12**: 622. 1869.

Diphyscium submarginatum Mitt., Fl. Vit. **2**: 403. 1873.

Diphyscium loriae Müll. Hal., Hedwigia **36**: 334. 1897.

Diphyscium ulei Müll. Hal., Hedwigia **36**: 334. 1897.

Webera longifolia (Griff.) Broth., Nat. Pflanzenfam. I (3): 664. 1904.

Webera loriae (Müll. Hal.) Broth., Nat. Pflanzenfam. I (3): 664. 1904.

Webera peruvianum (Spruce ex Mitt.) Broth., Nat. Pflanzenfam. I (3): 664. 1904.

Webera rupestre (Dozy & Molk.) Broth., Nat. Pflanzenfam. I (3): 664. 1904.

Webera submarginatum (Mitt.) Broth., Nat. Pflanzenfam. I (3): 664. 1904.

Webera ulei (Müll. Hal.) Broth., Nat. Pflanzenfam. I (3): 664. 1904.

Webera elmeri Broth., Leafl. Philipp. Bot. **2**: 654. 1909.

Diphyscium elmeri (Broth.) Broth., Nat. Pflanzenfam. (ed. 2), 491. 1925.

Diphyscium rhynchophorum Dixon, J. Linn. Soc., Bot. **50**: 53. 1935.

Diphyscium rupestre Dozy & Molk. var. *elmeri* (Broth.) Z. Iwats. & B. C. Tan, Kalikasan **9**: 278. 1980.

生境　林下岩面或林地上。

分布　贵州、云南、台湾(Chiang and Lin, 2001, as *D. rupestre*)、海南(Magombo, 2003)。喜马拉雅地区、印度、泰国(Touw, 1968, as *D. rupestre*)、东南亚地区、太平洋岛屿、中美洲、南美洲。

厚叶短颈藓（厚叶藓）

Diphyscium lorifolium (Cardot) Magombo, Novon **12**: 502. 2002. *Theriotia lorifolia* Cardot, Beih. Bot. Centralbl. **17**: 8. 1904. **Type**: Korea (Coréa), Ouen-san, 1901, *Faurie 136* (holotype: PC).

生境　林下潮湿岩面上。

分布　吉林、辽宁。朝鲜、日本、克什米尔地区。

卷叶短颈藓（台湾短颈藓）

Diphyscium mucronifolium Mitt. in Dozy & Molk., Bryol. Jav. **1**: 35. 1855. **Type**: Indonesia: Labuan, on rocks of very soft sandstone in a rivulet named Sungei Dinding near Tanjong Kubong, 1852, *Mr. Motley 4* (holotype: NY).

Diphyscium involutum Mitt., J. Proc. Linn. Soc., Bot., Suppl. **1**: 149. 1859.

Diphyscium auriculatum Besch., Ann. Sci. Nat., Bot., sér. 5, **18**: 220. 1873.

Webera auriculatum (Besch.) Broth., Nat. Pflanzenfam. I (3): 664. 1904.

Webera involutum (Mitt.) Broth., Nat. Pflanzenfam. I (3): 664. 1904.

Webera mucronifolium (Mitt.) Broth., Nat. Pflanzenfam. I (3): 664. 1904.

Webera integerrimum Broth., Leafl. Philipp. Bot. **2**: 653. 1909.

Diphyscium integerrimum (Broth.) Broth., Nat. Pflanzenfam. (ed. 2), **11**: 491. 1925.

Diphyscium ryukyuense Nog., J. Jap. Bot. **11**: 272. 1935.

Diphyscium formosicum Horik., Bot. Mag. 49: 677. 1935.

Diphyscium cumberlandianumi Harvill, Bryologist **56**: 278. 1950.

Diphyscium malayense Manuel, J. Bryol. **11**: 245. 1980.

生境　林下岩面、土面或腐木上。

分布　湖南(Karén et al., 2010)、重庆、云南、福建、台湾、广东、海南、香港。日本、斯里兰卡、印度、泰国、柬埔寨、马来西亚、菲律宾、印度尼西亚、北美洲。

小短颈藓

Diphyscium satoi Tuzibe in Nakai, Iconogr. Pl. As. Orient. **2**: 114. 1937. **Type**: Japan: in rupibus ("pyroxene andesite"), in monte Daisetu, Hokkaido, Mt. Daisetu, July. 12. 1936, *M. Tuzibe s. n.* (holotype: TNS; isotype: TNS).

生境　冷杉林下裸露的火山岩面上，海拔 2000m 以下。

分布　吉林。韩国、日本。

美姿藓目 Timmiales Ochyra

美姿藓科 **Timmiaceae** Schimp.

本科仅有 1 属。

美姿藓属 Timmia Hedw.
Sp. Musc. Frond. 176. 1801.

模式种：*T. megapolitana* Hedw.

本属全世界现有 6 种，中国有 4 种，2 变种。

南方美姿藓

Timmia austriaca Hedw., Sp. Musc. Frond. 176. 1801. **Type**: Austria: *Froelich s. n.*

Mnium austriacum (Hedw.) Spreng., Anleit. Kenntn. Gew. **3**: 372. 1804.

生境　高山林地上、岩面薄土上或潮湿的钙质土上。

分布　山西、青海、新疆、四川、西藏。日本、俄罗斯，南亚、欧洲、北美洲。

美姿藓

Timmia megapolitana Hedw., Sp. Musc. Frond. 175. 1801. **Type**: Europe.

美姿藓原变种

Timmia megapolitana var. **megapolitana**

Mnium megapolitanum (Hedw.) Gmelin ex P Beauv., Mém. Soc. Linn. Paris **1**: 465. 1823.

生境　高山林下、潮湿的沟边、草地上或沼泽边的润湿岩石上。

分布　吉林、辽宁、内蒙古、山西、陕西、宁夏、甘肃、新疆、四川、云南。不丹(Noguchi, 1971)、蒙古、俄罗斯(远东地区、西伯利亚)、日本，欧洲、北美洲。

美姿藓北方变种

Timmia megapolitana var. **bavarica** (Hessl.) Brid., Bryol. Univ. **2**: 71. 1827. *Timmia bavarica* Hessl., De Timmia Mus. Fr. Gen. 19. fig. 3. 1822.

Timmia austriaca var. *umbiricata* Hartm., Skand. Fl. (ed. 3), 330. 1832.

Timmia austriaca var. *bavarica* Huebener, Muscol. Germ. 514. 1833.

Timmia austriaca Hedw. var. *alpinai* Hartm., Skand. Fl. (ed. 3), 292. 1838.

Timmia schensiana Müll. Hal., Nuovo Giorn. Bot. Ital., n. s., **5**: 162. 1891. **Type**: China: Shaanxi, Tui-kio-san, Sept. 1896, *Giraldi s. n.*

Timmia megapolitana Hedw. subsp. *bavarica* (Hessl.) Brassard, Lindbergia **10**: 34. 1984.

生境　针叶林地上、溪边、沼泽旁潮湿的碱性土上、岩面薄土或砂质湿地上。

分布　黑龙江、吉林、辽宁、内蒙古、河北、山西、山东、陕西、宁夏、甘肃、青海、新疆、湖北、四川、云南、西藏。巴基斯坦(Higuchi and Nishimura, 2003)、蒙古、日本、俄罗斯(远东地区、西伯利亚)，欧洲、非洲、北美洲。

挪威美姿藓

Timmia norvegica Z J. E. Zetterst., Öfvers. Förh. Kongl. Svenska Vetensk. -Akad. **19**: 364. 1862. **Type**: Norway.

挪威美姿藓原变种

Timmia norvegica var. **norvegica**

Timmia megapolitana var. *norvegica* (J. E. Zetterst.) Lindb., Handb. Skand. Fl. (ed. 9), **2**: 31. 1864.

Timmia scotica Stirt., Ann. Scott. Nat. Hist. **19**: 238. 1910.

生境　针叶林下土生、在林缘、沟边岩面薄土上或土坡上。

分布　陕西、新疆。格陵兰岛(丹属)，亚洲北部及中部、欧洲、北美洲。

挪威美姿藓纤细变种

Timmia norvegica var. **comata** (Lindb. & Arnell) H. A. Crum, Canad. Field-Naturalist **81**: 114. 1967. *Timmia comata* Lindb. & Arnell, Kongl. Svenska Vetensk. Acad. Handl. **23**(10): 24. 1890.

Timmia austriaca Hedw. subsp. *comata* (Lindb. & Arnell.) Kindb., Ottawa Naturalist **14**: 87. 1900.

Timmia norvegica Zett. var. *excurrens* Bryhn, Rept. 2nd Norway Arct. Exped. Fram "1898-1902" **11**: 121. 1907.

Timmia norvegica var. *comata* (Lindb. & Arnell) H. A. Crum, Canad. Field-Naturalist **81**: 114. 1967.

生境　阴湿的林下、林缘土坡上或岩面薄土上。

分布　新疆。中亚、西亚、欧洲、北美洲北部。

球蒴美姿藓

Timmia sphaerocarpa Y. Jia & Y. Liu, J. Bryol. **28** (4): 351. 2006. **Type**: China: Xizang, Changdu Co., 3888m, on stone, Aug. 14. 2004, *Y. Jia 08 100-b* (holotype: PE).

生境　石上或石缝中。

分布　四川、西藏。中国特有。

大帽藓目 Encalyptales Dixon

大帽藓科 **Encalyptaceae** Schimp.

本科全世界有 3 属，中国仅有大帽藓属。

大帽藓属 Encalypta Hedw.
Sp. Musc. Frond. 60. 1801.

模式种：*E. ciliata* Hedw.

本属全世界现有 36 种，中国有 12 种。

高山大帽藓

Encalypta alpina Smith, Engl. Bot. **20**: 1419. 1805. **Type**: Scotland: Ben Lawers, Oct. 1804, *G. Don s. n.* (lectotype: BM).

Encalypta commutata Nees, Horrrsch. & Sturm, Bryol. Germ. **2**(1): 46. 1827.

Encalypta giraldii Müll. Hal., Nuovo Giorn. Bot. Ital.

n. s. **5**: 173. 1898. **Type**: China: Shaanxi, Mt. Tui-kio, Oct. 1896, *Giraldi s. n.* (lectotype: H-BR).

生境 岩面薄土、高山地区土地或见于沼泽地中。

分布 内蒙古、河北、陕西、甘肃(安定国,2002)、青海、新疆、云南、西藏。巴基斯坦(Higuchi and Nishimura,2003)、日本、蒙古、美国(阿拉斯加)、格陵兰岛(丹属)、冰岛,中亚(阿尔泰山、天山)、欧洲(斯堪的那维亚地区、英国、阿尔卑斯山)、北美洲。

贯顶大帽藓(新拟)

Encalypta asiatica J. C. Zhao & L. Li, Hikobia **14**: 383. 2006. **Type**: China: Hebei, Mt. Taihang, 2300m, on soil, June. 28. 1998, *Li Min 9 806 156* (holotype: HBNU).

生境 土面上,海拔 2300m。

分布 河北(Li et al.,2006)。中国特有。

拟烟杆大帽藓

Encalypta buxbaumioida T. Cao, C. Gao & X. L. Bai, Acta Bryol. Asiat. **2**: 1. 1990 [1991]. **Type**: China: Neimenggu, Haung-gang-liang Forest Center, Keshike Qi, Chifeng city, *Bai Xue-Liang 70* (holotype: HIMC; isotype: IFSBH).

生境 干燥土面上。

分布 内蒙古。中国特有。

大帽藓

Encalypta ciliata Hedw., Sp. Musc. Frond. 61. 1801.

Encalypta laciniata Hedw. ex Lindb., Acta Soc. Sci. Fenn. **10**: 18. 1871.

Encalypta breviseta Müll. Hal., Nuovo Giorn. Bot. Ital. n. s., **3**: 103. 1896. **Type**: China: Shaanxi, Kuan-tou-san, July. 1894, *Giraldi s. n.* (lectotype: FI).

Encalypta erythrodbnta Müll. Hal., Nuovo Giorn. Bot. Ital. n. s., **5**: 172. 1898. **Type**: China: Shaanxi, Kuan-tou-san, Nov. 5. 1896, *Giraldi s. n.* (lectotype: FI).

生境 石灰岩石缝中、石面土生、林下或草甸中土面。

分布 黑龙江、吉林、内蒙古、河北、山西(Wang et al.,1994)、陕西、甘肃(安定国,2002)青海、新疆、四川、贵州、云南、西藏、台湾(Noguchi,1934)。日本、伊朗、秘鲁(Menzel,1992)、智利(He,1998)、巴布亚新几内亚,欧洲(西班牙、法国、意大利、南斯拉夫、希腊、土耳其、高加索地区)、北美洲、非洲。

尖叶大帽藓

Encalypta rhaptocarpa Schwägr., Sp. Musc. Fornd., Suppl. 1, **1**: 56. 1811. **Type**: Austria.

Encalypta intermedia Jur., Verh. Zool. -Bot. Ges. Wien **20**: 595. 1870.

生境 土坡、岩面薄土上或稀见于低湿地上。

分布 内蒙古、河北、山西、宁夏、甘肃、青海、新疆、云南、西藏、台湾(Chiang and Kuo,1989)。巴基斯坦(Higuchi and Nishimura,2003)、日本、高加索地区、美国(夏威夷)、冰岛、格陵兰岛(丹属)、智利(He,1998),欧洲、北美洲。

西伯利亚大帽藓

Encalypta sibirica (Weinm.) Warnst., Hedwigia **53**: 316. 1913. *Encalypta ciliata* Hedw. var. *sibirica* Weinm., Bull. Soc. Imp. Naturalistes Moscou **18**: 448. 1845. **Type**: Russia: Siberia.

生境 岩面薄土上。

分布 内蒙古、河北、新疆、四川、西藏。尼泊尔、俄罗斯(西伯利亚)、蒙古、美国(阿拉斯加),北美洲。

中华大帽藓

Encalypta sinica J. C. Zhao & M. Li, Arctoa **8**: 1. 1999. **Type**: China: Hebei, Mt. Xiaowutai, on soil over rock, *M. Li 97 047b* (holotype: HBNU).

生境 岩面薄土上。

分布 河北。中国特有。

剑叶大帽藓

Encalypta spathulata Müll. Hal., Syn. Musc. Frond. **1**: 519. 1849.

生境 土面。

分布 内蒙古、河北(Zhang and Zhao,2000)、宁夏、新疆、贵州(梁阿喜等,2008)、西藏。俄罗斯,欧洲、北美洲、非洲。

扭蒴大帽藓

Encalypta streptocarpa Hedw., Sp. Musc. Frond. 62. pl. **10**: f. 10-15. 1801.

生境 岩面薄土,海拔 1500~2500m。

分布 贵州(王晓宇和熊源新,2003)。印度、日本、哈萨克斯坦,欧洲。

天山大帽藓

Encalypta tianschanica J. C. Zhao, S. He. & R. L. Hu, Novon **7**: 320. 1997. **Type**: China: Xinjiang, Mts. Tianshan, *J. C. Zhao 953 288-b* (holotype: HBUN; isotypes: HSNU, MO).

生境 树基上或土面上。

分布 新疆。中国特有。

西藏大帽藓

Encalypta tibetana Mitt., J. Proc. Linn. Soc., Bot., Suppl. Bot. **1**: 42. 1859. **Type**: China: Xizang (Tibet), occid. reg. alp., *T. Thomson 250* (holotype: NY).

生境 高山地区土坡或冰川边土上,海拔 2000~5000m。

分布 内蒙古、河北(Li and Zhao,2002)、宁夏、新疆、西藏。巴基斯坦(Higuchi and Nishimura,2003)。

钝叶大帽藓

Encalypta vulgaris Hedw., Sp. Musc. Fornd. 60. 1801. **Type**: Europe.

生境 林下岩面或阴沟中土面上。

分布 内蒙古、山西(Wang et al.,1994)、宁夏、青海、新疆、贵州(梁阿喜等,2008)、西藏。巴基斯坦(Higuchi and Nishimura,2003)、蒙古、俄罗斯(中亚、远东地区)、澳大利亚、新西兰、智利(He,1998),欧洲、北美洲、非洲。

葫芦藓目 Funariales M. Fleisch.

葫芦藓科 **Funariaceae** Schwägr.

本科全世界有16属,中国有5属。

拟短月藓属 Brachymeniopsis Broth.,Symb. Sin. **4**:48. 1929.

模式种:*B. gymnostoma* Broth.
本属全世界现有1种。

拟短月藓

Brachymeniopsis gymnostoma Broth. in Handel-Mazzetti, Symb. Sin. **4**: 48. 1929. **Type**: China: Yunnan, Lijiang Co., 2800m, Sept. 25. 1916, *Handel-Mazzetti 10 061* (holotype: H-BR).

生境 湿润的低洼草地、农田休闲地或钙质土上。

分布 贵州(彭涛和张朝辉,2007)、云南。中国特有。

梨蒴藓属 Entosthodon Schwägr. Sp. Musc. Frond.,Suppl. **2** (1):44. 1823.

模式种:*E. templetonii* (Sm.)Schwägr.
本属全世界现有85种,中国有4种。

钝叶梨蒴藓

Entosthodon buseanus Dozy & Molk.,Bryol. Jav. **1**:31. pl. 22, f. 1-23. 1855. **Type**: Indonesia:Java,*Teysmann s. n.*

Funaria buseana (Dozy & Molk.)Broth.,Nat. Pflanzenfam. Ⅰ(3):524. 1903.

Funaria sinensis Dixon, Sci. Rep. Natl. Tsing Hua Univ., Ser. B,Biol. Sci. **2**:120. 1936,*nom. nud.*

生境 山林下、林缘土壁上、阴湿的路边或沟边土地上。

分布 河北、甘肃(Wu et al.,2002,as *Funaria sinensis*)、湖北、贵州、云南、台湾(Chuang,1973)。印度、印度尼西亚、菲律宾、巴布亚新几内亚,东南亚(Touw,1992)。

纤细梨蒴藓

Entosthodon gracilis Hook. f. & Wilson, Fl. Nov.-Zel. **2**: 91. pl. 86 f. 7. 1854. **Type**: New Zealand: Bay of Island, *J. D. Hooker s. n.*

Funaria gracilis (Hook. f. & Wilson)Broth.,Nat. Pflanzenfam. Ⅰ(3):524. 1903.

Entosthodon subnudus (Taylor) Fife var. *gracilis* (Hook. f. & Wilson)Fife,J. Hattori Bot. Lab. **58**:192. 1985.

生境 土面或土墙上,海拔2000~3200m。

分布 云南、西藏。新喀里多尼亚岛(法属)、澳大利亚、新西兰。

立碗梨蒴藓(新拟)

Entosthodon physcomitrioides (Mont.) Mitt., J. Proc. Linn. Soc., Bot., Suppl. **1**: 55. 1859. *Funaria physcomitrioides* Mont.,Ann. Sci. Nat.; Bot.,sér. 2,**17**:253. 1842. **Type**:India.

生境 不详。

分布 台湾(Chiang and Lin,1984)。印度、印度尼西亚、越南、新喀里多尼亚岛(法属)(Chuang,1973)。

尖叶梨蒴藓

Entosthodon wichurae M. Fleisch., Musci Buitenzorg **2**: 481. 1904. **Type**: Indonesia: Java, Mt. Papandajan, *Wichura 2513c*.

Funaria wichurae (M. Fleisch.)Broth. Nat. Pflanzenfam., Ⅰ(3):1204. 1909.

Weissia templetonii Griff., Calcutta J. Nat. Hist. **2**: 488. 1842,*hom. illeg.*

生境 林缘、路边土坡上、草地上或洞隙边具薄土的岩壁上。

分布 河北、云南、福建(汪楣芝,1994a)。日本、印度、斯里兰卡、缅甸(Tan and Iwatsuki,1993)、印度尼西亚。

葫芦藓属 Funaria Hedw. Sp. Musc. Frond. 172. 1801.

模式种:*F. hygrometrica* Hedw.
本属全世界现有80种,中国有9种。

美洲葫芦藓

Funaria americana Lindb., Öfvers. Förh. Kongl. Svenska Vet.-Akad. **20**:398. 1863. **Type**:U. S. A.

Entosthodon americanus (Lindb.)Fife,J. Hattori Bot. Lab. **58**:192. 1985.

生境 土面或岩面上,海拔1300~1400m。

分布 河北(赵建成等,1999)。美国、墨西哥。

狭叶葫芦藓

Funaria attenuata (Dicks.) Lindb., Not. Sällsk. Fauna Fl. Fenn. Förh. **11**: 633. 1870. *Bryum attenuata* Dicks., Fasc. Pl. Crypt. Brit. Fasc. **4**:10. f. 8. 1801. **Type**:Scotland.

Funaria templetonii Sm.,Engl. Bot. **36**:2524. 1813.

Entosthodon attenuatus (Dicks.)Bryhn, Kongel. Norske Vidensk. Selsk. Skr. (Trondheim)**1908** (8):25. 1908.

生境 林缘路边土壁上、房前后土墙壁上、田边地角或苗圃地上。

分布 黑龙江、吉林、北京、山东(杜超等,2010)、陕西、江苏、浙江、江西、湖北、重庆、贵州、云南、西藏、福建、海南。巴基斯坦,欧洲、北美洲、非洲北部。

直蒴葫芦藓

Funaria discelioides Müll. Hal.,Nuovo Giorn. Bot. Ital.,n. s.,

4: 245. 1897. **Type**: China: Shaanxi, Pou-o-li, Don Joh. Tsan, Mar. 7. 1895, *Giraldi s. n.*

生境　林缘土坡或沟边土地上。

分布　陕西、宁夏、新疆、重庆。中国特有。

葫芦藓

Funaria hygrometrica Hedw., Sp. Musc. Frond. 172. 1801.

Funaria calvescens Schwägr., Sp. Musc. Frond., Suppl. **1**(2): 77, 65. 1816.

Funaria hygrometrica Hedw. var. *calvescens* (Schwägr.) Ment., Ann. Sc. Nat. Bot. ser. 2, **12**: 54. 1839.

Funaria leptopoda Griff., Calcutta J. Nat. Hist. **2**: 512. 1842.

Funaria connivens Müll. Hal., Bot. Zeitung (Berlin) **13**: 747. 1855.

Funaria globicarpa Müll. Hal., Nuovo Giorn. Bot. Ital., n. s., **5**: 161. 1898. **Type**: China: Shaanxi, Tschu-ze-schen (Co.), Liu-kian-se (Temple), June, 1896, *Giraldi 2059* (isotype: H).

Fontinalis hygrometrica (Hedw.) P. Sydow, Bot. Jahresber. (Just) **32** (1): 528. 1905.

生境　田边、富含氮肥的土面上、火烧地上、林缘或路边土面上。

分布　中国南北各省广泛分布。世界广布种。

日本葫芦藓

Funaria japonica Broth. Hedwigia **38**: 216. 1899. **Type**: Japan: Kyushu, Pref. Nagasaki, *Wichura 1411*.

Funaria mutica Broth., Rev. Bryol., n. s., **2**: 4. 1929. **Syntypes**: Japan: Kyushu, *Hirotsu 1587*; China: Taiwan, Shinchiku, *Sasaoka 3832*.

生境　林地、岩面薄土上或石隙里。

分布　吉林、重庆、贵州、云南、台湾(Chuang, 1973)。日本。

小口葫芦藓

Funaria microstoma Bruch ex Schimp., Flora **23**: 850. 1840.

Funaria submicrostoma Müll. Hal., Linnaea **42**: 253. 1879. *nom. und.*

生境　林地、草地、土面、岩面上或有时生于树干基部。

分布　黑龙江、吉林、内蒙古、陕西、新疆、安徽、上海、湖北、四川、重庆、贵州、云南、西藏。印度、澳大利亚，欧洲、北美洲、非洲北部。

刺边葫芦藓

Funaria muhlenbergii Turner, Ann. Bot. (Konig & Sims) **2**: 198. 1804[1805]. **Type**: England: Copgrove, *Dalton s. n.*

Funaria calcarea Wahlenb, Kongl. Vetensk. Acad. Handl. **27**: 137 pl. 4, f. 2. 1806.

Funaria dentata Crome Samml. Deutschl. Laubm. **2**: 26. 1806.

Funaria hibernica Hook. in Curt., Fl. Londin. (ed. 2), 378. 1817.

Funaria mediterranea Lindb., Öfvers. Förh. Kongl. Svenska Vetenska.-Akad. **20**: 399. 1863.

Entosthodon muhlenbergii (Turner) Fife, J. Hattori Bot. Lab. **58**: 192. 1985.

生境　阔叶林地上、路边、溪边土坡上、生于岩缝或墙壁上。

分布　吉林、辽宁、内蒙古、山西、陕西、宁夏、新疆、江苏、四川、重庆、贵州、云南。俄罗斯(远东地区)，欧洲、北美洲。

西藏葫芦藓(新拟)

Funaria orthocarpa Mitt., J. Proc. Linn. Soc., Bot., Suppl. **1**: 56. 1859. **Type**: China: Xizang, *T. Thomson 366*.

生境　不详。

分布　西藏(Mitten, 1859)。中国特有。

毛尖葫芦藓

Funaria pilifera (Mitt.) Broth., Nat. Pflanzenfam. Ⅰ (3): 523. 1903. *Entosthodon pilifer* Mitt., J. Proc. Linn. Soc., Bot., Suppl. 1: 55. 1859. **Type**: China: Xizang, *T. Thomson s. n.*

生境　不详。

分布　西藏(Mitten, 1859)。印度。

小立碗藓属 Physcomitrella Bruch & Schimp.
Bryol. Eur. 1: 13 (Fasc. 42. Monogr. 1). 1849.

模式种: *P. patens* (Hedw.) Bruch & Schimp.

本属全世界现有 2 种，中国有 1 种。

加州小立碗藓(新拟)

Physcomitrella readeri (Müll. Hal.) I. G. Stone & G. A. M. Scott. J. Bryol. **7**: 604. 1973 [1974]. *Ephemerella readeri* Müll. Hal., Hedwigia **41**: 120. 1902.

Physcomitriella patens (Hedw.) Bruch & Schimp. subsp. *californica* (H. A. Crum & L. E. Anderson) B. C. Tam, J. Hattori Bot. Lab. **46**: 334. 1979. *Physcomitriella californica* H. A. Crum & L. E. Anderson. Bryologist **58**: 4. 1955.

生境　稻田边土面上。

分布　湖南(Li and Wu. 1995. as *P. patens* subsp. *californica*)。日本和北美洲。

立碗藓属 Physcomitrium (Brid.) Brid.
Bryol. Univ. 2: 815. 1827.

模式种: *P. sphericum* (C. F. Ludw.) Fürnr.

本属全世界现有 65 种，中国有 8 种。

狭叶立碗藓

Physcomitrium coorgense Broth., Rec. Bot. Surv. India **1**: 319. 1899. **Type**: India: Coorg, Verajpet, dry shady banks, *Walker 170*.

生境　林缘土坡、路边、沟边潮湿土地或田边阴湿土壁上。

分布　浙江(刘艳和曹同, 2007)、云南、广东。孟加拉国(O'Shea, 2003)、印度。

江岸立碗藓

Physcomitrium courtoisii Paris & Broth., Rev. Bryol. **36**: 9. 1909. **Type**: China: Jiangsu, *Courtois 50* (isotype: HKAS).

生境　林缘林地、草地或沟边潮湿土面上。

分布　辽宁、山东(杜超等,2010)、安徽、江苏、上海、浙江、江西、湖南、四川、重庆、云南。中国特有。

红蒴立碗藓

Physcomitrium eurystomum Sendtn., Denkschr. Bayer. Bot. Ges. Regensburg **3**: 142. 1841.

Gymnostomum acuminatum Schleich., Cat. Pl. Helv. (ed. 4), 40. 1821, *nom. nud.*

Physcomitrium acuminatum (Schleich.) Bruch & Schimp. *in* B. S. G., Bryol. Eur. **3**: 247, pl. 300 (Fasc. 11. Monogr. 11). 1841.

Gymnostomum eurystomum (Sendtn.) Lindb. & Arnell, Kongl. Svenska Vetenskapsakad. Handl. **23** (10): 57. 1890.

Physcomitrium savatieri Besch., Ann. Sci. Nat., Bot., sér. 7, **17**: 340. 1893.

Physcomitrium spurio-acuminatum Dixon Rev. Bryol. Lichénol., n. s. **7**: 107. 1934. **Type**: China: Liaoning, Mt. Matenrei, *Kobayashi 3977*.

Physcomitrium eurystomum subsp. *acuminatum* (Bruch & Schimp.) Giacom., Ist. Bot. Reale Univ. Reale Lab. Crittog. Pavia, Atti **4**: 227. 1947.

Physcomitrium higoense Sakurai, J. Jap. Bot. **28** (2): 56. 1. 1953.

生境　潮湿土面上、山林、沟谷边、农田或庭院内土壁阴湿处。

分布　黑龙江、辽宁、内蒙古、山东(赵遵田和曹同,1998)、新疆、安徽、江苏、上海、浙江、江西、四川、重庆、云南、西藏、福建、台湾(Chuang,1973)、广东、广西、香港、澳门。孟加拉国(O'Shea,2003)、日本、越南、印度、俄罗斯、秘鲁(Menzel,1992),欧洲、非洲。

日本立碗藓

Physcomitrium japonicum (Hedw.) Mitt., Trans. Linn. Soc. Bot. London **3**: 164. 1891. *Gymnostomum japonicum* Hedw., Sp. Musc. Frond. 34. pl. 1 f. 7-9. 1801. **Type**: Japan: *Thunberg 25 893*.

Entosthodon japonicus (Hedw.) Lindb. Öfvers. Förh. Kongl. Svenska Vetenska.-Akad. **21**: 596. 1864.

Physcomitrium subeurystomum Cardot, Beih. Bot. Centralbl. **19** (2): 106. 1905. **Type**: China: Taiwan, Maruyama, *Faurie 19*.

Physcomitrium limbatulum Broth. & Paris, Rev. Bryol. **38**: 53. 1911. **Type**: China: Jiangsu, Nanjing, Apr. 4. 1909, *Courtois s. n.*

Physcomitrium longifolium Sakurai, Bot. Mag. (Tokyo) **46**: 738. 1932. **Type**: China: Taiwan, Taihoku, *Suzuki 2757*.

Physcomitrium limbatulum var. *brevisetum* E. B. Bartram Ann. Bryol. **8**: 10. 1936. **Type**: China: Fujian, Fuzhou city, *H. H. Chung 6013a* (holotype: FH).

Physcomitrium nipponense Sakurai, Bot. Mag. (Tokyo) **52**: 469. f. 1, c. d. 1938.

生境　潮湿土地上、山林、沟谷边、农田边或庭院内土壁阴湿处。

分布　黑龙江、辽宁、内蒙古、安徽、江苏、上海、浙江、江西、四川、重庆、云南、西藏、福建、台湾(Chuang,1973)、广东、广西、香港、澳门。印度、不丹、缅甸、日本、朝鲜、俄罗斯,中亚、欧洲、非洲。

梨蒴立碗藓

Physcomitrium pyriforme (Hedw.) Hampe, Linnaea **11**: 80. 1837. *Gymnostomum pyriforme* Hedw., Sp. Musc. Frond. 38. 1801.

生境　林地、沟谷边或田边地角等阴湿的土地上。

分布　黑龙江、新疆、江苏、上海。俄罗斯、澳大利亚,欧洲、北美洲、非洲北部。

匍生立碗藓

Physcomitrium repandum (Griff.) Mitt., J. Proc. Linn. Soc., Bot., Suppl. **1**: 54. 1859. *Gymnostomum repandum* Griff., Calcutta J. Nat. Hist. **2**: 478. 1842. **Type**: India: Upper Assam, *Griffith s. n.*

生境　田边地角湿土上、林地、林缘、沟边土壁或石壁上。

分布　江苏、重庆、云南、广东。孟加拉国(O'Shea,2003)、巴基斯坦(Higuchi and Nishimura,2003)、印度、尼泊尔、越南。

中华立碗藓

Physcomitrium sinensi-sphaericum Müll. Hal., Nuovo Giorn. Bot. Ital., n. s., **5**: 160. 1898. **Type**: China: Shaanxi, Chang-an Co., Liu-kian-se, *Giraldi 2182* (isotypes: H, HKAS).

生境　潮湿林地、草地、路边土壁或土墙上。

分布　黑龙江、江苏、上海、浙江、四川、重庆、贵州(彭涛和张朝辉,2007)、云南。中国特有。

立碗藓(球蒴立碗藓)

Physcomitrium sphaericum (Ludw.) Fürnr. in Hampe, Flora **20**: 285. 1837. *Gymnostomum sphaericum* Ludw. in Schkuhr, Deutschl. Krypt. Gew. **2**(1): 26. f. 11b 1810. **Type**: Germany.

Physcomitrium systylioides Müll. Hal., Nuovo Giorn. Bot. Ital., n. s., **5**: 160. 1898.

生境　林地、沟谷边或田边地角等阴湿的土地上。

分布　吉林、内蒙古、山东(赵遵田和曹同,1998)、甘肃(安定国,2002)江苏、上海、浙江(刘仲苓等,1989)、湖南(Enroth and Koponen,2003)、四川、重庆、西藏、福建、台湾(Chuang,1973)、香港、澳门。日本、俄罗斯,欧洲、北美洲。

水石藓目 Scouleriales Goffinet & W. R. Buck
Monogr. syst. Bot. Missouri Bot. Gard. 2004

木衣藓科 **Drummondiaceae** Goffinet
Bryoph. Biol. 99. 2000

本科全世界仅有1属。

木衣藓属 Drummondia Hook. in Drumm.
Musci Amer. N. 62. 1828.

模式种：*D. prorepens* (Hedw.)E. Britton

本属全世界现有7种，中国有2种，1变种。

木衣藓宽叶变种

Drummondia prorepens var. **latifolia** C. Gao, Fl. Musc. Chin. Boreali-Orient. 380. f. **142**: 7-13. 1977. **Type**: China. Jilin: Mt. Lungdan-Shan Nan-tiemon, *Gao 1859* (holotype: IFP).

生境　树干，海拔2100m。

分布　中国特有(高谦，1977)。

中华木衣藓

Drummondia sinensis Müll. Hal., Nuovo Giorn. Bot. Ital., n. s., **3**: 105. 1896. **Type**: China: Shaanxi, Si-ku-tziu-san, July. 1894, *Giraldi s. n.*

Drummondia clavellata Hook. f., Musci Amer. British N. America 62. 1828.

Drummondia thomsonii var. *tapintzensis* Besch., Ann. Sci. Nat.; Bot., sér. 7, **15**: 57. 1892. Synonymized by Vitt (1972). **Type**: China: Yunnan, Hoant-li-pin, 2000m, Apr. 18. 1885, *Delavay 1618*.

Drummondia duthiei Mitt. ex Müll. Hal., Nuovo Giorn. Bot. Ital., n. s., **3**: 106. 1896.

Drummondia cavaleriei Thèr., Bull. Acad. Int. Géogr. Bot. **18**: 252. 1908. **Type**: China: Kouy Tcheou, South Tin-fan, Nov. 1904, *Cavalerie s. n.* (lectotype: PC).

Drummondia ussuriensis Broth., Novi. Syst. Pl. Non Vascula. 274. 1965.

生境　树干或偶尔生于岩面上，海拔60～2100m。

分布　吉林、内蒙古、河北、河南、陕西、甘肃(安定国，2002)、新疆、安徽、江苏、上海(刘仲苓等，1989)、浙江(刘仲苓等，1989)、江西、湖南、四川、重庆、贵州(Theriot, 1908, as *D. cavaleriei*)、云南、福建。日本、印度、俄罗斯。

西南木衣藓

Drummondia thomsonii Mitt., J. Proc. Linn. Soc., Bot., Suppl. **1**: 46. 1859. **Type**: China: Tibet (Xizang), *T. Thomson 237*.

Drummondia brevifolia Wilson, Index Bryol. 399. 1896. *nom. illeg. incl. spec. prior.*

生境　不详。

分布　新疆(Tan et al., 1995)、西藏(Mitten, 1859)。阿富汗、巴基斯坦(Vitt, 1972)。

虾藓目 Bryoxiphiales H. A. Crum & L. E. Anderson

虾藓科 **Bryoxiphiaceae** Besch.

本科仅有1属。

虾藓属 *Bryoxiphium* Mitt.
J. Linn. Soc., Bot. **12**: 580. 1869

模式种：*B. norvegicum* (Brid.)Mitt.

本属全世界现有2种，中国有1种，1变种。

虾藓

Bryoxiphium norvegicum (Brid.)Mitt., J. Linn. Soc., Bot. **12**: 580. 1869. *Phyllogonium norvegicum* Brid., Bryol. Univ. **2**: 674. 1877. **Type**: Iceland: *Mörch s. n.*

虾藓原亚种

Bryoxiphium norvegicum subsp. **norvegicum**

生境　砂石或石灰岩上。

分布　吉林、辽宁、内蒙古、湖南(Koponen et al., 2004)。格陵兰岛(丹属)、冰岛，北美洲。

虾藓东亚亚种

Bryoxiphium norvegicum subsp. **japonicum** (Berggr.) A. Löve & D. Löve, Bryologist **56**: 187. 1953. *Eustichia japonica* Berggr. in Geh., Flora **64**: 290. 1881. **Type**: Japan, *F. R. Kjellman s. n.*

Eustichia savatieri Husnot, Rev. Bryol. **10**: 85. 1883. *Bryoxiphium savatieri* (Husnot)Mitt., Trans. Linn. Soc. London, Bot. **3**: 154. 1891.

生境　高寒山区断崖或巨岩上。

分布　陕西、安徽、湖南(何祖霞，2005)、四川、云南(Shevock, 2005)、台湾。印度尼西亚(Touw, 1992)、日本、朝鲜、俄罗斯(远东地区)。

紫萼藓目 Grimmiales M. Fleisch.

细叶藓科 **Seligeriaceae** Schimp.

全世界有 5 属，中国有 3 属。

小穗藓属 Blindia Bruch & Schimp.
Bryol. Eur. **2**:7. 1845.

模式种：*B. acuta* (Hedw.)Bruch & Schimp.

本属全世界现有 23 种，中国有 3 种。

小穗藓

Blindia acuta (Hedw.) Bruch & Schimp., Bryol. Eur. **2**: 19. 1846. *Weissia acura* Hedw., Sp. Musc. Frond. 71. 1801. **Type**: Europe.

生境　岩面薄土或石缝中。

分布　吉林、辽宁、河北、陕西、湖北、四川、贵州、台湾(Chiang and Kuo, 1989)。日本(Suzuki et al., 2006)、俄罗斯(远东地区)，欧洲、北美洲。

短胞小穗藓

Blindia campylopodioldes Dixon in Dixon & Badhm., Rec. Bot. Surv. India **12**: 168. 1938. **Type**: India: *Kinnear* 516

Blindia perminuta Nog., J. Hattori Bot. Lab. **16**: 75. 1956.

生境　岩面薄土或岩缝中。

分布　陕西。巴基斯坦。

东亚小穗藓

Blindia japonica Broth., Öfvers. Finska Vetensk.-Soc. Förh. **62A**(9): 4. 1921. **Type**: Japan: K. *Tsunoda s. n.*

Blindia acuta Broth. var. *japonica* (Broth.) C. Gao, Fl. Musc. Chin. Boreali.-Orient. 53. 1977.

生境　岩面薄土或石缝。

分布　吉林、辽宁、山东(赵遵田和曹同, 1998)、台湾(Lin, 1988)。日本。

短齿藓属 Brachydontium Bruch ex Fürnr.
Flora **10**(2)Beil.: 37. 1827.

模式种：*B. trichodes* (F. Weber)Mild.

本属全世界现有 4 种，中国有 1 种。

短齿藓

Brachydontium trichodes (F. Weber) Mild., Fürnr., Flora **10** (2) Beil.: 37. 1827. *Gymnostomum trichodes* F. Weber, Arch. Syst. Nat. **1**(1): 124. 1804. **Type**: Germany: *Weber s. n.*

Brachyodon trichodes (F. Weber) Fürnr., Flora **10** (1) (Beibl. 3): 112. 1827.

Brachyodus trchodes (F. Weber) Nees, Hornsch. & Sturm, Bryol. Germ., **2**(2): 5. 1831.

生境　酸性阴湿石上或砂石质土上。

分布　四川。高加索地区，欧洲、北美洲。

细叶藓属 Seligeria Bruch & Schimp.
Bryol. Eur. **2**:7. 1846.

模式种：*S. pusilla* (Hedw.)Bruch & Schimp.

本属全世界现有 21 种，中国有 1 种。

异叶细叶藓

Seligeria diversifolia Lindb., Öfvers. Förh. Kongl. Svenska. Vetensk.-Akad. **18**: 281. 1861. **Type**: Sweden: 1808, *Swartz s. n.*

Seligeria erecta H. Philib., Rev. Bryol. **6**: 68. 1879.

Seligeria obliqula Lindb., Meddeland. Soc. Fauna. Fl. Fenn. **14**: 72. 1887.

Seligeria arctica Kaurin. in Joerg., Förh. Vid. Selsk. Chrisiania **1894**(8): 68. 1894. *nom. inval. in synon.*

Seligeria diversifolia subsp. *obliqula* (Lindb.) Kindb., Eur. N. Am. Bryin. **2**: 213. 1897.

生境　高山砂石质泥土或石灰岩壁上，常混于其他藓类丛中。

分布　四川。美国(阿拉斯加)、格陵兰岛(丹属)、高加索地区，欧洲。

缩叶藓科 **Ptychomitriaceae** Schimp.

本科全世界有 5 属，中国有 4 属。

小缩叶藓属 Campylostelium Bruch & Schimp. in B. S. G.
Bryol. Eur. **2**:25. 1846.

模式种：*C. saxicola* (F. Weber & D. Mohr)Bruch & Schimp.

本属全世界现有 5 种，中国有 1 种。

小缩叶藓

Campylostelium saxicola (F. Weber & D. Mohr) Bruch & Schimp. in B. S. G., Bryol. Eur. **2**: 27. 1846. *Dicranum saxicola* F. Weber & D. Mohr, Bot. Taschenbuch **167**: 466. 1807. **Type**: Germany: Braunschweig, *Schrader s. n.*

Glyphomitrium saxicola (F. Weber & D. Mohr) Mitt. in Braith., Brit. Moss Fl. **2**: 54. 53D. 1888.

生境　潮湿或阴暗的火山石上。

分布　吉林、台湾。日本，欧洲、北美洲。

旱藓属 Indusiella Broth. & Müll. Hal.
Bot. Centralbl. **75**(11):332. 1898.

模式种:*I. thianschanica* Broth. & Müll. Hal.

本属全世界现有 1 种。

旱藓

Indusiella thianschanica Broth. & Müll. Hal., Bot. Centrabl. **75** (11):332. 1898. **Type**: Russia (former U. S. S. R.): Tyan-shan, vicinity of Issykkul; Alpes Alexandri, Kaschkara River valley, 1 June 1896, *Brotherus s. n.*.

Indusiella andersonii Delgadillo, Bryologist **79**:99. 1976.

生境　干旱高山地区的干旱、裸露岩石或岩面薄土。

分布　内蒙古、青海、新疆、西藏。俄罗斯、蒙古、美国(阿拉斯加),非洲(乍得)。

缨齿藓属 Jaffueliobryum Thér.
Rev. Bryol. n. s. **1**:193. 1928.

模式种:*J. wrightii* (Sull.) Thér.

本属全世界现有 4 种,中国有 1 种。

缨齿藓

Jaffueliobryum wrightii (Sull.) Thér., Rev. Bryol., n. s. **1**: 193. 1928. *Coscinodon wrightii* Sull. in A. Gray, Manual (ed. 2), 638. 1856. **Type**: U. S. A.: Texas, San Marcos, *Wright s. n.* (lectotype: FH).

Coscinodon latifolium Lindb. & Arnell., Kongl. Svenska Vetensk. Acad. Handl. **23**:90. 1890, *hom. illeg.*

Jaffueliobryum latifolium Thér., Rev. Bryol., s. n. **1**: 193. 1928.

Jaffueliobryum marginatum Thér., Rev. Bryol., s. n. **1**: 194. 1928.

生境　干旱山地岩面薄砂土或开阔山坡上,海拔 1200~4500m。

分布　内蒙古、河北(Zhang and Zhao, 2000)、宁夏、青海、新疆、西藏。蒙古、俄罗斯、美国、墨西哥、玻利维亚。

缩叶藓属 Ptychomitrium Fürnr.
Flora 12(Erg.)**2**:19. 1829, *nom. cons.*

模式种:*P. polyphyllum* (Sw.) Bruch & Schimp.

本属全世界现有 50 种,中国有 10 种。

齿边缩叶藓

Ptychomitrium dentatum (Mitt.) A. Jaeger, Ber. Thätigk. St. Gallischen Naturwiss. Ges. **1872-1873**:102. 1874. *Glyphomitrium dentatum* Mitt., J. Linn. Soc., Bot. **8**: 149. 1865. **Syntype**: Japan: "Nagasaki, on rocks, oldham" (lectotype: NY); China: "Sam-sa Bay, *Alexander 20*" (syntype: NY).

生境　岩石面或岩面薄土。

分布　内蒙古、河南、陕西、甘肃(Wu et al., 2002)、青海、安徽、浙江、江西、湖南、四川、贵州、福建、广东(何祖霞等, 2004)、广西。越南(Tan and Iwatsuki, 1993)、日本。

东亚缩叶藓

Ptychomitrium fauriei Besch., J. Bot. (Morrot) **12**:297. 1898.

Glyphomitrium fauriei (Besch.) Broth., Nat. Pflanzenfam. Ⅰ(3):44. 1902.

Ptychomitrium brevisetum Dixon ex Sakurai, Bot. Mag. (Tokyo) **53**:248. 1939.

生境　岩面上。

分布　河北、安徽、浙江、湖南(Enroth and Koponen, 2003)、贵州、云南、西藏。朝鲜、日本。

台湾缩叶藓

Ptychomitrium formosicum Broth. & Yasuda, Ann. Bryol. **1**: 16. 1928. **Type**: China: Taiwan, Mt. Daibu, *A. Yasuda*; Taiyn, Onae, *J. Suzuki s. n* (H-BR).

生境　岩面上。

分布　台湾。日本。

多枝缩叶藓

Ptychomitrium gardneri Lesq., Mem. Calif. Acad. Sci. **1**: 16. 1868. **Type**: U. S. A.: California, *H. N. Bolander s. n.* (isotypes: FH, NY).

Brachystelem polyphylloides Müll. Hal., Nuovo Giorn. Bot. Ital., n. s., **3**: 107. 1896. **Type**: China: Shaanxi, Mt. Si-ku-tziu-san, July. 1894, *Giraldi s. n.*

Ptychomitrium polyphylloides (Müll. Hal.) Paris, Index Bryol. Suppl. 289. 1900.

Ptychomitrium robustum Broth., Nat. Pflanzenfam. (ed. 2), **11**:10. 1925, *nom. nud.*

Ptychomitrium longisetum Reimers & Sakurai, Bot. Jahrb. **64**:541. 1931.

生境　岩面或岩面薄土上。

分布　河北、山西、河南(Tan et al., 1996)、陕西、江苏、浙江、湖南、湖北、四川、重庆、贵州、云南、西藏、台湾。日本,北美洲西部。

狭叶缩叶藓

Ptychomitrium linearifolium Reimers in Reimers & Sakurai, Bot. Jahrb. Syst. **64**: 539. 1931. **Type**: Japan: Mar. 1879, *F. Schaal s. n.*

生境　高山地区岩面上。

分布　河北、山西(吴鹏程等, 1987)、陕西、甘肃(Wu et al., 2002)、安徽、江苏(刘仲苓等, 1989)、浙江、江西、湖南、湖北、四川、重庆(胡晓云和吴鹏程, 1991)、贵州、云南、福建。朝鲜、日本。

疣胞缩叶藓

Ptychomitrium mamillosum S. L. Guo, T. Cao & C. Gao, J. Bryol. **22**: 237. 2000. **Type**: China: Sichuan, Yaan Co., Baoxin, on rock, 1100m, *Q. Li 11 497* (holotype: IFSBH).

生境 岩石上。

分布 四川。中国特有。

中华缩叶藓

Ptychomitrium sinense (Mitt.) A. Jaeger, Ber. Thätigk. St. Gallischen Naturwiss. Ges. **1872-1873**: 104. 1874. *Glyphomitrium sinense* Mitt., J. Proc. Linn. Soc., Bot. **8**: 149. 1865. **Syntypes**: China: Jiangsu, Nan-kong-foo, *Alexander s. n.* (NY); Japan: "*Oldham*" (NY).

Brachystleum microcarpum Müll. Hal., Nuovo Giorn. Bot. Ital., n. s. **3**: 107. 1896. **Type**: China: Shaanxi, In-kai-po, July. 1894, *Giraldi s. n.*; Si-ku-tziu-san, July. 1894, *Giraldi s. n.*

Ptychomitrium microcarpum (Müll. Hal.) Paris, Index Bryol. 1058. 1898.

Ptychomitrium sinense var. *microcarpum* (Müll. Hal.) Cardot ex Broth., Nat. Pflanzenfam. (ed. 2), **11**: 9. 1925.

生境 花岗岩面上。

分布 黑龙江、吉林、辽宁、内蒙古、河北、北京、山西(王桂花等,2007)、山东、河南、陕西、江苏、上海、浙江、江西(何祖霞等,2010)、湖南、湖北、贵州。朝鲜、日本。

扭叶缩叶藓

Ptychomitrium tortula (Harv.) A. Jaeger, Ber. Thätigk. St. Gallischen Naturwiss. Ges. **1872-1873**: 105. 1874. *Didymodon tortula* Harv. in Hook., Icon Pl. Rar. **1**: 18. 1836. **Type**: Nepal: *Wallich s. n.*

Ptychomitrium speciosum Wilson, Kew J. Bot. **9**: 325. 1857, *nom. nud.*

Glyphomitrium tortula (Harv.) Mitt., J. Proc. Linn. Soc., Bot., Suppl. **1**: 46. 1859.

Brachysteleum mairei Thér., Bull. Soc. Sci. Nancy sér. 4, **3**: 4. 1925. **Type**: China: "Colline de Ma-li-ouan, 2500meters." (isotype: H).

Ptychomitrium mairei (Thér.) Broth., Symb. Sin. **4**: 4. 1929.

生境 岩面或地上。

分布 宁夏(黄正莉等,2010)、四川、云南、西藏。尼泊尔、印度、不丹。

威氏缩叶藓

Ptychomitrium wilsonii Sull. & Lesq., Proc. Amer. Acad. Arts Sci. **4**: 277. 1859.

Brachystelem evanidinerve Broth., Sitzungsber. Akad. Wiss. Wien Sitzungsber., Math. -Naturwiss. K1. Abt. 1, **131**: 211. 1923. **Type**: China: Hunan, Changsha City, *Handel-Mazzetti 12 783* (holotype: H-BR).

Ptychomitrium evanidinerve (Broth.) Broth., Nat. Pflanzenfam. (ed. 2), **11**: 11. 1925.

生境 高山地区岩面上。

分布 安徽、江苏、浙江、江西、湖南、福建、广东、广西。朝鲜、日本。

玉龙缩叶藓(新拟)

Ptychomitrium yulongshanum T. Cao & Guo Shui-liang, Bryologist **104**: 303. f. 1-13. 2001. **Type**: China: Yunnan, Mt. Yulong, on dry rock, 3300m, Oct. 9 1990, *D. G. Long* 18 971 (holotype: E).

生境 干燥的掩面上,海拔 3300m。

分布 云南(Cao and Guo, 2001)。中国特有。

紫萼藓科 Grimmiaceae Arn.

本科全世界有 10 属,中国 7 属。

矮齿藓属(新拟)Bucklandiella Roiv.
Ann. Bot. Fenn. 9: 116. 1972.

模式种: *B. bartramii* (Roiv.) Roiv.

本属全世界现有 58 种,中国有 6 种,1 变种。

长毛矮齿藓(新拟)

Bucklandiella albipilifera (C. Gao & T. Cao) Bednarek-Ochyra & Ochyra, Biodivers. Poland **3**: 144. 2003. *Racomitrium albipiliferum* C. Gao & T. Cao, Acta Bot. Yunnan. **3** (4): 396. 1981. **Type**: China: Xizang, Dingjie Co., June 4. 1975, *Lang Kai-Yong 1116* (holotype: IFSBH; isotype: PE).

Racomitrium capiliferum Frisvoll, Gunneria **59**: 173. 1988.

生境 山区岩石间或崖壁上。

分布 四川、西藏。尼泊尔、不丹。

狭叶矮齿藓(新拟)

Bucklandiella angustifolia (Broth.) Bednarek-Ochyra & Ochyra, Biodivers. Poland **3**: 144. 2003. *Racomitrium angustifolium* Broth., Symb. Sin. **4**: 46. 1929. **Type**: China: Yunnan, 4000～4100m, July 10. 1916, *Handel-Mazzetti 9489* (holotype: H-BR).

生境 高山林区石上或土面上。

分布 云南。中国特有。

爪哇矮齿藓

Bucklandiella crispula (Hook. f. & Wilson) Bednarek-Ochyra & Ochyra, Biodivers. Poland **3**: 144. 2003. *Dryptodon crispulus* Hook. f. & Wilson, Fl. Antarct. **1**: 124. 1844. **Type**: New Zealand: Campbell Island, on alpine rocks, *J. D. Hooker s. n.*

Racomitrium crispulum (Hook. f. & Wilson) Hook. f. & Wilson, Fl. Nov. -Zel. **2**: 75. 1854.

生境 高山林区石上或土面上。

分布 台湾(Chuang, 1973)。日本、印度、不丹(Noguchi, 1971)、斯里兰卡、印度尼西亚、巴布亚新几内亚、澳大利亚、新西兰、美国(夏威夷)、智利(He, 1998)。

兜叶矮齿藓(新拟)

Bucklandiella cucullatula (Broth.) Bednarek-Ochyra & Ochyra, Biodivers. Poland **3**: 144. 2003. *Racomitrium cucullatulum* Broth., Symb. Sin. **4**: 47. 1929. **Syntypes**: China: Yunnan, between Landsan-djiang and Lu-djiang, 4200～4375m, *Handel-Mazzetti 9976* (H); Sichuan, Huili Co., *Handel-Mazzetti 951* (H).

生境　高山地区林下或草甸中石上。

分布　四川、云南、西藏、广西。印度。

偏叶矮齿藓(新拟)

Bucklandiella subsecunda (Hook. & Grev. ex Harv.) Bednarek-Ochyra & Ochyra, Biodiverws. Poland **3**: 147. 2003. *Trichostomum subsecundum* Hook. & Grev. in Hook., Icon. pl. **1**: 17. 1836. **Type**: Locality not indicated, *H. 2716* (lectotype: BM, by Frisvoll 1988).

Racomitrium javanicum Dozy & Molk. in Zoll., Syst. Verz. 32. 1855.

Grimmia subsecunda (Hook. & Grev.) Mitt., J. Proc. Linn. Soc. Bot. Suppl. **1**: 45. 1859.

Racomitrium subsecundum (Hook. & Grev.) Mitt., Hooker's J. Bot. Kew Gard. Misc. **9**: 324. 1897.

Racomitrium javanicum var. *molle* Broth. & Herzog, Hedwigia **50**: 127. 1910.

Racomitrium javanicum var. *muticum* Broth. in Herzog, Hedwigia **50**: 127. 1910, *nom. nud.*

Racomitrium javanicum var. *incanum* Broth., Symb. Sin. **4**: 466. 1929. **Type**: China: Sichuan, Ningyuen, *Handel-Mazzetti 1446* (lectotype: H).

生境　中、高山地区岩石或岩面薄土上，海拔1600～4600m。

分布　陕西、湖南(Koponen et al., 2004)、四川、贵州、云南、西藏、台湾。尼泊尔、不丹、印度、斯里兰卡、印度尼西亚、巴布亚新几内亚、墨西哥、危地马拉、多米尼加。

高山矮齿藓(新拟)

Bucklandiella sudetica (Funck) Bednarek-Ochyra & Ochyra, Biodiversity of Poland **3**: 147. 2003. *Racomitrium sudeticum* (Funck) Bruch. & Schimp., Bryol. Eur. **3**: 141 (Fasc. 25-26. Monogr. 7). 1845. *Trichostomum sudeticum* Funck, Deutschl. Moos. 26. 1820. **Type**: Czech Republic: Sudetic Mountains.

Campylopus sudeticus (Funck.) Fürnr., Flora **12**: 595. 1829, *nom. inval. in synon.*

Racomitrium heterostichum subsp. *sudeticum* (Funck) Dixon, Stud. Handb. Brit. Mosses 154. 1896.

Grimmia amoena Broth., Öfvers. Förh. Finska Vetensk.-Soc. **42**: 99. 1900.

Racomitrium amoenum (Broth.) Paris, Index Bryol. Suppl. 293. 1900.

Racomitrium substenocladum Cardot, Rev. Bryol. **38**: 127. 1911.

Racomitrium skottsbergi Cardot & Broth., Kongl. Vetensk. Akad. Handl. **63**(10): 29. 4f. 2a. 1923.

Racomitrium heterostichum (Hedw.) Brid. var. *sudeticum* (Funck) Dixon ex Bauer, Musci Eur. & Amer. Exsic. **43**: 2019. 1931.

生境　高山和亚高山地区山坡砂土或岩面上。

分布　山东(杜超等, 2010, as *Racomitrium sudeticum*)、四川、重庆、西藏。日本、俄罗斯、智利(He, 1998)，欧洲、北美洲。

粗疣矮齿藓石生变种(新拟)

Bucklandiella verrucosa (Frisvoll) Bednarek-Ochyra & Ochyra var. **emodensis** (Frisvoll) Bednarek-Ochyra & Ochyra, Biodivers. Poland **3**: 148. 2003. *Racomitrium verrucosum* var. *emodense* Frisvoll, Gunneria **59**: 162. 1988. **Type**: Nepal: Rochers de la Chouk Pula, 5000m, *Zimmermann 293* (holotype: BM; isotype: NICH).

Racomitrium verrucosum Frisvoll, Gunneria **59**: 159. 1988.

生境　石壁或岩石上。

分布　西藏。印度、尼泊尔、不丹。

无尖藓属(新拟) Codriophorus P. Beauv.
Mém. Soc. Linn. Paris 1: 445. 1822.

模式种: *C. aciculare* (Hedw.) P. Beauv.

本属全世界现有15种，中国有5种。

钝叶砂藓 *

Codriophorus aciculare (Hedw.) P. Beauv., Mém. Soc. Linn. Paris **1**: 445. 1823. *Dicranum aciculare* Hedw., Sp. Musc. Frond. 135. 1801. **Type**: Europe: Helvetia.

Racomitrium aciculare (Hedw.) Brid., Muscol. Recent. Suppl. **4**: 80. 1819[1818].

Bryum aciculare (Hedw.) Jolycl., Syst. Sex. Vég. 750. 1803.

Racomitrium molle Cardot, Bull. Herb. Boissier sér. **2**, **8**: 333. 1908.

生境　高山地区岩石或砂土上。

分布　吉林、浙江。日本、欧洲和北美洲。

黄无尖藓(新拟)

Codriophorus anomodontoides (Cardot) Bednarek-Ochyra & Ochyra, Bio. Poland **3**: 140. 2003. *Racomitrium anomodontoides* Cardot, Bull. Herb. Boissier sér. 2, **8**: 335. 1908. **Type**: Japan: Ubayu, *Faurie 2810*; Jimba, *Faurie 3388*. Korea: *Faurie 366*, *510*; Isl. Quelpaert, *Faurie 625*.

Racomitrium fasciculare (Hedw.) Brid. var. *atroviride* Cardot, Bull Herb. Boissier sér. 2, **8**: 334. 1908.

Racomitrium formosicum Sakurai, Bot. Mag. (Tokyo) **51**: 134. 1937. **Type**: China: Taiwan, Taichu, Berg Nokô, *Suzuki 7037*.

Racomitrium yakushimense Sakurai, Bot. Mag. (Tokyo) **51**: 135. 1937.

生境　高山地区岩石或岩面薄土上。

分布　黑龙江、吉林、辽宁、河北、陕西、安徽、浙江、江西、湖南、湖北、四川、贵州、福建、台湾、广西、海南。日本、菲律宾和美国(夏威夷)。

---

* 这个种已经被证明是一个错误鉴定(Bednarek-Ochyra, 2004a)。

短柄无尖藓(新拟)

Codriophorus brevisetus (Lindb.) Bednarek-Ochyra & Ochyra, Bio. Poland **3**: 140. 2003. *Racomitrium brevisetum* Lindb., Contr. Fl. Crypt. As. 244. 1872. **Type**: Russia: Sakhalin, July 1860, *Schmidt s. n.*

Grimmia breviseta (Lindb.) Lindb. & Arn., Kongl. Svenska Vetenskapsakad. Handl. **23**(10): 102. 1890.

Racomitrium fasciculare (Hedw.) Brid. var. *brachyphyllum* Cardot, Bull Herb. Boissier. ser. 2, **8**: 334. 1908.

生境 荫蔽岩石或岩面薄土上,有时见于砂土上。

分布 黑龙江、吉林、安徽、浙江、江西、四川、贵州、福建。日本、朝鲜和俄罗斯(远东地区)。

短无尖藓(新拟)

Codriophorus carinatus (Cardot) Bednarek-Ochyra & Ochyra, Bio. Poland **3**: 140. 2003. *Racomitrium carinatum* Cardot, Bull. Herb. Boissier sér. 2, **8**: 335. 1908. **Type**: Korea: Isl. Quelpaert, *Faurie* 643.

生境 高山地区岩石或砂土上。

分布 辽宁、湖南(Koponen et al., 2004, as *Codriophorus carinatus*)、重庆、台湾。日本和朝鲜。

扭叶无尖藓(新拟)

Codriophorus corrugatus Bednarek-Ochyra, Bryologist **107**: 37. 2004. **Type**: China: Sichuan, Songpan Co., on soil, 3040～3460m, 8 June 1983, *Si He 30455* (holotype: MO).

生境 土面或岩面上,海拔 3040～4200m。

分布 陕西、青海、四川(Bednarek-Ochyra, 2004a)。日本和北美洲(Bednarek-Ochyra, 2004b)。

丛枝无尖藓(新拟)

Codriophorus fascicularis (Hedw.) Bednarek-Ochyra & Ochyra, Biodiver. Poland **3**: 141. 2003. *Trichostomum fasciculare* Hedw., Sp. Musc. Frond. 110. 1801. **Type**: Europe.

Racomitrium fasciculare (Hedw.) Brid., Muscol. Recent. Suppl. **4**: 80. 1819[1818].

Racomitrium fasciculare (Hedw.) Brid. var. *orientale* Cardot, Bull. Herb. Boissier sér. 2, **8**: 334. 1908.

生境 高山地区岩石或砂土上。

分布 山东(赵遵田和曹同, 1998, as *R. fasciculare*)、青海、江西(Ji and Qiang, 2005, as *R. fasciculare*)、重庆(胡晓云和吴鹏程, 1991, as *R. fasciculare*)、贵州、云南(曹同, 2000, as *R. fasciculare*)、台湾(曹同, 2000, as *R. fasciculare*)、香港。日本、俄罗斯、欧洲、美国(夏威夷)、北美洲、南美洲南部和新西兰。

筛齿藓属 Coscinodon Spreng.
Anleit. Kenntn. Gew. 281. 1804.

模式种: *C. cribrosus* (Hedw.) Spruce

本属全世界现有 10 种,中国有 1 种。

筛齿藓(小孔筛齿藓)

Coscinodon cribrosus (Hedw.) Spruce, Ann. Mag. Nat. Hist. ser. 2. **3**: 491. 1849. *Grimmia cribrosa* Hedw., Sp. Musc. Frond. 76. 1801. **Type**: "In petris Goslariae, nec non Hassiae montis Meisner elegeutem speciem primi detexerunt Persoon et Schrader" (holotype: G).

Grimmia sinensi-anodon Müll. Hal., Nuovo Giorn. Bot. Ital., n. s., **5**: 188. 1898. **Type**: China: Shaanxi, in loco dicto Zu-lu (Sao-y-san), *Giraldi 2063* (lectotype: H).

生境 山崖上,海拔 2700～3700m。

分布 陕西、宁夏、新疆、台湾。日本、克什米尔、俄罗斯,欧洲、北美洲、非洲北部。

紫萼藓属 Grimmia Hedw.
Sp. Musc. Frond. 75. 1801.

模式种: *G. plagiopodia* Hedw.

本属全世界约有 110 种,中国有 26 种。

无齿紫萼藓

Grimmia anodon Bruch & Schimp. in B. S. G., Bryol. Eur. **3**: 110. Pl. 236 (Fasc. 25-28. Monogr. 8). 1845.

Anodon ventricosus Rabenh., Deutschl. Krypt. -Fl. **2**(3): 154. 1848.

Gasterogrimmia anodon (Bruch & Schimp.) Buyss., Feuille Jeunes Naturalistes **13**: 63. 1883.

Schistidium anodon (Bruch & Schimp.) Loeske, Laubm. Eur. Part **1**: 49. 1913.

Schistidium tibetanum J. X. Luo & P. C. Wu, Acta Phytotax. Sin. **18**(1): 121. 1980. **Type**: China: Xizang, Bange Co., on stone, June. 10. 1976, *Li Bo-Sheng 7601* (holotype: PE).

生境 干燥裸露的石灰岩或花岗岩上。

分布 内蒙古、青海、新疆、西藏。印度、巴基斯坦、土耳其、亚美尼亚、哈萨克斯坦、蒙古(Tsegmed and Ignatov, 2007)、俄罗斯、秘鲁(Menzel, 1992)、智利(He, 1998),欧洲、北美洲、非洲。

黑色紫萼藓

Grimmia atrata Mielich. ex Hornsch., Flora **1**: 85. 1819. **Type**: Austria: "In Salzburg, an Felsen bei der Grube Schwarzwand in der Grosarl. Iul." (lectotype: B-Brid).

Dryptodon atratus (Mielich. ex Hornsch.) Limpr., Laubm. Deutschl. **1**: 791. 1899.

生境 裸露岩面上,海拔 1200～2000m。

分布 山西(Wang et al., 1994)、陕西、新疆、江西、云南(Mao and Zhang, 2011)。日本、印度,欧洲。

长毛紫萼藓(新拟)

Grimmia crinita Brid., Muscol. Recent. Suppl. **1**: 95. 1806.

Grimmia canescens Schleich. ex Spreng., Mant. Prim. Fl. Hal. 55. 1807.

Gymnostomum decipiens F. Weber & D. Mohr, Bot. Taschenbuch 79. 1807.

Grimmia sinaica Bruch & Schimp., Bryol. Eur. **3**: 113. 1845.

生境　不详。

分布　新疆。哈萨克斯坦、伊朗、埃及、欧洲。

北方紫萼藓

Grimmia decipiens (Schultz) Lindb. in Hartm., Handb. Skand. Fl. (ed. 8), 386. 1861. *Trichostomum decipiens* Schultz, Prodr. Fl. Starg. Suppl. 70. 1819.

生境　山坡裸露岩石或花岗岩上。

分布　吉林、上海、浙江、云南。亚美尼亚、乌克兰、土耳其、加那利群岛,欧洲、北美洲、非洲(阿尔及利亚)。

卷边紫萼藓

Grimmia donniana Sm., Engl. Bot. **18**: 1259. 1804. **Type**: United Kingdom: North Wales, July. 1802, *D. Turner s. n.* (lectotype: BM).

Dryptodon donnianus (Sm.) Hartm., Handb. Skand. Fl. (ed. 3), 270. 1838.

Grimmia obtusa Brid. var. *donniana* (Sm.) Hartm., Handb. Skand. Fl. (ed. 5), 377. 1849.

生境　高海拔地区裸露花岗岩上。

分布　山东(赵遵田和曹同,1998)、新疆、四川(李祖凰等,2010)、西藏。日本、印度、蒙古(Tsegmed and Ignatov, 2007)、俄罗斯、坦桑尼亚(Ochyra and Sharp, 1988),欧洲、南美洲、北美洲、南极洲。

直叶紫萼藓

Grimmia elatior Bruch ex Bals. & De Not., Mem. Reale Accad. Sci. Torino **40**: 340. 1838. *Dryptodon elatior* (Bals. & De Not.) Loeske, Stud. Morph. Syst. Laubm. 111. 1910.

Grimmia aspera Müll. Hal., Nuovo Giorn. Bot. Ital., n. s., **4**: 261. 1897. **Type**: China: Shaanxi, Hua-san, *J. Giraldi 1448* (lectotype: H; isolectotypes: BM, S). *Grimmia funalis* (Schwägr.) Bruch & Schimp. subsp. *elatior* (Bals. & De Not.) Hartm., Handb. Skand. Fl. (ed. 5), 376. 1849.

Trichostomum incurvum Hoppe & Hornsch., Flora **2**: 89. 1819. *Dryptodon incurvus* (Hoppe & Hornsch.) Brid., Bryol. Univ. **1**: 194. 1826. *Racomitrium incurvum* (Hoppe & Hornsch.) Huebener, Muscol. Germ. 201. 1833. *Grimmia funalis* var. *incurvus* (Hoppe & Hornsch.) Hampe, Flora **20**: 282. 1837.

生境　非钙性岩石或岩面薄土上。

分布　内蒙古、河北、河南、陕西、甘肃、新疆、福建。巴基斯坦(Higuchi and Nishimura, 2003)、亚美尼亚、哈萨克斯坦、俄罗斯,欧洲、北美洲。

长枝紫萼藓

Grimmia elongata Kaulf. in Sturm, Deutschl. Fl. **2** (15): 14. 1816. *Dryptodon elongate* (Kaulf.) Hartm., Handb. Skand. Fl. (ed. 3), 271. 1838.

Grimmia decalvata Cardot, Bull. Herb. Boissier, sér. 2, **8** (5): 332. 1908.

生境　裸露岩面上,海拔 2100 ~ 3740m。

分布　吉林、河北、新疆、湖北(Peng et al., 2000)、西藏、台湾。日本、印度、尼泊尔、俄罗斯,南美洲、北美洲。

绳茎紫萼藓

Grimmia funalis (Schwägr.) Bruch & Schimp., Bryol. Eur. **3**: 119. pl. 247 (Fasc. 25-28. Monogr. 17). 1845. *Trichostomum funale* Schwägr., Sp. Musc. Frond., Suppl. **1** (1): 150. tab. 37. 1811. **Type**: Poland/Czech Republic border: *Ludwig s. n.*

Campylopus funalis (Schwägr.) Brid., Muscol. Recent. Suppl. **4**: 75. 1819[1818].

Dryptodon funalis (Schwägr.) Brid., Bryol. Univ. **1** (1): 193. 1826.

Racomitriumfunale (Schwägr.) Huebener, Muscol. Germ. 200. 1830.

生境　岩面上,海拔 2950 ~ 5100m。

分布　四川、西藏。日本、尼泊尔、蒙古(Tsegmed and Ignatov, 2007)、亚美尼亚、乌克兰、土耳其、俄罗斯(Ignatov and Muñoz, 2004),欧洲、南美洲。

尖顶紫萼藓

Grimmia fuscolutea Hook., Musci Exot. **1**: 63. 1818.

Grimmia apiculata Hornsch., Flora **1** (19): 329. 1818, *nom. nud.*

Grimmia pulvinata (Hedw.) Sm. var. *apiculata* (Hornsch.) Huebener, Muscol. Germ. 710. *1833 nom. inval. orthogr. err.*

Dryptodon apiculatus (Hornsch.) Hartm., Handb. Skand. Fl. (ed. 3), 270. 1838.

Grimmia micropyxis Broth., Akad. Wiss. Wien Sitzungsber., Math. -Naturwiss., Kl., Abt. 1, **133**: 567. 1924. **Type**: China: Sichuan, Yuanyan (Yenyuen) Co., 4150 ～ 4300m, *Handel-Mazzetti 2671* (isolectotype: S).

生境　裸露岩石或岩面薄土上,海拔 2300～5300m。

分布　吉林、山东(赵遵田和曹同,1998)、青海、新疆、四川、云南、西藏。日本、印度、尼泊尔、俄罗斯、北美洲、喀麦隆(Ochyra and Sharp, 1988)、坦桑尼亚(Ochyra and Sharp, 1988),欧洲、南美洲。

韩氏紫萼藓

Grimmia handelii Broth., Akad. Wiss. Wien Sitzuagsher., Math. -Naturwiss. Kl., Abt. 1, **133**: 567. 1924. **Type**: China: Sichuan, Yanyuan Co., 4150～4300m, *Nr. 2667* (holotype: H-BR; isotype: S).

生境　岩面上,海拔 4300～4500m。

分布　四川、云南。中国特有。

卷叶紫萼藓

Grimmia incurva Schwägr., Sp. Musc. Frond., Suppl. 1, **1**: 90. 1811.

Grimmia contorta (Wahlenb.) Arn. var. *incurva* (Schwägr.) Molendo, Jahres-Ber. Naturhist. Vereins Passau **10**: 119. 1875.

生境　岩石或山坡上,海拔 1400～3200m。

分布　陕西、江西、重庆、西藏、台湾(Cao, 1994)。日本、蒙古(Tsegmed and Ignatov, 2007)、俄罗斯,欧洲、北美洲。

阔叶紫萼藓

Grimmia laevigata (Brid.) Brid., Bryol. Univ. **1**: 183. 1826.

Campylopus laevigatus Brid., Muscol. Recent. Suppl. **4**: 76. 1819[1818].

生境　高海拔地区裸露岩石或岩面薄土上。

分布　内蒙古、河北、山西(Wang et al., 1994)、陕西、宁夏、甘肃、青海、新疆、江苏(刘仲苓等, 1989)、浙江、云南、西藏。印度、斯里兰卡、巴基斯坦、哈萨克斯坦、蒙古(Tsegmed and Ignatov, 2007)、俄罗斯(Ignatov and Muñoz, 2004)、智利(He, 1998)、澳大利亚、新西兰、坦桑尼亚(Ochyra and Sharp, 1988), 欧洲、北美洲。

近缘紫萼藓

Grimmia longirostris Hook., Musci Exot. **1**: 62. 1818. **Type**: Ecuador: Chimborazo, Mt. Chimborazo, *Humboldt 76*.

Grimmia affinis Hornsch., Flora **2**(1): 85. 1819.

Dryptodon ovatus var. *affinis* (Hornsch.) Hartm., Handb. Skand. Fl. (ed. 3), 271. 1838.

Grimmia ovata F. Weber & D. Mohr var. *affinis* (Hornsch.) Bruch. & Schimp., Bryol. Eur. **3**: 128. 1845.

Grimmia khasiana Mitt., J. Proc. Linn. Soc., Bot., Suppl. Bot. **1**: 45. 1859.

Grimmia ovalis var. *affinis* (Hornsch.) Broth., Acta Soc. Sci. Fenn. **19**: 86. 1892.

Grimmia dimorphula Müll. Hal., Nuovo Giorn. Bot. Ital., n. s., **3**: 108. 1896. **Type**: China: Shaanxi, Huxian Co., June. 27. 1894, *J. Giraldi 877* (lectotype: H).

Grimmia ovalis (Hedw.) Lindb. fo. *affinis* (Hornsch.) Mönk., Laubm. Eur. 360. 1927.

生境　裸露的岩面上、干燥的石壁上或亚高山开阔的土坡上, 海拔 1100～4700m。

分布　黑龙江、吉林、河北(赵建成等, 1996, as *G. affinis*)山西、河南、陕西、新疆、安徽、四川、云南、西藏、台湾、广西。日本、印度、尼泊尔、蒙古(Tsegmed and Ignatov, 2007)、巴布亚新几内亚、加那利群岛、俄罗斯、秘鲁(Menzel, 1992), 欧洲、非洲北部。

长蒴紫萼藓

Grimmia macrotheca Mitt., J. Proc. Linn. Soc. Bot. Suppl. **1**: 44. 1859. **Type**: India [Sikkim]: *J. D. Hooker 316* (holotype: NY; isotype: S).

Grimmia longicapusula C. Gao & T. Cao, Acta Bot. Yunnan. **3** (4): 395. 1981. **Type**: China: Xizang, Yadong Co., Oct. 28. 1975, *Zang Mu 39* (holotype: IFSBH; isotype: HKAS).

生境　岩面, 海拔 2900m。

分布　山东(杜超等, 2010)。新疆、四川、西藏。印度。

粗瘤紫萼藓

Grimmia mammosa C. Gao & T. Cao, Acta Bot. Yunnan. **3** (4): 394. 1981. **Type**: China: Xizang, Yadong Co., 2900m, Oct. 29. 1975, *Zang Mu 71* (holotype: IFSBH; isotype: HKAS).

生境　裸露岩石或岩面薄土上, 海拔 2500～3000m。

分布　云南、西藏。不丹、非洲。

高山紫萼藓

Grimmia montana Bruch. & Schimp., Bryol. Eur. **3**: 128. 1845.

Grimmia brachyphylla Cardot, Bull. Herb. Boissier ser. 2, **8**: 333. 1908.

生境　花岗岩或岩面薄土上, 海拔 500～4700m。

分布　黑龙江、内蒙古、山东(杜超等, 2010)、河北(赵建成等, 1996)、青海、新疆、安徽、湖南(Enroth and Koponen, 2003)、湖北、西藏、广西。巴基斯坦(Higuchi and Nishimura, 2003)、俄罗斯(Ignatov and Muñoz, 2004), 欧洲、北美洲。

钝叶紫萼藓

Grimmia obtusifolia C. Gao & T. Cao, Acta Bot. Yunnan. **3** (4): 394. 1981. **Type**: China: Xizang, Shuanghu Co., 4850m, July. 13. 1978, *Lang Kai-Yong 1347* (holotype: IFSBH; isotype: PE).

生境　干燥的裸露岩石或岩面薄土上, 海拔 4500～5000m。

分布　青海、新疆、四川、西藏。蒙古(Tsegmed and Ignatov, 2007)。

卵叶紫萼藓

Grimmia ovalis (Hedw.) Lindb., Acta. Soc. Sci. Fenn. **10**: 75. 1871. *Dicranum ovale* Hedw., Sp. Musc. Frond. 140. 1801. **Type**: Germany: "Thuringiae prope Isenacum, in granite montis piniferi Franconiae, Austriae prope Engelhardszell." (lectotype: G).

Grimmia ovata F. Weber & D. Mohr, Naturh. Reise Schwed. 132. 1804.

Campylopu sovalis (Hedw.) Wahlenb., Fl. Suec. (ed. 2), **2**: 748. 1826.

Grimmia commutata Huebener, Muscol. Germ. 185. 1833 nom. illeg. incl. spec. prior.

Guembelia ovalis (Hedw.) Müll. Hal., Syn. Musc. Frond. **1**: 774. 1849.

Dryptodon ovalis (Hedw.) Hartm. ex Moller, Ark. Bot. **26A** (2): 14. *1934 nom. inval., pro synon.*

生境　岩面上, 稀生于岩面薄土上, 海拔 2200～3300m。

分布　黑龙江、吉林、内蒙古、河北(赵建成等, 1996)、山西、山东(杜超等, 2010)、陕西、宁夏、甘肃(安定国, 2002)、青海、新疆、上海(Dixon, 1933, as *G. commutata*)、四川、云南、西藏。斯里兰卡(O' Shea, 2002)、印度、巴基斯坦、尼泊尔、蒙古(Tsegmed and Ignatov, 2007)、俄罗斯、秘鲁(Menzel, 1992)、澳大利亚, 欧洲、北美洲、非洲。

毛尖紫萼藓

Grimmia pilifera P. Beauv., Prodr. 58. 1805. **Type**: U. S. A.: Pennsylvania, Near Lancaster, *Muhlenberg s. n.*

Grimmia pensylvanica Schwägr., Sp. Musc. Frond. Suppl. 1, **1**: 91. 1811.

Grimmia tenax Müll. Hal., Nuovo Giorn. Bot. Ital., n. s., **3**: 109. 1896. **Type**: China: Shaanxi, in medio monte Si-Ku-tzui-san, July. 1849, *Giraldi 878* (lectotype: FI; isolectotypes: BM, H).

Grimmia atravirdis Cardot, Bull. Herb. Boissier sér. 2, **8**: 333. 1908.

Grimmia elatior var. *squarrifolia* Dixon & Thér., Hong Kong Naturalist, Suppl. **2**: 10. 1933. **Type**: China: Amoy, on rock, 400～500ft, July. 8. 1931, *G. A. C. Herklots 8A* (holotype: BM).

Grimmia kirienensis C. Gao, Fl. Musc. Chin. Boreali-Orient. 379. 1977. **Type**: China: Jilin, Linkiang, Mt. Maoershan, 800m, *C. Gao 7714* (holotype: IFSBH).

生境　裸露、光照强烈的花岗岩石上或林下石上。

分布　黑龙江、吉林、辽宁、内蒙古、河北、北京、山西(Wang et al., 1994)、山东、河南、陕西、青海、新疆、安徽、江苏、上海、浙江、江西、湖南、四川、重庆(胡晓云和吴鹏程,1991)、云南、西藏、福建。巴基斯坦(Higuchi adn Nishimura, 2003)、朝鲜、日本、印度、蒙古(Tsegmed and Ignatov, 2007)、俄罗斯,北美洲。

紫萼藓

Grimmia plagiopodia Hedw., Sp. Musco. Frond. 78. 15 f. 6-13. 1801.

生境　岩面上。

分布　上海(李登科和高彩华,1986)。哈萨克斯坦、俄罗斯、加拿大、美国、智利、阿根廷,欧洲。

多色紫萼藓

Grimmia poecilostoma Cardot & Sebille, Rev. Bryol. **28**: 118. pl. 5. 1901, *nom con*.

Grimmia tergestina var. *poecilostoma* (Cardot & Sebille) Loeske, Laubm. Eur. Part Ⅰ: 84. 1913.

生境　岩石上,海拔 2200～3400m。

分布　新疆、四川。亚美尼亚、哈萨克斯坦、蒙古(Tsegmed and Ignatov, 2007)、俄罗斯,欧洲、北美洲。

垫丛紫萼藓

Grimmia pulvinata (Hedw.) Sm., Engl. Bot. **24**: 1728. 1867.

Fissidens pulvinatus Hedw., Sp. Musc. Frond. 158. 1801. **Type**: Germany.

Fissidens pulvinatus var. *communis* Hedw., Sp. Musc. Frond. 158. *1801 nom. illeg. incl. typ. spec.*

Dicranum pulvinatum (Hedw.) Sw. ex Lag., Anales Ci. Nat. **5** (14): 176. 1802.

Trichostomum pulvinatum (Hedw.) F. Weber & D. Mohr, Bot. Taschenbuch. 109. 1807.

Campylopus pulvinatus (Hedw.) Brid., Muscol. Recent. Suppl. **4**: 75. 1819[1818].

Dryptodon pulvinatus (Hedw.) Brid., Bryol. Univ. **1** (1): 196. 1826.

生境　裸露的岩石或石壁上。

分布　山东(杜超等,2010)、甘肃(Wu et al., 2002)、新疆、西藏、台湾。印度、巴基斯坦、土库曼斯坦、土耳其、乌克兰、俄罗斯、智利(He, 1998)、澳大利亚、新西兰、非洲、欧洲、北美洲。

厚壁紫萼藓

Grimmia reflexidens Müll. Hal., Syn. Musc. Frond. **1**: 795. 1849. **Type**: Chile: *Pöppig s. n.*

Grimmia sessitana De Not., Atti Reale Univ. Genova **1**: 704. 1869.

Grimmia alpestris (F. Weber & D. Mohr) Schleich. var. *sessitana* (De Not.) I. Hagen, Kongel. Norske Vidensk. Selsk. Skr. (Trondheim) **1909**(5): 22. 1909.

Grimmia alpestris fo. *sessitana* (De Not.) Loeske, Laubm. Eur. Part **1**: 105. 1913.

生境　高山荒漠地带的岩石上,海拔 2500～4000m。

分布　吉林、新疆、云南。日本、印度、蒙古(Tsegmed and Ignatov, 2007)、俄罗斯、智利(He, 1998),欧洲、北美洲、非洲北部。

拟无齿紫萼藓

Grimmia subanodon Ochyra, Mem. New York Bot. Gard. **45**: 612. 1987.

Schistidium obtusifolium R. R. Ireland & H. A. Crum, Bryologist **87**: 371. f. 1-14. 1984[1985].

生境　高山草甸岩面钙质土面。

分布　内蒙古、青海。北美洲。

南欧紫萼藓

Grimmia tergestina Tomm. ex Bruch & Schimp., Bryol. Eur. **3**: 126. 1845.

Grimmia kansuana Müll. Hal., Nuovo Giorn. Bot. Ital., n. s., **3**: 109. 1896. **Type**: China: Gansu, Alpes ad captantes a flumine Tatung, 8000～9000ft., in molis vetustis vulgaris, Aug. 1880, *N. M. Przewalski s. n.*

Grimmia subtergesina Müll. Hal., Nuovo Giorn. Bot. Ital., n. s., **3**: 109. 1896. **Type**: China: Gansu, ad flumen Bardun prope ostium fluminis Solomo, May. 1886, *G. N. Potanin.*

生境　石灰岩石上,海拔 1500～4800m。

分布　山西(Wang et al., 1994)、宁夏、甘肃、青海、新疆、江苏、四川。巴基斯坦(Higuchi and Nishimura, 2003)、印度、伊朗、伊拉克、蒙古(Tsegmed and Ignatov, 2007)、俄罗斯,欧洲、北美洲、非洲北部。

厚边紫萼藓

Grimmia unicolor Hook. in Grev., Scott. Crypt. Fl. **3**: 123. 1825.

Dryptodon unicolor (Hook.) Hartm., Handb. Skand. Fl. (ed. 3), 272. 1838.

生境　裸露于岩石上或有时长在溪水边的岩石上。

分布　吉林、内蒙古、陕西、新疆、西藏。巴基斯坦(Higuchi and Nishimura, 2003)、印度、哈萨克斯坦、蒙古(Tsegmed and Ignatov, 2007)、俄罗斯,欧洲、北美洲。

长齿藓属(新拟)Niphotrichum (Bednarek-Ochyra) Bednarek-Ochyra & Ochyra Biodivers. Poland 3: 137. 2003.

模式种: *N. canescens* (Hedw.) Bednarek-Ochyra & Ochyra [*Racomitrium canescens* (Hedw.) Brid.]

本属全世界现有 8 种,中国有 4 种。

硬叶长齿藓(新拟)

Niphotrichum barbuloides (Cardot) Bednarek-Ochyra & Ochyra, Biodivers. Poland **3**: 138. *Racomitrium barbuloides* Cardot, Bull. Herb. Boissier sér. 2, **8**: 336. 1908. **Type**: Korea: Isl. Quelpaert, *Faurie 102, 296*.

生境　高山地区岩石上。

分布　河南、浙江、江西、湖南(Koponen et al., 2004)、湖北、四川、西藏。日本、朝鲜。

长齿藓(新拟)

Niphotrichum canescens (Hedw.) Bednarek-Ochyra & Ochyra, Biodivers. Poland **3**:138. 2003. *Racomitrium canescens* (Hedw.) Brid., Muscol. Recent. Suppl. **4**: 78. 1819[1818]. *Trichostomum canescens* Hedw., Sp. Musc. Frond. 111. 1801.

Grimmia canescens (Hedw.) Müll. Hal., Syn. Musc. Frond. **1**:807. 1849, *hom. illeg.*

Grimmia ericoides (Hedw.) Brid. var. *canescens* (Hedw.) Lindb., Musci Scand. 29. 1879.

生境 高山地区岩石或砂土地上。

分布 黑龙江、吉林、内蒙古、山东(赵遵田和曹同,1998, as *Racomitrium canescens*)、陕西、甘肃(Wu et al., 2002, as *Racomitrium canescens*)、新疆(Sonoyama et al., 2007)、江苏(刘仲苓等,1989, as *Racomitrium canescens*)、上海(刘仲苓等,1989, as *Racomitrium canescens*)、浙江(刘仲苓等,1989, as *Racomitrium canescens*)、贵州。缅甸(Tan and Iwatsuki, 1993)、日本,欧洲、北美洲。

长枝长齿藓(新拟)

Niphotrichum ericoides (Brid.) Bednarek-Ochyra & Ochyra, Biodivers. Poland **3**: 138. 2003. *Racomitrium ericoides* (Hedw.) Brid., Muscol. Recent. Suppl. **4**: 78. 1819[1818]. *Trichostomum canescens* Hedw. var. *ericoides* Hedw., Spec. Musc. Frond. 111. 1801.

Trichostomum ericoides (Hedw.) Brid., J. Bot. (Schrad.) **1800**(2):290. 1801.

Racomitrium canescens (Hedw.) Brid. var. *ericoides* (F. Weber ex Brid.) Hampe, Flora **20**:281. 1837.

Grimmia canescens (Hedw.) Brid. var. *ericoides* (Hedw.) Müll. Hal., Syn. Musc. Frond. **1**:807. 1849.

Racomitrium canescens (Hedw.) Brid. var. *epilosum* H. Müll. ex Mild., Bryol. Siles. 160. 1869.

生境 岩石上或林地上,海拔 1150～3740m。

分布 吉林、内蒙古、陕西、甘肃、新疆、安徽、江西、湖北、四川、重庆、贵州、云南、西藏、台湾。日本,欧洲、北美洲。

东亚长齿藓(新拟)

Niphotrichum japonicum (Dozy & Molk.) Bednarek-Ochyra & Ochyra, Biodivers. Poland **3**: 138. 2003. *Racomitrium japonicum* Dozy & Molk., Musc. Frond. Ined. Archip. Ind. **5**: 130. 1847. **Type**: Indonesia: "Javnia, s. a. Siebold." (holotype: L; isotype: H).

Racomitrium subcanescens Müll. Hal. in A. Jaeger, Ber. Thätigk. St. Gallischen Naturwiss. Ges. **1877-1878**:419. 1880, *nom. nud.*

Grmmia japonica (Dozy & Molk.) Mitt., Trans. Linn. Soc. London, Bot. ser. 2, **3**:158. 1891.

Racomitrium leptostomoides J. B. Forst., Ann. Naturhist. Hofmus. **16** (Notizen):71. 1901.

Racomitrium iwasakii S. Okamura, J. Coll. Sci. Imp. Univ. (Tokyo) **38**:13. 1916.

Racomitrium canescens (Hedw.) Brid. var. *iwasakii* (S. Okamura) Iishiba, Cat. Mosses Japan 79. 1929.

Racomitrium barbuloides Cardot var. *brevipilum* Dixon, Bot. Mag. (Tokyo) **51**: 140. 1937. **Type**: China: Liaoning, *Kobayasi 3967*.

Racomitrium szuchuanicum P. C. Chen, Contr. Inst. Biol. Nat. Centr. Univ. Chungking China **1**: 4. 1943. **Type**: China: Chongqing, *P. C. Chen 5166* (holotype: PE).

生境 低海拔地区岩石、岩面薄土或砂地上。

分布 黑龙江、吉林、辽宁、山东(赵遵田和曹同,1998)、河南、陕西、宁夏、安徽、江苏、上海、浙江、江西、湖南、湖北、四川、重庆、贵州、云南、西藏、福建、台湾。日本、朝鲜、越南、俄罗斯、澳大利亚。

砂藓属 Racomitrium Brid.
Muscol. Recent. Suppl. 4:78. 1819[1818].

本属全世界现有 60 种,中国有 7 种。

异枝砂藓

Racomitrium heterostichum (Hedw.) Brid., Muscol. Recent. Suppl. **4**:79. 1819[1818].

Trichostomum heterostichum Hedw., Sp. Musc. Frond. 109. 1801. **Type**: Germany.

Grimmia heterosticha (Hedw.) Müll. Hall., Syn. Musc. Frond. **1**:807. 1849.

生境 低地岩面上。

分布 吉林、陕西、江苏(高仲苓等,1989)、江西(Ji and Qiang, 2005)、湖北、四川、台湾。日本、欧洲、北美洲、智利(He, 1998)和非洲北部。

喜马拉雅砂藓

Racomitrium himalayanum (Mitt.) A. Jaeger, Ber. Thätigk. St. Gallischen Naturwiss. Ges. **1872-1873**: 97 (Gen. Sp. Musc. 1:375). 1874. *Grmmia himalayana* Mitt., J. Proc. Linn. Soc., Bot., Suppl. **1**: 45. 1859. **Type**: India: Sikkim, *J. D. Hooker 298, 301, 305, 321, 326*; Nepal: *Wallich s. n.*

Racomitrium dicarpum Broth., Symb. Sin. **4**: 47. 1929. **Type**: China: Yunnan, 4225m, Sept. 17. 1915, *Handel-Mazzetti 8067* (holotype: H-BR).

生境 高山地区岩石上。

分布 四川、贵州、云南、西藏。印度、尼泊尔、不丹。

霍氏砂藓

Racomitrium joseph-hookeri Frisvoll, Gunneria **59**:197. 1988. **Type**: India: Sikkim, 13 000ft, *J. D. Hooker s. n.* (holotype: BM; isotype: S).

生境 高山地区岩石上,海拔 3400～3800m。

分布 四川、云南、西藏。日本、尼泊尔、不丹。

多枝砂藓

Racomitrium laetum Besch. & Cardot, Bull. Herb. Boissier sér. 2, **8**:335. 1908. **Syntypes**: Japan: Nikko, *Faurie 504, 506, 515*; Sobosan, *Faurie 732*; Ichifusa, *Faurie 1060*; Ubayu, *Faurie 2812*; Komagatake, *Faurie 3471*; Tokachiyama, *Faurie 3384*; Korea: Pomasa, *Faurie 238*; Quelpaert, *Faurie 87, 611, 630, 720*.

Racomitrium diminutum Cardot, Bull. Herb. Boissier ser. 2, **8**:335. 1908.

Racomitrium sakuraii Broth. ex Sakurai, Bot. Mag. (Tokyo) **51**:137. 1937.

Racomitrium heterostichum var. *diminutum* (Cardot) Nog., Misc. Bryol. Lichenol. **1**(15):1. 1958.

生境　高山地区岩面上。

分布　吉林、辽宁、安徽、江西、湖南(Enroth and Koponen, 2003)、云南、西藏、台湾、广西。日本、朝鲜。

白毛砂藓

Racomitrium lanuginosum (Hedw.) Brid., Muscol. Recent. Suppl. **4**:79. 1819[1818]. *Trichostomum lanuginosum* Hedw., Sp. Musc. Frond. 109. 1801. **Type**: Europe.

Racomitrium hypnoides Lindb., Öfvers. Förh. Kongl. Svenska Vetensk.-Akad. **23**:552. 1866, *nom. illeg.*

生境　高山地区岩石或砂地山坡上。

分布　吉林、安徽、西藏、台湾。世界广泛分布(中美洲除外)。

小蒴砂藓

Racomitrium microcarpum (Hedw.) Brid., Muscol. Recent. Suppl. **4**: 79. 1819 [1818]. *Trichostomum microcarpum* Hedw., Sp. Musc. Frond. 112. 1801. **Type**: Europe.

Racomitrium ramulosum Lindb., Acta Soc. Sci. Fenn. **10**:550. 1875.

Racomitrium heterostichum (Hedw.) Brid. var. *microcarpum* (Hedw.) Boul., Musc. France **1**:360. 1884.

Racomitrium heterostichum var. *ramulosum* (Lindb.) Corb., Mém. Soc. Sci. Nat. Cherbourg **26**:260. 1889.

Racomitrium heterostichum subsp. *ramulosum* (Lindb.) Dixon, Stud. Handb. Brit. Mosses (ed. 2), 167. 1904.

Racomitrium heterostichum subsp. *microcarpum* (Hedw.) Loeske, Laubm. Eur. 187. 1913.

生境　高山地区山坡砂土或岩面上。

分布　吉林、四川。俄罗斯(远东地区),欧洲、北美洲。

阔叶砂藓

Racomitrium nitidulum Cardot, Bull. Herb. Boissier, sér. 2, **8**: 335. 1908. **Type**: Japan: Shizuoka Pref., Mt. Fujiyama, *Faurie 338*.

Racomitrium sudeticum var. *robustum* Broth. ex Iisiba, Classif. Mosses Japan 93. 1932, *hom. illeg.*

Racomitrium heterostichum (Hedw.) Brid. var. *nitidulum* (Cardot) Nog., Misc. Bryol. Lichenol. **1**(15):2. 1958.

生境　高山地区山坡砂土或岩面上。

分布　吉林、湖北、福建。日本。

连轴藓属 Schistidium Bruch & Schimp.
Bryol. Eur. **3**:93 (Fasc. 25-28. Monogr. 1). 1845.

模式种:*S. maritimum* (Turner) Bruch & Schimp.

本属全世界现有约 110 种,中国有 10 种。

高山连轴藓

Schistidium agassizii Sull. & Lesq., Musci Hep. U. S., (repr.) 104. 1856.

Grimmia alpicola Hedw., Sp. Musc. Frond. 77. pl. 15: f. 1-5. 1801.

生境　石生,海拔 1800m。

分布　吉林(高谦和曹同, 1983, as *Grimmia alpicola*)。哈萨克斯坦、美国和加拿大。

圆蒴连轴藓

Schistidium apocarpum (Hedw.) Bruch & Schimp. Bryol. Eur. **3**: 99. 1845. *Grimmia apocarpum* Hedw., Sp. Musc. Frond. 76. 1801.

Weissia apocapra (Hedw.) Poiret, Encycl. **8**:794. 1808.

Schistidium ambiguum Sull., Mem. Amer. Acad. Arts, n. s., **4**:170. 1849.

Grimmia apocarpum Hedw. var. *ambigua* (Sull.) Jones in Grout, Moss Fl. N. Amer. **2**:18. 1933.

生境　碱性基质岩石上。

分布　黑龙江、内蒙古、河南、新疆、湖南、湖北、四川、重庆(胡晓云和吴鹏程, 1991)、贵州、西藏、台湾。巴基斯坦(Higuchi and Nishimura, 2003)、日本、俄罗斯、秘鲁(Menzel, 1992)、智利(He, 1998)、澳大利亚、新西兰、坦桑尼亚(Ochyra and Sharp, 1988),欧洲、北美洲。

陈氏连轴藓

Schistidium chenii (S. H. Lin) T. Cao, C. Gao & J. C. Zhao, J. Hattori Bot. Lab. **71**: 69. 1992. *Grimmia chenii* S. H. Lin, Biol. Bull. Dept. Biol. Coll. Sci. Tunghai Univ. **60**: 747. 1984. **Type**: China: Xizang (Tibet), Mt. Qomolangma, alt. 5450m, July. 9. 1959, *Xizang Exped. Team Botanical Group 86* (holotype: PE).

Grimmia himalayana P. C. Chen, Rep. Sci. Exp. Qomolangma Reg. **3**:227. 1962, *nom. illeg. later homonym.*

生境　近冰川或水溪边湿石面上,海拔 3100～5450m。

分布　青海、新疆、西藏。中国特有。

细叶连轴藓

Schistidium liliputanum (Müll. Hal.) Deguchi, J. Sci. Hiroshima Univ., ser. B., Div. 2, Bot. **16**(2):299. 1979. *Grimmia liliputana* Müll. Hal., Nuovo Giorn. Bot. Ital., n. s., **5**: 188. 1898. **Type**: China: Shaanxi, Zu-lu, Oct. 1896, *J. Giraldi s. n.* (isolectotypes: H, S).

生境　高山地区裸露岩石上。

分布　吉林、陕西。日本。

凹叶连轴藓(新拟)

Schistidium mucronatum H. H. Blom, Shevock, D. G. Long & R. Ochyra, J. Bryol. **33** (3): 185. 2011. **Type**: China: Yunnan, Shangri-la Co., *Shevock, Tam, Melich & Wu 27 374* (holotype: CAS; isotypes: KRAM, MO, PE, TRH).

生境　石灰岩上,海拔 1900～3650m。

分布　青海、四川、云南(Blom et al., 2011)。中国特有。

厚边连轴藓(新拟)

Schistidium riparium H. H. Blom, Shevock, D. G. Long & Ochyra, J. Bryol. **33** (3): 180. 2011. **Type**: China: Yunnan, Weixi Co., *Shevock & Zhang 32 290* (holotype: CAS; isotypes: H, KRAM, HKAS, MO, NY, PE, SZG, TRH).

生境　岩面上,海拔 1685m。

分布　云南(Blom et al., 2011)。中国特有。

溪岸连轴藓

Schistidium rivulare (Brid.) Podp., Beih. Bot. Centralbl. **28** (2): 207. 1911. *Grimmia rivularis* Brid., J. Bot. (Schrad.) **1800**(1): 276. 1801.

Grimmia alpicola Hedw. var. *rivularis* (Brid.) Wahlenb., Fl. Lapp. 32. 1812.

Grimmia apocarpa (Hedw.) var. *rivularis* (Brid.) Nees, Hornsch. & Stürm., Bryol. Germ. **2**(1): 101. 1827.

Schistidium apocarpum (Hedw.) var. *rivulare* (Brid.) Bruch & Schimp., Bryol. Eur. **3**: 100. 1845.

Schistidium alpicola (Hedw.) Limpr. var. *rivulare* (Brid.) Limpr., Laubm. Deutschl. **1**: 708. 1889.

生境　高山地区溪水边岩石上。

分布　黑龙江、吉林、辽宁、内蒙古、河北、河南、陕西、青海、新疆、浙江、台湾。日本、秘鲁(Menzel, 1992)、智利(He, 1998)、新西兰、澳大利亚,欧洲、北美洲。

粗疣连轴藓

Schistidium strictum (Turner) Loeske ex Märtensson, Kung. Svenska Vetenskapsakad. Avh. Naturskyddsärenden **14**: 110. 1956. *Grimmia stricta* Turner, Muscol. Hibern. Spic. 20. 1804. **Type**: Wales: Snowdon, *A. D. Scott s. n.*

Grimmia alpicola Hedw. var. *stricta* (Turner) Wahlenb., Fl. Lapp. 320. 1812.

Grimmia apocarpa Hedw. var. *stricta* (Turner) Hook. & Taylor, Muscol. Brit. 37. 1812.

Schistidium apocarpum var. *strictum* (Turner) Moore, Proc. Roy. Irish Acad. Sci. **1**: 359. 1873

Grimmia filicaulis Müll. Hal., Nuovo Giorn. Bot. Ital., n. s., **3**: 108. 1896. **Type**: China: Shaanxi, Kia-po, June 24. 1894, *J. Giraldi s. n.*

Grimmia sinensiapocarpa Müll. Hal., Nuovo Giorn. Bot. Ital., n. s., **5**: 187. 1898. **Type**: China: Shaanxi, Zu-lu, Oct. 1896, *J. Giraldi s. n.* (isotype: BM).

生境　干燥的岩石上,海拔 850～4000m。

分布　黑龙江、吉林、辽宁、内蒙古、河北、陕西、宁夏、青海、新疆、浙江、湖南(Koponen et al., 2004)、湖北、四川、重庆、云南、西藏、台湾。巴基斯坦(Higuchi and Nishimura, 2003)、日本、印度、俄罗斯,欧洲、北美洲。

皱叶连轴藓

Schistidium subconfertum (Broth.) Deguchi, J. Sci. Hiroshima Univ., Ser. B. Div. 2, Bot. **16**(2): 240. 1979. *Grimmia subconferta* Broth., Symb. Sin. **4**: 45. 1929. **Type**: China: Sichuan, Muli Co., 4650m, *Handel-Mazzetti 7493* (holotype: H; isotypes: BM, E, S).

生境　高山针叶林中的岩石上。

分布　新疆、四川。日本。

长齿连轴藓

Schistidium trichodon (Brid.) Poelt, Svensk. Bot. Tidskr. **47**: 253. 1953. *Grimmia trichodon* Brid., Bryol. Univ. **1**: 171. 1826. **Type**: Italy.

Grimmia gracilis Schleich., Crypt. Helv. Cent. 3, No. 14 & Catal. 1807, *nom. nud.*

Grimmia gracilis Schleich. ex Schwägr., Sp. Musc. Frond., Suppl. **1**: 98. 1811, *nom. illeg.* non *Grimmia gracilis* (Hedw.) F. Weber & D. Mohr (1803).

Grimmia apocarpa Hedw. var. *gracilis* Schleich. ex Röhl., Deutschl. Fl. (ed. 2), Kryptog. Gew. **3**: 47. 1813.

Schistidium apocarpum var. *gracile* (Schleich. ex Röhl.) Bruch & Schimp., Bryol. Eur. **3**: 99 (Fasc. 25-28. Monogr. 7). 1845.

Schistidium gracile (Schleich ex Röhl.) Limpr., Laubm. Deutschl. **1**: 705. 1869.

Schistidium apocarpum subsp. *gracile* (Schleich. ex. Röhl.) Meyl., Bull. Soc. Vaud. Sci. Nat. ser. 5, **41**: 100. 1905.

生境　高山林区溪水边岩石上。

分布　山东(赵遵田和曹同, 1998)、陕西、新疆、湖北、四川、云南、台湾。日本、印度,欧洲、北美洲。

无轴藓目 Archidiales Limpr.

无轴藓科 **Archidiaceae** Schimp.

本科全世界仅 1 属。

无轴藓属 Archidium Brid.
Bryol. Univ. 1: 747. 1826.

模式种: *A. phaseoides* Brid.

本属全世界现有 34 种,中国有 3 种。

无轴藓

Archidium alternifolium (Dicks. ex Hedw.) Mitt., Ann. Mag. Nat. Hist., ser. 2, **8**: 306. 1851. *Phascum alternifolium* Dicks. ex Hedw., Sp. Musc. Frond. 24. 1801.

Phascum bruchii Spreng., Syst. Veg. **4**(1): 142. 1827.

Archidium longifolium Lesq. & James, Proc. Amer. Acad. Arts **14**: 134. 1879.

Pohlia tenerrima Stirt., Ann. Scott. Nat. Hist. **1907**: 174. 1907.

Bryum tenerrimum (Stirt.) Stirt., Glasgow Naturalist **6**: 38. 1914.

生境　山坡草丛中。

分布　河南(黎兴江和余宏景, 1982)、江苏(陈邦杰等, 1963)。欧洲、北美洲和非洲北部(Spence, 2007)。

中华无轴藓

Archidium ochioense Schimp. ex Müll. Hal., Syn. Musc. Frond. **2**: 517. 1851. **Type**: U. S. A.: *Sullivant*, *Musci Allegh*. 213.

Archidium sinense Durieu in Debeaux, Bull. Soc. Bot. France **9**: 161. 1862. **Type**: China: Shandong, Yan-tai near Teche-fou, *Debeaus s. n.*

生境　岩面或沙土上。

分布　山东、河南、江苏(刘仲苓等,1989)、浙江(刘仲苓等,1989)、香港。印度、斯里兰卡、日本、新喀里多尼亚岛(法属)、西印度群岛、智利(He,1998),北美洲、非洲。

云南无轴藓

Archidium yunnanense T. Arts & R. Magill, J. Bryol. **18**: 63. 1994. **Type**: China: Yunnan, Xishuangbanna, Meng-la Co., Dec. 22. 1986, *R. Magill et al. 7704* (holotype: MO; isotypes: HKAS, PC).

生境　钙质土面上。

分布　云南。中国特有。

曲尾藓目 Dicranales H. Philib. ex M. Fleisch.

牛毛藓科 **Ditrichaceae** Limpr.

本科世界有24属,中国有12属。

高地藓属 Astomiopsis Müll. Hal.
Linnaea **43**: 391. 1882.

模式种: *A. subulata* Müll. Hal.

本属全世界现有7种,中国有1种。

中华高地藓

Astomiopsis julacea (Besch.) K. L. Yip & Snider, Bryologist **101**: 87. 1998. *Pleuridium julaceum* Besch., J. Bot. (Morot) **12**: 294. 1898. **Type**: Japan: Tokyo, *Matsumura 71* (holotype: BM; isotypes: H-BR, S).

Astomiopsis sinensis Broth., Symb. Sin. **4**: 12. 1929. **Type**: China: Yunnan, Lijiang Co., Oct. 4. 1916, *Handel-Mazzetti 12 976* (holotype: H-BR; isotype: MO).

生境　高山寒地石缝中。

分布　四川、重庆、云南、台湾(Chuang, 1973, as *Pleuridium julaceum*)。日本(Iwatsaki, 2004)

角齿藓属 Ceratodon Brid.
Bryol. Univ. **1**: 480. 1826.

模式种: *C. purpureus* (Hedw.) Brid.

本属全世界现有5种,中国有2种。

角齿藓

Ceratodon purpureus (Hedw.) Brid., Bryol. Univ. **1**: 480. 1826. *Dicranum purpureum* Hedw., Sp. Musc. Frond. 136. 1801. **Type**: Europe.

Didymodon purpureus (Hedw.) Hook. & Taylor, Musc. Brit. 65. 20. 1818.

Ceratodon purpureus (Hedw.) Brid. var. *rotundifolius* Berggr., Kongl. Sventensk. Acad. Handl. **13**(7): 44. 1875.

Ceratodon sisensis Müll. Hal., Nuovo Giorn. Bot. Ital., n. s., **3**: 104. 1896. **Type**: China: Shaanxi, July 1894, *Giraldi s. n.* (holotype: B).

生境　干燥开阔土地、岩面薄土或腐朽木根上。

分布　黑龙江、吉林、辽宁、内蒙古、河北、山东(赵遵田和曹同,1998)、青海、新疆、江苏、上海(刘仲苓等,1989)、甘肃(安定国,2002)、湖北、四川、云南、西藏、台湾(Chuang,1973)、广东(Zhou and Xing,2010)。世界广布种。

狭蒴角齿藓

Ceratodon stenoearpus Bruch & Schimp., Bryol. Eur. **2**: 146. 1846. **Type**: Mexico: Chinanthe, *F. M. Liebmann 84*.

Ceratodon purpureus (Hedw.) Brid. var. *formosicus* Cardot, Beih. Bot. Centrabl. **19** (2): 100. 1905. **Type**: China: Taiwan, Tamsui, *Faurie* 85.

Ceratodon purpureus subsp. *stenocarpus* (Bruch & Schimp.) Dixon, New Zealand Inst. Bull. **3**(2): 50. 1914.

Ceratodon purpureus var. *stenocarpus* (Bruch & Schimp.) Dixon, J. Bombay Nat. Hist. Soc. **39**(4): 773. 1937.

生境　杂木林下、林边土面或稀见于岩面薄土上。

分布　云南、西藏、台湾。世界广泛分布。

闭蒴藓属(新拟)Cleistocarpidium Ochyra & Bednarek-Ochyra
Fragmenta Floristica et Geobotanica **41**: 1035. 1996.

模式种: *C. palustre* (Bruch & Schimp.) Ochyra & Bednarek-Ochyra

本属全世界现有2种,中国有1种。

东亚闭蒴藓属(新拟)

Cleistocarpidium japonicum (Deguchi, Matsui & Z. Iwats.) K. L. Yip, J. Hattori Bot. Lab. **96**: 216. 2004. *Pleuridium japonicum* Deguchi, Matsui & Z. Iwats., J. Hattori Bot. Lab. **75**: 23. 1994. **Type**: Japan: shikoku, ca. 1250m, Apr. 25 1992, *H. Deguchi 32 888* (holotype: HIRO).

生境　不详。

分布　浙江(Yip, 1999, as *Pleuridium japonicum*)。日本。

对叶藓属 Distichium Bruch & Schimp.

Bryol. Eur. **2**:153. 1846.

模式种:*D. capillaceum* (Hedw.)Bruch & Schimp.

本属全世界现有 14 种,中国有 5 种。

短柄对叶藓

Distichium brevisetum C. Gao, Acta Bot. Yunnan. **3** (4): 391. 1981. **Type**:China:Xizang,Dingri Co., *K.Y. Lang 5306* (holotype:PE; isotype:IFSBH); Longzi Co., *Zang Mu 886* (paratypes:HKAS,IFSBH).

Distichium papillosum Müll. Hal. var. *compactum* Müll. Hal. in Levier,Nuovo Giorn. Bot. Ital.,n. s.,**13**:257. 1906,*nom. nud.*

生境 亚高山地区的岩面或草地上。

分布 河北(Li and Zhao,2002)、西藏。中国特有。

短叶对叶藓

Distichium bryoxiphioidium C. Gao, Acta. Bot. Yunnan. **3**(4): 392. 1981. **Type**: China:Xizang,Dingri Co.,*K.Y. Lang 5308* (holotype:PE; isotypes:IFSBH,HKAS).

生境 高寒山地的土面或岩面。

分布 西藏。中国特有。

对叶藓

Distichium capillaceum (Hedw.) Bruch & Schimp., Bryol. Eur. **2**: 156. 1846. *Cynontodium capillaceum* Hedw., Sp. Musc. Frond. 57. 1801. **Syntypes**:Germany and Sweden.

Distichium brevifolium Müll. Hal., Nuovo Giorn. Bot. Ital., n. s. **3**: 91. 1896. **Type**: China: Xizang, *J. Thomson 32* (holotype:B).

Distichium papillosum Müll. Hal., Nuovo Giorn. Bot. Ital., n. s., **3**: 91. 1896. **Type**: China: Shannxi, Kuan-tou-san, *J. Giraldi s. n.* (syntype: B); Mt. Taibai, Aug. 1894, *J. Giraldi s. n.* (syntype:B); Guansu, Rdonsug, 1886, *Potanin s. n.* (syntype:B).

Distichium trachyphyllum Müll. Hal., Nuovo Giorn. Bot. Ital., n. s., **3**: 90. 1896. **Type**: China: Xizang, *J. Thomson 33* (holotype:B).

生境 高山石灰岩缝、薄土上、潮湿砂石上或冰川旁岩面上。

分布 黑龙江、吉林、内蒙古、河北、山西、陕西、宁夏、甘肃、青海、新疆、云南、西藏、台湾(Lin,1988)。世界广布。

小对叶藓

Distichium hagenii Ryan ex Philib., Rev. Bryol. **23**: 36. 1896. **Type**:Norway:*M. Ryan s. n.*

Swartzia hagenii (Ryan ex Philib.) Möll., Bot. Not. **1907**: 142. 1907.

Distichium inclinatum subsp. *hagenii* (Ryan ex Philib.) Amann,Fl. Mouss. Suisse **2**:87. 1919.

Distichium inclinatum (Hedw.) Bruch & Schimp. var. *hagenii* (Ryan ex Philib.)Mönk.,Laubm. Eur. 161. 1927.

Distichium macrosporum C. Gao in X. J. Li (ed.), Bryofl. Xizang 17. 1985. **Type**: China:Xizang,Jilong Co.,on soil, June. 1980,*Zhang Guang-Chu 801* (holotype:IFSBH).

生境 高寒地区裸地、灌丛下、岩缝或泥土上。

分布 河北(Li and Zhao,2002)、甘肃、青海、新疆、西藏。蒙古、俄罗斯(远东地区)、美国(eppelt,2007),欧洲。

斜蒴对叶藓

Distichium inclinatum (Hedw.) Bruch & Schimp., Bryol. Eur. **2**: 157. 1846. *Cynontodium inclinatum* Hedw., Sp. Musc. Frond. 58. 1801.

生境 高山土面或岩面。

分布 内蒙古、河北、山西、宁夏、青海、新疆、云南、西藏。巴基斯坦(Higuchi and Nishimura,2003)、印度、高加索地区,中亚、欧洲、北美洲、非洲北部。

拟牛毛藓属 Ditrichopsis Broth.

Akad. Wiss. Wien,Sitzungsber.,Math.-Naturwiss. Kl.,Abt. 1,**133**:560. 1924.

模式种:*D. gymnostoma* Broth.

本属全世界现有 2 种,中国有 2 种。

闭蒴拟牛毛藓

Ditrichopsis clausa Broth.,Symb. Sin. **4**:13. 1929. **Type**:China:Yunnan, Zhongdian Co., *Handel-Mazzetti 7674* (holotype:H-BR).

生境 山地土面上。

分布 云南。印度。

拟牛毛藓

Ditrichopsis gymnostoma Broth., Akad. Wiss. Wien Sitzungsber., Math.-Naturwiss. Kl., Abt. 1, **133**: 560. 1924. **Type**: China: Sichuan,Yanyuan Co.,*Handel-Mazzetti 2383* (holotype:H-BR).

生境 山地土面上。

分布 四川、贵州(彭晓磬,2002)。中国特有。

牛毛藓属 Ditrichum Hampe

Flora **50**:181. 1867,*nom. cons.*

模式种:*D. homomallum* (Hedw.)Hampe

本属全世界现有 69 种,中国有 12 种。

金黄牛毛藓

Ditrichum aureum E. B. Bartram,Ann. Bryol. **8**:7. 1935. **Type**: China:Guizhou, Hui Hsiang-ping, 1500m, on soil, *S. Y. Cheo 835* (holotype:FH).

生境 土面上。

分布 贵州。中国特有。

短齿牛毛藓

Ditrichum brevidens Nog., J. Jap. Bot. **20**(5): 255. 1944. **Type**: China: Taiwan, Mt. Kodama, *Noguchi 6352* (holotype: NICH).

生境　高山草甸土坡上。

分布　四川、贵州、云南、台湾(Chuang, 1973)。中国特有。

印度牛毛藓

Ditrichum darjeelingense Renauld & Cardot, Bull. Soc. Bot. Belgique **41**(1): 51. 1905. **Type**: India.

生境　山坡或路边岩面薄土上,海拔 1500～2850m。

分布　云南(曾淑英,1990)。印度。

卷叶牛毛藓

Ditrichum difficile (Duby) M. Fleisch., Musci Buitenzorg **1**: 300. 50. 1904. *Trichostomum difficile* Duby, in Moritzi, Syst. Zoll. Pflanzenfam. Verz. 134. 1846. **Type**: *Zollinger* 411*z* (lectotype: BM; isolectotypes: G, L).

Ditrichum flexifolium Hampe, Flora **50**: 182. 1867.

Dicranum flexifolium Hook., Musc. Exot. **2**: 144. 1819, *hom. illeg.*

Ditrichum formosicum Nog., J. Jap. Bot. **14**: 397. 1938. **Type**: China: Taiwan, Mt. Taihei, *Noguchi 6647* (holotype: NICH).

生境　土面上。

分布　内蒙古、山西(Wang et al., 1994, as *Ditrichum flexifolium*)、新疆、贵州、福建(Thériot, 1932, as *D. flexifolium*)、台湾。孟加拉国(O'Shea, 2003)、印度、印度尼西亚、俄罗斯(远东地区)、澳大利亚、新西兰、马达加斯加、坦桑尼亚(Ochyra and Sharp, 1988)、南非,南美洲。

叉枝牛毛藓(新拟)

Ditrichum divaricatum Mitt., Trans. Linn. Soc. London, Bot. **3**: 155. 1891. **Type**: Japan.

Ditrichum divaricatum var. *exaltatum* Cardot, Bull. Herb. Boissier, sér. 2, **8**: 332. 1908.

生境　土面或岩面上

分布　吉林(Cao et al., 2002)、上海(刘仲苓等,1989)、浙江、重庆。日本、韩国。

细牛毛藓

Ditrichum flexicaule (Schwägr.) Hampe, Flora **50**: 182. 1867.

Cynodontium flexicaule Schwägr., Sp. Musc. Frond., Suppl. 1, **1**: 133. 1811. **Type**: Switzerland: *Schleicher s. n.*

生境　土面或岩面上。

分布　内蒙古、陕西、甘肃(Wu et al., 2002)、新疆(Potier de la Varde, 1937)、贵州、云南(曾淑英,1990)、西藏。俄罗斯(远东地区),欧洲、北美洲。

扭叶牛毛藓

Ditrichum gracile (Mitt.) O. Kuntze, Rev. Gen. Pl. **2**: 835. 1891. *Leptotrichum gracile* Mitt., Kew J. Bot. **3**: 355. 1815. **Type**: Ecuador: Andes, Quitenses, *Jamenson s. n.* (holotype: B).

Leptotrichum crispatissimum Müll. Hal., Nuovo Giorn. Bot. Ital., n. s., **3**: 97. 1896. **Type**: China: Shaanxi, Si-ku-tziu-san, July 1894, *Giraldi 871*.

Ditrichum crispatissimum (Müll. Hal.) Paris, Index Bryol. Suppl. 131. 1900.

Ditrichum giganteum R. S. Williams, Bull. New York Bot. Gard. **2**(6): 113. 1901.

Ditrichum crispatissimum var. *sinense* (Müll. Hal.) T. Cao in C. Gao, Fl. Bryophyt. Sin. **1**: 85. 1994. *Dichelyma sinense* Müll. Hal., Nuovo Giorn. Bot. Ital., n. s., **5**: 190. 1898. **Type**: China: Shaanxi, Mt. Thae-pei-san, Aug. 1896, *Giraldi s. n.*

生境　高山林区土面或岩面上。

分布　吉林(Cao et al., 2002)、河北(Li and Zhao, 2002, as *D. crispatissimum*)、山西、陕西、青海、新疆、四川、云南、西藏、台湾(Matsui and Iwatsuki, 1990)。日本、巴布亚新几内亚、新西兰(Matsui and Iwatsuki, 1990)、俄罗斯,欧洲、美洲。

牛毛藓

Ditrichum heteromallum (Hedw.) E. Britton, N. Amer. Fl. **15**: 64. 1913. *Weissia heteromalla* Hedw., Sp. Musc. Frond. 71. 1801. **Syntypes**: Austria and Switzerland.

Didymodon homomallum Hedw., Sp. Musc. Frond. 105. 1801.

Ditrichum homomallum (Hedw.) Hampe, Flora **50**: 182. 1867.

Ditrichum subtortile Cardot, Bull. Herb. Boissier, sér. 2, **7**: 716. 1907.

生境　土面或岩面上。

分布　山东(赵遵田和曹同,1998)、上海(李登科和高彩华,1986)、浙江(刘仲苓等,1989)、江西、湖南、湖北、四川、重庆、贵州、云南、西藏、台湾(Chuang, 1973)、广东、广西、海南。印度、日本、朝鲜、美国(Seppelt, 2007)、哥伦比亚(Seppelt, 2007),欧洲。

黄牛毛藓

Ditrichum pallidum (Hedw.) Hampe, Flora **50**: 182. 1867.

Trichostomum pallidum Hedw., Sp. Musc. Frond. 108. 1801.

Cynodontium pallidum (Hedw.) Mitt., J. Proc. Linn. Soc. **8**: 149. 1864.

生境　山地土坡或土壁上。

分布　内蒙古、山东、河北(Li and Zhao, 2002)、河南、安徽、江苏、上海(刘仲苓等,1989)、浙江、江西、湖南、湖北、重庆、贵州、云南、西藏、福建、台湾(Chuang, 1973)、广东、香港、澳门。泰国、日本,欧洲、北美洲、非洲中部。

细叶牛毛藓

Ditrichum pusillum (Hedw.) Hampe, Flora **50**: 182. 1867.

Didymodon pusillus Hedw., Sp. Musc. Frond. 104. 1801.

Trichostomum tortile Schrad., Bot. Zeitung (Regensburg) **1**: 74. 1802.

Ditrichum tortile (Schrad.) Brockm., Arch. Vereins. Freund. Naturgesch. Mecklenburg **23**: 74. 1870.

Ditrichum pusillum (Hedw.) Hampe var. *tortile* (Schrad.) I. Hagen, Kongel. Norske Vidensk., Selsk. skr. **1910**(1): 50. 1910.

Ditrichum microcarpum Broth., Symb. Sin. **4**: 12. 1929. **Type**: China: Yunan, *Handel-Mazzetti 6264*. (holotype: H-BR).

Ditrichum setschwanicum Broth. in Handel-Mazzetti, Symb. Sin. **4**: 12. 1929. **Type**: China: Sichuan, Yanyuan Co., *Handel-Mazzetti 2859* (holotype: H-BR; isotype: MO).

生境　潮湿、溪沟边土面、土壁或有时见于岩缝土上。

分布　吉林、内蒙古、河北(Li and Zhao, 2002)、山东(赵遵田和曹同,1998)、宁夏、湖南、湖北、四川、贵州、云南、西藏、广东、海南。俄罗斯(远东及西伯利亚地区),欧洲、北美洲、非洲。

长齿牛毛藓(新拟)

Ditrichum rhynchostegium Kindb., Rev. Bryol. **37**:14. 1910.

Ditrichum henryi H. A. Crum & L. E. Anderson, J. Elisha Mitchell Sci. Soc. **72**:289. 1956.

生境 土面、岩面或腐木桩上。

分布 台湾(Matsui and Iwatsuki, 1990)。日本、朝鲜,北美洲(Matsui and Iwatsuki, 1990)。

拟扭叶牛毛藓

Ditrichum tortuloides Grout, Bryologist **30**: 4. 1927. **Type**: U. S. A.: Vermont.

生境 树干、岩面或土壁上,海拔 1200 ~ 2000m。

分布 云南(曾淑英,1990)。西喜马拉雅、印度,欧洲、北美洲。

裂蒴藓属(新拟)Eccremidium E. H. Wilson. London J. Bot. 5:450. 1846.

模式种:未选。

本属全世界现有 6 种,中国有 1 种。

龙骨裂蒴藓(新拟)

Eccremidium brisbanicum (Broth.) Steere & G. A. M. Scott, J. Bryol. **7**: 603. 1973 [1974]. *Archidium brisbanicum* Broth., Öfvers. Förh., Finska Vetensk.-Soc. **35**:35. 1893. **Type**: Australia.

Ephemerum neocaledonicum Thér., Bull. Acad. Int. Géogr., Bot. **19**:21. 1909.

Ephemerum francii Thér., Bull. Acad. Int. Géogr., Bot. **20**: 99. 1910.

Pleuridium austro-subulatum Broth. ex G. Roth, Hedwigia **54**:269. pl. 10, f. 5. 1924.

生境 泥土上。

分布 广东(何祖霞等,2004)、香港(Zhang et al., 1998a)。印度、尼泊尔、不丹、斯里兰卡、缅甸、越南、泰国、柬埔寨、马来西亚、新加坡、菲律宾、印度尼西亚、巴布亚新几内亚、日本、澳大利亚、马达加斯加,中美洲、南美洲。

荷包藓属 Garckea Müll. Hal. Bot. Zeitung(Berlin)3:865. 1845.

模式种:*G. phascoides* (Hook.) Müll. Hal. (=***G. flexuosa***)

本属全世界现有 5 种,中国有 1 种。

荷包藓

Garckea flexuosa (Griff.) Marg. & Nork., J. Bryol. **7**: 440, 1973. *Grimmia flexuosa* Grill., Calcutta J. Nat. Hist. **2**: 492. 1842. **Type**: India: *Griffith s. n.* (isotype: BM).

Dicranum phascoides Hook., Bot. Misc. **1**:39. 1829.

Grimmia comosa Dozy & Molk., Ann. Sci. Nat., Bot., sér. 3, **2**:304. 1844.

Garckea phascoides Müll. Hal., Bot. Zeitung (Berlin) **3**: 865. 1845.

Garckea phascoides (Hook.) Müll. Hal. ex Dozy & Molk., Bryol. Jav. **1**: 92. 1858, *hom. illeg.* non *Garckea phascoides* Müll. Hal., Bot. Zeitung (Berlin) **3**:865. 1845.

Garckea comosa (Dozy & Molk.) Wijk & Marg., Taxon **9**: 190. 1963.

生境 高山土坡上。

分布 湖南(Enroth and Koponen, 2003)、四川、云南、福建、台湾(Chuang, 1973, as *G. comosa*)、广东、广西、海南、香港、澳门。孟加拉国(O'Shea, 2003)、印度、尼泊尔、不丹、斯里兰卡、缅甸、泰国、柬埔寨、越南、马来西亚、新加坡、菲律宾、印度尼西亚、巴布亚新几内亚、澳大利亚、马达加斯加,中美洲、南美洲。

丛毛藓属 Pleuridium Rabenh. Deutschl. Krypt.-Fl. 2(3):79. 1848.

模式种:*P. subulatum* (Hedw.) Rabenh.

本属全世界现有 30 种,中国有 2 种。

尖叶丛毛藓

Pleuridium acuminatum Lindb., Öfvers. Förh. Kongl. Svenska Vetensk.-Akad. **20**:406. 1863.

生境 开阔低地土面上。

分布 陕西(张满祥, 1978)、甘肃(安定国, 2002)。欧洲、北美洲东部、新西兰和非洲南部。

丛毛藓

Pleuridium subulatum (Hedw.) Rabenh., Deutschl. Krypt. Fl. **2**(3):79. 1848. *Phascum subulatum* Hedw., Sp. Musc. Frond. 19. 1801. **Type**: Europe.

生境 开阔低地土面上。

分布 河南(刘永英等. 2008b)、新疆、上海、浙江(Mitten, 1864)、云南(Mao and Zhang, 2011)。日本,欧洲、北美洲东部。

曲喙藓属 Rhamphidium Mitt.
J. Linn. Soc. ,Bot. **12**:45. 1869.

模式种:*R. macrostegium* (Sull.)Mitt.

本属全世界现有 17 种,中国有 1 种。

鞘叶曲喙藓

Rhamphidium vaginatum Mitt. ,J. Linn. Soc. ,Bot. **12**:45. 1869.

生境　不详。

分布　香港(Dixon,1933)。印度尼西亚。

石缝藓属 Saelania Lindb.
Utkast Eur. Bladmoss. 35. 1878.

本属全世界仅 1 种。

石缝藓

Saelania glaucescens (Hedw.)Broth. in Bomansson & Broth. , Herb. Mus. Fenn. **2**: 53. 1894. *Trichostomum glaucescecns* Hedw. , Sp. Musc. Frond. 112. 1801. **Type**:Sweden:*Swartz s. n.*

生境　土面或岩石土缝中。

分布　黑龙江、吉林、内蒙古、陕西、新疆。巴基斯坦(Higuchi and Nishimura,2003)、日本、俄罗斯(远东地区)、新西兰、南非,欧洲、北美洲。

毛齿藓属 Trichodon Schimp.
Coroll. Bryol. Eur. 36. 1856.

模式种:*T. cylindricus* (Hedw.)Schimp.

本属全世界现有 2 种,中国有 2 种。

毛齿藓

Trichodon cylindricus (Hedw.) Schimp. , Coroll. Bryol. Eur. 36. 1856. *Trichostomum cylindricum* Hedw. ,Sp. Musc. Frond. 107. pl. 24,f. 7-13. 1801.

Trichostomum tenuifolium Schrad. , Nov. Stirp. Pug. 1799, *nom. illeg.*

Trichostomum cylindricum Hedw. , Sp. Musc. Frond. 107. pl. 24, f. 7-13. 1801. *Ditrichum cylindricum* (Hedw.) Grout,Moss Fl. N. Amer. **1**:48. 1936.

Trichodon tenuifolius Lindb. , Öfvers. Förh. Kongl. Svenska Vetensk. -Akad. **21**:226. 1864.

生境　林下潮湿土面上。

分布　内蒙古。日本、俄罗斯(远东地区),欧洲、北美洲。

云南毛齿藓

Trichodon muricatus Herzog, Hedwigia **65**: 148. 1925. **Type**: China: Yunnan, Pe yen tsin, 3000m, *S. Ten 48* (holotype: JE).

生境　高山地区土面上。

分布　云南、西藏、广西。中国特有。

立毛藓属 Tristichium Müll. Hal.
Linnaea **42**:435. 1879.

模式种:*T. lorentzii* Müll. Hal.

本属全世界现有 4 种,中国有 1 种。

中华立毛藓*

Tristichium sinense Broth. ,Akad. Wiss. Wien. Sitzungsber. , Math. -Naturwiss. K1. Abt. 1, **133**: 560. 1924. **Type**: China: Yunnan, Zhongdian Co. , 4450 ~ 4650m, *Handel-Mazzetti 4718* (holotype:H-BR).

生境　阳坡岩面薄土或土面上。

分布　四川、云南。中国特有。

威氏藓属 Wilsoniella Müll. Hal.
Bot. Centralbl. **7**:345. 188l.

模式种:*W. decipiens* (Mitt.)Alston

本属全世界共有 10 种,中国有 1 种。

威氏藓(南亚威氏藓)

Wilsoniella decipiens (Mitt.)Alston in Dixon,J. Bot. **68**: 2. 1930. *Trematodon decipiens* Mitt. , J. Proc. Linn. Soc. Bot. Suppl. **1**:13. 1859. **Type**:Sri Lanka.

Wilsoniella pellucida Müll. Hal. ,Bot. Centralbl. **7**:345. 1881.

Wilsoniella squarrosa Broth. ,Philipp. J. Sci. **8**:56. 1913.

Wilsoniella acutifolia Broth. , Philipp. J. Sci. **31**: 277. 1926, *nom. nud.*

Wilsoniella pellucida var. *acutifolia* Dixon, J. Linn. Soc. , Bot. **50**:67. 1935.

Wilsoniella decipiens (Mitt.)Alston in Dixon var. *acutifolia* (Dixon) Wijk. & Marg. Taxon **10**:26. 1961.

生境　土面上。

---

* 原记录于重庆的标本是中华高地藓(贾渝等,2003)。

分布　云南(Wu,1992a)、台湾(Chuang,1973)、海南。印度、斯里兰卡、泰国(Touw,1968,as *W. pellucida*)、印度尼西亚、菲律宾、巴布亚新几内亚。

小烛藓科 Bruchiaceae Schimp.
Coroll. Bryol. Eur. 6. 1856

本科全世界有 5 属,中国有 3 属。

小烛藓属 Bruchia Schwägr.
Sp. Musc. Frond. Suppl. 2,**2**:91. 1824.

模式种:*B. vogesiaca* Nestl. ex Schwägr.
本属全世界现有 20 种,中国有 3 种。

小孢小烛藓

Bruchia microspora Nog., J. Jap. Bot. **26**: 271. 1951. **Type**: Japan: Kumamoto Prefecture, Hitoyosi-City, May 1936, *K. Mayebara 678* (NICH).
生境　土面上。
分布　广东。日本。

中华小烛藓

Bruchia sinensis P. C. Chen ex T. Cao & C. Gao, J. Hattori Bot. Lab. **64**:455. 1988. **Type**: China: Fujian, Mt. Wuyi, 1955, *Lang Kui-Chang s. n.* (IFSBH).
生境　开阔地上。
分布　福建。中国特有。

小烛藓

Bruchia vogesiaca Nestl. ex Schwägr., Sp. Musc. Frond. Suppl. 2,**2**: 91. 1824. **Type**: France: Vosges Mountain, *Mougeot & Nestler 1822* (holotype:BM; isotype:NY).
生境　溪水边土面上。
分布　福建。欧洲(西班牙、荷兰、法国、德国、奥地利)、北美洲(美国新罕布什尔、纽约)。

并列藓属 Pringleella Cardot
Rev. Bryol. **36**:68. 1909.

模式种:*P. pleuridioides* Cardot
本属全世界现有 3 种,中国有 1 种。

中华并列藓

Pringleella sinensis Broth., Symb. Sin. **4**: 11. 1929. **Type**: China: Yunnan, Lijiang Co., 2950m, *Handel-Mazzetti 12 615* (holotype:H-BR).
生境　土面上。
分布　云南。中国特有。

长蒴藓属 Trematodon Michx.
Fl. Bor. Amer. **2**:289. 1803.

模式种:*T. longicollis* Michx.
本属全世界现有 83 种,中国有 2 种。

北方长蒴藓

Trematodon ambiguus (Hedw.) Hornsch., Flora **2**: 88. 1819. *Dicranum ambiguum* Hedw., Sp. Musc. Frond. 150. 1801. **Type**:"in Carinthia, Austria: in Franconia legit et communicavit amicissimus De la Vigne, med. Doct." (holotype:B).
生境　溪流边或湿处土面上。
分布　黑龙江、山东(赵遵田和曹同,1998)、青海、新疆、贵州(熊源新,1998)、云南。日本、尼泊尔、缅甸、俄罗斯(远东地区)、巴西(Yano,1995),欧洲、中美洲、北美洲。

长蒴藓

Trematodon longicollis Michx., Fl. Bor.-Amer. **2**: 289. 1803. **Type**: U. S. A.: North Carolina, *Michaux s. n.*
Trematodon acutus Müll. Hal., Syn. Musc. Frond. **1**:458. 1848.
Trematodon paucifolius Müll. Hal., Syn. Musc. Frond. **1**: 495. 1848.
Trematodon tonkinensis Besch., J. Bot. (Morot)**4**:201. 1890.
Trematodon drepanellus Besch., J. Bot. (Desvaux) **12**: 283. 1898.
Trematodon flaccidisetus Cardot, Beih. Bot. Centralbl. **17**:5. 1904.
Trematodon drepanellus Besch. var. *flaccidisetus* (Cardot) Dixon, Hong Kong Naturalist. Suppl. **2**:2. 1933.
Trematodon stricticalyx Dixon, Hong Kong Naturalist Suppl. **2**:3. 1933. **Type**: China: Zhejiang, Hangzhou, *E. D. Merril 11 520* (holotype:BM).
生境　土坡或平地土面上。
分布　辽宁、山东、安徽、江苏、上海(刘仲苓等,1989)、浙江、江西、湖南、湖北、四川、重庆、贵州、云南、西藏、福建、台湾(Chuang,1973)、广东、广西、海南、香港、澳门。孟加拉国(O'Shea,2003)、日本、朝鲜、印度、斯里兰卡、缅甸、泰国、柬埔寨、马来西亚、菲律宾、印度尼西亚、斐济、俄罗斯(远东地区)、巴布亚新几内亚、社会群岛、美国(夏威夷)、玻利维亚(Churchill,1998)、巴西(Churchill,1998)、秘鲁(Churchill,1998)、厄瓜多尔(Churchill,1998)、澳大利亚、新西兰、南非,欧洲、中美洲、北美洲。

昂氏藓科 **Aongstroemiaceae** De Not.

Atti Reale Uni. Genova **1**:30. 1869.

本科全世界有 5 属,中国有 3 属。

昂氏藓属 Aongstroemia Bruch & Schimp.

Bryol. Eur. **1**:171. 1846.

模式种:*A. longipes* (Sommerf.) Bruch & Schimp.

本属全世界现有 7 种,中国有 1 种。

东亚昂氏藓

Aongstroemia orientalis Mitt., Trans. Linn. Soc. London, Bot. sér. **3**:154. 1891. **Type**: India: Mussoori, *Bell* 164.

Anomobryum uncinifolia Broth., Philipp. J. Sci. **5**:146. 1909.

Aongstroemia unicinifolia (Broth.) Broth., Nat. Pflanzenfam. (ed. 2), **10**:179. 1924.

生境　高山土坡或高山草地土上。

分布　四川、云南、西藏、台湾(Chuang, 1973)。菲律宾、印度、缅甸、印度尼西亚、日本、俄罗斯(西伯利亚)、墨西哥、巴西(Yano, 1995),中美洲。

拟昂氏藓属 Aongstroemiopsis M. Fleisch.

Musci Buitenzorg **1**:331. 1904.

模式种:*A. julacea* (Dozy & Molk.) M. Fleisch.

本属为单种属。

拟昂氏藓

Aongstroemiopsis julacea (Dozy & Molk.) M. Fleisch., Musci. Buitenzorg **1**: 331. 1904. *Pottia julacea* Dozy & Molk., Pl. Jungh. **3**:335. 1854.

生境　林下土上。

分布　浙江(Zhu, 1990)、四川、云南、西藏。喜马拉雅地区、印度尼西亚(爪哇)。

裂齿藓属 Dichodontium Schimp.

Coroll. Bryol. Eur. 12. 1856.

模式种:*D. pellucidum* (Hedw.) Schimp.

本属全世界现有 4 种,中国有 2 种。

全缘裂齿藓

Dichodontium integrum Sakurai, Bot. Mag. (Tokyo) **62**: 104. f. 1. 1949. **Type**: China: Shaanxi, *Sato 7*.

生境　林下岩面上。

分布　陕西。中国特有。

裂齿藓

Dichodontium pellucidum (Hedw.) Schimp., Coroll. Bryol. Eur. 12. 1856. *Dicranum pellucidum* Hedw., Sp. Musc. Frond. 142. 1801.

Dichodontium verrucosum Cardot, Bull. Herb. Boissier sér. 2, **7**:712. 1907.

生境　林下岩面上。

分布　黑龙江、内蒙古、河北、新疆、云南、台湾(Chiang and Hu, 1997b)。不丹(Noguchi, 1971)、日本、巴基斯坦、俄罗斯(西伯利亚),欧洲、北美洲。

小曲尾藓科 **Dicranellaceae** M. Stech

本科全世界有 5 属,中国有 2 属。

扭柄藓属 Campylopodium (Müll. Hal.) Besch.

Ann. Sci. Nat., Bot., sér. 5, **18**:189. 1873.

Aongstroemia. sect. *Campylopodium* Müll. Hal., Syn. Musc. Frond. **1**:429. 1848.

模式种:*C. euphorocladum* (Müll. Hal.) Besch. [=**C. medium** (**Duby**) Giese & J.-P. Frahm]

本属全世界现有 4 种,中国有 1 种。

扭柄藓

Campylopodium medium (Duby) Giese & J.-P. Frahm, Acta Bot. Fenn. **131**:68. 1985. *Didymodon medium* Duby in Moritzi, Syst. Verz. Zollinger. Pflanzenfam. 134. 1846. **Type**: Indonesia: Java, *Zollinger 411Za*.

Aongstroemia euphoroclada Müll. Hal., Syn. Musc. Frond. **1**: 429. 1848.

Campylopus euphorocladus (Müll. Hal.) Bosch & Sande Lac., Bryol. Jav. **1**:79. 1858.

Campylopodium euphorocladum (Müll. Hal.) Besch., Ann. Sci. Nat. Bot. sér. 5, **18**:189. 1873.

生境　路边或开旷地泥土上。

分布　贵州(彭晓磬, 2002)、云南、西藏、台湾。缅甸(Tan and Iwatsuki, 1993)、日本、菲律宾、印度尼西亚、泰国、越南(Tan and Iwatsuki, 1993)、美国(夏威夷)、新西兰,非洲东部。

小曲尾藓属 Dicranella (Müll. Hal.) Schimp.
Coroll. Bryol. Eur. 13. 1856.

模式种：*D. grevilleana* (Brid.) Schimp. [= **D. Schreberiana** (Hedw.) Hilf. ex H. A. Crum & L. E. Anderson]

本属全世界现有158种，中国有16种，1变种。

小曲尾藓

Dicranella amplexans (Mitt.) A. Jaeger, Ber. Thätigk. St. Gallischen Naturwiss. Ges. **1870-1871**: 376. 1872. *Leptotrichum amplexans* Mitt., J. Proc. Linn. Soc., Bot., Suppl. **1**: 9. 1859. **Type**: Nepal: *Wallich s. n.*

生境　土面上。

分布　云南、海南。孟加拉国(O'Shea, 2003)、尼泊尔。

华南小曲尾藓

Dicranella austro-sinensis Herzorg & Dixon, Hong Kong Naturalist, Suppl. **2**: 3. 1933. **Type**: China: Guangdong, Tongtowka, *Husek 4* (holotype: BM).

生境　湿土面。

分布　云南、广东。中国特有。

短颈小曲尾藓

Dicranella cerviculata (Hedw.) Schimp., Coroll. Bryol. Eur. 13. 1856. *Dicranum cerviculatum* Hedw., Sp. Musc. Frond. 149. 1801. **Syntypes**: Sweden and England.

生境　湿砂石土上、路边、沟边或开阔林下空地上。

分布　黑龙江、山东(赵遵田和曹同, 1998)、山西(Wang et al., 1994)、浙江、湖北、贵州、广东、广西。日本、俄罗斯(远东地区)，欧洲、北美洲。

南亚小曲尾藓

Dicranella coarctata (Müll. Hal.) Bosch & Sande Lac., Bryol. Jav. **1**: 84. 1858. *Aongstroemia coarctata* Müll. Hal., Syn. Musc. Frond. **1**: 431. 1848. **Type**: Indonesia: Java, *Zollinger 411*.

南亚小曲尾藓原变种

Dicranella coarctata var. **coarctata**

Dicranella obscura Sull. & Lesq., Proc. Amer. Acad. Arts **4**: 277. 1859. **Type**: China: Hong Kong, in dense patches on steep banks, *nos. 55* (lectotype: FH).

Aongstroemia obscura (Sull. & Lesq.) Müll. Hal., Gen. Musc. Frond. 325. 1900.

Dicranella moutieri Paris & Broth., Rev. Bryol. **27**: 76. 1900.

Dicranella salsuginosa S. Okamura, Bot. Mag. (Tokyo) **25**: 142. 1911.

Dicranella cylindrica Nog., J. Jap. Bot. **22**: 27. 1948.

Dicranella coarctata (Müll. Hal.) Bosch & Sande Lac. var. *obscura* (Sull. & Lesq.) Z. Iwats., J. Hattori Bot. Lab. **29**: 55. 1966.

生境　湿砂质土、岩面、沟边或林边开阔地上。

分布　吉林(高谦和曹同, 1983)、甘肃(Wu et al., 2002)、江苏(刘仲苓等, 1989)、上海(李登科和高彩华, 1986)、江西、湖南、湖北、贵州、云南、福建、台湾、广西(贾鹏等, 2011)、海南、香港、澳门。孟加拉国(O'Shea, 2003)、斯里兰卡、缅甸、泰国、越南、马来西亚、菲律宾、印度尼西亚、日本、澳大利亚。

南亚小曲尾藓急流变种

Dicranella coarctata var. **torrentium** Cardot, Beih. Bot. Centralbl. **19**(2): 92. 1905. **Type**: China: Taiwan, Taitum, *Faurie 43* (holotype: PC; isotype: H).

生境　土面上。

分布　台湾、香港。中国特有。

疏叶小曲尾藓

Dicranella divaricatula Besch., J. Bot. (Desvaux) **12**: 283. 1898. **Type**: China: Yunnan, Tali, *Delavay 5250* (holotype: PC).

生境　路边、沟旁的湿土或砂质土上。

分布　辽宁、江苏、浙江、湖北、四川、贵州、云南、广西(贾鹏等, 2011)。中国特有。

福建小曲尾藓

Dicranella fukienensis Broth., Symb. Sin. **4**: 16. 1929. **Type**: China: Mt. Donghua, between Nonghua Co. and Shicheng Co., 1400m, *Handel-Mazzetti 318* (holotype: H).

生境　土面上。

分布　江西、福建、海南。中国特有。

短柄小曲尾藓

Dicranella gonoi Cardot, Bull. Herb. Boissier sér. 2, **7**: 713. 1907.

Dicranella microcarpa Broth., Öfvers. Förh. Finsk Vetensk.-Soc. **62**A(9): 1. 1921.

Dicranella tosaensis Broth., J. Jap. Bot. **26**: 301. 1951, *nom. nud.*

生境　路边、沟边泥土上或沙石质土上。

分布　黑龙江、山东(赵遵田和曹同, 1998)、湖南、海南。日本。

多形小曲尾藓

Dicranella heteromalla (Hedw.) Schimp., Coroll. Bryol. Eur. 13. 1856. *Dicranum heteromallum* Hedw., Sp. Musc. Frond. 128. 1801.

Mnium heteromallum (Hedw.) J. F. Gmel. ex With., Sys. Arr. Brit. Pl. (ed. 4), **3**: 784. 1801.

Bryum heteromallum (Hedw.) Sturm, Deutsch. Fl., Abt. II, Cryptog. **6**: 9. 1803.

Aongstroemia heteromalla (Hedw.) Müll. Hal., Syn. Musc. Frond. **1**: 432. 1848.

Leptotrichum heteromallum (Hedw.) Mitt., J. Proc. Linn. Soc., Bot., Suppl. **1**: 11. 1857.

Cynodontium heteromallum (Hedw.) Mitt., J. Proc. Linn. Soc., Bot. **8**: 16. 1865.

Dicranodontium heteromallum (Hedw.) A. W. H., Laubm. Oberfrank. 98. 1868.

生境　林间、林边的腐木、树根部或沟边开旷的砂质土上。

分布　黑龙江、吉林、山东(赵遵田和曹同, 1998)、新疆、安徽、江苏(刘仲苓等, 1989)、上海(刘仲苓等, 1989)、浙江、湖南、湖北、四川、重庆、贵州、台湾、海南。北半球广布。

陕西小曲尾藓

Dicranella liliputana (Müll. Hal.) Paris, Index Bryol. Suppl. 117. 1900. *Aongstroemia liliputana* Müll. Hal., Nuovo Giorn. Bot. Ital., n. s., **5**: 170. 1898. **Type**: China: Shaanxi, Tui-kio-san, *Giraldi 1964* (isotype: H).

生境　沟边、路旁湿土上或石缝湿土上。

分布　吉林、陕西。中国特有。

细叶小曲尾藓

Dicranella micro-divariata (Müll. Hal.) Paris., Index Bryol. Suppl. 117. 1900. *Aongstromia micro-divariata* Müll. Hal., Nuovo Giorn. Bot., Ital. n. s. **5**: 170. 1898. **Type**: China: Shaanxi, Kin-qua-san, *Giraldi 1936* (isotype: H).

生境　沟边或路旁湿土上。

分布　山东(赵遵田和曹同，1998)、陕西、浙江、重庆、西藏。中国特有。

沼生小曲尾藓

Dicranella palustris (Dicks.) Crundw. in Warb., Trans. Brit. Bryol. Soc. **4**(2): 247. 1962[1963]. *Bryum palustre* Dicks., P1. Grypt. Brit. Fasc. **4**: 11. 1801.

Dicranum squarrosa (Sohrad.) Schimp., Syn. Musc. Eur.

Dicranella squarrosa (Schrad.) Schimp., Syn. Musc. Eur. 71. 1860.

Anisothecium squarrosum (Schrad.) Lindb., Musci Scand. 26. 1879.

Anisothecium palustre (Dicks.) I. Hagen, Kongl. Norske Vidensk. Selsk. Skr. (Trondheim) **1914**(1): 35. 1915.

生境　开阔的沼泽土上。

分布　吉林、辽宁。日本、俄罗斯，欧洲、北美洲。

圆叶小曲尾藓(圆叶异毛藓)

Dicranella rotundata (Broth.) Takaki, J. Jap. Bot. **43**: 467. 1968. *Anisotheciurn rotundatum* Broth., Symb. Sin. **4**: 15. 1929. **Type**: China: Yunnan, 3150m, Sept. 23. 1915, *Handel-Mazzetti 8418* (holotype: H-BR).

生境　沼泽湿土上。

分布　云南。中国特有。

红色小曲尾藓

Dicranella rufescens (With.) Schimp., Coroll. Bryol. Eur. 13. 1856. *Bryum rufescens* With., Syst. Arr. Brit. Pl. (ed. 4), **3**: 801. 1801.

生境　湿土上。

分布　江西。美国(阿拉斯加)，欧洲、北美洲。

史贝小曲尾藓

Dicranella schreberiana (Hedw.) Hilf. ex H. A. Crum & L. E. Anderson, Mosses E. N. Amer. **1**: 169. 1981. *Dicranum schreberianum* Hedw., Sp. Musc. Frond. 144. 1801. **Type**: Sweden: *Swartz s. n.*

Dicranella grevilleana (Brid.) Schimp., Coroll. Bryol. Eur. 13. 1856.

Anisothecium grevilleanum (Brid.) Arn. & C. E. O. Jensen, Bih. K. Svensk. Vet. Akad. Handl., **3**(10): 49. 1883.

Dicranum schreberi var. *grevilleanum* (Brid.) Monnk., Laubm. Eur. 179. 1927.

Dicranella schreberiana (Hedw.) Hilf., Bryologist **62**: 263. 1959[1960], *nom. inval.*

生境　路边沟旁湿土上。

分布　黑龙江、宁夏(黄正莉等，2010，as *D. grevilleana*)、新疆、贵州、西藏。日本、俄罗斯，欧洲、北美洲。

偏叶小曲尾藓

Dicranella subulata (Hedw.) Schimp., Coroll. Bryol. Eur. 13. 1856. *Dicranum subulatum* Hedw., Sp. Musc. Frond. 128. 1801.

Dicranella secunda Lindb., Contr. Fl. Crypt. As. 244. 1872, *nom. illeg. incl. spec. prior.*

生境　路边砂石质或沟边泥土上。

分布　吉林、安徽、浙江、湖北、四川、贵州(熊源新，1998)、西藏、福建、海南。日本，欧洲、北美洲。

变形小曲尾藓

Dicranella varia (Hedw.) Schimp., Coroll. Bryol. Eur. 13. 1856. *Dicranum varium* Hedw., Sp. Musc. Frond. 133. 1801.

Anisothecium varium (Hedw.) Mitt., J. Linn. Soc. Bot. **12**: 40. 1869.

Anisothecium ruberum Lindb., Musci Scand. 26. 1879, *nom. illeg. incl. spec. prior.*

生境　路边、沟边、溪边碱性湿土上或有时生于岩面薄土上。

分布　辽宁、内蒙古、山东(赵遵田和曹同，1998)、河南(刘永英等，2008b)、新疆、上海、浙江、江西、湖南、湖北、四川、贵州、云南、广东、广西、澳门。巴基斯坦(Higuchi and Nishimura，2003)、日本、俄罗斯，欧洲、北美洲、非洲。

小曲柄藓属 Microcampylopus (Müll. Hal.) M. Fleisch.

Musci Buitenzog **1**: 59. 1904.

Campylopus subgen. *Microcampylopus* Müll. Hal., Hedwigia **38**: 77. 1899.

模式种：*M. subnanus* (Müll. Hal.) M. Fleisch.

本属全世界现有 4 种，中国有 2 种。

小曲柄藓

Microcampylopus khasianus (Griff.) Giese & J.-P. Frahm, Lindbergia **11**: 118. 1986. *Dicranum khasianum* Griff., Calcutta J. Nat. Hist. **2**: 496. 1842. **Type**: India: *Moflong. s. n.*

Dicranum subnanum Müll. Hal., Bot. Zeitung (Berlin) **17**: 190. 1859.

Leptotrichum khasianum (Griff.) Mitt., J. Proc. Linn. Soc., Bot., Suppl. **1**: 8. 1859.

Dicranella khasiana (Griff.) A. Jaeger, Ber. Thätigk. St. Gallischen Naturwiss. Ges. **1870-1871**: 372. 1872.

Campylopodium khasianum (Griff.) Paris, Index Bryol. 237. 1894.

Microcampylopus subnanus (Müll. Hal.) M. Fleisch., Musci

Buitenzorg **1**:60. 1904.

生境　高山开阔地泥土上。

分布　湖南、云南、西藏。印度尼西亚、斯里兰卡、缅甸、印度。

阔叶小曲柄藓

Microcampylopus laevigatus (Thér。) Giese & J.-P. Frahm., Lindbergia **11**: 121. 1986. *Campylopodium laevigatum* Thér., Receuil Publ. Soc. Haveraise Études Diverses **92**: 7 1926. **Type**: Madagascar: *perrier de la Bathié s. n.*

Campylopodium euphorocladum (Müll. Hal.) Besch. var. *laevigatum* (Thér.) Thér. in Luis., Broteria Cienc. Nat. **8**: 41. 1939.

Microcampylopus longifolius Nog., Bot. Mag. (Tokyo) **65**: 87. 1952. **Type**: China; Taiwan, Mt. Kodama, *A. Noguchi 7180* (holotype: NICH).

Microcampylopus longifolius Nog. fo. *densifolius* Nog., Bot. Mag. (Tokyo) **65**: 88. 1952.

生境　高山湿土上。

分布　贵州(Tan et al., 1994)、云南、台湾。菲律宾、斯里兰卡、印度、缅甸、乌干达、马达加斯加。

纤毛藓属(新拟) Leptotrichella (Müll. Hal.) Lindb.

Öfvers. Förh. Kongl. Svenska Vetensk.-Akad. **21**: 185. 1865.

模式种：*L. miqueliana* (Mont.) Lindb. ex Broth.

本属全世界现有 60 种，中国有 4 种。

梨蒴纤毛藓(新拟)

Leptotrichella brasiliensis (Duby) Ochyra, Fragm. Florist. Geobot. **42**: 561. 1997. *Weissia brasiliensis* Duby, Mém. Soc. Phys. Genève **7**: 412 pl. 4. 1836.

Microdus pomiformis (Griff.) Besch., Index Bryol. 805. 1897.

Microdus brasilliensis (Duby) Thér., Bull. Herb. Boissier, sér. 2, **7**: 278. 1907.

生境　岩面上潮湿的土上。

分布　山东(赵遵田和曹同，1998，as *Microdus brasiliensis*)、上海(李登科和高彩华，1986，as *Microdus brasilliensis*)、四川、云南、西藏、海南。印度、斯里兰卡、缅甸、印度尼西亚、菲律宾、南美洲。

红柄纤毛藓(新拟)

Leptotrichella miqueliana (Mont.) Lindb. ex Broth., Nat. Pflanzenfam. Ⅰ(3): 298. 1901. *Weissia miqueliana* Mont., London J. Bot. **3**: 633. 1844. **Type**: Indonesia: Java.

Microdus miquelianus (Mont.) Besch., Index Bryol. 805. 1897.

生境　土坡上。

分布　海南(Lin et al., 1992)。印度尼西亚、菲律宾、巴布亚新几内亚(Lin et al., 1992)。

中华纤毛藓(新拟)

Leptotrichella sinensis (Herzog) Ochyra, Fragm. Florist. Geobot. **42**: 564. 1997. *Microdus sinensis* Herzog, Hedwigia **65**: 150. 1925. **Type**: China: Yunnan, Pe Yen Tsin, 3000m, *Simen Ten 74a* (syntype: JE); Mt. Pe tsao Lin, 3000m, *Simen Ten 106* (syntype: JE).

生境　潮湿土面上。

分布　云南。中国特有。

云南纤毛藓(新拟)

Leptotrichella yuennanensis (C. Gao) Ochyra, Fragm. Florist. Geobot. **42**: 564. 1997. *Microdus yuennanensis* C. Gao, Fl. Bryophyt. Sin. **1**: 131. 1994. **Type**: China: Yunnan, between landsang-djiang and Lu-djiang, 4100m, *Handel-Mazzetti 9945* (holotype: H).

Microdus brotheri Redf. & B. C. Tan, Trop. Bryol. **10**: 66. 1995, *nom. illeg.*

生境　腐木上。

分布　云南。中国特有。

瓶藓科 Amphidiaceae M. Stech

瓶藓属 Amphidium Schimp.

Coroll. Bryol. Eur. 39. 1956, *nom. cons.*

模式种：*A. lapponicum* (Hedw.) Schimp.

本属全世界现有 12 种，中国有 1 种。

瓶藓

Amphidium lapponicum (Hedw.) Schimp., Coroll. Bryol. Eur. 39. 1859. *Anictangium lapponicum* Hedw., Sp. Musc. Frond. 40. 1801.

Zygodon sublapponicus Müll. Hal., Nuovo Giorn. Bot. Ital., n. s., **5**: 186. 1898.

Amphidium sublapponicum (Müll. Hal.) Broth., Nat. Pflanzenfam. Ⅰ(3): 460. 1902.

生境　潮湿岩面上。

分布　黑龙江、内蒙古、陕西、新疆、西藏。巴基斯坦(Higuchi and Nishimura, 2003)、日本、高加索及中亚地区、冰岛、格陵兰岛(丹属)，欧洲、北美洲。

曲背藓科 Oncophoraceae M. Stech

本科全世界有 13 属，中国有 10 属。

极地藓属 Arctoa Bruch & Schimp.
Bryol. Eur. **1**:151 (Fasc. 33-36. Monogr. 1). 1846

模式种:*A. fulvella* (Dicks.)Bruch & Schimp.

本属全世界现有 4 种,中国有 2 种。

极地藓

Arctoa fulvella (Dicks.) Bruch & Schimp. in B. S. G., Bryol. Eur. **1**: 156. 1846. *Bryum fulvellum* Dicks., P1. Crypt. Brit. Fasc. **4**:10. 1801.

Blindia fulvella (Dicks.) Kindb., Bih. K. Svensk. Vet. Akad. Handl, **7**(9):95. 1883.

生境 林边、开阔地湿石上、潮湿的砂石土上或稀见于腐木上。

分布 贵州、云南、西藏。日本、俄罗斯,欧洲、北美洲。

北方极地藓(极地藓)

Arctoa hyperborea (With.)Bruch & Schimp. in B. S. G., Bryol. Eur. **1**: 87. 1846. *Bryum hyperboreum* Gunn. ex With., Syst. Arr. Brit. P1. (ed. 4), **2**:811. 1801.

生境 湿岩石表面或砂石地上。

分布 黑龙江、吉林、内蒙古、四川、西藏。俄罗斯,欧洲、北美洲。

狗牙藓属 Cynodontium Bruch & Schimp. in B. S. G.
Coroll. Bryol. Eur. 12. 1856.

模式种:*C. polycarpum* (Hedw.)Schimp.

本属全世界现有 15 种,中国有 5 种。

高山狗牙藓

Cynodontium alpestre (Wahlenb.) Mild., Bryol. Siles, 51. 1869. *Dicranum alpestre* Wahlenb., Fl. Lopp., 339. 1812.

Dicranum gracilescens F. Weber & D. Mohr var. *alpestre* (Wahlenb.)Huebener, Musc. Germ, p. 255. 1833.

Oncophorus alpestris Lindb., Musci Scand. 27. 1879.

Cnestrum alpestre (Wahlenb.) Nyholm, Bot. Not. 298. pl. 5. f. 1. 1953.

生境 岩面薄土或砂石土上。

分布 吉林。俄罗斯(远东和西伯利亚),欧洲、北美洲。

假狗牙藓

Cynodontium fallax Limpr., Laubm. Deutschl. **1**:287. 1886.

生境 岩面薄土上。

分布 吉林(Cao et al., 2002)、江西、四川、云南。俄罗斯(远东和西伯利亚),欧洲、北美洲。

狗牙藓

Cynodontium gracilecens (F. Weber & D. Mohr) Schimp., Coroll. Bryol. Eur. 12. 1856. *Dicranum gracilescens* F. Weber & D. Mohr, Bot. Taschenb. 184. 1807.

Didymodon gracilescens (F. Weber & D. Mohr) Mitt., J. Proc. Linn. Soc., Bot., Suppl. **1**:23. 1859.

生境 山区岩石薄土、腐殖土上或稀见于树干基部。

分布 黑龙江、吉林、内蒙古、湖北、四川、重庆、云南、西藏、台湾(Chiang and Kuo, 1989)。朝鲜、日本、俄罗斯,欧洲、北美洲。

纤细狗牙藓(新拟)

Cynodontium schisti (F. Weber & D. Mohr) Lindb., Öfvers. Förh. Kongl. Svenska Vetensk.-Akad. **21**: 230. 1864. *Grimmia schisti* F. Weber & D. Mohr, Index Mus. Pl. Crypt. [2]. 1803.

Cnestrum schisti (F. Weber & D. Mohr) I. Hagen, Kongel. Norsk. Vidensk. Selsk. Skr. (Trondheim) **1914**(1):23. 1915.

生境 岩缝中。

分布 新疆(Tan et al., 1995)。美国,欧洲。

曲柄狗牙藓

Cynodontium sinensi-fugax (Müll. Hal.) Broth. ex C. Gao, Fl. Bryophyt. Sin. **1**: 229. 1994. *Weissia sinensi-fugax* Müll. Hal., Nuovo Giorn. Bot. Ital., n. s., **5**:184. 1898. **Type**:China: Shaanxi, Mt. Taibaishan, *Giraldi 1782* (holotype:B; isotype: H).

Rhabdoweisai sinensi-fugax (Müll. Hal.) Paris, Index Bryol. Suppl. 291. 1900.

生境 岩面薄土上。

分布 陕西。中国特有。

卷毛藓属 Dicranoweisia Lindb. ex Mild.
Bryol. Siles. 48. 1896.

模式种:*D. crispula* (Hedw.) Mild.

本属全世界现有 9 种,中国有 3 种。

细叶卷毛藓

Dicranoweisia cirrata (Hedw.) Lindb. in Mild., Bryol. Siles. 49. 1869. *Weissia cirrata* Hedw., Sp. Musc. Frond. 69. 1801.

生境 山区林下、林边砂石质土上、岩面薄土或树干基部。

分布 吉林、内蒙古、新疆。巴基斯坦(Higuchi and Nishimura, 2003)、蒙古、高加索地区、澳大利亚,欧洲、北美洲、非洲北部。

卷毛藓

Dicranoweisia crispula (Hedw.) Lindb. ex Mild., Bryol. Siles. 49. 1869. *Weissia crispula* Hedw., Sp. Musc. Frond. 86. 1801. **Type**:Czech:Bohemia, *Ludwig s. n.*

生境 酸性岩石上、峭壁、巨石缝中、砂石质土上或稀见于树基或腐木上。

分布 吉林、内蒙古、新疆、甘肃(安定国, 2002)、安徽、江西、四川、重庆、云南、西藏。朝鲜、日本、俄罗斯、秘鲁(Menzel,

1992)，欧洲、北美洲。

南亚卷毛藓

Dicranoweisia indica (Wilson) Paris, Index Bryol. 341. 1896. *Weissia indica* Wilson, Hooker's J. Bot. Kew Gard. Misc. **9**: 291. 1857. **Types**: India: Sikkim, *J. D. Hooker 28b, 42 pp.*

Holomitrum indicum (Wilson) Mitt., J. Proc. Linn. Soc., Bot., Suppl. **1**: 24. 1859.

Leptotrichum indicum Wilson ex Paris, Index Bryo 1. 341. 1896.

生境　林下、林边岩面薄土上或稀生于树干基部。

分布　陕西、四川、云南、西藏。印度。

高领藓属 Glyphomitrium Brid.
Muscol. Recent. Suppl. **4**: 30. 1819.

模式种：*G. daviesii* (With.) Brid.

本属全世界现有 11 种，中国有 8 种。

尖叶高领藓

Glyphomitrium acuminatum Broth., Symb. Sin. **4**: 66. 1929. **Type**: China: Yunnan, Kunming city, *Handel-Mazzetti 84, 8616* (syntypes: H-BR).

生境　树干、树枝上或有时也见于岩面，海拔 2050～2200m。

分布　江苏(刘仲苓等，1989)、江西(Ji and Qiang，2005)、云南、西藏。中国特有。

暖地高领藓

Glyphomitrium calycinum (Mitt.) Cardot, Rev. Bryol. **40**: 42. 1913. *Macromitrium calycinum* Mitt., J. Proc. Linn. Soc., Bot., Suppl. **1**: 49. 1859. **Type**: Sri Lank: *Gardner 226*.

Aulacomitrium calycinum (Mitt.) Mitt., Trans. Linn. Soc. London, Bot. **3**: 161. 1819.

生境　树干上，海拔 900～1250m。

分布　江西、台湾。斯里兰卡。

台湾高领藓

Glyphomitrium formosanum Z. Iwats., J. Jap. Bot. **39** (6): 179. 1964. **Type**: China: Taiwan, Taichung Co., *Z. K. Wang 1322* (holotype: NICH).

Glyphomitrium formosanum var. *serratum* Z. Iwats., J. Hattori Bot. Lab. 33. 165. 1970. **Type**: China: Taiwan, Miaoli Co., *Iwatsuki et al. 1113*.

生境　阴湿山地的树上，海拔 2500～3100m。

分布　台湾。中国特有。

短枝高领藓

Glyphomitrium humillimum (Mitt.) Cardot, Rev. Bryol. **40**: 42. 1913. *Aulacomitrium humillimum* Mitt., Trans. Linn. Soc. London, Bot. **3**: 161. 1891.

Macromitrium humillimum (Mitt.) Paris, Index Bryol. 777. 1897.

生境　树上或有时生于岩面上，海拔 1900～2200m。

分布　黑龙江、安徽(吴明开等，2010)、江西、四川、云南、福建。日本、朝鲜、俄罗斯(远东地区)。

湖南高领藓

Glyphomitrium hunanense Broth., Symb. Sin. **4**: 66. 1929. **Type**: China: Hunnan, *Handel-Mazzetti 11 424, 11 543, 11 402* (syntype: H-BR).

生境　树上，海拔 100～150m。

分布　山东、浙江、湖南。中国特有。

滇西高领藓

Glyphomitrium minutissimum (Okamura) Broth., Nat. Pflanzenfam. (ed. 2), **11**: 532. 1925. *Aulacomitrium minutissimum* O. Okamura, J. Coll. Sci. Imp. Univ. Tokyo **38**(4): 1916.

Glyphomitrium grandirete Broth., Symb. Sin. **4**: 67. 1929. **Type**: China: Yunnan, Weixi Co., 2650m, Sept. 19. 1916, *Handel-Mazzetti 10 044* (holotype: H-BR).

生境　树干或树枝上，海拔 2650m。

分布　重庆(胡晓云和吴鹏程，1991)、云南。日本。

卷尖高领藓

Glyphomitrium tortifolium Y. Jia, M. Z. Wang & Y. Liu, Acta Phytotax. Sin. **43** (3): 278. 2005. **Type**: China: Chongqing, Nanchuan Co., Mt. Jinfoshan, Aug. *16. 1942*, *H. J. Chu 49* (holotype: PE).

生境　树上或岩面上，海拔 2050～3100m。

分布　湖南、四川、重庆。中国特有。

东亚高领藓

Glyphomitrium warburgii (Broth.) Cardot, Rev. Bryol. **40**: 42. 1913. *Aulacomitrium warburgii* Broth., Hedwigia **38**: 215. 1899. **Type**: China: Beijing, Futschan, an alten Theepflanzen, *Warburg s. n.* (H).

生境　树皮上。

分布　黑龙江(Gao and Chang，1983)、吉林(Gao and Chang，1983)、北京、安徽(吴明开等，2010)、福建(Bartram，1935)。中国特有。

凯氏藓属 Kiaeria I. Hagen
Kongel. Norske Vidensk. Selsk. Skr. (Trondheim) **1914**(1): 109. 1915.

模式种：未选。

本属全世界现有 6 种，中国有 4 种。

白氏凯氏藓(白氏拟直毛藓)

Kiaeria blyttii (Bruch & Schimp.) Broth., Laubm. Fennoskand. 87. 1923. *Dicranum blyttii* Bruch & Schimp. in B. S. G., Bryol. Eur. **1**: 130 . pl. 16 (Fasc. 37-40. Monogr. 26.). **Type**: Norway: *Blytt. s. n.*

生境　山区林下湿岩面上。

分布　西藏。俄罗斯(西伯利亚地区)，欧洲、北美洲。

镰叶凯氏藓(镰刀拟直毛藓)

Kiaeria falcata (Hedw.) I. Hagen, Kongel. Norske Vidensk. Selsk. Skr. (Trondheim) **1914**(1): 112. 1915. *Dicranum falcatum* Hedw., Sp. Musc. Frond. 150. 1801. **Type**: Europe. "Iserae Sudetum," *H. Ludwig. s. n.*

生境 山区花岗岩面或土面上。

分布 陕西、西藏、广西。日本,欧洲、北美洲。

细叶凯氏藓

Kiaeria glacialis (Berggr.) I. Hagen, Kongel. Norske Vidensk. Selsk. Skr. (Trondheim) **1914**(1): 125. 1915. *Dicranum glaciale* Berggr., Acta Univ. Lund. **2**(7): 19. 1866.

生境 山区花岗岩面薄土上或稀生于土面上。

分布 广西。俄罗斯(远东地区),欧洲、北美洲。

泛生凯氏藓(泛生拟直毛藓)

Kiaeria starkei (F. Weber & D. Mohr) I. Hagen, Kongel. Norske Vidensk. Selsk. Skr. (Trondheim) **1914** (1): 114. 1915. *Dicranum starkei* F. Weber & D. Mohr, Bot. Taschenb. 189. 1807. **Type**: Poland/Czech: Silesia, *Starke s. n.*

生境 土面或岩面薄土上。

分布 黑龙江、吉林、四川。日本、俄罗斯(远东地区),欧洲、北美洲。

曲背藓属 Oncophorus (Brid.) Brid.
Bryol. Univ. 1: 189. 1826.

模式种: *O. virens* (Hedw.) Brid.

本属全世界现有 9 种,中国有 4 种。

卷叶曲背藓

Oncophorus crispifolius (Mitt.) Lindb., Contr. Fl. Crypt. As. (Act. Soc. Sci Fenn, **10**:) 229. 1872. *Didymodon crispifolius* Mitt., J. Linn. Soc., Bot. **8**: 148. 1865. **Type**: Japan.

Cynodontium crispifolius (Mitt.) A. Jaeger, Ber. Thätigk. St. Gallischen Naturwiss. Ges. **1877-1878**: 370. 1880.

Cynodontium crispifolium var. *brevipes* Cardot, Bull. Herb. Boissier, sér. 2, **7**: 713. 1907.

Oncophorus crispifolius (Mitt.) Lindb. var. *brevipes* (Cardot) Thér., Ann. Crypt. Exot. **5**: 168. 1932.

生境 林下岩面或石缝中。

分布 安徽、西藏、福建。朝鲜、日本、俄罗斯(远东地区)。

细曲背藓

Oncophorus gracilentus S. Y. Zeng, Acta Bot. Yunnan. **15**(4): 369. 1993. **Type**: China: Yunnan, Gengma Co., Sept. 7. 1980, *Zeng Shu-Ying 80-1703* (holotype: HKAS).

生境 土面上。

分布 云南。中国特有。

大曲背藓

Oncophorus virens (Hedw.) Brid., Bryol. Univ. **1**: 399. 1886.

Dicranum virens Hedw., Sp. Musc. Frond. 142. 1801.

Cynodontium virens (Hedw.) Schimp., Coroll. Bryol. Eur. 12. 1856.

Aongstroemia bicolor Müll. Hal., Nuovo Giorn. Bot. Ital., n. s., **5**: 170. 1898, *hom. illeg.*

Aongstroemia curvicaulis Müll. Hal., Nuovo Giorn. Bot. Ital., n. s., **5**: 169. 1898.

Oncophorus bicolor (Paris) Broth., Nat. Pflanzenfam. **I**(3): 319. 1901.

Oncophorus curvicaulis (Müll. Hal.) Broth., Nat. Pflanzenfam. I(3): 319. 1901.

生境 山区林下湿石上或腐木上。

分布 内蒙古、河北、陕西、新疆、四川、贵州(熊源新,1998)、西藏。巴基斯坦(Higuchi and Nishimura, 2003)、朝鲜、日本、俄罗斯,欧洲、北美洲。

曲背藓

Oncophorus wahlenbergii Brid., Bryol. Univ. **1**: 400. 1826. **Type**: Norway: Lapland, *Wahlenbergii s. n.*

Dicranum wahlenbergii (Brid.) Schultz., Syll. Pl. Nov. **2**: 149. 1828.

Dicranum virens Hedw. var. *wahlenbergii* (Brid.) Huebener, Musc. Germ. 231. 1833.

Dicranella wahlenbergii (Brid.) Lindb., Contr. Fl. Crypt. As. 243. 1872.

Oncophorus sinensis Müll. Hal., Nuovo Giorn. Bot. Ital., n. s., **3**: 99. 1896. **Type**: China: Shaanxi, Kuan Tou san, *Levier s. n.* (holotype: B).

Oncophorus wahlenbergii Brid. var. *japonicus* Nog., J. Bot. **15**: 756. 1939.

Oncophorus wahlenbergii Brid. var. *longisetus* Nog., J. Bot. **15**: 756. 1939.

生境 腐木上或稀生于岩面薄土上。

分布 黑龙江、吉林、辽宁、内蒙古、河北、山西(Wang et al., 1994)、山东(赵遵田和曹同,1998)、陕西、甘肃(Wu et al., 2002)、新疆、江苏(刘仲苓等,1989)、湖南、四川、贵州(熊源新,1998)、云南、西藏、台湾。巴基斯坦(Higuchi and Nishimura, 2003)、不丹(Noguchi, 1971)、朝鲜、日本、印度、俄罗斯,欧洲、北美洲。

山毛藓属 Oreas Brid.
Bryol. Univ. 1: 380. 1826.

模式种: *O. martiana* (Hoppe & Hornsch.) Brid.

本属全世界现有 1 种。

山毛藓

Oreas martiana (Hoppe & Hornsch.) Brid., Bryol. Univ. **1**: 383. 1826. *Weissia martiana* Hoppe & Hornsch. in Hook.,

Musc. Exot. **2**:104. 1819. **Type**:Austria:Tyrolean Alps,1817, *D. Hornschuch s. n.*

Oncophorus martiana (Hoppe & Hornsch.) Lindb., Index Bryol. 866. 1897.

Oreas martii Kindb., Eur. N. Amer. Bryin. **2**:211. 1897.

生境　岩面薄土上。

分布　陕西、四川。亚洲、欧洲、北美洲。

石毛藓属 Oreoweisia (Bruch & Schimp.)De Not. Epil. Briol. Ital. (Atti Reale Univ. Genova 1)489. 1869.

模式种:*O. serrulata* (Funck) De Not.

本属全世界现有 15 种,中国有 3 种。

疏叶石毛藓

Oreoweisia laxifolia (Hook. f.) Kindb., Enum. Bryin. Exot. 69. 1888. *Grimmia laxifolia* Hook. f., Icon. Pl. **2**: pl. 194, f. B. 1837. **Types**:India:Sikkim,*J. D. Hooker* 103,104,105,107.

Zygodon schmidii Müll. Hal., Bot. Zeitung (Berlin) **11**: 60. 1853.

Weissia serrulata Wilson, Hooker's J. Bot. Kew Gard. Misc. **9**:293. 1857.

Didymodon laxifolium (Hook. f.) Mitt., J. Proc. Linn. Soc., Bot. Suppl. **1**:23. 1859.

Oreoweisia schmidii (Müll. Hal.) Paris, Index Bryol. 868. 1897.

生境　土面、石缝中,稀见于腐木上。

分布　辽宁、河北、甘肃(Wu et al.,2002)、四川、云南、西藏、台湾(Chuang,1973)、广西。印度、不丹(Noguchi,1971)、缅甸(Tan and Iwatsuki,1993)、日本。

四川石毛藓

Oreoweisia setschwanica Broth., Symb. Sin. **4**: 22. 1929. **Type**: China: Sichuan, Yanyuan Co., 3600～3900m, Oct. 27. 1914, *Handel-Mazzetti 2640* (holotype: H-BR).

生境　土面或岩面薄土上。

分布　四川。中国特有。

小石毛藓

Oreoweisia weisioides Broth., Symb. Sin. **4**: 22. 1929. **Type**: China: Sichuan, Muli Co., 4200～4300m, Aug. 14. 1915, *Handel-Mazzetti 7414* (holotype: H-BR).

生境　砂石土面上。

分布　四川。中国特有。

粗石藓属 Rhabdoweisia Bruch & Schimp. Bryol. Eur. 1:95 (Fasc. 33-36. Monogr. 1). 1846.

模式种:*R. striata* Lindb.

本属全世界现有 4 种,中国有 4 种。

阔叶粗石藓

Rhabdoweisia crenulata (Mitt.) Jameson, Rev. Bryol. **17**: 6. 1890. *Didymodon crenulatus* Mitt., J. Proc. Linn. Soc., Bot., Suppl. **1**: 23. 1859. **Type**: India: Sikkim, *J. D. Hooker 270*.

生境　岩石缝中。

分布　台湾。日本、印度、格陵兰岛(丹属),欧洲(英国、挪威、比利时、法国、德国)、北美洲。

微齿粗石藓

Rhabdoweisia crispata (Dicks. ex With.) Lindb., Acta Soc. Sci. Fenn. **10**: 22. 1871. *Bryum crispatum* Dicks. ex With., Syst. Arr. Brit. Pl. (ed. 4),**3**:816. 1801.

Weissia denticulata Brid., Muscol. Recent. Suppl. **1**: 108. 1806, *hom. illeg.*

Weissia fugax Hedw. var. *denticulata* Hartm., Handb. Skand. Fl. (ed. 3),273. 1838.

Rhabdoweisia denticulata Bruch & Schimp. in B. S. G., Bryol. Eur. **1**:99. 1846, *nom. illeg. incl. spec. prior.*

Weissia fugax Hedw. var. *subdenticulata* Boulay, Musc. France Mouss. 543. 1884.

Rhabdoweisia fugax (Hedw.) Bruch & Schimp. var. *subdenticulata* (Boul.) Limpr., Laubm. Deutschl. **1**:275. 1886.

Rhabdoweisia striata (Schrad.) Lindb. var. *subdenticulata* (Boul.) I. Hagen, Kongel. Norske Vidensk. Selsk. Skr. (Trondheim)**1914**(1):18. 1915.

Rhabdoweisia kuzenevae Broth., Trudy Bot. Muz. Imp. Akad. Nauk **16**:19, pl. 1, f. 2-4. 1916.

生境　山区岩面或岩面薄土上。

分布　吉林、辽宁、内蒙古、甘肃、贵州(熊源新,1998)、云南。日本、印度尼西亚(爪哇)、美国(夏威夷)、玻利维亚,欧洲中部和北部、北美洲。

平齿粗石藓

Rhabdoweisia laevidens Broth., Symb. Sin. **4**:21. 1929. **Type**: China: Yunnan, Between Mekong river and Nujiang river, 3900m, Aug. 28. 1916, *Handel-Mazzetti 9982* (holotype: H-BR).

生境　水沟边岩石上,海拔 3900m。

分布　云南。中国特有。

中华粗石藓

Rhabdoweisia sinensis P. C. Chen, Feddes Repert. Spec. Nov. Regni Veg. **58**: 23. 1955. **Type**: China: Sichuan, Mt. Omeishan, 3000m, Aug. 25. 1942, *P. C. Chen 5616* (holotype: PE).

生境　土面或岩面上。

分布　四川、西藏、广东(Zhou and Xing,2010)。中国特有。

合睫藓属 Symblepharis Mont.

Ann. Sci. Nat. , Bot. , sér. 2, **8**: 252. 1837.

模式种：*S. helicophylla* Mont.

本属全世界现有10种，中国有4种，1变种。

大合睫藓*

Symblepharis oncophoroides Broth., Symb. Sin. **4**: 23. 1929. **Type**: China: Yunnan, Lijiang Co., Mt. Yulongxueshan, 3500m, June 18. 1915, *Handel-Mazzetti 6821* (holotype: H-BR).

生境　林下碱性岩石上。

分布　贵州、云南。中国特有。

南亚合睫藓

Symblepharis reinwardtii (Dozy & Molk.) Mitt., Trans. Roy. Soc. Edinburgh. **31**: 331. 1888. *Dicranum reinwardtii* Dozy & Molk., Ann. Sci. Nat., Bot., sér. 3, **2**: 303. 1844. **Type**: Indonesia: Java.

Symblepharis dilatata Wilson, Hooker's J. Bot. Kew Gard. Misc. **9**: 293. 1857.

Dichodontium reinwardtii (Dozy & Molk.) Dozy & Molk., Bryol. Jav. **1**: 85. 1859.

Leptotrichum reinwardtii (Dozy & Molk.) Dozy & Molk., J. Proc. Linn. Soc., Bot., Suppl. **1**: 12. 1859.

Symblepharis breviseta E. B. Bartram, Ann. Bryol. **8**: 7. 1935 (1936), *hom. illeg*. **Type**: China: Guizhou, Nin Tao Shan, on bark, 2000m, *S. Y. C. Cheo 825* (holotype: FH).

Symblepharis guizhouensis B. C. Tan, Q. W. Lin, M. Crosby & P.-C. Wu, Bryologist **97**: 134. 1994 (as a new name to replace *Symblepharis breviseta* E. B. Bartram).

生境　腐木、树干基部或稀见于石壁上。

分布　四川、重庆、贵州、云南、西藏、台湾、广西。尼泊尔、印度、缅甸、泰国(Tan and Iwatsuki, 1993)、印度尼西亚(爪哇)、菲律宾。

中华合睫藓(新拟)

Symblepharis sinensis Müll. Hal., Nuovo Giorn. Bot. Ital., n. s., **5**: 171. 1898. **Type**: China: Shaanxi, Monte Kuan-tou-san, Nov. 1896, *Giraldi s. n.*

中华合睫藓原变种(新拟)

Symblepharis sinensis var. **sinensis**

生境　不详。

分布　陕西(Müller, 1898)、云南(Herzog, 1925)。中国特有。

中华合睫藓小型变种(新拟)

Symblepharis sinensis var. **minor** Müll. Hal., Nuovo Giorn. Bot. Ital., n. s. **5**: 171. 1898. **Type**: China: Shaanxi, Monte Kuan-tou-san, Nov. 1896, *Giraldi s. n.*

生境　不详。

分布　河北(Potier de la Varde, 1937)、陕西(Levier, 1906, Müller, 1898)。中国特有。

合睫藓

Symblepharis vaginata (Hook.) Wijk & Marg., Taxon **8**: 75. 1959. *Didymodon vaginatus* Hook., Icon. pl. 18. 1936. **Type**: Nepal: *Wallich 7571*.

Symblepharis helicophylla Mont., Ann. Sci. Nat., Bot., sér. 2, **8**: 252. 1837.

Symblepharis oerstediana Müll. Hal., Syn. Musc. Frond. **2**: 613. 1849.

Symblepharis hookeri Wilson, Hooker's J. Bot. Kew Gard. Misc. **9**: 292. 1857 *nom. illeg. incl. spec. prior.*

Leptotrichum himalayana Mitt., J. Proc. Linn. Soc., Bot., Suppl. **1**: 12. 1859.

Symblepharis asiatica Besch., Rev. Bryol. **18**: 88. 1891. **Type**: China: Yunnan, between Hokin and Tali, *Delavay 4875* (holotype: PC).

Symblepharis himalayana (Mitt.) Müll. Hal., Gen. Musc. Frond. 315. 1900.

生境　林下、林边腐木树基或岩面薄土。

分布　黑龙江、吉林、辽宁、内蒙古、河北、山东(赵遵田和曹同, 1998)、陕西、甘肃(Wu et al., 2002)、新疆、安徽(Potier de la Varde, 1937, as *S. helicophylla*)、江西(何祖霞等, 2010)、四川、贵州(熊源新, 1998)、云南、西藏、福建、台湾、广东、广西。巴基斯坦(Higuchi and Nishimura, 2003)、印度、泰国(Touw, 1968)、朝鲜、日本、俄罗斯、秘鲁(Menzel, 1992), 欧洲、北美洲、中美洲。

刺藓科 **Rhachitheciaceae** H. Rob.

本科全世界有7属，中国有1属。

刺藓属 Rhachithecium Broth. ex Le Jolis

Mém. Soc. Sci. Nat. Math. Cherbourg **29**: 308. 1895.

模式种：*R. perpusillum* (Thwaites & Mitt.) Broth.

本属全世界现有4种，中国有1种。

刺藓

Rhachithecium perpusillum (Thwaites & Mitt.) Broth., Nat. Pflanzenfam. I(3): 1199. 1909. *Zygodon perpusillus* Thwaites & Mitt., J. Linn. Soc., Bot. **13**: 303. 1873. **Type**: Sri Lanka. *Thwaites s. n.*

生境　树干上。

分布　四川、贵州(Xiong, 2001a)、云南。印度、斯里兰卡、墨西哥、巴西、非洲。

---

* 原记录于长白山(高谦和曹同, 1983)是错误鉴定，应是山曲背藓 *Oncophorus wahlenbergii*(高谦, 1994)。

树生藓科 **Erpodiaceae** Broth.

本科全世界有 5 属,中国有 3 属。

苔叶藓属 Aulacopilum Wilson
London J. Bot. **7**:90. 1848.

模式种:*A. glaucum* Wilson

本属全世界现有 7 种,中国有 2 种。

圆钝苔叶藓

Aulacopilum abbreviatum Mitt., J. Linn. Soc. Bot. **13**: 308. 1873. **Type**: Sir Lanka: *Thwaites s. n.*

生境　树上,海拔 680 ~ 1800m。

分布　四川、云南、福建(Dixon,1933)。印度、斯里兰卡。

东亚苔叶藓

Aulacopilum japonicum Broth. ex Cardot, Bull. Soc. Bot. Genève, Sér. 2, **1**: 131. 1909.

生境　树上。

分布　河北、山东(赵遵田和曹同,1998)、江苏、上海(刘仲苓等,1989)、浙江(刘仲苓等,1989)、江西(季梦成,1993)、湖北、福建。日本、朝鲜。

细鳞藓属 Solmsiella Müll. Hal.
Bot. Centralbl. **19**:149. 1884.

模式种:*S. javanica* Müll. Hal.

本属全世界现有 1 种。

细鳞藓

Solmsiella biseriata (Austin) Steere, Bryologist **37**: 100. 1934. *Lejeunia biseriata* Austin, Proc. Acad. Sci. Philadelphia **21**: 225. 1869. **Type**: U. S. A..

Erpodium ceylonia Thwaites & Mitt., J. Linn. Soc., Bot. **13**: 306. 1873.

Erpodium biseriatum (Austin) Austin, Bot. Gaz. **2**: 142. 1877.

生境　林下树上,海拔 265～300m。

分布　贵州、台湾、广东、广西(贾鹏等,2011)。泰国、印度、斯里兰卡、印度尼西亚、澳大利亚、坦桑尼亚,北美洲、中美洲。

钟帽藓属 Venturiella Müll. Hal.
Linnaea **39**:421. 1875.

模式种:*V. sienesis* (Vent.) Müll. Hal.

本属全世界现有 1 种。

钟帽藓

Venturiella sinensis (Vent.) Müll. Hal., Nuovo Giorn. Bot. Ital., n. s., **4**: 262. 1897. *Erpodium sinense* Vent., Bryoth. Eur. **25**: 1211. 1873. **Type**: China: Shanghai, *Rabenhorst* 1871/72.

Erpodium japonicum Mitt., J. Linn. Soc. London, Bot. **22**: 314. 1886.

Erpodium magofukui Sak., J. Jap. Bot. **25**: 223. 1950.

生境　树干或树枝上,海拔 30 ~ 1650m。

分布　吉林、辽宁、内蒙古、北京、河北、河南、山西(Sakurai, 1949)、山东、陕西、甘肃、安徽、江苏、上海、浙江、江西(Ji and Qiang, 2005)、湖南、湖北、四川、重庆、云南、福建、台湾。朝鲜、日本,北美洲。

曲尾藓科 **Dicranaceae** Schimp.

本科全世界有 24 属,中国有 7 属。

高苞藓属 Braunfelsia Paris
Index Bryol. 148. 1894.

模式种:*B. enervis* (Dozy & Molk.) Paris

本属全世界现有 8 种,中国有 1 种。

高苞藓

Braunfelsia enervis (Dozy & Molk.) Paris, Index Bryol. 148. 1894. *Holomitrium enerve* Dozy & Molk., Ann. Sci. Nat., Bot., sér. 3, **2**: 304. 1844.

生境　树干或岩面上,海拔 1200m。

分布　海南(Wang, 2005)。马来西亚、印度尼西亚、菲律宾、巴布亚新几内亚。

锦叶藓属 Dicranoloma (Renauld) Renauld
Rev. Bryol. Lichénol. **28**:85. 1901.

Leucoloma subgen. *Dicranoloma* Renauld, Podr. Fl. Bryol. Madagascar 61. 1898.

模式种:*D. serratum* (Broth.) Paris

本属全世界现有 88 种,中国有 5 种,1 变种。

大锦叶藓

Dicranoloma assimile (Hampe) Paris, Index Bryol. (ed. 2), **2**: 24. 1904. **Type**: Indonesia: Java, *Junghuhn s. n.* (holotype: BM; isotype: L).

Dicranum assimile Hampe, Icon. Musc. 24. 1844.

Dicranoloma monocarpum Broth., Philipp. J. Sci. **13**: 202. 1918.

Dicranoloma formosanum Broth., Ann. Bryol. **1**: 17. 1928. **Type**: China: Taiwan, Taichu, Mt. Tankitaka, *Y. Shimada 2468* (holotype: H).

Dicranum sericifolium Dixon, Hong Kong Naturalist Suppl. **2**: 4. 1933. **Type**: China: Hong Kong, Lan Tau peak, *Herklots 349* (lectotype: BM).

生境　林下树干基部、腐木上或岩面腐殖质上。

分布　浙江、江西(何祖霞等,2008)、贵州、西藏、福建、台湾、海南、香港。越南、泰国、菲律宾、印度尼西亚、马来西亚、所罗门群岛、巴布亚新几内亚。

直叶锦叶藓

Dicranoloma blumii (Nees) Paris, Index Bryol. (ed. 2), **2**: 25. 1904. *Dicranum blumii* Nees, Nova Acta Phys.-Med. Acad. Caes. Leop.-Carol. Nat. Cur. **11** (1): 131. 1823. **Type**: Indonesia: Java in montibus excelsis partim ignivomis Sala et Gédé, *C. Blume s. n.* (lectotype: JE; isolectotypes: L; NY).

生境　林下树干基部或腐木上。

分布　湖南、四川、云南、西藏、福建、台湾。泰国、越南(Tan and Iwatsuki, 1993)、菲律宾、马来西亚、印度尼西亚、巴布亚新几内亚、新喀里多尼亚岛(法属)。

短柄锦叶藓

Dicranoloma brevisetum (Dozy & Molk.) Paris, Index Bryol. (ed. 2), **2**: 25. 1904. *Megalostylium brevisetum* Dozy & Molk., Musci Frond. Ined. Archip. Ind. **6**: 146. 1848. **Type**: Indonesia: Java, rarissime in summon monte Gédé, *Zippelius s. n.* (syntype: L); Java, in monte Pangerango, *Kuhl & Van Hasselt s. n.* (syntypes: H-BR, L, S).

短柄锦叶藓原变种

Dicranoloma brevisetum var. **brevisetum**

Dicranum brevisetium Dozy & Molk., Ann. Sci. Nat. Bot. ser. 3, **2**: 302. 1844, *hom, illeg.* non *Dicranum brevisetum* Brid., Muscol. Recent. Suppl. **4**: 56. 1819[1818].

Megalostylium brevisetum Dozy & Molk., Musci Frond. Ined. Archip. Ind. **6**: 146. 144. 1848.

生境　树干基部或腐木上。

分布　海南。越南(Tan and Iwatsuki, 1993)、菲律宾、印度尼西亚、马来西亚、斯里兰卡、巴布亚新几内亚。

短柄锦叶藓芽胞变种

Dicranoloma brevisetum var. **samoanum** (Broth.) B. C. Tan & T. J. Kop., Ann. Bot. Fenn. **20**: 326. 1983. *Dicranoloma braunii* (Müll. Hal. ex Dozy & Molk.) Paris var. *samoana* Broth. in Rech., Akad. Wiss. Wien Math.-Naturwiss. Kl., Denkschr. **84**: 387. 1908.

Dicranum braunii Müll. Hal. in Dozy & Molk., Bryol. Jav. **1**: 69. 1858.

Dicranoloma braunii (Müll. Hal.) Paris, Index Bryol. (ed. 2), **2**: 25. 1904.

Dicranoloma braunii fo. *mindanense* Broth. ex M. Fleisch., Musci Buitenzorg **1**: 84. 1904.

生境　树干基部。

分布　台湾、海南。泰国(Touw, 1968, as *Dicranoloma braunii*)、菲律宾、印度尼西亚、马来西亚、越南。

长蒴锦叶藓

Dicranoloma cylindrothecium (Mitt.) Sakura, Bot. Mag. (Tokyo) **65**: 256. 1952. *Dicranum cylindrothecium* Mitt., Trans. Linn. Soc. London, Bot. **3**: 157. 1891. **Type**: Japan: Mt. Miogi, *J. Bisset 19*.

Dicranum striatulum Mitt., Trans. Linn. Soc. London, Bot. **3**: 156. 1891.

Dicranum fragiliforme Cardot, Bull. Herb. Boissier sér 2, **7**: 713. 1907.

Dicranoloma fragiliforme (Cardot) Broth., Nat. Pflanzenfam. (ed. 2), 10: 209. 1924.

Dicranoloma subcylindrothcium Broth., Ann. Bryol. **1**: 17. 1928. **Type**: China: Taiwan, Taihoku, Mt. Taihei, *S. Suduki* (H-BR).

Dicranoloma striatulum (Mitt.) Nog., J. Hattori Bot. Lab. **60**: 157. 1986.

生境　林下树干基部、岩面或腐木上。

分布　浙江、贵州(熊源新,1998)、福建、台湾、广西、香港。朝鲜、日本、俄罗斯(远东地区)。

锦叶藓

Dicranoloma dicarpum (Nees) Paris, Index Bryol. (ed. 2), **2**: 26. 1904. *Dicranum dicarpum* Nees in Spreng., Syst. Veg. **4** (2): 322. 1827. **Type**: Australia ("Nova Hollandia"). *Sieber10* (holotype: LE; isotypes: JE, L, MO).

Dicranoloma kwangtungense P. C. Chen, Contr. Inst. Biol. Natl. Centr. Univ. **1**: 2. 1943. **Type**: China: Guangdong, Bei-Jiang (Pe-chiang) Co., Yaoshan, *S. S. Sin 71 274* (holotype: IBSC).

生境　林下树干基部、腐木上或有时生于岩面上。

分布　江西(何祖霞等,2008)、云南、广东、海南。印度尼西亚、马来西亚、澳大利亚、新西兰、秘鲁。

曲尾藓属 Dicranum Hedw.
Sp. Musc. Frond. 126. 1801.

模式种: *D. scoparium* Hedw.

本属全世界现有 92 种(包括直毛藓属),中国有 34 种。

阿萨姆曲尾藓

Dicranum assamicum Dixon, J. Bombay Nat. Hist. Soc. **39**:

774. 1937. **Type**: India: Naga Hills, *Bor 333*.

生境　林下土面、树干基部或腐木上。

分布　四川、重庆、西藏。印度。

细肋曲尾藓(沼泽曲尾藓)

Dicranum bonjeanii De Not. in Lisa, Elenc. Musch. Torino 29. 1837.

Dicranum palustre Brid. ex Schumach, Enum. Pl. **2**: 59. 1803.

Dicranum scoparium Hedw. subsp. *bonjeanii* (De Not.) Grout, Moss Fl. N. Amer. **1**: 88. 1937.

生境　塔头甸子、砂质土、腐木或岩面薄土上。

分布　黑龙江、吉林、内蒙古。俄罗斯,欧洲、北美洲。

焦氏曲尾藓

Dicranum cheoi E. B. Bartram, Ann. Bryol. **8**: 8. 1936. **Type**: China: Guizhou, Jiang-kou Co., Mt. Fanjingshan, 2000m, on rock, *S. Y. Cheo 824* (holotype: FH; isotype: H).

生境　高山林下岩面薄土上。

分布　贵州、西藏。中国特有。

卷叶曲尾藓

Dicranum crispifolium Müll. Hal., Bot. Zeitung (Berlin) **22**: 349. 1864. **Type**: India: Darjeeling, *Kurz 2076*.

生境　林下石上、腐殖质、腐木上或稀生于树干基部。

分布　四川、云南、西藏。印度、不丹、尼泊尔。

大曲尾藓

Dicranum drummondii Müll. Hal., Syn. Musc. Frond. **1**: 356. 1848. **Type**: Norway: *Drummond s. n.*

Dicranum robustum Blytt ex Bruch & Schimp., Bryol. Eur. **1**: 147. 1847.

Dicranum elatum Lindb., Bot. Not. **1865**: 78. 1865, *nom. illeg. incl. spec. prior.*

Dicranum caesium Mitt., Trans. Linn. Soc. London, Bot. **3**: 155. 1891.

Dicranum thelinotum Müll. Hal., Nuovo Giorn. Bot. Ital., n. s., **3**: 98. 1896. **Type**: China: Shaanxi, Mt. Taibai, *Giraldi 942* (isotype: H).

Dicranum perfalcatum Broth., Akad. Wiss. Wien, Sitzungsber., Math.-Naturwiss. Kl. Abt. 1, **131**: 209. 1923, *hom. illeg.* **Type**: China: Sichuan, *Handel-Mazzetti 1413* (holotype: H).

Dicranum truncicola Broth., Akad. Wiss. Wien Sitzungsber., Math.-Naturwiss. Kl. Abt. 1, **133**: 561. 1924. **Type**: China: Sichuan, Yanyuan Co., *Handel-Mazzetti 5731* (holotype: H).

Dicranum diplospiniferum C. Gao & Z. W. Ao, Bull. Bot. Lab. N.-E. Forest. Inst., Harbin **7**: 99. 1980. **Type**: China: Xizang, Milin Co., on rock, 3000m, Aug. 25. 1974, *Chen Shu-Kun 4876* (holotype: IFSBH).

生境　土面或岩面薄土上。

分布　吉林、内蒙古、陕西、四川、贵州、西藏。朝鲜、日本、俄罗斯,欧洲。

长叶曲尾藓

Dicranum elongatum Schleich. ex Schwägr., Sp. Musc. Frond. Suppl. **1**: 171. 1811.

生境　高山湿岩面、稀生于土面或腐木上。

分布　吉林、内蒙古、河北、新疆、四川、贵州(熊源新,1998)、云南。日本、俄罗斯(远东地区),欧洲、北美洲。

鞭枝曲尾藓

Dicranum flagellare Hedw., Sp. Musc. Frond. 130. 1801.

Orthodicranum flagellare (Hedw.) Loeske, Stud. Morph. Syst. Laubm. 85. 1901.

生境　林下树干基部或稀见石生。

分布　黑龙江、吉林、内蒙古、山东、湖北(Peng et al., 2000)(赵遵田和曹同,1998, as *Orthodicranum flagellare*)。朝鲜、日本、俄罗斯,欧洲、北美洲。

折叶曲尾藓

Dicranum fragilifolium Lindb., Bot. Not. **1857**: 147. 1857.

Orthodicranum fragilifolium (Lindb.) Podp., Consp. Musc. Eur. 152. 1954.

生境　林下腐木或岩石上。

分布　黑龙江、内蒙古、新疆、湖北、四川、重庆(胡晓云和吴鹏程,1991)、贵州、云南、台湾(Chuang, 1973)。不丹(Noguchi, 1971)、日本、俄罗斯,欧洲、北美洲。

绒叶曲尾藓(细叶曲尾藓)

Dicranum fulvum Hook., Musci Exot. **2**: 149. 1819.

Dicranum subleiodontium Cardot, Bull. Herb. Boissier, sér. 2, **7**: 714. 1907.

Orthodicranum fulvum (Hook.) Roth in Casares-Gil., Fl. Ibér. Brióf., Musg. 176. 1932.

Paraleucobryum fulvum (Hook.) Loeske in Podp., Consp. Musc. Eur. 153. 1954.

生境　林下腐木或岩石上。

分布　四川、重庆(胡晓云和吴鹏程,1991)、贵州。朝鲜、日本、俄罗斯,欧洲、北美洲。

棕色曲尾藓

Dicranum fuscescens Turner, Muscol. Hibern. Spic. 60. 1804.

Dicranum congestum Brid., Muscol. Recent. Suppl. **1**: 76. 1806.

Dicranum scoparium (Hedw.) var. *fuscescens* (Turner) F. Weber & D. Mohr, Bot. Taschenb. 174. 1807.

Dicranodon scoparium (Hedw.) var. *fuscescens* (Turner) Béhéré, Muscol. Rothom. 29. 1826.

Dicranum fuscescens Turner var. *congestum* (Brid.) Husn., Muscol. Gall. 34. 1884.

Dicranum congestum Brid. subsp. var. *fuscescens* (Turner) Amann, Fl. Mouss. Suisse **2**: 56. 1919.

生境　林下、林边树干基部、腐木或岩面薄土上。

分布　黑龙江、吉林、辽宁、内蒙古、贵州、西藏。朝鲜、日本、俄罗斯、格陵兰岛(丹属),欧洲、北美洲。

格陵兰曲尾藓

Dicranum groenlandicum Brid., Muscol. Recent. Suppl. **4**: 68. 1819.

Dicranum elongatum Schleich. ex Schwägr. var. *sphagni* T. Jensen, Vidensk. Meddel. Dansk Naturhist. Foren. Kiobenhavn **1858**(1-4): 58. 1858.

Dicranum elongatum subsp. *groenlandicum* (Brid.) Mönk., Laubm. Eur. 210. 1927.

生境　林下湿地、泥炭沼泽的湿岩面、岩面薄土上或稀生于腐木上。

分布　黑龙江、吉林、内蒙古、新疆、云南。日本、俄罗斯,欧洲、北美洲。

钩叶曲尾藓

Dicranum hamulosum Mitt., Trans. Linn. Soc. London, Bot. **3**: 156. 1891.

Dicranum crispo-falcatum Schimp. ex Besch., Ann. Sci. Nat., Bot., sér. 7, **17**: 331. 1893.

Dicranum fauriei Broth. & Paris, Bull. Herb. Boissier, sér. 2, **2**: 920. 1902.

Dicranum perindutum Cardot, Bull. Herb. Boissier, sér. 2, **7**: 715. 1907.

Orthodicranum hamulosum (Mitt.) Broth., Nat. Pflanzenfam. (ed. 2), **10**: 203. 1924.

Dicranodontium tenii Broth. & Herzog, Hedwigia **65**: 150. 1925. **Type**: China: Yunnan, Kunming, Pe Yen Tsin, alt. 3000m, *Handel-Mazzetti 36* (holotype: H).

生境　红松、云杉或赤杨的树干基部。

分布　吉林、浙江、四川(Salmon, 1900, as *D. crispo-falcatum*)、云南、西藏、台湾、广西、海南。日本、俄罗斯(远东地区)。

喜马拉雅曲尾藓

Dicranum himalayanum Mitt., J. Proc. Linn. Soc., Bot., Suppl. **1**: 14. 1859. **Type**: India: Sikkim, *J. D. Hooker 71, 71b, 88*.

Dicranoloma tibetanum C. Gao, Acta Phytotax. Sin. **17** (4): 115. f. 1: 14-21. 1979. **Type**: China: Xizang, Motuo Co., 3190m, Sept. 16. 1974, *Xizang expedition M. 7436* (holotype: IFSBH).

生境　林下树干基部、土面或岩面薄土上。

分布　四川、云南、西藏。不丹、印度、尼泊尔。

日本曲尾藓(东亚曲尾藓)

Dicranum japonicum Mitt., Trans. Linn. Soc. London. Bot., **3**: 155. 1891.

Dicranum schensianum Müll. Hal., Nuovo Giorn. Bot. Ital., n. s., **4**: 249. 1897. **Type**: China: Shaanxi, Schan-kio, *Giraldi 1436* (isotype: H).

Dicranum japonicum Mitt. var. *yunnanense* Salm., J. Linn. Soc., Bot. **34**: 452. 1900. **Type**: China: Yunnan, Mupeh Kuei, *A. Henry 6165* (holotype: BM).

Dicranum cylindricum Broth., Symb. Sin. **4**: 27. 1929, *nom. illeg.*

Dicranum longicylindricum C. Gao & T. Cao, Bryobrothera **1**: 218. 1992. **Type**: China: Yunnan, between Mekong and Salwin, *Handel-Mazzetti 1914* (holotype: H).

生境　腐殖质或岩石表面薄土上。

分布　黑龙江、吉林、内蒙古、山东(赵遵田, 1998)、河南、陕西、甘肃(Wu et al., 2002)、安徽、江苏、浙江、江西、湖南、湖北(Salmon, 1900, as *D. japonicum* Mitt. var. *yunnanense*)、四川、重庆、贵州、云南、西藏、福建、台湾、广东、广西(左勤等, 2010)。日本、朝鲜、俄罗斯(远东地区)。

克什米尔曲尾藓

Dicranum kashmirense Broth., Acta Soc. Sci. Fenn. **24** (2): 9. 1899. **Type**: India: Kashmir, *Duthie 14 429*.

生境　林内树干基部。

分布　江西(Ji and Qiang, 2005)、湖南、湖北、四川、重庆、贵州(熊源新, 1998)、广西。巴基斯坦(Higuchi and Nishimura, 2003)、印度。

无褶曲尾藓

Dicranum leiodontum Cardot, Bull. Herb. Boissier, sér. 2, **7**: 714. 1907. **Type**: Japan: *Faurie 132*.

生境　腐木上或有时生于树干基部。

分布　吉林、新疆、西藏、广西(左勤等, 2010)。朝鲜、日本。

林芝曲尾藓

Dicranum linzianum C. Gao Acta Phytotax. Sin. **17** (4): 115. 1979. **Type**: China: Xizang, Linzhi Co., 4800m, Sept. 26. 1974, *Xizang expedition M. 7424* (holotype: IFSBH).

生境　高山草甸腐殖质上。

分布　西藏。中国特有。

硬叶曲尾藓

Dicranum lorifolium Mitt., J. Proc. Linn. Soc., Bot., Suppl. **1**: 15. 1859. **Syntypes**: Nepal: *Wallich s. n.*; India: Kashmir, *T. Thomson 52*; Khasia, *J. D. Hooker 63*.

Dicranum cristatum Wilson, Hooker's J. Bot. Kew Gard. Misc. **9**: 295. 1857, *nom. nud.*

生境　林下、灌丛下的树干基部或腐木上。

分布　甘肃、浙江(Salmon, 1900)、江西(Ji and Qiang, 2005)、重庆、贵州、云南、西藏、福建。尼泊尔、不丹、印度。

多蒴曲尾藓

Dicranum majus Turner, Muscol. Hibern. Spic. 59. 1804; also Fl. Brit., p. 1202. 1804.

Dicranum scoparium Hedw. var. *majus* (Turner) Wahlenb., Fl. Carpat. Princ. 343. 1815.

Dicranum delavayi Besch., Rev. Bryol. **18**: 88. 1891. **Type**: China: Yunnan, between Hekou and Dali, *Delavay 1867* (holotype: BM).

生境　腐木、土面或岩面薄土上。

分布　黑龙江、吉林、内蒙古、山东(赵遵田和曹同, 1998)、新疆、甘肃(安定国, 2002)、江西(Ji and Qiang, 2005)、湖南、湖北、重庆、贵州、西藏、台湾、广西。朝鲜、日本、俄罗斯, 欧洲、北美洲。

马氏曲尾藓

Dicranum mayrii Broth., Hedwigia **38**: 207. 1899. **Type**: Japan: Hondo, 1000m, *Mayri* 22, 55.

Dicranum formosicum Broth., Rev. Bryol., n. s., **2**: 1. 1929. **Type**: China: Taiwan, Sintiku, Mt. Yura, *Sasaoka 3872* (holotype: H).

生境　云(冷)杉树干基部、有时也生于岩面腐殖质上或倒木上。

分布　黑龙江、重庆(胡晓云和吴鹏程, 1991)、台湾。朝鲜、日本。

直毛曲尾藓

Dicranum montanum Hedw., Sp. Musc. Frond. 143. 1801. **Type**: Germany.

Orthodicranum montanum (Hedw.) Loeske, Stud. Morph. Syst. Laubm. 85. 1910.

生境　林下腐木、树干基部或稀生于岩面上。

分布　黑龙江、吉林、内蒙古、河北、湖北、贵州(熊源新, 1998,

as *Orthodicranum montanum*)、西藏、海南。朝鲜、日本、俄罗斯、欧洲。

细叶曲尾藓

Dicranum muehlenbeckii Bruch & Schimp., Bryol. Eur. **1**: 142. 1847. **Type**: Switzerland: *Mühlenbeck s. n.* 1844.

Dicranum spadiceum auct. non Zett., Kongl. Svenska Vetensk. Acad. Handl. **5**(10): 20. 1865.

Dicranum muehlenbeckii var. *neglectum* auct. non (De Not.) Pfeff., Neue Denschr. Schweiz. Naturf. Ges. **4**: 23. 1869.

Dicranum neglectum auct. non Jur. ex De Not., Atti Reale Univ. Genova **1**: 613. 1869.

生境　落叶松林下、沼泽地的腐殖质或岩面薄土。

分布　吉林、新疆、浙江、四川、贵州(熊源新,1998)、西藏、台湾(Chuang,1973)。朝鲜、日本、俄罗斯,欧洲、北美洲。

东亚曲尾藓(日本曲尾藓)

Dicranum nipponense Besch., Ann. Sci. Nat., Bot., sér. 7, **17**: 332. 1893.

Dicranum rufescens Schimp. ex Paris, Index Bryol. (ed. 2), **2**: 56. *1904 hom. illeg.*

生境　林下岩面薄土、土面或腐木上。

分布　黑龙江、吉林、新疆、江苏、湖南、湖北、四川、重庆、贵州、福建、台湾(Chuang,1973)、广西。朝鲜、日本。

疣齿曲尾藓

Dicranum papillidens Broth. in Handel-Mazzetti, Akad. Wiss. Wien Sitzungsber., Math.-Naturwiss. Kl., Abt. 1, **133**: 561. 1924. **Type**: China: Sichuan, 3000～3675m, *Handel-Mazzetti 994* (holotype: H; isotype: MO).

生境　山区竹林竹竿上。

分布　四川。中国特有。

波叶曲尾藓

Dicranum polysetum Swartz, Monthly Rev. **34**: 538. 1801.

Dicranum undulatum Ehrh. ex F. Weber & D. Mohr, Index Mus. Pl. Crypt. 2. 1803, *hom. illeg.*

生境　林下、沼泽的腐殖质、腐木或岩面薄土上。

分布　黑龙江、吉林、内蒙古、新疆、西藏、云南。朝鲜、日本、俄罗斯,欧洲、北美洲。

脆叶锦叶藓

Dicranum psathyrum Klazenga, J. Hattori Bot. Lab. **87**: 118. 1999. Replaced: *Dicranoloma fragile* Broth., Nat. Pflanzenfam. (ed. 2), **10**: 209. 1924. **Type**: Nepal: *Wallich s. n.*

生境　林下树干基部、腐木上或稀生于岩面腐殖质上。

分布　安徽、浙江、湖南、四川、贵州、云南、西藏、福建、广东、广西、海南。尼泊尔。

直叶曲尾藓(新拟)

Dicranum rectifolium Müll. Hal., Nuovo Giorn. Bot. Ital., n. s. **3**: 98. 1896. **Type**: China: Shaanxi, Aug. 1894, *Giraldi s. n.*

生境　不详。

分布　陕西(Müller,1896)。中国特有。

全缘曲尾藓

Dicranum scottianum Turner ex Scott, Robert, Trans. Dublin Soc. **3**: 158. pl. 2. 1803.

Dicranum strictum Schleich. ex D. Mohr, Ann. Bot. **2**: 546. 1806, *illeg, hom*

Orthodicranum strictum Broth., Laubm. Fennoskand. 996. 1923.

生境　林下腐木、沼泽或潮湿岩面上。

分布　黑龙江、吉林、内蒙古。欧洲、北美洲。

曲尾藓

Dicranum scoparium Hedw., Sp. Musc. Frond. 126. 1801.

Bryum scoparium (Hedw.) Roucel, Fl. France 428. 1803.

Cecalyphum scoparium (Hedw.) P. Beauv., Prodr. Aethéogam. 51. 1805.

Dicranodon scoparium (Hedw.) Béhéré, Muscol. Rothom. 28. 1826.

Dicranum scoparium Hedw. var. *integrifolium* Lindb., Öfvers. Förh. Kongl. Svenska Vetensk.-Akad. **23**: 555. 1867.

Dicranum orthophyllum Broth. in Handel-Mazzetti, Symb. Sin. **4**: 27. 1929. **Type**: China: Yunnan, Pudu-ho, *Handel-Mazzetti 537* (holotype: H; isotype: MO).

Dicranum bonjeanii De Not. subsp. *angustum* (Lindb.) auct. non Podp., Consp. 148. 1954.

生境　林下腐木、岩面薄土或腐殖质上。

分布　黑龙江、吉林、辽宁、内蒙古、河北、山东(赵遵田和曹同,1998)、陕西、新疆、甘肃(安定国,2002)、安徽、江苏(刘仲苓等,1989)、浙江、江西、湖南、湖北、四川、重庆、贵州、云南、西藏、福建、台湾(Chuang,1973)。不丹(Noguchi,1971)、日本、朝鲜、俄罗斯,欧洲、北美洲。

毛叶曲尾藓

Dicranum setifolium Cardot, Bull. Herb. Boissier, sér. 2, **7**: 714. 1907.

Kiaeria setifolia (Cardot) Broth., Nat. Pflanzenfam. (ed. 2), **10**: 203. 1924.

Arctoa setifolia (Cardot) Horikawa, Hikobia **1**(2): 91. 1951.

生境　林下树干基部或高山苔原土生。

分布　吉林、四川(Li et al.,2011)。日本。

齿肋曲尾藓

Dicranum spurium Hedw., Sp. Musc. Frond. 141. 1801.

Bryum spurium (Hedw.) Dicks., Fasc. Pl. Crypt. Brit. **4**: 13. 1801.

Cecalyphum spurium (Hedw.) P. Beauv., Prodr. Aethéogam. 51. 1805.

生境　高山草甸或沼泽泥炭土上。

分布　黑龙江、吉林、内蒙古。朝鲜、日本、俄罗斯,欧洲、北美洲。

拟孔网曲尾藓

Dicranum subporodictyon (Broth.) C. Gao & T. Cao, Bryobrothera **1**: 218. 1992. *Dicranodontium subporodictyon* Broth. in Handel-Mazzetti, Symb. Sin. **4**: 20. 1929. **Type**: China: Yunnan, Djiou-djiang, *Handel-Mazzetti 9433* (holotype: H).

生境　潮湿岩面。

分布　云南。中国特有。

皱叶曲尾藓(贝氏曲尾藓)

Dicranum undulatum Schrad. ex Brid., J. Bot. (Schrad.) **1800** (2): 294. 1801. **Type**: Europe.

Cecalyphum undulatum (Schrad. ex Brid.) P. Beauv., Prodr. Aethéogam. 52. 1805.

Dicranum bergeri Bland., Deutschl. Fl. (ed. 2), **2**(6): 85. 1809.
Dicranum sphagni Wahlenb. var. *undulatum* (Schrad. ex Brid.) Wahlenb., Fl. Suec. (ed. 2), **2**: 742. 1826.
生境 高位沼泽的泥炭土上、腐殖质上，稀生于腐木或岩面薄土上。
分布 黑龙江、吉林、内蒙古。日本、俄罗斯，欧洲、北美洲。

绿色曲尾藓

Dicranum viride (Sull. & Lesq.) Lindb., Hedwigia **2**: 70. 1863. *Campylopus viridis* Sull. & Lesq., Musci Hepat. U. S. (repr.) 103. 1856. **Type**: U. S. A.
Dicranum fulvum Hook. subsp. *viride* (Sull. & Lesq.) Lindb. in Hartm., Handb. Skand. Fl. (ed. 9), **2**: 68. 1864.
Dicranum fulvum Hook. var. *viride* (Sull. & Lesq.) Grout, Moss Fl. N. Amer. **1**(2): 80. 1937.
生境 树干基部或稀见于岩面薄土上。
分布 湖北、四川、重庆、贵州、云南。朝鲜、日本、北美洲。

苞领藓属 Holomitrium Brid.
Bryol. Univ. 1: 226. 1826.

模式种：*H. perichaetiale* (Hook.) Brid.
本属全世界现有 50 种，中国有 2 种。

柱鞘苞领藓(苞领藓)

Holomitrium cylindraceum (P. Beauv.) Wijk & Marg., Taxon **9**: 190. 1960. *Cecalyphum cylindraceum* P. Beauv., Prodr. Aetheogam. 51. 1805.
Trichostomum vaginatum Hook., Musci Exot. **1**: 64. 1818.
Holomitrium vaginatum (Hook.) Brid., Bryol. Univ. **1**: 227. 1826.
Holomitrium javanicum Dozy & Molk., Bryol. Jav. **1**: 86. 71. 1859.
生境 林下腐木、树干基部或岩面。
分布 湖南(Enroth and Koponen, 2003)、湖北、贵州(熊源新, 1998)、福建、广西、香港。菲律宾、印度尼西亚、社会群岛，非洲。

密叶苞领藓(格氏苞领藓)

Holomitrium densifolium (Wilson) Wijk & Marg., Taxon **11**: 221. 1962. *Symblepharis densifolia* Wilson, Hooker's J. Bot. Kew Gard. Misc. **9**: 29. 1857. **Type**: India: Khasia, *J. D. Hooker & T. Thmoson* s. *n.*
Didymondon perichatialis Griff., Calcutta J. Nat. Hist. **2**: 51. 1842.
Holomitrium griffithianum Mitt., J. Proc. Linn. Soc., Bot., Suppl. **1**: 24. 1859.
Holomitrium japonicum Cardot, Bull. Herb. Boissier, sér 2, **7**: 713. 1907.
Holomitrium ferriei Cardot & Thér., Bull. Acad. Int. Géogr. Bot. **18**: 11. 1908.
Holomitrium papillosulum Cardot & Thér., Bull. Acad. Int. Géogr. Bot. **18**: 11. 1908.
生境 林下树干基部或石生。
分布 安徽、江西(Ji and Qiang, 2005)、湖北、贵州、福建、台湾、广东、广西、香港。印度、不丹、斯里兰卡、泰国、缅甸、越南、老挝、菲律宾、日本。

白锦藓属 Leucoloma Brid.
Bryol. Univ. 2: 218. 1827.

模式种：*L. bifidum* (Brid.) Brid.
本属全世界现有 106 种，中国有 4 种。
Leucoloma mittenii M. Fleisch., Musci Buitenzorg **1**: 125. 1904.
Syrrhopodon taylorii Schwägr., Sp. Musc. Frond., Suppl. **2**: 115. pl. 132. 1824.
生境 不详。
分布 海南(Redfearn et al., 1994)。印度、泰国、越南、马来西亚。

柔叶白锦藓

Leucoloma molle (Müll. Hal.) Mitt., J. Proc. Linn. Soc., Bot. Suppl. **1**: 13. 1859. *Dicranum molle* Müll. Hal., Syn. Musc. Frond. **1**: 345. 1848. **Type**: Indonesia: Java, *Junghuhn s. n.*
生境 热带常绿林下树干、岩面或腐木上。
分布 台湾、广东、广西、海南、香港。越南、泰国、柬埔寨、马来西亚、菲律宾、印度尼西亚、日本、社会群岛、瓦努阿图、美国(夏威夷)。

东亚白锦藓

Leucoloma okamurae Broth., Öfvers. Förh. Finska Vetensk.-Soc. **62A**(9): 2. 1921.
生境 林下树干基部或腐木上。
分布 广东、广西。日本。

狭叶白锦藓(新拟)

Leucoloma walkeri Broth., Rec. Bot. Surv. India **1** (12): 313. 1899.
生境 林下岩面、腐木、腐殖土或树干上。
分布 香港。印度、缅甸、泰国、马来西亚、印度尼西亚(Touw, 1992)、菲律宾。

拟白发藓属 Paraleucobryum (Lindb. ex Limpr.) Loeske
Allg. Bot. Z. Syst. 13: 167. 1907.

模式种：*P. albicans* (Schwägr.) Loeske
本属全世界现有 4 种，中国有 4 种。

拟白发藓

Paraleucobryum enerve (Thed.) Loeske, Hedwigia **47**: 171. 1908. *Dicranum enerve* Thed. in Hartm., Handb. Skand. Pl. (ed. 5), 393. 1849.

Dicranum albicans Bruch & Schimp., Bryol. Eur. **1**: 149. 1850.

Paraleucobryum enerve (Thed.) Loeske fo. *falcatum* Nog., J. Jap. Bot. **15**: 756. 1939.

生境 林下腐木、树干基部、岩面上或稀生于泥土上。

分布 吉林、陕西、新疆、浙江、四川、云南、西藏、台湾(Chuang, 1973)。不丹、印度、日本、俄罗斯,北美洲。

长叶拟白发藓

Paraleucobryum longifolium (Hedw.) Loeske, Hedwigia **47**: 171. 1908. *Dicranum longifolium* Ehrh. ex Hedw., Sp. Musc. Frond. 130. 1801.

生境 林下腐木、树干基部、岩面腐殖质上或少见于泥土上。

分布 黑龙江、吉林、陕西、四川、云南、西藏。日本、印度、俄罗斯,欧洲、北美洲。

狭肋拟白发藓

Paraleucobryum sauteri (Bruch & Schimp.) Loeske, Hedwigia **47**: 171. 1908.

Dicranum sauteri Bruch & Schimp., Bryol. Eur. **1**: 137. 1847.

生境 树干基部。

分布 云南。俄罗斯,欧洲、北美洲。

疣肋拟白发藓

Paraleucobryum schwarzii (Schimp.) C. Gao & Vitt, Moss Fl. China **1**: 220. 1999. *Campylopus schwarzii* Schimp., Musci Eur. Nov. (Bryol. Eur. Suppl.) **1**: 1. 1864. **Type**: Austria: *Schwarz s. n.*

生境 土面、岩面上或偶尔生于腐木上,海拔 800~3300m。

分布 内蒙古、陕西(Frahm, 1992)、江西、四川、重庆(胡晓云和吴鹏程, 1991, as *Campylopus schwarzii*)、云南、西藏、台湾(Chuang, 1973; Frahm, 1992, as *Campylopus schwarzii*)、广东、广西、海南。尼泊尔、印度、日本,欧洲、北美洲。

无齿藓属 Pseudochorisodontium (Broth.) C. Gao, Vitt, X. Fu & T. Cao Moss Fl. China 1: 220. 1999.

模式种: *P. gymnostomum* (Mitt.) C. Gao, Vitt, X. Fu & T. Cao

本属全世界现有 6 种,中国有 6 种。

错那无齿藓

Pseudochorisodontium conanenum (C. Gao) C. Gao, Vitt, X. Fu & T. Cao, Moss Fl. China **1**: 222. 1999. *Dicranum conanenum* C. Gao in C. Gao & G. C. Zhang, Acta Phytotax. Sin. **17**(4): 115. 1979. **Type**: China: Xizang, Cuona Co., 4500m, on soil, *Xizang expedition M. 744* (holotype: IFSBH).

生境 灌丛上土面或高山灌丛的腐殖土上。

分布 云南、西藏。中国特有。

无齿藓

Pseudochorisodontium gymnostomum (Mitt.) C. Gao, Vitt, X. Fu & T. Cao, Moss Fl. China **1**: 223. 1999. *Dicranum gymnostomum* Mitt., J. Proc. Linn. Soc., Bot., Suppl. **1**: 14. 1859. **Syntypes**: Himalayas, *J. D. Hooker 67, 67b, 70, 70b.*

Dicranum gymnostomoides Broth., Symb. Sin. **4**: 25. 1929. **Type**: China: Yunnan, Yongning Co., 3800~4100m, July 21. 1925, *Handel-Mazzetti 7142*; Aug. 7. 1916, *Handel-Mazzetti 9817* (syntype: H-BR).

Dicranum gymnostomoides Broth. var. *microcarpum* Broth. in Handel-Mazzetti, Symb. Sin. **4**: 25. 1929. **Types**: China: Yunnan, Li-jiang (Lidjiang), *Handel-Mazzetti 6755* (holotype: H).

生境 土面。

分布 四川、贵州、云南、西藏。印度。

韩氏无齿藓

Pseudochorisodontium hokinense (Besch.) C. Gao, Vitt, X. Fu & T. Cao, Moss Fl. China **1**: 224. 1999. *Dicranum gymnostomum* Mitt. var. *hokinense* Besch., Ann. Sci. Nat., Bot., sér. 7, **15**: 51. 1892. **Type**: China: Yunnan, Hokin, 3000m, *Delavay 1648p. p.* (holotype: BM).

Dicranum handelii Broth., Akad. Wiss. Wien, Sitzungsber., Math.-Naturwiss. Kl. Abt. 1, **133**: 562. 1924, *hom. illeg.* **Type**: China: Yunnan, in silva Kua-lo-pa prope Hokin, 3000m (*Delavay, 1648 pp.*) (isotype: H-BR); Sichuan, austro-occid. Cum praecedente (*nr. 2323*) (isosyntype: H-BR).

Dicranum hokinense (Besch.) C. Gao & T. Cao, Bryobrothera **1**: 218. 1992.

生境 树干基部或岩面薄土上。

分布 四川、云南、西藏。中国特有。

瘤叶无齿藓

Pseudochorisodontium mamillosum (C. Gao & Z. W. Aur) C. Gao, Vitt, X. Fu & T. Cao, Moss Fl. China **1**: 226. 1999. *Dicranum mamillosum* C. Gao & Z. W. Aur, Bull. Bot. Lab. N.-E. Forest. Inst., Harbin **7**: 98. 1980. **Type**: China: Xizang, Yadong Co., 4500m, June 6. 1975, *Zang Mu 426* (holotype: IFSBH).

生境 高山灌丛树干基部。

分布 西藏。中国特有。

多枝无齿藓

Pseudochorisodontium ramosum (C. Gao & Z. W. Aur) C. Gao, Vitt, X. Fu & T. Cao, Moss Fl. China **1**: 227. 1999. *Dicranum ramosum* C. Gao & Z. W. Aur, Bull. Bot. Lab. N. E. Forest. Inst. **7**: 97. 1980. **Type**: China: Xizang, Yadong Co., on thin soil over orck, 4700m, June 16. 1975, *Zang Mu 799* (holotype: IFSBH).

生境 岩面薄土或高山土面上。

分布 西藏。中国特有。

四川无齿藓

Pseudochorisodontium setschwanicum (Broth.) C. Gao, Vitt, X. Fu & T. Cao, Moss Fl. China **1**: 229. 1999. *Dicranum* *setschwanicum* Broth., Symb. Sin. **4**: 26. 1929. **Type**: Sichuan: 4300～4400m, Aug. 6. 1915, *Handel-Mazzetti 7507* (holotype: H-BR).

生境　高山矮林或灌丛内。

分布　四川、西藏。尼泊尔(Iwatsuki, 1979c, as *Dicranum setchwanium*)。

白发藓科 Leucobryaceae Schimp.

本科全世界有 14 属,中国有 5 属。

长帽藓属 Atractylocarpus Mitt.

J. Linn. Soc., Bot. **12**: 71. 1869, *nom. cons.*

模式种: *A. alpinus* (Schimp. ex Mild.) Lindb.

本属全世界现有 4 种,中国有 1 种。

长帽藓(高山长帽藓、梅氏藓)

Atractylocarpus alpinus (Schimp. ex Mild.) Lindb., Bot. Not. **1886**: 100. 1886. *Metzleria alpina* Schimp. ex Mild., Bryol. Siles. 75. 1869.

Dicranum alpinum (Schimp. ex Mild.) Kindb., Eur. N. Amer. Bryin. **2**: 187. 1897, *hom. illeg.*

Metzlerella alpina (Mild.) I. Hagen, Konge. Norske Vidensk. Selsk. Skr. (Trondheim) **1914**(1): 63. 1915.

Metzlerella sinensis Broth., in Handel-Mazzetti, Symb. Sin. **4**: 19. 1929. **Type**: China: Yunnan, between Meng-Kang and Salwin, *Handel-Mazzetti 8368* (holotype: H-BR).

Actractylocarpus sinensis (Broth.) Herzog, Ann. Bryol. **12**: 87. 1939.

生境　高山草地湿土或腐木生。

分布　四川、贵州、云南。印度,欧洲。

拟扭柄藓属 Campylopodiella Cardot

Cardot, Bull. Harb. Boissier, sér. 2, **8**: 90. 1908.

模式种: *C. tenella* Cardot [= ***C. himalayana*** (Broth.) J.-P. Frahm]

本属全世界现有 4 种,中国有 1 种

拟扭柄藓

Campylopodiella himalayana (Broth.) J.-P. Frahm, Bryologist **87**: 250. 1984. *Brothera himalayana* Broth., Nat. Pflanzenfam. Ⅰ(3): 330. 1901. **Type**: India: Sikkim, Apr. 1862, *Wichura 19* (holotype: H-BR).

Campylopodiella tenella Cardot, Bull. Herb. Boissier, sér. 2, **8**: 90. 1908.

Paraleucobryum himalayanum Dixon, Anniv. Vol. Bot. Gard. Calcutta 177. 1942.

Actractylocarpus erectifolius Mitt. ex Dixon, Notes Roy. Bot. Gard. Edinburgh **19**(95): 281. 1938.

Campylopodiella ditrichoides Nog., Candollea **19**: 170. 1964.

生境　腐木上或土面上。

分布　四川、贵州(熊源新, 1998, as *Brothera himalayana*)、云南、西藏。不丹、尼泊尔、印度。

白氏藓属 Brothera Müll. Hal.

Gen. Musc. Frond. 259. 1900.

模式种: *B. leana* (Sull.) Müll. Hal.

本属全世界现有 1 种。

白氏藓(白叶藓)

Brothera leana (Sull.) Müll. Hal., Gen. Musc. Frond. 259. 1900. *Leucophones leanum* Sull., Musci. Allegh. 41. 1846.

Brothera ankerkronae Müll. Hal., Gen. Musc. Frond. 258. 1900.

生境　腐木、树干基部或稀生于岩面。

分布　黑龙江、吉林、河北、陕西、浙江、江西、湖南(Enroth and Koponen, 2003)、湖北、四川、贵州、云南、西藏、福建、台湾(Chuang, 1973)。巴基斯坦(Higuchi and Nishimura, 2003)、缅甸(Tan and Iwatsuki, 1993)、泰国(Touw, 1968)、日本、印度、朝鲜、俄罗斯(远东地区),北美洲。

曲柄藓属 Campylopus Brid.

Muscol. Recent. Suppl. **4**: 71. 1819.

模式种: *C. flexuosus* (Hedw.) Brid.

本属全世界约有 150 种,中国有 20 种,1 亚种,1 变种。

长叶曲柄藓

Campylopus atrovirens De Not., Syllab. Musc. 221. 1838. **Type**: Italy: Lago Maggiore, *De Notaris s. n.*

长叶曲柄藓原变种

Campylopus atrovirens var. **atrovirens**

Campylopus longipilus Brid., Bryol. Univ. **1**: 477. 1826.

Dicranum atrovirens (De Not.) Müll. Hal., Syn. Musc. Frond. **1**: 414. 1848.

Campylopus japonicus Broth. var. *fuscoviridis* Cardot, Beih. Bot. Centralbl. **17**: 7. 1904.

Campylopus fuscoviridis (Cardot) Dixon & Thér. ex Hong & Ando, Biol. Inst. Cath. Med. Coll. Seoul Korea **3**: 373. 1959.

生境　土面或岩面上。

分布　陕西、甘肃(Wu et al., 2002)、安徽、江苏(刘仲苓等, 1989)、浙江、江西、湖南、四川(Li et al., 2011)、贵州、云南、西藏、福建、广东、广西、香港。尼泊尔、日本,欧洲、北美洲。

长叶曲柄藓兜叶变种

Campylopus atrovirens var. **cucullatifolius** J.-P. Frahm, Bryologist **83**: 574. 1980 [1981]. **Type**: U. S. A.: Alaska, *Eyerdam 5269*.

生境　岩面上。

分布　云南、广西。日本、韩国(Frahm, 1992),北美洲。

尾尖曲柄藓

Campylopus comosus (Schwägr.) Bosch & Sande Lac., Bryol. Jav. **1**: 75. 1858. *Dicranum comosum* Schwägr., Sp. Musc. Frond., Suppl. 2, **2**(2): 114. 1827.

Dicranum caudatuum Müll. Hal., Syn. Musc. Frond. **1**: 401. 1848.

Campylopus caudatus (Müll. Hal.) Mont. in Dozy & Molk., Bryol. Jav. **1**: 78. 1858.

Campylopus scabridorsus Dixon, Hong Kong Naturalist, Suppl. **2**: 5. 1933. **Type**: China: Hong Kong, Repulse Bay, *Ah Nin H22A*, *23B* (syntypes: BM, SYS).

生境　腐木或树干基部。

分布　浙江(Frahm, 1992)、湖北、四川、重庆、贵州、云南、台湾、广东、香港。斯里兰卡(O'Shea, 2002)、印度、泰国、越南(Tan and Iwatsuki, 1993)、印度尼西亚、马来西亚、菲律宾、巴布亚新几内亚、新喀里多尼亚岛(法属)(Frahm, 1992)、澳大利亚(Frahm, 1992)。

直叶曲柄藓

Campylopus durelii Gangulee, Nova Hedwigia **8**: 146. pl. 4. 1964.

生境　树干基部或腐木上。

分布　云南、西藏(高谦等, 1992)。不丹。

毛叶曲柄藓

Campylopus ericoides (Griff.) A. Jaeger, Ber. Thätigk. St. Gallischen Naturwiss. Ges. **1870-1871**: 424. 1872. *Dicranum ericoides* Griff., Calcutta J. Nat. Hist. **2**: 499. 1842. **Type**: India: "in mont. Khasia, in sylvis Myrung", *Griffith 65* (lectotype: BM).

Dicranum involutum Müll. Hal., Bot. Zeitung (Berlin) **11**: 34. 1853.

Campylopus involutus (Müll. Hal.) A. Jaeger, Ber. Thätigk. St. Gallischen Naturwiss. Ges. **1870-1871**: 418. 1872.

Campylopus tenuinervis M. Fleisch., Musci Buitenzorg **1**: 120. 1904.

Thysanomitrion involutum (Müll. Hal.) P. de la Varde, Rev. Bryol. **49**: 41. 1922.

生境　腐木、岩面或树干基部,海拔 1000～2700m。

分布　江西、湖南、湖北、四川、贵州、云南、福建、广东、广西(Frahm, 1992)、海南、香港。尼泊尔、印度、不丹、泰国、越南、老挝、柬埔寨、缅甸、斯里兰卡、马来西亚(Frahm, 1992)、菲律宾、印度尼西亚。

曲柄藓

Campylopus flexuosus (Hedw.) Brid., Muscol. Recent. Suppl. **4**: 71. 1819 [1818]. *Dicranum flexuosum* Hedw., Sp. Musc. Frond. 145. 1801. **Type**: Germany: *Dillenius s. n.*

Bryum flexuosum (Hedw.) With., Syst. Arr. Brit. Pl. (ed. 4) **3**: 817. 1801.

Thysanomitrion flexuosum (Hedw.) Arn., Mém. Soc. Linn. Paris **5**: 262. 1827.

Campylopus subleucogaster (Müll. Hal.) A. Jaeger, Ber. Thätigk. St. Gallischen Naturwiss. Ges. **1877-1878**: 381. 1880.

生境　湿土面、背阴的岩石土面或树干上。

分布　山东(赵遵田和曹同, 1998)、新疆、浙江、江西、湖南、湖北、重庆、贵州(熊源新, 1998)、云南、福建、台湾(Frahm, 1992)、广西、海南(Frahm, 1992)。斯里兰卡(O'Shea, 2002)、尼泊尔、俄罗斯(远东地区)、秘鲁(Menzel, 1992)、澳大利亚、新西兰、马达加斯加、坦桑尼亚(Ochyra and Sharp, 1988),欧洲、北美洲、中美洲。

脆枝曲柄藓(纤枝曲柄藓)

Campylopus fragilis (Brid.) Bruch & Schimp. in B. S. G., Bryol. Eur. **1**: 164 (Fasc. 41. Monogr. 4). 1847. *Dicranum fragilis* Brid., J. Bot. (Schrad.) **1800**(2): 296. 1801. **Type**: Germany: Erlangen, *Hoffmann s. n.*

脆枝曲柄藓原亚种

Campylopus fragilis subsp. **fragilis**

Campylopus pinfaensis Thér., Bull. Acad. Int. Géogr. Bot. **19**: 18. 1909. **Type**: China: Guizhou, Pin-fa, *Cavalerie s. n.*

Campylopus akagiensis Broth. & Yasuda, Öfvers. Förh. Finska Vetensk.-Soc. **62A**(9): 3. 1921.

生境　腐木、湿土上或岩面上,海拔 500～2800m。

分布　山东(赵遵田和曹同, 1998)、新疆、四川、重庆、贵州、云南、台湾、广东(何祖霞等, 2004)、海南。朝鲜、日本、俄罗斯(远东地区)、秘鲁(Menzel, 1992)、坦桑尼亚(Ochyra and Sharp, 1988),欧洲、中美洲、北美洲。

脆枝曲柄藓古氏亚种

Campylopus fragilis subsp. **goughii** (Mitt.) J.-P. Frahm, Trop. Bryol. **4**: 61. 1991. *Dicranum goughii* Mitt., J. Proc. Linn. Soc., Bot., Suppl. **1**: 17. 1859. **Syntypes**: Nepal: *Wallich s. n.*; India: Sikkim, *J. D. Hooker 79b*; Khasia, *J. D. Hooker & T. Thmoson 86*.

Campylopus goughii (Mitt.) A. Jaeger, Ber. Thätigk. St. Gallischen Naturwiss. Ges. **1870-1871**: 424. 1872.

生境　林下岩石、土面、树干基部或腐木上,海拔 1900～2400m。

分布　浙江、江西、四川、云南、福建、广东、广西。印度、不丹、尼泊尔、斯里兰卡。

纤枝曲柄藓

Campylopus gracilis (Mitt.) A. Jaeger, Ber. Thätigk. St. Gallischen Naturwiss. Ges. 1870-71: 427. 1872. *Dicranum gracile* Mitt., J. Proc. Linn. Soc., Bot., Suppl. **1**: 17. 1859. **Syntypes**: India: Sikkim, *J. D. Hooker 69*, *72*

生境　林下、林边腐木、岩石表面或砂石质土上。

分布　浙江、江西、湖北、四川、贵州、西藏、台湾(Chuang, 1973)、广东、广西、海南。斯里兰卡(O'Shea, 2002)、泰国、缅甸、尼泊尔、印度,欧洲、北美洲。

大曲柄藓

Campylopus hemitrichius (Müll. Hal.) A. Jaeger, Ber. Thätigk. St. Gallischen Naturwiss. Ges. **1877-1878**: 348. 1880.

Dicranum hemitrichium Müll. Hal., Linnaea **38**: 553. 1874. **Type**: Philippines: Luzon, *Wallis s. n.*

生境　岩面上。

分布　浙江、江西(何祖霞等, 2008)、贵州(熊源新, 1998)、福建、广东。菲律宾、印度尼西亚。

疏网曲柄藓

Campylopus laxitextus Sande Lac., Natuurk. Verh. Kon. Ned. Akad. Wetensch. Afd. Natuurk. **13**: 10. 1872. **Type**: Indonesia: Java, *Lacoste s. n.*

Campylopus gracilentus Cardot, Bot. Centralbl. **19** (2): 94. 1905. **Type**: China: Taiwan, *Taitum 25*.

Campylopus gracilentus Cardot, var. *brevifolius* Cardot, Bot. Centralbl. **19**(2): 95. 1905. **Type**: China: Taiwan, *Taitum-Faurie s. n.*

生境　土面上。

分布　江西、重庆、贵州、云南、台湾、海南(Frahm, 1992)、香港。马来西亚、印度尼西亚、菲律宾、巴布亚新几内亚、太平洋群岛、澳大利亚。

梨蒴曲柄藓

Campylopus pyriformis (Schultz) Brid., Bryol. Univ. **1**: 471. 1826. *Dicranum pyriforme* Schultz, Prodr. Fl. Starg. Suppl. 73. 1819.

Campylopus flexuosus (Hedw.). Brid. subsp. *pyriformis* (Schultz) Dixon, Stud. Handb. Brit. Mosses 95. 1896.

Campylopus fragilis (Brid.) Bruch & Schimp. var. *pyriformis* (Schultz) Agst., Ned. Kruidk. Arch. **57**: 332. 1950.

生境　林下岩石、土面、树干基部或腐木上。

分布　吉林、山东(赵遵田和曹同, 1998)、浙江、江西、湖南、四川、重庆、贵州、云南、福建、广东、广西。印度、蒙古、俄罗斯、智利(He, 1998)、澳大利亚,欧洲、北美洲。

辛氏曲柄藓

Campylopus schimperi J. Mild., Bryoth. Eur. 658. 1864. **Type**: Italy: "Partschins bei Meran", *Mild 1863*.

Campylopus subulatus Schimp. var. *schimperi* (J. Mild.) Husn., Muscol. Gall. 43. 1884.

Campylopus subulatus subsp. *schimperi* (J. Milde) Dixon, Stud. Handb. Brit. Mosses 91. 1896.

Campylopus alpigena Broth., Akad. Wiss. Wien, Sitzungsber., Math.-Naturwiss. Kl. Abt. 1, **133**: 562. 1924.

Campylopus alpigena var. *lamellatus* Broth., Symb. Sin. **4**: 17. 1929. **Type**: China: Yunnan, Lijiang Co., 3150m, June 13. 1915, *Handel-Mazzetti 6763* (holotype: H-BR).

Campylopus handelii Broth., Symb. Sin. **4**: 18. 1929. **Type**: China: Yunnan, 3550m, Aug. 16. 1915, *Handel-Mazzetti 7676* (holotype: H-BR).

Campylopus handelii var. *setschwanicus* Broth., Symb. Sin. **4**: 18. 1929. **Type**: China: Sichuan, Mt. Daliangshan, 3275m, *Handel-Mazzetti 1515* (syntype: H-BR); Yanyuan Co., 3600～3900m, *Handel-Mazzetti 2641* (syntype: H-BR).

生境　岩面薄土或树干基部。

分布　山东(赵遵田和曹同, 1998)、青海、新疆、安徽、江西、湖南、四川、重庆(胡晓云和吴鹏程, 1991)、贵州(熊源新, 1998, as *C. handelii*)、云南、西藏、广西。日本、俄罗斯,欧洲、北美洲。

黄曲柄藓

Campylopus schmidii (Müll. Hal.) A. Jaeger, Ber. Thätigk. St. Gallischen Naturwiss. Ges. **1870-1871**: 439. 1872.

Dicranum schmidii Müll. Hal., Bot. Zeitung (Berlin) **11**: 37. 1853. **Type**: India: Nilgheries, *Schmidt s. n.*

Campylopus aureus Bosch & Sande Lac., Bryol. Jav. **1**: 80. 1858.

Campylopus balansaeanus Besch., Ann. Sci. Nat., Bot., ser. 5, **18**: 199. 1873.

生境　林边路旁土地上或岩石上。

分布　安徽、江西、湖南、湖北、四川、贵州、云南、福建、台湾、广东、广西。印度、斯里兰卡、印度尼西亚、日本、巴布亚新几内亚、美国(夏威夷)、澳大利亚,北美洲西部。

齿边曲柄藓(新拟)

Campylopus serratus Sande Lac., Verh. Kon. Ned. Akad. Wetensch., Afd. Natuurk. **13**: 11. 7B. 1872.

Campylopus singaporensis M. Fleisch. ex Paris, Rev. Bryol. **33**: 25. 1906.

Campylopus demangei Thér. & P. de la Varde, Rev. Bryol. **49**: 28 f. 1. 1922.

Campylopus pinangensis Thér., Rev. Bryol., n. s., **1**: 42. 1928.

Campylopus scabridorsus Dixon, Hong Kong Naturalist, Suppl. **2**: 5. 1933. **Type**: China: Hong Kong, Nov. 13. 1931, *Ah Nin H22*.

生境　岩面或树皮上。

分布　香港。泰国、越南、柬埔寨、马来西亚、新加坡、印度尼西亚。

长尖曲柄藓

Campylopus setifolius Wilson, Bry. Brit. **89**: 40. 1855. **Type**: Europe.

生境　灌丛或草丛中岩面上。

分布　贵州。欧洲。

中华曲柄藓

Campylopus sinensis (Müll. Hal.) J.-P. Frahm, Ann. Bot. Fenn. **34**: 202. 1997. *Dicranodontium sinense* (Müll. Hal.) Paris, Index Bryol. Suppl. 119. 1900. *Dicranum sinense* Müll. Hal., Nuovo Giorn. Bot. Ital., n. s., **4**: 249. 1897. **Type**: China: Shaanxi, Mt. Ki-san, Sept. 1895, *Giraldi s. n.* (syntype: B); Schan-kio, Aug. 1895, *Giraldi s. n.* (syntype: B).

Campylopus japonicus Broth., Hedwigia **38**: 207. 1899.

Campylopus pseudomuelleri Cardot, Bull. Herb. Boissier, sér. 2, **7**: 715. 1907.

Campylopus irrigatus Thér., Bull. Acad. Int. Géogr. Bot. **19**: 18. 1909. **Type**: China: Guizhou, Pin-fa, *Cavalerie 1673* (holotype: PC).

Campylopus uii Broth., Öfvers. Förh. Finska Vetensk.-Soc. **62A**(9): 3. 1921.

Campylopus nakamurae Sakurai, Bot. Mag. (Tokyo) **55**: 212. 1941. **Type**: China: Taiwan, Taihoku, Apr. 20. 1940, *T. Nakamura s n.* (holotype: herb. Sakurai 14 202).

生境　树干基部、腐木、土面或岩面上。

分布　辽宁、河北、陕西、甘肃(安定国,2002)、安徽(Frahm, 1992)、浙江(Frahm,1992)、江西、湖北、四川、重庆、贵州、云南、福建、台湾、广东、海南、香港。越南、泰国、日本、澳大利亚、社会群岛、墨西哥,北美洲西部。

拟脆枝曲柄藓

Campylopus subfragilis Renauld & Cardot, Bull. Soc. Roy. Bot. Belgique. **34** (2): 59. 1896. **Type**: India: Sikkim, *L. Stevens s. n.*

生境　腐木上。

分布　江西、贵州、云南、广西。尼泊尔、印度。

狭叶曲柄藓

Campylopus sublatus Schimp., Bryoth. Eur. 9, no. 451. 1861. **Type**: Italy: "circum Gratsch et Algund prope Meran."

Dicranum latinerve Mitt., J. Proc. Linn. Soc., Bot., Suppl. **1**: 17. 1859.

Campylopus latinervis (Mitt.) A. Jaeger, Ber. Thätigk. St. Gallischen Naturwiss. Ges. **1870-1871**: 426. 1872.

生境　林边路旁湿岩面或砂石质土上。

分布　四川、贵州(熊源新,1998, as *C. latinervis*)、云南、西藏、广东。尼泊尔、印度、斯里兰卡、日本,欧洲、北美洲。

台湾曲柄藓

Campylopus taiwanensis Sakurai, Bot. Mag. (Tokyo) **55**: 206. 1941. **Type**: China: Taiwan, Taihoku, Hokuto, *K. Sakurai 1723* (holotype: MAK).

Campylopus barbuloides Broth. in Bruehl, Rec. Bot. India **13** (1): 123. 1931, *nom. nud.*

生境　岩面、腐木、树干或土面上。

分布　山东(赵遵田和曹同,1998)、安徽、浙江、湖南、重庆、贵州(熊源新,1998)、台湾、广东(何祖霞等,2004)、广西、香港。中国特有。

节茎曲柄藓

Campylopus umbellatus (Arnott) Paris, Index Bryol. 264. 1894. *Thysanomitrium umbellatum* Schwägr. & Gaud. ex Arnott, Mém. Soc. Linn. Paris **5**: 263. 1827. **Type**: U. S. A.: Hawaii, *Gaudichaud s. n.*

Campylopus richardii auct. non Brid. Muscol. Recent. Suppl. **4**: 73. 1819[1818].

Thysanomitrium richardii auct. non (Brid.) Schwägr., Sp. Musc. Frond., Suppl. 2, **1**: 61. 1823.

Dicranum nigrescens Mitt., J Proc Linn. Soc., Bot., Suppl. **1**: 19. 1859.

Campylopus dozyanus (Müll. Hal.) A. Jaeger, Ber. Thätigk. St. Gallischen Naturwiss. Ges. **1870-1871**: 418. 1872.

Campylopus nigrescens (Mitt.) A. Jaeger, Ber. Thätigk. St. Gallischen Naturwiss. Ges. **1870-1871**: 417. 1872, *hom. illeg.*

Campylopus dozyi Müll. Hal. ex Kindb., Enum. Bryin. Exot. 50. 1888.

Campylopus ferriei Broth. in Paris, Index Bryol. Suppl. 92. 1900.

Campylopus nagasakinus Broth. in Paris, Index Bryol. Suppl. 94. 1900.

Campylopus coreensis Cardot, Bull. Herb. Boissier, sér. 2, **7**: 715. 1907.

Campylopus viridulus Cardot, Bull. Herb. Boissier, sér. 2, **7**: 715. 1907.

Thysanomitrium blumii (Dozy & Molk.) Cardot, Annuaire. Conserv. Jard. Bot. Genéve **15-16**: 161. 1912.

Campylopus scabripilus Warnst., Hedwigia **57**: 80. 1915.

Thysanomitrium nigrescens (Mitt.) P. de la Varde, Rev. Bryol. **49**: 40. 1922.

Thysanomitrium sinense Broth., Nat. Pflanzenfam. (ed. 2), **10**: 189. 1924, *nom. nud.*

Campylopus leptoneuron Broth. ex Iishiba, Nipporson Senrui Sosetsu 32 (Cat. Moss Japan). 1929.

Campylopus coreensis Cardot var. *amoyensis* Dixon & Thér., Hong Kong Naturalist, Suppl. **2**: 5. 1933.

生境　岩石或土面上,海拔 700～2000m。

分布　山东(杜超等,2010)、安徽、江苏(刘仲苓等,1989)、浙江、江西、湖南、湖北、四川、重庆、贵州、云南、西藏、福建、台湾、广东、广西、海南、香港(Salmon, 1900, as *C. dozyanus*)。不丹、日本、朝鲜、缅甸、泰国、斯里兰卡、越南、柬埔寨、马来西亚、印度尼西亚、菲律宾、澳大利亚、社会群岛、瓦努阿图、美国(夏威夷)。

车氏曲柄藓

Campylopus zollingeranus (Müll. Hal.) Bosch & Sande Lac., Bryol. Jav. **1**: 77. 1858. *Dicranum zollingeranum* Müll. Hal., Syn. Musc. Frond. **2**: 599. 1851. **Type**: Indonesia: Sumbawa, *Zollinger 1184*.

Campylopus subgracilis Renauld & Cardot ex Gangulee, Bull. Bot. Soc. Bengal. **14**: 26. 1960[1963].

Campylopus crispifolius E. B. Bartram, Contr. U. S. Natl. Herb. **37**: 45. 1965.

Campylopus fragilis (Brid.) Bruch & Schimp. in B. S. G. subsp. *zollingeranus* (Müll. Hal..) J.-P. Frahm, Trop. Bryol. **4**: 61. 1991.

生境　土面或岩面上。

分布　四川、贵州、云南、海南。缅甸(Tan and Iwatsuki, 1993)、斯里兰卡(O'Shea, 2002)、印度尼西亚、马来西亚、菲律宾、美国(夏威夷)。

青毛藓属 Dicranodontium Bruch & Schimp.
Bryol. Eur. 1: 157(Fasc. 41. Monogr. 1). 1847.

模式种: *D. longirostre* (F. Weber & D. Mohr) Bruch & Schimp.

本属全世界现有15种，中国有9种。

粗叶青毛藓

Dicranodontium asperulum (Mitt.) Broth., Nat. Pflanzenfam. Ⅰ(3): 336. 1901. *Dicranum asperulum* Mitt., J. Proc. Linn. Soc., Bot., Suppl. **1**: 22. 1859. **Types**: India: Sikkim, *J. D. Hooker 18, 29*.

Dicrancdontium aristatum Schimp., Syn. Musc. Eur. 695. 1860.

Brothera capillifolia Dixon, J. Bombay Nat. Hist. Soc. **39**: 774. 1937.

Dicrancdontium capillifolium (Dixon) Takaki, J. Hattori Bot. Lab. **31**: 292. 1968.

生境　林下腐木或岩石上。

分布　江苏(刘仲苓等，1989)、江西(何祖霞等，2008)、四川、贵州(熊源新，1998)、云南、西藏、台湾、广西、海南、香港。印度、尼泊尔、泰国、印度尼西亚、日本，欧洲、北美洲。

丛叶青毛藓

Dicranodontium caespitosum (Mitt.) Paris, Index Bryol. 337. 1896. *Dicranum caespitosum* Mitt., J. Proc. Linn. Soc., Bot., Suppl. **1**: 22. 1859.

生境　岩面。

分布　浙江(Zhu，1990)、贵州(熊源新，1998)、云南(Brotherus，1929)。印度。

青毛藓

Dicranodontium denudatum (Brid.) E. Britton ex Williams, N. Amer. Fl. **15**: 151. 1913. *Dicranum denudatum* Brid., Sp. Muscol. Recent. Suppl. **1**: 184. 1806. **Syntypes**: Germany: Dietharz Thuringiae & Bugesiae montibus, *Déjean s. n.*; Switzerland: Helvetia, *Schleicher s. n.*

Didymodon longirostre F. Weber & D. Mohr, Bot. Taschenb. 155. 1807.

Dicranodontium longirostre (F. Weber & D. Mohr) Bruch & Schimp. in B. S. G. Bryol. Eur. **1**: 158 (Fasc. 41. Monogr. 2. Pl. 1). 1847.

Dicranodontium uncinatulum Müll. Hal. in A. Jaeger, Ber. Thätigk. St. Gallischen Naturwiss. Ges. **1877-1878**: 381. 1880.

生境　山区腐木、岩面薄土或土面上。

分布　黑龙江、吉林、内蒙古、河北(Li and Zhao，2002)、山东、新疆、江苏(刘仲苓等，1989)、浙江、江西(Ji and Qiang，2005)、湖北、四川、重庆(胡晓云和吴鹏程，1991)、贵州、云南、西藏、福建、台湾、广东、广西。尼泊尔、印度、不丹(Noguchi，1971)、俄罗斯、日本、秘鲁(Menzel，1992)，欧洲、北美洲。

山地青毛藓

Dicranodontium didictyon (Mitt.) A. Jaeger, Ber. Thätigk. St. Gallischen Naturwiss. Ges. **1877-1878**: 380. 1880. *Dicranum didictyon* Mitt., J. Proc. Linn. Soc., Bot. Suppl. **1**: 21. 1859. **Types**: India: Sikkim, *J. D. Hooker 27, 27b, 51, 51b*.

生境　林下树基或岩面薄土。

分布　江西(何祖霞等，2008)、四川、重庆、贵州、云南、西藏、广东(何祖霞等，2004)、广西、海南。印度、缅甸、泰国、越南、日本。

长叶青毛藓

Dicranodontium didymodon (Griff.) Paris, Index Bryol. 338. 1896. *Dicranum didymodon* Griff., Calcutta J. Nat. Hist. **2**: 499. 1842. **Type**: India: *Griffith s. n.*

Dicranum attenuatum Mitt., J. Proc. Linn. Soc., Bot., Suppl. **1**: 22. 1859.

Dicranum caespitosum Mitt., J. Proc. Linn. Soc., Bot., Suppl. **1**: 22. 1859.

Dicranum decipiens Mitt., J. Proc. Linn., Soc., Bot., Suppl. **1**: 16. 1859.

Dicranodontium attenuatum (Mitt.) Wils ex A. Jaeger, Ber. Thätigk. St. Gallischen Naturwiss. Ges. **1877-1878**: 380. 1880.

Dicranodontium caespitosum (Mitt.) Paris, Index Bryol. 337. 1896.

Dicranodontium decipiens (Mitt.), Mitt. ex Broth., Nat. Pflanzenfam. (ed. 2), **10**: 190. 1924.

Dicranodondium subintegrifolium Broth., Akad. Wiss. Wien Sitzungsber., Math.-Naturwiss. Kl., Abt. 1, **133**: 562. 1924. **Type**: China: Yunnan, Lijiang Co., 2950～3050m, *Handel-Mazzetti 4217* (holotype: H).

Campylopus longigemmatus C. Gao, Acta Bot. Yunnan. **3**: 392. 1981. **Type**: China: Yunnan, Cuona Co., 2900m, Oct. 6. 1974, *Chen Shu-Kun 5156a* (holotype: IFSBH; isotype: HKAS). *Dicranodontium longigemmatum* (C. Gao) J.-P. Frahm, Crypt. Bryol. Lichénol. **15**: 196. 1994.

生境　林下、林边树干基部、腐木、土面或岩面上。

分布　浙江、湖南、湖北、四川、重庆、贵州、云南、西藏、福建、广东、广西、海南。印度、不丹、尼泊尔、泰国、缅甸、越南(Tan and Iwatsuki，1993)。

毛叶青毛藓

Dicranodontium filifolium Broth. in Handel-Mazzetti, Symb. Sin. **4**: 20. 1929. **Type**: China: Hunnan, Mt. Yuelushan, 1250m, June 14. 1918, *Handel-Mazzetti 12 114* (holotype: H-BR).

生境　常绿阔叶林下树干基部。

分布　江西(何祖霞等，2010)、湖南、湖北、四川、重庆、贵州、云南、西藏、广东。中国特有。

瘤叶青毛藓*

Dicranodontium papillifolium C. Gao, Acta Bot. Yunnan **3**(4): 393. 1981. **Type**: China: Xizang, Yadong Co., 2700m, Sept. 11. 1974, *Chen Shu-Kun 7799* (holotype: IFSBH; isotype: HKAS).

生境　岩面薄土或腐木上。

分布　云南、西藏、广东(何祖霞等，2004)、广西。中国特有。

孔网青毛藓

Dicranodontium porodictyon Cardot & Thér. in Thér., Bull. Acad. Inst. Géogr. Bot. **21**: 269. 1911. **Type**: China: Guizhou, Pin-fa, 1904, *Fortunat s. n.* (holotype: PC).

Dicranotondium falcatum Broth., Bernice P. Bishop Mus. Bull. **40**: 7. 1927.

Dicranotondium hawaiicum Broth., Bernice P. Bishop Mus.

---

* Frahm (1997)认为该种可能不属于青毛藓属，但由于作者并没有查阅到模式标本，所以，我们仍然保留此种于名录中。

Bull. **40**:8. 1927.

生境　林下、林边树干基部或土面上。

分布　湖南、湖北、四川(Li et al.,2011)、重庆、贵州、西藏、海南。印度、美国(夏威夷)。

钩叶青毛藓

Dicranodontium uncinatum (Harv.) A. Jaeger, Ber. Thätigk. St. Gallischen Naturwiss. Ges. **1877-1878**: 380. 1880. *Thysanomitrion uncinatum* Harv. in Hook., Icon. Pl. **1**: pl. 22. 1836. **Type**: Nepal: *Wallich s. n.*

Campylopus nitidus Dozy & Molk., Musci Frond. Ined. Archip. Ind. **5**: 139. 1847.

Dicranum uncinatum (Harv.) Müll. Hal., Syn. Musc. Frond. **1**: 404. 1848, *hom. illeg.*

Dicranum longirostre Schwägr var. *circinatum* Mild., Bot. Zeitung (Berlin) **28**: 417. 1870.

Dicranodontium circinatum (Mild.) Schimp., Syn. Musc. Eur. (ed. 2), 100. 1876.

Dicranodontium blindioides (Besch.) Broth., Nat. Pflanzenfam. **1**(3): 336. 1901. *Dicranum blindioides* Besch., Rev. Bryol. **18**: 88. 1891. **Type**: China: Yunnan, Lopin-chan (Lan-Kong), *Delavay 4859* (holotype: H).

Dicranodontium nitidium (Dozy & Molk.) M. Fleisch., Musci Buitenzorg **1**: 87. 1904, *hom. illeg.*

Dicranodontium blindioides (Besch.) Broth. var. *robustum* Broth., Symb. Sin. **4**: 20. 1929. **Type**: China: Yunnan, 2130m, *Handel-Mazzetti 9333* (holotype: H).

Dicranodontium nitidium var. *clemensiae* E. B. Bartram, Philipp. J. Sci. **61**: 236. 1936.

Dicranodontium fleischerianum Schultze-Motel, Taxon **12**: 127. 1963.

Dicranodontium fleischerianum Schultze-Motel var. *clemensiae* (E. B. Bartram) Schultze-Motel, Taxon **12**: 127. 1963.

生境　土面、岩面、草地、腐木或树干基部上。

分布　安徽、浙江、江西、湖南、四川、贵州(熊源新,1998)、云南、西藏、福建、台湾、广东、广西、海南。不丹、尼泊尔、印度、斯里兰卡、缅甸、泰国、越南、印度尼西亚、马来西亚、菲律宾、日本,欧洲、北美洲。

白发藓属 Leucobryum Hampe
Linnaea **13**: 42. 1839.

模式种: *L. glaucum* (Hedw.) Ångström in Fries.

本属全世界现有 83 种,中国有 10 种,1 变种。

弯叶白发藓

Leucobryum aduncum Dozy & Molk., P1. Jungh. **3**: 319. 1854. **Type**: Indonesia: Java, *Junghuhn s. n.* (Herb. Lugd. Bat. 20 Ind. Or. No. 910. 132-1671) (lectotype: L).

弯叶白发藓原变种

Leucobryum aduncum var. **aduncum**

Leucobryum candidum (Brid. ex P. Beauv.) Wilsonin Hook. f. var. *pentastichum* (Dozy & Molk.) Dixon, New Zealand Inst. Bull. **3**(3): 97. 1923.

Leucobryum pentastichum Dozy & Molk., P1. Jungh. **3**: 319. 1854.

生境　林下树干、腐殖土或湿岩面上。

分布　安徽、江西、贵州、云南、福建、广东、广西、海南、香港。越南、马来西亚、印度尼西亚、印度、尼泊尔、斯里兰卡、柬埔寨、泰国、菲律宾、巴布亚新几内亚、瓦努阿图。

弯叶白发藓丛叶变种

Leucobryum aduncum var. **scalare** (Müll. Hal. ex M. Fleisch.) A. Eddy, Handb. Malesian Mosses **2**: 11. 170. 1990. *Leucobryum scalare* Müll. Hal. ex M. Fleisch., Musci. Buitenzorg **1**: 143. 1904. **Type**: Philippines: Luzon, Benguet, 5000ft, *Micholitz 173* (lectotype: FH).

Leucobryum subscalare Broth. ex P. de la Varde, Rev. Bot. Bull. Mens. **29**: 292. 1917.

生境　树干、倒木、岩面。

分布　云南、广东(何祖霞等,2004)、广西、海南。斯里兰卡、越南、马来半岛、印度尼西亚、印度、尼泊尔、柬埔寨、泰国、菲律宾、巴布亚新几内亚、新喀里多尼亚岛(法属)。

粗叶白发藓

Leucobryum boninense Sull. & Lesq., Proc. Amer. Acad. Arts Sci. **4**: 277. 1859. **Type**: Japan: Bonin Islands, Hillsids, in dense tufts on rotten stump, Nov. 1. 1854, *Wright s. n.* (in herb. Sullivant, ref. No. 5) (holotype: FH).

Leucobryum salmonii Cardot in Renauld & Cardot, Bull. Soc. Roy. Bot. Belgique **41**(1): 27. 1905. **Type**: China: Guangdong, *Salmon s. n.* (holotype: PC).

Leucobryum scaberulum Cardot in Renauld & Cardot, Bull. Soc. Roy. Bot. Belgique **41** (1): 26. 1905. **Type**: China: Hong Kong, *Ford s. n.* (holotype: PC).

Leucobryum armatum Broth. in Handel-Mazzetti, Symb. Sin. **4**: 28. 1929. **Type**: China: Guizhou, Liping, 750m, July 25. 1917, *Handel-Mazzetti 10 985* (holotype: H-BR).

Leucobryum scaberulum Cardot var. *divaricatum* Dixon, Hong Kong Naturalist, Suppl. **2**: 7. 1933. **Type**: China: Hong Kong, *Herklots s. n.* (holotype: BM).

Leucobryum nakaii Hork., Bot. Mag. (Tokyo) **49**: 217. 2. 1935.

生境　树干、树干基部或潮湿的岩面。

分布　浙江(刘仲苓等,1989, as *L. scaberulum*)、湖南、四川、贵州、福建、台湾、广东、广西、海南、香港、澳门。日本、菲律宾。

狭叶白发藓

Leucobryum bowringii Mitt., J. Proc. Linn. Soc., Bot., Suppl. **1**: 26. 1859. **Type**: Sri Lanka: *Gardner 1279* (lectotype: NY).

Leucobryum angustifolium Wilson in Paris, Index Bryol. 748. 1897, *nom. nud.*

Leucobryum sericeum Broth. ex Geh., Biblioth. Bot. **44**: 4.

1898.

Leucobryam yamatense Besch., J. Bot. (Morot) **12**: 288. 1898.

Leucobryum nagasakense Broth., Hedwigia **38**: 208. 1899.

Leucobryum lutschianum Müll. Hal. in Salm., J. Linn. Soc., Bot. **34**: 453. 1900, *nom. nud.*

Leucobryum ceylanicum (Besch.) Cardot, Mém. Soc. Sci. Nat. Cherbourg **32**: 15: 27. 1901.

Leucobryum brotheri Cardot, Bull. Soc. Bot. Belgique **41** (1): 36. 1905.

Leucobryum deciduum Cardot, Bull. Soc. Bot. Belgique **41** (1): 42. 1905.

Leucobryum confine Cardot, Beih. Bot. Centralbl. **19** (2): 97. 1905. **Type**: China: Taiwan, *Faurie 111*.

Leucobryum stenobasis Cardot, Bull. Soc. Bot. Belgique **41** (1): 31. 1905.

Leucobryum subsericeum Dixon, Hong Kong Naturalist, Suppl. **2**: 6. 1933. **Type**: China: Guangdong, *Herklots s. n.* (holotype: BM).

生境　常绿阔叶林下土坡、石壁或树干上。

分布　安徽、浙江、江西、湖南、湖北、四川、贵州、云南、西藏、福建、台湾、广东、广西、海南、香港、澳门。日本、印度、斯里兰卡、老挝、泰国、马来西亚、新加坡、印度尼西亚、菲律宾、柬埔寨、越南、巴布亚新几内亚、所罗门群岛、瓦努阿图、墨西哥、哥斯达黎加、牙买加。

绿色白发藓

Leucobryum chlorophyllosum Müll. Hal., Syn. Musc. Frond. **2**: 535. 1851. **Type**: Indonesia: Sumbawa, *Zollinger s. n.* (Herb. Lugd. Bat. 20 Ind. Or. No. 910. 137-1201) (lectotype: L).

生境　林下树干基部或岩面上。

分布　浙江、江西、湖南、湖北、四川、重庆、贵州、云南、福建、广东、广西、海南。斯里兰卡、泰国、印度尼西亚、菲律宾、越南、巴布亚新几内亚、新喀里多尼亚岛(法属)(Yamaguchi, 1993)。

白发藓

Leucobryum glaucum (Hedw.) Aöngström in Fries, Summa Veg. Scand. **1**: 94. 1846.

Dicranum glaucum Hedw., Sp. Musc. Frond. 135. 1801.

生境　针阔混交林下的腐殖土上。

分布　辽宁、山东(赵遵田和曹同, 1998)、河南、浙江、江西、湖南、四川、贵州、云南、福建、西藏、台湾、广东、广西、海南、香港(Dixon, 1933)。广泛分布于北半球温带和寒温带地区。

白发藓

Leucobryum humillimum Cardot, Mém. Soc. Sci. Nat. Cherbourg **32**: 15. 1901. **Type**: India: Madra, *Wight s. n.*

Ochrobryum wightii Besch., J. Bot. (Desvaux) **11**: 149. 1897.

Leucobryum galeatum Besch., J. Bot. (Desvaux) **12**: 286. 1898.

Leucobryum mittenii Besch., J. Bot. (Desvaux) **12**: 287. 1898.

Leucobryum wichurae Broth. ex Besch., J. Bot. (Desvaux) **12**: 288. 1898.

Leucobryum cuculliphyllum M. Fleisch., Musci. Buitenzorg **1**: 152. 1904.

Leucobryum cuculli folium Cardot in Renauld & Cardot, Bull. Soc. Roy. Bot. Belgique **41**(1): 30. 1905.

Leucobryum neilgherrense Müll. Hal. var. *galeatum* (Besch.) Dixon, Hong Kong Naturalist, Suppl. **2**: 7. 1933.

Ochrobryum propaguliferum Dixon, Notes Roy. Bot. Gard. Edinburgh **19**: 281. 1938.

生境　树干或岩面上。

分布　安徽、江苏、台湾、广东、香港。朝鲜、日本、印度、斯里兰卡。

爪哇白发藓

Leucobryum javense (Brid.) Mitt., J. Proc. Linn. Soc., Bot., Suppl. **1**: 25. 1859. *Sphagnum javense* Brid., Muscol. Recent. **2**(1): 27. 1798.

生境　阔叶林土坡、岩面或树干上。

分布　安徽、浙江、江西、湖南、贵州、云南、福建、台湾、广东、广西、海南、香港。印度、尼泊尔、斯里兰卡、缅甸、马来西亚、新加坡、老挝、越南、泰国、柬埔寨、菲律宾、印度尼西亚、巴布亚新几内亚(Yamaguchi, 1993)。

桧叶白发藓

Leucobryum juniperoideum (Brid.) Müll. Hal., Linnaea **18**: 689. 1845. *Dicranum juniperoideum* Brid., Bryol. Univ. **1**: 409. 1826.

Leucobryum neilgherrense Müll. Hal., Bot. Zeitung (Berlin). **12**: 556. 1854.

Leucobryum holleanum Dozy & Molk., Bryol. Jav. **1**: 17. 1855.

Leucobryum retractum Besch., Ann. Sci. Nat., Bot., sér. 7, **17**: 334. 1893.

Leucobryum altisculum Besch., J. Bot. (Desvaux) **12**: 285. 1898.

Leucobryum humile Broth. ex Besch., J. Bot. (Desvaux) **12**: 286. 1898.

Leucobryum lacteolum Besch., J. Bot. (Desvaux) **12**: 286. 1898.

Leucobryum japonicum (Besch.) Cardot ex Broth., Nat. Pflanzenfam. Ⅰ(3): 346. 1901. *Ochrobryum japonicum* Besch., J. Bot. (Desvaux) **11**: 151. 1897.

Leucobryum ferriei Cardot in Renauld & Cardot, Bull. Soc. Roy. Bot. Belgique **41**(1): 28. 1905.

Leucobryum neilgherrense Müll. Hal. var. *minus* Cardot, Beih. Bot. Centralbl. **19**(2): 97. 1905. **Type**: China: Taiwan, *Faurie 50* (holotype: PC).

Leucobryum angustissimum Broth., Symb. Sin. **4**: 28. 1929. **Type**: China: Hunan, 700m, Sept. 2. 1918, *Handel-Mazzetti 12 597* (holotype: H-BR).

生境　阔叶林下树干或土面上。

分布　山东(杜超等, 2010)、上海(刘仲苓等, 1989, as *L. neilgherrense*)、浙江、江苏、江西、湖南、湖北、四川、重庆、贵州(彭晓磬, 2002)、云南、福建、台湾、广东、海南、香港、澳门。日本、朝鲜、印度、缅甸、泰国、斯里兰卡、老挝、越南、柬埔寨、马来西亚、印度尼西亚、菲律宾、巴布亚新几内亚、马克罗尼西亚群岛(Macaronesia)、巴布亚新几内亚、高加索地区、土耳其、巴西、马达加斯加, 欧洲。

耳叶白发藓

Leucobryum sanctum (Brid.) Hampe, Linnaea **13**: 42. 1839. *Dicranum glaucum* Hedw. var. *sanctum* Brid., Bryol. Univ. **1**: 811. 1827. **Type**: Indonesia: Java, *Blume s. n.* (holotype: B).

Dicranum glaucum Hedw. var. *sanctum* Brid., Bryol. Univ. **1**: 811. 1827.

Leucobryum auriculatum Müll. Hal. in Geh., Biblioth. Bot. **13**: 2. 1889.

Leucobryum papuense Paris, Index Bryol. 752. 1896.

生境　林下枯枝落叶或土面上。

分布　上海(刘仲苓等,1989)、广东、海南。印度、马来半岛、泰国、印度尼西亚、越南(Tan and Iwatsuki,1993)、柬埔寨、菲律宾、巴布亚新几内亚、斐济。

疣叶白发藓

Leucobryum scabrum Sande Lac., Ann. Mus. Bot. Lugduno-Batavi **2**: 292. 1866. **Type**: Japan, *Siebold s. n.* (holotype: L).

生境　林下树干或土面上。

分布　安徽、浙江、江西、四川、重庆、贵州、云南、福建、台湾、广东、广西、海南、香港。日本、泰国、马来西亚。

花叶藓科 Calymperaceae *Kindb.*

本科全世界有8属,中国有6属。

花叶藓属 Calymperes Sw. ex F. Weber Tab. Calyptr. Operc. (3). 1814[1813].

模式种: *C. lonchophyllum* Schwägr.

本属全世界现有约200种,中国有10种,1变种。

梯网花叶藓

Calymperes afzelii Swartz, Jahrb. Gewächsk. **1**: 3. 1818. **Type**: Africa: *Afzelius* ex. Herb. Hampe (holotype: BM).

生境　林下树干上,海拔170~1250m。

分布　云南、台湾、广东、海南、香港。斯里兰卡(O'Shea, 2002)、泰国、老挝、越南、柬埔寨、马来西亚、新加坡、印度尼西亚、菲律宾、巴布亚新几内亚、澳大利亚、墨西哥、西印度群岛、玻利维亚(Churchill,1998)、巴西(Churchill,1998)、厄瓜多尔(Churchill, 1998)、秘鲁(Churchill, 1998)、委内瑞拉(Churchill,1998)。

圆网花叶藓

Calymperes erosum Müll. Hal., Linnaea **21**: 182. 1848. **Type**: Surinam: Guiane-hollandaise, prope fl. Toultonne (?), *Kegel 539* (isotype: PC).

Calymperes fordii Besch., Ann. Sci. Nat., Bot., sér. 8, **1**: 284. 1896.

生境　林下树干、岩面或腐木上,海拔70~1000m。

分布　广东、广西、海南、香港、澳门。孟加拉国(O'Shea, 2003)、印度、斯里兰卡、缅甸、泰国、马来西亚、新加坡、菲律宾、印度尼西亚、澳大利亚、墨西哥、西印度群岛、玻利维亚(Churchill,1998)、巴西(Churchill,1998)、哥伦比亚(Churchill, 1998)、厄瓜多尔(Churchill, 1998)、秘鲁(Churchill, 1998),非洲。

剑叶花叶藓

Calymperes fasciculatum Dozy & Molk., Bryol. Jav. **1**: 50. 1856. **Type**: Indonesia: Java, *Teysmann s. n.* (isotypes: NY, S).

Calymperes johanniswinkleri Broth. var. *hasegawae* (Takaki & Z. Iwats.) Z. Iwats., J. Jap. Bot. **43**: 476. 1968.

生境　林下树干上或有时生于岩面,海拔600~1540m。

分布　云南、台湾、广东、广西、海南、香港。缅甸、泰国、斯里兰卡、柬埔寨、越南(Tan and Iwatsuki,1993)、马来西亚、印度尼西亚、菲律宾、日本、新喀里多尼亚岛(法属)、斐济、所罗门群岛、美国(夏威夷)。

拟兜叶花叶藓

Calymperes graeffeanum Müll. Hal., J. Mus. Godeffroy **3**(6): 64. 1874. **Type**: Samoa: insula Upolu, an mangrovebaumen, *Graeffe s. n.* (isotypes: BM, FH, NY).

Calymperes dozyanum Mitt., J. Proc. Linn. Soc., Bot., Suppl. **1**: 42. 1859.

生境　林中树干或岩面上,海拔160~200m。

分布　云南、台湾(Chuang,1973)、海南、香港。孟加拉国(O'Shea,2003)、斯里兰卡(O'Shea,2002)、泰国、菲律宾、印度尼西亚(Gradstein,2005)、澳大利亚,非洲。

拟花叶藓海南变种

Calymperes levyanum Besch. var. **hainanense** Reese & P. J. Lin, Bryologist **94**: 70. 1991. **Type**: China: Hainan, Linshui Co., 740～800m, on tree trunk, Mar. 29. 1990, *W. D. Reese et al. 17 942* (holotype: IBSC; isotypes: H, LAF, MO, NY, PE).

生境　林下石头、树干、腐木上或稀生于土面上,海拔70～1500m。

分布　海南。中国特有。

花叶藓

Calymperes lonchophyllum Schwägr., Sp. Musc. Frond. Suppl. 1, **2**: 333. 1816. **Type**: South America: In arboribus Guyanne, *Richard s. n.* (isotype: PC).

生境　树干或岩面上,海拔480～900m。

分布　台湾、海南、香港。斯里兰卡(O'Shea,2002)、缅甸、泰国、马来西亚、印度尼西亚(Touw,1992)、菲律宾、日本、澳大利亚、墨西哥、西印度群岛、巴西、哥伦比亚(Churchill, 1998)、厄瓜多尔(Churchill,1998)、秘鲁(Churchill,1998)、委内瑞拉(Churchill,1998),非洲。

兜叶花叶藓

Calymperes moluccense Schwägr., Sp. Musc. Frond., Suppl. 1, **2**: 334. 1816. **Type**: Rauwack, *Gaudichaud s. n.* (holotype: G; isotypes: BM, FH, L, NY).

Calymperes palisotii Schwägr., Sp. Musc. Frond., Suppl. 1, **2**: 334. 1816.

Claymperes cuculatum P. J. Lin, Acta Phytotax. Sin. **17**(1): 95. 1979. **Type**: China: Hainan, *P. C. Chen et al. 745a* (holotype: PE; isotype: IBSC); *P. C. Chen et al. 766b, 775* (paratype: IBSC).

生境　林下树干上或岩石上。

分布　海南、香港。缅甸、泰国(Tan and Iwatsuki,1993)、孟加拉国(O'Shea,2003)、斯里兰卡(O'Shea,2002)。

齿边花叶藓

Calymperes serratum A. Braun ex Müll. Hal., Syn. Musc. Frond. **1**:527. 1849. **Type**:Indonesia:Java, *Junghun* (isotype:H).

生境　树干上,海拔740～1000m。

分布　台湾(Chuang,1973)、海南。斯里兰卡(O'Shea,2002)、泰国、越南、柬埔寨(Tan and Iwatsuki,1993)、印度尼西亚(Touw,1992)、日本、马来西亚、澳大利亚,热带非洲西部。

南亚花叶藓

Calymperes strictifolium (Mitt.) G. Roth, Hedwigia **51**:127. 1911. *Syrrhopodon strictifolius* Mitt. in Seemann, Fl. Vit. 388. 1873. **Type**:Samoa:Tutuila, *Powell s. n.* (holotype:NY; isotypes:BM,FH,H,S).

Syrrhopodon tuberculosus Dixon & Thér., J. Linn. Soc. Bot. **43**:303. 1916.

Calymperes tuberculosum (Dixon & Thér.) Broth., Nat. Pflanzenfam. (ed. 2), **10**:240. 1924.

生境　树干或岩面上,海拔100～120m。

分布　台湾。马来西亚、澳大利亚、太平洋群岛西部。

海岛花叶藓

Calymperes tahitense (Sull.) Mitt., J. Linn. Soc. Bot. **10**:172. 1868. *Syrrhopodon tahitensis* Sull., U. S. Expl. Exp. Wilkes Musci 6. 1860. **Type**:Tahiti:Collector and number unknown (holotype:FH; isotype:BM).

生境　林下溪边阴湿的树干、树根或岩面上,海拔70～180m。

分布　台湾、海南。孟加拉国(O'Shea,2003)、泰国(Touw,1968)、老挝、越南(Tan and Iwatsuki,1993)、安达曼群岛(印度属)、马来西亚、印度尼西亚(Gradstein,2005)、澳大利亚、太平洋群岛和热带非洲东部。

细叶花叶藓

Calymperes tenerum Müll. Hal., Linnaea **37**:174. 1872. **Type**:India:Bengalia, Calcutta, *S. Kurz s. n.* (isotype:BM).

生境　岩石、树叶、树干或腐树枝上。

分布　云南、台湾、广东、海南、香港。孟加拉国(O'Shea,2003)、斯里兰卡(O'Shea,2002)、印度、老挝、越南、泰国、柬埔寨、马来西亚、新加坡、菲律宾、印度尼西亚、澳大利亚、新喀里多尼亚岛(法属)、社会群岛、美国(夏威夷)、墨西哥、巴西、海地、波多黎各。

拟外网藓属 Exostratum L. T. Ellis
Lindbergia 11:22. 1985.

模式种:*E. blumii* (Nees ex Hampe) L. T. Ellis

本属全世界现有4种,中国有1种。

拟外网藓

Exostratum blumii (Nees ex Hampe) L. T. Ellis, Lindbergia **11**:25. 1985. *Syrrhopodon blumii* Nees ex Hampe, Bot. Zeitung (Berlin) **5**: 921. 1847. **Type**: Indonesia: Java, *C. L. Blume s. n.*

Leucophanes blumii (Hampe) Müll. Hal., Syn. Musc. Frond. **2**:537. 1851.

Octoblepharum blumii (Hampe) Mitt., J. Linn. Soc., Bot. **10**:179. 1868.

Exodictyon blumii (Hampe) M. Fleisch., Musci Frond. Archip. Ind., Exsic. no. 58. 1899.

生境　林下树干、树枝或树根上的土面。

分布　台湾、海南。日本、印度、斯里兰卡、泰国(Touw,1968)、越南、柬埔寨(Tan and Iwatsuki,1993)、印度尼西亚、马来半岛、新加坡、菲律宾、新喀里多尼亚岛(法属)、澳大利亚,非洲。

白睫藓属 Leucophanes Brid.
Bryol. Univ. 1:763. 1826.

模式种:*L. octoblepharoides* Brid.

本属全世界现有15种,中国有3种。

白睫藓

Leucophanes candidum (Schwägr.) Lindb., Öfvers. Förh. Kongl. Svenska Vetensk.-Akad. **21**: 602. 1865. *Syrrhopodon candidus* Schwägr., Sp. Musc. Frond., Suppl. **2**(2):105. 1827.

生境　不详。

分布　台湾(Chuang,1973)。孟加拉国、泰国(Tan and Iwatsuki,1993)、马来西亚、巴布亚新几内亚、斐济、萨摩亚群岛(Chuang,1973)。

刺肋白睫藓

Leucophanes glaucum (Schwägr.) Mitt., J. Proc. Linn. Soc., Bot., Suppl. **1**: 125. 1859. *Syrrhopodon glaucus* Schwägr., Sp. Musc. Frond., Suppl. 2, **2** (2): 103. 1827. **Type**: Indonesia: Moluccas, *Gaudichaud 10*.

Leucophanes albescens Müll. Hal., Bot. Zeitung (Berlin) **22**:347. 1864.

生境　树皮上。

分布　台湾、海南、香港。孟加拉国(O'Shea,2003)、日本、印度、越南、泰国、马来西亚、印度尼西亚、菲律宾、巴布亚新几内亚、热带太平洋群岛、澳大利亚。

白睫藓

Leucophanes octoblepharioides Brid., Bryol. Univ. **1**: 763. 1827. **Type**:Indonesia:Java, *Nees v. Esenbeck s. n.*

Octoblepharum octoblepharioides (Brid.) Mitt., Rep. Sci. Red. Voyage Challenger Bot. **1**(4):259. 1885.

生境　腐木或岩石上。

分布　云南、台湾、广东、海南。孟加拉国(O'Shea,2003)、日本、印度、缅甸、斯里兰卡、泰国、柬埔寨、印度尼西亚、马来西亚、新加坡、菲律宾、巴布亚新几内亚、澳大利亚、社会群岛、波利尼西亚、瓦努阿图,非洲。

匍网藓属 Mitthyridium H. Rob.
Phytologia **32**:432. 1975.

模式种:*M. fasciculatum* (Hook. & Grev.) H. Rob.

本属全世界现有 20 种,中国有 2 种。

匍网藓

Mitthyridium fasciculatum (Hook. & Grev.) H. Rob., Phytologia **32**:433. 1975. *Syrrhopodon fasciculatus* Hook. & Grev., Edinburgh J. Sci. **3**: 225. 1825. **Type**: Ternate, *Dickson* (lectotype: BM; isolectotypes: E, FH, G, GL, NY); Singapore, anno 1822, *wallich 2270* (syntypes: BM, BR, GL, NY).

Thyridium fasciculatum (Hook. & Grev.) Mitt., J. Linn. Soc., Bot. **10**:189. 1868.

生境　林中树干、树枝或竹节上,海拔 620~980m。

分布　海南、香港。印度、尼泊尔、斯里兰卡、缅甸、越南、泰国、柬埔寨、马来西亚、新加坡、菲律宾、印度尼西亚、澳大利亚、萨摩亚群岛、瓦努阿图、毛里求斯、塞舌尔群岛,南美洲。

黄匍网藓

Mitthyridium flavum (Müll. Hal.) H. Rob., Phytologia **32**: 433. 1975. *Syrrhopodon flavus* Müll. Hal., Bot. Zeitung (Berlin) **13**:763. 1855. **Type**: Indonesia: Java, inter alios muscos specimina pauca manca inveni.

Thyridium flavum (Müll. Hal.) M. Fleisch., Musci Buitenzorg **1**:232. 1904.

生境　林下树干上,海拔 95~720m。

分布　云南、海南、香港。越南、泰国、柬埔寨、菲律宾、马来西亚、新加坡、印度尼西亚、巴布亚新几内亚、澳大利亚,非洲。

八齿藓属 Octoblepharum Hedw.
Sp. Musc. Frond. 50. 1801.

模式种:*O. albidum* Hedw.

本属全世界现有 16 种,中国有 1 种。

八齿藓

Octoblepharum albidum Hedw., Sp. Musc. Frond. 50. 1801. **Type**: Jamaica: *Swartz s. n.*

生境　树干上。

分布　云南、台湾、广东、广西、海南、香港、澳门。孟加拉国(O'Shea, 2003)、越南、柬埔寨(Tan and Iwatsuki, 1993)、老挝(Tan and Iwatsuki, 1993)、缅甸、泰国、马来西亚、印度尼西亚、菲律宾、印度、秘鲁(Menzel, 1992)、巴西(Yano, 1995)、澳大利亚,北美洲、中美洲、非洲。

网藓属 Syrrhopodon Schwägr.
Sp. Musc. Frond., Suppl. 2, **2**:110. 1824.

模式种:*S. gardneri* (Hook.) Schwägr.

本属全世界现有 102 种,中国有 18 种,1 变种。

刺网藓

Syrrhopodon armatispinosus P. J. Lin, Acta Phytotax. Sin. **17** (1): 93. 1979. **Type**: China: Hainan, Feb. 2. 1962, *P. C. Chen 220* (holotype: IBSC; isotype: PE).

生境　林下树干、腐木上或偶尔生于土面,海拔 550~1070m。

分布　海南。中国特有。

鞘刺网藓

Syrrhopodon armatus Mitt., J. Proc. Linn. Soc., Bot. **7**: 151. 1864. **Type**: Africa: Bagroo river and banks of the Nunn, on dead bark, *Mann*; Bagroo River (syntypes: BR, NY); Nunn (syntype: NY).

Syrrhopodon larminatii Broth. & Paris, Rev. Bryol. **28**:125. 1901.

生境　林下树干上。

分布　四川、云南、台湾、广东、海南、香港、澳门。日本、印度、越南、泰国、新加坡、马来西亚、印度尼西亚、菲律宾、澳大利亚、新西兰、新喀里多尼亚岛(法属)、美国(夏威夷),热带非洲。

陈氏网藓

Syrrhopodon chenii Reese & P. J. Lin, Bryologist **92**: 186. 1989. **Type**: China: Guangdong, Mt. Dinghu, *Redfean et al. 34 406* (holotype: PE; isotypes: H, HIRO, IBSC, LAF, MO, NY).

生境　附生在树干、树基、棕榈、树蕨茎上或腐木上,海拔 240~610m。

分布　广东、广西、香港。中国特有。

红肋网藓

Syrrhopodon flammeonervis Müll. Hal., Linnaea **38**: 557. 1874. **Type**: The Philippines: Luzon, 1871, *Wallis s. n.* (isotypes: FH, H).

生境　林下树干或岩面上,海拔 600~1600m。

分布　广西、海南。越南、泰国、柬埔寨、菲律宾、印度尼西亚、日本、瓦努阿图。

网藓

Syrrhopodon gardneri (Hook.) Schwägr., Sp. Musc. Frond., Suppl. 2, **2**:110. 1824. *Calymperes gardneri* Hook., Musci. Exot. **2**: 146. 1819. **Type**: Nepal: *Hon. D. Gardner s. n.*, comm. *Dr. Wallich s. n.* (holotype: BM).

生境　林下树干、树枝或腐木上,海拔 700~2100m。

分布　江西、贵州、云南、台湾、广东、广西(左勤等,2010)、海南、香港。缅甸、泰国、越南、柬埔寨(Tan and Iwatsuki, 1993)、印度尼西亚(Touw,1992)、巴西、哥伦比亚(Churchill, 1998)。

海南网藓

Syrrhopodon hainanensis Reese & P. J. Lin, Bryologist **94**: 70. 1991. **Type**: China: Hainan, Ledong Co., on sand, 1400m, Mar. 1990, *P. J. Lin & L. Zhang 652* (holotype: IBSC; isotypes: LAF, MO, PE).

生境　常绿阔叶林中的腐木或土面上,海拔 800~1400m。

分布　海南。中国特有。

香港网藓

Syrrhopodon hongkongensis L. Zhang, Bryologist **102**: 122. 1999. **Type**: China: Hong Kong, *L. Zhang 1079* (holotype: IBSC; isotypes: HKU, KFBG, LAF).

生境　林下树干或岩面薄土,海拔 130~160m。

分布　香港。中国特有。

卷叶网藓

Syrrhopodon involutus Schwägr., Sp. Musc. Frond., Suppl. 2, **2**: 117. 1824. **Type**: In insulae Rauwack Moluccensi legit clar. *Gaudichaud* Socius Navarchi Freycinet, ad ligna putrida (holotype: G; isotype: BM).

生境　林中树干上,海拔 570m。

分布　海南。印度、泰国(Tan and Iwatsuki, 1993)、老挝(Tan and Iwatsuki, 1993)、越南(Tan and Iwatsuki, 1993)、柬埔寨(Tan and Iwatsuki, 1993)、澳大利亚、太平洋群岛,热带非洲。

日本网藓

Syrrhopodon japonicus (Besch.) Broth., Nat. Pflanzenfam. (ed. 2), **10**: 233. 1924. *Calymperes japonicum* Besch., J. Bot. (Morot) **12**: 296. 1898. **Type**: Japan: Nagasaki, *Faurie 15 454* (isotype: H).

Syrrhopodon konos Cardot, Bull. Soc. Bot. Geneve Ver. 2, **1** (3): 121. 1909.

Syrrhopodon lonchophyllus Dixon, Hong Kong Naturalist, Suppl. **2**: 8. 1933. **Type**: China: Hong Kong, Apr. 6. 1931, *Herklots 371*.

生境　林下树干、树干基部、腐木、土面或岩面上,海拔 520~2300m。

分布　浙江、江西、湖南、四川、云南、福建、台湾、广东、广西、海南、香港。日本、越南、泰国、马来西亚、菲律宾、印度尼西亚、巴布亚新几内亚、新喀里多尼亚岛(法属)、斐济、瓦努阿图。

舌叶网藓(新拟)

Syrrhopodon loreus (Sande Lac.) W. D. Reese, Phytologia **56**: 306. 1984. *Calymperes loreum* Sande Lac., Verh. Kon. Ned. Akad. Wetensch., Afd. Natuurk. **13**: 7 pl. 4: c. 1872.

Calymperes longifolium Mitt., J. Linn. Soc., Bot. **10**: 173. 1868.

Calymperes setifolium Hampe, Ann. Sci. Nat., Bot., sér. 8, **1**: 304. 1896.

Syrrhopodon longifolius (Mitt.) Dixon, J. Bot. **79**: 59. 1941, *hom. illeg.*

Calymperes ebaloi E. B. Bartram, Farlowia **1**: 505. f. 5-10. 1944.

生境　不详。

分布　台湾(Chuang, 1973)、海南(Tan et al., 1987)。印度尼西亚、日本、密克罗尼西亚。

直叶网藓

Syrrhopodon muelleri (Dozy & Molk.) Sande Lac., Bryol. Jav. **2**: 224. 1870. *Calymperidium muelleri* Dozy & Molk., Bryol. Jav. **1**: 51. 1856. **Type**: Indonesia: Java, *Holle s. n.* (holotype: L; isotype: H).

生境　树干、树基或根上,海拔 420~980m。

分布　海南。泰国、柬埔寨(Tan and Iwatsuki, 1993)、印度尼西亚(Touw, 1992)、澳大利亚、太平洋群岛。

东方网藓

Syrrhopodon orientalis Reese & P. J. Lin, Bryologist **92**: 186. 1989. **Type**: China: Guangdong, Mt. Dinghu, on tree trunk, July 26. 1965, *G. L. Shi 11 693* (holotype: IBSC; isotype: LAF).

生境　树干或树基上。

分布　广东。马来西亚。

拟网藓

Syrrhopodon parasiticus (Brid.) Besch., Ann. Sci. Nat., Bot., sér. 8, **1**: 298. 1896. *Bryum parasiticum* SW. ex Brid., Muscol. Recent. **2**(3): 54. 1803. **Type**: Jamaica, *Swartz s. n.* (isotypes: BM, NY).

Calymperopsis involuta P. J. Lin, Acta Phytotax. Sin. **17**(1): 92. 1979. **Type**: China: Hainan, Feb. 1962, *P. J. Lin et al.* 518c (holotype: IBSC; isotype: PE).

生境　林下树干或树枝上。

分布　云南、海南。泰国、越南(Tan and Iwatsuki, 1993)、玻利维亚、巴西、厄瓜多尔、秘鲁、委内瑞拉(Churchill, 1998)。

巴西网藓

Syrrhopodon prolifer Schwägr., Sp. Musc. Frond., Suppl. 2, **2** (2): 99. 1827. **Type**: Brazil: Serra dos Orgos, Jan. 1823, *Beyrich s. n.* (isotypes: BM, GOE, JE, NY).

巴西网藓原变种

Syrrhopodon prolifer Schwägr. var. **prolifer**

生境　生于腐木或树干上。

分布　台湾、海南。波多黎各(Crosby, 1967)、秘鲁(Menzel, 1992)、巴西、哥伦比亚、委内瑞拉(Churchill, 1998)。

巴西网藓鞘齿变种

Syrrhopodon prolifer var. **tosaensis** (Cardot) Orbán & Resse, Bryologist **93**: 442. 1990.

Syrrhopodon tosaensis Cardot, Bull. Herb. Boissier, sér. 2, **7**: 716. 1907. **Type**: Japan: Tosa, 1905, *Gono s. n.* (isotype: FH).

生境　树干、树基、腐木、着生岩石或土面上。

分布　江西(何祖霞等, 2008)、福建、台湾(Chuang, 1973, as *S. tosaensis*)、广东、广西、海南、香港。泰国、越南、日本。

阔叶网藓

Syrrhopodon semiliber (Mitt.) Besch. in Paris, Index Bryol. **1**: 255. 1898. *Calymperes semiliberum* Mitt., J. Proc. Linn. Soc., Bot., Suppl. **1**: 41. 1859. **Type**: Peninsula Malaysia: ad

Tavoy, *D. Parish s. n.* (holotype: NY; isotype: H).
生境　树干、枝条上，稀着生于石上或腐木上。
分布　海南。孟加拉国(O'Shea, 2003)、缅甸、泰国、柬埔寨、马来半岛、印度尼西亚(Touw, 1992)、美国(夏威夷)。

细刺网藓

Syrrhopodon spiculosus Hook. & Grev., Edinburgh J. Sci. **3**: 226. 1825. **Type**: Singapore: *Wallich s. n.* (isotype: NY).
生境　林下腐木上。
分布　海南、香港。孟加拉国(O'Shea, 2003)、斯里兰卡、泰国、越南(Tan and Iwatsuki, 1993)、柬埔寨、菲律宾、马来西亚、新加坡、印度尼西亚、巴布亚新几内亚、澳大利亚、太平洋群岛，非洲。

暖地网藓

Syrrhopodon tjibodensis M. Fleisch., Musci Buitenzorg **1**: 209. 1904. **Type**: Indonesia: Java, Tjibodas, 1450 m, Sept. 1899, *Fleischer s. n.* (holotype: FH; isotype: NY).
Calymperopsis tjibodensis (M. Fleisch.) M. Fleisch., Biblioth. Bot. **80**: 5. 1913.
生境　林下树干，海拔 1250～1360m。
分布　云南、海南。泰国、老挝、越南(Tan and Iwatsuki, 1993)、印度尼西亚(Touw, 1992)。

鞘齿网藓

Syrrhopodon trachyphyllus Mont., Syll. Gen. Sp. Crypt. 47. 1856. **Type**: Singapore, *Gaudichaud s. n.* (isotypes: BM, NY, S).
生境　林下树干、树干基部或腐木上，海拔 680～800m。
分布　台湾、广东、海南、香港。孟加拉国(O'Shea, 2003)、斯里兰卡、泰国、柬埔寨、越南、安达曼群岛、马来西亚、新加坡、菲律宾、印度尼西亚、日本、澳大利亚、新喀里多尼亚岛(法属)。

凤尾藓科 Fissidentaceae Schimp.

本科全世界有 4 属，中国有 1 属。

凤尾藓属 Fissidens Hedw. Sp. Musc. Frond. 152. 1801.

模式种：*F. exilis* Hedw.
本属全世界现有约 440 种，中国分布有 55 种，7 变种，1 亚种。

单疣凤尾藓

Fissidens angustifolius Sull., Proc. Amer. Acad. Arts & Sci. **5**: 275. 1861. **Type**: Cuba, *Wright*, *Musci Cubenses 18* (isotype: PC).
Fissidens diversiretis Dixon, Proc. Linn. Soc. New Wales **55**: 270. 1930, *hom. illeg.*
Fissidens dixoniaus E. B. Bartram, Bishop Mus. Occas. Pap. **19**(11): 220. 1948.
生境　土面，海拔 600m。
分布　云南。斐济、萨摩亚、新喀里多尼亚岛(法属)、秘鲁(Menzel, 1992)、巴西(Yano, 1995)，北美洲。

异形凤尾藓

Fissidens anomalus Mont., Ann. Sci. Nat. Bot., sér. 2, **17**: 252. 1842. **Type**: India: Nilgherris, *Perrottet s. n.* (holotype: PC).
Fissidens adianthoides auct. non Hedw. Fl. Tsinling **1**(1): 36. 1978.
生境　林下溪谷边湿石上，有时亦生于树干或土面上。
分布　山东(赵遵田和曹同, 1998)、河南(叶永忠等, 2003)、陕西、新疆、甘肃(安定国, 2002)、江西(何祖霞等, 2010)、湖南、湖北、四川、重庆、贵州、云南、福建、台湾、广西、香港(Wilson, 1848, as *F. adianthoides*)。菲律宾、印度尼西亚、越南、泰国、缅甸、尼泊尔、印度、斯里兰卡。

尖肋凤尾藓

Fissidens beckettii Mitt., J. Linn. Soc., Bot. **13**: 325. 1873. **Type**: Sri Lanka: Prov. Centr., Maanagalla, *Beckett 9* (holotype: NY; isotype: PC).
生境　草丛泥土上。
分布　贵州、广东。日本、缅甸、尼泊尔、印度、斯里兰卡。

拟透明凤尾藓

Fissidens bogoriensis M. Fleisch., Musci Buitenzorg **1**: 22. 1904. **Type**: Indonesia: Java, Apr. 24. 1898, *M. Fleischer s. n.*
生境　多生于林下湿土上或偶尔生于岩石。
分布　台湾(Yang and Lin, 1992)。日本、马来西亚(Iwatsuki and Mohamed, 1987)、菲律宾、印度尼西亚。

小凤尾藓

Fissidens bryoides Hedw., Sp. Musc. Frond. 153. 1801.

小凤尾藓原变种

Fissidens bryoides var. **bryoides**
Fissidens sinensi-bryoides Müll. Hal., Nuovo Giorn. Bot. Ital., n. s., **3**: 90. 1896. **Type**: China: Shaanxi, Si-ku-tziu-san, June 1894, *Giraldi 979* (isotype: FI).
Fissidens hawaiicus E. B. Bartram, Bernice P. Bishop Mus. Bull. **101**: 15. 1933. **Type**: U. S. A: Hawaiian Islands, *Bartram 605* (holotype: FH; isotype: BISH).
Fissidens oahuensis E. B. Bartram, Occas. Pap. Bernice Pauahi Bishop Mus. **15**: 95. 1939.
Fissidens taiwanensis Herzog & Nog., J. Hattori Bot. Lab. **14**: 57. 1955. **Type**: China: Taiwan, Aug. 1947, *G. H. Schwabe s. n.* (isotype: JE).
Fissidens borealis C. Gao, F1. Musc. Chin. Boreali-Orient. 378. 1977. **Type**: China: Heilongjiang, Fuyuan Distric., Aug. 5. 1961, *Gao Chien 6282* (holotype: IFSBH).
生境　荫蔽环境中的土面或岩面上。
分布　黑龙江、吉林(Dixon, 1933)、内蒙古、河北(Li and Zhao, 2002)、北京(石雷等, 2011)、山西(Wang et al., 1994)、山东(赵遵田和曹同, 1998)、河南(叶永忠等, 2003)、陕西、宁夏、新疆、江苏(刘仲苓等, 1989)、上海(李登科和高彩华, 1986)、浙江、江西(Ji and Qiang, 2005)、湖北、四川、重庆、贵州、云南、西藏、台湾、广西、海南(张力,1993)。孟加拉国(O'Shea,2003)、巴基斯坦(Higuchi and Nishimura,2003)、缅甸(Tan and Iwatsuki,1993)、秘鲁(Menzel,1992)、巴西(Yano,1995)。

小凤尾藓厄氏变种

Fissidens bryoides var. **esquirolii** (Thér.) Z. Iwats. & T. Suzuki, J. Hattori Bot. Lab. **51**: 361. 1982. *Fissidens esquirolii* Thér., Bull. Acad. Int. Géogr. Bot. **18**: 251. 1908. **Type**: China: Guizhou, Nov. 19. 1904, *Esquirol 281* (isotypes: H-BR, S).

Fissidens yamamotoi Sakurai, Bot. Mag. (Tokyo) **56**: 218. 1942.

Fissidens shinii Sakurai, J. Jap. Bot. **27**: 279. 1952.

生境　岩面。

分布　江苏、云南、西藏、台湾。日本。

小凤尾藓侧蒴变种

Fissidens bryoides var. **lateralis** (Broth.) Z. Iwats. & Tad. Suzuki, J. Hattori Bot. Lab. **51**: 363. 1982. *Fissidens lateralis* Broth., Hedwigia **38**: 210. 1899. **Type**: Japan: Kiushiu, Nagasaki, an Felsen, *Wichura s. n.*

Fissidens lateralioides S. Okamura, J. Coll. Sci. Imp. Univ. Tokyo **38**(4): 6. 1916.

生境　石上。

分布　浙江(刘艳等,2006)、上海(李登科和高彩华,1986, as *F. lateralis*)、台湾。朝鲜、日本。

小叶凤尾藓多枝变种

Fissidens bryoides var. **ramosissimus** Thér., Ann. Crypt. Exot. **5**: 167. 1932. **Type**: China: Fujian, Amoy, *H. H. Chung 362*.

Fissidens perexiguus Müll. Hal., Nuovo Giorn. Bot. Ital., n. s., **4**: 245. 1897. **Type**: China: Shaanxi, Sept. 1894, *Giraldi s. n.* (isotype: FI).

Fissidens ryukyuensis E. B. Bartram, Bryologist **50**: 160. 1947.

Fissidens bryoides Hedw. var. *ramosissintus* (Thér.) Z. Iwats. & Tad. Suzuki, J. Hattori Bot. Lab. **51**: 359. 1982, *hom. illeg.*

生境　半荫蔽的岩面上。

分布　山东(赵遵田和曹同,1998)、陕西、四川、云南、福建、台湾(Iwatsuki and Sharp,1970)、广西、海南(张力,1993)。马来西亚(Iwatsuki and Mohamed,1987)、日本。

小凤尾藓乳突变种

Fissidens bryoides var. **schmidii** (Müll. Hal.) R. S. Chopra & S. S. Kumar, Ann. Cryptog. Phytopathol. (New Delhi) **5**: 43. 1981. *Fissidens schmidii* Müll. Hal., Bot. Zeitung (Berlin) **11**: 18. 1853. **Type**: India.

生境　土面上。

分布　黑龙江、云南、西藏、台湾、香港。印度、巴基斯坦、斯里兰卡、菲律宾、印度尼西亚、日本、斐济、巴布亚新几内亚。

糙蒴凤尾藓

Fissidens capitulatus Nog., J. Jap. Bot. **24**: 146. 1949. **Type**: China: Taiwan, Chi-yi Co., *Noguchi 6795* (holotype: NICH).

生境　潮湿的淤泥上。

分布　台湾、广东(Zhang,1993)。中国特有。

锡兰凤尾藓

Fissidens ceylonensis Dozy & Molk., Ann. Sci. Nat., Bot., sér. 3, **2**: 304. 1844. **Type**: Sri Lanka (Ceylon): *König s. n.*

Fissidens intromarginatulus E. B. Bartram, Rev. Bryol. Lichénol. **23**: 242. 1954.

生境　土面或稀生于岩面上。

分布　湖南(Enroth and Koponen,2003)、云南、台湾、广东、广西、海南、香港、澳门。孟加拉国(O'Shea,2003)、尼泊尔、印度、缅甸(Tan and Iwatsuki,1993)、斯里兰卡、菲律宾、印度尼西亚、马来西亚、老挝(Tan and Iwatsuki,1993)、越南、柬埔寨(Tan and Iwatsuki,1993)、泰国、新西兰。

微形凤尾藓东亚亚种

Fissidens closteri Austin subsp. **kiusiuensis** (Sakurai) Z. Iwats., J. Jap. Bot. **33**: 249. 1958. *Fissidens kiusiuensis* Sakurai, Bot. Mag. (Tokyo) **47**: 740. 1933. **Type**: Japan: Kyushu, Prov. Satsuma, *K. Sakurai 1681* (holotype: MAK).

生境　土面,海拔 2550m。

分布　西藏。日本。

厚肋凤尾藓

Fissidens crassinervis Sande Lac., Verh. Kon. Ned. Akad. Wetensch., Afd. Natuurk. **13**: 3. 1872. **Type**: Indonesia: Java, May 13. 1860, *Kurz s. n.* (lectotype: L).

生境　阔叶林中的土面。

分布　台湾。日本、泰国、马来西亚、新加坡、印度尼西亚、巴布亚新几内亚。

粗柄凤尾藓

Fissidens crassipes Wilson ex Bruch & Schimp., Bryol. Eur. **1**: 197. 1849.

生境　潮湿岩面或土面上。

分布　吉林、辽宁、贵州(王晓宇,2004)。日本、伊拉克、俄罗斯(远东地区),欧洲、北美洲。

齿叶凤尾藓

Fissidens crenulatus Mitt., J. Proc. Linn. Soc., Bot., Suppl. **1**: 140. 1859. **Type**: Nepal: *Wallich s. n.* (holotype: NY).

Fissidens axilifolius Thwaites & Mitt., J. Linn. Soc., Bot. **13**: 325. 1873.

Fissidens virens Thwaites & Mitt., J. Linn. Soc., Bot. **13**: 324. 1873.

Fissidens sinensis (Rabenh.) Broth., Nat. Pflanzenfam. I (3): 356. 1901. Conomitrium sinense Rabenh., Bryoth. Eur. **25**: n. 1212. 1873. **Type**: China: Bei Saigon, 1871-72, *R. Rabenhorst, fil.* (isotypes: S-PA, WU).

Fissidens elmeri Broth., Leafl. Philipp. Bot. **2**: 652. 1909.

Fissidens hueckii P. de la Varde, Rev. Bryol. Lichénol. **15**: 145. 1946. **Type**: China: Missionsgarten von Tongtowka/Tungkun, *Dr. Hueck s. n.* comm. *T. Herzog* (isotype: JE).

Fissidens crenulatus Mitt. var. *elmeri* (Brid.) Z. Iwats. & T. Suzuki., J. Hattori Bot. Lab. **51**: 386. 1982.

生境　常绿阔叶林下石上、土面或岩面。

分布　云南、台湾(Chiang and Kuo,1989)、广东、海南、香港、澳门。孟加拉国(O'Shea,2003)、尼泊尔、印度、缅甸、斯里兰卡、越南、马来西亚、印度尼西亚、密克罗尼西亚、菲律宾、日本、巴布亚新几内亚。

黄叶凤尾藓

Fissidens crispulus Brid., Muscol. Recent. Suppl. **4**: 187. 1819. **Type**: Réunion [Insula Borbonia], 1803, *Bory St. Vincent s. n.*

黄叶凤尾藓原变种

Fissidens crispulus var. **crispulus**

Fissidens tamarindifolius (Turner) Brid. var. *crispulus* (Brid.) Brid., Bryol. Univ. **2**: 686. 1827.

Fissidens zippelianus Dozy & Molk. in Zoll., Syst. Verz. 29. 1854.

Fissidens incrassatus Sull. & Lesq., Proc. Amer. Acad. Arts Sci. **4**: 276. 1859. **Type**: China: Hong Kong, *C. Wright s. n.* (syntype: FH).

Fissidens auriculatus Müll. Hal., Linnaea **37**: 166. 1872.

Fissidens sakourae Paris & Broth., Bull. Herb. Boissier, sér. 2, **2**: 921. 1902.

Fissidens sylvaticus auct. non Griff. Hong Kong Naturalist, Suppl. **2**: 8. 1933.

Fissidens pepuensis P. C. Chen, Sunyatsenia **6** (2): 189. 1941. **Type**: China: Hainan, Baipo (Pepu), Oct. 7 ~ 8. 1934, *C. Ho 1124* (holotype: PE).

Fissidens sylvaticus var. *zippelianus* (Dozy & Molk.) Gangulee, Mosses E. India **2**: 537. 1971.

生境　土面或岩面。

分布　山东(赵遵田和曹同,1998,as *F. zippelianus*)、安徽(陈邦杰和吴鹏程,1965)、浙江、湖南、湖北、重庆、贵州(王晓宇,2004,as *F. zippelianus*)、云南、福建、台湾、广东、海南、香港、澳门。孟加拉国(O'Shea,2003)、缅甸、泰国、越南、柬埔寨、马来西亚、新加坡、菲律宾、印度尼西亚、澳大利亚、斐济、瓦努阿图、智利(He,1998),非洲。

黄叶凤尾藓鲁宾变种

Fissidens crispulus var. **robinsonii** (Broth.) Z. Iwats. & Z. H. Li, Moss Fl. China **2**: 26. 2001. *Fissidens robinsonii* Broth., Philipp. J. Sci. **13**: 204. 1918. **Type**: The Philippines: Mindanao, *W. I. Hutchinson 7607* (lectotype: H-BR); Panay, Iloilo Prov. *Robinson 18105* (isolectotype: H-BR).

生境　树皮、土面或岩面上。

分布　贵州、云南、福建、海南、香港。印度、泰国、马来西亚、菲律宾、斐济、瓦努阿图。

直叶凤尾藓(拟剑叶凤尾藓)

Fissidens curvatus Hornsch., Linnaea **15**: 148. 1841. **Type**: South Africa: Cape Prov., Graaf Reynett, *Maclea s. n.*, as Rehmnann Musci Austro-Africani 583 (lectotype: H-BR; isotype: PC).

Fissidens strictulus Müll. Hal., Nuovo Giorn. Bot. Ital., n. s., **5**: 159. 1898. **Type**: China: Shaanxi, Tui-kio-san, Sept. 1896, *Giraldi s. n.* (isotype: FI).

Fissidens subxiphioides Broth., Symb. Sin. **4**: 9. 1929. **Type**: China: Yunnan, Lijiang Co., 2900～3100m, *Handel-Mazzetti 6604* (holotype: H).

Fissidens saxatilis Tuzibe & Nog., J. Jap. Bot. **24**: 145. 1949.

生境　岩面上。

分布　陕西(Müller, 1896, as *F. strictulus*)、上海(李登科和高彩华, 1986, as *F. strictulus*)、四川、云南、西藏、台湾(Chuang, 1973, as *F. saxatilis*)、香港。印度、日本、菲律宾、澳大利亚、新西兰、新喀里多尼亚岛(法属)、墨西哥、智利、阿根廷、巴西,非洲。

多形凤尾藓

Fissidens diversifolius Mitt., J. Proc. Linn. Soc., Bot., Suppl. **1**: 140. 1859. **Type**: India: *J. D. Hooker 633* (lectotype: NY).

Fissidens plicatulus Thér., Monde Pl., sér, 2, **9** (45): 21. 1907. **Type**: China: Guizhou, Pa-bong, Dec. 1904, *Esquirol 324* (isotype: S).

生境　潮湿的石上或土上。

分布　重庆、贵州。巴基斯坦(Higuchi and Nishimura, 2003)、日本、缅甸、印度。

卷叶凤尾藓

Fissidens dubius P. Beauv., Prodr. Aethéogam. 57. 1805.

Fissidens cristatus Wilson ex Mitt., J. Proc. Linn. Soc., Bot., Suppl. **1**: 137. 1859.

Fissidens decipiens De Not., Atti R. Univ. Genova **1**: 479. 1869.

Fissidens micro-japonicus Paris, Rev. Bryol. **35**: 125. 1908. **Type**: China: Jiangsu, Li-ku-kei, Feb. 1908, *R. P. Courtois 1076* (isotype: H-BR).

Fissidens obsoleto-marginatus Müll. Hal., Nuovo Giorn. Bot. Ital., n. s., **3**: 89. 1896. **Type**: China: Shaanxi, Kuan-tou-san and Zu-lu, Aug. 1894, *Giraldi s. n.*

生境　多生于岩面上、稀生于树干或土面上。

分布　黑龙江、吉林、辽宁、内蒙古、河北(赵建成等, 1996, as *F. cristatus*)、山东、陕西、宁夏(黄正莉等, 2010, as *F. cristatus*)、甘肃、新疆、安徽、江苏、上海(李登科和高彩华, 1986, as *F. cristatus*)、浙江、江西、湖南、湖北、四川、重庆、贵州、云南、西藏、福建、台湾、广东、广西、香港。孟加拉国(O'Shea, 2003)、巴基斯坦(Higuchi and Nishimura, 2003)、日本、朝鲜、尼泊尔、印度、印度尼西亚、菲律宾、巴布亚新几内亚,欧洲、中美洲、南美洲、非洲。

凤尾藓

Fissidens exilis Hedw., Sp. Musco. Frond. 152. Pl. **38**: 7～19. 1801.

Fissidens bloxamii Wilson, London J. Bot. **4**: 195. pl. 9: A. 1845.

生境　沟边土面上。

分布　上海(李登科和高彩华, 1986)。俄罗斯,亚洲、欧洲、北美洲、非洲(Pursell, 2007)。

扇叶凤尾藓

Fissidens flabellulus Thwaites & Mitt., J. Linn. Soc. Bot. **13**: 324. 1873. **Type**: Sri Lanka (Ins. Ceylon): *Thwaites 142* (isotype: NY).

生境　土面或树干基部上。

分布　云南、台湾(Chiang and Kuo, 1989)、海南(张力, 1993)。日本、斯里兰卡。

暖地凤尾藓

Fissidens flaccidus Mitt., Trans. Linn. Soc. London **23**: 56. 1860. **Type**: Niger-exp., *Vogel s. n.* (holotype: NY; isotypes: BM, as *Vogel 2, 3* and *4*).

Fissidens maceratus Mitt., Trans. & Proc. Roy. Soc. Victoria **19**:91. 1882.

Fissidens splachnobryoides Broth. in Schum. & Lauterb., Fl. Deutsch. Schutzgeb. Südsee:81. 1900.

Fissidens subbrachyneuron Thér. & P. de la Varde, Rev. Gén. Bot. **29**:292. 1917.

Fissidens splachnobryoides Broth. fo. *subrachyneuron* (Thér. & P. de la Varde) Herzog, J. Hattori Bot. Lab. **14**:55. 1955.

生境　土面或岩面上。

分布　台湾、广东、广西、海南、香港、澳门。孟加拉国(O'Shea,2003)、日本、斯里兰卡、尼泊尔、印度、印度尼西亚、菲律宾、缅甸、越南、马来西亚、巴布亚新几内亚、澳大利亚、加罗林群岛、斐济、瓦努阿图,美洲和非洲。

拟粗肋凤尾藓

Fissidens ganguleei Nork. ex Gangulee, Mosses E. India **2**: 527. 1971. **Type**: India: Darjeeling, Tongloo, *Kurz 2302*.

生境　常绿阔叶林下树干基部上。

分布　四川、重庆、贵州、云南、台湾(Yang and Lin,1992)。孟加拉国(O'Shea,2003)、日本、尼泊尔、印度、印度尼西亚(Touw,1992)。

短肋凤尾藓

Fissidens gardneri Mitt., J. Linn. Soc., Bot. **12**: 593. 1869. **Type**: Brazil: sine loco designato, *Gardner s. n.* (holotype: NY; isotype: H-BR).

Fissidens microcladus Thwaites & Mitt., J. Linn. Soc., Bot., **13**:324. 1873.

Fissidens brevinervis Broth., Akad. Wiss. Wien Sitzungsber., Math.-Naturwiss. K1., Abt. 1, **133**: 559. 1924. **Type**: China: Sichuan, *Handel-Mazzetti 5306* (holotype: H-BR).

Fissidens elegans auct. non Brith., J. Hattori Bot. Lab. **51**:391. 1982.

生境　树皮或岩面上。

分布　山东、四川(Brotherus,1924,as *F. brevinervis*)、云南、台湾(Yang and Lin,1992,as *F. microcladus*)、广东、广西、香港。日本、尼泊尔、印度、缅甸、泰国、斯里兰卡、老挝、菲律宾、墨西哥、巴西(Churchill,1998),中美洲、非洲。

二形凤尾藓

Fissidens geminiflorus Dozy & Molk., P1. Jungh. 316. 1854. **Type**: Indonesia: Java.

Fissidens nagasakinus Besch., J. Bot. (Morot) **12**:292. 1898.

Fissidens irroratus Cardot, Beih. Bot. Centralbl. **19** (2): 99. 1905. **Type**: China: Taiwan, Kushaku, June 6. 1903, *U. Faurie 124* (isotype: H-BR).

Fissidens geminiflorus Dozy & Molk. var. *nagasakinus* (Besch.) Z. Iwats., J. Hattori Bot. Lab. **32**:272. 1969.

生境　常绿阔叶林下湿石上。

分布　山东(赵遵田和曹同,1998)、甘肃(Wu et al.,2002)、江苏、贵州、云南、西藏、福建、台湾(Iwatsuki et al.,1980,as *F. geminiflorus* var. *nagasakinus*)、广东、海南、香港。孟加拉国(O'Shea,2003)、日本、泰国、越南、马来西亚、印度尼西亚、菲律宾、斐济。

黄边凤尾藓

Fissidens geppii M. Fleisch., Musci Buitenzorg **1**: 26. 1904. **Type**: Indonesia: Java, Kandang-Badak, 2400m, *M. Fleischer s. n.*

生境　林下沟谷湿石上。

分布　湖南、重庆、贵州、云南、台湾、广西、香港。印度、印度尼西亚、朝鲜、日本、巴布亚新几内亚。

格氏凤尾藓(新拟)

Fissidens giraldii Broth., Nat. Pflanzenfam. I (3):362. 1901.

Conomitrium tenerrimum Müll. Hal., Nuovo Giorn. Bot. Ital., n. s., **3**: 90. 1896. **Type**: China: Shaanxi, Kuan-tou-san, *Giraldi s. n.*

生境　不详。

分布　陕西(Levier,1906)。巴西。

大叶凤尾藓(云南凤尾藓)

Fissidens grandifrons Brid., Muscol. Recent. Suppl. **1**: 170. 1806.

Fissidens yunnanensis Besch., Rev. Bryol. **18**:88. 1891. **Type**: China: Yunnan, *Delavay 4631*.

Fissidens planicaulis Besch., Ann. Sci. Nat., Bot., sér. 7, **17**:335. 1893.

Fissidens diversiretis Broth. in Handel-Mazzetti, Symb. Sin. **4**: 11. 1929. **Type**: China: Yunnan, *Handel-Mazzetti 530*, *6617*, *8763*, *8184* (syntype: H-BR); Sichuan, *Handel-Mazzetti 1918* (syntype: H-BR).

Fissidens grandifrons var. *planicaulis* (Besch.) Nog., J. Hattori Bot. Lab. **7**:68. 1952.

生境　林下沟边湿石或半沉水的岩面上。

分布　北京(Potier de la Varde,1937)、山西(Sakurai,1949, as *F. planicaulis*)、陕西(张满祥,1978)、甘肃(安定国,2002)、青海、安徽(陈邦杰和吴鹏程,1965)、湖南(Enroth and Koponen,2003)、湖北、四川、贵州、云南、西藏(Mitten,1859)、台湾、广西。巴基斯坦(Higuchi and Nishimura,2003)、朝鲜、日本、尼泊尔、不丹(Noguchi,1971)、印度、越南(Tan and Iwatsuki,1993),中美洲、北美洲中部和北部非洲。

广东凤尾藓

Fissidens guangdongensis Z. Iwats. & Z. H. Li, Acta Bot. Fenn. **129**: 35. 1985. **Type**: China: Guangdong, Fengkai Co., on stone, 670m, Oct. 13. 1981, *Sun Li & Zhang Jun-Li 87* (holotype: SYS; isotype: NICH).

生境　林中土面。

分布　浙江、湖南、贵州、广东、海南、香港。马来西亚、新加坡、菲律宾、日本。

裸萼凤尾藓

Fissidens gymnogynus Besch., J. Bot. (Morot) **12**: 292. 1898. **Type**: Japan: Honshu, Sengantoge, Nov. 18. 1894, *U. Faurie 14 967* (isotype: H-BR).

生境　树干、林中石上或稀生于土面上。

分布　山东、河南(叶永忠等,2003)、陕西、安徽、浙江、江西(Ji and Qiang,2005)、湖南、湖北、四川、重庆、贵州、云南、福建、台湾(Chuang,1973)、广东、广西、海南、香港。巴基斯坦(Higuchi and Nishimura,2003)、泰国、菲律宾、朝鲜、日本。

糙柄凤尾藓

Fissidens hollianus Dozy & Molk., Bryol. Jav. **1**: 4. 1855. **Type**: Indonesia: Java, *Holle 13* (holotype: L).

Fissidens japonicopunctatus Shin, Sci. Rep. Kagoshima Univ. **13**:86. 1964.

生境　阴湿环境中的树干或岩石上。

分布　台湾、广东、海南、香港。日本、菲律宾、印度尼西亚、马来西亚、越南、柬埔寨、泰国、缅甸、新加坡、斐济、瓦努阿图、巴布亚新几内亚。

透明凤尾藓

Fissidens hyalinus Hook. & Wilson, J. Bot. (Hooker) **3**: 89. 1840. **Type**: U. S. A.: Ohio, *T. G. Lea s. n.* (isotype: NY).

生境　湿石上。

分布　吉林、山东(赵遵田和曹同,1998)、贵州(王晓宇,2004)、云南、台湾、广西(贾鹏等,2011)。日本、印度、秘鲁(Churchill, 1998),北美洲。

聚疣凤尾藓

Fissidens incognitus Gangulee, Bull. Bot. Soc. Bengal **11**: 70. 1957[1959]. **Type**: India: Dec. 26 1870, *Kurz 3358* (isotype: H-BR).

Fissidens granulalus Hampe in Müll. Hal., Gen. Musc. Frond. 61. 1900, *nom. nud.*

生境　土面上。

分布　山东(赵遵田和曹同,1998)、海南。孟加拉国(O'Shea, 2003)、印度。

内卷凤尾藓

Fissidens involutus Wilson ex Mitt., J. Proc. Linn. Soc., Bot. Suppl. **1**: 138. 1859. **Type**: India: Sikkim, *J. D. Hooker 641* (lectotype: NY).

Fissidens involutus Wilson in Hooker's J. Bot. Kew Gard. Misc. **9**: 294. 1857, *nom. nud.*

Fissidens plagiochiloides Besch., J. Bot. (Morot) **12**: 293. 1898. **Type**: China: Yunnan, Tsang chen, *Delavay 1872* (holotype: PC; isotypes: FI, H-BR).

Fissidens irrigatus Broth., Akad. Wiss. Wien Sitzungsber., Math.-Naturwiss. K1., Abt. 1, **133**: 559. 1924. **Type**: China: Sichuan, 1500～1650m, Apr. 1914, *Handel-Mazzetti 1895* (holotype: H; isotype: WU).

Fissidens subinteger Broth., Symb. Sin. **4**: 10. 1929. **Type**: China: Hunan, *Handel-Mazzetti 12 216* (holotype: H-BR).

生境　多生于潮湿石上或有时亦生于沙质土上。

分布　山东(赵遵田和曹同,1998)、河南(叶永忠等,2003, as *F. plagiochiloides*)、陕西、浙江、江西、湖南、湖北、四川、重庆、贵州、云南、西藏、福建、台湾、广西。巴基斯坦(Higuchi and Nishimura, 2003)、日本、尼泊尔、越南、泰国、缅甸、印度、菲律宾。

爪哇凤尾藓

Fissidens javanicus Dozy & Molk., Bryol. Jav. **1**: 11. 1855. **Type**: Indonesia: Java, *Teysmann s. n.*

生境　常绿阔叶林下潮湿土面或岩石上。

分布　江西(何祖霞等,2008)、湖南、重庆、云南、西藏、台湾、广东、海南、香港、澳门。日本、菲律宾、印度尼西亚、马来西亚、新加坡、越南、泰国、缅甸、尼泊尔、印度、斯里兰卡、巴布亚新几内亚。

暗边凤尾藓

Fissidens jungermannioides Griff., Calcutta J. Nat. Hist. **2**: 504. 1842. **Type**: India: Assam, In rupibus madidis Moosmai, *Griffith s. n.*, in Hb. Hooker (holotype: NY).

生境　半荫蔽环境中的溪边石上。

分布　湖南、台湾(Iwatsuki, 1987)、广东。孟加拉国(O'Shea, 2003)、印度。

拟狭叶凤尾藓

Fissidens kinabaluensis Z. Iwats., J. Hattori Bot. Lab. **32**: 269. 1969. **Type**: Indonesia: North Borneo, Mt. Kinabalu, on soil, 1350m, May 15. 1963, *Z. Iwatsuki 160* (NICH).

生境　部分荫蔽处的潮湿土面上。

分布　云南、广东、香港。泰国、马来西亚、印度尼西亚。

线叶凤尾藓暗色变种

Fissidens linearis Brid. var. **obscurirete** (Broth. & Paris) I. G. Stone, J. Bryol. **16**: 404. 1991. *Fissidens obscurirete* Broth. & Paris, Öfvers. Förh., Finska Vetensk.-Soc. **51A**(17): 7. 1909. **Type**: New Caledonia: *A. Le Rat 948* (lectotype: H-BR).

Fissidens micro-serratus Sakurai, Bot. Mag. (Tokyo) **47**: 738. 1933.

生境　土面或树干,海拔 200～500m。

分布　辽宁、山东、上海、贵州、云南、福建、台湾、广东、海南、香港(Zhang et al., 1998b)。斐济、瓦努阿图。

长柄凤尾藓

Fissidens longisetus Griff., Calcutta J. Nat. Hist. **2**: 503. 1842. **Neotype**: India: Assam, Shillong, 1375m, Apr. 6. 1965, *Iwatsuki & Sharp 6929* (NICH).

生境　岩面上。

分布　湖南(Enroth and Koponen, 2003)、西藏。孟加拉国(O'Shea, 2003)、尼泊尔、印度。

澳门凤尾藓(新拟)

Fissidens macaoensis L. Zhang, J. Bryol. **33**(1): 50. 2011. **Type**: China: Macao, Coloane Island, 80m, on soil under sparse forest, Nov. 9. 2009, *Zhang Li 5665* (holotype: SZG; isotype: Macao herbarium).

生境　林下土面,海拔 80m。

分布　澳门(Zhang and Hong, 2011)。中国特有。

微凤尾藓

Fissidens minutus Thwaites & Mitt. in Mitt., J. Linn. Soc. Bot. **13**: 323. 1873. **Type**: Sri Lanka: *Thwaites 144* (isotype: S).

Fissidens garberi Lesq. & James, Proc. Amer. Acad. Arts Sci. **14**: 137. 1879.

Fissidens chungii Thér., Ann. Crypt. Exot. **5**: 167. 1932. **Type**: China: Fujian, Fuzhou city, Gushan, 500～600m, *H. H. Chung 320, 322* (FH).

生境　土面或岩面上。

分布　福建(Thériot, 1932, as *F. chungii*)、台湾、香港、澳门。印度、马来西亚、中南半岛、斐济、墨西哥、加勒比地区、巴西(Churchill, 1998)、委内瑞拉(Churchill, 1998),非洲。

大凤尾藓(日本凤尾藓)

Fissidens nobilis Griff., Calcutta J. Nat. Hist. **2**: 505. 1842. **Type**: India: Assam.

Fissidens filicinus Dozy & Molk., Ann. Sci. Nat., Bot., sér. 3,

2:304. 1844.

Fissidens japonicus Dozy & Molk., Pl. Jungh. 3:313. 1854.

Fissidens filicinus Dozy & Molk. var. *japonicus* (Dozy & Molk.) U. Miz., Asash-renpo 94. 1964.

生境 林下溪谷旁湿石或土面上。

分布 山东(杜超等,2010)、河南(叶永忠等,2003)、江苏、浙江、江西、湖南、湖北、四川、重庆、贵州、云南、福建、台湾、广东、广西、海南、香港。朝鲜、日本、菲律宾、印度尼西亚、越南、柬埔寨(Tan and Iwatsuki,1993)、泰国、缅甸、尼泊尔、印度、斯里兰卡、马来西亚、巴布亚新几内亚、斐济。

曲肋凤尾藓

Fissidens oblongifolius Hook. f. & Wilson, London J. Bot. **3**: 547. 1844. **Type**: New Zealand: North Island, Bay of Islands, *sine collector*. Iwatsuki and Suzuki (1989), designated Antarctic Expedition 1839-43, *J. D. Hooker 321b* (BM) as the neotype.

曲肋凤尾藓原变种

Fissidens oblongifolius var. **oblongifolius**

Fissidens mangarevensis Mont., Ann. Sci. Nat. Bot. sér. 3, **4**:113. 1845.

Fissidens pungens auct. non Hampe & Müll. Hal., Linnaea **26**:502. 1855.

Fissidens pungens Sull. & Lesq., Proc. Amer. Acad. Arts Sci. **4**:276. 1859, *hom. illeg.*

Fissidens acutus A. Jaeger, Ber. Thätigk. St. Gallischen Naturwiss. Ges. **1874-1875**: 93. 1876. **Type**: China: Hong Kong, Shaded ravines, Feb. 2. 1855, *Charles Wright s. n.* (holotype: FH).

Fissidens hongkongiae Müll. Hal., Gen. Musc. Frond. 66. 1900, *nom. illeg.*

生境 土面上或稀生于岩面。

分布 江西(何祖霞等,2008)、四川、贵州、云南、西藏、福建、台湾(Chiang and Kuo, 1989, as *F. mangarevensis*)、广东、海南、香港(Zhang et al., 1998b)、澳门。日本、泰国、马来西亚、印度尼西亚(Touw, 1992)、菲律宾、斐济、澳大利亚、新西兰、瓦努阿图、社会群岛、墨西哥、智利(Müller and Pursell, 2003),中美洲、热带非洲西部。

曲肋凤尾藓湿地变种

Fissidens oblongifolius var. **hyophilus** (Mitt.) J. E. Beever & I. G. Stone, New Zealand J. Bot. **36**:84. 1998. *Fissidens hyophilus* Mitt., Trans. Proc. Roy. Soc. Victoria **19**: 92. 1882. **Type**: Australia: Queensland, von *Mueller s. n.* (holotype: NY).

Fissidens formosanus Nog., J. Hattori Bot. Lab. **7**: 63. 1952. **Type**: China: Taiwan, Taihoku, *Noguchi 5965* (holotype: NICH).

生境 灌丛树枝上或岩面上。

分布 台湾(Chuang, 1973, as *F. formosanus*)、海南。日本、澳大利亚、新西兰。

垂叶凤尾藓

Fissidens obscurus Mitt., J. Proc. Linn. Soc., Bot., Suppl. **1**: 138. 1859. **Type**: India: Khasi Hills, *Griffith s. n.* (isotype: H).

生境 常绿阔叶林下湿石或沙质土上。

分布 山东(赵遵田和曹同,1998)、湖南、湖北、重庆、贵州、云南、西藏、广西。日本、尼泊尔、印度。

欧洲凤尾藓

Fissidens osmundoides Hedw., Sp. Musc. Frond. 153. 1801. **Type**: Sweden: *O. Swartz s. n.* (holotype: G).

Schistophyllum osmundoides (Hedw.) Lindb., Musc. Scand. 13. 1879.

Fissidens taelingensis C. Gao, Fl. Musc. Chin. Boreali.-Orient. 378. 1977. **Type**: China: Heilongjiang, Mt. Xiaoxinganling, July 10. 1957, *P. C. Chen & C. Gao 387* (IFSBH).

生境 沼泽中。

分布 黑龙江、内蒙古、山东(赵遵田和曹同,1998)、新疆。俄罗斯(西伯利亚)、日本,欧洲、北美洲。

粗肋凤尾藓

Fissidens pellucidus Hornsch., Linnaea **15**: 146. 1841. **Type**: Suriname: *Weigelt s. n.*

Fissidens laxus Sull. & Lesq., Proc. Amer. Acad. Arts Sci. **4**: 275. 1859. **Type**: China: Hong Kong, May 15. 1855, *Charles Wright s. n.* (holotype: FH).

Fissidens crassinervis auct. non Sande-Lac., Verh. Kon. Ned. Akad. Wetensch., Afd. Natuurk. **13**: 3. 1872.

Fissidens crassinervis Thwaites & Mitt. in Mitt., J. Linn. Soc., Bot. **13**:323. 1873, *hom. illeg.*

Fissidens mittenii Paris, Index Bryol. **477**:1894.

生境 土面或石上中。

分布 黑龙江、山东(赵遵田和曹同,1998)、重庆、贵州、台湾(Yang and Lin, 1992)、海南(张力,1993, as *F. laxus*)、香港、澳门。孟加拉国(O'Shea, 2003)、印度、尼泊尔、斯里兰卡、缅甸、越南、泰国、柬埔寨、马来西亚、新加坡、菲律宾、印度尼西亚、巴布亚新几内亚、日本、俄罗斯(西伯利亚)、西印度群岛、玻利维亚(Churchill, 1998)、巴西(Churchill, 1998)、哥伦比亚(Churchill, 1998)、秘鲁(Churchill, 1998)、委内瑞拉(Churchill, 1998)、智利(Müller and Pursell, 2003),欧洲、北美洲。

延叶凤尾藓

Fissidens perdecurrens Besch., J. Bot. (Morot) **12**: 293. 1898. **Type**: Japan: Honshu, *U. Faurie 14 088* (isotype: H-BR).

生境 常绿阔叶林下湿石或潮湿的岩壁上。

分布 新疆、浙江、江西、湖南、湖北、四川、贵州、云南、福建、台湾。日本。

网孔凤尾藓

Fissidens polypodioides Hedw., Sp. Musc. Frond. 153. 1801. **Type**: Jamaica, *Swartz s. n.*

Fissidens areolatus Griff., Calcutta J. Nat. Hist. **2**:506. 1842.

Fissidens polypodioides var. *areolatus* (Griff.) Wilson, Hooker's J. Bot. & Kew Gard. Misc. **9**:294. 1857

生境 常绿阔叶林中土面、巨石或陡峭石壁上。

分布 山东(杜超等,2010)、江西、湖南、湖北、四川、重庆、贵州、云南、西藏、福建、台湾、广东、广西、海南、香港。日本、菲律宾、印度尼西亚、马来西亚、新加坡、越南、泰国、缅甸、尼泊尔、印度、巴布亚新几内亚、西印度群岛,美洲。

原丝凤尾藓

Fissidens protonematicola Sakurai, Bot. Mag. (Tokyo) **47**: 741. 1933 ('protonemaecola'). **Type**: Japan: Kyushu, June 23. 1931, *Y. Doi s. n.*, in herb. *K. Sakurai*, *no. 1680* (holotype: MAK).

Fissidens gemmaceus Herzog & P. de la Varde in Herzog & Nog., J. Hattori Bot. Lab. **14**: 55. 1955. **Type**: China: Taiwan, *G. H. Schwabe 17 p. p.* (holotype: JE).

生境　林中石上。

分布　台湾。日本。

波瑟凤尾藓

Fissidens pursellii T. Y. Chiang & C. M. Kuo, Taiwania **34**: 100. 1989. **Type**: China: Taiwan, Taichung, *S. H. Lin 201 083* (holotype: TUNG).

生境　土壁上,海拔 250m。

分布　台湾(Chiang and Kuo, 1989)。中国特有。

许氏凤尾藓

Fissidens rupicola Broth., Öfvers. Förh., Finska Vetensk.-Soc. **48**: 7. 1906.

生境　生于土面上。

分布　台湾(Chiang and Kuo, 1989)。新喀里多尼亚岛(法属)、斐济、澳大利亚。

舒氏凤尾藓

Fissidens schusteri Z. Iwats. & P. C. Wu, Nova Hedwigia Beih. **90**: 383. 1988. **Type**: China: Chongqing, Jiangbei Co., on rock, *P. C. Chen 5156* (holotype: HIRO; isotype: PE).

生境　林中石上。

分布　重庆。中国特有。

微疣凤尾藓

Fissidens schwabei Nog., J. Hattori Bot. Lab. **14**: 58. 1955. **Type**: China: Taiwan, Karobetsu, *G. H. Schwabe 66* (holotype: NICH).

Fissidens elmeri auct. non Broth., J. Hattori Bot. Lab. **14**: 58. 1955.

生境　多生于土面或稀生于石壁上。

分布　台湾、广东。日本、巴布亚新几内亚。

锐齿凤尾藓

Fissidens serratus Müll. Hal., Bot. Zeitung (Berlin) **5**: 804. 1847. **Type**: Indonesia: Java, Tjibodjas, *Fleischer s. n.*

Fissidens papillosus Sande-Lac., Verh. Kon. Ned. Akad. Wetensch., Afd. Natuurk. **13**: 1. 1872.

生境　树干。

分布　山东(赵遵田和曹同, 1998, as *F. papillosus*)、台湾、海南(张力, 1993, as *F. papillosus*)、香港。日本、马来西亚、新加坡、菲律宾、印度尼西亚、澳大利亚、斐济、西印度群岛、智利(Müller and Pursell, 2003),非洲。

卷尖凤尾藓

Fissidens subangustus M. Fleisch., Musci Buitenzorg **1**: 47. 1904. **Type**: Indonesia: Java, Tjiapoes-Schlucht am Salak, 800m, *M. Fleischer s. n.* (holotype: FH).

Fissidens leptopelma Dixon, J. Bombay Nat. Hist. Soc. **39**: 773. 1937.

生境　阔叶林中溪边的湿岩面、石壁或土面上。

分布　湖南、贵州、台湾。日本、马来西亚、印度。

细尖凤尾藓

Fissidens subbryoides Gangulee, Bull. Bot. Soc. Bengal **11**: 60. 1957. **Type**: India: Assam, *Tea Dept. 1194* (named by Hampe as *F. subbryoides*, holotype: BM).

生境　岩面或土面上。

分布　台湾。印度、斐济。

短柄凤尾藓

Fissidens subsessilis P. C. Chen, Contr. Inst. Biol. Natl. Centr. Univ. (Chungking) **1**: 1. 1943. **Type**: China: Chongqing, Jiangbei Co., Beixi, Dec. 10. 1940, *P. C. Chen 5157* (holotype: PE).

生境　土面上。

分布　重庆。中国特有。

鳞叶凤尾藓(尖叶凤尾藓)

Fissidens taxifolius Hedw., Sp. Musc. Frond. 155. 1801.

Fissidens sylvaticus Griff., Calcutta J. Nat. Hist. **2**: 507. 1842.

生境　土面或稀生于岩面上。

分布　黑龙江、吉林、山东(赵遵田和曹同, 1998)、河南(叶永忠等, 2003)、甘肃(Wu et al., 2002)、江苏、上海(李登科和高彩华, 1986)、浙江、江西、湖南、湖北、四川、重庆、贵州、云南、台湾、广西、香港(Dixon, 1933)。广布于世界各地。

南京凤尾藓

Fissidens teysmannianus Dozy & Molk., Pl. Jungh. 317. 1854. **Type**: Indonesia: Java, *Teysmann s. n.* (lectotype: L).

Fissidens adelphinus Besch., Ann. Sci. Bot. sér. 7, **17**: 335. 1893.

Fissidens nankingensis Broth. & Paris., Rev. Bryol. **37**: 1. 1910.

生境　土面、岩面或树干。

分布　山东、河南(叶永忠等, 2003, as *F. adelphinus*)、江苏、浙江、江西、湖南、湖北、四川、重庆、贵州、云南、福建、台湾、广东、海南、香港。朝鲜、日本、越南(Tan and Iwatsuki, 1993)、印度尼西亚、马来西亚、俄罗斯(远东地区)。

拟小凤尾藓

Fissidens tosaensis Broth., Öfvers. Förh. Finska Vetensk.-Soc. **62A**(9): 5. 1921. **Type**: Japan: Prov. Tosa, *S. Okamura 29* (holotype: H-BR).

Fissidens hetero-limbatus Sakurai, Bot. Mag. (Tokyo) **47**: 736. 1933.

生境　土面或岩面上。

分布　山东(杜超等, 2010)、陕西、甘肃、上海(李登科和高彩华, 1986, as *F. hetero-limbatus*)、湖南(Iwatsuki, 1980)、四川、重庆、贵州、云南(Iwatsuki, 1980)、福建、台湾(Yang and Kuo, 1992)、广东、海南、香港。日本。

狭叶凤尾藓

Fissidens wichurae Broth. & M. Fleisch., Hedwigia **38**: 127. 1899. **Type**: Indonesia: Java, *E. Nyman s. n.* (lectotype: H-BR).

生境　林下土上。

分布　云南、台湾、广东、海南(张力, 1993)、香港。泰国(Touw, 1968)、越南(Tan and Iwatsuki, 1993)、印度尼西亚、马来西亚、巴布亚新几内亚。

车氏凤尾藓

Fissidens zolligeri Mont., Ann. Sci. Nat. Bot. sér. 3, **4**: 114. 1845. **Type**: Indonesia: Java, *Zollinger 1604* (holotype: PC-Mont; isotype: PC-Besch).

Fissidens vogelianus Mitt., Trans. Linn. Soc. London **23**: 54. 1860. **Type**: Africa: Niger-expdition, *Vogel s. n.* (holotype: NY; isotype: BM, as Vogel 3, PC).
Fissidens obsoletidens Müll. Hal. in Besch., Ann. Sci. Nat., Bot., sér. 6, **9**: 332. 1880.
Fissidens platybryoides Müll. Hal., Flora **69**: 505. 1886. **Type**: Nigeria: Old-Calabar, Nov. 10. 1884, *Mönke-meyer s. n.* (holotype: H-BR; isotype: H-BR).
Fissidens xiphioides M. Fleisch., Hedwigia **38** (Beibl): 125. 1899.
Fissidens tenuisetus Cardot, Rev. Bryol. **35**: 64. 1908. **Type**: Congo: Kisantu, 1906, *Vanderyst s. n.* (holotype: PC; isotype: H-BR).
Fissidens brachycaulon Broth. in Mildbread, Wiss. Erg. Deut. Zentr. -Afr. Exped., Bot. 1907-08, **2**: 143. 1910. **Type**: Tanzania, Bukoba-Bezirk: Buddu-Wald, *Mildbread 243* (holotype: H-BR).
生境　土面。
分布　陕西、台湾(Yang and Lin, 1992)、广东、海南、香港(Dixon, 1933)。斯里兰卡(O'Shea, 2002)、日本、缅甸、越南、泰国、柬埔寨、马来西亚、新加坡、菲律宾、印度尼西亚、澳大利亚、巴布亚新几内亚、斐济、社会群岛、瓦努阿图、新西兰、西印度群岛；玻利维亚(Churchill, 1998)、巴西(Churchill, 1998)、厄瓜多尔(Churchill, 1998)、秘鲁(Churchill, 1998; Menzel, 1992)，中美洲、非洲。

光藓科 **Schistostegaceae** Schimp.

本科全世界有1属。

光藓属 Schistostega D. Mohr
Observ. Bot. 26. 1803.

模式种：*S. pennata* (Hedw.) F. Weber & D. Mohr
本属全世界现有1种。

光藓

Schistostega pennata (Hedw.) F. Weber & D. Mohr, Index Mus. Pl. Crypt. [2]. 1803. *Gymnostomum pennatum* Hedw., Sp. Musc. Frond. 31. 1801.
Schistostega osmundacea D. Mohr, Observ. Bot. 26, f. 6. 1803.
Gymnostomum osmundaceum Hoffm. ex Sm., Fl. Brit. **3**: 1161. 1804, *nom. illeg.*
Catoptridium smaragdinum Brid., Bryol. Univ. 1: 112. 1826.
生境　林下石缝中，海拔1540m。
分布　吉林(曹同等，1999)。北温带广泛分布。

丛藓目 Pottiales M. Fleisch.

丛藓科 **Pottiaceae** Schimp.

本科有全世界有83属，中国有38属。

矮藓属 Acaulon Müll. Hal.
Bot. Zeitung (Berlin) **5**: 99. 1847.

模式种：*A. muticum* (Schreb. ex Hedw.) Müll. Hal.
本属全世界现有16种，中国有1种。

尖叶矮藓

Acaulon triquetrum (Spruce) Müll. Hal., Bot. Zeitung (Berlin) **5**: 100. 1847. *Phascum triquetrum* Spruce, London J. Bot. **4**: 189. 1845.
生境　土面上，海拔1500m。
分布　宁夏(Bai et al., 2006)。俄罗斯(远东地区)，中亚、欧洲、北美洲、非洲北部。

芦荟藓属 Aloina Kindb.
Bih. Kongl. Svenska Vetensk. -Akad. Handl. **6**(19): 22. 1882.

模式种：*A. aloidis* (Schultz) Kindb.
本属全世界现有14种，中国有3种，1变种。

芦荟藓棉毛变种

Aloina aloides var. **ambigua** (Bruch & Schimp.) E. J. Craig, Moss Fl. N. Am. 1: 214. 1939. *Barbula ambigua* Bruch & Schimp., Bryol. Eur. **2**: 76. 139. 1842.
生境　不详。
分布　河北(Yang, 1936)、山西(Sakurai, 1949)。印度、以色列、约旦、黎巴嫩、土耳其、美国、澳大利亚，欧洲、非洲北部(Delgadillo, 2007)。

短喙芦荟藓

Aloina brevirostris (Hook. & Grev.) Kindb., Bih. Kongl. Svenska Vetensk. -Akad. Handl. **7**(9): 137. 1883. *Tortula brevirostris* Hook. & Grev., Edinburgh J. Sci. **38**: 289. f. 12. 1824.
生境　钙质土上。
分布　山西(Sakurai, 1949)、宁夏、青海、新疆。俄罗斯，欧洲、北美洲。

斜叶芦荟藓

Aloina obliquifolia (Müll. Hal.) Broth., Nat. Pflanzenfam. I (3): 428. 1902. *Barbula obliquifolia* Müll. Hal., Nuovo Giorn. Bot. Ital., n. s. **5**: 178. 1898. **Type**: China: Shaanxi (Schen-si), in monte Tui-kio-san, 1896, *Giraldi s. n.* (isotype: H).

Aloina rigida (Hedw.) Limpr. var. *obliquifolia* (Müll. Hal..) Delgadillo, Bryologist **78**: 264. 1975.

生境　林地上或土墙上。

分布　内蒙古、陕西、宁夏、甘肃(安定国,2002)、云南。日本(Iwatsaki, 2004)。

钝叶芦荟藓

Aloina rigida (Hedw.) Limpr., Laubm. Deutschl. **1**: 637. 1888. *Barbula rigida* Hedw., Sp. Musc. Frond. 115. 1801.

Bryum rigidum (Hedw.) Dicks. ex With., Syst. Arr. Brit. Pl. (ed. 4), **3**: 797. 1801.

Tortula rigida (Hedw.) Schrad. ex Turner, Musc. Hib. 43. 1804.

Aloina stellata Kindb., Bih. Kongl. Svenska. Vetensk. -Akad. Handl. **7**(9): 137. 1883, *nom. illeg.*

Aloina anthropophila (Müll. Hal.) Broth., Nat. Pflanzenfam. I (3): 428. 1902.

Aloina potaninii Broth. ex P. C. Chen, Hedwigia **80**: 283. 1941, *nom. illeg.*

生境　岩石、土面或土墙上。

分布　内蒙古、河北、陕西、宁夏、甘肃(Wu et al., 2002)、青海、新疆、四川、云南、西藏。巴基斯坦(Higuchi and Nishimura, 2003)、印度、蒙古、俄罗斯(西伯利亚)、秘鲁(Menzel, 1992), 欧洲、北美洲、非洲北部。

丛本藓属 Anoectangium Schwägr.
Sp. Musc. Frond., Suppl. 1, 1: 33. 1811, *nom. cons.*

模式种: *A. aestivum* (Hedw.) Mitt.

本属全世界现有 47 种,中国有 5 种。

丛本藓

Anoectangium aestivum (Hedw.) Mitt., J. Linn. Soc., Bot. **12**: 175. 1869. *Gymnostomum aestivum* Hedw., Sp. Musc. Frond. 32 f. 2. 1801.

Anoectangium compactum Schwägr., Sp. Musc. Frond., Suppl. 1, **1**: 36. 1811, *nom. illeg.*

Gymnostomum euchloron Schwägr., Sp. Musc. Frond., Suppl. 2, **2**(2): 83. 1827.

Anoectangium euchloron (Schwägr.) Mitt., J. Linn. Soc., Bot. **12**: 176. 1869.

生境　碱性岩石或岩石薄土上。

分布　黑龙江、吉林、辽宁、内蒙古、山西(Wang et al., 1994)、山东、河南、陕西、宁夏、青海、安徽、江苏、浙江、四川、重庆(胡晓云和吴鹏程, 1991)、贵州、云南、福建、台湾。巴基斯坦(Higuchi and Nishimura, 2003)、斯里兰卡(O'Shea, 2002)、日本、印度、菲律宾、印度尼西亚(Gradstein et al., 2005)、秘鲁(Menzel, 1992)、新西兰, 欧洲、北美洲。

阔叶丛本藓

Anoectangium clarum Mitt., J. Proc. Linn. Soc., Bot., Suppl. **1**: 31. 1859. **Type**: India: Sikkim: *J. D. Hooker 203* (lectotype: NY); *J. D. Hooker 202* (syntype: NY).

Anoectangium latifolium Broth. Symb. Sin. **4**: 31. 1929. **Type**: China: Yunnan, Dali Co., 3050～3350m, May 21. 1915, *Handel-Mazzetti 6393, 8462* (syntype: H-BR).

生境　岩面、石墙或石缝中。

分布　河北(Li and Zhao, 2002)、山西(Wang et al., 1994)、河南、四川、云南、西藏、广西(贾鹏等, 2011)。斯里兰卡(O'Shea, 2002)、印度、尼泊尔、缅甸。

粗肋丛本藓

Anoectangium crassinervium Mitt., J. Proc. Linn. Soc., Bot., Suppl. **1**: 31. 1859. **Type**: China: Xizang, *T. Thomson 127* (holotype: NY).

生境　高山地区的岩面上。

分布　西藏。中国特有。

扭叶丛本藓

Anoectangium stracheyanum Mitt., J. Proc. Linn. Soc., Bot., Suppl. **1**: 31. 1859. **Type**: Himalayas: Boreali-occident. reg. temp., Kumaon, *Strachey & Winterbottom 19* (lectotype: NY); *T. Thomson 207* (syntype: NY).

Anoectangium tortifolium A. Jaeger, Ber. Thätigk. St. Gallischen Naturwiss. Ges. **1869-1870**: 286. 1870.

Anoectangium gymnostomoides Broth. & Yasuda, Bot. Mag. (Tokyo) **19**: 150. 1915.

Anoectangium perminutum Broth., Akad. Wiss. Wien Sitzungsber., Math. -Naturwiss. Kl., Abt. 1, **133**: 563. 1924. **Type**: China: Yunnan, *Handel-Mazzetti 679* (holotype: H).

Anoectangium leptophyllum Broth., Symb. Sin. **4**: 30. 1929. **Type**: China: Yunnan, 2600m, Mar. 16. 1914, *Handel-Mazzetti 679* (holotype: H-BR).

Anoectangium stracheyanum Mitt. var. *gymnostomoides* (Broth. & Yasuda) Wijk & Marg., Taxon **7**: 288. 1958.

生境　岩面上、岩面薄土上,在石缝中及滴水石壁上也可见。还可生于海拔 5000m 左右的冰川石上或高寒地区草甸土上。

分布　吉林、内蒙古、河北、北京、山西、山东(赵遵田和曹同, 1998)、河南、陕西、安徽、浙江、江西、湖南、四川、重庆、贵州、云南、西藏、福建、台湾、广东。巴基斯坦(Higuchi and Nishimura, 2003)、斯里兰卡(O'Shea, 2002)、尼泊尔、缅甸、印度、泰国(Touw, 1968)、越南(Tan and Iwatsuki, 1993)、日本。

卷叶丛本藓

Anoectangium thomsonii Mitt., J. Proc. Linn. Soc., Bot., Suppl. **1**: 31. 1859. **Type**: India: Sikkim: *T. Thomson 156* (lectotype: NY), *T. Thomson 153, 199* (syntype: NY); *J. D. Hooker 197, 200, 201, 205* (syntype: NY).

Anoectangium crispullum Wilson, Hooker's J. Bot. & Kew Gard. Misc. **9**: 325. 1857.

Anoectangium pulvinatum Mitt., Trans. Linn. Soc. London, Bot. **3**: 160. 1891, *hom. illeg.*

Anoectangium laxum Müll. Hal., Nuovo Giorn. Bot. Ital., n. s., **5**: 187. 1898. **Type**: China: Shaanxi, Kuan-tou-san, Nov. 1896, *Giraldi s. n.*

Anoectangium fauriei Cardot, Beih. Bot. Centralbl. **19** (2): 90. 1905. **Type**: China: Taiwan, *Kushaku 129*.

Anoectangium subpulvinatum Broth., Akad. Wiss. Wien Sitzungsber., Math.-Naturwiss. Kl. Abt. 1, **133**: 563. 1924. **Type**: China: Sichuan, Yanyuan (Yeng-yen) Co., *Handel-Mazzetti 2626* (holotype: H).

Anoectangium schensianum Müll. Hal., Nuovo Giorn. Bot. Ital., n. s., **4**: 260. 1927. **Type**: China: Shaanxi, Lao-y-san, 1896, *Giraldi s. n.*

Anoectangium kweichowense E. B. Bartram, Ann. Bryol. **8**: 9. 1935. **Type**: China: Guizhou, Hui Hsiang-ping, *S. Y. Cheo 837* (isotype: HKAS).

生境　石壁上、墙上、岩石薄土上、见于土坡上或林地上。

分布　黑龙江、吉林、辽宁、内蒙古、河北、山东(赵遵田和曹同,1998)、河南、陕西、宁夏、甘肃(安定国,2002)、青海、新疆、安徽、浙江、江西、湖北(Peng et al.,2000)、四川、重庆、贵州、云南、西藏、福建、台湾、广东、香港。日本、印度、尼泊尔、缅甸、俄罗斯(远东地区)。

扭口藓属 Barbula Hedw.
Sp. Musc. Frond. 115. 1801, *nom. cons.*

模式种:*B. unguiculata* Hedw.

本属全世界现有约 350 种,中国有 23 种。

朝鲜扭口藓

Barbula amplexifolia (Mitt.) A. Jaeger, Ber. Thätigk. St. Gallischen Naturwiss. Ges. **1871-1872**: 424 (Gen. Sp. Musc. **1**: 272). 1873. *Hydrogonium amplexifolium* (Mitt.) P. C. Chen, Hedwigia **80**: 240. pl. 46, f. 3-5. 1941. *Tortula amplexifolia* Mitt., J. Proc. Linn. Soc., Bot., Suppl. **1**: 29. 1859. **Type**: India: Kumaon, *Strachey & Winterbottm s. n.*

Streblotrichum croceum (Brid.) Loeske var. *coreensis* (Cardot) Wijk & Marg., Taxon **8**: 75. 1959.

Barbula coreensis (Cardot) Saito, J. Hattori Bot. Lab. **39**: 484. 1975. *Barbula paludosa* F. Weber & D. Mohr var. *coreensis* Cardot, Beih. Bot. Centralbl. **17**: 8. 1904. **Type**: Korea: Fusan, *Faurie s. n.*

生境　岩面或钙质土面上。

分布　辽宁(高谦,1977, as *Hydrogonium amplexifolium*)、山西(Wang et al.,1994)、四川。印度、日本、朝鲜。

扁叶扭口藓

Barbula anceps Cardot, Beih. Bot. Centralbl., Abt. 2, **19** (2): 102, f. 7. 1905. **Type**: China: Taiwan, Tai-pei Co., *Kushaku 130* (holotype: PC).

Hydrogonium anceps (Cardot) Herzog & Nog., J. Hattori Bot. Lab. **14**: 60. 1955.

生境　岩面上。

分布　台湾。中国特有。

水生扭口藓(新拟)

Barbula aquatica Cardot & Thér., Bull. Acad. Int. Géogr. Bot. **16**: 40. 1906. **Type**: China: Prov. Guizhou (Kouy-Tchéou), Aug. 8. 1903, *J. Cavalarie 1244*.

生境　不详。

分布　贵州(Thériot,1906)。中国特有。

砂地扭口藓

Barbula arcuata Griff., Calcutta J. Nat. Hist. **2**: 491. 1842. **Type**: India: Assam.

Barbula comosa Dozy & Molk. Ann. Sci. Nat., Bot., sér. 3, **2**: 299. 1844.

Hydrogonium comosum (Dozy & Molk.) Hilp., Beih. Bot. Centralbl. **50**(2): 622. 1933.

Hydrogonium arcuatum (Griff.) Wijk & Marg., Taxon **7**: 289. 1958.

生境　岩面上、河边土壁上或树干基部。

分布　吉林、辽宁、河北、山西(Wang et al.,1994, as *Hydrogonium comosum*)、河南、陕西、安徽、江苏、浙江、四川、贵州、云南、西藏、台湾、香港。尼泊尔、印度、缅甸、泰国、马来西亚、新加坡、日本、菲律宾、印度尼西亚、巴布亚新几内亚、瓦努阿图、西太平洋群岛、墨西哥、西印度群岛、委内瑞拉、巴西、危地马拉、厄瓜多尔(Churchill,1998)。

钝叶扭口藓

Barbula chenia Redf. & B. C. Tan, Trop. Bryol. **10**: 65. 1995. Replaced: *Oxystegus obtusifolius* Hilp., Beih. Bot. Centralbl. **50**(2): 667. 1933. **Type**: China: Hunan, Changsha City, Yolu-schan, *Handel-Mazzetti 11 435* (holotype: H).

Trichostomum obtusifolium Broth., Akad. Wiss. Wien Sitzungsber., Math.-Naturwiss. Kl., Abt. 1, **131**: 210. 1923, *hom. illeg.*

Barbula yuennanensis Broth., Akad. Wiss. Wien Sitzungsber., Math.-Naturwiss. Kl., Abt. 1, **133**: 566. 1924, *hom. illeg.* **Type**: China: Yunnan, Kunming City, *Handel-Mazzetti 71* (holotype: H).

Barbula brevicaulis Broth., Symb. Sin. **4**: 42. 1929, *hom. illeg.*

Streblotrichum obtusifolium (Hilp.) P. C. Chen, Hedwigia **80**: 220. 1941.

生境　路边土坡上或岩面上。

分布　黑龙江、辽宁、内蒙古、河北(赵建成等,1996, as *streblotrichum obtusifolium*)、北京、四川、西藏、福建、广东。中国特有。

卷叶扭口藓

Barbula convoluta Hedw., Sp. Musc. Frond. 120. 1801.

Tortula convoluta (Hedw.) Gaertn., Meyer & Scherb., Oekon. Fl. Wetterau **3**(2): 92. 1802.

Streblotrichum convolutum (Hedw.) P. Beauv., Prodr. Aethéogam. 89. 1805.

Barbula subconvoluta Müll. Hal., Nuovo Giorn. Bot. Ital., n. s., **5**: 183. 1898. **Type**: China: Shaanxi, Tui-kio-san, *Giraldi 1812* (isotype: H).

生境　岩面或岩面薄土上。

分布　西藏、台湾。日本。

狄氏扭口藓

Barbula dixoniana (P. C. Chen) Redf. & B. C. Tan, Trop.

Bryol. **10**: 66. 1995. *Hydrogonium dixonianum* P. C. Chen, Hedwigia **80**: 250. 1941. **Type**: China: Sichuan, Xi-chang Co. (Ningyüen), *Handel-Mazzetti 1617* (holotype: H).

Barbula subpellucida auct. non Mitt., J. Proc. Linn. Soc., Bot., Suppl. **1**: 35. 1859.

Barbula inflexa Dixon, Symb. Sin., Nachtr. Bericht. 19. 1929, *hom. illeg.*

Barbula dixoniana (P. c. chen) Z. Zhang, Lindbergia **22**: 98. 1997, nom, *illeg. later homonym*

生境 岩面或岩面薄土上。

分布 河南、江苏、湖南、四川、贵州、西藏。中国特有。

扭口藓

Barbula ehrenbergii (Lorentz) M. Fleisch., Musci Frond. Archip. Ind. Exsic. **4**: n. 161. 1901. *Trichostomum ehrenbergii* Lorentz, Abh. Köngl. Akad. Wiss. Berlin **1867**: 25. 1868.

Hydrogonium ehrenbergii (Lorentz) A. Jaeger, Ber. Thätigk. St. Gallischen Naturwiss. Ges. **1877-1878**: 405. 1880.

Barbu lalatifolia Broth., Symb. Sin. **4**: 43. 1929, *hom. illeg.* **Type**: China: Yunnan, 2200m, June 21. 1915, *Handel-Mazzetti 6843* (holotype: H).

Barbula subpellucida Mitt. var. *proligera* Broth., Symb. Sin. **4**: 43. 1929. **Type**: China: Sichuan, Yenyuen Co., 2200m, *Handel-Mazzetti 2025* (holotype: H).

生境 溪边岩石、土壁上或见于高山冰川地的岩面上。

分布 山西、山东、河南、陕西、四川、云南、西藏、福建。尼泊尔、巴基斯坦、印度,西亚、欧洲、北美洲、非洲北部。

疣叶扭口藓

Barbula gangetica Müll. Hal., Linnaea **37**: 177. 1872. **Type**: Bangladesh: *Kurz 1796*.

Hydogonium gangeticum (Müll. Hal.) P. C. Chen, Hedwigia **80**: 237. 1941.

生境 江河边、溪边岩面或岩面薄土上。

分布 四川、云南、西藏。孟加拉国、印度。

细叶扭口藓

Barbula gracilenta Mitt., J. Proc. Linn. Soc., Bot., Suppl. **1**: 35. 1859. **Type**: Himalaya: *T. Thomson 189* (holotype: NY).

Hydrogonium gracilentum (Mitt.) P. C. Chen, Hedwigia **80**: 237. 1941.

生境 林中岩面或土坡上。

分布 辽宁、河南、宁夏(黄正莉等, 2010, as *Hydrogonium gracilentum*)、四川、西藏、新疆。印度、巴基斯坦。

纤细扭口藓(新拟)

Barbula gracillima (Herzog) Broth., Nat. Pflanzenfam. (ed. 2), **11**: 528. 1925. *Streblotrichum gracillimum* Herzog, Hedwigia **65**: 157. f. 3. 1925. **Type**: China: Yunnan, Pe yen tsin, 3000m, *S. Ten s. n.*

生境 不详。

分布 云南(Herzog, 1925)。中国特有。

小扭口藓

Barbula indica (Hook.) Spreng. in Steud., Nomencl. Bot. **2**: 72. 1824. *Tortula indica* Hook., Musci Exot. **2**: 135. 1819.

Trichostomum orientale F. Weber, Arch. Syst. Naturgesch. **1** (1): 129. 1804.

Barbula cruegeri Sonder ex Müll. Hal., Syn. Musc. Frond. **1**: 618. 1849.

Barbula cancellata Müll. Hal., Flora **56**: 483. 1873.

Trichostomum tonkinense Besch., Bull. Soc. Bot. France **34**: 96. 1887.

Trichostomum orientale F. Weber fo. *propagulifera* Paris, Rev. Bryol. **28**: 38. 1901.

Barbula orientalis (F. Weber) Broth., Nat. Pflanzenfam. I (3): 409. 1902, *hom. illeg.*

Barbula tonkinensis (Besch.) Broth., Nat. Pflanzenfam. I (3): 409. 1902.

Hymenostomum malayense M. Fleisch., Musci Buitenzorg **1**: 315. 1904.

Didymodon orientalis (F. Weber) Williams, Bull. Torrey Bot. Club **42**: 572. 1915.

Barbula setschwanica Broth., Akad. Wiss. Wien Sitzungsber., Math. -Naturwiss. Kl., Abt. 1, **133**: 566. 1924.

Didymodon opacus Thér., Ann. Cryptog. Exot. **5**: 173. 1932. **Type**: China: Fujian, Fuzhou (Foochow) City, Nan-tai, *H. H. Chung 324*.

Semibarbula indica (Hook.) Herzog ex Hilp., Beih. Bot. Centralbl. **50**(2): 626. 1933.

Hydrogonium setschwanicum (Broth.) P. C. Chen, Hedwigia **80**: 246. 1941. **Type**: China: Sichuan, Xi-chang Co. (Ningyüen), *Handel-Mazzetti 1293* (holotype: H).

Semibarbula orientalis (F. Weber) Wijk & Marg., Taxon **8**: 75. 1959.

Barbula horrinervis Saito, J. Hattori Bot. Lab. **39**: 468. 1975.

生境 岩面、林地或土墙面上。

分布 内蒙古、北京、山东(赵遵田和曹同, 1998)、河南、宁夏、江苏、浙江(刘仲苓等, 1989)、重庆、贵州、云南、西藏、福建、台湾、广东、香港、澳门。巴基斯坦(Higuchi and Nishimura, 2003)、斯里兰卡(O'Shea, 2002)、日本、印度、尼泊尔、缅甸、越南、泰国、马来西亚、新加坡、印度尼西亚、菲律宾、巴布亚新几内亚、澳大利亚、瓦努阿图、美国(夏威夷)、墨西哥、西印度群岛、洪都拉斯、巴西、厄瓜多尔(Churchill, 1998)、秘鲁(Churchill, 1998), 北美洲。

褶叶扭口藓

Barbula inflexa (Duby) Müll. Hal., Syn. Musc. Frond. **1**: 605. 1849. *Tortula inflexa* Duby in Moritzi, Syst. Verz. 133. 1846. **Type**: Indonesia: Java, *Zollinger 1603*.

Hydrogonium inflexum (Duby) P. C. Chen, Hedwigia **80**: 249. 1941.

生境 阴湿的土坡上或溪边岩面上。

分布 西藏、福建、广东。斯里兰卡(O'Shea, 2002)、泰国(Tan and Iwatsuki, 1993)、印度尼西亚。

爪哇扭口藓

Barbula javanica Dozy & Molk., Ann. Sci. Nat., Bot., sér. 3, **2**: 300. 1844.

Tortula consanguinea Thwaites & Mitt., J. Linn. Soc., Bot. **13**: 300. 1873.

Barbula convolutifolia Dixon, Hong Kong Naturalist, Suppl. **2**: 10. 1933. **Type**: China: Hong Kong, *Herklots 249b*.

Hydrogonium consanguineum (Thwaites & Mitt.) Hilp.,

Beih. Bot. Centralbl. **50**(2):626. 1933.

Hydrogonium javanicum (Dozy & Molk.) Hilp., Beih. Bot. Centralbl. **50**(2):632. 1933.

Hydrogonium javanicum var. *convolutifolium* (Dixon) P. C. Chen, Hedwigia **80**:244. 1941.

生境　阴湿的岩面或土面上。

分布　山西(Wang et al., 1994, as *Hydrogonium javanicum*)、山东(杜超等, 2010, as *H. consanguineum*)、河南、安徽、江苏、上海、四川(Li et al., 2011, as *H. javanicum*)、贵州(王晓宇, 2004)、云南、西藏、福建(Dixon, 1933)、台湾(Chuang, 1973, as *H. consanguineum*)、海南、香港、澳门。印度、巴基斯坦、尼泊尔、缅甸、越南、泰国、柬埔寨、马来西亚、新加坡、印度尼西亚、菲律宾、斯里兰卡、日本、巴布亚新几内亚。

大叶扭口藓

Barbula majuscula Müll. Hal., Nuovo Giorn. Bot. Ital., n. s., **5**: 182. 1898. **Type**: China: Shaanxi, Lao-y-huo, Schen-gen-ze, Mar. 1897, *Giraldi 1825* (isotype: H).

Hydrogonium majusculum (Müll. Hal.) P. C. Chen, Hedwigia **80**:242. 1941.

生境　荫蔽的岩面或土面上。

分布　陕西。中国特有。

芽胞扭口藓

Barbula propagulifera (X. J. Li & M. X. Zhang) Redf. & B. C. Tan, Trop. Bryol. **10**:66. 1995.

Streblotrichum propaguliferum X. J. Li & M. X. Zhang, Acta Bot. Yunnan. **5**: 385. 1983. **Type**: China: Shaanxi, Huxian Co., 1600m, Sept. 6. 1962, *Wei Zhi-Ping 4349* (holotype: WUK; isotype: HKAS).

生境　路边岩面。

分布　陕西。中国特有。

拟扭口藓

Barbula pseudo-ehrenbergii M. Fleisch., Musci Buitenzorg **1**:356. 1904.

Barbula dialytrichoides Thér. in Broth., Nat. Pflanzenfam. (ed. 2), **10**:280. 1924, *nom. nud.*

Hydrogonium pseudo-ehrenbergii (M. Fleisch.) P. C. Chen, Hedwigia **80**:242. 1941.

生境　润湿的岩面或土坡上。

分布　北京、山东(赵遵田和曹同, 1998, as *Hydrogonium pseudo-ehrenbergii*)、陕西、四川、重庆、贵州、云南、西藏、福建(Dixon, 1933, as *B. dialytrichoides*)、台湾(Chuang, 1973, as *Hydrogonium pseudo-ehrenbergii*)、广东。斯里兰卡(O'Shea, 2002)、尼泊尔、印度、菲律宾、印度尼西亚。

暗色扭口藓

Barbula sordida Besch., Bull. Soc. Bot. France **1**: 80. 1894. **Type**: Vietnam: Hanoi, *H. Bon 3615*.

Hydrogonium sordidum (Besch.) P. C. Chen, Hedwigia **80**:239. 1941.

生境　阴湿的岩面或土坡上。

分布　山东(赵遵田和曹同, 1998, as *Hydrogonium sordidum*)、浙江、四川、贵州、云南、福建、广东。越南。

东亚扭口藓

Barbula subcomosa Broth., Hedwigia **38**: 211. 1899. **Type**: Japan: Kiushiu, Kangawa, *Wichura 1400a*.

Barbula laevifolia Broth. & Yasuda, Öfvers. Förh. Finska Vetensk. -Soc. **62A**(9):11. 1921.

Barbula subpellucida Mitt. var. *angustifolia* Broth., Symb. Sin. **4**: 43. 1929. **Type**: China: Sichuan, Yen-yuen Co., *Handel-Mazzetti 2529* (holotype: H).

Hydrogonium subpellucida Mitt. var. *angustifolia* (Broth.) Hilp., Beih. Bot. Centralbl. **50**(2):629. 1933.

Hydrogonium laevifolium (Broth. & Yasuda) P. C. Chen, Hedwigia **80**:248. 1941.

Hydrogonium subcomosum (Broth.) P. C. Chen, Hedwigia **80**: 236. 1941.

生境　岩面。

分布　湖南、重庆(胡晓云和吴鹏程, 1991)、贵州、西藏、台湾。缅甸、越南、柬埔寨(Tan and Iwatsuki, 1993)、日本。

亮叶扭口藓

Barbula subpellucida Mitt., J. Proc. Linn. Soc., Bot., Suppl. **1**: 35. 1859. **Type**: China: Xizang, *T. Thomson 121* (NY).

Hydrogonium subpellucidum (Mitt.) Hilp., Beih. Bot. Centralbl. **50**(2):622. 1933.

Hydrogonium subpellucidum var. *hyaloma* Herzog, J. Hattori Bot. Lab. **14**:60. 1955.

生境　荫蔽的岩面或林地上。

分布　四川、云南、台湾(Chuang, 1973, as *Hydrogonium subpellucidum* var. *hyaloma*)。喜马拉雅地区西北部、印度。

扭口藓(扭口藓尖叶变种, 扭口藓长苞叶变种)

Barbula unguiculata Hedw., Sp. Musc. Frond. 118. 1801.

Tortula unguiculata (Hedw.) P. Beauv., Prodr. Aethéogam. 93. 1805, *hom. illeg.*

Barbula himantina Besch., Ann. Sci. Nat. Bot., sér. 7, **17**: 337. 1893.

Barbula subunguiculata Schimp. ex Besch., Ann. Sci. Nat. Bot., sér. 7, **17**:337. 1893.

Barbula trichostomifolia Müll. Hal., Nuovo Giorn. Bot. Ital., n. s., **4**: 256. 1897. **Type**: China: Shaanxi, Lao-y-san, Oct. 13. 1898, *Girladi 1383* (isotype: H).

Barbula tokyoensis Besch., J. Bot. (Desvaux) **12**:296. 1898.

Tortella himantina (Besch.) Broth., Nat. Pflanzenfam. I (3):397. 1902.

Barbula ochracea Broth. ex Levier, Nuovo Giorn. Bot. Ital., n. s., **13**: 249. 1906. **Type**: China: Shaanxi, Kuan-tou-san, Oct. 13. 1898, *Girladi s. n.* (isotype: H).

Streblotrichum unguiculatum (Hedw.) Loeske, Stud. Morph. Syst. Laubm. 102. 1910.

Barbula unguiculata var. *trichostomifolia* (Müll. Hal.) P. C. Chen, Hedwigia **80**:217. 1941.

生境　岩面、岩面薄土、林地和草地。

分布　吉林、辽宁、内蒙古、河北、北京、山西、山东、河南、陕西、宁夏、甘肃、新疆、安徽、江苏、上海、浙江、江西、湖南、湖北、四川、重庆(胡晓云和吴鹏程, 1991)、云南、西藏、福建、台湾、香港(Salmon, 1900)、广西(左勤等, 2010)、澳门。巴基斯坦(Higuchi and Nishimura, 2003)、日本、印度、俄罗斯、秘鲁(Menzel, 1992)、智利(He, 1998)、澳大利亚, 欧洲、北美洲、非洲北部。

钝叶扭口藓

Barbula williamsii (P. C. Chen) Z. Iwats. & B. C. Tan, Kalikasan **8**: 186. 1979. *Hydrogonium williamsii* P. C. Chen, Hedwigia **80**: 239. 1941. **Type**: Philippines: Luzon, Bagnio, 1500m, *Williams 1673*.

生境　石灰岩上或溪边湿的岩面上。

分布　山西、山东、贵州(王晓宇,2004)、云南、西藏。菲律宾。

云南扭口藓(新拟)

Barbula yunnanensis Copp., Bull. Soc. Vaud. Sci. Nat. **12**(4): 15. Pl. 6, f. o-r. 1911.

生境　不详。

分布　云南(Coppey,1911)。中国特有。

美叶藓属 Bellibarbula P. C. Chen Hedwigia **80**:222. 1941.

模式种:*B. kurziana* (Hampe) P. C. Chen

本属全世界现有 2 种,中国 2 种。

美叶藓

Bellibarbula kurziana Hampe ex P. C. Chen, Hedwigia **80**: 223. 1941. **Type**: India: Sikkim, Phalloot Top, *Kurz 2026*.

Gymnostomum kurzianum Hampe in A. Jaeger, Ber. Thätigk. St. Gallischen Naturwiss. Ges. **1877-1878**:367. 1880, *nom. nud.*

Gymnostomum kurzii Hampe ex Kindb., Enum. Bryin. Exot. 61. 1888, *nom. nud.*

Hymenostylium kurzii Hampe in Müll. Hal., Gen. Musc. Frond. 396. 1900, *nom. nud.*

生境　多生于林缘、沟边岩石上、岩面薄土上、林地上或偶见于树干上。

分布　山西(Wang et al., 1994)、青海、西藏。印度。

尖叶美叶藓

Bellibarbula recurva (Griff.) R. H. Zander, Bull. Buffalo Soc. Nat. Sci. **32**: 142. 1993. *Gymnostomum recurvum* Griff., Calcutta J. Nat. Hist. **2**:482. 1842.

Anoectangium obtusicuspis Besch., Rev. Bryol. **18**: 87. 1891. **Type**: China: Yunnan, *Delavay 3950* (isotype: H).

Didymodon recurvus (Griff.) Broth., Nat. Pflanzenfam. I (3):405. 1902.

Didymodon tenerrimus Broth., Symb. Sin. **4**: 39. 1929. **Type**: China: Yunnan, Lijiang Co., 3250m, July 22. 1914, *Handel-Mazzetti 4321* (holotype: H-BR).

Bellibarbula obtusicuspis (Besch.) P. C. Chen, Hedwigia **80**:225. 1941.

Bryoerythrophyllum tenerrimum (Broth.) P. C. Chen, Hedwigia **80**:253. 1941.

Bryoerythrophyllum recurvum (Griff.) Saito in Nog. & Z. Iwats., Bull. Univ. Mus. Univ. Tokyo **8**:254. 1975.

生境　多生于岩石上,岩面薄土上,也见于林地上及灌丛下。

分布　山东(赵遵田和曹同,1998, as *Bryoerythrophyllum tenerrimum*)、宁夏(黄正莉等,2010, as *B. obtusicuspis*)、云南、西藏。印度,北美洲。

红叶藓属 Bryoerythrophyllum P. C. Chen Hedwigia **80**:4. 1941.

模式种:*B. recurvirostrum* (Hedw.) P. C. Chen

本属全世界现有 23 种,中国有 9 种,1 变种。

高山红叶藓

Bryoerythrophyllum alpigenum (Vent.) P. C. Chen, Hedwigia **80**:257. 1941. *Didymodon alpigenus* Vent. in Jur., Laubm.-Fl. Oesterr.-Ung. 98. 1882.

Trichostomum alpigenum Vent. in Limpr., Laubm. Deutschl. **1**:547. 1888, *nom. nud.*

生境　阴湿的岩石上、林地上、树干基部、林缘或沟边上坡上。

分布　河北、陕西、四川、贵州(彭晓磬,2002)、云南、西藏。巴基斯坦、印度、高加索地区、澳大利亚,欧洲、北美洲。

钝头红叶藓

Bryoerythrophyllum brachystegium (Besch.) Saito, J. Jap. Bot. **47**: 14. 1972. *Gymnostomum brachystegium* Besch., J. Bot. (Morot) **12**:281. 1898.

Didymodon brachystegius (Besch.) Broth., Nat. Pflanzenfam. I (3):406. 1902.

Didymodon obtusissimus Broth., Öfvers. Förh. Finska Vetensk.-Soc. **62A**(9):9. 1921.

Bryoerythrophyllum obtusissimum (Broth.) P. C. Chen, Hedwigia **80**:252. 1941.

生境　岩石、石缝中、岩面薄土、林地、树干或倒腐木上。

分布　内蒙古、河北(Li and Zhao, 2002)、山西(Wang et al., 1994)、宁夏、湖北、四川、重庆、云南、西藏、台湾。日本。

无齿红叶藓

Bryoerythrophyllum gymnostomum (Broth.) P. C. Chen, Hedwigia **80**:255. 1941.

Didymodon gymnostomus Broth. in Handel-Mazzetti, Symb. Sin. **4**:39. 1929. **Type**: China: Yunnan, Nujiang river, 2400～2600m, June 24. 1916, *Handel-Mazzetti 9064* (holotype: H-BR).

生境　岩石、岩面薄土、林地或土坡上。

分布　吉林、内蒙古、河北、河南、宁夏、江苏、上海、四川、云南、西藏。印度、日本。

异叶红叶藓

Bryoerythrophyllum hostile (Herzog) P. C. Chen, Hedwigia **80**:264. 1941.

Erythrophyllum hostile Herzog, Hedwigia **65**: 151. 1925. **Type**:China:Yunnan,Da-yao Co.,*S. Ten 74* (holotype:H).

Didymodon hostilis (Herzog) Broth., Nat. Pflanzenfam. (ed. 2),**11**:528. 1925.

生境　岩石上、林地上或树干上。

分布　云南。中国特有。

单胞红叶藓

Bryoerythrophyllum inaequalifolium (Taylor) R. H. Zander, Bryologist **83**: 232. 1980. *Barbula inaequalifolia* Taylor, London J. Bot. **5**:49. 1846. **Type**: Europe.

Barbula tenii Herzog, Hedwigia **65**: 155. 1925. **Type**: China, Yunnan,Da-yao Co.,*S. Ten 61*,*70* (syntype:H).

生境　岩面上、石缝处、洞口、林缘土壁、草地上、灌丛下或墙壁上。

分布　内蒙古、山东(赵遵田和曹同,1998,as *Barbula tenii*)、河南、新疆、浙江、重庆、云南、西藏、福建。密克罗尼西亚、喜马拉雅地区、印度尼西亚、菲律宾、巴布亚新几内亚,欧洲南部、美洲。

红叶藓

Bryoerythrophyllum recurvirostrum (Hedw.)P. C. Chen, Hedwigia **80**: 255. 1941. *Weissia recurvirostris* Hedw., Sp. Musc. Frond. 71. 1801.

Didymodon rubellus Bruch & Schimp., Bryol. Eur. **2**: 137, pl. 185 (Fasc. 29-30. Monogr. 3. Pl. 1). 1846.

Trichostomum subrubellum Müll. Hal., Nuovo Giorn. Bot. Ital., n. s., **5**: 176. 1898. **Type**: China: Shaanxi, Mt. Taibaishan, Aug. 1896,*Giraldi s. n.* (isotype:H).

Erythrophyllum tenii Herzog, Hedwigia **65**:153. 1925. **Type**: China:Yunnan,Pe yen tsin,3000m,*S. Ten 70*,*79* (H).

Didymodon tenii (Herzog) Broth., Nat. Pflanzenfam. (ed. 2), **11**:528. 1925.

生境　阴湿的岩石上、岩面薄土上、林地上、灌丛下或腐木上。

分布　黑龙江、吉林、内蒙古、河北、山西、山东、陕西、宁夏、甘肃、青海、新疆、浙江、江西、湖南、四川、云南、西藏、福建、台湾。巴基斯坦(Higuchi and Nishimura,2003)、日本、印度尼西亚(Gradstein,2005)、巴布亚新几内亚(Tan,2000a)、俄罗斯(西伯利亚)、坦桑尼亚(Ochyra and Sharp,1988),中亚、西亚、欧洲、北美洲、大洋洲。

大红叶藓

Bryoerythrophyllum rubrum (Jur. ex Geh.) P. C. Chen, Hedwigia **80**: 258. 1941. *Didymodon ruber* Jur. ex Geh., Rev. Bryol. **5**:28. 1878.

Trichostomum giraldii Müll. Hal., Nuovo Giorn. Bot. Ital., n. s., **5**: 177. 1898. **Type**: China: Mts. Qinling, *Giraldi 1826* (isotype:H).

Leptodontium giraldii (Müll. Hal.)Paris,Index Bryol. Suppl. 224. 1900.

Didymodon giraldii (Mull. Hal.)Broth.,Nat. Pflanzenfam. I (3):405. 1902.

生境　阴湿的岩石上、墙壁上、井口边或林地上。

分布　内蒙古、河北、陕西、云南、台湾。高加索地区,欧洲。

东亚红叶藓(魏氏红叶鲜)

Bryoerythrophyllum wallichii (Mitt.) P. C. Chen, Hedwigia **80**: 260. 1941. *Desmatodon wallichii* Mitt., J. Proc. Linn. Soc., Bot., Suppl. **1**: 38. 1859. **Syntypes**: India: Sikkim, *J. D. Hooker 167*; Nepal:*Wallich s. n.*; Himalaya boreali-occident, *T. Thomson 137*.

Barbula zygodontifolia Müll. Hal.,Nuovo Giorn. Bot. Ital., n. s.,**3**:99. 1896.

Didymodon wallichii (Mitt.) Broth., Nat. Pflanzenfam. I (3): 405. 1902.

Erythrophyllum atrorubens (Besch.)Herzog,Hedwigia **65**: 154. 1925.

Erythrophyllum wallichii (Mitt.)Herzog,Hedwigia **65**:155. 1925.

Bryoerythrophyllum atroruberns (Besch.) P. C. Chen, Hedwigia **80**: 262. 1941.

Trichostomum atrorubens Besch. **Type**: China: Yunnan, between Hokin and Dali,*Delavay 1631*,*3965*,*4132*.

生境　林地上或阴湿的岩石上。

分布　四川、云南、西藏。日本、尼泊尔、印度。

云南红叶藓

Bryoerythrophyllum yunnanense (Herzog)P. C. Chen,Hedwigia **80**: 259. 1941. *Erythroyhhyllum yunnanense* Herzog, Hedwigia **65**: 152. 1925. **Type**: China: Yunnan, Bijiang Co., *S. Ten 67* (holotype:H).

云南红叶藓原变种

Bryoerythrophyllum yunnanense var. **yunnanense**

Didymodon yunnanensis (Herzog)Broth.,Nat. Pflanzenfam. (ed. 2),**11**:528. 1925.

生境　阴湿的岩石上、林地、灌丛地或河滩地上。

分布　山西、陕西、新疆、湖北、四川、贵州、云南、西藏。印度(大吉岭)。

云南红叶藓垫状变种

Bryoerythrophyllum yunnanense var. **pulvinans** (Herzog)P. C. Chen, Hedwigia **80**: 259. 1941. *Erythrophyllum pulvinans* Herzog,Hedwigia **65**:153. 1925. **Type**:China:Yunnan,Bijiang Co.,*S. Ten 99* (holotype:H).

生境　岩石上。

分布　河北、云南。中国特有。

陈氏藓属 Chenia R. H. Zander
Phytologia **65**:424. 1989.

模式种:*C. subobliqua* (R. S. Williams)R. H. Zander
本属全世界现有 3 种,中国有 1 种。

陈氏藓

Chenia leptophylla (Müll. Hal.) R. H. Zander, Bull. Buffalo Soc. Nat. Sci. **32**: 258. 1993. *Phascum leptophyllum* Müll. Hal., Flora **71**:6. 1888.

Pottia splachnobryoides Müll. Hal., Nuovo Giorn. Bot. Ital., n. s., **5**:174. 1898. **Type**:China:Shaanxi, Liu-ian-se, Jan. 1896, *Giraldi s. n.* (isotype:H).

Physcomitrium rhizophyllum Sakurai, Bot. Mag. (Tokyo) **52**:469. 1938.

Tortula rhizophylla (Sakurai) Z. Iwats. & Saito, Misc. Bryol. Lichenol. **6**:59. 1972.

Chenia rhizophylla (Sakurai) R. H. Zander, Phytologia **65**:425. 1989.

生境 溪边岩石上。

分布 吉林、山西(吴鹏程等,1987,as *Tortula rhizophylla*)、新疆、浙江(李洋等,2009)、西藏、台湾(Chiang and Hsu, 1997a)。日本、印度,欧洲、北美洲、非洲。

复边藓属 Cinclidotus P. Beauv.
Mag. Encycl. **5**:319. 1804.

模式种:*C. fontinaloides* (Hedw.)P. Beauv.
本属全世界现有 12 种,中国有 1 种。

复边藓

Cinclidotus fontinaloides (Hedw.) P. Beauv., Prodr. Aethéogam. 52. 1805. *Trichostomurn fontinaloides* Hedw., Sp. Musc. Frond. 114. 1801.

生境 岩石上、木头上或生于流水中。

分布 西藏。伊朗、俄罗斯,欧洲、北美洲、非洲北部。

流苏藓属 Crossidium Jur.
Laubm. Fl. Oesterr. -Ung. 127. 1882, *nom. cons.*

模式种:C. squamigerum (Viv.)Jur.
本属全世界现有 11 种,中国有 4 种。

短丝流苏藓

Crossidium aberrans Holz. & E. B. Bartram, Bryologist **27**:4. 1924.

生境 土面上,海拔 1510m。

分布 宁夏(Bai,2002b)。美国、墨西哥,欧洲。

厚肋流苏藓

Crossidium crassinervium (De Not.)Jur., Laubm. Fl. Oestrr. -Ung. 128. 1882. *Tortula crassinervia* De Not., Mem. Reale Accad. Sci. Torino **40**:303. 1836.

生境 林下、灌丛下阴湿钙质土面、坡地裸露土面或阴坡岩面薄土上。

分布 内蒙古(Tan and Zhao,1997)、陕西(刘永英等,2011)、宁夏(白学良,2010)、甘肃、青海、新疆(Tan and Zhao,1997)。俄罗斯、阿富汗、地中海地区、新西兰,欧洲、北美洲、非洲北部(阿尔及尔、突尼斯)。

多列流苏藓(新拟)

Crossidium seriatum H. A. Crum & Steere, Southw. Naturalist **3**:117, f. 1-7. 1959.

生境 钙质土面或岩面上。

分布 青海(Tan and Jia,1997)。墨西哥,北美洲、欧洲(法国、西班牙、瑞士)。

绿色流苏藓*

Crossidium squamiferum (Viv.) Jur., Laubm. Fl. Oesterr. -Ung. 127. 1882. *Barbula squamifera* Viv., Ann. Bot. (Genoa) **1** (2):191. 1804.

Tortula chloronotos Brid., Sp. Muscol. Recent. Suppl. **1**:253. 1806.

Crossidium chloronotos (Brid.)Limpr., Laubm. Deutschl. **1**: 645. 1888.

生境 土面或石灰岩上。

分布 宁夏、四川。巴基斯坦(Higuchi and Nishimura,2003)、蒙古、俄罗斯、新西兰,欧洲、北美洲、非洲北部。

对齿藓属 Didymodon Hedw.
Sp. Musc. Frond. 104. 1801.

模式种:*D. rigidulus* Hedw.
本属全世界现有 126 种,中国有 26 种,3 变种。

---

* 该种曾记录于甘肃、新疆和内蒙古,但应该是 *C. crassinerve* (Tan and Zhao,1997)。

尖锐对齿藓

Didymodon acutus (Brid.) Saito, J. Hattori Bot. Lab. **39**: 519. 1975. *Tortula acuta* Brid., Muscol. Recent. Suppl. **1**: 26. pl. 265. 1806. **Type**: Switzerland: *Schleicher s. n.* (lectotype: B).

Tortula gracilis Schleich. ex Hook. & Grev., Edinburgh J. Sci. **1**: 300. 1824.

Barbula acuta (Brid.) Brid., Muscol. Recent. Suppl. **4**: 96. 1919.

Didymodon icmadophila auct. non (Schimp. ex Müll. Hal.) Saito, J. Hattori Bot. Lab. **39**: 519. 1975.

生境　岩面或岩面薄土。

分布　内蒙古、河北、湖北、广西。日本、蒙古、伊朗，欧洲、北美洲、非洲北部。

鹅头叶对齿藓

Didymodon anserinocapitatus (X. J. Li) R. H. Zander, Bull. Buffalo Soc. Nat. Sci. **32**: 162. 1993. *Barbula anserino-capitata* X. J. Li, Acta Bot. Yunnan. **3** (1): 103. 1981. **Type**: China: Xizang, Longzi Co., Jiayu, 3500m, *Zang Mu 962* (holotype: HKAS).

生境　阴湿的岩石上或河谷边岩面薄土上。

分布　西藏。美国(Zander and Weber, 1997)。

红对齿藓

Didymodon asperifolius (Mitt.) H. A. Crum, Steere & L. E. Anderson, Bryologist **67**: 163. 1964. *Barbula asperifolia* Mitt., J. Proc. Linn. Soc., Bot., Suppl. **1**: 34. 1859. **Type**: India: Sikkim, Momay, Regio alp., 15 000ft; *Hooker s. n.* (lectotype: NY; isolectotype: BM).

Didymodon rufus Lorentz in Rabenh., Bryoth., Eur. **13**: 621. 1863.

Barbula rufa (Lorentz) Jur., Laubm.-Fl. Oesterr.-Ung. 113. 1882, *hom. illeg.*

Barbula sinensi-fallax Müll. Hal., Nuovo Giorn. Bot. Ital., n. s., **3**: 100. 1896. **Type**: China: Shaanxi, Mt. Taibai, *Giraldi 862*.

生境　岩石上、土壁上、林地上或树皮上。

分布　黑龙江、内蒙古、河北、陕西、宁夏、陕西(Dixon, 1993, as *D. rufus*)、甘肃、新疆、重庆、云南、西藏。印度、日本、俄罗斯(西伯利亚)，中亚、欧洲、北美洲(格陵兰地区)。

尖叶对齿藓

Didymodon constrictus (Mitt.) Saito, J. Hattori Bot. Lab. **39**: 514. 1975. *Barbula constricta* Mitt., J. Proc. Linn. Soc., Bot., Suppl. **1**: 33. 1859. **Type**: Between Sikkim and Nepal: *J. D. Hooker 170* (NY).

尖叶对齿藓原变种

Didymodon constrictus var. **constrictus**

Barbula altipes Müll. Hal., Nuovo Giorn. Bot. Ital., n. s., **4**: 254. 1897. **Type**: China: Shaanxi, Mt. Lun-san-huo, Nov. 1895, *Giraldi s. n.*

Barbula magnifolia Müll. Hal., Nuovo Giorn. Bot. Ital., n. s., **4**: 255. 1897. **Type**: China: Shaanxi, Huxian (Hu-schien) Co., Mt. Tsin-lin, Dec. 1895, *Giraldi s. n.*

Barbula nipponica Nog., J. Jap. Bot. **27**: 286. 1952.

生境　阴湿的岩面上、石缝中、岩面薄土上、河谷及溪边流水所经石上、林地上、草甸土上、林下或林缘土壁上。

分布　吉林、辽宁、内蒙古、河北、北京(石雷等, 2011)、山西、陕西、宁夏(黄正莉等, 2010, as *Barbula constricta*)、新疆、安徽、上海(李登科和高彩华, 1986, as *Barbula constricta*)、江西、湖北、四川、重庆(胡晓云和吴鹏程, 1991)、云南、西藏、福建、台湾、广西。尼泊尔、印度、巴基斯坦、缅甸、印度尼西亚、菲律宾、日本。

尖叶对齿藓芒尖变种

Didymodon constrictus var. **flexicuspis** (P. C. Chen) Saito, J. Hattori Bot. Lab. **39**: 516. 1975. *Barbula constricta* Mitt. var. *flexicuspis* P. C. Chen, Hedwigia **80**: 203. 1941. **Type**: China: Lijiang Co., Yulong xueshan, *Handel-Mazzetti 4288* (holotype: H).

Barbula flexicuspis Broth. in P. C. Chen, Hedwigia **80**: 203. 1941, invalid, cited as synonym.

Barbula longicostata X. J. Li, Acta Bot. Yunnan. **3** (1): 105. 1981. **Type**: China: Xizang, Linzhi Co., 3650m, July 5. 1975, *Chen Shu-Kun 430* (holotype: HKAS).

生境　林下岩石上。

分布　内蒙古、山西、山东(赵遵田和曹同, as *Barbula longicostata*)、河南(刘永英等, 2006)、青海、宁夏(黄正莉等, 2010, as *Barbula longicostata*)、新疆、四川、云南、西藏、台湾。中国特有。

长尖对齿藓

Didymodon ditrichoides (Broth.) X. J. Li & S. He, Moss Fl. China **2**: 160. 2001. *Barbula ditrichoides* Broth., Akad. Wiss. Wien Sitzungsber., Math.-Naturwiss. K1., Abt. 1, **133**: 566. 1924. **Type**: China: Sichuan, Yanyuan Co., *Handel-Mazzetti 2382* (holotype: H).

Didymodon acutus (Brid.) Saito var. *ditrichoides* (Broth.) R. H. Zander, Phytologia **41**: 20. 1978.

Didymodon rigidulus Hedw. var. *ditrichoides* (Broth.) R. H. Zander, Bull. Buffalo Soc. Nat. Sci. **32**: 162. 1993.

生境　林下、林缘岩石上、土壁上、林地上、灌丛下、沟边、路旁石缝中、岩面薄土上、墙角下或树干基部。

分布　辽宁、内蒙古、山西(Wang et al., 1994, as *Barbula ditrichoides*)、河南、陕西、甘肃、青海、新疆、安徽、江苏、上海、浙江、江西、湖南、湖北、四川、贵州、云南、西藏、福建、台湾。冰岛，北美洲。

粗对齿藓

Didymodon eroso-denticulatus (Müll. Hal.) Saito, J. Hattori Bot. Lab. **39**: 504. 1975. *Barbula eroso-denticulata* Müll. Hal., Nuovo Giorn. Bot. Ital., n. s., **3**: 102. 1896. **Type**: China: Shaanxi, Huo-gia-ziez, Sept. 1890, *Giraldi 982* (isotype: H).

Barbula trachyphulla Müll. Hal., Nuovo Giorn. Bot. Ital., n. s., **4**: 259. 1897. **Type**: China: Shaanxi, Tsing-ling, Sche-kin-tsuen (Hu-schien), Dec. 1895, *Giraldi s. n.*

Leptodontium setschwanicum Broth., Akad. Wiss. Wien Sitzungsber., Math.-Naturwiss. K1., Abt. 1, **131**: 211. 1922. **Type**: China: Sichuan, *Handel-Mazzetti 1404* (holotype: H).

Morinia setchwanica (Broth.) Broth., Nat. Pflanzenfam. (ed. 2), **11**: 528. 1925.

Erythrophyllum barbuloides Herzog, Hedwigia **65**: 154. 1925. **Type**: China: Yunnan, Pe tsao lin bei Pe yen tsin, 3000m, *S. Ten s. n.*

Prionidium setschwanicum (Broth.) Hilp., Beih. Bot. Centralbl. **50**(2): 641. 1933.

Prionidium eroso-denticulatum (Müll. Hal.) P. C. Chen, Hedwigia **80**: 226. 1941.

生境 林下、林缘岩石面上或岩面薄土上。

分布 陕西、湖北、四川、重庆(胡晓云和吴鹏程,1991)、云南、西藏、广西(贾鹏等,2011, as *Prionidium setschwanicum*)。日本(Iwatsuki,2004)。

北地对齿藓

Didymodon fallax (Hedw.) R. H. Zander, Phytologia **41**: 28. 1978. *Barbula fallax* Hedw., Sp. Musc. Frond. 120. 1801.

Burbula fallacioides Dixon in P. C. Chen, Hedwigia **80**: 204. 1941, *nom. nud.*

生境 阴湿的岩石上,岩面薄土,林地上或林缘、路边及沟边土壁上。

分布 内蒙古、河北、山东(赵遵田和曹同,1998, as *Barbula fallax*)、河南、陕西、甘肃(安定国,2002)、宁夏(黄正莉等,2010, as *Barbula fallax*)、新疆、上海、湖北、四川、重庆、贵州、云南、西藏、台湾。秘鲁(Menzel,1992),中亚、南亚、亚洲东北部、欧洲、北美洲、非洲北部。

反叶对齿藓

Didymodon ferrugineus (Schimp. ex Besch.) Hill, J. Bryol. **11**: 599. 1981 (1982). *Barbula ferruginea* Schimp. ex Besch., Mém. Soc. Sci. Nat. Cherbourg **16**: 181. 1872.

Tortula reflexa Brid., Muscol. Recent. Suppl. **1**: 255. 1806.

Barbula reflexa (Brid.) Brid., Muscol. Recent. Suppl. **4**: 93. 1819[1818].

Barbula falcifolia Müll. Hal., Nuovo Giorn. Bot. Ital., n. s., **4**: 257. 1897. **Type**: China: Shaanxi, Hu Co., (Hu schien), Dec. 1895, *Giraldi s. n.*

Barbula rigidicaulis Müll. Hal., Nuovo Giorn. Bot. Ital., n. s., **4**: 255. 1897. **Type**: China: Shaanxi, Pouo-li, Mar. 1895, *Giraldi s. n.*

Barbula serpenticaulis Müll. Hal., Nuovo Giorn. Bot. Ital., n. s., **5**: 183. 1898. **Type**: China: Shaanxi, Tui-kio-san, Oct. 1896, *Giraldi s. n.*

Didymodon rigidicaulis (Müll. Hal.) Saito, J. Hattori Bot. Lab. **39**: 502. 1975.

生境 岩石上、岩面薄土、土壁、林地或土坡上。

分布 辽宁、内蒙古、河北(Li and Zhao,2002)、山西(吴鹏程等,1987, as *D. rigidicaulis*)、山东、陕西、甘肃(安定国,2002)、宁夏、青海、新疆、安徽、浙江、江西、湖南、四川、重庆(胡晓云和吴鹏程, 1991, as *D. rigidicaulis*)、云南、西藏、台湾、广西(左勤等,2010)。印度、俄罗斯(西伯利亚)、高加索地区、古巴,欧洲、北美洲。

高氏对齿藓

Didymodon gaochenii B. C. Tan & Y. Jia, J. Hattori Bot. Lab. **82**: 309. 1997. **Type**: China. Qinghai: "on trunk of willow near river, upper Laxiu, Baqu valley, Nangqen." *Tan 95-250* (holotype: FH; isotype: PE).

生境 岩面薄土或土面上。

分布 内蒙古、青海。中国特有。

大对齿藓

Didymodon giganteus (Funck.) Jur., Laubm.-Fl. Oesterr.-Ung. 102. 1882. *Barbula gigantea* Funck, Flora **15**: 483. 1832. **Type**: Austria: "Kärnten, Gössnitzerfall bei Heiligenblut" *Laurer s. n.* (lectotype: HBG).

Geheebia gigantea (Funck.) Foul., Musc. France 395. 1884.

Didymodon levieri Broth. in Levier, Nuovo Giorn. Bot. Ital., n. s., **13**: 256. 1906.

Didymodon subrufus Broth., Symb. Sin. **4**: 38. 1929. **Type**: China: Sichuan, Yanyuan Co., 3700～4200m, May 18. 1914, *Handel-Mazzetti 2353* (holotype: H-BR).

生境 阴湿的岩石上、石缝中、岩面薄土上、高山草甸土上或腐木上。

分布 内蒙古、山西(Wang et al., 1994)、河南、陕西、甘肃(Zhang and Li, 2005, as *Barbula gigantea*)、新疆、湖北、四川、重庆(胡晓云和吴鹏程,1991)、云南、西藏。印度、日本,欧洲、北美洲。

阔裂尖对齿藓(新拟)

Didymodon hedysariformis Otnyukova, Arctoa **7**: 207. f. 1-36. 1998. **Type**: Russia, South Siberia Mts., *Otnyukova s. n.*

生境 岩面或岩面薄土上,海拔 1200～1300m。

分布 内蒙古、河北(Bai et al., 2006)。蒙古、俄罗斯(远东地区)。

日本对齿藓

Didymodon japonicus (Broth.) Saito, J. Hattori Bot. Lab. **39**: 508. 1975. *Molendoa japonica* Broth., Öfvers. Förh. Finska Vetensk.-Soc. **62A**(9): 6. 1921. **Type**: Japan: Nagano Pref., Togakushi, *Uematsu 779*.

Molendoa sendtneriana (Schimp.) Limpr. var. *japonica* (Broth.) Z. Iwats., J. Hattori Bot. Lab. **20**: 319. 1958.

Hymenostyliella japonica (Broth.) Saito, J. Jap. Bot. **46**: 145. 1971.

生境 岩面或土墙上。

分布 河南、陕西、宁夏(黄正莉等,2010, as *Molendoa japonica*)、青海、浙江、江西(何祖霞等,2010)、四川、重庆、贵州、西藏、福建。日本。

梭尖对齿藓

Didymodon johansenii (R. S. Williams) H. A. Crum, Cand. Field-Naturalist. **83**: 157. 1969. *Barbula johansenii* R. S. Williams, Rep. Cand. Arctic Exped. **4**: 4. 1921.

生境 林下、林缘的岩面薄土或树皮缝隙中。

分布 内蒙古、宁夏(白学良,2010)。蒙古、俄罗斯,北美洲、北极地区。

鞭枝对齿藓(新拟)

Didymodon leskeoides K. Saito, J. Hattori Bot. Lab. **39**: 508. Pl. 51, f. 1-12. 1975.

生境 不详。

分布 云南(Saito,1975)。日本(Saito,1975)。

棕色对齿藓(新拟)

Didymodon luridus Hornsch., Syst. Veg. **4**(1): 173. 1827.

生境　不详。

分布　山西(Sakurai,1949)。哈萨克斯坦、美国,欧洲。

密执安对齿藓

Didymodon michiganensis (Steere) Saito, J. Hattori Bot. Lab. **39**: 517. 1975. *Barbula michiganensis* Steere, Moss Fl. N. Amer. **1**: 180. 1938. **Type**: U. S. A.: Michigan, Alger Co., Pictured Rocks, *Nichols & Steere 1935*.

生境　峭壁的石缝中。

分布　内蒙古、云南。印度、日本,北美洲。

黑对齿藓

Didymodon nigrescens (Mitt.) Saito, J. Hattori Bot. Lab. **39**: 510. 1975. *Barbula nigrescens* Mitt., J. Proc. Linn. Soc., Bot., Suppl. **1**: 36. 1859. **Type**: India: Sikkim, *J. D. Hooker 169* (NY).

Andreaea yunnanensis Broth., Symb. Sin. **4**: 9. 1929. **Type**: China: Yunnan, Zhongdian (Chungtien) Co., *Handel-Mazzetti 6952* (holotype: H).

Barbula subrivicola P. C. Chen, Hedwigia **80**: 213. 1941. **Type**: China: Sichuan, Yanyuan Co., *Handel-Mazzetti 5538* (holotype: H).

Barbula subrivicola var. *densifolia* P. C. Chen, Hedwigia **80**: 215. 1941. **Type**: China: Sichuan, between Yalung and Tschahung, *Handel-Mazzetti 2669* (holotype: H).

生境　高山林下岩石、冰川附近流石滩上、岩缝、草甸土、石灰岩或林地上。

分布　内蒙古、河北(赵建成等,1996, as *Barbula nigrescens*)、山西(Wang et al., 1994)、陕西、宁夏、青海、新疆、江苏、上海、浙江、江西、四川、贵州、云南、西藏、台湾。印度、日本,北美洲。

浅基对齿藓

Didymodon pallido-basis (Dixon) X. J. Li & Z. Iwats., Moss Fl. China **2**: 166. 2001. *Barbula pallido-basis* Dixon, Rev. Bryol. Lichénol. **7**: 107. 1934. **Type**: China: Liaoning, Shenyang City, July 23. 1933, *Iwasaki 10 033* (isotype: TNS).

生境　不详。

分布　辽宁。中国特有。

细叶对齿藓

Didymodon perobtusus Broth., Rev. Bryol., n. s. **2**: 1. 1928. **Type**: China: Yunnan, between Nujiang and Lancangjiang, *Handel-Mazzetti 8441* (holotype: H).

Barbula perobtusa (Broth.) P. C. Chen, Hedwigia **80**: 194. 1941.

Barbula rigidula (Hedw.) Mitt. var. *perobtusus* Broth., Symb. Sin. **4**: 41. 1929.

Didymodon rigidulus Hedw. var. *perobtusus* (Broth.) Redf. & B. C. Tan, Trop. Bryol. **10**: 66. 1995.

生境　钙质岩石上、高山地区岩面上或土墙上。

分布　内蒙古、陕西、宁夏、甘肃(Zhang and Li, 2005, as *Barbula perobtusa*)、新疆、湖北、西藏。蒙古。

硬叶对齿藓原变种

Didymodon rigidulus Hedw. var. **rigidulus**, Sp. Musc. Frond. 104. 1801.

Desmatodon rupestris Funck ex Brid., Bryol. Univ. **1**: 822. 1827.

Didymodon obtusifolius Schultz, Syll. Pl. Nov. **2**: 138. 1828.

Barbula waghornei Kindb., Eur. N. Amer. Bryin. **2**: 264. 1897.

Didymodon gemnifer Cardot, Rev. Bryol. **50**: 17. 1923.

Barbula rigidula (Hedw.) Mild., Bryol. Siles. 118. 1969, *hom. illeg.*

生境　高山岩石、冰碛石、草甸土、林地、林缘或沟边石壁上。

分布　内蒙古、河北、山西(Sakurai, 1949, as *Barbula rigidula*)、山东(赵遵田和曹同,1998, as *Barbula rigidula*)、陕西、宁夏、甘肃、青海、新疆、江苏、四川、重庆、云南、西藏。俄罗斯(西伯利亚),秘鲁(Menzel, 1992)、巴西(Yano, 1995)、智利(He, 1998),中亚、西亚、欧洲、北美洲、非洲北部。

硬叶对齿藓细肋变种

Didymodon rigidulus var. **icmadophilus** (Schimp. ex Müll. Hal.) R. H. Zander, Cryptog. Bryol., Lichénol. **2**: 394. 1981.

Barbula icmadophila Schimp. ex Müll. Hal., Syn. Musco. Frond. **1**: 614. 1849.

Didymodon icmadophila (Schimp. ex Müll. Hal.) K. Saito, J. Hattori Bot. Lab. **39**: 519. 1975.

生境　岩面薄土上。

分布　内蒙古(Bai, 1996, as *D. icmadophilus*)。印度、日本、俄罗斯,欧洲、北美洲、中美洲、南美洲。

溪边对齿藓*

Didymodon rivicola (Broth.) R. H. Zander in T. J. Kop., C. Gao, J. S. Luo & Jarvinen, Ann. Bot. Fenn. **20**: 222. 1983. *Barbula rivicola* Broth., Symb. Sin. **4**: 41. 1929. **Type**: China: Yunnan, Lijiang Co., 3000m, June 19. 1915, *Handel-Mazzetti 6838* (holotype: H-BR).

Didymodon mamillosus Dixon in C. Y. Yang, Sci. Rep. Natl. Tsing Hua Univ., ser. B. Biol. Sci. **2**: 116. 1936, *nom. nud.*

生境　高山灌丛下、林地上、林缘、沟边土坡上或见于林下腐木上。

分布　吉林、内蒙古、河北、山东(赵遵田和曹同,1998, as *Barbula rivicola*)、陕西、新疆、江苏(刘仲苓等,1989)、四川、贵州、云南、西藏。中国特有。

剑叶对齿藓

Didymodon rufidulus (Müll. Hal.) Broth., Nat. Pflanzenfam. Ⅰ (3): 405. 1902. *Barbula rufidula* Müll. Hal., Nuovo Giorn. Bot. Ital., n. s., **3**: 102. 1896. **Type**: China: Shaanxi, Kuan-tou-san, *Giraldi 856* (isotype: H).

Didymodon sulphuripes (Müll. Hal.) A. Jaeger, Ber. Thätigk. St. Gallischen Naturwiss. Ges. **1871-1872**: 361 (Gen. Sp. Musc. 1: 208.). 1873.

Trichostomum sulphuripes Müll. Hal., Nuovo Giorn. Bot. Ital., n. s., **3**: 103. 1896. **Type**: China: Shaanxi, Kuan-tou-san, *Giraldi 924* (isotype: H).

Trichostomu mnodiflorus Müll. Hal., Nuovo Giorn. Bot. Ital., n. s., **5**: 176. 1898. **Type**: China: Shaanxi, Kuan-tou-san, *Giraldi 2064* (isotype: H).

Didymodon nodiflorus (Müll. Hal.) Broth., Nat. Pflanzenfam. Ⅰ (3): 407. 1902.

Didymodon handelii Broth. in Hanel-Mazzetti, Symb. Sin. **4**:

---

* 该种记录在甘肃分布是错误的,因为贺兰山不在甘肃(Wu et al., 2002)。

39. 1929. **Type**: China: Sichuan, Muli Co., 4500m, Aug. 6. 1915, *Handel-Mazzetti 7489* (holotype: H-BR).

生境 林地、腐木、枯枝、岩石或砖墙上。

分布 吉林、辽宁、内蒙古、山西、山东(杜超等,2010,as *Barbula rufidula*)、陕西、宁夏、新疆、浙江、湖北、四川、重庆、贵州、云南、西藏、福建、台湾。中国特有。

黑叶对齿藓(新拟)

Didymodon subandreaeoides (Kindb.) R. H. Zander, Phytologia **41**: 23. 1978. *Barbula subandreaeoides* Kindb., Rev. Bryol. **32**: 36. 1905.

Andreaea kashyapii Dixon ex Vohra & Wadhwa, Bull. Bot. Surv. India **6**: 321, f. 1-7. 1964. **Type**: China: Xizang, Manasarowar, in Tibet Occidental, 4750m, *Kashyap s. n.* (holotype: BM).

生境 不详。

分布 四川、云南(Cao and Gao, 1995)、西藏。加拿大、美国。

短叶对齿藓

Didymodon tectorus (Müll. Hal.) Saito, J. Hattori Bot. Lab. **39**: 517. 1975. *Barbula tectorum* Müll. Hal., Nuovo Giorn. Bot. Ital., n. s., **3**: 101. 1896. **Type**: China: Shaanxi, Tun-juen-fan, Oct. 23. 1894, *Giraldi 849* (isotype: H).

Barbula defossa Müll. Hal., Nuovo Giorn. Bot. Ital., n. s., **4**: 256. 1897. **Type**: China: Shaanxi, Fu-kio, Oct. 1895, *Giraldi 1394* (isotype: H).

Barbula ferrinervis Müll. Hal., Nuovo Giorn. Bot. Ital., n. s., **4**: 255. 1897, *hom. illeg.* **Type**: China: Shaanxi, Lun-san-huo, Nov. 1895, *Giraldi 1393* (isotype: H).

Barbula ferrugineinervis Broth., Nat. Pflanzenfam. I (3): 410. 1902.

Didymodon revolutus Broth., Symb. Sin. **4**: 40. 1929. **Type**: China: Yunnan, Nancangjiang river, 2325m, Sept. 21. 1915, *Handel-Mazzetti 8217* (holotype: H-BR).

Barbula strictifolia Dixon ex C. Y. Yang, Sci. Rep. Natl. Tsing Hua Univ., Ser. B, Biol. Sci. **2**(2): 115. 1939, *nom. nud.*

生境 岩石、石缝、土壁、河滩地、草甸土上、灌丛地上或土坡上。

分布 辽宁、内蒙古、河北、北京、山西、山东(赵遵田和曹同,1998, as *Barbula tectorum*)、河南、陕西、甘肃、新疆、安徽、江苏、上海、浙江、江西、四川、贵州、云南、西藏、广西(左勤等,2010)。越南(Tan and Iwatsuki, 1993)。

灰土对齿藓

Didymodon tophaceus (Brid.) Lisa, Elenc. Musch. 31. 1837.

Trichostomum tophaceum Brid., Muscol. Recent. Suppl. **4**: 84. 1819. **Type**: Germany: "Comburgi" 2. 1808 (lectotype: B).

Barbula tophacea (Brid.) Mitt., J. Proc. Linn. Soc., Bot., Suppl. **1**: 35. 1859.

生境 岩石、河滩地、林地、灌丛下、林缘、沟边土壁或砖墙上。

分布 辽宁、内蒙古、山东、宁夏、新疆、四川、重庆、贵州、云南、西藏。印度、巴基斯坦、缅甸(Tan and Iwatsuki, 1993)、泰国(Tan and Iwatsuki, 1993)、俄罗斯(西伯利亚)、日本,欧洲、南美洲、北美洲、非洲北部。

土生对齿藓原变种

Didymodon vinealis (Brid.) R. H. Zander var. **vinealis**, Phytologia **41**: 25. 1978. *Barbula vinealis* Brid., Bryol. Univ. **1**: 830. 1827. **Type**: Germany: "prope Durlach" 1826? *Braun s. n.* (lectotype: B).

Barbula schensiana Müll. Hal., Nuovo Giorn. Bot. Ital., n. s., **3**: 101. 1896. **Type**: China: Shaanxi, Iu-kia-pou, Dec. 1894. *Giraldi 868* (isotype: H).

Barbula schensiana var. *tenuissima* Müll. Hal., Nuovo Giorn. Bot. Ital., n. s., **3**: 102. 1896. **Type**: China: Shaanxi, Si-ku-tziu-san, *Giraldi s. n.* (isotype: H).

Barbula ellipsithecia Müll. Hal., Nuovo Giorn. Bot. Ital., n. s., **4**: 258. 1897. **Type**: China: Shaanxi, Lao-y-san, Mar. 1896, *Giraldi 1387* (isotype: H).

Barbula subcontorta Broth., Akad. Wiss. Wien Sitzungsber., Math. -Naturwiss. K1. **133**: 565. 1924. **Type**: China: Yunnan, Yünnanfu, *Handel-Mazzetti 317* (holotype: H).

生境 岩石上、岩缝处、高山冰破物上、草甸土上或流石滩上。

分布 辽宁、内蒙古、河北、山西、山东(赵遵田和曹同,1998, as *Barbula vinealis*)、陕西、宁夏、甘肃、新疆、江苏、上海(刘仲苓等,1989)、湖南、重庆、贵州、云南、西藏、福建、台湾。尼泊尔、印度、缅甸(Tan and Iwatsuki, 1993)、越南(Tan and Iwatsuki, 1993)、印度尼西亚(Touw, 1992)、俄罗斯(西伯利亚)、高加索地区、秘鲁(Menzel, 1992)、智利(He, 1998),欧洲、北美洲、非洲北部(阿尔及利亚、突尼斯)。

土生对齿藓棕色变种(新拟)

Didymodon vinealis var. **luridus** (Hornsch.) R. H. Zander, Cryptog. Bryol. Lichénol. **2**: 412. 1981. *Didymodon luridus* Hornsch., Syst. Veg. **4**(1): 173. 1827.

Tortula lurida (Hornsch.) Mitt., J. Bot. **5**: 327. 1867. *Trichostomum luridum* (Hornsch.) Spruce, Ann. Mag. Nat. Hist., ser. 2, **3**: 379. 1849.

生境 不详。

分布 山西(Sakurai, 1949)。哈萨克斯坦,欧洲、北美洲、中美洲、南美洲。

艳枝藓属 Eucladium Bruch & Schimp.
Bryol. Eur. **1**: 93. 1846.

模式种: *E. verticillatum* (Brid.) Bruch & Schimp.

本属全世界现有 2 种,中国有 1 种。

艳枝藓

Eucladium verticillatum (Hedw. in Brid.) Bruch & Schimp., Bryol. Eur. **1**: 93 (Fasc. 33-36. Monogr. 3). 1846. *Weissia ver-*

ticillata Hedw. in Brid., J. Bot. (Schrad.) **1800** (1): 283. 1801.

Weissia verticillata Hedw. in Brid., J. Bot. (Schrad.) **1800** (1):283. 1801.

生境 岩石上或岩面薄土上。

分布 陕西、新疆。巴基斯坦(Higuchi and Nishimura,2003)、日本、印度、俄罗斯、智利(He,1998),欧洲、北美洲、非洲北部。

疣壶藓属 Gymnostomiella M. Fleisch.

Musci Buitenzorg **1**:309. 1904.

模式种:*G. vernicosa* (Hook.)M. Fleisch.

本属全世界现有 6 种,中国有 2 种。

长肋疣壶藓

Gymnostomiella longinervis Broth., Philipp. J. Sci. **13**: 205. 1915. **Type**: Philippines: Panay, Iloilo Province, *Robinson 18 053*.

生境 路边湿土面上。

分布 江苏、台湾、广西、香港。缅甸、菲律宾、日本。

疣壶藓小型变种

Gymnostomiella vernicosa (Hook.) M. Fleisch. var. **tenerum** (Müll. Hal. ex Dus.)Arts,J. Bryol. **20**:424. 1998. *Splachnobryum tenerum* Müll. Hal. ex Dus., Kongl. Svenska Vetensk. Acad. Handl. **28**(3):39. 1896. **Type**:Liberia:*P. Dusen s. n.* *Gymnostomiella tenerum* (Müll. Hal. ex Dus.)Arts,J. Bryol. **19**:76. 1996.

生境 湿石灰岩上。

分布 四川。印度、缅甸、印度尼西亚、泰国,非洲。

净口藓属 Gymnostomum Nees & Hornsch.
Bryol. Germ. **1**:153. 1823,*nom. cons.*

模式种:*G. calcareum* Nees & Hornsch.

本属全世界约有 21 种,中国有 3 种。

铜绿净口藓(石生净口藓)

Gymnostomum aeruginosum Smith,Fl. Brit. **3**:1163. 1804. *Gymnostomum rupestre* Scheich. ex Schwägr., Sp. Musc. Frond. Suppl. **1**(1):31. 1811.

生境 高山石灰岩、石缝中、石灰墙上或岩面薄土上。

分布 内蒙古、山西(Wang et al.,1994)、山东(杜超等,2010)、新疆、江苏、浙江、四川、重庆、云南、西藏、台湾、广东。巴基斯坦(Higuchi and Nishimura,2003)、日本、菲律宾、智利(He,1998),中亚、西亚、欧洲、北美洲、中美洲、非洲北部。

净口藓(钙土净口鲜,灰岩净口鲜)

Gymnostomum calcareum Nees & Hornsch., Bryol. Germ. **1**:153. 1823.

生境 生于高寒山区石灰岩上、冰碛岩石、流水岩面上、岩缝中或岩面薄土上。

分布 内蒙古、河北、北京、山东(赵遵田和曹同,1998)、陕西、宁夏、甘肃(安定国,2002)、新疆、江苏、上海(李登科和高彩华,1986)、四川、重庆、贵州、云南、西藏、广东、广西。印度、智利(He,1998),西亚、欧洲、澳大利亚、北美洲、非洲北部(阿尔及利亚)。

厚壁净口藓

Gymnostomum laxirete (Broth.) P. C. Chen, Hedwigia **80**: 57. 1941. *Hymenostylium laxirete* Broth., Symb. Sin. **4**: 32. 1929. **Type**: China: Yunnan, Lijiang Co., *Handel-Mazzetti 4204* (holotype:H).

生境 石灰岩石上。

分布 云南。中国特有。

圆口藓属 Gyroweisia Schimp. Syn. Musc.
Eur. (ed. 2),38. 1876,*nom. cons.*

模式种:*G. tenuis* (Hedw.)Schimp.

本属全世界现有约 14 种,中国有 2 种。

五台山圆口藓(新拟)

Gyroweisia shansiensis Sakurai, Bot. Mag. (Tokyo) **62**: 104. f. 3. 1949. **Type**: China:Shanxi,Mt. Wutaishan,*M. Sato 46*.

生境 不详。

分布 山西(Sakurai,1949)。中国特有。

云南圆口藓

Gyroweisia yunnanensis Broth., Symb. Sin. **4**: 31. 1929. **Type**: China: Yunnan, 2800m, Oct. 31. 1916, *Handel-Mazzetti 13 008* (holotype:H-BR).

生境 生于石灰岩、岩面薄土、石头、温泉边石上或高山冰川石上。

分布 辽宁、湖北、西藏。中国特有。

细齿藓属 Hennediella Paris
Index Bryol. 557. 1896.

模式种:*H. macrophylla* (R. Br.)Paris

本属全世界现有 15 种,中国有 1 种。

宽叶细齿藓(新拟)

Hennediella heimii (Hedw.) R. H. Zander, Bull. Buffalo Soc. Nat. Sci. **32**: 248. 1993. *Gymnostomum heimii* Hedw.,

Sp. Musc. Frond. 32. 1801.

Pottia heimii (Hedw.) Hampe, Flora **20**:287. 1837.

Desmatodon heimii (Hedw.) Mitt., J. Linn. Soc., Bot. **8**: 28. 1865.

生境 水边土面上。

分布 新疆。蒙古、澳大利亚、新西兰、加拿大、美国。

卵叶藓属 Hilpertia R. H. Zander
Phytologia **65**:427. 1989.

模式种:*H. velenovskyi* (Schiffn.)R. H. Zander

本属全世界现有 1 种。

卵叶藓

Hilpertia velenovskyi (Schiffn.)R. H. Zander, Phytologia **65**: 429. 1989. *Tortula velenovskyi* Schiffn., Nova Acta Acad. Caes. Leop. -Carol. German. Nat. Cur. **58** (7): 480. 1893. **Type**: Czech Republic: Prague, 1891, *Velenovsky s. n.*

Hilpertia scotteri (R. H. Zander & Steere) R. H. Zander, Phytologia **65**: 428. 1989. *Tortula scotteri* R. H. Zander & Steere, Bryologist **81**:463. f. 1-14. 1978.

生境 干燥高地上的土面。

分布 内蒙古、山西、宁夏、青海、新疆。俄罗斯、捷克、匈牙利、波兰、原南斯拉夫。

立膜藓属 Hymenostylium Brid.
Bryol. Univ. **2**:181. 1827.

模式种:*H. xanthocarpum* (Hook.)Brid.

本属全世界现有 15 种,中国有 2 种,2 变种。

中华立膜藓(新拟)

Hymenostylium sinense Sakurai, Bot. Mag. (Tokyo) **62**: 104. f. 4. 1949.

生境 不详。

分布 山西(Sakurai, 1949)。中国特有。

立膜藓

Hymenostylium recurvirostrum (Hedw.) Dixon, Rev. Bryol. Lichenol. **6**:96. 1934. *Gymnostomum recurvirostrum* Hedw., Sp. Musc. Frond. **33**:1801.

立膜藓原变种

Hymenostylium recurvirostrum var. **recurvirostrum**

Gymnostomum curvirostrum Hedw. ex Brid., J. Bot. (Schrad.) **1800**(1):273. 1801, *nom. illeg.*

Hymenostylium curvirostrum Mitt., J. Proc. Linn. Soc., Bot., Suppl. **1**:32. 1859.

Trichostomum anoectangioides Müll. Hal., Nuovo Giorn. Bot. Ital., n. s., **4**: 252. 1897. **Type**: China: Shaanxi, Lao-y-san, Nov. 1895, *Giraldi s. n.*

Hymenostylium curvirostre var. *commutatum* (Mitt.) I. Hagen, Tromsø Mus. Aarsh. 21-22:2. 1899.

Hymenostylium anoectangioides (Müll. Hal.) Broth., Nat. Pflanzenfam. Ⅰ (3):389. 1902.

Amphidium mougeotii (Bruch & Schimp.) Schimp. var. *formosicum* Cardot, Beih. Bot. Centralbl. **19**(2):104. 1905.

Hymenostylium curvirostrum var. *sinense* Cardot & Thér., Bull. Acad. Int. Géogr. Bot. **19**:18. 1909.

Hymenostylium pellucidum Broth. & Yasuda, Rev. Bryol. **53**:1. 1926.

Hymenostylium recurvirostrum var. *latifolium* (J. E. Zetterst.) Wijk & Marg., Taxon **9**: 51. 1960. *Gymnostomum rupestre* var. *latifolium* J. E. Zetterst., Kongl. Svenska Vetensk. Acad. Handl. n. s., **13**(13):11. 1876.

生境 石灰岩上、石壁上、林地、树干上或生于冰川的岩面上。

分布 吉林、内蒙古、河北、山西(Wang et al., 1994)、山东(杜超等, 2010, as *Gymnostomum curvirostrum*)、河南、陕西、宁夏、甘肃(Dixon, 1933, as *H. curvirostre* var. *commutatum*)、江苏、浙江、湖南、湖北、四川、重庆、贵州、云南、西藏、福建、台湾。印度、尼泊尔、巴基斯坦、日本、俄罗斯,欧洲、北美洲、非洲北部。

立膜藓橙色变种

Hymenostylium recurvirostrum var. **cylindricum** (E. B. Bartram) R. H. Zander, Canad. J. Bot. **60**:1599. 1982. *Hymenostylium glaucum* var *cylindricum* E. B. Bartram, J. Washington Acad. Sci. **26**:8. 1936. **Type**: Jamaica: *C. R. Orcutt 5461*.

Gymnostomum xanthocarpum Hook., Musci Exot. **2**: 153. 1819. *Hymenostylium aurantiacum* Mitt., J. Proc. Linn. Soc., Bot., Suppl. **1**: 32. 1859. **Syntypes**: India: Sikkim, Reg. Temp., *J. D. Hooker 190* (NY); China: Shanghai, Zi-ka-hwei, 1908, *Courtois s. n.*

Hymenostylium xanthocarpum (Hook.) Brid., Bryol. Univ., Suppl. 3, **2**:82. 1827.

Gymnostomum aurantiacum (Mitt.) A. Jaeger, Ber. Thätigk. St. Gallischen Naturwiss. Ges. **1869-1870**: 285 (Gen. Sp. Musc. **1**:45). 1870.

Hymenostylium courtoisii Broth. & Paris, Rev. Bryol. **37**: 1. 1910.

Hymenostylium luzonense Broth., Philipp. J. Sci. **5**:143. 1910.

Anoectangium fortunatii Cardot & Thér., Bull. Acad. Int. Géogr. Bot. **21**: 269. 1911. **Type**: China: Guizhou, Ping-ba, *Fortunat 1544* (isotype: PE).

Hymenostylium glaucum (Müll. Hal.) Broth. var. *cylindricum* E. B. Bartram, J. Washington Acad. Sci. **26**:8. 1936.

Hymenostylium curvirostrum Mitt. var. *luzonense* (Broth.) E. B. Bartram, Philipp. J. Sci. **68**:107. 1939.

Hymenostylium recurvirostrum (Hedw.) Dixon var. *aurantiacum* (Mitt.) Gangulee, Mosses E. India **3**:648. 1972.

生境 溪边的石灰岩或石上。

分布 吉林、内蒙古、河南(刘永英等, 2006, as *Gymnostomum*

aurantiacum)、陕西、宁夏、甘肃(Wu et al.,2002)、江苏(刘仲苓等,1989,as *Gymnostomum aurantiacum*)、上海、四川、重庆(胡晓云和吴鹏程,1991,as *Gymnostomum aurantiacum*)、贵州(Thériot,1911,as *Anoectangium fortunatii*)、云南、西藏、福建、台湾。印度、尼泊尔、菲律宾、大洋洲、中美洲、北美洲、非洲中部。

立膜藓硬叶变种

Hymenostylium recurvirostrum var. **insigne** (Dixon) E. B. Bartram, Philipp. J. Sci. **68**: 106. 1939. *Weissia recurvirostris* Hedw. var. *insigne* Dixon, J. Bot. **40**: 377. 1902.

Barbula subrigidula Broth., Symb. Sin. **4**: 41. 1929. **Type**: China: Yunnan, Lijiang Co., Mt. Yulongxueshan, *Handel-Mazzetti 6656* (holotype: H).

Gymnostomum subrigidulum (Broth.) P. C. Chen, Hedwigia **80**: 58. 1941.

Gymnostomum insigne (Dixon) A. J. Smith., J. Bryol. **9**: 279. 1976.

生境　高山地区的石灰岩、砂石上或有时生于岩面薄土。

分布　黑龙江、吉林、内蒙古、河南(刘永英等,2006,as *Gymnostomum subrigidulum*)、湖南、湖北、四川、贵州、云南。日本,欧洲、北美洲。

湿地藓属 Hyophila Brid. Bryol. Univ. 1: 760. 1827.

模式种: *H. javanica* (Nees & Blume) Brid.

本属全世界现有86种,中国有7种。

尖叶湿地藓(新拟)

Hyophila acutifolia K. Saito, J. Hattori Bot. Lab. **39**: 470. Pl. 38, f. 1-15. 1975. **Type**: Japan: Fukushima, Mt. Shinobu, *Igarashi 1340* (holotype: TNS).

生境　不详。

分布　浙江(胡人亮和王幼芳,1981)。日本。

卷叶湿地藓(欧洲湿地藓)

Hyophila involuta (Hook.) A. Jaeger, Ber. Thätigk. St. Gallischen Naturwiss. Ges. 1871-72: 354 (Gen. Sp. Musc. **1**: 208.). 1873. *Gymnostomum involutum* Hook., Musci Exot. **2**: 154. 1819. **Type**: Nepal: *Gardner s. n.*

Hyophila tortula (Schwägr.) Hampe, Bot. Zeitung (Berlin) **4**: 267. 1846.

Hyophila micholitzii Broth., Öfvers. Förh. Finska Vetensk.-Soc. **35**: 39. 1893.

Hyophila moutieri Paris & Broth., Rev. Bryol. **28**: 38. 1901. **Type**: China: Hainan, Aug. 30. 1900, *Moutier s. n.*

Hyophila attenuata Broth., Symb. Sin **4**: 37. 1929. **Type**: China: Yunnan, Nujiang valley, *Handel-Mazzetti 9839* (holotype: H).

Hyophila sinensis Dixon in C. Y. Yang., Sci. Rep. Natl. Tsing Hua Univ., ser. B, Biol. Sci. **2**: 117. 1936, *nom. nud.*

生境　石灰岩、土面或草地上。

分布　吉林、内蒙古、山西(Wang et al., 1994)、山东、河南、上海、浙江(刘仲苓等,1989)、江西、湖南、湖北、四川、重庆(胡晓云和吴鹏程,1991)、贵州、云南、西藏、福建、台湾、广东、广西、海南、香港、澳门。巴基斯坦(Higuchi and Nishimura, 2003)、斯里兰卡(O'Shea, 2002)、印度、尼泊尔、缅甸、泰国(Tan and Iwatsuki, 1993)、越南、柬埔寨(Tan and Iwatsuki, 1993)、印度尼西亚、日本、俄罗斯、玻利维亚(Churchill, 1998)、巴西(Churchill, 1998)、厄瓜多尔(Churchill, 1998),欧洲、北美洲、大洋洲。

湿地藓(爪哇湿地藓)

Hyophila javanica (Nees & Blume) Brid., Bryol. Univ. **1**: 761. 1827. *Gymnostomum javanicum* Nees & Blume, Nova Acta Phys.-Med. Acad. Caes. Leop.-Carol. Nat. Cur. **11** (1): 129. 1823.

Hyophila dittei Thér. & P. de la Varde, Rev. Gén. Bot. **29**: 297. 1917.

Hyophila minutitheca Dixon in C. Y. Yang., Sci. Rep. Natl. Tsing hua Univ., ser. B, Biol. Sci. **2**: 117. 1936, *nom. nud.*

生境　溪边岩面、土面上或见于林下岩面薄土上。

分布　北京、山东(杜超等,2010)、上海、四川、贵州(杨朝东和熊源新,2002)、云南、福建、海南、香港。越南(Tan and Iwatsuki, 1993)、印度尼西亚。

花状湿地藓

Hyophila nymaniana (M. Fleisch.) Menzel, Willdenowia **22**: 198. 1992. *Glyphomitrium nymanianum* M. Fleisch., Musci Buitenzorg **1**: 372 f. 69. 1904.

Hyophila rosea R. S. Williams, Bull. New York Bot. Gard. **8**: 341. 1914.

生境　林中岩石、岩面薄土上或见于林下林干基部。

分布　吉林、河北、北京(石雷等,2011,as *H. rosea*)、山东(杜超等,2010,as *H. rosea*)、陕西、安徽、江苏、浙江、江西、湖南、重庆、贵州(杨朝东和熊源新,2002)、云南、西藏、福建、台湾、广东、海南。喜马拉雅地区、印度、泰国、马来半岛、菲律宾。

芽胞湿地藓

Hyophila propagulifera Broth., Hedwigia **38**: 212. 1899. **Type**: Japan: Hondo, Yedo, *Wichura 1396a.*

Hyophila okamurae Broth., Ann. Bryol. **1**: 18. 1928.

Trichostomum uematsui Broth. ex Iisiba., Cat. Mosses Japan 63. 1929.

Hyophila naganoi Sakurai, Bot. Mag. (Tokyo) **67**: 41. 1954.

生境　溪边岩面或土壁上。

分布　北京、江苏、浙江(刘仲苓等,1989)、湖北、重庆、贵州、云南、台湾(Chuang, 1973)、广东、澳门。日本。

四川湿地藓

Hyophila setschwanica (Broth.) Hilp. ex P. C. Chen, Hedwigia **80**: 183. 1941. *Weisiopsis setschwanica* Broth., Symb. Sin. **4**: 37. 1929. **Type**: China: Sichuan, Ya-long-jiang river, *Handel-Mazzetti 2049* (holotype: H).

生境　荫蔽、潮湿的土壁上或岩面薄土上。

分布　四川、贵州、云南、海南、香港。中国特有。

匙叶湿地藓

Hyophila spathulata (Harv.) A. Jaeger, Ber. Thätigk. St. Gallischen Naturwiss. Ges. **1871-1872**: 353 (Gen. Sp. Musc. **1**: 201). 1873. *Gymnostomum spathulatum* Harv. in Hook., Icon. Pl. **1**: pl. 17. 1836. **Type**: Nepal: *Wallich s. n.*

Pottia spathulata Müll. Hal., Syn. Musc. Frond. 559. 1849.

Desmatodon spathulatus (Harv.) Mitt., J. Proc. Linn. Soc., Bot., Suppl. **1**: 39. 1859.

生境　岩面、石灰岩壁上、林地或林缘土壁上。

分布　山东(赵遵田和曹同,1998)、江苏、浙江、湖南、贵州(杨朝东和熊源新,2002)、云南、福建、广西。孟加拉国(O'Shea,2003)、斯里兰卡(O'Shea,2002)、尼泊尔、印度尼西亚。

薄齿藓属 Leptodontium (Müll. Hal.) Hampe ex Lindb. Öfvers. Förh. Kongl. Svenska Vetensk. -Akad. **21**: 227. 1865.

模式种: *L. viticulosoides* (P. Beauv.) Wijk & Marg.

本属全世界现有 36 种,中国有 5 种。

陈氏薄齿藓(新拟)

Leptodontium chenianum X. J. Li & M. Zang, Chenia **9**: 23. 2007. **Type**: China: Yunnan, Wei Xi Co., 1900m, Feb. 11. 2003, *M. Zang 28 008* (holotype: HKAS).

生境　林中,海拔 1900m。

分布　云南(Li and Zang,2007)。中国特有。

厚壁薄齿藓

Leptodontium flexifolium (Dick.) Hampe in Lindb., Öfvers. Förh. Kongl. Svenska Vetensk. -Akad. **21**: 227. 1864. *Bryum flexifolium* Dick., Fasc. Pl. Crypt. Brit. **4**: 29. 1801.

Didymodon dentatus Mitt., J. Proc. Linn. Soc., Bot., Suppl. **1**: 23. 1859.

Leptodontium warnstorfii M. Fleisch., Musci Buitenzorg **1**: 364. 1904.

Leptodontium nakaii Okamura, J. Coll. Sci. Imp. Univ. Tokyo **36**(7): 9. 1915.

Leptodontium pergemmascens Broth., Akad. Wiss. Wien Sitzungsber., Math. -Naturwiss. Kl., Abt. 1, **133**: 565. 1924.

Bryoerythrophyllum dentatum (Mitt.) P. C. Chen, Hedwigia **80**: 253. 1941.

Bryoerythrophyllum pergemmascens (Broth.) P. C. Chen, Hedwigia **80**: 261. 1941.

Leptodontium gracillimum Nog., J. Jap. Bot. **20**: 142. 1945.

Bryoerythrophyllum yichunense C. Gao, Fl. Musc. Chin. Boreali-Orient. 379. 1977. **Type**: China: Heilongjiang, Yichun Co., *P. C. Chen & C. Gao 346* (holotype: IFSBH).

生境　树干上、林地上或草地上。

分布　内蒙古、甘肃(Zhang and Li, 2005, as *Bryoerythrophyllum dentatum*)、新疆、湖南(Enroth and Koponen, 2003)、湖北、四川、重庆(胡晓云和吴鹏程,1991)、云南、西藏、福建(吴鹏程等,1982, as *L. nakaii*)、台湾。印度、印度尼西亚、日本、巴布亚新几内亚、秘鲁(Menzel,1992),欧洲、非洲。

齿叶薄齿藓(韩氏薄齿鲜)

Leptodontium handelii Thér., Ann. Crypt. Exot. **5**: 171. 1932. **Type**: China: Yunnan, Mekong-Salwin-Scheidekette, *Handel-Mazzetti 9983* (holotype: H).

Leptodontium subfilescens Broth., Symb. Sin. **4**: 35. 1929, *hom. illeg.*

生境　多生于林地上、腐木上、林缘石壁及土坡上。

分布　四川、云南、西藏、福建(Thériot, 1932, as *L. subfilescens*)。印度。

疣薄齿藓

Leptodontium scaberrimum Broth., Symb. Sin. **4**: 36. 1929. **Type**: China: Yunnan, Deqin Co., Doker-la, *Handel-Mazzetti 8174* (holotype: H).

生境　林缘、沟边岩石上或生于土面。

分布　河南、四川、贵州。中国特有。

薄齿藓(粗叶薄齿鲜)

Leptodontium viticulosoides (P. Beauv.) Wijk & Marg., Taxon **9**: 51. 1960. *Neckera viticulosoides* P. Beauv., Prodr. Aethéogam. 78. 1805. **Type**: Réunion, *Bory de St Vincent s. n.*

Trichostomum subdenticulatum Müll. Hal., Syn. Musc. Frond. **2**: 626. 1851.

Leptodontium squarrosum (Hook.) Hampe in Lindb., Öfvers. Förh. Kongl. Svenska Vetensk. -Akad. **21**: 227. 1864.

Leptodontium squarrosum var. *subdenticulatum* (Müll. Hal.) Lindb., Öfvers. Förh. Kongl. Svenska Vetensk. -Akad. **21**: 227. 1864.

Leptodontium subdenticulatum (Müll. Hal.) Paris, Index Bryol. 732. 1894.

Leptodontium abbreviatum Dixon, Notes Roy. Bot. Gard. Edinburgh **19**: 284. 1938.

Leptodontium taiwanense Nog. J. Jap. Bot. **20**: 144. 1944. **Type**: China: Taiwan, Mt. Ari-Tataka, Aug. 8. 1932, *H. Ozaki s. n.* (holotype: NICH).

Leptodontium squarrosum var. *abbreviatum* (Dixon) P. C. Chen, Hedwigia **80**: 320. 1941.

生境　林中林地上或树干上。

分布　四川、贵州、云南、西藏、台湾(Chuang, 1973, as *L. taiwanense*)、广西(左勤等,2010)。印度、印度尼西亚、不丹、尼泊尔、秘鲁(Menzel,1992)、巴西(Zander,1972)、坦桑尼亚(Ochyra and Sharp,1988)。

芦氏藓属 Luisierella Thér. & P. de la Varde Bull. Soc. Bot. France **83**: 73. 1936.

模式种: *L. pusilla* Thér. & P. de la Varde

本属全世界现有 1 种。

短茎芦氏藓

Luisierella barbula (Schwägr.) Steere, Bryologist **48**: 84. 1945. *Gymnostomum barbula* Schwägr., Sp. Musc. Frond., Suppl. 2, **2**(1): 77. 1826. **Type**: Cuba: *D. Poeppig s. n.*

Trichostomum brevicaule Hampe ex Müll. Hal., Syn. Musc. Frond. **1**: 567. 1849.

Didymodon brevicaulis (Müll. Hal.) M. Fleisch., Musci Frond. Archip. Ind. Exsic. **6**: n. 272. 1902, *hom. illeg.*

Gyroweisia brevicaulis (Müll. Hal.) Broth., Nat. Pflanzenfam. Ⅰ(3): 389. 1902.

生境　岩面、岩面薄土或树干上。

分布　山东(杜超等,2010,as *Gyroweisia brevicaulis*)、四川、贵州、云南、西藏、香港。印度尼西亚、日本、巴西、洪都拉斯、牙买加、波多黎各、海地、古巴、美国。

细丛藓属 Microbryum Schimp.
Syn. Musc. Eur. 10. 1860.

模式种: *M. floerkeanum* (F. Weber & D. Mohr) Schimp.

本属全世界现有 14 种,中国有 3 种,1 变种。

刺孢细丛藓(新拟)

Microbryum davallianum (Sm.) R. H. Zander, Bull. Buffalo Soc. Nat. Sci. **32**: 240. 1993. *Gymnostomum davallianum* Sm., Ann. Bot. **1**: 577. 1805.

刺孢细丛藓原变种

Microbryum davallianum var. **davallianum**

Pottia davalliana (Sm.) C. E. O. Jensen, Danmarks Mosser **2**: 342. 1923. *Tortula davalii* Lindb., Bot. Not. **1886**: 100. 1886.

生境　路边钙质土面上。

分布　内蒙古(Zhao et al., 2009)。澳大利亚,亚洲西部、欧洲、北美洲、非洲北部(Chamberlain, 1978; Zander, 2007)。

刺孢细丛藓残齿变种(新拟)

Microbryum davallianum var. **conicum** (Schleich. ex Schwägr.) R. H. Zander, Bull. Buffalo Soc. Nat. Sci. **32**: 240. 1993. *Gymnostomum conicum* Schleich. ex Schwägr., Sp. Musc. Frond., Suppl. 1, **1**: 26 pl. 9. 1811.

Pottia starckeana subsp. *conica* (Schleich. ex Schwägr.) D. F. Chamb., Notes Roy. Bot. Gard., Edinburgh **29**: 403. 1969.

生境　土面上。

分布　内蒙古(Zhao et al., 2009)。澳大利亚,亚洲西部、欧洲、北美洲、非洲(西部、南部)(Chamberlain, 1978; Zander, 2007)。

直齿细丛藓(新拟)

Microbryum rectum (With.) R. H. Zander, Bull. Buffalo Soc. Nat. Sci. **32**: 240. 1993. *Phascum rectum* With., Syst. Arr. Brit. Pl. (ed. 4), 771. 1801.

生境　不详。

分布　台湾。欧洲。

条纹细丛藓

Microbryum starckeanum (Hedw.) R. H. Zander, Bull. Buffalo Soc. Nat. Sci. **32**: 240. 1993. *Weissia starckeana* Hedw., Sp. Musc. Frond. 65. 1801. **Type**: Europe: "ad Gross-Tschirna prope Lissam Poloniae.", 1795, *Starke s. n.*

生境　林下土面。

分布　内蒙古(Zhao et al., 2009)、宁夏。新西兰,欧洲、北美洲、非洲北部。

大丛藓属 Molendoa Lindb.
Utkast. Eur. Bladmoss. 29. 1878.

模式种: *M. hornschuchiana* (Hook.) Lindb. ex Limpr.

本属全世界现有 14 种,中国有 3 种,1 变种。

大丛藓(毛氏藓)

Molendoa hornschuchiana (Hook.) Lindb. ex Limpr., Laubm. Deutschl. **1**: 248. 1886. *Hedwigia hornsehuehianu* Hook., Musci Exot. **2**: 3. 1819.

Molendoa hornschuchiana (Funck) Lindb. fo. *barbuloides* Broth., Symb. Sin. **4**: 29. 1929. **Type**: China: Yunnan, Mt. Yulongxueshan, Lijiang Co., 4000m, *Handel-Mazzetti 4304* (syntype: H-BR); Sichuan, Yanyuan Co., 4000m, *Handel-Mazzetti 2385* (syntype: H-BR).

Molendoa hornschuchiana (Funck) Lindb. fo. *fragilis* Gyoerffy in Broth., Symb. Sin. **4**: 29. 1929. **Type**: China: Sichuan, Ningyuen, 4000m, *Handel-Mazzetti 1406* (holotype: H-BR).

生境　石壁上、土坡上或林地上。

分布　山西、陕西、江西、湖南、四川、重庆(胡晓云和吴鹏程,1991)、云南。俄罗斯,欧洲、非洲北部。

侧立大丛藓

Molendoa schliephackei (Limpr.) R. H. Zander, Bull. Buffalo Soc. Nat. Sci. **32**: 170. 1993.

Pleuroweisia schliephackei Limpr., Jahresber. Scles. Ges. Vaterl. Cult. **61**: 224. 1864. **Type**: Switzerland: Roseg-Gletschers, July 1883, *Graf s. n.*

Anoectangium schliephackeanum Limpr., Laubm. Deutschl. 241. 1886, *nom. nud.*

生境　林地上、开阔地上、岩面或岩面薄土。

分布　黑龙江、辽宁、内蒙古、河北、北京、山西(Wang et al., 1994, as *Pleuroweisia schliephackei*)、山东、宁夏、江苏、浙江、湖北、四川、云南、西藏、福建。俄罗斯、瑞士。

高山大丛藓(高山毛氏藓)

Molendoa sendtneriana (Bruch & Schimp.) Limpr., Laubm. Deutschl. **1**: 250. 1886. *Anoectangium sendtnerianum* Bruch & Schimp. in B. S. G., Bryol. Eur. **1**: 91. Pl. 39 (Fasc. 33-36. Monogr. 7. Pl. 3). 1846.

高山大丛藓原变种

Molendoa sendtneriana var. **sendtneriana**

Molendoa roylei auct. non (Mitt.) Broth., Nat. Pflanzenfam. I (3): 391. 1902.

Hymenostylium formosicum Broth. & Yasuda, Rev. Bryol. **53**: 1. 1926. **Type**: China: Taiwan, Mount Daibu, *A. Yasuda 607*; Taito, *Idem 638*.

Hyophila grandiretis Sakurai, Bot. Mag. (Tokyo) **62**: 105. 1949. **Type**: China: Shanxi, *Sato 51*.

生境　岩石或土面上。

分布　吉林、内蒙古、河北、北京、山西、山东(杜超等,2010)、河南、陕西、宁夏、甘肃(Wu et al.,2002)、新疆、安徽、江苏、浙江、江西、四川、贵州、云南、西藏、台湾、广东、广西(贾鹏等,2011)。日本、印度、俄罗斯、美国(阿拉斯加州)、巴西(Yano,1995)、中亚。

高山大丛藓云南变种

Molendoa sendtneriana var. **yuennanensis** (Broth.) Györffy in Thér., Bull. Soc. Sci. Nancy **2**: 704. 1926. *Molendoa yuennanensis* Broth., Akad. Wiss. Wien Sitzungsber., Math.-Naturwiss. Kl., Abt. 1, **131**: 209. 1922. **Type**: China: Yunnan, Kunming City, *Handel-Mazzetti 756* (holotype: H).

Molendoa yuennanensis Broth. ex Hilp., Beih. Bot. Centralbl. **50**(2): 669. 1933, *nom. illeg.*

生境　高山林地、岩石上、高山草甸土上、冰川地上或沼泽地上。

分布　吉林、内蒙古、河北、山西、河南、陕西、新疆、安徽、江西、四川、云南、西藏。中国特有。

卷边藓属(新拟)Plaubelia Brid.
Bryol. Univ. **1**: 522. 1826.

模式种: *P. tortuosa* Brid.

本属全世界现有3种,1变种。我国有1种。

匙叶卷边藓(新拟)

Plaubelia involuta (Magill) R. H. Zander, Bull. Buffalo Soc. Nat. Sci. **32**: 176. 1993. *Weisiopsis involuta* Magill, Fl. S. Afr. I. Mosses **1**: 225. 1981.

生境　土面。

分布　云南(Cao et al.,2010)。博茨瓦纳。

侧出藓属 Pleurochaete Lindb.
Öfvers. Förh. Kongl. Svenska Vetensk.-Akad. **21**: 253. 1864.

模式种: *P. squarrosa* (Brid.) Lindb.

本属全世界现有4种,中国有1种。

侧出藓

Pleurochaete squarrosa (Brid.) Lindb., Öfvers. Förh. Kongl. Svenska Vetensk.-Akad. **21**: 253. 1864. *Barbula squarrosa* Brid., Bryol. Univ. **1**: 833. 1827.

生境　林地上、林缘或沟边土面上。

分布　河南、重庆、云南、台湾(Chuang,1973)。喜马拉雅地区、俄罗斯,西亚、欧洲、北美洲、非洲北部。

花栉藓属 Pseudocrossidium R. S. Williams
Bull. Torrey Bot. Club **42**: 396, pl. 23. 1915.

模式种: *P. chilense* R. S. Williams

本属全世界现有16种,中国有1种。

湿地花栉藓(新拟)

Pseudocrossidium hornschuchianum (Schultz) R. H. Zander, Phytologia **44**: 205. 1979. *Barbula hornschuchiana* Schultz, Syll. Pl. Nov. **1**: 35. 1824[1822].

Desmatodon adustus Mitt., Hooker's J. Bot. Kew Gard. Misc. **8**: 258. 1856.

Tortula adusta (Mitt.) Mitt., Trans. Roy. Soc. Victoria **19**: 60. 1882.

生境　潮湿的草地上。

分布　青海(Tan and Jia,1997)。澳大利亚、南非,欧洲、北美洲。

拟合睫藓属 Pseudosymblepharis Broth.
Nat. Pflanzenfam. (ed. 2), **10**: 261. 1924.

模式种: *P. papillosula* (Cardot & Thér.) Broth.

本属全世界现有9种,中国有2种。

狭叶拟合睫藓

Pseudosymblepharis angustata (Mitt.) Hilp., Beih. Bot. Centralbl. **50**(2): 670. 1933. *Tortula angustata* Mitt., J. Proc. Linn. Soc., Bot., Suppl. **1**: 28. 1859. **Type**: Sri Lanka (Ceylon): *Gardner 134*.

Barbula subduriuscula Müll. Hal., Linnaea **38**: 554. 1874.

Trichostomum angustatum (Mitt.) M. Fleisch., Musci Frond. Archip. Ind. Exsic. **2**: n. 125. 1900, *hom. illeg.*

Trichostomum subduriusculum (Müll. Hal.) Broth., Nat. Pflanzenfam. I (3): 394. 1902.

Symblepharis papillosula Cardot & Thér., Bull. Acad. Int. Géogr. Bot. **19**: 17. 1909. **Type**: China: Guizhou, Ping-fan,

Feb. 1904, *Fortunat 1733* (isotype: H). *Tortella tortuosa* auct. non (Hedw.) Limpr., Laubm. Deutschl. **1**: 604. 1888.

Pseudosymblepharis papillosula (Cardot & Thér.) Broth., Nat. Pflanzenfam. (ed. 2), **10**: 261. 1924.

Tortella yuennanensis Broth., Akad. Wiss. Wien Sitzungsber., Math.-Naturwiss. Kl., Abt. 1, **133**: 564. 1924. **Type**: China: Yunnan, Kunming City, Tschang-tschun-schan, *Handel-Mazzetti 281* (holotype: H).

Oxystegus subduriusculus (Müll. Hal.) Hilp., Beih. Bot. Centralbl. **50**(2): 667. 1933.

Pseudosymblepharis subduriuscula (Müll. Hal.) P. C. Chen, Hedwigia **80**: 152. 1941.

Pleurochaete squarrosa (Brid.) Lindb. var. *crispifolia* Nog., J. Jap. Bot. **27**: 287. 1952.

生境　阴湿的岩石上或潮湿林地中岩面薄土上。

分布　吉林(高谦和曹同,1983)、内蒙古、河北、山西、山东、河南、陕西、宁夏、甘肃、新疆、安徽、江苏、浙江、江西、湖北、四川、重庆、贵州、云南、西藏、福建、台湾、广东、广西。印度、不丹(Noguchi,1971)、缅甸、泰国(Touw,1968)、印度尼西亚、日本、巴布亚新几内亚(Tan,2000a)。

细拟合睫藓

Pseudosymblepharis duriuscula (Mitt.) P. C. Chen, Hedwigia **80**: 153. 1941. *Tortula duriuscula* Mitt., J. Proc. Linn. Soc., Bot., Suppl. **1**: 27. 1859. **Type**: Sri Lanka (Ceylon): reg. mont. super., 4000~8000ft, *Gardner s. n.* (holotype: NY).

Didymodon duriuscula Wilson, Hooker's J. Bot. Kew Gard. Misc. **9**: 299. 1857, *nom. nud.*

Trichostomum duriusculum (Mitt.) Broth., Nat. Pflanzenfam. Ⅰ(3): 39. 1902.

生境　林地或林下岩面上。

分布　山东(杜超等,2010)、陕西、浙江、湖南(何祖霞,2005)、四川、重庆、贵州。斯里兰卡。

盐土藓属 Pterygoneurum Jur.
Laubm.-Fl. Oesterr.-Ung. 95. 1882.

模式种: *P. cavifolium* Jur.

本属全世界现有 14 种,中国有 3 种。

芒尖盐土藓(新拟)

Pterygoneurum kozlovii Lazarenko, Bot. Žurn. **3**: 61. 1946.

生境　路边岩面,海拔 1200~1600m。

分布　新疆(Tan et al., 1995)、内蒙古(Zhao et al., 2008)。蒙古、加拿大(Tan et al., 1995),欧洲。

卵叶盐土藓

Pterygoneurum ovatum (Hedw.) Dixon, Rev. Bryol. Lichénol. **6**: 96. 1934. *Gymnostomum ovatum* Hedw., Sp. Musc. Frond. 31. 1801.

生境　岩石上干燥的土面上。

分布　内蒙古、宁夏、新疆。蒙古、俄罗斯,北美洲、非洲北部。

盐土藓

Pterygoneurum subsessils (Brid.) Jur., Laubm.-Fl. Oesterr.-Ung. 96. 1882. *Gymnostomum subsessile* Brid., Muscol. Recent. Suppl. **1**: 35. 1806. **Type**: Germany: Jena, *Flörke s. n.*

生境　土面或岩面薄土上。

分布　内蒙古、宁夏、新疆。蒙古、俄罗斯、智利(He, 1998),中亚、北美洲、非洲北部。

仰叶藓属 Reimersia P. C. Chen
Hedwigia **80**: 62. 1941.

模式种: *R. inconspicua* (Griff.) P. C. Chen

本属全世界现有 1 种。

仰叶藓(芮氏藓)

Reimersia inconspicua (Griff.) P. C. Chen, Hedwigia **80**: 62. 1941. *Gymnostomum inconspicum* Griff., Calcutta J. Nat. Hist. **2**: 480. 1842. **Type**: India: Khasia, Churra, *Griffith 843*.

Hymenostylium inconspicum (Griff.) Mitt., J. Proc. Linn. Soc., Bot., Suppl. **1**: 33. 1859. *Racopilum formosicum* Horik., Bot. Mag. (Tokyo) **48**: 458. 1934. **Type**: China: Taiwan, Taito Co., Mt. Chipon, Dec. 29. 1932, *Y. Horikawa s. n.*

Didymodon fortunatii Cardot & Thér., Bull. Acad. Int. Géogr. Bot. **19**: 18. 1909. **Type**: China: Guizhou, Pin-fan, Jan. 1904, *Fortunat 1683* (isotype: PE).

Hymenostylium diversirete Broth., Symb. Sin. **4**: 32. 1929. **Type**: China: Yunnan, Yungning, *Handel-Mazzetti 7058* (holotype: H).

生境　多生于湿热的林地上或生于瀑布边的岩石上。

分布　山东、湖南、四川、贵州、西藏、台湾。尼泊尔、印度、泰国(Touw, 1968)、菲律宾。

舌叶藓属 Scopelophila (Mitt.) Lindb.
Acta Soc. Sci. Fenn. **10**: 269. 1872.

模式种: *S. ligulata* (Spruce) Spruce

本属全世界现有 4 种,中国有 2 种。

剑叶舌叶藓

Scopelophila cataractae (Mitt.) Broth., Nat. Pflanzenfam. Ⅰ(3): 436. 1902. *Weissia cataractae* Mitt., J. Linn. Soc.,

Bot. **12**:135. 1869. **Type**: Ecuador: Agoyán, *Spruce 45c*.

Pottia gedeana Sande Lac., Verh. Kon. Ned. Akad. Wetensch., Afd. Natuurk. **13**:4. 2B. 1872.

Merceya cataractae (Mitt.) Müll. Hal., Gen. Musc. Frond. 384. 1900.

Scopelophila sikkimensis Müll. Hal. in Renauld & Cardot, Bull. Soc. Roy. Bot. Belgique **41**(1):53. 1905.

Merceyopsis sikkimensis (Müll. Hal.) Broth. & Dixon, J. Bot., **48**:301 f. 7. 1910.

Merceyopsis formosica Broth. ex Sakurai, Bot. Mag. (Tokyo) **48**: 386. 1934. **Type**: China: Taiwan, Taichia, Hongai, H. sasaoka.

Merceya gedeana (Sande Lac.) Nog., Kumamoto J. Sci., Sect. 2, Biol. **2**:247. 1956.

生境　岩石或岩面薄土上。

分布　辽宁、山东(赵遵田和曹同,1998,as *Merceyopsis sikkimensis*)、河南(刘永英等,2008b)、陕西、甘肃、安徽、江苏、江西、湖南、四川、云南、西藏、福建、台湾、广西、香港。尼泊尔、印度、不丹、印度尼西亚、菲律宾、朝鲜、日本、巴布亚新几内亚、墨西哥、秘鲁(Menzel,1992)、危地马拉、厄瓜多尔,北美洲。

舌叶藓

Scopelophila ligulata (Spruce) Spruce, J. Bot. **19**: 14. 1881. *Encalypta ligulata* Spruce, Musci Pyren. 331. 1847. **Type**: Pyrenees: *Spruce s. n.*

Merceya ligulata (Spruce) Schimp., Syn. Musc. Eur. (ed. 2), **2**:852. 1876.

Encalypta ligulata Spruce, Musci Pyren. 331. 1847.

Merceya thermalis M. Fleisch ex Broth., Nat. Pflanzenfam. (ed. 2), **11**:247. 1925, *nom. illeg.*

Merceya thermalis var. *compacta* M. Fleisch. in P. C. Chen, Hedwigia **80**:271. 1941, *nom. nud.*

Merceya tubulosa P. C. Chen, Hedwigia **80**: 296. pl. 58, f. 6-9. 1941.

生境　阴湿的岩石或土墙上。

分布　辽宁、山东(杜超等,2010)、安徽、浙江、湖南、四川、贵州、云南、台湾、广西。日本、印度、菲律宾、印度尼西亚,欧洲、南美洲、北美洲、非洲北部。

短壶藓属 Splachnobryum Müll. Hal.
Verh. K. K. Zool. -Bot. Ges. Wien 19:503. 1869.

模式种:*S. obtusum* (Brid.) Müll. Hal.

本属全世界现有 10 种,中国有 2 种。

大短壶藓

Splachnobryum aquaticum Müll. Hal., Linnaea **40**:291. 1876. **Type**: Somalia, prope Meid, reg. montosa 1200m, in fonte Daffer, Apr. 1875, *J. M. Hildebrandt 1493* (isotypes: BM, PC, L).

Splachnobryum giganteum Broth., Symb. Sin. **4**: 49. 1929. **Type**: China: Yunnan, Menghai (Manhao) Co., 200m, Mar. 1. 1915, *Handel-Mazzetti 5811* (holotype: H-BR).

Splachnobryum vernicosum Broth. in Bruehl, Rec. Bot. Surv. India **13**(1):128. 1931, *nom. nud.*

Splachnobryum arabicum Dixon, Ann. Bryol. **7**:157. 1934.

生境　湿土上。

分布　云南。不丹、尼泊尔、印度、巴基斯坦、约旦、阿曼、也门、阿拉伯联合酋长国、缅甸、泰国、菲律宾、索马里。

长叶短壶藓

Splachnobryum obtusum (Brid.) Müll. Hal., Verh. K. K. Zool. -Bot. Ges. Wien **19**:1869. *Weissia obtusa* Brid., Muscol. Recent. Suppl. **1**: 118. 1806. **Type**: Dominican Republic: Sto. Domingo, *Poiteau s. n.* (isotype: BM).

Syrrhopodon obtusus (Brid.) Schwägr., Sp. Musc. Frond., Suppl. 2, **2**(2):106. 1827.

Splachnobryum geheebii M. Fleisch., Musci Buitenzorg **2**: 472. f. 87. 1904.

Splachnobryum luzonense Broth., Philipp. J. Sci. **8**:125. 1913.

Splachnobryum pacificum Dixon, Rev. Bryol., n. s. **1**:12. 1928.

生境　腐木上或湿土面上。

分布　云南、台湾(Lin,1988)。孟加拉国(O'Shea,2003)、印度、缅甸、泰国、马来西亚、印度尼西亚、菲律宾、巴布亚新几内亚、澳大利亚、巴西(Churchill,1998)、哥伦比亚(Churchill,1998)、多米尼加、厄瓜多尔(Churchill,1998)、秘鲁(Churchill,1998),欧洲、非洲。

石芽藓属 Stegonia Vent.
Rev. Bryol. 10:96. 1883.

模式种:*S. latifolia* (Schwägr.) Vent. ex Broth.

本属全世界现有 3 种,中国有 1 种。

石芽藓

Stegonia latifolia (Schwägr.) Vent. ex Broth., Laubm. Fennoskand. 145. 1923. *Weissia latifolia* Schwägr. in Schultes, Reise Glockner **2**:665. 1804.

生境　多生于高山岩石上、石缝处或石质土中。

分布　辽宁、内蒙古、河北、山西(Wang et al.,1994)、宁夏、甘肃、新疆、西藏。巴基斯坦(Higuchi and Nishimura,2003)、印度、蒙古、俄罗斯,欧洲、北美洲。

赤藓属 Syntrichia Brid.

J. Bot. (Schrad.) **1**(2):299. 1801.

模式种:*S. ruralis* (Hedw.) F. Weber & D. Mohr

本属全世界现有 90 种,中国有 12 种。

北美赤藓(新拟)

Syntrichia amphidiacea (Müll. Hal.) R. H. Zander, Bull. Buffalo Soc. Nat. Sci. **32**: 267. 1993. *Barbula amphidiacea* Müll. Hal., Linnaea **38**: 639. 1874.

Tortula amphidiacea (Müll. Hal.) Broth., Nat. Pflanzenfam. Ⅰ(3): 434. 1902.

Tortula caroliniana A. L. Andrews, Bryologist **23**: 72. 1920.

Tortula tanganyikae Dixon, J. Bot. **76**: 252. 1938.

Tortula novo-guinensis E. B. Bartram, Bryologist **48**: 113. 1945.

生境　树干上。

分布　云南(Mao Li-Hui et al., 2010)。巴布亚新几内亚、美国、墨西哥、坦桑尼亚,中美洲、南美洲。

双齿赤藓

Syntrichia bidentata (X. L. Bai) Ochyra, Wiadom. Bot. **46** (1-2): 95. 2002. *Tortula bidentata* X. L. Bai, Fl. Bryophyt. Intramongol. 227. 1997. **Type**: China: "Nei Mongol: Helanshan, Halawugou, alt. 2000m, in saxis." July 23. 1963, *Tun Chi-kuo 1858* (holotype: HIMC)

生境　岩面薄土。

分布　内蒙古、宁夏。蒙古。

齿肋赤藓

Syntrichia caninervis Mitt., J. Proc. Linn. Soc., Bot., Suppl. **1**: 39. 1859. **Type**: China: Xizang (Tibet), Rondu, *Thomson 174* (lectotype: BM; isolectotype: NY).

Barbula caninervis (Mitt.) A. Jaeger, Ber. Thätigk. St. Gallischen Naturwiss. Ges. **1871-1872**: 453 (Gen. Sp. Musc. **1**: 301.). 1873.

Barbula desertorum (Broth.) Paris, Index Bryol. 71. 1894.

Grimmia cucullata J. X. Luo & P. C. Wu, Acta Phytotax. Sin. **18**: 121. 1980, *hom. illeg.*

Syntrichia desertorum (Broth.) Amann, Fl. Mouss. Suisse **3**: 39. 1933.

Tortula bistratosa Flowers, Bryologist **54**: 278. 1951.

Tortula bornmuelleri Schiffn., Oesterr. Bot. Z. **47**: 128. 1897.

Tortula caninervis (Mitt.) Broth., Nat. Pflanzenfam. Ⅰ(3): 435. 1902.

Tortula desertorum Broth., Beih. Bot. Centralbl. **34**: 24. 1888.

Tortula pseudodesertorum J. Froehl., Ann. Naturhist. Mus. Wien **67**: 155. 1964.

Tortula saharae Trab., Bull. Soc. Hist. Nat. Afrique N. **18**: 12-13. 1927.

生境　岩石、土面上或生于草地。

分布　内蒙古、宁夏、新疆、四川、西藏。蒙古、俄罗斯,亚洲中部及西南部、欧洲、北美洲。

希氏赤藓

Syntrichia fragilis (Taylor) Ochyra, Fragm. Florist. Geobot. **37**: 212. 1992. *Tortula fragilis* Taylor, London J. Bot. **6**: 333. 1847. **Type**: Ecuador. On Pichincha, Nov. 1846, *Jameson s. n.* (lectotype: FH; topotype: FH).

Barbula fragilis (Taylor) Müll. Hal., Syn. Musc. Frond. **1**: 634. 1849.

Barbula schmidii Müll. Hal., Bot. Zeitung (Berlin) **11**: 58. 1853.

Syntrichia schmidii (Müll. Hal.) Mitt., J. Proc. Linn. Soc., Bot., Suppl. **1**: 39. 1859.

Tortula schmidii (Müll. Hal.) Broth., Nat. Pflanzenfam. Ⅰ(3): 434. 1902.

生境　荫蔽岩石或林地。

分布　内蒙古、山西(Wang et al., 1994, as *Tortula schmidii*)、新疆、四川、重庆、贵州、西藏。亚洲中部及西部、欧洲、北美洲。

芽胞赤藓

Syntrichia gemmascens (P. C. Chen) R. H. Zander, Bull. Buffalo Soc. Nat. Sci. **32**: 269. 1993. *Desmatodon gemmascens* P. C. Chen, Hedwigia **80**: 297. 1941. **Type**: China: Yunnan, Deqin Co., Doker-la, 3600～3700m, *Handel-Mazzetti 8029* (holotype: H).

Didymodon gemmascens Broth., Symb. Sin. **4**: 38. 1929, *hom. illeg.*

Didymodon gemmascens var. *hopeiensis* P. C. Chen, Hedwigia **80**: 229. 1941. **Type**: China: Hebei (Hopei), Mt. Dong-ling (Tung-ling), *L. C. Yu 6* (holotype: PE).

生境　树干、岩面或林中土面上。

分布　河北、北京、甘肃(Wu et al., 2002, as *Desmatodon gemmascens*)、四川、云南、广东。印度、尼泊尔、日本。

树生赤藓

Syntrichia laevipila Brid., Muscol. Recent. Suppl. **4**: 98. 1819 [1818]. **Type**: Italy: Circa Romam and Napolin, 1803, Collector and number unknown (lectotype: B).

Tortula laevipila (Brid.) Schwägr., Sp. Musc. Frond., Suppl. 2, **1**: 66. 1823.

Barbula pagorum Mild., Bot. Zeitung (Berlin) **20**: 459. 1862.

Tortula pagorum (Mild.) De Not., Atti Reale. Univ. Genova **1**: 542. 1869.

Syntrichia pagorum (Mild.) J. J. Amann, Fl. Mouss. Suisse **2**: 117. 1918.

生境　树皮、树基、树干上或有时生于岩面薄土。

分布　内蒙古、宁夏、青海(Tan and Jia, 1997)、新疆(Tan et al., 1995)。蒙古,中亚、西亚、欧洲、南美洲、北美洲、非洲北部。

长尖赤藓

Syntrichia longimucronata (X. J. Li) R. H. Zander, Bull. Buffalo Soc. Nat. Sci. **32**: 269. 1993. *Tortula longimucronata* X. J. Li, Acta Bot. Yunnan. **3**: 107. f. 4. 1981. **Type**: China. Xizang: Lhari Xian, 4100m, *Tao 5312a* (holotype: HKAS).

生境　巨石上、冲积平原上、林地或草地。

分布　陕西、新疆、四川、西藏。中国特有。

疏齿赤藓

Syntrichia norvegica F. Weber, Arch. Syst. Naturgesch. **1**(1):

130. pl. 5, f. 1. 1804.

Barbula aciphylla Bruch & Schimp., Bryol. Eur. **2**: 104. pl. 165. 1842.

Tortula aciphylla (Bruch & Schimp.) Hartm., Handb. Skand. Fl. (ed. 5), 381. 1849.

Tortula norvegica (F. Weber) Lindb., Öfvers. Förh. Kongl. Svenska Vetensk.-Akad. **21**: 245. 1864.

生境　岩面上。

分布　内蒙古、青海、台湾(Chiang and Kuo, 1989, as *Tortula norvegica*)。蒙古、日本、俄罗斯(远东地区),中亚、欧洲、北美洲、非洲北部。

疣赤藓(新拟)

Syntrichia papillosa (Wilson) Jur., Laubm.-Fl. Oestrr.-Ung. 141. 1882. *Tortula papillosa* Wilson, London J. Bot. **4**: 193. 1845. **Type**: United Kingdom. In C. Howard park. July 1843, *Wilson s. n.* (lectotype: BM).

生境　树干基部和岩面上。

分布　新疆。澳大利亚、新西兰、加拿大、美国、玻利维亚、巴西、智利,欧洲。

大赤藓

Syntrichia princeps (De Not.) Mitt., J. Proc. Linn. Soc., Bot., Suppl. **1**: 39. 1859. *Tortula princeps* De Not., Mem. Reale Accad. Sci. Torino **40**: 288. 1838. **Type**: Italy: Sardinia, Balsamo (RO; E).

Barbula muelleri Bruch & Schimp., Bryol. Eur. **2**: 106. 1842, *nom. illeg.*

Barbula princeps (De Not.) Müll. Hal., Syn. Musc. Frond. **1**: 636. 1849.

Tortula muelleri var. *parnassica* Schiffn., Verh. Zool.-Bot. Ges. Wien **69**: 336. 1919

生境　岩面。

分布　内蒙古、陕西、宁夏、甘肃(Zhang and Li, 2005, as *Tortula princeps*)、新疆。印度、喜马拉雅地区、土耳其、澳大利亚,欧洲、南美洲、北美洲、非洲。

山赤藓

Syntrichia ruralis (Hedw.) F. Weber & D. Mohr, Index Mus. Pl. Crypt. 2, 1803. *Barbula ruralis* Hedw., Sp. Musc. Frond. 121. 1801.

Tortula reflexa X. J. Li, Acta Bot. Yunnan. **3**(1): 109. 1981, *hom. illeg.* **Type**: China: Xizang, Dingqing Co., 3800m, Aug. 21. 1976, *Zang Mu 5340a* (holotype: HKAS).

Tortula ruralis (Hedw.) Gaertn., Oekon. Fl. Wetterau **3** (2): 91. 1802.

生境　岩面、林地和荫蔽的土面。

分布　内蒙古、陕西、甘肃、青海、新疆、四川、西藏。印度、俄罗斯、澳大利亚,欧洲、南美洲、北美洲、非洲北部。

高山赤藓

Syntrichia sinensis (Müll. Hal.) Ochyra, Fragm. Florist. Geobot. **37**: 213. 1992. *Barbula sinensis* Müll. Hal., Nuovo Giorn. Bot. Ital., n. s., **3**: 100. 1896. **Type**: China: Shaanxi, In-kia-puo, June 1894, *Giraldi s. n.*

Barbula alpina Bruch & Schimp., Bryol. Eur. **2**: 101. 163 (Fasc. 13-15. Monogr. 39. Pl. 24) 1842.

Syntrichia alpina (Bruch & Schimp.) Jur., Laubm.-Fl. Oesterr.-Ung. 139. 1882, *hom. illeg.*

Syntrichia alpina (Bruch & Schimp.) Jur. var. *inermis* (Mild.) Jur., Laubm.-Fl. Oesterr.-Ung. 140. 1882

Barbula brachypila Müll. Hal., Nuovo Giorn. Bot. Ital., n. s., **5**: 181. 1898. **Type**: China: Shaanxi, In-kia-puo, June 1894, *Giraldi 1804*.

Barbula erythrotricha Müll. Hal., Nuovo Giorn. Bot. Ital., n. s., **5**: 181. 1898.

Tortula brachypila (Müll. Hal.) Broth. Nuovo Giorn. Bot. Ital., n. s., **13**: 278. 1906.

Tortula erythrotricha (Müll. Hal.) Broth. Nuovo Giorn. Bot. Ital., n. s., **13**: 278. 1906.

Tortula sinensis (Müll. Hal.) Broth. Nuovo Giorn. Bot. Ital. n. s. **13**: 279. 1906.

Desmatodon solomensis Broth., Rev. Bryol., n. s., **2**: 2. 1929. **Type**: China: Gansu, *occ. Ad. Fl. Solomo, affl. Fl. Bardum*, *G. N. Potanin s. n.* (holotype: H-BR).

Tortula satoi Sakurai, Bot. Mag. (Tokyo) **62**: 105. 1949. **Type**: China: Shanxi, Fan-shi Co., Yan-tou, *Sato 39* (holotype: TNS).

Tortula solomensis (Broth.) R. H. Zander, Bull. Buffalo Soc. Nat. Sci. **32**: 226. 1993.

生境　岩面、草地、树干、腐木或土面。

分布　内蒙古、河北、山西(吴鹏程等, 1987, as *Tortula sinensis*)、山东(赵遵田和曹同, 1998, as *Tortula sinensis*)、陕西、宁夏、甘肃(Wu et al., 2002, as *Desmatodon solomensis*)、青海、新疆、江苏、浙江(刘艳和曹同, 2007)、江西、湖北、四川、云南、西藏、福建。巴基斯坦(Higuchi and Nishimura, 2003),亚洲中部及西部、欧洲、北美洲、非洲北部。

反纽藓属 Timmiella (De Not.) Limpr. Laubm. Dentschl. 1: 590. 1888.

模式种: *T. amomala* (Bruch & Schimp.) Limpr.

本属全世界现有 13 种,中国有 2 种。

反纽藓

Timmiella anomala (Bruch & Schimp.) Limpr., Laubm. Deutschl. **1**: 592. 1888. *Barbula anomala* Bruch & Schimp. in B. S. G., Bryol. Eur. **2**: 107 pl. 169. 1842.

Trichostomum anomalum (Bruch & Schimp.) Schimp., Coroll. Bryol. Eur. 28. 1856.

Tortula anomala (Bruch & Schimp.) Mitt. & Wilson, Hooker's J. Bot. Kew Gard. Misc. **9**: 321. 1857.

Trichostomum rosulatum Müll. Hal., Nuovo Giorn. Bot. Ital., n. s., **4**: 252. 1897. **Type**: China: Shaanxi, Lao-y-san, Mar. 1896, *Giraldi 1385* (isotype: H).

Barbula multifora Müll. Hal., Nuovo Giorn. Bot. Ital., n. s.,

5:180. 1898. **Type**: China: Shaanxi, Tui-kio-san, *Giraldi s. n.* (isotype: H).

Barbula rosulata (Müll. Hal.) Müll. Hal., Nuovo Giorn. Bot. Ital., n. s., **5**: 180. 1898.

Timmiella rosulata (Müll. Hal.) Borth., Nat. Pflanzenfam. Ⅰ(3): 396. 1902.

Timmiella multifora (Müll. Hal.) Broth., Nat. Pflanzenfam. Ⅰ(3): 396. 1902.

Timmiella merrillii Broth., Philipp. J. Sci. **3**: 14. 1908.

Timmiella leptocarpa Broth., Akad. Wiss. Wien Sitzungsber., Math. -Naturwiss. Kl., Abt. 1, **131**: 210. 1923. **Type**: China: Guizhou, between Badschai and Mansanping, Dec. 14. 1917, *Handel-Mazzetti 10 775* (holotype: H).

Tortella eroso-dentata Sakurai, Bot. Mag. (Tokyo) **62**: 105. 1949. **Type**: China: Shanxi, Shi-zui, Heng-ling, *M. Sato 69* (isotype: TNS).

Rhamphidium crassicostatum X. J. Li, Acta Bot. Yunnan. **3** (1): 101. 1981. **Type**: China: Xizang, Longzi Co., on rock, 3100m, *Zang Mu 1444* (holotype: HKAS).

生境　岩石上、土壁上、林地上或腐木上。

分布　吉林、辽宁、内蒙古、河北、北京、山西、山东、河南、陕西、宁夏、甘肃(安定国,2002)、青海、新疆、安徽、浙江、江西、湖南、湖北、四川、重庆、贵州、云南、西藏、福建、台湾、广东。印度、巴基斯坦、缅甸(Tan and Iwatsuki, 1993)、泰国(Touw, 1968)、越南(Tan and Iwatsuki, 1993)、菲律宾、日本、欧洲、北美洲、非洲北部。

小反纽藓

Timmiella diminuta (Müll. Hal.) P. C. Chen, Hedwigia **80**: 176. 1941. *Trichostomum diminuta* Müll. Hal., Nuovo Giorn. Bot. Ital., n. s., 5: 177. 1898. **Type**: China: Shaanxi, Tui-kio-san, Oct. 1896, *Giraldi 1827* (isotype: H).

Trichostomum flexisetum Müll. Hal., Nuovo Giorn. Bot. Ital., n. s., **4**: 251. 1897. **Type**: China: Shaanxi, Hu Co. (Huschien), Pan-ko-tschien, Jan. 1896, *Giraldi s. n.* (isotype: H).

Trichostomum albo-vaginatum Müll. Hal., Nuovo Giorn. Bot. Ital., n. s., **5**: 175. 1898. **Type**: China: Shaanxi, *Giraldi 1819* (isotype: H).

Trichostomum albo-vaginatum var. *sordidum* Müll. Hal., Nuovo Giorn. Bot. Ital., n. s., **5**: 176. 1898. **Type**: China: Shaanxi, Pei-su-tschel-ti, Aug. 1896, *Giraldi 1824* (isotype: H).

Timmiella giraldii Broth., Nat. Pflanzenfam. Ⅰ(3): 396. 1902.

Timmiella subcucullata Dixon in C. Y. Yang, Sci. Rep. Natl. Tsinghua Univ., Ser. B, Biol. Sci. **2**: 118. 1936, *nom. nud.*

生境　岩面或土面上。

分布　黑龙江、辽宁、吉林(Dixon, 1933, as *T. giraldii*)、内蒙古、河北、北京、山东、河南、陕西、甘肃、安徽、江苏、湖南、四川、重庆、贵州(王晓宇,2004)、云南、西藏。印度(Kapila and Kumar, 2003)。

纽藓属 Tortella (Lindb.) Limpr. in Rab. Laubm. Deutsch. 1: 520. 1888.

模式种: *T. caespitosa* (Schwägr.) Limpr.

本属全世界现有 51 种,中国有 4 种。

折叶纽藓

Tortella fragilis (Hook. & Wilson) Limpr., Laubm. Deutschl. **1**: 606. 1888. *Didymodon fragilis* Hook. & Wilson in Drumm., Musci Amer., Brit. N. Amer. 127. 1828.

Mollia fragilis (Hook. & Wilson) Lindb., Musci Scand. 21. 1879.

Trichostomum lonchobasis Müll. Hal., Nuovo Giorn. Bot. Ital., n. s., **3**: 102. 1896. **Type**: China: Shaanxi, Kuan-tou-san, July 1894, *Giraldi 926* (isotype: H).

生境　山地、林中的岩面、土面、腐木上、高山流石滩上或沼泽地上。

分布　内蒙古、河北(Zhang and Zhao, 2000)、山西(Wang et al., 1994)、山东(赵遵田和曹同,1998)、河南、陕西、宁夏、甘肃、青海、新疆、湖南、湖北、四川、重庆(胡晓云和吴鹏程,1991)、贵州、云南、西藏、福建、广西。巴基斯坦(Higuchi and Nishimura, 2003)、日本、俄罗斯,欧洲、北美洲。

纽藓(丛叶纽藓)

Tortella humilis (Hedw.) Jenn., Man. Mosses W. Pennsylvania **96**: 13. 1913. *Barbula humilis* Hedw., Sp. Musc. Frond. 116. 1801.

Barbrda caespitosa Schwägr., Sp. Musc. Frond., Suppl. 1, **1**: 120. 1811.

Tortula caespitosa Hook. & Grev. in Brewst., Edinburgh J. Sci. **1**: 296. 1824.

Tortella caespitosa (Schwägr.) Limpr., Laubm. Deutschl. **1**: 600. 1888.

Mollia caespitosa (Schwägr.) Broth., Acta Soc. Sci. Fenn. **19** (5): 14. 1891.

Trichostomum humilis (Hedw.) Mach., Cat. Descr. Briol. Portug. 50. 1919.

生境　岩面或林地上。

分布　陕西、安徽(吴明开等,2010)、湖南、重庆、云南、西藏。日本、俄罗斯、巴西(Yano, 1995)、太平洋岛屿、坦桑尼亚(Ochyra and Sharp, 1988),欧洲、北美洲、亚洲西部。

卷叶纽藓(新拟)

Tortella nitida (Lindb.) Broth., Nat. Pflanzenfam. Ⅰ(3): 397. 1902. *Tortula nitida* Lindb., Öfvers. Förh. Kongl. Svenska Vetensk. -Akad. **21**: 252. 1864. **Type**: Spain: "Columnam Herculis peninsulae hispanicae", 1839, *Regnell s. n.*

Barbula alexandrina Lorentz, Abh. Königl. Akad. Wiss. Berlin **1867**: 31 pl. 6, f. 7. 1868.

Trichostomum diffractum Mitt., J. Bot. **6**: 98. pl. 77, f. 5-6. 1868.

Barbula nitida Farneti, Atti 1st. Bot. Univ. Pavia **2**: 191. 1892.

生境　不详,海拔 1300～1700m。

分布　新疆(Tan et al., 1995)。哈萨克斯坦、埃及、地中海、美国，欧洲。

长叶纽藓(纽藓)

Tortella tortuosa (Hedw.) Limpr., Laubm. Deutschl. **1**: 604. 1888. *Tortula tortuosa* Ehrh. ex Hedw., Sp. Musc. Frond. 124. 1801.

Barbula subtortuosa Müll. Hal., Nuovo Giorn. Bot. Ital., n. s., **3**: 100. 1896. **Type**: China: Shaanxi, Thae-pei-san, 1894, *Giraldi 848* (isotype: H).

生境　阴湿的岩面、岩面薄土、高山沼泽地或树干上。

分布　内蒙古、山西、山东(杜超等，2010)、河南、陕西、宁夏、甘肃、青海、新疆、安徽、江苏、浙江、江西、湖北、四川、重庆、云南、西藏、福建、台湾、广东。巴基斯坦(Higuchi and Nishimura，2003)、尼泊尔、印度、日本、俄罗斯、秘鲁(Menzel，1992)、智利(He，1998)，欧洲、北美洲、非洲北部。

墙藓属 Tortula Hedw.
Sp. Musc. Frond. 122. 1801.

模式种：*T. subulata* Hedw.

本属全世界现有 195 种，中国有 20 种，1 变种。

球蒴墙藓(新拟)

Tortula acaulon (With.) R. H. Zander, Bull. Buffalo Soc. Nat. Sci. **32**: 378. 1993. *Phascum acaulon* With., Syst. Arr. Brit. Pl. (ed. 4), **3**: 768. 1801.

Phascum cuspidatum Hedw., Sp. Musc. Frond. 22. 1801.

生境　岩面或土面。

分布　内蒙古、河北、新疆、四川。蒙古、俄罗斯，欧洲、北美洲、非洲北部。

卷叶墙藓

Tortula atrovirens (Smith) Lindb., Öfvers. Förh. Kongl. Svenska Vetensk.-Akad. **21** (4): 234. 1864. *Grimmia atrovirens* Smith, Engl. Bot. **28**: 2015. 1809.

Trichostomum convolutum Brid., Muscol. Recent. Suppl. **1**: 232. 1806.

Desmatodon atrovirens (Smith) Jur., Laubm.-Fl. Oesterr.-Ung. 136. 1882.

Desmatodon convolutus (Brid.) Grout, Moss Fl. N. Amer. **1**: 224. 1939.

生境　干燥处岩面上或岩面薄土上。

分布　内蒙古、宁夏、新疆。印度、蒙古、俄罗斯、智利(He，1998)、澳大利亚，欧洲、北美洲、非洲。

狭叶墙藓

Tortula cernua (Huebener) Lindb., Musci Scand. 20. 1879.

Desmatodon cernua Huebener, Muscol. Germ. 117. 1833.

Pottia randii Kenn., Rhodora **1**: 78 pl. 5. 1899.

Desmatodon randii (Kenn.) Lazarenko, Trudy Fiz.-Mat. Vidd. **15**(1): 13. 1929.

Tortula randii (Kenn.) R. H. Zander, Bull. Buffalo Soc. Nat. Sci. **32**: 226. 1993.

生境　草地土面上。

分布　青海(Tan and Jia，1997)。欧洲、北美洲。

中甸墙藓(新拟)

Tortula chungtienia R. H. Zander, Bull. Buffalo Soc. Nat. Sci. **32**: 223. 1993. Replaced: *Desmatodon yuennanensis* Broth., Symb. Sin. **4**: 44. 1929. **Type**: China: Yunnan, Zhongdian Co. (Chungtien), 3400m, Aug. 17. 1915, *H. Hadel-Mazzett 7725*.

生境　岩面上，海拔 3400～5000m。

分布　云南(Brotherus，1929，as *Desmatodon yuennanensis*)、西藏(黎兴江，1985，as *Desmatodon yuennanensis*)。中国特有。

长尖墙藓(新拟)

Tortula hoppeana (Schultz) Ochyra, Bryologist **107**: 499. 2004. *Trichostomum hoppeanum* Schultz, Syll. Pl. Nov. **2**: 140. 1828.

Desmatodon latifolius (Hedw.) Brid., Muscol. Rec. Suppl. **4**: 86. 1819[1818].

生境　土面或阴湿岩面上。

分布　河北(赵建成等，1996，as *Desmatodon latifolius*)、山东(赵遵田和曹同，1998，as *Desmatodon latifolius*)、甘肃(安定国，2002，as *Desmatodon latifolius*)。俄罗斯(远东地区)，亚洲、欧洲、北美洲和非洲北部。

具边墙藓(新拟)

Tortula laureri (Schultz) Lindb., Öfvers. Förh. Kongl. Svenska Vetensk.-Akad. **21**: 243. 1864. *Trichostomum laureri* Schultz, Flora **10**: 163. 1827.

Desmatodon laureri (Schultz) Bruch & Schimp., Bryol. Eur. **2**: 59. pl. 135. 1843.

生境　岩面上。

分布　内蒙古(白学良，1997)、青海(Tan and Jia，1997)。广东、河北、湖南、陕西、四川、云南、浙江、欧洲、北美洲。

具齿墙藓(新拟)

Tortula lanceola R. H. Zander, Bull. Buffalo Soc. Nat. Sci. **32**: 223. 1993. Replaced: *Encalypta lanceolata* Hedw., Sp. Musc. Frond. 63. 1801.

Tortula lanceolata (Hedw.) P. Beauv., Prodr. Aethéogam. 9. 1805.

Pottia lanceolata (Hedw.) Müll. Hal. Syn. Musc. Frond. **1**: 548. 1849.

生境　背阴的林地上或岩石上。

分布　内蒙古、江苏(刘仲苓等，1989，as *Pottia lanceolata*)、西藏。蒙古、日本，西亚、欧洲、北美洲。

北方墙藓

Tortula leucostoma (R. Br. bis) Hook. & Grev., Edinburgh J. Sci. **1**: 294. 1824. *Barbula leucostoma* R. Br. bis, Chlor. Melvill. 40. 1823.

Desmatodon leucostoma (R. Br. bis) Berggr., Pl. Itin. Suec. Polar. Coll. 34. 1874.

Desmatodon suberectus (Hook.) Limpr., Laubm. Deutschl. **1**: 651. 1888.

生境　岩面薄土上。

分布　吉林、内蒙古、山东(赵尊田和曹同，1998，as *Desmatodon suberectus*)、宁夏、四川(李祖凰等，2010，as *Desmatodon* leucostoma)、西藏。俄罗斯(西伯利亚),中亚、欧洲、北美洲。

长蒴墙藓

Tortula leptotheca (Broth.) P. C. Chen, Hedwigia **41**: 301. 1941. *Aloina leptotheca* Broth., Nat. Pflanzenfam. I (3): 428. 1902. **Type**: Japan: Yokosaka, *Savatier 230*.

Barbula leptotheca Schimp. ex Besch., Ann. Sci. Nat. Bot. sér. 7, **17**: 336. 1893, *hom. illeg.*

生境　林地上或湿地的土面上。

分布　贵州、云南、福建、广东。日本。

短齿墙藓

Tortula modica R. H. Zander, Bull. Buffalo Soc. Nat. Sci. **32**: 226. 1993. Replaced: *Gymnostomum intermedium* Turner, Muscol. Hibern. Spic. 7. pl. 1. 1804.

Pottia intermedia (Turner) Fürnr., Flora **12**(2): 13. 1829.

生境　岩面或土面。

分布　内蒙古、江苏(刘仲苓等,1989, as *Pottia intermedia*)、重庆、福建。日本、澳大利亚,欧洲、北美洲。

无疣墙藓

Tortula mucronifolia Schwägr., Sp. Musc. Frond., Suppl. 1, **1**: 136. 1811.

Syntrichia mucronifolia (Schwägr.) Brid., Muscol. Recent. Suppl. **4**: 97. 1818[1819].

Desmatodon mucronifolius (Schwägr.) Mitt., J. Proc. Linn. Soc., Bot., Suppl. **1**: 37. 1859.

生境　岩面、草地土面、林地或岩面薄土上。

分布　内蒙古、河北、宁夏、甘肃、青海、新疆、上海。蒙古、日本、俄罗斯,中亚、欧洲、北美洲、非洲。

泛生墙藓

Tortula muralis Hedw., Sp. Musc. Frond. 123. 1801.

泛生墙藓原变种

Tortula muralis var. **muralis**

Bryum murale (Hedw.) With., Syst. Arr. Brit. Pl. (ed 4) **3**: 794. 1801.

Desmatodon muralis (Hedw.) Jur., Laubm. -Fl. Oesterr. -Ung. 134. 1882.

生境　石灰岩、林地或岩面薄土上。

分布　吉林、辽宁、内蒙古、河北、山东(赵遵田和曹同,1998)、河南、陕西、甘肃、宁夏(黄正莉等,2010)、青海、新疆、江苏、上海、浙江、江西、湖南、湖北、四川、重庆、贵州(彭晓磬,2002)、云南、西藏、福建、台湾(Chuang,1973)。巴基斯坦(Higuchi and Nishimura,2003)、日本、俄罗斯、秘鲁(Menzel,1992)、智利(He,1998),欧洲、北美洲、非洲。

泛生墙藓无芒变种

Tortula muralis var. **aestiva** Brid. ex Hedw., Sp. Musc. Frond. 124. 1801.

Tortula aestiva (Brid. ex Hedw.) P. Beauv., Prodr. Aethéogam. 91. 1805.

Barbula aestiva (Brid. ex Hedw.) Schultz., Nova Acta Phys. -Med. Acad. Caes. Leop. -Carol. Nat. Cur. **11**(1): 223. 32. 1823.

生境　岩面上。

分布　河南、上海(李登科和高彩华,1986)、湖南、四川、重庆、云南。日本,欧洲、南美洲、北美洲、非洲。

平叶墙藓

Tortula planifolia X. J. Li, Acta. Bot. Yunnan. **3** (1): 109. 1981. **Type**: China: Xizang, Longzi Co., 3500m, July 3. 1975, *Zang Mu 1042a* (holotype: HKAS).

生境　岩面上。

分布　山东(赵遵田和曹同,1998)、新疆、重庆、西藏。中国特有。

密疣墙藓(新拟)

Tortula protobryoides R. H. Zander, Bull. Buffalo Soc. Nat. Sci. **32**: 226. 1993. Replaced: *Phascum bryoides* Dicks., Fasc. Pl. Crypt. Brit. **4**: 3. pl. 10, f. 3. 1801.

Tortula bryoides auct. non Hook., Musci Amer., Brit. N. Amer. 135. 1828.

Pottia bryoides (Dicks.) Mitt., Ann. Mag. Nat. Hist., ser. 2, **8**: 311. 1851.

Protobryum bryoides (Dicks.) J. Guerra & Cano, J. Bryol. **22**: 94. 2000.

生境　土面上。

分布　新疆。哈萨克斯坦、德国、西班牙、以色列、美国。

粗疣墙藓

Tortula raucopapillosa (X. J. Li) R. H. Zander, Bull. Buffalo Soc. Nat. Sci. **32**: 226. 1993. *Desmatodon raucopapillosum* X. J. Li, Acta Bot. Yunnan. **3**(1): 105. 1981. **Type**: China: Xizang, Sa-ga Co, 5000m, *K. -Y. Lang 1210* (holotype: HKAS).

生境　草甸土面上。

分布　内蒙古、新疆、西藏。中国特有。

墙藓(狭叶赤鲜)

Tortula subulata Hedw., Sp. Musc. Frond. 122. 1801.

Bryum subulatum (Hedw.) With., Syst. Arr. Brit. P1. (ed. 4), **3**: 518. 1801.

Syntrichia subulata (Hedw.) F. Weber & D. Mohr, Index Mus. Pl. Crypt. **2**: 1803.

Desmatodon subulatus (Hedw.) Jur., Laubm. -Fl. Oesterr. -Ung. 138. 1882.

生境　荫蔽处岩面上或林地上。

分布　河北、山东(杜超等,2010)、河南、甘肃、新疆。土耳其、俄罗斯,欧洲、北美洲、非洲。

合柱墙藓

Tortula systylia (Schimp.) Lindb., Musci Scand. 20. 1879. *Desmatodon systylius* Schimp., Flora **28**: 145. 1845.

Trichostomum systylium (Schimp.) Müll. Hal., Syn. Musc. Frond. **1**: 589. 1849.

生境　灌丛土坡上。

分布　内蒙古、新疆、西藏。蒙古、俄罗斯(西伯利亚),中亚、欧洲、北美洲。

西藏墙藓

Tortula thomsonii (Müll. Hal.) R. H. Zander, Bull. Buffalo Soc. Nat. Sci. **32**: 226. 1993. *Trichostomum thomsonii* Müll. Hal., Bot. Zeitung (Berlin) **22**: 359. 1864. **Type**: China: Xizang (Tibet). occid. alpin., valley south east of salt lake, *T. Thomson "Hb. Ind. or. No. 273"*.

Desmatodon thomsonii (Müll. Hal.) A. Jaeger, Ber. Thätigk. St. Gallischen Naturwiss. Ges. **1871-1872**:406 (Gen. Sp. Musc. **1**:254). 1873.

生境　岩面上。

分布　重庆(胡晓云和吴鹏程,1991)、西藏。中亚地区。

截叶墙藓(新拟)

Tortula truncata (Hedw.) Mitt. in F. D. Godman, Nat. Hist. Azores, 297. 1870. *Gymnostomum truncatum* Hedw., Sp. Musc. Frond. 30. 1801.

Pottia truncata (Hedw.) Bruch & Schimp. in B. S. G., Bryol. Eur. **2**:37 (Fasc. 18-20. Monogr. 9). 1843.

Bryum truncatula With., Syst. Arr. Brit. Pl. (ed. 4), **3**: 801. 1801. *Pottia truncatula* (With.) Buse., Musci Neerl. Exic. 67. 1858.

Pottia sinensi-truncata Müll. Hal., Nuovo Giorn. Bot. Ital., n. s., **5**: 174. 1898. **Type**: China: Shaanxi, Zu-lu, Oct. 1896, *Giraldi 2203* (isotype: H).

生境　阴湿的土面或岩石上。

分布　河北、陕西、四川、重庆、台湾。日本、俄罗斯,西亚、欧洲、南美洲、北美洲、非洲北部。

云南墙藓

Tortula yuennanensis P. C. Chen, Hedwigia **80**: 299. 1941. **Type**: China: Bi-jiang, Pe-tsao-lin, S. *Ten 99 p. p.*

生境　岩面或土面上。

分布　内蒙古、陕西、宁夏、四川、云南、西藏、福建、广西。中国特有。

毛口藓属 Trichostomum Bruch
Flora **12**:396. 1929

模式种:*T. brachydontium* Bruch

本属全世界现有 106 种,中国有 9 种。

毛口藓

Trichostomum brachydontium Bruch in F. A. Müll., Flora **12**:393. 1829.

Didymodon brachydontius (Bruch) Wilson in Hook., Brit. Fl. (ed. 4), **2**:30. 1833.

Trichostomum mutabile Bruch in De Not., Syllab. Musc. 192. 1838.

Weissia periviridis Dixon, Hong Kong Naturalist, Suppl. **2** (9): 1939. **Type**: China: Fujian, Amoy, July 11. 1931, *Herlots 18b*.

Tortella brachydontia (Bruch) C. E. O. Jensen, Danmarks Mosser **2**:320. 1923.

Tortula brachydontia (Bruch) Mitt., J. Linn. Soc., Bot. **12**:148. 1869.

Mollia brachydontia (Bruch) Lindb., Musci Scand. 21. 1879.

Trichostomum esquirolii Thér., Bull. Acad. Int. Géogr. Bot. **18**: 251. 1908. **Type**: China: Guizhou, Ouang-Moou Esquirol s. n.

Trichostomum esquirolii var. *esquirolii* (Thér.) P. C. Chen, Hedwigia **80**: 171. 1941. **Type**: China: Guizhou, Qung-mou, 1905, *Esquirol s. n.*

Trichostomum brachydontium var. *eubrachydontium* (Bruch) P. C. Chen, Hedwigia 80:169. 1941, *nom. illeg.*

Trichostomum brachydontium subsp. *mutabile* (Bruch in De Not.) Giac., Atti Ist. Bot. "Giovanni Briosi", sér. **4**:204. 1947.

生境　岩面上、林地上或岩面薄土上。

分布　黑龙江、吉林、辽宁、河北、山西、山东(杜超等,2010)、河南、陕西、安徽、江苏、上海、浙江、江西(Ji and Qiang, 2005)、四川、重庆、贵州、云南、西藏、福建、台湾、广东。巴基斯坦(Higuchi and Nishimura, 2003)、日本、马来西亚(Touw, 1992)、印度尼西亚(Touw, 1992)、俄罗斯、秘鲁(Menzel, 1992)、巴西(Yano, 1995)、智利(He, 1998),欧洲、北美洲、非洲北部、西亚。

皱叶毛口藓

Trichostomum crispulum Bruch in F. A. Müll., Flora **12**:395. 1829.

Didymodon crispulus (Bruch) Wilson in Hook., Brit. Fl. (ed. 4), **2**:30. 1833.

Barbula flavicaulis Müll. Hal., Nuovo Giorn. Bot. Ital., n. s., **4**: 258. 1897. **Type**: China: Shaanxi, Lao-y-san, *Giraldi 1384* (isotype: H).

Mollia crispula (Bruch) Lindb., Musci Scand. 21. 1879.

Tortella crispula (Bruch) C. E. O. Jensen, Danmarks Mosser **2**:321. 1923.

生境　岩面上、岩面薄土上或林地上。

分布　吉林、辽宁、内蒙古、陕西、宁夏、江苏、上海、浙江、江西、湖南、四川、贵州、云南、福建、广西。朝鲜、日本、俄罗斯、阿尔及利亚、突尼斯,欧洲、北美洲。

卷叶毛口藓

Trichostomum hattorianum B. C. Tan & Z. Iwats., J. Hattori Bot. Lab. **74**: 393. 1993. Replaced: *Trichostomum involutum* Broth., Akad. Wiss. Wien Sitzungsber., Math.-Naturwiss. Kl., Abt. 1, **131**: 210. 1923, *hom. illeg.* **Type**: China: Guizhou, Li-ping, *Handel-Mazzetti 10 994* (holotype: H).

生境　林地上、岩面上或土坡上。

分布　河南、宁夏、上海、江西、湖南、湖北、贵州、云南、福建、台湾、广东、香港。中国特有。

平叶毛口藓

Trichostomum planifolium (Dixon) R. H. Zander, Bull. Buffalo Soc. Nat. Sci. **32**: 92. 1993. *Weissia planifolium* Dixon, Rev. Bryol., n. s., **1**: 179. 1928. **Type**: China: Hebei, Peitaho, *Lichent 11b* (BM).

Weissia platyphylla Broth., Hedwigia **38**: 205. 1899, *hom. illeg.*

Weissia planifolia Dixon, Rev. Bryol., n. s. **1**:179. f. 1. 1928.

Weissia cucullifolia Dixon & Sakurai, Bot. Mag. (Tokyo) **53**:63. 1939.

生境　岩面上、树干上或林地上。

分布　黑龙江、辽宁、吉林(Dixon, 1933, as *Weissia planifolium*)、内蒙古、河北、北京(石雷等,2011, as *W. planifolia*)、山西、山东、河南、宁夏、安徽、江苏、上海、浙江、江西、湖南、

湖北、四川、重庆(胡晓云和吴鹏程,1991,as *W. planifolium*)、贵州、云南、福建、台湾(Chuang,1973)。日本、俄罗斯。

阔叶毛口藓

Trichostomum platyphyllum (Iisiba) P. C. Chen, Hedwigia **80**: 166. 1941. *Tortella platyphylla* Broth. ex Iisiba, Cat. Mosses Japan 65. 1929. **Type**: Japan: Rikusen, *E. Uematsu 807*.

Hyophila angustifolia Cardot, Beih. Bot. Centralbl. **19** (2): 101. f. 6. 1905, *hom. illeg.*

Hyophila stenophylla Cardot, Bull. Herb. Boissier, sér. 2, **8**: 332. 1908. **Type**: China: Taiwan, Kushaku, *Faurie 148*.

Weissiopsis hyophilioides Dixon & Thér., Trav. Bryol. **1** (13): 11. 1942. **Type**: China: Taiwan, Sinchiku, Simada, *Sasaoka 3853*.

Hyophila subspathulata Sakurai, Bot. Mag. (Tokyo) **67**: 41. 1954.

Trichostomum stenophyllum (Cardot) X. J. Li & Z. Iwats., Hikobia **12**: 35. 1996, *hom. illeg.*

生境　潮湿的岩石上、岩面薄土上或针阔混交林地上。

分布　黑龙江、辽宁、山东(赵遵田和曹同,1998)、江苏、浙江、江西(何祖霞等,2010)、湖南、湖北、四川、贵州、西藏、台湾、广西。越南(Tan and Iwatsuki,1993)、日本。

舌叶毛口藓

Trichostomum sinochenii Redf. & B. C. Tan, Trop. Bryol. **10**: 68. 1995. Replaced: *Hyophila barbuloides* Broth., Symb. Sin. **4**: 37. 1929. **Type**: China: Yunnan, 1675m, June 26. 1916, *Handel-Mazzetti 9101* (holotype: H-BR).

Trichostomum barbuloides (Broth.) P. C. Chen, Hedwigia **80**: 168. 1941, *hom. illeg.*

生境　岩面上。

分布　河南、江苏、上海(李登科和高彩华,1986,as *T. barbuloides*)、浙江、贵州。中国特有。

旋齿毛口藓(新拟)

Trichostomum spirale Grout, Moss Fl. N. Am. **1**: 162. pl. 84 f. B. 1938.

Oxystegus tenuirostris var. *stenocarpa* (Thér.) R. H. Zander, Mis. Bryol. Lichenol. **9**: 73. 1982.

Oxystegus spiralis (Grout) H. A. Crum & L. E. Anderson, Bryologist **92**: 533. 1989.

生境　不详。

分布　吉林(Koponen et al., 1983, as *Oxystegus tenuirostris* var. *stenocarpa*)。北美洲。

波边毛口藓

Trichostomum tenuirostre (Hook. f. & Taylor) Lindb., Öfvers. Förh. Kongl. Svenska Vetensk. -Akad. **21** (4): 225. 1864. *Weissia tenuirostris* Hook. f. & Taylor, Muscol. Brit. (ed. 2), **2**: 83. 1827.

Weissia cylindrica Brid. ex Brid., Bryol. Univ. **1**: 806. 1827.

Didymodon tenuirostris (Hook. f. & Taylor) Wilson, Hooker's J. Bot. Kew Gard. Misc. **3**: 378. 1841.

Trichostomum cylindricum (Brid.) Müll. Hal., Syn. Musc. Frond. **1**: 586. 1849, *hom. illeg.*

Didymodon cuspidatus Dozy & Molk. in Zoll., Syst. Verz. 31. 1854.

Trichostomum cuspidatum (Dozy & Molk.) Dozy & Molk., Bryol. Jav. **1**: 96. 1859.

Barbula leptotortuosum Müll. Hal., Nuovo Giorn. Bot. Ital., n. s., **5**: 179. 1898. **Type**: China: Shaanxi, Tui-kio-san, Oct. 20. 1896, *Giraldi 1816*.

Trichostomum leptotortuosum (Müll. Hal.) Broth., Nat. Pflanzenfam. I (3): 394. 1902.

Trichostomum parvulum Broth., Akad. Wiss. Wien Sitzungsber., Math. -Naturwiss. Kl., Abt. 1, **133**: 564. 1924.

Trichostomum cylindricum var. *denticuspis* Broth., Symb. Sin. **4**: 33. 1929. **Type**: China: Yunnan, between Djinscha-djiang and Mekong, *Handel-Mazzetti 7882* (holotype: H).

Oxystegus cylindricus (Brid.) Hilp., Beih. Bot. Centralbl. **50** (2): 620. 1933.

Oxystegus cuspidatus (Dozy & Molk.) P. C. Chen, Hedwigia **80**: 143. 1941.

生境　土面、林地上、阴湿的岩石上或生于林下树干基部。

分布　黑龙江、吉林、辽宁、内蒙古、河北、北京、山西(Wang et al., 1994, as *Oxystegus cuspidatus*)、山东、河南、陕西、宁夏(黄正莉等,2010,as *O. cylindricus*, *O. cuspidatus*)、新疆、安徽、江苏、浙江、江西、湖南、湖北、四川、重庆、贵州、云南、西藏、福建、台湾、广东、广西、海南。印度、缅甸(Tan and Iwatsuki, 1993, as *O. cylindricus*)、老挝(Tan and Iwatsuki, 1993, as *O. cylindricus*)、日本、俄罗斯、巴西(Churchill, 1998),欧洲、北美洲、非洲。

芒尖毛口藓

Trichostomum zanderi Redf. & B. C. Tan, Trop. Bryol. **10**: 68. 1995. Replaced: *Hyophila aristatula* Broth., Akad. Wiss. Wien Sitzungsber., Math. -Naturwiss. Kl., Abt. 1, **133**: 211. 1923. **Type**: China: Hunan, Chang-sha (Tschangscha), *Handel-Mazzetti 11 603* (holotype: H).

Trichostomum aristatulum (Broth.) Hilp. ex P. C. Chen, Hedwigia **80**: 167. 1941, *hom. illeg.*

生境　岩面石上、林地、土面或稀生于树干上。

分布　河北、山东(杜超等,2010,as *T. aristatulum*)、河南、江西、湖南、湖北、贵州、云南、西藏。中国特有。

狭尖藓属(托氏藓属) Tuerckheimia Broth.

Öfvers. Förh. Finska Vetensk. -Soc. **52A** (7): 1. 1910.

模式种: *T. guatemalensis* Broth.

本属全世界现有 4 种,中国有 1 种。

线叶托氏藓

Tuerckheimia svihlae (E. B. Bartram) R. H. Zander, Bull. Buffalo Soc. Nat. Sci. **32**: 94. 1993. *Trichostomum svihlae* E. B.

Bartram, Rev. Bryol. Lichénol. **23**: 245. 1954. **Type**: Myanmar (Burma): South Shan States, Taunggyi, *Svihla 3737*.

Gymnostomum angustifolium K. Saito, J. Hattori Bot. Lab. **36**: 163.

Tuerckheimia angustifolia (K. Saito) R. H. Zander, Misc. Bryol. Lichénol. **8**: 27. 1878, *nom. illeg.*

Oxystegus svihlae (E. B. Bartram) Gangulee, Mosses E. India **3**: 654. 1972.

生境 石灰质土面。

分布 吉林、陕西、江苏、浙江、江西、四川、云南、西藏、福建。朝鲜、日本、印度、缅甸。

小墙藓属 Weisiopsis Broth.

Öfvers. Förh. Finska Vetensk. -Soc. **62A**(9): 7. 1921.

模式种: *W. plicata* (Mitt.) Broth.

本属全世界现有 7 种，中国有 2 种。

褶叶小墙藓

Weisiopsis anomala (Broth. & Paris) Broth., Öfvers. Förh. Finska Vetensk. -Soc. **62A** (9): 9. 1921. *Hyophila anomala* Broth. & Paris in Cardot, Bull. Herb. Boissier, sér. 2, **7**: 717. 1907. **Type**: Japan: Tsuchima, 1901, *Faurie 1630*.

Weisiopsis cardotii Broth., Öfvers. Förh., Finska Vetensk. -Soc. **62**(9): 8. 1921, *nom. illeg.*

Hyophila cucullatifolia C. Gao, X. Y. Jia & T. Cao, Bull. Bot. Res., Harbin **11** (2): 29. 1991. **Type**: China: Liaoning, Fengcheng Co., Mt. Fenghuang, *X. Y. Jia 890 948* (isotype: IFSBH).

Weisiopsis cucullatifolia (C. Gao, X. Y. Jia & T. Cao) R. H. Zander, Bull. Buffalo Soc. Nat. Sci. **32**: 193. 1993.

生境 岩面上、墙壁上、石缝中、林地中、树干上或腐木上。

分布 吉林、辽宁、河北、北京、山东(赵遵田和曹同，1998)、安徽、江苏、上海、浙江、贵州、云南、西藏、福建、广东、广西。朝鲜、日本。

小墙藓

Weisiopsis plicata (Mitt.) Broth., Öfvers. Förh. Finska Vetensk. -Soc. **62A** (9): 8. 1921. *Hyophila plicata* Mitt., J. Linn. Soc., Bot. **22**: 304. pl. 15, f. 13-16. 1886. **Type**: Tanzania: Usagara Mt., *Hannington s. n.*

Hyophila subplicata Renauld & Cardot, Actes Soc. Linn. Bordeaux **53**: 20. 1898.

生境 岩面上、岩面薄土上或林地上。

分布 江苏、湖南、云南、西藏、福建、台湾、广东、海南。非洲东南部。

小石藓属 Weissia Hedw.

Sp. Musc. Frond. 64. 1801.

模式种: *W. controversa* Hedw.

本属全世界现有 119 种，中国有 7 种。

小口小石藓(膜口藓)

Weissia brachycarpa (Nees & Hornsch.) Jur., Laubm. -Fl. Oesterr. -Ung. 9. 1882. *Hymenostomum brachycarpum* Nees & Hornsch., Bryol. Germ. **1**: 196. 1823.

Gynrnostomum microstomum Hedw., Sp. Musc. Frond. 33. 1801.

Hymenostomum microstomum (Hedw.) R. Br. in Nees. & Hornsch., Bryol. Germ. **1**: 196. 1823.

Weissia microstoma (Hedw.) Müll. Hal., Syn. Musc. Frond. **1**: 660. 1849, *hom. illeg.*

Weissia hedwigii H. A. Crum, Bryologist **74**: 169. 1971.

生境 阴湿的岩石或岩面薄土上。

分布 湖南、重庆。俄罗斯，亚洲、欧洲、北美洲、非洲北部。

短柄小石藓

Weissia breviseta (Thér.) P. C. Chen, Hedwigia **80**: 165. 1941. *Trichostomum brevisetum* Thér., Ann. Crypt. Exot. **5**: 171. 1932. **Type**: China: Fujian, Fuzhou City, Gushan, *H. H. Chung 166*.

生境 岩面。

分布 黑龙江、河北、山东(赵遵田和曹同，1998)、江西、福建(Thériot, 1932)。中国特有。

小石藓

Weissia controversa Hedw., Sp. Musc. Frond. 67. 1801. **Type**: Germany: Leipzig, *Bienitz s. n.*

Weissia viridula Hedw. ex Brid., Muscol. Recent. Suppl. **4**: 38. 1819[1818], *hom. illeg.*

Weissia longiseta Lesq. & James, Proc. Amer. Acad. Arts **14**: 135. 1879.

Hymenostomum minutissimum Paris, Index Bryol. Suppl. 189. 900.

Weissia longidens Cardot, Bull. Herb. Boissser, 2, **7**: 712. 1907.

Weissia sinensis Cardot & Thér., Bull. Acad. Int. Géogr. Bot. **19**: 18. 1909. **Type**: China: Guizhou, Tou-schan, 1904, *Cavalerie 1649* (isotype: H).

Weissia microtheaca Thér., Ann. Crypt. Exot. **5**: 169. 1932. **Type**: China: Fujian, Fuzhou City, Gushan, *H. H. Chung 277*.

Weissia sulcata Thér., Ann. Crypt. Exot. **5**: 169. 1932. **Type**: China: Fujian, Buong Kang, *H. H. Chung* 54.

Weissia viridula var. *minutissima* (Paris) P. C. Chen, Hedwigia **80**: 161. 1941.

Weissia controversa var. *minutissima* (Paris) Wijk & Marg., Taxon **10**: 26. 1961.

生境 岩面上或荫蔽处土面。

分布 黑龙江、吉林、辽宁、内蒙古、北京、山西(吴鹏程等，1987)、山东、河南、陕西、宁夏、甘肃(Wu et al., 2002)、新疆、安徽、江苏、上海、浙江、江西、湖南、湖北、四川、重庆、贵州（王晓宇，2004）、云南、西藏、福建、台湾、广东、广西、海南、香港、澳门。世界广泛分布。

缺齿小石藓

Weissia edentula Mitt.，J. Proc. Linn. Soc.，Bot.，Suppl. **1**：27. 1859. **Type**：India：Madras，*Wight s. n.*

Hymenostomum edentulum（Mitt.）Besch.，Bull. Soc. Bot. France **34**：95. 1887.

Weissia leptotrichacea Müll. Hal.，Nuovo Giorn. Bot. Ital.，n. s.，**4**：259. 1897. **Type**：China：Shaanxi，Mt. Lao-y-san，Mar. 1896，*Giraldi 1532*.

Weissia semipallida Müll. Hal.，Nuovo Giorn. Bot. Ital.，n. s.，**5**：185. 1898. **Type**：China：Shaanxi，Sche-kin-tsuen，Apr. 3. 1897，*Giraldi 2075*（isotype：H）.

Hymenostomum leptotrichaceum（Müll. Hal.）Paris，Index Bryol. Suppl. 189. 1900.

Weissia platyphylloides Cardot，Beih. Bot. Centralbl. **19**（2）：90. f. 2. 1905. **Type**：China：Taiwan，*Tamsui 86*.

Weissia platyphylloides Cardot，Beih. Bot. Centralbl. Abt. **19**（2）：90. 2. 1905.

生境　林地上、树基、岩面上或岩面薄土上。

分布　黑龙江、吉林、辽宁、内蒙古、北京（石雷等，2011，as *Weissia platyphylloides*）、山东、河南、陕西、宁夏、新疆、安徽、江苏、上海、浙江、湖南、四川、重庆、贵州、云南、西藏、福建、台湾、广东、香港。印度、斯里兰卡、泰国、越南、柬埔寨、马来西亚、印度尼西亚、菲律宾、巴布亚新几内亚、澳大利亚，非洲。

东亚小石藓

Weissia exserta（Broth.）P. C. Chen，Hedwigia **80**：158. 1941.

Astomum exsertum Broth.，Hedwigia **38**：212. 1899. **Type**：Japan：Kiushiu，Nagasaki，*Wichura 1396*.

Hymenostomum exsertum（Broth.）Broth.，Nat. Pflanzenfam. Ⅰ（3）：386. 1902.

生境　林下岩石上、树干上、腐木上、溪边岩面或土面上。

分布　黑龙江、吉林、辽宁、河北、山西、陕西、安徽、江苏、上海、浙江、湖南、湖北、四川、贵州、云南、西藏、福建、台湾、广东、广西、海南。印度、日本。

皱叶小石藓

Weissia longifolia Mitt.，Ann. Mag. Nat. Hist.，Ser. 2，**8**：317. 1851.

Phascum crispum Hedw.，Sp. Musc. Frond. 21. 1801.

Astomum crispum（Hedw.）Hampe，Flora **20**：285. 1837.

Weissia crispa（Hedw.）Mitt.，Ann. Mag. Nat. Hist.，ser. 2，**8**：316. 1851，*hom. illeg.*

Astomum tonkinense（Paris & Broth.）Broth.，Nat. Pflanzenfam. Ⅰ（3）：1189. 1900.

Sysyegium tonkinense Paris & Broth.，Rev. Bryol. **33**：54. 1906.

Sysyegium macrophyllum Paris & Broth.，Rev. Bryol. **35**：125. 1908.

Astomum macrophyllum（Paris & Broth.）G. Roth，Ausssereur. Laubm. 185. 1911.

生境　林地上、岩面上、岩壁上、阴湿的土坡或岩面薄土上。

分布　黑龙江、吉林、辽宁、山西、山东、河南、宁夏、安徽、江苏、上海、浙江、湖南、四川、贵州、云南、西藏、福建、台湾、海南、香港。日本、印度、巴基斯坦、俄罗斯（远东地区），欧洲、北美洲、非洲北部。

钝叶小石藓

Weissia newcomeri（E. B. Bartram）Saito，J. Hattori Bot. Lab. **39**：423. 1975. *Hymenostomum newcomeri* E. B. Bartram，Bryologist **50**：162. 1947.

Hymenostomum latifolium Nog.，Biogeographica **2**：24. 1937.

生境　岩面薄土。

分布　内蒙古、河北（Zhang and Zhao，2000）、宁夏、台湾（Herzog and Noguchi，1955，as *Hymenostomum latifolium*）。日本。

夭命藓科 Ephemeraceae Schimp.

本科全世界有3属，中国有2属。

夭命藓属 Ephemerum Hampe
Flora **20**：285. 1873，*nom. cons.*

模式种：*E. serratum*（Hedw.）Hampe

本属全世界现有34种，中国有2种。

尖顶夭命藓

Ephemerum apiculatum P. C. Chen，Contr. Inst. Biol. Natl. Centr. Univ. **1**：4. 1943. **Type**：China：Chongqing，on soil，*P. C. Chen 5184*，*5171*（syntypes：PE，HKAS）.

生境　潮湿的土坡上。

分布　江苏、江西、重庆。中国特有。

海南夭命藓（新拟）

Ephemerum asiaticum Paris & Broth.，Rev. Bryol. **28**：37. 1901. **Type**：China：Hainan，Wanquanhe（Quang Tcheou Wan），1900m.

生境　不详，海拔1900m。

分布　海南（Paris，1901）。中国特有。

细蓑藓属 Micromitrium Austin
Musci Appalachiani：10. 1870.

模式种：*M. austinii* Austin

本属全世界现有8种，中国有1种。

细蓑藓

Micromitrium tenerum（Bruch & Schimp.）Crosby，Bryologist **71**: 116. 1968. *Phascum tenerum* Bruch & Schimp., Laubm. Eur. Monogr. Phascum: 2 pl. 1. 1835.

生境　林下土面上。

分布　西藏、香港、澳门。印度、韩国、日本、新西兰、西印度群岛，欧洲、北美洲、中美洲、南美洲。

虎尾藓目 Hedwigiales Ochyra

虎尾藓科 Hedwigiaceae Schimp.

本科全世界有4属，中国有3属。

赤枝藓属 Braunia Bruch & Schimp.
Bryol. Eur. 3: 159. 1846.

模式种：*B. alopecura* (Brid.) Limpr.

本属全世界现有23种，中国有2种。

赤枝藓(钝叶赤枝藓)

Braunia alopecura (Brid.) Limpr., Laubm. Deutschl. **1**: 824. 1889. *Leucodon alopecurus* Brid., Musc. Recent. Suppl. **4**: 135. 1819[1818]. **Type**: Switzerland: Helvetia, *Schleicher s. n.*

Anoectangium sciurioides Bals.-Criv. & De Not., Mem. Reale Accad. Sci. Torino **40**: 345. 1838.

Hedwigia sciurioides (Bals.-Criv. & De Not.) De Not., Syllab. Musc. 95. 1838.

Braunia sciuroides (Bals.-Criv. & De Not.) Bruch & Schimp. in B. S. G., Bryol. Eur. **3**: 161. 1846.

Harrisonia sciurioides (Bals.-Criv. & De Not.) Rabenh., Deuschl. Krypt.-Fl. **2**(3): 153. 1848.

Neckera alopecura (Brid.) Müll. Hal., Syn. Musc. Frond. **2**: 104. 1850.

Hedwigia alopecura (Brid.) Kindb., Canad. Rec. Sci. **6**: 18. 1894.

Braunia obtusicuspis Broth., Akad. Wiss. Sitzungsber. Math.-Naturwiss. Kl., Abt. 1, **131**: 214. 1923. **Type**: China: Sichuan, Huili Co., *Handel-Mazzetti 788* (H).

生境　岩面或树上，海拔1850～2550m。

分布　四川、云南、西藏。印度、伊朗、科威特，欧洲。

云南赤枝藓

Braunia delavayi Besch., Ann. Sci. Nat. Bot., sér. 7, **15**: 71. 1892. **Type**: China: Yunnan, Koua-la-po (Hokin), *Delavay 1645*.

生境　岩面或树干上，海拔200～3200m。

分布　云南、福建(吴鹏程等，1981)。中国特有。

虎尾藓属 Hedwigia P. Beauv.
Mag. Encycl. 5: 304. 1804.

模式种：*H. ciliata*(Hedw.) Ehrh. ex P. Beauv.

本属全世界现有4种，中国有1种。

虎尾藓

Hedwigia ciliata (Hedw.) Ehrh. ex P. Beauv., Prodr. Aethéogam. 15. 1805. *Anictangium ciliatum* Hedw., Sp. Musc. Frond. 40. 1801.

Bryum ciliatum (Hedw.) Dicks., Fasc. Pl. Crypt. Brit. **4**: 6. 1801.

Gymnostomum ciliatum (Hedw.) Lag., D. Garcia & Clemente, Anales Ci., Nat. **5**(14): 170. 1802.

Anoectangium ciliatum (Hedw.) Schwägr., Sp. Musc. Frond., Suppl. 1, **1**: 38. 1811.

Schistidium ciliatum (Hedw.) Brid., Muscol. Recent. Suppl. **4**: 21. 1819.

Perisiphorus ciliatus (Hedw.) P. Beauv., Mém. Soc. Linn. Paris 1, f. 4. 1822.

Hedwigia ciliata var. *viridis* Bruch & Schimp., Bryol. Eur. **3**: 153. 1846. *Harrisonia ciliata* (Hedw.) Huebener, Muscol. Germ. 711. 1833.

Pilotrichum ciliatum (Hedw.) Müll. Hal., Syn. Musc. Frond. **2**: 164. 1851.

Hedwigia albicans Lindb., Öfvers. Förh. Kongl. Svenska Vetensk.-Akad. **21**: 421. 1864, *nom. illeg.*

Hedwigia albicans var. *viridis* (Bruch & Schimp.) Limpr., Laubm. Deutschl. 822. 1889.

Hedwigia ciliata fo. *viridis* (Bruch & Schimp.) G. N. Jones, Moss Fl. N. Amer. **2**: 46. 1933.

生境　裸岩面上，海拔350～3830m。

分布　全国广布。世界广泛分布。

棕尾藓属 Hedwigidium Bruch & Schimp.
Bryol. Eur. 3: 155 (Fasc. 29-30. Monogr. 1). 1846.

模式种：*H. integrifolium*(P. Beauv.) Dixon in C. E. O. Jensen

本属全世界现有2种，中国有1种。

棕尾藓(钝叶赤枝藓)

Hedwigidium integrifolium (P. Beauv.) Dixon in C. E. O. Jensen, Skand. Bladm. Fl. 369. 1939. *Hedwigia integrifolium* P. Beauv.,

Prodr. Aethéogam. 60. 1905.

Hedwigidium imberbe (Smith.) Bruch & Schimp. Bryol. Eur. **3**:157. pl. 274 (Fasc. 29-31. Monogr. 1. Pl. 1). 1846.

Braunia obtusicuspis Broth., Akad. Wiss. Wien Sitzungsber., Math.-Naturwiss. Kl., Abt. 1, **131**:214. 1923.

生境　山坡上的岩面或树干上。

分布　河北、四川、云南。斯里兰卡、留尼旺岛、墨西哥、危地马拉、秘鲁(Menzel, 1992)、多米尼加、新西兰、澳大利亚、坦桑尼亚(Ochyra and Sharp, 1988), 欧洲、北美洲。

蔓枝藓科 Bryowijkiaceae M. Stech & W. Frey

本科仅蔓枝藓 1 属。

蔓枝藓属 *Bryowijkia* Nog.
J. Hattori Bot. Lab.:240. 1973.

模式种: *B. ambigua* (Hook.) Nog.

本属全世界现有 2 种, 中国有 1 种。

蔓枝藓

Bryowijkia ambigua (Hook.) Nog., J. Hattori Bot. Lab. **37**: 241. 1973. *Pterogonium ambiguam* Hook., Trans. Linn. Soc. London **9**:310. 1808.

Pterigynandrum ambiguum (Hook.) Steud., Nomencl. Bot. **2**:355. 1824.

Cleistostoma ambigua (Hook.) Brid., Bryol. Univ. **1**:154. 1826.

Syrrhopodon ambigus (Hook.) Spreng., Syst. Veg. **4**(1):163. 1827.

Neckera ambigua (Hook.) Müll. Hal., Syn. Musc. Frond. **2**: 107. 1850.

生境　岩面、树干或树枝上, 海拔 1200～3500m。

分布　四川、云南、西藏。印度、不丹、缅甸、泰国、越南。

珠藓目 Bartramiales D. Quandt, N. E. Bell & M. Stech

珠藓科 Bartramiaceae Schwägr.

本科全世界有 10 属, 中国有 6 属

刺毛藓属 Anacolia Schimp.
Syn. Musc. Eur. (ed. 2), 513. 1876.

模式种: *A. webbii* (Mont.) Schimp.

本属全世界现有 7 种, 中国有 2 种。

平果刺毛藓

Anacolia laevisphaera (Taylor) Flowers, Moss Fl. N. Amer. **2**: 155. 1935. *Glyphocarpus laevisphaerus* Taylor, Lond. J. Bot. **5**:56. 1846. **Type**: Ecuador.

Bartramia subsessilis Taylor, London J. Bot. **6**:334. 1847.

Bartramia laevisphaera (Taylor) Müll. Hal., Syn. Musc. Frond. **1**:506. 1849.

Glyphocarpus laevisphaerus (Taylor) A. Jaeger, Ber. Thätigk. St. Gallischen Naturwiss. Ges. **1873-1874**:64. 1875.

Anacolia subsessilis (Taylor) Broth., Nat. Pflanzenfam. I (3):634. 1904.

生境　潮湿地中的岩面或岩面薄土上, 海拔 1600～3500m。

分布　四川、台湾。印度、秘鲁(Menzel, 1992)、智利(He, 1998)、坦桑尼亚(Ochyra and Sharp, 1988), 中美洲。

中华刺毛藓

Anacolia sinensis Broth., Akad. Wiss. Wien Sitzungsber., Math.-Naturwiss. Kl., Abt. 1, **133**: 570. 1924. **Type**: China: Sichuan, Yanyuan (Yenyüen) Co., *Handel-Mazzetti 2882* (syntype: MO).

Flowersia sinensis (Broth.) Griff. & W. R. Buck, Bryologist **92**:372. 1989.

生境　溪边的土面或岩面上, 海拔 2000～3000m。

分布　四川、云南、广西。尼泊尔、印度。

珠藓属 Bartramia Hedw.
Sp. Musc. Frond. 164. 1801.

模式种: *B. halleriana* Hedw.

本属全世界现有 60 种, 中国有 6 种

亮叶珠藓(挪威珠藓)

Bartramia halleriana Hedw., Sp. Musc. Frond. 164. 1801.

Bartramia norvegica Lindb., Öfvers. Förh. Kongl. Svenska Vetensk.-Akad. **20**:389. 1863, *nom. illeg.*

Bartramia alpicola Nog., J. Jap. Bot. **14**:400. 1938.

生境　岩面或树干, 海拔 1100～4100m。

分布　黑龙江、吉林、辽宁、内蒙古、陕西、新疆、安徽、江西、湖南、湖北、四川、重庆、贵州、云南、西藏、福建、台湾。巴基斯坦(Higuchi and Nishimura, 2003)、印度、不丹(Noguchi, 1971)、缅甸(Tan and Iwatsuki, 1993)、日本、印度尼西亚(Gradstein, 2005)、巴布亚新几内亚(Tan, 2000a)、巴西(Yano, 1995)、智利(He, 1998)、澳大利亚, 欧洲、北美洲、非洲。

直叶珠藓

Bartramia ithyphylla Brid., Muscol. Recent. **2**(3): 132. 1803. **Type**: Switzerland.

Bartramia pomiformis F. Weber & D. Mohr, Bot. Taschenbuch 270. 1807, *hom. illeg.*

Bartramia deciduaefolia Broth. & A. Yasuda, Bot. Mag. (Tokyo) **29**: 23. 1915.

Plagiopus ithyphyllus (Brid.) Mach., Cat. Descr. Briol. Portug. 76. 1919.

Bartramia morrisonensis Nog., J. Jap. Bot. **10**: 402. 1938, *nom. illeg.*

生境 砂质黏土或岩面上,海拔 900~3000m。

分布 黑龙江、吉林、甘肃(Wu et al., 2002)、新疆、浙江、湖北、四川、重庆、贵州(杨志平等,2006)、云南、福建、台湾、广西。巴基斯坦(Higuchi and Nishimura, 2003)、印度、不丹(Noguchi, 1971)、日本、印度尼西亚(Gradstein, 2005)、俄罗斯、秘鲁(Menzel, 1992)、智利(He, 1998)、澳大利亚,欧洲、北美洲、非洲北部。

单齿珠藓

Bartramia leptodonta Wilson, Hooker's J. Bot. Kew Gard. Misc. **9**: 369. 1857.

Bartramia schmidiana Müll. Hal., Bot. Zeitung (Berlin) **16**: 162. 1858.

Bartramia rogersi Müll. Hal., Hedwigia **77**: 88. 1937, *nom. illeg.*

生境 岩面、土面或树干上,海拔 1800~4040m。

分布 四川、云南、西藏。斯里兰卡(O'Shea, 2002)、印度。

梨蒴珠藓

Bartramia pomiformis Hedw., Sp. Musc. Frond. 164. 1801.

Bartramia crispa Brid., Muscol. Recent. **2**(3): 131. 1803.

Bartramia incurva Hoppe, Deutschl. Fl., Abt. II, Cryptog. Fl. **2**(6): 12. 1803.

Bartramia vulgaris Michx, Fl. Bor.-Amer. **2**: 300. 1803, *nom. illeg.*

Bartramia pomiformis var. *elongata* Turner, Ann. Bot. (Konig & Sims) **1**: 527. 1805.

Bartramia pomiformis var. *crispa* (Brid.) Bruch & Schimp., Bryol. Eur. **4**: 43. 1842, *nom. illeg.*

Bartramia japonica Duby, Mém. Soc. Phys. Genève, **26**: 2. 1877, *nom. illeg.*

Bartramia crispata Schimp. ex Besch., Ann. Sci. Nat., Bot., sér. 7, **17**: 348. 1893.

Bartramia crispo-ithyphylla Müll. Hal., Nuovo Giorn. Bot. Ital., n. s., **3**: 105. 1896.

Bartramia pseudocrispata Cardot & Thér., Bull. Acad. Int. Géogr. Bot. **19**: 19. 1909.

Plagiopuspomiformis (Hedw.) Mach., Cat. Descr. Briol. Portug. 76. 1919.

生境 土面、岩面或腐木,海拔 850~3460m。

分布 黑龙江、吉林、辽宁、内蒙古、河北、新疆、安徽、浙江、江西、湖北、四川、重庆、贵州、云南、台湾。巴基斯坦(Higuchi and Nishimura, 2003)、日本、俄罗斯、智利(He, 1998)、新西兰,欧洲、北美洲、非洲。

毛叶珠藓

Bartramia subpellucida Mitt., J. Proc. Linn. Soc., Bot., Suppl. **1**: 59. 1859.

Bartramia gangetica Müll. Hal., Gen. Musc. Frond. 350. 1900, *nom. nud.*

生境 高山地带的岩面、潮湿土面或树皮,海拔3000~4100m。

分布 四川、云南、西藏。斯里兰卡(O'Shea, 2002)、印度、尼泊尔。

绿珠藓

Bartramia subulata Bruch & Schimp. in B. S. G., Bryol. Eur. **4**: 53. 1846.

Weissia viridissima Brid., Bryol. Univ. **1**: 364. 1826.

Bartramia macrosubulata Müll. Hal., Bot. Centralbl. **16**: 123. 1883.

Bartramia ithyphylla Brid. var. *subulata* (Bruch & Schimp.) Husn., Musc. Gall. 266. 1890.

Bartramia viridissima (Brid.) Kindb., Eur. N. Amer. Bryin. **2**: 323. 1897, *hom. illeg.*

生境 高山地带的岩面或潮湿土面,海拔 3100~4000m。

分布 四川、贵州(杨志平等,2006)、云南、西藏。日本、印度,欧洲、北美洲。

热泽藓属 Breutelia (Bruch & Schimp.) Schimp. Coroll. Bryol. Eur. 85. 1856.

模式种: *B. arcuata* (Sw.) Schimp.

本属全世界现有 93 种,中国有 3 种

大热泽藓

Breutelia arundinifolia (Duby) M. Fleisch., Musci Buitenzorg **2**: 630. f. 120. 1904. *Hypnum arundinifolium* Duby in Moritzi, Syst. Verz. Zoll. 131. 1846.

生境 树干上,海拔 1800~2750m。

分布 贵州、云南、台湾、广东。日本、印度尼西亚、菲律宾、印度、澳大利亚。

仰叶热泽藓

Breutelia dicranacea (Müll. Hal.) Mitt., J. Proc. Linn. Soc., Bot., Suppl. **1**: 64. 1859. *Bartramia dicranacea* Müll. Hal., Bot. Zeitung (Berlin) **11**: 57. 1853.

Bartramia deflexifolia Wilson in Hook., Kew J. Bot., **9**: 369. 1857.

Breutelia indica Mitt., J. Proc. Linn. Soc., Bot., Suppl. **1**: 64. 1859.

Breutelia deflexa Kab., Hedwigia **77**: 123. 1937.

生境 灌丛或树枝上。

分布 贵州、广西。斯里兰卡(O'Shea, 2002)、尼泊尔、印度。

云南热泽藓

Breutelia yunnanensis Besch., Ann. Sci. Nat., Bot., ser. 7, **15**: 63. 1892. **Type**: China: Yunnan, Tsang-chan, *Delavay 4182*.

Breutelia yunnanensis (Besch.) Müll. Hal., Gen. Musc.

Frond. 347. 1900.

Breutelia subdeflexa Broth., Symb. Sin. **4**: 64. 1929. **Type**: China: Yunnan, 3275～3350m, July 3. 1916, *Handel-Mazzetti 9236* (holotype: H-BR).

Breutelia setschwanica Broth., Akad. Wiss. Wien Sitzungsber., Math.-Naturwiss. Kl., Abt. 1, **133**: 571. 1924. **Type**: China: Sichuan, Huili Co., *Handel-Mazzetti 952* (holotype: H).

生境　灌丛或树枝上，海拔 2300～3600m。

分布　江西(吴鹏程等，1982，as *B. subdeflexa*)、云南。尼泊尔、印度。

长柄藓属(佛氏藓属)Fleischerobryum Loeske Stud. Morph. Syst. Laubm. 127. 1910.

模式种：*F. longicolle* (Hampe) Loeske

本属全世界现有 2 种，中国有 2 种。

长柄藓

Fleischerobryum longicolle (Hampe) Loeske, Stud. Morph. Syst. Laubm. 127. 1910. *Bartramia longicollis* Hampe, Müll. Hal., Syn. Musc. Frond. **1**: 478. 1848. **Type**: Indonesia: Java.

Philonotis longicollis (Hampe) Mitt. J. Proc. Linn. Soc., Bot., Suppl. **1**: 64. 1859.

Breutelia chrysocoma auct. non (Hedw.) Lindb., sensu Yang & Lee, Bull. Acad. Sin. n. s. **5**(2): 183. 1964.

生境　潮湿的岩面上，海拔 1500～3500m。

分布　陕西、湖北、四川、贵州、云南、台湾。缅甸(Tan and Iwatsuki, 1993)、斯里兰卡(O′Shea, 2002)、印度、日本、菲律宾、印度尼西亚。

大叶长柄藓

Fleischerobryum macrophyllum Broth., Philipp. J. Sci. **31**: 285. 1926. **Type**: Philippines: Luzon, *Ramos & Edano 38 289* (holotype: H-BR).

Philonotis macrophylla Broth., Philipp. J. Sci. **31**: 285. 1926, *nom. illeg.*

Philonotis turneriana (Schwägr.) Mitt. var. *robusta* E. B. E. B. Bartram, Ann. Bryol. **8**: 13. 1935. **Type**: China: Kweichow Prov., Ma Isooho, 800m, *S. Y. Cheo 499* (FH).

生境　路边或灌丛中的岩面上。

分布　吉林、贵州(Bartram, 1935, as *Philonotis turneriana* var. *robusta*)、云南、台湾。菲律宾、印度。

泽藓属 Philonotis Brid. Bryol. Univ. 2: 15. 1827.

模式种：*P. fontana* (Hedw.) Brid.,

本属全世界约有 185 种，中国有 19 种

珠状泽藓

Philonotis bartramioides (Griff.) Griff. & W. R. Buck, Bryologist **92**: 376. 1989. *Weissia bartramioides* Griff., Calcutta J. Nat. Hist. **2**: 489. 1842.

Bartramidula griffithiana Kab., Hedwigia **77**: 92. 1937, *nom. illeg. Philonotis griffithiana* (Mitt.) Kab. var. *sikkimensis* Kab., Hedwigia **77**: 94. 1937.

Bartramidula bartramioides (Griff.) Wijk & Marg., Taxon **7**: 289. 1958.

Philonotis sikkimensis (Kab.) T. J. Kop., J. Hattori Bot. Lab. **84**: 25. 1998.

生境　滴水的岩石上或潮湿土面上，海拔 1000～1250m。

分布　山西、山东(杜超等，2010)、湖南、四川、贵州(杨志平等，2006)、云南、福建、台湾。印度、缅甸(Tan and Iwatsuki, 1993)、泰国(Tan and Iwatsuki, 1993)、越南(Tan and Iwatsuki, 1993)、印度尼西亚，欧洲

钙土泽藓

Philonotis calcarea (Bruch & Schimp.) Schimp., Coroll. Bryol. Eur. 86. 1856. *Bartramia calcarea* Bruch & Schimp., Bryol. Eur. **4**: 49. 1842.

生境　岩面或潮湿土面上。

分布　青海、新疆、浙江、云南、西藏。巴基斯坦(Higuchi and Nishimura, 2003)、印度，欧洲、北美洲。

小泽藓

Philonotis calomicra Broth. in Schum. & Lauterb., Fl. Schutzgeb. Südsee 88. 1900.

Philonotis imperfecta E. B. Bartram, Philipp. J. Sci. **61**: 241. 1936.

Bartramidula imperfecta (E. B. Bartram) Z. Iwats. & B. C. Tan., Kalikasan **9**: 271. 1980.

生境　岩面、石上或潮湿土面上，海拔 2000～3500m。

分布　四川、云南。马来西亚、菲律宾、巴布亚新几内亚。

垂蒴泽藓

Philonotis cernua (Wilson) Griff. & W. R. Buck, Bryologist **92**: 376. 1989. *Glyphocarpa cernua* Wilson, Hooker's J. Bot. Kew Gard. Misc. **3**: 383. 1841.

Bartramidula wilsonii Bruch & Schimp., Bryol. Eur. **4**: 57. pl. 327. 1846.

Bartramia wilsonii (Bruch & Schimp.) Müll. Hal., Syn. Musc. Frond. **1**: 479. 1848.

Philonotis wilsonii (Bruch & Schimp.) Mitt., J. Proc. Linn. Soc., Bot. **7**: 153. 1864.

生境　溪边岩面或湿土面上。

分布　山东(杜超等，2010)、贵州(杨志平等，2006)、云南、台湾、海南。印度，欧洲、美洲、非洲。

偏叶泽藓

Philonotis falcata (Hook.) Mitt., J. Proc. Linn. Soc., Bot., Suppl. **1**: 62. 1859. *Bartramia falcata* Hook., Trans. Linn. Soc. London **9**: 317. 1808.

Philonotis palustris Mitt., J. Proc. Linn. Soc., Bot. **8**: 150. 1865. **Type**: China: in marsh in the hill, Pi-quan island, *Alexander 28* (holotype: NY; isotype: BM).
Philonoti srufocuspis Besch., Rev. Bryol. **18**: 88. 1891. **Type**: China: Yunnan, Dali Co., Tapintzé, *Delavay 1616*.
Philonotis angularis Müll. Hal., Nuovo Giorn. Bot. Ital., n. s., **3**: 250. 1896. **Type**: China: Shaanxi, Thae-pai-san, Aug. 1893, *Giraldi s. n.*
Philonotis giraldii Müll. Hal., Nuovo Giorn. Bot. Ital., n. s., **3**: 104. 1896. **Type**: China: Shaanxi, Thae-pai-san, Aug. 1894, *Giraldi s. n.*
Bartramia angularis (Müll. Hal.) Müll. Hal., Nuovo Giorn. Bot. Ital., n. s., **4**: 250. 1897.
Bartramia tsanii Müll. Hal., Nuovo Giorn. Bot. Ital., n. s., **4**: 250. 1897. **Type**: China: Shaanxi, Pou-o-li, Mar. 1895, *Giraldi s. n.*
Bartramia tomentosula Müll. Hal., Nuovo Giorn. Bot. Ital., n. s., **5**: 172. 1898. **Type**: China: Shaanxi, Liu-hua-zae, May 1896, *Giraldi s. n.*
Bartramia palustris (Mitt.) Müll. Hal., Gen. Musc. Frond. 341. 1900, *hom. illeg.*
Philonotis tomentosula (Müll. Hal.) Paris, Index Bryol. Suppl. 268. 1900.
Philonotis bodinierii Cardot & Thér., Bull. Acad. Int. Géogr. Bot. **13**: 82. 1904.
Philonotis setschuanica (Müll. Hal.) Paris var. *formosica* Cardot, Beih. Bot. Centralbl., Abt. 2, **19**(2): 108. 1905. **Type**: China: Taiwan, Tamsui, Kelung, Taitum, *Faurie 168* (lectotype: H-BR; isolectotype: BM).
Philonotis bonatii Copp., Bull. Soc. Vaud. Sci. Nat., ser. 3, **12**(4): 9. 1911.
Philonotis plumulosa Cardot & Thér., Bull. Acad. Int. Géogr. Bot. **21**: 217. 1911. **Type**: China: Prov. Kouy-Tchéou, Pin-fa, bois humides, Apr. 5. 1904, *Cavalerie s. n.* (isotype: H-BR, ex herb. I. Thériot).
Philonotis capilliformis J. X. Lou & P. C. Wu, Acta Phytotax. Sin. **18**(1): 121. 1980. **Type**: China: Xizang, Motuo Co., 1250m, Aug. 24. 1974, *Lang Kai-Yong 531* (holotype: PE).
生境 沼泽地中，海拔 600～3000m。
分布 内蒙古、山东、河南、宁夏、江苏、湖北、四川、重庆、贵州、云南、西藏、福建、台湾、广东。孟加拉国(O'Shea, 2003)、巴基斯坦(Higuchi and Nishimura, 2003)、不丹(Noguchi, 1971)、缅甸、越南(Tan and Iwatsuki, 1993)、朝鲜、日本、菲律宾、尼泊尔、印度、美国(夏威夷)，非洲。

泽藓(溪泽藓)

Philonotis fontana (Hedw.) Brid., Bryol. Univ. **2**: 18. 1872.
Mnium fontanum Hedw., Sp. Musc. Frond. 195. 1801.
Bartramia fontana (Hedw.) Turner, Musc. Hibern. 107. 1804.
Philonotis lutea Mitt., J. Proc. Linn. Soc., Bot., Suppl. **1**: 63. 1859.
生境 岩面或湿土面上，海拔 1060～4100m。
分布 吉林、内蒙古、河北(Koponen, 1998)、山东、河南、陕西、甘肃、新疆、安徽、浙江、江西(Ji and Qiang, 2005)、湖南、湖北、四川、贵州(杨志平等, 2006)、云南、西藏、福建、台湾。巴基斯坦(Higuchi and Nishimura, 2003)、日本、蒙古、俄罗斯、坦桑尼亚(Ochyra and Sharp, 1988)，欧洲、美洲。

密叶泽藓

Philonotis hastata (Duby) Wijk & Marg. Taxon **8**: 74. 1959.
Hypnum hastatum Duby *in* Moritzi, Syst. Verz. 132. 1846. **Type**: Indonesia: Java, 1813, *Zollinger s. n.* (L).
Bartramia imbricatula (Mitt.) Müll. Hal., Linnaea **36**: 12. 1869.
Philonotis imbricatula Mitt., J. Proc. Linn. Soc., Bot., Suppl. **1**: 61. 1859.
Philonotis laxissima Mitt, J. Proc. Linn. Soc., Bot., Suppl. **1**: 61. 1859, *nom. illeg.*
Philonotis papillatomarginata J. X. Luo & P. C. Wu, Acta Phytotax. Sin. **18**(1): 123. 1980. **Type**: China: Xizang, Motuo Co., on stone, 800m, Aug. 1. 1974, *Xizang expedition 80* (holotype: PE).
Philonotis vitrea Herzog & Nog., J. Hattori Bot. Lab. **14**: 62. 1955. **Type**: China: Taiwan, 80～100m, June 5. 1947, *G. H. Schwabe 124b*.
生境 高山沼泽地或潮湿的土面上，海拔 1100～2800m。
分布 山东(杜超等, 2010)、江苏(刘仲苓等, 1989)、上海(刘仲苓等, 1989)、浙江(刘仲苓等, 1989)、湖南、湖北、贵州、云南、西藏、福建、台湾、广东、海南、香港、澳门。缅甸、越南、柬埔寨(Tan and Iwatsuki, 1993)、日本、菲律宾、印度尼西亚、美国(夏威夷)、马达加斯加、秘鲁(Menzel, 1992)、巴西(Churchill, 1998)、坦桑尼亚(Ochyra and Sharp, 1988)。

赖氏泽藓(新拟)

Philonotis laii T. J. Kop., Acta Bryol. Asiat. **3**: 137. 2010. **Type**: China: Hunan Prov., Zhangjiajie, *T. Koponen*, *S. Huttunen* & *P. -C. Rao 51 641* (H).
生境 岩壁上，海拔 500～1400m。
分布 湖南、云南(Koponen, 2010)、台湾、香港。印度、尼泊尔、缅甸、泰国、印度尼西亚、巴布亚新几内亚。

毛叶泽藓

Philonotis lancifolia Mitt., J. Linn. Soc., Bot. **8**: 151. 1865.
Philonotia wichurae Broth., Hedwigia **38**: 223. 1899.
Philonolis courtoisi Broth. & Paris, Rev. Bryol. **38**: 53. 1911.
生境 高山沼泽地或潮湿的土面上，海拔 800～1000m。
分布 吉林、辽宁、内蒙古、山东(赵遵田和曹同, 1998)、安徽、江苏、浙江、湖南、四川、重庆、贵州、云南、福建、广东、广西、海南。泰国(Tan and Iwatsuki, 1993)、日本、朝鲜、印度、印度尼西亚。

残齿泽藓(新拟)

Philonotis lizangii T. J. Kop., Acta Bryol. Asiat. **3**: 91. 2010. **Type**: China: Yunnan, Gongshan Co., 1350m, Aug. 8. 1982, *Zang Mu 2058* (holotype: H; isotype: HKAS).
生境 岩面、树干或土面上，海拔 1000～1700m。
分布 云南(Koponen, 2010)。中国特有。

直叶泽藓

Philonotis marchica (Hedw.) Brid., Bryol. Univ. **2**: 23. 1827.
Mnium marchicum Hedw., Sp. Musc. Frond. 196. 1801.
生境 草原、沼泽或溪边。
分布 吉林、山东、浙江、云南。巴基斯坦(Higuchi and Nishimura, 2003)、俄罗斯，欧洲、北美洲。

柔叶泽藓

Philonotis mollis (Dozy & Molk.) Mitt., J. Proc. Linn. Soc., Bot., Suppl. **1**: 60. 1859. *Bartramia mollis* Dozy & Molk., Ann. Sci. Nat. Bot., sér. 3, **2**: 300. 1844.

Bartramia secunda Dozy & Molk., Plant. Jungh. **3**: 332. 1854.

生境 潮湿的土面上或积水的沼泽地,海拔 2400m。

分布 山东(杜超等,2010)、浙江、贵州、云南、福建、台湾、广东。不丹(Noguchi,1971)、缅甸(Tan and Iwatsuki,1993)、孟加拉国(O'Shea,2003)、泰国(Tan and Iwatsuki,1993)、日本、菲律宾、越南、印度、印度尼西亚、巴布亚新几内亚(Tan, 2000)。

罗氏泽藓

Philonotis roylei (Hook. f.) Mitt., J. Proc. Linn. Soc., Bot., Suppl. **1**: 59. 1859. *Glyphocarpa roylei* Hook. f. in W. J. Hook., Icon. Pl. 2: pl. 194c. 1837. **Type**: India: Nilghiri, *Perrottet s. n.*

Bartramidula roylei (Hook. f.) Bruch & Schimp., Bryol. Eur. **4**: 55. 1846.

生境 高山地区河边或溪边的土面上,海拔 1000~2500m。

分布 山东(杜超等,2010)、云南、台湾、海南。日本、印度、斯里兰卡、印度尼西亚。

倒齿泽藓

Philonotis runcinata Müll. Hal. ex Ångstr., Öfvers. Förh. Kongl. Svenska Vetensk.-Akad. **33**: 52. 1876. **Type**: Society Island. "Tahiti", *N. J. Andersson s. n.* (isotypes: B-BR, H-SOL).

Philonotis runcinata (Müll. Hal. ex Ångstr.) Besch., Ann. Sci. Nat., Bot., sér. 7, **20**: 28. 1894.

Philonotis praemollis Broth. & Paris, Öfvers. Förh. Finska Vetensk.-Soc. **51A**(17): 20. 1909.

Philonotis parisii Thér., Diagn. Esp. Var. Nouv. Mouss. **8**: 5. 1910.

Philonotis yunckeriana E. B. Bartram in Yuncker, Bernice P. Bishop Mus. Bull. **220**: 15. 1959.

Philonotis angustissima Müll. Hal. ex Tixier, Cryptog. Bryol. Lichénol. **7**: 228. 1986.

生境 潮湿的土面上或腐木上,海拔 600~3500m。

分布 山东(杜超等,2010)、云南、台湾(Koponen,1998)。印度、马来西亚、伊朗、太平洋岛屿。

斜叶泽藓

Philonotis secunda (Dozy & Molk.) Bosch & Sande Lac., Bryol. Jav. **1**: 156. 1861. *Bartramia secunda* Dozy & Molk., Pl. Jungh. **3**: 332. 1854. **Type**: Indonesia: "Habita insulam Javae", *Junghuhn s. n.* (lectotype: L).

生境 潮湿的岩面上或河岸边土面上。

分布 四川、贵州、云南、西藏、台湾。缅甸(Tan and Iwatsuki,1993)、印度尼西亚。

齿缘泽藓

Philonotis seriata Mitt., J. Proc. Linn. Soc., Bot., Suppl. **1**: 63. 1859.

Bartramia seriata (Mitt.) Hobk., Syn. Brit. Mosses 131. 1873.

Philonotis fontana (Hedw.) Brid. var. *seriata* (Mitt.) Kindb., Bih. Kongl. Svenska Vetensk. Akad. Handl. **7**(9): 255. 1883.

Philonotis fontana subsp. *seriata* (Mitt.) Dixon, Stud. Handb. Brit. Mosses 294. 1896.

Philonotis mongolica Broth. in Kab., Hedwigia **77**: 111. 1937, *nom. illeg.*

生境 岩面或河岸边。

分布 黑龙江、内蒙古、山西(Wang et al., 1994)、青海、安徽、江西、贵州。蒙古、朝鲜、日本、欧洲、北美洲、非洲。

细叶泽藓

Philonotis thwaitesii Mitt., J. Proc. Linn. Soc., Bot., Suppl. **1**: 60. 1859. **Type**: Sri Lanka: Central Province Ceylon, *Thwaites C. M. 91* (lectotype: NY-Mitten; isolectotypes: NY, H-SOL).

Philonotis revoluta Bosch & Sande Lac., Bryol. Jav. **1**: 158. 1861.

Philonotis socia Mitt., J. Linn. Soc., Bot. **8**: 151. 1865.

Bartramia thwaitesii (Mitt.) Müll. Hal., Gen. Musc. Frond. 338. 1900.

Philonotis savatieri Broth., Nat. Pflanzenfam. I (3): 646. 1904, *hom. illeg.*

Philonotis appressifolia Dixon, Hong Kong Naturalist Suppl. **2**: 18. 1933. **Type**: China: Hong Kong, Amoy Island, *Herklots 251a*.

Philonotis iwasakii Sakurai, Bot. Mag. (Tokyo) **55**: 14. 1941.

生境 潮湿的岩面上或河岸边,海拔 500~2200m。

分布 辽宁、山西、山东(赵遵田和曹同,1998)、河南、陕西、安徽、江苏、上海(刘仲苓等,1989)、浙江、江西、湖南、湖北、四川、重庆、贵州、云南、西藏、福建、台湾、广东、广西、海南、香港、澳门。孟加拉国(O'Shea,2003)、印度、尼泊尔、不丹、斯里兰卡、缅甸、泰国、马来西亚、印度尼西亚、菲律宾、日本、朝鲜、美国(夏威夷),大洋洲(瓦努阿图)。

东亚泽藓

Philonotis turneriana (Schwägr.) Mitt., J. Proc. Linn. Soc., Bot., Suppl. **1**: 62. 1859. *Bartramia turneriana* Schwägr., Sp. Musc. Frond. Suppl. 3, **1**(2): 238. 1828.

Bartramia speciosa Griff., Calcutta J. Nat. Hist. **2**: 513. 1842.

Bartramia nitida Wils., Hooker's J. Bot. Kew Gard. Misc. **9**: 370. 1857, *nom. nud.*

Philonotis nitida Mitt., J. Proc. Linn. Soc., Bot., Suppl. **1**: 62. 1859.

Philonotis speciosa (Griff.) Mitt., J. Proc. Linn. Soc., Bot., Suppl. **1**: 64. 1859.

Philonotis turneriana (Schwägr.) Mitt. var. *eu-turneriana* Kab., Hedwigia **77**: 106. 1937, *nom. illeg.*

Bartramia setschuanica Müll. Hal., Nuovo Giorn. Bot. Ital., n. s., **4**: 250. 1897. **Type**: China: Sichuan, Feb. 1890, *A. Henry 8837* (lectotype: H-BR).

Philonotis setschuanica (Müll. Hal.) Paris, Index Bryol. Suppl. 268. 1900.

生境 潮湿的岩面上或河岸边,海拔 200~3500m。

分布 吉林、山东、新疆、宁夏(黄正莉等,2010)、江苏、江西、湖南、湖北、四川(Koponen,1998)、重庆、贵州、云南、西藏、福建、台湾、广东、香港、澳门。巴基斯坦(Higuchi and Nishimura,2003)、缅甸、越南(Tan and Iwatsuki,1993)、日本、朝鲜、菲律宾、印度尼西亚、美国(夏威夷)。

粗尖泽藓

Philonotis yezoana Besch & Cardot, Bull. Soc. Bot. Genève, sér. 2, **1**: 123. 1909.

Didymodon mollis Schimp., Syn. Musc. Eur. ed. **2**: 167. 1876.

Philonotis seriata Mitt. var. *mollis* (Schimp.) Loeske, Hedwigia **45**: 196. 1906.

Philonotis yezoana var. *tenuicaulis* Cardot, Bull. Soc. Bot. Genève, ser. 2, **1**: 124. 1909.

Philonotis fontana (Hedw.) Brid. var. *tenuicaulis* (Cardot) Nog., Ill. Moss Fl. Japan **3**: 572. 1989.

生境　潮湿的岩面、岩壁上或生于沼泽地，海拔 800m。

分布　黑龙江、内蒙古、山东(杜超等，2010)、安徽。日本、朝鲜，欧洲、北美洲。

平珠藓属 Plagiopus Brid.
Bryol. Univ. 1: 596. 1826.

本属全世界现有 1 种。

平珠藓

Plagiopus oederianus (Sw.) H. A. Crum & L. E. Anderson, Mosses E. N. Amer. **1**: 636. 1981. *Bartramia oederianus* Sw., J. Bot. (Schrad.) **2**: 180. 1802.

Bryum oederi Gunn., Fl. Norv. no. 1005. 1772, *nom. inval.*

Bartramia oederi Brid., Muscol. Recent. **2**(3): 135. 1803.

Bartramia grandiflora Schwägr., Sp. Musc. Frond. Suppl. **1** (2): 48. 1816.

Plagiopus oederi (Brid.) Limpr., Laubm. Deutsch **2**: 548. 1895.

生境　潮湿的岩面上或土面上，海拔 1600～4350m。

分布　吉林、辽宁、河北、陕西、青海、新疆、四川、云南、西藏、台湾。巴基斯坦(Higuchi and Nishimura, 2003)、不丹(Noguchi, 1971, as *Plagiopus oederi*)、日本、朝鲜、菲律宾、喜马拉雅地区，欧洲、北美洲。

壶藓目 Splachnales Ochyra

壶藓科 Splachnaceae Grev. & Arn.

全世界现有 6 属，中国有 4 属。

壶藓属 Splachnum Hedw.
Sp. Musc. Frond. 51. 1801.

模式种：*S. vasculosum* Hedw.

本属全世界现有 11 种，中国有 5 种及 1 变种。

大壶藓

Splachnum ampullaceum Hedw., Sp. Musc. Frond. 53. 1891.

大壶藓原变种

Splachnum ampullaceum var. **ampullaceum**

生境　沼泽地或湿草地上。

分布　黑龙江、内蒙古、四川、云南。北半球广布种。

大壶藓短柄变种

Splachnum ampullaceum var. **brevisetum** C. Gao, Fl. Musc. Chin. Boreali-Orient. 380. 1977. **Type**: China: Heilongjiang, Mt. Daxinganling, June 1. 1964, *H. F. Xei 94* (holotype: IFSBH).

生境　落叶松沼泽地鸟兽粪便上。

分布　内蒙古。中国特有。

黄壶藓

Splachnum luteum Hedw., Sp. Musc. Frond. 56. 1801.

生境　高寒沼泽地鸟兽粪便上。

分布　黑龙江、内蒙古。北半球广布种。

红壶藓

Splachnum rubrum Hedw., Sp. Musc. Frond. 56. 1801.

生境　高寒地区沼泽地鸟兽粪便上或小动物尸体上。

分布　内蒙古。亚洲北部、欧洲、北美洲。

卵叶壶藓

Splachnum sphaericum Hedw., Sp. Musc. Frond. 53. 1801. **Type**: Lapland: *Olof Swartz s. n.*

Splachnum ovatum Hedw., Sp. Musc. Frond. 54. 1801.

生境　高寒地区沼泽地鸟兽粪上或小动物尸体上。

分布　内蒙古。北半球广布种。

壶藓

Splachnum vasculosum Hedw., Sp. Musc. Frond. 53. 1801.

Splachnum rugosum Dicks., Fasc. P1. Crypt. Brit. **4**: 3. 1801.

生境　高寒地区沼泽地鸟兽粪上或小动物尸体上。

分布　内蒙古、四川。北半球广布种。

小壶藓属 Tayloria Hook.
J. Sci. Arts (London) 2(3): 144. 1816.

模式种：*T. splachnoides* (Schwägr.) Hook.

本属全世界现有 47 种，中国有 11 种。

尖叶小壶藓

Tayloria acuminata Hornsch., Flora **8**: 78. 1825. **Type**: Switz-

erland: *Schleicher s. n.*
Tayloria splachnoides (Schleich. ex Schwägr.) Hook. var. *acuminata* (Hornsch.) Huebener, Muscol. Germ. 96. 1833.
Tayloria splachnoides subsp. *acuminata* (Hornsch.) Kindb., Skand. Bladmossfl. 89. 1903.
生境　山区林下含氮多的基质或小动物粪便上。
分布　内蒙古、山西、山东(赵遵田和曹同,1998)、新疆、四川、西藏。欧洲、北美洲。

高山小壶藓

Tayloria alpicola Broth., Symb. Sin. **4**: 49. 1929. **Type**: China: Yunnan, 4225m, Sept. 18. 1915, *Handel-Mazzetti 8169* (lectotype: H-BR).
生境　湿土面上。
分布　四川(Brotherus, 1929)、重庆、云南(Brotherus, 1929)、西藏。尼泊尔。

何氏小壶藓

Tayloria hornschuchii (Grev. & Arnott.) Broth., Nat. Pflanzenfam. Ⅰ(3): 520. 1903. *Dissodon hornschuchii* Grev. & Arnott., Tent. Meth. Musc. **5**(2): 468. 1826.
Orthodon delavayi Besch., Rev. Bryol. **18**: 88. 1891.
生境　土面上。
分布　云南 (Chiang and Kuo, 1989)、台湾。尼泊尔。

南亚小壶藓

Tayloria indica Mitt., J. Proc. Linn. Soc., Bot., Suppl. **1**: 57. 1859. **Type**: Nepal: *Wallich s. n.* (lectotype: NY; isolectotype: H-SOL).
Dissodon indica (Mitt.) Müll. Hal., Flora **57**: 287. 1874.
Tayloria kwangsiensis Reimers, Hedwigia **71**: 45. 1931. **Type**: China: Guangxi, Mt. Yaeshan, *S. S. Sin 3945*.
生境　腐殖土面上或动物粪便上,海拔 1200～3500m。
分布　内蒙古、四川、重庆(胡晓云和吴鹏程,1991)、贵州(彭晓磬,2002)、云南、西藏、台湾(Chuang, 1973, as *Tayloria kwangsiensis*)、广西(Reimers, 1931, as *Tayloria kwangsiensis*)。不丹、斯里兰卡、缅甸、菲律宾(Koponen and Koponen, 1974)、泰国(Tan and Iwatsuki, 1993)、日本、印度。

舌叶小壶藓

Tayloria lingulata (Dicks.) Lindb., Musci Scand. 19. 1879. *Splachum lingulatum* Dicks., Fasc. P1. Crypt. Brit. **4**: 4. 1801.
生境　腐殖土面上或潮湿土面上。
分布　内蒙古、新疆(Sonoyama et al., 2007)。俄罗斯,欧洲、北美洲。

卷边小壶藓(新拟)

Tayloria recurvimarginata Nog., J. Jap. Bot. **20**: 145. 1945. **Type**: China: Taiwan, Aug. 1932, *A. Noguchi 6348b*.
生境　岩面。
分布　台湾(Noguchi, 1944)。中国特有。

残齿小壶藓

Tayloria rudimenta X. L. Bai & B. C. Tan, Cryptog., Bryol. **21** (1): 3. 2000. **Type**: China: "Ningxia Huizu Atonomous Region, south slope of Mt. Helan, Suyuchous, 2050m, on rich old goat dungs over boulder in *Ulmus glaucescens* forest.", July 21. 1996, *X. -L. Bai 130* (holotype: HIMC).
生境　林下潮湿腐殖土面上。
分布　内蒙古、宁夏(Bai and Tan, 2000)。中国特有。

德氏小壶藓

Tayloria rudolphiana (Garov.) Bruch & Schimp., Bryol. Eur. **3**: 208 (Fasc. 23-24, Monogr. 10. pl. 4). 1845. *Splachum rudolphianum* Garov., Bryol. Austr. Excurs. 22. 1840.
Orthodon delavayi Besch., Rev. Bryol. **18**: 88. 1891. **Type**: China: Yunnan, Dali Co., *Delavay 2947* (holotype: BM; isotypes: H, PC).
Tayloria delavayi (Besch.) Besch., Ann. Sci. Nat. Bot. sér. 7, **15**: 59. 1892.
生境　岩面薄土或腐木上。
分布　云南。奥地利。

齿边小壶藓

Tayloria serrata (Hedw.) Bruch & Schimp., Bryol. Eur. **3**: 204 (fasc. 23-24, Monogr. 6. pl. 1). 1844. *Splachum serratum* Hedw., Sp. Musc. Frond. 53. 1801. **Type**: Austria: *Froelich s. n.*
生境　高寒地区腐殖土上或小动物尸体上,海拔 4000m。
分布　河北(Zhang and Zhao, 2000)、四川。俄罗斯,欧洲、北美洲、非洲北部。

仰叶小壶藓

Tayloria squarrosa (Hook.) T. J. Kop., Ann. Bot. Fenn. **11**: 43. 1974. *Splachum squarrosum* Hook., Trans. Linn. Soc. London, Bot. **9**: 308. 1808. **Type**: Nepal: *Buchanan s. n.* (holotype: BM).
生境　腐殖土上、小动物尸体上或树干上,海拔2000～2500m。
分布　云南、西藏。不丹、印度、尼泊尔。

平滑小壶藓

Tayloria subglabra (Griff.) Mitt., J. Proc. Linn. Soc., Bot., Suppl. **1**: 57. 1859. *Orthodon subglabra* Griff., Calcutta J. Nat. Hist. **2**: 483. 1842. **Type**: India: Khasia, Rocks, Myrung woods, *Griffith 28* (lectotype: BM).
Dissodon subglaber (Griff.) Müll. Hal., Linnaea **36**: 12. 1869.
生境　腐殖土上,海拔 2100m。
分布　云南、台湾(Koponen and Koponen, 1974)。印度、尼泊尔、不丹(Koponen and Koponen, 1974)、斯里兰卡(Koponen and Koponen, 1974)、泰国(Touw, 1968)、越南(Tan and Iwatsuki, 1993)、菲律宾(Koponen and Koponen, 1974)。

并齿藓属 Tetraplodon Bruch & Schimp.
Bryol. Eur. **3**: 211 (Fasc. 22-24. Monogr. 1). 1844

模式种: *T. nivalis* Hornsch.
本属全世界现有 9 种,中国有 3 种,1 变种。

狭叶并齿藓

Tetraplodon angustatus (Hedw.) Bruch & Schimp. in B. S. G.,

Bryol. Eur. **3**: 214. 1844. *Splachnum angustatum* Hedw., Sp. Musc. Frond. 51. 1801.

狭叶并齿藓原变种

Tetraplodon angustatus var. **angustatus**

生境 富氮土上、鸟兽粪便或小动物尸体上。

分布 黑龙江、内蒙古、新疆、四川、云南。日本、印度、俄罗斯,欧洲、北美洲。

狭叶并齿藓全缘变种

Tetraplodon angustatus var. **integerrimus** C. Gao, Fl. Musc. Chin. Boreali-Orient. 136. 1977. **Type**: China: Jilin, July 1. 1958, *Gao Chien 1188* (holotype: IFSBH).

生境 高寒山区的富氮土上或小动物尸体上。

分布 黑龙江、吉林、内蒙古、甘肃、云南。中国特有。

并齿藓

Tetraplodon mnioides (Hedw.) Bruch & Schimp., Bryol. Eur. **3**: 125. 1844. *Splachnum mnioides* Hedw., Sp. Musc. Frond. 51. 1801.

Splachnum urceolatum Hedw. var. *mnioides* (Swartz ex Hedw.) Wahl., Fl. Suec. (ed. 2), **2**: 768. 1826.

Tetraplodon bryoides Lindb., Musci Scand. 19. 1879.

Aplodon mnioides (Swartz ex Hedw.) Nees & Hornsch. in Limpr., Laubm. Detschl. **2**: 160. 1891, *nom. illeg.*

生境 高寒地区富含氮土上或小动物尸体上,海拔3200～4700m。

分布 内蒙古、河北、陕西、甘肃、新疆、四川、云南、西藏。印度、不丹(Noguchi, 1971)、日本、俄罗斯、秘鲁(Menzel, 1992)、智利(He, 1998),欧洲、北美洲。

黄柄并齿藓

Tetraplodon urceolatus (Hedw.) Bruch & Schimp. in B. S. G., Bryol. Eur. **3**: 217. 1844. *Splachnum urceolatum* Hedw., Sp. Musc. Frond. 52. 1801.

Tetraplodonn mnioides (Hedw.) Bruch & Schimp. var. *cavifolius* Schimp., Syn. Musc. Eur. 304. 1840.

Tetraplodonn mnioides var. *urceolatus* (Hedw.) H. A. Crum, Bryologist **72**: 246. 1969.

Tetraplodon urceolatus var. *longisetus* C. Gao, Fl. Musc. Chin. Boreali-Orient. 136. 1977. **Type**: China: Heilongjiang, Mt. Daxinganling, 700～800m, July 1. 1951, *Ch. Wang 1680* (holotype: IFSBH).

生境 高寒地区的富氮土上或小动物尸体上,海拔3800～4000m。

分布 黑龙江、甘肃(Wu et al., 2002)、青海、新疆、四川、云南、西藏。俄罗斯,欧洲、北美洲。

隐壶藓属 Voitia Hornsch.

Voitia Systylio **5**: 9. 1818.

模式种: *V. nivalis* Hornsch.

本属全世界现有2种,中国有2种。

大隐壶藓

Voitia grandis D. G. Long, Bryobrothera **5**: 134. 1999. **Type**: China: Yunnan, Zhongdian Co., on dung, 4410m, May 29. 1993, *D. G. Long 23 853* (holotype: E; isotypes: H, HKAS, NY, PE).

生境 高山地区草甸上、灌丛中粪便或腐殖土面上,海拔4410m。

分布 云南。中国特有。

隐壶藓

Voitia nivalis Hornsch., Voitia Systylio **5**: 1. 1818.

Voitia hookeri Mitt., J. Proc. Linn. Soc., Bot., Suppl. **1**: 56. 1859.

Voitia stenocarpa Wilson ex A. Jaeger, Ber. Thätigk. St. Gallischen Naturwiss. Ges. **1868-1869**: 107. 1869, *nom. illeg.*

Voitia nivalis Hornsch. var. *stenocarpa* Paris, Index Bryol. 1342. 1898.

生境 高山地区林下含氮多的基质或小动物粪便上,海拔3600～4500m。

分布 黑龙江、内蒙古、宁夏、甘肃、新疆、云南、西藏。日本、俄罗斯、秘鲁(Menzel, 1992),欧洲、北美洲。

寒藓科 Meeseaceae Schimp.

本科全世界有5属,中国有4属。

拟寒藓属(新拟) Amblyodon P. Beauv.

Mag. Encycl. **5**: 323. 1804.

模式种: *A. dealbatus* (Sw. ex Hedw.) Bruch & Schimp.

本属全世界现有1种。

拟寒藓(新拟)

Amblyodon dealbatus (Sw. ex Hedw.) Bruch & Schimp., Bryol. Eur. **4**: 7 (Fasc. 10. Monogr. 5). 1841. *Meesia dealbata* Sw. ex Hedw., Sp. Musc. Frond. 174. 1801.

生境 草地或沼泽上。

分布 青海(Tan and Jia, 1997)、新疆(Tan et al., 1995)。巴基斯坦(Higuchi and Nishimura, 2003),北半球温带地区、南美洲南部。

薄囊藓属 Leptobryum (Bruch & Schimp.) Wilson
Bryol. Brit. 219. 1855.

模式种:*L. pyriforme* (Hedw.) Wilson

本属全世界现有 3 种,中国有 1 种

薄囊藓

Leptobryum pyriforme (Hedw.) Wilson, Bryol. Brit. 219. 1855. *Webera pyriformis* Hedw., Sp. Musc. Frond. 169. 1801.

Bryum pyriforme (Hedw.) Lam. & Cardot, Fl. France (ed. 3), **2**: 501. 1805, *hom. illeg.*

生境 林下溪边湿润处或多生于园艺苗圃之花盆中。

分布 黑龙江、吉林、内蒙古、河北、山西、山东、新疆、江苏、云南、西藏、福建、台湾、海南。世界广布。

寒藓属 Meesia Hedw.
Sp. Musc. Frond. 173. 1801.

模式种:*M. longiseta* Hedw.

本属全世界现有 7 种,中国有 3 种。

寒藓

Meesia longiseta Hedw., Sp. Musc. Frond. 173. 1801.

Diplocomium longisetum (Hedw.) F. Weber & D. Mohr, Index Musc. Pl. Crypt. 3. 1803.

Amblyodon longisetum (Hedw.) P. Beauv., Dict. Sci. Nat. **2**: 23. 1804.

生境 多生于沼泽地、潮湿林地或草地上。

分布 黑龙江、内蒙古、山西。俄罗斯,欧洲、美洲。

三叶寒藓

Meesia triquetra (Richt.) Ångstr., Nova Acta Regiae Soc. Sci. Upsal. **12**: 357. 1844. *Mnium triquetrum* Richt., Codex Bot. Linn. 1045. 1840.

Meesia triquetra fo. *crassifolia* Kabiersch, Hedwigia **77**: 133. 1938.

生境 沼泽地、草甸或水湿的草地上,海拔 1500~2000m。

分布 黑龙江、吉林、内蒙古、新疆。蒙古、俄罗斯、澳大利亚,欧洲、北美洲。

钝叶寒藓

Meesia uliginosa Hedw., Sp. Musc. Frond. 173. 1801.

Amblyodon uliginosum (Hedw.) P. Beauv., Dict. Sci. Nat. **2**: 23. 1804.

Bryum trichodes Smith, Fl. Brit. **3**: 1350. 1804.

Meesia trichodes Spruce, Musc. Pyren. 147. 1847, *nom. illeg.*

生境 沼泽地、湿草原、河岸边或湿地,海拔 2000m。

分布 内蒙古、河北、新疆、四川。蒙古、俄罗斯,欧洲、美洲。

沼寒藓属 Paludella Brid.
Muscol. Recent. **3**: 72. 1817.

模式种:*P. squarrosa* (Hedw.) Brid.

本属全世界现仅 1 种。

沼寒藓

Paludella squarrosa (Hedw.) Brid., Muscol. Recent. Suppl. **3**: 72. 1817. *Brynm squarrosum* Hedw., Sp. Musc. Frond. 186. 1801

Hypnum squarrosum (Hedw.) F. Weber & D. Mohr, Index Mus. Pl. Crypt. 3. 1803, *hom. illeg.*

Orthopyxis squarrosa (Hedw.) P. Beauv., Prodr. Aethéogam. 79. 1805.

Pohlia squarrosa (Hedw.) Spreng., Syst. Veg. **4**(1): 188. 1827.

生境 寒地沼泽,海拔 1500~3000m。

分布 黑龙江、吉林、内蒙古、新疆、云南。蒙古、俄罗斯,欧洲、中美洲、北美洲、非洲。

真藓目 Bryales Limpr.

真藓科 **Bryaceae** Schwägr.

本科全世界有 10 属,中国有 5 属。

银藓属 Anomobryum Schimp.
Syn. Musc. Eur. 382. 1860.

模式种:*A. julaceum* (Brid.) Schimp.

本属全世界现有 47 种,中国有 4 种。

金黄银藓

Anomobryum auratum (Mitt.) A. Jaeger, Ber. Thätigk. St. Gallischen Naturwiss. Ges. **1873-1874**: 142. 1875. *Bryum auratum* Mitt., J. Proc. Linn. Soc., Bot. Suppl. **1**: 67. 1859.

Type: Nepal. *J. D. Hooker 513, 519*.

生境 林下土面上,海拔 2000~2900m。

分布 内蒙古、陕西、新疆、安徽(吴明开等,2010)、云南、西藏、台湾、广东、广西。斯里兰卡(O'Shea, 2002),东南亚、非洲。

芽胞银藓

Anomobryum gemmigerum Broth., Philipp. J. Sci. **5**(2C): 146. 1910.

Anomobryum nidificans Copp., Bull. Soc. Sci. Nancy, ser. 3, **12**(4): 8. 1911

Anomobryum proligerum Broth. & Herzog, Hedwigia **65**: 159. 1925. **Type**: China: Yunnan, Peyen tsin, 3000m, *S. Ten 38*.

生境　岩面薄土或土面上。

分布　吉林、辽宁、河北、山东(杜超等,2010)、陕西、甘肃、安徽(吴明开等,2010)、江西、湖南、湖北、四川、重庆、贵州、云南、西藏、广西(左勤等,2010)。尼泊尔、菲律宾。

银藓

Anomobryum julaceum (Gärtn., Meyer & Scherb.) Schimp., Syn. Musc. Eur. 382. 1860. *Bryum julaceum* Schrad. ex P. Gaertn., B. Mey. & Scherb., Oekon. Fl. Wetterau **3** (2): 97. 1802.

Bryum filiforme Dicks., Fasc. Pl. Crypt. Brit. **4**: 16. 1801.

Bryum concinnatum Spruce, Musci Pyren. 121. 1847.

Bryum nitidum Mitt., J. Proc. Linn. Soc., Bot., Suppl. **1**: 67. 1859.

Anomobryum nitidum (Mitt.) A. Jaeger, Ber. Thätigk. St. Gallischen Naturwiss. Ges. **1873-1874**: 142. 1875.

Anomobryum filiforme (Dicks.) Husn., Muscol. Gall. 222. 1888, *hom. illeg.*

Anomobryum concinnatum (Spruce) Lindb. subsp. *cuspidatum* J. J. Amann, Rev. Bryol. **20**: 43. 1893.

Anomobryum filiforme var. *concinnatum* (Spruc.) Amann, Rev. Bryol. **20**: 43. 1893.

Anomobryum tenerrimum Broth., Symb. Sin. **4**: 55. f. 14-15. 1929. **Type**: China: Sichuan, Yanyuan Co., 3600～3900m, May 27. 1914, *Handel-Mazzetti 2433* (holotype: H-BR).

Anomobryum filiforme (Griff.) A. Jaeger var. *concinnatum* (Spruce) Loeske, Rev. Bryol. Lichénol. **5**: 200. 1933.

Pohlia filiformis (Dicks.) A. L. Andrews, Moss Fl. N. Amer. **2**: 205. 1935.

Pohlia filiformis var. *concinnata* (Spruce) Grout, Moss Fl. N. Amer. **2**: 270. 1940.

生境　岩面薄土或土面上。

分布　吉林、辽宁、内蒙古、山西、陕西、宁夏、新疆、湖北、四川、重庆、贵州、云南、台湾、广东、海南。世界广布。

挺枝银藓

Anomobryum yasudae Broth., Öfvers. Förh. Finska Vetenska-Soc. **62A**(9): 16. 1921.

Anomobryum validum Dixon, Rev. Bryol., n. s. **1**: 181. f. 2. 1928.

生境　土面上。

分布　陕西、四川、重庆(胡晓云和吴鹏程,1991)、台湾、广东、海南。尼泊尔、日本。

短月藓属 Brachymenium Schwägr.
Sp. Musc. Frond., Suppl. 2, **2**: 131. 1824.

模式种: *B. nepalense* Hook.

本属全世界现有 96 种,中国有 15 种。

尖叶短月藓

Brachymenium acuminatum Harv. in Hook., Icon. Pl. **1**: pl. 19, f. 3. 1836. **Type**: East Indies, *Harvey s. n.*

生境　土面或岩面薄土上。

分布　北京、山东(杜超等,2010)、云南、西藏。巴基斯坦(Higuchi and Nishimura, 2003)、斯里兰卡(O'Shea, 2002)、缅甸、泰国(Tan and Iwatsuki, 1993)、印度尼西亚(Touw, 1992)、澳大利亚、秘鲁(Menzel, 1992)、智利(He, 1998)、南非,中美洲。

宽叶短月藓

Brachymenium capitulatum (Mitt.) Kindb., Enum. Bryin. Exot. 86. 1889. *Bryum capitulatum* Mitt., J. Linn. Soc., Bot. **22**: 306. 1886. **Type**: Tanzania: Kilimanjaro, *Hannington s. n.*

Bryum contortum Hampe ex Ochi, J. Jap. Bot. **43**(4): 109. 1968, *hom. illeg.*

Brachymenium ochianum Gangulee, Mosses E. India, Fasc. **4**: 934. 1974.

生境　树干或岩面薄土上。

分布　宁夏(黄正莉等,2010)、重庆、贵州、云南、西藏、台湾、广东。尼泊尔、印度、不丹、巴布亚新几内亚,非洲。

纤枝短月藓

Brachymenium exile (Dozy &. Molk.) Bosch & Sande Lac., Bryol. Jav. **1**: 139. 1860. *Brynm exile* Dozy & Molk., Ann. Sci. Nat., Bot., sér. 3, **2**: 300. 1844.

Brynm tectorum Müll. Hal., Nuovo Giorn. Bot. Ital., n. s., **3**: 95. 1896. **Type**: China: Shaanxi, Sept. 1894, *Giraldi s. n.*

Brachymenium sikkimense Renauld & Cardot, Bull. Soc. Roy. Bot. Belgique **38**(1): 12. 1900.

生境　路边土面或岩面薄土上。

分布　河北、山东、新疆、安徽、江苏、上海、湖北(Peng et al., 2000)、四川、贵州、云南、西藏、福建、台湾、广东、广西、海南、香港、澳门。巴基斯坦(Higuchi and Nishimura, 2003)、斯里兰卡(O'Shea, 2002)、印度、缅甸、泰国、越南、马来西亚、印度尼西亚(Touw, 1992)、菲律宾、日本、朝鲜、秘鲁(Menzel, 1992)、智利(He, 1998)、南非、马达加斯加,中美洲。

无边短月藓

Brachymenium immarginatum C. Gao, & G. C. Chang, Acta Phytotax. Sin. **17**: 116. f. 1: 22-23. 1979. **Type**: China: Xizang, Zhongba Co., 4600m, on soil, July 29. 1975, *Veg. Sect. Qinghai-Tibet Team 7850* (holotype: IFSBH).

生境　沼泽化草甸中,海拔 4600m。

分布　西藏。中国特有。

吉林短月藓

Brachymenium jilinense T. J. Kop., A. J. Shaw, J. S. Lou & C. Gao, Ann. Bot. Fenn. **22**: 151. 1985. **Type**: China: Jilin, Antu Co., Mt. Changbai, 1800～1900m, Sept. 22. 1981, *T. Koponen 36 796* (holotype: H; isotypes: IFSBH, PE).

生境　山地岩面上。

分布　吉林。中国特有。

黄肋短月藓

Brachymenium klotzschii (Schwägr.) Paris, Index Bryol. 123. 1894. *Didymodon klotzschii* Schwägr., Sp. Musc. Frond., Suppl. 4. 310a. 1842.

Bryum klotzschii (Schwägr.) Mitt., J. Linn. Soc., Bot. **12**:283. 1869.

Brachymenium macrocarpum Cardot, Rev. Bryol. **38**:6. 1911.

生境　树干、岩面或腐木上。

分布　贵州(王晓宇和汪德秀,2005,as *B. macrocarpum*)。美国、墨西哥,中美洲、南美洲。

多枝短月藓(柔叶短月藓)

Brachymenium leptophyllum (Müll. Hal.) A. Jaeger, Ber. Thätigk. St. Gallischen Naturwiss. Ges. **1873-1874**: 111. 1875. *Bryum leptophyllum* Bruch & Schimp. ex Müll. Hal., Syn. Musc. Frond. **1**:273. 1848. **Type**:Ethiopia:*Schimper 451*.

生境　树生或生于岩面薄土上。

分布　云南、广西(贾鹏等,2011)。印度、坦桑尼亚(Ochyra and Sharp,1988)、巴布亚新几内亚、马拉维(Ochi,1972)。

大孢短月藓

Brachymenium longicolle Thér., Bull. Soc. Bot. Genève, sér. 2, **26**:85. 1936. **Type**: India:*Kurz s. n.*

生境　树干或岩面薄土上。

分布　云南。斯里兰卡(O'Shea,2002)、尼泊尔、印度、泰国,非洲中部热带地区。

饰边短月藓

Brachymenium longidens Renauld & Cardot, Bull. Soc. Roy. Bot. Belgique **41**(1):63. 1905. **Type**:India(Sikkim):*Kurz s. n.*

生境　树干上。

分布　安徽、四川、重庆、云南。印度、喜马拉雅地区。

砂生短月藓

Brachymenium muricola Broth., Sitzungsber. Kaiserl. Akad. Wiss., Math. -Naturwiss. Cl. **131**: 213. 1923. **Type**: China: Sichuan, Mt. Daliangshan, *Handel-Mazzetti 1467* (holotype: H).

生境　砂土上。

分布　四川、重庆、云南、西藏。中国特有。

短月藓

Brachymenium nepalense Hook. in Schwägr., Sp. Musc. Frond., Suppl. 2, **2**:131, 1824. **Type**:Nepal.

Brachymenium nepalese var. *clavulum* (Mitt.) Ochi, Rev. Bryaceae Japan 50. 1959.

Brachymenium parvulum Broth., Symb. Sin. **4**: 54. 1929. **Type**:China:Sichuan, Huili Co., 1960m, Mar. 24. 1914, *Handel-Mazzetti 881* (holotype: H-BR).

生境　树干上。

分布　黑龙江、吉林、辽宁、内蒙古、河北、山东、河南、陕西、甘肃、安徽、江苏(刘仲苓等,1989)、上海、浙江、湖北、四川、重庆、贵州、云南、西藏、福建、台湾、广东、广西。斯里兰卡(O'Shea,2002)、尼泊尔(Noguchi,1971)、不丹(Noguchi, 1971)、缅甸、泰国、越南(Tan and Iwatsuki,1993)、印度尼西亚(Gradstein,2005)、日本、巴布亚新几内亚、毛里求斯、马达加斯加。

丛生短月藓

Brachymenium pendulum Mont., Ann. Sci. Nat., sér. 2, **17**: 254. 1842. **Type**:India:Neelgheri, *Perrottet s. n.*

Bryum montagneanum Müll. Hal., Syn. Musc. Frond. **1**:265. 1848.

Brynm turbinatoides Broth., Akad. Wiss. Wien Sitzungsber., Math. -Naturwiss. Kl., Abt. 1, **133**: 568. 1924. **Type**: China: Yunnan, SE pagi Dschungdien, *Handel-Mazzetti 4476* (holotype: H).

生境　路边土坡。

分布　陕西、湖南、云南。印度。

皱朔短月藓

Brachymenium ptychothecium (Besch.) Ochi, Advancing Frontiers Pl. Sci. **4**:108. 1963. *Bryum ptychothecium* Besch., Ann. Sci. Nat., Bot., sér. 7, **15**: 66. 1892. **Type**: China: Yunnan, Mo-so-yn, *Delavay s. n.*

生境　林下腐殖质上。

分布　湖北、贵州、云南、西藏。印度、尼泊尔。

中华短月藓

Brachymenium sinense Cardot & Thér., Bull. Acad. Int. Géogr. Bot. **21**:270. 1911. **Type**:China:Guizhou, *Esquirol 3*.

生境　土面或岩面薄土上。

分布　山东(杜超等,2010)、安徽、贵州、云南、西藏、福建。东南亚。

粗肋短月藓

Brachymenium systylium (Müll. Hal.) A. Jaegr., Ber. Thätigk. St. Gall. Naturw. Ges. **1873-1874**: 117. 1875. *Bryum systylium* C. Müll., Syn. Musc. Frond. **1**: 320. 1848. **Type**: Mexico: Xalapam, *Deppe & Schiede s. n.*

Brachymenium crassinervium Broth., Akad. Wiss. Wien Sitzungsber., Math. -Naturwiss. Kl., Abt. 1, **133**: 568. 1924. **Type**:China:Sichuan, Yenyuen, *Handel-Mazzetti 2706* (holotype: H).

生境　林下土面或岩面薄土上。

分布　四川、云南、西藏。印度、斯里兰卡、印度尼西亚、秘鲁(Menzel,1992)、南非。

真藓属 Bryum Hedw.
Sp. Musc. Frond. 178. 1801.

模式种:*B. argenteum* Hedw.

本属全世界约 440 种,中国有 48 种,3 变种。

狭网真藓(钙土真藓)

Bryum algovicum Sendt. ex Müll. Hal. Syn. Musc. Frond. **2**: 569. 1851.

Bryum pendulum (Hornsch.) Schimp. var. *algovicum* (Sendt. ex Müll. Hal.) Warnst., Verh. Bot. Vereins Prov. Brandenburg **27**:51. 1885.

Bryum angustirete Kindb., Bull. Torrey Bot. Club **16**:94. 1889.

Bryum pendulum subsp. *angustirete* (Kindb.) Podp., *Bryum* Gen. Monogr. Prodr. **17**:355. 1973.

生境　高山草甸、灌丛、路边、岩面薄土或土面上。

分布　内蒙古、山东(杜超等,2010)、陕西、青海、新疆、宁夏(黄正莉等,2010)、安徽、四川、贵州。秘鲁(Menzel,1992)、智利(He,1998),大洋洲、亚洲、欧洲、北美洲、非洲。

高山真藓

Bryum alpinum Huds. ex With., Syst. Arr. Brit. Pl. (ed. 4), **3**:824. 1801.

Mnium alpinum (Hubs. ex With.) P. Beauv., Prodr. Aethéogam. 73. 1805.

生境　山地林间岩面薄土、土面或树干上。

分布　黑龙江、吉林、辽宁、内蒙古、山西、山东、陕西、宁夏、新疆、江西(何祖霞等,2010)、四川、贵州、云南、西藏。缅甸、越南、柬埔寨(Tan and Iwatsuki,1993)、印度尼西亚(Gradstein,2005)、波多黎各(Menzel,1992),南亚、欧洲、非洲。

毛状真藓(矮枝真藓,紫肋真藓)

Bryum apiculatum Schwägr., Sp. Musc. Frond., Suppl. 1, **2**: 102 f. 72. 1816.

Bryum nitens Hook., Icon. Pl. **1**:pl. 19, f. 6. 1836.

Bryum plumosum Dozy & Molk., Ann. Sci. Nat., Bot., sér. 3, **2**:301. 1844.

Bryum ambiguum Duby in Moritzi, Syst. Verz. Zolling. Pfl. 132. 1846.

Bryum porphyroneuron Müll. Hal., Bot. Zeitung (Berlin) **11**:22. 1853.

Bryum ambiguum subsp. *nitens* (Hook.) M. Fleisch., Musci Buitenzorg **2**:544. 1904.

Pohlia apiculata (Schwägr.) H. A. Crum & L. E. Anderson, Mosses E. N. Amer. **1**:534. 1981.

生境　林地、山地路边石壁上。

分布　山西、山东、四川、贵州、云南、西藏、台湾、广东。斯里兰卡(O'Shea,2002)、印度尼西亚(Touw,1992)、玻利维亚(Churchill,1998)、巴西(Churchill,1998)、厄瓜多尔(Churchill,1998)。

钝盖真藓(新拟)

Bryum amblyodon Müll. Hal., Linnaea **42**:293. 1879. *Ptychostomum amblyodon* (Müll. Hal.) C. Y. Wang & J. C. Zhao, Bull. Bot. Res., Harbin **31**(6):671. 2011.

生境　土面上,海拔1400m。

分布　河北(Cao and Zhao,2008)。玻利维亚、智利、阿根廷,欧洲。

弯蒴真藓(新拟)

Bryum archangelicum Bruch & Schimp., Bryol. Eur. **4**: 153. pl. 333. 1846.

生境　土面上,海拔2500m。

分布　吉林(Koponen et al., 1983)。美国(阿拉斯加)、新西兰,欧洲。

极地真藓(西川真藓)

Bryum arcticum (R. Br. bis) Bruch & Schimp., Bryol. Eur. **4**: 154 pl. 335. 1846. *Pohlia arctica* R. Br. bis, Chlor. Melvill. 38. 1823.

Bryum alpicola Broth., Symb. Sin. **4**: 57. 1929. **Type**: China: Sichuan, Muli Co., *Handel-Mazzetti 7403*.

生境　高山林缘湿地、土面或岩面薄土上。

分布　黑龙江、吉林、辽宁、内蒙古、河北、山西、山东、新疆、安徽、四川、贵州(汪德秀和熊源新,2004)、西藏。日本,北极或靠近北极地区。

真藓(银叶真藓)

Bryum argenteum Hedw., Sp. Musc. Frond. 181. 1801.

Mnium lanatum P. Beauv., Prodr. Aethéogam. 75. 1805.

Bryum argenteum var. *lanatum* (P. Beauv.) Hampe, Linnaea **13**:44. 1839.

Bryum compactulum Müll. Hal., Linnaea **43**:383. 1882.

Hypnum argenteum (Hedw.) F. Weber & D. Mohr, Index Mus. Pl. Crypt. 3. 1893.

Bryum germiniferum Müll. Hal., Nuovo Giorn. Bot. Ital., n. s., **3**: 95. 1896. **Type**: China: Shaanxi, July 1894, *Girladi s. n.*

Bryum decolorifolium Müll. Hal., Nuovo Giorn. Bot. Ital., n. s., **4**: 249. 1897. **Type**: China: Shaanxi, Mar. 1895, *Girladi s. n.*

Bryum fusijamae Müll. Hal., Gen. Musc. Frond. 217. 1900, *nom. nud.*

Bryum leucophylloides Broth., Akad. Wiss. Wien Sitzungsber., Math. -Nat urwiss.,. Kl., Abt. 1, **133**:569. 1924.

Anomobryum alpinum M. Zang & X. J. Li in X. J. Li, Bryofl. Xizang. 164. 1985. **Type**: China: Xizang, Zhongda, July 25. 1975, *Zang Mu 1726* (holotype: HKAS).

生境　土面。

分布　全国各省(自治区)。世界广布。

红蒴真藓

Bryum atrovirens Brid., Muscol. Recent. **2**(3):48 1803.

Orthopyxis atrovirens (Brid.) P. Beauv., Prodr. Aethéogam. 79. 1805.

Bryum erythrocarpum Schwägr., Sp. Musc. Frond. Suppl. **1** (2):100. 1816, *nom. illeg.*

生境　土面上。

分布　山东、新疆、江苏、浙江、江西(何祖霞等,2010)、贵州(汪德秀和熊源新,2004)、西藏、台湾、香港、澳门。巴基斯坦(Higuchi and Nishimura,2003)、缅甸、越南(Tan and Iwatsuki,1993)。

比拉真藓(球形真藓、截叶真藓)

Bryum billarderi Schwägr., Sp. Musc. Frond., Suppl. 1, **2**: 115. 1816.

Bryum truncorum auct. non (Brid.) Brid., Muscol. Recent. Suppl. **4**:119. 1819.

Mnium ramosum Hook., Icon. Pl. **1**:pl. 20, f. 2. 1836.

Bryum leptothecium Taylor, Phytologist **1**:1094. 1844.

Bryum ramosum (Hook.) Mitt., J. Proc. Linn. Soc., Bot., Suppl. **1**:75. 1859.

Bryum globicoma Müll. Hal., Nuovo Giorn. Bot. Ital., n. s., **4**:246. 1897. **Type**: China: Shaanxi, Lun-san-huo, *Girladi s. n.*

Rhodobryum globicoma (Müll. Hal.) Paris, Index Bryol. 1116. 1898.

Rhodobryum leptothecium (Taylor) Paris, Index Bryol. 1117. 1898.
Bryum wichurae Broth., Hedwigia **38**: 219. 1899.
Rhodobryum wichurae (Broth.) Paris, Index Bryol. Suppl. 301. 1900.
Bryum fortunatii Thér., Bull. Acad. Int. Géogr. Bot. **19**: 19. 1909.
Bryum neelgheriense Mont. var. *wichurae* (Broth.) Mohamed, J. Bryol. **10**: 419. 1979.
Rhodobryum longicaudatum M. Zang & X. J. Li, Bryofl. Xizang 192. f. 82. 1985. **Type**: China: Xizang, Jia Ge, July 26. 1975, *Zang Mu 1669* (holotype: HKAS).
Rosulabryum billarderi (Schwägr.) Spence, Bryologist **99**: 223. 1996.
生境　岩面、溪边、腐木或腐殖质上。
分布　陕西、新疆、山东(杜超等,2010)、安徽、江苏、浙江、江西、湖南、湖北、四川、重庆、贵州、云南、西藏、福建、台湾、广西、香港。斯里兰卡(O' Shea, 2002)、印度、尼泊尔、不丹(Noguchi, 1971)、缅甸、泰国、越南、印度尼西亚(Touw, 1992)、菲律宾、日本、巴布亚新几内亚(Tan, 2000a)、澳大利亚、新西兰、秘鲁(Menzel, 1992)、巴西(Yano, 1995)、智利(He, 1998),北美洲、中美洲、非洲。

卵蒴真藓

Bryum blindii Bruch & Schimp., Bryol. Eur. **4**: 163. 1846.
Argyrobryum blindii (Bruch & Schimp.) Kindb., Bih. Kongl. Svenska Vetensk. -Akad. Handl. **7**(9): 78. 1883.
生境　路边碎石滩、岩面薄土或低洼湿地上。
分布　新疆、山东(杜超等,2010)、宁夏(黄正莉等,2010)、贵州(汪德秀和熊源新,2004)、云南。巴基斯坦(Higuchi and Nishimura, 2003),欧洲、北美洲。

瘤根真藓

Bryum bornholmense Winkelm. & Ruthe, Hedwigia **38** (Beibl. 3): 120. 1899.
Bryum atrovirens Brid. subsp. *bornholmense* (Winkelm. & Ruthe) Wijk & Marg., Taxon **8**: 71. 1959.
生境　林地路边或岩面薄土上。
分布　山东、江苏。欧洲。

丛生真藓

Bryum caespiticium Hedw., Sp. Musc. Frond. 180. 1801.
Hypnum caespiticium (Hedw.) F. Weber & D. Mohr, Index Mus. Pl. Crypt. 3. 1803.
Bryum capitellatum Müll. Hal., Nuovo Giorn. Bot. Ital., n. s., **5**: 164. 1898. *hom. illeg.* **Type**: China: Shaanxi, May 1896, *Girladi s. n.*
Bryum sinensi-caespiticium Müll. Hal., Nuovo Giorn. Bot. Ital., n. s., **5**: 165. 1898. **Type**: China: Shaanxi, Oct. 1896, *Girladi s. n.*
生境　林下、草丛、路边土生或岩面薄土。
分布　黑龙江、吉林、辽宁、内蒙古、河北、山西、山东、河南、陕西、甘肃(Wu et al., 2002)、新疆、安徽、江苏、上海、浙江、江西(何祖霞等,2010)、湖北、四川、重庆(胡晓云和吴鹏程,1991)、贵州、云南、台湾、广东、香港。世界广布。

卵叶真藓

Bryum calophyllum R. Br., Chlor. Melvill. 38. 1823.
Pohlia calophylla (R. Br. bis) Schwägr., Sp. Musc. Frond. 75. 1830.
生境　潮湿岩面、沙丘、松散的地表或沼泽草甸中。
分布　辽宁、内蒙古、山西(王桂花等,2007)、陕西、宁夏、新疆、上海、西藏。亚洲东北部、欧洲、北美洲、非洲。

细叶真藓

Bryum capillare Hedw., Sp. Musc. Frond. 182. 1801.
Hypnum capillare (Hedw.) F. Weber & D. Mohr, Index Mus. Pl. Crypt. 3. 1803.
Bryum obconicum Hornsch., Bryol. Eur. **4**: 129. 1839.
Bryum capillare var. *obconicum* (Hornsch.) Husn., Muscol. Gall 241. 1889, *hom. illeg.*
Bryum spathulatulum Müll. Hal., Nuovo Giorn. Bot. Ital., n. s., **4**: 248. 1897. **Type**: China: Shaanxi, Mar. 1896, *Girladi s. n.*
Tayloria sinensis Müll. Hal., Nuovo Giorn. Bot. Ital., n. s., **5**: 159. 1898. **Type**: China: Shaanxi, Mt. Taibaishan, Aug. 1896, *Giraldi 77* (isotype: FH, herb. Fleischer).
Bryum nagasakense Broth., Hedwigia **38**: 219. 1899.
Bryum taitumense Cardot, Beih. Bot. Centralb., Abt. 2, **19** (2): 110. 1905. **Type**: China: Taiwan, *Faurie 39*.
Bryum courtoisii Broth. & Paris, Rev. Bryol **35**: 41. 1908. **Type**: China: Ngan Hoei, *Courtois s. n.*
Bryum rubrolimbatum Broth., Philipp. J. Sci. **5**: 147. 1910.
Bryum capillare var. *rubrolimbatum* (Broth.) E. B. Bartram, Philipp. J. Sci. **68**: 142. 1939.
Bryum capillare var. *courtoisii* (Broth. & Paris) Podp., Prace Morav. -Slez. Akad. Ved. Prir. **22**: 462. 1950.
Bryum capillare var. *nagasakense* (Broth.) Ochi, J. Jap. Bot. **31**: 364. 1956.
生境　土面、岩面薄土或高山流石滩上。
分布　吉林、辽宁、内蒙古、山西、山东、陕西、宁夏、新疆、安徽、江苏、上海、浙江、湖北、四川、重庆、贵州、云南、西藏、福建、台湾、广东、广西、香港、澳门。世界广布。

柔叶真藓

Bryum cellulare Hook. in Schwägr., Sp. Musc. Frond., Suppl. 3, **1**(1): 214. 1827. **Type**: Nepal. *Hooker s. n.*
Brachymenium splachnoides Harv. in Hook., Icon. Pl. **1**: pl. 19, f. 2. 1836.
Bryum compressidens Müll. Hal., Syn. Musc. Frond. **1**: 290. 1848.
Bryum splachnoides (Harv.) Müll. Hal., Syn. Musc. Frond. **1**: 291. 1848, *hom. illeg.*
Brachymenium cellulare (Hook.) A. Jaeger, Ber. Thätigk. St. Gall. Naturw. Ges. **1873-1874**: 111. 1875.
Brachymenium japonense Besch., Ann. Sci. Nat., Bot., sér. 7, **17**: 340. 1893.
Bryum japonense (Besch.) Broth., Nat. Pflanzenfam. I (3): 576. 1903.
Bryum formosanum Broth., Öfvers. Förh. Finska Vetensk. -Soc. **62A**(9): 17. 1921.
Bryum setschwanicum Broth., Sitzungsber. Kaiserl. Akad. Wiss., Math. -Naturwiss. Cl. **131**: 213. 1923. **Type**: China: Sichuan, *Handel-Mazzetti 1296* (holotype: H).

Bryum epipterygioides Ochi, J. Jap. Bot. **29**: 212. 1954.

Bryum cellulare var. *epipterygoides* (Ochi) Ochi, Rev. Bry. Japan 63. 1959.

生境 湿润环境中土面、岩面薄土或钙化土上。

分布 山东、陕西、新疆、安徽、江苏、上海、浙江、江西(Ji and Qiang, 2005)、湖北、重庆、贵州、云南、西藏、福建、台湾、广东、香港、澳门。巴基斯坦(Higuchi and Nishimura, 2003)、泰国、越南、印度尼西亚(Touw, 1992)、日本、澳大利亚、留尼望岛(非洲),中美洲、北美洲、非洲南部。

棒槌真藓

Bryum clavatum (Schimp.) Müll. Hal., Syn. Musc. Frond. **1**: 292. 1848. *Pohlia clavata* Schimp., Ann. Sci. Nat., Bot, sér. 2, **6**: 148. 1836. **Type**: Chile: Quillotac, *Bertero 3642*.

生境 土面或岩面薄土上。

分布 海南。印度尼西亚、波多黎各(Menzel, 1992)、智利(He, 1998)。

蕊形真藓

Bryum coronatum Schwägr., Syn. Musc. Frond., Suppl. 1, **2**: 103 pl. 71 1816. **Type**: Jamaica: *Swartz s. n.*

Bryum humillimum Müll. Hal., Nuovo Giorn. Bot. Ital., n. s., **5**: 164. 1898, *hom. illeg.* **Type**: China: Shaanxi, Oct. 1896, *Girladi s. n.*

Bryum schensianum Paris, Index Bryol. Suppl. 72. 1900.

Bryum coronatum var. *macrostomum* Herzog, J. Hattori Bot. Labn. **14**: 61. 1955.

Gemmabryum coronatum (Schwägr.) Spence & Ramsay, Phytologia **87**: 66. 2005.

生境 喜光的沙质土或岩面薄土。

分布 山东、陕西、宁夏(黄正莉等, 2010)、江苏、湖南、贵州(汪德秀和熊源新, 2004)、云南、西藏、台湾、广东、香港、澳门。巴基斯坦(Higuchi and Nishimura, 2003)、不丹、缅甸、泰国、柬埔寨、越南、马来西亚、新加坡、印度尼西亚、日本、澳大利亚、秘鲁(Menzel, 1992)、智利(He, 1998)、巴西、哥伦比亚、厄瓜多尔,非洲。

圆叶真藓

Bryum cyclophyllum (Schwägr.) Bruch & Schimp., Bryol. Eur. **4**: 133. 1839. *Mnium cyclophyllum* Schwägr., Sp. Musc. Frond., Suppl. 2, **2**(2): 160 pl. 194. 1827. **Type**: Germany: Bavaria.

Bryum tortifolium Brid., Bryol. Univ. **1**: 844. 1827.

生境 林下土面。

分布 吉林、辽宁、内蒙古、山东、河南、陕西、新疆、安徽、江苏、四川、贵州、云南、西藏、广西。北半球分布。

双色真藓(多色真藓)

Bryum dichotomum Hedw., Sp. Musc. Frond. 183. 1801.

Bryum bicolor Dicks., Fasc. Pl. Crypt. Brit. **4**: 16. 1801.

Mnium dichotomum (Hedw.) P. Beauv., Prodr. Aethéogam. 74. 1805.

Argyrobryum bicolor (Dicks.) Kindb., Bih. Kongl. Svenska Vetensk. -Akad. Handl. **7**(9): 79. 1883.

Bryum sasaokae Broth. in Sasaoka, Bot. Mag. (Tokyo) **35**: 68. 1921, *nom. nud.*

生境 林缘、土坡、岩面薄土上。

分布 内蒙古、北京(石雷等, 2011)、山东、陕西、宁夏、甘肃、新疆、安徽、江苏、湖北、四川、重庆、贵州、云南、西藏、台湾、广东、澳门。世界广布。

幽美真藓

Bryum elegans Nees ex Brid., Bryol. Univ. **1**: 849. 1827.

生境 生于高山草甸土面上。

分布 宁夏(白学良, 2010)。欧洲。

宽叶真藓

Bryum funkii Schwägr., Sp. Musc. Frond., Suppl. 1, **2**: 89. 1816.

生境 林下倒木、岩面薄土或土面上。

分布 新疆、贵州、西藏。东亚、欧洲、非洲。

绵毛真藓

Bryum gossypinum C. Gao & K. C. Chang, Acta Phytotax. Sin. **17**(4): 116. 1979. **Type**: China: Xizang, Gejie Co., on soil, 5550m, Aug. 16. 1976, *Wang Jin-Ting 8* (holotype: IFSBH).

生境 高山草甸。

分布 西藏。中国特有。

韩氏真藓

Bryum handelii Broth., Symb. Sin. **4**: 58. 1929. **Type**: China: Yunnan, 3600 ~ 4300m, Aug. 6. 1916, *Handel-Mazzetti 9719* (holotype: H-BR).

Bryum pulchroalare Broth., Rev. Bryol., n. s. **2**(1): 5. 1929.

Bryum simulans Broth., Symb. Sin. **4**: 56. 1929. **Type**: China: Sichuan, Yanyuan Co., 3600 ~ 3900m, May 27. 1914, *Handel-Mazzetti 2638* (holotype: H-BR).

Bryum blandum Hook. f. & Wilson subsp. *handelii* (Broth.) Ochi, J. Jap. Bot. **43**: 484. 1968.

Bryum neodamense var. *simulans* (Broth.) Podp., *Bryum* Gen. Monogr. Prodr. **16**: 160. 1973.

生境 高山溪水边、沼泽突起的石面上或常年流水的岩壁石隙等处。

分布 陕西、湖南、湖北、四川、重庆、贵州(汪德秀和熊源新, 2004)、云南、西藏、台湾、广西(左勤等, 2010, as *B. blandum* subsp. *handelii*)。日本、喜马拉雅地区。

喀什真藓

Bryum kashmirense Broth., Acta Soc. Sci. Fenn. **24** (2): 24. 1899.

Anomobryum kashmirense (Broth.) Broth., Nat. Pflanzenfam. Ⅰ(3): 563. 1903.

生境 林缘石面薄土上。

分布 湖南、贵州(汪德秀和熊源新, 2004)、云南、西藏。克什米尔地区、印度、喜马拉雅地区。

沼生真藓

Bryum knowltonii Barnes, Bot Gaz. **14**: 44. 1889.

Ptychostomum knowltonii (Barnes) Spence, Phytologia 87: 21. 2005.

生境 草地土面上。

分布 黑龙江、山东、陕西、新疆、浙江、贵州(汪德秀和熊源新, 2004)、西藏。亚洲、欧洲、北美洲。

纤茎真藓

Bryum leptocaulon Cardot, Beih. Bot. Centralbl., Abt. 2, **19**

(2)：111，f. 12. 1905. **Type**：China：Taiwan，Kelung，*Faurie 90*.
生境　土面或沙土上。
分布　贵州(汪德秀和熊源新，2004)、台湾(Chuang，1973)。日本。

白叶真藓

Bryum leucophylloides Broth.，Akad. Wiss. Wien Sitzungsber.，Math. -Naturwiss. Kl.，Abt. 1，**133**：569. 1924. **Type**：China：Sichuan，Yanyuan (Yenyuen) Co.，*Handel-Mazzetti 2379*.
生境　钙质岩面上，海拔 4000m。
分布　云南。中国特有。

刺叶真藓

Bryum lonchocaulon Müll. Hal.，Flora **58**：93. 1875.
Bryum cirrhatum Hoppe & Hornsch.，Flora **2**：190. 1819，*hom. illeg*.
Bryum clathratum Amann，Rev. Bryol. **16**：89. 1889.
Bryum bimum (Schreb.) Turner var. *lonchocaulon* (Müll. Hal.) Podp.，*Bryum* Gen. Monogr. Prodr. **16**：162. 1973.
生境　高山草丛或土面。
分布　黑龙江、吉林、辽宁、内蒙古、山西、山东、河南、陕西、宁夏、新疆、江苏、浙江、江西、四川、贵州、云南、西藏。北极及北半球高地。

长柄真藓

Bryum longisetum Blandow & Schwägr.，Sp. Musc. Frond.，Suppl. 1，**2**：105 pl. 74. 1816.
Bryum inclinatum var. *longisetum* (Blandow & Schwägr.) Fiedler，Syn. Laubm. Mecklenb. 66. 1844.
生境　林下腐殖质上。
分布　新疆、西藏。亚洲、欧洲、北美洲。

卷尖真藓(卵叶真藓)

Bryum neodamense Itzigs. in Müll. Hal.，Sp. Musc. Frond. **1**：286. 1848. **Type**：Germany：*Itzigsohn s. n.*

卷尖真藓原变种

Bryum neodamense var. **neodamense**
Bryum pseudotriquetrum var. *neodamense* (Itzigs. in Müll. Hal.) Buse，Musci Neerl. Spec. Exic. 168. 1870.
Bryum pseudotriquetrum subsp. *neodamense* (Itzigs. in Müll. Hal.) Amann，Rev. Bryol. **20**：44. 1893.
生境　石灰石、松散的沙地或钙质土上。
分布　黑龙江、内蒙古、山东、河南、新疆、贵州、西藏。亚洲北部、欧洲、美洲。

卷尖真藓圆叶变种(圆叶卵叶真藓)

Bryum neodamense var. **ovatum** Lindb. & Arn.，Kongl. Svenska Vetensk. Acad. Handl. **23**(10)：34. 1890.
Bryum neodamense subsp. *ovatum* Kindb.，Eur. N. Amer. Bryin. **2**：362. 1897.
生境　土面上。
分布　黑龙江、新疆。俄罗斯(远东地区)，欧洲、北美洲。

灰白真藓(新拟)

Bryum ochianum Redf. & B. C. Tan，Trop. Bryol. **10**：66. 1995. Replaced：*Bryum albidum* Copp.，Bull. Soc. Sci. Nancy，ser. 3，**12**(4)：11. 1911. **Type**：China：Yunnan，*G. Bonati s. n.*
生境　不详。
分布　云南(Coppey，1911)。中国特有。

拟双色真藓

Bryum pachytheca Müll. Hal.，Syn. Musc. Frond. **1**：307. 1848.
Gemmabryum pachytheca (Müll. Hal.) Spence & Ramsay，Phytologia **87**：64. 2005.
生境　土面上。
分布　西藏、台湾。印度尼西亚(Touw，1992)、日本、巴布亚新几内亚、澳大利亚，南亚。

灰黄真藓

Bryum pallens Sw.，Monthly Rev. London **34**：538. 1801.
Bryum exstans Mitt.，J. Linn. Soc.，Bot.，Suppl. **1**：72. 1859.
Bryum inermedium (Brid.) Blandow var. *pallens* (Swartz) Harman，Handb. Skand. Fl. (ed. 3)，**2**：296. 1896.
Bryum appendiculatum Amann，Bull. Soc. Vaud. Sci. Nat. **53**：95. 1920.
生境　潮湿林下路边或土面上。
分布　辽宁、内蒙古、山东、陕西、青海、新疆、安徽、上海、湖南、四川、重庆、贵州、云南、西藏。巴基斯坦(Higuchi and Nishimura，2003)、秘鲁(Menzel，1992)、智利(He，1998)，北半球广布，南半球高海拔地区也有分布。

黄色真藓(西藏真藓)

Bryum pallescens Schleich. ex Schwägr.，Sp. Musc. Frond.，Suppl. 1，**2**：107. 1816.

黄色真藓原变种

Bryum pallescens var. **Pallescens**
Bryum subrotundum Brid.，Muscol. Recent. Suppl. **3**：29. 1817.
生境　生于流石滩地路边、草丛或土面上。
分布　黑龙江、吉林、辽宁、内蒙古、河北、山西、山东、河南、陕西、新疆、安徽、上海、浙江、江西、四川、重庆(胡晓云和吴鹏程，1991)、贵州、云南、西藏、福建、台湾、广东。巴基斯坦(Higuchi and Nishimura，2003)、秘鲁(Menzel，1992)、智利(He，1998)，新西兰及南美洲高海拔或高纬度地区有分布。

黄色真藓近圆叶变种

Bryum pallescens var. **subrotundum** (Brid.) Bruch & Schimp in B. S. G.，Bryol Eur. **4**：122. 3606. 1839. *Bryum subrotundum* Brid.，Muscol. Recent. Suppl. **3**：29. 1817.
Bryum pallescens subsp. *subrotundum* (Brid.) J. J. Amann，Rev. Bryol. **20**：45. 1893.
生境　土面上。
分布　西藏。欧洲。

近高山真藓

Bryum paradoxum Schwägr.，Sp. Musc. Frond.，Suppl. 3，**1**(1)：244. 1827. **Type**：Nepal. *Hooker s. n.*
Bryum teretiusculum Hook.，Icon. Pl. **1**：pl. 20 f. 1. 1836.
Bryum pseudoalpinum Renauld & Cardot，Bull. Soc. Roy. Bot. Belgique **34**：62. 1895[1896].
Bryum tsanii Müll. Hal.，Nuovo Giorn. Bot. Ital.，n. s.，**4**：248. 1897. **Type**：China：Shaanxi，Aug. 1896，*Giraldi s. n.*

Bryum rubigineum Müll. Hal., Nuov Giorn. Bot. Ital., n. s., **5**: 165. 1898. **Type**: China: Shaanxi, Mar. 1895, *Giraldi s. n.*

Bryum andrei Cardot & P. de la Varde, Rev. Bryol. **50**: 20. 6. 1923.

Bryum alpinum var. *teretiusculum* (Hook.) Podp., Prace Morav. -Slez. Akad. Ved. Prir. **24**: 306. 1952.

生境 林缘、山地路边、岩面薄土或土面上。

分布 辽宁、山东、河南、陕西、甘肃、安徽、湖南、贵州、云南、西藏、台湾、广东(何祖霞等, 2004)、广西(左勤等, 2010)。斯里兰卡(O'Shea, 2002)、印度、尼泊尔、日本、韩国、秘鲁(Menzel, 1992)、智利(He, 1998)。

拟纤枝真藓

Bryum petelotii Thér. & Henry, Rev. Bryol. n. s. **1**: 43. 1928. **Type**: Vietnam: Gau-Quac, *Petelot s. n.*

生境 路边或建筑物周围土生。

分布 台湾(Chuang, 1973)。越南、日本(Chuang, 1973), 美洲中部热带地区。

拟三列真藓(大叶真藓)

Bryum pseudotriquetrum (Hedw.) Gaertn., Meyer & Schreb., Oek. Fl. Wetterau **3**: 102. 1802. *Mnium pseudotriquetrum* Hedw., Sp. Musc. Frond. 191. 1801.

Bryum ventricosum Relh., Fl. Cantrabr. (ed. 2), **2**: 427. 1802, *nom. illeg.*

Hypnum pseudotriquetrum (Hedw.) F. Weber & D. Mohr, Bot. Taschenbuch 288. 1807.

Bryum gracilens Cardot, Bull. Soc. Bot. Genève, sér. 2, **1**: 128. 1909.

Bryum neodamense var. *crispulum* G. Roth, Hedwigia **55**: 152. 1914.

Bryum ventricosum var. *vestium* Broth., Öfvers. Förh. Finska Vetensk-Soc. **62A**(9): 19. 1921.

Bryum suzukii Broth., Trans. Nat. Hist. Soc. Taiwan **18**: 90. 1928, *nom. nud.*

Bryum ramentosum Dixon, Rev. Bryol. Lichénol. **7**: 108. 1934.

Bryum pseudotriquetrum subsp. *crispulum* (G. Roth) C. E. O. Jensen, Skand. Bladmossfl. 107. 1939.

Bryum pseudotriquetrum var. *elatum* Nog., J. Jap. Bot. **28**: 80 f. 58. 1953.

Bryum pseudotriquetrum var. *gracilens* (Cardot) Ochi, Rev. Bry. Japan 81. 1959.

Bryum pseudotriquetrum var. *vestitum* (Broth.) Wijk & Marg., Taxon **8**: 72. 1959.

Bryum pseudotriquetrum fo. *ramentosum* (Dixon) Podp., Bryum Gen. Monogr. Prodr. **16**: 97. 1973.

Bryum pseudotriquetrum fo. *vestitum* (Broth.) Podp., Bryum Gen. Monogr. Prodr. **16**: 97. 1973.

生境 林下岩面薄土上。

分布 黑龙江、吉林、辽宁、内蒙古、河北、山西、河南(Tan et al., 1996)、山东、陕西、新疆、安徽、江苏、浙江、湖南(何祖霞, 2005)、湖北、四川、重庆(胡晓云和吴鹏程, 1991)、贵州(汪德秀和熊源新, 2004)、云南、西藏、福建、台湾、广东(何祖霞等, 2004)。巴基斯坦(Higuchi and Nishimura, 2003)、不丹(Noguchi, 1971)、越南(Tan and Iwatsuki, 1993)、秘鲁(Menzel, 1992)、智利(He, 1998)、巴西(Yano, 1995), 广布于温带地区。

紫色真藓

Bryum purpurascens (R. Br.) Bruch & Schimp., Bryol. Eur. **4**: 154. 1846. *Pohlia purpurascens* R. Br. bis, Chlor. Melvill. 39. 1823.

Bryum arcticum var. *purpurascens* (R. Br.) Ångström, Nova Acta Regiae Soc. Sci. Upsal. **12**: 349. 1844.

生境 岩石的缝隙中。

分布 吉林、辽宁、山东、陕西、新疆、安徽、西藏。亚洲、欧洲北部、北美洲。

球根真藓

Bryum radiculosum Brid., Muscol. Recent. Suppl. **3**: 18. 1817. **Type**: Italy: *Maio s. n.*

Bryum chungii E. B. Bartram Ann. Bryol. **8**: 11. 1935. **Type**: China: Fujian, Fuzhou, on shady rock, 500m, *H. H. Chung 6022* (FH).

Bryum atrovirens Brid. var. *radiculosum* (Brid.) Wijk & Marg., Taxon **8**: 72. 1959.

生境 草丛中、耕地或路边。

分布 山东(杜超等, 2010)、江苏、福建。日本、新西兰、秘鲁(Menzel, 1992)、埃及, 欧洲、北美洲。

弯叶真藓(金黄真藓)

Bryum recurvulum Mitt., J. Linn. Soc., Bot., Suppl. **1**: 74. 1859. **Type**: Nepal: *Wallich s. n.*

弯叶真藓原变种

Bryum recurvulum var. **recurvulum**

Bryum leptoflagellans Müll. Hal., Nuovo Giorn. Bot. Ital., n. s., **3**: 96. 1896. **Type**: China: Shaanxi, Aug. 1894, *Girladi s. n.*

Bryum chrysobasilare Broth., Akad. Wiss. Wien Sitzungsber., Math. -Naturwiss. Kl., Abt. 1, **133**: 569. 1924, *hom. illeg.* **Type**: China: Yunnan, Piepun, *Handel-Mazzetti 4758*

Bryum chrysobasilarioides Broth., Symb. Sin. **4**: 59. 1929. **Type**: China: Yunnan, Lijiang Co., *Handel-Mazzetti 4281* (holotype: H).

Bryum recurvatum Broth., Symb. Sin. **4**: 59. 1929. **Type**: China: Yunnan, Nujiang river, 2050m, Aug. 9. 1916, *Handel-Mazzetti 9777* (holotype: H-BR).

Bryum noguchii Ochi, J. Jap. Bot. **31**: 364. 1956.

生境 石灰质林地或林下土面上。

分布 吉林、山西、山东、陕西、新疆、安徽、湖南、湖北、四川、贵州、云南、西藏、台湾。不丹、泰国、印度尼西亚、日本。

弯叶真藓曲柄变种

Bryum recurvulum var. **flexicaule** (Müll. Hal.) Ochi, Advancing Frontiers Pl. Sci. **4**: 118. 1963. *Bryum flexicaule* Müll. Hal., Nuovo Giorn. Bot. Ital., n. s., **3**: 96. 1896. **Type**: China: Shaanxi, *Girladi s. n.*

生境 土面或岩面薄土上。

分布 陕西、甘肃(Wu et al., 2002)。中国特有。

橙色真藓

Bryum rutilans Brid., Bryol. Univ. **1**: 684. 1826.

Webera rutilans (Brid.) Schimp. & Paris, Index Bryol. 1359. 1898, *hom. illeg.*

生境　云杉林下土坡或水沟边湿上。

分布　内蒙古、山东、新疆、西藏。俄罗斯(西伯利亚),中亚、欧洲、北美洲。

拟大叶真藓

Bryum salakense Cardot, Annuair. Cons. Jard. Bot. Genève, **15-16**: 166. 1912.

生境　林下腐殖质上。

分布　江西(何祖霞等, 2010)、贵州(汪德秀和熊源新, 2004)、云南、台湾。不丹(Noguchi, 1971)、印度尼西亚。

沙氏真藓

Bryum sauteri Bruch & Schimp., Bryol. Eur. **4**: 162. 1846.

Gemmabryum sauteri (Bruch & Schimp.) Spence & Ramsay, Phytologia **87**: 68. 2005.

生境　岩面薄土、土面、堤岸或洞穴。

分布　山东、新疆、宁夏(黄正莉等, 2010)、湖南、湖北、重庆、贵州、西藏。欧洲。

卷叶真藓(汤氏真藓)

Bryum thomsonii Mitt., J. Linn. Soc., Bot., Suppl. **1**: 73. 1859. **Type**: China: Xizang, *Thomson 401.*

生境　土面上。

分布　内蒙古、山东、贵州(彭涛和张朝辉, 2007)、西藏。巴基斯坦(Higuchi and Nishimura, 2003)、斯里兰卡(O'Shea, 2002)、印度尼西亚。

土生真藓

Bryum tuberosum Mohamed & Damanhuri, Bryologist **93** (3): 288. f. 1-10. 1990. **Type**: Malaysia: Pahang, Genting Highlands, 1500m, *Mohamed 5397.*

生境　土面上。

分布　宁夏、贵州(汪德秀和熊源新, 2004)、云南。东南亚热带地区。

球蒴真藓(湿地真藓)

Bryum turbinatum (Hedw.) Turn, Musc. Hib. Spic. 127. 1804. *Mnium turbinatum* Hedw., Sp. Musc. Frond. 191. 1801.

Bryum schleicheri Schwägr., Sp. Musc. Frond., Suppl. 1, **2**: 113. pl. 73. 1816.

Bryum turbinatum var. *schleicheri* (Schwägr.) Fürnr., Flora **12**(2): 56. 1829.

Bryum turbinatum subsp. *schleicheri* (Schwägr.) Kindb., Bih. Kongl. Svenska Vetensk. -Akad. Handl. **7**(9): 68. 1883.

生境　高山溪水边。

分布　内蒙古、河北、山西、河南、陕西、新疆、江苏、浙江、湖南、贵州、云南、西藏。巴基斯坦(Higuchi and Nishimura, 2003)、智利(He, 1998),北半球多有分布,非洲南部高海拔地区也有分布。

垂蒴真藓

Bryum uliginosum (Brid.) Bruch & Schimp., Bryol. Eur. **4**: 88. 1839. *Cladodium uliginosum* Brid., Bryol. Univ. **1**: 841. 1827.

Cynontodium cernum Hedw., Sp. Musc. Frond. **5**: 89. 1801.

Pohlia uliginosa (Brid.) Wallr., Fl. Cryopt. Germ. **1**: 219. 1831.

Bryum cernuum (Hedw.) Bruch & Schimp., Bryol. Eur. **4**: 84. 1839, *hom. illeg.*

生境　土面或岩面薄土上。

分布　内蒙古、河北、山西、山东(赵遵田和曹同, 1998)、河南、陕西、宁夏、新疆、江苏、浙江、江西(Ji and Qiang, 2005)、四川、重庆、贵州、云南、西藏。智利(He, 1998)、新西兰,北极、北半球温带高山地区。

云南真藓

Bryum yuennanense Broth., Akad. Wiss. Wien Sitzungsber., Math. -Naturwiss. Kl., Abt. 1, **133**: 570. 1924. **Type**: China: Yunnan, Yunnanfu, *Handel-Mazzetti 282.*

生境　江边土坡、土面或岩面薄土上。

分布　安徽、浙江、四川、贵州(汪德秀和熊源新, 2004)、云南、西藏。中国特有。

平蒴藓属 Plagiobryum Lindb.
Öfvers. Förh. Kongl. Svenska Vetensk. -Akad. **19**: 606. 1863.

模式种: *P. zierii* (Hedw.) Lindb.

本属全世界现有9种,中国有4种。

尖叶平蒴藓

Plagiobryum demissum (Hook.) Lindb., Öfvers. Förh. Kongl. Svenska Vetensk. -Akad. **19**: 606. 1863. *Bryum demissum* Hook., Musci Exot. **2**: 16 f. 99. 1819.

生境　林下、灌丛或草垫上。

分布　辽宁、内蒙古、山东、陕西、新疆、贵州、云南、西藏。北半球广布。

钝叶平蒴藓

Plagiobryum giraldii (Müll. Hal.) Paris, Index Bryol. 957. 1897. *Bryum giraldii* Müll. Hal., Nuovo Giorn. Bot. Ital., n. s., **3**: 94. 1896. **Type**: China: Shaanxi, Aug. 1894, *Giraldi s. n.*

Bryum zierii var. *longicollum* Müll. Hal., Nuovo Giorn. Bot. Ital., n. s., **5**: 166. 1898. **Type**: China: Shaanxi, Aug. 1894, *Giraldi s. n.*

Plagiobryum zierii var. *longicollum* (Müll. Hal.) Paris, Index Bryol. Suppl. 273. 1900.

生境　岩面薄土或腐殖质上。

分布　内蒙古、陕西。喜马拉雅东部。

日本平蒴藓

Plagiobryum japonicum Nog., J. Jap. Bot. **27**: 122 f. 50. 1952. **Type**: Japan: Honsyu, Mt. Yatugatake, *Yano 339.*

生境　高山岩壁上。

分布　云南。日本。

平蒴藓

Plagiobryum zierii (Hedw.) Lindb., Öfvers. Förh. Kongl.

Svenska Vetensk. -Akad. **19**: 606. 1863. **Type**: Scotland.
Bryum zierii Dicks. ex Hedw., Sp. Musc. Frond. 182. 1801.
生境　原始林下树桩或岩壁缝隙薄土上。
分布　辽宁、内蒙古、山东、陕西、青海、新疆、湖南、湖北、四川、贵州、云南、西藏、广东。俄罗斯,亚洲、欧洲、北美洲、非洲。

大叶藓属 Rhodobryum (Schimp.) Hampe
Laubm. Deutschl. 2: 444. 1892.

模式种:*R. roseum* (Hedw.) Limpr.
本属全世界现有 34 种,中国有 4 种。

暖地大叶藓

Rhodobryum giganteum (Schwägr.) Paris, Index Bryol. 1116. 1898. *Mnium giganteum* Schwägr., Sp. Musc. Frond., Suppl. 2, **2**: 20 f. 158. 1826.
Bryum giganteum (Schwägr.) Arnott, Mém. Soc. Linn. Paris **5**: 279. 1827.
生境　林下草丛、湿润腐殖质或阴湿岩面薄土上。
分布　陕西、宁夏(黄正莉等, 2010)、甘肃、安徽、浙江、江西、湖南、湖北、四川、重庆(胡晓云和吴鹏程,1991)、贵州、云南、西藏、福建、台湾(Chuang, 1973)、广东、广西、香港。印度、尼泊尔、不丹、斯里兰卡、缅甸、老挝、越南、泰国、马来西亚、菲律宾、印度尼西亚、日本、朝鲜、巴布亚新几内亚(Tan, 2000a)、美国(夏威夷)、马达加斯加。

阔边大叶藓

Rhodobryum laxelimbatum (Ochi) Z. Iwats. & T. J. Kop., Acta Bot. Fenn. **96**: 14. 1972. *Bryum laxelimbatum* Hampe ex Ochi, J. Jap. Bot. **43**: 112. 1968.
生境　林下腐殖质、岩面薄土或树干上。
分布　安徽、云南、西藏、台湾。尼泊尔、印度。

狭边大叶藓

Rhodobryum ontariense (Kindb.) Paris, Europ. Northamer. Bryin. **2**: 346. 1897. *Bryum ontariense* Kindb., Bull. Torrey Bot. Club **16**: 96. 1889. **Type**: Canada: *Macoun 184* (lectotype: S-PA; isolectotype: CAN).
Bryum leptorhodon Müll. Hal., Nuovo Giorn. Bot. Ital., n. s., **3**: 95. 1896. **Type**: China: Shaanxi, Si-ku-tzui-san, *Giraldi 863* (lectotype: H-BR).
Bryum globicoma Müll. Hal., Nuovo Giorn. Bot. Ital., n. s., **4**: 246. 1897. **Type**: China: Shaanxi, Lun-san-huo, *Giraldi s. n.* (H-BR).
Bryum nanorosula Müll. Hal., Nuovo Giorn. Bot. Ital., n. s., **4**: 247. 1897. **Type**: China: Shaanxi, Sche-kin-tsuen, *Giraldi s. n.*
Bryum ptychothecioides Müll. Hal., Nuovo Giorn. Bot. Ital., n. s., **4**: 247. 1897. **Type**: China: Shaanxi, *Giraldi s. n.* (H-BR).
Rhodobryum globicoma (Müll. Hal.) Paris, Index Bryol. 1116. 1898.
Rhodobryum leptorhodon (Müll. Hal.) Paris, Index Bryol. 1117. 1898.
Rhodobryum nanorosula (Müll. Hal.) Paris, Index Bryol. 1118. 1898.
Rhodobryum ptychothecioides (Müll. Hal.) Paris, Index Bryol. Suppl. 300. 1900.
Rhodobryum spathulatum (Hornsch.) Pócs, Acta Bot. Acad. Sci. Hung. **25**: 257. 1979(1980).
生境　林下湿润地表腐殖质或岩面薄土上。
分布　吉林、辽宁、山西、陕西、宁夏(黄正莉等, 2010)、安徽、湖南、四川、重庆(胡晓云和吴鹏程,1991)、贵州、云南、西藏、台湾、广东、广西、香港(Dixon, 1933, as *B. globicoma*)。亚洲、非洲的温带地区。

大叶藓

Rhodobryum roseum (Hedw.) Limpr., Laubm. Deutschl. **3**: 444. 1892. *Mnium roseum* Hedw., Sp. Musc. Frond. 194. 1801.
Mnium spathulatum Hornsch., Linnaea **15**: 135. 1841.
Rhodobryum spathulatum (Hornsch.) Pócs in Bizot & Pócs, Acta Bot. Acad. Sci. Hung. **25**: 257. 1979[1980].
生境　桦木干上。
分布　吉林、内蒙古、山西(吴鹏程等,1987)、山东(赵遵田和曹同, 1998)、甘肃(Wu et al., 2002)、新疆、台湾(Chuang, 1973)。俄罗斯、哈萨克斯坦、印度、缅甸(Tan and Iwatsuki, 1993)、泰国(Tan and Iwatsuki, 1993)、越南(Tan and Iwatsuki, 1993)、朝鲜、日本、美国、加拿大,欧洲。

提灯藓科 **Mniaceae** Schwägr.

本科全世界有 15 属,中国有 12 属。

北灯藓属 Cinclidium Sw.
J. Bot. (Schrad.) 1801(1): 25. 1803.

模式种:*C. stygium* Sw.
本属全世界现有 4 种,中国有 2 种。

极地北灯藓

Cinclidium arcticum (Bruch & Schimp.) Schimp., Kongl. Vetensk-Adad. Handl. **1846**: 143. 1848. *Mnium arcticum* Bruch & Schimp., Bryol. Eur. **4**: 203. 1846. **Type**: Norway: Dovre, *Schimper s. n.*
生境　高寒地区沼泽地、落叶松林地或塔头甸子上。
分布　吉林、新疆。蒙古、俄罗斯(东部),欧洲、北美洲。

北灯藓

Cinclidium stygium Sw. in Schrad., J. Bot. **1801**(1): 27 pl. 2. 1803.
Meesia stygia (Sw.) Brid., Muscol. Recent. **2**(3): 172. 1803.
Amblyodum stygium (Sw.) P. Beauv., Prodr. Aethéogam.

41. 1805.

Mnium stygium (Sw.) Bruch & Schimp., Bryol. Eur. **4**: 181. 1838.

Cinclidium macounii Kindb., Rev. Bryol. **23**: 21. 1896.

生境　高寒山区沼泽或湿石上。

分布　吉林、新疆、云南。俄罗斯(伯力地区)、智利(He, 1998),欧洲、北美洲。

曲灯藓属 Cyrtomnium Holmen Bryologist **60**: 138. 1957.

模式种:*C. hymenophyllum* (Bruch & Schimp.) Holmen

本属全世界现有2种,中国有1种。

蕨叶曲灯藓

Cyrtomnium hymenophylloides (Huebener) T. J. Kop., Ann. Bot. Fenn. **5**: 143. 1968. *Mnium hymenophylloides* Huebener, Musc. Germ. 416. 1833.

Cyrtomnium hymenophylloides (Huebener) Nyholm, Ill. Moss Fl. Fennoscandia Vol. **2**(3): 276. 1958, *invalid comb.*

生境　潮湿的林地、路旁或沟边阴湿地上。

分布　甘肃、新疆。俄罗斯,北美洲。

小叶藓属 Epipterygium Lindb. Öfvers. Förh. Kongl. Svenska Veteensk.-Akad. **19**: 603. 1862.

模式种:*E. wrightii* (Sull.) Lindb.

本属全世界现有12种,中国有1种。

小叶藓

Epipterygium tozeri (Grev.) Lindb., Öfvers. Förh. Svenska Vetenska.-Akad. **21**: 576. 1865. *Bryum tozeri* Grev., Scott. Crypt. Fl. **5**: 285. 1827.

Pohlia tozeri (Grev.) Del., Ann. Soc. Belge Microscop. **9**: 51. 1885.

生境　路边树下潮湿且荫蔽处土面或岩面薄土上。

分布　陕西、甘肃、浙江、湖南(Enroth and Koponen, 2003)、四川、重庆(胡晓云和吴鹏程,1991)、云南、西藏、福建、台湾、广东。伊朗、印度、印度尼西亚(Touw, 1992)、日本、朝鲜,欧洲、北美洲、非洲北部。

缺齿藓属 Mielichhoferia Nees & Hornsch. Bryol. Grem. **2**(2): 179. 1831.

模式种:*M. nitida* Nees & Hornsch.

本属全世界现有约87种,中国有4种。

喜马拉雅缺齿藓

Mielichhoferia himalayana Mitt., J. Proc. Linn. Soc., Bot., Suppl. **1**: 65. 1859. **Type**: the Himalayas: *Strachey & Winterbottom s. n.*

生境　岩面薄土,海拔3200m以上。

分布　西藏。巴基斯坦(Higuchi and Nishimura, 2003)、喜马拉雅西部温暖地区。

日本缺齿藓

Mielichhoferia japonica Besch., J. Bot. (Morot) **12**: 299. 1898. **Type**: Japan: Akan, Kushiro in Hokkaido, *Faurie 10 744.*

Mielichhoferia mielichhoferi var. *japonica* (Besch.) Wijk & Marg., Taxon **14**: 197. 1965.

生境　高山土面上。

分布　台湾。日本、俄罗斯(远东地区)。

缺齿藓

Mielichhoferia mielichhoferi (Funck) Loeske, Stud. Morph. Syst. Laubm. 126. 1910. *Weissia mielichhoferiana* Funck, Crypt. Gew. Fichtelgeb. **24**: 2. 1817[1818].

Mielichhoferia nitida Nees & Hornsch., Bryol. Germ. **2**(2): 183. pl. 41. 1831.

Mielichhoferia mielichhoferi (Hook.) Wijk & Marg., Taxon **10**: 24. 1961, *nom. inval.*

生境　高山岩面薄土上。

分布　宁夏、新疆、西藏。俄罗斯,亚洲、欧洲中北部、北美洲。

中华缺齿藓

Mielichhoferia sinensis Dixon, Hong Kong Naturalist, Suppl. **2**: 15. f. 7. 1933. **Type**: China: Gansu, Lou Kia Wa Seu, Aug. 28. 1918, *Rev. E. Licent 269* (holotype: BM).

生境　山地岩面薄土上,海拔3000m以上。

分布　甘肃、云南、西藏。尼泊尔。

提灯藓属 Mnium Hedw. Sp. Musc. Frond. 188. 1801.

模式种:*M. hornum* Hedw.

本属全世界现有19种,中国有10种。

变色提灯藓

Mnium blyttii Bruch & Schimp., Bryol. Eur. **4**: 208. pl.

400. 1846.

Mnium blyttii var. *microphyllum* Kindb., Ottawa Naturalist **23**: 184. 1909.

Stellariomnium blyttii (Bruch & Schimp.) M. C. Bowers, Lindbergia **6**: 17. 1980.

生境　岩面、腐殖土或腐木上。

分布　内蒙古(白学良,1997)。俄罗斯(远东地区),欧洲。

异叶提灯藓

Mnium heterophyllum (Hook.) Schwägr., Sp. Musc. Frond., Suppl. 2, **2**(1): 22. 1826. *Bryum heterophyllum* Hook., Trans. Linn. Soc. London **9**: 318. 1808.

Polla heterophyllum (Hook.) Brid., Bryol. Univ. **2**: 817. 1827, *nom. illeg.*

Mnium serratum Brid. var. *heterophyllum* (Hook.) Fürnr., Flora **12**(2): 37. 1829.

Mnium sapporense Besch., Ann. Sci. Nat., Bot., sér. 7, **17**: 345. 1893.

Astrophyllum heterophyllum (Hook.) Lindb. ex Paris, Index Bryol. 828. 1897, *nom. illeg.*

Mnium heterophyllum var. *euheterophyllum* Kab., Hedwigia **76**: 20. 1936.

Mnium heterophyllum var. *sapporense* (Besch.) Kab., Hedwigia 76: 22. 1936.

Stellariomnium heterophyllum (Hook.) M. C. Bowers., Lindbergia **6**: 17. 1980.

生境　林下树基、岩面上、荫蔽的土坡或腐木上。

分布　黑龙江、吉林、内蒙古、河北、陕西、宁夏、甘肃、江苏、浙江、江西(Ji and Qiang, 2005)、四川、贵州(王晓宇, 2004)、西藏、台湾。巴基斯坦、印度、尼泊尔、不丹(Noguchi, 1971)、日本、朝鲜、俄罗斯(远东地区),欧洲、北美洲。

提灯藓

Mnium hornum Hedw., Sp. Musc. Frond. 188. 1801.

Polla horna (Hedw.) Brid. ex Loeske, Stud. Morph. Syst. Laubm. 128. 1910.

生境　林地上、阴湿的林缘土坡上或沟边路旁土地上。

分布　陕西、四川、重庆(胡晓云和吴鹏程,1991)、贵州、广西。日本、俄罗斯(萨哈林岛及远东地区),欧洲、北美洲、非洲北部。

平肋提灯藓

Mnium laevinerve Cardot, Bull. Soc. Bot. Genève, ser. 2, **1**: 128. 1909.

Mnium gollani Müll. Hal., Gen. Musc. Frond. 134. 1900, *nom. nud.*

Mnium wichurae Broth. in Paris, Bull. Herb. Boissier, sér. 2, **2**: 923. 1902, *nom. nud.*

Mnium sawadai Cardot, Bull. Soc. Bot. Genève ser. 2, **1**: 129. 1909.

Mnium arisanense Sakurai, Bot. Mag. (Tokyo) **49**: 682. 1935.

Mnium japonico-heterophyllum Dixon ex Kab., Hedwigia **76**: 24. 1936, *nom. nud.*

生境　林地、腐木、树干上、林缘、路边或沟旁阴湿的土坡上。

分布　全国各省(自治区、直辖市)均有分布。巴基斯坦(Higuchi and Nishimura, 2003)、印度、不丹、菲律宾、朝鲜、日本、俄罗斯(远东地区)。

长叶提灯藓

Mnium lycopodioiodes Schwägr., Sp. Musc. Frond., Suppl. 2, **2**(1): 24. pl. 160. 1826.

Mnium ambiguum H. Müll., Verh. Bot. Vereins Prov. Brandenburg **8**: 71. 1866.

Mnium pseudolycopodioides Müll. Hal. & Kindb., Catalogue of Canadian Plants, Part Ⅵ, Musci 140. 1892.

Mnium filicaule Müll. Hal., Nuovo Giorn. Bot. Ital., n. s., **3**: 92. 1896. **Type**: China: Shaanxi, Kuan-tou-san, July 1895, *Giraldi s. n.*

Mnium albo-limbatum Müll. Hal., Nuovo Giorn. Bot. Ital., n. s., **4**: 246. 1897. **Type**: China: Shaanxi, Mt. Tsin-lin, Dec. 1895, *Giraldi s. n.*

Mnium sinensi-punctatum Müll. Hal., Nuovo Giorn. Bot. Ital., n. s., **5**: 161. 1898. **Type**: China: Shaanxi, Aug. 1896, *Giraldi s. n.*

Mnium falcatulum Müll. Hal., Gen. Musc. Frond. 134. 1900, *nom. nud.*

Polla lycopodioides (Schwägr.) Brid. ex Loeske, Stud. Morph. Syst. Laubm. 129. 1910.

Catharinea speciosa Horik., J. Jap. Bot. **12**: 670. 1936.

Mnium lycopodioides fo. *allbo-limbatum* (Müll. Hal.) Kab., Hedwigia **76**: 31. 1936.

Atrichum speciosum (Horik.) Wijk & Marg., Taxon **8**: 106. 1959.

Mnium longimucronatum X. J. Li & M. Zang, Acta Bot. Yunnan. **1**(1): 42. 1979. **Type**: China: Xizang, Nielamu, on rock, 4000m, June 25. 1975, *S. K. Chen 96* (holotype: HKAS).

Mnium longispinum X. J. Li & M. Zang, Acta Bot. Yunnan. **1**(1): 48. 49. 1979. **Type**: China: Yunnan, Weixi Co., 2600m, July 16. 1935, *C. W Wang 4456* (holotype: HKAS).

生境　林地上、树根、腐木、林缘或沟边的阴湿土坡上,海拔1500～3000m。

分布　黑龙江、吉林、辽宁、内蒙古、河北、山西、山东、河南、陕西、甘肃(安定国,2002)、新疆、安徽、江西(Ji and Qiang, 2005)、湖北、四川、重庆、贵州、云南、西藏、福建、台湾、广西。巴基斯坦(Higuchi and Nishimura, 2003)、阿富汗、尼泊尔、越南、日本、巴布亚新几内亚(Tan, 2000),欧洲、北美洲。

具缘提灯藓(大网提灯藓)

Mnium marginatum (With.) P. Beauv., Prodr. Aethéogam. 75. 1805. *Bryum marginatum* Dick. ex. With., Syst. Arr. Brit. Pl. (ed. 4),3: 824. 1801.

Mnium serratum Brid., Muscol. Recent. **2**(3): 84. 1803.

Mnium riparium Mitt., J. Linn. Soc., Bot. **8**: 30. 1865.

Mnium marginatum var. *riparium* (Mitt.) Husn., Muscol. Gall. 256. 1889.

Astrophyllum magnirete Lindb. & H. Arnell, Kongl. Svenska Vetensk. Handl., n. s., **23**(10): 21. 1890.

Mnium magnirete (Lindb. & H. Arnell) Kindb., Enum. Bryin. Exot., Suppl. **2**: 107. 1891.

Mnium magnirete var. *polymorphum* X. J. Li & M. Zang,

Acta Bot. Yunnan. **1**: 44 pl. 2. 1979. **Type**: China: Neimenggu, Mt. Daqingshan, *Z. G. Tong 1850* (holotype: HKAS).

生境　针叶林地、桦木林下、腐殖土或岩面薄土上。

分布　内蒙古、河北、山西、山西(王桂花等, 2010)、山东、陕西、宁夏、甘肃、青海、新疆、安徽、浙江、江西(Ji and Qiang, 2005)、湖北(彭丹等, 1998)、四川、贵州、西藏、台湾。巴基斯坦(Higuchi and Nishimura, 2003)、蒙古、阿富汗、印度、中亚地区、俄罗斯(远东地区),欧洲、中美洲、北美洲、大洋洲、非洲北部。

刺叶提灯藓

Mnium spinosum (Voit) Schwägr., Sp. Musc. Frond., Suppl. 1, **2**: 130. 1816. *Bryum spinosum* Voit, Deutschl. Fl., Abt. 2, Cryptog. 11[16] ic. 1811.

Mnium caloblastum Broth., Ann. Bryol. **1**: 38. 1928.

Mnium rubricaule Dixon & Sakurai in Dixon, Rev. Bryol. Lichénol. **7**: 109. 1934.

生境　林下腐殖土、枯树根、腐木或岩面薄土上。

分布　黑龙江、吉林、内蒙古、河北、山西(王桂花等, 2010)、陕西、宁夏、甘肃、青海、新疆、浙江、湖北、四川、贵州(彭晓磬, 2002)、云南。蒙古、印度、朝鲜、日本、俄罗斯(远东地区),中亚、欧洲、北美洲。

小刺叶提灯藓

Mnium spinulosum Bruch & Schimp. Bryol. Eur. **4**: 206 pl. 394. 1846. **Type**: Europe: Iglau Moraviae.

生境　林地上、树根、树干、树枝或岩面薄土上。

分布　吉林、河北、新疆。日本、俄罗斯(远东地区),中亚、欧洲、北美洲。

硬叶提灯藓

Mnium stellare Hedw., Sp. Musc. Frond. 191 pl. 45. 1801.

Mnium niponi-stellare Müll. Hal. ex Kab., Hedwigia **76**: 20. 1936, *nom nud*.

Stehariomnium stellare (Hedw.) Bowers, Lindbergia **6**: 17. 1980.

生境　林地、树干、腐木或岩面薄土上。

分布　吉林、内蒙古、河北、山东、新疆。巴基斯坦(Higuchi and Nishimura, 2003)、印度、日本、朝鲜、俄罗斯(远东地区)、波兰、丹麦、挪威、英国、比利时、斯瓦尔巴特群岛,中亚、北美洲、非洲北部。

偏叶提灯藓(直喙提灯藓)

Mnium thomsonii Schimp., Syn. Musc. Eur. (ed. 2), 485. 1876. **Type**: India (Sikkim): *Hooker 645*.

Mnium orthorrhynchum Brid., Muscol. Recent. Suppl. **3**: 45. 1817.

Bryum orthorrhynchum (Brid.) Brid., Muscol. Recent. Suppl. **4**: 119. 1819[1818].

Mnium rostellatulum Müll. Hal., Nuovo Giorn. Bot. Ital., n. s., **3**: 91. 1896. **Type**: China: Shaanxi, Mt. Thae-pei-san, Aug. 1896, *Girladi s. n*.

Mnium gracillium Müll. Hal., Nuovo Giorn. Bot. Ital., n. s., **5**: 162. 1898. **Type**: China: Shaanxi, Mt. Thae-pei-san, Aug. 1896, *Girladi s. n*.

Mnium. purpureoneuron Müll. Hal., Gen. Musc. Frond. 135. 1900.

Mnium rostellatum Müll. Hal. ex Paris, Index Bryol. Suppl. 252. 1900, *hom illeg*.

Mnium rosulatulum Müll. Hal. ex. Broth., Nat. Pflanzenfam. **1**(3): 609. 1904, *hom illeg*.

Mnium spinoso-heterophyllum Dixon ex C. Y. Yang, Sci. Rep. Natl. Tsing Hua Univ., ser. B, Biol. Sci. **2**: 123. 1936, *nom nud*.

生境　林地上、腐木上、枯木上、林缘土坡上、石壁上、阴湿的路边或沟旁。

分布　黑龙江、吉林、辽宁、内蒙古、河北、山东、河南、陕西、宁夏、甘肃、青海、新疆、安徽、浙江、江西、湖南、湖北、四川、贵州、云南、西藏、福建、台湾、广西。蒙古、尼泊尔、印度、不丹(Noguchi, 1971)、日本、朝鲜、俄罗斯(哈巴罗夫斯克),中亚、北美洲、非洲北部。

立灯藓属 Orthomnion Wilson
Hooker's J. Bot. Kew Gard. Misc. 9: 386. 1857

模式种:*O. bryoides* (Griff.) Nork.

本属全世界现有10种,中国有8种。

南亚立灯藓(立灯藓)

Orthomnion bryoides (Griff.) Nork., Trans. Brit. Bryol. Soc. **3**: 445. 1958. *Orthotrichum bryoides* Griff., Calcutta J. Nat. Hist. **2**: 486. 1842.

Orthomnion crispum Wilson, Hooker's J. Bot. Kew Gard. Misc. **9**: 368. 1857, *nom nud*.

Orthomnion trichomitrium Wilson, Hooker's J. Bot. Kew Gard. Misc. **9**: 368. 1857, *nom nud*.

Mnium sikkimense Renauld & Cardot, Bull. Soc. Roy. Bot. Belgique **38**(1): 15. 1900.

Mnium subcrispum Müll. Hal., Gen. Musc. Frond. 134. 1900.

Mnium spathulifolium Dixon, J. Siam Soc., Nat. Hist. Suppl. **9**: 23. 1932.

生境　林地、岩壁或树干腐木上,海拔600~2500m。

分布　湖南(Enroth and Koponen, 2003)、湖北、四川、云南、西藏。印度、尼泊尔、不丹(Noguchi, 1971)、缅甸、老挝(Tan and Iwatsuki, 1993)、越南、泰国。

柔叶立灯藓(双灯藓)

Orthomnion dilatatum (Mitt.) P. C. Chen, Fedds Repert. Spec. Nov. Regni Veg. **58**: 25. 1955. *Mnium dilatatum* Wilson ex Mitt., J. Proc. Linn. Soc., Bot., Suppl. **1**: 143. 1859. **Type**: India: Khasia, *Hooker & Thomson 670*.

Orthomniopsis japonica Broth., Öfvers. Förh. Finska Vetensk. -Soc. **49**: 1. 1907.

Orthomnion curiosissimum Horik., Bot. Mag. (Tokyo) **50**: 382. pl. 34. 1936.

Orthomnion loheri Broth. var. *semilimbatum* Baumg. in J. Fröhl., Ann. Naturh. Mus. Wien **59**: 83. 1953.

Orthomniopsis dilatata (Mitt.) Nog. in Hara., Fl. E. Himalaya **1**: 563. 1966.

Orthomniopsis petelotii Tixier, Rev. Bryol. Lichénol. **34**: 137. 1966.

生境　林地上、岩石、树干基部或枯树枝上，海拔600～2500m。

分布　陕西、安徽、浙江、湖南(Enroth and Koponen, 2003)、湖北、四川、重庆(胡晓云和吴鹏程，1991)、云南、西藏、福建、台湾、广东、海南。印度、尼泊尔、斯里兰卡、缅甸、越南、马来西亚、印度尼西亚、菲律宾、日本。

挺枝立灯藓(挺枝提灯藓)

Orthomnion handelii (Broth.) T. J. Kop., Ann. Bot. Fenn. **17**: 42. 1980. *Mnium handelii* Broth., Symb Sin. **4**: 61. 1929. **Type**: China: Yunnan, *Handel-Mazzetti 6069* (holotype: H).

生境　林地、岩面薄土、岩壁、树干基部或枯倒木上，海拔1800～3000m。

分布　内蒙古、山西、陕西、新疆、浙江、四川、重庆(胡晓云和吴鹏程，1991)、云南、西藏。中国特有。

隐缘立灯藓

Orthomnion loheri Broth., Öfvers. Förh. Finska Vetensk. -Soc. **47**(14): 6. 1905. **Type**: the Philippines: Luzon, *Elmer 6487*.

生境　林下、林缘石壁、树干基部或腐木上，海拔1000～2000m。

分布　安徽、浙江、四川、云南、台湾。菲律宾、日本、巴布亚新几内亚也有分布。

裸帽立灯藓(多蒴立灯藓)

Orthomnion nudum E. B. Bartram, Ann. Bryol. **8**: 11. 1936. **Type**: China: Guizhou, Mt. Fanjingshan, 2000m, *Q. Y. Jiao 828* (isotype: HKAS).

生境　林下、路边的岩面薄土或树干上，海拔2000～3600m。

分布　湖南(Enroth and Koponen, 2003)、四川、重庆(胡晓云和吴鹏程，1991)、贵州、云南、西藏。中国特有。

毛枝立灯藓

Orthomnion piliferum T. J. Kop., Ann. Bot. Fenn. **17**: 51. 1980. **Type**: China: Taiwan, Mt. Taipingshan, *C. C. Chuang 2101*.

生境　树干上。

分布　四川、台湾。中国特有。

吴氏立灯藓(新拟)

Orthomnion wui T. J. Kop., Ann. Bot. Fenn. **44**: 376. 2007. **Type**: China: Hubei, Shenlongjia, Jun.-Jul., 1976, *P. C. Wu 282* (holotype: MO).

生境　林下潮湿岩面上，海拔750～1000m。

分布　湖北(Koponen, 2007)。中国特有。

云南立灯藓

Orthomnion yunnanense T. J. Kop., X. J. Li & M. Zang, Ann. Bot. Fenn. **19**: 73. 1982. **Type**: China: Yunnan, Lijiang Co., Mt. Yulongxueshan, on tree trunk, 2750m, Nov. 24. 1935, *C. W. Wang 3844* (holotype: HKAS; isotype: H).

生境　树干或岩壁上，海拔600～2700m。

分布　湖北、云南、西藏。中国特有。

匐灯藓属 Plagiomnium T. J. Kop.
Ann. Bot. Fenn. 5: 145. 1968.

模式种：*P. cuspidatum* (Hedw.) T. J. Kop.

本属全世界现有25种，中国有17种。

尖叶匐灯藓(湿地匐灯藓、缘边走灯藓)

Plagiomnium acutum (Lindb.) T. J. Kop., Ann. Bot. Fenn. **12**: 57. 1975. *Mnium acutum* Lindb., Contr. Fl. Crypt. As. **10**: 227. 1873.

Mnium cuspidatum Hedw. var. *trichomanes* (Mitt.) X. J. Li & M. Zang, Acta Bot. Yunnan. **1**: 56. 1979.

Mnium cuspidatum Hedw. subsp. *trichomanes* (Mitt.) Kab., Hedwigia **76**: 34. 1936.

Mnium cuspidatum var. *subintegrum* P. C. Chen ex X. J. Li & M. Zang, Acta Bot. Yunnan. **1**: 54. 1979. **Type**: China: Chongqing, 1943, *Lill Geng-Nianl* (HKAS).

Mnium incrassatum Müll. Hal., Nuovo Giorn. Bot. Ital., n. s., **3**: 91. 1896. **Type**: China: Shaanxi, Zu-lu, Aug. 1894, *Giraldi s. n.*

Mnium micro-rete Müll. Hal. in Levier, Nuovo Giorn. Bot. Ital., n. s., **13**: 269. 1906, *nom. nud.*

Plagiomnium trichomanes (Mitt.) T. J. Kop., Ann. Bot. Fenn. **5**: 146. 1968. *Mnium trichomanes* Mitt., Hooker's J. Bot. Kew Gard. Misc. **8**: 231. 1856. **Type**: China: Gansu, Reg. Tangut, 8500ft, Aug. 1880, *N. M. Przewalski 681*.

生境　溪边、路旁土坡上、林缘或林下潮湿而较透光的林地上，海拔600～2000m。

分布　广布于我国南北各省(自治区)。蒙古、印度、尼泊尔、不丹、缅甸、老挝(Tan and Iwatsuki, 1993)、越南、柬埔寨(Tan and Iwatsuki, 1993)、朝鲜、日本、俄罗斯(伯力地区及萨哈林岛)，中亚。

皱叶匐灯藓(皱叶提灯藓，树形走灯藓)

Plagiomnium arbusculum (Müll. Hal.) T. J. Kop., Ann. Bot. Fenn. **5**: 146. 1968. *Mnium arbuscula* Müll. Hal., Nuovo Giorn. Bot. Ital., n. s., **5**: 161. 1898. **Type**: China: Shaanxi, Mt. Guangtuo, *Giraldi 2147* (isotype: H).

Mnium densirete Hampe in Müll. Hal., Gen. Musc. Frond. 134. 1900, *nom. nud.*

Mnium undulatum Hedw. var. *densirete* Broth., Symb. Sin. **4**: 61. 1929. **Type**: China: Yunnan, Lu-djiang et Djiou-djiang, *Handel-Mazzetti 1849* (holotype: H).

Mnium areolosum X. J. Li & M. Zang, Acta Bot. Yunnan. **1**: 74. 1979. **Type**: China: Sichuan, Xiaojin Co., 3400m, *P. J. Li 100 039* (holotype: HKAS).

Mnium sichuanense X. J. Li & M. Zang, Acta Bot. Yunnan. **1**: 72. 1979. **Type**: China: Sichuan, Marerkang Co., 3340m, *X. J. Li 1002* (holotype: HKAS).

生境　林地上、林缘、沟边的阴湿土坡上或岩壁上。

分布　黑龙江、吉林、辽宁、河北、山西、山东(杜超等，2010)、河南、陕西、宁夏(黄正莉等，2010)、甘肃、青海、浙江、四川、重庆(胡晓云和吴鹏程，1991)、贵州、云南、西藏、海南。尼泊尔、不丹、印度。

密集匐灯藓

Plagiomnium confertidens (Lindb. & H. Arnell.) T. J. Kop., Ann. Bot. Fenn. **5**: 146. 1968. *Astrophyllum confertidens* Lindb. & H. Arnell., Kongl. Svenska Vetensk. -Akad. Handl., n. s., **23**(10): 17. 1890. **Type**: Russia: Siberia.

Mnium confertidens (Lindb. & H. Arnell.) Kindb., Enum. Bryin. Exot., Suppl. 2, 107. 1891.

Mnium ligulifolium Cardot, Bull. Soc. Bot. Genève., ser. 2, **1**: 129. 1909.

Mnium koraiense Sakurai, Bot. Mag. (Tokyo) **55**: 531. 1941, *nom. illeg.*

生境　较湿润的针叶林、针阔混交林地上、林缘或沟边的土坡上。

分布　黑龙江、吉林、辽宁、内蒙古、河北、陕西、甘肃、青海、湖南(何祖霞，2005)、四川、重庆、云南、台湾(Chiang and Kuo, 1989)。不丹(Noguchi, 1971)、蒙古、朝鲜、日本、俄罗斯(伯力地区及萨哈林岛)，欧洲。

匐灯藓

Plagiomnium cuspidatum (Hedw.) T. J. Kop., Ann. Bot. Fenn. **5**: 146. 1968. *Mnium cuspidatum* Hedw., Sp. Musc. Frond. 192 pl. 45. 1801.

Mnium silvaticum Lindb., Not. Sällsk. Fauna Fl. Fenn. Förh. **9**: 59. 1868.

生境　林地、林缘土坡、草地、沟谷边或河滩地上，海拔 2000～3000m。

分布　黑龙江、吉林、辽宁、内蒙古、山西、山东(赵遵田和曹同，1998)、甘肃(安定国，2002)、新疆、江苏(刘仲苓等，1989)、上海(刘仲苓等，1989)、浙江(刘仲苓等，1989)、江西(Ji and Qiang, 2005)、湖南、湖北、四川、重庆、贵州、云南、西藏、香港。巴基斯坦(Higuchi and Nishimura, 2003)、不丹(Noguchi, 1971)、朝鲜、蒙古、泰国、印度、日本、俄罗斯(伯力地区及萨哈林岛)、墨西哥、古巴，西亚、欧洲、北美洲、非洲中部和北部。

粗齿匐灯藓(粗齿提类藓)

Plagiomnium drummondii (Bruch & Schimp.) T. J. Kop., Ann. Bot. Fenn. **5**: 146. 1968. *Mnium drummondii* Bruch & Schimp., London J. Bot. **2**: 669. 1843.

Astrohyllum drummondii (Bruch & Schimp.) Lindb., Musci Scand. 14. 1879.

生境　林地、潮湿的岩面薄土上、林缘沟边的土坡上、枯树干或腐木上。

分布　黑龙江、吉林、内蒙古、河北、陕西、甘肃(Koponen and Luo, 1982)、安徽、江苏、浙江、湖北、四川、贵州、西藏。俄罗斯(伯力地区)，欧洲、北美洲。

无边匐灯藓

Plagiomnium elimbatum (M. Fleisch.) T. J. Kop., Ann. Bot. Fenn. **11**: 94. 1974. *Mnium elimbatum* M. Fleisch. in Broth., Nat. Pflanzenfam. I (3): 610. 1904. **Type**: Indonesia: Tjipamas, *Fleischer s. n.*

生境　林地上、林缘沟边土壁上或阴湿的岩面薄土上。

分布　云南。印度、印度尼西亚。

阔边匐灯藓(阔边提灯藓)

Plagiomnium ellipticum (Brid.) T. J. Kop., Ann. Bot. Fenn. **8**: 367. 1971. *Mnium ellipticum* Brid., Sp. Musc. Frond. **3**: 53. 1817.

Mnium rugicum Laurer, Flora **19**: 292. 1827.

Plagiomnium rugicum (Laurer) T. J. Kop., Ann. Bot. Fenn. **5**: 146. 1968.

Mnium latilimbatum X. J. Li & M. Zang, Acta Bot. Yunnan. **1**: 57. pl. 6. 1979. **Type**: China: Xinjiang, Ho-shan Co., 1700m, *R. C. Qing 3128b* (holotype: HKAS).

生境　林地上、林缘土坡或石壁上、路旁或井边湿地上。

分布　黑龙江、吉林、辽宁、内蒙古、河北、山东、陕西、甘肃、新疆、四川、贵州、云南。蒙古、日本、俄罗斯(萨哈林岛及伯力地区)、智利(He, 1998)、南非，中亚、北美洲。

全缘匐灯藓(全缘提灯藓)

Plagiomnium integrum (Bosch & Sande Lac.) T. J. Kop. Hikobia **6**: 57. 1972. *Mnium integrum* Bosch & Sande Lac. in Dozy & Molk., Bryol. Jav. **1**: 153 pl. 122. 1861. **Type**: Indonesia: Sumatra, *Wiltens s. n.*

Mnium andrei Cardot ex R. S. Chopra, Taxon. Ind. Moss. 229. 1975, *nom. illeg.*

生境　溪旁、林缘水湿的岩壁上、林下或路边岩面薄土上。

分布　黑龙江、吉林、河北、山西、山东(杜超等，2010)、陕西、甘肃、新疆、安徽、浙江、湖南、四川、重庆(Koponen and Luo, 1982)、贵州、云南、西藏、福建、台湾。印度、尼泊尔、不丹、缅甸、泰国(Tan and Iwatsuki, 1993)、老挝(Tan and Iwatsuki, 1993)、马来西亚、印度尼西亚、菲律宾。

日本匐灯藓(日本提灯藓、日本走灯藓)

Plagiomnium japonicum (Lindb.) T. J. Kop., Ann. Bot. Fenn. **5**: 146. 1968. *Mnium japonicum* Lindb., Contr. Fl. Crypt. As. 226. 1873. **Type**: Japan: Senano, *Maximowicz s. n.*

Mnium aculeatum Mitt., Trans. Linn. Soc. London, Bot. **3**: 167 pl. 51. 1891.

Mnium decurrens Schimp. in Salm., J. Linn. Soc., Bot. **34**: 458. 1900, *nom. nud.*

Mnium brevinerve Dixon, Hong Kong Naturalist, Suppl. **2**: 17. 1933. **Type**: China: Jiangxi, Mt. Lushan, July 30. 1923, *A. N. Steward s. n.*

Mnium giganteum Sakurai, Bot. Mag. (Tokyo) **63**: 81. 1950, *hom. illeg.*

生境　暗针叶林下林缘沟边或土坡上，海拔 2000～3000m。

分布　黑龙江、吉林、辽宁、河北、山东、陕西、甘肃(Wu et al., 2002)、安徽、上海、浙江、江西、湖南、湖北、四川、重庆、贵州、云南、西藏、福建、台湾。印度、尼泊尔、朝鲜、日本、俄罗斯(远东地区)。

侧枝匐灯藓(侧枝提灯藓，侧枝走灯藓)

Plagiomnium maximoviczii (Lindb.) T. J. Kop., Ann. Bot. Fenn. **5**: 147. 1986. *Mnium maximoviczii* Lindb., Contr.

Fl. Crypt. As. 224. 1872. **Type**: Japan. Yokohama, *Maximovicz s. n.*

Mnium micro-ovale Müll. Hal., Nuovo Giorn. Bot. Ital., n. s., **4**: 246. 1897. **Type**: China: Shaanxi, Lao-y-san, Sept. 1896, *Giraldi s. n.*

Mnium micro-ovale var. *minutifolium* Müll. Hal. in Levier, Nuovo Giorn. Bot. Ital., n. s., **13**: 269. 1906. **Type**: China: Shaanxi, Zu-lu, valle del Lao-y-san, Oct. 22. 1896, *Giraldi s. n.*

Mnium yunnanense Thér., Bull. Géogr. Bot. **21**: 270. 1911. **Type**: China: Yunnan, *Ducloux s. n.*

Mnium maximoviczii var. *angustilimbatum* Dixon, Rev. Bryol., n. s. **1**: 182. 1928.

Mnium maximoviczii var. *emarginatum* P. C. Chen ex X. J. Li & M. Zang, Acta Bot. Yunnan. **1**: 68. 1979. **Type**: China: Yunnan, Binchuan Co., Mt. Jizushan, on moist soil, Aug. 1954, *W. X. Xu 16* (holotype: HKAS).

Plagiomnium rostratum (Schrad.) T. J. Kop. fo. *micro-ovale* (Müll. Hal.) C. Gao & G. C. Zhang, J. Hattori Bot. Lab. **54**: 200. 1983.

生境　沟边水草地、林地上或林缘阴湿地上，海拔1000～2000m。

分布　黑龙江、吉林、内蒙古、河北、山西(Wang et al., 1994)、河南、陕西、甘肃、安徽、江苏、浙江、江西、湖南、湖北、四川、重庆、贵州、云南、西藏、福建、台湾(Chuang, 1973)、广东、广西(Koponen and Luo, 1982)。泰国(Touw, 1968, as *Mnium maximoviczii*)、巴基斯坦(Higuchi and Nishimura, 2003)、印度、朝鲜、日本、俄罗斯(伯力地区)。

多蒴匐灯藓(多蒴提灯藓，长尖走灯藓)

Plagiomnium medium (Bruch & Schimp.) T. J. Kop., Ann. Bot. Fenn. **5**: 146. 1968. *Mnium medium* Bruch & Schimp., Bryol. Eur. **4**: 196 pl. 389. 1838.

Astrophyllum medium (Bruch & Schimp.) Lindb., Musci Scand. 14. 1879.

生境　林地上、林缘阴湿的土坡、岩面薄土上、路旁或沟边草地上。

分布　黑龙江、吉林、内蒙古、山西、山东(杜超等，2010)、陕西、新疆、安徽、江苏、江西、湖北、贵州、云南、西藏。蒙古、巴基斯坦、印度、不丹(Noguchi, 1971)、日本、朝鲜、俄罗斯(萨哈林岛、伯力地区)，欧洲、中美洲、北美洲、非洲北部。

具喙匐灯藓(具喙走灯藓，钝叶提灯藓草叶变种)

Plagiomnium rhynchophorum (Hook.) T. J. Kop., Hikobia **6**: 57. 1927. *Mnium rhynchophorum* Hook., Icon. Pl. **1**: pl. 20, f. 3. 1836. **Type**: India: *Wallich s. n.*

Mnium rhynchophorum var. *minutum* Renauld & Cardot, Bull. Soc. Roy. Bot. Belgique **34**(2): 63. 1896.

Mnium minutidentatum Müll. Hal., Gen. Musc. Frond. 134. 1900, *nom. nud.*

Mnium succulentum Mitt. var. *densum* M. Fleisch., Musci Frond. Archip. Ind. Exs. 467. 1908, *nom. nud.*

Mnium succulentum var. *densum* M. Fleisch. in Dixon & Reimers, Hedwigia **71**: 52. 1931, *hom. illeg.*

Mnium ligulaceum Müll. Hal., Bot. Mag. (Tokyo) **49**: 685. 1935, *nom illeg.*

生境　林地上、岩石上、林缘或沟边阴湿的土坡上，海拔600～3000m。

分布　山东(杜超等，2010)、陕西、江苏、江西(何祖霞等，2010)、湖南、湖北、四川、重庆、云南、西藏、台湾(Chuang, 1973)、广东、海南。印度、不丹、尼泊尔、斯里兰卡、缅甸、泰国、越南、马来西亚、印度尼西亚、菲律宾，大洋洲、南美洲、北美洲、非洲。

钝叶匐灯藓(钝叶提灯藓)

Plagiomnium rostratum (Schrad.) T. J. Kop., Ann. Bot. Fenn. **5**: 147. 1968. *Mnium rostratum* Schrad., Bot. Zeitung (Regensburg) **1**: 79. 1802.

Mnium longiroste Brid., Muscol. Recent. **2**(3): 106. 1803, *nom. illeg.*

Astrophyllum rostratum (Schard.) Lindb., Musci Scand. 13. 1879.

生境　林地上、阴湿的岩面薄土、林缘或路边土坡上。

分布　黑龙江、吉林、辽宁、内蒙古、河北、北京(石雷等，2011)、山西(吴鹏程等，1987)、山东(赵遵田和曹同，1998)、河南、陕西、宁夏(黄正莉等，2010)、甘肃、青海、新疆、安徽、江苏、上海(李登科和高彩华，1986)、浙江(刘仲苓等，1989)、江西、湖南、湖北、四川、重庆、贵州、云南、西藏、福建、台湾、广东。巴基斯坦(Higuchi and Nishimura, 2003)、阿富汗、印度、缅甸、老挝(Tan and Iwatsuki, 1993)、越南(Tan and Iwatsuki, 1993)、俄罗斯(远东地区)、澳大利亚、智利(He, 1998)，欧洲、中美洲、北美洲、非洲北部。

大叶匐灯藓(大叶提灯藓，大叶走灯藓)

Plagiomnium succulentum (Mitt.) T. J. Kop., Ann. Bot. Fenn. **5**: 147. 1968. *Mnium succulentum* Mitt., J. Proc. Linn. Soc., Bot., Suppl. **1**: 143. 1859. **Type**: Nepal: Mai Valley, *Hooker 680*.

Mnium reticulatum Hampe in Müll. Hal., Gen. Musc. Frond. 134. 1900, *nom. nud.*

Mnium formosicum Cardot, Beih. Bot. Centralb. Abt. 2, **19** (2): 112. f. 13. 1905. **Type**: China: Taiwan, *Faurie s. n.*

Mnium yakusimense Cardot & Thér., Monde Pl. **9**(45): 22. 1907.

Mnium esquirolii Cardot & Thér., Bull. Acad. Int. Géogr. Bot. **19**: 19. 1909. **Type**: China: Guizhou, Pia-hang, *Esquirol 266*.

Mnium integroradiatum Dixon, Hong Kong Naturalist, Suppl. **2**: 17. pl. 1: f. 9. 1933. *Plagiomnium integroradiatum* (Dixon) C. Gao & G. C. Zhang, J. Hattori Bot. Lab. **54**: 200. 1983. **Type**: China: Hong Kong, Nov. 30. 1930, *Herklots 247b*.

Mnium mackinnonii Broth. in Kab., Hedwigia **76**: 52. 1963, *nom. illeg.*

Mnium denticulosum P. C. Chen ex X. J. Li & M. Zang, Acta Bot. Yunnan. **1**: 63. 1979. **Type**: China: Fujian, Mt. Wuyi, *P. C. Chen et al. 191* (holotype: HKAS).

Plagiomnium luteolimbatum (Broth.) X. J. Li & M. Zang, Acta Bot. Yunnan. **1**: 63. 1979. *Mnium luteo-limbatum* Broth., Acad. Wiss. Wien Sitzungsber., Math. -Naturwiss. Kl., Abt. 1, **131**: 213. 1922. **Type**: China: Tschangscha, *Handel-Mazzetti 11 488*.

生境　林地上、岩石面薄土上、林缘土坡上、路边或沟边湿地上，海拔 500～2000m。

分布 山西、山东、河南、陕西、甘肃、安徽、江苏、浙江、江西、湖南、湖北、四川、重庆、贵州、云南、西藏、福建、台湾、广东、广西、海南、香港。印度、尼泊尔、不丹、缅甸、泰国、越南、柬埔寨、马来西亚、新加坡、印度尼西亚、菲律宾、朝鲜、日本、巴布亚新几内亚、瓦努阿图。

毛齿匐灯藓(毛齿提灯藓，毛齿走灯藓)*

Plagiomnium tezukae (Sakurai) T. J. Kop., Ann. Bot. Fenn. **5**: 146. 1968. *Mnium tezukae* Sakurai, J. Jap. Bot. **29**: 114. 1954. **Type**: Japan: Honshu, *Tezuka s. n.*

生境 林缘、沟边土坡上或阴湿林地上，海拔 1500～3000m。

分布 吉林、陕西、甘肃、新疆、四川、云南、西藏、台湾。日本、朝鲜。

瘤柄匐灯藓(瘤柄提灯藓，瘤柄走灯藓)

Plagiomnium venustum (Mitt.) T. J. Kop., Ann. Bot. Fenn. **5**: 146. 1968. *Mnium venustum* Mitt., Hooker's J. Bot. Kew Gard. Misc. **8**: 231 pl. 12. 1856.

生境 针叶林地上、林缘潮湿的土坡上或岩面薄土上。

分布 黑龙江、吉林、辽宁、内蒙古、河南、山西(王桂花等，2010)、陕西、甘肃(Wu et al., 2002)、新疆、安徽、上海、浙江、江西、湖南、湖北(彭丹等，1998，as *Mnium venustum*)、四川、贵州、云南、西藏。北美洲。

圆叶匐灯藓(圆叶提灯藓，圆叶走灯藓)

Plagiomnium vesicatum (Besch.) T. J. Kop., Ann. Bot. Fenn. **5**: 147. 1968. *Mnium vesicatum* Besch. Ann. Sci. Nat., Bot., sér. 7, **17**: 345. 1893. **Type**: Japan: Mt. Aomori, *Faurie* 1339.

Mnium kiyoshii S. Okamura, J. College Sci. Imp. Univ. Tokyo **38**(4): 19. 1916.

Mnium vesicatum var. *ellipticifolium* Thér. & Sakurai in Sakurai, Bot. Mag. (Tokyo) **49**: 766. 1935.

Mnium vesicatum var. *fluitans* Sakurai, Bot. Mag. (Tokyo) **49**: 766: 1935.

Mnium vesicatum var. *latedecurrens* Dixon ex Kab., Hedwigia **76**: 49. 1936.

生境 林地上、灌丛下、沟边或林缘土坡上，海拔600～2500m。

分布 黑龙江、吉林、辽宁、内蒙古、河北、山西、山东、河南、陕西、甘肃、新疆、安徽、江苏、浙江、江西、湖南、湖北、四川、重庆(胡晓云和吴鹏程，1991)、贵州、云南、福建、台湾、广东、香港、澳门。日本、朝鲜、俄罗斯(伯力地区及萨哈林岛)，欧洲。

丝瓜藓属 Pohlia Hedw.
Sp. Musc. Frond. 171. 1801.

模式种：*P. elongata* Hedw.

本属全世界现有 138 种，中国有 29 种，1 变种。

夭命丝瓜藓(一年生丝瓜藓)

Pohlia annotina (Hedw.) Lindb., Musci Scand. 17. 1879.

Bryum annotinum Hedw., Sp. Musc. Frond. 183. 1801.

生境 土面上。

分布 黑龙江、吉林、辽宁、上海、贵州、西藏。欧洲、美洲。

红蒴丝瓜藓

Pohlia atrothecia (Müll. Hal.) Broth., Nat. Pflanzenfam. I (3): 548. 1903. *Bryum atrothecium* Müll. Hal., Nuovo Giorn. Bot. Ital., n. s., **5**: 167. 1898. **Type**: China: Shaanxi, Aug. 1896, *Giraldi s. n.*

Webera atrothecia (Müll. Hal.) Paris, Index Bryol. Suppl. 327. 1900.

生境 土面上。

分布 陕西。中国特有。

糙枝丝瓜藓

Pohlia camptotrachela (Renauld & Cardot) Broth., Nat. Pflanzenfam. I (3): 552. 1903. *Webera camptotrachela* Renauld & Cardot, Bot. Gaz. **13**: 199. 1888.

生境 岩面薄土上。

分布 吉林、陕西、新疆、西藏、香港。尼泊尔、日本、朝鲜、俄罗斯、巴西，欧洲、北美洲、非洲北部。

贵州丝瓜藓(新拟)

Pohlia cavaleriei (Cardot & Thér.) Redf. & B. C. Tan, Trop. Bryol. **10**: 67. 1995. *Webera cavaleriei* Cardot & Thér., Bull. Géogr. Bot. **21**: 270. 1911. **Type**: China: Guizhou, Pin-fa, 1905, *Cavalerie 1941*.

生境 不详。

分布 贵州(Thériot, 1911)。中国特有。

泛生丝瓜藓

Pohlia cruda (Hedw.) Lindb., Musci. Scand. 18. 1879.

Mnium crudum Hedw., Sp. Musc. Frond. 189. 1801.

Webera cruda (Hedw.) Fürnr., Flora **12**: 35. 1829.

Bryum longescens Müll. Hal., Nuovo Giorn. Bot. Ital., n. s., **5**: 166. 1898. **Type**: China: Shaanxi, Sept. 1896, *Giraldi s. n.*

Webera longescens (Müll. Hal.) Paris, Index Bryol. Suppl. 328. 1900.

生境 灌丛下、腐木上、腐殖土、土面或岩面薄土上。

分布 黑龙江、吉林、辽宁、内蒙古、河北、山西、山东、陕西、甘肃(安定国，2002)、新疆、安徽、江苏、浙江、湖北、四川、贵州、云南、西藏、台湾、广东。世界广布。

小丝瓜藓

Pohlia crudoides (Sull. & Lesq.) Broth., Nat. Pflanzenfam. I (3): 548. 1903. *Bryum crudoides* Sull. & Lesq., Proc. Amer. Acad. Arts **4**: 279. 1859. **Type**: Bering Strait: Aug. 14. 1855, *C. Wright s. n.* (holotype: FH).

小丝瓜藓原变种

Pohlia crudoides var. **crudoides**

生境 岩面薄土。

分布 吉林、山东(杜超等，2010)、青海、新疆、四川、重庆、云南、台湾。北半球。

---

* 该种非常类似于 *Plagiomnium affine*。中国北方记录的 *P. affine* 是误定(见 *Moss flora of China* 4: 127)。

小丝瓜藓狭叶变种

Pohlia crudoides var. **revolvens** (Cardot) Ochi, Rev. Bry. Japan 13. f. 3. 1959. *Webera revolvens* Cardot, Bull. Soc. Bot. Genève, sér. 2, 1: 125. 1909. **Type**: Japan: Yamanashi, *Faurie 3433*.

生境 岩面薄土。

分布 福建、台湾。日本。

林地丝瓜藓

Pohlia drummondii (Müll. Hal.) A. L. Andrews in Grout, Moss Fl. N. Amer. 2. 196. 1935. *Bryum drummondii* Müll. Hal., Bot. Zeitung (Berlin) **20**: 328. 1862.

Webera drummondii (Müll. Hal.) A. Jaeger, Ber. Thätigk. St. Gallischen Naturwiss. Ges. **1873-1874**: 137. 1875.

Webera commutata Schimp., Syn. Musc. Eur. (ed. 2), 403. 1876.

Pohlia commutate (Schimp.) Lindb., Musci Scand. 17. 1879.

Bryum barbuloides Broth., Symb. Sin. **4**: 58. 1929. **Type**: China: Yunnan, Lu-djiang, *Handel-Mazzetti 9327*.

Pohlia barbuloides (Broth.) Ochi, J. Fac. Educ. Tottori Univ., Nat. Sci. **34**: 88. 1985.

生境 高山流石滩或灌丛中岩面薄土。

分布 吉林、辽宁、北京(石雷等, 2011)、湖南、四川、云南。欧洲、南美洲、北美洲。

丝瓜藓

Pohlia elongata Hedw., Sp. Musc. Frond. 171. 1801.

Bryum elongatum (Hedw.) With., Syst. Arr. Brit. Pl. (ed. 4), **3**: 815. 1801.

Leskea elongata (Hedw.) F. Weber & D. Mohr, Index Mus. Pl. Crypt. [3]. 1803.

Mnium elongatum (Hedw.) P. Beauv., Prodr. Aethéogam. 75. 1805.

Pohlia imbricate Schwägr., Sp. Musc. Frond., Suppl. 1, **2**: 71. 1816.

Pohlia minor Schleich. ex Schwägr., Sp. Musc. Frond., Suppl. 1, **2**: 70. 1816.

Pohlia acuminate Hoppe & Hornsch., Flora **2**: 94. 1819.

Pohlia polymorpha Hoppe & Hornsch., Flora **2**: 10. 1819.

Webera elongata (Hedw.) Schwägr., Sp. Musc. Frond. 48. 1830.

Bryum imbricatum (Schwägr.) Bruch & Schimp., Bryol. Eur. **4**: 99. 1839.

Webera polymorpha (Hoppe & Hornsch.) Schimp., Coroll. Bryol. Eur. 65. 1856.

Lamprophyllum elongatum (Hedw.) Lindb., Acta Soc. Sci. Fenn. **10**: 27. 1871.

Pohlia acuminate var. *minor* (Schleich. ex Schwägr.) Amann, Fl. Mouss. Suisse **2**: 178. 1918.

Webera ciliifera Broth., Akad. Wiss. Wien Sitzungsber., Math. -Naturwiss. Kl., Abt. 1, **133**: 568. 1924.

Webera pygmaea Broth., Symb. Sin. **4**: 52. 1929. **Type**: China: Yunnan, *Handel-Mazzetti 3546* (holotype: H).

Pohlia minor subsp. *acuminata* (Hoppe & Hornsch.) Wijk & Marg., Taxon **8**: 74. 1959.

Pohlia elongata var. *polymorpha* (Hoppe & Hornsch.) Nyholm, Ill. Moss Fl. Fennoscandia. II. Musci 775. 1969.

Pohlia ciliifera (Broth.) P. C. Chen ex Redf. & B. C. Tan, Trop. Bryol. **10**: 67. 1995.

Pohlia pygmaea (Broth.) P. C. Chen ex Redf. & Tan, Trop. Bryol. **10**: 67. 1995.

生境 林下路边或沟边的土面上。

分布 黑龙江、吉林、内蒙古、河北、山西、山东、陕西、甘肃(安定国, 2002)、青海、新疆、安徽、上海、江西(Ji and Qiang, 2005)、湖北、四川、重庆、贵州、云南、西藏、福建、台湾、广西、香港。巴基斯坦(Higuchi and Nishimura, 2003)、不丹(Noguchi, 1971)、印度尼西亚(Touw, 1992)、日本、巴布亚新几内亚(Tan, 2000a)、巴西(Yano, 1995)、坦桑尼亚(Ochyra and Sharp, 1988), 欧洲、北美洲。

疣齿丝瓜藓

Pohlia flexuosa Harv. in Hook., Icon. Pl. **1**: pl. 19, f. 5. 1836.

Webera flexuosa (Harv.) Mitt., J. Proc. Linn. Soc., Bot., Suppl. **1**: 66. 1859, *hom. illeg.*

Bryum scabridens Mitt., J. Proc. Linn. Soc., Bot. **8**: 151. 1865.

Webera scabridens (Mitt.) A. Jaeger, Ber. Thätigk. St. Gallischen Naturwiss. Ges. **1873-1874**: 130. 1875.

Pohlia scabridens (Mitt.) Broth., Nat. Pflanzenfam. I (3): 552. 1903.

Pohlia subflexuosa Broth., Akad. Wiss. Wien Sitzungsber., Math. -Naturwiss. Kl., Abt. 1, **131**: 213. 1923.

Webera subflexuosa (Broth.) Broth., Nat. Pflanzenfam. (ed. 2), **11**: 530. 1925

Webera subcompactula (P. C. Chen) P. C. Chen, Contr. Inst. Biol. Natl. Centr. Univ. **1**: 5. 1943, *hom. illeg.*

生境 土面、岩面薄土或土壁上, 海拔 1800~2500m。

分布 山东(杜超等, 2010)、宁夏(黄正莉等, 2010)、新疆、安徽、江苏、浙江、江西、湖南、四川、重庆、贵州、云南、西藏、福建、台湾、广东、广西。马来西亚、印度尼西亚(Touw, 1992)、菲律宾、日本、巴布亚新几内亚(Tan, 2000a)、秘鲁(Menzel, 1992), 东南亚。

南亚丝瓜藓

Pohlia gedeana (Bosch. & Sande Lac.) Gangulee, Mosses E. India, Fasc. **4**: 927. 1974. *Bryum gedeanum* Bosch. & Sande Lac., Bryol. Jav. **1**: 147, f. 120. 1860.

生境 林下湿润土面。

分布 宁夏(黄正莉等, 2010)、云南、台湾。南亚地区。

纤细丝瓜藓(新拟)

Pohlia graciliformis (Cardot & Thér.) P. C. Chen ex Redf. & B. C. Tan, Trop. Bryol. **10**: 67. 1995. *Webera graciliformis* Cardot & Thér., Bull. Géogr. Bot. **21**: 270. 1911. **Type**: China: Guizhou, Pin-fa, 1904, *Cavalerie s. n.*

生境 不详。

分布 贵州(Thériot, 1911)。中国特有。

纤毛丝瓜藓

Pohlia hisae T. J. Kop. & J. S. Lou, Hikobia **9**(4): 315. f. 1. 1986. **Type**: China: Sichuan, Wenchuan Co., Wolong

Nature Reserve, 4010m, *J. X. Luo s. n.* (holotype: H; isotype: PE).

生境　林下土坡或土壁上。

分布　四川、云南、西藏。中国特有。

明齿丝瓜藓

Pohlia hyaloperistoma D. C. Zhang, X. J. Li & Higuchi, Acta Phytotax. Sin. **40**(2): 176. 2002. **Type**: China: Yunnan, Deqin Co., Mt. Baimaxueshan, 4100m, on rotten log, Oct. 4. 1994, *Zhang Da-Cheng 489* (holotype: HKAS).

生境　潮湿的腐木上。

分布　吉林、陕西、新疆、云南、西藏。中国特有。

粗枝丝瓜藓

Pohlia laticuspis (Broth) P. C. Chen ex Redf. & B. C. Tan, Trop. Bryol. **10**: 67. 1995. *Webera laticuspis* Broth., Symb. Sin. **4**: 51. 1929. **Type**: China: Yunnan, 3750m, Sept. 16. 1915, *Handel-Mazetti 8020* (holotype: H-BR).

生境　树干、土面或岩面薄土上。

分布　云南、西藏。中国特有。

美丝瓜藓

Pohlia lescuriana (Sull.) Ochi, J. Fac. Educ. Tottori Univ., Nat. Sci. **19**: 31. 1968. *Bryun lescuriana* Sull., Mem. Amer. Acad. Arts, n. s., **4**: 171. 1849.

Bryum pulchellum Hedw., Sp. Musc. Frond. 180. 1801.

Webera pulchella (Hedw.) Fürnr., Flora **12**: 35. 1829.

Pohlia pulchella (Hedw.) Lindb., Musci. Scand. 17. 1879, *hom. illeg.*

Mniobryum pulchellum (Hedw.) Loeske, Stud. Morph. Syst. Laubm. 124. 1910.

生境　林下土面。

分布　吉林、江苏、浙江、贵州、西藏。日本、俄罗斯,欧洲、北美洲。

异芽丝瓜藓

Pohlia leucostoma (Bosch & Sande Lac.) M. Fleisch., Musci Buitenzorg **2**: 514. 1904. *Brachymenium leucostoma* Bosch & Sande Lac., Bryol. Jav. **1**: 142. 1860.

Webera leucostoma (Bosch & Sande Lac.) M. Fleisch. in Paris, Index Bryol. (ed. 2), **5**: 114. 1905.

Webera gracillima Cardot, Bull. Soc. Bot. Genève, sér. 2, **1**: 125. 1909.

Pohlia gracillima (Cardot) Horik. & Ochi, Liberal Arts J. Tottori Univ. **4**: 13. 1954.

生境　路边土坡、土壁或岩面薄土上,海拔 1700～3000m。

分布　湖南、贵州、云南、西藏、台湾、广西。尼泊尔、印度、印度尼西亚、日本、美国(夏威夷)。

拟长蒴丝瓜藓

Pohlia longicolla (Hedw.) Lindb., Musci Scand. 18. 1879. *Webera longicolla* Hedw., Sp. Musc. Frond. 169. 1801.

生境　林下土面或岩面薄土上。

分布　黑龙江、吉林、辽宁、内蒙古、山东、陕西、四川、贵州(Xiong, 2001b)、云南、西藏、台湾。巴基斯坦(Higuchi and Nishimura, 2003)、不丹(Noguchi, 1971)、日本、俄罗斯、秘鲁(Menzel, 1992),欧洲、北美洲。

勒氏丝瓜藓

Pohlia ludwigii (Schwägr.) Broth., Acta Soc. Sci. Fenn. **19** (12): 27. 1892. *Bryum ludwigii* Schwägr., Sp. Musc. Frond., Suppl. 1, **2**: 95. pl. 68. 1816.

Mniobryum ludwigii (Schwägr.) Loeske, Stud. Morph. Syst. Laubm. 124. 1910.

生境　池塘或水边土面上。

分布　重庆、贵州、云南、西藏。日本、俄罗斯(西伯利亚)、秘鲁(Menzel, 1992),北美洲。

念珠丝瓜藓

Pohlia lutescens (Limpr.) Lindb., Acta Soc. Fauna Fl. Fenn. **16**(5): 11. 1899. *Webera lutescens* Limpr., Laubm. Deutschl. **2**: 270. 1892.

Mniobryum lutescens (Limpr.) Loeske, Stud. Morph. Syst. Laubm. 124. 1910.

Leptobryum lutescens (Limpr.) Mönk., Laubm. Eur. 423. 1927

生境　林下或路边潮湿的土面上。

分布　内蒙古、陕西、四川、云南、西藏。欧洲。

疏叶丝瓜藓

Pohlia macrocarpa D. C. Zhang, X. J. Li. & Higuchi, Acta Phytotax. Sin. **40**(2): 181. 2002. **Type**: China: Xizang, Medong, 2600～2800m, on soil, Aug. 19. 1974, *S. K. Chen 78a* (holotype: HKAS; isotype: TNS).

生境　湿润的岩面上。

分布　四川、云南、西藏。中国特有。

多态丝瓜藓(矮生丝瓜藓、尖叶丝瓜藓)

Pohlia minor Schleich. ex Schwägr., Sp. Musc. Suppl., 1, **2**: 70. 1816.

Pohlia imbryicta Schwägr., Sp. Musc. Suppl. 1, **2**: 71. 64. 1816.

Pohlia acuminata Hoppe & Hornsch., Flora **2**: 94: 18. 1819.

Pohlia polymorpha Hoppe & Hornsch., Flora **2**: 100. 1819.

Bryum imbricatum (Schwägr.) Bruch & Schimp. in B. S. G., Bryol. Eur. **4**: 99. pl. 340. 1839.

Webera polymorpha (Hoppe & Hornsch.) Schimp., Coroll. Bryol. Eur. 65. 1856.

Webera pygmaea Broth., Symb. Sin. **4**: 52. 1929. **Type**: China: Yunnan, Lijiang Co., Mt. Yulongxueshan, July 16. 1914, *Handel-Mazzetti 3546* (holotype: H-BR).

Pohlia elongata subsp. *polymorpha* (Hoppe & Hornsch.) Nyholm, Ill. Moss Fl. Fennoscandia. Ⅱ. Musci 775. 1969.

Pohlia pygmaea (Broth.) P. C. Chen ex Redf. & B. C. Tan, J. Hattori Bot. Lab. **79**: 282. 1996.

生境　山地林下灌丛、近水边、流石滩、土面或岩面薄土上。

分布　黑龙江、吉林、辽宁、内蒙古、陕西、青海、新疆、上海、四川、贵州、云南、西藏。巴基斯坦(Higuchi and Nishimura, 2003)、印度、日本,欧洲。

黄丝瓜藓

Pohlia nutans (Hedw.) Lindb., Musci Scand. 18. 1879. *Webera nutans* Hedw., Sp. Musc. Frond. 168. 1801. **Type**: Europe.

Webera nutans var. *hokinensis* Besch., Ann. Sci. Nat. Bot., sér. 7, **15**: 65. 1892.

生境　林下腐殖土或岩面薄土上,海拔3000～4000m。

分布　吉林、辽宁、内蒙古、陕西、甘肃(安定国,2002)、新疆、上海、浙江、四川、贵州、云南、西藏、台湾、广东。世界广布。

直蒴丝瓜藓

Pohlia orthocarpula (Müll. Hal.) Broth., Nat. Pflanzenfam. I (3): 548. 1903. *Bryum orthocarpulum* Müll. Hal., Nuovo Giorn. Bot. Ital., n. s., **5**: 168. 1898. **Type**: China: Shaanxi, Nov. 1896, *Giraldi s. n.*

Webera orthocarpula (Müll. Hal.) Paris, Index Bryol. 1356. 1898.

生境　土面或岩面薄土上。

分布　陕西。中国特有。

卵蒴丝瓜藓

Pohlia proligera (Kindb.) Lindb. ex Arnell, Bot. Not. **1894**: 54. 1894. *Webera proligera* Kindb., Förh. Vidensk. Sellsk. Kristiania **1888**(6): 30. 1888.

Webera propagulifera Broth. ex Levier, Nuovo Giorn. Bot. Ital., n. s., **13**: 280. 1906.

Pohlia vestitissima Sakurai, J. Jap. Bot. **29**: 115. 1954.

Pohlia camptotrachela var. *vestitissima* (Sakurai) Ochi, Rev. Bry. Japan 39. 1959.

Pohlia propagulifera (Broth.) P. C. Chen ex Redf. & B. C. Tan, Trop. Bryol. **10**: 67. 1995.

生境　岩面薄土或土面上,海拔1400～3400m。

分布　黑龙江、吉林、辽宁、内蒙古、山东、陕西、新疆、安徽、江苏、浙江、江西、湖南、四川、贵州、云南、福建、广东、广西、香港。俄罗斯,北美洲。

大丝瓜藓

Pohlia sphagnicola (Bruch & Schimp.) Broth., Nat. Pflanzenfam. **1**(3): 549. 1903. *Bryum sphagnicola* Bruch & Schimp., Bryol. Eur. **4**: 156. pl. 349. 1846.

生境　沼泽或腐木上。

分布　黑龙江、吉林、辽宁、内蒙古、山东。俄罗斯(远东、西伯利亚),欧洲、北美洲。

大坪丝瓜藓

Pohlia tapintzensis (Besch.) Redf. & B. C. Tan, Trop. Bryol. **10**: 67. 1995. *Webera tapintzensis* Besch., Rev. Bryol. **18**: 89. 1891. **Type**: China: Yunnan, Dali Co., Tapintzé, *Delavay 2303.*

Mniobryum tapintzense (Besch.) Broth., Nat. Pflanzenfam. I (3): 553. 1903.

生境　路边土坡上。

分布　贵州、云南、广西(贾鹏等,2011)。中国特有。

狭叶丝瓜藓

Pohlia timmioides (Broth.) P. C. Chen ex Redf. & B. C. Tan, Trop. Bryol. **10**: 68. 1995. *Webera timmioides* Broth. in Handel-Mazzetti, Symb. Sin. **4**: 52. 1929. **Type**: China: Yunnan, 3900～4100m, Aug. 7. 1916, *Handel-Mazzetti 9761* (holotype: H-BR).

生境　阴湿石壁上。

分布　云南。中国特有种。

白色丝瓜藓

Pohlia wahlenbergii (F. Weber & D. Mohr) A. L. Andrews in Grout, Moss Fl. N. Amer. **2**(3): 203. 1935. *Hypnum wahlenbergii* F. Weber & D. Mohr, Bot. Taschenb. 280. pl. 475. 1807.

Mnium albicans Wahlenb., Fl. Lapp. 353. 1812, *nom. illeg.*

Mniobryum albicans (Wahlenb.) Limpr., Laubm. Deutschl. **2**: 272. 1892, *hom. illeg.*

Mniobryum wahlenbergii (F. Weber & D. Mohr) Jenn., Man. Mosses W. Pennsylvania **146**: 18. 1913.

生境　高山草甸草丛中土面上。

分布　陕西、新疆、四川、云南、西藏、台湾、澳门。巴基斯坦(Higuchi and Nishimura, 2003)、秘鲁(Menzel, 1992)、智利(He, 1998),亚洲、欧洲、大洋洲、北美洲、非洲。

云南丝瓜藓(新拟)

Pohlia yunnanensis (Besch.) Broth., Nat. Pflanzenfam. I (3): 547. 1903. *Webera yunnanensis* Besch., Rev. Bryol. **18**: 89. 1891. **Type**: China: Yunnan, *Delavay 3890*.

生境　不详。

分布　云南(Bescherelle, 1891)。中国特有。

拟真藓属 Pseudobryum (Kindb.) T. J. Kop. Ann. Bot. Fenn. 5: 147. 1968.

模式种:*P. cinclidioides*(Huebener) T. J. Kop.

本属全世界现有2种,中国有1种。

拟真藓

Pseudobryum cinclidioides (Huebener) T. J. Kop., Ann. Bot. Fenn. **5**(2): 147. 1968. *Mnium cinclidioides* Huebener, Muscol. Germ. 416. 1833.

生境　阴湿林地或沼泽中,海拔2000～2400m。

分布　黑龙江、辽宁、内蒙古、山东(赵遵田和曹同,1998)。蒙古、印度、日本、俄罗斯(伯力地区、堪察加半岛),欧洲和北美洲。

拟丝瓜藓属 Pseudopohlia R. S. Williams Bull. New York Bot. Gard. 8(31): 346. 1914.

模式种:*P. bulbifera* R. S. Williams

本属全世界现有2种,中国有1种。

拟丝瓜藓

Pseudopohlia microstomum (Harv.) U. Mizushima, J. Jap.

Bot. **46**: 1971. *Brachymenium microstomum* Harv. in Hook., Icon. Pl. 1, pl. 19, f. 4. 1836.

Pseudopohlia bulbifera R. S. Williams, Bull. New York Bot. Gard. **8**: 3463 f. 172. 1914.

Pseudopohlia yunnanensis Herzog, Hedwigia **65**: 157. 1925. **Type**: China: Yunnan, Pe yen tsin, 3000m, *S. Ten 64.*

生境　林下土面上，海拔1500～3000m。

分布　云南、西藏。菲律宾，非洲。

毛灯藓属 Rhizomnium (Mitt. ex Broth.) T. J. Kop. Ann. Bot. Fenn. 5: 142. 1968.

模式种：*R. punctatum*(Hedw.) T. J. Kop.

本属全世界现有13种，中国有10种。

纤细毛灯藓

Rhizomnium gracile T. J. Kop., Ann. Bot. Fenn. **10**: 16. 1973. **Type**: Canada: Manitoba, *Crum 6679.*

Mnium gracile (T. J. Kop.) H. A. Crum & L. E. Anderson, Mosses E. N. Amer. **1**: 604. 1981.

生境　林地上或土坡上，海拔1000m。

分布　河北（韩留福等，2001）。亚洲东北部、欧洲、北美洲。

扇叶毛灯藓

Rhizomnium hattorii T. J. Kop., J. Hattori Bot. Lab. **34**: 378. f. 16-18, 39. 1971. **Type**: Japan: Kyushu, Kumamoto, *Koponen 11 023.*

Mnium reticulatum(Hook. & Mils.) Müll. Hal., Flora **68**: 398. 1885.

Mnium reticulatum Mitt., Trans. Linn. Soc. London, Bot. **3**: 168. 1891, *hom. illeg.*

生境　高寒山区针叶林林地上或林缘土坡上。

分布　江西（Koponen and Ji, 2006）、四川、贵州、云南、广西（左勤等，2010）。朝鲜、日本。

薄边毛灯藓（薄边提灯藓）

Rhizomnium horikawae (Nog.) T. J. Kop., J. Hattori Bot. Lab. **34**: 380. 1971. *Mnium horikawae* Nog., Trans. Nat. Hist. Soc. Formosa **24**: 290. 1934. **Type**: China: Taiwan, Taihoku, Mt. Taihei, *Noguchi 6510.*

Mnium reflexifolium Müll. Hal., Gen. Musc. Frond. 134. 1900, *nom. nud.*

Mnium punctatum var. *reflexifolium* Kab., Hedwigia **76**: 64. pl. 20, f. 5-6. 1936.

Mnium punctatum Hedw. var. *horikawae* (Nog.) Nog. in H. Hara, Fl. E. Himalaya **1**: 562. 1966.

Rhizomnium punctatum (Hedw.) T. J. Kop. subsp. *horikawae* (Nog.) Nog., Bull. Univ. Mus. Univ. Tokyo **8**: 265. 1975.

生境　高寒山区林地上、土坡上或林下腐木上。

分布　四川、贵州、云南、西藏、台湾。印度、尼泊尔。

大叶毛灯藓

Rhizomnium magnifolium (Horik.) T. J. Kop., Ann. Bot. Fenn. **10**: 14. 1973. *Mnium magnifolium* Horik., J. Jap. Bot. **11**: 503. f. 4-5. 1935. **Neotype**: Japan: Honshu, Aomori, *Koponen 22 493.*

Mnium punctatum Hedw. var. *elatum* Schimp., Syn. Musc. Eur. 398. 1860.

Rhizomnium perssonii T. J. Kop., Mem. Soc. Fauna Fl. Fenn. **44**: 34. f. 1-9. 1968.

Rhizomnium punctatum (Hedw.) T. J. Kop. var. *elatum* (Schimp.) T. J. Kop., Ann. Bot. Fenn. **5**: 143. 1968.

生境　北方寒地、高山地、灌丛草甸地或岩面薄土上，海拔3000～4000m。

分布　黑龙江、吉林、陕西、甘肃（任昭杰等，2009）、四川、云南、西藏、福建、台湾。印度、尼泊尔、朝鲜、日本、俄罗斯（伯力地区及萨哈林岛），欧洲、北美洲。

圆叶毛灯藓

Rhizomnium nudum (E. Britton & R. S. Willioms) T. J. Kop., Ann. Bot. Fenn. **5**: 143. 1968. *Mnium nudum* E. Britton & R. S. Willioms, Bryologist **3**: 6. 1900. **Type**: United States: Idaho, Mt. Rocky, Mar. -May 1889, *J. B. Leiberg*; Two Medicine Lake, 1897, *R. S. Williams*; Montana, July 1898, *J. M. Holzingr s. n.* (syntype: NY).

生境　高山林地上、林缘土坡上或岩面薄土上，海拔3000m。

分布　云南、西藏。日本、俄罗斯（远东地区），北美洲。

小毛灯藓

Rhizomnium parvulum (Mitt.) T. J. Kop., Ann. Bot. Fenn. **10**: 265. 1973. *Mnium parvulum* Mitt., Trans. Linn. Soc. Londo, Bot. ser. 2. **3**: 168. 1891. **Type**: India: Simla, *Griffith 143.*

Mnium minutulum Besch., Ann. Sci. Nat., Bot., sér. 7, **17**: 346. 1893.

Mnium minutum Besch. ex Müll. Hal., Gen. Musc. Frond. 135. 1900.

Rhizomnium minutulum (Besch.) T. J. Kop., Ann. Bot. Fenn. **5**: 143. 1968.

生境　林地上、腐殖土上、林缘岩壁上或岩面薄土上，海拔2000～3000m。

分布　陕西、江苏、湖北（彭丹等，1998, as *Mnium minutulum*）、重庆、云南、台湾。印度、日本、俄罗斯（伯力地区）。

拟毛灯藓（拟扇叶提灯藓）

Rhizomnium pseudopunctatum (Bruch & Schimp.) T. J. Kop., Ann. Bot. Fenn. **5**: 143. 1968. *Mnium pseudopunctatum* Bruch & Schimp., London J. Bot. **2**: 669. 1843.

Mnium sublobosum Bruch & Schimp., Bryol. Eur. **4**: 250. 1846.

Astrophyllum pseudopunctatum (Bruch & Schimp.) Lindb., Musci Scand. 13. 1879.

生境　高山林下冷湿的沼泽地、草甸或阴湿的岩面薄土上。

分布　吉林、辽宁、新疆、浙江、四川、贵州、台湾。俄罗斯（西伯利亚、萨哈林岛）、英国、瑞士，中欧、北欧、美国（阿拉斯加）和格陵兰岛（丹属）。

毛灯藓(扇叶提灯藓)

Rhizomnium punctatum (Hedw.) T. J. Kop., Ann. Bot. Fenn. 5. 143. 1968. *Mnium punctatum* Hedw., Sp. Musc. Frond. 193. 1801.

Mnium reticulatum Mitt., Trans. Linn. Soc. London, Bot. **3**: 168. 1891, *hom. illeg.*

Mnium glabrescens Kindb., Ottawa Naturalist **7**: 18. 1893.

Mnium pseudopunctatum Müll. Hal. in Kab., Hedwigia **76**: 63. 1936, *nom. nud.*

生境　阴湿的林地、树干基部、岩面薄土上、林缘或沟边土坡上。

分布　黑龙江、辽宁、吉林、内蒙古、河南、陕西、宁夏、安徽、湖北(彭丹等, 1998, as *Mnium punctatum*)、贵州、四川、云南、西藏、台湾。印度、克什米尔、朝鲜、日本、俄罗斯(萨哈林岛、西伯利亚)、德国、丹麦、捷克、斯洛伐克、美国(阿拉斯加)、加拿大、格陵兰岛(丹属),非洲北部。

细枝毛灯藓(细枝提灯藓)

Rhizomnium striatulum (Mitt.) T. J. Kop., Ann. Bot. Fenn. **5**: 143. 1968. *Mnium striatulum* Mitt., Trans. Linn. Soc. London, Bot. **3**: 167. 1891. **Type**: Japan.

Mnium angustum Broth. in Müll. Hal., Gen. Musc. Frond. 135. 1900, *nom. nud.*

生境　较干燥的林地上、土坡上、岩面薄土上、树干或岩面上。

分布　黑龙江、吉林、辽宁、甘肃(任昭杰等, 2009)、安徽、湖南(Enroth and Koponen, 2003)、重庆、台湾、云南、西藏。印度、朝鲜、日本、俄罗斯(伯力地区及远东地区)。

具丝毛灯藓

Rhizomnium tuomikoskii T. J. Kop., J. Hattori Bot. Lab. **34**: 375 figs. 10-12. 13-15. 38. 1971. **Type**: Japan: Pref. Miyazaki, Niinan-shi, 250m, on wet rocks by a stream, *Z. Iwatsuki* & *M. Mizutani* (holotype: H; isotype: NICH).

生境　高山针叶林下林地上、岩面上或林缘土坡上,海拔3000～3800m。

分布　甘肃(任昭杰等, 2009)、浙江(Koponen and Luo, 1982)、四川、重庆、云南、西藏、台湾、广西(左勤等, 2010)。日本。

合齿藓属 Synthetodontium Cardot
Rev. Bryol. **36**: 110. 1909.

模式种:*S. pringlei* Cardot

本属全世界现有2种,中国有1种。

昆仑合齿藓

Synthetodontium kunlunense J. C. Zhao & Y. Y. Liu, J. Hebei Normal Univ. (Nat. Sci.) **35**(3): 297. 2011. **Type**: China: Xinjiang, Yecheng Co., *M. Sulayman 09336* (holotype: HBNU).

生境　不详,海拔3400m。

分布　新疆(刘永英和赵建成, 2011)。中国特有。

疣灯藓属 Trachycystis Lindb.
Not. Sällsk. Fauna Fl. Fenn. Förh. **9**: 80. 1868.

模式种:*T. microphylla* (Dozy & Molk.) Lindb.

本属全世界现有3种,中国有3种。

鞭枝疣灯藓(鞭枝提灯藓)

Trachycystis flagellaris (Sull. & Lesq.) Lindb., Contr. Fl. Crypt. As. 241. 1873. *Mnium flagellare* Sull. & Lesq., Proc. Amer. Acad. Arts Sci. 4. 277. 1859. **Type**: China: summit of mountains northeast of Hakodate (holotype: FH).

Mnium flagellare Girg., Mem. Acad. Imper. Sci Petersb. Ser. 7, **7**(2): 207. 1868.

Rhizogonium flagellare (Sull. & Lesq.) Paris, Index Bryol. 1110. 1898.

Mnium simplicicaule Müll. Hal., Gen. Musc. Frond. 138. 1900.

Flagellomnium flagellare (Sull. & Lesq.) Lazarenko, Bot. Zurn. Akad. Nauk. Ukraina **2**: 62. 1941.

生境　林地上、林缘土坡、石壁或树根基部,海拔1500～2500m。

分布　黑龙江、吉林、辽宁、湖北(彭丹等, 1998)、四川、重庆、贵州。朝鲜、日本、俄罗斯(伯力地区、萨哈林岛及千岛群岛)、美国(阿拉斯加)。

疣灯藓(疣胞提灯藓)

Trachycystis microphylla (Dozy & Molk.) Lindb., Not. Sällsk. Fauna Fl. Fenn. Förh. **9**: 80. 1868. *Mnium microphyllum* Dozy & Molk., Musci. Frond. Ined. Archip. Ind. **2**: 26. 1846.

Rhizogonium microphyllum (Dozy & Molk.) A. Jaeger, Ber. Thätigk. St. Gallischen Naturwiss. Ges. **1873-1874**: 224. 1873.

Rhizogonium radiatum (Wilson) A. Jaeger, Ber. Thätigk. St. Gallischen Naturwiss. Ges. **1873-1874**: 224. 1875.

Mnium crispatnum Schimp. ex Besch., Ann. Sci. Nat. Bot., sér. 7, **17**: 347. 1893, *nom. nud.*

Mnium microphyllum var. *tenellum* Sakurai, Bot. Mag. (Tokyo) **50**: 373. 1936.

Mnium radiatum Wilson, London J. Bot. **7**: 274. f. 10A. 1948.

生境　林地上、林缘土坡或岩面薄土上,海拔2000~3900m。

分布　黑龙江、吉林、辽宁、河北(Han et al., 2001)、山东、河南、陕西、新疆、安徽、江苏、上海(Koponen and Luo, 1982)、浙江、江西、湖北、湖南、四川、重庆、贵州、云南、福建(Koponen and Luo, 1982)、台湾、广东、广西、香港。朝鲜、日本、俄罗斯(伯力地区)。

树形疣灯藓(树形提灯藓、无边提灯藓)

Trachycystis ussuriensis (Maack & Regel) T. J. Kop., Ann. Bot. Fenn. **14**: 206. 1977. *Mnium ussuriense* Maack & Regel, Mém. Acad. Imp. Sci. Saint Petersbourg, sér. 7, **4** (4): 182. 1861. **Type**: Russia: Ussuri, *Maack s. n.*

Herpetinuron serratinerve Sakurai, Bot. Mag. (Tokyo) **62**: 107. f. 10. 1949.

Mnium arcuatum Broth., Hedwigia **38**: 221. 1899, *hom. illeg.*

Mnium curvulum Müll. Hal., Nuovo Giorn. Bot. Ital., n. s., **3**: 91. 1896. **Type**: China: Shaanxi, Zu-lu, Aug. 1894, *Giraldi s. n.*

Mnium immarginatum Broth., Acta Soc. Sci. Fenn. **19** (12): 12. 1892.

Mnium leucolepioides X. J. Li & M. Zang, Acta Bot. Yunnan. **1**: 52. 1979. **Type**: China: Shaanxi, Mt. Taibaishan, 1900m, June 29. 1963, *Wei Zhi-Ping 6531* (holotype: HKAS).

生境　林地、岩石或林缘土坡上,海拔2800～4000m。

分布　黑龙江、吉林、辽宁、内蒙古、河北、山西(王桂花等,2010)、山东、河南、陕西、宁夏、甘肃、新疆、安徽、湖北、湖南、四川、重庆、贵州、云南、西藏、台湾、广东。蒙古、朝鲜、日本、俄罗斯(萨哈林岛、伯力地区及远东地区)。

木灵藓目 Orthotrichales Dixon

木灵藓科 **Orthotrichaceae** Arn.

本科全世界有19属,中国有8属。

小蓑藓属(裸帽藓属) Groutiella Steere in H. A. Crum & Steere Bryologist **53**: 145. 1950.

模式种:*G. tomentosa* (Hornsch.) Wijk & Marg.

本属全世界现有16种,中国有1种。

小蓑藓(裸帽藓)

Groutiella tomentosa (Hornsch.) Wijk & Marg., Taxon **9**: 51. 1960. *Macromitrium tomentosum* Hornsch., Flora Brasiliensis **1**(2): 21. 1840. **Type**: Uruguay.

Schlotheimia goniorrhyncha Dozy & Molk., Miquel, Plantae Jungh. **3**: 338. 1854.

Macromitrium goniorrhynchum (Dozy & Molk.) Mitt., J. Proc. Linn. Soc., Bot., Suppl. **1**: 53. 1859.

Macromitrium fragile Mitt., J. Linn. Soc., Bot. **12**: 218. 1869.

Micromitrium schlumbergeri Schimp. ex Besch., Mém. Soc. Sci. Nat. Cherbourg **16**: 191. 1872.

Micromitrium fragile (Mitt.) A. Jaeger, Ber. Thätigk. St. Gallischen Naturwiss. Ges. **1872-1873**: 157. 1874.

Micromitrium goniorrhynchum (Dozy & Molk.) A. Jaeger, Ber. Thätigk. St. Gallischen Naturwiss. Ges. **1872-1873**: 157. 1874.

Macromitrium laxotorquata Müll. Hal. ex Besch., Ann. Sci. Nat., Bot., sér. 6, **9**: 362. 1880.

Macromitrium sarcotrichum Müll. Hal. ex Broth., Bot. Jahrb. Sys., **24**: 242. 1897.

Macromitrium diffractum Cardot, Rev. Bryol. **28**: 113. 1901.

Macromitrium limbatulum Broth. & Paris, Rev. Bryol. **29**: 67. 1902.

Macromitrium pleurosigmoideum Paris & Broth., Rev. Bryol. **29**: 68. 1902.

Macromitrium schlumbergeri (Schimp. ex Besch.) Broth., Nat. Pflanzenfam. **I** (3): 479. 1902.

Macromitrium pobeguinii Paris & Broth., Rev. Bryol. **31**: 44. 1904.

Macromitrium subretusum Broth. ex Fleisch., Musci Buitenzorg **2**: 456, 459. 1904.

Micromitrium sarcotrichum (Müll. Hal. ex Broth.) Paris, Index Bryol. (ed. 2), **3**: 241. 1905.

Micromitrium tomentosum (Hornsch.) Paris, Index Bryol. **3**: 242. 1905.

Micromitrium limbatula (Broth. & Paris) Paris, Mém. Soc. Bot. France **14**: 26. 1908.

Micromitrium pobeguinii (Paris & Broth.) Paris, Mém. Soc. Bot. France **14**: 26. 1908.

Micromitrium pleurosigmoideum (Paris & Broth.) Broth., Nat. Pflanzenfam. (ed. 2), **11**: 45. 1925.

Craspedophyllum fragile (Mitt.) Grout, N. Amer. Fl. **15A**: 39. 1946.

Groutiella fragilis (Mitt.) H. A. Crum & Steere, Bryologist **53**: 146. 1950.

Groutiella goniorrhynchum (Dozy & Molk.) E. B. Bartram, Rev. Bryol. Lichénol. **23**: 250. 1954.

Groutiella laxotorquata (Müll. Hal. ex Besch.) Wijk & Marg., Taxon **9**: 51. 1960.

Groutiella limbatula (Broth. & Paris) Wijk & Marg., Taxon **9**: 51. 1960.

Groutiella pleurosigmoidea (Paris & Broth.) Wijk & Marg., Taxon **9**: 51. 1960.

Groutiella pobeguinii (Paris & Broth.) Wijk & Marg., Taxon **9**: 51. 1960.

Groutiella sarcotricha (Müll. Hal. ex Broth.) Wijk & Marg., Taxon **9**: 51. 1960.

Groutiella schlumbergeri (Schimp. ex Besch.) Wijk & Marg., Taxon **9**: 51. 1960.

生境　生于树干、树枝、岩面或腐木上,海拔5～2900m。

分布　云南、广东。世界热带、亚热带地区有分布。

疣毛藓属 Leratia Broth. & Paris

Oefvers. Förh. Finska Vetensk.-Soc. **51A**(17): 14. 1909.

模式种:*L. neocaledonica* Broth. & Paris

本属全世界有2种,中国有1种。

小疣毛藓(新拟)

Leratia exigua (Sull.) Goffinet, Monogr. Syst. Bot. Missouri Bot. Gard. **98**: 286. 2004.

Orthotrichum exiguum Sull., Manual (ed. 2) Bot. No. N. U. States ed. **2**: 633. 1858. **Type**: U. S. A.: South Carolina, *Ravenel s. n.*

Orthotrichum decurrens Thér., Bull. Acad. Int. Géogr. Bot. **19**: 19. 1909. **Type**: China: Guizhou, Pin-fa, *Cavalerie s. n.*

Orthotrichum szuchuanicum P. C. Chen, Contr. Inst. Biol. Natl. Centr. Unvi. **1**: 7. 1943. **Type**: China: Chongqing, Beipei, *P. C. Chen 5107* (holotype: PE).

生境 附生。

分布 江苏、江西、湖北、重庆(贾渝等,2011, as *Orthotrichum exiguum*)。日本和阿尔卑斯山。

直叶藓属 Macrocoma (Müll. Hal.) Grout

Bryologist **47**: 4. 1944.

模式种:*M. filiforme* (Hook. & Grev.) Grout

本属全世界现有10种,中国有1种。

细枝直叶藓

Macrocoma sullivantii (Müll. Hal.) Grout, Bryologist **47**: 5. 1944. *Macromitrium sullivantii* Müll. Hal., Bot. Zeitung (Berlin) **20**: 361. 1862.

Macromitrium hymenostomum auct. non Mont., Ann. Sci. Nat., Bot., sér. 3, **4**: 120. 1845.

Macromitrium perrottetii Müll. Hal., Syn. Musc. Frond. **1**: 721. 1849.

Macromitrium consanguineum Cardot, Beih. Bot. Centralbl. **17**: 11. 1904.

Macromitrium okamurae Broth., Öfvers. Förh. Finska Vetensk.-Soc. **62A**(9): 13. 1921.

Macrocoma hymenostoma auct. non (Mont.) Grout, N. Amer. Fl. **15A**: 42. 1946.

Macrocoma tenue (Hook. & Grev.) Vitt. subsp. *sullivantii* (Müll. Hal.) Vitt, Bryologist **83**: 413. 1980.

生境 树干,海拔900~3600m。

分布 吉林(Cao et al., 2002)、甘肃、安徽、江西、湖南、湖北、四川、重庆、云南、西藏、福建、台湾、广西(左勤等, 2010, as *Macrocoma tenue* Vitt. subsp. *sullivantii*)。印度、不丹(Noguchi, 1971, as *Macromitrium hymenostomum*)、斯里兰卡、朝鲜、日本、秘鲁(Menzel, 1992)、智利(He, 1998),太平洋中北部。

蓑藓属 Macromitrium Brid.

Muscol. Recent. **4**: 132. 1819[1818].

模式种:*M. aciculare* Brid.

本属全世界约有365种,中国有28种,1变种。

狭叶蓑藓

Macromitrium angustifolium Dozy & Molk., Ann. Sci. Nat., Bot., sér. 3, **2**: 311. 1844.

Macromitrium fruhstorferi Cardot, Rev. Bryol. **28**: 113. 1901.

生境 树干,海拔400~1800m。

分布 江西(何祖霞等, 2008)、重庆、西藏、福建、台湾(Herzog and Noguchi, 1955)、广东(何祖霞等, 2004)、海南。印度尼西亚、菲律宾、日本、巴布亚新几内亚(Tan, 2000)。

中华蓑藓

Macromitrium cavaleriei Cardot & Thér., Bull. Acad. Int. Géogr. Bot. **16**: 40. 1906. **Type**: China: Guizhou (Kouy-Techéou), *Cavalerie 833* (PC).

Macromitrium syntrichophyllum Thér. & P. de la Varde, Rev. Bot. Bull. Mens. **30**: 347. 1918. **Type**: China: Anhui, Leoufang, *Courtois 332* (PC).

Macromitrium gebaueri Broth., Symb. Sin. **4**: 72. pl. 1, f. 10. 1929. **Type**: China: Yunnan, 2000~2800m, 1914, *Gebauer s. n* (H-BR).

Macromitrium syntrichophyllum var. *longisetum* Thér. & Reimers, Hedwigia **71**: 55. 1931. **Type**: China: Guangxi, *S. S. Sin 2075* (PC).

Macromitrium sinense E. B. Bartram, Ann. Bryol. **8**: 13. f. 7. 1936. **Type**: China: Guizhou, Mt. Fanjingshan, *S. Y. Cheo 2754* (holotype: FH).

生境 树干上,海拔900~2800m。

分布 吉林(高谦和曹同,1983,as *M. sinense*)、山东(赵遵田和曹同, 1998,as *M. sinense*)、河南、安徽、江苏、浙江、江西、湖南、湖北、四川、重庆、贵州、云南、西藏、福建、广东、广西、台湾。日本。

重庆蓑藓

Macromitrium chungkingense P. C. Chen, Contr. Inst. Biol., Natl. Centr. Univ. **1**:7. 1943. **Type**:China:Chongqing, Dec. 10. 1940, *P. C. Chen 5163*(holotype:PE).

生境 不详。

分布 重庆(Chen,1943)。中国特有。

黄肋蓑藓

Macromitrium comatum Mitt., Trans. Linn. Soc. London, Bot.

3：163. 1891. **Type**：Japan：Tochigi Pref.，*Bisset s. n.* (holotype：NY).
生境　树干，海拔 400～1500m。
分布　陕西、湖北、四川、云南、福建、海南。日本、朝鲜。

华东蓑藓

Macromitrium courtoisii Broth. & Paris，Rev. Bryol. **36**：9. 1909. **Type**：China：Jiangsu，Apr. 27. 1908，*Courtois & Henry s. n.*
生境　岩面上。
分布　江苏、浙江(刘仲苓等，1989)。中国特有。

长蒴蓑藓

Macromitrium cylindrothecium Nog.，J. Sci. Hiroshima Univ.，ser. B，Div. 2，Bot. **3**：137. pl. 13，f. 10-20. 1936. **Type**：China：Taiwan，Taihoku，Jan. 1925，*S. Suzuki 9487* (holotype：HIRO).
生境　不详。
分布　台湾(Noguchi，1938)。中国特有。

多枝蓑藓

Macromitrium fasciculare Mitt.，J. Proc. Linn. Soc.，Bot.，Suppl. **1**：51. 1859.
Macromitrium coarctatum Schimp.，J. Bot. **26**：265. 1888，*nom. nud.*
生境　不详。
分布　海南(Dixon，1933)。斯里兰卡、印度尼西亚、菲律宾和留尼旺岛。

福氏蓑藓

Macromitrium ferriei Cardot & Thér.，Bull. Acad. Int. Géogr. Bot. **18**：250. 1908. **Type**：Japan：Ryukyu Island，*Faurie s. n.* (holotype：PC；isotype：NICH).
Macromitrium cancellatum Y. X. Xiong，Acta Bot. Yunnan. **22**：405. 2000. **Type**：China：Guizhou，Suiyang Co.，1150m，July 26. 1996，*Xiong Yuan-Xin SY96 011* (holotype：GACP).
Macromitrium comatulum Broth.，Öfvers. Förh. Finska Vetensk. -Soc. **62A**(9)：14. 1921.
Macromitrium inflexifolium Dixon，J. Siam Soc. Nat. Hist. Suppl. **9**：20. 1932.
Macromitrium nipponicum Nog.，J. Hattori Bot. Lab. **20**：281. 1958.
Macromitrium quercicola Broth.，Akad. Wiss. Wien Sitzungsber.，Math. -Naturwiss. Kl.，Abt. 1，**131**：212. 1923. **Type**：China：Yunnan，*Handel-Mazzetti 508.*
生境　树干、树枝、岩面，海拔 100～2700m。
分布　山西(吴鹏程等，1987)、安徽、江苏、浙江、江西、湖南、四川、重庆、贵州、云南、西藏、湖北、福建、台湾、广西、海南、香港。朝鲜、日本、越南、泰国。

长枝蓑藓

Macromitrium formosae Cardot，Beih. Bot. Centralbl.，Abt. 2，**19**(2)：104. 1905. **Type**：China：Taiwan，Kelung，*Fauriei 181* (H).
生境　不详。
分布　台湾。菲律宾。

缺齿蓑藓

Macromitrium gymnostomum Sull. & Lesq.，Proc. Amer. Acad. Arts. Sci. **4**：78. 1859. **Type**：Japan：Shizuoka Pref. Simoda，*Wright s. n.* (lectotype：FH).
Macromitrium rupestre Mitt.，J. Proc. Linn. Soc.，Bot. **8**：150. 1865.
Dasymitrium rupestre (Mitt.) Lindb.，Contr. Fl. Crypt. As. 229. 1872.
Dasymitrium gymnostomum (Sull. & Lesq.) Lindb. in A. Jaeger，Ber. Thätigk. St. Gallischen Naturwiss. Ges. **1872-1873**：137. 1874.
Dasymitrium molliculum Broth.，Bull. Herb. Boissier，sér. 2，**2**：992. 1902，*nom. nud.*
Macromitrium brevituberculatum Dixon，Hong Kong Naturalist，Suppl. **2**：14. 1933. **Type**：China：Hong Kong，*Ah Nin H. 8.* (BM).
生境　树干或岩面，海拔 110～1900m。
分布　吉林(高谦和曹同，1983)、安徽、江苏、浙江、江西、湖南、四川、贵州、云南、福建、台湾(Herzog and Noguchi，1955)、广西、海南、香港。朝鲜、日本、越南(Tan and Iwatsuki，1993)。

海南蓑藓

Macromitrium hainanese S. L. Guo & S. He，Bryologist 111：505. 2008. **Type**：China：Hainan，Linshui Co.，on fallen log，800m，Mar. 29. 1990，*W. D. Reese 17 956* (holotype：MO).
生境　倒木上，海拔 800m。
分布　海南。中国特有。

西南蓑藓

Macromitrium handelii Broth.，Akad. Wiss. Wien Sitzungsber.，Math. -Naturwiss. Kl.，Abt. 1，**131**：212. 1923. **Type**：China：Yunnan，*Handel-Mazzetti 450* (H).
生境　树干，海拔 560～1800m。
分布　湖南。中国特有。

异枝蓑藓

Macromitrium heterodictyon Dixon，Hong Kong Naturalist，Suppl. **2**：12. 1933. **Type**：China：Hong Kong，Amoy Is.，*Herklots s. n.* (BM).
生境　岩面，海拔 40～500m。
分布　香港。中国特有。

阔叶蓑藓

Macromitrium holomitrioides Nog.，J. Sci. Hiroshima Univ.，ser. B，Div. 2，Bot. **3**：135. 1938. **Type**：China：Taiwan，Taihoku，Rahau，*A. Noguchi s. n.* (holotype：HIRO；isotype：NICH).
生境　树干，海拔 1600～1800m。
分布　贵州、云南、西藏、台湾(Noguchi，1938)。日本。

粗叶蓑藓

Macromitrium incrustatifolium H. Rob.，Bryologist **71**：90. 1968. **Type**：India：Assam，Lushai Hill，5000ft，on top limb of a forest tree，*Koelz 27473* (holotype：US；isotype：MICH).

生境　腐木上，海拔580～600m。
分布　云南。印度。

钝叶蓑藓

Macromitrium japonicum Dozy & Molk., Ann. Sci. Nat., Bot., sér. 3, **2**: 311. 1844. **Type**: Japan: *Siebold s. n.* (lectotype: L).
Macromitrium insularum Sull. & Lesq., Proc. Amer. Acad. Arts. Sci. **4**: 278. 1859. **Type**: Japan: Osima, on bark of trees, hillsides, shady, Jan. 22. 1855, *Charles Wright s. n.* (lectotype: FH).
Macromitrium incurvum (Lindb.) Mitt., Trans. Linn. Soc. London, Bot. **3**: 162. 1891.
Dasymitrium incurvum Lindb., J. Bot. **2**: 385. 1864.
Macromitrium giraldii Müll. Hal., Nuovo Giorn. Bot. Ital., n. s., **3**: 106. 1896. **Type**: China: Shaanxi, Tui-kio-san, *Giraldi s. n.*
Dasymitrium makinoi Broth., Hedwigia **38**: 215. 1899.
Macromitrium makinoi (Broth.) Paris, Index Bryol. Suppl. 239. 1900.
Macromitrium bathyodontum Cardot, Beith. Bot. Centralbl. **17**: 13. 1904.
Dasymitrium japonicum (Dozy & Molk.) Lindb., Index Bryol. (ed. 2), **5**: 149. 1906.
Macromitrium nakanishikii Broth., Icon. Pl. Koisik. **4**: 45. 1919.
Macromitrium japonicum var. *makinoi* (Broth.) Nog., Ill. Moss Fl. Japan **3**: 606. 1989.
生境　树干或岩面上，海拔50～2200m。
分布　内蒙古、河南(Tan et al., 1996)、山东、陕西、甘肃(安定国，2002，as *M. incurvum*)、江苏(刘仲苓等，1989)、上海(刘仲苓等，1989)、浙江、湖南、湖北、重庆、云南、福建(Thériot, 1932, as *M. incurvum*)、台湾(Herzog and Noguchi, 1955, *M. incurvum*)、广东、广西、香港。泰国、越南、日本、朝鲜、俄罗斯(远东地区)。

棱蒴蓑藓

Macromitrium macrosporum Broth., Öfvers. Förh., Finska Vetensk. -Soc. **40**: 168. 1898.
Macromitrium goniostomum Broth., Philippine J. Sci. **5**: 145. 1910.
生境　不详。
分布　海南(Chen, 1955)。菲律宾。

长柄蓑藓

Macromitrium microstomum (Hook. & Grev.) Schwägr., Sp. Musc. Frond., Suppl. 2, **2**(2): 130. 1827. *Orthotrichum microstomum* Hook. & Grev., Edinburgh J. Sci. **1**: 114. 1824. **Type**: Australia: Van Dieman's Land, *Spence s. n.*
Leiotheca microstoma (Hook. & Grev.) Brid., Bryol. Univ. **1**: 729. 1826.
Macromitrium reinwardtii Schwägr., Sp. Musc. Frond., Suppl. 2, **2**(1): 69. 1826.
生境　树干或树枝上，海拔470～2000m。
分布　四川、云南、广西、海南、香港。柬埔寨、马来西亚、印度尼西亚、菲律宾、日本、澳大利亚、新西兰、波利尼西亚、瓦努阿图、社会群岛、墨西哥、哥斯达黎加、古巴、牙买加、智利(He, 1998)、巴西。

尼泊尔蓑藓

Macromitrium nepalense (Hook. & Grev.) Schwägr., Sp. Musc. Frond., Suppl. 2, **2**(2): 134. pl. 192. 1827. *Orthotrichum nepalense* Hook. & Grev., Edinburgh J. Sci. **1**: 117. f. 4. 1824.
Orthotrichum assamicum Griff., Calcutta J. Nat. Hist. **2**: 485. 1842.
生境　荫蔽的岩面上，海拔440m。
分布　福建(Thériot, 1932)、香港。印度、尼泊尔、老挝、缅甸、越南、泰国、柬埔寨、马来西亚、菲律宾、印度尼西亚。

无锡蓑藓

Macromitrium ousiense Broth. & Paris, Rev. Bryol. **37**: 2. 1910. **Type**: China: Jiangsu, Feb. 16. 1909, *Courtois & Henry s. n.*
生境　树干上。
分布　江苏(Paris, 1910)、福建(Thériot, 1932)。中国特有。

短柄蓑藓

Macromitrium prolongatum Mitt., Trans. Linn. Soc. London, Bot. **3**: 162. 1989. **Type**: Japan: Kanagawa Pref., *Bisset s. n.* (holotype: NY).
Macromitrium brachycladulum Broth. & Paris, Nat. Pflanzenfam. Ⅰ(3): 1202. 1909.
Macromitrium prolongatum var. *brevipes* Cardot, Bull. Soc. Bot. Genève **1**: 122. 1909.
生境　树枝上，海拔1750～1800m。
分布　浙江(Potier, 1937, as *M. brachycladulum*)、重庆。日本、朝鲜。

长叶蓑藓

Macromitrium rhacomitrioides Nog., J. Sci. Hiroshima Univ., ser. B, Div. 2, **3**: 138. f. 2. 1938. **Type**: China: Taiwan, Tainan Co., July 1928, *A. Noguchi 1756* (holotype: HIRO).
生境　树皮上。
分布　台湾(Noguchi, 1938)。中国特有。

史氏蓑藓大苞叶变种

Macromitrium schmidii var. **macroperichaetialium** S. L. Guo & T. Cao, Gard. Bull. Singapore **58**: 160. 2007. **Type**: China: Guangdong, *Y. M. Taam 402c* (NY).
生境　岩面上。
分布　广东。中国特有。

短芒尖蓑藓(新拟)

Macromitrium subincurvum Cardot & Thér., Bull. Acad. Int. Géogr., Bot. **16**: 40. 1906. **Type**: China: Hong-Kong, Jan. 17. 1893, *Em. Bodinier s. n.* (PC).
生境　不详。
分布　香港。中国特有。

尖叶蓑藓

Macromitrium taiheizanense Nog., J. Sci. Hiroshima Univ., ser. B, Div. 2, Bot. **3**: 11. 1936. **Type**: China: Taiwan,

Taihoku, A. *Noguchi 6548* (holotype: NICH).
生境　树干,海拔 2070～2430m。
分布　四川。中国特有。

台湾蓑藓

Macromitrium taiwanense Nog., J. Sci. Hiroshima Univ., ser. B, Div. 2, Bot. **3**: 141. f. 3. 1938. **Type**: China: Taiwan, Taihei, Aug. 1932, A. *Noguchi 6621* (holotype: HIRO).
生境　腐木上。
分布　台湾(Noguchi, 1938)。中国特有。

长帽蓑藓

Macromitrium tosae Besch., J. Bot. (Morot) **12**: 299. 1898. **Type**: Japan: Kochi Pref. *Faurie 11 190* (holotype: PC; isotype: KYO).
生境　树干或岩面上,海拔 500～3350m。
分布　浙江、四川、云南、西藏、福建、广东、广西、海南。日本。

香港蓑藓(新拟)

Macromitrium tuberculatum Dixon, Hong Kong Naturalist, Suppl. **2**: 13. f. 4. 1933. **Type**: China: Hong Kong, Tai Mo Shan, *Herklots 297*.
生境　树干或岩面上,海拔 600～800m。
分布　香港。中国特有。

乳胞蓑藓

Macromitrium uraiense Nog., J. sci. Hiroshima Univ., ser. B, Div. 2, Bot. **3**: 140. 3. 1938. **Type**: China: Taiwan, Taihoku, July 1928, A. *Noguchi 573* (holotype: HIRO).
生境　树干上,海拔 1800～2000m。
分布　台湾(Chiang and Kuo, 1989)。中国特有。

木灵藓属 Orthotrichum Hedw.
Sp. Musc. Frond. 162. 1801.

模式种:*O. anomalum* Hedw.
本属全世界约有 106 种,中国有 35 种,2 变种。

拟木灵藓

Orthotrichum affine Brid., Muscol. Recent. **2** (2): 22. 1801. **Type**: Germany.
Dorcadion affine (Schrad. ex Brid.) Lindb., Musci Scand. 28. 1879.
生境　树干,海拔 1450～2000m。
分布　内蒙古、宁夏、新疆、四川(李祖凰等, 2010)、重庆。巴基斯坦、印度,欧洲、北美洲西部、非洲北部及东部。

木灵藓

Orthotrichum anomalum Hedw., Sp. Musc. Frond. 162. 1801.
Bryum tectorum With., Syst. Arr. British Pl. (ed. 4), **3**: 793. 1801.
生境　岩面或偶生于树干,海拔 1700～4100m。
分布　内蒙古、河北、宁夏、青海、新疆、四川、云南、西藏、福建。阿富汗、巴基斯坦、印度、日本,欧洲、中美洲、北美洲。

卷边木灵藓

Orthotrichum brassii E. B. Bartram, Lloydia **5**: 268. f. 25. 1942. **Type**: New Guinea: Mt. Wilhelmina, *Brass & Myer-Drees 10 165* (FH).
生境　树枝,海拔 3400～3800m。
分布　西藏。巴布亚新几内亚。

美孔木灵藓

Orthotrichum callistomum Fisch. -Oost. ex Bruch & Schimp., Bryol. Eur. **3**: 77. pl. 224. 1850. **Type**: Switzerland: Schorewald at Thun, *Fischer-Ooster 50*.
Orthotrichum callistomoides Broth., Akad. Wiss. Wien Sitzungsber., Math. -Naturwiss. Kl., Abt. 1, **133**: 571. 1924. **Type**: China: in montis Linku-Liangdse, Yenyuen, *Handel-Mazzetti 2389* (holotype: H).
Orthotrichum delavayi (Broth. & Paris) T. Cao, J. Hattori Bot. Lab. **84**: 14. 1998.
Racomitrium delavayi Broth. & Paris, Rev. Bryol. **35**: 126. 1908. **Type**: China: Yunnan Province, *Delavay s. n.*
生境　附生于树上,海拔 3000～3750m。
分布　青海、四川、云南。尼泊尔,欧洲。

丛生木灵藓

Orthotrichum consobrinum Cardot, Bull. Herb. Boissier, sér. 2, **8**: 336. 1908. **Type**: Japan: Honshu, *Faurie 631*.
Orthotrichum courtoisii Broth. & Paris, Rev. Bryol. **37**: 2. 1910. **Type**: China: Shanghai, Zika Wei, *Courtois 1288*.
生境　树上或偶尔生于岩面,海拔 100～2300m。
分布　甘肃、安徽、江苏、上海、湖南、云南。日本、朝鲜。

舌叶木灵藓

Orthotrichum crenulatum Mitt., J. Proc. Linn. Soc., Bot., Suppl. **1**: 48. 1859.
Orthotrichum virens Venturi, Acta Soc. Sci. Fenn. **24**(2): 18. 1898.
生境　腐木上,海拔 1850m。
分布　新疆(韩留福等,1999)。印度、哈萨克斯坦、阿富汗、土耳其(Lewinsky, 1992)。

皱叶木灵藓

Orthotrichum crispifolium Broth., Symb. Sin. **4**: 69. 1929. **Type**: China: Yunnan, Loping, 2050m, June 11. 1917, *Handel-Mazzetti 10 201* (holotype: H-BR).
生境　树干或灌丛,海拔 2400～2800m。
分布　云南。不丹。

小蒴木灵藓

Orthotrichum cupulatum Brid., Muscol. Recent. **2** (2): 25. 1801.
Orthotrichum utahense Sull. ex Lesq., Mis. Publ., U. S. Geol. Surv. Territ. **4**: 157. 1874.
Orthotrichum calcareum R. Br. bis, Trans. & Proc. New Zealand Inst. 427 pl. 36 f. 6. 1895.
Orthotrichum oamarense R. Br. bis, Trans. & Proc. New Zealand Inst. 332 pl. 37, f. 17. 1895.
Orthotrichum oamaruanum R. Br. bis, Trans. & Proc.

New Zealand Inst. 332 pl. 37, f. 18. 1895.

Orthotrichum ornatum R. Br. bis, Trans. & Proc. New Zealand Inst. 426 pl. 35, f. 4. 1895.

Orthotrichum pulvinatum R. Br. bis, Trans. & Proc. New Zealand Inst. 426 pl. 35, f. 2. 1895.

Orthotrichum leiodon Kindb., Hedwigia **42** (Beibl.): 17. 1903.

生境 岩面上。

分布 青海(Tan and Jia, 1997)、新疆(韩留福等, 1999)。印度、巴基斯坦(Higuchi and Nishimura, 2003)、阿富汗、乌兹别克斯坦、新西兰、澳大利亚(Lewinsky, 1992),非洲北部、欧洲、北美洲。

毛帽木灵藓

Orthotrichum dasymitrium Lewinsky, Bryobrothera **1**: 169. 1992. **Type**: China: Xizang, Chayu Co., 1935, *Wang Qi-Wu 6034* (holotype: PE).

生境 树上,海拔 2450~3800m。

分布 陕西、甘肃、新疆、四川。中国特有。

蚀齿木灵藓

Orthotrichum erosum Lewinsky, J. Hattori Bot. Lab. **72**: 32. 1992. **Type**: China: Shaanxi, Han-sun-fu, *Giraldi 1595* (holotype: H; isotype: FI).

生境 树干。

分布 陕西。中国特有。

红叶木灵藓

Orthotrichum erubescens Müll. Hal., Nouvo Giorn. Bot. Ital., n. s., **4**: 260. 1897. **Type**: China: Shaanxi, Lao-y-san, *Levier 1510*.

Orthotrichum fortunatii Thér., Bull. Acad. Int. Géogr. Bot. **19**: 18. 1909. **Type**: China: Guizhou, Ping-fa, *Fortumat 2000*.

Orthotrichum amabile Toyama, J. Jap. Bot. **14**: 622. 1938.

生境 落叶树干上,海拔 500 ~ 1600m。

分布 安徽、湖南、重庆、贵州(Tan et al., 1994)。日本。

折叶木灵藓

Orthotrichum griffithii Mitt. ex Dixon, J. Bot. **49**: 140. pl. 513, f. 2. 1911. **Type**: Bhutan: Near Oongar, *Griffith 30*.

生境 树干上或灌丛树枝上,海拔 1900~3480m。

分布 四川、云南。印度、不丹。

半裸蒴木灵藓

Orthotrichum hallii Sull. & Lesq., Icon. Musc. Suppl. 63. pl. 45. 1874. **Type**: U. S. A. : Colorado.

生境 腐木或岩面,海拔 1800~2500m。

分布 新疆。北美洲。

颈领木灵藓

Orthotrichum hooglandii E. B. Bartram, Rev. Bryol. Lichénol. **30**: 194. 1962.

生境 附生于树干上,海拔 1600m。

分布 新疆。巴布亚新几内亚。

中国木灵藓

Orthotrichum hookeri Wilson ex Mitt., J. Proc. Linn. Soc., Bot., Suppl. **1**: 48. 1859.

中国木灵藓原变种

Orthotrichum hookeri var. **hookeri**

Orthotrichum sikkimense Herzog, Ann. Bryol. **12**: 90 f. 11. 1939.

生境 树干、灌丛,稀见于岩面上,海拔 1600 ~ 4000m。

分布 甘肃、青海、新疆、四川、重庆、云南、西藏。尼泊尔、不丹、印度。

中国木灵藓细疣变种

Orthotrichum hookeri var. **granulatum** Lewinsky, J. Hattori Bot. Lab. **72**: 20. 1992. **Type**: Bhutan: Taba, Thimphu, *Long 7882* (holotype: E).

Orthotrichum macrosporum Müll. Hal., Nuovo Giron. Bot. Ital., n. s., **5**: 185. 1898. **Type**: China: Shaanxi, Mt. Kuan-tou-san, *Giraldi s. n.*

Orthotrichum microsporum Müll. Hal., Nuovo Giron. Bot. Ital., n. s., **13**: 271. 1906. **Type**: China: Shaanxi, Mt. Thae-pei-san, *Giraldi s. n.*

生境 树干、灌丛或极少在岩面,海拔 3200~3550m。

分布 四川、云南、西藏。尼泊尔、不丹、印度。

日本木灵藓

Orthotrichum ibukiense Toyama, J. Jap. Bot. **14**: 620. 1938. **Type**: Japan: Ibuki-mura, *Yamamoto 1878*.

生境 干燥岩石上的土面,海拔 2550~4196m。

分布 河北、甘肃、四川。日本。

疣孢木灵藓

Orthotrichum jetteae B. H. Allen, Monogr. Syst. Bot. Missouri Bot. Gard. **90**: 639. 2002. Replaced: *Orthomitrium tuberculatum* Lewinsky-Haapasaari & Crosby, Novon **6**: 2. 1996. **Type**: China: Guizhou, Suiyang Co., *Crosby 16 040* (holotype: MO).

生境 树干,海拔 1370m。

分布 湖南、贵州。中国特有。

球蒴木灵藓东亚变种

Orthotrichum laevigatum Zett. var. **japonicum** (Z. Iwats.) Lewinsky, *Orthomitrium macounii* Austin subsp. *japonicum* Z. Iwats., J. Hattori Bot. Lab. **21**: 240. 1959. **Type**: Japan: Nagano Pref., *Iwatsuki 27 864*.

生境 岩面,海拔 1600~4700m。

分布 四川、贵州、云南、西藏。印度、尼泊尔、日本。

散生木灵藓

Orthotrichum laxum Lewinsky-Haapasaari, Lindbergia **24**: 29. f. 1-2. 1999. **Type**: China: Qinghai Prov., Maqin Co., *Long 26 961* (holotype: E; isotypes: H, KUO, PE).

生境 树干,海拔 3538m。

分布 青海。中国特有。

球蒴木灵藓

Orthotrichum leiolecythis Müll. Hal., Nuovo Giorn. Bot. Ital., n. s., **3**: 107. 1896. **Type**: China: Shaanxi, Mt. Siku-tziu-san, *Giraldi s. n.*

生境 树干上,海拔 1600~3778m。

分布 陕西、湖北、四川。中国特有。

密生木灵藓

Orthotrichum notabile Lewinsky-Haapasaari, Lindbergia **20**: 102. 1995[1996]. **Type**: China: Sichuan, Hongyuan Co., 3400m, *Allen 7061* (holotype: MO).

生境　树干,海拔 3400m。

分布　四川(Lewinsky-Haapasaari, 1995)。中国特有(Lewinsky-Haapasaari, 1995)。

钝叶木灵藓

Orthotrichum obtusifolium Brid., Muscol. Recent. **2**(2): 23. 1801. **Type**: Germany: Goettingam, *Persoon s. n.*

Dorcadion obtusifolium (Brid.) Lindb., Musci Scand. 29. 1879.

Stroemia obtusifolia (Brid.) I. Hagen, Kongel. Norske Vidensk. Selsk. Skr. (Trondheim) **1907** (13): 94. 1903.

Nyholmiella obtusifolia (Brid.) Holmen & Warncke, Tidsskr. **65**: 178. 1969.

生境　树干,海拔 1800～4000m。

分布　黑龙江、内蒙古、河北(韩留福等, 2001)、宁夏、甘肃(Wu et al., 2002)、青海、新疆、江西、四川、云南。印度、日本,欧洲、美洲。

裸帽木灵藓(新拟)

Orthotrichum pallens Bruch ex Brid., Bryol. Univ. **1**: 788. 1827.

Orthotrichum sibiricum Gronvall, Nya Bidr. Kannedomen Nord. Orthotrichum 10. 1887.

生境　树枝。

分布　河北(Han et al., 2001)、青海、新疆。墨西哥、加拿大、美国,欧洲、亚洲。

美丽木灵藓

Orthotrichum pulchrum Lewinsky, J. Hattori Bot. Lab. **72**: 20. 1992. **Type**: China: Sichuan, Maerkang Co., *Li Xing-Jiang 1006* (holotype: HKAS).

生境　树干,海拔 2800～4100m。

分布　青海、四川。中国特有。

矮丛木灵藓

Orthotrichum pumillum Sw., Monthl. Rev. **34**: 538. 1801.

Dorcadion pumillum (Sw.) Lindb., Musci. Scand. 28. 1879.

Orthomitrium tenellum Bruch ex Brid. var. *pumilum* (Sw.) Boulay, Muac. France, Mouss. **1**: 335. 1884.

生境　树干,海拔 1500～4100m。

分布　河北、青海、重庆。巴基斯坦(Higuchi and Nishimura, 2003),欧洲、北美洲、非洲北部。

卷叶木灵藓

Orthotrichum revolutum Müll. Hal., Nuovo Giorn. Bot. Ital., n. s., **4**(3): 261. 1897. **Type**: China: Shaanxi, Mt. Lao-y-san, *Giraldi 1509* (H).

生境　树干,并常与其他苔藓植物混生,海拔 1800～2200m。

分布　陕西、甘肃。中国特有。

石生木灵藓

Orthotrichum rupestre Schleich. ex Schwägr., Sp. Musc. Frond., Suppl. 1, **2**: 27. 1816. **Type**: Austria: Pasterze, in Carinthiae alpibus, *Schwägrichen s. n.* (lectotype: G).

生境　花岗岩或石上,海拔 2200m。

分布　吉林(高谦和曹同, 1983)、新疆、云南。巴基斯坦(Higuchi and Nishimura, 2003)、印度、智利(He, 1998),欧洲、北美洲、非洲北部。

苏氏木灵藓

Orthotrichum schofieldii (B. C. Tan & Y. Jia) B. H. Allen, Monogr. Syst. Bot. Missouri Bot. Gard. **90**: 639. 2002. Replaced: *Orthomitrium schofieldii* B. C. Tan & Y. Jia, J. Hattori Bot. Lab. **82**: 313. 1997. **Type**: China: Qinghai, Nangqian Co., *Tan 95-161a* (holotype: MO).

生境　树枝,海拔 4100m。

分布　青海。中国特有。

扭肋木灵藓(新拟)

Orthotrichum sinuosum Lewinsky, J. Hattori Bot. Lab. **72**: 73. f. 42. 1992. **Type**: China: Shaanxi, Mt. Miao-Wang-san, *Giraldi 1600* (holotype: FI; isotype: BM).

生境　树皮上。

分布　陕西(Lewinsky, 1992)。中国特有。

暗色木灵藓(污色木灵藓)

Orthotrichum sordidum Sull. & Lesq., Musci Appalach. 30. 1870. **Type**: U. S. A.

Orthomitrium erectidens Cardot, Bull. Herb. Boissier, sér. 2, **8**: 336. 1908.

Orthomitrium clathratum Cardot, Bull. Soc. Bot. Genève, sér. 2. **1**: 122. 1909.

Orthomitrium affine Schrad. ex Brid. var. *sordidum* (Sull. & Lesq.) Grout, Moss Fl. N. Amer. **2**: 115. 1935.

生境　通常树生或偶尔生于岩面,海拔 1700～1900m。

分布　吉林、内蒙古、宁夏、新疆、湖北、重庆。日本、朝鲜,北美洲。

黄木灵藓

Orthotrichum speciosum Nees, Deutschl. Fl., Abt. II, Crypto. **2**(17): 5. 1819.

Orthotrichum elegans Schwägr. ex Hook. & Grev., Edinburgh J. Sci. **1**: 122. 1823.

Orthomitrium affine Schrad. ex Brid. var. *speciosum* (Nees) Hartm., Handb. Skand. Fl. (ed. 2), 328. 1832.

Dorcadion speciosum (Nees) Lindb., Musci Scand. 28. 1879.

Orthotrichum speciosum var. *elegans* (Schwägr. ex Hook. & Grev.) Warnst., Hedwigia **53**: 314. 1913.

生境　树干,海拔 1440～4145m。

分布　吉林、内蒙古、河北(韩留福等, 2001)、山西(Wang et al., 1994)、青海、新疆、重庆、四川、云南。欧洲、南美洲、北美洲、非洲北部。

条纹木灵藓

Orthotrichum striatum Hedw., Sp. Musc. Frond. 163. 1801.

Bryum striatum (Hedw.) With., Syst. Arr. Brit. Pl. (ed. 4), **3**: 794. 1801.

Weissia striata (Hedw.) Schreb. ex P. Gaertn., Oekon. Fl. Wetterau **3**(2): 94. 1802.

Orthotrichum leiocarpum Bruch & Schimp., Bryol. Eur. **3**: 71. 1873, *nom. illeg.*

Dorcadion striatum (Hedw.) Lindb., Musci Scand. 28. 1879.

生境　树干,海拔 3117～4235m。

分布　吉林、内蒙古、山西(Wang et al., 1994)、宁夏、新疆、四川、西藏。印度、巴基斯坦,欧洲、北美洲、非洲北部。

粗柄木灵藓

Orthotrichum subpumilum E. B. Bartram ex Lewinsky, J. Hattori Bot. Lab. **72**: 59. 1992. **Type**: China: Jiangsu, Kuling, Chang-ko, *H. H. Chung 4038a* (holotype: FH).

生境　着生于树皮上,海拔 1500～3800m。

分布　青海、安徽。中国特有。

台湾木灵藓

Orthotrichum taiwanense Lewinsky, J. Hattori Bot. Lab. **72**: 25. 1992. **Type**: China: Taiwan, Hsueh Shan Mo, *Iwatsuki & Sharp 2988* (holotype: NICH).

生境　树枝,海拔 1500～3275m。

分布　贵州、西藏。中国特有。

蠕齿木灵藓

Orthotrichum vermiferum Lewinsky-Haapasaari, Lindbergia **24**: 33. f. 1. 1999. **Type**: China: Qinghai, Huzhu Co., 2680m, on Ribes twigs, July 23. 1997, *D. E. Long 27 196e* (holotype: E).

生境　树枝,海拔 2680m。

分布　青海。中国特有。

瓶壶木灵藓(新拟)

Orthotrichum urnigerum Myrin, Coroll. Fl. Upsal. 71. 1833. **Type**: Sweden.

生境　岩面上,海拔 2400m。

分布　新疆(Potier, 1937)。印度(Lewinsky,1992),欧洲。

火藓属 Schlotheimia Brid.
Muscol. Recent. Suppl. **2**: 16. 1812.

模式种:*S. torquata* (Hedw.) Brid.

本属全世界约有 120 种,中国有 3 种。

南亚火藓

Schlotheimia grevilleana Mitt., J. Proc. Linn. Soc., Bot., Suppl. **1**: 53. 1859. **Type**: India: in mont, Nilghiri, *Gardner 32* (isolectotype: NY).

Schlotheimia fauriei Cardot, Bot. Centralbl. **19**(2): 106. 1905. **Type**: China: Taiwan, Kelung, 1903, *Faurie 95* in parte (specim. Orig. H-BR).

Schlotheimia calycina Broth. & Paris, Rev. Bryol. **34**: 30. 1907.

Schlotheimia japonica Besch. & Cardot, Bull. Herb. Boissier, sér. 2, **8**: 336. 1908.

Schlotheimia latifolia Cardot & Thér., Bull. Acad. Int. Géogr. Bot. **18**: 250. 1908.

Schlotheimia purpurascens Paris, Rev. Bryol. **35**: 44. 1908.

生境　倒木上,海拔 280 ~ 1800m。

分布　安徽、浙江、江西、湖南、四川、重庆、云南、福建、广东、海南、香港。日本、印度、斯里兰卡、越南、泰国、印度尼西亚、菲律宾,非洲中南部。

小火藓

Schlotheimia pungens E. B. Bartram, Ann. Bryol. **8**: 14. 1936. **Type**: China: Guizhou, Hui Hsiang-ping, on bark, 1500m, Oct. **10**. 1931, *S. Y. Cheo 843* (holotype: FH).

Schlotheimia charrieri Thér. & P. de la Varde, Rev. Bryol. Lichénol. **10**: 139. 1937. **Type**: China: Anhui, Mt. Huangshan, 920m, *P. C. Tsoong s. n.* (holotype: PC?).

生境　树干,海拔 400～2300m。

分布　安徽、浙江、江西、四川、重庆、贵州、福建、台湾、广西、海南、香港。中国特有。

皱叶火藓

Schlotheimia rugulosa Nog., Trans. Nat. Hist. Soc. Formosa **26**: 150. 1936. **Type**: China: Taiwan, Mt. Taihei, on bark, Aug. 1932, *Noguchi 6607* (isotype: NICH).

生境　树干或岩面上,海拔 810～3210m。

分布　四川、重庆、福建、台湾、广西。中国特有。

卷叶藓属 Ulota D. Mohr
Ann. Bot. (König & Sims) **2**: 540. 1806.

模式种:*U. drummondii* (Hook. & Gerv.) Brid.

本属全世界现有 60 种,中国有 10 种。

卷叶藓

Ulota crispa (Hedw.) Brid., Muscol. Recent. Suppl. **4**: 112. 1819[1818]. *Orthotrichum crispum* Hedw., Sp. Musc. Frond. 162. 1801.

Bryum crispum (Hedw.) With., Syst. Arr. Brit. Pl. (ed. 4),**3**: 810. 1801.

Weissia crispa (Hedw.) P. Gaertn., B. Mey. & Scherb., Oekon. Fl. Wetterau **3**(2): 94. 1802.

Systegium crispum (Hedw.) Schur, Enum. Pl. Transsilv. 866. 1866.

Ulota longifolia Dixon & Sakurai, Bot. Mag. (Tokyo) **49**: 140. 1935.

Ulota crispa var. *longifolia* (Dixon & Sakurai) Z. Iwats., J. Hattori Bot. Lab. **21**: 143. 1959.

Ulota macrocarpa Broth., symb. sin. 4: 70. 1929. **Type**: China: Hunan, 1200 — 1300m, *Handel-Mazzetti 11. 191* (*Diar. Nr. 2206*) (lectotype: H-BR).

生境　树干或树枝上,海拔 1200～3717m。

分布　吉林(高谦和曹同,1983)、新疆、安徽、浙江、江西、湖南、湖北、四川、重庆、云南、西藏、台湾。亚洲东部、欧洲、南美洲、北美洲。

广口卷叶藓

Ulota eurystoma Nog., J. sci. Hiroshima Univ., ser. B, Div. 2, Bot. **3**: 213. pl. 18, f. 1-10. 1939. **Type**: Japan.

生境　不详。

分布　吉林(高谦和曹同,1983)、四川(李祖凰等, 2010)。日本。

无齿卷叶藓

Ulota gymnostoma S. L. Guo, Enroth & Virtanen, Ann. Bot. Fenn. **41**: 459. 2004. **Type**: China: Hunan, Liu Yang Co., on tree trunk, 1400m, *Virtanen 62 091* (holotype: H-BR).

生境　树干或树枝上,海拔 375～3500m。

分布　安徽、湖南、四川(Li et al., 2011)、贵州、云南、福建。中国特有。

东亚卷叶藓

Ulota japonica (Sull. & Lesq.) Mitt., Trans. Linn. Soc. London, Bot. **3**: 162. 1891. *Orthotrichum japonicum* Sull. & Lesq., Proc. Amer. Acad. Arts Sci. **4**: 277. 1859. **Type**: Japan (Hakodadi).

Ulota barclayi Mitt., J. Linn. Soc., Bot. **8**: 26. 1865.

Ulota nipponensis Besch., Ann. Sci. Nat., Bot., sér. 7, **17**: 339. 1893.

生境　树枝上,海拔 1230 ~ 1270m。

分布　重庆。日本。

台湾卷叶藓

Ulota morrisonensis Horik. & Nog., J. sci. Hiroshima Univ., ser. B, Div. 2, Bot. **3**: 37. 1937. **Type**: China: Taiwan, Tainan Co., Mt. Niitaka, *Noguchi 5985* (holotype: NICH).

生境　树干,海拔 3300m

分布　台湾。中国特有。

短柄卷叶藓

Ulota perbreviseta Dixon & Sakurai, Bot. Mag. (Tokyo) **49**: 139. 1935. **Type**: Japan: Fukui Pref., *Sakurai 1070* (lectotype:BM).

Ulota japonica (Sull. & Lesq.) Mitt. var. *perbreviseta* (Dixon & Sakurai) W. S. Hong & Ando, Theses Catholic Med. Coll. **3**: 380. 1959.

生境　竹枝上,海拔 2890m。

分布　安徽、四川。日本、朝鲜。

匍匐卷叶藓

Ulota reptans Mitt., Trans. Linn. Soc. London, Bot. **3**: 161. 1891. **Type**: Japan: Fujisan, *Bisset s. n.* (NY).

生境　林中树干,海拔 1230～3480m。

分布　吉林(Guo et al.,2007)、四川、重庆。日本,北美洲西部。

大卷叶藓

Ulota robusta Mitt., J. Proc. Linn. Soc. Bot. Suppl. **1**: 49. 1859. **Type**: India: Sikkim, *J. D. Hooker 216*, *219*, *244* (syntype: BM).

Orthotrichum robustum Wilson, Hooker's J. Bot. Kew Gard. Misc. **9**: 327. 1857, *nom nud*.

Ulota bellissima Besch., Ann. Soc. Nat. Bot., sér. 7, **15**: 57. 1892. **Type**: China: Yunnan, Koua-la-po (Ho-kin), *Delavay 1647* (holotype: FI).

生境　树干,海拔 3470～4000m。

分布　四川、云南、西藏。印度。

云南卷叶藓(新拟)

Ulota yunnanensis F. Lara, Caparrós & Garilleti, J. Bryol. **33**(3): 211. 2011. **Type**: China: Yunnan, Zhongdian Co., Mt. Xiaoxueshan, on tree trunk, 3845m, May 28. 1993, *D. G. Long 23 775* (holotype: E; isotype: PE, MO).

生境　树干上,海拔 3845m。

分布　云南(Caparrós et al., 2011)。中国特有。

巨孢卷叶藓(新拟)

Ulota gigantospora F. Lara, Caparrós & Garilleti, J. Bryol. **33**(3): 214. 2011. **Type**: China: Sichuan, Jiulong Co., 4200m, on tree trunk, Sept. 17. 2010, *D. G. Long 40 426* (holotype: E).

生境　树干上,海拔 4200m。

分布　四川(Caparrós et al., 2011)。中国特有。

变齿藓属 Zygodon Hook. & Taylor
Musc. Brit. 70. 1818.

模式种:*Z. conoideus* (Dicks.) Hook. & Taylor

本属全世界现有 83 种,中国有 6 种。

短齿变齿藓

Zygodon brevisetus Wilson ex Mitt., J. Proc. Linn. Soc., Bot., Suppl. **1**: 47. 1859. **Type**: India: Sikkim, *J. D. Hooker 198* (holotype: BM).

Zygodon brevisetus Wilson J. Bot. **9**:325. 1857, *nom. nud*.

生境　树干,海拔 3000 ~ 3650m。

分布　四川、云南、西藏。印度。

钝叶变齿藓

Zygodon obtusifolius Hook., Musci Exot. **2**: 159. 1819. **Type**: "Hab. In Nepal. Hon. *D. Gradner s. n.*" (lectotype: BM).

Bryomaltaea obtusifolia (Hook.) Goffinet, Bryol. Twenty-first Cent. 151. 1998.

Codonoblepharon obtusifolium (Hook.) A. Jaeger, Ber. Thätigk. St. Gallischen Naturwiss. Ges. **1872-1873**: 119. 1874.

Leratia obtusifolia (Hook.) Goffinet, Monogr. Syst. Bot. Missouri Bot. Gard. **98**: 286. 2004.

Zygodon asper Müll. Hal. Gatt. Zygodon 166. 1926.

Zygodon erythrocarpus Müll. Hal., Linnaea **42**: 365. 1879.

Zygodon linguiformis Müll. Hal., Bot. Zeitung (Berlin), **16**: 163. 1858.

Zygodon neglectus Hampe ex Müll. Hal., Hedwigia **37**: 133. 1898.

Zygodon rufulus Dusén Gatt. Zygodon 166. 1926.

Zygodon spathulaefolius Besch., Mém. Soc. Sci. Nat. Cherbourg, **16**: 187. 1872.

生境　树干附生或岩面着生，海拔500～2000m。

分布　云南。尼泊尔、斯里兰卡、泰国(Tan and Iwatsuki，1993)、越南(Tan and Iwatsuki，1993)、墨西哥、巴西、新西兰、澳大利亚，美洲中部。

南亚变齿藓

Zygodon reinwardtii (Hornsch.) A. Braun in B. S. G., Bryol. Eur. **3**: 41. 1838. *Syrrhopodon reinwardtii* Hornsch., Nova Acta Phys. -Med. Acad. Caes. Leop. -Carol. Nat. Cur. **14**(2): 700. 1829. **Type**: Indonesia: Java. "Hab. In Iava (Blume, Reinwardt)"(BM?).

Zygodon denticulatus Taylor, London J. Bot. **6**: 329. 1847.

Zygodon andinus Mitt., J. Linn. Soc., Bot. **12**: 236. 1869.

Zygodon circinatus Schimp. ex Besch., Mém. Soc. Sci. Nat. Cherbourg **16**: 18. 1872.

生境　树干，海拔3000～3850m。

分布　四川、云南。印度尼西亚、巴布亚新几内亚(Tan, 2000)、澳大利亚、秘鲁(Menzel, 1992)、巴西(Yano, 1995)、智利(He, 1998)，非洲。

芽胞变齿藓(新拟)

Zygodon rupestris Schimp. ex Lorentz, Bryol. Notizb. 32. 1865.

生境　树干，海拔1470～3410m。

分布　云南(Wilbraham and Long, 2005)。尼泊尔、不丹、日本，欧洲、北美洲。

绿色变齿藓

Zygodon viridissimus (Dicks.) Brid., Bryol. Univ. **1**: 592, 1826. *Bryum viridissimum* Dicks., Fasc. Pl. Crypt. Brit. **4**: 9. 1801. **Type**: "In pascuis Scotiae: Rosshire; in arburom truncis, et in muris, prope Kilcullen-bridge, in Hiberniâ, *D. Brown s. n.*" (BM).

Dicranum viridissimum (Dicks.) Turner, Muscol. Hibern. Spic. 71. 1804.

Gymnostomum viridissimum (Dicks.) Sm., Engl. Bot. **22**: 1583. 1806.

Amphoridium viridissimum (Dicks.) De Not., Atti. Reale Univ. Geneva **1**: 277. 1869.

生境　腐木着生，海拔2100～3726m。

分布　内蒙古、河北、四川、重庆(胡晓云和吴鹏程，1991)、云南、西藏、台湾。世界广泛分布。

云南变齿藓

Zygodon yunnanensis Malta, Gatt. Zygodon **1**: 111. 1926. **Type**: China: Yunnan, Zhongdian Co., 4250～4450m, June 23. 1915, *Handel-Mazzetti 6951* (isotypes: E, BM, H).

生境　树干或岩面上，海拔3200～4450m。

分布　云南。中国特有。

直齿藓目 Orthodontiales N. E. Bell, A. E. Newton & D. Quandt

直齿藓科 **Orthodontiaceae** Goffinet

Bryoph. Biol. 104. 2000.

本科全世界有4属，中国有1属。

拟直齿藓属(新拟) Orthodontopsis Ignatov & B. C. Tan

Arctoa **15**: 164. 2006.

模式种：*O. bardunovii* Ignatov & B. C. Tan

本属全世界现有2种，中国有1种。

具边拟直齿藓(新拟)

Orthodontopsis lignicola (Broth.) Ignatov & B. C. Tan, Arctoa **15**: 168. 2006. *Funaria lignicola* Broth., Symb. Sin **4**: 48. 1929. **Type**: China: Yunnan, Yungning, 3800～4030m, July 2. 1915, *Handel-Mazzetti 7137* (holotype: H-BR).

Orthodontium bilimbatum X. J. Li & D. C. Zhang, Acta Bot. Yunnan **18**(4): 416. 1996. **Type**: China: Yunnan, Zhongdian Co., 3750m, Sept. 20. 1994, *Zhang D. C. 138* (holotype: HKAS).

Orthodontium lignicolum (Broth.) D. C. Zhang, Fl. Yunnan 18. 2002.

生境　原始林下腐木生，海拔3400～3750m。

分布　四川、云南、西藏。中国特有。

皱蒴藓目 Aulacomniales N. E. Bell, A. E. Newton & D. Quandt

皱蒴藓科 **Aulacomniaceae** Schimp.

本科全世界有3属，中国有1属。

皱蒴藓属 Aulacomnium Schwägr.

Sp. Musc. Frond., Suppl. 3, **1**(1): 215. 1827.

模式种：*A. androgynum* (Hedw.) Schwägr.

本属全世界现有6种，中国有4种。

沼泽皱蒴藓

Aulacomnium androgynum (Hedw.) Schwägr., Sp. Musc. Frond., Suppl. 3, **1**(1): 215. 1827. *Bryum androgynum*

Hedw., Sp. Musc. Frond. 178. 1801.

Mnium androgynum (Hedw.) Smith, Trans. Linn. Soc. London, **7**: 261. 1804.

Orthopyxis androgyna (Hedw.) P. Beauv., Prodr. Aethéogam. 79. 1805.

Gymnocybe androgynai (Hedw.) Fries., Stirp. Agri Femsion. 27. 1825.

Fusiconia androgyna (Hedw.) P. Beauv. ex Brid., Bryol. Univ. **2**: 5. 1827, *nom. illeg.*

生境　潮湿泥炭土或各种腐殖质上,海拔 1200～2500m。

分布　吉林、内蒙古、新疆、云南。朝鲜、俄罗斯(远东地区及西伯利亚),欧洲、北美洲。

异枝皱蒴藓

Aulacomnium heterostichum (Hedw.) Bruch & Schimp., Bryol. Eur. **4**: 215. 1841. *Arrhenopterum heterostichum* Hedw., Sp. Musc. Frond. 198. 1801.

Hypnum heterostichumi (Hedw.) F. Weber & D. Mohr, Index Musc. Pl. Crypt. 3. 1803.

Bryum heterostichum (Hedw.) Arnott, Mém. Soc. Linn. Paris **5**: 278. 1827, *hom. illeg.*

生境　潮湿林的岩面上、砂土上或稀生于腐木上,海拔1300～3000m。

分布　黑龙江、吉林、辽宁、内蒙古、陕西、甘肃、湖南、湖北、四川、重庆。日本、朝鲜、俄罗斯,北美洲。

皱蒴藓

Aulacomnium palustre (Hedw.) Schwägr., Sp. Musc. Frond., Suppl. 3, **3**(1): 216. 1827. *Munium palustre* Hedw., Sp. Musc. Frond. 188. 1801.

Bartramia palustris (Hedw.) P. Beauv., Dict. Sci. Nat. **4**: 88. 1805.

Orthopyxis palustris (Hedw.) P. Beauv., Prodr. Aethéogam 79. 1805.

Gymnocephalus palustris (Hedw.) Schwägr., Sp. Musc. Frond., Suppl. 1, **2**: 87. 1816.

Gymnocybe palustris (Hedw.) Fr., Stirp. Agri Femsion. 27. 1825.

Aulacomnium palustre var. *imbricatum* Bruch & Schimp., Bryol. Eur. **4**: 217. 1841.

Limnobryum palustre (Hedw.) Rabenh., Krypt. -Fl. Sachsen **1**: 502. 1863.

Gymnocybe palustris var. *imbricatum* (Bruch & Schimp.) Lindb., Not. Sällsk. Fauna Fl. Fenn. Förh. **9**: 87. 1868.

Mnium papillosum Müll. Hal., Flora **59**: 93. 1875.

Sphaerocephalus palustris (Hedw.) Lindb., Musci Scand. **14**: 1879.

Aulacomnium papillosum (Müll. Hal.) A. Jaeger, Ber. Thätigk. St. Gallischen Naturwiss. Ges. **1877-1878**: 451. 1880.

Aulacomnium palustre subsp. *imbricatum* (Bruch & Schimp.) Kindb., Eur. N. Amer. Bryin. **2**: 338. 1897.

Aulacomnium palustre subsp. *papillosum* (Müll. Hal.) Kindb., Eur. N. Amer. Bryin. **2**: 337. 1897.

Aulacomnium palustre fo. *papillosum* Kab., Hedwigia **77**: 128. 1937.

Aulacomnium palustre var. *papillosum* (Müll. Hal.) Podp., Consp. Musc. Eur. 447. 1954.

生境　湿地边潮湿岩面上或林下沼泽地,海拔1200～3460m。

分布　黑龙江、吉林、辽宁、内蒙古、陕西、甘肃(安定国,2002)、新疆、湖北、四川、云南、西藏。巴基斯坦(Higuchi and Nishimura, 2003)、不丹、尼泊尔、印度、蒙古、日本、朝鲜、俄罗斯(远东地区、西伯利亚)、智利(He, 1998)、澳大利亚、新西兰,欧洲、北美洲、非洲。

大皱蒴藓

Aulacomnium turgidum (Wahlenb.) Schwägr., Sp. Musc. Frond., Suppl. 3, **1**(1): 7. 1827. *Mnium turgidum* Wahlenb., Fl. Lapp. 351. 1812.

Gymnocybe turgida (Wahlenb.) Lindb., Not. Sällsk. Fauna Fl. Fenn. Förh. **9**: 85. 1868.

Sphaerocephalus turgidus Lindb., Musci. Scand. 14. 1879.

生境　高寒地带的冻原或有时生于高寒地带的沼泽地。

分布　黑龙江、吉林、内蒙古、新疆、云南。不丹(Noguchi, 1971)、日本、朝鲜、俄罗斯(远东地区、西伯利亚),欧洲、北美洲、非洲。

桧藓目 Rhizogoniales (M. Fleisch.) Goffinet & W. R. Buck

桧藓科 **Rhizogoniaceae** Broth.

本科全世界有 5 属,中国有 1 属。

桧藓属 Pyrrhobryum Mitt.
J. Linn. Soc., Bot. **10**: 174. 1868.

模式种:*P. spiniforme* (Hedw.) Mitt.

本属全世界现有 9 种,中国有 3 种。

大桧藓

Pyrrhobryum dozyanum(Sande Lac.) Manuel, Cryptog. Bryol. Lichénol. **1**: 70. 1980. *Rhizogonium dozyanum* Sande Lac., Ann. Mus. Bot. Lugduno-Batavi **2**: 295. 1866.

生境　荫蔽的林地或岩面薄土上,海拔 1500～4100m。

分布　安徽、浙江、江西、湖南、湖北、四川、重庆、贵州、云南、西藏、福建、台湾、广东、广西、海南。日本、朝鲜、印度尼西亚。

阔叶桧藓

Pyrrhobryum latifolium (Bosch & Sande Lac.) Mitt., J. Linn. Soc., Bot. **10**: 175. 1868. *Rhizogonium latifolium* Bosch & Sande Lac., Bryol. Jav. **2**: 2. 1861.

Pyrrhobryum longiforum Mitt., J. Linn. Soc., Bot. **10**: 174. 1868.

Rhizogonium longiforum (Mitt.) A. Jaeger, Ber. Thätigk. St. Gallischen Naturwiss. Ges. **1873-1874**: 223. 1875.

Rhizogonium badakense M. Fleisch. ex Broth., Nat. Pflanzenfam. I (3): 618. 1904.

Rhizogonium spiniforme (Hedw.) Bruch in Krauss var. *badakense* (M. Fleisch. ex Broth.) Z. Iwats., J. Hattori Bot. Lab. **41**: 400. 1976.

Pyrrhobryum spiniforme (Hedw.) Mitt. var. *badakense* (M. Fleisch.) Manuel Cryptog. Bryol. Lichénol. **1**: 69. 1980.

生境　树干或腐木上，海拔1000～2300m。

分布　浙江、江西（何祖霞等，2008）、湖南、湖北、四川、重庆、贵州、云南、西藏、福建、台湾、广东、海南。越南、马来西亚、印度尼西亚、菲律宾、日本、坦桑尼亚（Ochyra and Sharp, 1988, as *Rhizogonium spiniforme*）。

刺叶桧藓

Pyrrhobryum spiniforme (Hedw.) Mitt., J. Linn. Soc. Bot. **10**: 174. 1868. *Hypnum spiniforme* Hedw., Sp. Musc. Frond. 236. 1801.

Rhizogonium spiniforme (Hedw.) Bruch in Krauss, Flora **29**: 134. 1846.

Mnium spiniforme (Hedw.) Müll. Hal., Syn. Musc. Frond. **1**: 175. 1848.

Rhizogonium armatum Sakurai, Bot. Mag. (Tokyo) **55**: 207. 1941.

生境　树基、岩面或湿润土面上，海拔770～2275m。

分布　浙江、江西、湖南、云南、西藏、福建、台湾、广东、广西、海南、香港。朝鲜、日本、印度、尼泊尔、斯里兰卡、缅甸、越南、泰国、柬埔寨、马来西亚、新加坡、菲律宾、印度尼西亚、巴布亚新几内亚、澳大利亚、新西兰、社会群岛、瓦努阿图、美国（夏威夷）、波多黎各（Crosby, 1967, as *Rhizogonium spiniforme*）、秘鲁（Menzel, 1992）、巴西、厄瓜多尔（Churchill, 1998）、坦桑尼亚（Ochyra and Sharp, 1988, as *R. spiniforme*）和马达加斯加。

树灰藓目 Hypnodendrales N. E. Bell, A. E. Newton & D. Quandt

卷柏藓科 Racopilaceae Kindb.

本科全世界有4属，中国有1属。

卷柏藓属 Racopilum P. Beauv.

Prodro. Aethéogam 36. 1805. **5**: 300. 1827.

模式种：*R. tomentosum* (Hedw.) Brid.

本属全世界现有44种，中国有4种。

疣卷柏藓

Racopilum convolutaceum (Müll. Hal.) Reichdt. in Fenzl, Reise Oest. Freg. Novara, Bot. **1** (3): 194. 1870. *Hypopterygium convolutaceum* Müll. Hal., Syn. Musc. Frond. **2**: 13. 1850. **Type**: Australia: Nova Hollandia, King Island, *Preiss* (holotype: B, probably destroyed in Berlin in 1943; neotype: Victoria, East Gippsland, *F. von Müller s. n.* (herb. Hampe 1881, BM).

Racopilum crinitum Hampe, Linnaea **36**: 525. 1870.

Racopilum aeruginosum Müll. Hal. in Geheeb, Rev. Bryol. **4**: 43. 1877, *nom. nud.*

Racopilum cuspidigerum (Schwägr.) Ångström var. *convolutaceum* (Müll. Hal.) Zanten & Dijikstra in Zanten & Hofman, Fragm. Flor. Geobot. 441. 1995.

生境　高山的滴水土面、腐木、树干或岩面。

分布　西藏。澳大利亚、新西兰、太平洋岛屿、智利。

薄壁卷柏藓（毛尖卷柏藓）

Racopilum cuspidigerum (Schwägr.) Ångström, Öfvers. Förh. Kongl. Svenska Vetensk. -Akad. **29** (4): 10. 1872. *Hypnum cuspidigerum* Schwägr., Voy. Uranie 229. 1828. **Type**: U. S. A.: Hawaiian Isls., *Gaudichaud s. n.* (syntype: BM).

Racopilum aristatum Mitt., J. Linn. Soc., Bot. **8**: 155. 1865.

Racopilum ferriei Thér., Monde Pl. **9**: 22. 1907.

生境　岩面、腐木、土面或树干上，海拔0～2700m。

分布　江苏（刘仲苓等，1989, as *R. aristatum*）、浙江（刘仲苓等，1989, as *R. aristatum*）、江西（Ji and Qiang, 2005）、湖北、湖南、四川、重庆、贵州、云南、西藏、福建（Thériot, 1932, as *R. aristatum*）、台湾、广东、广西、海南、香港。印度、斯里兰卡、缅甸（Tan and Iwatsuki, 1993）、泰国、越南、柬埔寨（Tan and Iwatsuki, 1993）、马来西亚、印度尼西亚、菲律宾、日本、巴布亚新几内亚、太平洋岛屿、澳大利亚、美国（夏威夷）、哥斯达黎加（Zanten, 2006）、智利（He, 1998）。

直蒴卷柏藓

Racopilum orthocarpum Wilson ex Mitt., J. Proc. Linn. Soc., Bot., Suppl. **1**: 136. 1859. **Type**: Nepal: Myong Valley, 4000ft., *Hooker s. n.* (isolectotypes: BM, GRO, L, W).

Racopilum siamense Dixon, J. Siam Soc. Nat. Hist. Suppl. **9**: 34. 1932.

生境　岩面或树干上，海拔500～2000m。

分布　云南、广西。不丹、尼泊尔、印度、斯里兰卡、缅甸、泰国、越南（Zanten, 2006）。

粗齿卷柏藓

Racopilum spectabile Reinw. & Hornsch., Nova Acta Phys. -Med. Acad. Caes. Leop. -Carol. Nat. Cur. **14** (2): 721. 1829. **Type**: Indonesia: Java, sine loco speciali, *Reinwardt* *s. n.* (lectotype: L.).

Hypnum moritzii Duby, Moritzi Syst. Verz. Pl. Zollingeri: 131. 1846.

Hypopterygium spectabile (Reinw. & Hornsch.) Müll. Hal., Syn. Musc. Frond. **2**: 12. 1850.

Racopilum loriae Müll. Hal., Flora **82**: 456. 1896.

Racopilum spectabile fo. *loriae* (Müll. Hal.) M. Fleisch., Nova Guinea **8**(4): 52. 1912.

Racopilum epiphyllosum M. Fleisch., Musci Buitenzorg **4**: 1629. 1923.

生境 岩面或树干上,海拔 300~2000m。

分布 云南、西藏、台湾、广西。泰国(Tan and Iwatsuki, 1993)、马来西亚、菲律宾、印度尼西亚、巴布亚新几内亚、新赫布里底群岛(南太平洋)、斐济、萨摩亚、社会群岛(Zanten, 2006)。

树灰藓科 Hypnodendraceae Broth.

本科全世界有 8 属,中国有 3 属。

树形藓属(新拟)Dendro-hypnum Hampe
Nuovo Giorn. Bot. Ital. 4: 289. 1872.

模式种:*D. beccarii* Hampe

本属全世界现有 9 种,中国有 1 种。

落叶树形藓(新拟)

Dendro-hypnum reinwardtii (Schwägr.) N. E. Bell, A. E. Newton & D. Quandt, Bryologist **110**: 556. 2007. *Hypnodendron reinwardtii* (Schwägr.) Lindb. ex A. Jaeger, Ber. Thätigk. St. Gallischen Naturwiss. Ges. **1877-1878**: 358. 1880. *Hypnum reinwardtii* Schwägr., Sp. Musc. Frond. Suppl. 3, **1** (1): 223. 1827. **Type**: Indonesia: Java, *Reinwardt s. n.*

Hypnodendron caducifolium Herzog, Hedwigia **61**: 292. 1919.

Hypnodendron reimwardtii (Schwägr.) Lindb. ex A. Jaeger subsp. *caducifolium* (Herzog) A. Touw, Blumea **19**: 245. 1971.

生境 树干上,稀生于岩面上或岩面薄土上。

分布 台湾。泰国(Tan and Iwatsuki, 1993)、印度尼西亚、马来西亚和菲律宾。

树灰藓属 Hypnodendron (Müll. Hal.) Lindb. ex Mitt.
Fl. Vit. 401. 1873.

模式种:*H. vitiense* Mitt.

本属全世界现有 8 种,中国有 1 种。

小叶树灰藓

Hypnodendron vitiense Mitt. in Seemann, Fl. Vit. 401. 1873. **Type**: Fiji Islands: *Seemann 842*.

Hypnodendron ambiguum Broth. in Schum. & Lauterb., Fl. Schutzgeb. Südsee Nachtr. 34. 1905, *nom. nud.*

Hypnodendron formosicum Cardot, Beih. Bot Centralbl., Abt. 2, **19**(2): 147. f. 39. 1905. **Type**: China: Taiwan, *Taitum 55*.

Hypnodendron angustirete Dixon, Ann. Bryol. **10**: 16. 1937.

生境 树干上或稀附着于岩面上,海拔 1650m。

分布 台湾、海南。日本、印度、印度尼西亚、菲律宾、澳大利亚。

木毛藓属 Spiridens Nees
Nova Acta Phys. -Med. Acad. Caes. Leop. -Carol. Nat. Cur. 11(1): 143. 1823.

模式种:*S. reinwardtii* Nees

本属全世界现有 11 种,中国有 1 种。

木毛藓

Spiridens reinwardtii Nees, Nova Acta Phys. -Med. Acad. Caes. Leop. -Carol. Nat. Cur. **11**(1): 143 f. 17A. 1823.

Neckera reinwardtii (Nees) Müll. Hal., Nova Acta Phys. -Med. Acad. Caes. Leop-Carol. Nat. Cur. **11**(1): 143. 1823.

生境 潮湿森林中的树干上,海拔 1200~1420m。

分布 台湾。菲律宾、印度尼西亚、新加坡、巴布亚新几内亚、新西兰。

棱蒴藓目 Ptychomniales W. R. Buck, C. J. Cox, A. J. Shaw & Goffinet

棱蒴藓科 **Ptychomniaceae** M. Fleisch.

本科全世界有 13 属，中国有 3 属。

绳藓属 Garovaglia Endl.
Gen. Pl. 57. 1836.

模式种：*G. plicata* (Brid.) Bosch. & Sande Lac.

本属全世界现有 19 种，中国有 4 种。

狭叶绳藓

Garovaglia angustifolia Mitt., J. Linn. Soc., Bot. **10**: 170. 1868.

Endotrichella angustifolia (Mitt.) Müll. Hal., J. Mus. Godeffroy **3**(6): 75. 1874.

Garovaglia longifolia Herzog, Hedwigia **49**: 124. 1909.

Endotrichella perrugosa Dixon, J. Bot. **80**: 25. 1942.

Endotrichella perundulata E. B. Bartram, Lloydia **5**: 275. 1942.

Endotrichella gyldenstolpei E. B. Bartram, Svensk Bot. Tidskr. **47**: 400. 1953.

生境　腐树枝上，海拔 1769m。

分布　西藏。越南、印度尼西亚、马来西亚、菲律宾、太平洋群岛。

南亚绳藓

Garovaglia elegans (Dozy & Molk.) Hampe ex Bosch. & Sande Lac., Bryol. Jav. **2**: 281. 1863. *Endotrichum elegans* Dozy & Molk., Ann. Sci. Nat. Bot., sér. 3, **2**: 303. 1844.

Pilotrichum elegans (Dozy & Molk.) Müll. Hal., Syn. Musc. Frond. **2**: 159. 1850.

Esenbeckia elegans (Dozy & Molk.) Mitt., Hooker's J. Bot. Kew Gard. Miscellany **8**: 263. 1856.

Garovaglia samoana Mitt., J. Linn. Soc., Bot. **10**: 169. 1868.

Endotrichella campbelliana Hampe, Linnaea **38**: 665. 1874.

Garovaglia novae-hannoverae Mitt., Trans. & Proc. Roy. Soc. Victoria **19**: 80. 1882, *nom. nud.*

Endotrichella novae-hannoverae Müll. Hal., Bot. Jahrb. Syst. **5**: 84. 1883.

Endotrichella pulchra Mitt., Proc. Linn. Soc. New South Wales **7**(1): 101. 1883.

Endotrichella arfakiana Müll. Hal. ex Geh., Biblioth. Bot. **44**: 16. 1898.

Endotrichella musgraveae Broth., Öfvers. Förh. Finska Vetensk. -Soc. **42**: 106. 1899[1900].

Endotrichella kaernbachii Broth., Fl. Schutzgeb. Südsee 89. 1900.

Garovaglia fauriei Broth. & Paris, Bull. Herb. Boissier sér. 2, **2**: 925. 1902.

Endotrichella elegans (Dozy & Molk.) M. Fleisch. in Broth., Nat. Pflanzenfam. I (3): 782. 1906.

Endotrichella fauriei (Broth. & Paris) M. Fleisch. ex Broth., Nat. Pflanzenfam. I (3): 782, 1906.

Endotrichella gracilescens Broth., Philipp. J. Sci. **8**: 76. 1913.

Endotrichella perplicata Broth., Philipp. J. Sci. 77. 1913.

Garovaglia formosica S. Okamura, Icon. Pl. Koishik. **3**: 59. 1916. **Type**: China: Taiwan, *Asahina s. n.*

Endotrichella elegans var. *brevicuspis* Nog., J. Jap. Bot. **13**: 784. 1937.

Endotrichella spinosa E. B. Bartram, Lloydia **5**: 276. 1942.

Endotrichella latifolia E. B. Bartram, Svensk Bot. Tidskr. **45**: 605. 1951.

Endotrichella apiculata E. B. Bartram, Contr. U. S. Nat. Herb. **37**: 56. 1965.

Endotrichella falcifolia E. B. Bartram, Contr. U. S. Nat. Herb. **37**: 57. 1965.

生境　树干、土面或岩面上，海拔 800～2000m。

分布　云南、西藏、台湾、广东、广西、海南。日本、菲律宾、越南、印度尼西亚(婆罗洲)、巴布亚新几内亚(Tan, 2000a)。

绳藓

Garovaglia plicata (Brid.) Bosch & Sande Lac., Bryol. Jav. **2**: 79. 1863. *Esenbeckia plicata* Brid., Bryol. Univ. **2**: 754. 1827.

Cryphaea plicata Nees in Brid., Bryol. Univ. **2**: 754. 1827, *nom. nud.*

Neckera plicata (Brid.) Schwägr., Sp. Musc. Frond., Suppl. 3, **2**(1): 268. 1829.

Endotrichum densum Dozy & Molk., Ann. Sci. Nat., Bot., sér. 3, **2**: 303. 1844

Pilotrichum plicatum (Brid.) Müll. Hal., Syn. Musc. Frond. **2**: 158. 1850.

Meteorium plicatum (Brid.) Mitt., J. Proc. Linn. Soc., Bot., Suppl. **1**: 84. 1859.

Endotrichum plicatum (Brid.) A. Jaeger, Ber. Thätigk. St. Gallischen Naturwiss. Ges., **1875-1876**: 231. 1877.

生境　树干，海拔 730～1300m。

分布　云南、海南。印度、斯里兰卡、印度尼西亚、越南、马来西亚、菲律宾、巴布亚新几内亚。

背刺绳藓

Garovaglia powellii Mitt., J. Linn. Soc., Bot. **10**: 169. 1868. **Type**: Samoa Islands, Tutuila, *Powell 3*.

Garovaglia densifolia Thwaites & Mitt., J. Linn. Soc., Bot. **13**: 312. 1873.

Garovaglia obtusifolia Thwaites & Mitt., J. Linn. Soc., Bot. **13**: 313. 1873.

Pilotrichum powellii (Mitt.) Müll. Hal., J. Mus. Godeffroy **3**(6): 75. 1874.

Endotrichum densifolium (Thwaites & Mitt.) A. Jaeger, Ber. Thätigk. St. Gallischen Naturwiss. Ges., **1875-1876**:

231. 1877.

Endotrichum powellii (Mitt.) A. Jaeger, Ber. Thätigk. St. Gallischen Naturwiss. Ges., **1875-1876**: 232. 1877.

Garovaglia brevifolia Bartram, Contrib. Unit. St. Nat. Herb. **37**: 57. 1965.

Garovaglia powellii Mitt. subsp. *densifolia* (Thwaites & Mitt.) During, Bryophyte. Biblioth. **12**: 133. 1977.

生境　树干,海拔 600～1350m。

分布　云南、海南。尼泊尔、越南、老挝、泰国、马来西亚、印度尼西亚、美国(夏威夷)、澳大利亚、斐济、社会群岛。

直稜藓属 Glyphothecium Hampe
Linnaea **30**: 637. 1860.

模式种:*G. sciuroides* (Hook.) Hampe

本属全世界现有 3 种,中国有 1 种。

直稜藓

Glyphothecium sciuroides (Hook.) Hampe, Linnaea **30**: 637. 1860. *Leskea sciuroides* Hook., Musci Exot. **2**: 175. 1819.

Cladomnion sciuroides (Hook.) Wilson, Fl. Nov. -Zel. **2**: 100. 1854.

Stereodon sciuroides (Hook.) Mitt., J. Proc. Linn. Soc., Bot. **4**: 89. 1860.

Ptychothecium sciuroides (Hook.) Hampe, Frag. Suppl. 50. 1881.

Garovaglia sciuroides (Hook.) Mitt., Trans. & Proc. Roy. Soc. Victoria **19**: 80. 1882.

生境　树干,海拔 2000～3200m。

分布　云南、台湾。斯里兰卡、印度尼西亚、菲律宾、巴布亚新几内亚、新西兰、澳大利亚,南美洲。

汉氏藓属 Hampeella Müll. Hal.
Bot. Centralbl. **7**: 348. 1881.

模式种:*H. pallens* (Sande Lac.) M. Fleisch.

本属全世界现有 3 种,中国有 1 种。

汉氏藓

Hampeella pallens (Sande Lac.) M. Fleisch., Musci Buitenzorg **3**: 664. 1908. *Cladomnion pallens* Sande Lac., Verh. Kon. Ned. Akad. Wetensch. Afd. Natuurk. **13**: 12. 1872.

Hampeella kurzii Müll. Hal., Bot. Centralbl. **7**: 348. 1881.

生境　潮湿的树枝上.

分布　台湾(Chiang and Kuo, 1989)。印度尼西亚、巴布亚新几内亚。

油藓目 Hookeriales M. Fleisch.

孔雀藓科 Hypopterygiaceae Mitt.

本科全世界有 8 属,中国有 4 属。

雉尾藓属 Cyathophorum P. Beauv.
Mag. Encycl. **5**(19): 324. 1804.

模式种:*C. pteridioides* P. Beauv.

本属全世界现有 5 种,中国有 4 种。

粗齿雉尾藓

Cyathophorum adiantum (Griff.) Mitt., J. Proc. Linn. Soc., Bot., Suppl. **1**: 147. 1859. *Neckera adiantum* Griff., Notul. Pl. As. **2**: 464. 1849.

Cyathophorum sublimbatum Thwaites & Mitt., J. Linn. Soc., Bot. **13**: 309. 1873.

Cyathophorella adiantum (Griff.) M. Fleisch., Musci. Buitenzorg **3**: 1094. 1908.

Cyathophorum tonkinense Broth. & Paris, Rev. Bryol. **35**: 46. 1908.

Cyathophorum japonicum Broth. in Cardot, Bull. Soc. Bot. Genève, sér. 2, **3**: 279. 1911.

Cyathophorella japonica Broth., Öfvers. Förh. Finska Vetensk. -Soc. **62A**(9): 31. 1920.

Cyathoporella tonkinensis (Broth. & Paris) Broth., Nat. Pflanzenfam. (ed. 2), **11**: 278. 1925.

Cyathoporella tonkinensis var. *minor* Nog., J. Hattori Bot. Lab. **2**: 80. 1947.

Cyathophorella subspinosa P. C. Chen, Feddes Repert. Spec. Nov. Regni Veg. **58**: 31. 1955. **Type**: China: Guangxi, Li-kiang (Lung-tschou), Da-ching-schan, 800m, Jan. 4. 1952, *P. C. Chen 25* (holotype: PE).

生境　树干、树枝、岩面或土面上,海拔 400～3500m。

分布　安徽、浙江、江西、重庆(胡晓云和吴鹏程,1991)、四川、云南、福建、台湾、广东、广西、海南、香港。尼泊尔、不丹、印度、缅甸(Tan and Iwatsuki, 1993, as *Cyathophorella adiantum*)、斯里兰卡、越南、泰国、马来西亚、印度尼西亚、日本。

短肋雉尾藓

Cyathophorum hookerianum (Griff.) Mitt., J. Proc. Linn. Soc., Bot., Suppl. **1**: 147. 1859. *Neckera hookeriana* Griff., Notul. Pl. As. **2**: 464. 1849.

Cyathophorum intermedium Mitt., Musci Ind. Or. : 148 1859.

Hypopterygium intermedium Mitt., J. Proc. Linn. Soc., Bot., Suppl. **1**: 148. 1859.

Cyathophorella hookeriana (Griff.) M. Fleisch., Musci Buitenzorg **3**:1094. 1908.

Cyathophorum philippinense Broth., Leafl. Philipp. Bot. **2**: 657. 1909.

Cyathophorum burkillii Dixon, Rec. Bot. Surv. India **6**: 67. 1914.

Cyathophorella burkillii (Dixon) Broth., Nat. Pflanzenfam. (ed. 2), **11**: 278. 1925.

Cyathophorlla intermedium (Mitt.) Broth., Nat. Pflanzenfam. (ed. 2), **11**: 277. 1925.

Cyathophorella densifolia Horik., Bot. Mag. (Tokyo) **48**: 460. 1934.

Cyathophorella grandistipulacea Dixon & Sakurai, Bot. Mag. (Tokyo) **50**: 519. 1936.

Cyathophorella kyusyuensis Horik. & Nog., J. Sci. Hrioshima Univ., ser. B, Div. 2, **2**(3): 25. 1936.

Cyathophorella anisodon Dixon & Herzog, Ann. Bryol. **12**: 92. 1939.

Dendrocyathophorum intermedium Herzog, J. Hattori Bot. Lab. **14**: 65. 1955.

Cyathophorella taiwaniana M. J. Lai, Taiwania **21**(2): 152. 1976. **Type**: China: Mt. Ali, *M. J. Lai 333* (holotype: TAI).

Cyathophorella rigidula P. C. Chen, Gen. Musc. Sin. **2**: 135. 1978. invalid, cited as synonym.

生境　树干、树枝上或偶尔生于土上，海拔160～2450m。

分布　江西(Ji and Qiang, 2005, as *Cyathophorella hookeriana*)、湖南、湖北、重庆、贵州、云南、西藏、福建、台湾、广东、广西、海南。尼泊尔、不丹、印度、缅甸、泰国、柬埔寨、老挝、越南、菲律宾、日本。

雉尾藓

Cyathophorum spinosum (Müll. Hal.) H. Akiy., Acta Phytotax. Geobot. **43**: 114. 1992. *Hookeria spinosa* Müll. Hal., Syn. Musc. Frond. **2**: 677. 1851.

Cyathophorum loriae Müll. Hal., Flora **82**: 456. 1896.

Cyathophorum penicillatum Müll. Hal., Flora **82**: 457. 1896.

Cyathophorella spinosa (Müll. Hal.) M. Fleisch., Musci Biutenzorg **3**: 1091. 1908.

Cyathophorella adianthoides Broth., Philipp. J. Sci. **8**: 84. 1913.

Cyathophorella penicillata (Müll. Hal.) M. Fleisch., Hedwigia **63**: 212. 1922.

Cyathophorella loriae (Müll. Hal.) M. Fleisch. ex Broth., Nat. Pflanzenfam. (ed. 2), **11**: 278. 1925.

生境　树干、树枝上或生于腐木上，海拔10～2300m。

分布　云南。泰国、柬埔寨(Tan and Iwatsuki, 1993, as *Cyathophorella spinosa*)、菲律宾、马来西亚、印度尼西亚、巴布亚新几内亚、所罗门群岛。

小叶雉尾藓(新拟)

Cyathophorum parvifolium Bosch & Sande Lac., Bryol. Jav. **2**: 5. 135. 1861.

Cyathophorella tenera (Bosch & Sande Lac.) M. Fleisch., Musci Fl. Buitenzorg **3**: 1095. 1908.

生境　树干上。

分布　云南(Tan, 2000b, as *Cyathophorella tenera*)。菲律宾、印度尼西亚、巴布亚新几内亚(Kruijer, 2002)。

树雉尾藓属 Dendrocyathophorum Dixon J. Bot. **74**: 7. 1936.

模式种：*D. assamicum* Dixon

本属全世界仅有1种。

树雉尾藓

Dendrocyathophorum decolyi (Broth. ex M. Fleisch.) Kruijer, Lindbergia **20**: 90. 1996. *Hypopterygium decolyi* Broth. ex M. Fleisch., Musci Buitenzorg **3**:1079. 1908.

Hypopterygium paradoxum Broth. in Cardot, Bull. Soc. Bot. Genève, ser. 2, **4**: 378. 1912.

Cyathophorella aoyagii Broth., Öfvers. Förh. Finska Vetensk. -Soc. **62A**(9): 31. 1920.

Dendrocyathophorum assamicum Dixon, J. Bot. **74**: 7. 1936.

Eurydictyon paradoxum (Broth.) Horik. & Nog. J. Sci. Hiroshima Univ., ser. B, Div. 2, Bot. **3**: 22. 1936.

Dendrocyathophorum paradoxum (Broth.) Dixon, J. Bot. **75**:126. 1937.

Hypopterygium novaeguineae E. B. Bartram, Rev. Bryol. **30**: 201. 1962.

Dendrocyathophorum herzogii Gangulee, Mosses E. India **6**: 1540. 1977.

生境　树干、树枝上或生于岩面上，海拔1000～1200m。

分布　重庆、贵州(Tan et al., 1994, as *D. herzogii*)、云南、西藏、台湾。印度、日本、泰国(Tan and Iwatsuki, 1993, as *D. paradoxum*)、菲律宾、印度尼西亚、巴布亚新几内亚。

孔雀藓属 Hypopterygium Brid. Bryol. Univ. **2**: 709. 1827.

模式种：*H. rotulatum* (Hedw.) Brid.

本属全世界现有9种，中国有3种。

大孔雀藓(新拟)

Hypopterygium elatum Tixier, Rev. Bryol. **34**: 152. 1966. **Type**: Vietnam: Chapa, *Petelot 8*.

生境　不详。

分布　四川(Kruijer, 2002)。越南(Kruijer, 2002)。

黄边孔雀藓

Hypopterygium flavolimbatum Müll. Hal., Syn. Musc. Frond. **2**: 10. 1850.

Hypopterygium tibetanum Mitt., J. Proc. Linn. Soc., Bot., Suppl. **1**: 148. 1859. **Type**: China: Xizang, *Thomson 682*.

Hypopterygium aristatum Bosch & Sande Lac., Bryol. Jav. **2**: 12. 1861.

Hypopterygium japonicum Mitt., J. Linn. Soc., Bot. **8**: 155. 1865.

Hypopterygium apiculatum Thwaites & Mitt., J. Linn. Soc., Bot. **13**: 309. 1873.

Hypopterygium fauriei Besch., Ann. Sci. Nat., Bot., sér. 7, **17**: 391. 1893.

Hypopterygium canadense Kindb., Rev. Bryol. **26**: 46. 1899.

Hypopterygium emodi Müll. Hal. in Kindb., Hedwigia **40**: 292. 1901, *nom. nud.*

Hypopterygium fauriei subsp. *solmsianum* Müll. Hal. ex Kindb., Hedwigia **40**: 286. 1901.

Hypopterygium solmsianum (Müll. Hal. ex Kindb.) M. Fleisch., Musci. Buitenzorg **3**: 1081. 1908.

Hypopterygium delicatulum Broth., Leafl. Philipp. Bot. **2**: 656. 1909.

Hypopterygium formosanum Nog., Trans. Nat. Hist. Soc. Formosa **26**: 148. 1936. **Type**: China: Taiwan, Tainan Co., Mt. Kodama, *A. noguchi 7200* (holotype: NICH).

Hypopterygium acuminatum Dixon, Rev. Bryol. **13**: 15. 1942.

Hypopterygium sasaokae Dixon, Rev. Bryol. **13**: 15. 1942.

Hypopterygium japonicum var. *acuminatum* (Dixon) Nog., J. Hattori Bot. Lab. **7**: 22. 1952.

Hypopterygium vietnamicum Pócs, Rev. Bryol. **34**: 806. 1967[1966].

生境　岩面、树干或土面上，海拔 650～3170m。

分布　黑龙江、陕西、安徽、浙江、江西、湖南、湖北、四川、重庆、贵州、云南、西藏、福建、台湾、广东、广西。巴基斯坦(Higuchi and Nishimura, 2003, as *Hypopterygium tibetanum* Mitt.)、尼泊尔、不丹、印度、斯里兰卡、泰国、越南、马来西亚、印度尼西亚、菲律宾、日本、巴布亚新几内亚、所罗门群岛、美国、加拿大。

南亚孔雀藓

Hypopterygium tamarisci (Sw.) Brid. ex Müll. Hal., Syn. Musc. Frond. **2**: 8. 1850. *Hypnum tamarisci* Sw., Fl. Ind. Occ. **3**: 1825. 1806.

Hypnum laricinum Hook., Musci Exot. **1**: 35. 1818.

Hookeri laricina (Hook.) Hook. & Grev., Edinburgh J. Sci. **2**: 234. 1825.

Hypopterygium flavescens Hampe, Linnaea **20**: 95. 1847.

Hypopterygium scutellatum Taylor, London J. Bot. **6**: 338. 1847.

Hypopterygium incrassatolimbatum Müll. Hal., Syn. Musc. Frond. **2**: 8. 1850.

Hypopterygium tenellum Müll. Hal., Bot. Zeitung (Berlin) **12**:557. 1854.

Hypopterygium brasiliense Sull., Proc. Amer. Acad. Arts **3**: 184. 1855.

Hypopterygium muelleri Hampe, Linnaea **28**: 215. 1856.

Hypopterygium ceylanicum Mitt., J. Proc. Linn. Soc., Bot., Suppl. **1**: 148. 1859.

Hypopterygium humile Mitt. ex Bosch & Sande Lac., Bryol. Jav. **2**: 15. pl. 143. 1861.

Hypopterygium oceanicum Mitt. in Hook. f., Handb. N. Zeal. Fl. : 487. 1867.

Hypopterygium viridulum Mitt. in Hook. f., Handb. N. Zeal. Fl. : 487. 1867.

Hypopterygium debile Reichardt, Verh. Zool. Bot. Ges. Wien **18**: 197. 1868.

Hypopterygium rigidulum Mitt., J. Linn. Soc., Bot. **12**: 329. 1869.

Hypopterygium sylvaticum Mitt., J. Linn. Soc., Bot. **12**: 329. 1869.

Hypopterygium flaccidum Mitt. in Seemann, Fl. Vit. : 390. 1873.

Hypopterygium neocaledonicum Besch., Ann. Sci. Nat., Bot., sér. 5, **18**: 222. 1873.

Hypopterygium tahitense Ängström, Öfvers. Förh. Kongl. Svenska Vetensk. -Akad. **30**(5): 121. 1873.

Hypopterygium pseudotamarisci Müll. Hal., Linnaea **38**: 645. 1874.

Hypopterygium macrorhynchum Ängström, Öfvers. Förh. Kongl. Svenska Vetensk. -Akad. **33**: 21. 1876.

Hypopterygium pygmaeum Müll. Hal., Linnaea **40**: 256. 1876.

Hypopterygium viridissimum Müll. Hal., Linnaea **40**: 255. 1876.

Hypopterygium argentinicum Müll. Hal. in Besch., Mém. Soc. Nat. Sci. Nat. Cherbourg **21**: 266. 1877.

Hypopterygium mauritianum Hampe ex Besch., Ann. Sci. Nat., Bot., sér. 6, **10**: 327. 1880.

Hypopterygium torulosum Schimp. ex Besch., Ann. Sci. Nat., Bot., sér. 6, **10**: 326. 1880.

Hypopterygium uliginosum Müll. Hal., Linnaea **43**: 470. 1882.

Pterobryon muelleri (Hampe) Mitt., Trans. & Proc. Roy. Soc. Victoria **19**: 81. 1882.

Hypopterygium falcatum Müll. Hal., Flora **69**: 514. 1886.

Hypopterygium sphaerocarpum Renauld, Rev. Bryol. **16**: 86. 1889.

Hypopterygium brevifolium Broth., Bol. Soc. Brot. **8**: 188. 1890.

Hypopterygium sinicum Mitt., Trans. Linn. Soc. Bot. London, Bot., **3**:169. 1891. **Type**: China: Hong Kong, *J. C. Bowring s. n.*

Hypopterygium subhumile Renauld & Cardot, Rev. Bot. Bull. Mens. **9**: 400. 1891.

Hypopterygium grandistipulaceum Renauld & Cardot, Bull. Soc. Roy. Bot. Belgique **32**: 28. 1893.

Hypopterygium lehmannii Besch., Bull. Herb. Boissier, sér. 2, **6**: 399. 1894.

Hypopterygium nadeaudianum Besch., Ann. Sci. Nat., Bot., sér. 7, **20**: 58. 1895.

Hypopterygium squarrulosum Müll. Hal., Hedwigia **36**: 106. 1897.

Hypopterygium arbusculosum Besch., Bull. Soc. Bot. France **45**: 127. 1898.

Hypopterygium bouvetii Besch., Bull. Soc. Bot. France **45**: 490. 1898.

Hypopterygium jungermannioides Müll. Hal. ex Kindb., Hedwigia **40**: 294. 1901.

Hypopterygium kaernbachii Broth. in K. Schum. & Lauterb., Fl. Deutsch. Schutzgeb. Südsee. 104. 1901[1900].

Hypopterygium levieri Broth. ex Kindb., Hedwigia **40**: 286. 1901.

Hypopterygium immigrans Lett., J. Bot. **42**: 249. 1904.

Hypopterygium bolivianum Herzog, Beih. Bot. Centralbl. **26**: 81. 1910.

Hypopterygium usambaricum Broth. in Brunnth., Denkschr. Kaiserl. Akad. Wiss., Math. -Naturwiss. Kl. **88**: 741. 1913.

Hypopterygium bowiei Broth. & Watts, J. & Proc. Roy. Soc. New South Wales **49**: 147. 1915.

Hypopterygium atrotheca Dixon, J. Bot. **66**: 350. 1928.

生境　岩面、树干或倒木上，海拔 150～1400m。

分布　云南、台湾、海南、香港。日本、斯里兰卡、越南、泰国、马来西亚、菲律宾、印度尼西亚、巴布亚新几内亚、澳大利亚、瓦努阿图、秘鲁(Menzel, 1992)、巴西(Yano, 1995)，非洲。

雀尾藓属 Lopidium Hook. f. & Wilson
Fl. Nov. -Zel. 2: 119. 1854.

模式种：*L. concinnum* (Hook.) Wilson

本属全世界现有 2 种，中国有 1 种。

爪哇雀尾藓

Lopidium struthiopteris (Brid.) M. Fleisch., Musci Buitenzorg **3**: 1073. 1908. *Hypnum struthiopteris* Brid., Muscol. Recent. Suppl. **2**: 87. 1812.

Hypnum penniforme Thunb. ex Brid., Muscol. Recent. Suppl. **2**: 96. 1812.

Pterygophyllum struthiopteris (Brid.) Brid., Muscol. Recent. Suppl. **4**: 151. 1819[1818].

Hypopterygium struthiopteris (Brid.) Brid., Bryol. Univ. **2**:716. 1827.

Hypopterygium trichocladon Bosch & Sande Lac., Bryol. Jav. **2**: 9. pl. 138. 1861.

Hypopterygium semimarginatulum Müll. Hal., J. Mus. Godeffroy **3**(6): 80. 1874.

Lopidium javanicum Hampe, Linnaea **38**: 672. 1874.

Lopidium pinnatum Hampe, Linnaea **38**: 672. 1874.

Hypopterygium javanicum (Hampe) A. Jaeger, Ber. Thätigk. St. Gallischen Naturwiss. Ges. **1874-1875**:150. 1876.

Hypopterygium subtrichocladum Broth., Bol. Soc. Brot. **8**: 189. 1890.

Hypopterygium campenonii Renauld & Cardot, Rev. Bot. Bull. Mens. **9**: 400. 1891.

Hypopterygium daymanianum Broth. & Geh. in Broth., Öfvers. Förh. Finska Vetensk. -Soc. **40**: 193. 1898.

Hypopterygium trichocladulum Besch., Bull. Soc. Bot. France **45**: 127. 1898.

Hypopterygium subpennaeforme Kindb., Hedwigia **40**: 282. 1901.

Lopidium trichocladon (Bosch & Sande Lac.) M. Fleisch., Musci Buitenzorg **3**: 1069. 1908.

Hypopterygium bonatii Thér., Bull. Acad. Int. Géogr. Bot. **19**: 23. 1909.

Hypopterygium francii Thér., Bull. Acad. Int. Géogr. Bot. **19**: 22. 1909.

Hypopterygium nazeense Thér., Bull. Acad. Int. Géogr. Bot. **19**: 17. 1909.

Hypopterygium parvulum Broth. & Paris, Öfvers. Förh. Finska Vetensk. -Soc. **53A**(11): 31. 1911.

Lopidium francii (Thér.) Thér., Musci & Hepat. Novae-Caledoniae Exsicc. 161. 1913.

Lopidium bonatii (Thér.) Broth., Nat. Pflanzenfam. (ed. 2), **11**: 271. 1925.

Lopidium nazeense (Thér.) Broth., Nat. Pflanzenfam. (ed. 2), **11**: 271. 1925.

Cyathophorella doii Sakurai, Bot. Mag. (Tokyo) **46**: 376. 1932.

Hypopterygium polythrix Dixon, Kongel. Norske Vidensk. Selsk. Skr. (Trondheim) **1932** (4): 15. 1932.

Hypopterygium congoanum Dixon & Thér., Rev. Bryol. **12**: 75. 1942.

生境　树干、土面或岩面，海拔 210～740m。

分布　西藏、台湾、海南、香港。日本、菲律宾、印度尼西亚、马来西亚、斯里兰卡、越南、老挝、柬埔寨、泰国、巴布亚新几内亚、新喀里多尼亚岛(法属)。

小黄藓科 **Daltoniaceae** Schimp.

本科全世界有 14 属，中国有 3 属。

毛柄藓属 Calyptrochaeta Desv.
Mém. Soc. Linn. Paris 3: 226. 1825.

模式种：*C. cristata* (Hedw.) Desv.

本属全世界现有 34 种，中国有 3 种。

日本毛柄藓

Calyptrochaeta japonica (Cardot & Thér.) Z. Iwats. & Nog.,

J. Hattori Bot. Lab. **46**: 236. 1979. *Eriopus japonicus* Cardot & Thér., Bull. Acad. Int. Géogr. Bot. **17**: 11. 1907. **Type**: Japan: Naze, *Ferrié s. n.*

生境 阴湿石面或树基上,海拔 580～2300m。

分布 江西(Ji and Qiang, 2005)、湖北、湖南、贵州、云南、福建、台湾、广西。日本。

小毛柄藓(新拟)

Calyptrochaeta parviretis (M. Fleisch.) Z. Iwats., B. C. Tan & A. Touw, J. Hattori Bot. Lab. **44**: 150. 1978.

Eriopus parviretis M. Fleisch., Musci Buitenzorg **3**: 1008. 1908.

生境 土面上,海拔 950m。

分布 台湾(Yang, 1963, as *Eriopus parviretis*)。印度尼西亚。

多枝毛柄藓刺齿亚种

Calyptrochaeta ramosa (M. Fleisch.) B. C. Tan & H. Rob. subsp. **spinosa** (Nog.) B. C. Tan & P. J. Lin, Harvard Pap. Bot. **7**: 29. 1995. *Eriopus spinosus* Nog., J. Sci. Hiroshima Univ., ser. B, Div. 2, Bot. **3**: 51. 1937. **Type**: China: Taiwan, Taihoku (Taipei) Co., Mt. Taihei, *Noguchi 6601a* (holotype: HIRO; type missing *fide* Deguchi, in litt., 1994).

Calyptrochaeta spinosa (Nog.) Ninh, Acta Bot. Acad. Sci. Hung. **27**: 159. 1981.

Calyptrochaeta pocsii Ninh, Acta Bot. Acad. Sci. Hung. **27**: 157. 1981.

生境 密林潮湿石面、树基或腐木上,海拔 400 ~ 2200m。

分布 四川、重庆、贵州、云南、台湾、广东、广西、海南。尼泊尔、越南。

小黄藓属 Daltonia Hook. & Taylor
Musc. Brit. 80. 1818.

模式种:*D. splachnoides* (Sm.) Hook. & Taylor

本属全世界现有 59 种,中国有 3 种。

狭叶小黄藓

Daltonia angustifolia Dozy & Molk., Ann. Sci. Nat., Bot., sér. 3, **2**: 302. 1844.

Daltonia strictifolia Mitt., J. Proc. Linn. Soc., Bot., Suppl. **1**: 146. 1859.

Daltonia angustifolia Dozy & Molk. var. *strictifolia* (Mitt.) M. Fleisch., Musci Buitenzorg **3**: 959. 1908.

生境 树干、树枝或稀生于岩面上,海拔 1900m。

分布 重庆、贵州、台湾。越南(Tan and Iwatsuki, 1993)、澳大利亚、坦桑尼亚(Ochyra and Sharp, 1988)。

芒尖小黄藓

Daltonia aristifolia Renauld & Cardot, Rev. Bryol. **23**: 105. 1896. **Type**: Indonesia: Java, *Massart 1395*.

生境 树干或树枝上。

分布 台湾。越南(Tan and Iwatsuki, 1993)。

折叶小黄藓

Daltonia semitorta Mitt., J. Proc. Linn. Soc., Bot., Suppl. **1**: 146. 1859. **Type**: India: Sikkim, Singalila, *J. D. Hooker s. n.* (holotype: NY).

生境 不详。

分布 四川。印度、尼泊尔。

黄藓属 Distichophyllum Dozy & Molk.
Musci Frond. Ined. Archip. Ind. **4**: 99. 1846.

模式种:*D. flavescens* (Mitt.) Paris

本属全世界现有 103 种,中国有 14 种,4 变种。

折叶黄藓

Distichophyllum carinatum Dixon ex Nicholson, Rev. Bryol. **36**: 24. 1909. **Type**: Austria: Salzburg, *Dixon & Nicholson s. n.*

生境 潮湿石灰岩上。

分布 四川、重庆。日本,欧洲西部。

卷叶黄藓

Distichophyllum cirratum Renauld & Cardot, Rev. Bryol. **23**: 104. 1896. **Type**: Indonesia: Java, Tjibodas, *Massart 1397* (isotype: FH).

卷叶黄藓原变种

Distichophyllum cirratum var. **cirratum**

Distichophyllum perundulatum Dixon, J. Linn. Soc., Bot. **50**: 106. 1935.

生境 阴湿土面上。

分布 广西、海南。马来西亚、泰国。

卷叶黄藓南亚变种

Distichophyllum cirratum var. **elmeri** (Broth.) B. C. Tan & P. J. Lin, Harvard Pap. Bot. **7**: 36. 1995. *Distichophyllum elmeri* Broth., Leafl. Philipp. Bot. **2**: 656. 1909. **Type**: Philippines: Luzon, Baguio, *Elmer 10 453* (holotype: H-BR).

Distichophyllum sinuosulum Dixon, J. Siam Soc. Nat. Hist. Suppl. **10**(1): 15. 1935.

Distichophyllum nigricaule Bosch & Sande Lac. var. *elmeri* (Broth.) B. C. Tan & H. Rob., Smithsonian Contr. Bot. **75**: 22. 1990.

生境 岩面上。

分布 台湾、海南。泰国、印度尼西亚、马来西亚、菲律宾。

厚角黄藓

Distichophyllum collenchymatosum Cardot, Bull. Soc. Bot.

Genève, sér. 2, **3**: 278. 1911.

厚角黄藓原变种

Distichophyllum collenchymatosum var. **collenchymatosum**

Distichophyllum cavaleriei Thér., Monde Pl., ser. 2, **9**: 22. 1907. **Type**: China: Guizhou, Tong Tcheou, 1904, *J. Cavalerie s. n.* (lectotype: PC).

Distichophyllum sinense Dixon, Hong Kong Naturalist, Suppl. **2**: 22. 1933. **Type**: China: Guangdong, White cloud Mountain. *Youngsaye s. n.* (Herklots 302C) (BM).

生境 林下、路边湿石或腐木上,海拔 200～1200m。

分布 浙江、湖南、贵州、云南、福建、台湾、广东、海南、香港。朝鲜、日本、菲律宾。

厚角黄藓短喙变种

Distichophyllum collenchymatosum var. **brevirostratum** (Thér.) B. C. Tan & P. J. Lin, Harvard Pap. Bot. **7**: 37. 1995.

Distichophyllum brevirostratum Thér., Monde Pl., **9**: 22. 1907. **Type**: China: Guizhou, Ping-fa, *J. Cavalerie s. n.* (holotype: PC).

生境 土面或岩面上。

分布 四川、西藏。中国特有。

厚角黄藓宽沿海变种

Distichophyllum collenchymatosum var. **pseudosinense** B. C. Tan & P. J. Lin, Harvard Pap. Bot. **7**: 38. 1995. **Type**: China: Hainan, Mt. Jianfengling, on thin soil over rock, July 1985, *P. J. Lin 3938* (holotype: IBSC; isotype: FH).

生境 土面或岩面上。

分布 安徽(吴明开等,2010)、浙江、江西(何祖霞等, 2008)、福建、广东、海南、香港。中国特有。

尖叶黄藓

Distichophyllum cuspidatum (Dozy & Molk.) Dozy & Molk., Musci Frond. Ined. Archip. Ind. **4**: 101. 1846. *Hookeria cuspidata* Dozy & Molk., Ann. Sci. Nat., Bot., sér. 3, **2**: 305. 1844.

生境 腐木、树基、树干或树枝上,海拔 800～1300m。

分布 重庆(胡晓云和吴鹏程,1991)、台湾、海南。斯里兰卡、印度、泰国、越南、马来西亚、印度尼西亚、菲律宾、巴布亚新几内亚。

东亚黄藓

Distichophyllum maibarae Besch., J. Bot. **13**: 40. 1899. **Type**: Japan: Maibara, Nov. 1893, *Faurie 11 130* (isotype: FH.).

Distichophyllum stillicidiorum Broth., Akad. Wiss. Wien Sitzungsber., Math. -Naturwiss. Kl., Abt. 1, **131**: 217. 1923. **Type**: China: Hunan, Mt. Yuelvshan, near Tschangscha, *Handel-Mazzetti 11 489* (H-BR).

Distichophyllum duongii Ninh, Acta Bot. Acad. Sci. Hung. **27**: 154. 1981. **Type**: Vietnam: Tamdao, lowland forest, on rock, *T. Ninh 68-149* (holotype: HNU).

生境 湿土面、荫蔽的岩壁、岩面或林中腐木,海拔400～2500m。

分布 江苏(刘仲苓等, 1989)、浙江、江西、湖南、重庆、贵州、云南、福建、台湾、广东、广西、海南、香港。印度、越南、马来西亚、菲律宾、越南、日本。

兜叶黄藓

Distichophyllum meizhiae B. C. Tan & P. J. Lin, Trop. Bryol. **10**: 55. 1995. **Type**: China: Yunnan, Gongshan Co., 1300m, Aug. 1982, *Wang Mei-Zhi 10 040* (holotype: PE).

生境 河边石上,海拔 1300m。

分布 云南。中国特有。

钝叶黄藓

Distichophyllum mittenii Bosch & Sande Lac., Bryol. Jav. **2**: 25. 1861. **Type**: Indonesia: Java, *Amann s. n.*

生境 岩面或腐木,海拔 1000～1650m。

分布 西藏、台湾、海南。斯里兰卡、泰国、越南、柬埔寨、马来西亚、印度尼西亚、菲律宾、巴布亚新几内亚。

匙叶黄藓

Distichophyllum oblongum B. C. Tan & P. J. Lin, Bot. Bull. Acad. Sin., n. s., **32**: 310. 1991. **Type**: China: Guangxi, Mt. Miaoershan, *P. J. Lin 1748* (holotype: FH).

匙叶黄藓原变种

Distichophyllum oblongum var. **oblongum**

生境 岩面上硬土上或腐木上,海拔 1900～2000m。

分布 广西。中国特有。

匙叶黄藓贵州变种

Distichophyllum oblongum var. **fanjingensis** P. J. Lin & B. C. Tan, Harvard Pap. Bot. **7**: 41. 1995. **Type**: China: Guizhou, Mt. Fanjingshan, on tree trunk, B. C. *Tan 91-1215* (holotype: FH; isotype: IBSC).

生境 树干。

分布 江西(何祖霞等, 2010)、贵州。中国特有。

钝尖黄藓(新拟)

Distichophyllum obtusifolium Thér., Monde Pl. **9** (45): 22. 1907.

生境 不详。

分布 贵州(Thériot, 1907)。日本、菲律宾。

大型黄藓

Distichophyllum osterwaldii M. Fleisch., Musci Buitenzorg **3**: 994. Pl. 170, f. a-g. 1908.

生境 岩面,海拔 1700m。

分布 福建、台湾、广西。日本、越南(Tan and Iwatsuki, 1993)、印度尼西亚、马来西亚、菲律宾。

屏东黄藓(新拟)*

Distichophyllum pseudo-malayense T. Y. Chiang & C. M. Kuo, Taiwania **34** (1): 89. 1989. **Type**: China: Taiwan, Pingtung Co., Laufoshan, 600m, Jan. 20. 1986, *T. Y. Chiang 12 811* (holotype: TAI).

生境 不详。

分布 台湾(Chiang and Kuo, 1989)。中国特有。

黑茎黄藓

Distichophyllum subnigricaule Broth., Philipp. J. Sci. **31**: 289. 1926. **Type**: Philippines: Mindanao, Zamboanga, *Mer-*

* Lin 和 Tan(1995)认为该种应该是小黄藓属的种类,但是并没有做分类处理。Crosby 等(1999)仍然将它作为一个接受的名称。

rill 8324.

黑茎黄藓原变种

Distichophyllum subnigricaule var. **subnigricaule**

生境　腐木上,海拔 900～1400m。

分布　重庆、云南、海南。马来西亚、菲律宾、印度尼西亚。

黑茎黄藓海南变种

Distichophyllum subnigricaule var. **hainanensis** P. J. Lin & B. C. Tan, Harvard Pap. Bot. **7**: 43. 1995. **Type**: China: Hainan, Mt. Diaoluoshan, on root, 1050m, Mar. 1990, *P. J. Lin et al. 945A* (holotype: IBSC; isotype: FH).

生境　林内树根上,海拔 1500m。

分布　海南。中国特有。

卷叶黄藓

Distichophyllum tortile Dozy & Molk. ex Bosch & Sande Lac., Bryol. Jav. **2**: 27. 1862. **Type**: Indonesia: Java, *Amann s. n.*

生境　林下潮湿土面上。

分布　海南。泰国、越南、马来西亚、菲律宾、印度尼西亚。

万氏黄藓

Distichophyllum wanianum B. C. Tan & P. J. Lin, Trop. Bryol. **10**: 57. 1995. **Type**: China: Yunnan, Lvchuan Co., on branch, *Zang Mu 550* (holotype: IBSC; isotypes: HKAS, FH).

生境　密林中的树枝、树基或岩面薄土上,海拔 100～2300m。

分布　云南(Tan and Lin, 1995)、广东、海南。中国特有。

油藓科 **Hookeriaceae** Schimp.

本科全世界有 2 属,中国有 1 属。

油藓属 Hookeria Sm.
Trans. Linn. Soc. London **9**: 275. 1808.

模式种:*H. lucens* (Hedw.) Sm.

本属全世界现有 10 种,中国有 1 种。

尖叶油藓

Hookeria acutifolia Hook. & Grev., Edinburgh J. Sci. **2**: 225. 1825.

Pterygophyllum nipponensis Besch., Ann. Sci. Nat., Bot., sér. 7, **17**: 362. 1893.

Hookeria nipponensis (Besch.) Broth., Nat. Pflanzenfam. Ⅰ(3): 934. 1907.

生境　林内阴湿岩面或腐木上。海拔 550 ~ 2500m。

分布　安徽、江苏、浙江、江西、湖南、湖北、四川、重庆、贵州、云南、西藏、福建、台湾、广东、广西、海南、香港、澳门。广泛分布于亚洲、非洲、北美洲东部、南美洲北部。

白藓科 **Leucomiaceae** Broth.

本科全世界有 3 属,中国有 1 属。

白藓属 Leucomium Mitt.
J. Linn. Soc., Bot. **10**: 181. 1868.

模式种:*L. debile* (Sull.) Mitt. (=**L. strumosum**)

本属全世界现有 5 种,中国有 1 种。

白藓

Leucomium strumosum (Hornsch.) Mitt., J. Linn. Soc. Bot. **12**: 502. 1869. *Hookeria strumosa* Hornsch., Fl. Bras. **1**(2): 69. 1840. **Type**: Brazil: Serra dos Orgaô, prope Tijucam, *Olfers s. n.*

Hypnum strumosum (Hornsch.) Müll. Hal., Syn. Musc. Frond. **2**: 238. 1851.

Leucomium debile (Sull.) Mitt., J. Linnean Soc., Bot. **10**: 181. 1868.

Leucomium acrophyllum (Hampe) Mitt., J. Linn. Soc., Bot. **12**: 501. 1869.

Leucomium attenuatum Mitt., J. Linn. Soc., Bot. **12**: 503. 1869.

Leucomium compressum Mitt., J. Linn. Soc., Bot. **12**: 502. 1869.

Leucomium contractile Mitt., J. Linn. Soc., Bot. **12**: 502. 1869.

Leucomium cuspidatifolium (Müll. Hal.) Mitt., J. Linn. Soc., Bot. **12**: 501. 1869.

Leucomium aneurdictyon (Müll. Hal.) A. Jaeger, Ber. Thätigkeit St. Gallischen Naturwiss. Ges. **1877- 1878**: 275. 1880.

Leucomium mariei Besch., J. Bot. (Morot) **8**: 178. 1894.

Leucomium mosenii Broth., Bih. Kongl. Svenska Vetensk.-Akad. Handl. 21 Afd **3**(3):56. 1895.

Leucomium connexum Renauld & Cardot, Bull. Soc. Bot. Belgique **41**(1): 113. 1905.

Leucomium riparium Broth., Hedwigia **45**: 288. 1906.

Leucomium mouretii Thér. & Corb. ex Thér., Ann. Bryol. **7**: 158. 1934.

Leucomium scabrum Besch. ex Thér., Ann. Bryol. **7**: 159. 1934.

Leucomium latifolium E. B. Bartram, Bryologist **49**: 120. 1946.

Leucomium robustum E. B. Bartram, Bull. Brit. Mus. (Nat. Hist.) Bot. **2**: 47. 1955.

生境　林地、岩面、湿土面或腐木上。

分布　云南、西藏、海南。泰国(Tan and Iwatsuki, 1993)、玻利维亚、巴西、哥伦比亚、厄瓜多尔、秘鲁、委内瑞拉(Churchill, 1998)。

毛枝藓科 **Pilotrichaceae** Kindb.

本科全世界有 21 属，中国有 4 属。

假黄藓属 Actinodontium Schwägr.

Sp. Musc. Frond., Suppl. 2, **2**(1): 75. 1826.

模式种：*A. adscendens* Schwägr.

本属全世界现有 8 种，中国有 1 种。

皱叶假黄藓

Actinodontium rhaphidostegum (Müll. Hal.) Bosch & Sande Lac., Bryol. Jav. **2**: 37. 160. 1862. *Hookeria rhaphidostega* Müll. Hal., Syn. Musc. Frond. **2**: 677. 1851. **Type**: Indonesia: Java, *Blume s. n.*

生境　岩石上的腐殖土。

分布　台湾。泰国(Touw, 1968)、柬埔寨(Tan and Iwatsuki, 1993)、菲律宾、印度尼西亚、马来西亚。

强肋藓属 Callicostella (Müll. Hal.) Mitt.

J. Proc. Linn. Soc., Bot., Suppl. **1**:136. 1859.

模式种：*C. papillata* (Mont.) Mitt.

全世界约有 95 种，中国有 2 种。

强肋藓

Callicostella papillata (Mont.) Mitt., J. Proc. Linn. Soc. Bot. Suppl. **1**: 136. 1859. *Hookeria papillata* Mont., London J. Bot. **3**: 632. 1844. **Type**: Indonesia: Java, Prov. Buitenzorg, *Miquel s. n.* (holotype: PC; isotype: NY).

Schizomitrium papillatum (Mont.) Sull., U. S. Expl. Exped. Musci 23. 1859.

生境　荫蔽、潮湿的树桩、岩面、腐木或树干上，海拔 50～970m。

分布　云南、西藏、台湾、广东、海南、香港。印度、斯里兰卡、缅甸、越南、泰国、柬埔寨、马来西亚、新加坡、菲律宾、印度尼西亚、社会群岛、瓦努阿图，非洲。

平滑强肋藓

Callicostella prabaktiana (Müll. Hal.) Bosch & Sande Lac., Bryol. Jav. **2**:40. 1862. *Hookeria prabaktiana* Müll. Hal., Syn. Musc. Frond. **2**: 678. 1851.

Schizomitrium prabaktiana (Müll. Hal.) H. Miller in H. Whittier & B. Whittier, Bryophyt. Biblioth. **16**: 251. 1978.

生境　林下沟边潮湿岩面、沙质土或树干上，海拔 175～350m。

分布　海南。泰国(Touw, 1968)、越南(Tan and Iwatsuki, 1993)、马来西亚。

圆网藓属 **Cyclodictyon** Mitt.

J. Proc. Linn. Soc., Bot. **7**: 163. 1864.

模式种：*C. laetevirens* (Hook. & Taylor) Mitt.

本属全世界现有 91 种，中国有 1 种。

南亚圆网藓

Cyclodictyon blumeanum (Müll. Hal.) O. Kuntze, Rev. Gen. Pl. **2**: 835. 1891. *Hookeria blumeana* Müll. Hal., Syn. Musc. Frond. **2**: 676. 1851. **Type**: Indonesia: Java, Hb. Al. Braun, *Blume s. n.* (isotype: NY).

生境　溪边石上湿土面或腐木上，海拔 820m。

分布　台湾、海南。马来西亚、太平洋群岛、澳大利亚。

拟油藓属 Hookeriopsis (Besch.) A. Jaeger

Ber. Thätigk. St. Gallischen Naturwiss. Ges. **1875-1876**: 358. 1877.

模式种：*H. leiophylla* (Besch.) A. Jaeger

本属全世界现有 29 种，中国有 1 种。

并齿拟油藓

Hookeriopsis utacamundiana (Mont.) Broth., Nat. Pflanzenfam. **1**(3): 942. 1907. *Hookeria utacamundiana* Mont., Ann. Sci. Nat., Bot., sér. 2, **17**: 247. 1842.

Hookeria secunda Griff., Calcutta J. Nat. Hist. **3**: 280. 1843[1842].

Lepidopilum sumatranum Bosch & Sande Lac., Bryol. Jav. **2**: 42. 1862.

Hookeriopsis pappeana (Hampe) A. Jaeger, Ber. Thätigkeit St. Gallischen Naturwiss. Ges. **1875-1876**: 360. 1877.

Hookeriopsis secunda (Griff.) Broth., Nat. Pflanzenfam. Ⅰ(3): 942. 1907.

Hookeriopsis sumatrana (Bosch & Sande Lac.) Broth., Nat. Pflanzenfam. Ⅰ(3): 942. 1907.

Hookeriopsis geminidens Broth., Philipp. J. Sci. **5**: 156. 1910.

Hookeriopsis percomplanata Cardot, Rev. Bryol. **50**: 77. 1923.

Thamnopsis utacamundiana (Mont.) W. R. Buck, Brittonia **39**: 21. 1987.

生境　密林中林地、树基或腐木上，海拔 400～2400m。

分布　湖南、贵州、云南、台湾、广东、广西、海南、香港。日本、斯里兰卡、越南、泰国、菲律宾、印度尼西亚、太平洋群岛。

灰藓目 Hypnales W. R. Buck & Vitt

粗柄藓科 **Trachylomataceae**(M. Fleisch.)W. R. Buck & Vitt

粗柄藓属 Trachyloma Brid.
Bryol. Univ. **2**: 277. 1827

模式种:*T. planifolium* (Hedw.) Brid.
本属全世界现有 57 种,中国有 1 种。

南亚粗柄藓

Trachyloma indicum Mitt., J. Proc. Linn. Soc., Bot., Suppl. **1**: 91. 1859.
Trachyloma tahitense Besch., Bull. Soc. Bot. France **45**: 118. 1898.
Trachyloma novae-guineae Müll. Hal., Hedwigia **41**: 130. 1902.
Trachyloma papillosum Broth., Philipp. J. Sci., **31**: 288. 1926.
Trachyloma indicum var. *latifolium* Nog., J. Hattori Bot. Lab. **2**: 79. 1947[1948].
Trachyloma indicum var. *novae-guineae* (Müll. Hal.) N. G. Mill. & Manuel, J. Hattori Bot. Lab. **51**: 312. 1982.
生境　树干,海拔 1300~2200m。
分布　台湾、海南。印度、斯里兰卡、泰国、越南、马来西亚、印度尼西亚、菲律宾、巴布亚新几内亚、澳大利亚、美国(夏威夷)。

水藓科 **Fontinalaceae** Schimp.

本科全世界有 3 属,中国有 2 属。

弯刀藓属 Dichelyma Myrin
Kongl. Vetensk. Acad. Handel. **1832**: 273. 1833.

模式种:*D. capillaceum* (With.) Myrin
本属全世界现有 6 种,中国有 1 种。

网齿弯刀藓

Dichelyma falcatum (Hedw.) Myrin, Kongl. Vetensk. Acad. Handel. **1832**: 274. 1833. *Fontinalis falcata* Hedw., Sp. Musc. Frond. 299. 1801.
Neckera falcata (Hedw.) Müll. Hal., Syn. Musc. Frond. **2**: 143. 1850.
Histriomntrium falcatum (Hedw.) Sendtn., Bryol. Siles. 278. 1869.
生境　溪涧水中湿石上、溪边树基或潮湿林地,海拔 2200m。
分布　新疆。欧洲、北美洲。

水藓属 Fontinalis Hedw.
Sp. Musc. Frond. 298. 1801.

模式种:*F. antipyretica* Hedw.
本属全世界现有 20 种,中国有 3 种,1 变种。

水藓

Fontinalis antipyretica Hedw., Sp. Musc. Frond. 298. 1801.
Pilotrichum antipyreticum (Hedw.) Müll. Hal., Syn. Musc. Frond. **2**: 148. 1850.
Fontinalis gigantean Sull. ex Sull. & Lesq., Musci Hep. U. S. (repr.). 104. 1856.
Fontinalis antipyretica var. *gigentea* (Sull. ex Sull. & Lesq.) Sull., Icon. Musc. 106. 1864.
Fontinalis gracilis Lindb., Hedwigia **6**: 39. 1867.
Fontinalis antipyretica var. *gracilis* (Lindb.) Schimp., Syn. Musc. Eur. (ed. 2), 552. 1876.
Fontinalis antipyretica subsp. *gracilis* (Lindb.) Kindb., Bih. Kongl. Svenska Vetenska. -Akad. Handl. **7**(9): 50. 1883.
Fontinalis gothica Cardot & Arnell, Rev. Bryol. **18**: 82, 87. 1891.
Fontinalis antipyretica subsp. *gothica* (Cardot & Arnell) Podp., Consp. Musc. Eur. 507. 1954.
生境　流动浅水中的岩石、树根或灌丛。
分布　吉林(Potier,1937)、内蒙古、新疆。日本、格陵兰岛(丹属),欧洲、北美洲、非洲。

羽枝水藓(柔枝水藓)原变种

Fontinalis hypnoides C. J. Hartm. var. **hypnoides**, Handb. Skand. Fl. (ed. 4),434. 1843.
生境　流动浅水中的岩面,海拔 800m。
分布　吉林、新疆。日本、俄罗斯(西伯利亚),欧洲、南美洲、北美洲、非洲北部。

羽枝水藓褶叶变种

Fontinalis hypnoides var. **plicatus** C. Gao, Fl. Musc. Chin. Boreali-Orient. 380. f. **151**: 3, **153**: 12-14. 1977. **Type**: China. Heilongjiang: Xiao-chingan-ling, Yichun, 1952, *Liou s. n.* (holotype: IFP).
生境　不详。
分布　黑龙江(高谦,1977)、吉林(高谦和曹同,1983)。中国特有。

仰叶水藓(新拟)

Fontinalis squamosa Hedw., Sp. Musc. Frond. 299. 1801.
Fontinalis arduennensis Grav., Bull. Soc. Roy. Bot. Belgique

10: 105. 1871.

Fontinalis dixonii Cardot, Rev. Bryol. **23**: 70. 1896.

生境　不详。

分布　黑龙江(Chen, 1955)。美国,欧洲。

棉藓科 Plagiotheciaceae M. Fleisch.

本科全世界有 7 属,中国有 7 属。

长灰藓属 Herzogiella Broth.

Nat. Pflanzenfam. (ed. 2),**11**: 466. 1925.

模式种:*H. boliviana* (Broth.) M. Fleisch.

本属全世界现有 10 种,中国有 5 种。

齿边长灰藓

Herzogiella perrobusta (Broth. ex Cardot) Z. Iwats., J. Hattori Bot. Lab. **33**: 377. 1970; *Isopterygium perrobustm* Broth. ex Cardot, Bull. Soc. Bot. Genève, sér. 2, **4**: 387. 1912. **Type**: Japan: Zuikotan, *Uyematsu s. n.* (lectotype: PC).

Hypnum spinulosum Sull. & Lesq., Proc. Amer. Acad. Arts. Sci. **4**: 280. 1859.

Isopterygium hisauchii S. Okamura, J. Coll. Sci. Imp. Univ. Tokyo **38**(4): 65. 1916.

Taxiphyllum hisauchii (S. Okamura) Iish., Cat. Mosses Japan 272. 1929.

Dolichotheca hisauchii (S. Okamura) Z. Iwats., J. Hattori Bot. Lab. **26**: 67. 1963.

Dolichotheca spinulosa (Sull. & Lesq.) Z. Iwats., J. Hattori Bot. Lab. **26**: 69. 1963.

Sharpiella spinulosa (Sull. & Lesq.) Z. Iwats., J. Hattori Bot. Lab. **28**: 205. 1965.

生境　常绿林下树干,海拔 2300~3900m。

分布　贵州、云南、西藏。日本、朝鲜。

残齿长灰藓

Herzogiella renitens(Mitt.) Z. Iwats., J. Hattori Bot. Lab. **33**: 374. 1970. *Stereodon renitens* Mitt., J. Proc. Linn. Soc., Bot., Suppl. **1**: 94. 1859. **Type**: India: Sikkim, 12 000ft, *J. D. Hooker 1000* (holotype: BM).

Heterophyllium renitens (Mitt.) Broth., Nat. Pflanzenfam. (ed. 2),**11**: 411. 1925.

Sharpiella renitens (Mitt.) Ando, Hikobia **5**: 181. 1969.

生境　林下岩面薄土。

分布　重庆、贵州。印度。

长灰藓

Herzogiella seligeri (Brid.) Z. Iwats., J. Hattori Bot. Lab. **33**: 374. 1970. *Leskea seligeri* Brid., Muscol Recent. **2**(2): 47. 1801.

Hypnum silesiaca F. Weber & D. Mohr, Arch. Syst. Naturg. **1**(1): 131. 1804.

Plagiothecium repens Lindb., Not. Sällsk. Fauna. Fl. Fenn. Förh. **9**: 36. 1868, *nom. illeg.*

Dolichotheca seligeri (Brid.) Loeske., Hedwigia **50**: 244. 1911.

Dolichotheca silesiaca (F. Weber & D. Mohr) M. Fleisch., Musci. Buitenzorg **4**: 1378. 1923.

Isopterygium seligeri (Brid.) Dixon in C. E. O. Jensen, Skand. Bladmossfl. 489. 1939.

Sharpiella seligeri (Brid.) Z. Iwats., J. Hattori Bot. Lab. **28**: 203. 1965.

生境　树枝上,海拔 700m。

分布　新疆、重庆、广东。欧洲、北美洲、非洲。

明角长灰藓

Herzogiella striatella(Brid.) Z. Iwats., J. Hattori Bot. Lab. **33**: 374. 1970. *Leskea striatella* Brid. Bryol. Univ. **2**: 762. 1827. **Type**: Canada: Newfoundland, *B. de la Pylaie s. n.*

Hypnum striatellum(Brid.) Müll. Hal., Syn Musc. Frond. **2**: 282. 1851.

Plagiothecium striatellum (Brid.) Lindb., Bot. Not. **1865**: 144. 1865.

Isopterygium striatellum (Brid.) Loeske, Stud. Morph. Syst. Laubm. 168. 1910.

Dolichotheca striatella (Brid.) Loeske, Hedwigia **50**: 244. 1911.

Sharpiella striatella (Brid.) Z. Iwats., J. Hattori Bot. Lab. **28**: 203. 1965.

生境　林地、岩面、树干或腐木上,海拔 620~3950m。

分布　陕西、安徽、江西、湖北、四川、重庆、贵州、广西(贾鹏等, 2011)。加拿大、美国、格陵兰岛(丹属)。亚洲东部和北部、欧洲。

沼生长灰藓

Herzogiella turfacea (Lindb.) Z. Iwats., J. Hattori Bot. Lab. **33**: 375. 1970. *Hypnum turfaceum* Lindb., Bot. Not. **1857**: 142. 1857. **Type**: Sweden: Påtraffädes med fullt utvecklade och yumniga frukter I slutet af July månad 1854 i Dalarna vid Grycksbo pappersbruk 1 1/4 mil n. Om Fahlum. (holotype: H).

Plagiothecium turfaceum (Lindb.) Lindb., Öfvers. Förh. Kongl. Svenska Vetensk. -Akad. **14**: 124. 1857.

Isopterygium turfaceum (Lindb.) Lindb., Contr. Fl. Crypt. As. 252. 1872.

Dolichotheca turfacea (Lindb.) Loeske, Hedwigia **50**: 244. 1911.

Rhynchostegium obsoletinerve Broth., Symb. Sin. **4**: 108. 1929. **Type**: China: Yunnan, Dali Co., *Handel-Mazzetti* 8699.

Sharpiella turfacea (Lindb.) Z. Iwats., J. Hattori Bot. Lab. **28**: 203. 1965.

生境　林中腐木、树干或岩面,海拔 1400~4050m。

分布　吉林(Koponen et al., 1983)、陕西、江西、四川、贵州、云南。日本、朝鲜、俄罗斯(远东地区)(Koponen et al., 1983),北欧、北美洲。

拟同叶藓属 Isoptcrygiopsis Z. Iwats.
J. Hattori Bot. Lab. 33: 379. 1970.

模式种：*I. muelleriana* (Schimp.) Z. Iwats.

本属全世界现有 3 种，中国有 2 种。

北地拟同叶藓

Isopterygiopsis muelleriana (Schimp.) Z. Iwats., J. Hattori Bot. Lab. **33**: 379. 1970. *Plagiothecium muellerianum* Schimp., Syn. Musc. Eur. **1**: 584. 1860. **Type**: Germany: Southern Tyrol, *J. Müller s. n.*

Hypnum muellerianum (Schimp.) Hook. f., Handb. N. Zealand Fl. 476. 1867.

Isopterygium muellerianum (Schimp.) A. Jaeger, Ber. Thätigkeit St. Gallischen Naturwiss. Ges. **1876-1877**: 441. 1878.

Isopterygium nitidulum (Wahlenb.) Kindb. subsp. *muelleri* Kindb., Canad. Rec. Sci. **6**: 72. 1894.

Orthothecium catagonioides Broth. ex Levier, Nuovo Giorn. Bot. Ital., n. s., **13**: 270. 1906.

生境　岩面上。

分布　吉林、四川、重庆。巴基斯坦(Higuchi and Nishimura, 2003)、不丹(Noguchi, 1971)、日本、俄罗斯(远东地区、西伯利亚)，欧洲、北美洲。

美丽拟同叶藓

Isopterygiopsis pulchella (Hedw.) Z. Iwats., J. Hattori Bot. Lab. **63**: 450. 1987. *Leskea pulchella* Hedw., Sp. Musc. Frond. **220**: 1801.

Plagiothecium pulchellum (Hedw.) Schimp. in B. S. G., Bryol. Eur. **5**: 187 (fasc. 48 Monogr. 9). 1851.

Isopterygium pulchellum (Hedw.) A. Jaeger, Ber. Thätigkeit St. Gallischen Naturwiss. Ges. **1876-1877**: 441. 1878.

生境　腐木上，海拔 900m。

分布　吉林、内蒙古、河北、宁夏、新疆、贵州、西藏。巴基斯坦[Higuchi and Nishimura, 2003, as *Isopterygium pulchellum* (Hedw.) A. Jaeger]、蒙古、俄罗斯(远东地区、西伯利亚)、新西兰，欧洲、北美洲、非洲。

小鼠尾藓属 Myurella Bruch & Schimp.
Bryol. Eur. 6: 39. (Fasc. 52-54, Monogr. 1.) 1853.

模式种：*M. julacea* (Schwägr.) Bruch & Schimp.

本属全世界现有 4 种，中国有 3 种。

小鼠尾藓

Myurella julacea (Schwägr.) Bruch & Schimp. Bryol. Eur. **6**: 41. pl. 560. 1853. *Leskea julacea* Schwägr. in Schultes, Reise Glockner **2**: 363, 1804. **Type**: France: *Villars s. n.*

Myurella sinensi-julacea Müll. Hal., Nuovo Giorn. Bot. Ital., n. s., **5**:206. 1898. **Type**: China: Shaanxi, Kuan-tou-san, Mt. Qinling, *Giraldi 2283d* (isotype: H).

Myurella gracillima Kindb. ex Paris, Index Bryol. Suppl. 253. 1900.

生境　高寒地区砂石质土或湿石上。

分布　吉林、内蒙古、河北、山西(Wang et al., 1994)、陕西、甘肃、青海、四川(Gao and Cao, 1992)、西藏。巴基斯坦(Higuchi and Nishimura, 2003)、缅甸、越南(Tan and Iwatsuki, 1993)、智利(He, 1998)。

刺叶小鼠尾藓

Myurella sibirica (Müll. Hal.) Reimers, Hedwigia **76**:292. 1937. *Hypnum sibiricum* Müll. Hal., Syn. Musc. Frond. **2**:418. 1851.

Myurella gracilis Lindb., Meddeland. Soc. Fauna Fl. Fenn. **13**: 254. 1886, *nom. illeg.*

生境　高寒地区的沼泽地或湿砂质土上。

分布　辽宁、内蒙古、河北、陕西、甘肃(Wu et al., 2002)、新疆、四川、西藏。日本、俄罗斯，欧洲、北美洲。

柔叶小鼠尾藓

Myurella tenerrima (Brid.) Lindb., Musci. Scand. 37. 1879.

Pterigynandrum tenerrimum Brid., Mant. Musc. 132. 1819.

Hypnum moniliforme Wahlenb. var. *apiculatum* Somm., Fl. Lapp. Suppl. 62. 1826.

Isothecium apiculatum (Somm.) Huebener, Musc. Germ. 598. 1833.

生境　高寒地区砂石质土或湿石上。

分布　内蒙古、宁夏、青海(Gao and Cao, 1992)、新疆。俄罗斯，欧洲、北美洲。

灰石藓属 Orthothecium Bruch & Schimp.
Bryol. Eur. 5: 105. 1851, *nom. cons.*

模式种：*O. rufescens* (Brid.) Bruch & Schimp.

本属全世界现有 10 种，中国有 3 种。

金黄灰石藓

Orthothecium chryseum (Schwägr.) Schimp., Bryol. Eur. **5**: 107. 1851. *Hypnum chryseum* Schwägr., Reise Glockner **2**: 364. 1804.

Brachythecium lapponicum Schimp., Syn. Musc. Eur. 697. 1860.

Orthothecium lapponicum (Schimp.) C. Hartm., Handb. Skand. Fl. (ed. 10), **2**: 29. 1871.

生境　不详。

分布　新疆、西藏。俄罗斯，欧洲、北美洲。

直叶灰石藓

Orthothecium intricatum (Hartm.) Schimp., Bryol. Eur. **5**: 108. 1851. *Leskea intricata* Hartm., Handb. Skand. Fl. (ed. 5), 336. 1849.

Orthothecium hyalopiliferum Redf. & B. H. Allen, Bryologist **94**(4): 449. 1991. **Type**: China: Sichuan, Marerkang Co., 3120m, *Rdefearn 35 166* (holotype: MO; isotypes: DUKE, FH, H, HIRO, NY, PE, TENN).

生境　岩面，海拔2570～3280m。

分布　山西(Wang et al., 1994)、四川、贵州、云南(Redfearn and Allen, 2005, as *O. haylopiliferum*)。日本，欧洲、北美洲、非洲北部。

灰石藓

Orthothecium rufescens (Dicks. ex Brid.) Schimp., Bryol. Eur. **5**: 107 pl. 480 (fasc. 48 Monogr. 1. 3). 1851. *Hypnum rufescens* Dicks. ex Brid., Muscol. Recent. **2**(2): 139. 1801.

Leskea rufescens (Dicks. ex Brid.) Schwägr., Sp. Musc. Frond., Suppl. 1, **2**: 178 pl. 86. 1816.

Isothecium rufescens (Dicks. ex Brid.) Huebener, Muscol. Germ. 600. 1833.

Pylaisia rufescens (Dicks. ex Brid.) De Not., Comment. Soc. Crittog. Ital. **2**: 301 [Cronac. Briol. Ital. **2**: 35]. 1867.

生境　岩面上，海拔2800～3500m。

分布　西藏、台湾(Chiang and Kuo, 1989)。日本、俄罗斯(西伯利亚)，欧洲、北美洲。

棉藓属 Plagiothecium Bruch & Schimp. Bryol. Eur. 5: 179. 1851.

模式种：*P. denticulatum* (Hedw.) Bruch & Schimp.

本属全世界约有90种，中国有17种，6变种，1变型。

圆条棉藓(圆枝棉藓，兜叶棉藓)

Plagiothecium cavifolium (Brid.) Z. Iwats., J. Hattori Bot. Lab. **33**: 260. 1970. *Hypnum cavifolium* Brid., Bryol. Univ. **2**: 556. 1827. **Type**: In insula Terre Neuve in terra habita. *La Pylaie* detexit et communicavit (holotype: B).

圆条棉藓原变种

Plagiothecium cavifolium var. **cavifolium**

Plagiothecium roeseanum Bruch & Schimp., Bryol. Eur. **5**: 193. 1851.

Plagiothecium sylvaticum (Brid.) Schimp. var. *cavifolium* Jur., Bryoth. Eur. **16**: n. 785. 1864.

生境　林下土面、岩面或腐木上，海拔900～3200m。

分布　吉林、内蒙古、山东、陕西、甘肃、新疆(买买提明等，2010)、安徽、江苏(刘仲苓等，1989)、上海(李登科和高彩华，1986)、浙江、湖南、四川、重庆、贵州、云南、西藏、福建、香港。巴基斯坦(Higuchi and Nishimura, 2003)、尼泊尔、不丹、日本、朝鲜、蒙古、俄罗斯(远东地区)，欧洲、北美洲。

圆条棉藓长角变型

Plagiothecium cavifolium fo. **otii** (Sakurai) Z. Iwats., J. Hattori Bot. Lab. **33**: 363. 1970. *Plagiothecium otii* Sakurai, Bot. Mag. (Tokyo) **62**: 113. 1949.

生境　林下土面。

分布　四川。日本。

圆条棉藓阔叶变种

Plagiothecium cavifolium var. **fallax** (Cardot & Thér.) Z. Iwats., J. Hattori Bot. Lab. **33**: 363. 1970. *Plagiothecium fallax* Cardot & Thér., Proc. Wash. Acad. Sci. **4**: 336. 1902.

生境　林下石壁、腐木或树干基部，海拔1050～2700m。

分布　陕西、安徽、浙江、湖南、四川、西藏、福建。日本、美国(阿拉斯加)。

弯叶棉藓

Plagiothecium curvifolium Schlieph. ex Limpr., Laubnt. Deutschl. **3**: 269. 1897.

Plagiothecium denticulatum var. *curvifolium* (Limpr.) Myel., Bull. Soc. Vaud. Sci. Nat. ser. 5, **41**: 151. 1905.

生境　林下土面上，海拔100～2700m。

分布　江苏、浙江、湖南、福建、台湾(Chiang and Kuo, 1989)。日本，欧洲、北美洲、非洲。

棉藓

Plagiothecium denticulatum (Hedw.) Bruch & Schimp., Bryol. Eur. **5**: 190. 1851. *Hypnum denticulatum* Hedw., Sp. Musc. Frond. 237. 1801. **Type**: *Starke*, Possibly in Germany (lectotype: G-herb. No. 1828/10).

棉藓原变种

Plagiothecium denticulatum var. **denticulatum**

Stereodon denticulatus (Hedw.) Mitt., J. Linn. Soc., Bot., **7**: 158. 1863.

生境　林下土面、岩面或腐木上，海拔1500～3090m。

分布　吉林、内蒙古、陕西、新疆(买买提明等，2010)、江西、西藏。孟加拉国(O' Shea, 2003)、巴基斯坦(Higuchi and Nishimura, 2003)、日本、俄罗斯、智利(He, 1998)，欧洲、北美洲。

棉藓钝叶变种

Plagiothecium denticulatum var. **obtusifolium** (Turner) Moore, Proc. Roy Irish Acad. **1**: 424. 1873. *Hypnum denticulatum* var. *obtusifolium* Turner, Muscol. Hibern. Spic. 146. pl. 12 f. 2. 1804.

Hypnum obtusifolium (Turner) Brid., Sp. Musc. Frond. **2**: 93. 1812.

生境　阴湿石面，海拔1650m。

分布　新疆。日本，北美洲。

直叶棉藓

Plagiothecium euryphyllum (Cardot & Thér.) Z. Iwats., J. Hattori Bot. Lab. **33**: 348. 1970. *Isopterygium euryphyllum* Cardot & Thér., Bull. Acad. Géogr. Int. Bot. **18**: 3. 1908. **Type**: Japan: Oshima, Yuwandake, Oct. 17. 1899,

P. J. -B. Ferrie s. n. (holotype: PC; isotype: NICH).

直叶棉藓原变种

Plagiothecium euryphyllum var. **euryphyllum**

Plagiothecium splendens Schimp. ex Cardot, Bull. Soc. Bot. Genève, sér. 2, **4**: 384. 1912.

生境 岩面或树干基部,海拔 800～1900m。

分布 山东(赵遵田和曹同, 1998)、安徽、江苏、浙江、江西、湖南、四川、重庆、贵州、福建、台湾、广东(何祖霞等, 2004)、香港。越南、朝鲜、日本。

直叶棉藓短尖变种

Plagiothecium euryphyllum var. **brevirameum** (Cardot) Z. Iwats., J. Hattori Bot. Lab. **33**: 351. 1970. *Plagiothecium splendens* var. *brevirameum* Cardot, Bull. Soc. Bot. Genève, sér. 2, **4**: 384. 1912. **Type**: Japan: Kuroishi, Aomori Pref., *U. Faurie 56* (holotype: PC; isotype: KYO).

生境 岩石或树干基部,海拔 1050～3500m。

分布 安徽、浙江、江西、四川、重庆、贵州、西藏、福建。日本。

台湾棉藓

Plagiothecium formosicum Broth. & Yasuda, Rev. Bryol. **53**: 3. 1926. **Type**: China: Taiwan, Mt. Daibu, Jan. 3. 1922, *E. Matsuda s. n.* (holotype: H).

台湾棉藓原变种

Plagiothecium formosicum var. **formosicum**

生境 林下土面或腐木上,海拔 2700～3350m。

分布 陕西、湖北、四川、重庆(胡晓云和吴鹏程,1991)、贵州、云南、西藏、福建。中国特有。

台湾棉藓直叶变种

Plagiothecium formosicum var. **rectiapex** D. K. Li, Acta Phytotax. Sin. **19**(2): 265. 1981. **Type**: China: Xizang, Yadong Co., on soil, 3400m, July 29. 1979, *Zang Mu 1965* (holotype: HKAS; isotype: SHAL).

生境 树干或腐木上,海拔 2700～3000m。

分布 湖南、贵州、西藏。中国特有。

滇边棉藓

Plagiothecium handelii Broth., Symb. Sin. **4**: 115. 1929. **Type**: China: Yunnan, *Handel-Mazzetti 9339*, *8314*, *8101*, *7817* (syntype: H-BR).

生境 土面或树干基部,海拔 2400～3900m。

分布 四川、贵州、云南。中国特有。

光泽棉藓

Plagiothecium laetum Bruch & Schimp., Bryol. Eur. 48. 1851.

Plagiothecium curvifolium Schlieph. ex Limpr., Laubm. Deutschl. **3**: 369. 1897.

Plagiothecium denticulatum var. *laetum* (Bruch & Schimp.) Lindb., Not. Sällsk. Fauna Fl. Fenn. Förh. **9**: 31. 1868.

生境 林下土面、树干或腐木上,海拔 1500～3250m。

分布 吉林、内蒙古、山西(Wang et al., 1994)、陕西、新疆、云南、西藏、重庆、贵州。俄罗斯,欧洲中部、北美洲。

小叶棉藓

Plagiothecium latebricola Schimp., Bryol. Eur. **5**: 184. pl. 494. 1851.

Leskea latebricola (Schimp.) Wilson, Bryol. Brit. 329. 1855.

Hypnum latebricolum (Schimp.) Hook., Syn. Brit. Moss. 160. 1873.

生境 林下腐木上,海拔 2700m。

分布 吉林(Cao et al., 2002)、陕西、新疆(买买提明等, 2010)、重庆。巴基斯坦(Higuchi and Nishimura, 2003)、日本,欧洲、北美洲。

扁平棉藓(拟平棉藓、扁枝棉藓、平棉藓)

Plagiothecium neckeroideum Bruch & Schimp., Bryol. Eur. **5**: 195. 1851.

扁平棉藓原变种

Plagiothecium neckeroideum var. **neckeroideum**

Hypnum neckeroideum (Bruch & Schimp.) Lindb., Not. Sällsk. Fauna Fl. Fenn. Förh. **9**: 28. 1868.

生境 生于树干基部、腐木、岩面或林下土面,海拔 104～2660m。

分布 陕西、甘肃(安定国,2002)、安徽、浙江、江西、湖南(Enroth and Koponen, 2003)、湖北、四川、重庆、贵州、云南、西藏、福建。日本、尼泊尔、不丹(Noguchi, 1971)、印度、泰国、印度尼西亚、菲律宾、俄罗斯,欧洲。

扁平棉藓宽叶变种

Plagiothecium neckeroideum var. **niitakayamae** (Toyama) Z. Iwats., J. Hattori Bot. Lab. **33**: 354. 1970. *Plagiothecium niitakayamae* Toyama, Acta Phytotax. Geobot. **6**: 174. 1937. **Type**: China: Taiwan, Taiyu, Mt. Niitakayama, *Tagawa s. n.*

生境 腐木或树皮上,海拔 1800～3800m。

分布 安徽、浙江、四川、贵州、云南、西藏、福建。日本。

扁平棉藓锡金变种

Plagiothecium neckeroideum var. **sikkimense** Renauld & Cardot, Bull. Soc. Roy. Bot. Belgique **41**(1): 108. 1905.

生境 林下岩面,海拔 3000～3350m。

分布 云南、西藏。印度、尼泊尔、菲律宾。

垂蒴棉藓(丛林棉藓)

Plagiothecium nemorale (Mitt.) A. Jaeger, Ber. Thätigkeit Gallischen Naturwiss. Ges. **1876-1877**: 451. 1878. *Stereodon nemorale* Mitt., J. Proc. Linn. Soc. Bot. Suppl. **1**: 104. 1859. **Type**: India: Sikkim, *J. D. Hooker s. n.* (holotype: NY).

Plagiothecium sylvaticum (Brid.) Bruch. & Schimp., Bryol. Eur. **5**: 192 pl. 503. 1851.

Plagiothecium longisetum Lindb., Contr. Fl. Crypt. As. 232. 1872.

Plagiothecium sylvaticum var. *nemorale* (Mitt.) Paris, Index Bryol. 967. 1898.

生境 土面或岩面,海拔 150～3500m。

分布 黑龙江、吉林、内蒙古、山东(赵遵田和曹同, 1998)、陕西、安徽、江苏、上海、浙江、江西、湖南、四川、重庆、贵州、云南、西藏、福建、广东、广西(左勤等, 2010)、香港。巴基斯坦(Higuchi and Nishimura, 2003)、朝鲜、日本、印度、尼泊尔、不丹、缅甸、俄罗斯,欧洲、非洲。

圆叶棉藓

Plagiothecium paleaceum (Mitt.) A. Jaeger, Ber. Thätigkeit

Gallischen Naturwiss. Ges. **1876-1877**: 452. 1878. *Sterodon paleaceus* Mitt., J. Proc. Linn. Soc., Bot., Suppl. **1**: 103. 1859. **Type**: China: Xizang, *Thomson s. n.* (lectotype: NY). **Syntypes**: India: west Bengal State, Darjiling, "Tonglo", 7000～8000ft, *Hooker s. n.* (NY).

Ortholimnobium borii Dixon, J. Bombay Nat. Hist. Soc. **39**: 787. pl. 1, f. 15. 1937.

Plagiothecium rotundifolium D. K. Li, Acta Phytotax. Sin. 19. **2**: 265. 1981. **Type**: China: Xizang, Yadong Co., Apr. 1975, *Zang Mu 288* (holotype: HKAS).

生境　土面或岩面，海拔 2100～3680m。

分布　陕西、四川、重庆、贵州、云南、西藏。印度。

毛尖棉藓

Plagiotheciumpiliferum (Hartm.) Bruch & Schimp., Bryol. Eur. **5**: 186 pl. 496 (fasc. 48. Monogr. 8. 3). 1851. *Leskea piliferum* Sw. ex Hartm., Skand. Fl. 419. 1870.

Isopterygium piliferum (Hartm.) Loeske, Stud. Morph. Syst. Laubm. 169. 1910.

生境　林下土壁或腐木上，海拔 1500m。

分布　吉林。俄罗斯，欧洲、北美洲。

阔叶棉藓

Plagiothecium platyphyllum Mönk., Laubm. Eur. **866**: 207b. 1927.

生境　林下土表、岩面、腐木或树干基部，海拔 1400～3460m。

分布　山东(赵遵田和曹同, 1998)、陕西、安徽、江苏(刘仲苓等, 1989)、上海(李登科和高彩华, 1986)、浙江(刘仲苓等, 1989)、江西(何祖霞等, 2010)、四川、重庆、贵州、云南。日本，欧洲。

石氏棉藓

Plagiothecium shevockii S. He, Novon **18**: 344. 2008. **Type**: China: Taiwan, Miaoli Co., 3600m, Apr. 26. 1999, *Shevock 18 109* (holotype: MO; isotypes: CAS, PE, TAIE, UC).

生境　岩面，海拔 3600m。

分布　台湾。中国特有。

狭叶棉藓

Plagiothecium subulatum Broth., Symb. Sin. **4**: 115. 1929. **Type**: China: Yunnan, *Handel-Mazzetti 5719* (holotype: H).

生境　温带林内裸露泥土上，海拔 1920m。

分布　云南。中国特有。

长喙棉藓（小棉藓）

Plagiothecium succulentum (Wilson) Lindb., Bot. Not. **1865**: 43. 1865. *Hypnum succulentum* Wilson, Bryol. Brit. 407. 1855.

生境　林下土面、岩面或树干，海拔 1200 ~ 3500m。

分布　吉林、山西(Wang et al., 1994)、河南、陕西、安徽、江苏(张政等, 2006)、浙江、江西、湖南、四川、重庆、云南、西藏、福建、广东、广西。欧洲。

波叶棉藓

Plagiothecium undulatum (Hedw.) Bruch & Schimp., Bryol. Eur. **5**: 195, pl. 506 (fasc. 48. Monogr. 17. 13). 1851.

Hypnum undulatum Hedw., Sp. Musc. Frond. 242. 1801.

生境　林下土面，海拔 1500～3600m。

分布　黑龙江、贵州、云南、西藏。俄罗斯，欧洲、北美洲。

细柳藓属 Platydictya Berk.
Handb. Brit. Mosses 145. 1863.

模式种：*P. sprucei* (Bruch & Schimp.) Berk.

本属全世界现有 7 种，中国有 2 种。

细柳藓

Platydictya jungermannioides (Brid.) H. A. Crum, Michigan Bot. **3**: 60. 1964. *Hypnum jungermannioides* Brid., Sp. Musc. Frond. **2**: 255. 1812.

Amblystegium sprucei (Bruch) Schimp., Bryol. Eur. **6**: 49. pl. 561 (Fasc. 55-56, Monogr. 5. 1). 1853.

Leskea sprucei Bruch, London J. Bot. **4**: 180. 1845.

Amblystegium densissimum Cardot, Rev. Bryol. **27**: 46. 1900.

Amblystegiella sprucei (Bruch) Loeske, Moosfl. Harz. 295. 1903.

Amblystegiella yunnanensis Broth., Symb. Sin **4**. 103. 1929. **Type**: China: Yunnan, Landsang-djiang (Mekong), Handel-Mazzetti 1488(holotype: H; isotypes: E, S).

Amblystegiella jungermannioides (Brid.) Giac., Atti Ist. Bot. Univ. Lab. Critt. Pavia ser. 5, **4**: 262. 1947.

Platydictya yuennanensis (Broth.) Redf. & B. C. Tan, Trop. Bryol. **10**: 65. 1995.

生境　岩石、土面或树基喜钙质的阴湿生境。

分布　内蒙古、山西、新疆、江苏(刘仲苓等, 1989)、云南、西藏。巴基斯坦(Higuchi and Nishimura, 2003)、日本、高加索地区，欧洲、北美洲。

小细柳藓

Platydictya subtilis (Hedw.) H. A. Crum, Michigan Bot. **3**: 60. 1964. *Leskea subtilis* Hedw., Sp. Musc. Frond. 221. 1801.

Leskea subtilis Hedw., Sp. Musc. Frond. 221. 1801.

Amblystegium subtile (Hedw.) Bruch & Schimp., Bryol. Eur. **6**: 48. 1853.

Amblystegium sinensi-subtile Müll. Hal., Nuovo Giorn. Bot. Ital., n. s., **3**: 123. 1896. China: Shaanxi, Kuan-tou-san, *Giraldi 845* (BM, FI).

Amblystegiella subtilis (Hedw.) Loeske, Moosfl. Harz. 295. 1903.

Amblystegiella sinensi-subtilis (Müll. Hal.) Broth., Nat. Pflanzenfam. I (3): 1026. 1908.

Platydictya sinensi-subtilis (Müll. Hal.) Redf. & B. C. Tan, Trop. Bryol. **10**: 66. 1995.

生境　树干基部。

分布　黑龙江、内蒙古、陕西、贵州。日本、印度、不丹、高加索地区，欧洲、北美洲。

牛尾藓属 Struckia Müll. Hal.
Arch. Ver. Freund. Naturg. Mecklenburg **47**：129. 1893.

模式种：*S. argentata* (Mitt.) Müll. Hal.

本属全世界现有2种，中国有2种。

牛尾藓

Struckia argentata (Mitt.) Müll. Hal., Arch. Ver. Freund. Naturg. Mecklenburg **47**：129. 1893. *Hypnum argentatum* Mitt., J. Proc. Linn. Soc., Bot., Suppl. **1**：77. 1859. **Type**：India：In Himalaya occidentali, Kumaon, *Strachey* & *Winterbottm s. n.*

Pterogoniella argentata (Hampe) A. Jaeger, Ber. Thätigkeit Gallischen Naturwiss. Ges. **1875-1876**：212. 1877.

Struckia argyreola Müll. Hal., Arch. Ver. Freund. Naturg. Mecklenburg **47**：129. 1893.

Struckia mollis Besch., Nat. Pflanzenfam. Ⅰ(3)：895. 1907.

Struckia pallescens Müll. Hal., Arch. Ver. Freund. Naturg. Mecklenburg 47：130. 1893.

Maschalocarpus argentatus Hampe in Paris, Index Bryol. 792. 1897, *nom. nud.*

生境　树枝上。

分布　福建。尼泊尔、不丹(Noguchi, 1971)、印度。

长尖牛尾藓(新拟)

Struckia zerovii (Lazarenko) Hedenäs, J. Hattori Bot. Lab. **80**：245. 1996. *Cephalocladium zerovii* Lazarenko, Bot. Žurn. **3**：62. 1946.

生境　岩面上，海拔1320m。

分布　新疆(Sonoyama et al., 2007)。俄罗斯、蒙古(Tan, 1990)。

硬叶藓科 Stereophyllaceae W. R. Buck & R. R. Ireland

本科全世界有8属，中国有1属。

拟绢藓属 Entodontopsis Broth.
Nat. Pflanzenfam. Ⅰ(3)：895. 1907.

模式种：*E. contorte-operculata* (Müll. Hal.) Broth.

本属全世界现有17种，中国有5种。

尖叶拟绢藓(尖叶硬叶藓)

Entodontopsis anceps (Bosch & Sande Lac.) W. R. Buck & R. R. Ireland, Nova Hedwigia **41**：103. 1985. *Hypnum anceps* Bosch & Sande Lac., Bryol. Jav. **2**：161 f. 260. 1867.

Rhynchostegium anceps (Bosch & Sande Lac.) A. Jaeger, Ber. Thätigkeit Gallischen Naturwiss. Ges. **1876-1877**：372. 1878.

Stereophyllum anceps (Bosch & Sande Lac.) Broth., Nat. Pflanzenfam. Ⅰ(3)：898. 1907.

Entodontopsis tavoyensis auct. non (Hook. ex Harv.) W. R. Buck & R. R. Ireland, Nova Hedwigia **41**：105. 1985.

生境　树皮上，海拔440～550m。

分布　云南、台湾(Chiang and Kuo, 1989)、海南、香港。印度、缅甸、孟加拉国、斯里兰卡、泰国、越南、印度尼西亚、菲律宾。

舌叶拟绢藓(舌叶硬叶藓)

Entodontopsis nitens (Mitt.) W. R. Buck & R. R. Ireland, Nova Hedwigia **41**：104. 1985. *Stereophyllum nitens* Mitt., Trans. Linn. Soc. London **23**：51. 1860.

Stereophyllum ligulatum A. Jaeger, Ber. Thätigkeit Gallischen Naturwiss. Ges. **1877-1878**：277. 1880.

生境　石灰岩石或腐木上，海拔500～600m。

分布　云南、台湾。孟加拉国(O'Shea, 2003)、印度、缅甸(Tan and Iwatsuki, 1993)、老挝(Tan and Iwatsuki, 1993)、越南、印度尼西亚(Touw, 1992)、秘鲁(Menzel, 1992)、巴西(Churchill, 1998)、委内瑞拉(Churchill, 1998)、坦桑尼亚(Ochyra and Sharp, 1988, as *Stereophyllum nitens* Mitt.)。

异形拟绢藓(异形硬叶藓)

Entodontopsis pygmaea (Paris & Broth.) W. R. Buck & R. R. Ireland, Nova Hedwigia **41**：105. 1985. *Sterophyllum pygmaeum* Paris & Broth., Rev. Bryol. **34**：48. 1907.

生境　林内腐木或树干上。

分布　云南。印度、尼泊尔、泰国、越南。

四川拟绢藓(四川硬叶藓)

Entodontopsis setschwanica (Broth.) W. R. Buck & R. R. Ireland, Nova Hedwigia **41**：103. 1985. *Stereophyllum setschwanicum* Broth., Akad. Wiss. Wien Sitzangsber., Math. -Naturwiss. Kl., Abt. 1, **133**：581. 1924. **Type**：China：Sichuan, Yalung river, *Handel-Mazzetti 5330* (holotype：H).

Hypnum setschwanicum (Broth.) Ando, Hikobia **6**：211. 1973.

生境　树干，海拔1450m。

分布　四川。尼泊尔、印度。

狭叶拟绢藓(狭叶硬叶藓)

Entodontopsis wightii (Mitt.) W. R. Buck & R. R. Ireland, Nova Hedwigia **41**：105. 1985. *Hypnum wightii* Mitt., J. Proc. Linn. Soc., Bot., Suppl. **1**：82. 1859. **Type**：India：Ad Madras, *Wight s. n.*; in mont. Khasian, reg. temp., *J. D. Hooker* & *T. Thomson s. n.*; Ad Moulmein, *Parish s. n.*

Stereophyllum wightii (Mitt.) A. Jaeger, Ber. Thätigkeit Gallischen Naturwiss. Ges. **1877-1878**：279. 1880.

生境　热带树干或腐木上，海拔600～700m。

分布　四川(Li et al., 2011)、云南。孟加拉国(O'Shea, 2003)、印度、泰国、缅甸、越南、斯里兰卡、印度尼西亚。

碎米藓科 Fabroniaceae Schimp.

本科全世界有5属，中国有2属。

碎米藓属 Fabronia Raddi

Atti. Accad. Sci. Siena 9：231. 1808.

模式种：*F. pusilla* Raddi

本属全世界现有62种，中国有11种。

反齿碎米藓

Fabronia anacamptodens C. Gao，Acta Bot. Yunnan. **3**(4)：397. 1981. **Type**：China：Xizang，Longzi Co.，May 24. 1975，*Zang Mu 15* (holotype：IFSBH；isotype：HKAS).

生境　阔叶林下树干基部或岩石上，海拔2900～3900m。

分布　西藏。中国特有。

狭叶碎米藓

Fabronia angustifolia C. Gao & X. Fu in P. C. Wu，Fl. Bryophyt. Sin. **6**：88. 2001. **Type**：China：Xizang，Jiayu Co.，*Zang Mu 1126*(holotype：IFSBH；isotype：HKAS).

生境　高寒山区岩面或树干上。

分布　西藏。中国特有。

八齿碎米藓（碎米藓）

Fabronia ciliaris (Brid.) Brid.，Bryol. Univ. **2**：171. 1827.

Hypnum ciliare Bird.，Sp. Musc. Frond. **2**：155. 1812.

Fabronia octoblepharis Schwägr.，Sp. Musc. Frond.，Suppl. 1，**2**：338. 1816.

Fabronia octoblepharis var. *ovata* Grout，Bryologist **29**：5. 1926.

Fabronia imperfecta Sharp，Bryologist **36**：21. 1933.

生境　林内树干、腐木上或有时生于湿石上，海拔1700～2000m。

分布　吉林、内蒙古、河北、河南(Tan et al.，1996)、山东(赵遵田和曹同，1998)、宁夏、新疆、江苏(刘仲苓等，1989)、浙江、湖南、云南、西藏、台湾(Chiang and Kuo，1989)、广西。世界广泛分布。

弯喙碎米藓

Fabronia curvirostris Dozy & Molk.，Ann. Sci. Nat.，Bot.，sér. 3，**2**：304. 1844.

生境　树干或湿岩面上。

分布　台湾。越南(Tan and Iwatsuki，1993)、菲律宾、印度尼西亚。

东亚碎米藓

Fabronia matsumurae Besch.，J. Bot. (Morot) **13**：40. 1899.

生境　阔叶林或针阔叶混交林下树干或岩面薄土上，海拔460～1020m。

分布　吉林、内蒙古、北京、山西(吴鹏程等，1987)、山东、陕西、宁夏、甘肃(安定国，2002)、湖北、四川、云南、西藏、福建(Thériot，1932)、台湾(Chiang and Kuo，1989)。日本、朝鲜、俄罗斯。

疣齿碎米藓

Fabronia papillidens C. Gao，Acta Bot. Yunnan. **3**(4)：397. 1981. **Type**：China：Xizang，Jiayu Co.，July 5. 1975，*Zang Mu 1195* (holotype：IFSBH；isotype：HKAS).

生境　林下、开阔地的树干或岩面，海拔3600m。

分布　西藏。中国特有。

展枝碎米藓(新拟)

Fabronia patentissima Müll. Hal.，Linnaea **36**：19. 1869.

生境　不详。

分布　云南(Brotherus，1929)。斯里兰卡。

碎米藓

Fabronia pusilla Raddi，Atti. Accad. Sci. Siena **9**：231. 1808. **Type**：Europe：Toscana，*Raddi s. n.*

Fabronia octoblepharis Schwägr. subsp. *pusilla* (Raddi) Kindb.，Eur. N. Amer. Bryin. **1**：13. 1897.

生境　树干或岩面上，海拔3900m。

分布　云南、西藏。不丹，中亚地区、欧洲、北美洲、非洲。

毛尖碎米藓

Fabronia rostrata Broth.，Symb. Sin. **4**：92. 1929. **Type**：China：Yunnan，2325m，Sept. 15. 1915，*Handel-Mazzetti 8018* (holotype：H-BR).

生境　林下岩面或树干上。

分布　河南、云南。中国特有。

陕西碎米藓

Fabronia schensiana Müll. Hal.，Nuovo Giorn. Bot. Ital.，n. s.，**4**：262. 1897. **Type**：China：Shaanxi，Mt. Lao-y-san，May 1896，*Giraldi s. n.*；Sche-kin-tsuen，Dec. 1895，*Giraldi s. n.*

Fabronia microspora C. Gao，Acta Bot. Yunnan. **3**(4)：396. 1981. **Type**：China：Xizang，Longzi Co.，July 14. 1975，*Zang Mu 1407a* (holotype：IFSBH；isotype：HKAS).

生境　阔叶林林地、腐木上或有时着生于湿石上。

分布　云南。尼泊尔(Iwatski，1979c)

偏叶碎米藓

Fabronia secunda Mont.，Ann. Sci. Nat.，Bot.，sér. 2，**17**：521. 1842. **Type**：India：Nilgiris，*Perrottet s. n.*

Fabronia goughii Mitt.，J. Proc. Linn. Soc.，Bot.，Suppl. **1**：75. 1859.

Fabronia formosana Sakurai，Bot. Mag. (Tokyo) **46**：378. 1932. **Type**：China：Taiwan，Taichiu，Noko-gun，*Sasaoka 2101* (in herb. Sakurai).

生境　树干上。

分布　台湾。尼泊尔、印度、斯里兰卡。

白翼藓属 Levierella Müll. Hal.
Bull. Soc. Bot. Ital. 1897：73. 1897.

模式种：*L. fabroniacea* Müll. Hal.
本属全世界现有 2 种，中国有 1 种

白翼藓

Levierella neckeroides (Griff.) O'Shea & Matcham, J. Bryol. **27**：98. 2005. *Pterogonium neckeroides* Griff., Calcutta J. Nat. Hist. **3**：64. 1843[1842].
Homalothecium neckeroides (Griff.) Paris Index Bryologicus 568. 1896.
Levierella fabroniacea Müll. Hal., Bull. Soc. Bot. Ital. **1897**：73. 1897.
Schwetschkeopsis neckeroides (Griff.) Vohra, Rec. Bot. Surv. India **23**：19. 1983.
生境　岩面或树干。
分布　四川、云南。印度、肯尼亚、尼日利亚、坦桑尼亚、乌干达、南非 (O'Shea and Matcham. 2005)。

腋苞藓科 Pterigynandraceae Schimp.

本科全世界有 2 属，中国有 2 属。

腋苞藓属 Pterigynandrum Hedw.
Sp. Musc. Frond. 80. 1801.

模式种：*P. filiforme* Hedw.
本属全世界现有 2 种，中国有 1 种。

腋苞藓(新拟)

Pterigynandrum filiforme Hedw., Sp. Musc. Frond. 80. 1801.
生境　不详。
分布　台湾(Lin, 1988)。日本、蒙古、哈萨克斯坦、美国、加勒比地区、哥斯达黎加。

叉肋藓属 Trachyphyllum A. Gepp. in Hiern
Cat. Afr. Pl. 2(2)：298. 1901.

模式种种：*T. inflexum* (Harv.) A. Gepp.
本属全世界现有 7 种，中国有 1 种。

叉肋藓

Trachyphyllum inflexum (Harv.) A. Gepp. in Hiern, Cat. Afr. Pl. **2**(2)：299. 1901. *Hypnum inflexum* Harv. in Hook., Icon. Pl. **1**：pl. 24, f. 6. 1836.
生境　岩石或树皮上。
分布　安徽、浙江、云南、西藏。尼泊尔、印度、缅甸、泰国、柬埔寨、越南、印度尼西亚、摩洛哥、菲律宾、澳大利亚(昆士兰)新喀里多尼亚岛(法属)、马达加斯加。

柔齿藓科 Habrodontaceae Schimp.

本科全世界有 1 属。

柔齿藓属 Habrodon Schimp.
Syn. Musc. Eur. 505. 1860.

模式种：*H. notarisii* Schimp. [=*Habrodon perpusillus* (De Not.) Lindb.]
本属全世界现有 2 种，中国有 1 种。

柔齿藓

Habrodon perpusillus (De Not.) Lindb., Öfvers. Förh. Kongl. Svenska Vetensk. -Akad. **20**：401. 1863. *Pterogonium perpusillum* De Not., Musc. Ital. Spic. 84. 1838.
Type：Italy：Sardinia, Villacidro.
Habrodon notarisii Schimp., Syn. Musc. Eur. 505. 1860. *illegitimate, type of earlier name included*
Habrodon nicaeensis De Not., Atti R. Univ. Genova **1**：224. 1869.
生境　针叶林、阔叶混交林树干上，有时生于岩面薄土。
分布　辽宁、山东(赵遵田和曹同，1998)、四川、西藏。朝鲜、俄罗斯，欧洲、北美洲。

万年藓科 Climaciaceae Kindb.

本科全世界有 2 属，中国有 2 属。

万年藓属 Climacium F. Weber & D. Mohr
Naturh. Reise Schwedens 96. 1804.

模式种：*C. dendroides* (Hedw.) F. Weber & D. Mohr
本属全世界现有 4 种，中国有 2 种。

万年藓

Climacium dendroides (Hedw.) F. Weber & D. Mohr,

Naturh. Reise Schwedens 96. 1804. *Leskea dendroides* Hedw., Sp. Musc. Frond. 228. 1801.

Hypnum dendroides (Hedw.) With., Syst. Arr. Brit. Pl. (ed. 4), **3**: 341. 1801.

Neckera dendroides (Hedw.) Timm, Bot. Zeitung (Regensburg) **1**: 79. 1802.

生境　潮湿林地，海拔 1250～1700m。

分布　黑龙江、吉林、内蒙古、河北、山西、河南(Tan et al., 1996)、甘肃(Wu et al., 2002)、新疆、安徽、湖北、四川、贵州、云南。北半球地区、新西兰。

东亚万年藓

Climacium japonicum Lindb., Contr. Fl. Crypt. As. 232. 1872.

Pterobryon imbricatum Duby, Flora **60**: 76. 1877.

Climacium elatum Sakurai, Bot. Mag. (Tokyo) **50**: 263. 1936.

Climacium americanum Brid. subsp. *japonicum* (Lindb.) Perss., Bryologist **50**: 296. 1947.

生境　林下腐殖土上或岩石上，海拔 1000～3460m。

分布　黑龙江、吉林、山西(Wang et al., 1994)、山东(赵遵田和曹同，1998)、河南、陕西、宁夏(黄正莉等，2010)、甘肃(Wu et al., 2002)、安徽、浙江、江西、湖南、湖北、四川、重庆、贵州、云南、西藏、台湾。日本、朝鲜、俄罗斯(西伯利亚)。

树藓属 Pleuroziopsis Kindb. ex E. Britton Bryologist **9**: 39. 1906.

模式种：*P. ruthenica* (Weinm.) Kindb.

本属全世界仅 1 种。

树藓

Pleuroziopsis ruthenica (Weinm.) Kindb. ex E. Britton, Bryologist **9**: 39. 1906. *Hypnum ruthenicum* Weinm., Bull. Soc. Imp. Nat. Moccou **18**(4): 485. 1845.

Climacium ruthenicum (Weinm.) Lindb., Contr. Fl. Crypt. As. 248. 1872.

Girgensohnia ruthenica (Weinm.) Kindb., Eur. N. Amer. Bryin. (Mosses) **1**: 43. 1897.

生境　寒冷针叶林林地或树干上，海拔 250～2430m。

分布　黑龙江、吉林、新疆、宁夏(黄正莉等，2010)、四川、重庆。日本，北美洲。

柳叶藓科 **Amblystegiaceae** G. Roth

本科全世界有 23 属，中国有 13 属。

柳叶藓属 Amblystegium Bruch & Schimp. Bryol. Eur. **6**: 45. 1853.

模式种：*A. serpens* (Hedw.) Bruch & Schimp.

本属全世界现有 17 种，中国有 2 种，1 变种。

柳叶藓

Amblystegium serpens (Hedw.) Bruch & Schimp., Bryol. Eur. **6**: 53. 1853. *Hypnum serpens* Hedw., Sp. Musc. Frond. 268. 1801.

柳叶藓原变种

Amblystegium serpens var. **serpens**

生境　生于树基、腐木或湿土面等。

分布　黑龙江、吉林、辽宁、内蒙古、河北、山东(赵遵田和曹同，1998)、宁夏、甘肃(Wu et al., 2002)、青海、新疆、上海(刘仲苓等，1989)、湖南、云南。日本、朝鲜、巴基斯坦、印度、俄罗斯、墨西哥、秘鲁(Menzel, 1992)、新西兰，欧洲、非洲北部。

柳叶藓长叶变种

Amblystegium serpens var. **juratzkanum** (Schimp.) Rau & Herv., Cat. N. Amer. Musci 44. 1880. *Amblystegium juratzkanum* Schimp., Syn Musc. Frond. 693. 1860.

生境　潮湿的树基、岩面或土面。

分布　黑龙江、辽宁、内蒙古、北京、山西、山东、青海、江苏。巴基斯坦、印度、日本、朝鲜、高加索地区、墨西哥、新西兰，欧洲、北美洲。

多姿柳叶藓

Amblystegium varium (Hedw.) Lindb., Musci. Scand. 32. 1879. *Leskea varia* Hedw., Sp. Musc. Frond. 216. 1801.

生境　低海拔土面、岩石或树干基部等。

分布　黑龙江、吉林、内蒙古、北京、山东(赵遵田和曹同，1998)、新疆、云南。日本、印度、高加索地区、墨西哥、秘鲁(Menzel, 1992)、澳大利亚，北美洲、欧洲、非洲北部。

反齿藓属 Anacamptodon Brid. Muscol. Recent. Suppl. **4**: 136. 1819[1818].

模式种：*A. splachnoides* (Brid.) Brid.

本属全世界现有 12 种，中国有 3 种。

柳叶反齿藓

Anacamptodon amblystegioides Cardot, Bull. Soc. Bot. Genève, sér. 2, **3**: 279. 1911. **Type**: Japan: Pref. Nagano, Agematsu, *Faurie 3482*.

生境　阔叶林树干基部，海拔 1360～3600m。

分布　吉林、新疆、云南、台湾。日本。

华东反齿藓

Anacamptodon fortunei Mitt., J. Linn. Soc., Bot. **8**: 152. 1864. **Type**: China: Zhejiang, on oaks in wood, *Fortune s. n.*

Anacamptodon japonicus Broth., Öfvers. Förh. Finska Vetenska. -Soc. **62A**(9): 29. 1921.

生境 阔叶林下树干。

分布 河北、浙江(Mitten, 1864)。日本。

阔叶反齿藓(反齿藓)

Anacamptodon latidens (Besch.) Broth., Nat. Pflanzenfam. Ⅰ(3): 906. 1907. *Schwetschkea latidens* Besch., J. Bot. (Morot) **13**: 41. 1899. **Type**: Japan: Pref. Aomori, Mimmaya, *Faurie 14 068*.

Anacamptodon sublatidens Cardot, Bull. Soc. Bot. Genève, sér. 2, **3**: 279. 1911.

Anacamptodon subulatus Broth., Symb. Sin **4**: 93. 1929. **Type**: China: Yunnan, *Handel-Mazzetti 5892* (syntype: H-BR); *Handel-Mazzetti 9164* (syntype: H-BR).

生境 阔叶林下树干或石生。

分布 吉林、辽宁、山东(赵遵田和曹同, 1998)、新疆、湖北(Peng et al., 2000)、贵州(钟本固和熊源新, 1990)、云南、西藏。日本、俄罗斯。

曲茎藓属 Callialaria Ochyra
J. Hattori Bot. Lab. **67**:219. 1989.

模式种:*C. curvicaulis* (Jur.) Ochyra

本属全世界仅有 1 种。

曲茎藓

Callialaria curvicaulis (Jur.) Ochyra, J. Hattori Bot. Lab. **67**:219. 1989. *Hypnum curvicaule* Jur., Verh. Zool. Bot. Ges. Wien **14**:103. 1864. Europe.

Cratoneuron curvicaule (Jur.) G. Roth, Hedwigia **38**(1): 6. 1899.

Cratoneuron filicinum var. *curvicaule* (Jur.) Mönk., Hedwigia **50**:267. 1911.

生境 喜钙质,湿生或水生。

分布 云南、西藏。印度、尼泊尔、蒙古、俄罗斯,欧洲、北美洲、大洋洲。

拟细湿藓属 Campyliadelphus (Kindb.) R. S. Chopra.
Taxon. Indian Mosses 442. 1975.

本属全世界现有 4 种,中国有 4 种。

短尖拟细湿藓(新拟)

Campyliadelphus glaucocarpoides (E. S. Salmon) Hedenäs, Bryologist **100**: 78. 1997. *Hypnum glaucocarpoides* E. S. Salmon, J. Linn. Soc., Bot. **34**: 471. 1900. **Type**: China: Heilongjiang, Manchuria, M. Tsien Mts. *E. Faber 1504* (lectotype: BM).

Campylium glaucocarpoides (E. S. Salmon) Broth., Nat. Pflanzenfam. Ⅰ(3): 1042. 1908.

生境 不详。

分布 黑龙江(Salmon, 1900)。中国特有。

阔叶拟细湿藓

Campyliadelphus polygamum (Bruch & Schimp.) Kanda, J. sci. Hiroshima Univ., ser. B, Div. 2 Bot. **15**: 263. 1975. *Amblystegium polygamum* Bruch & Schimp., Bryol. Eur. **6**: 60 pl. 572. 1853. **Type**: Germany.

Hypnum polygamum (Bruch & Schimp.) Wilson, Bryol. Brit. 365 f. 56. 1855.

Campylium polygamum (Bruch & Schimp.) C. E. O. Jensen, Medd. Grϕnland. **3**: 329. 1887.

Amblystegium tibetanum (Mitt.) Paris, Index Bryol. 23. 1894. *Hypnum tibetanum* Mitt., J. Proc. Linn. Soc., Bot., Suppl. **1**: 83. 1859. **Type**: China: Xizang, *Strachey 1052* (holotype: NY).

Drepanocladus polygamus (Bruch & Schimp.) Hedenäs, Bryologist **100**(1): 82. 1997.

生境 湿土面。

分布 黑龙江、吉林、辽宁、内蒙古、河北、北京、山西、山东、河南、陕西、甘肃、新疆、江西、湖南、湖北、四川、云南、西藏。日本、俄罗斯(西伯利亚)、墨西哥、智利(He, 1998),欧洲、北美洲、非洲北部、大洋洲、南极洲。

多态拟细湿藓

Campyliadelphus protensus (Brid.) Kanda, J. Sci. Hiroshima Univ., ser. B Div. 2 Bot. **15**: 263. 1975. *Hypnum protensum* Brid., Muscol. Recent. **2**(2):85. 1801.

Campylium protensum (Brid.) Kindb., Canad. Rec. Sc. **6** (2): 72. 1894.

Campylium stellatum var. *protensum* (Brid.) Bryhn ex Grout, Mosses Handl. Microsc. 327. 1910.

生境 土面上。

分布 黑龙江、吉林、辽宁、内蒙古、山西(Wang et al., 1994)、陕西(王向川等,2010,*as Campylium protensum*)、山东(赵遵田和曹同, 1998, as *C. protensum*)、新疆、四川(李祖凰等, 2010)、重庆、贵州。日本、俄罗斯(西伯利亚),欧洲、北美洲、大洋洲。

仰叶拟细湿藓

Campyliadelphus stellatus (Hedw.) Kanda, J. Sci. Hiroshima Univ., ser. B., Div. 2 Bot. **15**: 269. 1975. *Hypnum stellatum* Hedw., Sp. Musc. Frond. 280. 1801.

Campylium stellatum (Hedw.) C. E. O. Jensen, Medd. Groenland **3**: 328. 1887.

生境 沼泽边湿土或潮湿岩面。

分布 黑龙江、吉林、内蒙古、山西(吴鹏程等,1987, as *Campylium stellatum*)、山东(赵遵田和曹同, 1998, as *C. stellatum*)、河

南、甘肃、青海、新疆、江西、湖北、四川、云南、台湾(Chiang and Kuo, 1989)。日本、朝鲜,欧洲、北美洲、大洋洲、非洲北部。

细湿藓属 Campylium (Sull.) Mitt.

J. Linn. Soc., Bot. **12**:631. 1869.

模式种:*C. hispidulum* (Brid.) Mitt.

本属全世界现有 28 种,中国有 4 种,2 变种。

黄叶细湿藓

Campylium chrysophyllum (Brid.) J. Lange, Nomencl. Fl. Dan. 210. 1887. *Hypnum chrysophyllum* Brid., Muscol. Recent. **2**(2): 84. 1801. *Amblystegium chrysophyllum* (Brid.) De Not., Atti Univ. Genova **1**: 148. 1869. *Campyliadelphus chrysophyllus* (Brid.) R. S. Chopra, Taxon. Indian Mosses 443. 1975.

Campylium courtoisii Broth. & Paris, Rev. Bryol. **36**: 12. 1909. **Type**: China: Anhui, Wuhu City, *Courtois 1138* (holotype: H).

生境 岩面、湿土、腐木或树基等。

分布 黑龙江、吉林、辽宁、内蒙古、河北、山西(吴鹏程等, 1987)、山东、河南、陕西、甘肃、安徽、上海(刘仲苓等, 1989, as *C. courtoisii*)、江西、湖北、贵州、云南。日本、朝鲜、印度、高加索地区、墨西哥,欧洲、北美洲、非洲北部。

细湿藓

Campylium hispidulum (Brid.) Mitt., J. Linn. Soc., Bot. **12**: 631. 1869. *Hypnum hispidulum* Brid., Sp. Musc. Frond. **2**:198. 1812.

细湿藓原变种

Campylium hispidulum var. **hispidulum**

Amblystegium hispidulum (Brid.) Kindb., Kongl. Svenska Vetensk Vetensk. Acad. Handl., n. s.,**7**(9): 48. 1883.

Campylophyllum hispidulum (Brid.) Hedenäs, Bryologist **100**(1): 74. 1997.

生境 含碱性的土面上、岩石、沼泽或树基。

分布 黑龙江、吉林、辽宁、内蒙古、河北、山西、陕西、甘肃(Wu et al., 2002)、青海、新疆、浙江、湖北、西藏、云南。日本、墨西哥、秘鲁(Menzel, 1992),欧洲、北美洲。

细湿藓稀齿变种

Campylium hispidulum var. **sommerfeltii** (Myrin) Lindb., Contr. Fl. Crypt. As. 279. 1872. *Hypnum sommerfeltii* Myrin, Aorsber. Bot. Arb. Upptackt. **1831**: 328. 1832.

Campylium sommerfeltii (Myrin) J. Lange, Nomemcl. Fl. Dan. 210. 1887.

Campylium uninervium var. *minus* Müll. Hal., Nuovo Giorn. Bot. Ital., n. s., **5**: 205. 1898. **Type**: China: Shaanxi, Tuikio-san, *Giraldi 1778* (isotypes: H, NY).

Hypnum hispidulum var. *sommerfeltii* (Myrin) Dixon, Stud. Handb. Brit. Mosses (ed. 3),507. 1924.

Campylophyllum sommerfeltii (Myrin) Hedenäs, Bryologist **100**(1): 75. 1997.

生境 腐木、树基或腐殖质土,喜荫蔽潮湿环境。

分布 黑龙江、吉林、辽宁、内蒙古、山东(赵遵田和曹同, 1998)、陕西、宁夏、甘肃(Wu et al., 2002)、青海、新疆、云南。巴基斯坦[Higuchi and Nishimura, 2003, as *C. sommerfeltii* (Myrin) J. Lange]、日本、印度、俄罗斯(西伯利亚)、墨西哥、格陵兰岛(丹属),欧洲、北美洲。

长肋细湿藓静水变种 *

Campylium polygamum (Schimp.) C. E. O. Jensen var. **stagnatum** Wilson ex Dixon, Hong Kong Naturalist, Suppl. 2: 24. 1933. *Hypnum stagnatum* Wilson, Bryol. Brit. 365. 1855, *nom. illeg.* **Type**: Zhejiang, Hangzhou, June 1922, *E. D. Merrill 11 521*.

生境 不详。

分布 浙江(Dixon, 1933)。

紫色细湿藓

Campylium porphyriticum Müll. Hal., Nuovo Giorn. Bot. Ital., n. s., **8**: 205. 1898. **Type**: China: Shaanxi, Mt. Taibai, *Giraldi 1776* (isotypes: NY, S).

Hypnum porphyriticum (Müll. Hal.) Paris, Index Bryol. Suppl. 208. 1900.

Campylidium porphyreticum (Müll. Hal.) Ochyra, Biodiv. Poland **3**: 182. 2003.

生境 不详。

分布 内蒙古、陕西。中国特有。

粗肋细湿藓

Campylium squarrosulum (Besch. & Cardot) Kanda, J. Sci. Hiroshima Univ., ser. B, Div. 2, Bot. **15**: 258. 1975. *Amblystegium squarrosulum* Besch. & Cardot, Bull. Soc. Bot. Genève, sér. 2, **5**: 320. 1913. **Type**: Japan: Nikko, *Faurie 518*.

Hypnum hispidulum var. *coreense* Cardot, Beih. Bot. Centralbl. **17**: 40. 1904.

Campylium hispidulum var. *coreense* (Cardot) Broth., Nat. Pflanzenfam. Ⅰ(3):1042. 1908.

生境 腐木上。

分布 辽宁、内蒙古、河北(Yang, 1936, as *Amblystegium squarrosulum*)、湖北、贵州。日本、朝鲜。

---

* 这个种的原变种已经转移至拟细湿藓属 *Campyliadelphus*,但是本变种没有处理,本名录暂时按原来的变种收录。

列胞藓属 Conardia H. Rob.

Phytologia **33**: 294. 1976.

模式种:*C. compacta* (Müll. Hal.) H. Rob.

本属全世界现有 1 种。

列胞藓

Conardia compacta (Müll. Hal.) H. Rob., Phytologia **33**: 295. 1976. *Hypnum compactum* Müll. Hal., Syn. Musc. Frond. **2**: 408. 1851.

生境 生于草地。

分布 内蒙古(何丽佳和白学良, 2010)、青海、新疆。欧洲、北美洲、中美洲。

牛角藓属 Cratoneuron (Sull.) Spruce

Cat. Musc. 21. 1867.

模式种:*C. filicinum* (Hedw.) Spruce

本属现仅有 1 种和 1 变种。

牛角藓

Cratoneuron filicinum(Hedw.) Spruce, Cat. Musc. 21. 1867. *Hypnum filicinum* Hedw., Sp. Musc. Frond. 285. 1801.

牛角藓原变种

Cratoneuron filicinum var. **filicinum**

Drepanophyllaria elegantifolia Müll. Hal., Nuovo Giorn. Bot. Ital., n. s., **3**: 114. 1896. **Type**: China: Shaanxi, Aug. 1894, *Giraldi s. n.*

Drepanophyllaria nivicalyx Müll. Hal., Nuovo Giorn. Bot. Ital., n. s., **3**: 115. 1896. **Type**: China: Shaanxi, *Giraldi s. n.*

Haplocladium leptopteris Müll. Hal., Nuovo Giorn. Bot. Ital., n. s., **3**: 116. 1896. **Type**: China: Shaanxi, *Giraldi s. n.*

Drepanophyllaria cuspidarioides Müll. Hal., Nuovo Giorn. Bot. Ital., n. s., **3**: 204. 1898. **Type**: China: Shaanxi, Liu-hua-zae, *Giraldi 2092* (isotype: BM).

Drepanophyllaria robustifolia Müll. Hal., Nuovo Giorn. Bot. Ital., n. s.,**5**: 203. 1898. **Type**: China: Shaanxi, *Giraldi 1877*, *2096* (syntype: BM).

Cratoneuron filicinum var. *fallax* (Brid.) G. Roth, Eur. Laubm. **2**: 532. 1904.

Amblystegium relaxum Cardot & Thér. in Thér., Bull. Acad. Int. Géogr. Bot. **15**: 40. 1906. **Type**: China: Beijing, May 1889, *Bodinier s. n.* (holotype: PC).

Hypnum sinensi-molluscum var. *tenuius* Müll. Hal. in Levier, Nuovo Giorn. Bot. Ital., n. s. **13**: 266. 1906, *nom. nud.*

Cratoneuron formosanum Broth., Ann. Bryol. **1**:22. 1928. **Type**: China: Taiwan, Onae, ad rupes, *J. Suzuki*; Taparon, *E. Matsuda s. n.*

Amblystegium campyliopsis Dixon, Hong Kong Naturalist, Suppl. **2**: 24. f. 14. 1933. **Type**: China: Gansu, Lanzhou City, July 13. 1918, *Rev. E. Licent 250* (holotype: BM).

Hygroamblystegium ramulosum Dixon in C. Y. Yang, Sci. Rep. Natl. Tsing Hua Univ., ser. B, Biol. Sci. **2**: 129. 1936, *nom. nud.*

Cratoneuron formosicum Broth. ex Sakurai, Bot. Mag. (Tokyo) **55**: 210. 1941, *hom. illeg.*

Cratoneuron longicostatum X. L. Bai, Fl. Bryophyt. Intramongol. 385. 1997. **Type**: China: Neimenggu, Mt. Helanshan, on soil, Aug. 7. 1962, *Tong Zhi-Guo 1249* (holotype: HIMC).

生境 喜钙质或水湿的生境中。

分布 黑龙江、吉林、辽宁、内蒙古、河北、北京、山西、河南、陕西、宁夏、甘肃、青海、新疆、安徽、湖南、湖北、四川、重庆、贵州、云南、西藏、台湾。孟加拉国(O'Shea, 2003)、日本、尼泊尔、不丹、印度、巴基斯坦、俄罗斯、秘鲁(Menzel, 1992)、智利(He, 1998)、新西兰,欧洲、非洲北部。

牛角藓宽肋变种

Cratoneuron filicinum var. **atrovirens** (Brid.) Ochyra, J. Hattori Bot. Lab. **67**: 210. 1989. *Hypnum vallis-clausae* Brid. var. *atro-virens* Brid., Bryol. Univ. **2**: 534. 1827.

Amblystegium formianum Fior. -Mazz., Atti dell' Accad. Pontif. Sci. Nuovi Lincei **27**: 101. pl. 3, f. 1-4. 1874.

Cratoneuron taihangense J. C. Zhao, X. Q. Li & L. F. Han, J. Hebei Norm. Univ. (Nat. Sci.) **25** (1): 104. 2001. **Type**: China: Hebei, Pingshan Co., on soil, 1450m, June 29. 2000, *Li Xiu-Qing 20 239* (HBNU).

生境 水中石上。

分布 辽宁、内蒙古、北京、河北(Zhao et al., 2001)、山西、河南、甘肃、新疆、江苏、四川、贵州(彭涛和张朝辉, 2007)、云南。俄罗斯,欧洲、北美洲、非洲北部。

镰刀藓属 Drepanocladus (Müll. Hal.) G. Roth

Hedwigia **38** (Beibl.): 6. 1899.

模式种:*D. aduncus* (Hedw.) Warnst.

本属全世界现有 20 种,中国有 7 种,1 变种。

镰刀藓

Drepanocladus aduncus (Hedw.) Warnst., Beih. Bot. Centralbl. **13**: 400. 1903. *Hypnum aduncum* Hedw., Sp. Musc. Frond. 295. 1801.

镰刀藓原变种

Drepanocladus aduncus var. **aduncus**

生境　沼泽地或常没于水中。

分布　黑龙江、吉林、辽宁、内蒙古、甘肃、青海、新疆、浙江、贵州、云南、西藏。巴基斯坦(Higuchi and Nishimura, 2003)、日本、印度、俄罗斯、格陵兰岛(丹属)、墨西哥、秘鲁(Menzel, 1992)、智利(He, 1998)、坦桑尼亚(Ochyra and Sharp, 1988),大洋洲、欧洲、北美洲。

镰刀藓直叶变种

Drepanocladus aduncus var. **kneiffii** (Bruch & Schimp.) Mönk., Laubm. Eur. 755. 1927. *Amblystegium kneiffii* Bruch & Schimp., Bryol. Eur. **6**: 61 pl. 573. 1853.

Hypnum kneiffii (Bruch & Schimp.) Schimp. in Wilson, Bryol. Brit. 390 f. 18. 1855.

Hypnum aduncum Hedw. var. *kneiffii* (Bruch & Schimp.) Schimp., Musci Eur. Nov. 3-4 (Mon.) 1, pl. 1. 1866.

生境　沼泽地或湿草地上,常沉水或半沉水状态。

分布　黑龙江、吉林、辽宁、内蒙古、河北、北京、新疆、安徽、江苏、上海、浙江、江西、贵州、云南、西藏。日本、俄罗斯、智利(He, 1998),欧洲、北美洲、北部非洲。

大叶镰刀藓

Drepanocladus cossonii (Schimp.) Loeske, Moosfl. Harz. 306. 1903. *Hypnum cossonii* Schimp., Musci Eur. Nov. 3-4 (Mon.) 5. pl. 5. 1866. *Limprichtia cossonii* (Schimp.) L. E. Anderson, H. A. Crum & W. R. Buck.

Drepanocladus revolvens (Sw.) Warnst. fo. *cossoni* Mönk., Laubm. Eur. 774. 1927.

Drepanocladus revolvens var. *cossoni* (Schimp.) Podp., Consp. Musco. Eur. 589. 1954.

Scorpidium cossonii (Schimp.) Hedenäs, Lindbergia **15**: 18. 1989.

生境　溪流石上。

分布　青海。俄罗斯,欧洲、美洲。

扭叶镰刀藓

Drepanocladus revolvens (Sw.) Warnst., Beih. Bot. Centralbl. **13**: 402. 1903. *Hypnum revolvens* Sw., Monthly Rev. **34**: 538. 1801.

Amblystegium revolvens (Sw.) De Not., Cronac. Briol. Ital. **2**: 26. 1867.

Harpidium revolvens (Sw.) C. E. O. Jensen, Medd. Groenland **3**: 322. 1887.

Limprichtia revolvens (Sw.) Loeske, Hedwigia **46**: 310. 1907.

Scorpidium revolvens (Sw.) Rubers in Toum. & Rubers, Natuurhistor. Biblioth. Van de K N N V **50**: 380. 1989.

生境　高山沼泽或林下湿地,多生于酸性基质上。

分布　吉林、内蒙古、陕西、新疆。日本、俄罗斯,欧洲、南美洲、北美洲。

粗肋镰刀藓

Drepanocladus sendtneri (Schimp.) Warnst., Beih. Bot. Centralbl. **13**: 400. 1903. *Hypnum sendtneri* Schimp. in Müll. Hal., Verh. Naturh. Ver. Rheinl., ser. 3, **21**: 117. 1864.

Drepanocladus sendtneri fo. *wilsonii* (Lindb.) Mönk., Laubm. Eur. 765. 1925.

Drepanocladus sendtneri fo. *borealis* (Arnell & C. E. O. Jensen) Mönk., Laubm. Eur. 746. 1927.

Drepanocladus sendtneri fo. *trivialis* (San.) Mönk., Laubm. Eur. 765. 1927.

生境　沼泽或湖泊,喜钙质水、湿水生或半沉水。

分布　黑龙江、内蒙古、河北(Li et al., 2001)、新疆、云南。日本,欧洲、美洲、大洋洲、非洲北部。

细肋镰刀藓

Drepanocladus tenuinervis Perss. ex T. J. Kop., Mem. Soc. Fauna Fl. Fenn. **53**: 9. 1977. *Drepanocladus tenuinervis* Perss., Bot. Not., Suppl. **2**(3): 135. 1951, *nom. nud.*

生境　半沉水状生于湖泊中。

分布　黑龙江、内蒙古、云南、西藏。欧洲。

毛叶镰刀藓

Drepanocladus trichophyllus (Warnst.) Podp., Zpravy, Kamm. Prirod. Prozk Moravy Odd. Bot. **5**: 36. 1908.

Drepanocladus rotae (De Not.) Warnst. var. *trichophyllus* Warnst., Krypt. -Fl. Brandenburg, Laubm. **2**: 1049. 1906.

Hypnum trichophyllum Warnst., Allg. Bot. Zeitschr. **5** (Beih. 1): 39. 1899, *hom. illeg.*

Warnstorfia trichophylla (Warnst.) Tuom. & T. J. Kop., Ann. Bot. Fenn. **16**: 223. 1979.

生境　漂浮于湖泊中。

分布　黑龙江。日本、俄罗斯,欧洲、北美洲。

漆光镰刀藓

Drepanocladus vernicosus (Mitt.) Warnst., Beih. Bot. Centralbl. **13**: 402. 1903. *Stereodon vernicosus* Mitt., J. Linn. Soc. Bot. **8**: 43. 1865.

Limprichtia vernicosa (Mitt.) Loeske, Hedwigia **46**: 310. 1907.

Scorpidium vernicosum (Mitt.) Tuom., Ann. Bot. Fenn. **10**: 216. 1973.

Hamatocaulis vernicosus (Mitt.) Hedenäs, Lindbergia **15**: 27. 1989.

生境　阴湿环境湿土生。

分布　黑龙江、吉林、内蒙古、甘肃、新疆、四川。巴基斯坦(Higuchi and Nishimura, 2003)、日本、俄罗斯,北美洲。

湿柳藓属 Hygroamblystegium Loeske
Moosfl. Harz. 298. 1903.

模式种:*H. tenax* (Hedw.) Jenn.

本属全世界现有18种,中国有2种,1变种。

水生湿柳藓

Hygroamblystegium fluviatile (Hedw.) Loeske, Moosfl. Harz. 299. 1903. *Hypnum fluviatile* Hedw., Sp. Musc. Frond. 277. 1801.

Amblystegium seligeri (Brid.) Heufl., Verh. Zool. -Bot. Ges. Wien **9**: 8. 1859.

Amblystegium noterophiloides G. Roth, Eur. Laubm. **2**: 685 pl. 61, f. 4. 1905.

生境 潮湿岩面或土面上,海拔420m。

分布 山西(Sakurai, 1949)、江西(Ji and Qiang, 2005)。美国、加拿大、墨西哥、危地马拉。

湿柳藓

Hygroamblystegium tenax (Hedw.) Jenn., Man. Mosses W. Pennsylvania 277 f. 39. 1913. *Hypnum tenax* Hedw., Sp. Musc. Frond. 277. 1801.

Amblystegium irriguum (Hook. & Wilson) Bruch & Schimp., Bryol Eur. **6**: 63 pl. 566. 1855.

Hypnum irriguum Hook. & Wilson, Bryol. Brit. 361. 1855.

Amblystegium schensianum Müll. Hal., Nuovo Giorn. Bot. Ital., n. s., **5**:205. 1898.

Hygroamblystegium irriguum (Hook. & Wilson) Loeske, Moosfl. Harz. 299. 1903.

Amblystegium tenax (Hedw.) C. E. O. Jensen, Skand. Bladmfl. 483. 1939.

生境 高山溪流中或旁边的岩石上。

分布 辽宁、内蒙古、山西、山东(赵遵田和曹同, 1998)、河南、陕西、新疆。巴基斯坦(Higuchi and Nishimura, 2003)、印度、高加索地区、墨西哥,欧洲、北美洲、非洲北部。

湿生柳叶藓刺叶变种

Hygroamblystegium tenax var. **spinifolium** (Schimp.) Jenn., Man. Mosses W. Pennsylvania 278. 1913. *Amblystegium tenax* (Hedw.) C. E. O. Jensen var. *spinifolium* (Schimp.) H. A. Crum & L. E. Anderson, Moss. East. N. Amer. **2**: 929. 1981. *Amblystegium irriguum* var. *spinifolium* Schimp., Syn. Musc. Eur. (ed. 2),713. 1876.

生境 流水沟边岩面上。

分布 内蒙古。秘鲁(Menzel, 1992),欧洲、北美洲。

水灰藓属 Hygrohypnum Lindb. Contr. Fl. Crypt. As. 277. 1872.

模式种:*H. luridum* (Hedw.) Jenn.

本属全世界现有11种,中国有10种,1变种。

高寒水灰藓(新拟)(高山水灰藓)

Hygrohypnum alpestre (Hedw.) Loeske, Verh. Bot. Ver. Brandenburg **46**: 198. 1905. *Hypnum alpestre* Sw. ex Hedw., Sp. Musc. Frond. 247. 1801.

生境 高山溪边或泉岸边石生。

分布 辽宁、河南、陕西、湖南、湖北。俄罗斯,欧洲、北美洲。

高山水灰藓

Hygrohypnum alpinum (Lindb.) Loeske, Hedwigia **43**: 194. 1904.

Amblystegium molle var. *alpinum* Lindb., Musci Scand. 33. 1879.

生境 林地上,海拔3400m。

分布 陕西(张满祥, 1978)。日本,欧洲。

扭叶水灰藓

Hygrohypnum eugyrium (Bruch & Schimp.) Broth., Nat. Pflanzenfam. Ⅰ(3): 1040. 1908. *Limnobium eugyrium* Bruch & Schimp., Bryol. Eur. **6**: 73. 1855.

生境 林间溪旁石上。

分布 黑龙江、吉林、辽宁、内蒙古、陕西、甘肃(安定国, 2002)、安徽、上海(刘仲苓等, 1989)、浙江、湖南、湖北、贵州。日本,欧洲、北美洲。

长枝水灰藓

Hygrohypnum fontinaloides P. C. Chen, Feddes Repert. Spec. Nov. Regni Veg. **58**: 32. 1955. **Type**: China: Heilongjiang, I-tchung (Kl. Ching-an-Gebirge), Tai-ling, Yuen-tse-ho, Aug. 1. 1954, *Y. L. Chang 104* (holotype: PE).

生境 溪边或流动的沼泽岸边,石生、腐木生或树基生。

分布 黑龙江、辽宁、内蒙古、新疆。中国特有。

水灰藓

Hygrohypnum luridum (Hedw.) Jenn., Man. Mosses West Pennsylvania 287. 1913. *Hypnum luridum* Hedw., Sp. Musc. Frond. 291. 1801. **Type**: Germany.

水灰藓原变种

Hygrohypnum luridum var. **luridum**

Hygrohypnum palustre Loeske, Moofl. Harz. Nachtr. 319. 1903 *nom. illeg.*

Limnobium pachycarpulum Müll. Hal., Nuovo Giorn. Bot. Ital., n. s., **3**: 118. 1896.

Calliergidium bakeri (Renauld) Grout, Moss Fl. N. Am. **3**:101. 1931.

生境 山涧钙质湿石上。

分布 吉林、辽宁、内蒙古、河北、山西、山东(赵遵田和曹同, 1998)、河南、陕西、甘肃、青海、新疆、湖北、四川、重庆、贵州(彭涛和张朝辉, 2007)、云南、西藏。巴基斯坦(Higuchi and Nishimura, 2003)、日本、印度、高加索地区,欧洲、北美洲。

水灰藓圆蒴变种

Hygrohypnum luridum var. **subsphaericarpum** (Brid.) C. E. O. Jensen in Podp, Consp. Musc. Eur. 572. 1954. *Hypnum subsphaericarpon* Schleich. ex Brid., Sp. Musc. Frond. **2**: 232. 1812.

Hygrohypnum palustre Loeske var. *subsphaericarpon* (Brid.) Loeske, Moosfl. Harz. 320. 1903.

生境 山涧湿石上。

分布 青海、新疆、湖北、四川、云南、西藏。日本、印度、俄罗斯,欧洲、北美洲。

圆叶水灰藓

Hygrohypnum molle (Hedw.) Loeske, Moosfl. Harz. 320. 1903. *Hypnum molle* Hedw., Sp. Musc. Frond. 273. 1801.

Limnobiopsis molle (Hedw.) Bruch & Schimp. in B. S. G., Bryol. Eur. **6**: 69. 1853.

Hypnum dilatatum Wilson in Schimp., Syn. Musc. Eur. (ed. 2),776. 1876.

Hygrohypnum dilatatum (Wilson) Loeske, Moosfl. Harz.

320. 1903.

生境 山涧溪流中岩石上。

分布 吉林、辽宁、陕西、新疆、江西、云南。印度、俄罗斯(西伯利亚)、高加索地区、格陵兰岛(丹属),欧洲、北美洲。

山地水灰藓

Hygrohypnum montanum (Lindb.) Broth., Nat. Pflanzenfam. Ⅰ(3): 1039. 1908. *Amblystegium montanum* Lindb., Musci Scand. 33. 1879.

生境 水边岩面上。

分布 山西、山东、新疆(赵遵田和曹同, 1998)。欧洲、北美洲(赵遵田和曹同, 1998)。

褐黄水灰藓

Hygrohypnum ochraceum (Wilson) Loeske, Moofl. Harz. 321. 1903. *Hypnum ochraceum* Turner ex Wilson, Bryol. Brit. 400. 58. 1855.

生境 山涧溪流中水流较急的岩石上。

分布 黑龙江、吉林、内蒙古、山西、山东(赵遵田和曹同, 1998)宁夏(黄正莉等, 2010)。日本、朝鲜、俄罗斯,欧洲、北美洲。

紫色水灰藓

Hygrohypnum purpurascens Broth., Öfvers. Förh. Finska Vetenska. -Soc. **62A**(9): 36. 1921. **Type**: Japan: Shinano, Mt. Shirouma, *Ihsiba 2053*.

Hygrohypnum poecilophyllum Dixon, Rev. Bryol. Lichénol. **7**: 113. 1934.

生境 林间溪流湿石上。

分布 辽宁、浙江、贵州(彭涛和张朝辉, 2007)。日本、朝鲜。

钝叶水灰藓

Hygrohypnum smithii (Sw.) Broth., Nat. Pflanzenfam. Ⅰ(3): 1039. 1908. *Leskea smithii* Sw., Utkast Svensk Fl. (ed. 3),549. 1816.

Myrinia dieckii Renauld & Cardot, Bot. Centralbl. **44**: 421. 1890.

Helicodontium dieckii (Renauld & Cardot) Broth., Nat. Pflanzenfam. Ⅰ(3): 909. 1907.

生境 溪边石上。

分布 黑龙江、辽宁、内蒙古、山东、陕西、安徽、浙江、西藏、台湾(赵遵田和曹同, 1998)。俄罗斯(远东地区),欧洲、北美洲(赵遵田和曹同, 1998)。

薄网藓属 Leptodictyum (Schimp.) Warnst. Krypt. Fl. Brandenburg 2:840. 1906.

模式种:*L. riparium* (Hedw.) Warnst.

本属全世界现有8种,中国有2种。

曲肋薄网藓

Leptodictyum humile (P. Beauv.) Ochyra, Fragm. Florist. Geobot. **26**: 385. 1981. *Hypnum humile* P. Beauv., Prodr. Aethéogam. 65. 1805.

Amblystegium rivicola (Mitt.) A. Jaeger, Ber. Thätigk. St. Gallischen Naturwiss. Ges. **1877-1878**: 285. 1880.

Hypnum rivicola Mitt., J. Proc. Linn. Soc., Bot., Suppl. **1**: 83. 1859. **Type**: China: Xizang, *Thomson 991* (holotype: NY).

Amblystegium trichopodium (K. F. Schultz.) C. Hartm., Handb. Skand. Fl. (ed. 10),2: 19. 1871.

Amblystegium schensianum Müll. Hal., Nuovo Giorn. Bot. Ital., n. s., **5**: 205. 1898. **Type**: China: Shaanxi, Ton-kia-pu, *Giraldi 1779* (isotypes: BM, H).

Leptodictyum kochii (Bruch & Schimp.) Warnst., Krypt. Fl. Brandenburg **2**: 874. 1906.

生境 潮湿土面。

分布 黑龙江、吉林、辽宁、内蒙古、河北(Zhang and Zhao, 2000, as *Amblystegium trichopodium*)、山西(Wang et al., 1994)、上海、江西、贵州、西藏(Mitten, 1859, as *Hypnum rivicola*)。日本、俄罗斯、墨西哥,欧洲、北美洲。

薄网藓

Leptodictyum riparium (Hedw.) Warnst., Krypt. Fl. Brandenburg **2**: 878. 1906. *Hypnum riparium* Hedw., Sp. Musc. Frond. 241. 1801.

Amblystegium riparium (Hedw.) Bruch & Schimp., Bryol. Eur. **6**:58. 1853.

生境 溪流、沼泽地边缘潮湿环境、有时半沉水。

分布 黑龙江、吉林、辽宁、内蒙古、河北、河南、陕西、宁夏、新疆、江苏、上海、浙江、贵州、云南。巴基斯坦(Higuchi and Nishimura, 2003)、越南(Tan and Iwatsuki, 1993)、日本、朝鲜、巴布亚新几内亚(Tan, 2000a)、俄罗斯、墨西哥、智利(He, 1998),欧洲、北美洲、非洲。

沼地藓属 Palustriella Ochyra J. Hattori Bot. Lab. 67: 223. 1989.

模式种:*P. commutata* (Hedw.) Ochyra

本属全世界现有2种,中国有1种。

沼地藓

Palustriella commutata (Hedw.) Ochyra, J. Hattori Bot. Lab. **67**: 224. 1989. *Hypnum commutatum* Hedw., Sp. Musc. Frond. 284. 1801.

Hypnum diastrophyllum Sw. ex Lam. & D C., Fl. Frans. (ed. 2),528. 1805.

Cratoneuron commutatum (Hedw.) G. Roth, Hedwigia **38** (Beibl.): 6. 1899.

生境 岩面或土面上,海拔1000~2700m。

分布 黑龙江、吉林、辽宁、内蒙古、山东(赵遵田和曹同,

1998, as *Cratoneuron commutatum*)、河南、陕西、甘肃、新疆、四川。日本、喜马拉雅地区、格陵兰岛(丹属),欧洲、北美洲、非洲。

拟湿原藓属(新拟)Pseudocalliergon (Limpr.) Loeske Hedwigia **46**: 311. 1907.

模式种:未选。

本属全世界现有5种,中国有2种。

褶叶拟湿原藓(新拟)

Pseudocalliergon lycopodioides (Brid.) Hedenäs, Lindbergia **16**: 88. 1990. *Hypnum lycopodioides* Brid., Muscol. Recent. Suppl. **2**: 227. 1812.

Hypnum aduncum Hedw. var. *rugosum* Hook. & Taylor, Muscol. Brit. 111. 1818.

Hypnum lycopodioides Brid. var. *permagnum* Limpr., Laubm. Deutschl. **3**: 399. 1898.

Drepanocladus lycopodioides (Brid.) Warnst., Beih. Bot. Centralbl. **14**: 401, 413. 1903.

Drepanocladus wilsonii (Lindb.) Loeske var. *platyphyllus* G. Roth, Hedwigia **48**: 158. pl. 6, f. 5. 1908.

Scorpidium lycopodioides (Brid.) H. K. G. Paul, Bryol. Z. **1**: 154. 1918.

生境　林下沼泽、腐木或树干基部。

分布　黑龙江、内蒙古、甘肃(Wu et al., 2002)、新疆、西藏。俄罗斯(远东地区),欧洲、北美洲。

大拟湿原藓(新拟)

Pseudocalliergon turgescens (T. Jensen) Loeske, Hedwigia **46**: 311. 1907. *Hypnum turgescens* T. Jensen, Vidensk. Meddel. Dansk Naturhist. Foren. Kjϕbenhavn **1858**(1-4): 63. 1858.

Calliergon turgescens (T. Jensen) Kindb., Canad. Rec. Sci. **6**(2): 72. 1894.

Scorpidium turgescens (T. Jensen) Loeske, Verh. Bot. Ver. Brandenburg **46**: 199. 1905.

Drepanocladus turgescens (T. Jensen) Broth., Nat. Pflanzenfam. Ⅰ(3): 1035. 1908.

生境　湖泊、沼泽湿地。

分布　云南(Brotherus, 1929, as *Calliergon turgescens*)。俄罗斯、美国,欧洲。

类牛角藓属 Sasaokaea Broth. Rev. Bryol., n. s., **2**: 10. 1929

模式种:*S. aomoriensis* (Paris) Kanda

本属全世界现有1种。

类牛角藓

Sasaokaea aomoriensis (Paris) Kanda, J. Sci. Hiroshima Univ., ser. B, Div. 2, Bot. **16**: 74. 1976. *Hypnum aomoriense* Paris, Rev. Bryol. **31**: 94. 1904. **Type**: Japan: Ise, Ujiyamada, *Y. Tsuchiga 3491*.

Drepanocladus aomoriensis (Paris) Broth., Nat. Pflanzenfam. Ⅰ(3): 1034. 1908.

Sasaokaea japonica Broth., Rev. Bryol., n. s., **2**: 10. 1929.

Drepanocladus japonicus Dixon, Bot. Mag. (Tokyo) **50**: 149. 1936.

生境　沼泽边缘。

分布　台湾。日本。

厚边藓属 Sciaromiopsis Broth. Akad. Wiss. Wien Sitzungsber., Math. -Naturwiss. Kl., Abt. 1, **133**: 580. 1924.

模式种:*S. sinense* (Broth.) Broth.

本属全世界现有1种。

厚边藓(中华厚边藓)

Sciaromiopsis sinensis (Broth.) Broth., Akad. Wiss. Wien Sitzungsber., Math. -Naturwiss. Kl., Abt. 1, **133**: 580. 1924. *Sciaromium sinense* Broth., Akad. Wiss. Wien Sitzungsber., Math. -Naturwiss. Kl., Abt. 1, **131**: 218. 1922. **Type**: China: Sichuan, Xichang (Ningyuen) Co., Daliang-schan, *Handel-Mazzetti 972* (syntypes: H, NY); Yunnan, Lijiang Co., *Handel-Mazzetti 6836* (syntype: H).

Sciaromiopsis brevifolia Broth., Akad. Wiss. Wien Sitzungsber., Math. -Naturwiss. Kl., Abt. 1, **133**: 580. 1924. **Type**: China: Sichuan, Huili Co., Lungdschu-schan, *Handel-Mazzetti 926* (holotype: H; isotype: S).

生境　溪流间水中。

分布　四川、重庆、云南。中国特有。

华原藓属 Sinocalliergon Sakurai Bot. Mag. (Tokyo) **62**: 108. 1949.

本属全世界现有1种。

华原藓

Sinocalliergon satoi Sakurai, Bot. Mag. (Tokyo) **62**: 108. 1949. **Type**: China: Shanxi, Ping-ding Co., Niangziguan, May 1. 1942, *Masami 24*, *25* (syntype: MAK).

生境　水中。

分布　山西(Sakurai, 1949)。中国特有。

湿原藓科 **Calliergonaceae** Vanderpoorten, Hedenäs, C. J. Cox & A. J. Shaw

Taxon **51**:120. 2002

湿原藓属 Calliergon (Sull.) Kindb.

Canad. Rec. Sci. **6**(2):72. 1894.

模式种:*C. cordifolium* (Hedw.) Kindb.

本属全世界现有 6 种,中国有 5 种。

湿原藓

Calliergon cordifolium (Hedw.) Kindb., Canad. Rec. Sci. **6** (2): 72. 1894. *Hypnum cordifolium* Hedw., Sp. Musc. Frond. 254. 1801.

Amblystegium cordifolium (Hedw.) De Not., Cronac. Briol. Ital. 2: 23. 1867.

Acrocladium cordifolium (Hedw.) Richs. & Wall., Trans. Brit. Bryol. Soc. **1**(4): 25. 1950.

生境　沼泽、湖泊,喜湿度稳定或 pH 中性的基质。

分布　黑龙江、吉林、辽宁、内蒙古、山东(赵遵田和曹同, 1998)、甘肃(Wu et al., 2002)、新疆、贵州。日本、尼泊尔、格陵兰岛(丹属)、俄罗斯,欧洲、北美洲、大洋洲。

大叶湿原藓

Calliergon giganteum (Schimp.) Kindb., Canad. Rec. Sci. **6** (2): 72. 1894. *Hypnum giganteum* Schimp, Syn. Musc. Frond. 642. 1860. **Type:** France.

Amblystegium giganteum (Schimp.) De Not., Cronac. Briol. Ital. **2**: 23. 1867.

生境　泥炭沼泽中。

分布　黑龙江、吉林、内蒙古、新疆。俄罗斯,欧洲、北美洲。

圆叶湿原藓

Calliergon megalophyllum Mikut., Bryoth. Balt. Bog. 34. 1908.

生境　常与镰刀藓混生于富营养化湖泊中。

分布　黑龙江、内蒙古。俄罗斯,欧洲、北美洲。

蔓枝湿原藓

Calliergon sarmentosum (Wahlenb.) Kindb., Canad. Rec. Sci. **6**(2): 72. 1894. *Hypnum sarmentosum* Wahlenb., Fl. Lapp. 380. 1812.

Sarmentypnum sarmentosum (Wahlenb.) Tuom. & T. J. Kop., Ann. Bot. Fenn. **16**: 223. 1979.

Warnstorfia sarmentosa (Wahlenb.) Hedenäs, J. Bryol. **17**: 470. 1993.

生境　高山沼泽或冻原上。

分布　黑龙江、内蒙古。尼泊尔、格陵兰岛(丹属)、俄罗斯、新西兰,欧洲、北美洲、非洲中部、南极洲。

黄色湿原藓

Calliergon stramineum (Brid.) Kindb., Canad. Rec. Sci. **6** (2): 72. 1894. *Hypnum stramineum* Dicks. ex Brid., Muscol. Recent. **2**(2):172. 1801.

Amblystegium stramineum (Brid.) De Not., Cronac. Briol. Ital. **2**:23. 1867.

Acrocladium stramineum (Brid.) Richs. & Wall., Trans. Brit. Bryol. Soc. **1**(4): 25. 1950.

Straminergon stramineus (Brid.) Hedenäs, J. Bryol. **17**: 463. 1993.

生境　泥炭沼泽,有时生于泥炭藓丛中间。

分布　黑龙江、吉林、内蒙古、新疆(Sonoyama et al., 2007, as *Straminergon stramineus*)、浙江(刘艳等, 2006)、贵州(彭涛和张朝辉, 2007)。日本、智利(He, 1998)、俄罗斯,欧洲、北美洲。

范氏藓属 Warnstorfia (Broth.) Loeske

Hedwigia **46**: 310. 1907.

模式种:*W. exannulata* (Bruch & Schimp.) Loeske

本属全世界现有 5 种,中国有 2 种。

范氏藓

Warnstorfia exannulata (Bruch & Schimp.) Loeske in Nitardy, Hedwigia **46**: 310. 1907. *Hypnum exannulatus* Bruch & Schimp. in B. S. G., Bryol. Eur. **6**: 110. 1854.

Amblystegium exannulatum (Bruch & Schimp.) De Not., Atti Univ. Geneova **1**: 142. 1869.

Harpidium exannulatum (Bruch & Schimp.) C. E. O. Jensen, Meddel. Groenland **3**: 324. 1887.

Drepanocladus exannulatus (Bruch & Schimp.) Warnst., Beih. Bot. Centralbl. **13**:405. 1903.

Drepanocladus exannulatus var. *angustissimus* Mönk. in Herzog, Bot. Jahrb. **47**: 489. 1912, *nom. nud.*

Drepanocladus exannulatus fo. *angustissimus* Mönk., Laubm. Eur. 784. f. 185c. 1927.

生境　沼泽地或高山林区溪流中,常半水生或水生。

分布　黑龙江、吉林、内蒙古、山西(吴鹏程等,1987, as *Drepanocladus exannulatus*)、青海、新疆、重庆(胡晓云和吴鹏程,1991, as *Drepanocladus exannulatus*)、贵州、云南。日本、印度、尼泊尔、高加索地区、格陵兰岛(丹属)、新西兰,欧洲、北美洲、非洲北部。

浮生范氏藓

Warnstorfia fluitans (Hedw.) Loeske, Morphol. Syst. Laubm. 202. 1910. *Hypnum fluitans* Hedw., Sp. Musc. Frond. 296. 1801.

Drepanocladus fluitans (Hedw.) Warnst., Beih. Bot. Centralbl. **13**: 404. 1903.

Drepanocladus schulzei G. Roth, Eur. Laubm. **2**: 567. 1904.

生境　高山湖泊、沼泽或塔头甸子,常漂浮于水中。

分布　黑龙江、吉林、内蒙古、陕西。日本、朝鲜、印度、俄罗斯、新西兰,欧洲、北美洲、非洲北部。

蝎尾藓科 Scorpidiaceae Ignatov & Ignatova Arctoa 11:942. 2004

本科全世界有4属,中国有3属。

钩茎藓属(新拟) Hamatocaulis Hedenäs Lindbergia 15: 8. 1989.

模式种:*H. vernicosus* (Mitt.) Hedenäs

本属全世界现有2种,中国有1种。

匍地钩茎藓(新拟)

Hamatocaulis lapponicus (Norrl.) Hedenäs, Lindbergia 15: 30. 1989. *Hypnum lycopodioides* var. *lapponicum* Norrl., Not. Sällsk. Fauna Fl. Fenn. Förh. **13**: 293. 1873.

Drepanocladus lapponicus (Norrl.) Smirnova, Trudy Bot. Inst. Akad. Nauk SSSR, ser. 2, Sporov. Rast. **8**: 404. f. 1-4. 1953.

Scorpidium lapponicum (Norrl.) Tuom. & T. J. Kop., Ann. Bot. Fenn. **16**: 223. 1979.

生境　不详,海拔1300~1350m。

分布　新疆(Tan et al., 1995)。俄罗斯,欧洲、北美洲(Hedenäs, 1989)。

三洋藓属 Sanionia Loeske Hedwigia 46:309. 1907.

模式种:*S. uncinata* (Hedw.) Loeske

本属全世界现有3种,中国有1种。

三洋藓

Sanionia uncinata (Hedw.) Loeske, Hedwigia **46**: 309. 1907. *Hypnum uncinatum* Hedw., Sp. Musc. Frond. 289. 1801.

Drepanocladus filicalyx Müll. Hal., Nuovo Giorn. Bot. Ital., n. s., **3**: 123. 1896. **Type**: China: Shaanxi, Kuan-tou-san, *Giraldi 885* (lectotype: F; isotype: NY).

Drepanocladus sinensi-uncinatus Müll. Hal., Nuovo Giorn. Bot. Ital., n. s., **3**: 123. 1896. **Type**: China: Shaanxi, Thae-pei-san, *Giraldi 996*, *991*, *992* (syntype: F).

Drepanocladus uncinatus (Hedw.) Warnst., Beih. Bot. Centralbl. **13**: 417. 1903.

Drepanocladus uncinatus fo. *auriculatus* Mönk., Laubm. Eur. 788. 1927.

Drepanocladus unicinatus fo. *plumulosus* Mönk., Laubm. Eur. 788. 1927.

Drepanocladus uncinatus fo. *longicuspis* Z. Smirn., Not. Syst. Cryptog. Inst. Bot. Kom. Act. Sci. URSS IX. 197. 1953.

生境　土面、岩石、腐木、树基上或干燥的针叶林中,少见于沼泽。

分布　黑龙江、吉林、辽宁、内蒙古、河北、山西、陕西、甘肃(Wu et al., 2002)、青海、新疆、四川、云南、西藏。日本、印度、尼泊尔、不丹(Noguchi, 1971, as *Drepanocladus uncinatus*)、巴基斯坦、格陵兰岛(丹属)、俄罗斯、墨西哥、坦桑尼亚(Ochyra and Sharp, 1988),南极洲、欧洲、美洲、大洋洲。

蝎尾藓属 Scorpidium(Schimp.) Limpr. Laubm. Deutschl. 3: 370. 1899.

模式种:*S. scorpioides* (Hedw.) Limpr.

本属全世界现有4种,中国有1种。

蝎尾藓

Scorpidium scorpioides (Hedw.) Limpr., Laubm. Deutschl. **3**: 571. 1899. *Hypnum scorpioides* Hedw., Sp. Musc. Frond. 295. 1801.

生境　湖泊或沼泽湿地。

分布　山西(Sakurai, 1949)、西藏。俄罗斯、秘鲁(Menzel, 1992),欧洲、北美洲。

薄罗藓科 Leskeaceae Schimp.

本科全世界有15属,中国有11属。

麻羽藓属 Claopodium (Lesq. & James) Renauld & Cardot Rev. Bryol. 20: 16. 1893.

模式种:*C. crispifolium* (Hook.) Renauld & Cardot

本属全世界现有13种,中国有7种。

狭叶麻羽藓

Claopodium aciculum (Broth.) Broth., Nat. Pflanzenfam. I (3): 1009. 1908. *Thuidium aciculum* Broth., Hedwigia **30**: 245. 1899. **Type**: Japan: Nagasaki Pref., *Wichura 1413c*.

Claopodium sinicum Broth. & Paris, Rev. Bryol. **38**: 57. 1911. **Type**: China: Anhui (Ngan Hoei), Niang-kia-kiao, *Courtois 164* (isotype: PC).

Claopodium viridulum Cardot, Bull. Soc. Bot. Genève,

sér. 2, **3**: 292. 1911.

Claopodiumaciculums var. *brevifolium* Cardot, Bull. Soc. Bot. Genève, sér. 2, **4**: 378. 1912.

Claopodium prionophylloides Broth. ex Sasaoka, Bot. Mag. (Tokyo) **35**: 68. 1921. **Type**: China: Taiwan, Shinchiku Prov., Hantoso, *Sasoke* 671.

Haplocladium minutifolium Thér., Ann. Crypt. Exot. **3** (2-3): 70. 1930. **Syntypes**: China: Fujian (Fukien), Buong Kang, Yenping (Nanping), *Ching 76*; Korea: Hallaisan, *Taquet 468*.

Claopodium gracilescens Dixon, Hong Kong Naturalist, Suppl. **2**: 23. 1933. **Type**: China: Fujian, Amoy Is. *Herklots B3* (holotype: BM).

生境　低山地区具土岩面或阴湿土生。

分布　山东(赵遵田和曹同, 1998)、陕西、江苏、上海(刘仲苓等, 1989)、浙江(刘仲苓等, 1989)、江西(Ji and Qiang, 2005)、四川、重庆、贵州、福建、台湾、广西(左勤等, 2010)、海南、香港。朝鲜、日本、越南、老挝。

大麻羽藓(斜叶麻羽藓)

Claopodium assurgens (Sull. & Lesq.) Cardot, Bull. Soc. Bot. Genève, sér. 2, **3**: 283. 1911. *Hypnum assurgens* Sull. & Lesq., Proc. Amer. Acad. Arts. Sci. **4**: 279. 1859. **Type**: Japan: Osima, in dense patches, May 1. 1855, Kagoshima Pref., *Wright s. n.* (lectotype: FH).

Hypnum crispulum Dozy & Molk., Bryol. Jav. **2**: 125. 1865, *nom. nud.*

Pseudoleskea crispula Bosch & Sande Lac., Bryol. Jav. **2**: 125, tab. 228. 1865.

Claopodium crispulum (Bosch & Sande Lac.) Broth., Nat. Pflanzenfam. Ⅰ(3): 1009. 1908.

Claopodium asperrimum Cardot, Bull. Soc. Bot. Genève, sér. 2, **3**: 283. 1911.

Claopodium assurgens (Sull. & Lesq.) Cardot var. *attenuatum* Nog., J. Jap. Bot. **14**: 29. 1938. Type: China: Taiwan., *Suzuki s. n.*

生境　低海拔地区草丛下、树基或阴湿岩面生长。

分布　陕西、重庆、贵州(姜业芳和熊源新, 2004)、云南、福建、台湾、广东、海南、香港、澳门。印度(阿萨姆)、泰国、老挝、越南、柬埔寨、印度尼西亚(爪哇)、日本、澳大利亚。

细麻羽藓

Claopodium gracillimum (Cardot & Thér.) Nog., J. Hattori Bot. Lab. **27**: 33. 1964. *Diaphanodon gracillimus* Cardot & Thér., Bull. Acad. Int. Géogr. Bot. **18**: 2. 1908. **Type**: Japan: Kagoshima, Amami-oshima Is., *Ferrie s. n.*

生境　不详。

分布　重庆、贵州、台湾、广东、海南。日本。

卵叶麻羽藓

Claopodium leptopteris (Müll. Hal.) P. C. Wu & M. Z. Wang, Acta Phytotax. Sin. **38**: 261. 2000. *Haplocladium leptopteris* Müll. Hal., Nuovo Giorn. Bot. Ital., n. s., **3**: 116. 1896. **Type**: China: Shaanxi (Schen-si), *Giraldi s. n.*

生境　不详。

分布　陕西、湖北、云南(Mao and Zhang, 2011)。中国特有。

多疣麻羽藓(拟毛尖麻羽藓,疣茎麻羽藓)

Claopodium pellucinerve (Mitt.) Best, Bryologist **3**: 19. 1900. *Leskea pellucinerve* Mitt., J. Linn. Soc., Bot., Suppl. **1**: 130. 1859. **Type**: India: Northwest Himalayas, Simla, *Thomson 1125, 1132, 1146*.

Anomodon subpilifer Lindb. & Arnell., Kongl. Svenska Vetensk. Acad. Handl. **23**(10): 111. 1890.

Thuidium papillicaule Broth., Hedwigia **38**: 245. 1899.

Thuidium pugionifolium Broth. & Paris, Rev. Bryol. **31**: 59. 1904.

Claopodium papillicaule (Broth.) Broth., Nat. Pflanzenfam. Ⅰ(3): 1009. 1908.

Claopodium pugionifolium (Broth.) Broth., Nat. Pflanzenfam. Ⅰ(3): 1009. 1908.

Claopodium subpiliferum (Lindb. & Arn.) Broth., Nat. Pflanzenfam. Ⅰ(3): 1009. 1908.

Claopodium piliferum Broth., Akad. Wiss. Wien Sitzungsber., Math. -Naturwiss. Kl., Abt. 1, **133**: 578. 1924. **Type**: China: Sichuan, Yen-yuen (Yan-yuan), *Handel-Mazzetti 2186* (isotype: BM).

Claopodium tenuissimum Dixon, Rev. Bryol., n. s., **1**: 187. 1928. **Type**: China: Shaanxi (Schen-si), Teou-mou-kong & Fang-yang-soeur, *Licent 133b* (holotype: BM).

生境　多阴湿石生、土生、稀腐木生或树基附生。

分布　吉林、辽宁、内蒙古、山西(Wang et al., 1994, as *C. subpiliferum*)、山东(赵遵田和曹同, 1998)、陕西、甘肃(Wu et al., 2002)、湖北、四川、贵州(姜业芳和熊源新, 2004)、云南。朝鲜、日本、巴基斯坦、印度。

齿叶麻羽藓

Claopodium prionophyllum (Müll. Hal.) Broth., Nat. Pflanzenfam. Ⅰ(3): 1009. 1908. *Hypnum prionophyllum* Müll. Hal., Syn. Musc. Frond. **2**: 481. 1851. **Type**: Nepal: *Wallich s. n.*

Claopodium nervosum M. Fleisch., Musci Buitenzorg **4**: 1504. 1923.

Hypnum nervosum Harv. in Hook., Icon. Pl. **1**: pl. 24, f. 3. 1836, *hom. illeg.*

Claopodium amblystegioides Dixon, Proc. Linn. Soc. New South Wales **55**: 281. 1930.

生境　多石灰岩面生长或稀土生。

分布　陕西、江苏、上海(刘仲苓等, 1989)、浙江(刘仲苓等, 1989)、湖北、四川、贵州(姜业芳和熊源新, 2004)、云南、福建(Dixon, 1933, as *C. nervosum*)、台湾、广东、广西(贾鹏等, 2011)、海南。朝鲜、日本、印度尼西亚(Touw, 1992)、美国(夏威夷)、斐济。

偏叶麻羽藓(皱叶麻羽藓)

Claopodium rugulosifolium S. Y. Zeng, Acta Bot. Yunnan. **3** (2): 263. 1981. **Type**: China. Xizang, Ding-jie Co., alt. 2800 m, *S. K. Chen 2064b* (holotype: HKAS).

生境　阴湿土生。

分布　重庆、贵州、西藏。中国特有。

薄羽藓属 Leptocladium Broth.
Symb. Sin. **4**：97. 1929.

模式种：*L. sinense* Broth.
本属全世界现有1种。

薄羽藓

Leptocladium sinense Broth., Symb. Sin. **4**：97. pl. 3, f. 15. 1929. **Type**：China：Yunnan, Lu-djiang (Salwin), *Handel-Mazzetti 9324* (holotype：H-BR).
生境　海拔3800～4050m。
分布　云南。中国特有。

叉羽藓属 Leptopterigynandrum Müll. Hal.
Hedwigia **36**：114. 1897.

模式种：*L. austro-alpinum* Müll. Hal.
本属全世界现有10种，中国有9种。

角疣叉羽藓（新拟）

Leptopterigynandrum autoicum Dixon ex Gangulee & Vohra in Gangulee, Mooes E. India **7**：1582. 1978. **Type**：China：Xizang, Molo, Kongbo Prov., *Ludlow, Sheriff & Taylor 4328* (holotype：BM).
生境　土面、树干上，海拔3460～3880m。
分布　云南、四川、西藏(He, 2005)。印度。

叉羽藓

Leptopterigynandrum austro-alpinum Müll. Hal., Hedwigia 36：114. 1897. **Type**：Argentina：Apr. 1872, *Lorentz s. n.*
生境　树干或含石灰质岩面，海拔2900～4500m。
分布　青海、新疆、四川、云南。俄罗斯(西伯利亚)、蒙古、美国(阿拉斯加)、玻利维亚、秘鲁、阿根廷和智利(He, 2005)。

小叉羽藓(新拟)

Leptopterigynandrum brevirete Dixon, J. Indian Bot. **10**(2)：151. 1931. **Type**：Pakistan：Wazirstan, Datta Khel to Suidar Peak, on bark of tree, 7000ft., *Stewart 536* (holotype：BM).
生境　树干，海拔2100～3520m。
分布　四川(He, 2005)。巴基斯坦(He, 2005)。

心叶叉羽藓(新拟)

Leptopterigynandrum decolor (Mitt.) M. Fleisch., Musci Buitenzorg **4**：1496. 1923. *Stereodon decolor* Mitt., J. Proc. Linn. Soc., Bot., Suppl. **1**：92. 1859. **Type**：India：Sikkim, Wallanchoon, 10～12 000ft., *J. D. Hooker 761* (lecotype：NY).
生境　岩面上，哈巴 3000～3900m。
分布　四川(He, 2005)。印度(He, 2005)。

卷叶叉羽藓

Leptopterigynandrum incurvatum Broth., Akad. Wiss. Wien Sitzungsber., Math.-Naturwiss. Kl. Abt. 1, 133：577. 1924. **Type**：China：Yunnan, Peipum (Piepen), *Handel-Mazzetti 4743* (holotype：H).
生境　石上或树干上，海拔3400～4800m。
分布　甘肃(Zhang and Li, 2005)、宁夏(黄正莉等，2010)、青海、四川、云南、西藏。中国特有。

毛尖叉羽藓(新拟)

Leptopterigynandrum piliferum S. He, J. Hattori Bot. Lab. **97**：22. f. 111-124. 2005. **Type**：Mongolia：Khangai, *Ts. Tsegmed 2660* (holotype：NY).
生境　岩面薄土上，海拔2240～3040m。
分布　四川(He, 2005)。蒙古(He, 2005)。

直茎叉羽藓

Leptopterigynandrum stricticaule Broth., Akad. Wiss. Wien, Sitzungsber., Math.-Nat. Kl., Abt. 1 1. **133**：577. 1924. **Type**：China：Yunnan, Chungtien(Zhongdian) Co., *Handel-Mazzetti 4760* (lectotype：H)；Sichuan, Yenyuen Co., *Handel-Mazzetti 2338* (syntypes：FH, H, JE, S).
生境　树干，海拔3325～3800m。
分布　四川(He, 2005)、云南(He, 2005)。印度(He, 2005)。

全缘叉羽藓

Leptopterigynandrum subintegrum (Mitt.) Broth., Nat. Pflanzenfam. (ed. 2) **11**：309. 1925. *Heterocladium subintegrum* Mitt., J. Proc. Linn. Soc., Bot., Suppl. **1**：135. 1859. **Type**：India：northwestern Himalayas, temperate region, Simla, *T. Thomson s. n.* (holotype NY).
Forsstroemia filiformis M. X. Zhang, Acta Bot. Yunnan. **2**：484. 1980. **Type**：China：Xizang, Longzi Co., on rock, July 5. 1975, *Zang Mu 1215* (holotype：N-W. Inst. Bot.；isotype：HKAS).
生境　高山树干、树干基部、腐木或岩面，海拔2400～4700m。
分布　青海、四川、西藏。印度、蒙古、俄罗斯、美国(阿拉斯加、科罗拉多)、玻利维亚和南非(He, 2005)。

细叉羽藓

Leptopterigynandrum tenellum Broth., Symb. Sin. **4**：96. pl. 4, f. 1. 1929. **Type**：China：Sichuan (Setschwan), Muli Co., *Handel-Mazzetti 7356* (holotype：H-BR).
生境　高山林区的树干及岩面生长，海拔1900～4200m。
分布　山西(Wang et al., 1994)、宁夏(黄正莉等，2010)、四川、西藏。蒙古、俄罗斯和玻利维亚(He, 2005)。

薄罗藓属 Leskea Hedw.
Sp. Musc. Frond. 211. 1801.

模式种：*L. polycarpa* Hedw.

本属全世界现有 24 种，中国有 5 种。

喜马拉雅薄罗藓(新拟)

Leskea consanguinea (Mont.) Mitt., J. Proc. Linn. Soc., Bot., Suppl. **2**: 131. 1859. *Pterogonium consanguineum* Mont., Ann. Sci. Nat., Bot., sér. 2, **17**: 249. 1842.

Anomodon consanguineus (Mont.) A. Jaeger, Ber. Thätigk. St. Gallischen Naturwiss. Ges., **1876-1877**: 235 (Gen. Sp. Musc. **2**: 301). 1878.

Leskeella consanguinea (Mont.) Broth., Nat. Pflanzenfam. Ⅰ(3): 996. 1907.

生境　不详。

分布　云南(Bescherelle, 1892)。印度。

细枝薄罗藓

Leskea gracilescens Hedw., Sp. Musc. Frond. 222. 1801. **Type**: U. S. A.: Pennsylvania, Lancaster, *Muhlenberg s. n.*

生境　树干基部。

分布　黑龙江。北美洲。

薄罗藓

Leskea polycarpa Ehrh. ex Hedw. Sp. Musc Frond. 225. 1801. **Syntypes**: Germany and Austria.

Leskea arenicola Best, Bull. Torrey Bot. Club **30**: 467. 1903.

Lindbergia robusta Broth. ex Iisiba, Bot. Mag. (Tokyo) **49**: 600. 1935.

生境　树基或石上。

分布　内蒙古、山东(赵遵田和曹同, 1998)、新疆、上海(刘仲苓等, 1989)、湖南、西藏、台湾。日本、俄罗斯(西伯利亚)、高加索地区，欧洲、北美洲。

短肋薄罗藓(新拟)

Leskea subacuminata Nog., J. Jap. Bot. **13**: 409. pl. 1, f. 9-14. 1937. **Type**: China: Taiwan, Tainan Co., Aug. 1932, *A. Noguchi 6707* (holotype: NICH).

生境　树干上。

分布　台湾(Noguchi, 1937)。中国特有。

粗肋薄罗藓

Leskea scabrinervis Broth. & Paris, Rev. Bryol. **33**: 26. 1906. **Type**: China: Shanghai, Zi Ka Wei, *P. Henry s. n.*

生境　树皮上或土生。

分布　河南、上海、江西(Ji and Qiang, 2005)、云南(Mao and Zhang, 2011)、福建。中国特有。

细罗藓属 Leskeella (Limpr.) Loeske
Moosfl. Harz. 255. 1903.

模式种：*L. nervosa* (Brid.) Loeske

本属全世界现有 5 种，中国有 2 种。

细罗藓

Leskeella nervosa (Brid.) Loeske, Moosfl. Harz. 255, 1903. *Pterigynandrum nervosum* Brid., Sp. Muscol. Recent. Suppl. **1**: 132. 1806. **Type**: Poland: Glatz (Klodzko), *Seliger s. n.*

Leskea nervosa (Brid.) Myrin, Coroll. Fl. Upsal. 52. 1834.

Pseudoleskea papillarioides Müll. Hal., Nuovo Giorn. Bot. Ital., n. s., **3**(1): 118. 1896. **Type**: China: Shaanxi, Mt. Kuan-tou-san, July 1894, *Giraldi s. n.*

生境　树干、林下湿石或湿腐殖质上。

分布　黑龙江、吉林、内蒙古、河北、山西(吴鹏程等, 1987)、山东、陕西、新疆、江苏(刘仲苓等, 1989)、四川、重庆、云南、西藏。巴基斯坦(Higuchi and Nishimura, 2003)、日本、格陵兰岛(丹属)，欧洲、北美洲。

小细罗藓

Leskeella pusilla (Mitt.) Nog., J. Hattori Bot. Lab. **36**: 506. 1972[1973]., *Leskea pusilla Mitt.*, Trans. Linn. Soc. London, Bot. **3**: 188. 1891.

生境　石生，海拔 20m。

分布　浙江(刘艳和曹同, 2007)。日本。

细枝藓属 Lindbergia Kindb.
Gen. Eur. N. Amer. Bryin. 15. 1897.

模式种：*L. brachypterum* (Mitt.) Kindb.

本属全世界现有 19 种，中国有 5 种。

细枝藓

Lindbergia brachyptera (Mitt.) Kindb., Eur. N. Am. Bryin. **1**:13. 1897. *Pterogonium brachypterum* Mitt., J. Linn. Soc., Bot. **8**: 37. 1865.

Leskea austinii Sull., Icon, Musc. Suppl. 81. 1874.

Lindbergia austinii (Sull.) Broth., Nat. Pflanzenfam. Ⅰ(3): 993. 1907.

Lindbergia brachyptera (Mitt.) Kindb. var. *austinii* (Sull.) Grout, Moss Fl. N. Amer. **3**: 196. 1934.

生境　林下树干上。

分布　辽宁、内蒙古、山东(赵遵田和曹同, 1998)、陕西、江苏、上海(刘仲苓等, 1989)、湖北、四川、贵州、云南、西藏。日本、俄罗斯，欧洲、北美洲。

阔叶细枝藓

Lindbergia brevifolia (C. Gao) C. Gao, Bryofl. Xizang. 307. 1985. *Lindbergia ovata* C. Gao, Acta Bot. Yunnan. **3** (4): 399. 1981, *nom. illeg. later homonym*. **Type**: China: Xizang, Yadong Co., 2940m, Sept. 10. 1974, *Chen Shu-Kun 4978* (holotype: IFSBH; isotype: HKAS).

生境　树干上。

分布　内蒙古、云南、西藏。中国特有。

东亚细枝藓

Lindbergia japonica Cardot, Bull. Soc. Bot. Genève, sér. 2, **3**: 280. 1911.

生境　树干上。

分布　江苏(刘仲苓等,1989)、浙江(刘艳和曹同,2007)。日本。

齿边细枝藓

Lindbergia serrulatus C. Gao, T. Cao & W. H. Wang, Fl. Bryophyt. Sin. **6**: 130. 2001. **Type**: China: Yunnan, Kunming, Xishan, *Li Xing-Jiang 3095* (holotype: HKAS).

生境　树干基部。

分布　四川、云南。中国特有。

中华细枝藓

Lindbergia sinensis (Müll. Hal.) Broth., Nat. Pflanzenfam. I (3): 993. 1907. *Schwetschkea sinensis* Müll. Hal., Nuovo Giorn. Bot. Ital., n. s., **3**: 111. 1896. **Type**: China: Shaanxi (Schen-si), Monte Si-ku-tsui-san, *Giraldi 908* (isotype: H).

Leskea magniretis Müll. Hal., Nuovo Giorn. Bot. Ital., n. s., **4**: 274. 1897. **Type**: China: Shaanxi (Schen-si), in monte Lao-y-san, Mar. 1896, *Giraldi s. n.*

Lindbergia magniretis (Müll. Hal.) Broth., Nat. Pflanzenfam. I (3): 993. 1907.

生境　树干上。

分布　黑龙江、辽宁、内蒙古、河北、山东(赵遵田和曹同,1998)、陕西、甘肃(Wu et al., 2002)、新疆、江苏、上海、四川、重庆、贵州、云南、西藏、福建。中国特有。

瓦叶藓属 Miyabea Broth.
Nat. Pflanzenfam. I (3): 984. 1907.

模式种:*M. fruticella* (Mitt.) Broth.

本属全世界现有4种,中国有3种。

瓦叶藓

Miyabea fruticella (Mitt.) Broth., Nat. Pflanzenfam. I (3): 984. 1907. *Lasia fruticella* Mitt., Trans. Linn. Soc. London, Bot. **3**: 173. 1891. **Type**: Japan: Tochigi Pref., *Bisset s. n.* (holotype: NY).

Forsstroemia leptodontoidea W. R. Buck, Bryologist **83**: 451. 1980.

Pterigynandrum sinense P. de la Varde, Rev. Bryol. Lichénol. **10**: 142 f. 2. 1937. **Type**: China: Zhejiang, Mt. Tianmushan, *Liou 6294* (holotype: PC).

生境　山区树干附生或稀岩面着生。

分布　内蒙古、安徽、浙江(Potier,1937,as *Pterigrandrum sinense*)、湖北、台湾。日本、朝鲜。

圆叶瓦叶藓

Miyabea rotundifolia Cardot, Bull. Soc. Bot. Genève, sér. 2, **1**: 132. 1909. **Type**: Korea: Yjyang-Tjyen, *Faurie* 321.

生境　林边石生。

分布　辽宁。日本、朝鲜。

羽枝瓦叶藓

Miyabea thuidioides Broth., Öfvers. Förh. Finska Vetensk.-Soc. **62**: 32. 1921. **Type**: Japan: Kochi Pref., Mt. Kuishi, *Nakanishiki* 3-1.

生境　林内树干。

分布　河南、浙江。日本。

拟柳叶藓属 Orthoamblystegium Dixon & Sakurai
Bot. Mag. (Tokyo) 50: 260. 1936.

模式种:*O. nipponicum* Dixon & Sakurai (=***O. spurio-subtile***)

本属全世界现有1种。

拟柳叶藓

Orthoamblystegium spurio-subtile (Broth. & Paris) Kanda & Nog., Misc. Bryol. Lichenol. **9**: 135. 1982. *Amblystegium spurio-sybtile* Broth. & Paris, Rev. Bryol. **31**: 94. 1904.

Schwetschkea longinervis Cardot, Bull. Soc. Bot. Genève, sér. 2, **3**: 279. 1911.

Orthoamblystegium nipponicum Dixon & Sakurai, Bot. Mag. (Tokyo) **50**: 260. 1936.

Orthoamblystegium longinerve (Cardot) Toyama, Acta Phytotax. Geobot. **6**: 105. 1937.

Platydictya spurio-subtile (Broth. & Paris) W. B. Schofield, J. Hattori Bot. Lab. **28**: 37. 1965.

生境　树基或石上。

分布　西藏。日本、朝鲜。

拟草藓属 Pseudoleskeopsis Broth.
Nat. Pflanzenfam. I (3): 1002. 1907.

模式种:*P. decurvata* (Mitt.) Broth.

本属全世界现有9种,中国有2种。

尖叶拟草藓

Pseudoleskeopsis tosana Cardot, Bull. Soc. Bot. Genève, sér. 2,**5**:317. 1913.

Pseudoleskeopsis hattorii Nog., J. Hattori Bot. Lab. **2**: 82. 1947.

生境　湿润的岩石上。

分布　山东、浙江、湖南、湖北、四川(Li et al.，2011)、贵州、海南。日本。

拟草藓

Pseudoleskeopsis zippelii (Dozy & Molk.) Broth., Nat. Pflanzenfam. Ⅰ(3): 1003. 1907. *Hypnum zippelii* Dozy & Molk., Ann. Sci. Nat., Bot., sér. 3, **2**: 310. 1844. **Type**: Indonesia: Amboina, *Zippelinus s. n.*

Hypnum japonicum Sull. in Perry, Narr. Exp. China Japan **2**: 330. 1857.

Hypnum orbiculatum Mitt., J. Proc. Linn. Soc., Bot., Suppl. **1**: 84. 1859.

Leskea decurvata Mitt., J. Linn. Soc., Bot. **8**: 154. 1865.

Pseudoleskeopsis decurvata (Mitt.) Broth., Nat. Pflanzenfam. Ⅰ(3): 1003. 1907.

Pseudoleskeopsis laticuspis (Cardot) Broth., Nat. Pflanzenfam. Ⅰ(3): 1003. 1907.

Pseudoleskeopsis orbiculata (Mitt.) Broth., Nat. Pflanzenfam. Ⅰ(3): 1003. 1907.

Pseudoleskeopsis compressa (Mitt.) Broth., Nat. Pflanzenfam. Ⅰ(3): 1024. 1908.

Pseudoleskeopsis serrulata Cardot & Thér., Bull. Acad. Int. Géogr. Bot. **21**: 271. 1911. **Type**: China: Guizhou, Pingfa, Chuts-shan, Oct. 1. 1903, *Fortunat s. n.* (isotype: H).

Pseudoleskeopsis integrifolia Broth., Symb. Sin. **4**: 95. 1929. **Type**: China: Hunnan, Yin-schan Wukang, *Handel-Mazzetti 12 203* (holotype: H).

Pseudoleskeopsis orbiculata var. *laticuspis* (Cardot) Thér., Ann. Crypt. Exot. **2**: 15. 1929.

Pseudoleskeopsis japonica (Sull.) Z. Iwats., J. Hattori Bot. Lab. **29**: 58. 1968.

生境　在湿润的岩石、树干上或常见于溪流边湿岩石上。

分布　辽宁、吉林(Dixon，1933，as *P. laticuspis*)、河北(Li et al.，2001)、山东(赵遵田和曹同，1998)、安徽、江苏、上海(刘仲苓等，1989)、浙江、湖南、四川、重庆、贵州、云南、福建、台湾(Herzog and Noguchi，1955，as *P. orbiculata*)、广东、广西、海南、香港。日本、朝鲜、菲律宾、泰国、印度、斯里兰卡、越南、马来西亚、印度尼西亚、巴布亚新几内亚、澳大利亚。

小绢藓属 Rozea Besch.
Mém. Soc. Sci. Nat. Cherbourg **16**: 241. 1872.

模式种：*R. viridis* Besch.

本属全世界现有 7 种，中国有 3 种。

异叶小绢藓

Rozea diversifolia Broth., Symb. Sin. **4**: 110. 1929. **Type**: China: Yunnan, *Handel-Mazzetti 8248*, *9669* (syntypes: H-BR).

生境　林下杜鹃灌丛枝上生长。

分布　云南。中国特有。

小蒴小绢藓

Rozea fulva Müll. Hal. ex M. Fleisch. Hedwigia **61**: 405. 1920.

Rozea microcarpa Broth., Symb. Sin. **4**: 110. 1929. **Type**: China: Yunnan, 3100～3400m, May 27. 1915, *Handel-Mazzetti 6589* (holotype: H-BR).

生境　林下树干基部。

分布　云南。中国特有。

翼叶小绢藓(卷边小绢藓)

Rozea pterogonioides (Harv.) A. Jaeger, Ber. Thätigk. St. Gallischen Naturwiss. Ges. **1876-1877**: 274. 1878. *Leskea pterogonioides* Harv. in Hook., Icon. Pl. **1**: pl. 24, f. 8. 1836. **Type**: Nepal: *Wallich s. n.*

Rozea myura Herzog, Hedwigia **65**: 161. 1925. **Type**: China: Yunnan, bei Pe yen tsin, Pe tsao lin, 3000m, *S. Ten 83*.

Clastobryum excavatum Broth., symb. sin. **4**: 118. 1929. **Type**: China: Yunnan. 3800 ~ 4150m, sept. 17. 1915. *Handel-Mazzetti 8097* (Hx).

生境　林下岩面薄土或树干上。

分布　四川、西藏。不丹、印度、尼泊尔、缅甸(Tan and Iwatsuki，1993)。

附干藓属 Schwetschkea Müll. Hal.
Linnaea **39**: 429. 1875.

模式种：*S. schweinfurthii* Müll. Hal.

本属全世界现有 18 种，中国有 5 种。

短枝附干藓

Schwetschkea brevipes (Broth. & Paris) Broth., Nat. Pflanzenfam. Ⅰ(3): 1232. 1909. *Rhynchostegium brevipes* Broth. & Paris, Rev. Bryol. **33**: 26. 1906. **Type**: China: Shanghai, Zi Ka Wei, *Henry s. n.* (holotype: H).

生境　树干。

分布　上海。中国特有。

华东附干藓

Schwetschkea courtoisii Broth. & Paris, Rev. Bryol. **35**: 127. 1908. **Type**: China: Shanghai, Zi Ka Wei, *Courtois 119* (holotype: H).

Schwetschkea incerta Thér., Ann. Crypt. Exot. **5**: 178. 1932. **Type**: China: Fujian, Buong Kang, *H. H. Chung 156*.

生境　着生树干上。

分布　山西(Wang et al.，1994)、江苏、上海、浙江(刘仲苓等，1989)、贵州、福建。中国特有。

缺齿附干藓

Schwetschkea gymnostoma Thér., Monde Pl., ser. 2, **9**(45): 22. 1907. **Type**: China: Guizhou (Kouy Tcheou), Tchen-fong, *Esquirol s. n.* (holotype: PC).

生境　林下或湿石上。
分布　贵州。中国特有。

东亚附干藓

Schwetschkea laxa (Wilson) A. Jaeger, Ber. Thätigk. St. Gallischen Naturwiss. Ges. **1876-1877**: 222. 1878. *Pterogonium laxum* Wilson, London J. Bot. **7**: 276. 1848. **Type**: China: Guangdong, Chuanshan Qundao (Chusan), Islands, *T. Anderson s. n.*

Pterogonium laxum Wilson, London J. Bot. **7**: 276. 1848.
Schwetschkea matsumurae Besch., J. Bot. (Morot) **13**: 40. 1899.
Schwetschkea sublaxa Broth. & Paris, Rev. Bryol. **35**: 41. 1908.
生境　树干,海拔750～3600m。
分布　江苏、上海(李登科和高彩华, 1986)、湖南、四川、重庆、云南、福建(Thériot, 1932)、台湾(Herzog and Noguchi, 1955)。日本。

中华附干藓

Schwetschkea sinica Broth. & Paris, Rev. Bryol. **38**: 56. 1911. **Type**: China: Jiangsu (Kang Sou), Tsing Kia K'iao, *Courtois s. n.*
生境　树干或湿岩面上。
分布　安徽、江苏(刘仲苓等, 1989)。中国特有。

拟薄罗藓科 Pseudoleskeaceae Schimp.

syn: Musc. Eur. 491. 1860.

本科全世界有3属,中国有2属。

拟褶叶藓属 Pseudopleuropus Takaki

J. Hattori Bot. Lab. **14**: 18. 1955.

本属全世界现有3种,中国有3种。

喜马拉雅拟褶叶藓(新拟)*

Pseudopleuropus himalayanus (Ochyra) T. Y. Chiang, Bot. Bull. Acad. Sin. **39**: 135. 1998. *Miehea himalayana* Ochyra, Nova Hedwigia **49**: 324. f. 1-3. 1989.
生境　不详。
分布　云南(Chiang, 1998b)。尼泊尔。

纤枝拟褶叶藓(新拟)

Pseudopleuropus indicus (Dixon) T. Y. Chiang, Bot. Bull. Acad. Sin. **39**: 135. 1998. *Hylocomium indicum* Dixon, Notes Roy. Bot. Garden, Edinburgh **19**: 299. f. 13. 1938. **Type**: India: 1868, *Bell s. n.* (E).
生境　不详。
分布　云南(Tan, 2000b)。印度。

台湾拟褶叶藓(新拟)

Pseudopleuropus morrisonensis Takaki, J. Hattori Bot. Lab. **14**: 18. f. 5. 1955. *Lescuraea morrisonensis* (Takaki) Nog. & Takaki, Yushania **2**: 23. 1985. **Type**: China: Taiwan, Mt. Yushan, 3900m, Aug. 1932, *A. Noguchi s. n.* (isotype: NICH).
生境　树干或树枝上,海拔3900m。
分布　台湾(Chiang, 1998b)。中国特有。

多毛藓属 Lescuraea Bruch & Schimp.

Bryol. Eur. **5**: 101. 1851.

模式种: *L. striata* (Schwägr.) Schimp.
本属全世界现有40种,中国有6种。

弯叶多毛藓

Lescuraea incurvata (Hedw.) Lawt., Bull. Torrey Bot. Club **84**: 290. 1957. *Leskea incurvata* Hedw., Sp. Musc. Frond. 216. 1801.
Pseudoleskea incurvata (Hedw.) Loeske., Hedwigia **50**: 313. 1911.
生境　高海拔的湿润地面、岩石或树基上。
分布　内蒙古、山东(赵遵田和曹同, 1998)、新疆、江苏(刘仲苓等, 1989)、浙江(刘仲苓等, 1989)、四川、云南、西藏。巴基斯坦(Higuchi and Nishimura, 2003)、日本,欧洲、北美洲。

多态多毛藓(新拟)

Lescuraea mutabilis (Brid.) Lindb., Contr. Fl. Crypt. As. 247. 1872. *Hypnum mutabile* Brid., Muscol. Recent. **2** (2): 170. 1801.
生境　岩石上。
分布　黑龙江。巴基斯坦(Higuchi and Nishimura, 2003)、日本、印度、俄罗斯,欧洲南部、北美洲、非洲北部。

密根多毛藓

Lescuraea radicosa (Mitt.) Mönk., Laubm. Eur. 693. 1927. *Hypnum radicosum* Mitt., J. Linn. Soc., Bot. **8**: 31. 1865. **Type**: Canada: British Columbia, *Drummond 225*.
Pseudoleskea radicosa (Mitt.) Macoun & Lindb., Cat Canad. Pl., Musci **6**: 181. 1892.
生境　林下土面或岩面。
分布　新疆、江苏、贵州、云南(Mao and Zhang, 2011)。日本,欧洲、北美洲。

石生多毛藓

Lescuraea saxicola (Schimp. in B. S. G.) Molendo, Moosstudien 144. 1864. *Lescuraea striata* var. *saxicola* Schimp. in B. S. G., Bryol. Eur. **5**: 103 pl. 459. 1851. **Type**: Europe.

---

* Chiang (1997, 1998b) 报道 *Pseudopleuropus indicus* (as *Miehea indica*)和 *Pseudopleuropus himalayanus* 分布于中国云南,但Chiang在两篇文献中引用的是同一号标本,我们根据发表的时间承认后者在中国的分布。

Lescuraea julacea Besch. & Cardot, Bull. Soc. Bot. Genève, sér 2, **3**: 284. 1911.

生境 树干基部。

分布 新疆、湖南、重庆。日本、朝鲜,欧洲、北美洲。

四川多毛藓

Lescuraea setschwanica (Broth.) C. Cao & W. H. Wang, Fl. Bryophyt. Sin. **6**: 152. 2001. *Pseudoleskea setschwanica* Broth., Akad. Wiss. Wien Sitzungsber., Math. -Naturwiss. Kl., Abt. 1, **133**: 579. 1924. **Type**: China: Sichuan, Hui-li, *Handel-Mazzetti 931* (holotype:H).

生境 高海拔地区树干上。

分布 四川。中国特有。

云南多毛藓

Lescuraea yunnanensis (Broth.) C. Cao & W. H. Wang, Fl. Bryophyt. Sin. **6**: 154. 2001. *Pseudoleskea yunnanensis* Broth., Akad. Wiss. Wien Sitzungsber., Math. -Naturwiss. Kl., Abt. 1, **133**: 579. 1924. **Type**: China: Yunnan, Li-jiang Co., Yu-long Shan (Mt.), *Handel-Mazzetti 4282* (holotype: H).

生境 湿润岩面。

分布 贵州、云南。中国特有。

假细罗藓科 **Pseudoleskeellaceae** Ignatov & Ignatova
Arctoa **11** (Suppl. 2):942. 2004

本科全世界有 1 属。

假细罗藓属 Pseudoleskeella Kindb.
Gen. Eur. N. Amer. Bryin. 20. 1897.

模式种:*P. catenulata* (Brid. ex Schrad.) Kindb.

本属全世界现有 8 种,中国有 3 种。

假细罗藓

Pseudoleskeella catenulata (Brid. ex Schrad.) Kindb., Eur. N. Amer. Bryin. **1**: 48. 1897. *Pterigynandrum catenulatum* Brid. ex Schrad., J. Bot. **1801**(1): 195. 1803. **Type**: Switzerland: *Bridel s. n.*

生境 岩石上、有时也见于腐木或树干上。

分布 辽宁、内蒙古、山西(Wang et al., 1994)、山东(赵遵田和曹同, 1998)、青海、新疆。巴基斯坦(Higuchi and Nishimura, 2003)、日本,格陵兰岛(丹属)、欧洲、北美洲。

疣叶假细罗藓

Pseudoleskeella papillosa (Lindb.) Kindb., Eur. N. Amer. Bryin. **1**: 49. 1897. *Leskea papillosa* Lindb., Bot. Nat. **1872**: 135. 1872.

Pseudoleskea papillosa (Lindb.) A. Jaeger, Ber. Thätigk. St. Gallischen Naturwiss. Ges. **1876-1877**: 243. 1878.

Heterocladium papillosum (Lindb.) Lindb., Musci. Scand. 37. 1879.

生境 林下腐木上。

分布 四川、云南、西藏。格陵兰岛(丹属),欧洲、北美洲。

瓦叶假细罗藓

Pseudoleskeella tectorum (Brid.) Kindb., Eur. N. Amer. Bryin. **1**: 48. 1897. *Hypnum tectorum* Funck ex Brid., Bryol. Univ. **2**: 582. 1827.

Leskeella tectorum (Brid.) I. Hagen, Kongel. Norske Vidensk. Selsk. Skr. (Trondheim) **1908**(9): 92. 1909.

生境 岩面、腐木或树干上。

分布 黑龙江、吉林、辽宁、内蒙古、河北、山西(Wang et al., 1994)、山东(赵遵田和曹同, 1998, as *Leskeella tectorum*)、甘肃(Wu et al., 2002)、青海、新疆、四川、云南、西藏。俄罗斯(远东地区),欧洲、北美洲。

羽藓科 **Thuidiaceae** Schimp.

本科全世界有 15 属,中国有 12 属。

山羽藓属 Abietinella Müll. Hal.
Nuovo Giorn. Bot. Ital., n. s., **3**: 115. 1896.

模式种:*A. abietina* (Hedw.) M. Fleisch.

本属全世界现有 2 种,中国有 2 种。

山羽藓

Abietinella abietina (Hedw.) M. Fleisch., Musci. Buitenzorg **4**: 1497. 1922. *Hypnum abietinum* Hedw., Sp. Musc. Frond. 353. 1801.

Thuidium abietinum (Hedw.) Schimp. in B. S. G., Bryol. Eur. **5**: 165. pl. 485 (fasc. 49-51 Monogr. 9. 5). 1852.

Abietinella giraldii Müll. Hal., Nuovo Giorn. Bot. Ital., n. s., **3**: 115. 1896. **Syntypes**: China: Shaanxi (Schen-si), Huo-gia-zien, Sept. 20. 1890, *Giraldi s. n.*; Lun-san, June 1891, *Giraldi s. n.*; Sche-liu-san, Aug. 1893, *Giraldi s. n.*; Si-ku-tziu-san, July 1894, *Giraldi 919* (syntype: BM).

生境 潮湿肥沃的针叶林林地或干燥的石灰岩面。

分布 黑龙江、吉林、内蒙古、河北、北京、山西、河南、陕西、宁夏、甘肃、青海、新疆、湖北、四川、贵州(姜业芳和熊源新, 2004)、云南、台湾。巴基斯坦(Higuchi and Nishimura, 2003)、不丹(Noguchi, 1971)、日本、俄罗斯,北美洲。

美丽山羽藓

Abietinella histricosa (Mitt.) Broth., Nat. Pflanzenfam. (ed. 2), **11**: 327. 1925. *Thuidium histricosum* Mitt. in Seemann, J. Bot. **1**: 356. 1863.

分布 河北、陕西、甘肃、新疆、四川。日本,欧洲。

锦丝藓属 Actinothuidium (Besch.) Broth.

Nat. Pflanzenfam. Ⅰ(3): 1019. 1908.

模式种:*A. hookeri* (Mitt.) Broth.

本属全世界现有1种。

锦丝藓

Actinothuidium hookeri (Mitt.) Broth., Nat. Pflanzenfaman. Ⅰ(3): 1019. 1908. *Leskea hookeri* Mitt., J. Linn. Soc., Bot., Suppl. **1**: 132. 1859. **Syntypes**: Nepal: *Wallich s. n.*; India: Sikkim, *J. D. Hooker 1104*, *1105* (BM).

Thuidium hookeri (Mitt.) A. Jaeger, Ber. Thätigk. St. Gallischen. Naturwiss. Ges. **1876-1877**: 264. 1878.

Actinothuidium sikkimense Warnst., Hedwigia **57**: 112. 1915.

Lescuraea morrisonensis (Takaki & Nog.) Takaki fo. *sichuanensis* Y. F. Wang, R. L. Hu & Redf., Bryologist **96** (4): 640. 1993. **Type**: China: Sichuan, Li. Co., *Redfearn 34 969*.

生境　高山地区(海拔2000m以上)针叶林林地或岩面。

分布　黑龙江(Watanabe, 1980b)、吉林、河北、山西(Wang et al., 1994)、陕西(Watanabe, 1980b)、宁夏(黄正莉等, 2010)、甘肃(Wu et al., 2002)、四川、贵州、云南、西藏、台湾。不丹、尼泊尔、印度、缅甸。

虫毛藓属 Boulaya Cardot

Rev. Bryol. 39: 1. 1912.

模式种:*B. mittenii* (Broth.) Cardot

本属全世界仅1种,中国有1种。

虫毛藓

Boulaya mittenii (Broth.) Cardot, Rev. Bryol. **39**: 2. 1912. *Thuidium mittenii* Broth., Hedwigia **38**: 246. 1899. **Type**: Japan: Hokkaido, *Faurie 115*.

Boulaya latifolia S. Okamura, J. Coll. Sci. Imp. Univ. Tokyo **36**: 26. 1915.

Boulaya mittenii (Broth.) Cardot var. *attenuata* Nog., J. Jap. Bot. **13**: 412. 1932.

生境　林内树基或岩面。

分布　黑龙江、内蒙古、西藏、台湾(Chiang and Kuo, 1989)。日本、朝鲜、俄罗斯(远东地区)。

毛羽藓属 Bryonoguchia Z. Iwats. & Inoue

Misc. Bryol. Lichenol. 5(7): 107. 1970.

模式种:*B. molkenboeri* (Sande Lac.) Z. Iwats. & Inoue

本属全世界现有2种,中国有2种。

短叶毛羽藓

Bryonoguchia brevifolia S. Y. Zeng, Acta Bot. Yunnan. **13** (4): 377. 1991. **Type**: China: Yunnan, Weixi Co., on rock, 3000m, *Zhang Da-Cheng 743a* (holotype: HKAS; isotype: PE).

生境　潮湿岩面上。

分布　云南。中国特有。

毛羽藓

Bryonoguchia molkenboeri (Sande Lac.) Z. Iwats. & Inoue, Misc. Bryol. Lichenol. **5**(7): 107. 1970. *Thuidium molkenboeri* Sande Lac., Ann. Musc. Bot. Lugduno-Batavi **2**: 298. 1866.

Thuidium komarovii L. I. Savicz. Izv. Bot. Sada Petra Velikago **17**: 77, pl. 1, f. 1-4. 1923.

Bryochenea ciliata C. Gao & G. C. Zhang, Bull. Bot. Res., Harbin **2**(4): 115. 1982. **Type**: China: Hubei, Wufeng Co., *Y. S. Fu 5023* (holotype: IFSBH).

生境　海拔较高林地、倒木或湿土面。

分布　黑龙江、吉林、河南(Tan et al., 1996)、山东(赵遵田和曹同, 1998)、湖北、四川、贵州(姜业芳和熊源新, 2004)、云南、西藏。日本、朝鲜、俄罗斯(远东地区)。

小羽藓属 Haplocladium (Müll. Hal.) Müll. Hal.

Hedwigia 38: 149. 1899.

模式种:*H. macropilum* Müll. Hal.

本属全世界现有17种,中国有4种。

狭叶小羽藓

Haplocladium angustifolium (Hampe & Müll. Hal.) Broth., Nat. Pflanzenfam. Ⅰ(3): 1008. 1907. *Hypnum angustifolium* Hampe & Müll. Hal., Bot. Zeitung (Berlin) **13**: 88. 1855. **Type**: South Africa: Krakakamma, *Ecklon s. n.*

Leskea subulacea Mitt., J. Proc. Linn. Soc., Bot., Suppl. **1**: 131. 1859.

Haplocladium macropilum Müll. Hal., Nuovo Giorn. Bot. Ital., n. s., **3**: 116. 1896. **Syntypes**: China: Shaanxi (Schen-si), Hua-tzo-pin, June 20. 1894, *Giraldi s. n.*; Si-ku-tziu-san, July 1894, *Giraldi s. n.*

Haplocladium fuscissimum Müll. Hal., Nuovo Giorn. Bot. Ital., n. s., **4**: 275. 1897. **Type**: China: Shaanxi (Schen-si), in monte Lao-y-san, Mar. 1896, *Giraldi s. n.*

Haplocladium rubicundulum Müll. Hal., Nuovo. Giorn. Bot. Ital., n. s., 5: 208. 1898. **Syntypes**: China: Shaanxi

(Schen-si), Sche-kin-tsuen, Apr. 1896, *Giraldi 2211* (syntype BM); Huo-kia-zaea, Mar. 1897, *Giraldi s. n.*; Schangen-ze, Mar. 1897, *Giraldi s. n.*

Thuidium fuscissimum (Müll. Hal.) Paris, Index Bryol. 1281. 1898.

Thuidium macropilum (Müll. Hal.) Paris, Index Bryol. 1285. 1898.

Pseudoleskea macropilum (Müll. Hal.) Salmon., J. Linn. Soc., Bot. **34**: 471. 1900.

Thuidium rubicundulum (Müll. Hal.) Paris, Index Bryol. Suppl. **1**: 321. 1900.

Thuidium amblystegioides Broth. & Paris, Rev. Bryol. **31**: 57. 1904.

Haplocladium amblystegioides (Broth. & Paris) Broth., Nat. Pflanzenfam. I (3): 1008. 1907.

Haplocladium subulaceum (Mitt.) Broth., Nat. Pflanzenfam. I (3): 1008. 1907.

Haplocladium subulatum Cardot, Bull. Soc. Bot. Genève, sér. 2, **3**: 282. 1911.

Pseudoleskea lutescens Cardot, Bull. Soc. Bot. Genève, sér. 2, **3**: 284. 1911. **Type**: China: Taiwan, Takao, *Faurie 2399.*

Haplocladium incurvum Broth., Symb. Sin. **4**: 99. 1929. **Type**: China: Hunan, Changsha (Tschangscha) City, *Handel-Mazzetti 12 912* (isotype: BM).

Haplocladium lutescens (Cardot) Broth. ex Thér., Ann. Cryptog. Exot. **3**: 82. 1930.

Haplocladium subulaceum var. *amblystegioides* (Broth. & Paris) Thér., Ann. Cryptog. Exot. **3**: 93. 1930.

Haplocladium subulaceum var. *fuscissimum* (Müll. Hal.) Thér., Ann. Cryptog. Exot. **3**: 93. 1930.

Haplocladium subulaceum var. *macropilum* (Müll. Hal.) Thér., Ann. Cryptog. Exot. **3**: 91. 1930.

Bryohaplocladium angustifolium (Hampe & Müll. Hal.) R. Watan. & Z. Iwats., J. Jap. Bot. **56**: 259. 1981.

生境　石上、稀生于树干基部或腐木上。

分布　吉林、辽宁、内蒙古、河北、山西、山东、河南、陕西、江苏、上海、浙江、江西、湖北、四川、重庆、贵州、云南、福建、台湾、广东、香港、澳门。朝鲜、日本、越南、缅甸、柬埔寨(Tan and Iwatsuki, 1993)、印度、巴基斯坦、尼泊尔、不丹、俄罗斯(西伯利亚)、墨西哥、牙买加、海地、多米尼加,欧洲、北美洲、非洲。

瓦叶小羽藓

Haplocladium larminatii (Broth. & Paris) Broth., Nat. Pflanzenfam. (ed. 2), **11**: 320. 1925. *Pseudoleskea larminatii* Broth. & Paris, Rev. Bryol. **31**: 57. 1904.

Ctenidium leskeoides Broth. & Paris, Rev. Bryol. **37**: 3. 1910. **Type**: China: Shanghai, Zi Ka Wei, 1908, *Courtois s. n.*

Haplocladium leskeoides Cardot, Bull. Soc. Bot. Genève, sér. 2, **3**: 282. 1911.

Claopodium leskeoides (Broth. & Paris) Broth., Nat. Pflanzenfam. (ed. 2), **11**: 318. 1925.

Haplocladium imbricatum Broth., Ann. Bryol. **1**: 22. 1928. **Type**: China: Taiwan, Taizhong, *T. Suzuki 2826*, *2851*, *2855*.

Bryohaplocladium larminatii (Broth. & Paris) R. Watan. & Z. Iwats., J. Jap. Bot. **56**: 259. 1981.

生境　不详。

分布　江苏、上海、台湾(Brotherus, 1928)。越南、日本。

细叶小羽藓

Haplocladium microphyllum (Hedw.) Broth., Nat. Pflanzenfam. I (3): 1007. 1907. *Hypnum microphyllum* Hedw., Sp. Musc. Frond. 269. pl. 69, f. 1-4. 1801. **Type**: Jamaica: *Swartz s. n.*

Thuidium gracile Schimp. in B. S. G., Bryol. Eur. **5**: 161 (fasc. 49-51 Monogr. 5). 1852.

Leskea capillata Mitt., J. Proc. Linn. Soc., Bot., Suppl. **1**: 130. 1859.

Pseudoleskea latifolia Sande Lac., Ann. Mus. Bot. Lugduno-Batavi **2**: 297. 1866.

Thuidium capillatum (Mitt.) A. Jaeger, Ber. Thätigk. St. Gallischen Naturwiss. Ges. **1876-1877**: 252. 1878.

Pseudoleskea capillata (Mitt.) Sauerbeck in A. Jaeger, Ber. Thätigk. St. Gallischen Naturwiss. Ges. **1877-1878**: 475. 1880.

Amblystegium capillatum (Mitt.) Mitt., Trans. Linn. Soc. London, Bot. **3**: 186. 1891.

Haplocladium papillariaceum Müll. Hal., Nuovo Giorn. Bot. Ital., n. s., **4**: 275. 1897. **Type**: China: Shaanxi (Schen-si), Pan-ko-tschien, *Giraldi s. n.*

Haplocladium occultissimum Müll. Hal., Nuovo Giorn. Bot. Ital., n. s., **5**: 208. 1898. **Type**: China: Shaanxi (Schen-si), Huo-kia-zaez, Apr. 1896, *Giraldi 2082* (isotype: BM).

Thuidium papillariaceum (Müll. Hal.) Paris, Index Bryol. 1287. 1898.

Thuidium occultissimum (Müll. Hal.) Paris, Index Bryol. Suppl. **1**: 321. 1900.

Thuidium subcapillatum Broth. & Paris, Bull. Herb. Boissier, sér. 2, **2**: 929. 1902.

Haplocladium capillatum (Mitt.) Broth., Nat. Pflanzenfam. I (3): 1008. 1907.

Haplocladium latifolum (Sande Lac.) Broth., Nat. Pflanzenfam. I (3): 1008. 1907.

Haplocladium obscuriusculum (Mitt.) Broth., Nat. Pflanzenfam. I (3): 1007. 1907.

Haplocladium spurio-capillatum Broth., Nat. Pflanzenfam. I (3): 1008. 1907.

Claopodium fulvellum Herzog, Hedwigia **65**: 163. 1925. **Type**: China: Yunnan, Beiyun Temple, 3000m, *S. Ten 45* (isotype: PE).

Haplocladium paraphylliferum Broth., Symb. Sin. **4**: 99. 1929. **Type**: China: Yunnan, Landsangjiang, *Handle-Mazzetti 8194*; Sichuan, Muli, *Handle-Mazzetti 7531* (syntype: BM).

Haplocladium capillatum var. *mittenii* Thér., Ann. Cryptog. Exot. **3**: 87. 1930.

Haplocladium capillatum var. *papillariaceum* (Müll. Hal.) Thér., Ann. Cryptog. Exot. **3**: 86. 1930.

Haplocladium capillatum var. *subcapillatum* (Broth. & Paris) Thér., Ann. Cryptog. Exot. **3**: 89. 1930.
Haplocladium microphyllum var. *latifolium* (Sande Lac.) Thér., Ann. Cryptog. Exot. **3**: 77. 1930.
Haplocladium capillatum fo. *robustum* Dixon in C. Y. Yang, Sci. Rep. Natl. Tsing Hua Univ., ser. B, Biol. Sci. **2**(2): 127. 1936, *nom. nud.*
Haplocladium capillatum fo. *sublaecifolium* Dixon in C. Y. Yang, Sci. Rep. Natl. Tsing Hua Univ., ser. B, Biol. Sci. **2**(2): 127. 1936, *nom. nud.*
Haplocladium microphyllum subsp. *capillatum* (Mitt.) Reimers, Hedwigia **76**: 227. 1937.
Haplocladium microphyllum subsp. *eumicrophyllum* Reimers, Hedwigia 227. 1937, *nom. illeg.*
Claopodium integrum P. C. Chen in S. J. Li, Investig. Alp. For. W. Sichuan. 423. 1963, *nom. nud.*
Bryohaplocladium microphyllum (Hedw.) R. Watan. & Z. Iwats., J. Jap. Bot. **56**: 260. 1981.
Haplocladium microphyllum var. *papillariaceum* (Müll. Hal.) Redf., B. C. Tan & S. He, J. Hattori Bot. Lab. **79**: 233. 1996, *comb. inval.*
生境　腐木、土面或石上。
分布　吉林、辽宁、内蒙古、山东(赵遵田和曹同, 1998)、河南、陕西、宁夏(黄正莉等, 2010)、江苏、上海(刘仲苓等, 1989, as *Bryohaplocladium microphyllum*)、浙江、江西(Ji and Qiang, 2005)、湖北、四川、重庆、贵州、云南、福建、台湾、广东、香港、澳门。巴基斯坦(Higuchi and Nishimura, 2003)、朝鲜、日本、印度、不丹、越南、泰国、俄罗斯,欧洲、北美洲。

东亚小羽藓

Haplocladium strictulum (Cardot) Reimers, Hedwigia **76**: 199. 1937. *Thuidium strictulum* Cardot, Beih. Bot. Centralbl. **17**: 29. f. 18. 1904. **Type**: Korea: Ouen-San, *Faurie 33.*
Thuidium fauriei Broth. & Paris, Bull. Herb. Boissier, sér. 2, **2**: 928. 1902, *nom. illeg.*
Thuidium substrictulum Dixon, Rev. Bryol. Lichénol. **7**: 112. 1934. **Type**: China: Liaoning (Ryonei), Mt. Koô(Fenghuang), *Kobayashi 3986* (hologype: BM).
Haplocladium himalayanum E. B. Bartram, Bull. Torrey Bot. Club **82**: 27. 1955.
Haplocladium fauriei R. Watan., J. Jap. Bot. **38**: 31. 1963.
Bryohaplocladium striculum (Cardot) R. Watan. & Z. Iwats., J. Jap. Bot. **56**: 260. 1981.
生境　阴湿岩面薄土上。
分布　辽宁、内蒙古、河北(Li et al., 2001)、山东(赵遵田和曹同, 1998)、宁夏(黄正莉等, 2010)、浙江(刘艳和曹同, 2007)、四川、贵州。朝鲜、日本。

沼羽藓属 Helodium Warnst.
Krypt. -Fl. Brandenburg, Laubm. **2**: 675. 1905, *nom. cons.*

模式种:*H. blandowii* (F. Weber & D. Mohr) Warnst.
本属全世界现有 3 种,中国有 2 种。

狭叶沼羽藓

Helodium paludosum (Austin) Broth., Nat. Pflanzenfam. Ⅰ(3): 1009. 1908. *Elodium paludosum* Austin, Musci Appalach. 301. 1870.
Hypnum paludosum Sull., Musci Allegh. 7 [Schedae 6]. 1846, *hom. illeg.*
生境　高山林地或沼泽地。
分布　黑龙江、吉林、内蒙古、四川。日本、俄罗斯(西伯利亚),北美洲。

东亚沼羽藓

Helodium sachalinense (Lindb.) Broth., Nat. Pflanzenfam. Ⅰ(3): 1018. 1908. *Thuidium sachalinense* Lindb., Contr. Fl. Crypt. As. 244. 1872.
Tetracladium osadae Sakurai, Bot. Mag. (Tokyo) **55**: 533. 1941.
Bryochenea sachalinensis (Lindb.) C. Gao & G. C. Zhang, Bull. Bot. Res. Harbin **2**(4): 118. 1982.
生境　高山、亚高山腐殖质土或石上。
分布　黑龙江、吉林、辽宁、内蒙古、新疆。日本、朝鲜,俄罗斯(萨哈林)。

拟塔藓属(新拟) Hylocomiopsis Cardot
Rev. Bryol. **40**: 22. 1913.

模式种:*H. ovicarpa* (Besch.) Cardot
本属全世界现有 2 种,中国有 1 种。

拟塔藓(新拟)

Hylocomiopsis ovicarpa (Besch.) Cardot, Rev. Bryol. **40**: 23. 1913. *Anomodon ovicarpus* Besch., Ann. Sci. Nat., Bot., sér. 7, **17**: 366. 1893.
Lescuraea ovicarpa (Besch.) Cardot, Beih. Bot. Centralbl., Abt. 2, 19(2): 128. 1905.
生境　腐木上,海拔 1900m。
分布　吉林(Koponen et al., 1983)。日本、韩国、俄罗斯。

南羽藓属 Indothuidium A. Touw

J. Hattori Bot. Lab. **90**: 202. 2001.

模式种:*I. kiasense* (R. S. Williams) A. Touw

本属全世界现有1种。

南羽藓

Indothuidium kiasense (R. S. Williams) A. Touw, J. Hattori Bot. Lab. **90**: 203. 2001. *Thuidium kiasense* R. S. Williams, Bull. New York Bot. Gard. **8**(31): 363. 1914. **Type**: Philippines: Luzon, 950m, on bark, Sept. 1904, *R. S. Williams 1834* (holotype: NY; isotypes: FH, H).

Thuidium bifarium Bosch & Sande Lac., Bryol. Jav. **2**: 123. 1865.

Pelekium bifarium (Bosch & Sande Lac.) M. Fleisch., Musci Buitenzorg **4**: 1513. 1923.

Thuidium indicum R. Watan., J. Jap. Bot. **52**: 273 f. 1. 1977.

生境 热带、亚热带或低海拔林内石上生长。

分布 云南(Touw, 2001)、台湾。印度、斯里兰卡、缅甸、泰国、印度尼西亚、马来西亚、菲律宾、太平洋岛屿(Touw, 2001)。

鹤嘴藓属 Pelekium Mitt.

J. Linn. Soc., Bot. **10**: 176. 1868.

模式种:*P. velatum* Mitt.

本属全世界现有29种,中国有9种。

纤枝鹤嘴藓

Pelekium bonianum (Besch.) A. Touw, J. Hattori Bot. Lab. **90**: 203. 2001. *Thuidium bonianum* Besch., Bull. Soc. Bot. France **34**: 98. 1887. **Type**: Vietnam: Prov. Hanoi, Jan. 14. 1884, *H. Bon 2413* (holotype: BM; isotype: NY).

Thuidium lejeuneoides Nog., J. Jap. Bot. **13**: 88. 1937. **Type**: China: Taiwan, Tai-pei Co., Urai, *Suzuki 495*.

Cyrto-hypnum bonianum (Besch.) W. R. Buck & H. A. Crum, Contr. Univ. Michigan Herb. **17**: 65. 1990.

生境 树干基部、岩面或腐木上。

分布 重庆、贵州、云南、台湾、广西(贾鹏等, 2011, as *Cyrto-hypnum bonianum*)。印度、缅甸、泰国、老挝、越南、印度尼西亚、巴布亚新几内亚、萨摩亚、新喀里多尼亚岛(法属)、日本(Touw, 2001)。

美丽鹤嘴藓

Pelekium contortulum (Mitt.) A. Touw, J. Hattori Bot. Lab. **90**: 203. 2001. *Cyrto-hypnum contortulum* (Mitt.) P. C. Wu, Crosby & S. He, Chenia **6**: 6. 1999. *Leskea contortula* Mitt., J. Linn. Soc., Bot., Suppl. **1**: 134. 1859. **Type**: India: Eastern Himalayas, Kurseong, *J. D. Hooker 1124* (holotype: BM).

Thuidium contortulum (Mitt.) A. Jaeger, Ber. Thätigk. St. Gallischen. Naturwiss. Ges. **1876-1877**: 256. 1878.

Thuidium venustulum Besch., Ann. Sci. Nat., Bot., sér. 7, **15**: 78. 1892. **Type**: China: Yunnan, Tsin-choui-ho, *Delavay 4653* (holotype: BM).

生境 不详。

分布 贵州、云南、台湾(Watanabe, 1980b, as *Thuidium venustulum*)。日本、印度、巴基斯坦、菲律宾、巴布亚新几内亚。

尖毛鹤嘴藓

Pelekium fuscatum (Besch.) A. Touw, J. Hattori Bot. Lab. **90**: 203. 2001. *Thuidium fuscatum* Besch., Ann. Sci. Nat., Bot., sér. 7, **15**: 78. 1892. **Type**: China: Yunnan, Santchang-Kiou, *Delavay 4768* (holotype: BM; isotype: H).

Thuidium talongense Besch., Ann. Sci. Nat., Bot., sér. 7, **15**: 81. 1892. **Type**: China: Yunnan, Talong-tan, *Delavay 4849d* (holotype: BM).

Thuidium burmense E. B. Bartram, Rev. Bryol. Lichénol. **23**: 252. 1954.

Thuidium koelzii Robins., Bryologist **71**: 92. 1968.

Cyrto-hynum talongense (Besch.) W. R. Buck & H. A. Crum, Contr. Univ. Michigan Herb. **17**: 67. 1990.

Cyrto-hypnum fuscatum (Besch.) P. C. Wu, Crosby & S. He, Chenia **6**: 10. 1999.

生境 树干、岩面或土面,海拔600~3000m.

分布 贵州、云南。印度、不丹、缅甸、泰国(Touw, 2001)。

密毛鹤嘴藓

Pelekium gratum (P. Beauv.) A. Touw, J. Hattori Bot. Lab. **90**: 203. 2001. *Hypnum gratum* P. Beauv., Prodr. Aethéogam. 64. 1805.

Hypnum gratum P. Beauv., Prodr. Aethéogam. 64. 1805.

Hypnum kuripanum Dozy & Molk., Syst. Verz. 32. 1854.

Pelekium trachypodum (Mitt.) Müll. Hal., J. Mus. Godeffroy **3**(6): 89. 1874.

Thuidium gratum (P. Beauv.) A. Jaeger, Ber. Thätigk. St. Gallischen. Naturwiss. Ges. **1876-1877**: 256. 1878.

Thuidium subscissum Müll. Hal. ex Besch., Ann. Sci. Nat., Bot., sér. 6, **10**: 290. 1880.

Thuidium pelekinoides P. C. Chen, Sunyatsenia **6**: 190. f. 23. 1941. **Type**: China: Hainan, Pepu (Bei-bo), *C. Ho 1130b, 1131* (syntype: PE).

Cyrto-hypnum gratum (P. Beauv.) W. R. Buck & H. A. Crum, Contr. Univ. Michigan Herb. **17**: 65. 1990.

Cyrto-hypnum pelekinoides (P. C. Chen) W. R. Buck & H. A. Crum, Contr. Univ. Michigan Herb. **17**: 67. 1990.

生境 林内湿土、石灰岩面、倒木或树基上,海拔800~1200m。

分布 贵州(姜业芳和熊源新, 2004, as *Cyrto-hypnum gratum*)、云南、海南。印度、尼泊尔、不丹、缅甸、斯里兰卡、泰国、柬埔寨、越南、印度尼西亚、马来西亚、菲律宾、巴布亚新几内亚、斐济、萨摩亚、新喀里多尼亚岛(法属)、澳大利亚、马达加斯加(Touw, 2001),非洲中部、非洲西部。

小叶鹤嘴藓

Pelekium microphyllum (Schwägr.) T. J. Kop. & A. Touw, Ann. Bot. Fenn. **40**: 131. 2003.

Thuidium brachymenium Herzog, Hedwigia **65**: 164. 1925. **Type**: China: Yunnan, Pe yen tsin, 3000m, *S. Ten 110*. (holotype: JE; isotype: S)

Haplohymenium microphyllum Schwägr., Spec. Musc. Frond. Suppl. 3, **2**(1): [unpaged]. Pl. 271. 1829. **Type**: India: *Wallich s. n.*

Leptohymenium microphyllum (Schwägr.) Schwägr., Sp. Musc. Frond., Suppl. 3, **2**(2): Index. 1830.

Hypnum haplohymenium Harv. & Hook. f., J. Bot. (Hooker) **2**: 21. 1843.

Leskea haplohymenium (Harv. & Hook. f.) Mitt., J. Proc. Linn. Soc., Bot., Suppl. **1**: 135. 1859.

Thuidium haplohymenium (Harv. & Hook. f.) A. Jaeger, Ber. Thätigk. St. Gallischen. Naturwiss. Ges. **1876-1877**: 251. 1878.

Thuidium squarrosulum Renauld & Cardot, Bull. Soc. Roy. Bot. Belgique **38**(1): 31. 1900.

Cyrto-hypnum haplohymenium (Harv.) W. R. Buck & H. A. Crum, Contr. Univ. Michigan Herb. **17**: 66. 1990.

Cyrto-hypnum squarrosulum (Renauld & Cardot) W. R. Buck & H. A. Crum, Contr. Univ. Michigan Herb. **17**: 67. 1990.

Cyrto-hypnum microphyllum (Schwägr.) P. C. Wu, Crosby & S. He, Chenia **6**: 7. 1999.

生境　不详。

分布　云南。印度、尼泊尔、泰国、越南(Tan and Iwatsuki, 1993)。

糙柄鹤嘴藓

Pelekium minusculum (Mitt.) A. Touw, J. Hattori Bot. Lab. **90**: 204. 2001. *Leskea minuscula* Mitt., J. Proc. Linn. Soc., Bot., Suppl. **1**: 134. 1859. **Type**: India: Khasia, *J. D. Hooker & T. Thomoson 1071* (lectotype: NY; isolectotype: BM); **paratypes**: *D. Hooker & T. Thomoson 1072a* (BM, NY), *D. Hooker & T. Thomoson 1092* (BM, NY).

Thuidium minusculum (Mitt.) A. Jaeger, Ber. Thätigk. St. Gallischen Naturwiss. Ges. **1876-1877**: 256. 1878.

Thuidium asperulisetum Renauld & Cardot, Bull. Soc. Roy. Bot. Belgique **38**(1): 32. 1900.

Cyrto-hypnum minusculum (Mitt.) W. R. Buck & H. A. Crum, Contr. Univ. Michigan Herb. **17**: 66. 1990.

生境　树基或树皮上,海拔 600～2100m。

分布　云南。尼泊尔、印度、不丹、泰国、越南、印度尼西亚、坦桑尼亚、马拉维(Touw, 2001)。

多疣鹤嘴藓

Pelekium pygmaeum (Schimp.) A. Touw, J. Hattori Bot. Lab. **90**: 204. 2001. *Cyrto-hypnum pygmaeum* (Schimp.) W. R. Buck & H. A. Crum, Contr. Univ. Michigan Herb. **17**: 67. 1990. *Thuidium pygmaeum* Schimp., B. S. G., Bryol. Eur. **5**: 162. 1852.

Thuidium perpapillosum R. Watan., J. Jap. Bot. **34**: 280. 1959.

生境　含石灰岩面或少数土生。

分布　辽宁、河北、湖南、重庆、贵州。朝鲜、日本,北美洲。

鹤嘴藓

Pelekium velatum Mitt., J. Linn. Soc., Bot. **10**: 176. 1868. **Type**: Samoa, Tutuila, on stones and logs, *T. Powell 14* (lectotype: NY; isolectotypes: BM, EGR, FH, H, L, MO, S).

Thuidium trachypodum Bosch & Sande Lac., Bryol. Jav. **2**: 122 225. 1865.

Lorentzia longirostris Hampe, Nuovo Giorn. Bot. Ital., n. s., **4**: 288. 1872.

Pelekium fissicalyx Müll. Hal., Bot. Jahrb. Syst. **5**: 87. 1883.

Pelekium lonchopodium Müll. Hal. in Geh., Biblioth. Bot. **13**: 7. 1889.

Pelekium trachypodum (Bosch & Sande Lac.) Geh., Biblioth. Bot. **44**: 21. 1898, *hom. illeg.*

Thuidium hispidipes Müll. Hal., Biblioth. Bot. **44**: 21. 1898, *invalid, cited as synonym.*

生境　林内阴湿石面生长。

分布　湖北、云南、台湾。印度、泰国、印度尼西亚、菲律宾、巴布亚新几内亚、太平洋岛屿。

红毛鹤嘴藓

Pelekium versicolor (Hornsch. ex Müll. Hal.) A. Touw, J. Hattori Bot. Lab. **90**: 205. 2001. *Hypnum versicolor* Hornsch. ex Müll. Hal., Syn. Musc. Frond. **2**: 494. 1851. **Type**: South Africa: Hangklip, *Mundt & Maire s. n.* (lectotypes: B lost, BM, H, S).

Thuidium crenulatum Mitt., Fl. Vit. 402. 1873.

Thuidium versicolor (Müll. Hal.) A. Jaeger, Ber. Thätigk. St. Gallischen Naturwiss. Ges. **1876-1877**: 249. 1878.

Thuidium bipinnatulum Mitt., Trans. Linn. Soc. London, Bot. **3**: 190. 1891.

Thuidium rubiginosum Besch., Ann. Sci. Nat., Bot., sér. 7, **15**: 80. 1892. **Type**: China: Yunnan, Forest of Ta-long-tan, near Tapinze, *Delavay 4849* (holotype: PC).

Thuidium venustulum Besch., Ann. Sci. Nat., Bot., sér. 7, **15**: 78. 1892.

Thuidium micropteris Besch., Ann. Sci. Nat., Bot., sér. 7, **17**: 367. 1893.

Thuidium arachnoideum Sakurai, Bot. Mag. (Tokyo) **60**: 90. 1947.

Cyrto-hypnum versicolor (Müll. Hal.) W. R. Buck & H. A. Crum, Contr. Univ. Michigan Herb. **17**: 68. 1990.

生境　湿润林内倒木、腐木上,也生于石面、洞穴或土面上。

分布　贵州、云南、福建、广东、广西(左勤等, 2010)。印度、缅甸、斯里兰卡、越南、马来西亚、印度尼西亚、菲律宾、日本、朝鲜、巴布亚新几内亚、美国(夏威夷)、马达加斯加(Touw, 2001)、坦桑尼亚(Ochyra and Sharp, 1988, as *Thuidium versicolor*),非洲东、非洲南部。

细羽藓属 Cyrto-hypnum Hampe & Lorentz
Bot. Zeitung (Berlin) **27**: 455. 1869.

模式种:*C. brachythecium* Hampe & Lorentz

本属全世界现有30多种,中国有2种。

密枝细羽藓

Cyrto-hypnum tamariscellum (Müll. Hal.) W. R. Buck & H. A. Crum, Contr. Univ. Michigan Herb. **17**: 68. 1990.

Hypnum tamariscellum Müll. Hal., Bot. Zeitung (Berlin) **12**: 573. 1854.

Leskea sparsifolia Mitt., J. Proc. Linn. Soc., Bot., Suppl. **1**: 135. 1859.

Thuidium tamariscellum (Müll. Hal.) Bosch & Sande Lac., Bryol. Jav. **2**: 120. 1865.

Thuidium sparsifolium (Mitt.) A. Jaeger, Ber. Thätigk. St. Gallischen Naturwiss. Ges. **1876-1877**: 248. 1878.

Thuidium bipinnatulum Mitt., Trans. Linn. Soc. London, Bot. **3**: 190. 1891.

Thuidium fuscatum Besch., Ann. Sci. Nat., Bot., sér. 7, **15**: 78. 1892. **Type**: China: Yunnan, Santchang-kiou, 2500m, Mar. 1890, *Delavay 4678* (isotype: H-BR).

Thuidium rubiginosum Besch., Ann. Sci. Nat., Bot., sér. 7, **15**: 80. 1892. **Type**: China: Yunnan, Ta-long-tan, *Delavay 4849a* (holotype: BM; isotype: PC).

Thuidium talongense Besch., Ann. Sci. Nat., Bot., sér. 7, **15**: 81. 1892. **Type**: China: Yunnan, Ta-long-tan, Tapintze, Mar. 22. 1890, *Delavay 4849d* (isotype: H-BR).

Thuidium micropteris Besch., Ann. Sci. Nat., Bot., sér. 7, **17**: 367. 1893.

Cyrto-hypnum rubiginosum (Besch.) W. R. Buck & H. A. Crum, Contr. Univ. Michigan Herb. **17**: 67. 1990.

Cyrto-hypnum sparsifolium (Mitt.) W. R. Buck & H. A. Crum, Contr. Univ. Michigan Herb. **17**: 67. 1990.

生境　林内石面、腐殖质土、树基或湿土面上。

分布　吉林(高谦和曹同,1983,as *Thuidium tamariscellum*)、江西(Ji and Qiang, 2005)、湖南、湖北、四川、重庆、云南、福建(Thériot, 1932, as *T. tamariscellum*)、台湾、广东。朝鲜、日本、印度、泰国、缅甸、越南、菲律宾、巴布亚新几内亚。

多毛细羽藓

Cyrto-hypnum vestitissimum(Besch.) W. R. Buck & H. A. Crum, Contr. Univ. Michigan Herb. **17**: 65. 1990. *Thuidium vestitissimum* Besch., Ann. Sci. Nat., Bot., sér. 7, **15**: 79. 1892. **Type**: China: Yunnan, Santchang-kiou (Hokin), *Delavay 4768d* (holotype: PC; isotypes: BM, H).

Thuidium lepidoziaceum Sakurai, Bot. Mag. (Tokyo) **69**: 88. 1947.

生境　石壁、石灰岩或森林腐殖土上。

分布　陕西、江西(Ji and Qiang, 2005)、湖北、四川、重庆、贵州、云南、台湾、海南。日本、印度、尼泊尔(Watanabe, 1991)、俄罗斯(西伯利亚)。

硬羽藓属 Rauiella Reimers
Hedwigia **76**: 287. 1937.

模式种:*R. scita* (P. Beauv.) Reimers

本属全世界现有8种,中国有1种。

东亚硬羽藓(硬羽藓)

Rauiella fujisana (Paris) Reimers, Hedwigia **76**: 287. 1937.

Thuidium fujisanum Paris, Index Bryol. **6**: 1281. 1898. **Type**: Japan: Mt. Fuji, *Bisset s. n.* (isotype: BM).

Thuidium cylindraceum Mitt., Trans. Linn. Soc. London, Bot. **3**: 190. 1890, *hom. illeg.*

Thuidium bandaiense Broth. & Paris, Bull. Herb. Boissier, sér. 2, **2**: 923. 1902.

Rauia bandaiensis (Broth. & Paris) Broth., Nat. Pflanzenfam. I (3): 1005. 1907.

生境　温带针叶阔叶混交林树干基部,稀生于腐木或岩面。

分布　吉林、辽宁、内蒙古、河北、陕西、甘肃(Zhang and Li, 2005)、贵州(姜业芳和熊源新,2004)。朝鲜、日本。

羽藓属 Thuidium Bruch & Schimp.
Bryol. Eur. **5**: 157. 1852.

模式种:*T. minutulum* (Hedw.) Bruch & Schimp.

本属全世界现有64种,中国有14种。

绿羽藓

Thuidium assimile (Mitt.) A. Jaeger, Ber. Thätigk. St. Gallischen Naturwiss. Ges. **1876-1877**: 260. 1878. *Leskea assimilis* Mitt., J. Proc. Linn. Soc., Bot., Suppl. **1**: 133. 1859. **Type**: India: West Himalayas, Kumaon, *Strachey & Winterbottom s. n.* (holotype: NY; isotypes: BM, H-BR).

Thuidium intermedium H. Philib., Rev. Bryol. **20**: 33. 1893, *nom. illeg.*

Thuidium philibertii Limpr., Laubm. Deutschl. **2**: 835. 1895.

Tamarisicella pycnothalla Müll. Hal., Nouvo Giorn. Ital., n. s., **3**: 116. 1896. **Syntypes**: China: Shaanxi (Schen-si), Si-ku-tziu-san, Lao-iu-hur, July 1894, *Giraldi s. n.*; Huo-gia-ziez, Sept. 1894, *Giraldi s. n.*; Hua-tzo-pin, June 20. 1894, *Giraldi s. n.*; Khiu-Lin san, June 1894, *Giraldi s. n.*; Zu-lu, Aug. 1894, *Giraldi s. n.*

Thuidium pycnothallum (Müll. Hal.) Paris, Index Bryol. 1289. 1898.

生境　林地或树干上。

分布　吉林、内蒙古、河北、山西(吴鹏程等，1987，as *T. philibertii*)、山东、河南、陕西、宁夏(黄正莉等，2010)、甘肃(Wu et al.，2002)、青海、新疆、上海(李登科和高彩华，1986，as *T. pycnothallum*)、浙江、江西(何祖霞等，2010)、湖南、湖北、四川、重庆、贵州、云南、福建(Thériot，1932，as *T. pycnothallum*)、广西(左勤等，2010)。日本、俄罗斯(西伯利亚)，欧洲、北美洲(包括阿拉斯加)。

大羽藓

Thuidium cymbifolium (Dozy & Molk.) Dozy & Molk., Bryol. Jav. **2**: 115. 1867. *Hypnum cymbifolium* Dozy & Molk., Ann. Sci. Nat., Bot., sér. 3, **2**: 306. 1844. **Type**: Indonesia: Sumatra, *P. W. Korthals s. n.* (lectotype: L); **paratype**: Java, *P. W. Korthals s. n.* (L).

Thuidium japonicum Dozy & Molk. ex Sande Lac., Ann. Mus. Bot. Lugduno-Batavi **2**: 297. 1865[1866].

生境　阴湿石面、腐殖土、腐木或倒木上。

分布　河北、山东(赵遵田和曹同，1998)、陕西、宁夏(黄正莉等，2010)、甘肃、新疆、安徽、江苏、上海(刘仲苓等，1989)、浙江、江西、湖南、湖北、四川、重庆、贵州、云南、福建、台湾、广东、广西、海南、香港。世界广布。

细枝羽藓

Thuidium delicatulum (Hedw.) Schimp., Bryol. Eur. **5**: 164. 1852. *Hypnum delicatulum* Hedw., Sp. Musc. Frond. 250. 1801.

Thuidium delicatulum (Hedw.) Mitt., J. Linn. Soc., Bot. **12**: 578. 1869, *hom. illeg.*

Thuidium viride Mitt., Trans. Linn. Soc. London, Bot. ser. **3**: 188. 1891.

Thuidium uliginosum Cardot, Bull. Soc. Bot. Genève, sér. 2, **3**: 283. 1911.

生境　腐殖土或湿地上。

分布　山西、陕西、甘肃(Wu et al.，2002)、上海(李登科和高彩华，1986)、香港。朝鲜、日本、秘鲁(Menzel，1992)、巴西(Churchill，1998)，欧洲、中美洲、北美洲。

齿蚀叶羽藓

Thuidium erosifolium S. Y. Zeng, Guihaia **10**: 105. pl. 1. 1990. **Type**: China: Xizang, Lin-zhi Co., *Y. G. Su 2362* (holotype: HKAS; isotype: PE).

生境　林内树基上。

分布　西藏。中国特有。

拟灰羽藓

Thuidium glaucinoides Broth., Philipp. J. Sci. **3**: 26. 1908.

Thuidium scabribracteatum Dixon, J. Linn. Soc., Bot. **45**: 489 pl. 28, f. 7. 1922.

Thuidium batakense M. Fleisch., Musci Buitenzorg **4**: 1529. 1923.

Thuidium orientale Mitt. ex Dixon, J. Bot. **51**: 329. 1933.

生境　林地、腐林、草丛下或阴湿石上，海拔 1000m 以下。

分布　山东(赵遵田和曹同，1998)、湖南、四川、重庆、贵州、云南、福建、台湾、广东、广西、香港、澳门。日本、印度、斯里兰卡、缅甸、泰国、越南、老挝、柬埔寨、马来西亚、印度尼西亚、菲律宾、巴布亚新几内亚、瓦努阿图、南太平洋群岛(密克罗尼西亚)。

短肋羽藓

Thuidium kanedae Sakurai, Bot. Mag. (Tokyo) **57**: 345. 1943. **Type**: Japan: Kumamoto Pref., *Sakurai 11 380.*

Thuidium glaucinulum Broth. ex Sakurai, Bot. Mag. (Tokyo) **57**: 347. 1943.

Thuidium nipponense Sakurai, Bot. Mag. (Tokyo) **60**: 88. 1947.

Thuidium toyamae Nog., J. Jap. Bot. **23**: 115, f. 38. 1949.

生境　阴湿石上、林地或倒木上。

分布　辽宁、宁夏(黄正莉等，2010)、甘肃(Zhang and Li，2005)、安徽、江苏、上海(刘仲苓等，1989)、浙江、江西(Ji and Qiang，2005)、湖南、湖北、四川、重庆、贵州、云南、福建、台湾。朝鲜、日本。

南亚羽藓

Thuidium kuripanum (Dozy & Molk.) R. Watan, J. Jap. Bot. **62**: 90. 1987. *Hypnum kuripanum* Dozy & Molk., Syst. Verz. 32. 1854.

Leskea trachypoda Mitt., J. Proc. Linn. Soc., Bot., Suppl. **1**: 133. 1859.

Cyrto-hypnum kuripanum (Dozy & Molk.) W. R. Buck & H. A. Crum, Contr. Univ. Michigan Herb. **17**: 66. 1990.

生境　地面上，海拔 900～1080m。

分布　云南(Fan and Koponen，2001)。印度、缅甸、泰国、老挝、越南、马来西亚、菲律宾、斐济、萨摩亚群岛、澳大利亚(Fang and Koponen，2001)。

毛尖羽藓

Thuidium plumulosum (Dozy & Molk.) Dozy & Molk., Bryol. Jav. **2**: 118, f. 223. 1865. *Hypnum plumulosum* Dozy & Molk., Ann. Sci. Nat., Bot., sér. 3, **2**: 308. 1844. **Type**: Indonesia: Borneo, Karrau, *P. W. Korthals s. n.* (lectotype: L; syntypes: *P. W. Korthals s. n.*, Sumatra, H, L).

Hypnum meyenianum Hampe, Icon. Musc. 8. 1844.

Hypnum lasiomitrium Müll. Hal., Bot. Zeitung (Berlin) **20**: 394. 1862.

Thuidium meyenianum (Hampe) Dozy & Molk., Bryol. Jav. **2**: 121, f. 224. 1865.

生境　热带、亚热带低海拔山区树基或岩面上。

分布　贵州、西藏、福建。缅甸、越南、柬埔寨(Tan and Iwatsuki，1993，as *T. meyenianum*)、泰国、老挝(Tan and Iwatsuki，1993)、印度尼西亚。

灰羽藓

Thuidium pristocalyx(Müll. Hal.) A. Jaeger, Ber. Thätigk. St. Gallischen Naturwiss. Ges. **1876-1877**: 257. 1878. *Hypnum pristocalyx* Müll. Hal., Bot. Zeitung (Berlin) **12**: 573. 1854. **Type**: India: Neilgherries, *Schmid s. n.* (holotype: B lost; isotype: H-BR).

Leskea glaucina Mitt., J. Proc. Linn. Soc., Bot., Suppl. **1**: 133. 1859.

Thuidium glaucinum (Mitt.) Bosch & Sande Lac., Bryol. Jav. **2**: 117. 1865.

Thuidium cochleari folium Reimers & Sakurai, Bot. Jahrb.

Syst. **64**: 549 pl. 21 f. 5. 1931.

生境　低山树基、石壁、腐木、腐殖土或林地上。

分布　辽宁、江苏(刘仲苓等，1989)、上海(李登科和高彩华，1986，as *T. glaucinum*)、浙江、江西、湖南、重庆、贵州、云南、福建、台湾、广东、广西、海南、香港。朝鲜、日本、印度、尼泊尔、不丹、缅甸、斯里兰卡、越南、老挝、柬埔寨(Tan and Iwatsuki，1993)、泰国、马来西亚、印度尼西亚、菲律宾、巴布亚新几内亚、瓦努阿图、俄罗斯(远东地区)。

钩叶羽藓

Thuidium recognitum (Hedw.) Lindb., Not. Sällsk. Fauna Fl. Fenn. Förh. **13**: 416. 1874. *Hypnum recognitum* Hedw., Sp. Musc. Frond. 261. 1801.

Thuidium protensum A. Jaeger, Ber. Thätigk. St. Gallischen Naturwiss. Ges. **1876-1877**: 264. 1878.

生境　岩面上。

分布　黑龙江、吉林、辽宁、内蒙古、山东、陕西、新疆、安徽、浙江、贵州(赵遵田和曹同，1998)。日本、俄罗斯(远东地区)，欧洲、北美洲(赵遵田和曹同，1998)。

亚灰羽藓

Thuidium subglaucinum Cardot, Bull. Soc. Bot. Genève, sér. 2, **3**: 283. 1911. **Type**: Korea: Quelpart, *Faurie 701* (holotype: PC).

Thuidium obtusifolium Warnst., Hedwigia **57**: 111. 1915.

Thuidium uliginosum Cardot, Bull. Soc. Bot. Genève, sér. 2, **3**: 283. 1911.

生境　湿润林地或阴湿石上。

分布　浙江、重庆、贵州、台湾、广西(左勤等，2010)。朝鲜、日本。

短枝羽藓

Thuidium submicropteris Cardot, Beih. Bot. Centralbl. **17**: 28. 1904. **Type**: Korea: Kan-Quen-to, *Faurie 64*.

Thuidium brevirameum Dixon, Rev. Bryol. Lichénol. **7**: 112. 1934. **Type**: China: Liaoning (Ryonei), Mt. Koô(Fenghuang), *Kobayashi 3891* (holotype: BM); *Kobayasi 3899a*, *3914* (paratype: BM).

生境　温带林地上。

分布　吉林、湖北、重庆(胡晓云和吴鹏程，1991)、贵州。日本、朝鲜。

羽藓

Thuidium tamariscinum (Hedw.) Bruch & Schimp., Bryol. Eur. **5**: 163 pl. 482. 1852. *Hypnum tamariscinum* Hedw., Sp. Musc. Frond. 261. 1801.

Thuidium tamariscifolium Lindb., Not. Sällsk. Fauna Fl. Fenn. Förh. **13**: 415. 1874, *hom. illeg.*

生境　亚高山以冷杉、铁杉、赤杨等为主的针叶林区，并常与塔藓 *Hylocomium splendens*、垂枝藓 *Rhytidium rugosum* 等混生。

分布　黄河以北(地点不详)、四川(Fang and Koponen，2001)、贵州、台湾。日本、俄罗斯(远东地区)、牙买加、坦桑尼亚(Ochyra and Sharp，1988)，欧洲。

单羽藓(新拟)

Thuidium unipinnatum Y. M. Fang & T. J. Kop., Bryobrothera **6**: 38. 2001. **Type**: China: Yunnan, Lijiang Co., on ground, 2980m, Aug. 4. 1985, *T. Koponen 42 694* (holotype: H).

生境　地面上，海拔 2980m。

分布　云南(Fang and Koponen，2001)。中国特有。

异枝藓科 **Heterocladiaceae** Ignatov & Ignatova

Arctoa **11**(Suppl. 2): 294. 2004

本科全世界有 3 属，中国有 3 属。

粗疣藓属 Fauriella Besch.

Ann. Sci. Nat., Bot., sér. 7, **17**: 363. 1893.

模式种：*F. lepidoziacea* Besch.

本属全世界现有 5 种，中国有 3 种。

大粗疣藓

Fauriella robustiuscula Broth., Sitzungsber. Akad. Wiss. Wien Sitzungsber., Math. -Naturwiss. Kl., Abt. 1, **133**: 576. 1924. **Type**: China: Sichuan, Yanyuan Co., 2750m, *Handel-mazzetti 2764* (holotype: H-BR).

生境　山区林下树干上。

分布　四川。中国特有。

小粗疣藓

Fauriella tenerrima Broth., Sitzungsber. Akad. Wiss. Wien Sitzungsber., Math. -Naturwiss. Kl., Abt. 1, **131**: 217. 1923. **Type**: China: Hunan, Yunshan, near Wu-gang Co., 1150m, *Handel-mazzetti 12 199* (holotype: H-BR).

生境　阔叶林下岩面、树干或腐木上。

分布　安徽、浙江(刘仲苓等，1989)、湖南、重庆、贵州、福建(Thériot，1932)、广西、香港。日本。

粗疣藓

Fauriella tenuis (Mitt.) Cardot in Broth., Nat. Pflanzenfam. (ed. 2), **11**: 282, f. 633. 1925. *Heterocladium tenue* Mitt., Trans. Linn. Soc., Bot. **3**: 176. 1891. **Type**: Japan: Nikko, *Bisset s. n.*

生境　林下树干或腐木上。

分布　吉林、安徽、浙江、湖南、重庆(胡晓云和吴鹏程，1991)、贵州、台湾(Chiang and Lin，1984)。日本。

异枝藓属 Heterocladium Bruch & Schimp.
Bryol. Eur. **5**: 151. 1852.

模式种:*H. procurnens* (Mitt.) A. Jaeger

本属全世界现有 8 种,中国有 1 种。

狭叶异枝藓

Heterocladium angustifolium (Dixon) R. Watan., J. Jap. Bot. **35**: 261. 1960. *Rauia angustifolia* Dixon, Rev. Bryol. Lichénol. **7**: 111. 1934. **Types**: China: Liaoning (Ryonei), Mt. Koô(Fenghuang), on trees, *Kobayasi 3899b* (holotype: BM); on dead trees, *Kobayasi 3900* (paratype: BM).

生境　树干基部或腐木。

分布　辽宁、山东(赵遵田和曹同,1998)。日本(Iwatsuki, 2004)。

小柔齿藓属 Iwatsukiella W. R. Buck & H. A. Crum
J. Hatttri Bot. Lab. **44**: 351. 1978.

模式种:*I. leucotricha* (Mitt.) W. R. Buck & H. A. Crum

本属全世界现有 1 种。

小柔齿藓

Iwatsukiella leucotricha (Mitt.) W. R. Buck & H. A. Crum, J. Hattori Bot. Lab. **44**: 352. 1978. *Heterocladium leucotrichum* Mitt., Trans. Linn. Soc. London, Bot. **3**: 176. 1891. **Type**: Japan: Tochigi pref. Mt. Nantaizan, *Bisset s. n.*

Habrodon piliferus Cardot, Bull. Soc. Bot. Genève, sér. 2, **3**: 280. 1911.

Habrodon leucotrichus (Mitt.) Perss., Svensk, Bot. Tidskr. **40**: 319. 1946.

生境　较干燥的针叶林或针阔混交林内的树干。

分布　吉林、四川、云南、西藏。日本。

异齿藓科 Regmatodontaceae Broth.

本科全世界仅 2 属,中国有 2 属。

异齿藓属 Regmatodon Brid.
Bryol. Univ. **2**: 204. 1827.

模式种:*R. declinatus* (Hook.) Brid.

本属全世界现有 4 种,中国有 4 种。

异齿藓

Regmatodon declinatus (Hook.) Brid., Bryol. Univ. **2**: 294. 1827. *Pterogonium declinatum* Hook., Trans. Linn. Soc. London **9**: 309. 1808. **Type**: Nepal: *Buchanan s. n.*

Regmatodon declinatus var. *minor* Broth., Symb. Sin. **4**: 94. 1929. **Type**: China: Guizhou, Dschenning (Zhen-ning) and Hwangtsaoba (Xing-yi), *Handel-Mazzetti 10 395* (holotype: H).

Regmatodon schwabei Herzog, J. Hattori Bot. Lab. **14**: 66. 1955. **Type**: China: Taiwan, 1000m, Aug. 1947. *G. H. Schwabe s. n.*

生境　林下的树干或岩面上。

分布　江苏(刘仲苓等,1989)、上海(刘仲苓等,1989)、浙江、江西(Ji and Qiang, 2005)、湖南、重庆、云南、西藏、福建、海南。尼泊尔、印度、缅甸(Tan and Iwatsuki, 1993)、泰国(Tan and Iwatsuki, 1993)、越南(Tan and Iwatsuki, 1993)。

长肋异齿藓

Regmatodon longinervis C. Gao, Acta Bot. Yunnan. **3**(4): 398. 1981. **Type**: China: Xizang, Yadong Co., 2900m, May 29. 1975, *Yang Yong-Chang 1b* (holotype: IFSBH).

生境　林下石上或树干基部,海拔 2600～3100m。

分布　西藏。中国特有。

多蒴异齿藓

Regmatodon orthostegius Mont., Ann. Sci. Nat., Bot., sér. 2, **17**: 248. 1842. **Type**: India: Nilgiris, *Perrottet s. n.*

Anhymenium polycarpon Griff., Calcutta J. Nat. Hist. **3**: 275. 1843.

Regmatodon polycarpus (Griff.) Mitt., J. Proc. Linn. Soc., Bot., Suppl. **1**: 127. 1859.

Regmatodon handelii Broth., Akad. Wiss. Wien Sitzungsber., Math. -Naturwiss. Kl., Abt. 1, **133**: 578. 1924. **Type**: China: Yunnan, Yunnanfu, *Handel-Mazzetti 260* (holotype: H).

生境　树干基部。

分布　四川、云南、西藏。印度、泰国、越南(Tan and Iwatsuki, 1993)、印度尼西亚(Touw, 1992)。

齿边异齿藓

Regmatodon serrulatus (Dozy & Molk.) Bosch. & Sande Lac., Bryol. Jav. **2**: 111. 1864. *Macrohymenium serrulatum* Dozy & Molk., Musci. Frond. Ined. Archip. Ind. **6**: 170. f. 56. 1848.

生境　林下岩面。

分布　云南、西藏。越南(Tan and Iwatsuki, 1993)、印度尼西亚(爪哇)。

云南藓属(新拟)Yunnanobryon Shevock, Ochyra, S. He & D. G. Long Bryologist **114**(1): 195. 2011.

模式种:*Y. rhyacophilum* Shevock, Ochyra, S. He & D. G. Long

本属全世界现有1种。

云南藓(新拟)

Yunnanobryon rhyacophilum Shevock, Ochyra, S. He & D. G. Long, Bryologist **114**(1): 195. 2011. **Type**: China: Yunnan, Tengchong Co., Mt. Goligongshan, 1490m, on sunny boulder in river, June 4. 2006, *Shevock 28 704* (holotype: CAS; isotypes: BM, DUNKE, E, F, FH, H, KRAM, HKAS, MHA, MO, NY, PE, S, SING, SZG, TAIE, TNS, UC, US).

生境　河边岩石上,海拔1490m。

分布　云南(Shevock et al.,2011)。中国特有。

青藓科 Brachytheciaceae Schimp.

本科全世界有43属,中国有13属。

气藓属 Aerobryum Dozy & Molk. Ned. Kruidk. Arch. **2**(4): 279. 1851.

模式种:*A. speciosum* Dozy & Molk.

本属全世界现有1种。

气藓

Aerobryum speciosum Dozy & Molk., Ned. Kruidk. Arch. **2**(4): 280. 1851.

Meteorium speciosum (Dozy & Molk.) Mitt., J. Proc. Linn. Soc., Bot., Suppl. **1**: 87. 1859.

Aerobryum speciosum var. *nipponicum* Nog., J. Hattori Bot. Lab. **3**: 98. 1948.

Aerobryum nipponicum (Nog.) Sakurai, Muscol. Jap. 105. 1954.

生境　林下树干、树枝或岩面上,海拔1200～3600m。

分布　江西(Ji and Qiang, 2005)、湖南、湖北、四川、重庆、贵州、云南、西藏、台湾(Wu and Lin, 1985a)、广西、海南。印度、不丹(Noguchi, 1971)、斯里兰卡、泰国、越南、老挝(Tan and Iwatsuki, 1993)、日本、菲律宾、印度尼西亚(Gradstein, 2005)、巴布亚新几内亚。

青藓属 Brachythecium Bruch & Schimp. Bryol. Eur. **6**: 5. 1853.

模式种:*B. pulchellum* Broth. & Paris

本属全世界现有149种,中国有50种。

灰白青藓(青藓)

Brachythecium albicans (Hedw.) Bruch & Schimp., Bryol. Eur. **6**: 23. pl. 553. 1853. *Hypnum albicans* Neck. ex Hedw, Sp. Musc. Frond. 251. 1801. **Type**: Europe: No locality, Collector and number unknown (lectotype: G).

生境　岩面、树干或水边。

分布　内蒙古、山西(Wang et al., 1994)、山东(赵遵田和曹同, 1998)、陕西、宁夏、新疆、湖南、湖北(Peng et al., 2000)、四川、重庆、云南、西藏。美国、加拿大、高加索地区、格陵兰岛(丹属)、智利(He, 1998)、澳大利亚(Hedenäs, 2002)、新西兰,欧洲。

密枝青藓

Brachythecium amnicola Müll. Hal., Nuovo Giorn. Bot. Ital., n. s., **3**: 125. 1896. **Type**: China: Shaanxi, Huojiacai, Sept. 20. 1890, *Giraldi 1008* (FI).

生境　土面。

分布　吉林(Dixon, 1933)、内蒙古、山西(Sakurai, 1949)、陕西、甘肃(Wu et al., 2002)、贵州。中国特有。

耳叶青藓(Ignatov et al., 2006)

Brachythecium auriculatum A. Jaeger, Ber. Thätigk. St. Gallischen Naturwiss. Ges. **1876-1877**: 340. 1878. **Type**: Russia: Sachlien, Dui, inter Dicranum majus, *Maji 1861 Glehn* (holotype: H-SOL 1157001; isotypes: BM, LE).

Hypnum auriculatum Lindb., Contr. Fl. Crypt. As. 250. 1872, *hom. illeg.*

Camptothecium auriculatum (A. Jaeger) Broth., Nat. Pflanzenfam. (ed. 2), **11**: 353. 1925.

生境　土面、石上或树上。

分布　陕西、甘肃、新疆、浙江、江西、四川、贵州、云南、西藏。日本、俄罗斯(远东地区)(Ignatov et al., 2006)。

贵州青藓(新拟)

Brachythecium bodinieri Cardot & Thér., Bull. Acad. Int. Géogr. Bot. **16**: 40. 1906. **Type**: China: Guizhou, July 17. 1898, *Em. Bodinier 2421*.

生境　不详。

分布　贵州(Thériot, 1906)。中国特有。

勃氏青藓

Brachythecium brotheri Paris, Index. Bryol. ed. **2**: 139. 1904. **Type**: Japan: Honshu, Pref. Aomori, Kominato, *Faurie 26*.

生境　土面或岩石上。

分布　河北、山西(吴鹏程等,1987)、陕西、江苏(刘仲苓等, 1989)、上海(刘仲苓等, 1989)、浙江(刘仲苓等, 1989)、江西(Ji and Qiang, 2005)、重庆、贵州、云南。日本。

多褶青藓(细枝青藓、齿边青藓、布氏青藓、波氏

青藓）

Brachythecium buchananii (Hook.) A. Jaeger, Ber. Thätigk. St. Gallischen Naturwiss. Ges. **1876-1877**: 341. 1878. *Hypnum buchananii* Hook., Trans. Linn. Soc. London **9**: 320. pl. 28, f. 3. 1808. **Type**: Nepal: *Buchanan s. n.* (lectotype: BM; isolectotypes: BM, S, NY).

Rhynchostegium microrusciforme Müll. Hal., Nuovo Giorn. Bot. Ital., n. s., **5**: 202. 1898. **Type**: China: Shaanxi, *Giraldi s. n.*

Brachythecium carinatum Dixon, Rev. Bryol. **7**: 114. 1934.

生境 土面、岩面或树干上。

分布 黑龙江、内蒙古、山西(Wang et al., 1994)、山东(赵遵田和曹同, 1998)、陕西、甘肃(Wu et al., 2002)、青海、新疆、安徽、江苏(刘仲苓等, 1989)、上海(刘仲苓等, 1989)、江西(Ji and Qiang, 2005)、湖南(Ignatov et al., 2005)、湖北、重庆、贵州、云南。巴基斯坦(Higuchi and Nishimura, 2003)、不丹(Noguchi, 1971)、斯里兰卡(O'Shea, 2002)、泰国、老挝、越南(Tan and Iwatsuki, 1993)、日本、朝鲜。

田野青藓

Brachythecium campestre (Müll. Hal.) Schimp., Bryol. Eur. **6**: 16. 545 (fasc. 52-56 Monogr. 12. 11). 1853. *Hypnum rutabulum* var. *campestre* Müll. Hal., Syn. Musc. Frond. **2**: 368. 1851.

生境 土面上。

分布 山西(Wang et al., 1994)、陕西(张满祥, 1978)、新疆(赵建成, 1993)、江苏(刘仲苓等, 1989)、四川(Koponen and Luo, 1992)、贵州(李燕和熊源新, 2002)、西藏(胡人亮和王幼芳, 1985)。日本、俄罗斯、欧洲、北美洲。

斜枝青藓

Brachythecium campylothallum Müll. Hal., Nuovo Giorn. Bot. Ital., n. s., **3**: 124. 1896. **Type**: China: Shaanxi, July 1894, *Giraldi s. n.*

生境 林下岩面。

分布 黑龙江、陕西、浙江、四川、重庆、贵州、云南、西藏、广西(左勤等, 2010)。中国特有。

山地青藓(新拟)

Brachythecium collinum (Müll. Hal.) Bruch & Schimp., Bryol. Eur. **6**: 19. pl. 548. 1853. *Hypnum collinum* Schleich. ex Müll. Hal., Syn. Musc. Frond. **2**: 429. 1851.

Brachythecium hillebrandii (Lesq.) Sull., Icon. Musc., Suppl. 98. f. 74. 1874.

Brachythecium bryhnii (Kaurin) Kindb., Skr. Vidensk.-Selsk. Christiana. Math.-Naturvidensk. Kl. **1889**(11): 12. 1889.

Brachythecium arenarium Cardot & Broth., Kongl. Svenska Vetenskapsakad. Handl. **63**(10): 68. 1923.

Brachythecium myurelliforme Dixon, Ann. Bryol. **3**: 69. 1930.

生境 不详。

分布 新疆。伊朗、哈萨克斯坦、俄罗斯、加拿大、美国。

尖叶青藓

Brachythecium coreanum Cardot, Bull. Soc. Bot. Genève, sér. 2, **3**: 289. 1911. **Type**: Korea: Haoang-hai-to, *Faurie 650.*

Brachythecium piliferum Broth., Ann. Bryol. **1**: 23. 1928, *hom. illeg.*

生境 冷杉林下石上。

分布 北京(石雷等, 2011)、陕西、新疆、安徽、江苏、湖南、贵州、云南、西藏、广西。日本、朝鲜。

曲枝青藓

Brachythecium dicranoides Müll. Hal., Nuovo Giorn. Bot. Ital., n. s., **5**: 201. 1898. **Type**: China: Shaanxi, Apr. 1896, *Giraldi s. n.*

生境 土面。

分布 陕西、西藏。中国特有。

赤根青藓

Brachythecium erythrorrhizon Bruch & Schimp., Bryol. Eur. **6**: 18. pl. 547. 1853.

生境 林下树基上。

分布 陕西、新疆、宁夏(黄正莉等, 2010)、湖北、四川、西藏。俄罗斯(西伯利亚),中欧。

多枝青藓

Brachythecium fasciculirameum Müll. Hal., Nuovo Giorn. Bot. Ital., n. s., **4**: 269. 1897. **Type**: China: Shaanxi, *Giraldi s. n.*

生境 石上或树基上。

分布 吉林、辽宁、陕西、湖北、四川、重庆、贵州、云南、广西。中国特有。

台湾青藓

Brachythecium formosanum Takaki, J. Hattori Bot. Lab. **15**: 2. 1955. **Type**: China: Taiwan, Taichu, Rakuraku, Aug. 1932, *A. Noguchi 7061* (holotype: NICH).

生境 浅土石上、墙上或土坡上。

分布 吉林、辽宁、内蒙古、河北、陕西、宁夏(黄正莉等, 2010)、安徽、江苏、浙江、江西、湖南、四川、重庆、贵州(李燕和熊源新, 2002)、云南、西藏、广东。中国特有。

圆枝青藓

Brachythecium garovaglioides Müll. Hal., Nuovo Giorn. Bot. Ital., n. s., **4**: 270. 1897. **Type**: China: Shaanxi, *Giraldi s. n.*

Hypnum wichurae Broth., Hedwigia **38**: 239. 1899. **Type**: China: Shaanxi, Huxian Co., Dec. 28. 1895, *Giraldi* (lectotype: H-BR 0362006).

Brachythecium wichurae (Broth.) Paris, Index Bryol. Suppl. 52. 1900.

Brachythecium wichurae fo. *robusta* Broth., Symb. Sin. **4**: 106. 1929. **Type**: China: Yunnan, *Handel-Mazzetti 8625.*

生境 树干、岩面、土壁或地面上。

分布 内蒙古、山东(赵遵田和曹同, 1998, as *B. wichurae*)、陕西、新疆、江苏(刘仲苓等, 1989, as *B. wichurae*)、浙江、江西(何祖霞等, 2010)、湖南、湖北、四川、重庆、贵州、云南、福建、香港。印度、巴基斯坦、尼泊尔、不丹、缅甸、印度尼西亚、日本、朝鲜、俄罗斯(远东地区)。

冰川青藓

Brachythecium glaciale Bruch & Schimp., Bryol. Eur. **6**: 15. pl. 542. 1853.

生境　高海拔、高山或寒冷的地方。

分布　黑龙江、山西(Wang et al., 1994)、陕西、甘肃(安定国,2002)、安徽、四川、贵州、西藏、广西(左勤等, 2010)。日本,欧洲、北美洲。

石地青藓

Brachythecium glareosum (Spruce) Bruch & Schimp., Bryol. Eur. **6**: 23. pl. 552. 1853. *Hypnum glareosum* Bruch ex Spruce, Musci Pyren. 29. 1847.

生境　树干。

分布　吉林、辽宁、内蒙古、河南、陕西、新疆、江苏(张政等, 2006)、湖南(何祖霞, 2005)、四川、重庆、贵州、云南。巴基斯坦(Higuchi and Nishimura, 2003)、日本、俄罗斯(西伯利亚)、高加索地区,北美洲。

灰青藓

Brachythecium glauculum Müll. Hal., Nuovo Giorn. Bot. Ital., n. s., **5**: 199. 1897. **Type**: China: Shaanxi, Sept. - Nov. 1896, *Giraldi s. n.*

生境　土面上。

分布　陕西、上海(李登科和高彩华, 1986)、贵州。中国特有。

平枝青藓

Brachythecium helminthocladum Broth. & Paris, Rev. Bryol. **31**: 63. 1904. **Type**: Japan: Honshu, Pref. Gumma, *Tsunoda s. n.*

生境　石上、土面或树基上。

分布　黑龙江、辽宁、内蒙古、山东(赵遵田和曹同, 1998)、陕西、安徽、浙江、湖南、四川、贵州、云南。日本。

同枝青藓

Brachythecium homocladum Müll. Hal., Nuovo Giorn. Bot. Ital., n. s., **3**: 126. 1896. **Type**: China: Shaanxi, *Giraldi s. n.*

生境　岩面薄土上。

分布　陕西、江西(严雄梁等, 2009)、湖北。中国特有。

皱叶青藓

Brachythecium kuroishicum Besch., Ann. Sci. Nat., Bot., sér. 7, **17**: 373. 1893. **Type**: Japan: Hokkaido, Prov. Shiribeshi, *Faurie 99.*

生境　路边石上、土面上或树干上。

分布　内蒙古、山西(Wang et al., 1994)、山东(赵遵田和曹同, 1998)、陕西、宁夏、新疆、江西(Ji and Qiang, 2005)、湖北(Peng et al., 2000)、四川、贵州、云南、福建。日本。

柔叶青藓

Brachythecium moriense Besch., Ann. Sci. Nat., Bot., sér. 7, **17**: 375. 1893. **Type**: Japan: Hokkaido, Prov. Oshima, *Faurie 3510.*

生境　石上或土面上。

分布　河北、陕西、安徽(钱琳和蔡空辉, 1989)、江西、重庆、贵州、云南、西藏、香港。日本。

裸叶青藓

Brachythecium nakazimae Iisiba, Trans. Sapporo Nat. Hist. Soc. **13**(4): 394. 1934.

生境　土面上。

分布　上海(刘仲苓等, 1989, as *B. nakajimae*)。日本。

野口青藓

Brachythecium noguchii Takaki, J. Hattori Bot. Lab. **15**: 47. 1955. **Type**: Japan: Kyushu, Pref. Miyazaki, *Takaki 16 290.*

生境　树干上。

分布　吉林、内蒙古、陕西、江西、四川、重庆、贵州、云南、西藏、广西。日本。

宽叶青藓

Brachythecium oedipodium (Mitt.) A. Jaeger, Ber. Thätigk. St. Gallischen Nat. Ges. **1876-1877**: 330 (Gen. Sp. Musc. **2**: 396). 1878. *Hypnum oedipodium* Mitt., J. Proc. Linn. Soc. **8**: 35. f. 5. 1864.

Brachythecium curtum (Lindb.) Limpr., Laubm. Deutschl. **3**: 101. 1896.

生境　溪边岩面上。

分布　陕西、贵州。日本、俄罗斯、新西兰,北美洲。

苍白青藓

Brachythecium pallescens Dixon & Thér., Rev. Bryol., n. s., **4**: 160. 1932.

生境　不详,海拔 1000～1580m。

分布　安徽(钱琳和蔡空辉, 1989)、贵州(彭晓磬, 2002)。日本。

悬垂青藓

Brachythecium pendulum Takaki, J. Hattori Bot. Lab. **15**: 27. 1955. **Type**: Japan: Honshu, Pref. Okayama, *Takaki 16 288.*

生境　生于树干或腐木上。

分布　河北、安徽、浙江、江西、湖南、四川、重庆、贵州、福建、广西。日本。

小青藓

Brachythecium perminusculum Müll. Hal., Nuovo Giorn. Bot. Ital., n. s., **5**: 200. 1898. **Type**: China: Shaanxi, *Giraldi s. n.*

生境　石上。

分布　黑龙江、内蒙古、山西(Sakurai, 1949)、山东、陕西、安徽、湖南、四川、重庆、贵州、云南、西藏。中国特有。

疣柄青藓

Brachythecium perscabrum Broth., Symb. Sin. **4**: 107. 1929. **Type**: China: Yunnan, 2800～3450m, July 5. 1916, *Handel-Mazzetti 9368* (holotype: H-BR).

生境　石壁上。

分布　内蒙古、贵州(Xiong, 2001b)、云南。中国特有。

毛尖青藓

Brachythecium piligerum Cardot, Bull. Soc. Bot. Genève, sér. 2, **3**: 290. 1911. **Type**: Japan: Honshu, Pref. Iwate, *Faurie 3244.*

生境　树基、石上或土面上。

分布　黑龙江、吉林、辽宁、内蒙古、北京(石雷等, 2011)、陕西、安徽、江苏、浙江、江西、湖南、湖北、重庆、贵州、云南、西藏、福建、广西。日本。

华北青藓

Brachythecium pinnirameum Müll. Hal., Nuovo Giorn. Bot. Ital., n. s., **3**: 126. 1896. **Type**: China: Shaanxi, July 1894, *Giraldi s. n.*

生境　石上。

分布　陕西、宁夏(黄正莉等，2010)、安徽、四川、云南。中国特有。

扁枝青藓

Brachythecium planiusculum Müll. Hal., Nuovo Giorn. Bot. Ital., n. s., **4**: 268. 1897. **Type**: China: Shaanxi, *Giraldi s. n.*

生境　树干上。

分布　陕西。中国特有。

羽枝青藓

Brachythecium plumosum (Hedw.) Bruch & Schimp., Bryol. Eur. **6**: 8. pl. 537. 1853. *Brachythecium plumosum* Hedw., Sp. Musc. Frond. 257. 1801. **Type**: Austria: J. Baumgartner in Crypt. Exs. Mus. Hist. Nat. Vindob. No. *3733* (S, *typ cons. prop.*, Hedeäs & Isovitia, 1996).

Brachythecium oedistegum (Müll. Hal.) A. Jaeger, Ber. Thätigk. St. Gallischen Naturwiss. Ges. **1876-1877**: 342 (Gen. Sp. Musc. **2**: 408). 1878. *Hypnum oedistegum* Müll. Hal., Syn. Musc. Frond. **2**: 350. 1851.

Brachythecium subpopuleum Cardot & Thér., Bull. Acad. Int. Géogr. Bot. **16**: 40. 1906. **Type**: China: Guizhou, Jan. 1903, *J. Cavaleria 833.*

Brachythecium pygmaeum Takaki, J. Hattori Bot. Lab. **15**: 62. 1955.

生境　土面、岩面薄土或树干上。

分布　黑龙江、吉林、辽宁、内蒙古、河北、山东、陕西、宁夏、甘肃、青海、新疆、安徽、江苏(刘仲苓等，1989)、上海(刘仲苓等，1989)、浙江、江西、湖南、湖北、四川、重庆、贵州、云南、西藏、福建、广西、香港。巴基斯坦(Higuchi and Nishimura, 2003)、不丹(Noguchi, 1971)、斯里兰卡(O'Shea, 2002)、印度尼西亚(Touw, 1992)、智利(He, 1998)、坦桑尼亚(Ochyra and Sharp, 1988)。

长肋青藓

Brachythecium populeum (Hedw.) Bruch & Schimp., Bryol. Eur. **6**: 7. pl. 535. 1853. *Hypnum populeum* Hedw, Sp. Musc. Frond. 270. 1801. **Type**: Sweden: *D. O. Swartz s. n.* (G).

生境　岩面薄土上。

分布　吉林、辽宁、内蒙古、北京、山东、河南、陕西、甘肃(Wu et al., 2002)、新疆、安徽、江苏(刘仲苓等，1989)、上海(李登科和高彩华，1986)、浙江、江西、湖南、湖北、四川、重庆、西藏。巴基斯坦(Higuchi and Nishimura, 2003)、不丹(Noguchi, 1971)、日本、印度尼西亚(爪哇)、哥伦比亚，亚洲中部、欧洲。

匐枝青藓

Brachythecium procumbens (Mitt.) A. Jaeger, Thätigk. St. Gallischen Naturwiss. Ges. **1876-1877**: 341. 1879. *Hypnum procumbens* Mitt., J. Proc. Linn. Soc., Bot., Suppl. **1**: 70. 1859.

生境　石灰岩上。

分布　山西(Wang et al., 1994)、陕西、新疆、宁夏(黄正莉等，2010)、安徽、江西、湖北、贵州、云南、西藏。巴基斯坦(Higuchi and Nishimura, 2003)、斯里兰卡(O'Shea, 2002)、朝鲜、日本、印度、尼泊尔。

羽状青藓

Brachythecium propinnatum Redf., B. C. Tan & S. He, J. Hattori Bot. Lab. **79**: 184. 1996. Replaced: *Brachythecium pinnatum* Takaki, J. Hattori Bot. Lab. **15**: 6. 1955, *hom. illeg.* **Type**: Japan: Honshu, Pref. Nagano, *Takaki 11 626.*

生境　石灰岩上、林下岩面。

分布　吉林、山东(赵遵田和曹同，1998, as *B. pinnatum*)、陕西、新疆、宁夏(黄正莉等，2010)、安徽、上海(刘仲苓等，1989, as *B. pinnatum*)、湖南、贵州(彭涛和张朝辉，2007)、四川、云南。日本。

青藓

Brachythecium pulchellum Broth. & Paris, Rev. Bryol. **31**: 63. 1904. **Type**: Japan: Kyushu, Pref. Kumamoto, *Faurie 1313.*

Brachythecium rhynchostegielloides Cardot, Bull. Soc. Bot. Genève, sér. 2, **3**: 292. 1911.

生境　树干或岩面上。

分布　黑龙江、吉林、辽宁、内蒙古、山西(Wang et al., 1994, as *B. rhynchostegielloides*)、山东、陕西、新疆、湖南、湖北、四川、贵州、云南。日本。

弯叶青藓(仰叶青藓)

Brachythecium reflexum (Stark.) Bruch & Schimp., Bryol. Eur. **6**: 12. pl. 539. 1853. *Hypnum reflexum* Stark. in F. Weber & D. Mohr, Bot. Taschenb. 306. pl. 476. 1807.

生境　林下岩面、腐木或土面上。

分布　黑龙江、吉林、辽宁、内蒙古、河北、山西(Wang et al., 1994)、山东(赵遵田和曹同，1998)、陕西、新疆、安徽、江苏、上海(李登科和高彩华，1986)、浙江、江西、湖南、四川、重庆、贵州、云南、西藏、福建。巴基斯坦(Higuchi and Nishimura, 2003)、日本、俄罗斯(西伯利亚、库页岛)、高加索地区、克什米尔、格陵兰岛(丹属)，欧洲、北美洲。

溪边青藓(青藓)

Brachythecium rivulare Bruch & Schimp., Bryol. Eur. **6**: 17. pl. 546. 1853. **Type**: France: In Vogeso inferiore, Nov. 1845, mis. *Schimper* (lectotype: BM).

Brachythecium permolle Müll. Hal., Nuovo Giorn. Bot. Ital., n. s., **3**: 126. 1896. **Type**: China: Shaanxi, *Giraldi s. n.*

Brachythecium glauco-viride Müll. Hal., Nuovo Giorn. Bot. Ital., n. s., **5**: 198. 1898. **Type**: China: Shaanxi, Sept. 1896, *Giraldi s. n.*

生境　岩面或溪边石上。

分布　黑龙江、吉林、辽宁、内蒙古、河北、山西(Wang et al., 1994)、山东(赵遵田和曹同，1998)、河南、陕西、新疆、安徽、浙江、湖南、湖北、四川、重庆、贵州、云南、福建。巴基斯坦(Higuchi and Nishimura, 2003)、高加索地区，欧洲、南美洲、北美洲。

长叶青藓

Brachythecium rotaeanum De Not., Cronac. Briol. Ital., n. s., **2**: 19. 1867.

生境　林下树干或石生。

分布　吉林、陕西、浙江、湖南、四川、重庆、贵州、云南。日本，欧洲、北美洲。

卵叶青藓

Brachythecium rutabulum (Hedw.) Bruch & Schimp. in B. S. G., Bryol. Eur. **6**: 15. pl. 543. 1853. *Hypnum rutabulum* Hedw., Sp. Musc. Frond. 276. 1801. **Type**: Australia: New South Wales, Sydney, name of collector unkown (isotypes: BM, M).

生境　树干、石上或土面。

分布　辽宁、内蒙古、山东(赵遵田和曹同，1998)、陕西、新疆、安徽、浙江、湖南、湖北、重庆、贵州、云南、西藏。巴基斯坦(Higuchi and Nishimura, 2003)、俄罗斯(西伯利亚)、叙利亚、智利(He, 1998)、阿尔及利亚、坦桑尼亚(Ochyra and Sharp, 1988)、高加索地区，欧洲、北美洲。

撒氏青藓

Brachythecium sakuraii Broth., Ann. Bryol. **1**: 24. 1928. **Type**: Japan: Shimotsuke, Shiobara, *K. Sakurai* (MAK).

生境　倒木上，海拔 2050m。

分布　河北、云南、台湾 (Li et al., 2001)。日本。

褶叶青藓

Brachythecium salebrosum (F. Weber & D. Mohr) Bruch & Schimp., Bryol. Eur. **6**: 20. pl. 549. 1853. *Hypnum salebrosum* Hoffm. ex F. Weber & D. Mohr, Bot. Taschenb. 312. 1807. **Type**: Austria: Auf einem Strohdache bei Kremsmunster in Oberrösterreich, Nov. 2. 1859, *J. S. Bötsch* in Rabenhorst, Bryoth. Eur. no. 350 (S, *typ cons. prop.*, Hedenäs & Isovitia, 1996).

Brachythecium subalbicans Broth., Symb. Sin. **4**: 106. 1929, *hom. illeg.* **Type**: China: Yunnan, Salwin, *Handel-Mazzetti 8232* (H).

生境　树干或土面。

分布　吉林、内蒙古、河北、山东(赵遵田和曹同，1998)、河南、陕西、宁夏、新疆、湖南(Ignatov et al., 2005)、四川、重庆、贵州、云南、西藏、广西。巴基斯坦(Higuchi and Nishimura, 2003)、高加索地区、亚速尔群岛(葡)、摩洛哥、塔斯马尼亚，欧洲、北美洲。

林地青藓

Brachythecium starkii (Brid.) Schimp., Bryol. Eur. **6**: 14. 1853. *Hypnum starkei* Brid, Muscol. Recent. **2** (2): 107. 1801.

生境　林下土面。

分布　吉林、辽宁、山西(Wang et al., 1994)、甘肃(安定国，2002)、新疆、湖北、重庆、贵州。俄罗斯(西伯利亚)、高加索地区，欧洲、北美洲。

脆枝青藓

Brachythecium thraustum Müll. Hal., Nuovo Giorn. Bot. Ital., n. s., **5**: 270. 1897. **Type**: China: Shaanxi, Mar. 1896, *Giraldi s. n.*

生境　土面或林下岩面薄土上。

分布　陕西、重庆、贵州。中国特有。

膨叶青藓

Brachythecium turgidum (Hartm.) Kindb., Vidensk. Meddel. Dansk Naturhist. Foren. Kjøbenhavn **9**: 294. 1888.

Hypnum salebrosum var. *turgidum* Hartm., Handb. Skand. Fl. (ed. 3) 2: 309. 1838.

生境　石生。

分布　山东(罗健馨等，1991)。哈萨克斯坦、俄罗斯(远东地区)，北美洲。

钩叶青藓

Brachythecium uncinifolium Broth. & Paris, Rev. Bryol. **31**: 64. 1904. **Type**: Japan: Honshu, Pref. Aomori, *Faurie 1464*.

Bryhnia uncinifolium (Broth. & Paris) Broth., Nat. Pflanzenfam. I (3): 1238. 1906.

Cratoneurella uncinifolium (Broth. & Paris) H. Rob., Bryologist **65**: 142. f. 209-216. 1962.

生境　石上、树干或土面。

分布　黑龙江、吉林、内蒙古、北京、山东(赵遵田和曹同，1998)、陕西、安徽、江苏、浙江、江西、重庆、贵州、云南、西藏、福建。日本。

绒叶青藓

Brachythecium velutinum (Hedw.) Bruch & Schimp., Bryol. Eur. **6**: 9 (fasc. 52-54. Monogr. 5). 1853. *Hypnum velutinum* Hedw., Sp. Musc. Frond. 272. 1801.

Brachythecium subcurvatulum Broth., Symb. Sin. **4**: 106. 1929. **Type**: China: Yunnan, Deqen Co., 4225m, Sept. 18. 1915, *Handel-Mazzetti 8158* (holotype: H-BR).

生境　林下土面。

分布　吉林、辽宁、内蒙古、山西、河南、陕西、青海、新疆、宁夏(黄正莉等，2010)、安徽、江苏、浙江、江西(Ji and Qiang, 2005)、湖南、湖北、重庆、贵州、四川、云南、西藏、广西。巴基斯坦(Higuchi and Nishimura, 2003)，欧洲、美洲、非洲。

绿枝青藓

Brachythecium viridefactum Müll. Hal., Nuovo Giorn. Bot. Ital., n. s., **4**: 270. 1897. **Type**: China: Shaanxi, *Giraldi s. n.*

生境　树干上。

分布　陕西、云南。中国特有。

云南青藓

Brachythecium yunnanense Herzog, Hedwigia **65**: 167. 1926. **Type**: China: Yunnan, Pe Yen Tsin, *Ten 24*.

生境　土面。

分布　云南。中国特有。

燕尾藓属 Bryhnia Kaurin

Bot. Not. **1892**: 60. 1892.

模式种:*B. scabrida* (Lindb.) Kaurin

本属全世界现有 13 种,中国有 5 种。

短枝燕尾藓

Bryhnia brachycladula Cardot, Bull. Soc. Bot. Genève, sér. 2, **4**: 379. 1912. **Type**: Japan: Honshu, Pref. Nagano, *Faurie 109.*

生境 岩面或土坡上。

分布 陕西、安徽、湖南、贵州(彭涛和张朝辉, 2007)、云南、西藏。日本。

短尖燕尾藓

Bryhnia hultenii E. B. Bartram in Grout, Moss Fl. N. Amer. **3**(4): 264. 1934.

生境 树干或石上。

分布 黑龙江、辽宁、陕西、四川(Li et al., 2011)、云南、西藏。日本。

燕尾藓

Bryhnia novae-angliae (Sull. & Lesq.) Grout, Bull. Torrey Bot. Club **25**: 229. 1898. *Hypnum novae-angliae* Sull. & Lesq., Musci Bor. Amer. **1**: 73. 1856.

Bryhnia noesica (Besch.) Broth. var. *lutescens* Cardot, Bull. Soc. Bot. Genève, sér. 2, **3**: 294. 1911.

Bryhnia sublaevifolia Broth. & Paris var. *rigescens* Cardot, Bull. Soc. Bot. Genève, sér. 2, **3**: 294. 1911.

生境 石面、树干基部或土面上。

分布 吉林、河北、山西(Wang et al., 1994)、山东(赵遵田和曹同, 1998)、陕西、甘肃(Wu et al., 2002)、新疆、安徽、江苏、上海(刘仲苓等, 1989)、江西、湖南、湖北、四川、重庆、贵州、云南、西藏、福建。巴基斯坦(Higuchi and Nishimura, 2003),欧洲、北美洲。

密枝燕尾藓

Bryhnia serricuspis (Müll. Hal.) Y. F. Wang & R. L. Hu, Acta Phytotax. Sin. **41**(3): 272. 2003. *Eurhynchium serricuspis* Müll. Hal., Nuovo Giorn. Bot. Ital., n. s., **5**: 197. 1898. **Type**: China: Shaanxi, In-kia-po, Sept. 1896, *Giraldi 2100* (holotype: FI).

生境 溪边石上或树基上。

分布 内蒙古、陕西、湖南、重庆。中国特有。

毛尖燕尾藓

Bryhnia trichomitria Dixon & Thér., Rev. Bryol., n. s., **4**: 163. 1932. **Type**: Japan: Kyushu, Pref. Kumamoto, *Mayeb s. n.*

生境 树干上。

分布 陕西、安徽、湖北、贵州、广西(左勤等, 2010)。日本。

毛尖藓属 Cirriphyllum Grout

Bull. Torrey Bot. Club **25**: 222. 1898.

模式种:*C. piliferum* (Hedw.) Grout.

本属全世界现有 8 种,中国有 4 种。

匙叶毛尖藓

Cirriphyllum cirrosum (Schwägr.) Grout, Bull. Torrey Bot. Club **25**: 223. 1898. *Hypnum cirrosum* Schwägr. in Schultes, Reise Glockner 365. 1804.

Brachythecium cirrosum (Schwägr.) Schimp., Syn. Musc. Eur. 696. 1860.

生境 树干、石灰岩、土面或腐木上。

分布 吉林、内蒙古、山西、陕西、宁夏、甘肃、青海、新疆、浙江、四川、重庆、贵州、云南、西藏、台湾(Lin, 1988)。巴基斯坦(Higuchi and Nishimura, 2003)、日本、俄罗斯(西伯利亚)、高加索地区、土耳其,北美洲。

强肋毛尖藓

Cirriphyllum crassinervium (Taylor) Loeske & M. Fleisch., Alleg. Bot. Z. Syst. **13**: 22. 1907. *Hypnum crassinervium* Taylor, Fl. Hibern. **2**: 43. 1836.

生境 溪边背阴岩面上,海拔 2320m。

分布 山东(赵遵田和曹同,1998)、云南(刘倩等, 2010)。欧洲。

毛尖藓

Cirriphyllum piliferum (Hedw.) Grout, Bull. Torrey Bot. Club **25**: 225. 1898. *Hypnum piliferum* Hedw., Sp. Musc. Frond. 275. 1801.

Brachuthecium piliferum (Hedw.) Kindb., Canad. Rec. Sci. **6**(2): 73. 1894.

生境 林中腐木或石上。

分布 吉林、辽宁、内蒙古、陕西、宁夏、甘肃、新疆、安徽、浙江、湖南、四川、贵州、云南、西藏、台湾(Lin, 1988)。日本、俄罗斯(西伯利亚)、高加索地区,北美洲。

短肋毛尖藓

Cirriphyllum subnerve Dixon, Hong Kong Naturalist, Suppl. **2**: 25. 2f. 19. 1933. **Type**: China: Gansu, *E. Licent 314e.*

生境 不详。

分布 甘肃。中国特有。

美喙藓属 Eurhynchium Bruch & Schimp.

Bryol. Eur. **5**: 217. 1854.

模式种:*E. pulchellum* (Hedw.) Jenn.

本属全世界现有 26 种,中国有 14 种。

短尖美喙藓

Eurhynchium angustirete (Broth.) T. J. Kop., Mem. Soc. Fauna Fl. Fenn. **43**: 53. f. 12. 1967. *Brachythecium angustirete* Broth., Rev. Bryol. n. s., **2**: 11. 1929. **Type**: China: Taiwan, Mt. Ari, *Suzuki s. n.*

Eurhynchium striatum (Hedw.) Schimp., Coroll. Bryol. Eur. 119. 1856.

Eurhynchium zetterstedtii Stoerm., Nytt. Mag. Naturvid. **83**: 84. 1942.

生境　潮湿土面。

分布　内蒙古、山西(Wang et al., 1994, as *E. striatum*)、山东、陕西、甘肃(Wu et al., 2002)、青海、江西(Ji and Qiang, 2005)、湖南、湖北、四川、重庆、贵州(王晓宇, 2004)。亚洲东部、欧洲[荷兰(Touw, 1968a)]。

疣柄美喙藓

Eurhynchium asperisetum (Müll. Hal.) E. B. Bartram, Philipp. J. Sci. **68**: 300. 1939. *Hypnum asperisetum* Müll. Hal., Bot. Zeitung (Berlin) **16**: 171. 1858.

Eurhynchium asperisetum (Müll. Hal.) Takaki, J. Hattori Bot. Lab. **16**: 24. 1956.

生境　生于湿润土面或岩石上。

分布　山东、陕西、安徽、浙江、湖北、贵州、云南、台湾、香港。日本、泰国、印度尼西亚(爪哇)、菲律宾。

狭叶美喙藓

Eurhynchium coarctum Müll. Hal., Nuovo Giorn. Bot. Ital., n. s., **5**: 198. 1898. **Type**: China: Shaanxi, Nov. 1896, *Giraldi s. n.*

生境　不详。

分布　山西(Wang et al., 1994)、陕西、重庆。中国特有。

尖叶美喙藓

Eurhynchium eustegium (Besch.) Dixon, J. Bot. **75**: 126. 1937. *Brachythecium eustegium* Besch., Ann. Sci. Nat., Bot., sér. 7, **17**: 375. 1893. **Type**: Japan: Nippon Nord, Shichinohe, *Faurie 14* (holotype: H-BR).

Rhynchostegium longirameum Müll. Hal., Nuovo Giorn. Bot. Ital., n. s., **5**: 202. 1898.

Rhynchostegium dasyphyllum Müll. Hal., Nuovo Giorn. Bot. Ital., n. s., **13**: 274. 1906, *nom. nud.*

Eurhynchiadelphus eustegia (Besch.) Ignatov & Huttunen, Arctoa **11**: 264. 2002.

生境　岩面或树干基部。

分布　黑龙江、吉林、辽宁、内蒙古、河北、北京、河南、陕西、江苏、江西、湖南、湖北、四川、重庆、贵州、云南、西藏、广西。日本。

小叶美喙藓

Eurhynchium filiforme (Müll. Hal.) Y. F. Wang & R. L. Hu, Acta Phytotatx. Sin. **41**(3): 275. 2003. *Rhynchostegium subspeciosum* var. *filiforme* Müll. Hal. inLevier, Nuovo Giorn. Bot. Ital., n. s., **4**: 124. 1896. **Type**: China: Shaanxi, Tun-juan-fan, Mar. 1894, *Giraldi 902* (holotype: FI).

生境　岩面或沟边石上。

分布　吉林、内蒙古、陕西、重庆、贵州(彭涛和张朝辉, 2007)、云南。中国特有。

宽叶美喙藓

Eurhynchium hians (Hedw.) Sande Lac., Ann. Mus. Bot. Lugduno-Batavi **2**: 299. 1866. *Hypnum hians* Hedw., Sp. Musc. Frond. 272. 1801. **Type**: U. S. A. : Pennsylvania, collector and number unknown (G).

Hypnum swartzii Turner, Musc. Hib. 151. 1804.

Oxyrrhynchium swartzii (Turner) Warst., Krypt. Fl. Brandenburg **2**: 784. 1905.

Oxyrrhynchium hians (Hedw.) Loeske, Verh. Bot. Vereins Prov. Brandenburg **49**: 59. 1907.

生境　土面、岩面或树干上。

分布　黑龙江、吉林、辽宁、内蒙古、山东、河南、陕西、江苏、浙江、江西、湖南(Ignatov et al., 2005)、湖北、四川、贵州、云南、福建(Thériot, 1932, as *Oxyrrhynchium hians*)、广西(左勤等, 2010)、香港。巴基斯坦(Higuchi and Nishimura, 2003)、尼泊尔、不丹、日本、高加索地区、坦桑尼亚(Ochyra and Sharp, 1988)、喀麦隆(Bizot, 1973)、科特迪瓦(Frahm, 1984),北美洲。

扭尖美喙藓

Eurhynchium kirishimense Takaki, J. Hattori Bot. Lab. **16**: 34. pl. 41, f. 1-10. 1956. **Type**: Japan: Kyushu, Pref. Miyazaki, Mt. Kirishima, Aug. 16. 1938, *S. Hattori s. n.* (holotype: in herb. *Takaki 1693*; isotype: *in herb. Sakurai 13 764*).

生境　石生、树生或腐木生。

分布　辽宁、山西、陕西、湖南、四川、贵州、福建、广东。日本。

阔叶美喙藓

Eurhynchium latifolium Cardot, Beih. Bot. Central. **17**: 35. f. 21. 1904.

生境　溪边岩面上。

分布　广东(刘倩等, 2010)。朝鲜、日本。

疏网美喙藓

Eurhynchium laxirete Broth. in Cardot, Bull. Soc. Bot. Genève, sér. 2. **4**: 380. 1912. **Type**: Japan: Honshu, Pref. Kanagawa, *Faurie 60.*

Oxyrrhynchium laxirete (Broth.) Broth., Nat. Pflanzenfam. (ed. 2), **11**: 377. 1925.

生境　岩面、岩面薄土或林下土面。

分布　山东(赵遵田和曹同, 1998)、陕西、安徽、江苏、上海、江西、湖南、湖北、四川、重庆、贵州、云南、西藏、福建、广西。日本、朝鲜。

羽枝美喙藓

Eurhynchium longirameum (Müll. Hal.) Y. F. Wang & R. L. Hu, Acta Phytotax. Sin. **41**(3): 277. 2003. *Rhynchostegium longirameum* Müll. Hal., Nuovo Giorn. Bot. Ital., n. s., **5**: 202. 1898. **Type**: China: Shaanxi, Tui-kio-san, Sept. 16. 1896, *Giraldi 2244* (holotype: FI).

Platyhypnidium longirameum (Müll. Hal.) M. Fleisch., Musci Buitenzorg **4**: 1537. 1923.

生境　树干或岩面薄土。

分布　陕西、重庆、贵州。中国特有。

美喙藓

Eurhynchium pulchellum (Hedw.) Jenn., Man. Mosses W. Pennsylvania 350. 1913. *Hypnum pulchellum* Hedw., Sp. Musc. Frond. 265. pl. 68, f. 1-4. 1801.

Eurhynchium strigosum (Hoffm. ex F. Weber & D. Mohr) Schimp., Bryol. Eur. 十: 218 (fasc. 57-61. Monogr. 2). 1854.

Rhynchostegium strigosum (Hoffm. ex F. Weber & D. Mohr) De Not., Comment. Soc. Crittog. Ital. **2**: 277 [Cronac. Briol. Ital. **2**: 11]. 1867.

生境　沼泽、岩面、腐殖土、枯枝落叶或腐木上。

分布　黑龙江、吉林、辽宁、内蒙古、山西(Wang et al., 1994)、山东(赵遵田和曹同, 1998)、新疆、江苏(刘仲苓等, 1989)、上海(刘仲苓等, 1989)。巴基斯坦(Higuchi and Nishimura, 2003)、蒙古、日本、朝鲜、俄罗斯(远东地区),欧洲、南美洲、北美洲、非洲。

密叶美喙藓

Eurhynchium savatieri Schimp. ex Besch., Ann. Sci. Nat., Bot., sér. 7, **17**: 378. 1893.

Eurhynchium protractum Müll. Hal., Nuovo Giorn. Bot. Ital., n. s., **3**: 124. 1896. **Type**: China: Shaanxi, Aug. 1894, *J. Giraldi 940* (lectotype: H-BR).

Rhynchostegium leptomitophyllum Müll. Hal., Nuovo Giorn. Bot. Ital., n. s., **4**: 272. 1897. **Type**: China: Shaanxi, Dec. 1895, *Giraldi s. n.*

Oxyrrhynchium protractum (Müll. Hal.) Broth., Nat. Pflanzenfam. Ⅰ(3): 1154. 1909.

Oxyrrhynchium savatieri (Besch.) Broth., Nat. Pflanzenfam. Ⅰ(3): 1154. 1909.

Eurhynchium fauriei Cardot, Bull. Soc. Bot. Genève, sér. 2, **4**: 386. 1912. **Type**: Japan: Yakoska, *Savatier N 476b* (holotype: BM; syntypes: *Savatier 672*, BM, H-BR).

Rhynchostegium gracilescens Broth., Symb. Sin. **4**: 108. 1929. **Type**: China: Hunan, Changsha City, Liuyang-men, *Handel-Mazzetti 11 591* (holotype: H).

生境　土面、树基或岩面。

分布　黑龙江、内蒙古、山西(Wang et al., 1994, as *Oxyrrhynchium protractum*)、山东、河南、陕西、新疆、安徽、江苏(刘仲苓等, 1989)、上海(刘仲苓等, 1989)、浙江、江西、湖南、湖北、四川、重庆、贵州、云南、西藏、广西、香港。朝鲜、日本,大洋洲(瓦努阿图)。

糙叶美喙藓

Eurhynchium squarrifolium Broth. ex Iisiba, Bot. Mag. (Tokyo) **49**: 602. 1935. **Type**: Japan: Honshu, Pref. Wakayama, *Murata s. n.*

生境　水边石上。

分布　贵州、西藏、云南、广西(左勤等, 2010)。日本。

卵叶美喙藓

Eurhynchium striatulum (Spruce) Schimp., Bryol. Eur. **5**: 221. 522 (fasc. 57-61 Mon. 5 4). 1854. *Hypnum striatulum* Spruce, Musci Pyren. 12. 1847.

生境　林下湿岩石或水湿石上,海拔 1400 ~ 2200m。

分布　甘肃(安定国, 2002)。俄罗斯,欧洲。

旋齿藓属 Helicodontium (Mitt.) A. Jaeger
Ber. Thätigk. St. Gallischen Naturwiss. Ges. **1876-1877**: 224. 1878.

模式种:*H. tenuirostre* Schwägr.

本属全世界现有 21 种,中国有 2 种。

台湾旋齿藓

Helicodontium formosicum (Cardot) W. R. Buck., J. Hattori Bot. Lab. **47**: 52. 1980. *Schwetschkea formosica* Cardot, Beih. Bot. Centralbl. **19**(2): 125. 1905. **Type**: China: Taiwan, Mt. Maruyama, *Faurie 6* (isotype: H).

Fabronia formosana Sakurai, Bot. Mag. (Tokyo) **46**: 378. 1932. **Type**: China: Taiwan, Tai-chiu, Noko-gun, Horisha, *Sasaoka 2101*.

生境　树干或稀生于岩石上。

分布　台湾。日本(Iwatsuki, 2004)。

大旋齿藓

Helicodontium doii (Sakurai) Taoda, Hikobia **8**: 48. 1977. *Schwetschkea doii* Sakurai, Bot. Mag. **46**: 498. 1932. **Type**: Japan: Pref. Kagoshima, Mt. Jisso, *Sakurai 2701* (MAK).

Schwetschkea robusta Toyama, Acta Phytotax. Geob. **6**: 176. f. 5. 1937.

Helicodontium robustum (Toyama) Shin, Sci. Rep. Kagoshima Univ. **32**: 85. pl. 9, f. 1. 1954.

生境　树干或腐木上。

分布　四川、云南。日本。

拟同蒴藓属(新拟) Homalotheciella (Cardot) Broth.
Nat. Pflanzenfam. Ⅰ(3): 1133. 1908.

模式种:*H. subcapillata* (Hedw.) Broth.

本属全世界现有 3 种,中国有 1 种。

中华拟同蒴藓(新拟)

Homalotheciella sinensis Cardot & Thér., Bull. Géogr. Bot. **21**: 271. 1911. **Type**: China: Guizhou, Ping-fa, 1904, *Fortunat 1636*.

生境　土面上。

分布　贵州(Thériot, 1911)。中国特有。

同蒴藓属 Homalothecium Bruch & Schimp.
Bryol. Eur. **5**: 91. 1851.

模式种:*H. sericeum* (Hedw.) Bruch & Schimp.

本属全世界现有21种,中国有3种。

无疣同蒴藓(光柄同蒴藓,东京同蒴藓)

Homalothecium laevisetum Sande Lac., Ann. Mus. Bot. Lugduno-Batavi **2**: 298. 1866.

Hypnum tokiadense Mitt., Trans. Linn. Soc. London, Bot. **3**: 184. 1891.

Homalothecium triplicatum Cardot, Bull. Soc. Bot. Genève, sér. 2, **3**: 289. 1911.

生境　岩面、树基或薄土上。

分布　辽宁、河北、河南、陕西、甘肃、新疆、安徽、江苏、浙江、湖南、湖北、四川、贵州、云南、西藏、广东(何祖霞等,2004)、广西。日本、朝鲜。

白色同蒴藓

Homalothecium leucodonticaule (Müll. Hal.) Broth., Nat. Pflanzenfam. I (3): 1135. 1908. *Ptychodium leucodoticule* Müll. Hal., Nuovo Giorn. Bot. Ital., n. s., **4**: 268. 1897. **Type**: China: Shaanxi, Nov. 1895, *J. Giraldi 1494c* (holotype: FI).

Homalothecium sinense Paris & Broth., Rev. Bryol. **35**: 128. 1908. **Type**: China: Shanghai, *Courtois s. n.*

Homalothecium perimbricatum Broth., Akad. Wiss. Wien Sitzungsber., Math. -Naturwiss. Kl., Abt. 1, **131**: 220. 1922. **Type**: China: Yunnan, *Handel-Mazzetti* 309.

生境　林下薄土上。

分布　山东(赵遵田和曹同, as *H. perimbricatum*)、重庆(胡晓云和吴鹏程,1991, as *H. perimbricatum*)、贵州、云南、西藏、福建、河南、湖北、安徽、江苏、上海(Paris, 1908, as *H. sinense*)、浙江、江西。中国特有。

同蒴藓

Homalothecium sericeum (Hedw.) Schimp., Bryol. Eur. **5**: 93. pl. 456. 1851. *Leskea sericea* Hedw., Sp. Musc. Frond. 228. 1801.

生境　林下岩面或土坡上。

分布　内蒙古、宁夏、甘肃(安定国,2002)、新疆。尼泊尔、印度,中亚、西亚、欧洲、北美洲、非洲北部。

斜蒴藓属 Camptothecium Schimp.
Bryol. Eur. **6**: 31. 1853.

模式种:*C. lutescens* (Hedw.) Schimp.

本属全世界约有15种,分布于温带地区,我国现知1种。

斜蒴藓(黄斜蒴藓)

Camptothecium lutescens (Hedw.) Schimp., Bryol Eur. **6**: 36. pl. 558. 1853. *Hypnum lutescens* Hedw., Sp. Musc. Frond. 274. 1801.

生境　石上、树上、土面或腐木上。

分布　重庆、贵州、河北、黑龙江、吉林、浙江、辽宁、内蒙古、山东(赵遵田和曹同,1998)、陕西、新疆、宁夏(黄正莉等,2010)、西藏、云南、江西。中亚、欧洲、美洲、非洲北部。

拟无毛藓属 Juratzkaeella W. R. Buck
Rev. Bryol. Lichénol. **43**: 312. 1977.

模式种:*J. sinensis* (M. Fleisch. ex Broth.) W. R. Buck

本属全世界现有1种。

中华拟无毛藓

Juratzkaeella sinensis (M. Fleisch. ex Broth.) W. R. Buck, Rev. Bryol. Lichénol. **43**: 313. 1977. *Juratzkaea sinensis* M. Fleisch. ex Broth., Nat. Pflanzenfam. (ed. 2), **11**: 290. 1925. **Type**: China: Guizhou, Ping-fa, *Cavalerie 1935 p. p.* (lectotype: H).

生境　岩面或树干上,海拔1256m。

分布　江苏、上海、浙江(刘仲苓等,1989)、贵州(彭晓磬,2002)、云南、西藏。中国特有。

异叶藓属 Kindbergia Ochyra*
Lindbergia **8**: 53. 1982.

模式种:*K. praelonga* (Hedw.) Ochyra

本属全世界现有8种,中国有2种。

树状异叶藓

Kindbergia arbuscula (Broth.) Ochyra, Lindbergia **8**: 54. 1982. *Eurhynchium arbuscula* Broth., Nat. Pflanzenfam. I (3): 1157. f. 816. 1909.

Stokesiella arbuscula (Broth.) H. Rob., Bryologist **70**: 39. 1967.

生境　松林下腐木、岩面或土面上。

分布　吉林(高谦和曹同,1983, as *Stokesiella arbuscula*)、浙江、湖南、四川、云南、西藏。日本。

---

* 该属有时被归并在美喙藓属中。

异叶藓

Kindbergia praelonga (Hedw.) Ochyra, Lindbergia **8**: 54. 1982. *Hypnum praelongum* Hedw., Sp. Musc. Frond. 258. 1801.

Hypnum praelongum Hedw., Sp. Musc. Frond. 258. 1801. **Type**: Australia: Tasmania, *Acher s. n.* (holotype: NY).

Hypnum stokesii Turner, Muscol. Hibern. Spic. 159. pl. 15, f. 2. 1804.

Hypnum claronii Lam. & DC., Fl. Franç. (ed. 3), **2**: 520. 1805.

Eurhynchium praelongum (Hedw.) Schimp., Bryol. Eur. **5**: 224. 1854.

Oxyrrhynchium praelongum (Hedw.) Warnst., Krypt.-Fl. Brandenburg, Laubm. 781. 1906(1905).

Eurhynchium stokesii (Turner) Schimp., Bryol. Eur. **5**: 226. 1854.

Hypnum exasperatum Hampe, Linnaea **32**: 162. 1863.

Plagiothecium bifariellum Kindb., Bull. Torrey Bot. Club **17**: 279. 1890.

Eurhynchium distans Bryhn, Kongel. Norske Vidensk. Selsk. Skr. (Trondheim) **1892**: 217. 1893.

Eurhynchium acutifolium Kindb., Rev. Bryol. **22**: 84. 1895.

Eurhynchium brittoniae Grout, Bull. Torrey Bot. Club **25**: 248. 1898.

Eurhynchium serricuspis Müll. Hal., Nuovo Giorn. Bot. Ital., n. s., **5**: 197. 1898. **Type**: China: Shaanxi, *Giraldi s. n.* (lectotype: H-BR 3021021).

Rigodium toxarioides Broth. & Paris, Rev. Bryol. **33**: 104. 1906.

Campylium serratum Cardot & H. Winter, Hedwigia **55**: 138. f. 14. 1914.

Oxyrrhynchium biforme Broth., Symb. Sin. **4**: 109. 1929. **Type**: China: Yunnan, Dali Co., 3000～3400m, May 25. 1915, *Handel-Mazzetti 6492* (holotype: H-BR).

Rigodium crassicostatum E. B. Bartram, Results Norweg. Sci. Exped. Tristan de Cunha **48**: 43. 1960.

Bryhnia brittoniae (Grout) H. Rob., Bryologist **65**: 134. 1962[1963].

Stokesiella praelonga (Hedw.) H. Rob., Bryologist **70**: 39. 1967.

生境　林下沼泽、岩面、腐殖土或树干基部上。

分布　内蒙古、河北(Zhang and Zhao, 2000)、山西(Wang et al., 1994, as *Oxyrrhynchium biforme*)、山东(赵遵田和曹同, 1998)、甘肃(Wu et al., 2002)、新疆(Tan et al., 1995)、湖南(Ignatov et al., 2005)、云南、西藏。印度、日本、俄罗斯(远东地区)、澳大利亚、秘鲁(Menzel, 1992),欧洲、北美洲、非洲。

鼠尾藓属 Myuroclada Besch.

Ann. Sci. Nat., Bot. sér. 7, **17**: 379. 1893.

模式种:*M. maximowiczii* (G. G. Borshch.) Steere & W. B. Schofield

本属全世界仅1种。

鼠尾藓

Myuroclada maximowiczii (G. G. Borshch.) Steere & W. B. Schofield, Bryologist **59**: 1. 1956. *Hypnum maximowiczii* G. G. Borshch. in Maximowicz, Prim. Fl. Amur. 467. 1859.

Myuroclada concinna Besch., Ann. Sci. Nat., Bot., sér, 7, **17**: 329. 1893. **Type**: China: Fujian, Chusan, *Anderson s. n.*

生境　水沟旁石壁或岩面薄土上。

分布　黑龙江、吉林、辽宁、内蒙古、山西(吴鹏程等,1987)、山东(赵遵田和曹同, 1998)、陕西、重庆、甘肃(Wu et al., 2002)、江苏、上海(刘仲苓等, 1989)、浙江、江西、湖南(Ignatov et al., 2005)、四川、云南。日本、朝鲜、俄罗斯,欧洲、北美洲。

褶藓属 Okamuraea Broth.

Orthomniopsis und Okamuraea 2. 1906.

模式种:*O. hakoniensis* (Mitt.) Broth.

本属全世界现有5种,中国有3种,1变种,1变型。

短枝褶藓

Okamuraea brachydictyon (Cardot) Nog., J. Hattori Bot. Lab. **9**: 10. 1953. *Brachythecium brachydictyon* Cardot, Beih. Centralbl. **17**: 34. 1904. **Syntypes**: Korea: Ouen-San, *Faurie 134*; Fusan, *Faurie 145*.

生境　岩石或树干上。

分布　吉林、辽宁、内蒙古、湖南(Ignatov et al., 2005)、湖北、台湾、广东。朝鲜、日本。

长枝褶叶藓

Okamuraea hakoniensis (Mitt.) Broth., Nat. Pflanzenfam. I(3): 1133. 1908. *Hypnum hakoniense* Mitt., Trans. Linn. Soc. Bot. ser. 2, **3**: 185. 1891. **Type**: Japan: Honsyu, Hakone Pass, October, *Bisset s. n.*

长枝褶叶藓原变种

Okamuraea hakoniensis var. **hakoniensis**

生境　树干上或有时生于岩面上。

分布　黑龙江、吉林、辽宁、山东(赵遵田和曹同, 1998)、安徽、江苏(刘仲苓等, 1989)、上海(刘仲苓等, 1989)、浙江、江西(Ji and Qiang, 2005)、重庆(胡晓云和吴鹏程, 1991)、广西、贵州、湖南(Ignatov et al., 2005)、湖北、四川、西藏。日本、不丹。

长枝褶叶藓鞭枝变型

Okamuraea hakoniensis fo. **multiflagellifera** (S. Okamura) Nog., J. Hattori Bot. Lab. **9**: 9. 1953. *Okamuraea cristata*

Broth. var. *multiflagellifera* S. Okamura, J. Coll. Sci. Imp. Univ. Tokyo **36**(7): 42. 1915. **Type**: Japan: Hondo, Iyo Prov., Mt. Ishiduchi, *J. Shiraga s. n.*

生境 树干上。

分布 黑龙江、吉林、辽宁。日本。

长枝褶藓乌苏里变种

Okamuraea hakoniensis var. **ussuriensis** (Broth.) Nog., J. Hattori Bot. Lab. **9**: 9. 1953. *Bryhnia ussuriensis* Broth., Trudy Troitskos. Kjakt. Otd. Priam. Otd. Imp. Russk. Géogr. Obstch. **8**(3): 8. 1906.

生境 岩石或树干上。

分布 黑龙江、吉林、辽宁、内蒙古。朝鲜、日本、俄罗斯(西伯利亚)。

Okamuraea micrangia (Müll. Hal.) Y. F. Wang & R. L. Hu, Acta Phytotax. Sin. **38**: 483. 2000. *Brachythecium micrangium* Müll. Hal., Nuovo Giorn. Bot. Ital., n. s., **3**: 127. 1896. **Type**: China: Shaanxi, Mt. Guangtoushan, July 1894, *J. Giraldi 951* (holotype: FL).

生境 不详。

分布 陕西(Müller, 1896)。中国特有。

褶叶藓属 Palamocladium Müll. Hal.
Flora **82**: 465. 1896.

模式种:*P. nilgheriense* (Mont.) Müll. Hal.

本属全世界现有 3 种,中国有 2 种。

深绿褶叶藓

Palamocladium euchloron (Müll. Hal.) Wijk & Margad., Taxon **9**: 52. 1960. *Hypnum euchloron* Bruch ex Müll. Hal., Syn. Musc. Frond. **2**: 464. 1857. **Type**: Russia: "Montes Caucasici, Prov. Absia, in lingo putrido, leg. *T. Döllinger 1836*." (lectotype: BM, Herb. Hampe).

Eurhynchium euchloron (Müll. Hal.) Jur. & Mild., Verh. Zool. Bot. Ges. Wien **20**: 601. 1870.

生境 岩面上。

分布 河南、陕西、甘肃、新疆、安徽、浙江、江西、湖南、湖北、四川、贵州、云南、西藏、福建。巴基斯坦(Higuchi and Nishimura, 2003)、伊朗、阿塞拜疆、希腊、土耳其、格鲁吉亚、俄罗斯、乌克兰(Hofmann, 1997)。

褶叶藓

Palamocladium leskeoides (Hook.) E. Britton, Bull. Torrey Bot. Club **40**: 673. 1914. *Hookeria leskeoides* Hook., Musci Exot. **1**: 55. 1818.

Isothecium nilgeheniense Mont., Ann. Sci. Nat., Bot., sér. 2, **17**: 246. 1842.

Palamocladium macrostegium (Sull. & Lesq) Paris, Index Bryol. 568. 1895.

Palamocladium macrostegium var. *excavatum* (Dixon & Sakurai) Takaki & Z. Iwats, J. Hattori Bot. Lab. **29**: 60. 1966.

Palamocladium nilgheriense (Mont.) Müll. Hal., Flora **82**: 465. 1896.

Palamocladium sciureum (Mitt.) Broth. in Paris, Index Br-vol. (ed. 2), **3**: 349. 1905.

Ptychodium plicatulum Cardot, Beih. Bot. Centralb. Abt. 2, **19**(2): 132. 24. 1905. **Type**: China: Taiwan, *Faurie 5, 72, 84*.

Pleuropus nilgheriensis (Mont.) Cardot in Grand., Hist. Madag. **36**: 521. 1915.

Homalothecium longicuspes Broth., Symb. Sin. **4**: 105. 1929. **Type**: China: Yunnan, *Handel-Mazzetti 7985*.

生境 岩面或树基上。

分布 黑龙江、吉林(高谦和曹同,1983, as *P. macrostegium* var. *excatum*)、辽宁、内蒙古、河北、陕西、新疆、安徽、江苏、上海、浙江、湖南、湖北、四川、重庆、贵州、云南、西藏、福建、台湾、广西。印度、越南(Tan and Iwatsuki, 1993, as *P. nilgheriense*)、印度尼西亚、日本、朝鲜、菲律宾、新西兰、哥斯达黎加、危地马拉、西印度群岛、巴西、阿根廷、玻利维亚、秘鲁、厄瓜多尔、哥伦比亚、委内瑞拉、美国、索马里、埃塞俄比亚、肯尼亚、乌干达、卢旺达、坦桑尼亚、斯威士兰、南非、马达加斯加(Hofmann, 1997)。

平灰藓属 Platyhypnidium M. Fleisch.
Musci Buitenzorg **4**: 1536. 1923.

本属全世界现有 13 种,中国有 1 种。

贵州平灰藓

Platyhypnidium esquirolii (Cardot & Thér.) Broth., Nat. Pflanzenfam. **11**: 347. 1925. *Rhynchostegium esquirolii* Cardot & Thér., Bull. Géogr. Bot. **21**: 272. 1911. **Type**: China: Guizhou, Chang-Yeou, May 1904, *Esquirol 339*.

生境 不详。

分布 贵州(Thériot, 1911)。中国特有。

细喙藓属 Rhynchostegiella (Bruch & Schimp.) Limpr.
Laubm. Deutschl. **3**: 207. 1896.

模式种:*R. tenella* (Dicks.) Limpr.

本属全世界现有 40 种,中国有 6 种。

日本细喙藓

Rhynchostegiella japonica Dixon & Thér., Rev. Bryol., n. s., **4**: 167. 1932. **Type**: Japan: Honshu, Pref. Kyoto, *Takahashi s. n.*

生境 石上、树上或土面上。

分布 陕西、新疆、湖南、重庆、贵州、云南、广东。日本。

光柄细喙藓

Rhynchostegiella laeviseta Broth., Symb. Sin. **4**: 109. 1929. **Type**: China: Hunan, Mt. Wuguang, *Handel-Mazzetti 11 188* (holotype: H-BR).

Rhynchostegium psilopodium Ignatov & Huttunen, Arctoa **11**: 285. 2002.

生境　树干、土面或石上。

分布　重庆、贵州、湖南、江西、陕西、新疆、云南、浙江。中国特有。

细肋细喙藓

Rhynchostegiella leptoneura Dixon & Thér., Rev. Bryol., n. s., **4**: 168. 1932. **Type**: China: Taiwan, Taiyu, Jan. 1. 1927, *S. Suzuki s. n.* (BM).

Rhynchostegiella formosana Sakurai, Bot. Mag. (Tokyo) **46**: 744. 1932. **Type**: China, Taiwan, Taichiu, Jan. 1. 1927, *S. Suzukis. n.* (MAK, Herb. S. Sakurui. 2604).

生境　沼泽草丛下。

分布　吉林、辽宁、内蒙古、山东(赵遵田和曹同, 1998)、四川、贵州、云南、台湾。中国特有。

锐尖细喙藓

Rhynchostegiella menadensis (Sande Lac.) E. B. Bartram, Philip. J. Sci. **68**: 302. 1933.

Hypnum menadense Sande Lac., Bryol. Jav. **2**: 156. pl. 255. 1866.

生境　树干上。

分布　海南(刘倩等, 2010)。菲律宾。

毛尖细喙藓

Rhynchostegiella sakuraii Takaki, J. Hattori Bot. Lab. **16**: 55. pl. 47, f. 16-24. 1956.

生境　溪边树枝上。

分布　广东、云南(刘倩等, 2010)。日本。

华东细喙藓

Rhynchostegiella sinensis Broth. & Paris, Rev. Bryol. **35**: 1908. **Type**: China: Shanghai, Feb. 5. 1908, *R. P. Courtois s. n.* (holotype: H-BR 3675047).

生境　不详。

分布　江苏、上海、浙江(Redfearn et al., 1996)。中国特有。

长喙藓属 Rhynchostegium Bruch & Schimp. Bryol. Eur. **5**: 197. 1852.

模式种:*R. confertum* (Dicks.) Schimp.

本属全世界现有128种,中国有18种。

短尖长喙藓(新拟)

Rhynchostegium acicula (Broth.) Broth., Nat. Pflanzenfam. (ed. 2), 十: 374. 1925. *Rhynchostegiella acicula* Broth., Nuovo Giorn. Bot. Ital., n. s., **13**: 274. 1906. **Type**: China: Shaanxi, Han-sun-fu, *Giraldii 98*.

生境　不详。

分布　陕西(Levier, 1906)。越南(Tixier, 1966)。

西伯里长喙藓

Rhynchostegium celebicum (Sande Lac.) A. Jaeger, Ber. Thätigk. St. Gallischen Naturwiss. Ges. **1876-1877**: 374 (Gen. Sp. Musc. **2**: 440). 1878. *Hypnum celebicum* Sande Lac., Bryol. Jav. **2**: 159. pl. 258. 1866.

Eurhynchium celebicum (Sande Lac.) E. B. Bartram, Bernice P. Bishop Mas. Bull. **101**: 217. 1933.

生境　岩面、树干或腐木上。

分布　云南(刘倩等, 2010)、台湾(Yang and Lee, 1964, as *Eurhynchium celebicum*)、广东、海南。印度、印度尼西亚、巴布亚新几内亚、美国(夏威夷)。

长喙藓

Rhynchostegium confertum (Dicks.) Schimp., Bryol. Eur. **5**: 203. pl. 510. 1852. *Hypnum confertum* Dicks., Fasc. Pl. Crypt. Brit. **4**: 17. 1801.

Eurhynchium confertum (Dicks.) Mild., Bryol. Siles. 309. 1869.

生境　岩面上。

分布　山东(赵遵田和曹同, 1998)、陕西、安徽、浙江、湖南、贵州、福建、四川、云南。日本、朝鲜、欧洲。

缩叶长喙藓

Rhynchostegium contractum Cardot, Bull. Soc. Bot. Genève, sér. 2, **4**: 381. 1912. **Type**: Korea: Isl. Quelpart, *Faurie 345*.

Rhynchostegium rubrocarinatum Sakurai, Bot. Mag. (Tokyo) **47**: 340. 1933.

生境　岩面上。

分布　河南、陕西、安徽、江苏(刘仲苓等, 1989)、浙江、湖南、四川、贵州、云南、福建、台湾、广东(何祖霞等, 2004)。日本、朝鲜。

杜氏长喙藓

Rhynchostegium duthiei Müll. Hal. ex Dixon, J. Bombay Nat. Hist. Soc. **39**: 789. 1937.

生境　石上或岩面上,海拔450～2300m。

分布　四川、云南(翟德逞和王幼芳, 2007)、广东。印度、不丹。

狭叶长喙藓

Rhynchostegium fauriei Cardot, Bull. Soc. Bot. Genève. sér. 2, **4**: 381. 1912. **Type**: Korea: Island Quelpart, *Faurie 460*.

生境　岩面、树干或腐木上。

分布　内蒙古、山西(Wang et al., 1994)、陕西、安徽、浙江、四川、重庆、贵州、云南、福建。朝鲜。

湖南长喙藓

Rhynchostegium hunanense Ignatov & Huttunen, Acta Bot. Fenn. **178**: 29. 2005. **Type**: China: Hunan, Shimen Co., on humus, Sept. 30. 1998, *T. Koponen, S. Huttunen, S. piippo & P. C. Rao 49 801* (holotype: H; isotype: MHA).

生境　林下腐殖土上,海拔1450～1650m。

分布　湖南(Ignatov et al.，2005)。中国特有。

斜枝长喙藓

Rhynchostegium inclinatum (Mitt.) A. Jaeger, Ber. Thätigk. Gallischen Naturwiss. Ges. **1876-1877**: 366. 1878. *Hypnum inclinatum* Mitt., J. Linn. Soc., Bot. **8**: 152. 1865. **Type**: Japan: Kyushu, Pref. Kagoshima, *Oldham s. n.*

Rhynchostegium plumosum Thér., Bull. Acad. Int. Géogr. Bot. **18**: 111. 1908.

生境　树干或土面上。

分布　山东(赵遵田和曹同，1998)、河南、陕西、新疆、安徽、江苏(刘仲苓等，1989，as *R. plumosum*)、湖南(Ignatov et al.，2005)、重庆、贵州、云南、西藏、广西。日本。

凹叶长喙藓

Rhynchostegium murale (Hedw.) Bruch & Schimp., Bryol. Eur. **5**: 207. 1852. *Hypnum murale* Hedw., Sp. Musc. Frond. 204. 1801.

生境　岩壁上，海拔600m。

分布　陕西、浙江(Ignatov et al.，2005)、湖南、新疆。哈萨克斯坦，欧洲(Ignatov et al.，2005)。

卵叶长喙藓

Rhynchostegium ovalifolium S. Okamura, J. Coll. Sci. Imp. Univ. Tokyo **38**(4): 94. 1916. **Type**: Japan: Honshu, Pref. Mie, *Murata s. n.*

生境　岩面。

分布　吉林(高谦和曹同，1983)、陕西、湖南、重庆、贵州(彭涛和张朝辉，2007)、四川、云南。日本。

淡枝长喙藓

Rhynchostegium pallenticaule Müll. Hal., Nuovo Giorn. Bot. Ital., n. s., **4**: 271. 1897. **Type**: China: Shaanxi, Mar. 1896, *Giraldi s. n.*

生境　不详。

分布　陕西。中国特有。

淡叶长喙藓

Rhynchostegium pallidifolium (Mitt.) A. Jaeger, Ber. Thätigk. Gallischen Naturwiss. Ges. **1876-1877**: 369. 1878. *Hypnum pallidifolium* Mitt., J. Linn. Soc., Bot., **8**: 153. 1864. **Type**: Japan: Kyushu, Pref. Nagasaki, *Oldham s. n.*

生境　岩面、土面或树基上。

分布　吉林、山西(吴鹏程等，1987)、山东(赵遵田和曹同，1998)、河南、陕西、新疆、安徽、上海、浙江、江西、湖南、湖北、四川、重庆、贵州、云南、西藏、海南、香港。日本。

长肋长喙藓(新拟)

Rhynchostegium patulifolium Cardot & Thér. in Thér., Bull. Géogr. Bot. **21**: 272. 1911. **Type**: China: Guizhou, Jan. 25. 1904. *Fortunat 1655* (isotype: H-BR).

Platyhypnidium patulifolium (Cardot & Thér.) Broth., Nat. Pflanzenfam. (ed. 2), **11**: 347. 1925.

生境　土面或岩壁上，海拔600m。

分布　贵州、湖南(Ignatov et al.，2005)。中国特有。

水生长喙藓(圆叶美喙藓)

Rhynchostegium riparioides (Hedw.) Cardot in Tourret, Bull. Soc. Bot. France **60**: 231. 1913. *Hypnum riparioides* Hedw., Sp. Musc. Frond. 242. 1801.

Rhynchostegium platyphyllum Müll. Hal., Nuovo Gion. Bot. Ital., n. s., **5**: 201. 1898. **Type**: China: Shaanxi, May 1896, *Giraldi s. n.*

Oxyrrhynchium riparioides (Hedw.) Jenn., Man. Moss. W. Pennsylvania 348. 1913.

Platyhypnidium riparioides (Hedw.) Dixon, Rev. Bryol. Lichénol. **6**: 111. 1934.

Eurhynchium riparioides (Hedw.) Richards, Ann. Bryol. **9**: 135. 1936.

生境　岩面。

分布　吉林、辽宁、河北、山东(赵遵田和曹同，1998，as *Eurhynchium riparioides*)、陕西、甘肃(安定国，2002)、上海、浙江、湖南、湖北、重庆、贵州、云南、广东、广西。印度、不丹、尼泊尔、巴基斯坦、日本、朝鲜、坦桑尼亚(Ochyra and Sharp，1988，as *Platyhypnidium riparioides*)，欧洲、北美洲、南美洲。

匐枝长喙藓

Rhynchostegium serpenticaule (Müll. Hal.) Broth. in Levier, Nuovo Giorn. Bot. Ital., n. s., **13**: 275. 1906. *Eurhynchium serpenticaule* Müll. Hal., Nuovo Giorn. Bot. Ital., n. s., **4**: 271. 1897. **Type**: China: Shaanxi, *Giraldi s. n.*

生境　土面或岩面。

分布　山西(Wang et al.，1994)、陕西、湖南、四川、重庆、贵州。越南(Tan and Iwatsuki，1993)。

中华长喙藓

Rhynchostegium sinense (Broth. & Paris) Broth., Nat. Pflanzenfam. (ed. 2), **11**: 374. 1925. *Rhynchostegiella sinensis* Broth. & Paris, Rev. Bryol. **35**: 128. 1908. **Type**: China: Shanghai, Xujiahui, *Courtois s. n.*

生境　岩面薄土上。

分布　上海(Paris，1908，as *Rhynchostegiella sinensis*)。中国特有。

美丽长喙藓

Rhynchostegium subspeciosum (Müll. Hal.) Müll. Hal., Nuovo Giorn. Bot. Ital., n. s., **4**: 272. 1897. *Eurhynchium subspeciosum* Müll. Hal., Nuovo Giorn. Bot. Ital., n. s., **3**: 124. 1896. **Type**: China: Shaanxi, May 1894, *Giraldi s. n.*

生境　树干或林下土面。

分布　陕西、重庆、贵州。中国特有。

泛生长喙藓

Rhynchostegium vagans A. Jaeger, Ber. Thätigk. Gallischen Naturwiss. Ges. **1867-1877**: 369. 1878.

Hypnum vagans Harv. in Hook., Icon. Pl. **1**: pl. 24, fig. 2. 1836, *nom illeg.*

Rhynchostegium patentifolium Müll. Hal., Nuovo Giorn. Bot. Ital., n. s., **4**: 272. 1897.

Eurhynchium vagans (A. Jaeger) E. B. Bartram, Bernice P. Bishop Mus. Bull. **101**: 213. 1933.

生境　岩石上，海拔550～700m。

分布　安徽、浙江、湖南、四川、贵州、云南、台湾。印度、巴基斯坦、尼泊尔、缅甸、泰国、越南、老挝、斯里兰卡、印度尼西亚、马来西亚、菲律宾、美国(夏威夷)(Ignatov et al.，2005)。

拟青藓属(新拟) Sciuro-hypnum Hampe
Linnaea **38**: 220. 1874.

模式种:*S. borgenii* Hampe

本属全世界现有约20种,中国有1种。

宽叶拟青藓(新拟)

Sciuro-hypnum curtum (Lindb.) Ignatov, Arctoa **16**: 71. 2007. *Hypnum curtum* Lindb., Musci Scand. 35. 1879. *Brachythecium curtum* (Lindb.) Limpr., Laubm. Deutschl. **3**: 101. 1896.

生境　溪边石上。

分布　陕西、贵州、云南(Mao and Zhang, 2011)。日本、高加索地区、美国、加拿大、新西兰,欧洲。

疣柄藓属 Scleropodium Bruch & Schimp
Bryol. Eur. **6**: 27 (Fasc. 55-56. Monogr. 1.). 1853.

模式种:*S. illecebrum* Schimp.

本属全世界现有9种,中国有1种。

细齿疣柄藓

Scleropodium coreense Cardot, Bull. Soc. Bot. Genève, sér. 2, **4**: 379. 1912.

生境　生于岩面薄土或林下土面上。

分布　吉林、辽宁、山东(赵遵田和曹同, 1998)。朝鲜。

蔓藓科 Meteoriaceae Kindb.

本科全世界有21属,中国有19属。

毛扭藓属 Aerobryidium M. Fleisch. in Broth.
Nat. Pflanzenfam. Ⅰ(3): 20, 1906.

模式种:*A. filamentosum* (Hook.) M. Fleisch.

本属全世界现有4种,中国有3种。

卵叶毛扭藓

Aerobryidium aureo-nitens (Schwägr.) Broth., Nat. Pflanzenfam. Ⅰ(3): 820. 1906. *Hypnum aureo-nitens* Schwägr., Sp. Musc. Frond., Suppl. 3, **1**(1): 221. 1827. **Type**: India: Nigiri Hill, *Hooker & Thomson 831*.

Trachypus atratus Mitt., J. Proc. Linn. Soc., Bot., Suppl. **1**: 129. 1859.

Papillaria atrata (Mitt.) Salm., J. Linn. Soc. Bot. **34**: 454. 1900.

Meteorium atratum (Mitt.) Broth., Nat. Pflanzenfam. Ⅰ(3): 818. 1906.

生境　亚高山地区岩面或树干上。

分布　浙江(Salmon, 1900, as *Papillaria atrata*)、江西(Ji and Qiang, 2005)、湖南、湖北、四川、贵州、云南、台湾(Chiang and Kuo, 1989)。印度、斯里兰卡、缅甸、泰国。

波叶毛扭藓

Aerobryidium crispifolium (Broth. & Geh.) M. Fleisch. in Broth., Nat. Pflanzenfam. Ⅰ(3): 821. 1906. *Papillaria crispifolia* Broth. & Geh., Bibl. Bot. **44**: 19. 1898. **Type**: New Guinea: Putat, *Beccari 188*.

Aerobryum warburgii Broth., Monsunia **1**: 50. 1899.

Aerobryidium longicuspis Broth., Mirreil. Inst. Allg. Bot. Hamburg **7**(2): 126. 1928.

Aerobryidium subpiliferum Nog., J. Hattori Bot. Lab. **3**: 71. 1948.

生境　山地的林下岩面或树干上。

分布　云南。马来西亚、印度尼西亚、巴布亚新几内亚。

毛扭藓

Aerobryidium filamentosum (Hook.) M. Fleisch. in Broth., Nat. Pflanzenfam. Ⅰ(3): 821. 1906. *Neckera filamentosa* Hook., Musci Exot. **2**: 158. 1819. **Type**: Nepal: *Wallich s. n.*

Neckera filamentosa Hook., Musci Exot. **2**: 158. 1818.

Aerobryum integrifolium Besch., Ann. Sci. Nat., Bot., sér. 7, **15**: 74. 1892.

Aerobryopsis integrifolia (Besch.) Broth., Nat. Pflanzenfam. Ⅰ(3): 820. 1906.

Aerobryidium taiwanense Nog., J. Hattori Bot. Lab. **3**: 71. 1948. **Type**: China: Taiwan, Tainan Co., Mt. Eryushan, Aug. 1932, *A. Noguchi 6031* (holotype: NICH).

生境　山地林下岩石或树干上。

分布　江西(Ji and Qiang, 2005)、湖北、贵州、云南、西藏、台湾。印度、不丹(Noguchi, 1971)、斯里兰卡、缅甸、泰国、越南、老挝(Tan and Iwatsuki, 1993)、马来西亚、菲律宾、印度尼西亚。

灰气藓属 Aerobryopsis M. Fleisch.
Hedwigia **44**: 304. 1905.

模式种:*A. longissima* (Dozy & Molk.) M. Fleisch.

本属全世界现有14种,中国有9种,1变种。

芒叶灰气藓

Aerobryopsis aristifolia X. J. Li, S. H. Wu & D. C.

Zhang, Acta Bot. Yunnan. **25**(2): 192. f. 1. 2003. **Type**: China: Yunnan, Mengla Co., Menglun, 600m, Aug. 23. 1989, *Zhang Li 859* (holotype: HKAS).

生境　沟谷雨林内树枝上生长，海拔600m。

分布　贵州(彭涛和张朝辉，2007)、云南。中国特有。

异叶灰气藓

Aerobryopsis cochlearifolia Dixon, Ann. Bryol. **9**: 65. 1937. **Type**: Laos: Pu Muten, *Kerr 491*.

生境　乔木或灌丛上，海拔1000～1400m。

分布　江西(何祖霞等，2010)、云南、台湾、广东。斯里兰卡(O'Shea, 2002)、泰国和老挝。

突尖灰气藓

Aerobryopsis deflexa Broth. & Paris, Rev. Bryol. **38**: 54. 1911.

生境　不详。

分布　江西(季梦成等，2000)。越南(Noguchi, 1976)。

膜叶灰气藓

Aerobryopsis membranacea (Mitt.) Broth., Nat. Pflanzenfam. Ⅰ(3): 819. 1906. *Meteorium membranaceum* Mitt., J. Proc. Linn. Soc., Bot., Suppl. **1**: 88. 1859. **Type**: India: Assam, *Griffith 19*.

Pilotrichella membranacea (Mitt.) A. Jaeger, Ber. Thätigk. St. Gallischen Naturwiss. Ges. **1875-1876**: 261. 1877.

生境　林下岩面或树枝上，海拔700～750m。

分布　云南、西藏。斯里兰卡(O'Shea, 2002)、印度、泰国。

扭叶灰气藓

Aerobryopsis parisii (Cardot) Broth., Nat. Pflanzenfam. Ⅰ(3): 820. 1906. *Meteorium parisii* Cardot, Beih. Bot. Centralbl. **19**: 121. f. 19. 1905. **Type**: China: Taiwan, Tai-bei Co., *Faurie 131*, *133*.

Aerobryum ferriei Broth., Index Bryol. Suppl. 2. 1900, *nom. nud.*

生境　树干或灌丛上，海拔480～950m。

分布　浙江、江西(何祖霞等，2010)、福建、台湾、广东(Zhang, 1993)、香港。菲律宾、日本。

大灰气藓

Aerobryopsis subdivergens (Broth.) Broth., Nat. Pflanzenfam. Ⅰ(3): 820. 1906. *Meteorium subdivergens* Broth., Hedwigia **38**: 227. 1899.

大灰气藓原亚种

Aerobryopsis subdivergens subsp. **subdivergens**

Aerobryopsis subdivergens var. *robusta* Cardot, Bull. Soc. Bot Genéve, sér. 2, **3**: 276. 1911.

生境　树干、树枝或阴湿岩面上，海拔100～1200m。

分布　浙江、江西、湖南、湖北、重庆、贵州、云南、福建、台湾、广东、广西、海南、香港。越南、菲律宾、日本、美国(夏威夷)。

大灰气藓长尖亚种(长尖灰气藓)

Aerobryopsis subdivergens subsp. **scariosa** (E. B. Bartram) Nog., J. Hattori Bot. Lab. **41**: 301. 1976. *Aerobryopsis scariosa* E. B. Bartram, Philipp. J. Sci. **68**: 223. f. 275. 1939. **Type**: Philippines: Luzon, *Bartlett 13 310*.

Aerobryopsis longissima (Dozy & Molk.) M. Fleisch. var. *densifolia* auct. non M. Fleisch., Trans. Nat. Hist. Soc. Formosa **26**: 38. 1936.

Aerobryopsis horrida Nog., J. Hattori. Bot. Lab. **3**: 69. f. 24. 1948.

生境　树干或稀生于湿土面，海拔600～2500m。

分布　安徽、江西(Ji and Qiang, 2005)、湖南、湖北(Peng et al., 2000)、重庆、贵州、云南和西藏、福建、台湾、广东。日本、菲律宾、美国(夏威夷)。

纤细灰气藓

Aerobryopsis subleptostigmata Broth. & Paris, Rev. Bryol. Lichénol. **38**: 54. 1911. **Type**: Vietnam: Mt. Pointu, *Eberhardt 483*.

生境　腐木或树枝上，海拔1200m。

分布　云南、广西。泰国、马来西亚、越南、印度尼西亚(Touw, 1992)。

灰气藓

Aerobryopsis wallichii (Brid.) M. Fleisch., Musci Buitenzorg **3**: 789. 1907. *Hypnum wallichii* Brid., Bryol. Univ. **2**: 416. 1827. **Type**: Nepal: *Wallich s. n.*

Neckera longissima Dozy & Molk., Ann. Sci., Nat., Bot., sér. 3, **2**: 313. 1844.

Meteorium lanosum Mitt., J. Proc. Linn. Soc., Bot., Suppl. **1**: 90. 1859.

Aerobryum wallichii (Brid.) Müll. Hal., Linnaea **40**: 262. 1876.

Papillaria wallichi (Brid.) Renauld & Cardot, Rev. Bryol. **23**: 102. 1896.

Aerobryopsis longissima (Dozy & Molk.) M. Fleisch., Hedwigia **44**: 305. 1905.

Aerobryopsis pernitens Sakurai, Bot. Mag. (Tokyo) **57**: 254. f. 16. 1943.

Aerobryidium wallichii (Brid.) C. C. Towns., J. Bryol. **10**: 135. 1979.

Pseudotrachypus wallichii (Brid.) W. R. Buck, J. Hattori Bot. Lab. **75**: 63. 1994.

生境　热带、亚热带南部山区沟谷树枝或岩面上，海拔700～1995m。

分布　江西(Ji and Qiang, 2005)、湖南、湖北、台湾、广东、广西、海南、香港。尼泊尔、泰国、越南、柬埔寨、斯里兰卡、印度、菲律宾、马来西亚、印度尼西亚、巴布亚新几内亚、澳大利亚、波利尼西亚。

云南灰气藓

Aerobryopsis yunnanensis X. J. Li & D. C. Zhang, Acta Bot. Yunnan. **25**(2): 194. f. 2. 2003. **Type**: China: Yunnan, Wenshan Co., *Q. A. Wu 3901* (holotype: HKAS).

生境　岩面或树干上。

分布　四川(Li et al., 2011)、云南。中国特有。

悬藓属 Barbella M. Fleisch. in Broth. Nat. Pflanzenfam. Ⅰ(3): 823. 1906.

模式种:*B. compressiramea* (Renauld & Cardot) M. Fleisch. & Broth.

本属全世界现有 17 种,中国有 6 种。

悬藓

Barbella compressiramea (Renauld & Cardot) M. Fleisch. in Broth., Nat. Pflanzenfam. Ⅰ(3): 824. 1906. *Meteorium compressirameum* Renauld & Cardot, Bull. Soc. Roy. Bot. Belgique **38**: 27. 1899. **Type**: India: Darjeeling, *Stevens 154.*

Barbella formosica Broth., Ann. Bryol. **1**: 20. 1928. **Type**: China: Taiwan, Taiyn, Mt. Higasinôkô, *J. Suzuki s. n.* (H-BR). *Moss Flora of China* 第 5 卷上的模式信息是错误的。

Pseudobarbella formosica (Broth.) Nog., J. Hattori Bot. Lab. **3**: 87. 1948.

Pseudobarbella compressiramea (Renauld & Cardot) Nog., Fl. E. Himalaya **1**: 574. 1966.

生境　树干或树枝上,海拔 2000～3000m。

分布　贵州、云南、台湾。尼泊尔、印度、缅甸、菲律宾。

纤细悬藓

Barbella convolvens (Mitt.) Broth., Nat. Pflanzenfam. Ⅰ(3): 824. 1906. *Meteorium convolvens* Mitt., J. Proc. Linn. Soc., Bot., Suppl. **1**: 90. 1859. **Type**: India: Malabar, *Thomson 831b.*

Meteorium javanicum Bosch & Sande Lac., Bryol. Jav. **2**: 88. 1863.

Pilotrichum convolvens (Mitt.) Müll. Hal., Linnaea **36**: 10. 1869.

Aerobryum javanicum (Bosch & Sande Lac.) Müll. Hal., Linnaea **40**: 262. 1876.

Meteorium bombycinum Renauld & Cardot, Bull. Soc. Roy. Bot. Belgique **38**: 26. 1900.

Barbella javanica (Bosch & Sande Lac.) Broth., Nat. Pflanzenfam. Ⅰ(3): 825. 1906.

生境　腐木或树枝上。

分布　云南、香港。斯里兰卡、印度、老挝、泰国、菲律宾、马来西亚、印度尼西亚(Touw, 1992)。

狭叶悬藓(狭叶假悬藓、窄叶假悬藓)

Barbella linearifolia S. H. Lin, Yushania **5**(4): 26. 1988.

Replaced: *Pseudobarbella angustifolia* Nog., J. Hattori Bot. Lab. **41**: 348. 1976. **Type**: China: Taiwan, Taibei, Mt. Taipingshan, Aug. 1932, *A. Noguchi 6660* (holotype: NICH).

生境　蕨类植物叶面上,海拔 1450～1950m。

分布　江西(Ji and Qiang, 2005, as *Pseudobarbella angustifolia*)、湖北、重庆、贵州、台湾。中国特有。

刺叶悬藓(细尖悬藓)

Barbella spiculata (Mitt.) Broth., Nat. Pflanzenfam. Ⅰ(3): 824. 1906. *Meteorium spiculatum* Mitt., J. Proc. Linn. Soc., Bot., Suppl. **1**: 90. 1859. **Type**: India: *Wallich s. n.*

Pilotrichum spiculatum (Mitt.) Müll. Hal., Linnaea **36**: 10. 1869.

Pilotrichella spiculata (Mitt.) A. Jaeger, Ber. Thätigk. St. Gallischen Naturwiss. Ges. **1875-1876**: 262. 1877.

Barbella subspiculata Bosch. & Paris, Rev. Bryol. **35**: 46. 1908.

生境　林内树枝上,海拔 2000～2500m。

分布　江西(季梦成等,2000)、贵州、云南、广西。越南、尼泊尔、印度、斯里兰卡。

斯氏悬藓

Barbella stevensii (Renauld & Cardot) M. Fleisch. in Broth., Nat. Pflanzenfam. Ⅰ(3): 824. 1906. *Meteorium stevensii* Renauld & Cardot, Bull. Soc. Roy. Bot. Belgique **34**: 72. 1895. **Type**: India: Darjeeling, *Stevens s. n.*

生境　林下岩面或树枝上。

分布　云南。尼泊尔、印度、缅甸(Tan and Iwatsuki, 1993)、泰国、越南。

肿枝悬藓

Barbella turgida Nog. in Hara (ed.), Fl. E. Himalaya **1**: 571. 1966. **Type**: Nepal: Baroya Khimty-Thakma Khola, Kanai, *Murata & Togashi 236 724.*

生境　树上,海拔 1000～2800m。

分布　台湾(Wu and Lin, 1987)。尼泊尔。

拟悬藓属 Barbellopsis Broth. Symb. Sin. 4: 83. 1929.

模式种:*B. sinensis* Broth. (=***B. trichophora***)

本属全世界现有 2 种,中国有 1 种。

拟悬藓(新拟)

Barbellopsis trichophora (Mont.) W. R. Buck, Mem. New York Bot. Gard. **82**: 265. 1998. *Isothecium trichophorum* Mont., Ann. Sci. Nat., Bot., sér. 2, **19**: 238. 1843.

Meteorium cubense Mitt., J. Linn. Soc., Bot. **12**: 435. 1869.

Meteorium diclados Schimp., Mém. Soc. Sci. Nat. Cherbourg **16**: 227. 1872.

Meteorium enerve Thwaites & Mitt., J. Linn. Soc., Bot. **13**: 317. 1873.

Barbella cubensis (Mitt.) Broth., Nat. Pflanzenfam. Ⅰ(3): 824. 1906.

Barbella determesii (Renauld & Cardot) M. Fleisch. ex Broth., Nat. Pflanzenfam. Ⅰ(3): 824. 1906.

Barbella enervis (Thwaites & Mitt.) M. Fleisch., Nat. Pflanzenfam. Ⅰ(3): 824. 1906.

Barbella trichophora (Mont.) M. Fleisch., Nat. Pflanzenfam. Ⅰ(3): 824. 1906.

Barbellopsis sinensis Broth., Symb. Sin. **4**: 83. 1929. **Type**: China: Yunnan, near Lu-djiang, *Handel-Mazzetti 9072* (holotype: H-BR).

Barbella biformis Nog., J. Hattori Bot. Lab. **41**: 321. 1976. **Type**: China: Taiwan, Ilan Co., *Iwatsuki & Sharp 1712* (holotype: NICH).

Pseudobarbella validiramosa P. C. Wu & J. X. Lou, Acta Phytotax. Sin. **21**(1): 227. 1983. **Type**: China: Xizang, Motuo Co., on bark of trees, 800m, July 26, 1974, *Lang Kai-Yong 546* (holotype: PE).

Dicladiella cubensis (Mitt.) W. R. Buck, J. Hattori Bot. Lab. **75**: 57. 1994.

Dicladiella trichophora (Mont.) Redf. & B. C. Tan, Trop. Bryol. **10**: 66. 1995.

生境 灌丛、树枝、岩面或岩壁上,海拔 550～1100m。

分布 安徽、浙江(Redfearn et al., 1996)、湖南(Koponen et al., 2004)、四川、贵州(Redfearn et al., 1996)、云南、西藏、福建、台湾、广东。印度、斯里兰卡、印度尼西亚、泰国、菲律宾、日本、巴布亚新几内亚和澳大利亚。

垂藓属 Chrysocladium M. Fleisch.
Musci Buitenzorg **3**: 829. 1908.

模式种:*C. retrorsum* (Mitt.) M. Fleisch.

本属全世界仅 1 种。

垂藓

Chrysocladium retrorsum (Mitt.) M. Fleisch., Musci Buitenzorg **3**: 829. 1908. *Meteorium retrorsum* Mitt., J. Proc. Linn. Soc., Bot., Suppl. **1**: 90. 1859. **Type**: Sri Lanka: *Gardner s. n.*

Meteorium pensile Mitt., Trans. Linn. Soc. Bot. **3**: 172. 1891.

Papillaria scaberrima Müll. Hal., Nuovo Giorn. Bot. Ital., n. s., **5**: 191. 1898. **Type**: China: Shaanxi, Mt. Tuikio-san, Oct. 1896, *Giraldi s. n.*

Meteorium kiusiuense Broth. & Paris, Bull. Herb. Boissier, sér. 2, **2**: 926. 1902.

Chrysocladium kiusiuense (Broth. & Paris) M. Fleisch., Musci Buitenzorg **3**: 830. 1907.

Chrysocladium pensile (Mitt.) M. Fleisch., Musci Buitenzorg **3**: 830. 1907.

Chrysocladium scaberrimum (Müll. Hal.) M. Fleisch., Musci Buitenzorg **3**: 830. 1907.

Chrysocladium retrorsum var. *kiusiuense* (Broth. & Paris) Cardot, Bull. Soc. Bot. Genève, sér. 2, **3**: 273. 1911.

Chrysocladium retrorsum var. *pensile* (Mitt.) Iisiba, Cat. Moss. Japon 151. 1929.

Chrysocladium retrorsum var. *pinnatum* (M. Fleisch.) Nog., J. Hattori Bot. Lab. **3**: 65. 1948.

Chrysocladium retrorsum var. *taiwanense* Nog., J. Hattori Bot. Lab. **3**: 66. 1948. **Type**: China: Taiwan, Mt. Kodama, *A. Noguchi 5983* (holotype: NICH).

生境 山地的树上或岩面上,海拔 1300～3000m。

分布 浙江(刘仲苓等,1989)、江西(Ji and Qiang, 2005)、湖南、四川、重庆(胡晓云和吴鹏程,1991)、贵州、云南、西藏、福建、台湾(Wu and Lin, 1985b)、广东、广西。印度、斯里兰卡、越南、日本。

隐松萝藓属 Cryptopapillaria Menzel
Willdenowia **22**: 181. 1992.

模式种:*C. fuscescens* (Hook.) Menzel

本属全世界现有 5 种,中国有 3 种。

细尖隐松萝藓(新拟)

Cryptopapillaria chrysoclada (Müll. Hal.) M. Menzel, Willdenowia **22**: 182. 1992. *Neckera chrysoclada* Müll. Hal., Syn. Musc. Frond. **2**: 139. 1850.

Papillaria chrysoclada (Müll. Hal.) A. Jaeger, Ber. Thätigk. St. Gallischen Naturwiss. Ges. **1875-1876**: 270 (Gen. Sp. Musc. 2: 174). 1877.

生境 树干、树枝或岩面上,海拔 700～1300m。

分布 江西(季梦成等,2000, as *Papillaria chrysoclada*)、西藏(罗健馨, 1985, as *Papillaria chrysoclada*)。印度、斯里兰卡、缅甸、泰国。

扭尖隐松萝藓(扭尖松萝藓)

Cryptopapillaria feae (M. Fleisch.) Menzel, Willdenowia **22**: 182. 1992. *Papillaria feae* M. Fleisch., Musci Buitenzorg **3**: 761. 1907. **Type**: Myanmar: near Bhamo, *Fea s. n.*

生境 树干、树枝或岩石上,海拔 650～2000m。

分布 江西(Ji and Qiang, 2005, as *Papillaria feae*)、贵州、云南、海南。不丹(Noguchi, 1971, as *Papillaria feae*)、缅甸、印度、泰国、越南。

隐松萝藓(松萝藓、黄松萝藓)

Cryptopapillaria fuscescens(Hook.) Menzel, Willdenowia **22**: 183. 1992. *Neckera fuscescens* Hook., Mus. Exot. **2**: pl. 157. 1819. **Type**: Nepal: arboribus, *Hon. D. Gardner s. n.* (holotype: BM?).

Pilotrichum fuscescens Brid., Bryol. Univ. **2**: 264. 1827.

Trachypus fuscescens (Hook.) Mitt., J. Proc. Linn. Soc., Bot., Suppl. **1**: 128. 1859.

Meteorium fuscescens (Hook.) Bosch & Sande Lac., Bryol. Jav. **2**: 93. pl. 207. 1864.

Papillaria fuscescens (Hook.) A. Jaeger, Ber. Thätigk. St. Gallischen Naturwiss. Ges. **1875-1876**: 270. 1877.

生境 树枝或岩面上,海拔 2000～2800m。

分布 安徽(吴明开等,2010, as *papillaria fuscescens*)、江西(季梦成等,2000, as *P. fuscescens*)、云南。不丹(Noguchi, 1971, as *P. fuscescens*)、缅甸、泰国、越南(Tan and Iwatsuki,

1993)、柬埔寨(Tan and Iwatsuki, 1993)、印度、斯里兰卡、印度尼西亚、菲律宾、巴布亚新几内亚。

异节藓属 Diaphanodon Renauld & Cardot
Rev. Bryol. **22**: 33. 1895.

模式种:*D. blandus* (Harv.) Renauld & Cardot

本属全世界现有 3 种,中国有 1 种。

异节藓

Diaphanodon blandus (Harv.) Renauld & Cardot, Bull. Soc. Roy. Bot. Belgique **38** (1): 23. 1900. *Neckera blanda* Harv., London J. Bot. **2**: 14. 1840.

Diaphanodon thuidioides Renauld & Cardot, Rev. Bryol. **22**: 33. 1895.

Diaphanodon brotheri Renauld & Cardot, Bull. Soc. Bot. Belgique **38**(1): 24. 1900.

Thuidium tibetanum E. S. Salmon, J. Linn. Soc., Bot. **34**: 470 pl. 17, f. 41. 1900. **Type**: China: Xizang, Yadong. *Hobson s. n.* (holotype: BM)

Trachypus blandus var. *flagellaris* Broth., Bull. Soc. Bot. Belgique **38**(1): 23. 1900.

Diaphanodon javanicus Renauld & Cardot, Rev. Bryol. **28**: 117. 1901.

Thuidium javense Broth., Musci Buitenzorg **3**: 747. 1908, *invalid, cited as synonym*.

Pseudothuidium ceramicum Herzog, Hedwigia **57**: 239. 1916.

Trachypodopsis tereticaulis Froel., Ann. Naturhist. Mus. Wien **59**: 90. 1923.

Claopodium strepsiphyllum Dixon, Res. Bull. Panjab Univ., Sci. **85**: 27. 1956, *nom nud*.

生境　树干或林内岩面上。

分布　四川、重庆、贵州、云南、西藏(Watanabe, 1980a)。尼泊尔、不丹(Noguchi, 1971)、缅甸、印度、斯里兰卡、印度尼西亚、泰国(He, 2006)、越南(Tan and Iwatsuki, 1993)、巴布亚新几内亚(He, 2006)。

绿锯藓属 Duthiella Müll. Hal. ex Broth.
Nat. Pflanzenfam. Ⅰ(3): 1009. 1908.

模式种:*D. wallichii* (Mitt.) Müll. Hal.

本属全世界现有 7 种,中国有 5 种。

斜枝绿锯藓

Duthiella declinata (Mitt.) Zanten, Blumea **9**: 559. 1959. *Trachypus declinatus* Mitt., J. Proc. Linn. Soc., Bot., Suppl **1**: 129. 1859. **Type**: Nepal: *Wallich s. n.*

Duthiella complanata Broth., Philipp. J. Sci. **5**: 157. 1910.

Duthiella wallichii (Mitt.) Broth. fo. *robusta* Broth., Symb. Sin. **4**: 77. 1929.

Duthiella mussooriensis Reimers, Hedwigia **76**: 289. 1937.

生境　山地树茎或具土岩面,海拔 2100m。

分布　四川、重庆、云南。尼泊尔、菲律宾。

软枝绿锯藓

Duthiella flaccida (Cardot) Broth., Nat. Pflanzenfam. Ⅰ(3): 1010. 1908. *Trachypus flaccidus* Cardot, Beih. Bot. Centralbl., Abt. 2, **19**(2): 117. 1905. **Type**: China: Taiwan, Kushaku, *Faurie 139*.

Duthiella japonica Broth. in Cardot, Bull. Soc. Bot. Genève, sér. 2, **3**: 283. 1911.

Duthiella pellucens Cardot & Thér., Bull. Géogr. Bot. **21**: 271. 1911. **Type**: China: Guizhou, Pin-fa, *Cavalerie s. n.*

Duthiella perpapillata Broth., Symb. Sin. **4**: 78. 1929. **Type**: China: Yunnan, 1150m, Mar. 7. 1915, *Handel-Mazzetti 6011* (holotype: H-BR).

生境　岩面土面上。

分布　甘肃、浙江、湖南、四川、重庆、贵州、云南、台湾、广西。日本、印度、越南(Tan and Iwatsuki, 1993)、菲律宾、巴布亚新几内亚。

台湾绿锯藓

Duthiella formosana Nog., Trans. Nat. Hist. Soc. Formosa **24**: 469. 1934. **Type**: China: Taiwan, Prov. Takao, Mt. Daibu, A. *Noguchi 1758* (holotype: NICH).

生境　树基或林地上。

分布　四川、云南、西藏、台湾。日本。

美绿锯藓

Duthiella speciosissima Broth. ex Cardot, Bull. Soc. Bot. Genève, sér. 2, **5**: 317. 1913.

Matsumuraea japonica S. Okamura, Bot. Mag. (Tokyo) **28**: 106. 1914.

生境　林地或土坡,海拔 540～1600m。

分布　河南、甘肃、安徽、江西、湖南(Huttunen, 2008)、湖北、重庆、贵州、广东(何祖霞等, 2004)。日本。

绿锯藓

Duthiella wallichii(Mitt.) Broth., Nat. Pflanzenfam. Ⅰ(3): 1010. 1908. *Leskea wallichii* Mitt., J. Proc. Linn. Soc., Bot., Suppl. **1**: 132. 1859.

Pseudoleskea wallichii (Mitt.) A. Jaeger, Ber. Thätigk. St. Gallischen Naturwiss. Ges. **1877-1878**: 475. 1880.

Duthiella robusta Nog., Trans. Nat. Hist. Soc. Formosa **24**: 470. 1934. **Type**: China: Taiwan, Sintiku, Mt. Rito, Aug. 1925, *T. Hirotu s. n.*

生境　树干或石上,海拔 700～3000m。

分布　江西、湖南(Huttunen, 2008)、云南、台湾(Chiang and Lin, 1984)、海南、香港。尼泊尔、印度、印度尼西亚、泰国、越南、马来西亚、菲律宾、日本。

丝带藓属 Floribundaria M. Fleisch.
Hedwigia **44**: 301. 1905.

模式种：*F. floribunda* (Dozy & Molk.) M. Fleisch.
本属全世界现有15种，中国有5种。

丝带藓

Floribundaria floribunda (Dozy & Molk.) M. Fleisch., Hedwigia **44**: 302. 1905. *Leskea floribunda* Dozy & Molk., Ann. Sci. Nat., Bot., sér. 3, **2**: 310. 1844.

Meteorium floribundum (Dozy & Molk.) Dozy & Molk., Musci Frond. Ined. Archip. Ind. 162. pl. 53. 1848.

Papillaria floribunda (Dozy & Molk.) Müll. Hal., Linnaea **40**: 267. 1876.

生境　树上、叶面或阴湿石壁上，海拔1700～2500m。

分布　江西(季梦成等，2000)、湖北、四川、重庆、贵州、云南、台湾、香港。斯里兰卡、印度、尼泊尔、不丹(Noguchi, 1971)、缅甸、越南、柬埔寨、泰国、印度尼西亚、马来西亚、菲律宾、日本、巴布亚新几内亚、澳大利亚、瓦努阿图、美国(夏威夷)、马达加斯加，非洲。

西南丝带藓(新拟)

Floribundaria intermedia Thér., Monde Pl. **9**: 22. 1907. **Type**: China: Guizhou, Ping-fa Co., *Cavalerie 1982*.

Floribundaria thuidioides M. Fleisch., Hedwigia **44**: 302. 1905.

生境　树干、树枝或叶面上，海拔3100～3400m。

分布　贵州(王晓宇，2004)、云南、西藏。马来西亚、印度尼西亚、菲律宾。

假丝带藓

Floribundaria pseudofloribunda M. Fleisch., Hedwigia **44**: 302. 1905.

生境　林内树干、树枝或石上，海拔700～2000m。

分布　重庆、贵州、台湾、广西。泰国、老挝(Tan and Iwatsuki, 1993)、印度、印度尼西亚、马来西亚、菲律宾、巴布亚新几内亚。

四川丝带藓

Floribundaria setschwanica Broth., Akad. Wiss. Wien Sitzungsber., Math. -Naturwiss. Kl., Abt. 1, **133**: 574. 1924. **Type**: China: Sichuan, Lungdschu, Huili Co., *Handel-Mazzetti 1000* (holotype: H-BR).

Floribundaria armata Broth., Symb. Sin. **4**: 83. 1929. **Type**: China: Yunnan, between Nujiang river and Lancuan river, *Handel-Mazzetti 8188* (holotype: H-BR).

Pseudobarbella laxifolia Nog., J. Hattori Bot. Lab. **3**: 91. 1948. **Type**: China: Taiwan, Taibei Co., Mt. Taipingshan, Aug. 1932, *A. Noguchi 6502* (holotype: NICH).

Barbella niitakayamensis (Nog.) S. H. Lin, Yushania **5**: 26. 1988.

Pseudobarbella niitakayamensis Nog., J. Hattori Bot. Lab. **3**: 90. f. 38. 1948. **Type**: China: Taiwan, Xingaoshan, Aug. 1932, *A. Noguchi 6482* (holotype: NICH).

生境　树干或树枝上，海拔2800～3240m。

分布　江西(Ji and Qiang, 2005, as *Barbella niitakayamensis*)、四川、贵州、云南、台湾。尼泊尔、不丹(Noguchi, 1971)、印度。

疏叶丝带藓

Floribundaria walkeri (Renauld & Cardot) Broth., Nat. Pflanzenfam. Ⅰ(3): 822. 1906. *Papillaria walkeri* Renauld & Cardot, Bull. Soc. Roy. Bot. Belgique **34**(2): 70. 1896. **Type**: India: Darjeeling, *Walker s. n.*

Floribundaria brevifolia Dixon, Ann. Bryol. **9**: 66. 1937.

生境　树干、树枝、腐木或岩面上，海拔800～2600m。

分布　湖北、贵州、云南、西藏、台湾(Wu and Lin, 1985b)、广西(贾鹏等，2011)。斯里兰卡(O'Shea, 2002)、印度、尼泊尔、老挝和菲律宾。

粗蔓藓属 Meteoriopsis M. Fleisch. in Broth.
Nat. Pflanzenfam. Ⅰ(3): 825. 1906.

模式种：*M. squarrosa* (Hook.) M. Fleisch.
本属全世界现有10种，中国有3种。

反叶粗蔓藓(陕西粗蔓藓、台湾粗蔓藓)

Meteoriopsis reclinata (Müll. Hal.) M. Fleisch. in Broth., Nat. Pflanzenfam. Ⅰ(3): 826. 1906. *Pilotrichum reclinatum* Müll. Hal., Bot. Zeitung (Berlin) **12**: 572. 1854.

Meteorium sinense Müll. Hal., Nuovo Giorn. Bot. Ital., s. n., **4**: 264. 1897. **Type**: China: Shaanxi, Lun-san-huo, *Giraldi s. n.*

Meteoriopsis reclinata var. *ceylonensis* M. Fleisch., Musci Buitenzorg **3**: 834. 1907.

Meteoriopsis reclinata var. *subreclinata* M. Fleisch., Musci Buitenzorg **3**: 643. 1907.

Meteoriopsis formosana Nog., J. Hattori Bot. Lab. **3**: 92. f. 40. 1948. **Type**: China: Taiwan, Tainan Co., Mt. Eryushan, Aug. 1932, *A. Noguchi 6931* (holotype: NICH).

Meteoriopsis reclinata var. *ancistrodes* (Renauld & Cardot) Nog., J. Hattori Bot. Lab. **41**: 338. 1976.

Meteoriopsis reclinata var. *formosana* (Nog.) Nog., J. Hattori Bot. Lab. **41**: 338. 1976.

Meteoriopsis conanensis C. Gao, Acta Phytotax. Sin. **17** (4): 116. 1979. **Type**: China: Xizang, Cuona Co., 2450m, Aug. 8. 1974, *Xizang expedition M. 7404* (holotype: IFS-BH).

Meteoriopsis squarrosa var. *pilifera* J. X. Lou, Acta Phytotax. Sin. **21**: 228. 1983.

生境　树干或石灰岩上，海拔130～3600m。

分布　浙江、江西(Ji and Qiang, 2005)、湖北、四川、重庆、贵州(王晓宇，2004)、云南、西藏、福建、台湾、广东。尼泊尔、不丹、印度、斯里兰卡、缅甸、泰国、越南、老挝(Tan and Iwatsuki, 1993)、马来西亚、印度尼西亚、菲律宾、日本、巴布亚新几内亚、澳大利亚、太平洋的岛屿(新赫布里底群岛)。

粗蔓藓

Meteoriopsis squarrosa (Hook. ex Harv.) M. Fleisch. in Broth., Nat. Pflanzenfam. I (3): 826. 1906. *Neckera squarrosa* Hook. ex Harv., Icon. Pl. **1**: pl. 22, f. 2. 1836.

Meteoriopsis squarrosa var. *longicuspis* Nog., J. Hattori Bot. Lab. **41**: 334. 1976.

生境　树干或岩面上,海拔1200～2700m。

分布　江西(Ji and Qiang, 2005)、重庆、贵州、云南、台湾。尼泊尔、不丹(Noguchi, 1971)、印度、斯里兰卡、缅甸、泰国、越南(Tan and Iwatsuki, 1993)、老挝、菲律宾、印度尼西亚。

波叶粗蔓藓

Meteoriopsis undulata Horik. & Nog., J. Sci. Hiroshima Univ., ser. B, Div. 2, Bot. **3**: 16. f. 4. 1936. **Type**: Japan: Nakago-mura, *A. Noguchi 9400* (holotype: NICH).

生境　树干或岩面上。

分布　台湾、广西。日本。

蔓藓属 Meteorium Dozy & Molk.
Musci Frond. Ined. Archip. Ind. 157. 1854.

模式种:*M. polytrichum* Dozy & Molk.

本属全世界现有37种,中国有7种。

东亚蔓藓

Meteorium atrovariegatum Cardot & Thér., Bull. Acad. Int. Géogr. Bot. **19**: 20. 1909. **Type**: China: Guizhou, Ping-fa, *Cavalerie s. n.*

Meteorium miquelianum (Müll. Hal.) M. Fleisch. subsp. *atrovariegatum* (Cardot & Thér.) Nog., J. Hattori Bot. Lab. **41**: 260. 1976.

生境　岩面,海拔500～2000m。

分布　河南、安徽、浙江、湖南(Enroth and Koponen, 2003)、四川、重庆(胡晓云和吴鹏程,1991, as *M. miquelianum*)、贵州、台湾。日本。

川滇蔓藓(布氏蔓藓)

Meteorium buchananii (Brid.) Broth., Nat. Pflanzenfam. I (3): 818. 1906. *Isothecium buchananii* Brid., Bryol. Univ. **2**: 363. 1827.

Meteorium helminthocladulum (Cardot) Broth., Nat. Pflanzenfam. I (3): 818. 1906.

Meteorium rigidum Broth., Symb. Sin. **4**: 81. 1929. **Type**: China: Sichuan, Yanyuan Co., *Handel-Mazzetti 5742.*

Meteorium buchananii subsp. *helminthocladulum* (Cardot) Nog., J. Hattori Bot. Lab. **41**: 254. 1976.

生境　树干、树枝或岩面上,海拔100～2200m。

分布　山东(赵遵田和曹同,1998)、陕西、甘肃(Wu et al., 2002)、江苏、浙江、江西(季梦成等,2000)、湖南、湖北、四川、云南、西藏、广东。日本、朝鲜、尼泊尔、不丹(Noguchi, 1971)、印度、泰国、越南(Tan and Iwatsuki, 1993)。

兜叶蔓藓

Meteorium cucullatum S. H. Lin & S. H. Wu, Yushania **3** (4): 10. 1986. **Type**: China: Taiwan, Chiayi Co., Mt. Ali, 2300～2400m, *S. H. Lin 10 924* (holotype: THU).

生境　树干上,海拔1000～3000m。

分布　台湾(Wu and Lin, 1986)、广西(贾鹏等,2011)。中国特有。

疣突蔓藓

Meteorium elatipapilla J. X. Lou, Bull. Bot. Res., Harbin **9** (3): 27. 1989. **Type**: China: Sichuan, Tianquan Co., *Q. Li 1534* (holotype: PE).

生境　树干上,海拔1900m。

分布　湖南、四川、贵州。中国特有。

细枝蔓藓

Meteorium papillarioides Nog., J. Jap. Bot. **13**: 788. f. 2. 1937. **Type**: Japan: Kumamoto Pref., *Mayebara 335.*

生境　岩面、树上、腐木或蕨类植物上,海拔400～1850m。

分布　浙江、江西、湖南、湖北、重庆、云南、西藏、福建、广西。日本。

蔓藓(尖叶蔓藓)

Meteorium polytrichum Dozy & Molk., Musci Frond. Ined. Archip. Ind. Exsic. **6**: 161. pl. 51-52. 1848.

Neckera miqueliana Müll. Hal., Syn. Musc. Frond. **2**: 138. 1851.

Meteorium miquelianum (Müll. Hal.) M. Fleisch. in Broth., Nat. Pflanzenfam. I (3): 818. 1906.

Meteorium longipilum Nog., J. Hattori Bot. Lab. **10**: 18. 1953.

生境　林内树干或树枝上,海拔800～1200m。

分布　安徽、浙江、江西(Ji and Qiang, 2005, as *M. miquelianum*)、重庆、贵州、福建、台湾。泰国(Tan and Iwatsuki, 1993)、越南、斯里兰卡、印度、印度尼西亚、菲律宾、巴布亚新几内亚(Tan, 2000)、澳大利亚。

粗枝蔓藓(台湾蔓藓,毛叶蔓藓)

Meteorium subpolytrichum (Besch.) Broth., Nat. Pflanzenfam. I (3): 818. 1906. *Papillaria subpolytricha* Besch., Ann. Sci. Nat., Bot., sér. 7, **15**: 73. 1892. **Type**: China: Yunnan, *Delavay s. n.*

Papillaria helminthoclada Müll. Hal., Nuovo Giorn. Bot. Ital., n. s., **3**: 113. 1896. **Type**: China: Shaanxi, *Giraldi s. n.*

Meteorium helminthocladum (Müll. Hal.) M. Fleisch., Musci Buitenzorg. **3**: 778. 1907.

Meteorium horikawae Nog., J. Hattori. Bot. Lab. **3**: 60. f. 21. 1948. **Type**: China: Taiwan, Mt. Alishan, *A. Noguchi 9377* (holotype: NICH).

Meteorium piliferum Nog., J. Hattori Bot. Lab. **3**: 62. f. 22. 1948. **Type**: China: Taiwan, Mt. Yushan, *A. Noguchi 5846* (holotype: NICH).

Meteorium taiwanense Nog., J. Hattori Bot. Lab. **3**: 59. f. 21. 1948. **Type**: China: Taiwan, Nantou Co., *A. Noguchi 7010* (holotype: NICH).

Meteorium latiphyllum J. X. Luo, Acta Phytotax. Sin. **21**: 226. 1983. **Type**: China: Xizang, Medong, *K. Y. Lang 523* (holotype: PE).

Meteorium ciliaphyllum J. X. Lou, Bull. Bot. Res., Harbin **9**(3): 25. f. 1, 1-7. 1989. **Type**: China: Yunnan, Gongshan Co., *M. Z. Wang 8869a* (holotype: PE).

生境　树干、灌木枝或岩面上,海拔120～3700m。

分布　浙江、湖南、江苏(刘仲苓等,1989)、江西(何祖霞等,2010)、重庆(胡晓云和吴鹏程,1991)、贵州、云南、西藏、台湾、广西(贾鹏等,2011, as *M. ciliaphyllum*)、香港。尼泊尔、不丹、越南(Tan and Iwatsuki, 1993)、菲律宾、日本。

新丝藓属 Neodicladiella (Nog.) W. R. Buck J. Hattori Bot. Lab. **75**: 61. 1994.

模式种:*N. pendula* (Sull.) W. R. Buck

本属全世界现有2种,中国有2种。

鞭枝新丝藓

Neodicladiella flagellifera (Cardot) Huttunen & D. Quandt., Syst. Assoc. Special Vol. **71**: 159. 2007. *Meteorium flagelliferum* Cardot, Beih. Bot. Centralbl. **19**: 120. f. 18. 1905. **Type**: China: Taiwan, *Faurie 199*.

Barbella trichodes M. Fleisch., Musci Buitenzorg **3**: 809. f. 145. 1907.

Barbella asperifolia Cardot, Bull. Soc. Bot. Genève, sér. 2, **3**: 276. 1911.

Barbella flagellifera (Cardot) Nog., J. Jap. Bot. **14**: 28. f. 3. 1938.

生境　溪边小树枝或灌丛上,海拔700～3000m。

分布　浙江、江西(Ji and Qiang, 2005, as *Barbella flagellifera*)、湖南、湖北、重庆、贵州、台湾、广东(何祖霞等,2004, as *Barbella flagellifera*)、广西、香港。日本、缅甸、越南、泰国、印度、斯里兰卡、印度尼西亚、菲律宾。

新丝藓(多疣悬藓)

Neodicladiella pendula (Sull.) W. R. Buck, J. Hattori Bot. Lab. **75**: 62. 1994. *Meteorium pendulum* Sull. in A. Gray, Manual (ed. 2), 681. 1856.

Papillaria pendula (Sull.) Renauld & Cardot, Rev. Bryol. **20**: 11. 1873.

Barbella pendula (Sull.) M. Fleisch., Musci Buitenzorg **3**: 812. 1907.

生境　树枝、灌木或草本植物上,海拔150～3100m。

分布　甘肃(Wu et al., 2002)、安徽、浙江、江西(Ji and Qiang, 2005)、湖南、湖北、四川、重庆、贵州、云南、西藏、台湾、广西。斯里兰卡(O'Shea, 2002)、日本、墨西哥,北美洲。

耳蔓藓属 Neonoguchia S. H. Lin Yushania **5**(4): 27. 1988.

模式种:*N. auriculata* (Copp. ex Thér.) S. H. Lin

本属全世界现有1种。

耳蔓藓(耳叶新野口藓)

Neonoguchia auriculata (Copp. ex Thér.) S. H. Lin, Yushania **5**(4): 27. 1988. *Aerobryopsis auriculata* Copp. ex Thér., Bull. Soc. Sci. Nancy, **2**(6): 711. f. 1-4. 1926. **Type**: China: Yunnan, Pe-long-tsin, ca. 3200m, *Maire, herb. Coppey 8* (holotype: PC).

生境　树干或岩面,海拔650～3200m。

分布　贵州、云南、台湾、广西。中国特有。

松萝藓属 Papillaria (Müll. Hal.) Müll. Hal. Moosstien 165. 1864.

模式种:松萝藓 *P. wagneri* Lorentz

本属全世界现有46种,中国有3种。

心叶松萝藓(新拟)

Papillaria cordatifolia J. X. Luo, Acta Phytotax. Sin. **21**: 224. f. 2, 1-7. 1983. **Type**: China: Xizang, Medog, 1000m, *K. Y. Lang 567* (holotype: PE).

生境　树干上。

分布　西藏(罗健馨,1983)。中国特有。

曲茎松萝藓

Papillaria flexicaulis (Wilson) A. Jaeger, Ber. Thätigk. St. Gallischen Naturwiss. Ges. **1875-1876**: 271. 1877. *Meteorium flexicaule* Wilson in Hook. f., Fl. Nov. Zel. **2**: 101. 1854. **Type**: New Zealand: Northern Island, Hawke's Bay, *Stanger s. n.* (lectotype: BM).

Papillaria acuminata Nog., Trans. Nat. Hist. Soc. Formosa **26**: 36. f. 2. 1936. **Type**: China: Taiwan, Taiyu, *A. Noguchi 6007* (holotype: HIRO).

生境　树干或树枝上,海拔1500～3000m。

分布　台湾。印度、斯里兰卡、菲律宾、印度尼西亚、巴布亚新几内亚、澳大利亚、塔斯马尼亚、新西兰、巴西(Yano, 1995)、智利南部。

台湾松萝藓

Papillaria torquata (C. K. Wang & S. H. Lin) S. H. Lin, Yushania **5**(4): 28. 1988. *Floribundaria torquata* C. K. Wang & S. H. Lin, Bot. Bull. Acad. Sin. **16**: 203. 1975. **Type**: China: Taiwan, Nantou Co., Luku Hsiang, on tree trunk, 1200m, Dec. 22. 1973, *C. K. Wang & S. H. Lin 3193* (holotype: TUNG).

生境　树干上,海拔1200m。

分布　台湾(Lin, 1988)。中国特有。

假悬藓属 Pseudobarbella Nog.
J. Hattori Bot. Lab. **2**：81. 1947.

模式种：*P. levieri* (Renauld & Cardot) Nog.

本属全世界现有 8 种，中国有 4 种。

短尖假悬藓

Pseudobarbella attenuata (Thwaites & Mitt.) Nog., Bull. Natl. Sci. Mus. **16**：312. 1973. *Meteorium attenuata* Thwaites & Mitt., J. Linn. Soc., Bot. **13**：316. 1873.

Meteorium assimile Cardot, Beih. Bot. Centralb. Abt. 2, **19**(2)：122. f. 20. 1905. **Type**：China：Taiwan, Taitum, *Faurie 23*.

Aerobryopsis assimilis (Cardot) Broth., Nat. Pflanzenfam. Ⅰ(3)：819. 1906.

Aerobryopsis brevicuspis Broth., Symb. Sin. **4**：82. 1929. **Type**：China：Yunnan, Nujiang river, 2400～2800m, June 20. 1916, *Handel-Mazzetti 8988* (holotype：H-BR).

Barbella kiushiuensis Broth., Rev. Bryol., n. s., **2**：8. 1929.

Aerobryopsis concavifolia Nog., Trans. Nat. Hist. Soc. Formosa **26**：37. f. 2. 1936. **Type**：China：Taiwan, Taiyu, *A. Noguchi 6054b*.

生境　树枝悬垂生长，海拔 600～2700m。

分布　江苏(刘仲苓等，1989)、浙江(刘仲苓等，1989)、江西(何祖霞等，2010)、湖北、重庆、贵州、云南、台湾、香港。越南、泰国、斯里兰卡、印度尼西亚、马来西亚、菲律宾、日本。

波叶假悬藓

Pseudobarbella laosiensis (Broth. & Paris) Nog., J. Hattori Bot. Lab. **41**：346. 1976. *Aerobryopsis laosiensis* Broth. & Paris, Rev. Bryol. **35**：51. 1908. **Type**：Laos：Muong Ham, Dec. 18. 1906, *Coll. Mission scient. Perman. d' explor. Del' Indo-Chine* (holotype：H-BR).

Aerobryopsis mollissima Broth., Ann. Bryol. **1**：20. 1928.

Pseudobarbella mollissima (Broth.) Nog., J. Hattori Bot. Lab. **2**：82. 1947[1948].

Aerobryidium laosiense (Broth. & Paris) S. H. Lin, Yushania **5**：26. 1988.

生境　湿热沟谷树干、树枝上悬垂生长、稀着生于常绿阔叶树或蕨类植物叶面。

分布　江西(季梦成等，2000)、福建、台湾(Lin，1988)、海南。印度尼西亚、老挝、日本。

假悬藓(莱氏假悬藓，南亚假悬藓)

Pseudobarbella levieri (Renauld & Cardot) Nog., J. Hattori Bot. Lab. **3**：86. f. 36. 1948. *Meteorium levieri* Renauld & Cardot, Bull. Soc. Roy. Bot. Belgique **41**(1)：78. 1902. **Type**：Japan：Pref. Kumamoto, Mt. Ichifusa, *Faurie 1149* (syntype：PC).

Floribundaria unipapillata Dixon, Trav. Bryol. **1**(13)：14. 1942.

生境　山地树干、树枝或岩面生长。

分布　浙江、江西(Ji and Qiang，2005，as *Aerobryidium levieri*)、重庆、贵州、云南、福建、海南、香港。印度、泰国、日本。

芽胞假悬藓

Pseudobarbella propagulifera Nog., J. Hattori Bot. Lab. **3**：89. f. 38. 1948. **Type**：China：Taiwan, Chiayi Co., Tataka-Niitakashita, *A. Noguchi 6296* (holotype：NICH).

生境　灌丛间生长。

分布　重庆、贵州、台湾。中国特有。

拟木毛藓属 Pseudospiridentopsis (Broth.) M. Fleisch.
Musci Buitenzorg **3**：730. 1908.

模式种：*P. horrida* (Cardot) M. Fleisch.

本属全世界仅 1 种。

拟木毛藓

Pseudospiridentopsis horrida (Cardot) M. Fleisch., Musci Buitenzorg **3**：730. 1908. *Meteorium horridum* Mitt. ex Cardot, Beih. Bot. Centralbl., Abt. 2, **19**(2)：118. 1905. **Type**：China：Taiwan, Taitung Co., *Faurie 164*.

Trachypodopsis horrida (Cardot) Broth., Nat. Pflanzenfam. Ⅰ(3)：832. 1906.

生境　树干或岩面，海拔 1200～2300m。

分布　上海(李登科和高彩华，1986)、浙江、江西(Ji and Qiang，2005)、湖南(Huttunen，2008)、贵州、云南、西藏、福建、台湾、广西。不丹、尼泊尔、印度、越南(Tan and Iwatsuki，1993)、日本南部岛屿、菲律宾。

多疣藓属 Sinskea W. R. Buck
J. Hattori Bot. Lab. **75**：64. 1994.

模式种：*S. phaea* (Mitt.) W. R. Buck

本属全世界现有 2 种，中国有 2 种。

小多疣藓(多疣垂藓)

Sinskea flammea (Mitt.) W. R. Buck, J. Hattori Bot. Lab. **75**：64. 1944. *Meteorium flammeum* Mitt., J. Proc. Linn. Soc., Bot., Suppl. **1**：88. 1859. **Type**：India (Sikkim)：Jalloong Valley, *Hooker 804*.

Aerobryum hokinense Besch., Ann. Sci. Nat. Bot., sér. 7, **15**：74. 1892. **Type**：China：Yunnan, Hekou (Hokin) Co., *Delavay 1655*.

Chrysocladium flammeum (Mitt.) M. Fleisch., Musci Buitenzorg **3**：830. 1907.

Chrysocladium rufifolioides Broth., Philipp. J. Sci. **5**: 153. 1910.

Floribundaria horridula Broth., Akad. Wiss. Wien Sizungsber., Math. -Naturwiss. Kl., Abt. 1, **133**: 574. 1924. **Type**: China: Yunnan, Mekong and Salwin, *A. K. Gebauer s. n.*

Floribundaria horridula var. *rufescens* Broth., Symb. Sin. **4**: 84. 1929. **Type**: China: Sichuan, Huili Co., 2600～3450m, Mar. 25. 1914, *Handel-Mazzetti 943* (holotype: H-BR)

Barbella ochracea Nog., Trans. Nat. Hist. Soc. Formosa **26**: 145. 1936. **Type**: China: Taiwan, Taihoku, *A. Noguchi 6507* (holotype: NICH).

Chrysocladium flammeum subsp. *ochraceum* (Nog.) Nog., J. Hattori Bot. Lab. **41**: 270. 1976.

Chrysocladium flammeum subsp. *rufifolioides* (Broth.) Nog., J. Hattori Bot. Lab. **41**: 269. 1976.

Sinskea flammea subsp. *ochracea* (Nog.) Redf. & B. C. Tan., Trop. Bryol. **10**: 68. 1995.

Sinskea flammea subsp. *rufifolioides* (Broth.) Redf. & B. C. Tan., Trop. Bryol. **10**: 68. 1995.

生境　树干或树枝上,海拔1650～3730m。

分布　四川、重庆、贵州、云南、台湾、广东、广西。尼泊尔、不丹(Noguchi, 1971, as *Chrysocladium flammeum*)、印度、泰国、老挝(Tan and Iwatsuki, 1993, as *C. flammeum*)、越南(Tan and Iwatsuki, 1993, as *C. flammeum*)。

多疣藓(粗垂藓)

Sinskea phaea (Mitt.) W. R. Buck, J. Hattori Bot. Lab. **75**: 64. 1994. *Meteorium phaeum* Mitt., J. Proc. Linn. Soc., Bot., Suppl. **1**: 87. 1859. **Type**: India: Darjeeling, *Hooker 852*.

Chrysocladium phaeum (Mitt.) M. Fleisch., Musci Buitenzorg **3**: 830. 1907.

Chrysocladium robustum Nog., Trans. Nat. Hist. Soc. Formosa **24**: 120. 1934. **Type**: China: Taiwan, Chia-yi Co., *A. Noguchi 5865*.

生境　树枝或岩面上,海拔1400～3000m。

分布　四川、重庆、云南、台湾(Wu and Lin, 1985b)。尼泊尔、印度、印度尼西亚、澳大利亚。

反叶藓属 Toloxis W. R. Buck
Bryologist 97(4): 436. 1994.

模式种:*T. imponderosa* (Taylor) W. R. Buck

本属全世界现有3种,中国有1种。

扭叶反叶藓(扭叶松萝藓)

Toloxis semitorta (Müll. Hal.) W. R. Buck, Bryologist **97** (4): 436. 1994. *Neckera semitorta* Müll. Hal., Syn. Musc. Frond. **2**: 671. 1851.

Papillaria semitorta (Müll. Hal.) A. Jaeger, Ber. Thätigk. St. Gallischen Naturwiss. Ges. **1875-1876**: 271. 1877.

Loxotis semitorta (Müll. Hal.) W. R. Buck, J. Hattori Bot. Lab. **75**:59. 1994.

生境　林内树枝或倒木上。

分布　江西(季梦成等,2000,as *Papillaria Semitorta*)、湖南(Koponen et al. , 2004)、重庆(胡晓云和吴鹏程,1991, as *P. semitorta*)、贵州、云南、西藏、福建、台湾(Wu and Lin, 1985a, as *P. semitorta*)、广东、广西。不丹(Noguchi, 1971, as *P. semitorta*)、越南、缅甸、泰国、斯里兰卡、印度尼西亚、菲律宾。

细带藓属 Trachycladiella (M. Fleisch.) Menzel
J. Hattori Bot. Lab. 75: 74. 1994.

模式种:*T. aurea* (Mitt.) Menzel

本属全世界现有2种,中国有2种。

细带藓(橙色丝带藓)

Trachycladiella aurea (Mitt.) Menzel in Menzel & Schultze-Motel, J. Hattori Bot. Lab. **75**: 75. 1944. *Meteorium aureum* Mitt., J. Proc. Linn. Soc., Bot., Suppl. **1**: 89. 1859. **Type**: India: Sikkim, *J. D. Hooker 841b*.

Neckera aurea Griff., Calcutta J. Nat. Hist. **3**: 72. 1843, *hom. illeg.*

Papillaria aurea (Mitt.) Renauld & Cardot, Rev. Bryol. **23**: 102. 1896.

Floribundaria aurea (Mitt.) Broth., Nat. Pflanzenfam. Ⅰ (3): 822. 1906.

生境　湿热林区树枝上。

分布　浙江、江西、四川、重庆、贵州、云南、福建、台湾、广西。老挝、越南(Tan and Iwatsuki, 1993, as *Floribundaria aurea*)、日本、尼泊尔(Menzel and Schultze-Motel,1994)、不丹(Menzel and Schultze-Motel,1994)、缅甸、印度尼西亚、菲律宾。

散生细带藓(散生丝带藓)

Trachycladiella sparsa (Mitt.) Menzel in Menzel & Schultze-Motel, J. Hattori Bot. Lab. **75**: 78. 1994. *Meteorium sparsum* Mitt., J. Proc. Linn. Soc., Bot., Suppl. **1**: 158. 1859. **Type**: India: Sikkim, *J. D. Hooker 839*.

Floribundaria sparsa (Mitt.) Broth., Nat. Pflanzenfam. Ⅰ (3): 822. 1906.

Papillaria formosana Nog., Trans. Nat. Hist. Soc. Formosa **24**: 119. f. 1. 1934. **Type**: China: Taiwan, Mt. Rito, *Hirotu s. n.* (holotype: NICH).

生境　树干、树枝或灌木上,海拔1200～2500m。

分布　江西(季梦成等,2000, as *Floribundaria sparsa*)、四川、重庆、贵州、云南、西藏、福建、台湾(Noguchi, 1934)。尼泊尔、不丹、印度、缅甸、斯里兰卡(Menzel and Schultze-Motel, 1994)、泰国、印度尼西亚(Menzel and Schultze-Motel, 1994)、老挝。

拟扭叶藓属 Trachypodopsis M. Fleisch.

Hedwigia **45**：64. 1906.

模式种：*T. serrulata*（P. Beauv.）M. Fleisch.

本属全世界现有 6 种，中国有 4 种，2 变种。

大耳拟扭叶藓

Trachypodopsis auriculata（Mitt.）M. Fleisch.，Hedwigia **45**：67. 1906. *Trachypus auriculatus* Mitt.，J. Proc. Linn. Soc.，Bot.，Suppl. **1**：129. 1859. **Type**：India：Sikkim，*J. D. Hooker 863*，*864*，*880*（BM）.

生境　树干、土面或岩面，海拔 700～3500m。

分布　贵州、云南、西藏、台湾、广西、海南。印度、斯里兰卡、越南(Tan and Iwatsuki，1993)、美国(夏威夷)。

台湾拟扭叶藓

Trachypodopsis formosana Nog.，J. Hattori Bot. Lab. **2**：59. 1947. **Type**：China：Taiwan，Taizhong Co.，Mt. Neng-gaoshan，Aug. 1929，*Suzuki 575*.

生境　荫蔽岩面，海拔 1200～2000m。

分布　湖北、重庆、贵州、云南、西藏、台湾、广西。越南(Tan and Iwatsuki，1993)。

疏耳拟扭叶藓

Trachypodopsis laxoalaris Broth.，Wiss. Erg. Deut. Zentr. -Afr. Exped.，Bot. **2**：160. 1910.

生境　岩面，海拔 1200～2700m。

分布　安徽。马达加斯加、马拉维、鲁文佐里。

拟扭叶藓

Trachypodopsis serrulata（P. Beauv.）M. Fleisch.，Hedwigia **45**：67. 1906. *Pilotrichum serrulatum* P. Beauv.，Prodr. Aethéogam. 83. 1805.

拟扭叶藓原变种

Trachypodopsis serrulata var. **serrulata**

Neckera serrulata（P. Beauv.）Brid.，Muscol. Recent. Suppl. **2**：29. 1812.

Meteorium serrulatum（P. Beauv.）Mitt.，J. Linn. Soc. Bot. **7**：156. 1863.

Papillaria serrulata（P. Beauv.）A. Jaeger，Ber. Thätigk. St. Gallischen Naturwiss. Ges. **1875-1876**：294. 1877.

Trachypus serrulatus（P. Beauv.）Besch.，Ann. Sci. Nat.，Bot.，sér. 6，**10**：269. 1880.

拟扭叶藓卷叶变种

Trachypodopsis serrulata var. **crispatula**（Hook.）Zanten，Blumea **9**(2)：521. 1959. *Hypnum crispatulum* Hook.，Trans. Linn. Soc. London **9**：321，pl. 28，f. 4. 1808. Type：Nepal.

Trachypodopsis crispatula（Hook.）M. Fleisch. var. *longifolia* Nog.，J. Sci. Hiroshima Univ.，ser. B，Div. 2，Bot. **3**：214. 1929.

Trachypodopsis densifolia Broth.，Symb. Sin. **4**：77. 1929. **Type**：China：Yunnan，Fumin Co.，2200～2450m，May 28. 1915，*Handel-Mazzetti 6116*（holotype：H-BR）.

Trachypodopsis crispatula subsp. *longifolium* Reimers，Hedwigia **71**：156. 1931.

Trachypodopsis himantophylla（Renauld & Cardot）M. Fleisch.，Hedwigia **71**：56. 1931.

Trachypodopsis subulata P. C. Chen，Feddes Repert. Spec. Nov. Regni. Veg. **58**：29. 1955. **Type**：China：Chongqing，Mt. Huayingshan，July 11. 1934，*P. C. Chen 634a*（holotype：PE）.

Trachypodopsis lancifolia P. C. Wu，Acta Phytotax. Sin. **20**：353. 1982. **Type**：China：Xizang，Medong Co.，*Group of Vegetation 57*（holotype：PE）.

生境　树干，海拔 1200～2750m。

分布　河南、甘肃(Wu et al.，2002)、湖北、四川、重庆、贵州、云南、西藏、台湾、广东。印度、尼泊尔、不丹(Noguchi，1971)、缅甸(Tan and Iwatsuki，1993)、泰国(Tan and Iwatsuki，1993)、老挝、菲律宾、印度尼西亚、墨西哥、危地马拉。

拟扭叶藓短胞变种

Trachypodopsis serrulata var. **guilbertii**（Thér. & P. de la Varde）Zanten，Blumea **9**(2)：527. 1959. *Duthiella guilbertii* Thér. & P. de la Varde，Rev. Bryol. Lichénol. **15**：146. 1946.

生境　树皮或树干上，海拔 1900～2750m。

分布　云南。柬埔寨。

扭叶藓属 Trachypus Reinw. & Hornsch.

Nova Acta Phys. -Med. Acad. Caes. Leop. -Carol. Nat. Cur. **14**(2)：708. 1829.

模式种：*T. bicolor* Reinw. & Hornsch.

本属全世界现有 5 种，中国有 3 种，1 变种。

扭叶藓

Trachypus bicolor Reinw. & Hornsch.，Nova Acta Phys. -Med. Acad. Caes. Leop. -Carol. Nat. Cur. **14**(2)：708. 1829.

Trachypus bicolor var. *hispidus*（Müll. Hal.）Cardot，Beih. Bot. Centrabl. **19**(2)：116. 1905.

Trachypus sinensis（Müll. Hal.）Broth.，Nat. Pflanzenfam. Ⅰ(3)：829. 1906. *Papillaria sinensis* Müll. Hal.，Nuovo Giorn. Bot. Ital.，n. s.，**5**：191. 1898. **Type**：China：Shaanxi，Mt. Kuantuoshan，*Giraldi s. n.*

Trachypus rhacomitrioides Broth.，Akad. Wiss. Wien Sitzungsber.，Math. -Naturwiss. Kl.，Abt. 1，**131**：214. 1923.

Trachypus bicolor var. *brevifolius* Broth.，Symb. Sin. **4**：76. 1929. **Type**：China：Yunnan，*Handel-Mazzetti 7868*，*7926*（H）；Sichuan，*Handel-Mazzetti 2625*（H）.

Trachypus bicolor var. *sinensis*（Müll. Hal.）Broth.，Symb. Sin. **4**：76. 1929. **Type**：China：Yunnan，3700m，*Handel-Mazzetti 4286*；Guizhou，Guiyang city，1100～

1250m, *Handel-Mazzetti 10 553*; Hunan, between Yunschan and Wukang, 900～1250m, *Handel-Mazzetti 11 128* (syntypes: H).

生境　树干或阴湿岩面,海拔 800～4000m。

分布　甘肃、安徽、江西、湖南、湖北、四川、重庆、贵州、云南、西藏。印度、斯里兰卡、日本、缅甸、泰国、越南、印度尼西亚、菲律宾、巴布亚新几内亚(Tan, 2000)、巴西(Yano, 1995)。

小扭叶藓

Trachypus humilis Lindb., Contr. Fl. Crypt. As. 230. 1872.

小扭叶藓原变种

Trachypus humilis var. **humilis**

Meteorium humile (Lindb.) Mitt., Trans. Linn. Soc. London, Bot. **3**: 173. 1891.

Papillaria humilis (Lindb.) Broth., Hedwigia **38**: 227. 1899.

Trachypus novae-caledoniae Müll. Hal. ex Thér., Bull. Acad. Int. Géogr. Bot. **20**: 101. 1910.

Trachypus humilis Lindb. var. *major* Broth., Symb. Sin. **4**: 76. 1929. **Type**: China: Guizhou, Dodjie, *Handel-Mazzetti 10 738* (holotype: H-BR).

生境　林地、树干或岩面,海拔 350～1200m。

分布　陕西、浙江、江西(Ji and Qiang, 2005)、湖南、湖北、四川、重庆、贵州、云南、福建、台湾、广西、香港。朝鲜、日本、印度、斯里兰卡、缅甸、泰国、越南、柬埔寨、印度尼西亚、菲律宾、巴布亚新几内亚、新喀里多尼亚岛(法属)、美国(夏威夷)、澳大利亚。

小扭叶藓细叶变种

Trachypus humilis var. **tenerrimus** (Herzog) Zanten, Blumea **9**(2): 509. 1959. *Trachypus tenerrimus* Broth. ex Herzog, Hedwigia **50**: 135. 1910.

Trachypus tenerrimus var. *flagellifer* Broth., Hedwigia **50**: 136. 1910.

Trachypus humilis var. *flagellifer* (Broth.) H. A. Mill., J. Hattori Bot. Lab. **30**: 273. 1967.

生境　土面、岩面或树干上,海拔 500～1400m。

分布　安徽、浙江、江西、西藏。印度、斯里兰卡、美国(夏威夷)。

长叶扭叶藓

Trachypus longifolius Nog., J. Hattori Bot. Lab. **2**: 55. 1947. **Type**: China: Taiwan, Tainan Co., ca. 3500m, Aug. 1932, *A. Noguchi 8487* (holotype: NICH).

生境　阴岩面上,海拔 980～2800m。

分布　湖北、重庆、贵州、云南、台湾、广西。中国特有。

灰藓科 **Hypnaceae** Schimp.

本科全世界有 52 属,中国有 21 属。

扁灰藓属 Breidleria Loeske
Stud. Morph. Syst. Laubm. 172. 1910.

模式种:*B. pratensis* (Koch ex Spruce) Loeske

本属全世界现有 2 种,中国有 2 种。

阔叶扁灰藓

Breidleria erectiuscula (Sull. & Lesq.) Hedenäs, Lindbergia **16**: 161. 1990. *Hypnum erectiusculum* Sull. & Lesq., Proc. Amer. Acad. Arts. **4**: 281. 1859.

Pylaisia erectiusculum (Sull. & Lesq.) Mitt., Trans. Linn. Soc., London, Bot. ser. 2, **3**: 180. 1891.

Plagiothecium homaliaceum Besch., Ann. Sci. Nat., Bot., sér. 7, **17**: 385. 1893.

Stereodon homaliacens (Besch.) Broth., Nat. Pflanzenfam. Ⅰ(3): 1072. 1908.

Breidleria homaliacea Broth., Nat. Pflanzenfam. (ed. 2), **11**: 455. 1925.

Hypnum homaliaceum (Besch.) Doignon, Rev. Bryol. Lichénol. **22**: 48. 1953.

生境　林下树干、腐木或岩面上,海拔 890～2000m。

分布　江苏、上海、江西、湖北、云南。日本。

扁灰藓

Breidleria pratensis (Koch ex Spruce) Loeske, Stud. Morph. Syst. Laubm. 172. 1910. *Hypnum pratense* Koch ex Spruce, London J. Bot. **4**: 177. 1845.

Hypnum curvifolium Hedw. var. *pratense* Rabenh., Deutschl. Krypt. Fl. **2**(3): 273. 1848.

Drepanium pratense (Rabenh.) C. E. O. Jensen, Meddel. Grønland **3**: 327. 1887.

生境　岩面、腐殖质、土面、树干或树皮上,海拔 1900～3500m。

分布　黑龙江、吉林、内蒙古、河北、山西、陕西、甘肃、贵州、云南。蒙古、日本、俄罗斯(远东地区、西伯利亚),欧洲、北美洲。

圆尖藓属 Bryocrumia L. E. Anderson
Phytologia **45**: 65. 1980.

模式种:*B. andersonii* (E. B. Bartram) L. E. Anderson

本属全世界现有 1 种。

亮绿圆尖藓

Bryocrumia vivicolor (Broth. & Dixon) W. R. Buck, Mem. New York Bot. Gard. **45**: 522. 1987. *Taxithelium vivicolor* Broth. & Dixon, Rec. Bot. Surv. India **6**(3): 86. Pl. 1. f. 4. 1914. **Type**: India: Maha-Bleshwar, *Sedgwick 23.*

Glossadelphus andersonii E. B. Bartram, Bryologist **54**: 81. f. 1-6. 1951.

Taxiphyllum andersonii (E. B. Bartram) H. A. Crum,

Bryologist **68**: 220. 1965.

Bryocrumia andersonii (E. B. Bartram) L. E. Anderson, Phytologia **45**: 66. 1980.

生境　石上，海拔 2300m。

分布　云南。印度、美国。

拟腐木藓属 Callicladium H. A. Crum Bryologist **74**: 167. 1971.

模式种：*C. haldanianum* (Grev.) H. A. Crum

本属全世界现有 1 种。

拟腐木藓

Callicladium haldanianum (Grev.) H. A. Crum, Bryologist **74**: 167. 1971. *Hypnum haldanianum* Grev., Ann. Lyceum Nat. Hist. New York **1**: 275 f. 23. 1825.

Hypnum weinmannii Nees, Bull. Soc. Imp. Naturalistes Moscou **18**(4): 477. 1845.

Brachythecium weinmannii (Nees) Paris, Index Bryol. 48. 1894.

Heterophyllium sikokianum Sakurai, Bot. Mag. (Tokyo) **63**: 80. 1. 1950.

生境　腐木、树干基部或岩面，海拔 750～1700m。

分布　黑龙江、吉林、辽宁、新疆、云南。巴基斯坦(Higuchi and Nishimura, 2003)、日本、朝鲜、俄罗斯，欧洲、北美洲。

偏叶藓属 Campylophyllum (Schimp.) M. Fleisch. Nova Guinea, Bot. **12**(2): 123. 1914.

模式种：*C. halleri* (Hedw.) M. Fleisch.

本属全世界现有 1 种。

偏叶藓

Campylophyllum halleri (Hedw.) M. Fleisch., Nova Guinea, Bot. **12**(2): 123. 1914. *Hypnum halleri* Sw. & Hedw., Sp. Musc. Frond. 279. 1801. **Type**: Switzerland.

Campylium halleri (Hedw.) Lindb., Musci Scand. 38. 1879.

Amblystegium halleri (Hedw.) C. E. O. Jensen, Danmarks Mosser **2**: 73. 1923.

生境　湿润岩面。

分布　内蒙古、河北、山东(赵遵田和曹同，1998)、四川、云南。日本、印度、高加索地区、墨西哥，欧洲、北美洲。

短菱藓属 Ectropotheciella M. Fleisch. Musci Buitenzorg **4**: 1417, 1923.

模式种：*E. distichophylla* (Hampe) M. Fleisch.

本属全世界现有 2 种，中国有 1 种。

短菱藓

Ectropotheciella distichophylla (Hampe) M. Fleisch., Musci Buitenzorg **4**: 1418. 1923. *Hypnum distichophyllum* Hampe in Dozy & Molk., Bryol. Jav. **2**: 167 f. 266. 1866.

生境　林下岩面。

分布　台湾、海南。印度尼西亚、泰国、菲律宾，非洲。

偏蒴藓属 Ectropothecium Mitt. J. Linn. Soc. Bot. **10**: 180. 1868.

模式种：*E. buitenzorgii* (Bél.) Mitt.

本属全世界约有 205 种，中国有 16 种。

蕨叶偏蒴藓

Ectropothecium aneitense Broth. & Watts., J. & Proc. Roy. Soc. New South Wales **49**: 149. 1915. **Type**: New Herbrides: *S. W. Gunn s. n.*

生境　栎林下树干上或稀见于林地，海拔 650～1800m。

分布　湖北、云南、广东。太平洋新赫布里底岛。

偏蒴藓

Ectropothecium buitenzorgii (Bél.) Mitt., J. Linn. Soc., Bot. **10**: 180. 1868. *Hypnum buitenzorgii* Bél., Voy. Indes. Or. Bot. 2 (Crypt.) **2**: 94. 1834. **Type**: Indonesia: Java, *Belanger s. n.*

Stereodon buitenzorgii (Bél.) Mitt., J. Proc. Linn. Soc., Bot., Suppl. **1**: 99. 1859.

生境　树干、岩面或土面上，海拔 470～650m。

分布　浙江、重庆、云南、福建、广东、广西(贾鹏等，2011)、澳门。孟加拉国(O'Shea, 2003)、印度、缅甸(Tan and Iwatsuki, 1993)、泰国(Tan and Iwatsuki, 1993)、越南(Tan and Iwatsuki, 1993)、柬埔寨(Tan and Iwatsuki, 1993)、印度尼西亚(婆罗洲)。

淡叶偏蒴藓

Ectropothecium dealbatum (Reinw. & Hornsch.) A. Jaeger, Ber. Thätigk. St. Gallischen. Naturwiss. Ges. **1877-1878**: 264. 1880. *Hypnum dealbatum* Reinw. & Hornsch., Nov. Acta Phys. -Med. Acad. Caes., Leop-Carol. **14** (2): 729. 1829.

生境　树干上或见于林下岩面，海拔 800m。

分布　江西(何祖霞等，2010)、湖南、贵州(彭涛和张朝辉，2007)、广东、香港。印度、缅甸、泰国、马来西亚、印度尼西亚、菲律宾。

亮叶偏蒴藓(新拟)

Ectropothecium glossophylloides (Broth.) D. K. Li, Moss Fl. China **7**: 220. 2008. *Plagiothecium glossophylloides* Broth., Symb. Sin. **4**: 116. pl. 4, f. 7. 1929. **Type**: China: Guizhou, Duyun Co., 1000m, July 8. 1917, *Handel-Mazzetti 10 612* (holotype: H).

生境 不详。

分布 贵州(Brotherus, 1929, as *Plagiothecium glossophylloides*)。中国特有。

贵州偏蒴藓

Ectropothecium kweichowense Broth., Ann. Bryol. **8**: 18. f. 11. 1936. **Type**: China: Guizhou, Mt. Fanjingshan, 1900m, *S. Y. Cheo 832* (holotype: FH).

生境 树干上,海拔1900m。

分布 贵州(Bartram, 1935)。中国特有。

镰叶偏蒴藓(新拟)

Ectropothecium kerstanii Dixon & Herzog, Ann. Bryol. **12**: 96. 1939. **Type**: India: Darjeeling, *G. Kerstan 35a.*

Glossadelphus falcatulus Broth., Symb. Sin. **4**: 121. 1929. **Type**: China: Yunnan, Nujiang river, 2400～2600m, June 24. 1916, *Handel-Mazzettii 9091*.

生境 不详。

分布 云南(Brotherus, 1929, as *Glossadelphus falcatulus*)。印度。

细尖偏蒴藓(新拟)

Ectropothecium leptotapes (Cardot) Sakurai, Bot. Mag. (Tokyo) **54**: 177. 1940. *Isopterygium leptotapes* Cardot, Beih. Bot. Centralb. Abt. 2, **19**(2): 142. f. 34. 1905. **Type**: China: Taiwan, Taitum, *Faurie 49*, *158.*

生境 不详。

分布 山西(Cardot, 1905, as *Isopterygium leptotapes*)。日本(Iwatsuki,2004)。

爪哇偏蒴藓(新拟)

Ectropothecium monumentorum (Duby) A. Jaeger, Ber. Thätigk. St. Gallischen Naturwiss. Ges. **1877-1878**: 259. 1880. *Hypnum monumentorum* Duby, Syst. Verz. **1842-1844**: 132. 1846. **Type**: Indonesia: Java, *Zollinger 1537.*

生境 树干上。

分布 台湾、广东、香港。孟加拉国(O'Shea, 2003)、印度、缅甸、泰国、越南、新加坡、菲律宾、印度尼西亚、加罗林群岛。

莫氏偏蒴藓(新拟)

Ectropothecium moritzii A. Jaeger, Ber. Thätigk. St. Gallischen Naturwiss. Ges. **1877-1878**: 262. 1880. **Type**: Indonesia: Java, *Zollinger 1528.*

生境 腐木上。

分布 台湾(Herzog and Noguchi, 1955)、海南(Lin et al., 1992)。泰国、印度尼西亚、菲律宾。

钝叶偏蒴藓

Ectropothecium obtusulum (Cardot) Z. Iwats., J. Hattori Bot. Lab. **30**: 111. 1967. *Isopterygium obtusulum* Cardot, Beih. Bot. Centralbl. **19**(2): 140. 1905. **Type**: China: Taiwan, Taitum, *Faurie 26.*

Isopterygium ovalifolium Cardot, Beih. Bot. Centralbl. **19**: 140. 1905. **Type**: China: Taiwan, Taitum, *Faurie 67.*

Plagiothecium obtusulum (Cardot) Broth., Nat. Pflanzenfam. Ⅰ(3): 1087. 1908.

Plagiothecium ovalifolium (Cardot) Broth., Nat. Pflanzenfam. Ⅰ(3): 1087. 1908.

生境 林下花岗岩上,海拔200～800m。

分布 湖南、广东(何祖霞等, 2004)、广西、香港。日本。

卷叶偏蒴藓(许拉偏蒴藓)

Ectropothecium ohosimense Cardot & Thér., Bull. Acad. Int. Géogr. Bot. **18**: 251. 1908. **Type**: Japan: *Ferrie s. n.*

Ectropothecium shiragae S. Okamura, J. Coll. Sci. Imp. Univ. Tokyo **38**(4): 60. 1916.

生境 林下腐木、树干、树基上、潮湿土上或岩面,海拔50～2020m。

分布 山东、浙江、江西、湖南、四川、贵州、云南、西藏、福建、海南、澳门。日本、越南。

大偏蒴藓

Ectropothecium penzigianum M. Fleisch., Hedwigia **44**: 328. 1905. **Type**: Indonesia: Java, *M. Fleischer 345.*

生境 林下树干、腐木、岩面薄土或砂土上,海拔890～1700m。

分布 湖南、江西、云南、西藏、福建、广东。印度尼西亚。

纤细偏蒴藓(新拟)

Ectropothecium perminutum Broth. ex E. B. Bartram, Philipp. J. Sci. **68**: 356. 1939. **Type**: Philippines: *Baker 17 032.*

生境 不详。

分布 台湾(Herzog and Noguchi, 1955)、广东(Li and Piippo, 1994)。菲律宾。

密枝偏蒴藓

Ectropothecium wangianum P. C. Chen, Sunyatsenia **6**: 192. 1941. **Type**: China: Hainan, Pepu, on rock, Oct. 7. 1934, *C. Ho 1122* (holotype: PE).

生境 林下岩面、沙地或腐木上,海拔950～1100m。

分布 贵州、西藏、海南。中国特有。

台湾偏蒴藓

Ectropothecium yasudae Broth., Ann. Bryol. **1**: 25. 1928. **Type**: China: Taiwan, Taparon, *A. Yasuda s. n.*

生境 不详。

分布 台湾(Brotherus, 1928)。中国特有。

平叶偏蒴藓

Ectropothecium zollingeri (Müll. Hal.) A. Jaeger, Ber. Thätigk. St. Gallischen. Naturwiss. Ges. **1877-1878** (Ad. 2): 272. 1880. *Hypnum zollingeri* Müll. Hal., Syn. Musc. Frond. **2**: 241. 1851. **Type**: Indonesia: Java, *Zollinger s. n.*

Ectropothecium planulum Cardot, Beih. Bot. Centralb. Abt. 2, **19**(2): 143. pl. 35, f. a-e. 1905. **Type**: China: Taiwan, *Maruyama* 9.

Hypnum planifrons var. *formosicum* Cardot, Beih. Bot. Centralbl. **19**(2): 147. 1905.

Microthamnium malacocladum Cardot, Beih. Bot. Centralbl. Abt. 2, **19**(2): 137. 1905. **Type**: China: Taiwan, Kushaku, *Faurie 126*.

Ectropothecium obscurum Broth. & Paris, Öfvers. Förh. Finska. Vetensk. -Soc. **48**: 24. 1907.

Ctenidium scaberrimum (Cardot) Broth., Nat. Pflanzenfam. Ⅰ(3): 1048. 1908. *Microthamnium scaberrimum* Cardot, Beih. Bot. Centralbl. Abt. 2, **19**(2): 137. 1905. **Type**: China: Taiwan, Kushaku, *Faurie 70*, *132*, *138*, *154*, *204*, *207*.

Isopterygium kelungense Cardot, Beih. Bot. Centralbl. Abt. 2, **19**(2): 139. 1905. **Type**: China: Taiwan, Kelung, *Faurie 177*, *184*.

Isopterygium planifrons Broth. & Paris, Rev. Bryol. **35**: 54. 1908.

Ectropothecium subobscurum Thér., Bull. Acad. Int. Géogr. Bot. **19**: 23. 1909.

Ectropothecium compactum Thér., Bull. Acad. Int. Géogr. Bot. **21**: 6. 1910.

Ectropothecium corallicola Broth. & Paris, Öfvers. Förh. Finska Vetensk. -Soc. **53A**(11): 34. 1911.

Ectropothecium pulchellum Broth. & Paris, Öfvers. Förh. Finska Vetensk. -Soc. **53A**(11) : 34. 1911.

Ectropothecium subobscurum var. *majus* Broth. & Paris, Öfvers. Förh. Finska Vetensk. -Soc. **53A**(11): 34. 1911.

Ectropothecium subpulchellum Broth. & Paris, Öfvers. Förh. Finska Vetensk. -Soc. **53A**(11): 34. 1911.

Glossadelphus zollingeri (Müll. Hal.) M. Fleisch., Musci Buitenzorg **4**: 1355. 1923.

Taxiphyllum planifrons (Broth. & Paris) M. Fleisch., Musci Buitenzorg **4**: 1435. 1923.

Glossadelphus obscurus (Broth. & Paris) Broth., Nat. Pflanzenfam. (ed. 2) **11**: 444. 1925.

Ectropothecium nervosum Dixon, Hong Kong Naturalist, Suppl. **2**: 28. 1933. **Type**: China: Hong Kong, *Bowring 214*.

Taxiphyllum formosanum Herz. & Nog., J. Hattori Bot. Lab. **14**: 70. 1955. **Type**: China: Taiwan, 100～120m, June 5. 1947, *G. H. Schwabe 125*.

Ectropothecium zollingeri var. *formosicum* (Cardot) M. J. Lai, Taiwania **21**: 182. 1976.

生境　林下树基、树干或腐木上，有时也生于岩面或土面上，海拔200～2840m。

分布　安徽、浙江、江苏、江西、湖南、湖北、四川、重庆、贵州、云南、西藏、福建、台湾(Herzog and Noguchi, 1955, as *Taxiphyllum formosanum*)、广东、海南、香港、澳门。尼泊尔、印度、日本、泰国、越南、老挝、马来西亚、新加坡、菲律宾、印度尼西亚(爪哇、婆罗洲)、巴布亚新几内亚、新喀里多尼亚岛(法属)、科威特、美国(夏威夷)、斐济、瓦努阿图。

曲枝藓属(新拟)Foreauella Dixon & P. de la Varde
Arch. Bot. Bull. Mens. Ⅰ: 175. 1927.

本属全世界有1种。

直蒴曲枝藓(新拟)

Foreauella orthothecia (Schwägr.) Dixon & P. de la Varde, J. Bot. **75**: 129. 1937. *Hypnum orthothecium* Schwägr., Sp. Musc. Frond., Suppl. 3, **1**(1): 220. 1827.

Foreauella indica Dixon & P. de la Varde, Arch. Bot. Bull. Mens. **1**(8-9): 175 f. 9. 1927.

生境　生于树干或树枝上。

分布　云南(Redfearn et al., 1989)。印度(Gangulee, 1980)、缅甸(Tan and Iwatsuki, 1993)、泰国(Gangulee, 1980)、老挝(Tan and Iwatsuki, 1993)、菲律宾(Gangulee, 1980)。

厚角藓属 Gammiella Broth.
Nat. Pflanzenfam. Ⅰ(3): 1067. 1908.

模式种:*G. pterogonioides* (Griff.) Broth.

本属全世界现有6种，中国有4种。

小厚角藓

Gammiella ceylonensis (Broth.) B. C. Tan & W. R. Buck, J. Hattori Bot. Lab. **66**: 318. 1989. *Clastobryum ceylonense* Broth. in Herz., Hedwigia **50**: 137. 1910. **Type**: Sri Lanka: *Herzog 1031* (holotype: H).

Clastobryum merrillii Broth., Philipp. J. Sci. **8**: 81. 1913.

Clastobryella tenerrima Broth., Symb. Sin. **4**: 118. pl. 5, f. 13. 1929. **Type**: China: Yunnan, 3500m, Sept. 22. 1915, *Handel-Mazzetti 8270* (holotype: H).

Gammiella merrillii (Broth.) Tixier, Rev. Bryol. Lichénol. **43**: 440. 1977.

生境　腐木或树干上，海拔2500～3500m。

分布　云南、西藏。斯里兰卡、泰国(Tan and Iwatsuki, 1993)、越南(Tan and Iwatsuki, 1993)、老挝(Tan and Iwatsuki, 1993)、马来西亚、印度尼西亚(Touw, 1992)、非洲。

平边厚角藓

Gammiella panchienii B. C. Tan & Y. Jia, Hikobia **13**: 187. 2000. **Type**: China: Xizang. Metuo County, Xigong Lake, under forest, on rotten wood, 1480m elev., Mar. 1983, *Y. G. Su 4041* (holotype: KUN; isotypes: FH, MO).

Gammiella panchienii B. C. Tan & Y. Jia, J. Hattori Bot. Lab. **86**: 16. 1999, *nom. illeg.*

生境　树干，海拔1000～2500m。

分布　云南、福建、广西。菲律宾(Linis and Tan, 2010)。

厚角藓

Gammiella pterogonioides (Griff.) Broth, Nat. Pflanzenfam. Ⅰ(3): 1067. 1908. *Pleuropus pterogonioides* Griff., Calcutta J. Nat. Hist. **3**: 274. pl. 20. 1843[1842]. **Type**: India: Sikkim. Churra, *Griffith 167*.

生境　腐木上，海拔2000m。

分布　湖北、四川、贵州、云南。泰国(Tan and Iwatsuki, 1993)、越南、老挝、柬埔寨。

狭叶厚角藓

Gammiella tonkinensis (Broth. & Paris) B. C. Tan, Bryologist **93**: 433. 1990. *Clastobryum tonkinensis* Broth. & Paris, Rev. Bryol. **35**: 47. 1908. **Type**: Vietnam. *Courtois s. n.*

Aptychella tonkinensis (Broth. & Paris) Broth., Nat. Pflanzenfam. (ed. 2), **11**: 406. 1925.

Clastobryum glomerato-propaguliferum Toyama, Acta Phytotax. Geobot. **4**: 214. f. 2. 1935.

Clastobryella glomeratopropagulifera (Toyama) Sakurai, Muscol. Jap. 152. 1954.

Aptychella glomerato-propagulifera (Toyama) Seki, J. Sci. Hiroshima Univ., sér. B., Div. 2, Bot. **12**: 72. 1968.

Gammiella touwii B. C. Tan, Bryologist **93**(4): 432. 1990.

生境　土面或岩石。

分布　江西(吴鹏程等,1982, as *Clastobryella glomerato-propagulifera*)、云南、台湾、广东、广西。泰国(Tan and Iwatsuki, 1993)、越南、柬埔寨、老挝、菲律宾、印度尼西亚、日本。

扁锦藓属 Glossadelphus M. Fleisch.
Musci Buitenzorg 4: 1351. 1923.

模式种:*G. prostratus* (Dozy & Molk.) M. Fleisch.

本属全世界约 50 种,中国有 3 种。

鼠尾扁锦藓(新拟)

Glossadelphus julaceus Tixier, Nova Hedwigia **46**: 344. f. 16. 1988. **Type**: China: Guizhou, Ping-Fa, *Leveille s. n.* (holotype: PC-Thériot).

生境　不详。

分布　贵州(Tixier, 1988)。中国特有。

扁锦藓(新拟)

Glossadelphus prostrates (Dozy & Molk.) M. Fleisch., Musci Buitenzorg **4**: 1353. f. 219. 1923. *Hypnum prostratum* Dozy & Molk., Ann. Sci. Nat., Bot., sér. 3, **2**: 309. 1844.

Ectropothecium boutanii Broth. & Paris, Rev. Bryol. **35**: 54. 1908.

Ectropothecium scabrifolium Broth. & Paris, Rev. Bryol. **35**: 55. 1908.

Glossadelphus anomalus Thér., Ann. Crypto. Exot. **5**: 185. 1932. **Type**: China: Fujian, Buong Kang, *H. H. Chung 102*, *105*; Fuchow, Kushan, *H. H. Chung 144*, *194*, *196*.

Glossadelphus plumosus E. B. Bartram, Occas. Pap. Bernice Pauahi Bishop Mus. **11**(20): 27. 11. 1936.

Glossadelphus bolovensis Tixier, Ann. Fac. Sci., Univ. Phnom Penh **3**: 159. f. 2. 1970.

Myurella brevicosta J. X. Luo & P. C. Wu, Acta Phytotax. Sin. **18**: 125. f. 4, 1-8. 1980. **Type**: China: Xizang, Dingjie Co., on stone, 2400m, June 6. 1974, *Ni Zhi-Cheng 143* (holotype: PE).

生境　石上,海拔 2400m。

分布　西藏(Luo and Wu, 1980, as *Myurella brevicosta*)、福建(Tixier, 1988)、海南(Lin et al., 1992)。印度尼西亚。

爪哇扁锦藓(新拟)

Glossadelphus similans (Bosch & Sande Lac.) M. Fleisch., Musci Buitenzorg **4**: 1362. 1923. *Hypnum similans* Bosch & Sande Lac., Bryol. Jav. **2**: 147. f. 244. 1866.

Taxithelium micro-similans Dixon, J. Linn. Soc., Bot. **50**: 131. f. 4. 1935.

生境　岩面上。

分布　海南(Lin et al., 1992)。老挝、越南、印度尼西亚。

粗枝藓属 Gollania Broth.
Nat. Pflanzenfam. ed. Ⅰ(3): 1054. 1908.

模式种:*G. neckerella* (Müll. Hal.) Broth.

本属全世界现有 20 种,中国有 16 种。

阿里粗枝藓

Gollania arisanensis Sakurai, Bot. Mag. (Tokyo) **46**: 507. 1932. **Type**: China: Taiwan, Mt. Arisan, auf Erdboden, Dec. 25. 1925, *S. Suzuki s. n.* (*hb. Sakurai 2136*) (holotype: MAK; isotype: PC).

生境　栎林、杉林、桦木林下的土面上或稀见于树干,海拔 700～1840m。

分布　陕西、四川。中国特有。

粗枝藓

Gollania clarescens (Mitt.) Broth., Nat. Pflanzenfam. Ⅰ(3): 1055. 1908. *Stereodon clarescens* Mitt., J. Linn. Soc., Bot., Suppl. **1**: 100. 1859. **Type**: India: in Himalayae boreali-occident. Reg. temp. Simla, *Thomson 1064b* (holotype: NY; isotypes: BM, PC, S).

Hypnum clarescens Wilson in Mitt., J. Proc. Linn. Soc., Bot., Suppl. **1**: 100. 1859, *nom. illeg.*

Microthamnium clarescens (Mitt.) A. Jaeger, Ber. Thätigk. St. Gallischen. Naturwiss. Ges. **1876-1877**: 430. 1878.

Hylocomium clarescens (Mitt.) Broth. in Paris, Index Bryol. (ed. 2), **2**: 351. 1904.

生境　林下岩面、土面、腐殖质土上或稀见于树干,海拔 1850～3600m。

分布　重庆、贵州、云南。印度、尼泊尔、不丹(Noguchi, 1971)、巴基斯坦。

长蒴粗枝藓

Gollania cylindricarpa (Mitt.) Broth., Nat. Pflanzenfam. Ⅰ(3): 1055. 1908. *Hyocomium cylindricarpum* Mitt., Trans. Linn. Soc. London, Bot. **3**: 178. 1891. **Type**: Bhutan: Tongsa, 10 000ft, *Griffith s. n.* (lectotype: NY; isolectotypes: H-BR, PC).

Brachythecium cylindricarpum (Mitt.) Paris, Index. Bryol. 133. 1894.

Gollania hylocomioides Broth., Bryologist **60**: 331. 1957, *nom. nud.*

生境　岩面或石滩上,海拔 3400～4000m。

分布　四川、云南。不丹、尼泊尔。

拟同蒴粗枝藓

Gollania homalothecioides Higuchi, J. Jap. Bot. **70**: 239. 1995. **Type**: China: Sichuan, A-ba Co., Mt. Amaila, *S. He 31 029* (holotype: PE).

生境　林下腐木上,海拔 3700m。

分布　四川。中国特有。

日本粗枝藓

Gollania japonica (Cardot) Ando & Higuchi, Hikobia, Suppl. **1**: 192. 1981. *Symphyodon japonicus* Cardot, Bull. Soc. Bot. Genève, sér. 2, **4**: 378. 1912. **Type**: Japan: Hokkaido, Ochiai, Sept. 1904, *Faurie 2991* (holotype: PC; isotype: KYO).

Macrothamnium setschwanicum Broth., Akad. Wiss. Wien Sitzyngsber., Math. -Naturwiss. Kl., Abl. 1, **131**: 218. 1922. **Type**: China: Sichuan, Mt. Daliangshan, 2600～2800m, *Handel-Mazzetti 1706* (holotype: H-BR).

生境　岩面、腐木或腐殖质土上,海拔 580～3100m。

分布　甘肃、四川、重庆、贵州、云南、西藏。尼泊尔、日本。

平肋粗枝藓

Gollania neckerella (Müll. Hal.) Broth., Nat. Pflanzenfam. Ⅰ(3): 1055. 1908. *Hylocomium neckerella* Müll. Hal., Nuovo Giorn. Bot. Ital., n. s., **3**: 127. 1896. **Type**: China: Shannxi, in monte Si-ku-tsui-san, July 1894, *Giraldi s. n.* (lectotype: FI; isolectotype: S).

生境　林下岩面、土面、腐殖质土、树干或腐木上,海拔 700～3200m。

分布　黑龙江、吉林、河南、陕西、甘肃、安徽(Potier de la Varde, 1937)、湖北、四川、重庆、贵州、云南、西藏。日本。

菲律宾粗枝藓

Gollania philippinensis (Broth.) Nog., Acta Phytotax. Geobot. **20**: 241. 1962. *Elmeriobryum philippinense* Broth., Nat. Pflanzenfam. (ed. 2), **11**: 202. 1925. **Type**: Philippines: Luzon, Benguet, Bagio, *Elmer 8374* (holotype: H-BR; isotypes: PC, S).

Elmeriobryum assimile Broth., Nat. Pflanzenfam. (ed. 2), **11**: 204. 1925.

Isotheciopsis formosica Broth. & Yasuda, Rev. Bryol. **53**: 3. 1926. **Type**: China: Taiwan, Mount Daibu, *E. Yasuda s. n.*

Elmeriobryum formosanum Broth., Ann. Bryol. **1**: 21. 1928. **Type**: China: Taiwan, Taiyn, Onae, *J. Suzuki s. n.*

Elmeriobryum formosanum var. *minus* Broth., Ann. Bryol. **1**: 21. 1928. **Type**: China: Taiwan, Taiyn, Onae, *J. Suzuki s. n.*

生境　岩面或稀见于土面上,海拔 700～3600m。

分布　浙江、江西、四川、重庆、贵州、云南、台湾。菲律宾、巴布亚新几内亚(Tan, 2000)。

卷边粗枝藓

Gollania revoluta Higuchi, Bull. Natl. Sci. Mus., Tokyo, B. **22**(1): 16. f. 1. 1996. **Type**: China: Yunnan, Yulong shan, Wo Tu Di, 3580m, *Long 18 950* (holotype: E; isotypes: HKAS, HIRO, TNS).

生境　岩面或林中地面上,海拔 3100～3580m。

分布　云南。中国特有。

大粗枝藓

Gollania robusta Broth., Akad. Wiss. Wien Sitzungsber., Math. -Naturwiss. Kl., Abt. 1, **133**: 582. 1924. **Type**: China: Sichuan, Yanyuan Co., 3200～3400m, May 11. 1914, *Handel-Mazzetti 2184* (holotype: H-BR; isotype: PC).

生境　石壁、岩面、土面、腐木或树干上,海拔 450～4460m。

分布　黑龙江、河南、陕西、安徽、湖北、四川、重庆、贵州、云南、西藏。中国特有。

皱叶粗枝藓

Gollania ruginosa (Mitt.) Broth., Nat. Pflanzenfam. Ⅰ(3): 1055. 1908. *Hyocomium ruginosum* Mitt., Trans. Linn. Soc. Bot. London, Bot. **3**: 178. 1891. **Type**: Japan: Nikko, *Bisset s. n.* (lectotype: NY; isolectotypes: H-BR, PC).

Hyocomium exaltatus Mitt., Trans. Linn. Soc. London, Bot., **3**: 177. 1891.

Brachythecium ruginosum (Mitt.) Paris, Index Bryol. 142. 1894.

Gollania exaltatus (Mitt.) Broth., Nat. Pflanzenfam. Ⅰ(3): 1055. 1908.

Gollania eurhynchioides Broth., Akad. Wiss. Wien Sitzungsber., Math. -Naturwiss. Kl., Abt. 1, **133**: 582. 1924.

Gollania subtereticaulis Broth. & Yasuda, Ann. Bryol. **1**: 26. 1928. **Type**: China: Taiwan, Mt. Rito, *E. Matsuda s. n.*

生境　岩面、砂土、腐殖质土、树干或腐木上,海拔 600～4100m。

分布　黑龙江、吉林、辽宁、山西(吴鹏程等,1987)、河南、陕西、甘肃、安徽、浙江、江西(Ji and Qiang, 2005)、湖北、四川、重庆、贵州、云南、西藏、台湾(Brotherus, 1928)、广西(贾鹏等, 2011)。日本、朝鲜、印度、不丹、俄罗斯(远东地区)。

陕西粗枝藓

Gollania schensiana Dixon ex Higuchi, J. Hattori Bot. Lab. **59**: 29. f. 16. 1985. **Type**: China: Shaanxi, Pauo-li, May 7. 1895, *Hugh s. n.* (holotype: BM, Dixon 322).

生境　林下岩面,海拔 960～3100m。

分布　河南、陕西、甘肃、四川、贵州。印度、尼泊尔和不丹。

中华粗枝藓

Gollania sinensis Broth. & Paris, Rev. Gén. Bot. **30**: 351. f. 3. 1918. **Type**: China: Anhui (Ngan Hoei), Kantchongchan, 1200～1500m, Oct. 17-22. 1910, *Courtois 319*, *320* (holotype: H-BR; isotype: PC).

生境　林下岩面、枯枝落叶上或稀见于树干,海拔 650～3650m。

分布　陕西、甘肃、江西、四川、重庆、贵州、云南、西藏。中国特有。

鳞粗枝藓

Gollania taxiphylloides Ando & Higuchi, Hikobia, Suppl. **1**: 189. f. 1-2. 1981. Type: Japan.

生境　岩面。

分布　山东(罗健馨等，1991)。日本(Higuchi,1985)。

圆枝粗枝藓

Gollania tereticaulis Broth., Akad. Wiss. Wien. Sitzungsber., Math. -Naturwiss. Kl., Abt. 1, **133**: 583. 1924. **Type**: China: Yunnan, Yünnanfu, 2050m, Mar. 3. 1914, *Handel-Mazzetti 5733* (holotype: H-BR; isotypes: BM, PC).

生境　岩面或树干上，海拔 1200～2950m。

分布　四川、重庆、贵州、云南。中国特有。

密枝粗枝藓

Gollania turgens (Müll. Hal.) Ando, Bot. Mag. (Tokyo) **79**: 769. 1966. *Cupressima turgens* Müll. Hal., Nuovo Giorn. Bot. Ital., n. s., **5**: 196. 1896. **Type**: China: Shaanxi, Mt. Taibaishan, Aug. 1896, *Giraldi s. n.* (lectotype: FI).

Hypnum turgens (Müll. Hal.) Paris, Index Bryol. Suppl. 215. 1900.

Gollania densepinnata Dixon, Rev. Bryol., n. s., **1**: 189. 1928.

Gollania smirnovii Broth., Rev. Bryol., n. s., **2**: 15. 1929.

生境　林下岩面、腐殖质土、腐木或树干上，海拔 1800～3730m。

分布　山西、陕西、四川、云南。尼泊尔、日本、俄罗斯(远东地区)，北美洲。

多变粗枝藓

Gollania varians (Mitt.) Broth., Nat. Pflanzenfam. Ⅰ(3): 1055. 1908. *Hylocomium varians* Mitt., Trans. Linn. Soc. London., Bot. **3**: 183. 1891. **Type**: Japan: Hakone, Kintoki, *Bisset s. n.* (holotype: NY; isotypes: BM, H-BR).

Gollania macrothamnioides Broth., Öfvers. Förh. Finska Vetensk. -Soc. **62A**(9): 38. 1921.

Gollania horrida Broth., Akad. Wiss. Wien Sitzugsber., Math. -Naturwiss. Kl., Abt. 1, **131**: 219. 1922.

Gollania sasaokae Broth., Ann. Bryol. **1**: 26. 1928.

生境　林中岩面、腐殖质土或腐木上，海拔 700～4300m。

分布　山东(赵遵田和曹同，1998)、河南、陕西、甘肃、浙江、湖北、四川、重庆、贵州、云南。朝鲜、日本。

拟灰藓属 Hondaella Dixon & Sakurai
Bot. Mag. (Tokyo) 52: 133. 1938.

模式种：*H. caperata* (Mitt.) Ando, B. C. Tan & Z. Iwats.

本属全世界现有 2 种，中国有 2 种。

拟灰藓

Hondaella caperata (Mitt.) Ando, B. C. Tan & Z. Iwats., J. Hattori Bot. Lab. **74**: 325. 1993. *Stereodon caperatus* Mitt., J. Proc. Linn. Soc. Bot. Suppl. **1**: 97. 1859. **Type**: India: in Himalayae occidentalis reg. Temp., Kumaon, ad vallem Sargu, *Strachey & Winterbottom s. n.*

Stereodon brachytheciella Broth. & Paris, Bull. Herb. Boissier, sér. 2, **2**: 990. 1902.

Hondaella aulacophylla Dixon & Sakurai, Bot. Mag. (Tokyo) **52**: 133. 1938.

Tutigaea brachytheciella (Broth. & Paris) Ando, J. Jap. Bot. **33**: 177. 1958.

Hondaella brachytheciella (Broth. & Paris) Ando, Hikobia **2**(1): 53. 1960.

生境　树干、腐木或稀见岩面上，海拔 170～2600m。

分布　吉林、辽宁、内蒙古、陕西、台湾(Chuang and Iwatsuki, 1970)、广东、四川、云南、西藏。缅甸、泰国、老挝(Tan and Iwatsuki, 1993)、朝鲜、日本、俄罗斯(远东地区)。

绢光拟灰藓

Hondaella entodontea (Müll. Hal.) W. R. Buck, Brittonia **36**(1): 87. 1984. *Pylaisia entodontea* Müll. Hal., Nuovo Giorn. Bot. Ital., n. s., **3**: 11. 1896. **Type**: China: Shaanxi, Mt. Si-ku-tziu-san, July 1894, *Giraldi s. n.*

Bryosedgwickia entodontea (Müll. Hal.) M. Fleisch., Hedwigia **63**: 211. 1922.

生境　树干、岩面或海拔 2000～3930m 的岩面上。

分布　山西、陕西、四川、西藏。中国特有。

水梳藓属 Hyocomium Bruch & Schimp.
Bryol. Eur. 5: 235. 1853.

模式种：*H. armoricum* (Brid.) Wijk & Marg.

本属全世界现有 1 种。

水梳藓

Hyocomium armoricum (Brid.) Wijk & Marg., Taxon **10**: 24. 1961. *Hypnum armoricum* Brid., Bryol. Univ. **2**: 525. 1827.

Hyocomium flagellare Schimp., Bryol. Eur. **5**: 236 pl. 532. 1852.

Pleurozium flagellare (Schimp.) Kindb., Canad. Rec. Sci. **6**: 19. 1894.

生境　冷杉或杜鹃林下，海拔 4100m。

分布　云南。欧洲。

灰藓属 Hypnum Hedw.

Sp. Musc. Frond. 236. 1801.

模式种：*H. cupressiforme* Hedw.

本属全世界现有约 43 种，中国有 21 种，1 亚种。

镰叶灰藓

Hypnum bambergeri Schimp., Syn. Musc. Eur. (ed. 2), 698. 1860.

生境　阴湿林下土面。

分布　宁夏（白学良，2010）、青海（Tan and Jia，1997）。俄罗斯，欧洲和北美洲。

钙生灰藓

Hypnum calcicola Ando, J. sci. Hiroshima Univ., ser. B, Div. 2, Bot. **8**: 167. 1958.

生境　岩面或稀见于树干基部，海拔 940～2800m。

分布　陕西、江西、湖南、湖北、四川、重庆、贵州、云南、台湾（Mao and Zhang，2011）。日本。

尖叶灰藓

Hypnum callichroum Brid., Bryol. Univ. **2**: 631. 1827.

Sterodon callichrous (Brid.) Braith., Brit. Moss Fl. **3**: 166. 1902.

生境　岩面、土面、腐木或树干上，海拔 760～3990m。

分布　黑龙江、吉林、内蒙古、河北、山西（Wang et al.，1994）、河南、陕西、宁夏、甘肃（Wu et al.，2002）、新疆、江苏、上海（刘仲苓等，1989）、江西（Ji and Qiang，2005）、湖南、四川、重庆、贵州、云南、西藏。日本、俄罗斯（远东地区、西伯利亚），欧洲、北美洲。

拳叶灰藓

Hypnum circinale Hook., Musci Exot. **2**: 21. pl. 107. 1819.

Hypnum sequoieti Müll. Hal., Flora **58**: 91. 1875.

Stereodon circinalis (Hook.) Mitt., Trans. Linn. Soc. London, Bot. **3**: 181. 1891.

Rhaphidostegium pseudorecurvans Kindb., Ottawa Naturalist **7**: 23. 1893.

Hypnum pseudorecurvans (Kindb.) Kindb., Eur. N. Amer. Bryin. **1**: 140. 1897.

Drepanium circinale (Hook.) G. Roth, Eur. Laubm. **2**: 617. pl. 42, f. 7. 1904.

Stereodon sequoieti (Müll. Hal.) Broth. ex Paris, Coll. Nom. Broth. 32. 1909.

生境　林下岩面，海拔 3900m。

分布　黑龙江、吉林、湖北、云南。北美洲。

灰藓（柏状灰藓、欧灰藓）

Hypnum cupressiforme Hedw., Sp. Musc. Frond. 219. 1801.

Stereodon cupressiformis (Hedw.) Brid. ex Mitt., J. Proc. Linn. Soc., Bot., Suppl. **1**: 96. 1859.

Cupressina filaris Müll. Hal., Nuovo Giorn. Bot. Ital., n. s., **3**: 122. 1896. **Type**: China: Shaanxi, Si-ku-tziu-san, July 1894, *Giraldi s. n.*

Cupressina cupressiformis (Hedw.) Müll. Hal., Nuovo Giorn. Bot. Ital., n. s., **3**: 119. 1896.

Hypnum filare (Müll. Hal.) Paris, Index Bryol. Suppl. 200. 1900.

Drepanium cupressiforme (Hedw.) G. Roth, Eur. Laubm. **2**: 621. 1904.

生境　林内树干、腐木、树枝、岩面薄土或土面上，海拔 170～4000m。

分布　吉林、辽宁、内蒙古、山西、山东、陕西、宁夏、甘肃、青海、新疆、安徽、江西、湖南、四川、贵州、云南、西藏、福建、台湾、广西。巴基斯坦（Higuchi and Nishimura，2003）、朝鲜、日本、蒙古、俄罗斯（远东地区、西伯利亚）、斯里兰卡、印度、秘鲁（Menzel，1992）、智利（He，1998）、坦桑尼亚（Ochyra and Sharp，1988），欧洲、北美洲、大洋洲。

密枝灰藓

Hypnum densirameum Ando, J. sci. Hiroshima Univ., ser. B, Div. 2, Bot. **8**: 13. 1957. **Type**: Japan: on rotten log, May 6. 1956, *H. Ando 21 224* (holotype: HIRO).

生境　林下岩面薄土上，海拔 700m。

分布　陕西、贵州。日本

东亚灰藓

Hypnum fauriei Cardot, Beih. Bot. Centralbl. **17**: 41. 1904. **Type**: Korea: Ouen-San, Kang-Quen-To, *Faurie 35.*

生境　林下树皮、腐木上，稀生于岩面或土面上，海拔可达 4500m。

分布　江西、湖南、四川、贵州、云南、台湾、广西。朝鲜、日本。

多蒴灰藓（果灰藓）

Hypnum fertile Sendtn., Denkschr. Bot. Ges. Regensburg **3**: 147. 1841.

Hypnum pseudo-circinale Kindb., Ottawa Naturalist **14**: 83. 1900.

Sanionia fertilis (Sendtn.) Loeske, Hedwigia **46**: 309. 1907.

生境　林下土面、岩面、腐木或树干基部，海拔 1500～3100m。

分布　黑龙江、吉林、内蒙古、山东、浙江、湖南、四川、重庆、贵州、云南、西藏、广西（左勤等，2010）。日本、俄罗斯（远东地区、西伯利亚），欧洲、北美洲、非洲。

长喙灰藓

Hypnum fujiyamae (Broth.) Paris, Index Bryol. Suppl. **1**: 202. 1900. *Stereodon fujiyamae* Broth., Hedwigia **38**: 232. 1899. **Type**: Japan: Hondo, Fuji-no-yama, 1000～1500m, *Mayr 26* (H-BR).

生境　林下土面上、树干基部或树皮上，海拔 400～800m。

分布　河南、福建。朝鲜、日本。

弯叶灰藓

Hypnum hamulosum Schimp., Bryol. Eur. **6**: 96. pl. 590. 1854.

Hypnum cupressiforme var. *hamulosum* Brid., Muscol. Recent. Suppl. **2**: 217. 1812.

生境　土面上、腐殖土、石壁、草丛中或稀生于树皮上，海拔 1200～4800m。

分布　黑龙江、吉林、辽宁、内蒙古、河北、山西（Wang et al.，1994）、河南、陕西、宁夏、甘肃、新疆、江苏、上海（刘仲苓等，1989）、浙江、江西、安徽、湖南、湖北、重庆、贵州、四川、西藏、云南。俄罗斯（西伯利亚），欧洲、北美洲。

凹叶灰藓

Hypnum kushakuense Cardot, Beih. Bot. Centralbl., Abt. 2, **19**(2): 147. f. 38. 1905. **Type**: China: Taiwan, *Kushaku 128.*

生境　不详。

分布　台湾(Cardot, 1905)。中国特有。

美灰藓

Hypnum leptothallum (Müll. Hal.) Paris, Index. Bryol. Suppl. 204. 1900. *Cupressina leptothalla* Müll. Hal., Nuovo Giorn. Bot. Ital., n. s., **3**: 119. 1896. **Type**: China: Shaanxi, Mt. Si-ku-tziu-san, July 1894, *Giraldi s. n.*

Cupressina leucodonteum Müll. Hal., Nuovo Giorn. Bot. Ital., n. s., **3**: 120. 1896. **Type**: China: Shaanxi, Mt. Si-ku-tziu-san, July 1894, *Giraldi s. n.*

Cupressina tereticaulis Müll. Hal., Nuovo Giorn. Bot. Ital., n. s., **3**: 121. 1896. **Type**: China: Shaanxi, Khiu-lin-san, July 1894, *Giraldi s. n.*

Platygyrium denticulifolium Müll. Hal., Nuovo Giorn. Bot. Ital., n. s., **4**: 265. 1897. **Type**: China: Shaanxi, Mt. Lao-y-san, Mar. 1896, *Giraldi s. n.*

Hypnum leucodonteum (Müll. Hal.) Paris, Index. Bryol. Suppl. 204. 1900.

Hypnum tereticaule (Müll. Hal.) Paris, Index. Bryol. Suppl. 214. 1900.

Hypnum tereticaule var. *longeacuminatum* Müll. Hal., Nuovo Giorn. Bot. Ital., n. s., **13**: 30. 1906, *nom. nud.*

Pylaisia appressifolia Thér. & Dixon, Rev. Bryol. Lichènol. **7**: 115. 1934.

Erythrodontium leptothalla (Müll. Hal.) Nog., J. Jap. Bot. **15**: 760. 1939.

Hypnum leptothallum var. *appressifolium* (Thér. & Dixon) Dixon & Sakurai, Bot. Mag. (Tokyo) **53**: 67. 1939.

Homomallium leptothallum (Müll. Hal.) Nog., Misc. Bryol. Lichènol. **1**(15): 4. 1958.

Homomallium leptothallum var. *tereticaule* (Müll. Hal.) Nog., Misc. Bryol. Lichenol. **15**: 4. 1958.

Eurohypnum leptothallum (Müll. Hal.) Ando, Bot. Mag. (Tokyo) **79**: 761. 1966.

Eurohypnum leptothallum var. *tereticaule* (Müll. Hal.) C. Gao & G. C. Zhang, J. Hattori Bot. Lab. **54**: 194. 1983.

生境　岩面薄土、稀生于树根、树干或腐木上,海拔170～5400m。

分布　黑龙江、吉林、内蒙古、北京、山西、山东、河南、陕西、宁夏、甘肃、青海、新疆、安徽、江苏、上海(刘仲苓等, 1989)、江西、湖南、湖北、四川、重庆、贵州、云南、西藏。蒙古、日本、朝鲜、俄罗斯(远东地区、西伯利亚)。

长蒴灰藓

Hypnum macrogynum Besch., Ann. Sci. Nat., Bot., sér. 7, **15**: 91. 1892. **Type**: China: Yunnan, San-tcha-ho, *Delavay 2930.*

Hypnum cupressiforme var. *aduncoides* Brid., Muscol. Recent. Suppl. **2**: 219. 1812

Hypnum aduncoides (Brid.) Müll. Hal., Syn. Musc. Frond. **2**: 295. 1851.

Hypnum flaccens Besch., Ann. Sci. Nat., Bot., sér. 7, **15**: 92. 1892. **Type**: China: Yunnan, Ma-eul-chan, July 9. 1889, *Delavay s. n.*

Hypnum zickendrahtii Renauld & Cardot, Bull. Soc. Roy. Bot. Belgique **41**(1): 116. 1905.

Stereodon flaccens (Besch.) Broth., Nat. Pflanzenfam. Ⅰ(3): 1071. 1908.

Stereodon macrogynus (Besch.) Broth., Nat. Pflanzenfam. Ⅰ(3): 1071. 1908.

Stereodon aduncoides (Brid.) Broth. Nat. Pflanzenfam. Ⅰ(3): 1071. 1908.

Stereodon zickendrahtii (Renauld & Cardot) Broth., Nat. Pflanzenfam. Ⅰ(3):1071. 1908.

生境　树干、树基、腐木、草甸或岩面薄土上,海拔1170～4500m。

分布　山西、江西、四川、贵州、云南、西藏、福建、广东。孟加拉国(O'Shea, 2003)、尼泊尔、不丹、缅甸、斯里兰卡。

南亚灰藓

Hypnum oldhamii (Mitt.) A. Jaeger, Ber. Thätigk St. Gallischen Naturwiss. Ges. **1877-1878**: 331. 1880. *Stereodon oldhamii* Mitt., J. Linn. Soc., Bot. **8**: 154. 1865.

Hypnum circinatulum Schimp. ex Besch., Ann. Sci. Nat., Bot., sér. 7, **17**: 389. 1893.

Stereodonci cinatulus (Schimp. ex Besch.) Broth., Bull. Herb. Boissier, sér. 2, **2**: 990. 1902.

生境　岩壁、土面、腐殖质土、树干、树枝或溪流潮湿地带,海拔570～4500m。

分布　安徽、浙江、江西、湖南、四川、重庆、贵州、云南、西藏、福建、广东、广西、海南。朝鲜、日本。

黄灰藓

Hypnum pallescens (Hedw.) P. Beauv., Prodr. Aethéogam. 67. 1805. *Leskea pallescens* Hedw., Sp. Musc. Frond. 219. pl. 55, f. 1-6. 1801.

Hypnum reptile Michx., Fl. Bor. -Amer., **2**: 315. 1803.

Stereodon reptilis (Michx.) Mitt., J. Linn. Soc., Bot. **8**: 40. 1865.

生境　岩面薄土、土坡、腐木或树干基部,海拔1250～3520m。

分布　吉林、辽宁、内蒙古、山东、山西(Wang et al., 1994)、陕西、宁夏、甘肃、新疆、江西(Ji and Qiang, 2005)、湖北、四川、贵州、云南、西藏。巴基斯坦(Higuchi and Nishimura, 2003)、朝鲜、日本、俄罗斯(远东地区、西伯利亚),欧洲、北美洲。

大灰藓(多形灰藓、羽枝灰藓)

Hypnum plumaeforme Wilson, London J. Bot. **7**: 277. 1848.

Stereodon plumaeformis (Wilson) Mitt., J. Linn. Soc., Bot. **8**: 154. 1865.

Cupressina alaris Müll. Hal., Nuovo Giorn. Bot. Ital., n. s., **3**: 119. 1896. **Type**: China: Shaanxi, Zu-lu, Kuan-tou-san, July 1894, *Giraldi s. n.*

Cupressina sinensimollusca Müll. Hal., Nuovo Giorn. Bot. Ital., n. s., **3**: 121. 1896. **Type**: China: Shaanxi, Si-ku-tziu-san, July 1894, *Giraldi s. n.*

Cupressima plumaeformis (Wilson) Müll. Hal., Nuovo Giorn. Bot. Ital., n. s., **5**: 197. 1898.

Hypnum alare (Müll. Hal.) Paris, Index. Bryol., Suppl. 194. 1900.

Stereodon alaris (Müll. Hal.) Broth., Nat. Pflanzenfam. I (3): 1071. 1908.

Breidleria plumaeformis (Wilson) M. Fleisch., Nova Guinea **12**(2): 122. 1914.

Stereodon pulcherrimum Broth. Öfvers. Förh. Finska Vetensk. -Soc. **62A**(9): 40. 1921.

Hypnum pulcherrimum Broth., Nat. Pflanzenfam. (ed. 2), **11**: 454. 1925.

Ectrothecium circinatum E. B. Bartram, Ann. Bryol. **8**: 19. f. 12. 1936.

Hypnum plumaeforme var. *sinensimolluscum* (Müll. Hal.) Ando, Hikobia **6**: 40. 1971.

生境　腐木、树干、树基、岩面或土面上，海拔 620～3900m。

分布　吉林、内蒙古、河北、陕西、甘肃、新疆、河南、安徽、江苏、上海(李登科和高彩华，1986)、浙江、江西、湖南、湖北、山东、四川、重庆、贵州、云南、西藏、福建、台湾、广东、广西、海南、香港。斯里兰卡(O'Shea，2002)、朝鲜、日本、越南、尼泊尔、缅甸、越南、菲律宾、俄罗斯(远东地区)、美国(夏威夷)。

多毛灰藓

Hypnum recurvatum (Lindb. & Arnell) Kindb., Enum. Bryin. Exot. 100. 1891. *Stereodon recurvatus* Lindb. & Arnell, Kongl. Svenska Vetensk. Akad. Handl., n. s., **23** (10): 149. 1890. **Type**: Russia: Siberia, *Arnell s. n.*

Drepanium recurvatum (Lindb. & Arnell) G. Roth, Eur. Laubm. **2**: 613. pl. 55, f. 24. 1905.

Hypnum ravaudii Boul. subsp. *fastigiatum* (Hampe) Wijk & Marg., Taxon **9**: 51. 1960.

Hypnum bridelianum H. A. Crum, Steere & L. E. Anderson, Bryologist **68**: 433. 1965.

Hypnum bridelianum var. *recurvatum* (Lindb. & Arnell) Nyholm, Ill. Moss Fl. Fennoscandia. II, Musci 776. 1969.

生境　岩面或灌丛中，海拔 1600～3700m。

分布　陕西、四川(Li et al.，2011)、云南、西藏。蒙古、俄罗斯(西伯利亚)，欧洲、北美洲。

卷叶灰藓

Hypnum revolutum (Mitt.) Lindb., Öfvers. Förh. Kongl. Svenska Vetensk. -Akad. **23**: 542. 1867. *Stereodon revolutus* Mitt., J. Proc. Linn. Soc., Bot., Suppl. **1**: 97. 1859. **Type**: China: Xizang, occid. Reg. alp., in summon montis Hera La, 18 700ft., *H. Strachey s. n.*

Stereodon plicatilis Mitt., J. Linn. Soc., Bot. **8**: 40. 1865.

生境　林下灌丛中、岩面、林地、树干或腐木上，海拔 1800～5000m。

分布　河北、内蒙古、山西、山东(赵遵田和曹同，1998)、重庆、陕西、宁夏(黄正莉等，2010)、甘肃(Wu et al.，2002)、青海、新疆、江苏、江西、湖南、四川、贵州、云南、西藏。巴基斯坦(Higuchi and Nishimura，2003)、蒙古、俄罗斯(远东地区、西伯利亚)，欧洲、北美洲。

湿地灰藓

Hypnum sakuraii (Sakurai) Ando, J. Sci. Hiroshima Univ., ser. B, Div. 2, Bot. **8**: 185. 1958. *Calohypnum sakuraii* Sakurai, J. Jap. Bot. **25**: 219. 1950. **Type**: Japan: Shizuoka Pref., Mt. Higane, *T. Haneda 44 990.*

生境　潮湿岩面薄土、腐殖质土、腐木或树皮上，海拔 200～2780m。

分布　陕西、河南、安徽、四川、重庆(胡晓云和吴鹏程，1991)、贵州、云南(Mao and Zhang，2011)、福建。日本。

温带灰藓强弯亚种

Hypnum subimponens Lesq. subsp. **ulophyllum** (Müll. Hal.) Ando, Bot. Mag. (Tokyo) **79**: 766. 1966. *Cupressina ulophylla* Müll. Hal., Nuovo Giorn. Bot. Ital., n. s., **3**: 122. 1896. **Type**: China: Shaanxi, Mt. Kuan-tou-san, July 1894, *Giraldi s. n.*

Cupressina minuta Müll. Hal., Nuovo Giorn. Bot. Ital., n. s., **3**: 120. 1896. **Type**: China: Shaanxi, Mt. Kuan-tou-san, July 1894, *Giraldi s. n.*

Hypnum minnutum (Müll. Hal.) Paris, Index Bryol. Suppl. 204. 1900.

Hypnum ulophyllum (Müll. Hal.) Paris, Index Bryol. Suppl. 251. 1900.

Hypnum binervosum Dixon, J. Bombay Nat. Hist. Soc. **39**: 793. 1937.

Hypnum shensianum Ando, Bot. Mag. (Tokyo) **79**: 765. 1966.

生境　不详。

分布　吉林、陕西、台湾。巴基斯坦(Higuchi and Nishimura，2003)、朝鲜、日本，北美洲。

拟梳灰藓

Hypnum submolluscum Besch., Ann. Sci. Nat., Bot., sér. 7, **15**: 93. 1892. **Type**: China: Yunnan, Tasang-yang-tchang, May 24. 1889, *Delavay s. n.*

生境　滴水岩面、土上、树干或腐木上，海拔 1800～4320m。

分布　四川、贵州、云南、西藏。印度(Gangulee，1980)。

直叶灰藓

Hypnum vaucheri Lesq., Mém. Soc. Sci. Nat. Neuchâtel **3** (3): 48. 1846.

Eurhynchium vaucheri (Lesq.) Schimp. in B. S. G., Bryol. Eur. **5**: 231. pl. 530. 1854.

Stereodon cupressiforme subsp. *vaucheri* (Lesq.) Lindb., Musci Scand. 38. 1879.

Hpnum cupressiforme var. *vaucheri* (Lesq.) Boulay, Musc. France 35. 1884.

Stereodon vaucheri (Lesq.) Lindb. ex Broth., Acta Soc. Sci. Fenn. **19**(23): 127. 1891.

Hpnum cupressiforme subsp. *vaucheri* (Lesq.) Bryhn, Kongel. Norske Vidensk. Selsk. Skr. **1892**: 221. 1893

Drepanium vaucheri (Lesq.) G. Roth, Eur. Laubm. **2**: 619. pl. 55, f. 3. 1904.

生境　岩面薄土或树干上，海拔 2620～4100m。

分布　山西(Wang et al.，1994)、陕西、宁夏、甘肃、内蒙古、新疆、西藏。巴基斯坦(Higuchi and Nishimura，2003)、蒙古、日本、俄罗斯(远东地区、西伯利亚)，欧洲、北美洲、非洲。

平齿藓属 Leiodontium Broth.

Symb. Sin. **4**: 127. 1929.

模式种:*L. gracile* Broth.

本属全世界现有 3 种,中国有 2 种。

平齿藓

Leiodontium gracile Broth., Symb. Sin. **4**: 127. 1929. **Type**: China: Yunnan, *Handel-Mazzetti 8449*, *9210* (H-BR).

生境 树干上,海拔 2950～3200m。

分布 云南。印度(Gangulee, 1980)、尼泊尔(Gangulee, 1980)。

大平齿藓

Leiodontium robustum Broth., Symb. Sin. **4**: 128. pl. 5, f. 5-8. 1929. **Type**: China: Yunnan, 3900～4100m, *Handel-Mazzetti 7820* (holotype: H-BR).

生境 岩面上,海拔 3900～4100m。

分布 云南。中国特有。

小梳藓属 Microctenidium M. Fleisch.

Musci Buitenzorg **4**: 1464. 1923.

模式种:*M. leveilleanum* (Dozy & Molk.) M. Fleisch.

本属全世界现有 2 种,中国有 1 种。

绿色小梳藓

Microctenidium assimile Broth., Symb. Sin. **4**: 127. 1929. **Type**: China: Yunnan, Dali Co., 3100～3400m, May 27. 1915, *Handel-Mazzetti 6583* (holotype: H-BR).

生境 岩面上,海拔 3100～4225m。

分布 云南。中国特有。

拟平锦藓属(新拟)Platygyriella Cardot

Rev. Bryol. **37**: 9. 1910.

模式种:*P. helicodontioides* Cardot

本属全世界现有 8 种,中国有 1 种。

尖叶拟平锦藓(新拟)

Platygyriella aurea (Schwägr.) W. R. Buck, Brittonia **36**: 86. 1984. *Neckera aurea* Schwägr., Sp. Musc. Frond., Suppl. 3, **1**(1): 217. f. b. 1827. **Type**: Nepal: *D. Gardner s. n.* (holotype: BM; isotype: NY).

Maschalocarpus aureus (Schwägr.) Spreng., Syst. Veg. **4** (1): 160. 1827.

Leskea aurea (Schwägr.) Harv., London J. Bot. **2**: 16. 1843.

Stereodon aureus (Schwägr.) Mitt., J. Proc. Linn. Soc., Bot., Suppl. **1**: 94. 1859.

Entodon aureus (Schwägr.) A. Jaeger, Ber. Thätigk. St. Gallischen Naturwiss. Ges. **1876-1877**: 293 (Gen. Sp. Musc. **2**: 359). 1878.

Cylindrothecium aureum (Schwägr.) Paris, Index Bryol. 295. 1894.

Pylaisia aurea (Schwägr.) Broth., Nat. Pflanzenfam. Ⅰ(3): 886. 1907.

Bryosedgwickia aurea (Schwägr.) M. Fleisch., Hedwigia **63**: 211. 1922.

Entodon acutifolius R. L. Hu, Bryologist **86**: 206. 1983. **Type**: China: Yunnan, *Yuan-yang Cheng 326* (holotype: PE).

生境 石上或树干上。

分布 内蒙古、宁夏(黄正莉等, 2010, as *Entodon acutifolius*)、四川、云南、广西(贾鹏等, 2011, as *E. acutifolius*)。尼泊尔。

叶齿藓属(新拟)Phyllodon Bruch & Schimp.

Bryol. Eur. **5**: 60. 1851.

模式种:*Hookeria retusa* Wilson ex Bruch & Schimp.

本属全世界现有 10 种,中国有 3 种。

双齿叶齿藓(新拟)

Phyllodon bilobatus (Dixon) P. Câmara, Novon **20**(2): 140. 2010. *Taxithelium bilobatum* Dixon, Bull. Torrey Bot. Club **51**: 244. 1924.

Glossadelphus bilobatus (Dixon) Broth., Nat. Pflanzenfam. (ed. 2), **11**: 535. 1925.

生境 岩石上。

分布 云南。印度。

锐齿叶齿藓(新拟)

Phyllodon glossoides (Bosch & Sande Lac.) P. Câmara, Novon **20**(2): 140. 2010. *Hypnum glossoides* Bosch & Sande Lac., Bryol. Jav. **2**: 146. pl. 243. 1866. **Type**: Indonesia: Java.

Trichosteleum glossoides (Bosch & Sande Lac.) Geh., Rev. Bryol. **21**: 85. 1894.

Taxithelium glossoides (Bosch & Sande Lac.) M. Fleisch., Nat. Pflanzenfam. Ⅰ(3): 1093. 1908.

Glossadelphua glossoides (Bosch & Sande Lac.) M. Fleisch., Musci Buitenzorg **4**: 1358. 1923.

生境 树干基部。

分布 云南。泰国、印度尼西亚、巴布亚新几内亚。

舌形叶齿藓(新拟)

Phyllodon lingulatus (Cardot) W. R. Buck, Mem. New York Bot. Gard. **45**: 521. 1987. *Taxithelium lingulatum* Cardot, Beih. Bot. Centralbl. **19**(2): 136. f. 27. 1905. **Type**: China: Taiwan, Kelung, *Faurie 179* (holotype: PC; isotype: BM).

Glossadelphus lingulatus (Cardot) M. Fleisch., Musci Buitenzorg **4**: 1352. 1923.

生境 林中岩面或岩面薄土上,海拔600~800m。

分布 广东(何祖霞等, 2004)、海南、香港、台湾、云南、西藏。越南、菲律宾、印度尼西亚(爪哇)、日本。

齿灰藓属 Podperaea Z. Iwats. & Glime J. Hattori Bot. Lab. **55**: 495. 1984.

模式种:*P. krylovii* (Podp.) Z. Iwats. & Glime

本属全世界仅1种。

齿灰藓

Podperaea krylovii (Podp.) Z. Iwats. & Glime, J. Hattori Bot. Lab. **55**: 495. 1984. *Chrysohypnum krylovii* Podp., Spisy PYír. Fak. Masarykovy Univ. **116**: 28 f. 19. 1929.

生境 林下岩面薄土上。

分布 宁夏。日本、俄罗斯(远东地区)。

假丛灰藓属 Pseudostereodon (Broth.) M. Fleisch. Musci Buitenzorg **4**: 1376. 1923.

模式种:*P. procerrimus* (Molendo) M. Fleisch.

本属全世界现有1种。

假丛灰藓

Pseudostereodon procerrimum (Molendo) M. Fleisch., Musci Buitenzorg **4**: 1376. 1923. *Hypnum procerrimum* Molendo, Flora **49**: 458. 1866.

生境 针阔叶林下岩面、土面、草丛、树干基部、树干或腐木上。

分布 黑龙江、吉林、内蒙古、陕西、甘肃、青海、新疆、四川、云南、西藏。蒙古、俄罗斯(远东地区、西伯利亚),欧洲、北美洲。

拟鳞叶藓属 Pseudotaxiphyllum Z. Iwats. J. Hattori Bot. Lab. **63**: 445. 1987.

模式种:*P. elegans* (Brid.) Z. Iwats.

本属全世界现有11种,中国有4种。

爪哇拟鳞叶藓(新拟)

Pseudotaxiphyllum arquifolium (Bosch & Sande Lac.) Z. Iwats., J. Hattori Bot. Lab. **63**: 449. 1987. *Hypnum arquifolium* Bosch & Sande Lac., Bryologia Javanica **2**: 186. pl. 284. 1867.

生境 不详,海拔350~1150m。

分布 贵州、湖南(Brotherus, 1929)。印度尼西亚。

密叶拟鳞叶藓

Pseudotaxiphyllum densum (Cardot) Z. Iwats., J. Hattori Bot. Lab. **63**: 449. 1987. *Isopterygium densum* Cardot, Bull. Soc. Bot. Genève, sér 2, **4**: 386. 1912. **Type**: Japan.

Isopterygium tosaense Broth. ex Iisiba, Cat. Moss. Jap. 86. 1932.

Isopterygium rubro-tapes Sakurai, Bot. Mag. (Tokyo) **54**: 175. 1940.

Isopterygium tosaense Broth. in Sakurai, Bot. Mag. (Tokyo) **54**: 168. 1940, *hom. illeg.*

生境 林下土面、岩面、树干或腐木上,海拔160~2100m。

分布 江西、湖南、重庆、贵州、云南、福建、广东、广西、海南。日本。

弯叶拟鳞叶藓(新拟)

Pseudotaxiphyllum fauriei (Cardot) Z. Iwats., J. Hattori Bot. Lab. **63**: 449. 1987. *Isopterygium fauriei* Cardot, Bull. Soc. Bot. Genève, sér. **24**: 386. 1912. **Type**: Japan: Hakkoda.

生境 沙土上,海拔1080m。

分布 湖南(Enroth and Koponen, 2003)。日本。

东亚拟鳞叶藓(东亚同叶藓)

Pseudotaxiphyllum pohliaecarpum (Sull. & Lesq.) Z. Iwats., J. Hattori Bot. Lab. **63**: 449. 1987. *Hypnum pohliaecarpum* Sull. & Lesq., Proc. Amer. Acad. Arts. Sci. **4**: 280. 1859. **Type**: Japan: Simoda, on steep bank, May 25. 1855, *Wright s. n.* (holotype: FH).

Rhynchostegium textorii Sande Lac., Ann. Mus. Bot. Lugduno-Batavi **2**: 299. 1866.

Isopterygium pohliaecarpum (Sull. & Lesq.) A. Jaeger, Ber. Thätigk. St. Gallischen. Naturwiss. Ges **1876-1877**: 442. 1878.

Isopterygium texitorii (Sande Lac.) Mitt., Trans. Linn. Soc. London, Bot. **3**: 176. 1891.

Isopterygium sinense Broth. & Paris, Rev. Bryol. **38**: 58. 1911. **Type**: China: Jiangsu, Yang Lin Hou, *Courtois s. n.*

Isopterygium perchlorosum Broth., Symb. Sin. **4**: 125. 1929. **Type**: China: Sichuan, *Handel-Mazzetti 2314.*

生境 土面上、腐殖质上、岩面、树干或腐木上,海拔200~2350m。

分布 辽宁、山东、安徽、江苏、浙江、江西、湖南、湖北、重庆、贵州、云南、西藏、福建、台湾(Herzog and Noguchi, 1955, as *Isopterygium texitorii*)、广东、广西、海南、香港。印度、斯里兰卡、缅甸、泰国、柬埔寨、马来西亚、菲律宾、印度尼西亚、日本、越南、老挝、瓦努阿图。

毛梳藓属 Ptilium De Not.
Cronac. Briol. Ital. 2: 17. 1867.

模式种:*P. crista-castrensis* (Hedw.) De Not.
本属全世界现有 1 种,中国有 1 种。

毛梳藓

Ptilium crista-castrensis (Hedw.) De Not., Cronac. Briol. Ital. **2**: 178. 1867. *Hypnum crista-castrensis* Hedw., Sp. Musc. Frond. 287. 1801.

Ctenium crista-castrensis (Hedw.) C. E. O. Jensen, Danmarks Mosser **2**: 122. 1923.

生境　沼泽地、腐殖质土、岩面、腐木或树干上,海拔 1200~4600m。

分布　黑龙江、吉林、辽宁、内蒙古、河北、山西、陕西、甘肃(安定国,2002)、新疆、湖北、江西、四川、贵州、云南、西藏、台湾。蒙古、朝鲜、日本、俄罗斯(远东地区、西伯利亚)、尼泊尔、印度、不丹、缅甸(Tan and Iwatsuki, 1993),欧洲、北美洲。

拟硬叶藓属 Stereodontopsis R. S. Williams
Bull. New York Bot. Gard. 8: 368. 1914.

模式种:*S. flagellifera* R. S. Williams
本属全世界现有 2 种,中国有 1 种。

拟硬叶藓

Stereodontopsis pseudorevoluta (Reimers) Ando, Hikobia **3** (4): 295. 1963. *Hypnum pseudorevolutum* Reimers, Hedwigia **71**: 64. 1931. **Type**: China: Jiangxi, Yao-shan, *Sin 3948a*.

Hypnum percrassum Ando, J. Sci. Hiroshima Univ., ser. B, Div. 2, Bot. **8**: 8. f. 9. 1957.

生境　岩面、土面或茶树上。

分布　安徽、福建、广东(何祖霞等, 2004)、广西、香港。日本。

鳞叶藓属 Taxiphyllum M. Fleisch.
Musci Buitenzorg 4: 1434. 1923.

模式种:*T. taxirameum* (Mitt.) M. Fleisch.
本属全世界现有 31 种,中国有 10 种。

互生叶鳞叶藓

Taxiphyllum alternans (Cardot) Z. Iwats., J. Hattori Bot. Lab. **26**: 67. 1963. *Isopterygium alternans* Cardot, Beih. Bot. Centrabl. **17**: 37. 1904.

Plagiothecium turgescens Broth., Öfvers. Förh. Finska Vetensk. -Soc. **62A**(9): 46. 1921.

Plagiothecium brevicuspis Broth., Symb. Sin. **4**: 116. 1929. **Type**: China: Yunnan, Dali Co., *Handel-Mazzetti 8557*.

Gollania cochlearifolia Broth. ex Dixon, Trav. Bryol. **1** (13): 17. 1942.

生境　湿土面、岩面、腐木或树干基部,海拔 560~1700m。

分布　河南、陕西、甘肃、重庆、贵州。朝鲜、日本,北美洲。

细尖鳞叶藓

Taxiphyllum aomoriense (Besch.) Z. Iwats., J. Hattori. Bot. Lab. **26**: 67. 1963. *Plagiothecium aomoriense* Besch., Ann. J. Sci. Ann. Nat., Bot., sér. 7, **17**: 385. 1893.

Gollania densifolia Dixon, Hong Kong Naturalist, Suppl. **2**: 30. 1933. **Type**: China: Chihli Prov., *Clemens 5096b*.

生境　林下岩面薄土上,海拔 250m。

分布　吉林(Dixon, 1933, as *Gollania densifolia*)、山东、江苏、湖南、重庆、贵州、云南、广西(Mao and Zhang, 2011)。朝鲜、日本。

钝头鳞叶藓

Taxiphyllum arcuatum (Besch. & Sande Lac.) S. He, J. Hattori. Bot. Lab. **81**: 37. 1997. *Homalia arcuatum* Besch. & Sande Lac., Bryol. Jav. **2**: 56. pl. 176, f. b. 1862. **Type**: Indonesia: Moluccarum insula Halmaheira, *Vriese s. n.* (lectotype: L); Sumatra Padang, *Wilterns s. n.* (syntype: L).

Homalia subarcuata Broth., Hedwigia **38**: 229, 1899.

Isopterygium subarcuatum (Broth.) Nog., J. Jap. Bot. **20**: 148. 1944.

Taxiphyllum subarcuatum (Broth.) Z. Iwats., J. Hattori. Bot. Lab. **26**: 67. 1963.

生境　土面或树干上,海拔 1500m。

分布　江西、江苏(刘仲苓等, 1989)、湖南、湖北、四川、重庆、贵州、西藏、福建、海南、香港。泰国、印度尼西亚、日本。

异序鳞叶藓(新拟)

Taxiphyllum autoicum Thér., Ann. Cryptog. Exot. **5**: 187. 1932. **Type**: China: Fujian, Fuchow, Kushan, *H. H. Chung 274*.

生境　岩面腐殖土上。

分布　福建(Thériot, 1932)。中国特有。

凸尖鳞叶藓

Taxiphyllum cuspidifolium (Cardot) Z. Iwats., J. Hattori Bot. Lab. **28**: 220. 1965. *Isopterygium cuspidifolium* Cardot, Bull. Soc. Bot. Genève, sér **4**: 387. 1912.

Plagiothecium squamatum Broth., Öfvers. Förh. Finska Vetensk. -Soc. **62A**(9): 45. 1921.

Plagiothecium yasudae Broth., Rev. Bryol. **53**: 4. 1926.

Taxiphyllum squamatum (Broth.) Z. Iwats., J. Hattori Bot. Lab. **26**: 67. 1963.

生境 林下土面、腐殖质、石灰岩或岩面薄土上，海拔130～3000m。

分布 山东、湖南、湖北、四川、重庆、贵州、云南、广东。日本，北美洲。

陕西鳞叶藓

Taxiphyllum giraldii (Müll. Hal.) M. Fleisch., Musci Buitenzorg **4**: 1435. 1923. *Plagiothecium giraldii* Müll. Hal., Nuovo Giorn. Bot. Ital., n. s., **3**: 114. 1896. **Type**: China: Shaanxi, Si-ku-tziu-san, July 1894, *Giraldi s. n.*

Isopterygium giraldii (Müll. Hal.) Paris, Index Bryol. Suppl. 219. 1900.

生境 岩面薄土、土面上，有时也生于树干基部或树干上，海拔30～2900m。

分布 吉林、辽宁、北京、山西(Wang et al., 1994)、山东、河南、陕西、甘肃、重庆、云南、贵州、西藏。日本。

浮生鳞叶藓

Taxiphyllum inundatum Reimers, Hedwigia **71**: 71. 1931. **Type**: China: Guangdong, Ta-poo, *Sin et al. 33.*

生境 林下潮湿土面上。

分布 广东。中国特有。

疏毛鳞叶藓(新拟)

Taxiphyllum pilosum (Broth. & Yasuda) Z. Iwats., J. Hattori Bot. Lab. **26**: 67. 1963. *Plagiothecium pilosum* Broth. & M. Yasuda, Rev. Bryol. **53**: 3. 1926. **Type**: China: Taiwan. Kwarenko, *Yasuda s. n.*

生境 不详。

分布 香港。日本。

台湾鳞叶藓(新拟)

Taxiphyllum taiwanense Sakurai, Bot. Mag. **63**: 200. 1950. **Type**: China: Taiwan, Taihoku, Nov. 22. 1934, *K. Sakurai 14228.*

生境 不详。

分布 台湾(Sakurai, 1950)。中国特有。

鳞叶藓

Taxiphyllum taxirameum (Mitt.) M. Fleisch., Musci Buitenzorg **4**: 1435. 1923. *Stereodon taxirameum* Mitt., J. Proc. Linn. Soc., Bot., Suppl. **1**: 105. 1859. **Syntypes**: India: in Himalay reg. temp., Simla et Kumaon, *T. Thomson 1008*, *1023b*; in mont. Khasian. Reg. temp., *J. D. Hooker* & *T. Thomson*; in Assam superiore, *Griffith s. n.*; Nepal: *J. D. Hooker*; Ceylon: *Gardner s. n.*

Isopterygium taxirameum (Mitt.) A. Jaeger, Ber. Thätigk. St. Gallischen. Naturwiss. Ges. **1876-1877**: 439. 1878.

Hylocomium isoperygioides Broth. & Paris, Rev. Bryol. **33**: 27. 1906.

Gollania isopterygioides (Broth. & Paris) Broth., Nat. Pflanzenfam. I (3): 1055. 1908.

生境 土面、岩面、树干或腐木上，海拔150～3000m。

分布 黑龙江、吉林、辽宁、内蒙古、北京、山东、河南、陕西、宁夏、甘肃、安徽、江苏、上海(李登科和高彩华，1986)、浙江、江西、湖南、湖北、四川、重庆、贵州、云南、西藏、福建、台湾(Lin and Yang, 1992)、广东、广西、海南、香港。巴基斯坦(Higuchi and Nishimura, 2003)、尼泊尔、印度、不丹、斯里兰卡、孟加拉国、缅甸、老挝、越南、泰国、马来西亚、新加坡、印度尼西亚(Touw, 1992)、朝鲜、日本、菲律宾、厄瓜多尔(Churchill, 1998)、澳大利亚、瓦努阿图、巴西(Yano, 1995)，北美洲。

毛青藓属 Tomentypnum Loeske
Deutsch. Bot. Monatschr. **22**: 82. 1911.

模式种：*T. nitens* (Hedw.) Loeske

本属全世界现有2种，中国有2种。

弯叶毛青藓(新拟)

Tomentypnum falcifolium (Renauld ex Nichols) Tuom., Ann. Bot. Fenn. **4**: 435. 1967.

Camptothecium nitens var. *falcifolium* Renauld ex Nichols, Rhodora **15**: 12. 1913. **Type**: U. S. A.

生境 沼泽地中，海拔550～1250m。

分布 黑龙江、吉林(Vitt and Cao, 1989)。俄罗斯，北美洲。

毛青藓

Tomentypnum nitens (Hedw.) Loeske, Deutschl. Bot. Monatschr. **20**: 82. 1911. *Hypnum nitens* Hedw., Sp. Musc. Frond. 255. 1801.

Camptothecium nitens (Hedw.) Schimp., Syn. Musc. Eur. 530. 1860.

Homalothecium nitens (Hedw.) H. Rob., Bryologist **65**: 99. 1962[1963].

生境 森林中林下湿地或沼泽，常与其他藓类混生。

分布 黑龙江、辽宁、内蒙古、新疆。北温带寒冷地区。

明叶藓属 Vesicularia (Müll. Hal.) Müll. Hal.
Bot. Jahrb. **23**: 330. 1896.

模式种：*V. meyeniana* (Hampe) Broth.

本属全世界现有116种，中国有12种。

北方明叶藓(新拟)

Vesicularia borealis Dixon, Honk Kong Naturalist, Suppl. **2**:

29. f. 16. 1933. **Type**: China: Shanxi, Tsinanfu, July 13. 1921, *E. Licent 322*, *323*, *324*.

生境 不详。

分布 山西(Dixon, 1933)。中国特有。

绿色明叶藓(新拟)

Vesicularia chlorotica (Besch.) Broth., Nat. Pflanzenfam. I (3): 1094. 1908. *Ectropothecium chloroticum* Besch., Bull. Soc. Bot. France **34**: 99. 1887. **Type**: Vietnam: Hanoi, *R. P. Bon 2350* (holotype: PC).

生境 不详。

分布 云南(Brotherus, 1929)、福建(Thériot, 1932)。越南。

海岛明叶藓(新拟)

Vesicularia dubyana (Müll. Hal.) Broth., Nat. Pflanzenfam. I (3): 1095. 1908. *Hypnum dubyanum* Müll. Hal., Syn. Musc. Frond. **2**: 241. 1851., *Ectropothecium dubyanum* (Müll. Hal.) A. Jaeger, Ber. Thätigk. St. Gallischen Naturwiss. Ges. **1877-1878**: 272 (Gen. Sp. Musc. 2: 536). 1880.

生境 不详。

分布 香港(Dixon, 1933)。印度尼西亚、菲律宾。

暖地明叶藓

Vesicularia ferriei (Cardot & Thér.) Broth., Nat. Pflanzenfam. I (3): 1237. 1909. *Ectropothecium ferriei* Cardot & Thér., Bull. Int. Géogr. Bot. **18**: 3. 1908.

Vesicularia cuspidata S. Okamura, J. Coll. Sci. Imp. Univ. Tokyo **36**(7): 38. 1915.

Vesicularia apiculata Broth., Öfvers. Förh. Finska Vetensk. -Soc. **62A**(9): 48. 1921.

生境 潮湿岩面、土面、树枝或水中岩面上,海拔 170~3600m。

分布 江苏(刘仲苓等, 1989)、上海(刘仲苓等, 1989)、浙江(刘仲苓等, 1989)、江西、湖南、贵州、云南、西藏、福建、广东(何祖霞等, 2004)、海南、香港。日本。

柔软明叶藓

Vesicularia flaccida (Sull. & Lesq.) Z. Iwats., J. Hattori Bot. Lab. **26**: 70. 1963. *Hypnum flaccidum* Sull. & Lesq., Proc. Amer. Acad. Arts **4**: 280. 1859.

Plagiothecium delicatulum Broth., Öfvers. Förh. Finska Vetensk. -Soc. **62A**(9): 47. 1921.

生境 腐木、岩面或土面上。

分布 四川(李祖凰等, 2010)、台湾。日本。

海南明叶藓

Vesicularia hainanensis P. C. Chen, Sunyatsenia **6**: 193. 1941. **Type**: China: Hainan: Pepu, *C. Ho 1136* (holotype: PE).

生境 土面或岩面薄土上,海拔 650~900m。

分布 西藏、海南。中国特有。

弯叶明叶藓(新拟)

Vesicularia inflectens (Brid.) Müll. Hal., Bot. Jahrb. Syst. **23**: 330. 1896. *Leskea inflectens* Brid., Bryol. Univ. **2**: 331. 1827.

Hypnum fuscescens Hook. & Arn., Bot. Beechey Voy. **76**: 19. 1841.

Ectropothecium fuscescens (Hook. & Arn.) Mitt., J. Linn. Soc., Bot. **10**: 180. 1868.

Hypnum loxocarpum Ängström, Öfvers. Förh. Kongl. Svenska Vetensk. -Akad. **30**(5): 126. 1873.

Hypnum perviride Ängström, Öfvers. Förh. Kongl. Svenska Vetensk. -Akad. **30**(5): 151. 1873.

Ectropothecium inflectens (Brid.) Besch., Ann. Sci. Bot., Sér. 5, **18**: 242. 1873.

Vesicularia subinflectens Müll. Hal., Bot. Jahrb. Syst. **23**: 330. 1896.

Vesicularia perviridis (Ängström) Müll. Hal., Flora **82**: 467. 1896.

生境 不详。

分布 香港。印度尼西亚、澳大利亚、太平洋群岛。

明叶藓

Vesicularia montagnei (Schimp.) Broth., Nat. Pflanzenfam. I (3): 1094. 1908. *Hypnum montagnei* Schimp. in Mont., Hist. Phys. Cuba, Bot., Pl. Cell. **9**: 530. pl. 2, f. 1. 1842.

Pterygophyllum montagnei Bél., Voy. Indes Or. Bot. **2** (Crypt.): 85. 1834.

Vesicularia meyeniana (Hampe) Broth., Nat. Pflanzenfam. I (3): 1094. 1908.

Vesicularia tamakii Broth., Öfvers. Förh. Finska Vetensk. -Soc. **62A**(9): 49. f. 29. 1921.

生境 树干或岩面上,海拔 1800m。

分布 江西(何祖霞等, 2008)、湖南、重庆、云南、西藏、香港、台湾。日本、印度、缅甸、斯里兰卡、孟加拉国、泰国、越南、马来西亚、新加坡、印度尼西亚、菲律宾、澳大利亚、非洲。

长尖明叶藓

Vesicularia reticulata (Dozy & Molk.) Broth., Nat. Pflanzenfam. I(3): 1094. 1908. *Hypnum reticulatum* Dozy & Molk., Ann. Sci. Nat., Bot., sér. 3, **2**: 309. 1844.

Ectropothecium perreticulatum Broth. in Salm., J. Linn. Soc., Bot. **34**: 467. 1900, *nom. nud.*

Vesicularia sasaokae S. Okamura, J. Coll. Sci. Imp. Univ. Tokyo **38**(4): 67, f. 29. 1916.

Vesicularia shimadae S. Okamura, J. Coll. Sci. Imp. Univ. Tokyo **38**(4): 69, f. 30. 1916.

生境 树干基部、腐木、土面或岩面上,海拔 650~3100m。

分布 山东(赵遵田和曹同, 1998)、陕西、江苏(张政等, 2006)、江西(Ji and Qiang, 2005)、湖南(Enroth and Koponen, 2003)、贵州、云南、西藏、福建、台湾、广东、海南、香港。孟加拉国(O'Shea, 2003)、巴基斯坦(Higuchi and Nishimura, 2003)、日本、菲律宾、印度、尼泊尔、缅甸、泰国、越南、柬埔寨、马来西亚、新加坡、印度尼西亚(爪哇)、菲律宾、澳大利亚、土耳其。

短叶明叶藓(新拟)

Vesicularia stillicidiorum Broth., Symb. Sin. **4**: 126. 1929. **Type**: China: Sichuan, 1350m, Apr. 3. 1914, *Handel-Mazzetti 1115* (holotype: H).

生境 不详,海拔 1350m。

分布 四川(Brotherus, 1929)。中国特有。

淡绿明叶藓(新拟)

Vesicularia subchlorotica Broth., Symb. Sin. **4**: 126. 1929. **Type**: China: Yunnan, 200～400m, Feb. 28. 1915, *Handel-Mazzetti 5795* (holotype: H).

生境　不详,海拔200～400m。

分布　云南(Brotherus, 1929)。中国特有。

鹤庆明叶藓(新拟)

Vesicularia tonkinensis (Besch.) Broth., Symb. Sin. **4**: 126. 1929. *Ectropothecium tonkinense* Besch., J. Bot. (Morot) **4**: 205. 1890. **Type**: Vietnam: Quang-Yen, *P. Bon s. n.*

生境　不详,海拔150～1550m。

分布　云南(Brotherus, 1929)。越南。

金灰藓科 Pylaisiaceae Schimp.

Syn. Musc. Eur. 518. 1860.

本属全世界现有5属,中国有3属。

大湿原藓属 Calliergonella Loeske

Hedwigia **50**: 248. 1911.

模式种:*C. cuspidate* (Hedw.) Loeske

本属全世界现有2种,中国有2种。

大湿原藓

Calliergonella cuspidata (Hedw.) Loeske, Hedwigia **50**: 248. 1911. *Hypnum cuspidatum* Hedw., Sp. Musc. Frond. 254. 1801.

Stereodon cuspidatus (Hedw.) Bril., Bryol. Univ. **2**: 824. 1827.

Acrocladium cuspidatum (Hedw.) Lindb., Musci Scand. 39. 1879.

Calliergon cuspidatum (Hedw.) Kindb., Canad. Rec. Sci. **6**(2): 72. 1894.

生境　酸性沼泽或潮湿草原。

分布　黑龙江、吉林、辽宁、内蒙古、甘肃(安定国,2002)、浙江(毛俐慧等,2008)、四川、云南。日本、印度、尼泊尔、不丹、俄罗斯、波多黎各(Menzel, 1992)、巴西(Yano, 1995),欧洲、北美洲、大洋洲、非洲北部。

弯叶大湿原藓

Calliergonella lindbergii (Mitt.) Hedenäs, Lindbergia **16**: 167. 1990. *Hypnum lindbergii* Mitt., J. Bot. **2**: 123. 1864.

Breidleria arcuata (Molendo) Loeske, Stud. Morph. Syst. Laubm. 172. 1910.

生境　湿土面、腐殖土、沼泽、草甸子或林下溪旁。

分布　黑龙江、吉林、辽宁、内蒙古、河北、陕西、宁夏、新疆、安徽、江西、湖北、四川、云南。日本、俄罗斯,欧洲、北美洲。

毛灰藓属 Homomallium (Schimp.) Loeske

Hedwigia **46**: 314. 1907.

模式种:*H. incurvatum* (Brid.) Loeske

本属全世界现有12种,中国有7种。

东亚毛灰藓

Homomallium connexum (Cardot) Broth., Nat. Pflanzenfam. Ⅰ(3): 1027. 1908. *Amblystegium connexum* Cardot, Beih. Bot. Centralbl. **17**: 39. 1934.

Homomallium denticulatum Dixon, Rev. Bryol. Lichénol. **7**: 113. 1934. **Type**: China: Liaoning, Mt. Matenrei, Aug. 3. 1931, *Kobayasi 3973*.

Trachyphyllum kanedae Dixon in Sakurai, Bot. Mag. (Tokyo) **53**: 64. 1939.

Homomallium hwangshanense P. C. Chen & P. C. Wu, Observ. Fl. Hwangshan. 30 f. 4. 1965. **Type**: China: Anhui, Mt. Huangshan, *P. C. Chen et al 6620* (holotype: PE).

生境　林下腐木、树干或岩面薄土上,海拔1140～4600m。

分布　黑龙江、内蒙古、山西、山东(赵遵田和曹同, 1998)、陕西、宁夏、新疆、安徽、江苏(刘仲苓等, 1989)、上海(刘仲苓等, 1989)、浙江、湖南、湖北、四川、西藏、云南、福建(Thériot, 1932)、台湾(Higuchi and Lin, 1984)。朝鲜、日本、俄罗斯(远东地区)。

毛灰藓

Homomallium incurvatum (Brid.) Loeske, Hedwigia **46**: 314. 1907. *Hypnum incurvatum* Schrad. ex Brid., Muscol. Recent. **2**(2): 119. 1801.

Hypnum swartzii Brid., Sp. Musc. Frond. **2**: 178. 1812, *hom. illeg.*

Amblystegium incurvatum Kindb., Kongl. Svenska. Vetensk. -Akad. Handl., s. n., **7**(9): 49. 1883.

Stereodon incurvatus (Schrad. ex Brid.) Lindb. & Arnell, Kongl. Svenska. Vetensk. -Akad. Handl., n. s., **29**(10): 151. 1890.

Drepanium incurvatum (Schrad. ex Brid.) G. Roth, Eur. Laubm. **2**: 606 pl. 49, f. 4. 1904.

生境　岩面、也见于树干或腐木上,海拔1000～3500m。

分布　陕西(王向川等,2010)、重庆(胡晓云和吴鹏程,1991)、甘肃、贵州、河北、河南(刘永英等,2008b)、江西、湖南、湖北、吉林、内蒙古、山东(赵遵田和曹同, 1998)、山西(吴鹏程等, 1987)、四川、西藏、新疆、云南。蒙古、日本、俄罗斯(远东地区、西伯利亚)、克什米尔地区,欧洲、北美洲。

贴生毛灰藓

Homomallium japonico-adnatum (Broth.) Broth., Nat. Pflanzenfam. Ⅰ(3): 1027. 1908. *Stereodon japanico-adnatum* Broth., Hedwigia **38**: 235. 1899. **Type**: Japan: Hondo, Chichibu, *Mayr 51* (H-BR).

Hypnum japanico-adnatum Paris, Index. Bryol. Suppl. 203. 1900.

Homomallium leskeoides Sakurai, Bot. Mag. (Tokyo) **46**: 384. 1932.

生境　林下石壁上，海拔3100～5200m。

分布　山东（赵遵田和曹同，1998）、浙江、湖北、西藏、云南。朝鲜、日本。

墨西哥毛灰藓

Homomallium mexicanum Cardot, Rev. Bryol. **37**: 53. 1910. **Type**: Mexico. Hidalgo, *Pringle s. n.*

生境　落叶松林下土面上，海拔3500～4000m。

分布　黑龙江、湖北、四川。北美洲。

华中毛灰藓

Homomallium plagiangium (Müll. Hal.) Broth., Nat. Pflanzenfam. Ⅰ(3): 1027. 1908. *Pylaisia plagiangia* Müll. Hal., Nuovo Giorn. Bot. Ital., n. s., **4**: 266. 1897. **Type**: China: Shaanxi, Lao-y-san, Mar. 1896, *Giraldi s. n.*

Hypnum plagiangium (Müll. Hal.) Levier, Nuovo Giorn. Bot. Ital., n. s., **13**: 265. 1905.

生境　树干、腐木、林下岩面或有时见于石灰岩上，海拔950～4950m。

分布　河北、山西、陕西、湖北、四川、贵州、西藏。俄罗斯（远东地区）。

南亚毛灰藓

Homomallium simlaense (Mitt.) Broth., Nat. Pflanzenfam. Ⅰ(3): 1027. 1908. *Stereodon simlaensis* Mitt., J. Proc. Linn. Soc., Bot., Suppl. **1**: 95. 1859.

Pylaisia simlaensis (Mitt.) A. Jaeger, Ber. Thätigk. St. Gallischen Naturwiss. Ges. **1876-1877**: 307. 1878.

Stereodon loriformis Broth., Acta Soc. Sci. Fenn. **24**(2): 42. 1898.

Hypnum loriforme (Broth.) Paris, Index Bryol. Suppl. 204. 1900.

Homomallium loriforme Broth., Nat. Pflanzenfam. Ⅰ(3): 1027. 1908.

生境　林下岩面上，海拔2700～4850m。

分布　宁夏（黄正莉等，2010）、四川、重庆、云南、西藏。巴基斯坦、印度。

云南毛灰藓

Homomallium yuennanense Broth., Symb. Sin. **4**: 123. 1929. **Type**: China: Yunnan, 3750～3800m, Aug. 25. 1915, *Handel-Mazzetti 7814* (holotype: H-BR).

生境　流滩石缝中、草地、河谷岸边岩面薄土、树干或灌丛中，海拔1600～5200m。

分布　宁夏（黄正莉等，2010）、甘肃（Zhang and Li, 2005）、四川、云南、西藏。中国特有。

金灰藓属 Pylaisia Bruck & Schimp.
Bryol. Eur. 5: 87. 1851.

模式种：*P. polyantha* (Hedw.) Bruch & Schimp.

本属全世界现有约30种，中国有13种。

东亚金灰藓

Pylaisia brotheri Besch., Ann. Sci. Nat., Bot., sér. 7, **17**: 369. 1893. **Type**: Japan: Nippon nord: Sambongi, June 6. 1886 (*Faurie*, *553*, capsules mûres avec ousans opercules) (lectotype: BM; isolectotype: PC).

Pylaisiella brotheri (Besch.) Z. Iwats. & Nog., J. Jap. Bot. **48**: 217. 1973.

生境　针阔叶混交林树干或腐木上。

分布　黑龙江、吉林、辽宁、内蒙古、河北、山东（赵遵田和曹同，1998）、陕西、宁夏（黄正莉等，2010，as *Pylaisiella brotheri*）、甘肃（Wu et al., 2002）、浙江（刘仲苓等，1989）、江西、湖南、湖北、四川、重庆、贵州、西藏、云南。朝鲜、日本。

骤尖金灰藓（新拟）

Pylaisia buckii T. Y. Chiang & C. Y. Lin, Nova Hedwigia **91**(1-2): 187. 2010. **Type**: China: Taiwan, Nantou Co., 1000m, June 1988, *T. Y. Chiang 27 447* (holotype: MO; isotype: NY).

生境　树木上，海拔1000m。

分布　台湾（Lin et al., 2010）。中国特有。

大金灰藓

Pylaisia cristata Cardot, Bull. Soc. Bot. Genève, sér. 2, **3**: 288. 1911.

Pylaisiella robusta (Broth. & paris) C. Gao & G. C. Zhang, J. Hattori Bot. Lab. **54**: 202. 1983.

Pylasia robusta Broth. & Paris, Rev. Gen. Bot. **30**: 350. 1918. **Type**: China: Anhui Prov. Loufang, 900m, Oct. 1910, *R. P. Courtois sub no 338* (holotype: H).

生境　树干基部或树皮上，海拔3300m。

分布　黑龙江、河南、江西、西藏。日本。

弯枝金灰藓

Pylaisia curviramea Dixon, Rev. Bryol., n. s., **1**: 186. 1928. **Type**: China: Shaanxi, K'iao Cheu, *E. Licent 146*.

Pylaisiella curviramea (Dixon) Redf., B. C. Tan & S. He, J. Hattori Bot. Lab. **79**: 290. 1996.

生境　云杉、落叶松林下树皮、岩面或土面上。

分布　河北、河南、陕西、湖北、云南（Mao and Zhang, 2011）。蒙古（Arikawa, 2004）和俄罗斯（Arikawa, 2004）。

泛生金灰藓

Pylaisia extenta (Mitt.) A. Jaeger, Ber. Thätigk. St. Gallischen. Naturwiss. Ges. **1876-1877**: 306. 1878. *Stereodon extentus* Mitt., J. Proc. Linn. Soc., Bot., Suppl. **1**: 95. 1859. **Type**: Nepal: Yangma valley, *J. D. Hooker 766* (lectotype: NY).

Stereodon subfalcatus (Schimp.) M. Fleisch. var. *recurvatulus* Broth., Symb. Sin. **4**: 123. 1929. **Type**: China: Sichuan, Yanyuan (Yuenyan) Co., *Handel-Mazzetti 2327.*

Pylaisiella falcata (Schimp.) Ando var. *recurvatula* (Broth.) Ando, Phyta, J. Soc. Pl. Taxomomists **1**: 19. 1978.

Pylaisiella extenta (Mitt.) Ando in Z. Iwats. & B. C. Tan, J. Hattori Bot. Lab. **46**: 384. 1979.

生境 冷杉林下树干上,海拔 3850～3950m。

分布 四川、云南(Arikawa,2004)。尼泊尔(Arikawa,2004)。

弯叶金灰藓

Pylaisia falcata Schimp., Bryol. Eur. **5**: 89. 1851.

Stereodon camurifolia Mitt., J. Proc. Linn. Soc., Bot., Suppl. **1**: 96. 1859.

Stereodon hamatus Mitt., J. Linn. Soc., Bot. **12**: 533. 1869.

Pylaisia camurifolia (Mitt.) A. Jaeger, Ber. Thätigk. St. Gallischen. Naturwiss. Ges. **1876-1877**: 307. 1878.

Hypnum hamatum (Mitt.) A. Jaeger, Ber. Thätigk. St. Gallischen. Naturwiss. Ges. **1877-1878**: 321. 1880, *hom. illeg.*

Pylaisia hamata (Mitt.) Cardot, Rev. Bryol. **38**: 103. 1911.

Pylaisia panduraefolia Herzog, Biblioth. Bot. **87**: 126. 1916.

Stereodon falcatus (Schimp.) M. Fleisch. in Broth., Nat. Pflanzenfam. (ed. 2),**11**: 452. 1925.

Stereodon microsporus Broth., Nat. Pflanzenfam. (ed. 2), **11**: 452. 1925.

Stereodon panduraefolia (Herzog) Broth., Nat. Pflanzenfam. (ed. 2),**11**: 452. 1925.

Stereodon subfalcatus (Schimp.) M. Fleisch. in Broth., Nat. Pflanzenfam. (ed. 2), **11**: 452. 1925.

Pylaisia falcata var. *intermedia* Thér., Smith. Misc. Coll. **78**(2): 28. 1926.

Stereodon falcatus var. *intermedius* (Thér.) Thér., Rev. Bryol. Lichenol. **5**: 110. 1933.

Stereodon falcatus var. *subfalcatus* (Schimp.) Thér., Rev. Bryol. Lichénol. **5**: 110. 1933.

Pylaisiella falcata (Schimp.) Ando, Phyta, J. Soc. Pl. Taxonomists **1**: 14. 1978.

Hypnum mittenohamatum B. C. Tan, Mem. New York. Bot. Gard. **68**: 5. 1992.

生境 林下树干或腐木上。

分布 青海、新疆、宁夏(黄正莉等, 2010, as *Pylaisiella falcata*)、云南、四川。不丹、印度、秘鲁(Menzel, 1992),中美洲、北美洲。

节齿金灰藓(新拟)

Pylaisia intricata (Hedw.) Schimp., Bryol. Eur. **5**: 88, 89 (fasc. 46-47 Mon. 2, 3). 1854.

Pterigynandrum intricatum Hedw., Sp. Musc. Frond. 85-86, pl. 18, f. 1-5. 1801.

Pylaisiella intricata (Hedw.) Grout, Bull. Torrey Bot. Club **23**: 231. 1896.

生境 林下倒木。

分布 吉林(高谦和曹同,1983,as *Pylaisiella intricata*)。美国。

丝金灰藓

Pylaisia levieri (Müll. Hal.) T. Arikawa, J. Hattori Bot. Lab. **95**: 102. 2004. *Giraldiella levieri* Müll. Hal., Nouv. Giorn. Bot. Ital., s. n., **5**: 191. 1898. **Type**: China: Prov. Shaanxi, Kuan-tou-san, Rever, *Girald s. n.* (holotype: FI; isotypes: FI, H).

Macrohymenium sinense Thér., Bull. Acad. Int. Géogr. Bot. **19**: 20. 1909. **Type**: China: Prov. Shaanxi, Kuan-tou-san, *Levier 2006* (isotype: FI).

生境 竹枝上,海拔 900～3500m。

分布 内蒙古、陕西、江西、四川、重庆、贵州、云南、台湾(Arikawa,2004)。中国特有。

金灰藓

Pylaisia polyantha (Hedw.) Bruch & Schimp., Bryol. Eur. **5**: 88 pl. 445. 1851. *Leskea polyantha* Hedw., Sp. Musc. Frond. 229. 1801. **Type**: Germany: the specimen labeled "Leskea polyantha" in Hedwigi's hand (lectotype: G).

Pylaisiella polyantha (Hedw.) Grout, Bull. Torrey Bot. Club **23**: 229. 1896.

生境 生常绿阔叶林、落叶阔叶林、针叶林下腐木上、树干基部、树皮上,稀生于岩面、石灰岩或腐殖质土。

分布 黑龙江、吉林、辽宁、内蒙古、河北、山西、山东(赵遵田和曹同, 1998)、河南、陕西、宁夏、甘肃、新疆、安徽、江西、四川、贵州、云南、西藏。蒙古、朝鲜、日本、俄罗斯(远东地区、西伯利亚),欧洲、非洲、北美洲。

北方金灰藓

Pylaisia selwynii Kindb., Ottawa Naturalist **2**: 156. 1889. **Type**: Canada: Very abundant on old fences, Richmond Road, Ottawa, May 15. 1885, *Macoun s. n.* (holotype: S; isotype: CANM).

Pylaisia schimperi Cardot, Bull. Herb. Boissier **7**: 373. 1899.

Pylaisiella selwynii (Kindb.) H. A. Crum, Steere & L. E. Anderson, Bryologist **67**(2): 164. 1964.

生境 林下树皮或树干上。

分布 黑龙江、吉林、辽宁、内蒙古、河北、四川、贵州、云南。蒙古、朝鲜,欧洲、北美洲。

拟金灰藓

Pylaisia speciosa (Mitt.) Wilson ex Paris, Index Bryol. 1065. 1898. *Stereodon speciosus* Mitt., J. Proc. Linn. Soc.,Bot., Suppl. **1**: 95. 1859.

Pylaisiopsis speciosa (Mitt.) Broth., Nat. Pflanzenfam. I (3): 1232. f. 619. 1909.

Aptychella speciosa (Mitt.) Tixier, Rev. Bryol. Lichénol. **43**: 423. 1977.

生境 树干上。

分布 云南。喜马拉雅东部地区。

多胞金灰藓(新拟)

Pylaisia steerei (Ando & Higuchi) Ignatov, Arctoa **10**: 174. 2001. *Pylaisiella steerei* Ando & Higuchi, Mem. New York Bot. Gard. **45**: 211-215, f. 1-34. 1987. **Type**: U. S. A. Alaska: Mentasta Mountains, Trail Creek, *Lewis 246* (holotype: F; isotypes: HIRO, NY).

生境 树干基部或腐木上,海拔 1350m。

分布 新疆(Arikawa, 2004)。俄罗斯(远东地区)和美国。

叠叶金灰藓

Pylaisia subimbricata Broth. & Paris, Re. Bryol. **36**: 11. 1909. *Pylaisiella subimbricata* (Broth. & Paris) Redf., B. C. Tan & S. He, J. Hattori Bot. Lab. **79**: 290. 1996. **Type**: China: Jiangsu, Yue Wan Kiai, Sept. 5. 1908, *Courtois & Henry s. n.*

生境　不详。

分布　江苏、安徽。中国特有。

毛锦藓科 Pylaisiadelphaceae Goffinet & W. R. Buck

Monogr. Syst. Bot. Missouri Bot. Gard. **98**: 238. 2004.

本科全世界有16属,中国有11属。

小锦藓属 Brotherella Loeske ex M. Fleisch.

Nova Guinea **12**(2): 119. 1914.

模式种:*B. lorentziana* (Molendo) Loeske

本属全世界现有29种,中国有9种,2变种。

扁枝小锦藓(新拟)

Brotherella complanata Reimers & Sakurai, Bot. Jahrb. Syst. **64**: 555. 1931.

生境　树干、石上或岩面上。

分布　浙江、江西、湖南、重庆(Jia and Xu, 2006)。日本。

尾尖小锦藓(新拟)

Brotherella cuspidata Y. Jia & J. M Xu, Bryologist **109**(4): 579. 2006. **Type**: China: Yunnan, Pingbian Co., Mt. Daweishan, *Yu Jia 01645* (holotype: PE).

生境　树干上。

分布　云南(Jia and Xu, 2006)。中国特有(Jia and Xu, 2006)。

曲叶小锦藓

Brotherella curvirostris (Schwägr.) M. Fleisch., Nova Guinea **12**(2): 120. 1914. *Neckera curvirostris* Schwägr., Sp. Musc. Frond., Suppl. 3, **1**(2): 230, f. b. 1828.

Stereodon perpinnatus Broth., Nat. Pflanzenfam. Ⅰ(3): 1068. f. 764. 1908.

Brotherella perpinnata (Broth.) M. Fleisch., Nov. Guinea **12**(2): 120. 1914.

Brotherella himalayana P. C. Chen, Report on Scientific Expedition of Qomolongma Region 233. 1962. **Type**: China: Xizang, July 6. 1959, *X. K. Wang 56* (holotype: PE).

生境　岩面或树干上,海拔1500～3200m。

分布　湖北、四川、贵州、云南、西藏。印度、不丹(Noguchi, 1971, as *B. perpinnata*)、缅甸(Tan and Iwatsuki, 1993)、越南、柬埔寨、老挝。

赤茎小锦藓

Brotherella erythrocaulis (Mitt.) M. Fleisch., Musci Buitenzorg **4**: 1245. 1923. *Stereodon erythrocaulis* Mitt., J. Proc. Linn. Soc., Bot., Suppl. **1**: 97. 1859.

生境　阴湿石上,海拔1800～3500m。

分布　内蒙古、河北(Li et al., 2001)、浙江、江西、湖南、湖北、四川、贵州、重庆、云南、西藏、福建、台湾、广东、广西、香港。印度、不丹、缅甸、泰国。

弯叶小锦藓

Brotherella falcata (Dozy & Molk.) M. Fleisch., Nova Guinea **12**(2): 120. 1914. *Leskea falcata* Dozy & Molk., Ann. Sci. Nat., Bot., sér. 3, **2**: 310. 1844.

Hypnum molkenboerianum Müll. Hal., Syn. Musc. Frond. **2**: 317. 1851.

Rhaphidostegium molkenboerianum (Müll. Hal.) A. Jaeger, Ber. Thätigk. St. Gallischen. Naturwiss. Ges. **1876-1877**: 401. 1878.

Sematophyllum extensum Cardot, Beih. Bot. Centralbl. **192**(1): 134 f. 25. 1905. **Type**: China: Taiwan, taitum, *Faurie s. n.*

生境　树枝或石上,1000～2800m。

分布　四川、贵州、云南、西藏、福建、台湾、广西、海南。日本、越南、老挝、泰国、印度尼西亚(Gradstein et al., 2005)、马来西亚。

东亚小锦藓

Brotherella fauriei (Cardot) Broth., Nat. Pflanzenfam. (ed. 2),**11**: 425. 1925. *Acanthocladium fauriei* Besch. ex Cardot, Bull. Soc. Bot. Genève, sér. 2, **4**: 382. 1912.

Brotherella kirishimensis Sakurai, J. Jap. Bot. **24**: 134 f. 2. 1949.

生境　岩面、土面或树干,海拔50～1240m。

分布　安徽、江苏、浙江、江西、湖南、四川、贵州、重庆、云南、福建、台湾、广东、广西、海南、香港、澳门。日本。

南方小锦藓弯叶变种

Brotherella henonii (Duby) M. Fleisch. var. **falcatula** (Broth.) B. C. tan & Y. Jia, J. Hattori Bot. Lab. **86**: 32. 1999. Brotherella falcatula Broth., Symb. Sin. **4**: 119. 1929. **Type**: China: Yunnan, Ludjiang, *Handel-Mazzetti 8319* (H).

生境　不详。

分布　云南(Tan and Jia, 1999)。中国特有。

南方小锦藓原变种

Brotherella henonii (Duby) M. Fleisch. var. **henonii**, Nova Guinea **12**(2): 120. 1914. *Hypnum henonii* Duby, Flora 60: 93. 1877. **Type**: Japan: *Henon s. n.*

Acanthocladium nakanishikii Broth., Öfvers. Förh. Finska Vetensk. -Soc. **62A**(9): 41: 1921.

Brotherella nakanishikii (Broth.) Nog., J. Hattori Bot. Lab. **57**: 69. 1984.

生境　岩面、土坡、树干或腐木上,海拔1750～1820m。

分布　浙江、江西、湖南、四川、重庆、贵州、西藏、云南、福建、广东、广西。日本、朝鲜。

垂蒴小锦藓原变种

Brotherella nictans (Mitt.) Broth. var. **nictans**, Nat.

Pflanzenfam. (ed. 2), **11**: 425. 1925. *Stereodon nictans* Mitt., J. Proc. Linn. Soc., Bot., Suppl. **1**: 98. 1859. **Type**: India: Sikkim. *Hooker 768.*

Rhaphidostegium pylaisiadelphus Besch., Ann. Sci. Nat., Bot., sér. 7, **15**: 90. 1892.

Brotherella handelii Broth., Akad. Wiss. Wien Sitzungsber., Math. -Naturwiss. Kl., Abt. 1, **131**: 219. 1923.

生境 腐木或树干基部,海拔 1600～3240m。

分布 浙江、江西、湖南、湖北、四川、重庆、贵州、云南、西藏、福建、广西。巴基斯坦(Higuchi and Nishimura, 2003)、越南、柬埔寨、老挝。

垂蒴小锦藓云南变种

Brotherella nictans var. zangmu-xingjiangiorum B. C. Tan, Hikobia **13**: 188. 2000. Type: China: Yunnan: "Dulongjiang (River), on decaying log at 1750 m elev.", Aug 1982, *Zang Mu 3609* (Holotype: SINU; isotype: KUN).

生境 腐木上,海拔 1750m。

分布 云南(Tan, 2000b)。中国特有。

外弯小锦藓

Brotherella recurvans (Michx.) M. Fleisch., Nova Guinea **12** (2): 120. 1914. *Leskea recurvans* Michx., Fl. Bor. -Amer. **2**: 311. 1803. **Type**: U. S. A.: "In montibus Carolinae, ad imos truncos." *Michaux s. n.*

生境 沟边石上。

分布 江苏(刘仲苓等, 1989)。日本,北美洲。

拟疣胞藓属 Clastobryopsis M. Fleisch.
Musci Buitenzorg **4**: 1179. 1923.

模式种:*C. planula* (Mitt.) M. Fleisch.

本属全世界现有 5 种,中国有 3 种,1 变种。

短茎拟疣胞藓

Clastobryopsis brevinervis M. Fleisch., Musci Buitenzorg **4**: 1185. 1923.

Aptychella brevinervis (M. Fleisch.) M. Fleisch., Musci Buitenzorg **3**: 1671. 1923.

生境 树枝或腐木上,海拔 1600m。

分布 贵州、台湾(Chiang and Kuo, 1989)、广西。日本、印度尼西亚、巴布亚新几内亚(Tan, 2000)。

拟疣胞藓纤枝变种(新拟)

Clastobryopsis planula (Mitt.) M. Fleisch. var. **delicata** (Broth. ex Fleisch.) B. C. Tan & Y. Jia, J. Hattori Bot. Lab. 86: 14. 1999. *Symphyodon delicatus* Broth. ex Fleisch.

Aptychella subdelicata Broth., Symb. Sin. 4: 117. 1929. Type: China: Yunnan, June 26 1916, *Handel-Mazzetti 9095.*

生境 不详。

分布 云南(Tan and Jia, 1999)。印度(Tan and Jia, 1999)。

拟疣胞藓原变种

Clastobryopsis planula (Mitt.) M. Fleisch. var. **planula**, Musci Buitenzorg **4**: 1180. 1923. *Stereodon planulus* Mitt., J. Proc. Linn. Soc., Bot., Suppl. **1**: 111. 1859.

Symphyodon planulus (Mitt.) A. Jaeger, Ber. Thätigk. St. Gallischen. Naturwiss. Ges. **1876-1877**: 296. 1878.

Clastobryum planulum (Mitt.) Broth., Nat. Pflanzenfam. I (3): 874. 1907.

Aptychella heteroclada (M. Fleisch.) M. Fleisch., Musci Buitenzorg **4**: 1671. 1923.

Aptychella planula (Mitt.) M. Fleisch., Musci Buitenzorg **4**: 1671. 1923.

Clastobryum heterocladum (M. Fleisch.) Dixon, J. Bot. **79**: 74. 1941.

Aptychella yuennanensis Broth., Symb. Sin. **4**: 117. 1989. **Type**: China: Yunnan, 3600～3950m, Sept. 23 1915, *Handel-Mazzetti 8363* (lectotype: H).

生境 树枝上。

分布 四川、重庆、贵州、云南、西藏、福建、广西、香港。孟加拉国(O'Shea, 2003)、印度、尼泊尔、不丹、日本、印度尼西亚(爪哇)、菲律宾。

粗枝拟疣胞藓

Clastobryopsis robusta (Broth.) M. Fleisch., Musci Buitenzorg **4**: 1181. 1923. *Clastobryum robustum* Broth., Philipp. J. Sci. **5**: 155. 1910. **Type**: Philippines: Luzon, *McGregor 8912.*

Aptychella robusta (Broth.) M. Fleisch., Musci Buitenzorg **4**: 1671. 1923.

Clastobryopsis heteroclada M. Fleisch., Musci Buitenzorg **4**: 1181. 1923.

生境 树枝或树干上。

分布 重庆(胡晓云和吴鹏程, 1991, as *Aptychella robusta*)、贵州、云南、台湾、广西。日本、菲律宾、印度尼西亚(婆罗洲、爪哇)、巴布亚新几内亚。

疣胞藓属 Clastobryum Dozy & Molk.
Musci Frond. Ined. Archip. Ind. **2**: 41. 1845.

模式种:*C. indicum* (Dozy & Molk.) Dozy & Molk.

本属全世界现有 13 种,中国有 1 种

三列疣胞藓

Clastobryum glabrescens (Z. Iwats.) B. C. Tan, Z. Iwats. & Norris, Hikobia **11**: 151. 1992. *Tristichella glabrescens* Z. Iwats., Bull. Natl. Sci. Mus., Tokyo, Ser. B, Bot. **3**: 17. f. 2-3. 1977.

生境 树上,海拔 2000～2200m。

分布 江西(何祖霞等, 2008)、台湾、广西。印度尼西亚(婆罗洲)、菲律宾、日本。

腐木藓属 Heterophyllium (Schimp.) Kindb.

Musci Buitenzorg **4**: 1173. 1923.

模式种:*H. nemorosum* (Brid.) Kindb. (= ***H. affine***)
本属全世界现有 16 种,中国有 3 种。

腐木藓

Heterophyllium affine (Hook.) M. Fleisch., Musci Buitenzorg **4**: 1177. 1923. *Hypnum affine* Hook. in Kunth, Pl. Crypt. 63. 1822.
Heterophyllium nemorosum (W. Koch ex Brid.) Kindb., Canad. Rec. Sci. **6**: 72. 1894.
Brotherella formosana Broth., Öfvers. Förh. Finska Vetensk. -Soc. **62A**(9): 40. 1921. **Type**: China: Taiwan, *Shimada 1335* (H).
Heterophyllium confine (Mitt.) M. Fleisch., Musci Buitenzorg **4**: 1177. 1923.
Pylaisiadelpha formosana (Broth.) W. R. Buck, Yushania **1**(2): 12. 1984.
生境　树干、岩面或石上,海拔 1100m。
分布　江西(何祖霞等, 2008)、湖南、湖北、四川、重庆、贵州、云南(Tan, 2006b)、福建、台湾、广西、海南。日本、柬埔寨、老挝、越南、斯里兰卡、马来西亚、澳大利亚。

淡色腐木藓(新拟)

Heterophyllium albicans Thér., Ann. Cryptog. Exot. **5**: 182. 1932. **Type**: China: Fujian, Buong Kang, Yenping, *H. H. Chung 113.*
生境　竹枝上,海拔 1000m。
分布　福建(Thériot, 1932)。中国特有。

小蒴腐木藓(新拟)

Heterophyllium microcarpum Thér., Ann. Cryptog. Exot. **5**: 182. 1932. **Type**: China: Fujian, Fuchow, Kushan, *H. H. Chung 236.*
生境　不详。
分布　福建(Thériot, 1932)。中国特有。

鞭枝藓属 Isocladiella Dixon

J. Bot. **69**: 5. 1931.

模式种:*I. phyllogonioides* Dixon (=***I. surcularis***)
本属全世界现有 1 种。

鞭枝藓

Isocladiella surcularis (Dixon) B. C. Tan & Mohamed, Cryptog. Bryol. Lichénol. **11**: 37. 1990. *Acroporium surculare* Dixon, Bull. Torrey Bot. Club **7**: 258. pl. 4, f. 11. 1924.
Acroporium flagelliferum Sakurai, Bot. Mag. (Tokyo) **48**: 391. 1934.
Neacroporium flagelliferum (Sakurai) Z. Iwats. & Nog., J. Hattori Bot. Lab. **34**: 226. 1971.
Isocladiella flagellifera (Sakurai) H. S. Lin, Yushania **3** (2): 13. 1986.
生境　树干,海拔 1000~1400m。
分布　江西、贵州、云南、福建、广东、广西、海南、香港、澳门。斯里兰卡、泰国、越南、柬埔寨、老挝、日本、马来西亚、澳大利亚。

同叶藓属 Isopterygium Mitt.

J. Linn. Soc., Bot. **12**: 21. 1869.

模式种:*I. planissimum* Mitt.
本属全世界约有 145 种,中国有 12 种。

淡色同叶藓

Isopterygium albescens (Hook.) A. Jaeger, Ber. Thätigk. St. Gallischen. Naturwiss. Ges. **1876-1877**: 433. 1878. *Hypnum albscens* Hook. in Schwaegr., Sp. Musc. Frond. Suppl. **3**(1): 226. 1828.
Isopterygium expallescens Levier in S. Okamura, J. Coll. Sci. Imp. Univ. Tokyo **36**(7): 36. 1915, *nom. nud.*
Isopterygium expallescens Levier ex Ihsiba, Classif. Moss Jap. 85. 1932.
生境　树干、腐木上或稀见于岩面,海拔 120~2900m。
分布　吉林(Cao et al., 2002)、浙江、江西、贵州、云南、西藏、福建、台湾、广东、海南、香港。斯里兰卡(O'Shea, 2002)、日本、尼泊尔、印度、缅甸、老挝、越南、泰国、柬埔寨、马来西亚、新加坡、菲律宾、印度尼西亚(爪哇)、澳大利亚、新西兰、瓦努阿图、社会群岛、美国(夏威夷)。

南亚同叶藓

Isopterygium bancanum (Sande Lac.) A. Jaeger, Ber. Thätigk. St. Gallischen. Naturwiss. Ges. **1876-1877**: 442. 1878. *Hypnum bancanum* Sande Lac., Bryol. Jav. 2: 188, pl. 286. 1868.
生境　林下干燥黏土上。
分布　浙江、湖北、重庆。不丹、印度、泰国(Tan and Iwatsuki, 1993)、越南、印度尼西亚、菲律宾。

华东同叶藓

Isopterygium courtoisii Broth. & Paris, Rev. Bryol. **36**: 13. 1909. **Type**: China: Jiangsu, Yue Wan Kiai, Sept. 5. 1908, *Courtois s. n.*
生境　林下树根、土上或腐殖质上。
分布　江苏、安徽、上海(刘仲苓等, 1989)、西藏、福建。中国特有。

刘氏同叶藓

Isopterygium lioui Thér. & P. de la Varde, Rev. Bryol.

Lichénol. **10**: 144. 2a-d. 1938. **Type**: China: Anhui, Mt. Huangshan, *P. C. Tsoong s. n.*

生境 潮湿土面上,海拔 650m。

分布 安徽(陈邦杰和吴鹏程,1965)。中国特有。

小羽枝同叶藓(新拟)

Isopterygium microplumosum (Müll. Hal.) Broth., Nat. Pflanzenfam. Ⅰ(3): 1083. 1908. *Taxicaulis micro-plumosus* Müll. Hal., Hedwigia **40**: 68. 1901.

生境 岩面薄土,海拔 1250m。

分布 贵州(Xiong, 2001b)。印度、巴西。

纤枝同叶藓

Isopterygium minutirameum (Müll. Hal.) A. Jaeger, Ber. Thätigk. St. Gallischen. Naturwiss. Ges. **1876-1877**: 434. 1878. *Hypnum minutirameum* Müll. Hal., Syn. Musc. Frond. **2**: 689. 1851. **Type**: Indonesia: Java, *Blume s. n.*

Hypnum subalbidu Sull. & Lesq., Proc. Amer. Acad. Arts **4**: 281. 1859.

Isopterygium subalbidum (Sull. & Lesq.) Mitt., Trans. Lin. Soc. London, Bot., ser. 2, **3**: 176. 1891.

Taxiphyllum minutirameum (Müll. Hal.) Mill. & Smith, Micronesica **4**: 225. 1968.

生境 林下树枝、树皮、腐木、岩面或土面上,海拔 550~3950m。

分布 浙江、江西、湖南、四川、贵州、云南、西藏、福建、台湾、广东(何祖霞等, 2004)、广西、香港。日本、印度、缅甸、斯里兰卡、泰国、老挝、越南、柬埔寨、马来西亚、新加坡、印度尼西亚、菲律宾、澳大利亚、新西兰、瓦努阿图。

芽胞同叶藓

Isopterygium propaguliferum Toyama, Acta Phytotax. Geobot. **7**: 106. 1938.

生境 林下腐木、树皮上或稀见于林地,海拔 850m。

分布 湖南(Enroth and Koponen, 2003)、云南、福建、广西、海南。日本、越南、柬埔寨(Tan and Iwatsuki, 1993)。

石生同叶藓

Isopterygium saxense R. S. Williams, Bull. New York Bot. Gard. **8**: 369. 1914.

生境 林下岩面或土面上,海拔 700~1500m。

分布 广东。菲律宾。

齿边同叶藓

Isopterygium serrulatum M. Fleisch., Musci Buitenzorg **4**: 1433. 1923.

Plagiothecium serrulatum Broth. in M. Fleisch., Musci Buitenzorg **4**: 1433. 1923, *nom. illeg.*

生境 林下树干、树基、土上或岩面,海拔 650~2220m。

分布 北京(石雷等, 2011)、安徽、江苏、江西、湖南、云南、西藏、广东。孟加拉国(O'Shea, 2003)、印度。

密枝同叶藓(新拟)

Isopterygium strictirameum Dixon, Honk Kong Naturalist, Suppl. **2**: 27. 18. 1933. **Type**: China: Fujian, July 10. 1931, *Herklots B. 13B.*

生境 不详。

分布 福建(Dixon, 1933)。中国特有。

羽枝同叶藓(新拟)

Isopterygium subpinnatum (E. S. Salmon) Broth. ex Paris, Coll. Nom. Broth. 17. 1909. *Plagiothecium subpinnatum* E. S. Salmon, J. Linn. Soc., Bot. **34**: 468 pl. 17, f. 10-11. 1900. **Type**: China: Zhejiang, Ningbo City, 1889, *E. Faber 23* (holotype: E).

生境 水边。

分布 浙江(Salmon, 1900, as *Plagiothecium subpinnatum*)。中国特有。

柔叶同叶藓

Isopterygium tenerum (Sw.) Mitt., J. Linn. Soc., Bot. **12**: 499. 1869. *Hypnum tenerum* Sw., Fl. Ind. Occid. **3**: 1817. 1806. **Type**: Jamaica: *Swartz s. n.*

Hypnum micans Sw., Adnot. Bot. 175. 1829.

Plagiotheciun fulvum A. Jaeger, Ber. Thätigk. St. Gallischen. Naturwiss. Ges. **1876-1877**: 450. 1878.

Isopterygium micans (Sw.) Kindb., Enum. Bryin. Exot. 21. 1888.

Aptychus tener (Sw.) Müll. Hal., Hedwigia **36**: 121. 1897.

Plagiothecium micans (Sw.) Paris, Index Bryol. 963. 1897.

Isopterygium micans var. *fulvum* (A. Jaeger) Paris ex Z. Iwats., J. Hattori Bot. Lab. **20**: 335. 1958.

生境 林下树干、岩面或土面上,海拔 1000~3000m。

分布 安徽、江西、湖南、四川、贵州、云南、福建、台湾、香港(Salmon, 1900, as *Plagiothecium micans*)。日本、印度、玻利维亚(Churchill, 1998)、巴西(Churchill, 1998)、哥伦比亚(Churchill, 1998)、厄瓜多尔(Churchill, 1998)、秘鲁(Churchill, 1998)、委内瑞拉(Churchill, 1998),北美洲。

平锦藓属 Platygyrium Bruch & Schimp.
Bryol. Eur. 5: 95. 1851.

模式种:*P. repens* (Brid.) Bruch & Schimp.

本属全世界现有 5 种,中国有 1 种。

平锦藓

Platygyrium repens (Brid.) Bruch & Schimp., Bryol. Eur. **5**: 98 pl. 458. 1851. *Pterigynandrum repens* Brid., Muscol. Recent. Suppl. **1**: 131. 1806.

生境 林下腐木、树干上或稀见于岩面,海拔 1200~3700m。

分布 黑龙江、吉林、内蒙古、新疆、四川。日本、蒙古、俄罗斯,欧洲、北美洲、非洲。

拟金枝藓属 Pseudotrismegistia H. Akiy. & Tsubota

Acta Phytotax. Geobot. **52**: 85. 2002.

模式种：*P. undulate* (Broth. & Yasuda) H. Akiy. & Tsubota

本属全世界仅有1种。

波叶拟金枝藓

Pseudotrismegistia undulata (Broth. & Yasuda) H. Akiy. & Tsubota, Acta Phytotax. Geobot. **52**: 86. 2001. *Trismegistia undulata* Broth. & Yasuda, Rev. Bryol. **53**: 4. 1926. **Type**: China: Taiwan, Mt. Dabu, *Matsuda s. n.*

Trismegistia perundulata Dixon, Ann. Bryol. **9**: 69. 1937.

生境　树干或枯木上，海拔2350～2500m。

分布　云南、台湾、广西、海南。泰国(Tan and Iwatsuki, 1993)、越南、柬埔寨、老挝。

毛锦藓属 Pylaisiadelpha Cardot

Rev. Bryol. **39**: 57. 1912.

模式种：*P. rhaphidostegioides* (Cardot) Cardot

本属全世界现有7种，中国有3种。

弯叶毛锦藓

Pylaisiadelpha tenuirostris (Bruch & Schimp. ex Sull.) W. R. Buck, Yushania **1**(2): 13. 1984. *Leskea tenuirostris* Bruch & Schimp. ex Sull. in A. Gray, Manual 668. 1848. **Type**: U. S. A. : North Carolina.

Clastobryella tsunodae Broth. & Yas., Nat. Pflanzenfam., (ed. 2), **11**: 407. 1925.

Clastobryella kusatsuensis (Besch.) Iwats J. Hattori Bot. Lab. **26**:73. 1963.

生境　树干上，海拔1000～3600m。

分布　黑龙江、吉林、内蒙古、陕西、安徽、浙江、江西、湖北、四川、重庆、贵州、云南、西藏、福建、台湾(Herzog and Noguchi, 1955, as *Clastobryella tsunodae*)、广东。巴基斯坦(Higuchi and Nishimura, 2003)、日本、美国(东部)、墨西哥。

暗绿毛锦藓

Pylaisiadelpha tristoviridis (Broth.) O. M. Afonina, Ignatova & Tsubota, J. Bryol. **16**: 131. 2007. *Stereodon tristoviridis* Broth., Hedwigia **38**: 234. 1899.

Hypnum tristo-viride (Broth.) Paris, Index Bryol. Suppl. **1**: 214. 1900.

Stereodon rhynchothecius Broth., Bull. Herb. Boissier, sér. 2, **2**: 992. 1902.

Brotherella integrifolia Broth., Ann. Bryol. **1**: 24. 1928. **Type**: China: Taiwan, Taichu, Mt. Hassen, *S. Sasaki s. n.*

Hypnum rhynchothecium Müll. Hal. ex Ihsiba, Cat. Mosses Japan 265. 1929.

Hypnum tristo-viride var. *brevietum* Ando, J. Sci. Hiroshima Univ., ser. B, Div. 2, Bot. **7**: 146. 1956.

Pylaisiadelpha integrifolia (Broth.) W. R. Buck, Yushania **1**(2): 12. 1984.

生境　不详。

分布　浙江、江西(Ji and Qiang, 2005, as *Brotherella integrifolia*)、四川、贵州、台湾。朝鲜、日本。

短叶毛锦藓

Pylaisiadelpha yokohamae (Broth.) W. R. Buck, Yushania **1**(2): 13. 1984. *Stereodon yokohamae* Broth., Hedwigia **38**: 235. 1899. **Type**: Japan: Hondo, Yokohama, *Wichura 1446* (H-BR).

Brotherella takeuchii Toyama, Acta Phototax. Geobot. **6**: 172 f. 2. 1937.

Brotherella yokohamae (Broth.) Broth., Nat. Pflanzenfam. (ed. 2), **11**: 425. 1925.

生境　岩面、树生、土面或腐木上生长。

分布　黑龙江、辽宁、浙江、江西、四川、贵州(彭晓磬, 2002, as *Brotherella yokohamae*)、云南、西藏、福建、广东、广西。日本、朝鲜。

麻锦藓属 Taxithelium Spruce ex Mitt.

J. Linn. Soc., Bot. **12**: 21. 1869.

模式种：*T. planum* (Brid.) Mitt.

本属全世界现有99种，中国有4种。

南亚麻锦藓(新拟)

Taxithelium instratum (Brid.) Broth. in Renauld & Cardot, Rev. Bryol. **28**: 110. 1901. *Hypnum instratum* Brid., Bryol. Univ. **2**: 391. 1827.

Hypnum tabescens Müll. Hal., Biblioth. Bot. **13**: 7. 1889.

Trichosteleum tabescens (Müll. Hal.) Kindb., Enum. Bryin. Exot., Suppl. **2**: 104. 1891.

生境　不详。

分布　安徽、台湾、香港。缅甸、越南、泰国、柬埔寨、马来西亚、新加坡、菲律宾、印度尼西亚、澳大利亚，非洲。

短茎麻锦藓

Taxithelium lindbergii (A. Jaeger) Renauld & Cardot, Rev. Bryol. **28**: 111. 1901. *Trichosteleum lindbergii* A. Jaeger, Ber. Thätigk. St. Gallischen Naturwiss. Ges. **1876-1877**: 412. 1878.

Taxithelium nossianum Besch., Ann. Sci. Nat.; Bot., sér. 6, **10**: 310. 1880.

Taxithelium argyrophyllum Renauld & Cardot, Bull. Soc. Bot. Belgique **33**(2): 131. 1895.

Taxithelium falcatulum Broth. & Paris, Oefvers. Förh.,

Finska Vetensk.-Soc. 48(15): 22. 1906.

Taxithelium alare Broth., Philipp. J. Sci. 3. 28. 1908.

Taxithelium parvulum (Broth. & Paris) Broth., Nat. Pflanzenfam. I (3): 1092. 1908.

Taxithelium voeltzkowii Broth., Reise Ostafr., Syst. Arbeit. **3**: 63. f. 9: 14. 1908.

Taxithelium ludovicae Broth. & Paris, Oefvers. Förh., Finska Vetensk.-Soc. **51A**(17): 28. 1909.

Taxithelium benguetiae Broth., Philippine J. Sci. **8**: 90. 1913.

Taxithelium robinsonii Broth., Philip. J. Sci. **13**: 218. 1918.

Taxithelium capillarisetum (Dixon) Broth., Nat. Pflanzenfam. (ed. 2) **11**: 443. 1925.

Taxithelium clastobryoides Dixon, J. Siam Soc., Nat. Hist. Suppl. **10**(1): 26. 1935.

Taxithelium convolutum Dixon, J. Linnean Soc., Bot. **50**: 130. 41. 1935.

Taxithelium brassii E. B. Bartram, Lloydia **5**: 288. 56. 1942.

生境　岩面、树干或腐木上，海拔 500～675m。

分布　台湾、海南、香港。泰国(Tan and Iwatsuki, 1993)、印度尼西亚(Touw, 1992)、菲律宾和日本。

尼泊尔麻锦藓

Taxithelium nepalense (Schwägr.) Broth., Monsunia **1**: 51. 1899. *Hypnum nepalense* Schwägr., Sp. Musc. Frond., Suppl. 3, **1**(2): 226. 1828. **Type**: Nepal: *Wallich s. n.*

Hypnum punctulatum Harv. in Hook., Icon. Pl. **1**: pl. 13. 1836.

Stereodon nepalense (Schwägr.) Mitt., J. Proc. Linn. Soc., Bot., Suppl. **1**: 100. 1859.

Stereodon punctulatum (Harv.) Mitt., J. Proc. Linn. Soc., Bot., Suppl. **1**: 101. 1859.

Trichosteleum nepalense (Schwägr.) A. Jaeger, Ber. Thätigk. St. Gallischen Naturwiss. Ges. **1876-1877**: 412. 1878.

Trichosteleum trochalophyllum Hampe in A. Jaeger, Ber. Thätigk. St. Gallischen Naturwiss. Ges. **1876-1877**: 414. 1878, *nom. nud.*

Hypnum turgidellum Müll. Hal., Bot. Jahrb. **5**: 87. 1883.

Trichosteleum turgidellum (Müll. Hal.) Kindb., Enum. Bryin. Exot. 104. 1891.

Taxithelium turgidellum (Müll. Hal.) Paris, Index Bryol. (ed. 2) **4**: 358. 1905.

生境　腐木或附生树上。

分布　云南、广东、海南、香港。印度、尼泊尔、孟加拉国、缅甸、泰国、越南、老挝、柬埔寨、马来西亚、印度尼西亚(爪哇)、菲律宾、巴布亚新几内亚、斐济、塔斯马尼亚、澳大利亚，非洲中部。

卵叶麻锦藓

Taxithelium oblongifolium (Sull. & Lesq.) Z. Iwats., J. Hattori Bot. Lab. **29**: 60. 1966. *Hypnum oblongifolium* Sull. & Lesq., Proc. Amer. Acad. Arts **4**: 279. 1859. **Type**: China: Hong Kong, *1854* (holotype: FH).

Taxithelium batanense E. B. Bartram, Philipp. J. Sci. **68**: 345. 1939.

生境　岩面、树干、腐木上或土面上。

分布　云南、台湾、海南、香港、澳门。菲律宾。

刺枝藓属 Wijkia (Mitt.) H. A. Crum Bryologist **74**: 170. 1971.

模式种：*W. extenuata* (Brid.) H. A. Crum

本属全世界现有 51 种，中国有 4 种。

弯叶刺枝藓

Wijkia deflexifolia (Renauld & Cardot) H. A. Crum, Bryologist **74**: 171. 1971. *Acanthocladium deflexifolium* Mitt. ex Renauld & Cardot, Bull. Soc. Roy. Bot. Belgique **41** (1): 92. 1902[1905].

Acanthocladium benguetense Broth., Philipp. J. Sci. **31**(3): 294. 1926.

Brotherella subintegra Broth., Ann. Bryol. **1**: 24. 1928. **Type**: China: Taiwan, Taichu, Mt. Hassen, *S. Sasaki s. n.* (H-BR).

Wijkia benguetense (Broth.) H. A. Crum, Bryologist **74**: 171. 1971.

生境　腐木、树干或树枝上，海拔 2100～2650m。

分布　浙江、四川、重庆、贵州、西藏、云南、福建、台湾、广西、海南。印度、泰国(Tan and Iwatsuki, 1993)、越南、柬埔寨、老挝、菲律宾。

角状刺枝藓

Wijkia hornschuchii (Dozy & Molk.) H. A. Crum, Bryologist **74**: 172. 1971. *Hypnum hornschuchii* Dozy & Molk., Ann. Sci. Nat., Bot., sér. 3, **2**: 307. 1844.

Acanthocladium pseudotanytrichum Broth., Index Bryol. (ed. 2) **1**: 2. 1903.

Brotherella piliformis Broth., Akad. Wiss. Wien Sitzungsber., Math.-Naturwiss. Kl., Abt. 1, **131**: 219. 1923.

Acanthocladium sublepidum Broth., Symb. Sin. **4**: 119. 1929. **Type**: China: Yunnan, 3500m, Sept. 22. 1915, *Handel-Mazzetti 8274*; Hunan, Wukang, 1000m, June 12. 1918, *Handel-Mazzetti 12 100* (syntype: H-BR).

Acanthocladium juliforme Herzog & Dixon, Hong Kong Naturalist, Suppl. **2**: 25. f. 15. 1933.

Wijkia sublepida (Broth.) H. A. Crum, Bryologist **74**: 173. 1971.

Hageniella hattoriana B. C. Tan, Bryologist **93**: 433. 1990.

生境　石上或腐木上，海拔 1800～3000m。

分布　浙江、江西、湖南、湖北、四川、重庆、贵州、云南、西藏、福建、台湾、广西。印度尼西亚(Tan et al., 2011)、巴布亚新几内亚(Tan et al., 2011)、日本。

细枝刺枝藓

Wijkia surcularis (Mitt.) H. A. Crum, Bryologist **74**: 173. 1971. *Stereodon surcularis* Mitt., J. Proc. Linn. Soc., Bot., Suppl. **1**: 112. 1859. **Type**: India: in mont. Khasian,

J. D. Hooker & T. Thomson 1031 (holotype: BM).

Hypnum surculare (Mitt.) A. Jaeger, Ber. Thätigk. St. Gallischen Naturwiss. Ges. **1877-1878**: 344. 1880.

Acanthocladium surcularis (Mitt.) Broth., Index Bryol. (ed. 2), **1**: 3. 1903.

生境 腐木、树干或岩面上，海拔 820～1500m。

分布 河南(刘永英等，2008b)、浙江、江西(何祖霞等，2008)、四川、重庆、贵州、云南、台湾、广东、广西、海南。印度、泰国(Touw, 1968, as *Acanthocladium surcularis*)、越南、柬埔寨、老挝。

毛尖刺枝藓

Wijkia tanytricha (Mont.) H. A. Crum, Bryologist **74**: 174. 1971. *Hypnum tanytrichum* Mont., Ann. Sci. Nat., Bot., sér. 3, **4**: 88. 1845.

Acanthocladium longipilum Broth., Beih. Bot. Centralbl. **28**(2): 361. 1911.

Acanthocladium semitortipilum M. Fleisch., Musci Buitenzorg **4**: 1206. 1923.

Wijkia longipila (Broth.) H. A. Crum, Bryologist **74**: 172. 1971.

Wijkia semitortipila (M. Fleisch.) H. S. Lin, J. Taiwan Mus. **37**(2): 55. 1984.

生境 树干或腐木上，海拔 2700m。

分布 江西(何祖霞等，2010)、四川、云南、西藏、台湾、广东、广西。印度、不丹(Noguchi, 1971, as *Acanthocladium tanytrichum*)、泰国(Tan and Iwatsuki, 1993)、越南、印度尼西亚(苏门答腊、爪哇)。

锦藓科 Sematophyllaceae Broth.

本科全世界有 28 属，中国有 8 属。

顶胞藓属 Acroporium Mitt.

J. Linn. Soc., Bot. **10**: 182. 1868.

模式种：*A. stramineum* (Reinw. & Hornsch.) M. Fleisch.

本属全世界现有 69 种，中国有 7 种，1 变种。

密叶顶胞藓

Acroporium condensatum Müll. Hal. ex E. B. Bartram, Philipp. J. Sci. **68**: 335. 1939.

生境 树枝或树干基部上，海拔 1200～1400m。

分布 台湾、广西、海南。菲律宾。

针叶顶胞藓

Acroporium diminutum (Brid.) M. Fleisch., Musci Buitenzorg **4**: 1274. 1923. *Dicranum diminutum* Brid., Bryol. Univ. **1**: 814. 1827.

Acroporium subulatum (Hampe) Dixon, J. Linn. Soc., Bot. **45**: 508. 1922.

Acroporium scabrellum (Sande Lac.) M. Fleisch., Musci Buitenzorg **4**: 1273. 1923.

生境 岩壁或竹枝上，海拔 1500～3000m。

分布 云南、西藏、广东、海南。老挝、泰国、越南(Tan and Iwatsuki, 1993)、印度尼西亚、菲律宾。

狭叶顶胞藓

Acroporium lamprophyllum Mitt., J. Linn. Soc., Bot. **10**: 183. 1868. **Type**: Samoa Islands: *Powell 114*.

Acroporium oxyporum (Bosch & Sande Lac.) M. Fleisch., Musci Buitenzorg **4**: 1289. 206. 1923.

Trichosteleum lamprophyllum (Mitt.) W. R. Buck, Brittonia **35**: 310. 1983.

生境 树干或腐木上生长。

分布 贵州、云南、海南、台湾(Herzog and Noguchi, 1955, as *A. oxyporum*)。斯里兰卡、泰国(Tan and Iwatsuki, 1993)、越南、柬埔寨、老挝、马来西亚、印度尼西亚(Touw, 1992, as *Trichosteleum lamprophyllum*)、菲律宾、澳大利亚。

卷尖顶胞藓

Acroporium rufum (Reinw. & Hornsch.) M. Fleisch., Musci Buitenzorg **4**: 1672. 1923. *Leskea rufa* Reinw. & Hornsch., Nova Acta Phys. -Med. Acad. Caes. Leop. -Carol. Nat. Cur. **14**(2) (Suppl.): 716. 1829.

Acroporium braunii (Müll. Hal.) M. Fleisch., Musci Buitenzorg **4**: 1278. 1923.

生境 树干上，海拔 1100m。

分布 广东、广西、海南。斯里兰卡(O'Shea, 2002)、柬埔寨(Tan and Iwatsuki, 1993)、马来西亚、印度尼西亚(Gradstein et al., 2005)。

心叶顶胞藓

Acroporium secundum (Reinw. & Hornsch.) M. Fleisch., Musci Buitenzorg **4**: 1283. 1923. *Leskea secunda* Reinw. & Hornsch., Nova Acta Phys. -Med. Acad. Caes. Leop. -Carol. Nat. Cur. **14**(2) (Suppl.): 717. 1829.

Acroporium brevipes (Broth.) Broth., Nat. Pflanzenfam. (ed. 2), **11**: 437. 1925.

Acroporium suzukii Sakurai, Bot. Mag. (Tokyo) **46**: 504. 1932.

生境 树干上，海拔 1200～1400m。

分布 湖北、云南、台湾、广西、海南、香港。泰国、缅甸、新加坡、越南、柬埔寨、老挝、日本、马来西亚、菲律宾、印度尼西亚。

顶胞藓

Acroporium stramineum (Reinw. & Hornsch.) M. Fleisch., Musci Biutenzorg **4**: 1301. 1923. *Leskea straminea* Reinw. & Hornsch., Nova Acta Phys. -Med. Acad. Caes. Leop. -Carol. Nat. Cur. **14**(2): 718. 1829. **Type**: Indonesia: Java, Mt. Gede, Celebes, Mt. Klabat.

顶胞藓原变种

Acroporium stramineum var. **stramineum**

生境 树干上，海拔 500～810m。

分布 广东、台湾、海南。斯里兰卡、越南、柬埔寨、老挝、马来西亚、印度尼西亚(Gradstein et al., 2005)、澳大利亚

(Ramsay et al., 2004)。

顶胞藓粗枝变种

Acroporium stramineum var. **turgidum** (Mitt.) B. C. Tan, Willdenowia **24**: 286. 1994. *Acroporium turgidum* Mitt., J. Linn. Soc., Bot. **10**: 183. 1868. **Type**: Samoa Island: *Powell 183*.

生境 树皮上,海拔 1000~2000m。

分布 台湾、海南。斯里兰卡(O'Shea, 2002)、越南、柬埔寨、老挝、马来西亚、印度尼西亚(Gradstein et al., 2005)。

疣柄顶胞藓

Acroporium strepsiphyllum (Mont.) B. C. Tan, J. Hattori Bot. Lab. **71**: 353. 1992. *Hypnum strepsiphyllum* Mont., London J. Bot. **3**: 632. 1844.

Acroporium falcifolium M. Fleisch., Musci Buitenzorg **4**: 1296. 208. 1923.

Acroporium alto-pungens (Müll. Hal.) Broth., Nat. Pflanzenfam. (ed. 2), **11**: 437. 1925. **Type**: Indonesia: Java, Buitenzorg, *M. Miquel 23-b* (lectotype: PC; isolectotypes: FH, L, BM).

生境 树干基部上,海拔 1000m。

分布 云南、台湾(Chiang and Kuo, 1989, as *A. alto-pungens*)、海南。泰国、越南(Tan and Iwatsuki, 1993)、印度尼西亚(Gradstein et al., 2005)、澳大利亚(Ramsay et al., 2004)。

花锦藓属 Chionostomum Müll. Hal.
Linnaea **36**: 21. 1869.

模式种:*C. rostratum* (Griff.) Müll. Hal.

本属全世界现有 4 种,中国有 2 种。

海南花锦藓

Chionostomum hainanense B. C. Tan & Y. Jia, J. Hattori Bot. Lab. **86**: 34. 1999. **Type**: China: Hainan, on bamboo branches, Nov. 8. 1954, *Fudan Biology Department Collection 2* (holotype: PE; isotype: FH).

生境 竹枝上,海拔 1300m。

分布 海南。中国特有。

花锦藓

Chionostomum rostratum (Griff.) Müll. Hal., Linnaea **36**: 21. 1869. *Neckera rostrata* Griff., Calcutta J. Nat. Hist. **3**: 70. 1843[1842].

Chionostomum latifolium Thér. & R. Henry, J. Siam Soc., Nat. Hist. Suppl. **10**(1): 20. 1935.

生境 树枝上,海拔 1300~1350m。

分布 云南、广西。斯里兰卡、印度、缅甸(Tan and Iwatsuki, 1993)、泰国(Touw, 1968)、越南、柬埔寨、老挝、菲律宾、马来西亚。

拟刺疣藓属 Papillidiopsis W. R. Buck & B. C. Tan
Acta Bryol. Asiat. **1**(1, 2): 9. 1989.

模式种:*P. bruchii* (Dozy & Molk.) W. R. Buck & B. C. Tan

本属全世界现有 13 种,中国有 4 种。

疣柄拟刺疣藓

Papillidiopsis complanata (Dixon) W. R. Buck & B. C. Tan, Acta Bryol. Asiat. **1**: 12. 1989. *Acroporium complanatum* Dixon, Bull. Torrey Bot. Club **51**: 256 pl. 4, f. 15. 1924.

Rhaphidostichum longicuspidatum Seki, J. Sci. Hiroshima Univ., ser. B, Div. 2, Bot. **12**: 66. 1968.

生境 树干或腐木上,海拔 600m。

分布 广东、海南、香港。日本、泰国、越南、柬埔寨、老挝、马来西亚,非洲。

褶边拟刺疣藓

Papillidiopsis macrosticta (Broth. & Paris) W. R. Buck & B. C. Tan, Acta Bryol. Asiat. **1**: 12. 1989. *Trichosteleum macrostictum* Broth. & Paris, Bull. Herb. Boissier, sér. 2, **2**: 933. 1902.

Rhaphidostichum macrostictum (Broth. & Paris) Broth., Nat. Pflanzenfam. (ed. 2), **11**: 435. 1925.

Trichosteleum chaetomitriopsis Dixon, J. Siam Soc., Nat. Hist. Suppl. **10**: 3. 1935.

生境 树干上,海拔 1900m。

分布 云南(Tan, 2000b)、台湾、广东、香港。日本、越南、柬埔寨、老挝。

光泽拟刺疣藓

Papillidiopsis ramulina (Thwaites & Mitt.) W. R. Buck & B. C. Tan, Acta Bryol. Asiat. **1**: 13. 1989. *Sematophyllum ramulinum* Thwaites & Mitt., J. Linn. Soc., Bot. **13**: 319. 1873. **Type**: Sri Lanka: *Thwaites 244* (holotype: NY).

Rhaphidostichum aquaticum Dixon, J. Linn. Soc. Bot. **50**: 127. 1935.

生境 树干上,海拔 1600~2000m。

分布 云南(Tan, 2000b)、台湾。马来半岛、印度尼西亚(婆罗洲北部)、菲律宾、澳大利亚(Ramsay et al., 2004)。

圆齿拟刺疣藓(新拟)*

Papillidiopsis stissophylla (Hampe & Müll. Hal.) B. C. Tan & Y. Jia, J. Hattori Bot. Lab. **86**: 41. 1999. *Hypnum stissophyllum* Hampe & Müll. Hal., Syn. Musc. Frond. **2**:

---

* 林邦娟等(1982)报道广东有该种分布(as *Trichosteleum stissophyllum*),但是文献中未见标本引证,故本名录没有收录。

273. 1851.

Rhaphidostichum stissophyllum (Hampe & Müll. Hal.) T. Y. Chiang & C. M. Kuo, Taiwania **34**: 138. 1989. *Trichosteleum stissophyllum* (Hampe & Müll. Hal.) A. Jaeger, Ber. Th? tigk. St. Gallischen Naturwiss. Ges. **1876-1877**: 417 (Gen. Sp. Musc. 2: 483). 1878.

生境　树枝上,海拔 500m。

分布　台湾(Chiang and Kuo, 1989, as *Rhaphidostichum stissophyllum*)。印度尼西亚。

细锯齿藓属 Radulina W. R. Buck & B. C. Tan Acta Bryol. Asiat. 1(1,2): 9. 1989.

模式种:*R. hamata* (Dozy & Molk.) W. R. Buck & B. C. Tan

本属全世界现有 8 种,中国有 1 种,1 变种。

细锯齿藓

Radulina hamata (Dozy & Molk.) W. R. Buck & B. C. Tan, Acta Bryol. Asiat. **1**: 10. 1989. *Hypnum hamatum* Dozy & Molk., Ann. Sci. Nat., Bot., sér. 3, **2**: 307. 1844.

细锯齿藓原变种

Radulina hamata var. **hamata**

Trichosteleum hamatum (Dozy & Molk.) A. Jaeger, Ber. Thätigk. St. Gallischen Naturwiss. Ges. **1876-1877**: 420. 1878.

生境　腐木或低海拔的腐殖土。

分布　云南、台湾(Herzog and Noguchi, 1955, as *Trichosteleum hamatum*)、海南。泰国、老挝、越南、柬埔寨(Tan and Iwatsuki, 1993)、印度尼西亚(Touw, 1992)、日本。

细锯齿藓狭尖变种

Radulina hamata var. **ferrei** (Cardot & Thér.) B. C. Tan & Y. Jia, J. Hattori Bot. Lab. **86**: 45. 1999. *Trichosteleum ferriei* Cardot & Thér., Bull. Acad. Int. Géogr. Bot. **18**: 251. 1908.

生境　腐木上。

分布　海南。日本。

狗尾藓属 Rhaphidostichum M. Fleisch. Musci Buitenzorg 4: 1307. 1923.

模式种:*R. bunodicarpum* (Müll. Hal.) M. Fleisch.

本属全世界现有 26 种,中国有 2 种。

狗尾藓

Rhaphidostichum bunodicarpum (Müll. Hal.) M. Fleisch., Musci Buitenzorg **4**: 1309. 1923. *Hypnum bunodicarpum* C. Müll., Bot. Jahrb. Syst. **5**: 85. 1883.

生境　树干上。

分布　江西(严雄梁等, 2009)、海南。印度尼西亚、菲律宾、巴布亚新几内亚,大洋洲。

毛尖狗尾藓

Rhaphidostichum piliferum (Broth.) Broth., Nat. Pflanzenfam. (ed. 2), **11**: 434. 1925. *Sematophyllum piliferum* Broth., Öfvers. Förh., Finska Vetensk. -Soc. **47** (14): 9. 1905.

Rhaphidostichum piliferum (Broth.) Broth., Nat. Pflanzenfam. (ed. 2), **11**: 434. 1925.

生境　树干上。

分布　江西(严雄梁等, 2009)、台湾(Herzog and Noguchi 1955)。越南、柬埔寨(Tan and Iwatsuki, 1993)、菲律宾。

锦藓属 Sematophyllum Mitt. J. Linn. Soc., Bot. 8: 5. 1865.

模式种:*S. demissum* (Wilson) Mitt. (= ***S. subpinnatum***)

本属全世界约有 170 种,中国有 4 种,1 变型。

婆罗锦藓(新拟)

Sematophyllum borneense (Broth.) P. Cømara, Novon **20** (2): 141. 2010. *Ectropothecium borneense* Broth. & Geh., Biblioth. Bot. **44**: 28. 1898.

Glossadelphus borneensis (Broth. & Geh.) Broth., Nat. Pflanzenfam. (ed. 2), **11**: 444. 1925.

Glossadelphus attenuatus Broth., Symb. Sin. **4**: 122. 1929. **Type**: China: between Jiangxi and Fujian, 1400m, May 1921, *Plt. Sin. 510.*

Glossadelphus nitidus Thér., Ann. Cryptog. Exot. **5**: 183. 1932. *Taxiphyllum nitidum* (Thér.) W. R. Buck, Mem. New York Bot. Gard. **45**: 521. 1987. **Type**: China: Fujian, *H. H. Chung 87, 98, 115, 121.*

生境　不详。

分布　江西、福建(Tixier, 1988)。泰国、巴布亚新几内亚。

橙色锦藓

Sematophyllum phoeniceum (Müll. Hal.) M. Fleisch, Musci Buitenzorg **3**: 1266. 1923. *Hypnum phoeniceum* Müll. Hal., Flora **61**: 85. 1878.

Rhaphidostegium phoeniceum A. Jaeger, Ber. Thätigk. St. Gallischen Naturwiss. Ges. **1877-1878**: 485. 1880.

生境　腐木或树干上,海拔 900～1100m。

分布　浙江、江西、湖南、贵州、重庆、云南、西藏、福建、广东、广西、海南、澳门。

孟加拉国(O'Shea，2003)、印度、越南、柬埔寨、老挝，非洲。

矮锦藓

Sematophyllum subhumile (Müll. Hal.) M. Fleisch., Musci Buitenzorg **4**: 1264. 1923. *Hypnum subhumile* Müll. Hal., Syn. Musc. Frond. **2**: 330. 1851. **Type**: India: Nilgheris, *Perrottet s. n.* (lectotype: H-BR).

Rhaphidostegium subhumlie (Müll. Hal.) A. Jaeger, Ber. Thätigk. St. Gallischen Naturwiss. Ges. **1876-1877**: 397. 1878.

Rhaphidostegium henryi Paris & Broth., Rev. Bryol. **36**: 12. 1909. **Type**: China: Jiangsu, May 1908, *Courtois & Henry s. n.*

Meiothecium angustirete Broth., Akad. Wiss. Wien Sitzungsber., Math. -Naturwiss. Kl., Abt. 1, **131**: 220. 1923.

Sematophyllum henryi (Paris & Broth.) Broth., Nat. Pflanzenfam. (ed. 2), **11**: 431. 1925.

Sematophyllum japonicum (Broth.) Broth., Nat. Pflanzenfam. (ed. 2), **11**: 431. 1925.

Sematophyllum pulchellum (Cardot) Broth., Nat. Pflanzenfam. (ed. 2), **11**: 431. 1925.

生境　石上或树干上，海拔 400m 以上。

分布　安徽、江苏(刘仲苓等，1989)、上海(刘仲苓等，1989)、浙江、江西、湖南、湖北、四川、贵州、云南、福建、广西、海南、香港、澳门。尼泊尔、印度、缅甸、泰国、老挝、越南、柬埔寨、菲律宾、印度尼西亚、加罗林群岛。

锦藓

Sematophyllum subpinnatum (Brid.) E. Britton, Bryologist **21**: 28. 1918. *Leskea subpinnata* Brid., Muscol. Recent. Suppl. **2**: 54. 1812. **Type**: Cuba: *Wright 106.*

Leskea caespitosa Hedw., Sp. Musc. Frond. 233. pl. 49, f. 1-5. 1801.

Sematophyllum demissum (Wilson) Mitt., J. Linn. Soc., Bot. **8**: 5. 1865.

Sematophyllum caespitosum (Sw.) Mitt., J. Linn. Soc., Bot. **12**: 479. 1869.

Rhaphidostegium robustulum Cardot, Beih. Bot. Centralb., Abt. 2, **19**(2): 135. f. 26. 1905. **Type**: China: Taiwan, **syntypes**: Taitum, *Faurie* 69; Kelung, *Faurie 206.*

Sematophyllum robustulum (Cardot) Broth., Nat. Pflanzenfam. (ed. 2), **11**: 437. 1925.

Sematophyllum sinense Thér. in Broth., Nat. Pflanzenfam. (ed. 2), **11**: 437. 1925., invalid, nodescription.

Sematophyllum striatifolium Dixon, J. Siam Soc., Nat. Hist. Suppl. **9**(1): 41. 1932.

生境　岩面、土生或树干上，海拔 500～2000m。

分布　福建、广东、广西、贵州、海南、香港、台湾、云南、浙江。热带和亚热带分布。

锦藓三列叶变型(新拟)

Sematophyllum subpinnatum fo. **tristiculum** (Mitt.) B. C. Tan & Y. Jia, J. Hattori Bot. Lab. **86**: 51. 1999. *Stereodon tristiculus* Mitt., J. Proc. Linn. Soc. y, Bot., Suppl. **2**: 102. 1859.

Sematophyllum tristiculum (Mitt.) M. Fleisch., Musci Buitenzorg **4**: 1262. 1923.

生境　岩面上。

分布　福建(Thériot, 1932, as *S. tristiculum*)、台湾(Herzog and Noguchi, 1955, as *S. tristiculum*)。印度、菲律宾。

刺疣藓属 Trichosteleum Mitt.

J. Linn. Soc., Bot. **10**: 181. 1868.

模式种：*T. fissum* Mitt.

本属全世界约有 120 种，中国有 5 种。

垂蒴刺疣藓

Trichosteleum boschii (Dozy & Molk.) A. Jaeger, Ber. Thätigk. St. Gallischen Naturwiss. Ges. **1876-1877**: 421. 1878. *Hypnum boschii* Dozy & Molk., Ann. Sci. Nat., Bot., sér. 3, **2**: 306. 1844. **Type**: Indonesia: Borneo, *Korthals s. n.* (L).

Trichosteleum thelidictyon (Sull. & Lesq.) A. Jaeger, Ber. Thätigk. St. Gallischen Naturwiss. Ges. **1876-1877**: 417. 1878.

Trichosteleum brachypelma (Müll. Hal.) Paris, Index Bryol. 656. 1897.

Rhaphidostichum boschii (Dozy & Molk.) Seki, J. Sci. Hiroshima Univ., ser. B, Div. 2, Bot. **12**: 55. 1968.

生境　树干或岩石上，海拔 420～650m。

分布　福建、广东、广西、海南、香港、澳门。孟加拉国(O'Shea, 2003)、日本、印度、尼泊尔、缅甸、老挝、越南、泰国、柬埔寨、马来西亚、新加坡、菲律宾、印度尼西亚，大洋洲。

全缘刺疣藓

Trichosteleum lutschianum (Broth. & Paris) Broth., Nat. Pflanzenfam. Ⅰ(3): 1238. 1909. *Rhaphidostegium lutschianum* Broth. & Paris, Bull. Herb. Boissier, sér. 2, **2**: 931. 1902.

Acroporium sinense Broth., Nat. Pflanzenfam. (ed. 2), **11**: 437. 1925, *nom. nud.*

Warburgiella lutschiana (Broth. & Paris) Broth., Nat. Pflanzenfam. (ed. 2), **11**: 429. 1925.

Rhaphidostichum lutschianum (Broth. & Paris) Seki, J. Sci. Hiroshima Univ., ser. B, Div. 2, Bot. **12**: 53. 1968.

生境　树干上，海拔 245～2100m。

分布　江西、湖南、湖北、四川、贵州、广东、广西、海南。日本。

小蒴刺疣藓

Trichosteleum saproxylophilum (Müll. Hal.) B. C. Tan, W. B. Schofield & Ramsay, Nova Hedwigia **67**: 8. 1998. *Hypnum saproxylophilum* Müll. Hal., Syn. Musc. Frond. **2**: 334. 1851. **Type**: Indonesia: Java, *Zollinger 243.*

Sematophyllum saproxylophilum (Müll. Hal.) M. Fleisch., Musci Buitenzorg **4**: 1266. 1923.

生境　腐木上，海拔 850m。

分布　广东、海南。印度尼西亚、菲律宾、马来西亚。

绿色刺疣藓

Trichosteleum singpurense M. Fleisch., Hedwigia **44**:

325. 1905.

生境　岩面上,海拔 550～720m。

分布　海南、香港。泰国、新加坡(Touw, 1968)、柬埔寨(Tan and Iwatsuki, 1993)、菲律宾。

长喙刺疣藓

Trichosteleum stigmosum Mitt., J. Linn. Soc., Bot. **10**: 181. 1868.

Trichosteleum sepikense E. B. Bartram, Brittonia **13**: 378. 1961.

生境　树干或腐木上,海拔 650～1200m。

分布　江西(Ji and Qiang, 2005)、云南(Tan, 2000b)、福建、广东、广西、海南。菲律宾、巴布亚新几内亚,大洋洲。

裂帽藓属 Warburgiella Müll. Hal. ex Broth. Monsunia 1: 176. 1900.

模式种:*W. cupressinoides* Müll. Hal. ex Broth.

本属全世界现有 29 种,中国有 1 种。

裂帽藓

Warburgiella cupressinoides Müll. Hal. ex Broth., Monsunia **1**: 176. 1900.

生境　腐木上。

分布　贵州、云南、台湾、广西。越南、柬埔寨、老挝、马来西亚。

塔藓科 **Hylocomiaceae** M. Fleisch.

本科全世界有 15 属,中国有 12 属。

梳藓属 Ctenidium (Schimp.) Mitt. J. Linn. Soc. Bot. **12**: 509. 1869.

模式种:*C. molluscum* (Hedw.) Mitt.

本属全世界现有 24 种,中国有 11 种。

柔枝梳藓

Ctenidium andoi N. Nishim., J. Hattori Bot. Lab. **58**: 50. f. 23. 1985. **Type**: Philippines: Luzon, Mt. Data, ca. 2100m, *E. D. Merrill 4939* (holotype: NY; isotype: H-BR).

Ctenidium forstenii auct. non (Bosch & Lac.) Broth. Philip. J. Sci. **8c**: 215. 1918.

Ctenidium lychnites auct. non (Mitt.) Broth., Philip. J. Sci. **68**: 373. f. 483. 1939.

Ctenidium capillifolium var. *minus* Ando & Sharp, J. Hattori Bot. Lab. **30**: 305. 1967, *nom. nud.*

生境　林下树干、腐木、岩面或见于湿润土面上,海拔 1075～2300m。

分布　安徽、浙江、湖南、湖北、四川、贵州、福建(Thériot, 1932, as *C. lychnites*)、台湾(Lin, 1988)、香港。印度尼西亚(爪哇)、菲律宾、日本、巴布亚新几内亚。

毛叶梳藓

Ctenidium capillifolium (Mitt.) Broth., Nat. Pflanzenfam. I (3): 1048. 1908. *Hyocomium capillifolium* Mitt., Trans. Linn. Soc. London, Bot., **3**: 177. 1891.

Hypnum capillifolium (Mitt.) Paris, Index. Bryol. 619. 1896, *hom. illeg.*

Stereodon capillifolium (Mitt.) Broth., Paris, Bull. Herb. Boissier, sér. 2, **2**: 990. 1902.

Ctenidium robusticaule Broth. & Paris, Rev. Bryol. **37**: 3. 1910.

Ctenidium auriculatum Broth., Bull. Soc. Bot. Genève, sér. 2, **5**: 324. 1913, *nom. nud.*

Ctenidium brevipe Broth., Öfvers. Förh. Finska Vetensk. -Soc. **62A**(9): 37. 1921.

Ctenidium divaricatum Dixon, Toyama Kyoiku **297**: 41. 1938.

生境　林下树干、腐木、岩面、石灰岩或生于林地,海拔 400～1900m。

分布　安徽、浙江、江苏、江西、湖南、湖北、四川、重庆、贵州、云南、福建、广东、香港。朝鲜、日本。

斯里兰卡梳藓

Ctenidium ceylanicum Cardot ex M. Fleisch., Musci Buitenzorg **4**: 1462. 1922.

生境　不详。

分布　四川、重庆、贵州、广西(左勤等, 2010)。斯里兰卡。

戟叶梳藓

Ctenidium hastile (Mitt.) Lindb., Contr. Fl. Crypt. As. 233. 1872. *Stereodon hastilis* Mitt., J. Linn. Soc., Bot. **8**: 153. 1865. **Type**: Japan: Nagasaki, *Oldham s. n.*

Hypnum hastile (Mitt.) A. Jaeger, Ber. Thätigk. St. Gallischen. Naturwiss. Ges. **1877-1878** (Ad. 2): 594. 1879.

Hyocomium hastile (Mitt.) Mitt., Trans. Linn. Soc. London, Bot., **3**: 177. 1891.

Ctenidium hastile var. *microplyllum* Cardot, Bull. Soc. Bot. Genève, sér. 2, **5**: 323. 1913.

Ctenidium plumicaule M. Fleisch., Bot. Mag. (Tokyo) **46**: 750. 1932.

Ctenidium serratifolium (Cardot) Broth., Bot. Mag. (Tokyo) **46**: 750. 1932.

生境　树干或岩面,海拔 1330m。

分布　安徽、江西、湖南、湖北、重庆、贵州。日本。

平叶梳藓

Ctenidium homalophyllum Broth. & Yasuda ex Ihsiba, Classif. Mosses Japan 73. 1932. **Type**: Japan. Inaba, *Ikoma 254.*

Hyocomium scabrifolium Broth. in Paris, Bull. Herb. Boissser, ser. 2, **2**: 993. 1902, *nom. nud.*

生境　花岗岩石上。

分布　安徽、湖南、湖北、重庆、广西(左勤等, 2010)。日本。

弯叶梳藓

Ctenidium lychnites (Mitt.) Broth., Nat. Pflanzenfam. I

(3): 1048. 1908. *Stereodon lychnites* Mitt., J. Proc. Linn. Soc., Bot., Suppl. **1**: 114. 1859. **Type**: Sri Lanka: Horton Plains, *Gardner 1025*.

Hyocomium lychnites (Mitt.) Mitt., Trans. Linn. Soc. London, Bot. **3**: 177. 1891.

Hypnum lychnites (Mitt.) Müll. Hal., Linnaea **36**: 8. 1869.

生境　土面上,海拔 200～1800m。

分布　浙江、湖南、贵州、云南、福建。印度、斯里兰卡。

麻齿梳藓

Ctenidium malacobolum (Müll. Hal.) Broth., Nat. Pflanzenfam. Ⅰ(3): 1048. 1908. *Hypnum malacobolum* Müll. Hal., Syn. Musc. Frond. **2**: 689. 1851. **Type**: Indonesia: West Java, *Fleischer s. n.*

Microthamnium malacobolum (Müll. Hal.) A. Jaeger, Ber. Thätigk. St. Gallischen. Naturwiss. Ges. **1876-1877** (Ad. 2): 431. 1878.

Ctenidium forstenii (Bosch & Lac.) Broth., Nat. Pflanzenfam. Ⅰ(3): 1048. 1908.

Ctenidium polychaetum (Bosch & Sande Lac.) Broth., Nat. Pflanzenfam. Ⅰ(3): 1048. 1908.

Ctenidium moluccense Herzog, Hedwigia **61**: 291. 1919.

Ctenidium malacobolum var. *robustum* M. Fleisch., Musci Buitenzorg **4**: 1460. 1923.

生境　林地土面或树干基部上,海拔 1200～2900m。

分布　湖南(Enroth and Koponen, 2003)、台湾。日本、泰国(Tan and Iwatsuki, 1993)、菲律宾、印度尼西亚(爪哇、婆罗洲)、巴布亚新几内亚,大洋洲。

梳藓

Ctenidium molluscum (Hedw.) Mitt., J. Linn. Soc., Bot. **12**: 509. 1869. *Hypnum molluscum* Hedw., Sp. Musc. Frond. 289. 1801.

Stereodon molluscus (Hedw.) Mitt., J. Linn. Soc., Bot. **8**: 153. 1865.

Cupressina mollusca (Hedw.) Müll. Hal., Nuovo Giorn. Bot. Ital., n. s., **3**: 121. 1896.

Thuidium molluscum (Hedw.) Mitt. ex Zodda, Nuovo Giorn. Bot. Ital., n. s., **19**: 490. 1912.

Hypnum balearicum Dixon, Broteria Cienc. Nat. **1**: 87. 1932.

Hypnum ravandii Boul. subsp. *balcaricum* (Dixon) Wijk & Marg., Taxon **9**: 51. 1960.

生境　岩面、花岗岩、树干、树枝、腐木、枯枝落叶上或稀见于林地土面上,海拔 700～3400m。

分布　吉林、辽宁、内蒙古、新疆、江西、湖南、四川、重庆、贵州、云南、西藏、广东。土耳其、俄罗斯(远东地区、西伯利亚),欧洲、北美洲、非洲北部。

羽枝梳藓

Ctenidium pinnatum (Broth. & Paris) Broth., Nat. Pflanzenfam. Ⅰ(3): 1073. 1908. *Stereodon pinnatus* Broth. & Paris, Bull. Herb. Boissier, sér. 2, **2**: 991. 1902. **Type**: Japan: Liou Kiou (Ryukyu Is.), *Faurie 1325*.

Ctenidium plumicaule M. Fleisch. in Sakurai, Bot. Mag. (Tokyo) **47**: 345. 1933.

Ctenidium plumulosum E. B. Bartram, Ann. Bryol. **8**: 20. 1936, *hom. illeg.*

生境　林下树干、腐木或稀生于岩面薄土上,海拔 1450～3600m。

分布　浙江、江西、重庆、贵州、西藏。日本。

齿叶梳藓

Ctenidium serratifolium (Cardot) Broth., Nat. Pflanzenfam. ed. Ⅰ(3): 1048. 1908. *Ectropothecium serratifolium* Cardot, Beih. Bot. Centralbl. **19**(2): 145. 1905. **Type**: China: Taiwan, *Faurie 42*.

Campylium enerve Herzog & Nog., J. Hattori Bot. Lab. **14**: 67. 1955. **Type**: China: Taiwan, 1200m, Aug. 1947, *G. H. Schwabe 51*.

Campylium serratifollium (Cardot) Herzorg & Nog., J. Hattori Bot. Lab. **14**: 67. 1955.

Ctenidium enerve (Herzog & Nog.) Kanda ex N. Nishim., J. Hattori Bot. Lab. **58**: 76. 1985.

生境　林下岩面、树干或腐木上,400～1600m。

分布　安徽、浙江、江西、湖南、贵州、台湾(Herzog and Noguchi, 1955, as *Campylium enerve*)广东、广西、海南、香港。泰国、越南、日本。

散枝梳藓

Ctenidium stellulatum Mitt. Fl. Vit. 399. 1873. **Type**: Society Is: *Bidwill s. n.*

Hypnum stellulatum (Mitt.) Paris, Index. Bryol. 686. 1902.

生境　土上、岩面或稀见于树枝上。

分布　贵州、台湾。美国(夏威夷),大洋洲(社会群岛)。

拟小锦藓属 Hageniella Broth.

Öfvers. Förh. Finska Vetensk. -Soc. 52A(7): 4. 1910.

模式种:*H. sikkimensis* Broth.

本属全世界现有 6 种,中国有 2 种。

凹叶拟小锦藓

Hageniella micans (Mitt.) B. C. Tan & Y. Jia, J. Hattori Bot. Lab. **86**: 37. 1999. *Stereodon micans* Mitt., J. Proc. Linn. Soc., Bot., Suppl. **1**: 114. 1859.

Hypnum micans Wilson ex Hook., Adnot. Bot. 175. 1829.

Hygrohypnum micans (Mitt.) Broth., Nat. Pflanzenfam. Ⅰ(3): 1040. 1908.

Hageniella pacifica Broth., Bernice P. Bishop Mus. Bull. **40**: 29 pl. 6, f. 23. 1927.

Hygrohypnum novae-caesareae (Austin) Grout, Moss Fl. N. Amer. **3**: 94. 1931.

Schofieldiella micans (Mitt.) W. R. Buck, J. Hattori Bot. Lab. **82**: 41. 1997.

生境　树干上,海拔 2000～3045m。

分布　重庆、云南、台湾、广西。菲律宾、印度尼西亚(婆罗洲)、美国(夏威夷)和东部、加拿大,欧洲西部、中美洲。

拟小锦藓

Hageniella sikkimensis Broth., Öfvers. Förh. Finska Vetensk. -Soc. **52A**(7): 4. 1910.

生境 岩面上,海拔3800m。

分布 云南。印度。

星塔藓属 Hylocomiastrum M. Fleisch. ex Broth. Nat. Pflanzenfam. (ed. 2),**11**: 486. 1925.

模式种:*H. pyrenaicum* (Spruce) M. Fleisch. ex Broth.

本属全世界现有3种,中国有3种。

喜马拉雅星塔藓(喜马拉雅塔藓)

Hylocomiastrum himalayanum (Mitt.) Broth., Nat. Pflanzenfam. (ed. 2),**11**: 486. 1925. *Stereodon himalayanus* Mitt., J. Proc. Linn. Soc., Bot., Suppl. **1**: 113. 1859. **Type**: India: Sikkim, Lachen, 5000, *J. D. Hooker 1103* (lectotype: BM).

Hylocomium himalayanum (Mitt.) A. Jaeger, Ber. Thätigk. St. Gallischen. Naturwiss. Ges. **1877-1878**: 348. 1880.

生境 高山针叶林、阔叶林下或稀生于岩面薄土,海拔2360~3000m。

分布 四川、云南、西藏、台湾。尼泊尔、不丹(Koponen, 1979)、日本、朝鲜、喜马拉雅地区。

星塔藓(山地塔藓)

Hylocomiastrum pyrenaicum (Spruce) M. Fleisch. ex Broth., Nat. Pflanzenfam. (ed. 2),**11**: 487. 1925. *Hypnum pyenaicum* Spruce, Musci Pyren. 4. 1847.

Hylocomium pyenaicum (Spruce) Lindb., Musci Scand. 37. 1879.

Hylocomium pyrenaicum var. *brachythecioides* Cardot, Bull. Soc. Bot. Genève, sér. 2, **5**: 324. 1913.

生境 潮湿的林地或岩面上。

分布 吉林、陕西、四川、西藏。朝鲜、日本、俄罗斯(西伯利亚、堪察加)、冰岛,中亚地区、欧洲、北美洲(阿拉斯加、阿留申群岛)、非洲北部。

仰叶星塔藓(阴地塔藓)

Hylocomiastrum umbratum (Hedw.) M. Fleisch. ex Broth., Nat. Pflanzenfam. (ed. 2),**11**: 487. 1925. *Hypnum umbratum* Ehrh. ex Hedw., Sp. Musc. Frond. 263. 1801.

Hylocomium umbratum (Hedw.) Bruch & Schimp. in B. S. G., Bryol. Eur. **5**: 175. 1852.

生境 潮湿的林地。

分布 黑龙江、吉林、四川。日本、朝鲜、俄罗斯(堪察加)、高加索地区,欧洲、北美洲、非洲北部。

塔藓属 Hylocomium Bruch & Schimp. Bryol. Eur. **5**: 169. 1852.

模式种:*H. splendens* (Hedw.) Bruch & Schimp.

本属全世界现有1种。

塔藓 (阿拉斯加塔藓)

Hylocomium splendens (Hedw.) Bruch & Schimp., Bryol. Eur. **5**: 173. 1852. *Hypnum splendens* Hedw., Sp. Musc. Frond. 262. 1801.

Hylocomium proliferum (Brid.) Lindb., Acta Soc. Sci. Fenn. **10**: 20. 1871, *nom. illeg.*

Hylocomium alaskanum (Lesq. & James) Austin, Bull. Torrey Bot. Club **7**: 7. 1880.

生境 高山林地,海拔2300m。

分布 河北、内蒙古、山西(Wang et al., 1994)、甘肃(Zhang and Li, 2005)、新疆、四川、重庆(胡晓云和吴鹏程,1991)、贵州、云南、西藏、台湾。不丹(Noguchi, 1971)、冰岛、新西兰、格陵兰岛(丹属),欧洲、北美洲西部(包括阿拉斯加、阿留申群岛)、非洲北部。

薄壁藓属 Leptocladiella M. Fleisch. Musci Buitenzorg **4**: 1205. 1923.

模式种:*L. psilura* (Mitt.) M. Fleisch.

本属全世界现有3种,中国有2种。

纤枝薄壁藓 (纤枝南木藓)

Leptocladiella delicatulum (Broth.) Rohrer, J. Hattori Bot. Lab. **59**: 266. 1985. *Macrothamnium delicatulum* Broth., Symb. Sin. **4**: 131. 1929. **Type**: China: Sichuan, Yanyuan Co., 3325m, May 17. 1914, *Handel-Mazzetti 1486* (holotype: H-BR).

生境 树上,海拔2400~2800m。

分布 云南、西藏。尼泊尔、印度、缅甸。

薄壁藓(大角薄膜藓、光南木藓)

Leptocladiella psilura (Mitt.) M. Fleisch., Musci Buitenzorg **4**: 1205. 1923. *Stereodon psilurus* Mitt., J. Proc. Linn. Soc., Bot., Suppl. **1**: 112. 1859. **Type**: Nepal: *Hooker 754*.

Leptohymenium macroalare Herzog, Hedwigia **65**: 165. fig. 7. 1925. **Type**: China: Yunnan, Pe yen tsin, am Berg Pe tsao lin, 3000m, *S. Ten 91*.

Macrothamnium psilurum (Mitt.) Nog., Kumamoto J. Sci, Sect. 2, Biol. **11**: 10. 1972.

生境 土面或树干上,海拔2400~3000m。

分布 四川、云南、台湾(Noguchi, 1978, as *Macrothamnium psilurum*)。尼泊尔、印度、不丹(Noguchi, 1971)、缅甸、泰国(Tan and Iwatsuki, 1993)。

薄膜藓属 Leptohymenium Schwägr.

Sp. Musc. Frond., Suppl. 3, **1**(2): 246. 1828.

模式种:*L. tenue* (Hook.) Schwägr.

本属全世界现有 8 种,中国有 3 种。

短柄薄膜藓(新拟)

Leptohymenium brachystegium Besch., Ann. Sci. Nat., Bot., sér. 7, **15**: 85. 1892. **Type**: China: Yunnan, *Delavay 4139*.

生境　林地。

分布　云南(Bescherella, 1892)。中国特有。

鹤庆薄膜藓

Leptohymenium hokinense Besch., Ann. Sci. Nat., Bot., sér. 7, **15**: 84. 1892. **Type**: China: Yunnan, Hokin, *Delavay 1628*.

生境　林地。

分布　云南。尼泊尔(Iwatsuki,1979b)。

薄膜藓

Leptohymenium tenue (Hook.) Schwägr., Sp. Musc. Frond., Suppl. 3, **1**(2): 246. 1828. *Neckera tenuis* Hook., Trans. Linn. Soc. London **9**: 315. 1808.

生境　树干上,海拔 2800～3600m。

分布　云南、西藏。不丹(Noguchi, 1971)、缅甸、泰国、菲律宾、墨西哥、危地马拉。

假蔓藓属 Loeskeobryum M. Fleisch. ex Broth.

Nat. Pflanzenfam. (ed. 2),**11**: 482. 1925.

模式种:*L. brevirostre* (Brid.) M. Fleisch. ex Broth.

本属全世界现有 2 种,中国有 2 种。

假蔓藓(短喙塔藓)

Loeskeobryum breviristre (Brid.) M. Fleisch. ex Broth., Nat. Pflanzenfam. (ed. 2),**11**: 483. 1925. *Hypnum rutabulum* Hedw. var. *breviristre* Brid., Muscol. Recent. **2**(2): 162. 1801.

Hylocomium brevirostre (Brid.) Bruch & Schimp., Bryol. Eur. **5**: 178 pl. 493. 1852.

生境　岩面、树枝或腐木上。

分布　陕西、安徽、四川、台湾。日本、高加索地区、太平洋群岛,欧洲、北美洲、中美洲、非洲北部。

船叶假蔓藓(船叶塔藓)

Loeskeobryum cavifolium (Sande Lac.) M. Fleisch. ex Broth., Nat. Pflanzenfam. (ed. 2),**11**: 483. 1925. *Hylocomium cavifolium* Sande Lac., Ann. Mus. Bot. Lugduno-Batavi **3**: 308. 1867.

Hylocomium brevirostre var. *lutschianum* Broth. & Paris, Bull. Herb. Boissier, sér. 2, **2**: 992. 1902, *nom. nud.*

Hylocomium brevirostre (Brid.) Bruch & Schimp. var. *cavifolium* (Sande Lac.) Nog., J. Jap. Bot. **36**: 117. 1961.

生境　石壁、岩面薄土或树干基部上。

分布　黑龙江、安徽、江西、贵州、福建、台湾。日本、朝鲜。

南木藓属 Macrothamnium M. Fleisch.

Hedwigia **44**: 307. 1905.

模式种:*M. macrocarpum* (Reinw. & Hornsch.) M. Fleisch.

本属全世界现有 5 种,中国有 4 种。

爪哇南木藓

Macrothamnium javense M. Fleisch., Hedwigia **44**: 311. 1905.

Macrothamnium hylocomioides M. Fleisch., Nova Guinea **12**(2): 125. 1914.

Chaetomitriopsis diversifolia Zanten, Nova Guinea Bot. **10**: 316. 1964.

生境　树干上。

分布　四川(Li et al., 2011)、云南、西藏。斯里兰卡、菲律宾、马来西亚、巴布亚新几内亚。

直蒴南木藓

Macrothamnium leptohymenioides Nog., Kumamoto J. Sci. Sect. 2, Biol. **11**: 6. 1972. **Type**: Nepal: Thakma-Khola, *Tokyo Univ. Exped. 237 772.*

Orontobryum recurvulum Hampe ex Gangulee, Mosses E. India **6**: 1506. 1977.

生境　树干上。

分布　云南、西藏。尼泊尔、缅甸。

南木藓

Macrothamnium macrocarpum (Reinw. & Hornsch.) M. Fleisch., Hedwigia **44**: 308. 1905. *Hypnum macrocarpum* Reinw. & Hornsch., Nova Acta Leop. **14**(2) (Suppl.): 725 f. 41. 1829.

Microthamnium submacrocarpon A. Jaeger ex Renauld & Cardot, Bull. Soc. Roy. Bot. Belgique **41**(1): 99. 1905.

Macrothamnium longirostre Dixon, Trav. Bryol. **1**(13): 19. 1942.

生境　岩面、腐木或树皮上,海拔 1300～2100m。

分布　安徽、浙江、江西、湖南、贵州、云南、西藏、福建、台湾、广西、香港。印度、尼泊尔、不丹、缅甸、斯里兰卡、越南、菲律宾、泰国、马来西亚、新加坡、印度尼西亚、日本、美国(夏威夷)。

亚南木藓

Macrothamnium submacrocarpum (Renauld & Cardot) M. Fleisch., Hedwigia **44**: 310. 1905. *Microthamnium submacrocarpon* A. Jaeger ex Renauld & Cardot, Bull. Soc. Roy. Bot. Belgique **41**(1): 99. 1905.

Macrothamnium stigmatophyllum M. Fleisch., Hedwigia **44**: 310. 1905.
生境 树基或岩面上。
分布 云南、广西、台湾。印度、不丹(Noguchi, 1971)、缅甸、泰国。

小蔓藓属 Meteoriella S. Okamura
J. Coll. Sci. Imp. Univ. Tokyo **36**(7): 18. 1915.

模式种:*M. soluta* (Mitt.) S. Okamura
本属全世界仅有1种。

小蔓藓

Meteoriella soluta (Mitt.) S. Okamura, J. Coll. Sci. Imp. Univ. Tokyo **36**(7): 18. 1915. *Meteorium solutum* Mitt., J. Proc. Linn. Soc., Bot., Suppl. **1**: 88. 1859. **Type**: India: Sikkim, *J. D. Hooker 970* (holotype: BM).
Pterobryopsis japonica Cardot, Bull. Soc. Bot. Genève, sér. 2, **3**: 275. 1911.
Meteoriella soluta var. *kudoi* S. Okamura, J. Coll. Sci., Imp. Univ. Tokyo **36**(7): 18 pl. 9. 1915.
Meteoriella japonica Cardot ex Iisiba, Cat. Mosses Japan 152. 1929.
Meteoriella dendroidea Sakurai, Bot. Mag. (Tokyo) **47**: 336. 1933.
Jaegerinopsis integrifolia Dixon, J. Bombay Nat. Hist. Soc. **39**: 781. 1937.
Meteoriella soluta fo. *flagellate* Nog., J. Hattori Bot. Lab. **2**: 72. 1947.
生境 树上或岩面。
分布 安徽、江西、甘肃、四川、重庆、贵州、云南、西藏、福建、台湾、广西。不丹(Noguchi, 1971)、日本、越南、印度。

新船叶藓属 Neodolichomitra Nog.
J. Jap. Bot. **13**: 92. 1937.

模式种:*N. yunnanensis* (Besch.) T. J. Kop.
本属全世界现有1种。

新船叶藓(兜叶南木藓)

Neodolichomitra yunnanensis (Besch.) T. J. Kop., Hikobia **6**: 53. 1971. *Hylocomium yunnanense* Besch., Ann. Sci. Nat., Bot., sér. 7, **15**: 93. 1892. **Type**: China: Yunnan, pee-hao-lo, Apr. 9. 1886, *Delavay s. n.*
Rhytidiadelphus yunnanensis (Besch.) Broth., Nat. Pflanzenfam. **I**(3): 1057. 1907.
Penzigiella robusta Broth., Akad. Wiss. Wien Sitzungsber., Math. -Naturwiss. Kl., Abt. 1, **131**: 216. 1922.
Neodolichomitra gigantea Nog., J. Jap. Bot. **13**: 92. 1937.
Neodolichomitra robusta (Broth.) Nog., Bryologist **69**: 232. 1966.
Macrothamnium cuculatophyllum C. Gao & Z. W. Aur, Bull. Bot. Lab. N. -E. Forest. Inst., Harbin **7**: 99. 1980. **Type**: China: Xizang, Sananqulin, Mt. Jiebalashan, July 16. 1975, *Zang Mu 1582* (holotype: IFSBH).
生境 林下腐木或岩面上。
分布 陕西、四川、重庆、贵州、云南、台湾、海南。不丹(Noguchi, 1971)、日本。

赤茎藓属 Pleurozium Mitt.
J. Linn. Soc., Bot. **12**: 537. 1869.

模式种:*P. schreberi* (Brid.) Mitt.
本属全世界现有1种。

赤茎藓

Pleurozium schreberi (Brid.) Mitt., J. Linn. Soc., Bot. **12**: 537. 1869. *Hypnum schreberi* Brid., Muscol. Recent. **2** (2): 88. 1801.
Stereodon schreberi (Brid.) Mitt., J. Proc. Linn. Soc., Bot., Suppl. **1**: 110. 1859[1869].
Hylocomium schreberi (Brid.) De Not., Comment. Soc. Crittog. Ital. **2**: 281. 1867.
Pleurozium schreberi fo. *longirameum* Besch., Ann. Sci. Nat., Bot., sér. 7, **17**: 390. 1893.
Callergonella schreberi (Brid.) Grout, Moss Fl. N. Amer. **3**: 103. 1931.
生境 岩面或树干基部,海拔3000～4200m。
分布 内蒙古、青海、新疆、四川、云南、西藏。日本、朝鲜、俄罗斯(远东地区、西伯利亚)、秘鲁(Menzel, 1992)、埃塞俄比亚(Ochyra and Bednarek-Ochyra, 2002),欧洲、北美洲。

拟垂枝藓属 Rhytidiadelphus(Lindb. ex Limpr.) Warnst.
Krypt. -Fl. Brandenburg, Laubm. **2**: 917. 1906.

模式种:*R. squarrosus* (Hedw.) Warnst.
本属全世界现有5种,中国有3种。

仰尖拟垂枝藓

Rhytidiadelphus japonicus (Reimers) T. J. Kop., Hikobia **6**: 19. 1971. *Rhytidiadelphus squarrosus* (Hedw.) Warnst.

subsp. *japonicus* Reimers, Bot. Jahrb. **64**: 559. 1931.
Rhytidiadelphus calvescens (Lindb.) Broth. var. *densifolius* Cardot, Bull. Soc. Bot. Genève sér. 2, **5**: 324. 1913.
生境 岩面。
分布 吉林、新疆、湖南(Enroth and Koponen, 2003)、重庆、贵州、福建。日本、朝鲜,美国(阿拉斯加)。

拟垂枝藓(新拟)(反叶拟垂枝藓)

Rhytidiadelphus squarrosus (Hedw.) Warnst., Krypt. Fl. Brandenburg **2**: 918. 1906. *Hypnum squarrosum* Hedw., Sp. Musc. Frond. 281. 1801.
Hylocomium squarrosum (Hedw.) Schimp., Bryol. Eur. **5**: 177, pl. 492. 1852.
Hylocomium calvescens Lindb., Contr. Fl. Crypt. As. 227. 1872, *nom. illeg.*
Hylocomium squarrosum var. *calvescens* (Lindb.) Hobk., Syn. Brit. Mosses (ed. 2), 234. 1884.
Hylocomium subpinnatum Lindb., Hedwigia **6**: 41. 1897.
Rhytidiadelphus calvescens (Kindb.) Broth., Nat. Pflanzenfam. I(3): 1057. 1908.
生境 腐殖土上。
分布 黑龙江、吉林、河北(Li et al., 2001)、四川、重庆、贵州。巴基斯坦(Higuchi and Nishimura, 2003)、日本、朝鲜、美国(阿拉斯加)、俄罗斯(西伯利亚)、新西兰,欧洲、太平洋岛屿、非洲北部。

大拟垂枝藓(拟垂枝藓)

Rhytidiadelphus triquetrus (Hedw.) Warnst., Krypt. Fl. Brandenburg **2**: 920. 1906. *Hypnum triquetrum* Hedw., Sp. Musc. Frond. 256. 1801. **Type**: Europe.
Hylocomium triquetrum (Hedw.) Bruch & Schimp. in B. S. G., Bryol. Eur. **5**: 177. 1852.
生境 腐木、腐殖土或土面上,海拔 2500～3400m。
分布 黑龙江、吉林、辽宁、内蒙古、河北、北京、河南、陕西、宁夏(黄正莉等, 2010)、甘肃、新疆、浙江、江西、四川、重庆、云南、西藏。不丹(Noguchi, 1971)、朝鲜、日本、俄罗斯,欧洲、北美洲、非洲。

垂枝藓科 Rhytidiaceae Broth.

本科全世界有 1 属。

垂枝藓属 Rhytidium (Sull.) Kindb.
Bih. Kongl. Svenska Vetensk. -Akad. Handl. **6**(19): 8. 1882.

模式种:*R. rugosum* (Hedw.) Kindb.
本属全世界仅有 1 种。

垂枝藓

Rhytidium rugosum (Hedw.) Kindb., Bih. Kongl. Svenska Vetensk. -Akad. Handl. **7**(9): 15. 1883. *Hypnum rugosum* Ehrh. ex Hedw., Sp. Musc. Frond. 293. 1801.
Hylocomium rugosum (Ehrh. ex Hedw.) De Not., Cronac. Briol. Hal. **2**: 51. 1867.
生境 岩面、林地或腐殖土上,海拔 850～4600m。
分布 吉林、内蒙古、河北、宁夏、甘肃(Zhang and Li, 2005)、青海、新疆、四川、云南、西藏。朝鲜、日本、俄罗斯(西伯利亚、远东地区)、不丹(Noguchi, 1971),欧洲、北美洲、南美洲。

绢藓科 Entodontaceae Kindb.

本科全世界有 4 属,中国有 4 属。

绢藓属 Entodon Müll. Hal.
Linnaea **18**: 704. 1845

模式种:*E. cladorrhizans* (Hedw.) Müll. Hal.
本属全世界约有 115 种,中国有 33 种,1 个变种。

暖地绢藓(新拟)

Entodon calycinus Cardot, Bull. Soc. Bot. Genève, sér. 2, **3**: 285. 1911. **Type**: Japan: Kyushu, *Faurie 1309* (isotype: KYO).
Entodon brevisetus auct. non (Hook. & Wilson) Lindb., Contr. Fl. Crypt. As. 253. 1872.
Platygyrium perichaetiale Cardot, Bull. Soc. Bot. Genève, sér. 2, **3**: 287. 1911.
Entodon sakuraii Broth., Öfvers. Förh. Finska Vetensk. -Soc. **62A**(9): 28. 1921.
Entodon dependens Sakurai, Bot. Mag. (Tokyo) **48**: 394. 1934.
Entodon perichaetialis (Cardot) Nog., J. Jap. Bot. **15**: 759. 1939.
生境 树干上。
分布 安徽、浙江(Zhu et al., 2010)。日本。

柱蒴绢藓

Entodon challengeri (Paris) Cardot, Beih. Bot. Centrabl. **17**: 32. 1904. *Entodon challengeri* Paris, Index Bryol. 296. 1894. **Type**: Japan: *Challenger Expedition s. n.* (holotype: NY).
Entodon compressus Müll. Hal., Linnaea **18**: 707. 1844, *hom. illeg.*
Plagiothecium laevigatum Schimp. ex Besch., Ann. Sci. Nat., Bot., sér. 7, **17**: 384. 1893.
Entodon nanocarpus Müll. Hal., Nuovo Giorn. Bot. Ital., n. s., **4**: 265. 1897. **Type**: China: Shaanxi, *Giraldi s. n.*
Entodon zikaiwiensis Paris, Rev. Bryol. **36**: 10. 1909. **Type**: China: Shanghai, *Courtois & Henry s. n.* (PC).
Entodon microthecius Broth., Symb. Sin. **4**: 112. 1929. **Type**: China: Yunnan, 1500～1700m, May 14. 1915, *Handel-Mazzetti 6309* (holotype: H-BR).

Entodon nanocarpus var. *zikaiwiensis* (Paris) C. Gao, Fl. Musc. Chin. Boreali-Orient. 322. 1977.

Entodon compressus var. *zikaiwiensis* (Paris) R. L. Hu, Bryologist **86**: 214. 1983.

Entodon buckii S. H. Lin, Yushania **1**(1): 1. 1984. **Type**: China: Jiangxi, *C. D. Barkman s. n.* (isotype: TUNG).

Entodon compressus var. *parvisporus* X. S. Wen & Z. T. Zhao, Bull. Bot. Res., Harbin **17**: 359. 1997. **Type**: China: Shandong, Lushan, *X. S. Wen 95 110* (holotype: Faculty of Pharmacy, Shandong Medical University).

生境　树干、树枝、岩面或土坡。

分布　黑龙江、吉林、辽宁、内蒙古、河北、山西(Wang et al., 1994, as *Entodon compressus*)、山东(Salmon, 1900, as *E. nanocarpus*)、陕西、新疆、安徽、江苏、上海(Salmon, 1900, as *Plagiothecium laevigatum*)、浙江、江西、湖南、湖北、四川、贵州、云南、福建、广东、广西。蒙古、朝鲜、日本、俄罗斯、美国。

高原绢藓(新拟)

Entodon chloropus Renauld & Cardot, Bull. Soc. Roy. Bot. Belgique **38**(1): 34. 1900. **Type**: India: Sikkim, Darjeeling, 1896, *Stevens s. n.* (holotype: PC).

生境　岩面。

分布　西藏(Zhu et al., 2010)。印度(Zhu et al., 2010)。

绢藓

Entodon cladorrhizans (Hedw.) Müll. Hal., Linnaea **18**: 707. 1844. *Neckera cladorrhizans* Hedw., Sp. Musc. Frond. 207. 1801. **Type**: U. S. A.: Pennsylvania, Muhlenberg (G).

Leskea compressa Hedw., Sp. Musc. Frond. 232. 1801.

Entodon verruculosus X. S. Wen, Acta Bot. Yunnan. **20**: 47. 1998. **Type**: China: Shandong, *X. S. Wen 9452* (isotype: NY).

生境　岩面、树干基部、腐木或土面上。

分布　辽宁、内蒙古、河北(赵建成等, 2004)、山西(Wang et al., 1994)、山东(Wen, 1998)、甘肃(Wu et al., 2002)、安徽、江苏(刘仲苓等, 1989)、浙江、江西、湖南、湖北、四川、重庆、贵州(彭晓磬, 2002)、云南、西藏、福建、广西、香港。欧洲、北美洲。

厚角绢藓

Entodon concinnus (De Not.) Paris, Index Bryol. **2**: 103. 1904. *Hypnum concinnum* De Not., Mem. Reale Accad. Sci. Torino **39**: 220. 1836. **Type**: France: *La Pylaie s. n.* (RO, n. v.).

Stereodon caliginosus Mitt., J. Proc. Linn. Soc., Bot., Suppl. **1**: 108. 1859.

Entodon caliginosus (Mitt.) A. Jaeger, Ber. Thätigk. St. Gallichen Naturwiss. Ges. **1876-1877**: 285. 1878. *Stereodon caliginosus* Mitt., J. Proc. Linn. Soc., Bot., Suppl. **1**: 108. 1859. **Type**: Nepal: *J. D. Hooker 751* (holotype: NY).

Entodon amblyophyllus Müll. Hal., Nuovo Giorn. Bot. Ital., n. s., **3**: 110. 1896. **Type**: China: Shaanxi, Aug. 1894, *Giraldi s. n.*

Entodon pseudo-orthocarpus Müll. Hal., Nuovo Giorn. Bot. Ital., n. s., **3**: 109. 1896. **Type**: China: Shaanxi, Aug. 1894, *Giraldi s. n.*

Entodon serpentinus Müll. Hal., Nuovo Giorn. Bot. Ital., n. s., **5**: 194. 1898. **Type**: China: Shaanxi, *Giraldi s. n.*

Entodon subramulosus Broth., Symb. Sin. **4**: 112. 1929. **Type**: China: Sichuan, Yanyuan Co., 3000m, June 15. 1914, *Handel-Mazzetti 5740* (holotype: H-BR).

Entodon concinnus (De Not.) Paris subsp. *caliginosus* (Mitt.) Mizush., J. Hattori Bot. Lab. **22**: 116. f. 7, A-C. 1960.

Pseudoscleropodium levieri (Müll. Hal.) Broth, Nat. Pflanzenfam. (ed. z)11: 39. 5. 1925.

生境　林下土坡、树干或岩面上,海拔 1850～4030m。

分布　黑龙江、内蒙古、吉林、河北、北京、山西(吴鹏程等, 1987)、山东(赵遵田和曹同, 1998)、河南、陕西、宁夏、甘肃(Wu et al., 2002)、新疆、安徽、江苏、浙江、江西、湖北、四川、重庆、贵州、云南、西藏、香港。尼泊尔、日本、朝鲜、巴布亚新几内亚(Tan, 2000a)、加拿大、纽芬兰、美国(阿拉斯加)、墨西哥、俄罗斯、土耳其、意大利、西班牙、法国、德国、捷克、匈牙利、南斯拉夫、英国、瑞典、挪威。

兜叶绢藓

Entodon conchophyllus Cardot, Bull. Soc. Bot. Genève, sér. 2, **3**: 286. 1911. **Type**: Japan: Kyushu, *Faurie 1262* (isotype: KYO).

Entodon macrosporus Broth., Öfvers. Förh. Finska Vetensk. -Soc. **62**: 27. 1921.

Sakuraia macrospora (Broth.) Broth., Nat. Pflanzenfam. (ed. 2), **11**: 392. 1925.

Sakuraia conchophyllus (Cardot) Nog., J. Jap. Bot. **26**: 52. 1951.

生境　树干上。

分布　山东(赵遵田和曹同, 1998)、安徽、江西、湖南(Enroth and Koponen, 2003)、湖北、四川、云南(Zhu et al., 2010)。日本(Zhu et al., 2010)。

曲枝绢藓

Entodon curvatirameus Cardot, Bull. Soc. Bot. Genève, sér. 2, **3**: 286. 1911. **Type**: Japan: Morioka, *Sawada s. n.*; Korea: Pomasa, *Faurie 226* (syntype: KYO).

生境　岩面或树干上。

分布　辽宁、河北、浙江(Zhu et al., 2010)。日本、朝鲜(Zhu et al., 2010)。

变枝绢藓

Entodon divergens Broth., Symb. Sin. **4**: 113. 1929. **Type**: China: Yunnan, *Handel-Mazzetti 9184* (holotype: H-BR).

生境　树干上。

分布　江西、云南、西藏。中国特有。

长帽绢藓

Entodon dolichocucullatus S. Okamura, J. Coll. Sci. Imp. Univ. Tokyo **38**(4): 49. f. 22. 1916. **Type**: China: Taiwan, *Shimada s. n.* (holotype: NICH; isotype: NY).

Entodon excavatus Broth., Symb. Sin. **4**: 114. 1929. **Type**: China: Yunnan, Nujiang river, 2800～3000m, Sept. 24. 1915, *Handel-Mazzetti 8385* (holotype: H-BR).

生境　树干。

分布　黑龙江、山西(Wang et al., 1994)、安徽、浙江、江西、湖南、湖北、四川、贵州、云南、台湾。中国特有。

广叶绢藓

Entodon flavescens (Hook.) A. Jaeger, Ber. Thätigk. St. Gallischen Naturwiss. Ges. **1876-1877**: 293. 1878. *Neckera flavescens* Hook., Trans. Linn. Soc. London **9**: 314. 1808. **Type**: Nepal, *J. D. Hooker 2084* (BM).

Entodon rubicundus (Mitt.) A. Jaeger, Ber. Thätigk. St. Gallischen Naturwiss. Ges. **1876-1877**: 285. 1878.

Entodon ramulosus Mitt., Trans. Linn. Soc. London, Bot., **3**: 179. 1891.

Entodon schwaegrichenii (Mitt.) Broth. in Paris, Index Bryol. (ed. 2), **5**: 151. 1906.

Entodon variegatus Broth. in Levier, Rev. Bryol. **34**: 55. 1907.

Entodon rubissimus Sakurai, J. Jap. Bot. **28**: 59. 1953.

Entodon griffithii (Mitt.) A. Jaeger, Ber. Thätigk. St. Gallischen Naturwiss. Ges. **1876-1877**: 293. 1978.

生境　岩面、树干或土面上。

分布　黑龙江、吉林、辽宁、河南(Tan et al., 1996)、山东(赵遵田和曹同, 1998)、安徽、浙江、江西(严雄梁等, 2009)、四川、重庆、云南、福建、台湾(Noguchi, 1934, as *Entodon ramulosus*)、广东、广西。尼泊尔、不丹、印度、缅甸(Tan and Iwatsuki, 1993)、越南(Tan and Iwatsuki, 1993)、菲律宾、朝鲜、日本。

细绢藓

Entodon giraldii Müll. Hal., Nuovo Giorn. Bot. Ital., n. s., **4**: 264. 1897. **Type**: China: Shaanxi, *Giraldi s. n.* (B, destroyed).

Entodon punctulatus Ther. & P. de la Varde, Rev. Bryol. **49**: 29. 1922. **Type**: China: Yunnan, *Demange 538* (holotype: PC).

Clastobryum sinense Dixon, Rev. Bryol., n. s., **1**: 185. 1928. **Type**: Mongolia: *Licent s. n.*

Synodontella japonica Dixon & Thér., J. Bot. **74**: 9. 1936.

Entodon sinense (Dixon) Lazarenko, Bot. Zurn. (Kiev) **2**: 189. 1945.

Entodon bungoensis Nog., J. Jap. Bot. **23**: 118. 1949.

Entodon japonicus (Dixon & Thér.) Nog., J. Jap. Bot. **26**: 337. 1951.

生境　树干或树枝上。

分布　黑龙江、吉林、辽宁、内蒙古、河北、北京(石雷等, 2011)、山东(赵遵田和曹同, 1998)、陕西、浙江、湖南、四川、重庆、云南、广东。朝鲜、日本。

贡山绢藓

Entodon kungshanensis R. L. Hu, J. Shanghai Norm. Univ. (Nat. Sci. ed.) **1**: 102. 1979. **Type**: China: Yunnan, *Q. W. Wang 6544* (holotype: PE).

生境　树干上。

分布　山东(赵遵田和曹同, 1998)、湖北、云南。中国特有。

长叶绢藓

Entodon longifolius (Müll. Hal.) A. Jaeger, Ber. Thätigk. St. Gallischen Naturwiss. Ges. **1876-1877**: 295. 1878. *Neckera longifolia* Müll. Hal., Syn. Musc. Frond. **2**: 60. 1850.

Cylindrothecium longifolium (Müll. Hal.) Paris, Index Bryol. 300. 1894.

生境　树干上。

分布　江西(严雄梁等, 2009)、湖南、湖北、重庆、贵州、云南、西藏、广东、广西。印度。

深绿绢藓

Entodon luridus (Griff.) A. Jaeger, Ber. Thätigk. St. Gallischen Naturwiss. Ges. **1876-1877**: 294. 1878. *Neckera luridus* Griff., Calcutta J. Nat. Hist. **3**: 66. 1843[1842]. **Type**: India: Assam, *Griffith s. n.* (isotype: BM).

Stereodon luridus Mitt., J. Proc. Linn. Soc., Bot., Suppl. **1**: 109. 1859.

Entodon okamurae Broth. ex Cardot, Bull. Soc. Bot. Genève, sér. 2, **3**: 285. 1911.

Entodon diffusinervis Cardot, Bull. Soc. Bot. Genève, sér. 2, **5**: 318. 1913.

Entodon andoi S. Okamura, J. Coll. Sci. Imp. Univ. Tokyo. **36**(7): 22. 1915.

Entodon arenosus S. Okamura, J. Coll. Sci. Imp. Univ. Tokyo. **38**(4): 48. 1916.

Entodon cochleatus Broth., Akad. Wiss. Wien Sitzungsber., Math. -Naturwiss. Kl., Abt. 1, **131**: 217. 1923. **Type**: China: Guizhou, *Handel-Mazzetti 10 633* (holotype: H-BR).

Glossadelphus alaris Broth. & Yasuda, Rev. Bryol. **53**: 5. 1926.

Glossadelphus pernitens Sakurai, Bot. Mag. (Tokyo) **48**: 398. 1934.

Taxiphyllum alare (Broth. & Yasuda) S. H. Lin, Yushania **5**: 26. 1988.

生境　岩面或树皮上。

分布　黑龙江、吉林、辽宁、内蒙古、河北、山西(Wang et al., 1994)、山东(赵遵田和曹同, 1998)、陕西、甘肃(安定国, 2002)、新疆、安徽、上海(刘仲苓等, 1989)、浙江、湖南、湖北、四川、重庆、贵州、云南、福建、广东、广西。朝鲜、日本、俄罗斯(远东地区)。

长柄绢藓

Entodon macropodus (Hedw.) Müll. Hal., Linnaea **18**: 707. 1845. *Neckera macropodus* Hedw., Sp. Musc. Frond. 207. 1801. **Type**: America Meridionali Insulisque Australibus: *Swartz s. n.* (G).

Hypnum macropodus (Hedw.) Poir., Nomencl. Bot. **2**: 214. 1824.

Cylindrothecium drummondii Sull. in A. Gray, Manual (ed. 2), 664. 1856.

Stereodon angustifolius Mitt., J. Proc. Linn. Soc., Bot., Suppl. **1**: 106. 1859.

Stereodon macropodus (Hedw.) Mitt., J. Proc. Linn. Soc., Bot., Suppl. **1**: 106. 1859.

Entodon bandongiae (Müll. Hal.) A. Jaeger, Ber. Thätigk. st. Gallischen Naturwiss. Ges. **1876-1877**: 290 (Gen. sp. Musc.

2:356). 1878.

Entodon drummondii (Sull.) A. Jaeger, Ber. Thätigk. St. Gallischen Naturwiss. Ges. **1876-1877**: 282. 1878.

Entodon angustifolius (Mitt.) A. Jaeger, Ber. Thätigk. St. Gallischen Naturwiss. Ges. **1876-1877**: 287. 1879.

Cylindrothecium angustifolius (Mitt.) Besch., J. Bot. (Morot) **4**: 204. 1890.

Entodon delavayi Besch., Ann. Sci. Nat., Bot., sér. 7, **15**: 87. 1892.

Entodon henryi Paris & Broth., Rev. Bryol. **35**: 42. 1908. **Type**: China: Jiangsu, *Courtois s. n.* (holotype: PC).

Glossadelphus doii Sakurai, Bot. Mag. (Tokyo) **49**: 143. 1935.

Entodon maebarae Nog., J. Jap. Bot. **13**: 90. 1937.

生境　树干、树基部、腐木上、石灰岩石上或稀生于土面上。

分布　黑龙江、吉林、内蒙古、河北(赵建成等，2004)、山西(Wang et al., 1994, as *E. angustifolius*)、山东(赵遵田和曹同，1998)、陕西、安徽、江苏、上海(刘仲苓等，1989)、浙江、江西、湖南、四川、重庆、贵州、云南、西藏、福建、台湾(Zhu et al., 2010)、广东、广西、海南、香港。日本、尼泊尔、印度、缅甸、泰国、老挝、越南，南美洲、北美洲、非洲。

短柄绢藓

Entodon micropodus Besch., Ann. Sci. Nat., Bot., sér. 7, **15**: 87. 1892. **Type**: China: Yunnan, *Delavay 1890.*

生境　岩面或树皮上。

分布　内蒙古、河北(赵建成等，2004)、安徽、上海(李登科和高彩华，1986)、浙江、湖南、贵州(王晓宇，2004)、云南。中国特有。

玉山绢藓

Entodon morrisonensis Nog., J. Jap. Bot. **14**: 30. 1938. **Type**: China: Taiwan., *Noguchi 6057* (isotype: NICH).

生境　岩面上。

分布　浙江、云南、台湾。中国特有。

猫尾绢藓

Entodon myurus (Hook.) Hampe, Linnaea **20**: 82. 1847.

Pterogonium myurum Hook., Musci Exot. **2**: 148. 1819. **Type**: Nepal: *Gardner s. n.* (isotype: NY).

Stereodon gardneri Mitt., J. Proc. Linn. Soc., Bot., Suppl. **1**: 107. 1859.

Cylindrothecium myurum (Hook.) Paris, Index Bryol. 301. 1894.

Entodon gardneri Mitt. ex Paris, Index Bryol. Suppl. 108. 1900, *nom. nud.*

生境　潮湿岩面上。

分布　云南(Zhu et al., 2010)、福建(Thériot, 1932)、海南。尼泊尔、日本、朝鲜(Zhu et al., 2010)。

尼泊尔绢藓(新拟)

Entodon nepalensis Mizush., Fl. E. Himalaya **1**: 584. 1966. **Type**: Nepal: *Batasey-Bhuspate Danra, Hara, Kanai, Kurosawa, Murata, Togashi & Tuyama 237 307* (TNS).

生境　树干。

分布　贵州(王晓宇，2004)、西藏(Zhu et al., 2010)。印度、尼泊尔(Zhu et al., 2010)。

钝叶绢藓

Entodon obtusatus Broth., Akad. Wiss. Wien Sitzungsber., Math. -Naturwiss. Kl., Abt. 1, **131**: 216. 1922. **Type**: China: Hunan, *Handel-Mazzetti 11 123* (holotype: H-BR).

Entodon obtusatus Cardot & P. de la Varde, Rev. Bryol. **50**: 76. 1923, *hom. illeg.*

Entodon isopterygioides Dixon, Hong Kong Naturalist, Suppl. **2**: 27. 1933, *nom. nud.*

Entodon eurhynchioides Herzog & Nog., J. Hattori Bot. Lab. **14**: 69. 1955. **Type**: China: Taiwan, *Schwabe 51* (isotypes: NICH, NY).

生境　树皮上。

分布　吉林、山西(Wang et al., 1994)、山东(赵遵田和曹同，1998)、陕西、新疆、安徽、浙江、湖南、湖北、重庆、贵州、云南、福建、台湾(Herzog and Noguchi, 1955)、海南、香港。日本、印度。

皱叶绢藓

Entodon plicatus Müll. Hal., Linnea 18: 706. 1845. **Type**: India: In montibus Neelgheriensibus, *Dr. Notarios s. n.* (isotype: NY).

生境　树皮或岩石上。

分布　吉林、河北(赵建成等，2004)、宁夏(黄正莉等，2010)、安徽、贵州、云南、广西。印度、尼泊尔(Zhu et al., 2010)、不丹(Noguchi, 1971)、印度尼西亚(Touw, 1992)、斯里兰卡、泰国、菲律宾、缅甸、澳大利亚(Zhu et al., 2010)。

横生绢藓

Entodon prorepens (Mitt.) A. Jaeger, Ber. Thätigk. St. Gallischen Naturwiss. Ges. **1876-1877**: 294. 1878. *Stereodon prorepens* Mitt., J. Proc. Linn. Soc., Bot., Suppl. **1**: 107. 1859. **Type**: Nepal: *Wallich 752* (holotype: NY).

Stereodon thomsonii Mitt., J. Proc. Linn. Sco., Bot., Suppl. **1**: 107. 1859.

Entodon mairei Thér. & Copp., Bull. Soc. Sci. Nancy **2** (6): 714. 1926. **Type**: China: Yunnan, *Coppey 35, 73, 110* (syntype: PC).

Entodon stenopyxis Thér., Bull Soc. Sci. Nancy **2**(6): 713. 1926.

Entodon latifolius Broth., Symb. Sin. **4**: 113. 1929, *hom. illeg.*

Entodon longicostatus W. R. Buck, J. Hattori Bot. Lab. **48**: 113. 1980. **Type**: China: Guangdong, *Levine 1842* (isotype: NY).

生境　石上或土面上。

分布　吉林、内蒙古、河北(赵建成等，2004)、陕西、安徽、浙江、江西、湖南、湖北、四川、贵州、云南、福建、广东、广西。印度、尼泊尔、不丹(Noguchi, 1971)、缅甸(Tan and Iwatsuki, 1993)。

娇美绢藓

Entodon pulchellus (Griff.) A. Jaeger, Ber. Thätigk. St. Gallischen Naturwiss. Ges. **1867-1877**: 294. 1878. *Neckera pulchellus* Griff., Calcutta J. Nat. Hist. **3**: 66. 1843. **Type**: India: Assam, *Griffith s. n.* (isotype: BM).

Stereodon pulchellus (Griff.) Mitt., J. Proc. Linn. Soc.,

Bot., Suppl. **1**: 109. 1859.

Pylaisia complanatula Müll. Hal., Nuovo Giorn. Bot. Ital., n. s., **4**: 266. 1897. **Type**: China: Shaanxi, *Giraldi 2216* (isotype: NY).

Entodon complanatula (Mull. Hal.) M. Fleisch., Hedwigia **63**: 210. 1922.

生境　岩面或土坡上。

分布　云南。印度。

锦叶绢藓

Entodon pylaisioides R. L. Hu & Y. F. Wang, J. Bryol. **11**:249. 1980. **Type**: China: Xizang, Yadong, *M. Zang 235* (holotype: HKAS).

生境　树干或岩石上。

分布　江西、贵州(王晓宇, 2004)、云南、西藏。中国特有。

疣齿绢藓(新拟)

Entodon scabridens Lindb., Contr. Fl. Crypt. As. 253. 1872. **Type**: China: Tunai, *Schmidt s. n.* (H-SOL).

Cylindrothecium scabridens (Lindb.) Paris, Index Bryol. 303. 1894.

Entodon pilifer Broth. & Paris, Rev. Bryol. **31**: 61. 1904.

Entodon ohinatae S. Okamura, J. Coll. Sci., Imp. Univ. Tokyo **36**(7): 23 pl. 12. 1915.

生境　树干上。

分布　云南(Zhu et al., 2010)。日本(Zhu et al., 2010)。

薄叶绢藓

Entodon scariosus Renauld & Cardot, Bull. Soc. Roy. Bot. Belgique **34**(2): 75. 1895. **Type**: India: Sikkim, Darjeeling, *Stevens s. n.* (holotype: PC).

生境　岩面或树干上。

分布　安徽、湖北、四川、重庆、云南。印度。

陕西绢藓

Entodon schensianus Müll. Hal., Nuovo Giorn. Bot. Ital., n. s., **3**: 109. 1896. **Type**: China: Shaanxi, *Giraldi s. n.* (isotype: H).

Entodon rostrifolius Müll. Hal. Nuovo Giorn. Bot. Ital., n. s., **4**: 264. 1897. **Type**: China: Shaanxi, *Giraldi s. n.*

生境　树皮上。

分布　黑龙江、吉林、内蒙古、河北、山西(Wang et al., 1994)、山东(赵遵田和曹同, 1998)、陕西、湖南、四川、云南(Zhu et al., 2010)、西藏、广西。泰国、越南(Tan and Iwatsuki, 1993)。

亮叶绢藓

Entodon schleicheri (Schimp.) Demet., Rev. Bryol. **12**: 87. 1885. *Isothecium schleicheri* Schimp., Musci Pyren. 71. 1847.

Cylindrothecium schleicheri (Schimp.) Schimp., Bryol. Eur. **5**: 115. 1851.

Entodon aeruginosus Müll. Hal., Nuovo Giorn. Bot. Ital., n. s. **5**: 192. 1898. **Type**: China: Shaanxi, *Giraldi s n.* (isotype: H).

Entodon aeruginosus fo. *flavescens* Müll. Hal., Nuovo Giorn. Bot. Ital., n. s. **5**: 192. 1898. **Type**: China: Shaanxi, *Giraldi s. n.* (isotype: H).

Entodon purus Müll. Hal., Nuovo Giorn. Bot. Ital., n. s. **5**: 193. 1898. **Type**: China: Shaanxi, *Giraldi s. n.* (isotype: NY).

Cylindrothecium aeruginosum (Müll. Hal.) Paris, Index Bryol. Suppl. 107. 1900.

Cylindrothecium purum (Müll. Hal.) Paris, Index Bryol. Suppl. 109. 1900.

Entodon cladorrhizans subsp. *schleicheri* (Schimp.) Giacom., Ist. Bot. R. Univ. R. Lab. Crittog. Pavia, Atti **4**: 276. 1947.

生境　岩面或土面上。

分布　黑龙江、吉林、内蒙古、河北、陕西、甘肃、新疆、安徽、江西、四川、贵州、云南、广东、海南(Zhu et al., 2010)。朝鲜、蒙古,欧洲、北美洲(Zhu et al., 2010)。

中华绢藓

Entodon smaragdinus Paris & Broth., Rev. Bryol. **36**: 10. 1909. **Type**: China: Anhui, *Courtois s. n.* (holotype: PC).

生境　树干上。

分布　河北(赵建成等, 2004)、北京、山东(赵遵田和曹同, 1998)、安徽、江苏、江西(Ji and Qiang, 2005)、湖南、四川、重庆、贵州。中国特有。

亚美绢藓

Entodon sullivantii (Müll. Hal.) Lindb., Contr. Fl. Crypt. As. 233. 1873. *Neckera sullivantii* Müll. Hal., Syn. Musc. Frond. **2**: 65. 1851. **Type**: U. S. A. : North Carolina, *Sullivant s. n.* (FH).

生境　林下地面、树干基部或岩面上。

分布　黑龙江、吉林、辽宁、山东(赵遵田和曹同, 1998)、河南、安徽、江苏、浙江、江西、湖南、四川、重庆、贵州、西藏、云南、福建、广东、广西。日本,北美洲。

亚美绢藓多色变种

Entodon sullivantii (Müll. Hal.) Lindb. var. **versicolor** (Besch.) Mizush in Wijk & Marg., Taxon **14**: 197. 1965. *Entodon herbaceus* var. *versicolor* Besch., Öfvers. Förh. Kongl. Svenska Vetensk. -Akad. **57**(2): 293. 1900. **Type**: China: Guangdong, near Canton, *Levine 1842* (isotype:NY).

Entodon attenuatus Mitt., Trans. Linn. Soc. London, Bot., sér. 2, **3**: 179. 1891.

生境　岩面或树干上。

分布　辽宁、河北(赵建成等, 2004)、山东(赵遵田和曹同, 1998)、安徽、江苏、浙江、江西、福建、台湾、广西、四川、云南。日本、朝鲜。

宝岛绢藓

Entodon taiwanensis C. K. Wang & S. H. Lin, Bot. Bull. Acad. Sin. **16**: 200. 1975. **Type**: China: Taiwan, *Wang & Lin 3223* (isotype: NY).

生境　树皮上。

分布　安徽、浙江、重庆(胡晓云和吴鹏程,1991)、云南、广东、台湾(Wang and Lin, 1975)。中国特有。

绿叶绢藓

Entodon viridulus Cardot, Bull. Soc. Bot. Genève, sér 2, **3**: 287. 1911. **Syntype**: Japan: Tosa, Shikoku, *Gono s. n.*; Korea: Quelpaert Island, *Faurie 267*, *273* (PC).

生境　石上或土上。

分布　辽宁、山东(赵遵田和曹同，1998)、安徽、江苏(刘仲苓等，1989)、上海(刘仲苓等，1989)、浙江、江西、湖南、四川、重庆、贵州、云南、福建、广东、广西、海南、香港。日本、朝鲜。

云南绢藓

Entodon yunnanensis Thér.，Bull，Soc. Sci. Nancy，**2**(6)：716. 1926. **Type**：China：Yunnan，*Coppey 69*（holotype：PC).

生境　石灰岩或土面上。

分布　贵州、云南、西藏。中国特有。

赤齿藓属 Erythrodontium Hampe

Vid. Medd. Naturh. For. Kjoebenh.，ser. 3，**2**：279. 1870.

模式种：*E. warmingii* Hampe

本属全世界现有 7 种，中国 2 种。

穗枝赤齿藓

Erythrodontium julaceum（Schwägr.）Paris，Index Bryol. 436. 1896. *Neckera julacea* Hook. ex Schwägr.，Sp. Musc. Frond.，Suppl. 3，**1**(2)：245. 1828. **Type**：Nepal：*Wallich 3647*（lectotype：BM).

Pterogonium julaceum（Hedw.）Schwägr.，Sp. Musc. Frond.，Suppl. 1，**1**：100. 1811.

Pterogonium squarrosum Griff.，Calcutta J. Nat. Hist. **3**：63. 1843.

Erythrodontium lacoutourei Renauld & Cardot，Suppl. Prodr. Fl. Bryol. Madagascar **74**：17. 1909. **Type**：Madagascar：Fianarantsoa，*1905*，*Rev. Villaume s. n.*（holotype：H-BR；isotype：FH).

Erythrodontium lamoruense Thér.，Bull. Mus. Natl. Hist. Nat. **30**(3)：244. 1924. **Type**：British East Africa：Lamoru，plateau Kikuyu，2000m，1911，*Mission Gromier-Le Petit s. n.*（holotype：H-BR).

生境　树皮上或岩石上，海拔 300～2500m。

分布　陕西、甘肃、湖南、江苏(刘仲苓等，1989)、上海(刘仲苓等，1989)、浙江、四川、重庆、贵州、云南、广东、广西。孟加拉国(O'Shea，2003)、印度、尼泊尔、不丹(Noguchi，1971)、缅甸、泰国、印度、老挝(Tan and Iwatsuki，1993)、越南、印度尼西亚、菲律宾、巴布亚新几内亚、埃塞俄比亚、马拉维、坦桑尼亚、马达加斯加(Majestyk，2009)。

粗枝赤齿藓(新拟)

Erythrodontium squarrulosum（Mont.）Paris，Index Bryol. 437. 1896. *Pterogonium squarrosulum* Mont.，London J. Bot. **4**：9. 1845. **Type**：Philippines：Ad cortices arborum，*Cuming*，*Exsic. no. 2201*（lectotype：BM).

Neckera squarrosula（Mont.）Müll. Hal.，Syn. Musc. Frond. **2**：101. 1850.

Platygyrium squarrosulum（Mont.）A. Jaeger，Ber. Thätigk. St. Gallischen Naturwiss. Ges. **1876-1877**：277 (Gen. Sp. Musc. **2**：343). 1878.

生境　树干或偶尔生于土面上，海拔 40～1230m。

分布　云南、海南(Majestyk，2009)。印度、缅甸、泰国、越南、印度尼西亚、菲律宾、巴布亚新几内亚(Majestyk，2009)。

斜齿藓属 Mesonodon Hampe

Ann. Sci. Nat.，Bot.，sér. 5，**4**：367. 1865.

模式种：*M. onustus* Hampe

本属全世界现有 2 种，中国有 1 种。

黄色斜齿藓

Mesonodon flavescens（Hook.）W. R. Buck，J. Hattori Bot. Lab. **48**：115. 1980. *Pterogonium flavescens* Hook.，Musci Exot. **2**：155. 1819.

Campylodontium flavescens（Hook.）Bosch & Sande Lac，Bryol. Jav. 128. 1865.

生境　树皮上或少数生于岩石上。

分布　安徽、湖北、云南、西藏。缅甸、泰国、越南、老挝(Tan and Iwatsuki，1993)、印度尼西亚(Touw，1992)、秘鲁(Menzel，1992)，大洋洲、非洲、中美洲。

螺叶藓属 Sakuraia Broth.

Nat. Pflanzenfam.（ed. 2)，**11**：392. 1925.

模式种：*S. macrospore*（Broth.）Broth.

本属全世界现有 1 种。

螺叶藓

Sakuraia conchophylla (Cardot) Nog.，J. Jap. Bot. **26**：52 f. 1-4. 1951. *Entodon conchophyllus* Cardot，Bull. Soc. Bot. Genève，sér. 2，**3**：286. 1911.

Sakuraia macropodus（Broth.）Broth.，Nat. Pflanzenfam.（ed. 2)，**11**：392. 1925.

生境　树干上。

分布　安徽、浙江、江西、湖北、四川、贵州、云南、广东(Zhou and Xing，2010)、广西(左勤等，2010)。日本。

刺果藓科 Symphyodontaceae M. Fleisch.

本科全世界有 5 属，中国有 4 属。

灰果藓属 Chaetomitriopsis M. Fleisch.
Musci Buitenzorg **4**: 1371. 1923.

模式种:*C. glaucocarpa* (Reinw. ex Schwägr.) M. Fleisch.
本属全世界现有1种。

灰果藓

Chaetomitriopsis glaucocarpa (Reinw. ex Schwägr.) M. Fleisch., Musci Buitenzorg **4**: 1372 f. 223. 1923. *Hypnum glaucocarpon* Reinw. ex Schwägr., Sp. Musc. Frond., Suppl. 3, **1**(2): pl. 228a. 1828.

Stereodon glaucocarpus (Reinw. ex Schwägr.) Mitt., J. Proc. Linn. Soc., Bot., Suppl. **1**: 115. 1859.

Campylium glaucocarpum (Reinw. ex Schwägr.) Broth., Nat. Pflanzenfam. Ⅰ(3): 1042. 1908.

Campylophyllum glaucocarpum (Reinw. ex Schwägr.) M. Fleisch., Nova Guinea, Bot. **12**(2): 123. 1914.

生境　树干或腐木上。

分布　云南、西藏、台湾(Yang, 1963)。印度、缅甸(Tan and Iwatsuki, 1993)、越南、老挝、泰国、印度尼西亚、菲律宾、巴布亚新几内亚。

刺柄藓属 Chaetomitrium Dozy & Molk.
Musci Frond. Ined. Archip. Ind. 117. 1846.

模式种:*C. elongatum* (Dozy & Molk.) Dozy & Molk.
本属全世界现有63种,中国有3种。

疣蒴刺柄藓(新拟)

Chaetomitrium acanthocarpum Bosch & Sande Lac., Bryol. Jav. **2**: 53. f. 173. 1862.

生境　岩面上,海拔2400m。

分布　台湾(Yang, 1963)。印度尼西亚。

直喙刺柄藓(新拟)

Chaetomitrium orthorrhynchum (Dozy & Molk.) Bosch & Sande Lac., Bryol. Jav. **2**: 45. 173. 1862. *Hookeria orthorrhyncha* Dozy & Molk., Ann. Sci. Nat., Bot., sér. 3, **2**: 305. 1844.

生境　树枝上。

分布　台湾(Yang, 1963)。菲律宾、印度尼西亚。

疣叶刺柄藓(新拟)

Chaetomitrium papillifolium Bosch & Sande Lac., Bryol. Jav. **2**: 50. 171. 1862.

生境　树干上。

分布　云南。印度、印度尼西亚和菲律宾。

刺果藓属 Symphyodon Mont.
Ann. Sci. Nat., Bot., sér. 2, **16**: 279. 1841.

模式种:*S. perrottetii* Mont.
本属全世界现有17种,中国有6种。

平叶刺果藓(新拟)

Symphyodon complanatus Dixon, Rec. Bot. Surv. India **6** (3): 65. 2. 1914. **Type**: India: Abor District, *Burkill 36 208* (holotype: BM).

Homalia pygmaea var. *elongata* Dixon & P. de la Varde, Arch. Bot., Bull. Mens. **1**(8-9): 182. 1927.

生境　树干上,海拔1600~2190m。

分布　台湾(Tan, 1994)。印度。

长刺刺果藓

Symphyodon echinatus (Mitt.) A. Jaeger, Ber. Thätigk. St. Gallischen Naturwiss. Ges. **1876-1877**: 296. 1878. *Stereodon einatus* Mitt., J. Proc. Linn. Soc., Bot., Suppl. **1**: 110. 1859. **Type**: India: Sikkim, *J. D. Hooker 734* (holotype: BM).

生境　雨林内树枝上。

分布　云南、广西(左勤等,2010)。印度、尼泊尔、斯里兰卡、泰国。

刺果藓

Symphyodon perrottetii Mont., Ann. Sci. Nat., Bot., sér. 2, **16**: 279. 1841. **Type.** India: Nilghiri, *Perrottet s. n.* (holotype: RO; isotypes: BM, FH, G, NY).

Symphyodon merrillii Broth., Philipp. J. Sci. **2**: 341. 1907.

生境　雨林内树枝、叶面或潮湿岩面上。

分布　云南、台湾、广西、海南。印度、印度尼西亚、马来西亚、菲律宾、新加坡、斯里兰卡、泰国、老挝、越南、日本。

矮刺果藓

Symphyodon pygmaeus (Broth.) S. He & Snider, Bryobrothera **1**: 283. 1992. *Homalia pygmaea* Broth., Nat. Pflanzenfam. Ⅰ(3): 849. 1906. **Type**: Madagascar: Diego Suarez, *Chenagon s. n.* (lectotype: PC, designated by He & Snider 1992; isolectotypes: H, REN).

Neckera pygmaea Renauld & Cardot, Bull. Soc. Roy. Bot. Belgique **32**(2): 24. 1893.

生境　雨林内树枝上。

分布　云南、海南。印度尼西亚、尼泊尔、泰国、美国(夏威夷)、马达加斯加。

贵州刺果藓

Symphyodon weymouthioides Cardot & Thér., Bull. Acad. Int. Géogr. Bot. **21**: 271. 1911. **Type**: China: Guizhou, *Cavalerie s. n.* (holotype: PC; isotype: S).

生境　树枝上。

分布　湖北、贵州。印度。

云南刺果藓

Symphyodon yuennanensis Broth., Symb. Sin. **4**: 90. 1929. **Type**: China: Yunnan, 2400～2800m, July 9. 1916, *Handel-Mazzetti 9473* (holotype: H-BR; isotypes: S, W).

生境 雨林内树枝上。

分布 云南。中国特有。

刺蒴藓属 Trachythecium M. Fleisch.
Musci Buitenzorg **4**: 1415. 1923.

模式种: *T. verrucosum* (A. Jaeger) M. Fleisch.

本属全世界现有 9 种,中国有 1 种,1 变种。

小果刺蒴藓

Trachythecium micropyxis (Broth.) E. B. Bartram, Philipp. J. Sci. **68**: 363 f. 469. 1939. *Ectropothecium micropyxis* Broth., Philipp. J. Sci. **5**: 158. 1910.

生境 石上。

分布 台湾。菲律宾。

刺蒴藓强肋变种

Trachythecium verrucosum (Hampe) M. Fleisch. var. **binervulum** Herzog, J. Hattori. Bot. Lab. **14**: 70. 1955. **Type**: China: Taiwan, Botel Tobago, *Schwabe 79 & 81*.

生境 石生。

分布 台湾。印度尼西亚、马来西亚、巴布亚新几内亚、新喀里多尼亚岛(法属)。

隐蒴藓科 Cryphaeaceae Schimp.

本科全世界有 12 属,中国有 5 属。

隐蒴藓属 Cryphaea D. Mohr & F. Weber
Tab. Calyptr. Operc. (3). 1813[1814].

模式种: *C. hetromalla* (Hedw.) D. Mohr

本属全世界现有 34 种,中国有 4 种。

披针叶隐蒴藓

Cryphaea lanceolata P. C. Rao & Enroth, Bryobrothera **5**: 179. 1999. **Type**: China: Sichuan, Nanping Co., on branch, 2480～2510m, Sept. 19. 1991, *T. Koponen 46 842* (holotype: H-BR).

生境 树干或树枝上,海拔 1200～2510m。

分布 湖南(Rao,2000)、湖北、四川(Rao and Enroth,1999)。中国特有。

卵叶隐蒴藓

Cryphaea obovatocarpa S. Okamura, Bot. Mag. (Tokyo) **25**: 135. 1911. **Type**: Japan: Tango, Maruda in Maruyaemura, Kasa-gun, May 28. 1910, *Kishida s. n.*

生境 树干或树枝上,海拔 1750～2300m。

分布 云南、台湾。日本。

峨眉隐蒴藓(新拟)

Cryphaea omeiensis P. Rao, Ann. Bot. Fenn. **37**: 53. 2000. **Type**: China: Sichuan, Mt. Emeishan, on tree trunk, 1000～1200m, Oct. 24 1980, *A. Touw 23 924* (holotype: L).

生境 树干上,海拔 1000～1200m。

分布 四川(Rao,2000)。中国特有。

松潘隐蒴藓

Cryphaea songpanensis Enroth & T. J. Kop., Ann. Bot. Fenn. **34**: 205. 1997. **Type**: China: Sichuan, Songpan Co., 2900～2930m, on tree trunk, Sept. 9. 1991, *T. Koponen 45 197* (holotype: H-BR).

Cryphaea leptopteris Enroth & T. J. Kop., Harvard Pap. Bot. **10**: 1. 1997, *hom. illeg.*

生境 树干上,海拔 2900～2930m。

分布 四川。中国特有。

线齿藓属 Cyptodontopsis Dixon
Ann. Bryol. **9**: 64. 1937.

模式种: *C. laosiensis* Dixon

本属全世界现有 1 种。

线齿藓 (贵州隐蒴藓)

Cyptodontopsis leveillei (Thér.) P. C. Rao & Enroth, Bryobrothera **5**: 185. 1999. *Cryphaea leveillei* Thér., Monde Pl., **9**(45): 22. 1907. **Type**: China: Guizhou, Ping-fa, *J. Cavalerie s. n.* (holotype: PC; isotypes: BM, S).

Cryphaea henryi Thér. in Henry, Rev. Bryol., n. s., **1**: 44. 1928.

Cryphaea borneensis E. B. Bartram, Philipp. J. Sci. **61**: 244. 1936.

Cryphaea obtusifolia Nog., J. Sci. Hiroshima Univ., ser. B, Div. 2, Bot. **3**: 13. 1936.

Cyptodontopsis laosiensis Dixon, Ann. Bryol. **9**: 64. 1937.

Cyptodontopsis obtusifolia (Nog.) Nog., J. Jap. Bot. **17**: 211. 1941.

Cyptodontopsis obtusifolia var. *laosiensis* (Dixon) Nog., J. Jap. Bot. **17**: 211. 1941.

生境 溪谷岸边树干或树枝上。

分布 贵州。越南、老挝、印度尼西亚(婆罗洲)、巴布亚新几内亚。

毛枝藓属 Pilotrichopsis Besch.
J. Bot. (Morot) **13**: 38. 1899.

模式种:*P. dentata* (Mitt.) Besch.

本属全世界现有 3 种,中国有 2 种。

毛枝藓

Pilotrichopsis dentata (Mitt.) Besch., J. Bot. (Morot) **13**: 38. 1899. *Dendropogon dentatus* Mitt., Trans. Linn. Soc. London, Bot. **3**: 170. 1891.

Pilotrichopsis dentate var. *filiformis* (Besch.) Paris, Index Bryol. Suppl. 272. 1900.

Pilotrichopsis erecta Sakurai, Bot. Mag. (Tokyo) **46**: 375. 1932.

Pilotrichopsis dentate var. *hamulata* Nog., J. Hattori Bot. Lab. **2**: 31. 1947.

生境　树干、树枝、腐木上或岩面薄土上,海拔 950～2000m。

分布　安徽、浙江、江西、湖南、贵州、西藏、福建、广西、香港。越南、菲律宾、印度尼西亚、日本。

粗毛枝藓

Pilotrichopsis robusta P. C. Chen, Feddes Repert. Spec. Nov. Regni Veg. **58**: 29. 1955. **Type**: China: Hunan, Yunschan bei Wukang, am Baume, Apr. 17. 1931, *K. C. Ho 554a* (holotype: PE).

生境　树干上,海拔 780m。

分布　广东。中国特有。

顶隐蒴藓属 Schoenobryum Dozy & Molk.
Musci Frond. Ined. Archip. Ind. **6**: 183. 1848.

模式种:*S. julaceum* Dozy & Molk.

本属全世界现有 16 种,中国有 1 种。

凹叶顶隐蒴藓

Schoenobryum concavifolium (Griff.) Gangulee, Mosses E. India **2**: 1208. 1976. *Orthotrichum concavifolium* Griff., Calcutta J. Nat. Hist. **2**: 484. 1842.

Acrocryphaea concavifoliam (Griff.) Bosch & Sande Lac., Bryol. Jav. **2**: 106. 1864.

Cryphaea concavifolia Mitt., J. Proc. Linn. Soc., Bot., Suppl. **1**: 125. 1859.

Schoenobryum julaceum Dozy & Molk., Musci Frond. Ined. Archip. Ind. 184 pl. 60. 1954.

生境　树干或岩面上,海拔 580～2750m。

分布　四川、云南、西藏。孟加拉国(O'Shea, 2003)、尼泊尔、不丹(Noguchi, 1971, as *Acrocryphaea concavifoliam*)、印度、缅甸(Tan and Iwatsuki, 1993)、斯里兰卡、泰国(Tan and Iwatsuki, 1993)、越南(Tan and Iwatsuki, 1993)、印度尼西亚、菲律宾、巴布亚新几内亚。

球蒴藓属 Sphaerotheciella M. Fleisch.
Hedwigia **55**: 282. 1914.

模式种:*S. sphaerocarpa* (Hook.) M. Fleisch.

本属全世界现有 5 种,中国有 3 种。

科氏球蒴藓

Sphaerotheciella koponenii P. C. Rao, Bryologist **103**: 739. 2000. **Type**: China: Hunan, Sangzi Co., 1370m, Oct. 7. 1998, *T. Koponen et al. 55 709* (holotype: H-BR).

生境　树皮上,海拔 1200～1370m。

分布　湖南。中国特有。

中华球蒴藓

Sphaerotheciella sinensis (E. B. Bartram) P. C. Rao, Ann. Bot. Fenn. **37**: 55. 2000. *Cryphaea sinensis* E. B. Bartram, Ann. Bryol. **8**: 15. 1935. **Type**: China: Guizhou, on stone, Nin Tao Shan, 1000m, *S. Y. Cheo 560a* (holotype: FH).

生境　树干或岩面上,海拔 1000～3000m。

分布　甘肃、湖北(Rao, 2000)、四川、贵州。中国特有。

球蒴藓

Sphaerotheciella sphaerocarpa (Hook.) M. Fleisch., Hedwigia **55**: 282. 1914. *Neckera sphaerocarpa* Hook., Trans. Linn. Soc. London **9**: 312. 1808.

生境　树干或树枝上,海拔 3000～3650m。

分布　四川、贵州、云南、西藏、台湾(Chiang and Kuo, 1989)。尼泊尔、印度、不丹。

白齿藓科 Leucodontaceae Schimp.

本科全世界有 7 属,中国有 4 属。

单齿藓属 Dozya Sande Lac.
Ann. Mus. Bot. Lugduno-Batavi **2**: 296. 1866.

模式种:*D. japonica* Sande Lac.

本属全世界现有 1 种。

单齿藓

Dozya japonica Sande Lac., Ann. Mus. Bot. Lugduno-Batavi **2**: 296. 1866.

生境　树干或岩面上,海拔 800～2950m。

分布　黑龙江、江西(何祖霞等, 2010)、湖南、四川、贵州、云南。朝鲜、日本。

白齿藓属 Leucodon Schwägr.

Sp. Musc. Frond., Suppl. 1, **2**: 1. 1816.

模式种:*L. sciuroides* (Hedw.) Schwägr.

本属全世界现有37种,中国有16种,1变种。

高山白齿藓

Leucodon alpinus H. Akiy., J. Hattori Bot. Lab. **65**: 42. 1988. **Type**: Japan: Nagano, Mt. Senjo, *Suzuki 1357* (holotype: NICH).

生境 石灰岩面上,海拔850m。

分布 黑龙江。日本。

朝鲜白齿藓

Leucodon coreensis Cardot, Beih. Bot. Centralbl. **17**: 23. 1904.

Leucodon denticulatus auct. non Broth., Dixon, J. Bot. **79**: 139. 1941.

生境 树干或岩面上,海拔800~3500m。

分布 黑龙江、吉林、辽宁、河北、山西(Wang et al., 1994)、山东、河南、陕西、宁夏(黄正莉等, 2010)、甘肃、湖北(Peng et al., 2000)、湖南(Akiyama, 1988a)、四川、重庆、贵州(Akiyama, 1988a)、台湾(Akiyama, 1988a)。朝鲜、日本。

陕西白齿藓

Leucodon exaltatus Müll. Hal., Nuovo Giorn. Bot. Ital. n. s., **3**: 112. 1896. **Type**: China: Shaanxi, Mt. Guangtoushan(Kuantonsan), *Giraldi 888* (isotypes: H-BR, BM, S).

Leucodon giraldii Müll. Hal., Nuovo Giorn. Bot. Ital., n. s., **3**: 112. 1896. **Type**: China: Shaanxi, Mt. Sikutruisan, *Giraldi 889* (isotypes: H-BR, BM, S).

生境 树干上或稀见于岩面上,海拔1300~4200m。

分布 山西(Wang et al., 1994)、陕西、宁夏(黄正莉等, 2010)、甘肃、湖北、四川、云南、西藏、台湾(Chiang and Kuo, 1989)。尼泊尔(Iwatsuki,1979b)。

鞭枝白齿藓

Leucodon flagelliformis Müll. Hal., Nuovo Giorn. Bot. Ital., n. s., **3**: 112. 1896. **Type**: China: Shaanxi, Mt. Guangtoushan(Kuantonsan), *Giraldi 1557* (isotypes: H-BR, BM, NY).

Leucodon mollis Dixon, J. Bot. **79**: 140. 1941. **Type**: China: Shaanxi, Mt. Kusan, *Father Hugh 233* (holotype: BM).

生境 树干、树枝上或稀生于岩面上,海拔1000~2840m。

分布 吉林、河南、陕西、甘肃。中国特有。

宝岛白齿藓

Leucodon formosamus H. Akiy., Bot. Mag. (Tokyo) **100**: 322. 1987. **Type**: China: Taiwan, Nantou Co., Mt. Hohwan, 3000m, *Akiyama 5763* (holotype: KYO).

Leucodon luteus auct. non Besch., Trans. Nat. Hist. Soc. Formosa **26**: 148. 1936.

生境 树干上或稀见于岩面上,海拔2500~2600m。

分布 台湾。中国特有。

羽枝白齿藓(多根白齿藓,短柄白齿藓)

Leucodon jaegerinaceus (Müll. Hal.) H. Akiy., J. Hattori. Bot. Lab. **65**: 33. 1988. *Leucodon giraldii* Müll. Hal. var. *jaegerinaceus* Müll. Hal., Nuovo Giorn. Bot. Ital., n. s., **5**: 190. 1898. **Type**: China: Shaanxi, *Giraldi 2120* (isotypes: H-BR, BM).

Leucodon denticulatus Broth. ex Dixon var. *pinnatus* Müll. Hal., Nuovo Giorn. Bot. Ital., n. s., **5**: 190. 1898. **Type**: China: Shaanxi, *Giraldi 2120-b* (isotype: H-BR).

Leucodon angustiretis Dixon, J. Bot. **79**: 138. 1941.

生境 树干或岩面上,海拔1000~3200m。

分布 陕西、湖北(Peng et al., 2000)。中国特有。

玉山白齿藓

Leucodon morrisonensis Nog., Trans. Nat. Hist. Soc. Formosa **26**: 34. 1936. **Type**: China: Taiwan, Taiyu Co., Mt. Niitaka, 3500m, *Noguchi 6349* (holotype: NICH).

Leucodon subulatus auct. non Broth., J. Jap. Bot. **74**: 460. 1968.

生境 树干上,海拔2550~3500m。

分布 河北、湖北(Peng et al., 2000)、四川、台湾。中国特有。

垂悬白齿藓(多根白齿藓,短柄白齿藓)

Leucodon pendulus Lindb., Contr. Fl. Crypt. As. 273. 1872.

Leucodon perdependens Okamura, J. Coll. Sci. Imp. Univ. Tokyo **38**: 25. 1916.

Leucodon luteolus Dixon, J. Bot. **79**: 140. 1941.

Leucodontella perdependens (Okamura) Nog., J. Hattori. Bot. Lab. **2**: 40. 1947.

Leucodon radicalis M. X. Zhang, Acta Bot. Yunnan. **5**: 386. 1983. **Type**: China: Shaanxi, Mt. Qinling, *Z.-P. Wei 6132* (XBGH).

生境 树干或树枝上,海拔400~2500m。

分布 黑龙江、吉林、辽宁、陕西、四川(李祖凰等, 2010)。朝鲜、日本、俄罗斯(远东地区)。

札幌白齿藓

Leucodon sapporensis Besch., Ann. Sci. Nat., Bot., sér. 7, **17**: 360. 1893. **Type**: Japan: Ishikari, *Faurie 114*.

Astrodontium flexisetum Besch., J. Bot. (Morot) **13**: 38. 1899.

Leucodon flexisetus (Besch.) Paris, Index Bryol. Suppl. 231. 1900.

Macrosporiella sapporensis (Besch.) Nog., J. Hattori Bot. Lab. **2**: 47. 1947.

生境 树干或岩面上,海拔680~1400m。

分布 陕西。朝鲜、日本。

白齿藓

Leucodon sciuroides (Hedw.) Schwägr., Sp. Musc. Frond., Suppl. 1, **2**: 1. 1816. *Fissidens sciuroides* Hedw., Sp. Musc. Frond. 161. 1801.

Hypnum sciuroides (Hedw.) With., Syst. Arr. British Pl. (ed. 4), **3**: 829. 1801.

Dicranum sciuroides (Hedw.) P. Gaertn., B. Mey. &

Scherb., Oekon. Fl. Wetterau **3**(2): 87. 1802.

Pterogonium sciuroides (Hedw.) Turner, Muscol. Hibern. Spic. 32. 1804.

Cecalyphum sciuroides (Hedw.) P. Beauv., Prodr. Aethéogam. 51. 1805.

Pterigynandrum sciuroides (Hedw.) Brid., Muscol. Recent. Suppl. **1**: 134. 1806.

Trichostomum sciuroides (Hedw.) D. Mohr, Ann. Bot. **2**: 545. 1806.

Neckera sciuroides (Hedw.) Müll. Hal., Syn. Musc. Frond. **2**: 107. 1850.

生境　岩面或树干上,海拔 900～2700m。

分布　黑龙江、内蒙古、河北、山西、山东、河南、陕西、甘肃、青海、新疆、湖北、四川、贵州、云南。巴基斯坦(Higuchi and Nishimura, 2003)、日本、尼泊尔、俄罗斯,欧洲。

偏叶白齿藓

Leucodon secundus (Harv.) Mitt., J. Proc. Linn. Soc., Bot., Suppl. **1**: 124. 1859. *Sclerodontium secundum* Harv. in Hook., Icon. Pl. **1**: pl. 21. 1836. **Type**: India: *Wallich 1564*.

偏叶白齿藓原变种

Leucodon secundus var. **secundus**

Astrodontium secundum (Harv.) Besch., Ann. Sci. Nat. Bot., sér. 7, **15**: 73. 1892.

生境　生于树干、腐木或岩面薄土上,海拔 780～4000m。

分布　陕西、甘肃(Zhang and Li, 2005)、安徽、浙江、江西、湖南、湖北、四川、重庆、贵州、云南、西藏。尼泊尔、印度、越南(Tan and Iwatsuki, 1993)。

偏叶白齿藓硬叶变种

Leucodon secundus var. **strictus** (Harv.) H. Akiy., J. Hattori Bot. Lab. **65**: 60. 1988. *Sclerodontium strictum* Harv. in Hook., Icon. Pl. **1**: pl. 21. 1836. **Type**: Nepal: *Hooker 1563*.

Leucodon strictus (Harv.) A. Jaeger, Ber. Thätigk. St. Gallischen Naturwiss. Ges. **1875-1876**: 216. 1877.

Leucodon subulatulus Broth., Symb. Sin. **4**: 75. 1929. **Type**: China: Yunnan, *Gebauer s. n.*

生境　树干上或稀生于岩面薄土上,海拔 1000～3700m。

分布　四川、云南、西藏。尼泊尔、印度、朝鲜、日本。

中华白齿藓

Leucodon sinensis Thér., Bull. Acad. Int. Géogr. Bot. **18**: 252. 1908. **Type**: China: Guizhou, Ping-fa to Guiyang, *Cavaleri s. n.*

生境　树干上或稀生于岩面上,海拔 20～2550m。

分布　河北(Li et al., 2001)、陕西、甘肃、安徽、浙江、江西、湖南、湖北、四川、重庆、云南、贵州、福建、台湾(Chiang and Kuo, 1989)。不丹、日本。

龙珠白齿藓

Leucodon sphaerocarpus H. Akiy., Bot. Mag. (Tokyo) **100**: 328. 1987. **Type**: China: Taiwan, Taipei Co., *Iwamasa 7041* (holotype: HIRO; isotype: KYO).

生境　不详。

分布　台湾。中国特有。

长叶白齿藓

Leucodon subulatus Broth., Symb. Sin. **4**: 75. 1929. **Type**: China: Yunnan, *Handel-Mazzetti 6581*, *9765* (syntype: H-BR).

生境　树干或岩面上,海拔 1600～5000m。

分布　四川、云南、西藏。中国特有。

中台白齿藓

Leucodon temperatus H. Akiy., Bot. Mag. (Tokyo) **100**: 330. 1987. **Type**: China: Taiwan, Hualien Co., 2000m, *Akiyama 5882* (holotype: KYO).

生境　树干或岩面上,海拔 2000～2500m。

分布　河南(Tan et al., 1996)、台湾。中国特有。

西藏白齿藓

Leucodon tibeticus M. X. Zhang, Acta Bot. Yunnan **2**(4): 483. 1980. **Type**: China: Xizang, Longzi Co., 3600m, July 4. 1975, *Zang Mu 1089* (holotype: WUK; isotype: HKAS).

生境　不详。

分布　西藏。中国特有。

拟白齿藓属 Pterogoniadelphus M. Fleisch.
Hedwigia **59**: 214. 1917.

模式种:*P. montevidensis* (Müll. Hal.) M. Fleisch.

本属全世界现有 4 种,中国有 1 种。

拟白齿藓(阔叶白齿藓,卵叶白齿藓,卵叶白齿藓宽叶变种)

Pterogoniadelphus esquirolii (Thér.) Ochyra & Zijlstra, Taxon **53**: 811. 2004. *Leucodon esquirolii* Thér., Monde Pl. **9**: 22. 1907. **Type**: China: Lang-Kia-Chang, *Esquirol 307*.

Leucodon equarricuspis Broth. & Paris, Rev. Bryol. **37**: 3. 1910.

Leucodon squarricuspis Broth. & Paris, Rev. Bryol. **37**: 3. 1910. **Type**: China: Jiangsu, Chei Tong, *Courtois & Henry s. n.*

Leucodon latifolium Broth., Akad. Wiss. Wien Sitzungsber., Math. -Naturwiss. Kl., Abt. 1, **133**: 572. 1924. **Type**: China: Yunnan, Yunnanfu, *Handel-Mazzetti 211*.

Pterogonium gracile (Hedw.) Sw. var. *tsinlingense* P. C. Chen ex M. X. Zhang, Acta Phytotax. Sin. **12**(3): 347. 1974. **Type**: China: Shaanxi, Meixian Co., *Z. P. Wei 4851* (holotype: XBGH).

Leucodon esquirolii Thér. var. *latifolium* (Broth.) M. X. Zhang, Acta Bot. Boreal-Occid. Sin. **2**: 23. 1982.

Felipponea esquirolii (Thér.) H. Akiy., J. Jap. Bot. **63**(8): 265. 1988.

生境　干燥岩面或树干上,海拔 710～1980m。

分布　陕西、江苏(Akiyama, 1988b, as *Felipponea esquirolii*)、浙江、湖南、贵州、云南、西藏、福建、广西。日本。

疣齿藓属 Scabridens E. B. E. B. Bartram
Ann. Bryol. **8**: 16. 1936.

模式种:*S. sinensis* E. B. Bartram
本属全世界现有 1 种。

疣齿藓

Scabridens sinensis E. B. E. B. Bartram, Ann. Bryol. **8**: 16. 1936. **Type**: China: Guizhou, on bark, Nin Tao Shan, 2000 m, *S. Y. Cheo 825a* (holotype: FH).
生境　树干上,海拔 1500～3000m。
分布　重庆、贵州、云南。中国特有。

逆毛藓科 Antitrichiaceae Ignatov & Ignatova
Arctoa **11**(Suppl. 2):942. 2004

本科全世界有 1 属。

逆毛藓属 Antitrichia Brid.
Muscol. Recent. Suppl. **4**: 136. 1819.

模式种:*A. curtipendula* (Hedw.) Brid.
本属全世界现有 3 种,中国有 1 种。

逆毛藓(台湾逆毛藓)

Antitrichia curtipendula (Hedw.) Brid., Muscol. Recent. Suppl. **4**: 136. 1819. *Neckera curtipendula* Hedw., Sp. Musc. Frond. 209. 1801.
Anomodon curtipendulus (Hedw.) Hook. & Taylor, Muscol. Brit. **2**: 79. 1818.
Leucodon curtipendulus (Hedw.) T. Jensen, Bryol. Danic. 154. 1856.
Antitrichia formosana Nog., J. Sci. Hiroshima Univ., ser. B, Div. 2, Bot. **3**: 39 f. 5. 1937. **Type**: China: Taiwan, Taityu, Hattukwan, *A. Noguchi 644* (holotype: NICH).
生境　树干或树枝上,海拔 3000～3500m。
分布　台湾。欧洲、南美洲、北美洲、非洲。

蕨藓科 Pterobryaceae Kindb.

本科全世界有 24 属,中国有 9 属。

耳平藓属 Calyptothecium Mitt.
J. Linn. Soc., Bot. **10**: 190. 1868.

模式种:*C. urvilleanum* (Müll. Hal.) Broth.
本属全世界现有 30 种,分布于热带、亚热带地区。中国有 8 种。

无肋耳平藓

Calyptothecium acostatum J. X. Lou, Acta Phytotax. Sin. **21**(2): 224. 1983. **Type**: China: Xizang, Bomi Co., Sept. 9. 1973, *Wu Su-Gong 1113* (holotype: HKAS; isotype: PE).
生境　树干上,海拔 2300～2400m。
分布　西藏。中国特有。

芽胞耳平藓

Calyptothecium auriculatum (Dixon) Nog., J. Hattori Bot. Lab. **47**: 314. 1980. *Pterobryopsis auriculata* Dixon, J. Bombay Nat. Hist. Soc. **39**: 782. 1937. **Type**: India: Assam, Charduar, Oct. 16. 1934, *Bor. No. 205* (holotype: BM).
生境　树干上,海拔 600～1800m。
分布　云南、西藏、福建、海南。孟加拉国(O'Shea, 2003)、印度。

急尖耳尖藓

Calyptothecium hookeri (Mitt.) Broth., Nat. Pflanzenfam. Ⅰ(3): 839. 1906. *Meteorium hookeri* Mitt., J. Proc. Linn. Soc., Bot. Suppl. **1**: 86. 1859.
Meteorium rigens Renauld & Cardot, Bull. Soc. Roy. Bot. Belgique **34**(2): 71. 1896.
Pterobryopsis hookeri (Mitt.) Cardot & Cardot, J. Bot. **47**: 162. 1909.
Meteoriella cuspidata S. Okamura, J. Coll. Sci. Imp. Univ. Tokyo **38**(4): 34. 1916.
Calyptothecium robustum Broth., Rev. Bryol., n. s., **2**: 9. 1929.
Calyptothecium sikkimense Broth., Rec. Bot. Surv. India **13**(1): 125. 1931, *nom. nud.*
Calyptothecium cuspidatum (S. Okamura) Nog., J. Sci. Hiroshima Univ., ser. B, Div. 2, Bot. **3**: 217. 1939.
生境　树干或岩石上,海拔 540～2600m。
分布　甘肃、江西、四川、重庆、贵州、云南、福建、台湾、海南。日本、尼泊尔、不丹(Noguchi, 1971)、缅甸、泰国、印度。

带叶耳平藓

Calyptothecium phyllogonoides Nog. & X. J. Li, J. Jap. Bot. **63**(4): 144. 1988. **Type**: China: Yunnan, Mengla Co., 2400m, on rock, Oct. 1980, *X. J. Li 80-2083* (holotype: NICH; isotype: HKAS).
生境　树干上,海拔 650～2400m。
分布　云南、海南。中国特有。

羽枝耳平藓

Calyptothecium pinnatum Nog., Trans. Nat. Hist. Soc. Formosa **24**: 417. 1934. **Type**: China: Taiwan, Prov. Taityu, Taikwan, *A. Noguchi 6058* (holotype: HIRO).

生境　树干上,海拔1800～2200m。

分布　四川、云南、西藏、台湾。尼泊尔、印度、缅甸。

尾枝耳平藓(新拟)

Calyptothecium ramosii Broth., Philipp. J. Sci. **8**: 80. 1913.

Calyptothecium caudatum E. B. Bartram, Philipp. J. Sci. **68**: 237. 1939.

Calyptothecium distichophyllum Nog. & B. C. Tan, J. Hattori Bot. Lab. **57**: 66. 1984.

生境　不详。

分布　台湾(Herzog and Noguchi, 1955)、海南(Tan et al., 1987)。菲律宾。

耳平藓

Calyptothecium urvilleanum (Müll. Hal.) Broth., Nat. Pflanzenfam. Ⅰ(3): 839. 1906. *Neckera urvilleana* Müll. Hal., Syn. Musc. Frond. **2**: 52. 1850.

Calyptothecium praelongum Mitt., J. Linn. Soc., Bot. **10**: 190. 1868.

Calyptothecium philippinense Broth. in Warb., Monsunia **1**: 48. 1899.

Neckera philippinensis (Broth.) Paris, Index Bryol. Suppl. 255. 1900.

Calyptothecium tumidum M. Fleisch. (non Dicks.), Musci Frond. Archip. Ind. Exsic., ser. **5**: n. 222. 1902.

Calyptothecium japonicum Thér., Monde Pl. **9**: 22. 1907.

Calyptothecium bernieri Broth., Öfvers. Förh. Finska Vetensk. -Soc. **53A**(11): 28. 1911.

Calyptothecium densirameum Broth., Rev. Bryol. **56**: 9. 1929.

Calyptothecium sikkimense Broth., Rec. Bot. Surv. Ind. **13** (1): 125. 1931, *nom. nud.*

Calyptothecium alare E. B. Bartram, Bryologist **48**: 120. 1945.

生境　树干上,海拔100～2060m。

分布　四川、重庆、云南、西藏、台湾、广东、广西、海南。日本、斯里兰卡、印度、缅甸、泰国(Touw, 1968)、印度尼西亚、菲律宾、斐济、巴布亚新几内亚、太平洋岛屿。

长尖耳平藓

Calyptothecium wrightii (Mitt.) M. Fleisch., Hedwigia **45**: 62. 1905. *Meteorium wightii* Mitt., J. Proc. Linn. Soc., Bot., Suppl. **1**: 85. 1859. **Type**: Nepal: *Wallich*; in Rangoon, *herb. Wight s. n.*

Pterobryopsis wightii (Mitt.) Broth., Nat. Pflanzenfam. Ⅰ(3): 803. 1906.

Pterobryopsis subacuminata Broth. & Paris, Rev. Bryol. **34**: 45. 1907.

Calyptothecium formosanum Broth., Öfvers. Förh. Finska Vetensk. -Soc. **62A**(9): 23. 1921. **Type**: China: Taiwan, Takao, Raisha, *E. Matsuda s. n.* (H).

Calyptothecium subacuminatum (Broth. & Paris) Broth., Nat. Pflanzenfam. (ed. 2), **11**: 184. 1925.

生境　树干或岩面上,海拔600～1950m。

分布　云南、西藏、台湾、香港。斯里兰卡、印度、尼泊尔、缅甸、孟加拉国、泰国、越南、老挝、印度尼西亚(Gradstein et al., 2005)。

兜叶藓属 Horikawaea Nog.

J. Sci. Hiroshima Univ., sér. B, Div. 2, Bot. **3**: 46. 1937.

模式种:*H. nitida* Nog.

本属全世界现有4种,中国有3种。

平尖兜叶藓

Horikawaea dubia (Tixier) S. H. Lin, J. Hattori Bot. Lab. **55**: 299. 1984. *Pterobryopsis dubia* Tixier, Bot. Közlem. **54**: 34 pl. 1. 1967. **Type**: Vietnam: Ninh-binh, *Pócs 2624/d.*

生境　树干或岩石上。

分布　江西(Ji and Qiang, 2005)、四川、贵州、云南、台湾(Lin, 1986)、广东、海南。越南。

兜叶藓

Horikawaea nitida Nog., J. Sci. Hiroshima Univ., ser. B, Div. 2, Bot. **3**: 46. 1937. **Type**: China: Taiwan, Taihoku, *A. Noguchi 5850* (holotype: NICH).

生境　树上或岩面上。

分布　贵州、西藏、福建(吴鹏程等,1981)、台湾、广东、广西、海南。越南。

双肋兜叶藓

Horikawaea tjibodensis (M. Fleish.) M. C. Ji. & Enroth, J. Bryol. **28**: 167. 2006. *Neckera tjibodensis* M. Fleisch., Musci Buitenzorg **3**: 873 f. 154. 1908. **Type**: Indonesia: West-Java, 1500m, *Fleischer s. n.* (holotype: Herb. Fleischer; isotype: L).

Horikawaea redfearnii B. C. Tan & P. J. Lin, Trop. Bryol. **10**: 59. 1995. **Type**: Philippines: Palawan Island, on tree trunk, 2000ft, Apr. 1992, *B. C. Tan & W. Sm. Gruezo 92-379* (holotype: FH; isotypes: CAHUP, L, BM, H, MO, NY, US, IBSC, BO).

生境　树干上。

分布　海南。菲律宾。

细树藓属(新拟)Micralsopsis W. R. Buck
Mem. New York Bot. Gard. **45**：525. 1987.

模式种：*M. complanata* (Dixon) W. R. Buck
本属全世界有 1 种。

细树藓(新拟)

Micralsopsis complanata (Dixon) W. R. Buck, Mem. New York Bot. Gard. **45**：525. 1987. *Leiodontium complanatum* Dixon, J. Bombay Nat. Hist. Soc. **39**(4)：794. pl. 1. f. 16. 1937. **Type**：India：Assam, *Bor 314* (holotype：BM).
生境　不详。
分布　云南(Buck, 1987)。印度。

山地藓属 Osterwaldiella M. Fleisch. ex Broth.
Nat. Pflanzenfam. (ed. 2), **11**：130. 1925.

模式种：*O. monostrica* M. Fleisch. ex Broth.
本属全世界现有 1 种。

山地藓

Osterwaldiella monostricta M. Fleisch. ex Broth., Nat. Pflanzenfam. (ed. 2), **11**：130. 1925. *Meteorium monostictum* Broth. in Bruehl, Rec. Bot. Surv. India **13**(1)：126. 1931, *nom. nud.*
生境　不详。
分布　四川、西藏。印度。

长蕨藓属 Penzigiella M. Fleisch.
Hedwigia **45**：87. 1905.

模式种：*P. cordata* (Harv.) M. Fleisch.
本属全世界仅有 1 种。

长蕨藓

Penzigiella cordata (Hook. ex Harv.) M. Fleisch., Hedwigia **45**：87. 1906. *Neckera cordata* Hook. ex Harv., Icon. Pl. **1**：pl. 22. 1836. **Type**：Nepal：*Wallich s. n.* (MO).
Meteorium cordatum (Hook. ex Harv.) Mitt., J. Proc. Linn. Soc., Bot., Suppl. **1**：88. 1859.
Penzigiella hookeri Gangulee, Mosses E. India **5**：1252. f. 605. 1976.
生境　岩面上，海拔 1950～4100m。
分布　云南。尼泊尔、缅甸、泰国、不丹、印度。

小蕨藓属 Pireella Cardot
Rev. Bryol. **40**：17. 1913.

模式种：*P. mariae* (Cardot) Cardot
本属全世界现有 12 种，中国有 1 种。

台湾小蕨藓

Pireella formosana Broth., Öfvers. Förh. Finska Vetensk.-Soc. **62A**(9)：23. 1921. **Type**：China：Taiwan, Mt. Daibu, *Matuda s. n.* (H-BR).
生境　树皮上，海拔 1320～1750m。
分布　台湾。中国特有。

滇蕨藓属 Pseudopterobryum Broth.
Symb. Sin. **4**：79. 1929.

模式种：*P. tenuicuspis* Broth.
本属全世界现有 2 种，中国有 2 种。

大滇蕨藓

Pseudopterobryum laticuspis Broth., Symb. Sin. **4**：80. 1929. **Type**：China：Yunnan, Dali Co., 3100～3400m, May 27. 1915, *Handel-Mazzetti 6592* (holotype：H-BR).
生境　阴湿石壁上，海拔 1600～2900m。
分布　云南。中国特有。

滇蕨藓

Pseudopterobryum tenuicuspes Broth., Symb. Sin. **4**：80 pl. 3, f. 5-8. 1929. **Type**：China：Yunnan, Dali Co., 3600m, Sept. 23. 1915, *Handel-Mazzetti 8344* (holotype：H-BR).
Porotrichum tripinnatum Dixon, Hong Kong Naturalist, Suppl. **2**：20. 1933. **Type**：China：Gansu, Hoei Hien, Apr. 17. 1919, *Rev. E. Licent 286* (holotype：BM).
Forsstroemia tripinnata (Dixon) Nog., J. Hattori Bot. Lab. **47**：311. 1980.
生境　树干或石壁上，海拔 1500～4450m。
分布　甘肃、湖南、四川、重庆、云南、西藏。中国特有。

蕨藓属 Pterobryon Hornsch.

Fl. Bras. **1**(2): 50. 1840.

模式种:*P. densum* Hornsch.

本属全世界现有 8 种,中国有 1 种。

树形蕨藓

Pterobryon arbuscula Mitt., Trans. Linn. Soc. London, Bot. **3**: 171. 1891.

生境 树干上,海拔 1200～2400m。

分布 云南、台湾。日本、朝鲜。

拟蕨藓属 Pterobryopsis M. Fleisch.

Hedwigia **45**: 56. 1905.

模式种:*P. crassicaulis* (Müll. Hal.) M. Fleisch.

本属全世界现有 29 种,中国有 8 种。

尖叶拟蕨藓

Pterobryopsis acuminata (Hook.) M. Fleisch., Hedwigia **45**: 59. 1905. *Neckera acuminata* Hook., Musci Exot. **2**: 15 pl. 151. 1819.

Meteorium acuminatum Mitt., J. Proc. Linn. Soc., Bot., Suppl. **1**: 86. 1859.

Garovaglia conchophylla Renauld & Cardot, Bull. Soc. Roy. Bot. Belgique **41**: 69. 1905.

Pterobryopsis handelii Broth., Akad. Wiss. Wien Sitzungsber., Math. -Naturwiss. Kl., Abt. 1, **133**: 572. 1924. **Type**: China: Sichuan, *Handel-Mazzetti 1828* (holotype: H-BR).

Pterobryopsis morrisonicola Nog., J. Hattori Bot. Lab. **2**: 69, pl. 16, f. 3-5. 1947. **Type**: China: Taiwan, Taizhong, 2200m, Aug. 1932. *A. Noguchi 7026* (holotype: NICH).

生境 树干上,海拔 760～3000m。

分布 四川、云南、西藏、台湾(Noguchi, 1947, as *P. morrisonicola*)、海南。尼泊尔、印度、泰国、缅甸、印度尼西亚(Touw, 1992)。

拟蕨藓

Pterobryopsis crassicaulis (Müll. Hal.) M. Fleisch., Hedwigia **45**: 57. 1905. *Neckera crassicaulis* Müll. Hal., Syn. Musc. Frond. **2**: 132. 1850.

生境 树干或倒木上,900～1485m。

分布 云南、广西、海南。泰国、越南、马来西亚、斯里兰卡、菲律宾、印度尼西亚。

兜尖拟蕨藓(新拟)

Pterobryopsis crassiuscula (Cardot) Broth., Nat. Pflanzenfam. I(3): 808. 1905.

Garovaglia crassiuscula Cardot, Beih. Bot. Centralb. Abt. 2, **19**(2): 114. 15. 1905. **Type**: China: Taiwan, *Faurie s. n.*

生境 不详。

分布 台湾(Cardot, 1905, as *Garovaglia crassiuscula*)。中国特有。

鞭枝拟蕨藓

Pterobryopsis foulkesiana (Mitt.) M. Fleisch., Hedwigia **45**: 60. 1905. *Meteorium foulkesianum* Mitt., J. Proc. Linn. Soc., Bot., Supp. **1**: 85. 1859. **Type**: India: Ootacamund, Nilgiri mts., Carm Hill Wood, *Rev. Foulkes s. n.* (lectotype: NY).

Pterobryum gracile Broth., Rec. Bot. Surv. India **1**: 324. 1899.

Pterobryopsis gracilis (Broth.) Broth., Nat. Pflanzenfam. I(3): 803. 1906.

生境 岩面上,海拔 1850～2200m。

分布 甘肃、四川、云南、西藏。印度。

南亚拟蕨藓

Pterobryopsis orientalis (Müll. Hal.) M. Fleisch., Hedwigia **59**: 217. 1917. *Neckera orientalis* Müll. Hal., Bot. Zeitung (Berlin) **14**: 437. 1856.

Meteorium foulkesiamum Mitt., J. Proc. Linn. Soc., Bot., Suppl. **1**: 85. 1859

Pterobryopsis yuennanensis Broth., Akad. Wiss. Wien Sitzungsber., Math. -Naturwiss. Kl., Abt. 1, **133**: 573. 1924. **Type**: China: Yunnan, Yunnanfu, *Handel-Mazzetti 262* (holotype: H-BR).

Pterobryopsis arcuata Nog., Trans. Nat. Hist. Soc. Formosa **26**: 35. 1936. **Type**: China: Taiyu, *A. Noguchi 6019* (holotype: NICH).

生境 树干或岩面上,海拔 900～2250m。

分布 陕西、甘肃、四川、云南。印度尼西亚、尼泊尔、印度、缅甸、泰国、越南。

大拟蕨藓

Pterobryopsis scabriucula (Mitt.) M. Fleisch., Hedwigia **45**: 60. 1905. *Meteorium scabriusculum* Mitt., J. Proc. Linn. Soc., Bot., Suppl. **1**: 85. 1859. **Type**: India: in montibus Concan, *Law*.

Meteorium frondosum Mitt., J. Proc. Linn. Soc., Bot., Suppl. **1**: 85. 1859.

Endotrichum frondosum (Mitt.) A. Jaeger, Ber. Thätigk. St. Gallischen Naturwiss. Ges. **1875-1876**: 233. 1876.

Garovaglia frondosa (Mitt.) Paris, Index Bryol. 508. 1896.

Pterobryon frondosum (Mitt.) Broth., Rec. Bot. Surv. India **1**: 324. 1899.

Pterobryopsis frondosa (Mitt.) M. Fleisch., Hedwigia **45**: 60. 1905.

生境 树干上,海拔 960～2820m。

分布 甘肃、云南、西藏。印度、斯里兰卡、缅甸(Tan and Iwatsuki, 1993)、泰国。

四川拟蕨藓

Pterobryopsis setschwanica Broth., Akad. Wiss. Wien Sitzungsber., Math. -Naturwiss. Kl., Abt. 1, **133**: 573. 1924. **Type**: China: Sichuan, Yanyuan Co., *Handel-Mazzetti 2723* (holotype: H-BR).

生境 树干上,海拔 1300～2750m。

分布　四川、贵州。中国特有。

海岛拟蕨藓(新拟)

Pterobryopsis subcrassicaulis Broth., Rev. Bryol. **53**: 2. 1926.

生境　不详。

分布　台湾、海南(Tan et al., 1987)。日本。

瓢叶藓属 Symphysodontella M. Fleisch. Musci Buitenzorg **3**: 688. 1908.

模式种:*S. lonchopoda* (Broth.) M. Fleisch.

本属全世界现有 11 种,中国有 3 种。

小叶瓢叶藓

Symphysodontella parvifolia E. B. Bartram, Brittonia **9**: 46. 1957. **Type**: Papua New Guinea: Mt. Dayman, *Brass 23 173a.*

生境　树干上,海拔 1000~1300m。

分布　海南。印度尼西亚(Touw, 1992)、巴布亚新几内亚。

双肋瓢叶藓

Symphysodontella siamensis Dixon, J. Siam Soc., Nat. Hist. Suppl. **10**(1): 13. 1935. **Type**: Thailand: Siam, Phuket, Krabî, Panom Bĕncha, in evergreen forest, 800m, Mar. 29. 1930, *Kerr 521a* (holotype: BM).

生境　树干上,海拔 900m。

分布　海南(He and Zhang, 2008)。泰国。

扭尖瓢叶藓

Symphysodontella tortifolia Dixon, J. Bombay Nat. Hist. Soc. **39**: 782. 1937. **Type**: India: Assam, *Bor 339.*

生境　树干上,海拔 2700~3350m。

分布　四川、云南。印度、越南(Tan and Iwatsuki, 1993)。

平藓科 Neckeraceae Schimp.

本科全世界有 32 属,中国有 16 属。

艾氏藓属(新拟)Alleniella S. Olsson, Enroth & D. Quandt Taxon **60**(1): 45. 2011.

模式种:*A. complanata* (Hedw.) S. Olsson, Enroth & D. Quandt

本属全世界现有 10 种,中国有 1 种。

艾氏藓(新拟)

Alleniella complanata (Hedw.) S. Olsson, Enroth & D. Quandt, Taxon **60** (1): 46. 2011. *Leskea complanata* Hedw., Sp. Musc. Frond. 231. 1801.

Neckera complanata (Hedw.) Huebener, Muscol. Germ. 576. 1833.

生境　树干或岩面上。

分布　甘肃(安定国, 2002, as *Neckera complanata*)。北美洲和非洲。

尾枝藓属 Caduciella Enroth J. Bryol. **16**: 611. 1991.

模式种:*C. mariei* (Besch.) Enroth

本属全世界现有 2 种,中国有 2 种。

广东尾枝藓

Caduciella guangdongensis Enroth, Bryologist **96**(3): 471. 1993. **Type**: China: Guangdong, Dinghushan Nature Reserve, *Touw 23 459* (holotype: L).

生境　低海拔树干上,海拔 100~880m。

分布　湖南(Enroth and Koponen, 2003)、云南(Redfearn et al., 1989)、台湾、广东、香港。中国特有。

尾枝藓

Caduciella mariei (Besch.) Enroth, J. Bryol. **16**: 611. 1991. *Neckera mariei* Besch., Ann. Sci. Nat., Bot., sér. 7, **2**: 93. 1885. **Type**: Comoro Island, *Marie 31*.

Homalia microptera Müll. Hal. in Fleisch., Musci Buitenzorg. **3**: 915. 1906, *nom. inval.*

Pinnatella microptera M. Fleisch., Musci Buitenzorg **3**: 915. 1906.

Pinnatella laosiana Broth. & Paris, Rev. Bryol. **35**: 52. 1908.

生境　阴湿树干上,海拔 60~2200m。

分布　云南、广西。泰国、越南、老挝(Tan and Iwatsuki, 1993)、马来西亚、菲律宾、巴布亚新几内亚、澳大利亚,非洲。

弯枝藓属 Curvicladium Enroth Ann. Bot. Fenn. **30**: 110. 1993.

模式种:*T. kurzii* (Kindb.) Enroth

本属全世界现有 1 种。

弯枝藓

Curvicladium kurzii (Kindb.) Enroth, Ann. Bot. Fenn. **30**: 110. 1993. *Thamnium kurzii* Kindb., Hedwigia **41**: 246.

1902. **Type**: Bhutan: *Durel s. n.*

Pinnatella kurzii (Kindb.) Wijk & Marg., Taxon **11**: 222. 1962.

Thamnium siamense Horik. & Ando in Kira & Umesao (eds.), Nat. & Life in South Asia **3**: 23 f. 4. 1964.

生境　树干或树桩上,海拔 1800～2500m。

分布　云南。孟加拉国(O'Shea, 2003)、尼泊尔、不丹、印度、泰国。

突蒴藓属(新拟)Exsertotheca S. Olsson, Enroth & D. Quandt Taxon 60(1): 45. 2011.

模式种:*E. crispa* (Hedw.) S. Olsson, Enroth & D. Quandt

本属全世界现有 3 种,中国有 1 种。

突蒴藓(新拟)

Exsertotheca crispa (Hedw.) S. Olsson, Enroth & D. Quandt, Taxon **60**(1): 45. 2011. *Neckera crispa* Hedw., Sp. Musc. Frond. 206. 1801.

生境　林下石上。

分布　甘肃(安定国, 2002, as *Neckera crispa*)。欧洲。

残齿藓属 Forsstroemia Lindb. Öfvers. Förh. Kongl. Svenska Vetensk. -Akad. 19: 605. 1863.

模式种:*F. trichomitria* (Hedw.) Lindb.

本属全世界现有 15 种,中国有 8 种。

拟隐蒴残齿藓(心叶残齿藓,乌苏里残齿藓,东北残齿藓)

Forsstroemia cryphaeoides Cardot, Bull. Soc. Bot. Genève, sér. 2, **1**: 132. 1909. **Type**: Japan: Tsurugizan, *Faurie 1231.*

Forsstroemia kusnezovii Broth., Rev. Bryol., n. s., **2**: 7. 1929.

Forsstroemia mandschurica Broth., Rev. Bryol., n. s., **2**: 8. 1929.

Forsstroemia cordata Dixon, Rev. Bryol. Lichénol. **7**: 110. 1934. **Type**: China: Liaoning, *Kobayasi 3955.*

生境　林地树干或岩面薄土上,海拔 630～1890m。

分布　辽宁、陕西、安徽、浙江、湖南(Koponen et al., 2004)、台湾(Chiang and Kuo, 1989)。日本、朝鲜、俄罗斯。

短肋残齿藓(新拟)

Forsstroemia goughiana (Mitt.) S. Olsson, Enroth & D. Quandt, Taxon **60**(1): 45. 2011.

Neckera goughiana Mitt., J. Proc. Linn. Soc., Bot., Suppl. **1**: 120. 1859. **Type**: India: Tamil Nadu, Nilghiri Hills, *Gough 56.*

Homalia goughiana (Mitt.) A. Jaeger, Ber. Thätigk. St. Gallischen. Naturwiss. Ges. **1875-1876**: 297. 1877.

Homalia goughii Mitt. ex Kindb., Enum., Bryin. Exot. 16. 1888, *nom. illeg. incl. spec. prior.*

Neckera muratae Nog., J. Sci. Hiroshima Univ., ser. B, Div. 2, Bot. **3**: 17. 1936.

生境　树干或岩面上,海拔 2050～2100m。

分布　河南、江西、陕西、四川。日本和印度。

印度残齿藓 (卷边残齿藓,卷边残齿藓纤枝变种)

Forsstroemia indica (Mont.) Paris, Index Bryol. 499. 1896.

Pterogonium indicum Mont., Ann. Sci. Nat., Bot., sér. 2, **7**: 250. 1842. **Type**: India: Nilgheri Hills, *Perrottet s. n.*

Neckera indica (Mont.) Müll. Hal., Syn. Musc. Frond. **2**: 94. 1850.

Cryphaea indica (Mont.) Mitt., J. Proc. Linn. Soc., Bot., Suppl. **1**: 125. 1859.

Forsstroemia recurvimarginata Nog., J. Hattori Bot. Lab. **2**: 36 f. 2. 1947. **Type**: china: Taiwan, A. Noguchi 6937.

Forsstroemia recurvimarginata fo. *filiformis* Nog., J. Hattori Bot. Lab. **2**: 37. 1947. **Type**: China: Taiwan, Taichung Co., *A. Noguchi 6976* (holotype: NICH).

Leptodon recurvimarginatus (Nog.) Nog., J. Hattori Bot. Lab. **19**: 125. 1958.

Leptodon recurvimarginatus (Nog.) fo. *filiformis* (Nog.) Nog., J. Hattori Bot. Lab. **19**: 125. 1958.

生境　树干上。

分布　台湾。印度、斯里兰卡(Stark, 1987)。

大残齿藓

Forsstroemia neckeroides Broth., Rev. Bryol., n. s., **2**: 7. 1929. **Type**: China: Manschuria, *Litvinov s. n.*

Forsstroemia dendroidea Toyama, Acta Phytotax. Geobot. **4**: 217. 1935.

Forsstroemia robusta Horik. & Nog., J. Sci. Hiroshima Univ., ser. B, Div. 2, Bot. **3**: 14. 1936.

Leptodon dendroides (Toyama) Nog., J. Hattori Bot. Lab. **19**: 125. 1958.

生境　树干或石灰岩岩面,海拔 1450～2600m。

分布　黑龙江、辽宁、云南。朝鲜、日本。

野口残齿藓(纤枝残齿藓,纤枝白齿藓,长枝白齿藓)

Forsstroemia noguchii L. R. Stark, Misc. Bryol. Lichenol. **9**: 182. 1983. **Type**: Japan: Shikoku, Tokushima Pref., *Ando s. n.*

Forsstroemia lasioides (Müll. Hal.) Nog., Misc. Bryol. Lichenol. **5**: 28. 1969.

Leucodon lasioides Müll. Hal., Nuovo Giorn. Bot. Ital., n. s., **3**: 113. 1896. **Type**: China: Shaanxi, Lao-y-san, *Giraldi s. n.*

生境　树干或岩面上,海拔 1300～4200m。

分布　陕西、湖北(Peng et al., 2000)、四川。日本、俄罗斯(远东地区)。

匍枝残齿藓(中华残齿藓,中华残齿藓小叶变种,陕

西残齿藓)

Forsstroemia producta (Hornsch.) Paris, Index Bryol. 498. 1896. *Pterogonium productum* Hornsch., Linnaea **15**: 138. 1841.

Lasia sinensis Besch., Ann. Sci. Nat., Bot., sér. 7, **15**: 72. 1892. **Type**: China: Yunnan, San-tchang-kiou, *Delavay 4768*.

Forsstroemia sinensis (Besch.) Paris, Index Bryol. 498. 1898.

Forsstroemia subproducta (Müll. Hal.) Broth., Nat. Pflanzenfam. Ⅰ(3): 759. 1905.

Forsstroemia schensiana Broth., Nuovo Giorn. Bot. Ital., n. s., **13**: 261. 1906. **Type**: China: Shaanxi, Han-sun fu, *Giraldi s. n.*

Forsstroemia sinensis var. *minor* Broth., Symb. Sin. **4**: 74. 1929. **Type**: China: Yunnan, Sanyingpan, 2400m, Mar. 14. 1914, *Handel-Mazzetti 259* (H-BR); Kunming city, Heilongtan, 2400m, Mar. 14. 1914, *Handel-Mazzetti 610* (H-BR).

Forsstroemia cryphaeopsis Dixon, Hong Kong Naturalist, Suppl. **2**: 18, 10. 1933. **Type**: China: Gansu, Pei la hia, Apr. 28. 1919, *Rev. E. Licent 298* (holotype: BM).

生境　树干基部、树干上或稀见于岩面上,海拔 630～2300m。

分布　河南(刘永英等,2008a)、陕西、甘肃、浙江、四川、云南、西藏。阿根廷、玻利维亚、巴西、巴拉圭、澳大利亚、埃塞俄比亚、卢旺达、肯尼亚、坦桑尼亚、乌干达、马拉维、南非,北美洲。

残齿藓

Forsstroemia trichomitria (Hedw.) Lindb., Öfvers. Förh. Kongl. Svenska Vetensk. -Akad. **19**: 605. 1863. *Pterigynandrum trichomitria* Hedw., Sp. Musc. Frond. 82. 1801.

Dozya breviseta Dixon, Trav. Bryol. **1**(13): 12. 1942.

Forsstroemia trichomitria fo. *cymbifolia* Nog., J. Hattori Bot. Lab. **2**: 33. 1947.

生境　树干或岩面上,海拔 350～2400m。

分布　黑龙江、河南、陕西、甘肃、上海(刘仲苓等,1989)、浙江(刘仲苓等,1989)、江西(Ji and Qiang, 2005)、湖南(Enroth and Koponen, 2003)、贵州、西藏、台湾(Chuang and Iwatsuki, 1970)、广东。朝鲜、日本、尼泊尔、俄罗斯(远东地区),北美洲东北部、南美洲。

短齿残齿藓(新拟)

Forsstroemia yezoana (Besch.) S. Olsson, Enroth & D. Quandt, Taxon **60**(1): 45. 2011. Neckera yezoana Besch., Ann. Sci. Nat., Bot., sér. 7, **17**: 358. 1893.

Neckera hayachinensis Cardot, Bull. Soc. Bot. Genève, sér. 2, **3**: 276. 1911.

生境　树干、腐木或岩面上,海拔 1000～2900m。

分布　重庆、贵州、湖北、湖南、江苏(刘仲苓等,1989)、上海(李登科和高彩华,1986)、陕西、四川、西藏、浙江。日本和朝鲜。

拟厚边藓属(新拟)Handeliobryum Broth.

Akad. Wiss. Wien Sitzungsber., Math. -Naturwiss. Kl., Abt. 1, **133**: 575. 1924.

本属全世界现有 1 种。

拟厚边藓(新拟)

Handeliobryum sikkimense (Paris) Ochyra, J. Hattori Bot. Lab. **61**: 71. 1986. *Sciaromium sikkimense* Paris, Index Bryol. Suppl. 305. 1900. **Type**: India: Sikkim, Darjeeling (rev. L. Stevens) (holotype: "Herb. J. Cardot. *Sciaromium* (*Limbella*) *sikkimense* R. C. Sp. Nova. Ind. Or. -Sikkim: Darjeeling. Leg. Rev. *L. Stevens*, 1893; PC-Card").

Limbella sikkimensis Renauld & Cardot, Bull. Soc. Roy. Bot. Belgique **38**(1): 41. 1899, *comb. inval.*

Neckera sikkimensis (Paris) Broth., Nat. Pflanzenfam. Ⅰ(3): 842. 1906.

Handeliobryum himalayanum Broth., Akad. Wiss. Wien Sitzungsber., Math. -Naturwiss. Kl., Abt. 1, **133**: 576. 1924. **Type**: India: Sikkim, Darjeeling, 1800～2300m, Apr. 9. 1862, *Wichura 2886* (lectotype: H-BR).

Handeliobryum setschwanicum Broth., Akad. Wiss. Wien Sitzungsber., Math. -Naturwiss. Kl., Abt. 1, **133**: 575. 1924. **Type**: China: Sichuan, 3000m, *Handel-Mazzetti 923* (holotype: H-BR).

Handeliobryum assamicum Dixon, J. Bombay Nat. Hist. Soc. **39**: 785, pl. 1, f. 12. 1937.

生境　岩面或腐木上,海拔 1800～3000m。

分布　四川、云南、西藏(Ochyra, 1986)。印度、尼泊尔(Ochyra, 1986)。

波叶藓属 Himantocladium (Mitt.) M. Fleisch.

Musci Buitenzorg **3**: 883. 1908.

模式种:*H. loriforme* (Bosch & Sande Lac.) M. Fleisch.

本属全世界现有 8 种,中国有 3 种。

轮叶波叶藓

Himantocladium cyclophyllum (Müll. Hal.) M. Fleisch., Musci Buitenzorg **3**: 887. 1907. *Neckera cyclophylla* Müll. Hal., Syn. Musc. Frond. **2**: 664. 1851.

Himantocladium loriforme (Bosch & Sande Lac.) M. Fleisch., Musci Buitenzorg **3**: 884. 1908.

Himantocladium elegantulum Nog., J. Hattori Bot. Lab. **4**: 21 f. 50. 1950.

生境　树干或岩面上,海拔 100～2900m。

分布　云南、西藏、台湾、海南。印度尼西亚、菲律宾、巴布亚新几内亚、塔希堤岛。

台湾波叶藓

Himantocladium formosicum Broth. & Yasuda, Rev. Bryol. **53**: 2. 1926. **Type**: China: Taiwan, Mt. Bui, *Matsuda s. n.*

生境　阴湿石壁或树干上,海拔 1400～2190m。

分布　台湾。老挝、菲律宾。

小波叶藓

Himantocladium plumula (Nees in Brid.) M. Fleisch., Musci Buitenzorg **3**: 889, f. 156. 1907. *Pilotrichum plumula* Nees in Brid., Bryol. Univ. **2**: 759. 1827.

生境　树干上，海拔 700～2340m。

分布　贵州、云南、海南、香港、台湾（Herzog and Noguchi, 1955）。印度、孟加拉国、缅甸、老挝、柬埔寨、泰国、越南、马来西亚、菲律宾、印度尼西亚、日本、巴布亚新几内亚、新喀里多尼亚岛（法属）、澳大利亚、瓦努阿图、斐济、社会群岛。

扁枝藓属 Homalia Brid.
Bryol. Univ. **2**: 812. 1827.

模式种：*Homalia trichomanoides* (Hedw.) Brid.

本属全世界现有 6 种，中国有 1 种，1 变种。

扁枝藓

Homalia trichomanoides (Hedw.) Brid., Bryol. Univ. **2**: 812. 1827. *Leskea trichomanoides* Hedw., Sp. Musc. Frond. 231. 1801. **Type**: Germany: *Schreber s. n. in Hedwig herbarium* (lectotype: G; isolectotypes: BM, G).

扁枝藓原变种

Homalia trichomanoides var. **trichomanoides**, Bryol. Eur. **5**: 55. 1850.

Neckera trichomanoides Hartm., Handb. Skand. Fl. **5**: 338. 1849.

Omalia trichomanoides (Hedw.) Schimp., Bryol. Eur. **5**: 55 (fasc. 44-45. Monogr. 1). 1850.

Hypnum trichomanoides (Hedw.) Müll. Hal., Syn. Musc. Frond. **2**: 233. 1851.

Homalia trichomanoides (Brid.) Schimp. in B. S. G., Syn. Musc. Eur. 571. 1860.

Homalia obtusata Mitt., J. Linn. Soc., Bot. **8**: 38. 1865. **Type**: China: Xizang, *Thomson s. n.*

Homalia fauriei Broth., Hedwigia **38**: 229. 1899.

Homalia spathulata Dixon, Rev. Bryol., n. s., **1**: 184. 1928, *Neckera spathulata* (Dixon) Dixon, Honk Kong Naturalist, Suppl. **2**: 20. 1933. **Type**: China: Shaanxi, *Licent 59*.

生境　树干或岩面上，海拔 1000～2500m。

分布　黑龙江、内蒙古、河北、山东、陕西、甘肃（Wu et al., 2002）、江苏（刘仲苓等，1989）、上海、浙江（刘仲苓等，1989）、江西（Ji and Qiang, 2005）、湖北、四川、云南、台湾、广东、香港。巴基斯坦（Higuchi and Nishimura, 2003）、印度、不丹、日本、朝鲜、俄罗斯、墨西哥，欧洲、北美洲。

扁枝藓日本变种

Homalia trichomanoides var. **japonica** (Besch.) S. He, Novon **5**: 334. 1995. *Homalia japonica* Besch., J. Bot. (Morot) **13**: 39. 1899. Type: Japan: Sengantoge, *Faurie 14 984* (holtype: PC; isotype: KYO).

Neckera japonica (Besch.) Broth., Bull. Herb. Boissier, sér. 2, **2**: 993. 1902.

生境　树基或阴湿石上，海拔 1600～1750m。

分布　辽宁、湖北、海南。日本、朝鲜。

拟扁枝藓属 Homaliadelphus Dixon & P. de la Varde
Rev. Bryol. n. s., **4**: 142. 1932.

模式种：*H. targionianus* (Mitt.) Dixon & P. de la Varde

本属全世界现有 2 种，中国有 1 种，1 变种。

夏氏拟扁枝藓圆叶变种(新拟)

Homaliadelphus sharpii (R. S. Williams) Sharp var. *rotundata* (Nog.) Z. Iwats., Bryologist **61**: 75 f. 28-35. 1958. *Homaliadelphus targionianus* (Gough) Dixon & P. de la Varde var. *rotundata* Nog., J. Hattori Bot. Lab. **4**: 27. 1950.

生境　树干或岩面上，海拔 360～2050m。

分布　甘肃、上海（刘仲苓等，1989）、湖北、贵州（王晓宇，2004，as *H. targionianus* var. *rotundata*）、云南、福建、广西。越南（Tan and Iwatsuki, 1993）、日本。

拟扁枝藓

Homaliadelphus targionianus (Mitt.) Dixon & P. de la Varde, Rev. Bryol., n. s., **4**: 142. 1932. *Neckera targioniana* Mitt., J. Proc. Linn. Soc., Bot., Suppl. **1**: 117. 1859. **Type**: India: Nilghiri, *Gough s. n.*

Homalia targioniana (Mitt.) A. Jaeger, Ber. Thätigk. St. Gallischen Naturwiss. Ges. **1875-1876**: 296. 1877.

Neckeropsis sinensis P. C. Chen, Contr. Inst. Biol., Nat. Centr. Univ. **1**: 8. 1943. **Type**: China: Chongqing, Beibei, Mt. Jinyunshan, May 6. 1940, *P. C. Chen 5053* (holotype: PE).

生境　树干、腐木或岩面上，海拔 450～3600m。

分布　山东、河南（刘永英等，2008b）、安徽、上海、江西、湖南、湖北、四川、重庆（胡晓云和吴鹏程，1991）、贵州、云南、台湾。日本、泰国、越南（Tan and Iwatsuki, 1993）、印度。

树平藓属 Homaliodendron M. Fleisch.
Hedwigia **45**: 74. 1906.

模式种：*H. flabellatum* (Sm.) M. Fleisch.

本属全世界现有 27 种，中国有 12 种。

粗肋树平藓

Homaliodendron crassinervium Thér., Recueil Publ. Soc. Havraise Études Diverses **1919**: 39. 1919. **Type**: Vietnam: Nhatrang, Fongman valley, *Krempf 1264* (holotype: PC).

生境　树干或潮湿岩面上，海拔700～2200m。

分布　云南、海南。泰国(Tan and Iwatsuki, 1993)、越南、柬埔寨(Tan and Iwatsuki, 1993)。

小树平藓

Homaliodendron exiguum (Bosch & Sande Lac.) M. Fleisch., Musci Buitenzorg **3**: 897, f. 156. 1908. *Homalia exiguua* Bosch & Sande Lac., Bryol. Jav. **2**: 55 pl. 175. 1862. **Type**: Celebes, Menado, *Vriese s. n.*

Neckeropsis pseudonitidula S. Okamura, J. Coll. Sci. Imp. Univ. Tokyo **38**(4): 39. 1916.

Homaliodendron pseudonitidulum (S. Okamura) Nog., Trans. Nat. Hist. Soc. Formosa **24**: 291. 1934.

Circulifolium exiguum (Bosch & Sande Lac.) S. Olsson, Enroth & D. Quandt, Org. Divers. Evol. **10**(2): 120. 2010.

生境　树干、腐木或阴湿岩面上，海拔160～1850m。

分布　江苏、浙江、江西、湖北、重庆、贵州、云南、福建、台湾(Herzog and Noguchi, 1955)、广东、海南、香港。日本、印度、尼泊尔、不丹、斯里兰卡、缅甸、泰国、越南、马来西亚、菲律宾、印度尼西亚、巴布亚新几内亚、斐济、澳大利亚、马达加斯加、社会群岛、非洲东部。

粗枝树平藓(新拟)

Homaliodendron fruticosum (Mitt.) S. Olsson, Enroth & D. Quandt, Ann. Bot. Fenn. 47(4): 306. 2010.

Neckera fruticosa Mitt., J. Proc. Linn. Soc., Bot., Suppl. **1**: 122. 1859.

Porotrichum fruticosum (Mitt.) A. Jaeger, Ber. Thätigk. St. Gallischen Naturwiss. Ges. **1875-1876**: 306 (Gen. Sp. Musc. **2**: 210). 1877.

Thamnium fruticosum (Mitt.) Kindb., Hedwigia **41**: 220. 1902.

Thamnobryum fruticosum (Mitt.) Gangulee, Mosses E. India **5**: 1447. 1976.

Thamnium flabellatum Nog., Trans. Nat. Hist. Formosa, **24**: 39. 1936. **Type**: China: Taiwan, Tainan Co., Mt. Kodama, *Noguchi 6006* (holotype: NICH).

生境　岩面薄土。

分布　台湾(Noguchi, 1968. as *Porotrichum fruticosum*)。斯里兰卡(Gangulee, 1976, as *Thamnobryum fruticosum*)、印度(Gangulee, 1976, as *T. fruticosum*)。

树平藓

Homaliodendron flabellatum (Sm.) M. Fleisch., Hedwigia **45**: 74. 1906. *Hookeria flabellata* Sm., Trans. Linn. Soc. London **9**: 280. 1808.

Homalia flabellata (Sm.) Bosch & Sande Lac., Bryol. Jav. **2**: 58. 1863.

Homaliodendron squarrosulum M. Fleisch., Hedwigia **45**: 75. 1906.

Homaliodendron microphyllum C. Gao, Acta Phytotax. Sin. **17**(4): 117. 1979. **Type**: China: Xizang, Motuo Co., *Xizang expedition M. 7443* (holotype: IFSBH).

生境　树干或岩面上，海拔250～2800m。

分布　湖南、江苏(刘仲苓等，1989)、浙江、江西(Ji and Qiang, 2005)、四川、重庆(胡晓云和吴鹏程，1991)、贵州、云南、台湾、广东、海南、香港。日本、尼泊尔、印度、不丹、斯里兰卡、缅甸、泰国、老挝、越南、马来西亚、印度尼西亚、菲律宾、巴布亚新几内亚、澳大利亚、新喀里多尼亚岛(法属)、瓦努阿图、美国(夏威夷)、墨西哥、秘鲁(Menzel, 1992)，非洲。

舌叶树平藓

Homaliodendron ligulaefolium (Mitt.) M. Fleisch., Hedwigia **45**: 77. 1906. *Neckera ligulaefolia* Mitt., J. Proc. Linn. Soc., Bot., Suppl. **1**: 119. 1859. **Type**: Sri Lanka (Ceylon): Horton Plains, *Gardner 716* (holotype: NY).

Homalia hookeriana Bosch & Sande Lac., Bryol. Jav. **2**: 57. 1863.

生境　岩面或树干上，海拔1300～2000m。

分布　河南(刘永英等，2008b)、安徽(Dixon, 1933)、浙江(刘仲苓等，1989)、江西、湖南、重庆、贵州、云南、台湾、广东。斯里兰卡、越南、印度尼西亚、菲律宾、巴布亚新几内亚、新喀里多尼亚岛(法属)。

钝叶树平藓

Homaliodendron microdendron (Mont.) M. Fleisch., Hedwigia **45**: 78. 1906. *Hookeria microdendron* Mont., Ann. Sci. Nat., Bot., sér. 2, **19**: 240. 1843.

Neckera glossophylla Mitt., J. Proc. Linn. Soc., Bot., Suppl. **1**: 119. 1859.

Homalia glossophylla (Mitt.) A. Jaeger, Ber. Thätigk. St. Gallischen Naturwiss. Ges. **1875-1876**: 294. 1877.

Homalia microdendron (Mont.) A. Jaeger, Ber. Thätigk. St. Gallischen Naturwiss. Ges. **1875-1876**: 296. 1877.

Homaliodendron spathulaefolium (Müll. Hal.) M. Fleisch., Hedwigia **45**: 78. 1906.

Homaliodendron elegantulum Thér., Rev. Bryol. **49**: 7. 1922.

Circulifolium microdendron (Mont.) S. Olsson, Enroth & D. Quandt, Org. Divers. Evol. **10**: 120. 2010.

生境　生于树干、腐木或背阴石壁上，海拔580～2500m。

分布　重庆(胡晓云和吴鹏程，1991)、贵州、云南、台湾、广东、海南、香港。印度、尼泊尔、不丹、泰国、老挝、柬埔寨、日本、印度尼西亚、越南、马来西亚、缅甸、菲律宾、瓦努阿图。

西南树平藓(孟氏树平藓)

Homaliodendron montagneanum (Müll. Hal.) M. Fleisch., Hedwigia **45**: 74. 1906. *Neckera montagneana* Müll. Hal., Bot. Zeitung (Berlin) **14**: 436. 1856. **Type**: India: Nilgherris, coll. *Perrottet s. n.* (PC).

Neckera hockeriana Mitt., J. Proc. Linn. Soc., Bot., Suppl. **1**: 118. 1859.

Homalia montagneana (Müll. Hal.) A. Jaeger, Ber. Thätigk. St. Gallischen Naturwiss. Ges. **1875-1876**: 299. 1877.

Hypnum montagneanum Müll. Hal. ex Paris, Index Bryol. 564. 1896.

Homaliodendron hookerianum (Bosch & Sande Lac.) M. Fleisch., Hedwigia **45**: 74. 1906.

生境　树干或岩面上，海拔2200～3500m。

分布　湖南、湖北、四川、云南、福建(Thériot, 1932)、台湾、广东、广西。尼泊尔、不丹(Noguchi, 1971)、印度、缅甸、泰国、越南(Tan and Iwatsuki,1993)、印度尼西亚。

台湾树平藓(新拟)

Homaliodendron opacum Nog., J. Hattori Bot. Lab. **4**: 23. 51. 1950. **Type**: China: Taiwan, Taizhong, 2000m, Aug. 1932, *A. Noguchi 6821* (holotype: NICH).

生境　树干上,海拔 2000m。

分布　台湾(Noguchi,1950)。中国特有。

疣叶树平藓

Homaliodendron papillosum Broth., Akad. Wiss. Wien Sitzungsber., Math. -Naturwiss. Kl., Abt. 1, **131**: 216. 1923. **Type**: China: Hunan, *Handel-Mazzetti 12 219* (holotype: H; isotype: C).

Homaliodendron handelii Broth., Symb. Sin. **4**: 88. 1929. **Type**: China: Yunnan, Salwin, *Handel-Mazzetti 8989* (holotype: H-BR).

Porotricum perplexans Dixon, Hong Kong Naturalist, Suppl. **2**: 21. 1933. **Type**: China: Gansu, Cheu Menn, May 10, 1919, *Rev. E. Licent 314b* (holotype: BM).

Homaliodendron crassinervium Thér. var. *bacvietensis* Tixier, Rev. Bryol. Lichénol. **34**: 146. 1966.

生境　树干、岩面或腐木上,海拔 680～3200m。

分布　甘肃(Wu et al.,2002)、安徽、湖南、湖北、江西、贵州、云南、福建、广西。尼泊尔、不丹、越南。

无肋树平藓(新拟)

Homaliodendron pulchrum L. Y. Pei & Y. Jia, J. Bryol. **33**(2): 136. 2011. **Type**: China: Mt. Omeishan, 1000 ～ 1120m, *Z. W. Yao 5134* (holotype: PE; isotypes: H, MO).

生境　树干或树枝上,海拔 450～1200m。

分布　四川(Pei et al.,2011)、广西。中国特有(Pei et al.,2011)。

刀叶树平藓

Homaliodendron scalpellifolium (Mitt.) M. Fleisch., Hedwigia **45**: 75. 1906. *Neckera scalpellifolia* Mitt., J. Proc. Linn. Soc., Bot., Suppl. **1**: 119. 1859. **Type**: Sri Lanka: *Gardner s. n.* (NY).

Homalia scalpellifolia (Mitt.) Bosch & Sande Lac., Bryol. Jav. **2**: 60. 1863.

生境　阴湿岩面或树干上,海拔 500～3600m。

分布　陕西、安徽、上海(李登科和高彩华,1986)、浙江、江西、湖南、湖北、四川、贵州、重庆、云南、西藏、福建、台湾、广东、广西、海南。日本、尼泊尔、印度、斯里兰卡、泰国、老挝、越南、马来西亚、印度尼西亚、菲律宾、巴布亚新几内亚、新喀里多尼亚岛(法属),非洲东部。

波叶树平藓(新拟)

Homaliodendron undulatum Nog., J. Jap. Bot. **13**: 407. pl. 1, f. 1- 8. 1937. **Type**: China: Taiwan, Taibei, Aug. 1932, *A. Noguchi 6285* (holotype: NICH).

生境　树干上。

分布　台湾(Noguchi,1937)。中国特有。

湿隐藓属 Hydrocryphaea Dixon
J. Bot. **69**: 3. 1931.

模式种: *H. wardii* Dixon

本属全世界现有 1 种。

湿隐藓

Hydrocryphaea wardii Dixon, J. Bot. **69**: 3. 1931. **Type**: India: Assam, Dihang Valley, Abor Hills, 1928, *Ward*, *s. n.* (isotypes: FH-Gen., FH-Fleisch., NY).

生境　靠近水边的岩面上,海拔 1100～1700m。

分布　贵州、云南。印度、老挝、越南。

平藓属 Neckera Hedw.
Sp. Musc. Frond. 200. 1801.

模式种: *N. pennata* Hedw.

本属全世界现有 72 种,中国有 20 种,1 变种。

不丹平藓(新拟)

Neckera bhutanensis Nog., Bull. Univ. Mus. Univ. Tokyo **2**: 251. 1971. **Type**: Bhutan: Chimakhothi-Timphu, 2150 ～ 2250m, Apr. 5. 1967, *Hara et al. s. n.* (holotype: NICH).

生境　树干上。

分布　西藏。尼泊尔、不丹。

阔叶平藓

Neckera borealis Nog., J. Hattori Bot. Lab. **16**: 124. 1956.

Neckera laeviuscula Cardot, Bull. Soc. Bot. Genève, sér. 2, **3**: 277. 1911, *hom. illeg.*

生境　树干或树枝上,海拔 1700～3000m。

分布　陕西、甘肃、青海、四川。朝鲜、日本。

东亚平藓

Neckera coreana Cardot, Bull. Soc. Bot. Genève, sér. 2, **3**: 276. 1911.

生境　不详。

分布　江西(严雄梁等,2009)。朝鲜、日本。

延叶平藓

Neckera decurrens Broth., Symb. Sin. **4**: 86. 1929. **Syntype**: China: Hunan, Mt. Yuelushan, 150m, Feb. 16. 1918, *Handel-Mazzetti 11 449* (holotype: H-BR).

Neckera decurrens var. *rupicola* Broth., Symb. Sin. **4**: 86. 1929. **Type**: China: Hunnan, May 20- 25. 1918, *Handel-Mazzetti 119 371*; Guizhou, Duyun Co., July 13. 1917, *Handel-Mazzetti 10 736* (syntype: H-BR).

生境　阴湿岩面或树皮上,海拔 150～2000m。

分布　湖南、湖北、贵州、云南。中国特有。

南亚平藓(新拟)

Neckera denigricans Enroth, Hikobia **12**: 1. 1996. **Type**: Vietnam: "Vietnam boreo-occ., montes Hoang-Lien-Son, in rupi-

bus marmoreis umbrosis supra opp. Sapa, 1800m. ", Sept. 27. 1963, *Pócs 2573/3* (holotype: EGR).
生境　树干上。
分布　云南。越南。

无肋平藓(新拟)

Neckera enrothiana M. C. Ji, J. Bryol. **31**: 240. 2009. **Type**: China: Sichuan, Mt. Omeishan, on base of tree trunk, 1000～1200m, Oct. 24. 1980, *A. Touw 23 789* (holotype: L).
生境　树干基部上，海拔 1000～1200m。
分布　四川。中国特有。

曲枝平藓

Neckera flexiramea Cardot, Bull. Soc. Bot. Genève, sér. 2, **3**: 277. 1911.
生境　树干或岩面上，海拔 960～1150m。
分布　安徽、湖南、重庆、台湾、广西。朝鲜、日本。

矮平藓

Neckera humilis Mitt., Trans. Linn. Soc. London, Bot., ser. 2, **3**: 174. 1891.
Neckera humilis Mitt. var. *complanatula* Cardot, Bull. Soc. Bot. Genève, sér. 2, **3**: 276. 1911.
生境　树干或土面上，海拔 250m。
分布　安徽、江苏、上海、浙江。日本、朝鲜。

八列平藓

Neckera konoi Broth. in Cardot, Bull. Soc. Bot. Genève, sér. 2, **3**: 277. 1911.
生境　树干附生或稀阴湿岩面生长。
分布　安徽、四川。朝鲜、日本。

平齿平藓

Neckera laevidens Broth. ex P. C. Wu & Y. Jia, Chenia **10**: 20. 2010[2011]. **Type**: China: Sichuan, Bor. Dongnag, 3900～4000m, Aug. 8. 1922, *H. Smith s. n.* (holotype: H-BR).
生境　树干上，海拔 3900～4000m。
分布　四川。中国特有。

扁枝平藓

Neckera neckeroides (Broth.) Enroth & B. C. Tan, Ann. Bot. Fenn. **31**: 53. f. 1-2. 1994. *Homaliodendrom neckeroides* Broth., Symb. Sin. **4**: 88. 1929. **Type**: China: Hunan, Wukang, Yun-schan, 1250m, June 14. 1918, *Handel-Mazzetti 12 115* (H-BR).
生境　树干上，海拔 1000m。
分布　陕西、湖南、贵州。中国特有。

平藓

Neckera pennata Hedw., Sp. Musc. Frond. 200. 1801.
生境　树干、树枝或背阴岩面上，海拔 1000～3650m。
分布　黑龙江、吉林、内蒙古、陕西、宁夏(黄正莉等，2010)、甘肃(Wu et al., 2002)、新疆、浙江、江西(Ji and Qiang, 2005)、湖南、湖北、四川、重庆、云南、西藏、台湾。世界广泛分布。

平藓羽枝变种(新拟)

Neckera pennata var. **leiophylla** Dixon, Honk Kong Naturalist, Suppl. **2**: 20. 1933. **Type**: China: Gansu, Lanzhou city, July 18. 1918, *R. E. Licent 254, 255*.
生境　不详。
分布　甘肃。中国特有。

翠平藓

Neckera perpinnata Cardot & Thér., Bull. Acad. Int. Gèogr. Bot. **21**: 271. 1911. **Type**: China: Guizhou, Pin-fa, *J. Cavalerie s. n.* (H).
生境　树干。
分布　贵州。中国特有。

多枝平藓

Neckera polyclada Müll. Hal., Nuovo Giorn. Bot. Ital., n. s., **3**: 114. 1896. **Type**: China: Shaanxi, Zu-lu, Kuan-tou-san, July 1894, *Giraldi s. n.*
Neckera menziesii auct. non Hook. in Drumm., J. Hattori Bot. Lab. **10**: 62. f. 3-4. 1953.
生境　石灰岩石壁或树干上，海拔 1500～2500m。
分布　陕西、甘肃、上海(刘仲苓等，1989)、湖北、四川、重庆。日本。

小平藓

Neckera pusilla Mitt., Trans. Linn. Soc. London, Bot. **3**: 177. 1891.
生境　土面上。
分布　四川。日本、朝鲜。

粗齿平藓

Neckera serrulatifolia Enroth & M. C. Ji, Edinburgh J. Bot. **64** (3): 295. 2007. **Type**: China: Xizang, Lang Chu, 2300m, Aug. 23. 1994, *Miehe & U. Wundisch 10-112-14*.
生境　树干上，海拔 2300m。
分布　西藏。中国特有。

四川平藓

Neckera setschwanica Broth., Akad. Wiss. Wien Sitzungsber., Math. -Naturwiss. Kl., Abt. 1, **131**: 215. 1923. **Type**: China: Sichuan, Ningyuen, Mt. Daliangshan, *Handel-Mazzetti 1695* (holotype: H).
生境　树干或岩面上，海拔 1500～3950m。
分布　四川、云南、西藏。印度(Gangulee, 1976)。

粗肋平藓

Neckera undulatifolia (Tixier) Enroth, Ann. Bot. Fenn. **29**: 249. f. 1. 1992. *Porothamnium undulatifolium* Tixier, Rev. Bryol. Lichénol. **34**: 149. pl. 151, f. 14. 1966. **Type**: Vietnam: Cha pa, *Petelot 16*.
Neckera undulatifolia Mitt. ex Paris, Index Bryol. Suppl. 254. 1900, *nom. nud.*
生境　石灰岩砂质阴石壁或树干上，海拔 400～1100m。
分布　贵州、广西。越南。

西藏平藓(新拟)

Neckera xizangensis J. Enroth & M. C. Ji, Trop. Bryol. **31**: 131. 2010. **Type**: China: Xizang, Gyala Peri-N Glacier, on boulder slope, 3850m, Aug. 21. 1994, *Miehe & U. Wundisch 94-216-34* (holotype: H).
生境　石上，海拔 3850m。
分布　西藏(Enroth and Ji, 2010)。中国特有。

云南平藓

Neckera yunnanensis Enroth, Hikobia **12**: 3. 1996. **Type**: China：Yunnan，Lancho River，near Baban，*Handel-Mazzetti 9077*（holotype：H）.

生境　山区林内生长。

分布　云南。中国特有。

拟平藓属 Neckeropsis Reichardt

Reise Novara **3**(1)：181. 1870.

模式种：*N. undulata*（Hedw.）Reichardt

本属全世界现有30种，中国有10种。

疏枝拟平藓

Neckeropsis boniana（Besch.）A. Touw & Ochyra，Lindbergia **13**：101. 1987. *Porotrichum bonianum* Besch.，Bull. Soc. Bot. France **34**：97. 1887. **Type**：Vietnam：Prov. De Hanoi：rochers humides de Dong-ham，May 4. 1884，*R. P. Bon s. n.*（holotype：PC）.

生境　树干上，海拔650m。

分布　云南。缅甸、越南、菲律宾。

东亚拟平藓

Neckeropsis calcicola Nog.，J. Hattori Bot. Lab. **16**：124. 1956. **Type**：Japan：Honshu，Okayama，Pref. Niimi-shi，Rashomon，ca. 4000m，on limestone cliff，Nov. 2. 1954，*A. Noguchi 36 781*（holotype：NICH）.

生境　树干或岩面上，海拔290～3600m。

分布　浙江、湖南、湖北、重庆、贵州（王晓宇，2004）、云南、台湾、广西。日本。

长毛拟平藓（新拟）

Neckeropsis crinita（Griff.）M. Fleisch.，Musci Buitenzorg **3**：878. 1908. *Neckera crinita* Griff.，Not. Pl. Asiat. 464. 1849. **Type**：India：Assam，Nowgong，*Griffith 588*（NY）.

Neckeropsis pilosa M. Fleisch.，Musci Buitenzorg **3**：878. 1908.

生境　树干上，海拔1100～1150m。

分布　云南（Redfearn et al.，1989）。印度、斯里兰卡、泰国、印度尼西亚（Touw，1968）。

长柄拟平藓

Neckeropsis exserta（Hook. ex Schwägr.）Broth.，Nat. Pflanzenfam.（ed. 2），**11**：188. 1925. *Neckera exserta* Hook. ex Schwägr.，Sp. Musc. Frond.，Suppl. 3，**1**(2)：244. 1828. **Type**：Nepal：*Wallich s. n.*

Himantocladium exsertum（Hook. in Schwägr.）M. Fleisch.，Musci Buitenzorg **3**：887. 1908.

生境　树干或阴石上，海拔1100～2000m。

分布　云南。孟加拉国（O'Shea，2003）、尼泊尔、缅甸（Tan and Iwatsuki，1993）、泰国、印度。

截叶拟平藓

Neckeropsis lepineana（Mont.）M. Fleisch.，Musci Buitenzorg **3**：879. 155. 1908. *Neckera lepineana* Mont.，Ann. Sci. Nat.，Bot.，sér. 3，**10**：107. 1845. **Type**：Tahiti：*J. lépine s. n.*

生境　树干或岩面上，海拔2000～2800m。

分布　浙江、湖南、湖北、贵州、云南、西藏、台湾、广东、广西。孟加拉国（O' Shea，2003）、印度、斯里兰卡、泰国（Touw，1968）、越南、马来西亚、印度尼西亚、菲律宾、太平洋群岛、美国（夏威夷）、澳大利亚，非洲。

缘边拟平藓

Neckeropsis moutieri（Broth. & Paris）M. Fleisch.，Musci Buitenzorg **3**：882. 1908. *Sciaromium moutieri* Broth. & Paris，Rev. Bryol. **27**：78. 1900. **Type**：Vietnam：Hoang Lien Son（Lao Cai），between Ba-hoa and pho-lu，*Moutier s. n.*

Sciaromium moutieri Broth. & Paris，Rev. Bryol. **27**：78. 1900.

Neckera moutieri（Broth. & Paris）Broth.，Nat. Pflanzenfam. Ⅰ(3)：842. 1909.

Neckeropsis moutieri（Broth. & Paris）Broth.，Nat. Pflanzenfam. Ⅰ(3)：842. 1909.

生境　树干或岩面上，海拔180～250m。

分布　贵州、广西。越南。

光叶拟平藓

Neckeropsis nitidula（Mitt.）M. Fleisch.，Musci Buitenzorg **3**：882. 1908. *Homalia nitidula* Mitt.，J. Linn. Soc.，Bot. **8**：155. 1865. **Type**：Japan：Kyushu，Nagasaki，*Oldham s. n.*

Homalia apiculata Dozy & Molk. ex Sande Lac.，Ann. Mus. Bot. Lugduno-Batavi **2**：296. 1866.

Neckera nitidula（Mitt.）Broth.，Hedwigia **38**：228. 1899.

生境　树干、岩面或土面上，海拔120～2000m。

分布　江苏、浙江、湖南、云南、福建、台湾、香港。越南（Tan and Iwatsuki，1993）、日本、朝鲜。

钝叶拟平藓

Neckeropsis obtusata（Mont.）M. Fleisch. in Broth.，Nat. Pflanzenfam.（ed. 2），**11**：187. 1925. *Neckera obtusata* Mont.，Ann. Sci. Nat. Bot.，sér. 2，**19**：240. 1843. **Type**：Vietnam：Tourane，*Gaudichaud-Beaupré s. n.*

Neckera tosaensis Broth.，Hedwigia **38**：227. 1899.

Neckera brevicaulis Broth. in Cardot，Bull. Soc. Bot. Genève，sér. 2，**3**：276. 1911.

Neckeropsis kiusiana Sakurai，Bot. Mag.（Tokyo）**46**：375. 1932.

生境　树干、树枝上或稀生于岩面上，海拔980～1410m。

分布　甘肃、浙江（刘仲苓等，1989）、湖北、重庆、云南、台湾、广东、广西、海南、香港。越南、日本、美国（夏威夷）。

舌叶拟平藓

Neckeropsis semperiana（Hampe ex Müll. Hal.）A. Touw，Blumea **9**(2)：414，pl. 18. 1962. *Neckera semperiana* Hampe ex Müll. Hal.，Bot. Zeitung（Berlin）**20**：381. 1862. **Type**：Philippine：Mindanao，*Semper s. n.*

Homalia semperiana（Hampe in Müll. Hal.）Paris，Index Bryol.（ed. 2），321. 1904.

Homaliodendron semperianum（Hampe ex Müll. Hal.）Broth.，Nat. Pflanzenfam.（ed. 2），**11**：192. 1925.

生境　岩壁上，海拔140～700m。

分布　贵州（Zhang，1993）、广西、海南。泰国（Tan and Iwatsuki，1993）、越南、菲律宾。

厚边拟平藓

Neckeropsis takahashii M. Higuchi，Z. Iwats.，Ochyra & X. J. Li，Nova Hedwigia **48**：432. pl. 1. 1989. **Type**：China：

Yunnan, Simao Co., *Takashi 130* (holotype: HKAS).
生境　树干上。

分布　云南。中国特有。

羽枝藓属 Pinnatella M. Fleisch.
Hedwigia **45**: 79. 1906.

模式种：*P. kuehliana* (Bosch & Sande Lac.) M. Fleisch.
本属全世界现有15种，中国有8种。

异苞羽枝藓

Pinnatella alopecuroides (Hook.) M. Fleisch., Hedwigia **45**: 84. 1906. *Hypnum alopecuroides* Hook., Icon. Pl. **1**: pl. 24. 1836. **Type**: Nepal: *Wallich s. n.*

Neckera alopecuroides (Hook.) Mitt., J. Proc. Linn. Soc., Bot., Suppl. **1**: 123. 1859.

Thamnium alopecuroides (Hook.) Bosch & Sande Lac., Bryol. Jav. **2**: 73. 1863.

Pinnatella intralimbata M. Fleisch., Hedwigia **45**: 82. 1906.

生境　树干或岩面上，海拔700～2000m。

分布　贵州、湖南、湖北、云南、海南。印度、不丹、尼泊尔、缅甸、泰国、斯里兰卡、越南、马来西亚、印度尼西亚、菲律宾、巴布亚新几内亚、澳大利亚。

小羽枝藓

Pinnatella ambigua (Bosch & Sande Lac.) M. Fleisch, Hedwigia **45**: 81. 1906. *Thamnium ambiguum* Bosch & Sande Lac., Bryol. Jav. **2**: 72. 1863. **Type**: Indonesia: Sumatra, *Wiltens s. n.*

Porotrichum ambiguum (Bosch & Sande Lac.) A. Jaeger, Ber. Thätigk. St. Gallischen. Naturwiss. Ges. **1875-1876**: 304. 1877.

Pinnatella pusilla Nog., Trans. Nat. Hist. Soc. Formosa **25**: 66. 1935. **Type**: China: Taiwan, Prov. Taihoku, on the bark of trees, Aug. 1932, *A. Noguchi 6600* (holotype: NICH).

生境　树干上，海拔70～750m。

分布　贵州、台湾、海南、云南、广西。不丹、缅甸、泰国、越南、马来西亚、印度尼西亚、菲律宾、日本。

卵舌羽枝藓

Pinnatella foreauana Thér. & P. de la Varde in P. de laVarde, Rev. Bryol. **52**: 39. 1925. **Type**: India: Palni Hill, *Foreau 327*.

Pinnatella sikkimensis Broth., Mitt. Inst. Allgemeine Bot. Hamburg **8**: 404. 1931.

Porotrichum microcarpum Broth. ex Gangulee, Mosses. E. India **5**: 1437. 1976, *nom. nud.*

生境　树干或树枝上，海拔500～2000m。

分布　云南。尼泊尔、缅甸、泰国、印度。

扁枝羽枝藓

Pinnatella homaliadelphoides Enroth, S. Olsson, S. He, Shevock & D. Quandt, Trop. Bryol. **31**: 71. 2010. **Type**: China: Yunnan, Baoshan Co., *Shevock & Long 31 181* (holotype: H; isotypes: CAS, E, HKAS, MO, NY).

生境　树干或岩面上，海拔600～2000m。

分布　云南。中国特有。

羽枝藓

Pinnatella kuehliana (Bosch & Sande Lac.) M. Fleisch., Hedwigia **45**: 80. 1906. *Thamnium kuehlianum* Bosch & Sande Lac., Bryol. Jav. **2**: 71. pl. 189. 1863. **Type**: Indonesia: Java, *Kuhl & van Hasselt s. n.*

Thamnium laxum Bosch & Sande Lac., Bryol. Jav. **2**: 72 pl. 191. 1863.

Porotrichum elegantissima Mitt., J. Linn. Soc., Bot. **10**: 187. 1868.

生境　树干、树枝、腐木或岩面上，海拔1500～3000m。

分布　云南。缅甸、泰国、马来西亚、新加坡、印度尼西亚、菲律宾、巴布亚新几内亚、社会群岛、斐济、新喀里多尼亚岛(法属)、澳大利亚。

东亚羽枝藓

Pinnatella makinoi (Broth.) Broth., Nat. Pflanzenfam. I (3): 858. 1906. *Porotrichum makinoi* Broth., Hedwigia **38**: 227. 1899. **Type**: Japan: Shikoku, *Tosa s. n.* (MAK).

Pinnatella luzonensis Broth., Philipp. J. Sci. **8**: 81. 1913.

Pinnatella formosana S. Okamura, J. Coll. Sci., Imp. Univ. Tokyo **38** (4): 45 pl. 20. 1916. **Type**: China: Taiwan, Sinchiku, *Sasaoka s. n.*

生境　树干或岩面上，海拔600～3600m。

分布　湖南、重庆、贵州、云南、西藏、台湾。日本。

粗羽枝藓

Pinnatella robusta Nog., Trans. Nat. Hist. Soc. Formosa **25**: 67 pl. 1, f. 12-14. 1935. **Type**: China: Taiwan, Prov. Tainan, Mt. Kodama, Aug. 1932, *A. Noguchi 6947* (holotype: NICH).

生境　树干。

分布　台湾。中国特有。

台湾羽枝藓

Pinnatella taiwanensis Nog., J. Sci. Hiroshima Univ., ser. B, Div. 2, Bot. **3**: 218. 1939. **Type**: China: Taiwan, Taidong Co., *Hosokawa M34* (type Specimen no longer exists). Neotype: Vietnam: Cha Pa, *Pételot 72*.

生境　树干上，海拔1600m。

分布　湖南(Enroth and Koponen, 2003)、台湾。越南。

树枝藓属 Porotrichodendron M. Fleisch.
Musci Buitenzorg **3**: 937. 1908.

模式种：*P. mahahaicum* (Müll. Hal.) M. Fleisch.
本属全世界现有12种，中国有1种。

树枝藓

Porotrichodendron mahahaicum (Müll. Hal.) M. Fleisch., Musci

Buitenzorg **3**: 937. 1908. *Hypnum mahahaicum* Müll. Hal., Linnaea **38**: 569. 1874. **Type**: Philippines: Mahahai, *G. Wallis 1870*.

生境　不详。

分布　西藏(吴鹏程,1985a)。菲律宾。

亮蒴藓属 Shevockia Enroth & M. C. Ji.
J. Hattori Bot. Lab. **100**: 690. 2006.

模式种:*S. inunctocarpa* Enroth & M. C. Ji.

本属全世界现有 2 种,中国有 2 种。

亮蒴藓

Shevockia inunctocarpa Enroth & M. C. Ji, J. Hattori Bot. Lab. **100**: 70. 2006. **Type**: China: Yunnan, Fugong Co., Mt. Gaoligongshan, 2700m, on tree trunk, May 3. 2004, *J. S. Shevock 25 325 & Fan Xue-Zhong* (holotype: HKAS; isotypes: CAS, E, H, IBSC, KRAM, MO, NICH, NY, UC).

生境　树干上,海拔 2700m。

分布　云南(Enroth and Ji, 2006)。中国特有(Enroth and Ji, 2006)。

卵叶亮蒴藓

Shevockia anacamptolepis (Müll. Hal.) Enroth & M. C. Ji, J. Hattori Bot. Lab. **100**: 74. 2006. *Neckera anacamptolepis* Müll. Hal., Syn. Musc. Frond. **2**: 663. 1851. **Type**: Indonesia: Java, *Blume s. n.* (lectotype: L "hb. Al. Br").

Thamnium anacamptolepis (Müll. Hal.) Kindb., Hedwigia. **41**: 251. 1902.

Pinnatella anacamptolepis (Müll. Hal.) Broth., Nat. Pflanzenfam. I(3): 857. 1906.

Porotrichum anacamptolepis Müll. Hal. ex M. Fleisch., Musci Buitenzorg **3**: 913. 1908, *nom. inval.*

Porotrichum gracilescens Nog., Trans. Nat. Hist. Formosa **25**: 66 pl. 4, f. 8-9. 1935. **Type**: China: Taiwan, Prov. Taihoku, on the bark of trees, Aug. 1932, *A. Noguchi 5842* (holotype: NICH).

Homaliodendron pygmaeum Herzog & Nog., J. Hattori Bot. Lab. **14**: 65 pl. 21, f. 6-11. 1955. **Type**: China: Taiwan, *Schwabe-Behm 100* (PE).

生境　树干、树枝、灌丛或腐木上,海拔 500～1000m。

分布　西藏、台湾、广东、海南、香港。日本、越南、泰国、马来西亚、斯里兰卡、印度、印度尼西亚、菲律宾、巴布亚新几内亚。

台湾藓属 Taiwanobryum Nog.
Trans. Nat. Hist. Soc. Formosa **26**: 141. 1936.

模式种:*T. speciosum* Nog.

本属全世界现有 2 种,中国有 2 种。

齿叶台湾藓

Taiwanobryum crenulatum (Harv.) S. Olsson, Enroth & D. Quandt, Org. Divers. Evol. **10**(2): 121. 2010. *Neckera crenulata* Harv. in Hook., Icon. Pl. **1**: pl. 21. 1836. **Type**: Nepal: *Wallich s. n.*

Pterobryum crenulata (Harv.) A. Jaeger, Ber. Thätigk. St. Gallischen. Naturwiss. Ges. **1875-1876**: 241. 1877.

Neckera luzonensis R. S. Williams, Bull. New York Bot. Gard. *8*: 358. 1914.

Neckera speciosa (Nog.) Nog., J. Jap. Bot. **13**: 407. 1937. *Himantocladium speciosum* Nog., Trans. Nat. Hist. Soc. Formosa **24**: 473. 1934. **Type**: China: Taiwan, Prov. Taityu, Rakuraku, *A. Noguchi 6989* (holotype: NICH).

Neckera formosana Nog., Trans. Nat. Hist. Soc. Formosa *25*: 65. 1935. **Type**: China: Taiwan, Tainan (Taiyu) Co., *A. Noguchi 6863*.

Neckera morrisonensis Nog., J. Sci. Hiroshima Univ., ser. B, Div. 2, Bot. **3**: 20, f. 6. 1936. **Type**: China: Taiwan, Tainan (Taiyu) Co., *A. Noguchi 9852* (holotype: NICH).

Calyptothecium luzonense (R. S. Williams) E. B. Bartram, Philipp. J. Sci. **68**: 235. 1939.

Neckera crenulata auct. non Harv., J. Hattori Bot. Lab. **16**: 124. 1956.

Baldwiniella tibetana C. Gao, Acta Phytotax. Sin. **17** (4): 117. 1979. **Type**: China: Xizang, Cuona Co., 2450m, Aug. 8. 1974, *Xizang expedition M. 7404* (*1*) (holotype: IFSBH).

生境　树干或岩面上,海拔 1000～3100m。

分布　西藏、云南、台湾(Noguchi, 1934, as *Himantocladium speciosum*)。缅甸、泰国、越南。

台湾藓

Taiwanobryum speciosum Nog., Trans. Nat. Hist. Soc. Formosa **26**: 143. 1936. **Type**: China: Taiwan, Tainan Co., *A. Noguchi 6033* (holotype: NICH).

生境　树干上,海拔 2050～2375m。

分布　浙江(刘艳等,2006)、云南、福建、台湾。日本。

木藓属 Thamnobryum Nieuwl.
Amer. Midl. Naturalist **5**: 50. 1917.

模式种:*T. subseriatum* (Mitt. ex Sande Lac.) B. C. Tan

本属全世界现有 46 种,中国有 6 种。

木藓*

Thamnobryum alopecurum (Hedw.) Nieuwl. ex Gangulee, Mosses E. India **5**: 1452. 1976. *Hypnum alopecurum* Hedw.,

---

* Tan(1994)报道贵州有分布,但是对该种的鉴定并不很确定,使用"cf.",故未收录于本文中

Sp. Musco. Frond. 267. 1801. *Thamnium alopecurum* (Hedw.) Schimp., Bryol. Eur. **5**: 214 (fasc. 49-51. Monogr. 4). 1852.

生境　石上或岩面薄土上。

分布　吉林、辽宁(高谦, 1977, as *Thamnium alopecurum*)、山东、陕西(张满祥, 1978)、浙江、贵州、台湾。日本、俄罗斯(远东地区), 欧洲、北美洲、非洲。

兜叶木藓(新拟)

Thamnobryum incurvum (Nog.) Nog. & Z. Iwats., Misc. Bryol. Lichenol. **6**: 33. 1972. *Thamnium incurvum* Nog., J. Jap. Bot. **13**: 786, pl. 2, f. 1-7. 1937. **Type**: China: Taiwan, Botel Tobago, *Kano 12 833* (holotype: HIRO).

生境　不详。

分布　台湾。日本。

褶叶木藓

Thamnobryum plicatulum (Sande Lac.) Z. Iwats., Misc. Bryol. Lichenol. **6**: 33. 1972. *Thamnium plicatulum* Sande Lac., Ann. Mus. Bot. Lugduno-Batavi 2: 299. 1866.

生境　生于林中岩面。

分布　安徽、湖北、四川、重庆(胡晓云和吴鹏程, 1991)、贵州、云南、台湾、香港。朝鲜、日本、俄罗斯(远东地区)。

匙叶木藓

Thamnobryum subseriatum (Mitt. ex Sande Lac.) B. C. Tan, Brittonia **41**: 42. 1989. *Thamnium subseriatum* Mitt. ex Sande Lac., Ann. Mus. Bot. Lugduno-Batavi **2**: 299. 1866.

Neckera subseriata Dozy & Molk., Ann. Mus. Bot. Lugduno-Batavi **2**: 209. 1866, *nom. illeg.*

Thamnium sandei Besch., Ann. Sci. Nat., Bot., sér. 7, **17**: 381. 1893.

Thamnobryum sandei (Besch.) Z. Iwats., Misc. Bryol. Lichenol. **6**: 33. 1972.

生境　树干或岩面上,海拔 1700～2400m。

分布　山东(赵遵田和曹同, 1998)、陕西、甘肃(Wu et al., 2002)、安徽、江苏(刘仲苓等, 1989)、上海(刘仲苓等, 1989)、浙江(刘仲苓等, 1989)、江西(Ji and Qiang, 2005)、湖南、湖北、重庆、贵州、四川、云南、台湾、广东、广西。巴基斯坦(Higuchi and Nishimura, 2003)、缅甸、泰国、越南(Tan and Iwatsuki, 1993)、日本、朝鲜、俄罗斯(远东地区)。

南亚木藓

Thamnobryum subserratum (Hook.) Nog. & Z. Iwats., J. Hattori Bot. Lab. **36**: 470. 1972. *Neckera subserrata* Hook., Icom. Pl. **1**: pl. 21. 1836.

Porotrichum subserratum (Hook. ex Harv.) Kindb., Enum. Bryin. Exot. 30. 1888.

Thamnium subserratum (Hook.) Besch., Ann. Sci. Nat., Bot., sér. 7, **17**: 382. 1893.

Thamnium laevinerve Broth., Akad. Wiss. Wien, Sitzungsber., Math. -Naturwiss. Kl., Abt. 1, **131**: 216. 1923.

生境　林内阴湿石上或稀生于树干上,海拔 650～1800m。

分布　甘肃(Dixon, 1933, as *Thamnium laevinerve*)、上海(刘仲苓等, 1989)、湖南、湖北、四川、贵州、云南、台湾。日本、印度、斯里兰卡、印度尼西亚、菲律宾。

台湾木藓

Thamnobryum tumidum (Nog.) Nog. & Z. Iwats. in Z. Iwats., Misc. Bryol. Lichenol. **6**: 1972. *Thamnium tumidum* Nog., Trans. Nat. Hist. Soc. Formosa **26**: 40. 1936. **Type**: China: Taiwan, Taihoku, *A. Noguchi 6673* (holotype: NICH).

生境　岩面上。

分布　台湾。日本。

船叶藓科 Lembophyllaceae Broth.

本科全世界有 15 属,中国有 4 属。

船叶藓属 Dolichomitra Broth.

Nat. Pflanzenfam. Ⅰ(3): 867. 1907.

模式种: *T. cymbifolia* (Lindb.) Broth.

本属全世界现有 1 种。

船叶藓

Dolichomitra cymbifolia (Lindb.) Broth., Nat. Pflanzenfam. Ⅰ(3): 868 f. 636. 1907. *Isothecium cymbifolium* Lindb., Acta Soc. Fenn. **10**: 231. 1872.

Porotrichum cymbifolium (Lindb.) A. Jaeger, Ber. Thätigk. St. Gallischen Naturwiss. Ges. **1875-1876**: 308. 1877.

生境　树干或岩面上,海拔 1500～1800m。

分布　安徽、湖南(Enroth and Koponen, 2003)、浙江、贵州、台湾。朝鲜、日本。

拟船叶藓属 Dolichomitriopsis S. Okamura

Bot. Mag. (Tokyo) **25**: 66. 1911.

模式种: *D. crenulata* S. Okamura

本属全世界现有 4 种,中国有 1 种。

尖叶拟船叶藓

Dolichomitriopsis diversiformis (Mitt.) Nog., J. Jap. Bot. **22**: 83. 1948. *Hypnum diversiformis* Mitt., Linn. Soc. London Bot. ser. 2, **3**: 185. 1891.

Isothecium diversiforme (Mitt.) Besch., Ann. Sci. Nat., Bot., sér. 7, **17**: 371. 1893.

Isothecium diversiforme var. *longisetum* Nog., J. Sci. Hiroshima Univ., ser. B, Div. 2, Bot. **3**: 22. 1936.

Dolichomitriopsis diversiformis var. *longisetum* (Nog.) Nog., J. Hattori Bot. Lab. **3**: 44. 1948.

生境　树干或阴湿岩面上,海拔 1000～1300m。

分布　安徽、浙江、湖北、重庆、贵州、台湾。朝鲜、日本。

猫尾藓属 Isothecium Brid.
Bryol. Univ. **2**：355. 1827.

模式种：*I. viviparum* Lindb.（= ***I. alopecuroides***）

本属全世界现有 17 种，中国有 3 种。

猫尾藓

Isothecium alopecuroides（Lam. ex Dubois）Isov.，Ann. Bot. Fenn. **18**：202. 1981. *Hypnum alopecuroides* Lam. ex Dubois，Méth. Éprouv. 228. 1803.

Isothecium myurum Brid.，Bryol. Univ. **2**：367. 1827.

Isothecium viviparum Lindb.，Acta Soc. Sci. Fenn. **10**：12. 1871，*nom. illeg*.

生境　树基或岩面薄土上。

分布　吉林、辽宁（高谦，1977，as *I. myurum*）、四川（Koponen and Luo ，1992）。俄罗斯（远东地区），欧洲、北美洲、非洲。

圆枝猫尾藓

Isothecium myosuroides Brid.，Bryol. Univ. **2**：369. 1827.

生境　不详。

分布　贵州（Tan et al.，1994）。欧洲、北美洲。

异猫尾藓

Isothecium subdiversiforme Broth.，Hedwigia **38**：237. 1899. **Type**：Japan：Kiushiu，Nagasaki，*Wichura 1474a-c*（H-BR）；Shikoku，*Tosa s. n.*（MAK）.

Isothecium subdiversiforme var. *complanatulum* Cardot，Bull. Soc. Bot. Genève，sér. 2，**3**：288. 1911.

Isothecium subdiversiforme var. *filiforme* Nog.，J. Hattori Bot. Lab. **4**：46. 1949.

生境　阴湿土生、树干或岩面上，海拔 700m。

分布　浙江、湖南、云南、台湾、广西。日本。

新悬藓属 Neobarbella Nog.
J. Hattori Bot. Lab. **3**：72. 1948.

模式种：*N. comes*（Griff.）Nog.

本属全世界现有 1 种，1 变种。

新悬藓

Neobarbella comes（Griff.）Nog.，J. Hattori Bot. Lab. **3**：73. 1948. *Neckera comes* Griff.，Calcutta J. Nat. Hist. **3**：71. 1843. **Type**：Bhutan：*Griffith 454*.

新悬藓原变种

Neobarbella comes var. **comes**

Stereodon comes（Griff.）Mitt.，J. Proc. Linn. Soc.，Bot.，Suppl. **1**：109. 1859.

Entodon comes（Griff.）A. Jaeger，Ber. Thätigk. St. Gallischen Naturwiss. Ges. **1876-1877**：294. 1878.

Neobarbella serratiacuta J. S. Luo，Acta Bot. Yunnan. **11**(2)：161. 1989. **Type**：China：Yunnan，Gongshan Co.，2100m，on tree trunk，*Wang Mei-Zhi 9122*（holotype：PE）.

Cylindrothecium comes（Griff.）Paris，Index Bryol. 297. 1894.

Barbella comes（Griff.）Broth.，Nat. Pflanzenfam. **I**(3)：824. 1906.

Isotheciopsis sinensis（Broth.）Broth. var. *flagellifera* Broth.，Symb. Sin. **4**：90. 1929. **Type**：China：Yunnan，2000～2800m，*Gebauer 8*.

Isotheciopsis comes（Griff.）Nog.，Bryologist **73**：134. 1970.

生境　树干、树枝或岩面上，海拔 500～2200m。

分布　江西、西藏、福建、广西、台湾。印度、斯里兰卡、菲律宾、印度尼西亚、日本。

新悬藓毛尖变种（拟猫尾藓）

Neobarbella comes var. **pilifera**（Broth. & Yasuda）B. C. Tan，S. He & Isov.，Cryptog. Bot. **2**：1992. *Barbella pilifera* Broth. & Yasuda，Rev. Bryol. **53**：2. 1926. **Type**：Japan：Honshu，*Yasuda s . n.*

Neobarbella attenuata Nog.，J. Hattori Bot. Lab. **3**：74. 1948.

Isotheciopsis pilifera（Broth. & Yasuda）Nog.，Bryologist **73**：135. 1970.

生境　树干或树枝上，海拔 650～1480m。

分布　贵州、福建（吴鹏程等，1981）、广西。日本、斯里兰卡。

金毛藓科 **Myuriaceae** M. Fleisch.

本科全世界有 4 属，中国有 3 属。

拟金毛藓属 **Eumyurium** Nog.
J. Hatt. Bot. Lab. **2**：64. 1947[1948].

模式种：*E. sinicum*（Mitt.）Nog.

本属全世界现有 1 种。

拟金毛藓

Eumyurium sinicum（Mitt.）Nog.，J. Hattori Bot. Lab. **2**：65. 1947. *Oedicladium sinicum* Mitt.，Trans. Linn. Soc. London，Bot. **3**：11. 1891. **Type**：Japan：Tsushima Strait，*Wilford s. n.*

Myurium sinicum（Mitt.）Broth.，Nat. Pflanzenfam.（ed. 2），**11**：124. 1925.

Myurium sinicum var. *flagelliferum* Sakurai，Bot. Mag.（Tokyo）**46**：740. 1932.

Myuriopsis sinica（Mitt.）Nog.，J. Hattori Bot. Lab. **2**：65，f. 15. 1947.

Myuriopsis sinica var. *flagellifera*（Sakurai）Nog.，J. Hattori Bot. Lab. **2**：66. 1947.

生境　树干或腐木上，海拔 860～1800m。

分布　云南、西藏、台湾、广东、海南。朝鲜、日本。

红毛藓属 Oedicladium Mitt.

J. Linn. Soc. ,Bot. **10**: 194. 1868.

模式种:*O. rufescens* (Reinw. & Hornsch.) Mitt.

本属全世界现有 9 种,中国有 4 种。

脆叶红毛藓

Oedicladium fragile Cardot, Beih. Bot. Centralbl. , Abt. 2, **19**(2): 113 f. 14. 1905. **Type**: China: Taiwan, Kelung, *Faurie s. n.*

Myurium foxworthyi (Broth.) Broth. , Nat. Pflanzenfam. Ⅰ (3): 1224. 1908.

Myurium fragile (Cardot) Broth. , Nat. Pflanzenfam. Ⅰ (3): 1224. 1909.

生境 树干、腐木或岩面上,海拔 500~1540m。

分布 安徽(吴朋开等,2010)、台湾、广东、海南、香港。泰国、越南、菲律宾、日本。

红毛藓

Oedicladium rufescens (Reinw. & Hornsch.) Mitt. , J. Linn. Soc. , Bot. **10**: 195. 1868. *Leucodon rufescens* Reinw. & Hornsch. , Nova Acta Phys. -Med. Acad. Caes. Leop. -Carol. Nat. Cur. **14** (2): 712. 1829.

Lepyrodon rufescens (Reinw. & Hornsch.) Kindb. , Enum. Bryin. Exot. 23. 1888.

Myurium rufescens (Reinw. & Hornsch.) M. Fleisch. , Laubm. Java **3**: 672. 1906.

生境 岩石、石壁或树干上,海拔 135~1540m。

分布 广东、广西、海南、香港。缅甸(Tan and Iwatsuki, 1993)、泰国(Touw, 1968, as *Myurium rufescens*)、越南(Tan and Iwatsuki, 1993)、菲律宾、斯里兰卡、马来西亚、印度尼西亚(Touw, 1992)、新加坡、日本、新喀里多里亚岛(法属)、澳大利亚。

小红毛藓

Oedicladium serricuspe (Broth.) Nog. & Z. Iwats. , Misc. Bryol. Lichenol. **9**: 199. 1983. *Pylaisaea serricuspis* Broth. , Öfvers. Förh. Finska Vetensk. -Soc. **62A**(9): 38. 1921.

Homomallium doii Sakurai, Bot. Mag. (Tokyo) 46: 383. 1932.

Pylaisiella serricuspis (Broth.) Z. Iwats. , J. Jap. Bot. **48**: 217. 1973.

Clastobryum assimile acut. non Broth. , Misc. Bryol. Lichenol. **7**(9): 184. 1977.

Myurium doii (Sakurai) Z. Iwats. in Inoue, Himeno & Iwatsuki, J. Hattori Bot. Lab. **44**: 203. 1978.

Oedicladium doii (Sakurai) Z. Iwats. , J. Hattori Bot. Lab. **46**: 273. 1979.

生境 岩面薄土上,海拔 600~1540m。

分布 湖南(Enroth and Koponen, 2003)、台湾(Iwatsuki, 1979)、广东、广西、香港。日本。

扭叶红毛藓

Oedicladium tortifolium (P. C. Chen) Z. Iwats. J. Hattori Bot. Lab. **46**: 267. 1979. *Myurium tortifolium* P. C. Chen, Feddes Repert. Spec. Nov. Regni Veg. **58**: 26. 1955. **Type**: China: Sichuan, Mt. Omei, 1700m, Aug. 24. 1942, *P. C. Chen 5663* (holotype: PE).

生境 树干上,海拔 1800m。

分布 四川。中国特有。

栅孔藓属 Palisadula Toyama

Acta Phytotax. Geobot. **6**: 169. 1937.

模式种:*P. chrysophylla* (Cardot) Toyama

本属全世界现有 2 种,中国有 2 种。

栅孔藓

Palisadula chrysophylla (Cardot) Toyama, Acta Phytotax. Geobot. **6**: 171. 1937. *Pylaisia chryosphylla* Cardot, Beih. Bot. Centralbl. **19**: 131. 1905. **Type**: China: Taiwan, Taitung Co. , *Faurie 48*.

Pylaisia chrysophylla var. *brevifolia* Cardot, Bull. Soc. Bot. Genève, sér. 2, **3**: 288. 1911.

Clastobryum assimile Broth. , Rev. Bryol. **2**: 13. 1929.

Clastobryella shiicola Sakurai, Bot. Mag. (Tokyo) **46**: 381. 1932.

Microctenidium heterophyllum Thér. , Ann. Crypt. Exot. **5**: 188. 1932. **Type**: China: Fujian, Buong Kang, *H. H. Chung 46*.

Homomallium koidei Dixon, Bot. Mag. (Tokyo) **50**: 150. 1936.

Palisadula japonica Toyama fo. *elongata* Toyama, Acta Phytotax. Geobot. **6**: 170. 1937.

Clastobryum plicatum Dixon & Sakurai, Bot. Mag. (Tokyo) **53**: 65. 1939.

生境 岩面、树干或腐木上,海拔 780~1510m。

分布 江西、福建、广东、广西、海南、香港。日本。

小叶栅孔藓

Palisadula katoi (Broth.) Z. Iwats. , J. Hattori Bot. Lab. **46**: 279. 1979. *Clastobryum katoi* Broth. , Öfvers. Förh. Finska Vetensk. -Soc. **62A**(9): 26. 1921.

Myurium katoi (Broth.) Seki, J. Sci. Hiroshima Univ. , ser. B, Div. 2, Bot. **12**: 72. 1968.

生境 岩石、石壁或树干上,海拔 900~1500m。

分布 广东、广西。日本。

牛舌藓科 Anomodontaceae Kindb.

本科全世界有 6 属,中国有 3 属。

牛舌藓属 Anomodon Hook. & Taylor

Muscol. Brit. 79 pl. 3. 1818.

模式种：*A. viticulosus* (Hedw.) Hook. & Taylor

本属全世界现有 20 种，中国有 10 种。

单疣牛舌藓

Anomodon abbreviatus Mitt., Trans. Linn. Soc. London, Bot. **3**: 187. 1891. **Type**: Japan: Joshim, *Bisset s. n.* (holotype: NY).

Anomodon asperifolius Müll. Hal., Nuovo Giorn. Bot. Ital., n. s., **3**: 117. 1896. **Type**: China: Shaanxi (Schen-si), *Giraldi s. n.* (holotype: FI).

生境　树干、岩面或倒木上，海拔 2780m。

分布　山东（赵遵田和曹同，1998）、河南（袁志良等，2005）、西藏。日本、朝鲜。

齿缘牛舌藓

Anomodon dentatus C. Gao, Fl. Musc. Chin. Boreali-Orient. 380 f. 165. 170. 1977. **Type**: China: Jilin Prov., Mt. Changbai, *C. Gao 1231* (holotype: IFSBH).

生境　树干上，海拔 1500～1600m。

分布　吉林、山东（赵遵田和曹同，1998）、陕西、贵州。中国特有。

尖叶牛舌藓

Anomodon giraldii Müll. Hal., Nuovo Giorn. Bot. Ital., n. s., **3**: 117. 1896. **Type**: China: Shaanxi (Schen-si), *Giraldi s. n.* (holotype: FI).

生境　低海拔岩面、树干上，偶见于土面上，海拔 800～1080m。

分布　山东（赵遵田和曹同，1998）、河南（袁志良等，2005）、安徽、江苏（刘仲苓等，1989）、浙江（刘仲苓等，1989）、湖南、湖北、四川、重庆（胡晓云和吴鹏程，1991）、贵州。巴基斯坦（Higuchi and Nishimura，2003）、日本、朝鲜、俄罗斯（西伯利亚）。

长叶牛舌藓

Anomodon longifolius (Schleich. ex Brid.) Hartm., Handb. Skand. Fl. (ed. 3), **2**: 300. 1838. *Pterigynandrum longifolium* Schleich. ex Brid., Muscol. Recent. Suppl. **4**: 128. 1819 [1818].

Leskea longifolia (Schleich. ex Brid.) Spruce, Musci Pyren. 87. 1847.

生境　石上或树干上。

分布　黑龙江、吉林（高谦，1977）。日本、俄罗斯（远东地区），欧洲。

小牛舌藓

Anomodon minor (Hedw.) Lindb., Bot. Not. **1865**: 126. 1865. *Neckera viticulosa* Hedw. var. *minor* Hedw., Sp. Musc. Frond. 210. 48. f. 6-8. 1801. **Type**: U. S. A.: Pennsylvania, Lancaster, *Muhlenberg s. n.*

Anomodon integerrimus Mitt., J. Proc. Linn. Soc., Bot., Suppl. **1**: 126. 1859.

Anomodon planatus Mitt., J. Proc. Linn. Soc. Bot. Suppl. **1**: 126. 1859.

Anomodon sinensis Müll. Hal., Nuovo Giorn. Bot. Ital., n. s., **3**: 118. 1869. **Type**: China: Shaanxi (Schen-si), in monte Si-ku-tziu-san, July 1894, *Giraldi s. n.* (holotype: FI).

Anomodon ramulosus Mitt., Trans. Linn. Soc. London, Bot. **3**: 187. 1891. **Type**: China: Zhejiang (Chekiang), Ning-po City, *Oldham s. n.*

Anomodon leptodontoides Müll. Hal., Nuovo Giorn. Bot. Ital., n. s., **4**: 274. 1897. **Type**: China: Shaanxi, Schan-kio, Aug. 1895, *Giraldi s. n.* (holotype: FI).

Anomodon grandiretis Broth., Akad. Wiss. Wien Sitzungsber., Math.-Naturwiss. Kl., Abt. 1, **133**: 578. 1924. **Type**: China: Sichuan, Yuan-yan Co., *Handel-Mazzetti 2079* (holotype: H-BR).

Anomodon minor (Hedw.) Lindb. subsp. *integerrimus* (Mitt.) Z. Iwats., J. Hattori Bot. Lab. **26**: 41. 1963.

生境　背阴石灰岩壁上或稀生于树干上，海拔 750～2700m。

分布　内蒙古、河北、山东（赵遵田和曹同，1998）、河南（袁志良等，2005）、山西（Wang et al.，1994）、陕西、宁夏、新疆、江苏（刘仲苓等，1989）、湖北、四川、重庆、贵州、云南、西藏。巴基斯坦（Higuchi and Nishimura，2003）、缅甸（Tan and Iwatsuki，1993）、日本、朝鲜、印度、尼泊尔、不丹。

带叶牛舌藓

Anomodon perlingulatus Broth. ex P. C. Wu & Y. Jia, Acta Phytotax. Sin. **38**: 260 f. 2. 2000. **Type**: China: Shaanxi, *P. Giraldi 1272* (holotype: H).

生境　树木上。

分布　陕西、湖北、贵州、云南（Mao and Zhang，2011）。中国特有。

皱叶牛舌藓

Anomodon rugelii (Müll. Hal.) Keissl., Ann. K. K. Naturhist. Hofmns. **15**: 214. 1900. **Type**: U. S. A.: Tennessee, Smoky Mountains, *Rugel s. n.*

Hypnum rugelii Müll. Hal., Syn. Musc. Frond. **2**: 473. 1851.

生境　山地林内树干上或稀生于岩面上，海拔 260～1300m。

分布　吉林、辽宁、山西（王桂花等，2007）、山东（赵遵田和曹同，1998）、河南、甘肃（安定国，2002）、新疆、江苏（刘仲苓等，1989）、上海（刘仲苓等，1989）、浙江、江西、湖北（何祖霞等，2010）、四川、重庆、贵州、云南、广东。日本、朝鲜、印度、越南、俄罗斯（西伯利亚）、高加索地区，欧洲、北美洲。

东亚牛舌藓

Anomodon solovjovii Lazarenko, Rev. Bryol. Lichénol. **5**: 45. 1933. **Type**: Russia: *Solovjov s. n.*

Anomodon solovjovii var. *henanensis* B. C. Tan, D. Boufford & T. S. Ying, Acta Bot. Yunnan. **18**(1): 69. 1996. **Type**: China: Henan Prov., Nei-xiang Co., Bao-tian Man Natural Reserve, *D. Boufford et al. 26 458b* (holotype: FH; isotypes: H, PE).

生境　树干上。

分布　陕西、河南（袁志良等，2005）。朝鲜、俄罗斯（西伯利亚）。

碎叶牛舌藓

Anomodon thraustus Müll. Hal., Nuovo Giorn. Bot. Ital., n. s., **5**: 207. 1898. **Type**: China: Shaanxi (Schen-si), in monte Tui-kio-san, Sept. 1896, *Giraldi s. n.* (FI).

Anomodon rotundatus Paris & Broth., Rev. Bryol. **36**: 11. 1909. **Type**: China: Shanghai, Xujiahui, *Courtois & Henry s. n.*

生境 腐木、土面或潮湿的岩石上。

分布 江苏、上海(Paris, 1909)、浙江、湖北、四川、云南。巴基斯坦(Higuchi and Nishimura, 2003)、日本、朝鲜、尼泊尔、印度、俄罗斯、墨西哥。

牛舌藓

Anomodon viticulosus (Hedw.) Hook. & Taylor, Muscol. Brit. **79**: 22. 1818. *Neckera viticulosa* Hedw., Sp. Musc. Frond. 209. 1801.

Anomodon subintegerrimus Broth. & Paris, Rev. Bryol. **27**: 77. 1900.

生境 石灰岩上或稀见于其他岩面上。

分布 吉林、北京、河南(袁志良等, 2005)、山西、陕西、宁夏(黄正莉等, 2010)、江苏(刘仲苓等, 1989)、上海(刘仲苓等, 1989)、湖北、贵州、四川、云南、台湾。日本、朝鲜、印度、巴基斯坦、缅甸、越南、俄罗斯(西伯利亚), 欧洲、北美洲、非洲北部。

羊角藓属 Herpetineuron (Müll. Hal.) Cardot Beih. Bot. Centalbl. 19(2): 127. 1905.

模式种: *A. toccoae* Sull. & Lesq.

本属全世界现有2种, 中国有2种。

尖叶羊角藓

Herpetineuron acutifolium (Mitt.) Granzow, Bryologist **92**: 385. 1989. *Anomodon acutifolius* Mitt., J. Proc. Linn. Soc., Bot., Suppl. **1**: 126. 1859.

Bryonorrisia acutifolia (Mitt.) Enroth, J. Bryol. **16**: 407. 1991.

生境 岩面或树干上。

分布 四川、云南。日本、尼泊尔、印度、墨西哥。

羊角藓

Herpetineuron toccoae (Sull. & Lesq.) Cardot, Beih. Bot. Centralbl. **19** (2): 127. 1905. *Anomodon toccoae* Sull. & Lesq., Musci Hep. U. S. (repr.) 240 [Schedae 52]. 1856. **Type**: U. S. A.: Georgia, Toccoa Falls, *C. L. Lesquereux*, Musci Bor. Amer. exsicc. 1, 240.

Anomodon devolutus Mitt., J. Proc. Linn. Soc., Bot., Suppl. **1**: 127. 1859.

Anomodon flagelliferus Müll. Hal., Nuovo. Giorn. Bot. Ital., n. s., **4**: 273. 1897. **Type**: China: Shaanxi (Schen-si), Hu-schien (Co.), Sche-kin-tsuen, Dec. 1895, *Giraldi s. n.* (FI).

Herpetineuron attenuatum S. Okamura, J. Coll. Sci. Imp. Univ. Tokyo **38**(4): 54. 1916.

Herpetineuron formosicum Broth., Ann. Bryol. **1**: 22. 1928. **Type**: China: Taiwan, Taichu Hori, *Suzuki 1734* (H-BR).

Herpetineuron serratinerve Sakurai, Bot. Mag. (Tokyo) **62**: 107 f. 10. 1949.

生境 阴湿石壁、树干或岩面上, 海拔200～1000m。

分布 黑龙江、吉林、内蒙古、山西(Sakurai, 1949)、山东、河南(袁志良等, 2005)、安徽、江苏、上海(李登科和高彩华, 1986)、浙江、江西(Ji and Qiang, 2005)、湖南、湖北、四川、重庆、贵州(王晓宇, 2004)、云南、福建、台湾、广东、海南、香港、澳门。日本、朝鲜、印度、巴基斯坦、尼泊尔、不丹、斯里兰卡、泰国、老挝、越南、印度尼西亚、菲律宾、瓦努阿图、澳大利亚、新喀里多尼亚岛(法属), 南美洲、北美洲。

多枝藓属 Haplohymenium Dozy & Molk. Musc. Frond. Ined. Archip. Ind. 127. 1846.

模式种: *H. sieboldii* (Dozy & Molk.) Dozy & Molk.

本属全世界约有8种, 中国有5种。

鞭枝多枝藓

Haplohymenium flagelliforme L. I. Savicz, Bot. Mater. Inst. Sporov. Rast. Glavn. Bot. Sada RSFSR **1** (7): 98. 1922. **Type**: Russia: Siberia, southern Ussuri, *Boulavkina s. n.*

Haplohymenium cristatum Nog., J. Jap. Bot. **20**: 146. 1945.

生境 山区树干或石灰岩上。

分布 内蒙古、湖北。日本、俄罗斯(西伯利亚)。

长肋多枝藓

Haplohymenium longinerve (Broth.) Broth., Nat. Pflanzenfam. Ⅰ(3): 986. 1907. *Anomodon longinerve* Broth., Hedwigia **38**: 243. 1899. **Type**: Japan: Shikoku, *Tosa s. n.* (holotype: MAK).

Haplohymenium piliferum Broth. & Yasuda, Öfvers. Förh. Finska Vetensk. -Soc. **62A**(9): 33. 1921.

生境 亚高山林内树干或石壁上。

分布 山西(Wang et al., 1994)、山东(赵遵田和曹同, 1998)、河南(袁志良等, 2005)、安徽、浙江(刘仲苓等, 1989)、台湾。智利(He, 1998)。

拟多枝藓

Haplohymenium pseudo-triste (Müll. Hal.) Broth., Nat. Pflanzenfam. Ⅰ (3): 986. 1907. *Hypnum pseudo-triste* Müll. Hal., Bot. Zeitung (Berlin) **13**: 786. 1855. **Type**: South Africa: Cape of Good Hope, *Ecklon s. n.*

Haplohymenium submicrophyllum (Cardot) Broth., Nat. Pflanzenfam. Ⅰ(3): 986. 1907.

Haplohymenium pellucens Broth. var. *obtusifolium* Broth., Ann. Bryol. **1**: 21. 1928. **Type**: China: Taiwan, Taihoku, *Sasaoka 2864*.

Hypnum tenerrimum Broth., Rev. Bryol. **2**: 10. 1929.

Haplohymenium mithouardii var. *viride* Thér., Ann. Cryptog. Exot. **5**: 179. 1932. **Type**: China: Fujian, Yenping (Nanping) Co., *C. C. Chung B101*.

Hypnum fasciculare Nog., J. Jap. Bot. **13**: 791. 1937.

生境　树干上或稀生于石上。

分布　江西(Ji and Qiang, 2005)、重庆、贵州、福建(Thériot, 1932, as *H. miththouardi* var. *viride*)、台湾、香港。斯里兰卡、越南、泰国、菲律宾、日本、朝鲜、澳大利亚、新西兰、南非。

多枝藓

Haplohymenium sieboldii (Dozy & Molk.) Dozy & Molk., Musc. Frond. Ined. Archip. Ind. **4**: 127 pl. 40. 1846. *Leptohymenium sieboldii* Dozy & Molk., Ann. Sci. Nat., Bot., sér. 3, **2**: 310. 1844. **Type**: Japan: *Siebold s. n.*

Anomodon submicrophyllus Cardot, Beih. Bot. Centralbl. **19**: 128. 1905. **Type**: China: Taiwan, Mt. Maruyama, syntypes: *Faurie 6, 14, 15, 102, 107, 115.*

Haplohymenium pellucens Broth., Ann. Bryol. **1**: 21. 1928. **Type**: China: Taiwan, Taihoku, *H. Sasaoka s. n.*

生境　树干或岩面上。

分布　山东(赵遵田和曹同, 1998)、河南(袁志良等, 2005)、台湾。朝鲜、日本。

暗绿多枝藓

Haplohymenium triste (Ces.) Kindb., Rev. Bryol. **26**: 25. 1899. *Leskea tristis* Ces. in De Not., Syllab. Musc. 67. 1838. **Type**: Italy: Lake Maggiore, *Cesati s. n.*

Hypnum triste (Ces.) Müll. Hal., Syn. Musc. Frond. **2**: 478. 1851.

Anomodon tristis (Ces.) Sull. & Lesq., Musci Hep. U. S. (repr.) 241 [Schedae 52]. 1856.

Anomodon sinensi-tristis Müll. Hal., Nuovo Giorn. Bot. Ital., n. s., **3**: 118. 1896. **Type**: China: Shaanxi, *Giraldi s. n.*

Anomodon microphyllum Broth. & Paris, Rev. Bryol. **31**: 56. 1904.

Haplohymenium formosanum Nog., Trans. Nat. Hist. Soc. Formosa **26**: 43. 1936. **Type**: China: Taiwan, Tai-nan Co., Mt. Kodama, *Noguchi 5867*.

Haplohymenium flagiliforme Nog., J. Jap. Bot. **13**: 410. 1937.

Haplohymenium longiglossum P. C. Chen, Feddes Report. Spec. Nov. Regni Veg. **58**: 31. 1955. **Type**: China: Sichuan, Mt. Omeishan, Aug. 20. 1942, *P. C. Chen 5353* (holotype: PE).

生境　亚高山林地树干上或稀生于阴湿石上。

分布　内蒙古、山东(赵遵田和曹同, 1998)、河南(袁志良等, 2005)、新疆、江苏(刘仲苓等, 1989)、安徽、上海(刘仲苓等, 1989)、浙江(刘仲苓等, 1989)、江西(Ji and Qiang, 2005)、湖北、四川、贵州(王晓宇, 2004)、西藏、台湾。朝鲜、日本、美国(夏威夷)、俄罗斯(西伯利亚), 北美洲、欧洲。

拟附干藓属 Schwetschkeopsis Broth.
Nat. Pflanzenfam. I (3): 877. 1907.

模式种: *S. fabronia* (Schwägr.) Broth.

本属全世界现有 4 种, 中国有 2 种。

拟附干藓

Schwetschkeopsis fabronia (Schwägr.) Broth., Nat. Pflanzenfam. I (3): 878. 1907. *Helicodontium fabronia* Schwägr., Sp. Musc. Frond., Suppl. 3, **2** (2): 294. 1830. **Type**: Nepal: *Wallich s. n.*

Leskea denticulata Sull., Musci Allegh. 62 [Schedae 19]. 1846.

Schwetschkea japonica Besch., Ann. Sci. Nat., Bot., sér. 7, **17**: 362. 1893.

Schwetschkeopsis japonica (Besch.) Broth., Nat. Pflanzenfam. I (3): 878. 1907.

Schwetschkeopsis denticulata (Sull.) Broth., Nat. Pflanzenfam. I (3): 878. 1907.

Platygyrium imbricatum Podp., Spisy PYír. Fak. Univ. v Brně **116**: 35 f. 30. 1929.

生境　林下树干或岩面。

分布　山东(赵遵田和曹同, 1998)、上海(李登科和高彩华, 1986, as *S. denticulata*)、香港。印度、巴基斯坦、斯里兰卡、菲律宾、印度尼西亚、日本、巴布亚新几内亚、斐济。

台湾拟附干藓

Schwetschkeopsis formosana Nog., J. Hattori Bot. Lab. **5**: 41. 1951. **Type**: China: Taiwan, Tai-nan Co., Mt. Niitaka, *Noguchi 6829* (holotype: NICH).

生境　树皮上。

分布　云南、西藏、台湾。中国特有。

第二部分

苔类植物总录

苔类植物门 Marchntiophyta Stotler & Crand. -Stotl.

陶氏苔纲 Treubiopsida M. Stech, J. -P. Frahm, Hilger & W. Frey

陶氏苔目 Treubiales Schljakov

陶氏苔科 **Treubiaceae** Verd.

本科全世界有 2 属,中国有 2 属。

拟陶氏苔属 Apotreubia S. Hatt. & Mizut.
Bryologist **69**: 491. 1966.

模式种:*A. nana* (S. Hatt. & Inoue) S. Hatt. & Mizut.

本属全世界现有 4 种,中国有 2 种。

拟陶氏苔

Apotreubia nana (S. Hatt. & Inoue) S. Hatt. & Mizut., Bryologist **69**: 492. 1966. *Treubia nana* S. Hatt. & Inoue, J. Hattori Bot. Lab. **11**: 99. f. a- o. 1954. **Type**: Japan: the Kansaka pass in Mts. Chichibu, Saitama Co., July 9. 1953, *H. Inoue s. n.* (holotype: NICH).

分布　台湾。日本。

云南拟陶氏苔(新拟)

Apotreubia yunnanensis Higuchi, Cryptog. Bryol. Lichénol. **19**: 321 f. 1-3. 1998. **Type**: China: Yunnan, Zhongdian Co., 3840m, *Higuchi 25 186* (holotype: HKAS; isotype: TNS).

生境　高山林地上。

分布　四川(Higuchi et al., 2000)、云南(Higuchi, 1998)。中国特有。

陶氏苔属 Treubia K. I. Goebel
Ann. Jard. Bot. Buitenzorg **9**: 1. 1890.

模式种:*T. insignis* K. I. Goebel

本属全世界现有 7 种,中国有 1 种。

陶氏苔

Treubia insignis K. I. Goebel, Ann. Jard. Bot. Buitenzorg **9**: 1. 1891.

生境　林下腐木。

分布　台湾(Horikawa, 1951)。印度尼西亚(Horikawa, 1951)。

裸蒴苔纲 Haplomitriopsida Stotler & Crand. -Stotl.

裸蒴苔目 Haplomitriales H. Buch ex Schljakov

裸蒴苔科 **Haplomitriaceae** Dědeček

本科全世界有 1 属。

裸蒴苔属 Haplomitrium Nees
Naturgesch. Eur. Leberm. **1**: 109. 1833.

模式种:*H. hookeri* (Sm.) Nees

本属全世界现有 9 种,中国有 3 种,1 变种。

爪哇裸蒴苔

Haplomitrium blumii (Nees) R. M. Schust., J. Hattori Bot. Lab. **26**: 225. 1963. *Calobryum blumii* (Ness) Gottsche, Syn. Hepat. 507. 1846.

Monoclea blumii Nees, Enum. Pl. Crypt. Jav. **1** (Hep.): 2. 1830.

Thusananthus integerrimus Steph., Sp. Hepat. **6**: 569. 1924.

生境　林下溪边或路旁湿土上。

分布　福建(张晓青等, 2011)、台湾、海南。日本, 南美洲。

裸蒴苔

Haplomitrium hookeri (Sm.) Nees, Naturgesch. Eur. Leberm. **1**: 111. 1833.

Jungermannia hookeri Sm., Eng. Bot. **36**: plate 2555. 1814.

生境　溪边土面。
分布　四川(Higuchi et al., 2000)、云南(Higuchi et al., 2000)。尼泊尔、印度,欧洲和北美洲。

圆叶裸蒴苔

Haplomitrium mnioides (Lindb.) R. M. Schust., J. Hattori Bot. Lab. **26**: 225. 1963. *Rhopalanthus mnioides* Lindb., Hedwigia **14**: 130. 1825.
Calobryum rotundifolium (Mitt.) Schiffn., Oesterr. Bot. Z. **49**: 389. 1899.
Calobryum mnioides (Lindb.) Steph., Sp. Hepat. **1**: 399. 1909.
生境　温暖地区的湿土或腐木上。
分布　江西(Ji and Qiang, 2005)、湖南、四川、贵州、云南、福建、台湾、香港。泰国、日本。

圆叶裸蒴苔纤枝变种

Haplomitrium mnioides var. **delicatum** C. H. Gao & D. K. Li, Wuyi Sci. J. **5**: 234. 1985. **Type**: China: Fujian, Mt. Wuyishan, *C. H. Gao 25 029* (holotype: SHM).
生境　沟边石壁上,海拔 720～750m。
分布　福建(高彩华和李登科,1985)。中国特有。

壶苞苔纲 Blasiopsida M. Stech & W. Frey.

壶苞苔目 Blasiales Stotler & Crand.-Stotl.

壶苞苔科 **Blasiaceae** H. Klinggr.

本科全世界有 2 属,中国有 1 属。

壶苞苔属 Blasia L.
Sp. Pl. 1138. 1753.

模式种:*B. pusilla* L.
本属全世界现有 1 种。

壶苞苔

Blasia pusilla L., Sp. Pl. **2**: 1138. 1753.
生境　潮湿土面、腐木上或有时生于岩面薄土上。
分布　黑龙江、吉林、辽宁、内蒙古、上海(刘仲苓等,1989)、浙江(Zhu et al., 1998)、贵州(彭晓磬,2002)、云南、福建(张晓青等,2011)、台湾(Horikawa, 1934)。朝鲜、日本、俄罗斯,欧洲、北美洲。

地钱纲 Marchantiopsida Cronquist, Takht. & W. Zimm.

半月苔目 Lunulariale s D. G. Long

半月苔科 **Lunulariaceae** H. Klinggr.

本科全世界有 1 属。

半月苔属 Lunularia Adans.
Fam. Pl. **2**: 15. 1763.

模式种:*L. cruciata* (L.) Dumort. ex Lindb.
本属全世界现有 1 种。

半月苔

Lunularia cruciata (L.) Dumort. ex Lindb., Not. Sällsk. Fauna Fl. Fenn. Förh. **9**: 298. 1868. *Marchantia cruciata* L., Sp. Pl. **2**: 1137. 1753.
生境　阴湿泥土上。
分布　云南。北半球温带地区,巴西(Yano, 1995)、玻利维亚(Gradstein et al., 2003)。

地钱目 Marchantiales Limpr. in Cohn

疣冠苔科 **Aytoniaceae** Cavers

本科全世界有 5 属,中国有 5 属。

花萼苔属 Asterella P. Beauv.
Dict. Sci. Nat. **3**: 257. 1805.

模式种:*Asterella tenella* (L.) P. Beauv.

本属全世界现有 45~50 种,中国有 14 种。

狭叶花萼苔

Asterella angusta (Steph.) Pandé, K. P. Sirvast & Sultan Khan, J. Hattori Bot. Lab. **11**: 8. 1954. *Fimbriaria angusta* Steph., Sp. Hepat. **1**: 104. 1899.

生境 林下或路边湿石上。

分布 四川、贵州、云南、广西(贾鹏等,2011)。喜马拉雅地区。

十字花萼苔

Asterella cruciata (Steph.) Horik., Hikobia **1**: 79. 1951. *Fimbraria cruciata* Steph., Sp. Hepat. **6**: 12. 1917.

生境 土面或岩面上,海拔 350~1920m。

分布 重庆、云南(Long,1997)。日本、韩国。

加萨花萼苔

Asterella khasyana (Griff.) Pandé, K. P. Sirvast & Sultan Khan., J. Hattori Bot. Lab. **11**: 7. 1954. *Octokepos khasyanum* Griff., Not. Plant. Asiat. **2**: 343. 1849.

生境 土面、石上或岩壁上,海拔 600~1400m。

分布 湖南、四川、云南。印度、尼泊尔、不丹、巴基斯坦、泰国、印度尼西亚、菲律宾、乌干达(Long and Grolle, 1990; Long, 2001)。

网纹花萼苔

Asterella leptophylla (Mont.) Grolle, Feddes Repert. **87**: 246. 1976. *Fimbraria leptophylla* Mont., Ann. Sci. Nat., Bot., sér. 2, **18**: 19. 1842.

生境 生于林边砂石质土上。

分布 辽宁、新疆、四川、云南(Piippo et al., 1998)。印度、不丹、日本、俄罗斯(远东地区)(Long and Grolle, 1990)。

柔叶花萼苔

Asterella mitsuminensis Schimizu & S. Hatt., J. Hattori Bot. Lab. **8**: 48 f. 3. 1952.

生境 林下溪边或路旁湿土上。

分布 贵州(赵智艳等,2011)、云南、广西(贾鹏等,2011)。日本。

单纹花萼苔

Asterella monospiris (Horik.) Horik., Hikobia **1**: 79. 1951., *Fimbraria monospiris* Horik., J. Sci. Hiroshima Univ., ser. B, Div. 2 (Bot.) **2**: 113. f. 3. 1934. **Type**: China: Taiwan, Mt. Chipon, Dec. 1932, *Y. Horikawa 10 455*.

生境 石灰石岩面上。

分布 台湾(Horikawa, 1934)。中国特有。

多托花萼苔

Asterella multiflora (Steph.) Pandé, K. P. Sirvastava & Sultan Khan, J. Hattori Bot. Lab. **11**: 2. 1954. *Fimbriaria multiflora* Steph., Sp. Hepatat. **1**: 124. 1899.

生境 林下或路边岩面湿土上。

分布 四川(Long, 2001)、云南。印度。

侧托花萼苔

Asterella mussuriensis (Kashyap) Kashyap, Ann. Bryol. **8**: 156. 1935. *Fimbriaria mussuriensis* Kashyap, J. Bombay Nat. Hist. Soc. **24**: 345. 1916.

生境 林边、路旁岩石或土面上。

分布 四川(Piippo, 1990)、贵州(赵智艳等,2011)、云南(Piippo et al., 1998)。印度、尼泊尔、不丹(Long and Grolle, 1990)。

卷边花萼苔

Asterella reflexa (Herzog) P. C. Chen comb. nov. *Fimbriaria reflexa* Herzog, Symb. Sinica. **V**: 4. 1930. **Type**: China: Sichuan, yanyuan (yenyuen) Co., 2500m, 1914. May 15, *Handel-Mazzettii 2237*.

生境 不详。

分布 四川(Nicholson, 1930, as *Fimbriaria reflexa*)。中国特有。

巨鳞花萼苔(新拟)

Asterella saccata (Wahlenb.) A. Evans, Contr. U. S. Nat. Herb. **20**: 276. 1920. *Marchantia saccata* Wahlenb., Ges. Naturf. Freunde Berlin Mag. Neuesten Entdeckungen Gesammten Naturk. **5**: 296. 1811.

生境 不详。

分布 新疆。北美洲。

矮网花萼苔

Asterella sanguinea (Lehm. & Lindenb.) Pandé, K. P. Srivastava & Sultan Khan, J. Hattori Bot. Lab. **11**: 9. 1954. *Fimbraria sanguinea* Lehm. & Lindenb., Nov. Stirp. Pug. **4**: 5. 1832.

生境 林下山坡或路边,海拔 1850~2100m。

分布 贵州(赵智艳等,2011)、云南。印度、尼泊尔。

花萼苔(纤柔花萼苔)

Asterella tenella (L.) P. Beauv., Dict. Sci. Nat. **3**: 258. 1805., *Marchantia tenella* L., Sp. Pl. **2**: 1137. 1753.

生境 潮湿岩面上。

分布 台湾(Yang and Lee, 1964)。北美洲。

瓦氏花萼苔(新拟)

Asterella wallichiana (Lehm.) Grolle, Khumbu Himal, **1** (4): 262. 1966. *Fimbraria wallichiana* Lehm., Nov. Stirp. Pug. **4**: 4. 1832.

生境 不详。

分布 国内省份不详。印度、缅甸、孟加拉国、泰国、日本。

东亚花萼苔

Asterella yoshinagana (Horik.) Horik., Hikobia 1951. *Fimbraria yoshinagana* Horik., Sci. Rep. Tôhoku Imp. Univ., ser. 4, Biol. **4**: 395. pl. 16. 1929.

Asterella sanoana Shimizu & S. Hatt., J. Hattori Bot. Lab. **9**: 25. 1953.

生境 岩面薄土。

分布 吉林(Söderström, 2000)、贵州(赵智艳等,2011)、台湾(Horikawa, 1934, as *Fimbraria yoshinagana*)。日本。

薄地钱属(平托苔属)Cryptomitrium Austin ex Underw.

Bull. Illinois State Lab. Nat. Hist. **2**: 36. 1883.

模式种：*C. tenerum* (W. J. Hooker) Underw.

本属全世界现有3种，中国有1种。

喜马拉雅薄地钱(平托苔)

Cryptomitrium himalayense Kashyap, New Phytol. **14**: 2. 1915.

生境　阴湿土面或岩石上。

分布　四川(汪楣芝，1993)、贵州(赵智艳等，2011)、云南。印度、尼泊尔、不丹(Long，2006)。

疣冠苔属 Mannia Opiz

Naturalientausch **12**(Beitr. Naturg. 1): 646. 1829.

模式种：*M. raddii* (Corda) Opiz [= ***M. triandra*** (Scop.) Grolle]

本属全世界现有16种，中国有4种，1亚种。

狭腔疣冠苔亚洲亚种(新拟)

Mannia controversa (Meyl.) Schill subsp. **asiatica** Schill & D. G. Long, Edinburgh J. Bot. **65**(1): 45. 2008. **Type**: China: Qinghai, Henan Co., 3830m, 15 July, 1997, *D. G. long 27 032*(holotype: E; isotypes: NY, PE).

生境　石缝中，海拔2735～4200m。

分布　青海、新疆(Schill et al., 2008)。印度、塔吉克斯坦(Schill et al., 2008)。

无隔疣冠苔

Mannia fragrans (Balb.) Frye & Clark, Univ. Wash. Publ. Biol. **6**: 62. 1937. *Machantia fragrans* Balb., Mém. Acad. Sci. Turin, Sci. Phys. **7**: 76. 1804. *Fimbraria fragrans* (Balb.) Nees, Horae Phys. Berol. 45. 1820. *Grimaldia fragrans* (Balb.) Corda ex Nees, Naturgesch. Eur. Leberm. **4**: 225. 1838.

生境　山区阔叶林下土面或石上。

分布　黑龙江、内蒙古、陕西、宁夏、贵州(赵智艳等，2011)、云南。俄罗斯，欧洲、北美洲。

西伯利亚疣冠苔

Mannia sibirica (K. Müller) Frye & Clark, Univ. Wash. Publ. Biol. **6**: 66. 1937. *Grimaldia pilosa* var. *sibirica* K. Müller, Lebermoose 265. 1907. *Arnelliella sibirica* (K. Müller) C. Massal., Atti Reale Ist. Veneto Sci., Lett. Artc **16** (2): 928. 1914. *Grimaldia sibirica* (K. Müller) K. Müller, Lebermoose **2**: 721. 1916.

生境　山坡或石缝土面上。

分布　黑龙江、内蒙古、甘肃(吴玉环等，2008)、新疆、贵州(赵智艳等，2011)、云南。俄罗斯，欧洲、北美洲。

拟毛柄疣冠苔

Mannia subpilosa (Horik.) Horik., Hikobia **1**: 85. 1951. *Grimaldia subpilosa* Horik., J. Sci. Hiroshima Univ., ser. B, Div. 2, Bot. **2**: 112. 1934 [1934]. **Type**: China: Taiwan, Mt. Morrison, Aug. 1932, *Y. Horikawa 9251*.

生境　岩面薄土上。

分布　台湾(Horikawa, 1934, as *Grimaldia subpilosa*)。中国特有。

疣冠苔

Mannia triandra (Scop.) Grolle, J. Bryol. **8**: 487. 1975. *Marchantia triandra* Scop., Fl. Carniol. (ed. 2), 354. pl. 63. 1772.

生境　山坡或石砾子石缝土面上。

分布　辽宁、内蒙古、宁夏、湖南、贵州(赵智艳等，2011)、云南。日本，欧洲、北美洲。

紫背苔属 Plagiochasma Lehm. & Lindenb.

Nov. Stirp. Pug. **4**: 13. 1832.

模式种：*P. cordatum* Lehm. & Lindenb.

本属全世界约有16种，中国有6种。

钝鳞紫背苔

Plagiochasma appendiculatum Lehm. & Lindenb., Nov. Stirp. Pug. **4**: 14. 1832.

生境　不详。

分布　四川(Bischler, 1979)、云南(Long, 2006)、台湾(Bischler, 1979)。阿富汗、缅甸、斯里兰卡、印度、尼泊尔、巴基斯坦、越南、菲律宾、埃塞俄比亚、肯尼亚(Bischler, 1979)。

紫背苔(心瓣紫背苔)

Plagiochasma cordatum Lehm. & Lindenb., Nov. Stirp. Pug. **4**: 13. 1898. *Aytonia cordata* (Lehm. & Lindenb.) A. Evans, Trans. Connecticut Acad. Arts **8**: 8. 1891.

Plagiochasma fissisquamum (Steph.) Steph., Spec. Hep. **1**: 75. 1898.

生境　石缝薄土上。

分布　江苏、上海(刘仲苓等，1989)、贵州(Bischler, 1979)、云南(Bischler, 1979)、福建(张晓青等，2011)、台湾(Bischler, 1979)。世界广布。

无纹紫背苔*

Plagiochasma intermedium Lindenb. & Gottsche, Syn. Hepat. 513. 1846.

生境　林边或石砾子基部的岩缝薄土上。

分布　黑龙江(敖志文和张光初，1985)、辽宁、内蒙古、山西(王桂花等，2007)、山东(赵遵田和曹同，1998)、陕西、江苏(刘仲苓等，1989)、上海(刘仲苓等，1989)、江西(Ji and Qiang, 2005)、四川、贵州(赵智艳等，2011)、云南、台湾。日

* Bischler(1979)曾指出亚洲没有该种的分布。本书暂保留此种，待今后进一步研究！

本、墨西哥。

日本紫背苔

Plagiochasma japonicum (Steph.) C. Massal., Mem. Accad. Agri. Verona **73** (2): 47. 1897. *Aytonia japonica* Steph., Bull. Herb. Boissier **5**: 84. 1897.

Plagiochasma japonicum var. *chinense* C. Massal., Mem. Accad. Agric., Verona **73**(2): 48. 1897.

Plagiochasma levieri Steph. in Levier, Nuovo Giorn. Bot. Ital. **13**: 353. 1906. **Type**: China: Shaanxi, Lao-y-san, Mar. 1896, *J. Giraldi 65*.

Plagiochasma macrosporum Steph., Sp. Hept. **6**: 8. 1917.

生境　不详,海拔 250～2660m。

分布　黑龙江、北京、陕西、甘肃、青海(Long, 2006)、云南(Long, 2006)、广东(Bischler, 1979)。不丹、日本(Bischler, 1979)、朝鲜(Yamada and Choe, 1997)。

短柄紫背苔

Plagiochasma pterospermum C. Massal., Mem. Accad. Agric. Verona **73**(2): 46. 1897. **Type**: China: Shaanxi, Mt. Lunsan-huo, June 1895, *Giraldi 87 p. p.* (holotype: FI; isotypes: Bm, FI, G, LE).

Plagiochasma elongatum Lindenb. Et Gott. var. *ambiguum* Mass. Mem. Accad. Agric. Verona **73**: 49. 1897. **Type**: China: Shaanxi, Inkiapo, *Giraldi 1845* (G).

Plagiochasma sessilicephalum Horik. J. Sci. Hiroshima Univ., ser. B, Div. **2**, Bot. 2: 109. 1934. **Type**: China: Taiwan, Mt. Morrison, Taichu, *Horikawa 9249* (holotype: HIRO).

生境　岩面、土面或岩壁上。

分布　陕西、青海(Long, 2006)、四川(Bischler, 1979)、云南(Piippo et al., 1998)、福建(汪楣芝, 1994)、台湾(Bischler, 1979)。日本、印度、巴基斯坦、菲律宾。

小孔紫背苔(紫背苔)

Plagiochasma rupestre (Forst.) Steph., Bull. Herb. Boissier **6**: 783 (Sp. Hepat. **1**: 80). 1898. *Aytonia rupestre* Forst., Char. Gen. Pl. (ed. 2), 148. 1776.

生境　山坡或石砾子石缝土面上。

分布　黑龙江、吉林、辽宁、内蒙古、山东(赵遵田和曹同, 1998)、陕西、宁夏、新疆、安徽、上海(李登科和高彩华, 1986)、江西(Ji and Qiang, 2005)、四川、贵州(赵智艳等, 2011)、云南、福建(张晓青等, 2011)、台湾。日本、巴西(Yano, 1995)、玻利维亚(Gradstein et al., 2003), 欧洲、北美洲。

石地钱属 Reboulia Raddi
Opusc. Sci. 2: 357. 1818.

模式种: *R. hemisphaerica* (L.) Raddi

本属全世界现有 1 种。

石地钱

Reboulia hemisphaerica (L.) Raddi, Opusc. Sci. **2** (6): 357. 1818. *Marchantia hemisphaerica* L., Sp. Pl. 1138. 1753.

生境　较干燥的石壁、土坡或岩缝土上。

分布　我国各省(自治区)均有分布。世界广布。

魏氏苔科 Wiesnerellaceae Inoue

本科全世界有 1 属。

魏氏苔属 Wiesnerella Schiffn.
Oesterr. Bot. Z. 46: 86. 1896.

本属全世界现有 1 种。

魏氏苔

Wiesnerella denudata (Mitt.) Steph., Sp. Hepat. **1**: 154. 1899. *Damortiera denudata* Mitt., J. Proc. Linn. Soc., Bot. **5**: 125. 1861.

Wiesnerella javanica Schiffner, Oesterr. Bot. Z. **46**: 87. 1896.

Wiesnerella fasciaria C. Gao & G. C. Zhang, Acta Bot. Yunnan. **3**: 391. 1981. **Type**: China: Xizang, Motuo (Medog) Co., Aug. 18. 1974, *Chen Shu-Kun 53* (holotype: IFP; isotype: HKAS).

生境　潮湿石面上。

分布　浙江、湖南、四川、云南(Zhu et al., 1998)、福建(张晓青等, 2011)、台湾(Horikawa, 1934)。克什米尔地区、印度尼西亚、日本、朝鲜(Song and Yamada, 2006)、美国(夏威夷)。

蛇苔科 Conocephalaceae K. Müller ex Grolle

本科全世界有 1 属。

蛇苔属 Conocephalum F. H. Wigg.
Gen. Nat. Hist. 2: 118. 1780.

模式种: *C. conicum* (L.) Dumort.

本属全世界现有 3 种, 中国有 3 种。

蛇苔

Conocephalum conicum (L.) Dumort., Bot. Gaz. **20**: 67. 1895. *Marchantia conicum* L., Sp. Pl. 1138. 1753.

生境　溪边林下阴湿碎石或土面上。

分布　我国各省(自治区)均有分布。印度、尼泊尔、不丹(Long and Grolle, 1990)、朝鲜、日本、俄罗斯, 欧洲、北美洲。

小蛇苔

Conocephalum japonicum (Thunb.) Grolle, J. Hattori Bot.

Lab. **55**: 501. 1984. *Lichen japonicus* Thunb., Fl. Jap. 344. 1784. *Conocephalum supradecompositum* (Lindb.) Steph., Sp. Hepat. **1**: 1412. 1899.

生境　溪边林下阴湿土面上。

分布　辽宁、山东(赵遵田和曹同,1998)、陕西、甘肃(吴玉环等,2008)、上海、浙江(刘仲苓等,1989)、江西(Ji and Qiang, 2005)、湖南、重庆、贵州、云南、福建(汪楣芝,1994)、台湾、香港。印度、尼泊尔(Long and Grolle,1990)、不丹、柬埔寨、菲律宾、朝鲜、日本、俄罗斯(远东地区)、美国(夏威夷)。

暗色蛇苔(新拟)

Conocephalum salebrosum Szweyk., Buczkowska & Odrzykoski, Pl. Syst. Evol. 253: 146. 2005.

生境　溪边岩面上,2950～3520m。

分布　青海(Long, 2006)、四川(Szweykowski, 2005)、云南(Long, 2006)。印度、尼泊尔、不丹、日本,欧洲、北美洲。

地钱科 Marchantiaceae Lindl.

本科全世界有3属,中国有2属。

地钱属 Marchantia L.
Sp. Pl. 2: 1137. 1753.

模式种:*M. polymorpha* L.

本属全世界现有36种,中国有10种,3亚种。

全缘地钱

Marchantia aquatica (Nees) Burgeff, Genet. Stud. Marchantia 33. 1943. *Marchantia polymorpha* var. *aquatica* Nees, Naturgesch. Eur. Leberm. **4**: 65. 1838.

生境　水边土面或岩面。

分布　云南(吴鹏程,2000)。俄罗斯西北部,欧洲。

楔瓣地钱

Marchantia emarginata Reinw., Blume & Nees, Nova Acta Phys.-Med. Acad. Caes. Leopo.-Carol. Nat. Cur. **12**: 192. 1824.

楔瓣地钱原亚种

Marchantia emarginata subsp. **emarginata**

Marchantia palmata Reinw., Nees & Blume, Nova Acta Phys.-Med. Acad. Caes. Leop.-Carol. Nat. Cur. **12**: 193[Hepat. Jav.]. 1825.

生境　阴暗潮湿的土面、岩石上或稀生于腐木上。

分布　浙江、江西、湖南、四川、贵州、云南、福建(Chao,1943, as *M. palmata*)、台湾、广东、广西、香港。印度、印度尼西亚、马来西亚、菲律宾、巴布亚新几内亚。

楔瓣地钱东亚亚种

Marchantia emarginata subsp. **tosana** (Steph.) Bischl., Cryptog. Bryol. Lichénol. **10**: 77. 1989. *Marchantia tosana* Steph., Bull. Herb. Boissier **5**: 99. 1897.

Marchantia cuneiloba Bull. Herb. Boiss. **5**: 98. 1897.

Marchantia radiata Horik., Sci. Rep. Tôhoku Imp. Univ., ser. 4, Biol. **5**: 629. 1930.

生境　阴湿土面、岩石上或稀生于腐木上。

分布　浙江(刘仲苓等,1989)、湖南、江西(何祖霞等,2010)、四川、云南、台湾、广东、广西、澳门。尼泊尔、印度、不丹、日本、朝鲜(Song and Yamada,2006)。

台湾地钱

Marchantia formosana Horik., J. Sci. Hiroshima Univ., ser. B, Div. 2, Bot. **2**: 121. f. 5. 1934. **Type**: China: Taiwan, Mt. Morrison, Aug. 1932, *Y. Horikawa 9117*.

生境　岩面上。

分布　台湾(Horikawa,1934)。中国特有。

尼泊尔地钱

Marchantia nepalensis Lehm. & Lindenb., Lehmann, Nov. Stirp. Pug. **4**: 10. 1832. **Type**: Nepal: *Wallich s. n.*

生境　不详。

分布　浙江(Zhu et al.,1998)。尼泊尔。

粗裂地钱

Marchantia paleacea Bertol., Opusc. Sci. **1**: 242. 1817.

粗裂地钱原亚种

Marchantia paleacea subsp. **paleacea**

Marchantia nitida Lehm. & Lindenb., Nov. Stirp. Pug. **4**: 11. 1832.

Marchantia squamosa var. *ramosior* C. Massal, Mem. Accad. Agric., Verona **73**(2): 54. 1897.

Marchantia fargesiana Steph., Bull. Herb. Boissier **7**: 521. 1899.

Marchantia paleacea fo. *purpuracens* Herzog, Symb. Sin. **5**: 5. 1930.

Marchantia confissa Steph. ex Bonner, Candollea **14**: 104. 1953.

生境　林下石壁或土面上。

分布　我国各省(自治区)均有分布。印度、尼泊尔、不丹(Long and Grolle, 1990)、日本、朝鲜(Yamada and Choe, 1997),欧洲、北美洲、非洲(Long and Grolle,1990)。

粗裂地钱风兜亚种

Marchantia paleacea subsp. **diptera** (Nees & Mont.) Inoue, J. Jap. Bot. **64**: 194. 1989. *Marchantia diptera* Nees & Mont., Ann. Sci. Nat., Bot., sér. 2, **19**: 243. 1843.

Marchantia hariotiana Steph. ex Bonner, Candollea **14**: 107. 1953.

Marchantia hastata Steph. ex Bonner, Candollea **14**: 107. 1953.

生境　阴湿环境岩石或土面上。

分布　江苏(刘仲苓等,1989)、浙江(Zhu et al.,1998)、湖南、湖北、四川、重庆、贵州、云南、福建(张晓青等,2011)、广东、台湾、香港。日本、朝鲜。

疣鳞地钱

Marchantia papillata Raddi, Critt. Bras. 20. 1822.

疣鳞地钱粗鳞亚种

Marchantia papillata subsp. **grossibarba** (Steph.) Bischl., Crypt. Bryol. Lichénol. **10**: 78. 1989.

Marchantia grossibarba Steph., Mém. Soc. Sci. Nat. Cherbourg **29**: 221. 1894.

生境　阴湿岩石或湿土上。

分布　四川、重庆、云南。不丹、印度、斯里兰卡、缅甸、泰国。

地钱高山亚种(新拟)

Marchantia polymorpha subsp. **montivagans** Bischl. & Boisselier—Dubayle, J. Bryol. **16**: 364. 1991.

生境　溪边,海拔 3945m。

分布　云南(Long, 2006)。巴基斯坦、尼泊尔和不丹(Long, 2006)。

地钱原亚种

Marchantia polymorpha L. subsp. **polymorpha**, Sp. Pl. 1137. 1753.

生境　阴湿土坡、墙下、沼泽地湿土或岩石上。

分布　我国各省(自治区)均有分布。世界广布。

地钱土生亚种(新拟)

Marchantia polymorpha subsp. **ruderalis** Bischl. & Boisselier-Dubayle, J. Bryol. **16**: 364. 1991.

生境　岩面上,海拔 1960~3850m。

分布　云南和青海(Long, 2006)。印度、不丹(Long, 2006)。

巨雄地钱

Marchantia robusta Steph., Candollea **14**: 111. 1953.

生境　阴湿土面或岩石上。

分布　云南。印度、斯里兰卡。

拟地钱

Marchantia stoloniscyphula (C. Gao & G. C. Zhang) Piippo, J. Hattori Bot. Lab. **68**: 134. 1990. *Marchantiopsia stoloniscyphulus* C. Gao & G. C. Zhang, Bull. Bot. Res., Harbin **2**: 114. 1982. **Type**: China: Xizang, Motuo Co., Aug. 18. 1974, *Chen Shu-Kun 53* (IFSBH).

生境　河边石上。

分布　云南、西藏。中国特有种。

拳卷地钱(全缘地钱)

Marchantia subintegra Mitt., J. Proc. Linn. Soc., Bot. **5**: 125. 1861. *Marchantia convoluta* C. Gao & G. C. Zhang, Acta Bot. Yunnan. **3**: 390. 1981. **Type**: China: Xizang, Motuo Co., Sept. 13. 1974, *Zhang Jin-Wei M 7417* (holotype: IFSBH).

生境　路边石上。

分布　浙江、重庆、云南、西藏(高谦等,1981, as *M. convoluta*)。尼泊尔、印度、不丹。

背托苔属 Preissia Corda

Naturalientausch **12**: 647. 1829.

模式种:*P. italica* Corda[=***P. quadrata*** (Scop.) Nees]

本属全世界现有 1 种。

背托苔

Preissia quadrata (Scop.) Nees, Naturgesch. Eur. Leberm. **4**: 135. 1838. *Marchantia quadrata* Scop., Fl. Carniol. (ed. 2), **2**: 355. 1772.

Preissa italica Corda, Naturalientaush **12**: 647. 1829.

生境　阴湿土面或湿石上。

分布　黑龙江、吉林、青海(Long, 2006)、新疆、云南、台湾(Yang and Lee, 1964)。喜马拉雅地区、日本、俄罗斯、欧洲、北美洲。

毛地钱科 Dumortieraceae D. G. Long

Edinburgh J. Bot. **63**: 260. 2006

本科全世界有 1 属。

毛地钱属 Dumortiera Nees

Nova Acta Phys. -Med. Acad. Caes. Leop. -Carol. Nat. Cur. **12**: 410. 1824.

模式种:*D. hirsuta* (Sw.) Nees

本属全世界现有 1 种。

毛地钱

Dumortiera hirsuta (Sw.) Nees, Fl. Bras. Enum. Pl. **1**: 307. 1833. *Marchantia hirsuta* Sw., Prodr. 145. 1788.

生境　阴湿土面或岩石表面。

分布　黑龙江(敖志文和张光初,1985)、江苏(刘仲苓等,1989)、浙江(刘仲苓等,1989)、江西(Ji and Qiang, 2005)、湖南、湖北、重庆、贵州、云南(Piippo et al., 1998)、台湾(Herzog and Noguchi, 1955)、香港。印度、尼泊尔、不丹(Long and Grolle, 1990)、东南亚地区、日本、朝鲜(Song and Yamada, 2006)、巴西(Yano, 1995)、玻利维亚(Gradstein et al., 2003), 欧洲、北美洲。

单月苔科 Monosoleniaceae E. H. Wilson

本科全世界有 1 属。

单月苔属 Monosolenium Griff.

Not. Pl. Asiat. 341. 1849.

模式种:*M. tenerum* Griff.

本属全世界现有 1 种。

单月苔

Monosolenium tenerum Griff., Not. Pl. Asiat. **2**: 341. 1849.

生境　阴湿土面或岩石上。

分布　云南、台湾、澳门。印度、日本。

星孔苔科 Claveaceae Cavers

本科全世界有 4 属(Rubasinghe et al., 2011b),中国有 3 属。

高山苔属 Athalamia Falc.

Trans. Linn. Soc. London **20**: 397. 1851.

模式种:*A. pinguis* Falc.

本属全世界现有 7～10 种,中国有 2 种。

云南高山苔

Athalamia handelii (Herzog) S. Hatt., J. Hattori Bot. Lab. **12**: 54. 1954., *Clevea handelii* Herzog, Symbolae Sinicae **5**: 2. 1930. **Type**: China: Yunnan, Lijiang Co., 2830m, June 9. 1915, *Handel-Mazzetti 6682*.

生境　不详。

分布　云南(Nicholson, 1930, as *Clevea handelii*)。中国特有。

高山苔

Athalamia pinguis Falconer, Trans. Linn. Soc. Lond. 20: 397. 1851.

生境　路边土壁,海拔 2850m。

分布　四川(吴鹏程, 2000)。喜马拉雅地区。

克氏苔属 Clevea Lindb.

Not. Sällsk. Fauna Fl. Fenn. Förh. 9: 289. 1868.

本属全世界现有 3 种(Rubasinghe et al., 2011a),中国有 2 种。

托鳞克氏苔(新拟)

Clevea hyalina (Sommerf.) Lindb., Not. Sällsk. Fauna Fl. Fenn. Förh. **9**: 291. 1868. *Marchantia hyalina* Sommerf., Mag. Naturvidensk., ser. **2**, 11(2): 234. 1833.

生境　不详。

分布　新疆。俄罗斯,欧洲和北美洲。

小克氏苔(新拟)

Clevea pusilla (Steph.) Rubasinghe & D. G. Long, J. Bryol. **33**(2): 167. 2011. *Gollaniella pusilla* Steph., Hedwigia **64**: 74. 1905.

Athalamia chinensis (Steph.) S. Hatt., J. Hattori Bot. Lab. **12**: 54. 1954.

Athalamia nana (Shimizu & S. Hatt.) S. Hatt., J. Hattori Bot. Lab. **12**: 56. 1954.

Athalamia glauco-virens Shim. & S. Hatt., J. Hattori Bot. Lab. **12**: 56. 1954.

Clevea chinensis Steph., Nuovo Giorn. Bot. Ital., n. s., **13**: 347. 1906. **Syntypes**: China: Shaanxi, Mt. Tui-kio-san, Oct. 19. 1896, *Grildi s. n.*; Zu-lu, Oct. 27. 1896, *Grildi s. n.*; In-kia-po, Oct. 16. 1897, *Giraldi s. n.*; Han-sun-fu, Oct. 1898, *Grildi s. n.*

生境　湿土面或岩面上,或石缝中。

分布　黑龙江、吉林、山东(张艳敏和汪楣芝, 2003, *as Athalamia glauco-virens*)、陕西、云南。日本(Shimizu and Hattori, 1954)。

星孔苔属 Sauteria Nees

Naturgesch. Eur. Leberm. 4: 139. 1838.

模式种:*S. alpina* (Nees & Bisch) Nees

本属全世界约有 7 种,中国有 3 种。

星孔苔

Sauteria alpina (Nees & Bisch) Nees, Naturgesch. Eur. Leberm. **4**: 139. 1838. *Lunularia alpina* Nees & Bisch., Flora **13**: 339. 1830.

生境　阴湿土面或岩石上。

分布　甘肃(安定国, 2002)、云南。北半球温带地区。

膨柄星孔苔

Sauteria inflata C. Gao & G. C. Zhang, Acta Bot. Yunnan. **3**: 389. 1981. **Type**: China, Xizang Prov. May 29. 1975, *Zang Mu 84* (holotype: IFP; isotype: HKAS).

生境　河边石上。

分布　云南、西藏。中国特有。

球孢星孔苔

Sauteria spongiosa (Kashyap) S. Hatt., J. Hattori Bot. Lab. **12**: 62. 1954., *Sauchia spongiosa* Kashyap, J. Bombay Nat. Hist. Soc. **24**: 347. 1916.

生境　石灰岩上,海拔 4440m。

分布　西藏(汪楣芝, 2000)、云南(Long, 2006)。印度、巴基斯坦和尼泊尔。

短托苔科 Exormothecaceae Grolle

J. Bryol. **7**: 208. 1972.

本科全世界有 3 属,中国有 1 属。

短托苔属 Exormotheca Mitt.
Nat. Hist. Azores 325. 1870.

模式种：*E. pustulosa* Mitt.

本属全世界现有8种，中国有1种。

四川短托苔

Exormotheca bischleri Furuki & Higuchi, Cryptog. Bryol. **27**: 98. 2006. **Type**: China: Sichuan, Mt. Siguniangshan, 3450m, Aug. 23. 1996, *Higuchi 29 514* (holotype: HKAS, isotypes: TNS, NY).

生境　溪边土面上，海拔3450m。

分布　四川(Furuki and Higuchi, 2006)。中国特有。

光苔科 Cyathodiaceae (Grolle) Stotler & Crand. -Stotl.

本科全世界有1属。

光苔属 Cyathodium Kunze
Nov. Stirp. Pug. 6: 17. 1834.

模式种：*C. cavernarum* Kunze

本属全世界现有12种，我国有5种。

黄光苔

Cyathodium aureo-nitens (Griff.) Schiffn., Denkschr. Kaiserl. Akad. Wiss., Math. -Naturwiss. Kl. **67**: 154. 1898. *Synhymenium aureo-nitens* Griff., J. Proc. Linn. Soc. **5**: 124. 1861.

生境　岩面，海拔1920～2400m。

分布　四川、云南(吴玉环和高谦，2006)。印度、缅甸、越南、印度尼西亚，非洲(吴玉环和高谦，2006)。

光苔

Cyathodium cavernarum Kunze, Nov. Stirp. Pug. **6**: 18. 1834.

生境　洞穴内岩面上。

分布　四川(张玉龙和吴鹏程，2006)、云南(吴玉环和高谦，2006)。印度、缅甸、印度尼西亚(吴玉环和高谦，2006)、澳大利亚(Meagher, 2002)、巴西(Yano, 1995)。

艳绿光苔

Cyathodium smaragdium Schiffn. ex Keissler, Ann. Nat. Mus. Wien **36**: 84. 1909.

生境　阴暗崖下、洞穴口处滴水石上或湿土上。

分布　湖南、四川、云南。印度、缅甸、日本、斯里兰卡、越南、印度尼西亚，非洲中西部(Srivastava and Dixit, 1996)。

细疣光苔

Cyathodium tuberculatum Udar & Singh, Bryologist **79**: 234. 1976.

生境　岩面薄土。

分布　云南(吴玉环和高谦，2006)。印度(Udar and Singh, 1976)。

芽胞光苔

Cyathodium tuberosum Kash., New Phytol. **13**: 210. 1914. *Cyathodium penicillatum* Steph., Spec. Hepat. **6**: 4. 1916.

生境　岩洞湿土上。

分布　云南(吴玉环和高谦，2006)。印度、缅甸(吴玉环和高谦，2006)。

花地钱科 Corsiniaceae Engl.

本科全世界有2属，中国有1属。

花地钱属 Corsinia Raddi

模式种：*C. coriandrina* (Spreng.) Lindb.

本属全世界现有1种。

花地钱

Corsinia coriandrina (Spreng.) Lindb., Hepat. Utveckl. 30. 1877. *Riccia coriandrina* Spreng., Anleit. Kenntn. Gew. **3**: 320. 1804.

生境　阴湿溪边土面上。

分布　云南、广西(贾鹏等，2011)。欧洲、北美洲、非洲。

皮叶苔科 Targioniaceae Dumort.

本科全世界有1属。

皮叶苔属 Targionia L.
Sp. Pl. 1136. 1753.

模式种：*T. hypophylla* L.

本属全世界现有3～4种，中国有2种。

台湾皮叶苔

Targionia formosica Horik., J. Jap. Bot. **11**: 499. 1935. **Type**: China: Taiwan, Mt. Hassenzan, Prov. Taichu, Dec. 28. 1928, *Y. Horikawa s. n.*

生境　土面或岩面上。

分布　台湾(Horikawa, 1935)。中国特有。

皮叶苔

Targionia hypophylla L., Sp. Pl. 1136. 1753.

生境 土面或岩面薄土上,海拔 2200m。

分布 黑龙江、吉林、辽宁、内蒙古、河北、河南、湖北、四川、云南。印度、尼泊尔、不丹(Long and Grolle,1990)、朝鲜(Yamada and Choe,1997)、日本、玻利维亚(Gradstein et al.,2003),欧洲、北美洲、大洋洲。

钱苔目 Ricciales Schljakov

钱苔科 **Ricciaceae** Rchb.

本科全世界有 2 属,中国有 2 属。

浮苔属 Ricciocarpos Corda
Naturalientausch **12**: 651. 1829.

模式种:*R. natans* (L.) Corda

本属全世界现有 1 种。

浮苔

Ricciocarpos natans (L.) Corda, Naturalientausch **12**: 651. 1829. *Riccia natans* L., Syst. Nat., (ed. 10), **2**: 1339. 1759.

生境 含丰富肥料的池沼中。

分布 黑龙江、辽宁、内蒙古、新疆、浙江(Zhu et al.,1998)、四川、贵州(石磊等,2011)、云南、福建、台湾。印度、尼泊尔、不丹(Long and Grolle,1990)、朝鲜、日本、俄罗斯、巴西(Yano,1995)、玻利维亚(Gradstein et al.,2003),欧洲、北美洲、大洋洲、非洲。

钱苔属 Riccia L.
Sp. Pl. **2**: 1138. 1753.

模式种:*R. glauca* L.

本属全世界约有 155 种,中国有 19 种。

宽瓣钱苔(新拟)

Riccia cavernosa Hoffm., Deutschl. Fl. **2**: 95. 1796.

生境 不详。

分布 内蒙古(Zhao et al.,2011)、新疆。俄罗斯、巴西。印度、蒙古、澳大利亚、加勒比地区,欧洲、非洲(Smith,1990)。

中华钱苔

Riccia chinensis Herzog, Symb. Sin. **5**: 1. 1930. **Type**: China.

生境 海拔 25~3300m。

分布 湖南、云南(Herzog, 1930b)。中国特有(Herzog, 1930b)。

凸面钱苔

Riccia convexa Steph., Sp. Hepat. **6**: 2. 1917.

生境 不详。

分布 不详(Stephani, 1917)。中国特有。

片叶钱苔

Riccia crystallina L., Sp. Pl. 1138. 1753.

生境 江河边湿土面上。

分布 吉林、辽宁、内蒙古、云南。欧洲、北美洲、非洲北部。

云南钱苔

Riccia delavayi Steph., Bull. Herb. Boissier **6**: 367. 1898.

生境 土面上。

分布 云南(Stephani, 1895)。中国特有。

叉钱苔

Riccia fluitans L., Sp. Pl. 1139. 1753.

生境 水沟的沉水中或河边湿土上。

分布 黑龙江、辽宁、内蒙古、山西(王桂花等,2007)、山东(赵遵田和曹同,1998)、甘肃(安定国,2002)、新疆、江苏(刘仲苓等,1989)、上海(李登科和高彩华,1986)、浙江(Zhu et al.,1998)、湖北、云南、福建、台湾、香港、澳门。朝鲜、日本、俄罗斯,欧洲、北美洲。

荒地钱苔

Riccia esulcata Steph., Sp. Hepat. **6**: 2. 1917.

生境 不详。

分布 不详(Stephani, 1917)。中国特有。

多孢钱苔

Riccia fertilissima Steph., Sp. Hepat. **6**: 2. 1917.

生境 不详。

分布 不详(Stephani, 1917)。中国特有。

小孢钱苔

Riccia frostii Austin, Bull. Torrey Bot. Club **6**: 17. 1875.

生境 河岸土面上。

分布 吉林、辽宁、内蒙古(Zhao et al.,2011)、山东(张艳敬等,2002)、新疆、云南。俄罗斯,欧洲、北美洲。

钱苔

Riccia glauca L. Sp. Pl. 1139. 1753.

生境 河边或林下湿土上。

分布 黑龙江、辽宁、山东(赵遵田和曹同,1998)、甘肃(安定国,2002)、上海(刘仲苓等,1989)、浙江(Zhu et al.,1998)、江西(Ji and Qiang,2005)、福建(张晓青等,2011)、云南、台湾、香港、澳门。朝鲜、日本、俄罗斯,欧洲、北美洲。

稀枝钱苔

Riccia huebeneriana Lindenb., Nov. Actorum Acad. Caes. Leop.-Carol. German. Nat. Cur. **18**: 504. 1836[1837].

生境 河边或公园的湿土上。

分布 吉林、辽宁、内蒙古、云南、澳门。日本、朝鲜(Yamada and Choe,1997)、俄罗斯(远东地区),欧洲。

吉林钱苔

Riccia kirinensis C. Gao & G. C. Zhang, Acta Phytotax.

Sin. **16**(4): 117. pl. **3**: 1-5. 1978. **Type**: China. Prov. Ji-Lin: He-Long, Aug 17, 1973, *Gao & Chang 8582* (*B*) (Holotype: IFP).
生境　土面上。
分布　吉林(高谦和张光初，1978)。中国特有(高谦和张光初，1978)。

辽宁钱苔

Riccia liaoningensis C. Gao & G. C. Zhang, Acta Phytotax. Sin. **16** (4): 113. 1978. **Type**: China, Liaoning Prov. Kuan-Dian, Ya-Lu river, July 10. 1973, *Gao & Chang 8491* (holotype: IFBH).
生境　江边湿土上。
分布　辽宁、云南。中国特有。

黑鳞钱苔

Riccia nigrella DC., Fl. Franç. (ed. 3) **6**: 193. 1815.
生境　地面上。海拔 1300m。
分布　山东(张艳敏等,2002)、四川(Herzog, 1930b)。澳大利亚,亚洲、欧洲、北美洲、非洲南部。

日本钱苔

Riccia nipponica S. Hatt., J. Hattori Bot. Lab. **9**: 38. f. 5. 1953.
生境　沟边土面上。
分布　上海、浙江(刘仲苓等,1989)。日本。

突果钱苔

Riccia pseudofluitans C. Gao & G. C. Zhang, Acta Phytotax. Sin. **16** (4): 116. pl. 2: 9-16. 1978. **Type**: China: Prov. Liao-Nin: Kuan-Dian, beside Ya-Lu River, on moist soil, Aug. 10. 1973, *8494* (*5*) (holotype: IFP).
生境　土面上。
分布　辽宁(高谦和张光初，1978)。中国特有(高谦和张光初，1978)。

佐藤钱苔

Riccia satoi S. Hatt., Botanical Magazine **62**: 109. f. 1. 1949. **Type**: China, Shanxi.
生境　土面上。
分布　山西(Hattori, 1949)。中国特有(Hattori, 1949)。

刺毛钱苔*

Riccia setigera R. M. Schust., J. Hattori Bot. Lab. **71**: 273. 1992. invalid, herbarium not specified.
生境　岩石下土面。
分布　宁夏。美国。

肥果钱苔

Riccia sorocarpa Bischl., Nov. Actorum Acad. Caes. Leop.-Carol. German. Nat. Cur. **17**: 1053. 1835.
生境　河边或公园林下的湿土上。
分布　吉林、辽宁、内蒙古、山东(赵遵田和曹同,1998)、宁夏、新疆、四川、云南。日本、朝鲜(Yamada and Choe, 1997),欧洲、北美洲。

小叶苔纲 Fossombroniopsida W. Frey & Hilger

小叶苔目 Fossombroniales Schljakov

小叶苔科 Fossombroniaceae Hazsl.

本科全世界有 2 属,中国有 1 属。

小叶苔属 Fossombronia Raddi
Jungermanniogr. Etrusca 29. 1818.

模式种: *F. angulosa* (Dicks.) Raddi
本属全世界约有 85 种,中国有 3 种。

喜马拉雅小叶苔(新拟)

Fossombronia himalayensis Kashyap, New Phytol. **14**: 4. 1915.
Fossombronia longiseta auct. non Austin, Proc. Acad. Nat. Sci. Philadelphia **21**: 228. 1869.
Fossombronia levieri Steph., in Handel-Mazzetti, Symb. Sin. **5**: 9. 1930. **Type**: China: Sichuan, Huili Co., 2875m, Sept. 17. 1914, *Handel-Mazzetti 5224* (holotype: H-BR).
Fossombronia kashyapii S. C. Srivast. & Udar, Nova Hedwigia **26**: 816. 1975.
生境　路边土面。
分布　重庆、四川、云南。印度、尼泊尔、印度尼西亚(爪哇岛、巴厘岛)。

日本小叶苔(新拟)

Fossombronia japonica Schiffn., Österreichische Botanische Zeitschr. **49**: 389. 1899. **Type**: Japan: Honshu, *Miyake 50* (lectotype: FH; isolectotype: W).
Fossombronia akiensis Horik., Bot. Mag. (Tokyo) **48**: 453. 1834.
Fossombronia cristula auct. non (Austin) Austin, Proc. Acad. Nat. Sci. Philadelphia **21**: 228. 1869.
Fossombronia cristula Austin var. *verdoornii* Chalaud, Ann. Bryol. **4**: 143-146. 1931.
Fossombronia australi-nipponica Horik., J. Sci. Hiroshima Univ., ser. B, Div. 2, Bot. **2**: 138 f. 8. 1934. **Type**: China: Taiwan, Kelung, Apr. 1934, *Y. Horikawa 13 546*.

---

* 这是一个不合格的名称,因为在 1992 年发表时作者没有指明模式标本的存放地。如果补充条件后,合法发表也许是个明显的种,所以本种在此收录。

Fossombronia foreaui Udar & S. C. Srivast., Beih. Nova Hedwigia **47**: 463. 1973.

生境 土面。

分布 福建(张晓青等,2011)、台湾(Krayesky et al.,2005)、广西(Zhu and So,2002)、香港(张力,2010)。印度尼西亚、日本、巴布亚新几内亚。

小叶苔

Fossombronia pusilla (L.) Dumort., Recueil Observ. Jungerm. 11. 1835. *Jungermannia pusilla* L., Sp. Pl. 1136. 1753. **Type**: Europe: Dillenius, Historia Muscorum t. 74, f. 46: Hb. Dill. (*sheet*) *CLXIII* (*163*) *n. 46*.

生境 潮湿的土面或沼泽中。

分布 黑龙江、吉林、辽宁、河北、山东、甘肃(安定国,2002)、湖南、四川、云南、西藏(Krayesky et al.,2005)、台湾。日本、朝鲜(Yamada and Choe,1997)、巴布亚新几内亚、俄罗斯、美国(夏威夷),欧洲、北美洲、南美洲。

苞叶苔科 Allisoniaceae (R. M. Schust. ex Grolle) Schljakov

本科全世界有2属,中国有1属。

苞片苔属 Calycularia Mitt.
J. Proc. Linn. Soc., Bot. 5: 122. 1861.

模式种:*C. crispula* Mitt.

本属全世界现有4种,中国有1种。

苞片苔

Calycularia crispula Mitt., J. Proc. Linn. Soc., Bot. **5**: 122. 1861.

Calycularia formosana Horik, J. Sci. Hiroshima Univ., ser. B, Div. 2, Bot. **2**: 137. 1934. **Type**: China: Taiwan, Mt. Morrison, Aug. 1932, *Y. Horikawa 9118*.

生境 湿土面上。

分布 云南、台湾、广东、广西。印度、尼泊尔、不丹、缅甸、泰国、日本、朝鲜、墨西哥、坦桑尼亚、马拉维、埃塞俄比亚(Long and Grolle,1990)。

南溪苔科(牧野苔属)Makinoaceae Giacom.

本科全世界有1属。

南溪苔属(牧野苔属)Makinoa Miyake
Hedwigia 38: 202. 1899.

模式种:*M. crispata* (Steph.) Miyake

本属全世界现有1种。

南溪苔(牧野苔)

Makinoa crispata (Steph.) Miyake, Bot. Mag. (Tokyo) **13**: 21. 1899. *Pellia crispata* Steph., Bull. Herb. Boissier **5**: 103. 1897. **Type**: Japan: Akita, *Faurie 14 865*.

生境 山地林下沟谷中潮湿的岩面或土面上。

分布 辽宁、安徽、浙江、江西(Ji and Qiang,2005)、湖南、贵州(彭晓磬,2002)、云南、福建(张晓青等,2011)、台湾、广东、广西、香港。朝鲜、日本、菲律宾、印度尼西亚、巴布亚新几内亚。

带叶苔纲 Pallaviciniopsida W. Frey & M. Stech

带叶苔目 Pallaviciniales W. Frey & M. Stech

莫氏苔科 Moerckiaceae Stotler & Crand.-Stotl.

本科全世界有2属,中国有1属。

拟带叶苔属 Hattorianthus R. M. Schust. & Inoue
Bull. Nat. Sci. Mus., Tokyo, B. 1: 103. 1975.

模式种:*H. erimonus* (Steph.) R. M. Schust. & Inoue

本属全世界现有1种。

拟带叶苔

Hattorianthus erimonus (Steph.) R. M. Schust. & Inoue, Bull. Nat. Sci. Mus., Tokyo, B. **1**: 106. 1975. *Pallavicinia erimona* Steph., Bull. Herb. Boissier **5**: 102. 1897. **Type**: Japan: Cap Erimo, Mororan, *Miyabe 287*.

生境 阴湿岩石上。

分布 华东和华中地区。日本、俄罗斯,欧洲、北美洲。

带叶苔科 **Pallaviciniaceae** Mig.

本科全世界有 7 属，中国有 1 属。

带叶苔属 Pallavicinia Gray
Nat. Arr. Brit. Pl. **1**: 775. 1821.

模式种：*P. lyllii* (Hook.) Gray

本属全世界现有 15 种，中国有 4 种。

多形带叶苔

Pallavicinia ambigua (Mitt.) Steph., Mém. Herb. Boissier **11**: 7. 1900. *Steetzia ambigua* Mitt., J. Proc. Linn. Soc., Bot. **5**: 123. 1861.

Makednothallus isoblastus Herz., J. Hattori Bot. Lab. **14**: 31. 1955. **Type**: China: Taiwan, 500m, Nov. 1. 1947, *G. H. Schwabe 22*.

Symphyogrna sinensis C. Gao, E. Z. Bai & C. Li. Bull. Bot. Res. 7(4): 57. 1987. **Type**: China: Sichuan, Yaan Co., 700m, *Gao chien et al. 17 270* (holotype: IFBSH).

生境　山谷溪边湿石上。

分布　江西(何祖霞等，2010)、湖南、重庆、贵州、福建(张晓青等，2011)、台湾(Herzog and Noguchi, 1955)。印度、印度尼西亚。

暖地带叶苔

Pallavicinia levieri Schiffn., Denkschr. Kaiserl. Akad. Wiss., Math.-Naturwiss. Kl. **67**: 184. 1898.

生境　不详。

分布　福建(张晓青等，2011)、台湾(Herzog and Noguchi, 1955)。日本。

带叶苔

Pallavicinia lyellii (Hook.) Gray, Nat. Arr. Brit. Pl. **1**: 685. f 775. 1821. Carruth., J. Bot. **3**: 302. 1865. *Jungermannia lyellii* Hook., Brit. Jungerm. Pl. 77. 1816.

生境　溪边潮湿土面上。

分布　辽宁、山东、浙江、江西、湖南、四川、贵州、云南、福建(张晓青等，2011)、台湾、广东、广西、海南、香港、澳门。尼泊尔、不丹(Long and Grolle, 1990)、印度尼西亚、菲律宾、日本、巴布亚新几内亚、俄罗斯、澳大利亚、新西兰、巴西(Yano, 1995)，北美洲、非洲。

长刺带叶苔

Pallavicinia subciliata (Austin) Steph., Mém. Herb. Boissier **11**: 9. 1900. *Sweetzia subciliata* Austin, Bull. Torrey Bot. Club **6**: 303. 1879.

Pallavicinia longispina Steph., Bull. Herb. Boissier **5**: 102. 1897.

生境　谷地溪边湿石上。

分布　浙江(刘仲苓等，1989)、湖南、重庆、贵州、云南、福建(张晓青等，2011)、台湾、广西、香港。日本。

溪苔纲 Pelliopsida W. Frey & M. Stech

溪苔目 Pelliales He-Nygrén, Juslén, Ahonen, Glenny & Piippo

溪苔科 **Pelliaceae** H. Klinggr.

本科全世界有 1 属。

溪苔属 Pellia Raddi
Jungermanniogr. Etrusca 38. 1818.

模式种：*P. fabbroniana* Raddi [= ***P. endiviifolia*** (Dicks.) Dumort.]

本属全世界现有 5～6 种，中国有 3 种。

溪苔

Pellia epiphylla (L.) Corda, Naturalientausch **12**: 654. 1829. *Jungermannia epiphylla* L., Sp. Pl. 1135. 1753.

生境　山区溪边、石上或湿土面上。

分布* 黑龙江、内蒙古、山东(赵遵田和曹同，1998)、新疆、浙江(刘仲苓等，1989)、云南、西藏、福建(张晓青等，2011)、广西(Zhu and So, 2002)。不丹(Long and Grolle, 1990)、日本、朝鲜(Yamada and Choe, 1997)，欧洲、北美洲。

花叶溪苔

Pellia endiviifolia (Dicks.) Dumort., Recueil Observ. Jungerm. 27. 1835. *Jungermannia endiviaefolia* Dicks., Fas. Pl. Crypt. Brit. **4**: 19. 1801.

Pellia fabbroniana Raddi, Mem. Mat. Fis. Soc. Ital. Sci. Modena, Pt. Mem. Fis. **18**: 49. 1818[1820].

生境　阴湿岩面或湿土上。

分布　黑龙江、吉林(敖志文和张光初，1985)、山东(赵遵田和曹同，1998)、甘肃(Wu et al., 2002)、新疆、浙江(刘仲苓等，1989)、江西(何祖霞等，2010)、福建(张晓青等，2011)、台湾(Horikawa, 1934, as *P. fabbroniana*)。印度、尼泊尔、不丹、日本、朝鲜(Song and Yamada, 2006)，欧洲、北美洲。

波绿溪苔

Pellia neesiana (Gottsche) Limpr., Hedwigia **15**: 18. 1876., *Pellia epiphylla* fo. *neesiana* Gottsche, Hedwigia **6**: 69. 1867.

---

* 以前曾报道尼泊尔有分布，但受到 Grolle (1966)的怀疑。

生境 土面上。
分布 上海(李登科和高彩华，1986)、台湾(Horikawa，1934)。日本、朝鲜(Song and Yamada，2006)、喜马拉雅地区、俄罗斯，欧洲、北美洲。

叶苔纲 Jungermanniopsida Stotler & Crand.-Stotl.
异舌苔目(新拟)Perssoniellales Schljakov

歧舌苔科 Schistochilaceae H. Buch.

本科全世界有4属，中国有1属。

歧舌苔属 Schistochila Dumort.
Recueil Observ. Jungerm. 15. 1835.

模式种：*S. appendiculata* (Hook.) Dumort.
本属全世界约有60种，中国有6种。

尖叶歧舌苔

Schistochila acuminata Steph., Sp. Hepat. **4**: 81. 1909. **Type**: Philippines: Mindoro, Mt. Halion, 1800m, *Merrill 6112* (lectotype: G; isolectotype: FH).
Schistochila wrayana Steph., Sp. Hepat. **4**: 83. 1909.
Schistochila purpurascens Herzog, Hedwigia **66**: 341. 1926.
Schistochila rigidula Horik., Ann. Bryol. **6**: 60. 1933. **Type**: China: Taiwan, Mt. Taiheizan, *Y. Horikawa 24* (holotype: HIRO).
生境 热带混交林下腐木或树干上。
分布 台湾。菲律宾、印度尼西亚、马来西亚。

大歧舌苔

Schistochila aligera (Nees & Blume) J. B. Jack & Steph., Hedwigia **31**: 12. 1892. *Jungermannia aligera* Nees & Blume, Nova Acta Phys.-Med. Acad. Caes. Leop.-Caool. Nat. Cur. **11** (1): 135. 1823. **Type**: Indonesia: Java, Tjeriman, *Junghuhn s. n.* (holotype: STR; isotypes: BM, L).
Gottschea philippinensis Mont., Ann. Sci. Nat., Bot., sér. 2, **19**: 224. 1843.
Gottschea aligera (Nees & Blume) Nees, Syn. Hepat. 17. 1847.
Schistochila philippinensis (Mont.) J. B. Jack & Steph., Bot. Centralbl. **60**: 98. 1894.
Schistochila philippinensis (Mont.) Steph. in Engler(ed.), Bot. Jahrb. Syst. **23**: 308. 1896.
Schistochila aligeriformis (De Not.) Schiffn., Consp. Hep. Archip. Ind. 213. 1898.
Schistochila gaudichaudii (Gottsche) Schiffn., Consp. Hep. Archip. Ind. 216. 1898.
Schistochila notarisii Schiffn., Consp. Hep. Archip. Ind. 217. 1898.
Schistochila lauterbachii Steph. in Schum. & Lauterb. Flora Deutsch. Schutzgeb. Sudsee 72. 1901.
Schistochila commutata Steph., Sp. Hepat. **4**: 74. 1909.
Schistochila curtisii Steph., Sp. Hepat. **4**: 79. 1909.
Schistochila cuspidata Steph., Sp. Hepat. **4**: 79. 1909.
Schistochila fleischeri Steph., Sp. Hepat. **4**: 81. 1909.
Schistochila sumatrana Steph., Sp. Hepat. **4**: 74. 1909.
Schistochila maxima Steph., Sp. Hepat. **6**: 493. 1923.
Scapania subnuda Steph., Sp. Hepat. **6**: 504. 1924.
Schistochila paueidens Steph., Sp. Hepat. **6**: 494. 1924.
Schistochila caudata Buch, Ann. Bryol. **12**: 12. 1939, *nom. inval.*
Schistochila recurvata Buch, Ann. Bryol. **12**: 10. 1939, *nom. inval.*
Schistochilaster philippinensis (Mont.) H. A. Miller, Phytologia **20**: 319. 1970.
Paraschistochila philippinensis (Mont.) R. M. Schust., Bull. Natl. Sci. Mus., n. s., **14**: 647. 1971.
Schistochilaster aligera (Nees & Blume) R. M. Schust., Bull. Natl. Sci. Mus., n. s., **14**: 650. 1971.
生境 林下阴湿腐木上、树干或有时见于岩面。
分布 云南、台湾、广东、海南。印度、泰国、马来西亚、菲律宾、印度尼西亚、斯里兰卡、巴布亚新几内亚、密克罗尼西亚。

阔叶歧舌苔

Schistochila blumei (Nees) Trevis., Mem. Reale Ist. Lombardo Sci., ser. 3, Cl. Sci. Mat. **4**: 392. 1877. *Jungermannia blumei* Nees in Blume, Nova Acta Phys.-Med. Acad. Caes. Leop.-Carol. Nat. Cur. **11**(1): 136. 1823. **Type**: Indonesia: Java, *collector unknown* (holotype: STR; isotypes: BM, STR).
Schistochila wallisii J. B. Jack & Gottsche, Hedwigia **31**: 26. 1892.
Schistochila loriana Steph., Sp. Hepat. **4**: 79. 1909.
Schistochila formosana Horik., Ann. Bryol. **6**: 59. 1933. **Syntypes**: China: Taiwan, Mt. Taiheizan, Taihoku, Aug. 24. 1932, *Y. Horikawa s. n.*; Mt. Morrison, Tainan Co., Aug. 20. 1932, *Y. Horikawa s. n.* (HIRO).
生境 热带、亚热带林下腐木或树干上。
分布 湖南(Koponen et al., 2004)、台湾。泰国、菲律宾、印度尼西亚(爪哇)、马来西亚、巴布亚新几内亚。

粗齿歧舌苔(粗齿狭瓣苔)

Schistochila macrodonta W. E. Nicholson in Handel-Mazzetti, Symb. Sin. **5**: 29. 1930. **Type**: China: Yunnan, 2800～3450m, *H. Handel-Mazzetti 9366* (holotype: W).
Gottschea macrodonta (W. E. Nicholson) C. Gao & Y.-H. Wu, J. Hattori Bot. Lab. **95**: 264. 2004.
生境 热带混交林下树干基部，海拔2700～3600m。
分布 云南。不丹(Long and Grolle, 1990; So, 2003a)。

小歧舌苔

Schistochila minor C. Gao & Y. H. Wu, J. Hattori Bot. Lab. **95**: 267. 2004. **Type**: China: Taiwan, Xinzhu Co., Yuanyang Lake Nature Reserve, *Gao Chien & Cao Tong 980 318* (holotype: IFSBH; isotype: JE).

生境　热带混交林下树干上。
分布　台湾。中国特有。

全缘歧舌苔

Schistochila nuda Horik., J. Sci. Hiroshima Univ., ser. B, Div. 2, Bot. **2**: 215. 1934. **Type**: China: Taiwan, *Horikawa 10 626* (holotype: HIRO).

Paraschistochila nuda (Horik.) Inoue, Ill. Jap. Hepat. **2**: 179. 1974.

Gottschea nuda (Horik.) Grolle & Zijlstra, Taxon **33**: 89. 1984.

生境　混交林下老树干上。
分布　云南、台湾。日本、菲律宾。

叶苔目 Jungermanniales H. Klinggr.

小袋苔科 **Balantiopsaceae** H. Buch

本科全世界有7属，中国有1属。

直蒴苔属 Isotachis Mitt.
Fl. Nov.-Zel. **2**: 148. 1854.

模式种：*I. lyallii* Mitt.
本属全世界现有15种，中国有3种。

瓢叶直蒴苔

Isotachis armata (Nees) Gottsche, Ann. Sci. Nat., Bot., sér. 5. **1**: 121. 1864. *Jungermannia armata* Nees, Syn. Hepat. 129. 1844.

生境　岩面薄土上。
分布　云南。菲律宾、印度尼西亚、巴布亚新几内亚。

中华直蒴苔

Isotachis chinensis C. Gao, T. Cao & J. Sun, Bryologist **105** (4): 694. 2002. **Type**: China: Guangxi, Xinan Co., Mt. Miaoershan, 3200m, on rock, Sept. 14. 1974, *Gao Chien & Zhang Chuang Chu 1317* (holotype: IFSBH).

生境　高山湿土上。
分布　湖南、广西。中国特有。

东亚直蒴苔

Isotachis japonica Steph., Sp. Hepat. **3**: 652. 1909.

Isotachis turgida Herzog, Ann. Bryol. **5**: 78. 1932.

生境　岩面薄土或湿土上。
分布　云南、福建(汪楣芝，1994a)、台湾、广西。日本、菲律宾。

叶苔科 **Jungermanniaceae** Rchb.

本科全世界有30属，中国有9属。

拟隐苞苔属 Cryptocoleopsis Amakawa
J. Hattori Bot. Lab. **21**: 274. 1959.

模式种：*C. imbricata*
本属全世界有1种。

拟隐苞苔

Cryptocoleopsis imbricata Amakawa, J. Hattori Bot. l Lab. **21**: 274. 1959. **Type**: Japan: Hokkaido, *Shimizu 53 467* (holotype: NICH).

生境　不详。
分布　云南(Wu and Gao, 2002)。日本。

疣叶苔属 Horikawaella S. Hatt. & Amakawa
Misc. Bryol. Lichenol. **5**(10-12): 164. 1971.

模式种：*H. subacuta* (Herzog) S. Hatt. & Amakawa
本属全世界现有2种，中国1种。

圆叶疣叶苔*

Horikawaella rotundifolia C. Gao & Y. J. Yi, Acta phytotax. Sin. **36**(3): 268-272. 1998, invalid, herbarium not specified. **Type**: China: Yunnan, Gongshan Co., 3300m, July 24. 1982, *Zang Mu 611* (types: IFP, HKAS).

生境　高寒地区土地上。
分布　湖北、云南。中国特有。

叶苔属 Jungermannia L.
Sp. Pl. 1131. 1753.

模式种：*J. lanceolata* L. emend. Grolle
本属全世界有60多种，中国有9种，1亚种。

深绿叶苔

Jungermannia atrovirens Dumort., Sylloge Jungerm. 51. 1831.

Jungermannia lanceolata L., Sp. Pl. 1131. 1753.

---

* 该种存在问题：没有指明哪个标本馆的标本是主模式，有待补充合法发表的条件。

Aplozia atrovirens (Dumort.) Dumort., Bull. Soc. Roy. Bot, Belgique **13**: 63. 1874.

Haplozia atrovirens (Dumort.) K. Müller in Rabenh., Krypt. Fl. Deutschl. Oest. Schweiz (ed. 2), **6**(1): 563. 1909.

Jungermannia tristis Nees, Naturgesch. Eur. Leberm. **2**: 448. 1836.

Solenostoma triste (Nees) K. Müller, Hedwigia **81**: 117. 1942.

生境　林下泥土或岩面薄土上。

分布　黑龙江、吉林、辽宁、河北(Li and Zhao, 2002, as *Jungermannia lanceolata*)、山东(赵遵田和曹同, 1998, as *Solenostoma friste*)、甘肃(吴玉环等, 2008)、上海(刘仲苓等, 1989, as *J. lanceolata*)、浙江(刘仲苓等, 1989, as *J. lanceolata*)、江西(Ji and Qiang, 2005)、湖北、云南、西藏、福建(张晓青等, 2011)、台湾(Yang and Lee, 1964, as *L. Lanceolata*)。日本、朝鲜(Yamada and Choe, 1997), 欧洲、北美洲。

耳状叶苔(新拟)

Jungermannia conchata Grolle & Váňa, Fragm. Florist. Geobot. **37**: 4. 1992. **Type**: Nepal: 4100m, Sept. 9. 1989, *D. G. Long 16 779*(E).

生境　岩面或草地上, 海拔 3500～3600m。

分布　云南(Váňa and Long, 2009)。尼泊尔。

长萼叶苔

Jungermannia exsertifolia Steph., Sp. Hepat. **6**: 86. 1927.

长萼叶苔原亚种

Jungermannia exsertifolia subsp. **exsertifolia**

Solenostoma exsertifolia (Steph.) Amakawa, J. Jap. Bot. **32**: 41. 1957.

Jungermannia cordifolia subsp. *exsertifolia* (Steph.) Amakawa, J. Hattori Bot. Lab. **22**: 44. 1960.

生境　阔叶林、针阔混交林下岩面薄土或树干基部上。

分布　辽宁、上海(刘仲苓等, 1989)、云南、台湾(Váňa and Inoue, 1983)。日本、朝鲜、俄罗斯(远东地区)。

长萼叶苔心叶亚种

Jungermannia exsertifolia subsp. **cordifolia** (Dumort.) Váňa, Folia Geobot. Phytotax. **8**: 268. 1973. *Aplozia cordifolia* Dumort., Bull. Soc. Roy. Bot. Belgique **13**: 59. 1874. *Solenostoma cordifolia* (Hook.) Steph., Sp. Hepat. **2**: 61. 1901.

生境　林边岩面湿土或土面上。

分布　吉林、辽宁、山东(赵遵田和曹同, 1998, as *Solenostoma cordifolia*)。欧洲。

叶苔

Jungermannia horikawana (Amakawa) Amakawa, J. Hattori Bot. Lab. **22**: 34. 1960. *Plectocolea horikawana* Amakawa, J. Jap. Bot. **32**: 219. 1957. **Type**: Japan: Mt. Tara, Nagasaki Prefecture, Kyushu, *Amakawa 2259* (holotype: NICH).

生境　路边或岩壁上, 海拔 900m。

分布　湖南(Váňa et al., 2005)。日本。

圆叶叶苔

Jungermannia orbicularifolia (C. Gao) Piippo, J. Hattori Bot. Lab. **68**: 134. 1990. *Solenostoma orbicularifolium* C. Gao, Fl, Hepat. Chin. Boreali-Orient: 205. 1981. **Type**: China: Jilin, *Gao Chien 7311* (holotype: IFSBH).

生境　断崖下岩面湿土上。

分布　吉林、重庆。中国特有。

小萼叶苔

Jungermannia parviperiantha C. Gao & X. L. Bai, Philipp. Sci. **38**: 128. 2001. **Type**: China: Fujian, Mt. Wuyishan, 700m, on stone walls, *Li Deng-Ke & Gao Cai-Hua 11 393* (holotype: HSM; isotype: IFSBH).

生境　路边石壁上。

分布　福建。中国特有。

矮细叶苔

Jungermannia pumila With., Nat. Ann. Brit. P1. 866. 1776.

Aplozia pumila (With.) Dumort., Hepat. Eur. 59. 1874.

Solenostoma pumilum K. Müller, Rabenh. Krypt. Fl. (ed. 3), **6**: 821. 1954.

生境　针阔混交林下岩面薄土上或有时生于土面上。

分布　浙江。欧洲、北美洲。

垂根叶苔

Jungermannia radicellosa (Mitt.) Steph., Bull. Herb. Boissier, sér. 2, **1**: 513. 1901. *Solenostoma radicellosum* Mitt., J. Linn. Soc., Bot. **8**: 156. 1865. **Type**: Japan: Nagasaki, *Oldham s. n.* (BM).

生境　林下或路边湿泥土或湿石上。

分布　四川、云南、西藏、台湾。印度、斯里兰卡、日本、朝鲜(Yamada and Choe, 1997)、巴布亚新几内亚。

疏叶叶苔

Jungermannia sparsofolia C. Gao & J. Sun, Bull. Bot. Res. **27**: 139. 2007. Replaced: *Jungermannia laxifolia* C. Gao, Fl. Bryophyt. Sin. **9**: 270. 2003, *hom. illeg.* Replaced: *Jungermannia microphylla* (C. Gao) G. C. Zhang, Fl. Heilongjiang. **1**: 86. 1985.

Solenostoma microphyllum C. Gao, Fl. Hepat. Chin. Boreali-Orient. 206. pl. 23. 1981. **Type**: China: Prov. Heilongjiang, Xiao Hingganling Wuying, *Gao Chien 8070* (IFSBH).

生境　林下溪边岩石上。

分布　黑龙江、吉林、湖南、西藏。中国特有。

无褶苔属 Leiocolea (K. Müller) H. Buch
Mem. Soc. Fauna Fl. Fenn. **8**: 288. 1933.

本属全世界现有 12 种, 中国有 4 种。

方叶无褶苔

Leiocolea bantriensis (Hook.) Steph., Sp. Hepat. **2**: 236. 1906.

Jungermannia bantriensis Hook., Brit. Jungermann. Pl. 41. 1816.

Lophozia bantriensis (Hook.) Steph., Sp. Hepat. **2**: 133. 1906.

生境　潮湿岩石表面或土面上。

分布　黑龙江(敖志文和张光初, 1985, as *Lophozia bantriensis*)、吉林、山西(Wang et al., 1994, as *Lophozia bantriensis*)、甘肃。俄罗斯(西伯利亚)、格陵兰岛(丹属)和冰

岛，欧洲、北美洲。

小无褶苔

Leiocolea collaris (Nees) Jörg., Bergens Mus. Skr. **16**: 163. 1934. *Jungermannia collaris* Nees, Fl. Crypt. Erlang. xv. 1817.

Lophozia collaris (Mart.) Dumort., Recueil Observ. Jungerm. 17. 1835.

Jungermannia mülleri Nees in Lindb., Nova Acat Acad. Caes. Leop.-Carol. Nat. Cur. 14 Suppl. 39. 1829.

Leiocolea mülleri (Nees) Joerg., Bergens Musc. Skr. **16**: 163. 1934.

Lophozia mülleri (Nees) Dumort., Recueil Observ. Jungerm. 17. 1835.

生境　林下溪边湿土上、潮湿的岩面或腐木上。

分布　黑龙江、吉林、山东(赵遵田和曹同，1998)、宁夏(黄正莉等，2010)、重庆。欧洲和北美洲。

粗疣无褶苔

Leicolea igiana (S. Hatt.) Inoue, J. Hattori Bot. Lab. **25**: 190. 1962. *Lophozia igiana* S. Hatt., J. Jap. Bot. **31**: 201. 1956.

生境　高海拔山崖岩面薄土上或腐木上。

分布　四川、云南。日本。

秃瓣无褶苔

Leiocolea obtusa H. Buch, Memornada Soc. Fauna Fl. Fenn. **8**: 288. 1932.

Lophozia obtusa (Lindb.) A. Evans, Proc. Wash. Acad. Sci. **2**: 303, 1900.

Barbilophozia obtusa H. Buch, Memoranda Soc. Fauna Fl. Fenn. **17**: 289. 1942.

Obtusifolium obtusum S. W. Arnell, Ill. Moss Fl. Fennoscandia. I. Hepat. 133. 1956.

生境　潮湿林下土面或岩面上。

分布　甘肃(吴玉环等，2008)、黑龙江(敖志文和张光初，1985)、吉林、内蒙古、青海(吴玉环等，2008)。日本、俄罗斯、冰岛，欧洲和北美洲。

狭叶苔属(新拟) Liochlaena Nees
Syn. Hepat. 150. 1845.

模式种：*L. lanceolata* Nees

本属全世界约有6种，中国有2种。

狭叶苔(新拟)

Liochlaena lanceolata Nees, Syn. Hepat. 150. 1845.

Solenostoma lanceolata Sensu Steph., Sp. Hepat. **2**: 60. 1901.

Jungermannia leiantha Grolle, Taxon **15**: 187. 1966.

生境　林下树干基部、腐木上或有时生于湿岩面薄土上。

分布　黑龙江、辽宁、内蒙古、新疆、江苏、浙江、江西、湖南、四川、贵州、西藏。欧洲、北美洲。

短萼狭叶苔

Liochlaena subulata (A. Evans) Schljakov, Bot. Zurn. (Moscow & Leningrad) **58**: 1547. 1973. *Jungermannia subulata* A. Evans, Trans. Connecticut. Acad. Arts **8**: 258. 1892.

Jungermannia breviperiantha C. Gao, Fl. Hepat. Chin. Boreali-Orient. 206. 1981. **Type**: China: Liaoning, Zhuanghe Co., Mt. Buyunshan, 810m, June 29. 1961, *Gao Chien 5808* (holotype: IFSBH).

生境　林下腐木或岩面薄土上。

分布　黑龙江、吉林、辽宁、浙江(Zhu et al., 1998)、江西(何祖霞等，2010)、湖南、云南、福建(张晓青等，2011)、西藏、台湾(Váňa and Inoue, 1983)、广西(Zhu and So, 2002)。不丹、印度、尼泊尔、斯里兰卡、泰国(Long and Grolle, 1990)、日本、朝鲜(Song and Yamada, 2006)、高加索地区、俄罗斯(远东地区)、美国(夏威夷)(Long and Grolle, 1990)。

被蒴苔属 Nardia S. Gray
Nat. Arr. Brit. Pl. **1**: 694. 1821.

模式种：*N. compressa* (Hook.) S. Gray

本属全世界约有18种，中国有7种。

南亚被蒴苔

Nardia assamica (Mitt.) Amakawa, J. Hattori Bot. Lab. **25**: 23. 1963. *Jungermannia assamica* Mitt. J. Proc. Linn. Soc., Bot. **5**: 91. 1861. **Type**: India: Khasia, *Griffith s. n.* (holotype: BM).

Nardia grandistipula Steph., Bull. Herb. Boissier **5**: 100. 1897.

Nardia sieboldii (Sande Lac.) Steph., Bull. Herb. Boissier **5**: 81. 1897.

生境　平原、亚高山地区土面生或石生。

分布　辽宁、安徽、江苏、浙江、江西、湖南(Váňa et al., 2005)、湖北、四川、重庆、贵州、云南、福建、香港。印度、日本、朝鲜、高加索地区。

被蒴苔(扁叶被蒴苔)

Nardia compressa (Hook.) S. Gray, Nat. Art. Brit. Pl. **1**: 694. 1821. *Jungermannia compressa* Hook., Brit. Jungerm. 58. 1816. **Type**: British Isles: Bantry, *Miss Hurchins s. n.* (holotype: BM).

生境　山区林下湿土上。

分布　江西、四川、云南。日本，亚洲北部、欧洲、北美洲。

东亚被蒴苔

Nardia japonica Steph., Bull. Herb. Boissier **5**: 101. 1897. **Type**: Japan: Shiretoko, *Faurie s. n.* (holotype: BM).

Alicularia japonia (Steph.) Steph., Sp. Hepat. **2**: 45. 1907.

生境　山区湿土上或湿石上。

分布　湖南、贵州(彭涛和张朝辉，2007)、云南。日本。

细茎被蒴苔

Nardia leptocaulis C. Gao, Fl. Hepat. Chinae Boreali.-Orient. 84. 1981. **Type**: China: Jilin, Mt. Changbaishan, *Gao Chien 7427* (holotype: IFSBH).

生境　高山无林带岩缝土上。

分布　吉林、浙江、江西、四川、贵州。中国特有。

大萼被蒴苔(新拟)

Nardia macroperiantha Y. H. Wu & C. Gao, Nova Hedwigia **77**: 195. 2003. **Type**: China: Guizhou: Mt. Jiufeng, on moist soil, Dec. 19 1989, *Cao tong & Li Qian 41 750* (holotype: IFSHB).

生境　潮湿土面上。

分布　贵州(Wu and Gao, 2003)。中国特有。

密叶被蒴苔

Nardia scalaris (Schrad.) S. Gray, Nat. Arr. Brit. Pl. **1**: 664. 1821. *Jungermannia scalaris* Schrad., Syst. Samml. Krypt. Gewaechse **2**: 4. 1797. *Alicularia scalaris* (Schrad.) Corda, Deutschl. Fl., Abt. Ⅱ, Cryptog. **19-20**: 32. 1830.

生境　潮湿土面上。

分布　香港、福建(张晓青等,2011)、台湾(Váňa and Inoue, 1983)。亚洲东部。

拟瓢叶被蒴苔

Nardia subclavata (Steph.) Amakawa, J. Jap. Bot. **32**: 40. 1957. *Jungermannia subclavata* Steph., Sp. Hepat. **6**: 93. 1917. **Type**: Japan: Mt. Ishizuchi, *G. Kono 213* (holotype: G).

生境　林下岩面薄土、湿土上或有时生于树基土上。

分布　湖南、江西。日本。

假苞苔属(假蒴苞苔属,杯囊苔属) Notoscyphus Mitt.
Fl. Vit. 407. 1873.

模式种: *N. lutescens* (Lehm. & Lindenb.) Mitt.

本属全世界现有9种,中国有2种。

假苞苔(黄色假苞苔)

Notoscyphus lutescens (Lehm. & Lindenb.) Mitt., Fl. Vit. 104. 1871. *Jugermannia lutescens* Lehm. & Lindenb., Nov. Strip. Pug. **4**: 16. 1832.

Odontoschisma speciosum Horik., J. Sci. Hiroshima Univ., ser. B, Div. **2**, Bot. **2**: 181. 1934. **Type**: China: Taiwan, Taichû Co., Aug. 1932, *Y. Horikawa 8891*.

Notoscyphus collenchymatosus C. Gao, X. Y. Jia & T. Cao, Bull. Bot. Res., Harbin **19**(4): 366. 1999. **Type**: China: Hunan, Yizhang Co., Sept. 5. 1974, *Gao Chien & Zhang Guangchu 827* (holotype: IFSBH).

Notoscyphus parvus C. Gao, X. Y. Jia & T. Cao, Bull. Bot. Res., Harbin **19**(4): 362. 1999. **Type**: China: Hainan, *Gao Chien 3315* (holotype: IFSBH).

生境　山区林下岩面薄土、潮湿土面或砂土上。

分布　浙江、湖南、云南、福建、台湾(Váňa and Inoue, 1983)、广西、海南、香港、澳门。印度、菲律宾、日本、巴布亚新几内亚、新喀里多尼亚岛(法属)、萨摩亚群岛、美国(夏威夷)、东非群岛。

黄色假苞苔

Notoscyphus paroicus Schiffn., Denkschr. Kaiserl. Akad. Wiss., Math.-Naturwiss. Kl. **67**: 192. 1898.

生境　沟边、潮湿土面或腐木上。

分布　香港、台湾(Inoue, 1961)。东亚特有。

大叶苔属 Scaphophyllum Inoue
J. Jap. Bot. **41**: 266. 1966

模式种: *S. speciosum* (Horik.) Inoue.

本属全世界现有1种。

大叶苔

Scaphophyllum speciosum (Horik.) Inoue, J. Jap. Bot. **41**: 266. 1966. *Anastrophyllum speciosum* Horik., J. Sci. Hiroshima Univ., ser. B, Div. 2, Bot. **2**: 181. 1934. **Type**: China: Taiwan, Taipei Co., Mt. Taiheizan, *Horikawa 11 478* (holotype: HIRO).

生境　林下土面或腐殖质上,海拔2000～2400m。

分布　云南、西藏、台湾。不丹(Long and Grolle, 1990)。

管口苔属 Solenostoma Mitt.
J. Proc. Linn. Soc., Bot. **8**: 51. 1865.

模式种: *S. tersum* (Nees) Mitt.

本属全世界现有100多种,中国有57种,2变种。

圆叶管口苔(抱茎叶苔)

Solenostoma appressifolium (Mitt.) Váňa & D. G. Long, Nova Hedwigia **89**: 494. 2009. *Jungermannia appressifolia* Mitt., J. Proc. Linn. Soc., Bot. **5**: 91. 1861. **Type**: India: Sikkim, *J. D. Hooker 13 326* (holotype: BM; isotype: NY).

Jungermannia gollanii Steph., Sp. Hepat. **6**: 86. 1917.

Jungermannia tenerrima Steph., Sp. Hepat. **6**: 84. 1917.

Haplozia rotundifolia Horik., J. Sci Hiroshima Univ., ser. B, Div. 2, Bot. **2**: 144. 1934. **Type**: China: Taiwan, Mt. Taiheizan, Aug. 1932, *Y. Horikawa 9300*.

生境　阔叶林下湿土或岩面薄土上。

分布　安徽、云南、台湾。尼泊尔、印度、不丹、马来西亚、印度尼西亚、日本(Long and Grolle, 1990)。

热带管口苔(热带叶苔)

Solenostoma ariadne (Taylor ex Lehm.) R. M. Schust. ex Váňa & D. G. Long, Nova Hedwigia **89**: 495. 2009. *Junger-*

mannia ariadne Taylor ex Lehm. in Lehm., Nov. Strip. Pug. **8**: 9. 1844.

Haplozia ariadne (Taylor ex Lehm.) Herzog, Mitt. Inst. Bot. Hamburg **7**: 187. 1931.

生境 湿土或岩面薄土上。

分布 云南、西藏、台湾(Horikawa,1934,as *Haplozia ariadne*)、海南。缅甸、马来西亚、新加坡、印度尼西亚、巴布亚新几内亚。

黑绿管口苔(黑绿叶苔)

Solenostoma atrobrunneum (Amakawa) Váňa & D. G. Long, Nova Hedwigia **89**: 495. 2009. *Jungermannia atrobrunnea* Amakawa, J. Hattori Bot. Lab. **30**: 193. 1967. **Type**: India: West Bengal, *Z. Iwatsuki 654a* (holotype: NICH).

生境 高山岩面薄土上。

分布 浙江(Zhu et al., 1998)、云南。印度、尼泊尔、不丹(Long and Grolle, 1990)。

褐卷管口苔(褐卷边叶苔)

Solenostoma atrorevolutum (Grolle ex Amakawa) Váňa & D. G. Long, Nova Hedwigia **89**: 496. 2009. *Jungermannia atrorevoluta* Grolle ex Amakawa, J. Hattori Bot. Lab. **29**: 255. 1966. **Type**: Nepal: Vorhimalaja, alpine Matten, Rauje, 4500m, 1962, *Poelt H197* (holotype: JE; isotypes: M, NICH).

生境 高寒地区灌丛中。

分布 西藏。尼泊尔、不丹(Long and Grolle, 1990)。

细茎管口苔(细茎叶苔)

Solenostoma bengalensis (Amakawa) Váňa & D. G. Long, Nova Hedwigia **89**: 496. 2009. *Jungermannia bengalensis* Amakawa, J. Hattori Bot. Lab. **31**: 112. 1968.

Jungermannm filamentosa Amakawa, J. Hattori Bot. Lab. **30**: 194. 1967.

Solenostoma filamentosa (Amakawa) C. Gao in Li, Bryofl. Xizang 495. 1985.

生境 林下湿石上。

分布 西藏。克什米尔地区。

曹氏管口苔(曹氏叶苔)

Solenostoma caoi (C. Gao & X. L. Bai) Váňa & D. G. Long, Nova Hedwigia **89**: 496. 2009. *Jungermannia caoii* C. Gao & X. L. Bai, Philipp. Sci. **38**: 151. 2001. **Type**: China: Yunnan, Gongshan, Co., 3250m, on moist rock, *Zang Mu 511* (holotype: IFSBH).

生境 林下湿石上。

分布 云南。中国特有。

陈氏管口苔(陈氏叶苔)

Solenostoma chenianum (C. Gao, Y. H. Wu & Grolle) Váňa & D. G. Long, Nova Hedwigia **89**: 496. 2009. *Jungermannia cheniana* C. Gao, Y. H. Wu & Grolle, Nova Hedwigia **77**(1-2): 190. 2003. **Type**: China: Yunnan, Gongshan Co., on moist soil, 3500m, *Au-luo Zhang 34* (holotype: IFSBH; isotype: JE).

生境 湿润土面上。

分布 云南。中国特有。

垂根管口苔(束根叶苔,垂根叶苔)

Solenostoma clavellatum Mitt. ex Steph., Sp. Hepat. **2**: 53. 1901. *Jungermannia clavellata* (Mitt. ex Steph.) Amakawa, J. Hattori Bot. Lab. **22**: 69. 1960.

生境 山区湿土或岩面薄土上。

分布 吉林(高谦和曹同,1983)、四川(Furuki and Higuchi, 1997)、云南、西藏。尼泊尔、印度、日本。

偏叶管口苔(偏叶叶苔)

Solenostoma comatum (Nees) C. Gao, Fl. Hepat. Chin. Boreali.-Orient. 73. 1981. *Jungermannia comata* Nees, Hepat. Jav. 78. 1830. **Type**: Indonesia: Java, *Reinwardt* & *Blume s. n.* (H, JE).

Plectocolea comata (Nees) S. Hatt., Bull. Tokyo Sci. Mus. **11**: 38. 1944.

生境 砂石质土面上、阴湿岩面或腐木上。

分布 吉林、辽宁、安徽、浙江(Zhu et al., 1998)、湖南、四川、重庆、贵州、云南、西藏、福建、台湾(Váňa and Inoue, 1983)、广西、海南。朝鲜、印度、缅甸、泰国、日本、菲律宾、印度尼西亚、巴布亚新几内亚,非洲。

圆萼管口苔(圆萼叶苔)

Solenostoma confertissimum (Nees) Váňa & D. G. Long, Nova Hedwigia **89**: 497. 2009. *Jungermannia confertissima* Nees, Naturgesch. Eur. Leberm. **1**: 227. 1833.

Solenostoma duthiana Steph., Sp. Hepat. **2**: 71. 1901.

生境 林下泥土或岩面薄土上。

分布 吉林、新疆、四川、西藏。尼泊尔、不丹、日本、巴布亚新几内亚、俄罗斯(远东地区)、冰岛、格陵兰岛(丹属),欧洲、北美洲(Long and Grolle, 1990)。

柱萼管口苔(圆柱萼叶苔)

Solenostoma cyclops (S. Hatt.) R. M. Schust., Hepat. Anthocer. N. Amer. **2**: 945. 1969. *Jungermannia cyclops* S. Hatt., J. Hattori Bot. Lab. **3**: 5. f. 12-13. 1950. **Type**: Japan: *Hattori 7511* (holotype: NICH).

生境 高山石壁间。

分布 湖南、四川、贵州、广西。日本。

独龙管口苔(新拟)

Solenostoma dulongensis Váňa & D. G. Long, Nova Hedwigia **89**: 497. 2009. **Type**: China: Yunnan, Gongshan Co., on shady gravel bank by path, 1824m, Oct. 28. 2004, *D. G. Long 33 676* (holotype: E; isotypes: CAS, KUN, MO).

生境 路边阴湿岩面上,海拔 1824m.

分布 云南(Váňa and Long 2009)。中国特有。

直立管口苔(直立叶苔)

Solenostoma erectum (Amakawa) C. Gao, Fl. Hepat. Chin. Boreali.-Orient. 66. 1981. *Jungermannia erecta* (Amakawa) Amakawa, J. Hattori Bot. Lab. **22**: 13. 1960. *Plectocolea erecta* Amakawa, J. Jap. Bot. **42**: 307. 1957.

生境 林下、林边湿石上或湿土面上。

分布 吉林、辽宁、河北(Li and Zhao, 2002)、山东(赵遵田和曹同,1998)、四川、贵州、云南、福建。日本、朝鲜(Yamada and Choe, 1997, as *Jungermannia erecta*)。

延叶管口苔(延叶叶苔)

Solenostoma faurianum (Beauverd) R. M. Schust., Hepat.

Anthocer. N. Amer. **2**: 945. 1969. *Jungermannia fauriana* Beauverd in Steph., Sp. Hepat. **6**: 571. 1924.
生境　林下河边泥土上。
分布　云南、广西。朝鲜、日本。

拟鞭枝管口苔(拟鞭枝叶苔)

Solenostoma flagellalioides C. Gao, Fl. Hepat. Chin. Boreali.-Orient. 205. 1981. *Jungermannia flagellalioides* (C. Gao) Piippo, J. Hattori Bot. Lab. **68**: 134. 1990. **Type**: China: Liaoning, Fengcheng Co., Mt. Fenghuang, June 13. 1961, *Gao Chien 7726* (holotype: IFSBH).
生境　阔叶林下沟边或湿沙质土上。
分布　辽宁。中国特有。

细鞭管口苔(细鞭枝叶苔)

Solenostoma flagellaris (Amakawa) Váňa & D. G. Long, Nova Hedwigia **89**: 501. 2009. *Jungermannia flagellaris* Amakawa, J. Hattori Bot. Lab. **29**: 258. 1966. **Type**: Nepal: Vorhimalaja, Okhaldunga, 3200m, 1962, *Poelt H30* (holotype: NICH; isotypes: JE, M).
生境　山区土面上。
分布　云南。尼泊尔。

鞭枝管口苔(鞭枝叶苔)

Solenostoma flagellatum (S. Hatt.) Váňa & D. G. Long, Nova Hedwigia **89**: 501. 2009. *Plectocolea fiagellata* S. Hatt., J. Hattori Bot. Lab. **3**: 12. 1950. **Type**: Japan: Yakushima Is., *Hattori 6849* (holotype: NICH).
Jungermannia flagellate (S. Hatt.) Amakawa, J. Hattori Bot. Lab. **22**: 16. 1960.
生境　河岸湿土上。
分布　云南、西藏、广西。日本。

梭萼管口苔(梭萼叶苔)

Solenostoma fusiforme (Steph.) Amakawa, J. Hattori Bot. Lab. **21**: 92. 1959. *Nardia fusiformis* Steph., Bull. Herb. Boissier **5**: 99. 1897.
Jungennannia fusiformis (Steph.) Steph., Sp. Hepat. **2**: 77. 1901.
Solenostoma koreanum Steph., Sp. Hepat. **6**: 81. 1917.
Solenostoma fusiforme (Steph.) R. M. Schust., Hepat. Anthocer. N. Amer. **2**: 944. 1969, *nom. illeg.*
生境　灌丛内岩石上或土面上。
分布　云南、西藏。朝鲜、日本。

贡山管口苔(贡山叶苔)

Solenostoma gongshanensis (C. Gao & J. Sun) Váňa & D. G. Long, Nova Hedwigia **89**: 502. 2009. *Jungermannia gongshanensis* C. Gao & J. Sun, Bull. Bot. Res., Harbin **27**: 140. 2007. **Type**: China: Yunnan, Gongshan Co., 1550m, on tree trunk, *Zang Mu 3199* (holotype: HKAS; isotype: IFSBH).
Jungermannia brevicaulis C. Gao & X. L. Bai, Philipp. Sci. **38**: 124. 2001, *nom. illeg.*
生境　针叶林下树干基部或岩面薄土上。
分布　重庆、云南。中国特有。

厚边管口苔(厚边叶苔)

Solenostoma gracillimum (Smith.) R. M. Schust., Hepat. Anthocer. N. Amer. **2**: 972. 1969. *Jungermannia gracillima* Smith, Engl. Bot. **32**: 2238. 1811.
Nardia crenulata (Sw.) Lindb., Hep. Hibernia. 529. 1875.
生境　林下湿土面或岩面上。
分布　云南、台湾(Yang and Lee, 1964, as *Nardia crenulata*)。北美洲。

阔叶管口苔(阔叶叶苔)

Solenostoma handelii (Schiffn.) Müll. Frib., Beitr. Kryptogamenfl. Schweiz **10**(2): 38. 1947. *Nardia handelii* Schiffn., Atti Soc. Crittog. Ital. 1909.
Jungermannia handelii (Schiffn.) Amakawa, J. Hattori Bot. Lab. **22**: 63. 1960.
生境　腐木上。
分布　云南。日本、土耳其,欧洲、北美洲。

变色管口苔(变色叶苔)

Solenostoma hasskarlianum (Nees) R. M. Schust. ex Váňa & D. G. Long, Nova Hedwigia **89**: 502. 2009. *Alicularia hasskariana* Nees, Syn. Hepat. 12. 1844.
Jungermannia ariadne Taylor, Lehmann Pugillus **8**: 9. 1844.
Jungermannia hasskarliana (Nees) Steph., Sp. Hepat. **2**: 76. 1910.
Haplozia ariadne (Taylor) Horik., J. Sci. Hiroshima Univ., Ser. B, Div. 2, Bot. **2**: 1934.
生境　山地沟边湿土面上。
分布　云南、福建、台湾(Váňa and Inoue, 1983)。印度、不丹(Long and Grolle, 1990)、缅甸、马来群岛、斯里兰卡、菲律宾、巴布亚新几内亚、澳大利亚。

异边管口苔(异边叶苔)

Solenostoma heterolimbatum (Amakawa) Váňa & D. G. Long, Nova Hedwigia **89**: 503. 2009. *Jungermannia heterolimbata* Amakawa, J. Hattori Bot. Lab. **30**: 183. 1967. **Type**: India: Darjeeling, *Z. Iwatsuki 6890* (holotype: NICH).
生境　林边湿岩石薄土上。
分布　云南。尼泊尔、孟加拉国。

透明管口苔(透明叶苔)

Solenostoma hyalinum (Lyell.) Mitt. in Godmell, Nat. Hist. Azores 319. 1870. *Jungermannia hyalina* Lyell. in Hook., Brit. Jungerm. Pl. 63. 1814.
生境　阔叶林、针阔混交林下湿土面或湿石上。
分布　辽宁、山东、江西(何祖霞等, 2010)、浙江、四川、重庆、贵州、云南、福建、广西、海南。日本、朝鲜、印度、菲律宾、堪察加半岛、高加索地区、墨西哥、哥伦比亚、巴西(Grastein and Váňa, 1987)。

褐绿管口苔(褐绿叶苔)

Solenostoma infuscum (Mitt.) Hentschel, Pl. Syst. Evol. **268**: 152. 2007. *Plectocolea infusca* Mitt., Trans. Linn. Soc. London, Bot. **3**: 196. 1891.
Jungermannia infusca (Mitt.) Steph., Sp. Hepat. **2**: 74. 1901.
生境　山区林下土面上。
分布　吉林、安徽、浙江、湖南、贵州、香港、台湾(Váňa and Inoue, 1983)、云南。日本、朝鲜、俄罗斯(远东地区)。

多毛管口苔(多毛叶苔)

Solenostoma lanigerum (Mitt.) Váňa & D. G. Long, Nova

Hedwigia **89**：503. 2009. *Jungermannia lanigera* Mitt.，J. Proc. Linn. Soc.，Bot. **5**：91. 1861.
生境　林下土面或岩面薄土上。
分布　云南、西藏。尼泊尔、印度。

黎氏管口苔(黎氏叶苔)

Solenostoma lixingjiangii (C. Gao & X. L. Bai) Váňa & D. G. Long，Nova Hedwigia **89**：504. 2009. *Jungermannia lixingjiangii* C. Gao & X. L. Bai，Philipp. Sci. **38**：128. 2001. **Type**：China：Yunnan，Jinghong Co.，*L，Xing-Jiang 2539* (holotype：HKAS).
生境　林下土面上。
分布　福建、云南。中国特有。

罗氏管口苔(罗氏叶苔)

Solenostoma louae (C. Gao & X. L. Bai) Váňa & D. G. Long，Nova Hedwigia **89**：504. 2009. *Jungermannia louae* C. Gao & X. L. Bai，Philipp. Sci. **38**：145. 2001. **Type**：China：Yunnan，Lvchun Co.，*Zang Mu 157* (holotype：IFSBH).
生境　路边土壁上。
分布　云南。中国特有。

大萼管口苔(大萼叶苔)

Solenostoma macrocarpum (Schiffn. ex Steph.) Váňa & D. G. Long，Nova Hedwigia **89**：504. 2009. *Jungermannia macrocarpa* Schiffn. ex Steph.，Sp. Hepat. **6**：87. 1917. **Type**：India：Darjeeling，*Anonymous 10 924* (holotype：G).
生境　林下、路边土面或岩面薄土上。
分布　四川、云南、西藏。尼泊尔、不丹(Long and Grolle，1990)、印度、孟加拉国。

小卷边管口苔(小卷边叶苔)

Solenostoma microrevolutum (C. Gao & X. L. Bai) Váňa & D. G. Long，Nova Hedwigia **89**：505. 2009. *Jungermannia microrevoluta* C. Gao & X. L. Bai，Philipp. Sci. **38**：146. 2001. **Type**：China：Xizang，Ridong，4600m，*Zang Mu 6448* (holotype：IFSBH).
生境　高寒地区土面上。
分布　西藏。中国特有。

多萼管口苔(多萼叶苔)

Solenostoma multicarpa (C. Gao & J. Sun) Váňa & D. G. Long，Nova Hedwigia **89**：505. 2009. *Jungermannia multicarpa* C. Gao & J. Sun，Bull. Bot. Res.，Harbin **27**：139. 2007. Replaced：*Jungermannia polycarpa* C. Gao & X. L. Bai，Philipp. Sci. **38**：147. 2001，*nom. illeg.* **Type**：China：Xizang，Metuo Co.，*Y. G. Su 3438* (HKAS).
生境　林下岩石上。
分布　西藏。中国特有。

倒卵叶管口苔(倒卵叶叶苔)

Solenostoma obovatum (Nees) C. Massal.，Erb. Crittog. Ital. 17. 1903. *Jungermannia obovata* Nees，Naturgesch. Eur. Leberm. **1**：332. 1833.
Solenostoma obovatum (Nees) R. M. Schust.，Hepat. Anthocer. N. Amer. 1969，*nom. illeg.*
生境　阔叶林下湿土面上。
分布　吉林、辽宁、山东(赵遵田和曹同，1998，as *Solenostoma obovatum*)、陕西(王玛丽等，1999)、安徽、浙江(Zhu et al.，1998)、江西(Ji and Qiang，2005)、云南、西藏。欧洲、北美洲。

鞭枝管口苔(湿生叶苔)

Solenostoma ohbae (Amakawa) C. Gao in X. J. Li (ed). Bryofl. Xizang 495. 1985. *Jungermannia ohbae* Amakawa，Fl. E. Himalaya 218. 1972. **Type**：Nepal：Gosainkund-Gopte，*Z. Iwatsuki 312 380* (NICH).
生境　山区石缝湿土面或湿岩面薄土上。
分布　湖北、西藏。尼泊尔。

小胞管口苔(小胞叶苔)

Solenostoma parvitextum (Amakawa) Váňa & D. G. Long，Nova Hedwigia **89**：505. 2009. *Jungermannia parvitexta* Amakawa，J. Hattori Bot. Lab. **30**：187. 1967. **Type**：India：West Bengal，Darjeeling，*Z. Iwatsuki B702* (holotype：NICH).
生境　林下湿岩面或土面上。
分布　云南、广西。孟加拉国。

羽叶管口苔(羽叶叶苔)

Solenostoma plagiochilaceum (Grolle) Váňa & D. G. Long，Nova Hedwigia **89**：505. 2009. *Jungermannia plagiochilacea* Grolle，J. Hattori Bot. Lab. **58**：197. 1985.
Jungermannia plagiochiloides Amakawa，J. Hattori Bot. Lab. **22**：25. 1960，*nom. illeg.*
生境　湿石上或腐木上。海拔 200～1860m。
分布　湖南、云南、福建、海南。日本。

拟圆柱萼管口苔(拟圆柱萼叶苔)

Solenostoma pseudocyclops (Inoue) Váňa & D. G. Long，Nova Hedwigia **89**：506. 2009. *Jungermannia pseudocyclops* Inoue，Bull. Natl. Sci. Mus. **9**：37. 1966. **Type**：China：Taiwan，*Nakanishi 13 762* (holotype：TNS).
生境　山区湿石上或泥土上。
分布　四川、重庆、云南、台湾。印度、尼泊尔(Long and Grolle，1990)、不丹(Long and Grolle，1990)、印度尼西亚。

紫红管口苔(紫红叶苔)

Solenostoma purpuratum (Mitt.) Steph.，Sp. Hepat. **2**：5. 1901. *Jungermannia purpurata* Mitt.，J. Proc. Linn. Soc.，**5**：91. 1861. **Type**：India：Bengal，Khasia Mt.，*Griffith* (holotype：BM).
生境　林下岩面薄土上。
分布　江西、云南、西藏。喜马拉雅南部。

小叶管口苔(小叶叶苔)

Solenostoma pusillum (C. E. O. Jensen) Steph.，Sp. Hepat. **6**：83. 1917. *Aplozia pusilla* C. E. O. Jensen，Rev. Bryol. **39**：92. 1912.
Jungermannia pusilla Schmidel ex Schwägr.，Hist. Musc. Hepat. Prodr. 29. 1814，*hom. illeg.*
Jungermannia pusilla Biv.，Stirp. Rar. Sicilia **3**：22. 1815，*hom. illeg.*
Jungermannia pusilla (Mont.) Hook. f. & Taylor，London J. Bot. **3**：578. 1844，*hom. illeg.*
Jungermannia pusilla (Jens) Buch.，Suomen Maksammalet 71. 1936，*hom. illeg.*

生境　林下岩面薄土上。

分布　四川、云南。日本，欧洲、北美洲。

梨蒴管口苔(梨萼叶苔)

Solenostoma pyriflorum Steph.,Sp. Hepat. **6**: 83. 1917. **Type**: Japan: Shinano,*Y. Jishiba 205*(holotype: G).

梨蒴管口苔原变种

Solenostoma pyriflorum var. **pyriflorum**

Jungermannia pyriflora Steph.,Sp. Hepat. **6**: 90. 1917.

生境　山区林下、路边土上或岩石上。

分布　黑龙江(敖志文和张光初,1985)、吉林、山东(赵遵田和曹同,1998)、浙江(Zhu et al.,1998)、四川(Piippo et al.,1997,as *Jungermannia pyriftora*)、云南、西藏、台湾(Váňa and Inoue,1983)。日本、朝鲜,北美洲。

梨萼管口苔纤枝变种

Solenostoma pyrifolum var. **gracillimum** (Amakawa) Váňa & D. G. Long, Nova Hedwigia **89**: 506. 2009. *Jungermannia pyriflora* var. *gracillima* Amakawa in Hara,Fl. E. Himalaya **2**: 228. 1971.

生境　湿土上。

分布　云南。印度、尼泊尔、不丹(Long and Grolle,1990)。

梨蒴管口苔小形变种

Solenostoma pyriflorum var. **minutissimum** (Amakawa) Bakalin, Hepat. Fl. Phytogeogr. 366. 2009. *Jungermannia pyriflora* var. *minutissima Amakawa*, *J. Hattori Bot. Lab.* **22**: 61. 1960. **Type**: Japan: Fukuoka,*Kuwahara 4335* (holotype: NICH).

Solenostoma minutissimum Amakawa,Enum. Pl. Mt. Hikosan,**4**: 1959,*nom. nud.*

生境　林下湿土上。

分布　四川。日本。

莲座管口苔(莲座丛叶苔)

Solenostoma rosulans (Steph.) Váňa & D. G. Long, Nova Hedwigia **89**: 507. 2009. *Nardia rosulans* Steph., Bull. Herb. Boissier **5**: 101. 1897.

Jungermannia rosulans (Steph.) Steph., Sp. Hepat. **6**: 70. 1901.

生境　岩面薄土或土面上。

分布　湖南、云南。日本。

溪石管口苔(溪石叶苔)

Solenostoma rodundatum Amakawa,J. Jap. Bot. **31**: 50. 1956.

Jungermannia rotundata (Amakawa) Amakawa, J. Hattori Bot. Lab. **22**: 73. 1960. **Type**: Japan: Prov. Hidaka, Horoizumi-mura, Sakubai-sawa, Aug. 14. 1954, *D. Shimizu 54 909* (holotype: NICH).

Jungermannia harana (Amakawa) Amakawa, J. Hattori Bot. Lab. **22**: 25. 1960.

Plectocolea harana Amakawa, Misc. Bryol. Lichenol. **2** (3): 33. 1960.

生境　山区岩面薄土或湿土面上。

分布　四川、云南、西藏、海南。日本、朝鲜(Song and Yamada,2006)。

红丛管口苔(红丛叶苔)

Solenostoma rubripunctatum (S. Hatt.) R. M. Schust., Hepat. Anthocer. N. Amer. **2**: 898. 1969. *Plectocolea rubripunctata* S. Hatt., J. Hattori Bot. Lab. **3**: 41. 1948[1950]. **Type**: Japan: Obi,Miyazaki Prefecture,Kyushu.

Jungermannia rubripunctata (S. Hatt.) Amakawa,J. Hattori Bot. Lab. **22**: 38. 1960.

生境　林下湿地或湿石上。

分布　湖南、重庆、云南、福建、广西。日本、朝鲜(Váňa et al.,2005)。

石生管口苔(石生叶苔)

Solenostoma rupicolum (Amakawa) Váňa & D. G. Long,Nova Hedwigia **89**: 507. 2009. *Jungermannia rupicola* Amakawa, J. Hattori Bot. Lab. **22**: 23. 1960. **Type**: Japan: Mt. Okue, *Amakawa 1137*(holotype: NICH).

生境　山区林下湿石上。

分布　吉林、辽宁、西藏。日本、菲律宾、印度尼西亚、印度。

密叶管口苔(密叶叶苔)

Solenostoma sanguinolentum (Griff.) Steph., Sp. Hepat. **2**: 51. 1901. *Jungermannia sanguinolenta* Griff.,Not. Pl. Asiat. 302. 1849. **Type**: India: Bogapanee,1835,*Griffith s. n.* (holotype: BM).

Jungermannia macressens Mitt., J. Proc. Linn. Soc., Bot. **5**: 91. 1861.

生境　林下湿土上。

分布　云南。喜马拉雅地区。

纤柔管口苔(纤柔叶苔)

Solenostoma schaulianum (Steph.) Váňa & D. G. Long,Nova Hedwigia **89**: 508. 2009. *Jungermannia schauliana* Steph., Sp. Hepat. **6**: 90. 1917. **Type**: India: Sikkim, *Decoly & Schaul s. n.* (G).

生境　林下湿土上。

分布　云南、台湾。印度、尼泊尔、不丹(Long and Grolle,1990)。

南亚管口苔(南亚叶苔)

Solenostoma sikkimensis (Steph.) Váňa & D. G. Long,Nova Hedwigia **89**: 508. 2009. *Jungermannia sikkimensis* Steph., Sp. Hepat. **6**: 92. 1917.

生境　林下泥土上。

分布　云南、福建。印度。

圆蒴管口苔(球萼叶苔)

Solenostoma sphaerocarpum (Hook.) Steph., Sp. Hepat. **2**: 61. 1901. *Jungermannia sphaerocarpa* Hook.,Brit. Jungermann. **74**. 1815.

Jungermannia duthiana Steph.,Sp. Hepat. **2**: 71. 1901.

Solenostoma duthianum (Steph.) C. Gao in Li,Bryofl. Xizang 495. 1985.

生境　林下土面上。

分布　黑龙江(敖志文和张光初,1985)、吉林、辽宁、新疆、福建。日本、印度、俄罗斯,欧洲、北美洲。

斯氏管口苔(斯氏叶苔)

Solenostoma stephanii (Schiffn.) Steph., Sp. Hepat. **2**: 58. 1901. *Aplozia stephanii* Schiffn., Denkschr. Kaiserl. Akad. Wiss., Math.-Naturwiss. Kl. **67**: 195. 1898. **Type**: Indonesia: Java, Mt. Gedeh, *Schiffner 520* (syntype: BM).

Jnngermannia stephanii (Schiffn.) Amakawa, J. Hattori Bot. Lab. **31**: 101. 1968.

生境　岩面薄土或石缝中。

分布　四川、西藏。菲律宾、巴布亚新几内亚。

拟卵叶管口苔(拟卵叶叶苔)

Solenostoma subellipticum (Lindb. ex Heeg) R. M. Schust., Hepat. Anthocer. N. Amer. **2**: 1021. 1969. *Nardia subelliptica* Lindb. ex Heeg, Verh. K. K. Zool. -Bot. Ges. Wien **43**: 69. 1893.

Jungermannia subelliptica (Lindb. ex Heeg) Levier, Boll. Soc. Bot. Ital. **1905**: 211. 1905.

生境　红松林、鱼鳞松下沙质湿土上或溪边湿石上。

分布　黑龙江、吉林。欧洲、北美洲。

红色管口苔(新拟)

Solenostoma subrubrum (Steph.) Váňa & D. G. Long, Nova Hedwigia **89**: 508. 2009. *Jungermannia subrubra* Steph., Sp. Hepat. **6**: 93. 1924.

生境　林下腐木上。

分布　台湾(Váňa and Inoue, 1983)。印度(Váňa and Inoue, 1983)、尼泊尔、不丹(Long and Grolle, 1990)。

四褶管口苔(四褶叶苔)

Solenostoma tetragonum (Lindenb.) Váňa & D. G. Long, Nova Hedwigia **89**: 508. 2009. *Jungermannia tetragona* Lindenb. in Meissn, Bot. Zeitung (Berlin) **6**: 462. 1848. **Type**: Indonesia: Java, *Zollinger 1581b* (holotype: G).

生境　岩面薄土、土面或湿石上。

分布　湖南(Váňa et al., 2005)、江西、贵州、台湾(Váňa and Inoue, 1983)、广西(Zhu and So, 2002)、香港。印度、尼泊尔、不丹、印度尼西亚、日本、新喀里多尼亚岛(法属)、澳大利亚、太平洋岛屿(Long and Grolle, 1990)。

卷苞管口苔(卷苞叶苔)

Solenostoma torticalyx (Steph.) C. Gao, Fl. Hepat. Chin. Boreali-Orient. 69. 1981. *Jungermannia torticalyx* Steph., Sp. Hepat. **6**: 94. 1917. **Type**: Japan: Hirafu, *Faurie 1923* (holotype: G).

Plectocolea torticalyx (Steph.) S. Hatt., Bull. Tokyo Sci. Mus. **11**: 38. 1944.

生境　林下溪边湿土或湿石上。

分布　辽宁、陕西(王玛丽等, 1999)、江西(Ji and Qiang, 2005)、云南、福建。印度、斯里兰卡、不丹、泰国、马来西亚、菲律宾、印度尼西亚、日本、巴布亚新几内亚、澳大利亚,大洋洲。

截叶管口苔(截叶叶苔)

Solenostoma truncatum (Nees) Váňa & D. G. Long, Nova Hedwigia **89**: 509. 2009. *Jungermannia truncata* Nees, Hepat. Jav. 29. 1830.

Nardia truncata (Nees) Schiffn., Denkschr. Kaiserl. Akad. Wiss. Math. -Naturwiss. Kl. **67**: 189. 1898.

Haplozia chiloscyphoides Horikawa, J. Sci Hiroshima Univ., ser. B, Div. **2**, Bot. 2: 145. 1934. **Type**: China: Taiwan, Harapân, prov. Taitô, Dec. 1932, *Y. Horikawa 10 247*.

Eucalyx truncatus (Nees) Verd., Ann. Bryol. **10**: 124. 1938.

Plectocolea truncata (Nees) Herzog, Trans. Brit. Bryol. Soc. **1**: 281. 1950.

Clasmatocolea innovata Herzog, J. Hattori Bot. Lab. **14**: 39. 1955. **Type**: China: Taiwan, 100m, Feb. 1. 1947, *G. H. Schwabe 2*.

Plectocolea setulosa Herzog, J. Hattori Bot. Lab. **14**: 33. 1955. **Type**: China: Taiwan, May 30. 1947, *G. H. Schwabe 63*.

Plectocolea sordida Herzog, J. Hattori Bot. Lab. **14**: 34. 1955. **Type**: China: Taiwan, Taipeh, *G. H. Schwabe 3*.

Phragmatocolea innovate (Herz.) Grolle, Rev. Bryol. Lichénol. **25**: 298. 1956.

Jungermannia shinii Amakawa, J. Hattori Bot. Lab. **33**: 157. 1976.

生境　林下、路边岩石上或土面上。

分布　吉林(Söderström, 2000)、辽宁、山东、江苏、浙江、江西、湖南、四川、贵州、云南、西藏、福建、台湾(Váňa and Inoue, 1983)、广西、海南、香港、澳门。尼泊尔、印度、孟加拉国、缅甸、泰国、柬埔寨、马来西亚、印度尼西亚、菲律宾、日本、朝鲜、巴布亚新几内亚,大洋洲。

长褶管口苔(长褶叶苔)

Solenostoma virgatum (Mitt.) Váňa & D. G. Long, Nova Hedwigia **89**: 510. 2009. *Plectocolea virgata* Mitt., Trans. Linn. Soc. London, Bot. **3**: 197. 1891.

Jungermannia virgata (Mitt.) Steph., Sp. Hepat. **2**: 66. 1901.

生境　林下阴湿岩石或土面上。

分布　湖南(Váňa et al., 2005)、浙江(Zhu et al., 1998)、云南、台湾(Váňa and Inoue, 1983)、广西。日本、朝鲜。

臧氏管口苔(臧氏叶苔)

Solenostoma zangmuii (C. Gao & X. L. Bai) Váňa & D. G. Long, Nova Hedwigia **89**: 510. 2009. *Jungermannia zangmuii* C. Gao & X. L. Bai, Philipp. Sci. **38**: 134. 2001. **Type**: China: Guizhou, Guiyang, on stone walls, *Gao Chien & Wang S. -Z 40 931* (holotype: IFSBH).

生境　林下或路边土石上。

分布　贵州、云南。中国特有。

多枝管口苔(多枝叶苔)

Solenostoma zantenii (Amakawa) Váňa & D. G. Long, Nova Hedwigia **89**: 510. 2009. *Jungermannia zantenii* Amakawa, J. Hattori Bot. Lab. **31**: 110. 1968. **Type**: New Guinea: West Irian, *Zanten 426* (holotype: NICH).

生境　林下湿石或泥土上。

分布　吉林、四川。巴布亚新几内亚。

曾氏管口苔(曾氏叶苔)

Solenostoma zengii (C. Gao & X. L. Bai) Váňa & D. G. Long, Nova Hedwigia **89**: 510. 2009. *Jungermannia zengii* C. Gao & X. -L. Bai, Philipp. Sci. **38**: 151. 2001. **Type**: China: Yunnan, Gongshan Co., 3700m, on soil, *Zang Mu 938* (holotype: IFSBH; isotype: HKAS).

生境　高山灌丛下土上。

分布　云南。中国特有。

小萼苔科 Myliaceae (Grolle) Schljakov

本科全世界有 1 属。

小萼苔属 Mylia S. Gray
Nat. Arr. Brit. Pl. 1: 693. 1821.

模式种:*M. taylori* (Hook.) S. Gray

本属全世界现有 12 种,中国有 3 种。

裸萼小萼苔

Mylia nuda Inoue & B. Y. Yang, Taiwania **12**: 35. 1966. **Type**: China: Taiwan, Chiayi, Mt. Ali, *Inoue 18 590* (holotype: TNS).

生境 林下腐木或腐殖土上。

分布 浙江 (Zhu et al., 1998)、云南、福建、台湾。日本、俄罗斯(远东地区)。

小萼苔

Mylia taylorii (Hook.) S. Gray, Not. Arr. Brit. Pl. **1**: 693. 1821. *Jungermannia taylori* Hook., Brit. Jungermann. Pl. 57. 1813. **Type**: Ireland: Wicklow Co., *Taylor s. n.* (holotype: BM).

Aplozia taylori (Hook.) Dumort., Recueil Observ. Jungerm. 16. 1835.

Leptoscyphus taylori Mitt., J. Sp. Bot. **3**: 358. 1851.

Jungermannia retculato-papillata Steph., Mém. Soc. Nat. Cherbaurg **29**: 215. 1894.

生境 林下腐木或断崖背阴湿石上。

分布 黑龙江、吉林、贵州(彭晓磬,2002)、西藏、台湾(Váňa and Inoue, 1983)。印度、尼泊尔、不丹(Long and Grolle, 1990)、日本、朝鲜(Yamada and Choe, 1997),欧洲、北美洲。

疣萼小萼苔

Mylia verrucosa Lindb., Acta Soc. Sci. Fenn. **10**: 236. 1872. **Type**: Russia: Siberia, *Maximovicz s. n.* (LE).

Leptoscyphus verrucocus (Lindb.) Steph., Sp. Hepat. **3**: 18. 1906.

Leptoscyphus verrucosus K. Müller in Rabenh. Krypt. Fl. **6**: 787. 1911, *hom. illeg.*

Plagiochila shinanoensis Steph., Sp. Hepat. **6**: 224. 1921.

生境 林下腐殖质上、岩面薄土、稀见于腐木或树干基部。

分布 黑龙江(敖志文和张光初,1985)、吉林、辽宁、河北、浙江(Zhu et al., 1998)、台湾。日本、俄罗斯(远东地区)。

全萼苔科 Gymnomitriaceae H. Klinggr.

本科全世界有 13 属,中国有 5 属。

类钱袋苔属 Apomarsupella R. M. Schust.
J. Hattori Bot. Lab. 80: 79. 1996.

模式种:*A. revoluta* (Nees) R. M. Schust.

本属全世界共有 5 种,中国有 4 种。

疣茎类钱袋苔

Apomarsupella crystallocaulon (Grolle) Váňa, Bryobrothera **5**: 227. 1999. *Marsupella crystallocaulon* Grolle, Khumbu Himal. **1**: 281. 1966.

生境 高山石上。

分布 云南、西藏。尼泊尔。

类钱袋苔

Apomarsupella revoluta (Nees) R. M. Schust., J. Hattori. Bot. Lab. **80**: 85. 1996. *Sarcoscypnus revolutus* Nees, Naturgesch. Eur. Leberm. **2**: 419. 1836.

Marsupella revoluta (Nees) Dumort., Bull. Soc. Bot. Belgique **13**: 129. 1874.

Gymnomitrion revolutum (Nees) Philib. Rev. Bryol. *17*: 34. 1890.

Acolea revoluta (Nees) Steph., Sp. Hepat. **2**: 11. 1901

Gymnomitrion reflexifolium Horik., J. Sci. Hiroshima Univ., ser. B, Div. 2, Bot. **2**: 140. 1934. **Type**: China: Taiwan, Mt. Morrison, Aug. 1932, *Y. Horikawa 9200*.

Marsupella (*Sarcoscyphus*) *delavayi* Steph., Men. Soc. Nat. Sci. Nat. Mathem. Cherbourg, **29**: 221. 1894. **Type**: China: Yannan, Delavayi s. n. (Gx).

生境 高山地区岩石或岩面薄土上。

分布 吉林(Söderström, 2000)、浙江(Zhu et al., 1998, as *Marsupella revoluta*)、四川、西藏、云南、福建(张晓青等,2011)、台湾、广西。印度、尼泊尔、不丹、印度尼西亚、菲律宾、日本、巴布亚新几内亚、委内瑞拉(Long and Grolle, 1990, as *Marsupella revoluta*)、格陵兰岛(丹属),欧洲、北美洲。

红色类钱袋苔

Apomarsupella rubida (Mitt.) R. M. Schust., Nova Hedwigia Beih. **119**: 562. 2002. *Jungermannia rubida* Mitt., J. Proc. Linn. Soc., Bot. **5**: 90. 1861. **Type**: India: Sikkim, 12 000ft, *J. D. Hooker 1300b* (holotype: BM).

Marsupella rubida (Mitt.) Grolle, Khumbu Himal **1** (4): 282. 1966.

生境 石上或稀生于冷杉树干上。

分布 台湾。尼泊尔、印度。

粗疣类钱袋苔

Apomarsupella verrucosa (W. E. Nicholson) Váňa, Bryobrothera **5**: 227. 1999. *Marsupella verrucosa* (W. E. Nicholson) Grolle, Trans. Brit. Bryol. Soc. **5**(1): 86. 1966.

Gymnomitrion verrucosum W. E. Nicholson in Handel-Mazzetti, Symb. Sin. **5**: 10. 1930. **Type**: China: Yunnan, 3800~4050m, July 4. 1916, *Handel-Mazzetti 9323* (holotype: H-BR).

生境 高山地区岩石上。

分布 云南、西藏。尼泊尔。

湿生苔属 Eremonotus Lindb. & Kaal. ex Pearson
Hepat. Brit. Isl. 200. 1902.

模式种：*E. myriocarpus* (Carrington) Pearson

本属全世界现有1种。

湿生苔

Eremonotus myriocarpus (Carrington) Lindb. & Kaal. ex Pearson, Hepat. Brit Isl. 201. 1902. *Jungermannia myriocarpa* Carrington, Trans. & Proc. Bot. Soc. Edinburgh 466. 1879.

Cephalozia myriocarpa (Carrington) Lindb., Meddl. Soc. F. Fl. Fennica **9**: 151. 1883.

Sphenolobus filiformis Wollny, Hedwigia **48**: 345. 1909.

生境　高寒山区湿石或腐木上。

分布　黑龙江、吉林、内蒙古、四川。日本，欧洲。

全萼苔属 Gymnomitrion Corda
Naturalientausch **12**: 651. 829.

模式种：*G. concinnatum* (Lightf.) Corda

本属全世界约有20种，中国有3种。

全萼苔

Gymnomitrion concinnatum (Lightf.) Corda in Sturm, Deutsch. Fl., Abt. 3, **19**: 23, 1829. *Jungermannia concinnatum* Lightf., Fl. Scott. 86. 1777.

Acolea concinnata (Lightf.) Dumort., Syll. Jungerm. Europ. 76. 1831.

生境　高山地区岩石上。

分布　江西(Ji and Qiang, 2005)、台湾。日本、喜马拉雅地区，欧洲、南美洲、北美洲。

附基全萼苔

Gymnomitrion laceratum (Steph.) Horik., Acta Phytotax. Geobot. **13**: 212. 1943. *Acolea lacerata* Steph., Sp. Hepat. **6**: 78. 1917.

生境　高山石缝。

分布　西藏。日本、尼泊尔、秘鲁、墨西哥，婆罗洲、北美洲、非洲。

中华全萼苔

Gymnomitrion sinense K. Müller, Rev. Bryol. Lichénol. **20**: 176. 1951.

生境　高山地区与类钱袋苔 *Apomarsupella revoluta* 混生。

分布　云南、西藏。尼泊尔。

钱袋苔属 Marsupella Dumort.
Comment. Bot. l 14. 1822.

模式种：*M. emarginata* (Ehrh.) Dumort.

本属全世界现有45种，中国有8种。

高山钱袋苔

Marsupella alpina (Gottsche ex Husn.) Bernet, Cat. Hepat. Suisse 29. 1888. *Sarcocyphos alpinus* Gottsche ex Husn., Hepaticol. Gall. 13. 1875.

生境　高山地区林下腐木或岩石上。

分布　黑龙江(敖志文和张光初，1985)、贵州、云南、福建。日本，欧洲、北美洲。

矮钱袋苔

Marsupella brevissima (Dumort.) Grolle, J. Jap. Bot. **40**(7): 213. 1965. *Acolea brevissima* Dumort., Syll. Jungerm. Europ. 76. 1831.

生境　高山地区岩石缝中。

分布　西藏。中亚、欧洲、北美洲。

锐裂钱袋苔

Marsupella commutata (Limpr.) Bernet, Cat. Hepat. Suisee 29. 1888. *Sarcoscyphus commutatus* Limpr., Jahresb. Schles. Ges. Bal. Kult. **5**: 314. 1880.

Marsupella parvitexta Steph., Sp. Hepat. **2**: 26. 1901.

Gymnomitrion uncrenulatum C. Gao & G. C. Zhang, Fl. Hepat. Chin. Boreali.-Orient. 89. 1981. **Type**: China: Jilin, Mt. Changbai, *Gao Chien 7426* (holotype: IFSBH).

Marsupella commutata var. *microfolia* C. Gao & G. C. Zhang, Fl. Hepat. Chin. Boreali.-Orient. 88. 1981. **Type**: China: Jilin, Mt. Changbai, alt. 2400m, *Gao Chien 7403* (holotype: IFSBH).

生境　高山地区岩石或岩面沙土上。

分布　黑龙江(敖志文和张光初，1985)、吉林、江西(Ji and Qiang, 2005)、浙江(Zhu et al., 1998)、四川(Furuki and Higuchi, 1997)、云南(标本鉴定错误，云南没有该种的分布)、西藏、广西。尼泊尔、不丹(Long and Grolle, 1990)、日本、朝鲜(Yamada and Choe, 1997)、格陵兰岛(丹属)(Long and Grolle, 1990)，欧洲、北美洲。

簇丛钱袋苔

Marsupella condensata (Ångström ex C. Hartm.) Lindb. ex Kaal., Vidensk. Skr. **1**: 22. 1898. *Gymnomitrion condensatum* Ångström, Handb. Skand. Fl. (ed. 10), **2**: 128. 1871.

生境　高山地区灌丛。

分布　西藏。欧洲、北美洲。

钱袋苔(新拟)(缺刻钱袋苔)

Marsupella emarginata (Ehrh.) Dumort., Comment. Bot. l14. 1822. *Jungermannia emarginata* Ehrh., Beitr. Naturk. **3**: 80. 1788.

生境　高山地区潮湿石上。

分布　吉林、辽宁、安徽、浙江、湖南(Váňa et al., 2005)、云南、西藏、福建。朝鲜、日本，欧洲。

假冯氏钱袋苔

Marsupella pseudofunckii S. Hatt., J. Hattori Bot. Lab. **4**: 63. 1950.

Marsupella disticha Steph. var. *pseudofuckii* (S. Hatt.) S. Hatt., J. Hattori Bot. Lab. **20**: 41. 1958.

生境　高山地区的湿润岩石或土面上。

分布　浙江(Zhu et al., 1998)、福建(张晓青等,2011)、台湾。朝鲜、日本。

黑钱袋苔

Marsupella sprucei (Limpr.) Bernet, Cat. Hép. Suisse 33. 1888. *Scarcoscyphus sprucei* Limpr., Jahresb. Schles. Gesell. Vaterl. Kult. 179. 1881.

Jungermannia ustulata Huebener, Hep. Germ. 132. 1834.

Marsupella ustulata (Huebener) Spruce, Rev. Bryol. **8**: 100. 1881.

Marsupella ustulata var. *sprucei* (Limpr.) R. M. Schust., Hepat. Anthocer. N.-Amer. **3**: 30. 1974.

生境　高山地区土坡上。

分布　四川、云南。欧洲、北美洲、大洋洲。

东亚钱袋苔

Marsupella yakushimensis (Horik.) S. Hatt., Bull. Tokyo Sci. Mus. **11**: 80. 1944. *Sphenolobus yakushimensis* Horik., J. Sci. Hiroshima Univ., ser. B, Div. 2, Bot. **2**: 156. 1934.

生境　高山地区岩石表面或苔原湿土上。

分布　吉林、安徽、江西、浙江(Zhu et al., 1998)、四川、西藏、福建(张晓青等, 2011)、广西。日本、朝鲜(Yamada and Choe, 1997)。

穗枝苔属(新拟)Prasanthus Lindb.
Kongl. Svenska Vetensk. Acad. Handl., n. s. **23**(5): 62. 1889.

模式种:*P. suecicus* Lindb.

本属全世界现有1～2种,中国有1种。

穗枝苔(新拟)

Prasanthus suecicus Lindb., Kongl. Svenska Vetensk. Acad. Handl., n. s. **23**(5): 62. 1889.

生境　土面或岩面,海拔4290～5010m

分布　云南(Váňa et al., 2010)。尼泊尔(Váňa et al., 2010)、印度(Váňa et al., 2010)和南非(Váňa et al., 2010)。

顶苞苔科 **Acrobolbaceae** E. A. Hodgs.

本科全世界有7属,中国有2属。

顶苞苔属 Acrobolbus Nees in Gottsche, Lindenb. & Nees, Syn. Hepatat. 5. 1844.

模式种:*A. wilsonii* Nees

本属全世界现有10～12种,中国有1种。

钝角顶苞苔

Acrobolbus ciliatus (Mitt.) Schiffn., Nat. Pflanzenfam. Ⅰ(3): 86. 1893. *Gymnantha cilia* Mitt., J. Proc. Linn. Soc., Bot. **5**: 100. 1861. **Type**: India: Sikkim, 11 000ft, *J. D. Hooker s. n.* (holotype: BM).

Lophozia curiossima Horik., J. Sci. Hiroshima Univ., ser. B, Div. 2, Bot. **2**: 152. 1934. **Type**: China: Taiwan, Tainan Co., Mt. Morrison, Aug. 1932, *Y. Horikawa 11 252*.

Acrobolbus rhizophyllus Sharp, Bryologist **39**: 1. 1936.

Leiocolea titibuensis S. Hatt., J. Jap. Bot. **19**: 197. 1943.

生境　石灰岩地区湿岩面或腐殖质上。

分布　湖南(Koponen et al., 2004)、湖北、四川、云南、西藏、台湾。泰国(Kitagawa, 1979)、印度、尼泊尔、不丹(Long and Grolle, 1990)、日本、朝鲜(Yamada and Choe, 1997)、巴布亚新几内亚,北美洲东部。

囊萼苔属 Marsupidium Mitt. in J. D. Hook. Handb. New Zeal. Fl. 750. 1867.

模式种:*M. knightii* Mitt.

本属全世界现有12种,中国有1种。

囊萼苔

Marsupidium knightii Mitt. in J. D. Hook., Handb. New Zeal. Fl. 753. 1867.

Adelanthus piliferus Horik., J. Sci. Hiroshima Univ., ser. B, Div. 2, Bot. **2**: 183 f. 27. 1934. **Type**: China: Taiwan, Taitô Co., Jan. 1933, *Y. Horikawa 10 667*.

生境　林下树干或腐木上。

分布　云南、台湾。日本(琉球)、新西兰、澳大利亚。

护萼苔科 **Calypogeiaceae** Arnell

本科全世界有4属,中国有2属。

护蒴苔属 Calypogeia Raddi
Mem. Soc. Ital. Sci. Modena：31. 1818.
Mem. Mat. Fis. Soc. Ital. Sci. Modena **18**：42. 1820.

模式种：*C. fissa* Raddi

本属全世界约有 35 种，中国有 12 种。

绿色护蒴台（新拟）

Calypogeia aeruginosa Mitt.，J. Proc. Linn. Soc.，Bot. **5**：107. 1861.

生境　水湿的岩面上。

分布　台湾（Yang，2011）。印度、日本、美国（夏威夷）（Yang，2011）。

刺叶护蒴苔

Calypogeia arguta Nees & Mont. ex Nees，Naturgesch. Eur. Leberm **3**：24. 1838.

Cincinnulus argutus（Nees & Mont. ex Nees）Dumort.，Bull. Soc. Roy. Bot. Belgique **13**：117. 1874.

生境　土面或田埂上。

分布　辽宁、山东、江苏、上海（刘仲苓等，1989）、浙江、湖南、湖北、贵州、云南、福建、台湾（Wang et al.，2011）、广东、广西、海南、香港、澳门。日本、朝鲜（Song and Yamada，2006），欧洲、北美洲。

三角护蒴苔

Calypogeia azurea Stotler & Crotz，Taxon **32**：74. 1983.

Calypogeia trichomanis（L.）Cardot in Opiz.，Beitr. Naturgesch. **12**：653. 1829. *Mnium trichomanis* L.，Sp. Pl. 1114. 1753.

生境　潮湿土面或腐木上。

分布　吉林、内蒙古、江苏、浙江、湖南、重庆、贵州、四川、云南、西藏、福建、广西。日本、朝鲜，欧洲、北美洲。

护蒴苔

Calypogeia fissa（L.）Raddi，Mem. Soc. Ital. Sci. Modena **18**：44. 1820. *Mnium fissum* L.，Sp. Fl.，1144. 1753.

生境　土面或石壁上。

分布　浙江（Zhu et al.，1998）、江西（Ji and Qiang，2005）、湖南、四川、贵州、云南、福建（张晓青等，2011）、台湾（Herzog and Noguchi，1955）。日本，欧洲、北美洲。

台湾护蒴苔（新拟）

Calypogeia formosana Horik.，J. Sci. Hiroshima Univ.，ser. B，Div. 2，Bot. **2**：186. f. 28. 1934. **Type**：China：Taiwan，Tainan，Mt. Morrison，Aug. 1932，*Y. Horikawa 9124*.

生境　不详。

分布　台湾（Horikawa，1934）。中国特有。

北方护蒴苔（新拟）

Calypogeia integristipula Steph.，Sp. Hepat. **3**：394. 1908.

生境　岩面上。

分布　吉林（Söderström，2000）。日本和俄罗斯（远东地区）。

全缘护蒴苔

Calypogeia japonica Steph.，Sp. Hepat. **6**：448. 1924.

Calypogeia tseukushiensis Amakawa，J. Jap. Bot. **33**：338. 1958.

生境　岩面上，海拔 550～1450m。

分布　福建（汪楣芝，1994a，as *C. tsukushiensis*）。日本。

芽胞护蒴苔

Calypogeia muelleriana（Schiffn.）K. Müller，Beih. Bot. Centralbl. **10**：217. 1921. *Kantia mueleriana* Schiffn.，Sitzungsber. Deutsch. Naturwiss.-Med. Vereins Böhmen "Lotos" Prag **48**：344. 1900.

生境　土面或林下腐殖质上。

分布　黑龙江（敖志文和张光初，1985）、吉林、江苏（刘仲苓等，1989）、浙江、四川、福建、广西。日本，欧洲、北美洲。

钝叶护蒴苔

Calypogeia neesiana（C. Massal. & Carest.）K. Müller ex Loeske，Verh. Bot. Ver. Brandenburg **47**：320. 1905. *Kantia trichomanis* var. *neesiana* C. Massal. & Carest.，Nuovo. Giorn. Bot. Bot. Ital. **12**：351. 1880.

生境　亚高山针叶林下腐质或腐木上。

分布　黑龙江（敖志文和张光初，1985）、吉林、辽宁、内蒙古、甘肃（安定国，2002）、浙江、江西（何祖霞等，2010）、四川、贵州、福建（张晓青等，2011）、台湾（Wang et al.，2011）。日本、朝鲜（Yamada and Choe，1997），欧洲、北美洲。

沼生护蒴苔

Calypogeia sphagnicola（Arnell & Perss.）Wharnst & Loeske，Verh. Bot. Ver. Brandenburg **47**：320. 1905. *Kantia sphagnicola* Arnell & Perss.，Rev. Bryol. **29**：26. 1902.

生境　高位沼泽与泥炭藓混生，也见于高山土地上。

分布　吉林、湖南、四川、贵州、云南、广西。日本，欧洲、北美洲。

远东护蒴苔（新拟）

Calypogeia suecica（Arnell & J. Perss.）K. Müller，Beih. Bot. Centralbl. **17**：224. 1904. *Kantius suecicus* Arnell & J. Perss.，Revue Bryologique **29**：29. 1902.

生境　腐木上。

分布　吉林（Söderström，2000）。俄罗斯（远东地区）。

双齿护蒴苔

Calypogeia tosana（Steph.）Steph.，Sp. Hepat. **3**：410. 1908.

Kantia tosana Steph.，Hedwigia **34**：54. 1895.

生境　潮湿土面、岩石上或有时生于腐木上。

分布　江苏（刘仲苓等，1989）、上海（李登科和高彩华，1986）、浙江、江西、湖南、四川、重庆、贵州、云南、福建、台湾（Inoue，1961）、广西（Zhu and So，2002）、香港。日本、朝鲜（Song and Yamada，2006）、美国（夏威夷）。

假护蒴苔属 Metacalypogeia（S. Hatt.）Inoue
J. Hattori Bot. Lab. **21**：231. 1959.

模式种：*M. cordifolia*（Steph.）Inoue

本属全世界现有 2 种，中国有 2 种。

疏叶假护蒴苔

Metacalypogeia alternifolia (Nees) Grolle, Oesterr. Bot. Z. **111**: 185. 1964. *Mastrigoyum alternifolium* Nees in Gottsche, Lindb. & Nees., Syn. Hepat. 216. 1845.

Calypogeia remotifolia Herzog, Symb. Sin. **5**: 23. 1930.

Bazzania montana Horik., J. Sci. Hiroshima Univ., ser. B, Div. 2, Bot. **1**: 80. 1931.

Bazzania subdistens Horik., J. Sci. Hiroshima Univ., ser. B, Div. 2, Bot. **2**: 190. 1934. **Type**: China: Taiwan, Taichu Co., Mt. Morrison, Aug. 1932, *Y. Horikawa 9214*.

Metacalypogeia remotifolia (Herzog) Inoue, J. Jap. Bot. **38** (7): 218. 1963.

生境 高山、亚高山地区石壁、林下腐木或树干基部。

分布 四川、贵州、云南、西藏、台湾(Yang, 2011)。印度、尼泊尔、不丹、日本、美国(夏威夷)(Long and Grolle, 1990)。

假护蒴苔

Metacalypogeia cordifolia (Steph.) Inoue, J. Hattori Bot. Lab. **21**: 233. 1959. *Calypogeia cordifolia* Steph., Sp. Hepat. **3**: 393. 1908. **Type**: Japan: *Faurie 812*.

Calypogeia rigida Horik., J. Sci. Hiroshima Univ., ser. B, Div. 2, Bot. **2**: 185. 1934. **Type**: China: Taiwan, Tainan Co., Mt. Morrison, Aug. 1932, *Y. Horikawa 11 141*.

生境 林下或林边腐木上。

分布 黑龙江、吉林、浙江(Zhu et al., 1998)、贵州、福建、台湾(Horikawa, 1934, as *Calypogeia rigida*)。日本、朝鲜。

疣胞苔属 Mnioloma Herzog
Ann. Bryol. 3: 119. 1930.

模式种:*M. rhynchophyllum* Herzog

本属全世界现有 11 种,中国有 1 种。

棕色疣胞苔(新拟)

Mnioloma fuscum (Lehm.) R. M. Schust., Fragm. Florist. Geobot. **40**: 848. 1995. *Jungermannia fusca* Lehm., Linnaea **4**: 360. 1829.

生境 腐木上,海拔 1670m。

分布 台湾(Gao et al., 2002)。印度尼西亚、泰国、斯里兰卡、所罗门群岛、巴布亚新几内亚、萨摩亚群岛、美国(夏威夷)、埃塞俄比亚、乌干达、塞舌尔群岛、坦桑尼亚、斯威士兰(Gao et al., 2002)。

兔耳苔科 **Antheliaceae** R. M. Schust.

本科全世界有 1 属。

兔耳苔属 Anthelia Dumort.
Recueil Observ. Jungerm. 18. 1835.

模式种:*A. julacea* (L.) Dumort

本属全世界现有 2 种,中国有 2 种。

兔耳苔

Anthelia julacea (L.) Dumort., Recueil Observ. Jungerm. 18. 1834. *Jungermannia julacea* L., Sp. Pl. 1135. 1753.

Anthelia julacea var. *sphagnicola* C. E. O. Jensen, Meddel. Grφnland **15**: 375. 1898.

Anthelia julacea var. *nana* Schiffn., Kdit. Bernerk. **29**: 24. 1943.

生境 高寒地区岩面或沙质土上。

分布 黑龙江(敖志文和张光初, 1985)、西藏。亚洲北部、欧洲、北美洲。

小兔耳苔

Anthelia juratzkana (Limpr.) Trey., Mem. Reale Ist. Lombardo Sci., ser. 3, Cl. Sci. Mat. **4**: 416. 1977. *Jungermannia juratzkana* Limpr., Krypt-Fl. v. Schlesien **1**: 289. 1976.

Jungermannia julacea L. var. *clavuligera* Nees, Naturgesch. Eur. Leberm. **2**: 304. 1836.

生境 高寒地区裸地沙质土上。

分布 黑龙江、四川(Furuki and Higuchi, 1997)、吉林(Söderström, 2000)、云南。玻利维亚(Gradstein et al., 2003),亚洲北部、欧洲、北美洲。

地萼苔科 **Geocalycaceae** H. Klinggr.

本科全世界有 4 属,中国有 4 属。

地萼苔属 Geocalyx Nees
Naturgesch. Eur. Leberm. 1: 97. 1833.

模式种:*G. graveolens* (Schrad.) Nees

本属全世界现有 4 种,中国有 1 种。

狭叶地萼苔

Geocalyx lancistipulus (Steph.) S. Hatt., J. Jap. Bot. **28**: 234. 1953. *Lophocolea lancistipulus* Steph., Sp. Hepat. **6**: 281. 1922.

生境 林下腐木、腐殖土、湿土上或有时生于湿石土。

分布 吉林、四川、云南。尼泊尔(Long, 2005)、印度(Asthana and Murti, 2009)、日本。

镰萼苔属 Harpanthus Nees
Naturgesch. Eur. Leberm. **2**：351. 1836.

模式种：*H. flotovianus* (Nees) Nees
本属全世界现有 3 种，中国有 2 种。

镰萼苔(新拟)(微裂镰萼苔)

Harpanthus flotovianus (Nees) Nees，Naturgesch. Eur. Leberm. **2**：353. 1836. *Jaungermannia flotoviana* Nees，Diar. Bot. Ratisb. **2**：408. 1833.
Harpanthus acutiflorus Steph.，Sp. Hepat. **6**：302. 1922.
生境　潮湿的土面或岩面薄土上。
分布　安徽。日本、朝鲜(Yamada and Choe，1997)、俄罗斯、美国(阿拉斯加)，欧洲。

盾叶镰萼苔

Harpanthus scutatus (F. Weber & D. Mohr) Spruce，Trans. Bot. Soc. Edinburgh **3**：209. 1850. *Jungermannia scutata* F. Weber & D. Mohr，Bot. Taschenb. Deutschl. Krypt. Gew. **1**：408. 1807.
生境　潮湿的土面、岩石或腐木上，海拔 1500～2000m。
分布　四川。日本，欧洲、北美洲。

囊萼苔属 Saccogyna Dumort.
Comment. Bot. 113. 1822.

模式种：*S. viticulosa* (L.) Dumort.
本属全世界现有 1 种。

囊萼苔

Saccogyna viticulosa (L.) Dumort.，Syll. Jungerm. Eur. 74. 1831. *Jungermannia viticulosa* L.，Sp. Pl. 1131. 1753.
生境　林下岩面或腐木上。
分布　吉林。欧洲、北美洲。

拟囊萼苔属 Saccogynidium Grolle
J. Hattori Bot. Lab. **23**：43. 1961.

模式种：*S. australe* (Mitt.) Grolle
本属全世界现有 9 种，中国有 3 种。

刺叶拟蒴囊苔

Saccogynidium irregularispinosum C. Gao，T. Cao & M. J. Lai，Bryologist **104**(1)：129. 2001. **Type**：China：Xizang，Motou Co.，950m，on snady soil，*Su Yong-Ge 3449* (holotype：HKAS；isotype：IFSBH).
生境　潮湿多雨的林下土面上。
分布　台湾、西藏。中国特有。

挺叶拟蒴囊苔

Saccogynidium rigidulum (Nees) Grolle，J. Hattori Bot. Lab. **23**：52. 1961. *Jungermannia rigidula* Nees，Enum. Pl. Crypt. Jav. 30. 1830.
Saccogyna bidentula Horik.，J. Sci. Hiroshima Univ.，ser. B，Div. 2，Bot. **2**：174. 1934. **Type**：China：Taiwan，Taito，Mt. Chipon，Dec. 1932. *Y. Horikawa 10 383* (holotype：HIRO).
生境　潮湿多雨林下的树干上。
分布　福建、台湾。菲律宾、印度尼西亚、新喀里多尼亚岛(法属)、美拉尼亚、巴布亚新几内亚。

糙叶拟蒴囊苔

Saccogynidium muricellum (De Not.) Grolle，J. Hattori Bot. Lab. **36**：80. 1972. *Chiloscyphus muricellus* De Not.，Mem. Reale Accad. Sci. Torino，ser. 2，**28**：24. 1874.
Lophocolea pseudoverrucosa Horik.，J. Sci. Hiroshima Univ.，ser. B，Div. 2，Bot. **2**：168. 1934. **Type**：China：Taiwan，Taito，Mt. Chipon，*Horikawa 10 374* (holotype：HIRO).
生境　潮湿多雨的林下腐木上或岩石上。
分布　台湾。泰国、菲律宾、马来西亚、印度尼西亚。

圆叶苔目 Jamesoniellales W. Frey & M. Stech

圆叶苔科 Jamesoniellaceae He-Nygrén，Julén，Ahonen，Glenny & Piippo
Cladistics **22**：27. 2006.

本科全世界有 11 属，中国有 4 属。

兜叶苔属 Denotarisia Grolle
Feddes Repert. **82**：6. 1971.

模式种：*D. linguifolia* (De Not.) Grolle
本属全世界现有 1 种。

兜叶苔

Denotarisia linguifolia (De Not.) Grolle，Feddes Repert. **82**：6. 1971. *Plagiochila linguifolia* De Not.，Mem. Reale

Accad. Sci. Torino, ser. 2, **28**: 13. 1874.

Jungermannia ovifolia Steph. ex Schiffn., Nova Acta Acad. Caes. Leop.-Carol. German. Nat. Cur. **60**: 266. 1893.

Jamesoniella ovifolia Schiffn., Denkschr. Kaiserl. Akad. Wiss., Math.-Naturwiss. Kl. **67**: 197. 1898.

Jamesoniella linguifolia (De Not.) Inoue, Bot. Mag. (Tokyo) **79**: 348. 1959.

生境 腐木上。

分布 台湾。热带太平洋岛屿。

服部苔属 Hattoria R. M. Schust.
Rev. Bryol. Lichénnol. **30**: 69. 1961.

模式种:*H. yakushimense* (Horik.) R. M. Schust.

本属全世界现有 1 种。

服部苔

Hattoria yakushimense (Horik.) R. M. Schust., Rev. Bryol. Lichénol. **30**: 70. 1961. *Anastrophyllum yakushimenes* Horik., J. Sci. Hiroshima Univ., ser. B, Div. 2, Bot. **2**: 149. 1934.

生境 开阔地的树干基部或岩面薄土上。

分布 湖南(Koponen et al., 2004)、云南、西藏、福建。日本。

对耳苔属 Syzygiella Spruce
J. Bot. **14**: 234. 1876.

模式种:*S. perfoliata* (Sw.) Spruce

本属全世界约有 27 种,中国有 4 种。

筒萼对耳苔(新拟)

Syzygiella autumnalis (DC.) K. Feldberg, Váňa, Hentschel & J. Heinrichs, Cryptog. Bryol. **31**(2): 144. 2010. *Jungermannia autumnalis* DC., Fl. France Suppl. 202. 1815. *Jamensoniella autunmalis* (DC.) Steph., Sp. Hepat. **2**: 92. 1901.

生境 林下腐殖质上、腐木上或树干上。

分布 黑龙江、吉林、内蒙古、河北(Li and Zhao, 2002, as *Jamensoiella autunmalis*)、山西、山东(赵遵田和曹同, 1998, as *J. autunmalis*)、陕西、上海(刘仲苓等, 1989, as *J. autunmalis*)、浙江(Zhu et al., 1998, as *J. autunmalis*)、湖南(Koponen et al., 2004, as *J. autunmalis*)、四川、云南、台湾。日本、朝鲜(Song and Yamada, 2006, as *J. autunmalis*)、俄罗斯, 欧洲、北美洲。

梨萼对耳苔(新拟)

Syzygiella elongella (Taylor) K. Feldberg, Váňa, Hentschel & J. Heinrichs, Cryptog. Bryol. **31**(2): 144. 2010. *Jungermannia elongella* Taylor, J. Bot. 274. 1846. *Jamesoniella elongella* (Taylor) Steph., Sp. Hepat. **2**: 93. 1901.

生境 湿岩面薄土上。

分布 云南。印度、尼泊尔、不丹、斯里兰卡(Long and Grolle, 1990)。

东亚对耳苔(新拟)

Syzygiella nipponica (S. Hatt.) K. Feldberg, Váňa, Hentschel & J. Heinrichs, Cryptog. Bryol. **31** (2): 145. 2010. *Jamesoniella nipponica* S. Hatt., J. Jap. Bot. **19**: 350. 1943. **Type**: Japan: Prov. Uzen, Nisi-murayama-gun, Asahi-Kôsen, Jan. 24, 1941, *S. Hattori 875* (holotype: NICH).

Jamesoniella verrucosa Horik., J. Sci. Hiroshima Univ., ser. B, Div. 2, Bot. **2**: 146. 1934. **Type**: China: Taiwan, Mt. Morrison, Dec. 1932, *Y. Horikawa 9166a*.

生境 林边或路边泥土上。

分布 甘肃、安徽、浙江、湖南、湖北、四川、贵州、云南、福建(张晓青等, 2011)、台湾。印度、尼泊尔、不丹、印度尼西亚、日本(Long and Grolle, 1990)。

台湾对耳苔

Syzygiella securifolia (Nees in Lindenb.) Inoue, J. Hattori Bot. Lab. **46**: 232. 1979. *Plagiochila securifolia* Nees in Lindenb., Sp. Hepat. 58. 1840.

Syzygiella variegata (Lindenb.) Spruce, Trans. Bot. Soc. Edinburgh **15**: 500. 1885.

Plagiochila nuda Horik., J. Sci. Hiroshima Univ., ser. B, Div. 2, Bot. **2**: 159. 1934. **Type**: Taiwan, Taito, between Shinsui and Shuchokyokai, Jan. 1933, *Y. Horikawa 10 606b* (holotype: HIRO).

Syzygiella nuda (Horik.) S. Hatt., J. Jap. Bot. **25**: 141. 1950.

生境 腐木上。

分布 台湾。印度尼西亚(爪哇、苏门答腊)、巴布亚新几内亚、斯里兰卡、菲律宾。

隐蒴苔科 **Adelanthaceae** Grolle

本科全世界有 3 属,中国有 1 属。

无萼苔属(短萼苔属) Wettsteinia Schiffn.
Ann. Jard. Buitenzorg **2**: 44. 1898.

模式种:*W. inversa* (Sande Lac.) Schiffn.

本属全世界现有 4 种,中国有 2 种。

无萼苔(锐齿短萼苔)

Wettsteinia inversa (Sande Lac.) Schiffn., Ann. Jard. Buitenzorg **2**: 45. 1898. *Plagiochila inversa* Sande Lac. in Miquel, Ann. Mus. Bot. Lugduno-Batavi **1**: 289. 1864.

Adelanthus plagiochiloides Horik., J. Sci. Hiroshima Univ., ser. B, Div. 2, Bot. **2**(2): 183. 1934. **Type**: China: Taiwan,

Tainan Co., Mt. Arisan, Aug. 1932, *Y. Horikawa 9002*.
生境　林下土面或腐殖土上。
分布　台湾。菲律宾、印度尼西亚。

圆叶无萼苔(圆叶短萼苔)

Wettsteinia rotundifolia (Horik.) Grolle, J. Hattori Bot. Lab. **28**: 100. 1965. *Adelanthus rotundifolius* Horik., J. Sci. Hiroshima Univ., ser. B Div. 2, Bot. **2** (2): 181. 1934. **Type**: China: Taiwan, Tainan Co., Mt. Arisan, Aug. 1932, *Y. Horikawa 11 059*.
生境　阴湿土面上。
分布　台湾、西藏。中国特有。

裂叶苔目 Lophoziales Schljakov

挺叶苔科 **Anastrophyllaceae** Söderstr, Roo & Hedd. Phototaxa **3**: 48. 2010.

本科全世界有17属,中国有8属。

卷叶苔属 Anastrepta (Lindb.) Schiffn. Hepat. (Engl.-Prantl) 85. 1893.

模式种:*A. orcadensis* (Hook.) Schiffn.
本属全世界现有1种。

卷叶苔

Anastrepta orcadensis (Hook.) Schiffn., Hepat. (Engl.-Prantl) 85. 1893. *Jungermannia orcadensis* Hook., Brit. Jungermann. 71. 1816.

Jungermannia erectifolia Steph., Mém. Soc. Nat. Cherbourg **29**: 214. 1894.

Anastrophyllum erectifolium (Steph.) Steph., Sp. Hepat. **2**: 115. 1902.

Anastrepta sikkimensis Steph., Sp. Hepat. **6**: 119. 1917.

Lophozia decurrentia Horik., J. Sci. Hiroshima Univ., ser. B, Div. 2, Bot. **2**: 150. 1934. **Type**: China: Taiwan, Mt. Morrison, Aug. 1932, *Y. Horikawa 9168*.

Lophozia roundifolia Horik., J. Sci. Hiroshima Univ., ser. B, Div. 2, Bot. **2**: 150. 1934. **Type**: China: Taiwan, Tainan Co., Mt. Morrison, Aug. 1932, *Y. Horikawa 9199*.

生境　高山针叶林中潮湿的岩石、腐木、树干或树基部。
分布　山东(赵遵田和曹同,1998)、四川、云南、西藏、台湾。印度、尼泊尔、不丹、日本、美国(夏威夷),欧洲、北美洲(Long and Grolle,1990)。

挺叶苔属 Anastrophyllum (Spruce) Steph. Hedwigia **32**: 139. 1893.

模式种:*A. donianum* (Hook.) Steph.
本属全世界现有35~40种,中国有11种,2变种。

抱茎挺叶苔

Anastrophyllum assimile (Mitt.) Steph., Hedwigia **32**: 140. 1893. *Jungermannia assimilis* Mitt., J. Proc. Linn. Soc., Bot. **5**: 93. 1861. **Type**: India: Sikkim, Lachen, 10~11 000ft, *J. D. Hooker 1321* (lectotype: NY).

Jungermannia reichardtii Gottsche ex Juratzka, Hedwigia **9**: 34. 1870.

Anastrophyllum reichardtii (Gottsche ex Juratzka.) Steph., Hedwigia **32**: 140. 1893.

Anastrophyllum japonicum Steph. var. *obtianum* S. Hatt., J. Hattori Bot. Lab. **9**: 16. 1953.

生境　高山林下石面、土面、树干或腐木上,海拔1000~4950m。
分布　黑龙江(敖志文和张光初,1985)、吉林、内蒙古、四川、云南、西藏。印度、不丹、尼泊尔、泰国、马来西亚、印度尼西亚(加里曼丹)、菲律宾、朝鲜、日本、巴布亚新几内亚、所罗门群岛、奥地利、瑞士、意大利、挪威、格陵兰岛(丹属)、美国(阿拉斯加)(Long and Grolle, 1990)、加拿大(Schill and Long, 2003)。

双齿挺叶苔

Anastrophyllum bidens (Reinw., Blume & Nees) Steph., Sp. Hepat. **1**: 115. 1901. *Jungermannia bidens* Reinw., Blume & Nees, Nova Acta Phys.-Med. Acad. Caes. Leopo.-Carol. Nat. Cur. **12**: 208 [Hepat. Jav.]. 1825.

Anastrophyllum mayebarae S. Hattori, J. Jap. Bot. **28**: 144. 1953.

生境　树干或腐殖土上。
分布　台湾。印度、尼泊尔、不丹、斯里兰卡、泰国、印度尼西亚、马来西亚、菲律宾、日本、巴布亚新几内亚。

挺叶苔

Anastrophyllum donianum (Hook.) Steph., Hedwigia **32**: 140. 1893. *Jungermannia doniana* Hook., Brit. Jungerm. Pl. 39. 1816. **Type**: Scotland: Angus-shire, Clova. 1795, *G. Donn. s. n.* (lectotype, BM).

生境　岩面薄土、土坡或杜鹃灌丛下,海拔3000m。
分布　四川、云南、西藏。尼泊尔、不丹、印度、苏格兰、法罗群岛、挪威、波兰、捷克、美国(阿拉斯加)、加拿大。

深绿挺叶苔(新拟)

Anastrophyllum hellerianum (Nees ex Lindenb.) R. M. Schust.,

Amer. Midl. Naturalist **42**: 575. 1949. *Jungermannia hellerianum* Nees *ex Lindenb.*, Syn. Hepat. Eur. 64. 1829. **Type**: Germany: Odenward, "prope Amorbach, comm. Nees".

Sphenolobus hellerianus (Nees ex Lindenb.) Steph., Sp. Hepat. **2**: 158. 1902.

Crossocalyx hellerianus (Nees ex Lindenb.) Meyl., Bull. Soc. Vaud. Sci. Nat. **60**: 266. 1939.

生境　腐木、树桩或树干上。

分布　云南(Schill and Long,2002)。不丹、日本、奥地利、比利时、英国、捷克、丹麦、芬兰、法国、德国、爱尔兰、瑞士、荷兰、西班牙、匈牙利、冰岛、格陵兰岛(丹属)、亚速尔群岛、意大利、瑞典、挪威、波兰、罗马尼亚、乌克兰、墨西哥,北美洲东部和西部(Schill and Long,2003)。

高山挺叶苔

Anastrophyllum joergensenii Schiffn., Hedwigia **49**: 396. 1910. **Type**: Norway, Schiffn. Hep. Europ. Exs. No. 423 (lectotype, FH).

Anastrophyllum alpinum Steph., Sp. Hepat. **6**: 103. 1924.

生境　高山岩面或杜鹃丛下,海拔 2000m。

分布　四川、云南、西藏。尼泊尔、不丹、印度、英国、挪威、美国(阿拉斯加)。

红胞挺叶苔(新拟)

Anastrophyllum lignicola D. Schill & D. G. Long, Ann. Bot. Fenn. **39**: 130. 2002. **Type**: China: Yunnan, Zhongdian Co., *D. G. Long 24 249* (holotype: E; isotypes: H, JE, HKAS).

生境　腐木上,海拔 3920m。

分布　云南(Schill and Long,2002)。不丹(Schill and Long, 2002)。

密叶挺叶苔

Anastrophyllum michauxii (F. Weber) H. Buch, Mem. Soc. Fauna Fl. Fenn. **8**: 289. 1932. *Jungermannia michauxii* F. Weber, Hist. Musc. Hepat. Prodr. 76. 1815.

Sphenolobus japonicus Steph., Sp. Hepat. **2**: 160. 1906.

Sphenolobus michauxii (F. Weber) Steph., Sp. Hepat. **2**: 164. 1906.

Anastrophyllum japonicum Steph., Sp. Hepat. **6**: 108. 1924.

生境　高海拔山地潮湿的岩面或腐木上。

分布　陕西(Levier, 1906, as *sphenolobus michauxii*)、四川(Piippo et al., 1997)、云南、台湾。日本,欧洲、北美洲。

小挺叶苔

Anastrophyllum minutum (Schreb.) R. M. Schust., Amer. Midl. Naturalist **42**: 576. 1949. *Jungermannia minutum* Schreb. in Cranz, Fortsetz. Hist. Gröenland. 285. 1770. **Type**: Greenland (Voucher for Dillenius, Hist. Musc.: 481. Lichenastrum no. Tab. 69. fig. 2. 1741) (OXF).

小挺叶苔原变种

Anastrophyllum minutum var. **minutum**

Sphenolobus minutum Steph., Sp. Hepat. **2**: 157. 1902.

生境　高山林下岩面薄土、树干、地面上或稀生于腐木上,海拔 1000～4350m。

分布　黑龙江、吉林、内蒙古、四川、云南、西藏、福建、台湾。尼泊尔、印度、不丹、印度尼西亚、日本、朝鲜(Yamada and Choe, 1997)、巴布亚新几内亚、俄罗斯(西伯利亚)、奥地利、比利时、英国、捷克、丹麦、芬兰、法国、德国、爱尔兰、瑞士、荷兰、西班牙、匈牙利、冰岛、格陵兰岛(丹属)、亚速尔群岛、意大利、瑞典、挪威、波兰、罗马尼亚、乌克兰、墨西哥、委内瑞拉、非洲南部和东部(Schill and Long, 2003)。

小挺叶苔高山变种

Anastrophyllum minutum var. **apiculatum** (Schiffn.) Kern., Jahresber. Schles. Ges. Vaterl. Kult. **91**: 1. 1913. *Marsupella apiculata* Schiffn., Österr. Bot. Zeitschr. **53**: 249. 1903.

生境　山区岩面薄土或树干上。

分布　黑龙江、吉林。欧洲。

小挺叶苔尖叶变种

Anastrophyllum minutum var. **acuminatum** (Horik.) T. Cao & J. Sun, Bull. Bot. Res., Harbin **22**: 131. 2002. *Sphenolobus acuminatus* Horik., J. Sci. Hiroshima Univ., ser. B, Div. 2, Bot. **2**: 155. 1934. **Type**: China: Taiwan, Mt. Taiheizan (Mururoafu), Taihoku, *Y. Horikawa 9394* (HIRO).

生境　腐木上。

分布　台湾。中国特有。

毛口挺叶苔

Anastrophyllum piligerum (Nees) Steph., Hedwiga **32**: 140. 1893. *Jungermannia piligera* Nees, Nova Acta Phys.-Med. Acad. Caes. Leop.-Carol. Nat. Cur. **12**(1): 414. 1824.

生境　树干或腐木上。

分布　海南。菲律宾(Tan and Engel, 1986)、玻利维亚(Gradstein et al., 2003),大洋洲。

石生挺叶苔

Anastrophyllum saxicola (Schrad.) R. M. Schust., Amer. Midl. Naturalist **45**(1): 71. 1951. *Jungermannia saxicola* Schrad., Syst. Samml. Crypt. Gew. **2**: 4. 1797.

Lophozia saxicola (Schrad.) Schiffn., Hepat. (Engl.-Prantl) 85. 1893.

Sphenolobus saxicola (Schrad.) Steph., Sp. Hepat. **2**: 160. 1902.

生境　林下土面或岩面薄土上。

分布　黑龙江、吉林、辽宁、内蒙古。日本、俄罗斯(远东地区、西伯利亚),欧洲、北美洲。

细纹挺叶苔

Anastrophyllum striolatum (Horik.) N. Kitag., Hikobia **3**: 171. 1963. *Sphenolobus striolatum* Horik., J. Sci. Hiroshima Univ., ser. B, Div. 2, Bot. **2**: 157. 1934. **Type**: China: Taiwan, Mt. Arison, Aug. 1932, *Y. Horikawa 9008b*. (HIRO).

生境　腐殖质上,常与裂齿苔属(*Odontoschisma*)植物伴生。

分布　台湾。中国特有。

细裂瓣苔属 Barbilophozia Loeske

Verh. Bot. Vereins. Prov. Brandenburg **49**: 37. 1907.

模式种:*B. barbata* (Schimd. ex Schreb.) Loeske

本属全世界现有 11 种,中国有 7 种。

大西洋细裂瓣苔

Barbilophozia atlantica (Kaal.) K. Müller, Leberm. Eur. **6**: 639. 1954. *Jungermannia atlantica* Kaal., Skr. Vidensk. -Selsk. Cristiana, Math. -Naturvidensk. Kl. **1898**(9): 11. 1898.

生境 高海拔的岩石阴面薄土上或缝隙中。

分布 陕西。欧洲、北美洲。

纤枝细裂瓣苔

Barbilophozia attenuata (Mart.) Loeske, Verh. Bot. Ver. Prov. Brandenburg **49**: 37. 1907. *Jungermannia quinquedentata* var. *attenuata* Mart., Fl. Crypt. Erlang. 177. 1817.

Jungermannia attenuata (Mart.) Lindb., Syn. Hepat. Eur. 48. 1829.

Lophozia attenuata (Lindb.) Dumort., Recueil Observ. Jungerm. 17. 1835.

Lophozia gracilis Steph., Sp. Hepat. **2**: 147. 1902.

Orthocaulis gracilis (Schleich.) H. Buch, Mem. Soc. Fauna Fl. Fenn. **8**: 294. 1932.

Orthocaulis attenuata (Lindb.) A. Evans, Ann. Bryol. **10**: 4. 1937.

Barbilophozia gracilis (Schleich.) K. Müller, Rabenh. Krypt. -Fl. (ed. 3), **6**: 637. 1954.

生境 高山、亚高山地区林下的腐木上或河谷潮湿的岩面薄土上。

分布 黑龙江、吉林、内蒙古、陕西、甘肃、四川。日本、朝鲜(Yamada and Choe, 1997)、俄罗斯, 欧洲、北美洲。

细裂瓣苔

Barbilophozia barbata (Schmid.) Loeske, Verh. Bot. Ver. Prov. Brandenburg **49**: 37. 1907. *Jungermannia barbata* Schmid., Icon. Pl. & Annal. Part. 187. 1747.

Lophozia barbata (Schmid.) Dumort., Recueil Observ. Jungerm. 17. 1835.

生境 高山地区潮湿的岩石、树基或夹杂在其他藓丛中。

分布 黑龙江、吉林、内蒙古、河北、陕西、新疆、四川。朝鲜(Yamada and Choe, 1997), 北半球各大洲的寒温带高山地区。

狭基细裂瓣苔

Barbilophozia hatcheri (A. Evans) Loeske, Verh. Bot. Ver. Prov. Brandenburg **49**: 37. 1907. *Jungermannia hatcheri* A. Evans, Bull. Torrey Bot. Club **25**: 417. 1898.

Lophozia hatcheri (A. Evans) Steph., Sp. Hepat. **2**: 159. 1902.

生境 高山地区岩面、垂直崖面或近极地的湿地边缘土生。

分布 新疆、云南。日本、俄罗斯(西伯利亚)、格陵兰岛(丹属), 欧洲、北美洲、南极和北极。

二裂细裂瓣苔

Barbilophozia kunzeana (Huebener) K. Müller, Leberm. Eur. 625. 1954.

Jungermannia kunzeana Huebener, Hepat. Germ. 115. 1834.

Lophozia kunzeana (Huebener) A. Evans, Proc. Wash. Acad. Sci. **2**: 160. 1900.

Sphenolobus kunzeanus Steph., Sp. Hepat. **2**: 160. 1902.

Orthocaulis kunzeanus H. Buch, Mem. Soc. Fauna Fl. Fenn. **8**: 293. 1932.

生境 腐木上。

分布 黑龙江、内蒙古。俄罗斯(西伯利亚), 欧洲、北美洲。

阔叶细裂瓣苔

Barbilophozia lycopodioides (Wallr.) Loeske, Verh. Bot. Ver. Prov. Brandenburg **49**: 37. 1907. *Jungermannia lycopodioides* Wallr., Fl. Crypt. Germ. **1**: 76. 1831.

Lophozia lycopodioides (Wallr.) Cogn., Bull. Soc. Bot. Belgique 278. 1872.

Lophozia lycopodioides (Wallr.) Steph., Sp. Hepat. **2**: 158. 1906, *hom. illeg.*

生境 山区林下、灌丛中的岩面薄土上或稀生于腐木上。

分布 黑龙江、陕西、四川(Furuki and Higuchi, 1997)、西藏。日本、俄罗斯(西伯利亚)、格陵兰岛(丹属), 欧洲、北美洲。

四裂细裂瓣苔

Barbilophozia quadriloba (Lindb.) Loeske, Hedwigia **49**: 13. 1909. *Jungermannia quadriloba* Lindb., Meddland. Soc. Fauna Fl. Fenn. **9**: 162. 1883.

Lophozia quadriloba (Lindb.) A. Evans, Proc. Wash. Acad. Sci. **2**: 304. 1900.

Sphenolobus quadriloba (Lindb.) Steph., Sp. Hepat. **2**: 168, 1902.

生境 林下、林缘花岗岩面或土面上。

分布 黑龙江、内蒙古。南极和北极。

圆瓣苔属(新拟)Biantheridion (Grolle) Konstant. & Vilnet Arctoa 18: 67. 2009[2010].

本属全世界现有 1 种。

波叶圆瓣苔

Biantheridion undulifolium (Nees) Konstant. & Vilnet, Arctoa **18**: 67. 2009[2010].

Jamesoniella undulifolia (Nees) K. Müller, Lebermoose **2**: 758. 1916. *Jungermannia schraderi* var. *undulifolia* Nees, Naturgesch. Eur. Leberm. **1**: 306. 1833.

生境 林下或林边。

分布 黑龙江、吉林、辽宁、山东(赵遵田和曹同, 1998)、安徽、浙江、江西、湖北、云南、西藏、福建。朝鲜(Yamada and Choe, 1997), 欧洲、北美洲。

广萼苔属 Chandonanthus Mitt. in J. D. Hook. Handb. N. Zeal. Fl. 750. 1867.

模式种: *C. squarrosus* (Hook.) Mitt. ex Schiffn.

本属全世界现有 1 种, 中国有 1 种。

广萼苔(新拟)

Chandonanthus squarrosus (Menzies ex Hook.) Mitt., Handb. N. Zeal. Fl. 753. 1867. *Jungermannia squarrosa* Menzies ex Hook., Musci Exot. **1**: pl. 78. 1818.

生境 岩面上。

分布 江西(Ji and Qiang,2005)。新西兰。

褶萼苔属(新拟)Plicanthus R. M. Schust.
Nova Hedwigia **74**: 484. 2002.

模式种:*P. gaganteus* (Steph.) Schust.

本属全世界现有5种,中国有2种。

全缘褶萼苔

Plicanthus birmensis (Steph.) R. M. Schust. Nova Hedwigia **74**: 486. 2002. *Chandonanthus birmensis* Steph., Sp. Hepat. **3**: 643. 1909. *Temnoma birmense* (Steph.) Horik., Hikobia **1**: 90. 1951.

生境 山地林下湿土面、岩面薄土、树干或腐木上。

分布 辽宁、浙江、江西、湖南、湖北、四川、重庆、贵州、西藏、云南、福建、台湾、广东、广西、香港。印度、喜马拉雅地区、朝鲜(Yamada and Choe,1997,as *Chandonanthus birmensis*)、俄罗斯(远东地区)、马达加斯加。

齿边褶萼苔

Plicanthus hirtellus (F. Weber) R. M. Schust., Nova Hedwigia **74**: 492. 2002. *Jungermannia hirtellus* F. Weber, Hist. Musc. Hepat. Prodro. **50**: 43. 1815.

Chandonanthus hirtellus (F. Weber) Mitt. in J. D. Hook., Handb. N. Zeal. Fl. 750. 1867.

Mastigophora spinosa Horik., Sci. Rep. Tohoku Imp. Univ. ser. 4,**5**: 634. 1930.

Temnoma hirtellus (F. Weber) Horik., Hikobia **1**: 90,1951.

生境 山地林下岩面薄土、树干、腐木上或高山草地上。

分布 浙江、江西、湖南、四川、贵州、西藏、云南、福建、台湾、广西。尼泊尔、不丹、印度、菲律宾(Tan and Engel,1986,)、太平洋岛屿、澳大利亚、新西兰、加拿大、马达加斯加(Long and Grolle,1990),热带非洲。

拟折瓣苔属 Sphenolobopsis R. M. Schust. & N. Kitag.
Nova Hedwigia **22**: 152. 1971.

模式种:*S. pearsonii* (Spruce) R. M. Schust.

本属全世界现有1种。

拟折瓣苔

Sphenolobopsis pearsonii (Spruce) R. M. Schust., Nova Hedwigia **22**: 155. 1971. *Jungermannia pearsonii* Spruce, J. Bot. **19**: 33. 1881.

Cephaloziopsis pearsonii Schiffn., Nat. Pflanzenfam. Ⅰ(3): 85. 1893.

Sphenolobus pearsonii Steph., Sp. Hepat. **2**: 163. 1906.

Cephaloziella pearsonii (Spruce) Douin., Bull. Soc. Bot. France Mem. **29**: 66. 1920.

Sphenolobopsis himalayensis N. Kitag., Bull. Univ. Mus. Tokyo **8**: 213. f. 24. 1975.

生境 高海拔潮湿山地酸性岩石表面上。

分布 云南、台湾。尼泊尔、不丹、英国、挪威、美国(Long and Grolle,1990)。

小广萼苔属 Tetralophozia (R. M. Schust.) Schjakov
Novit. Syst. Pl. Non Vasc. **13**: 227. 1976.

模式种:*T. setiformis* (Ehrh.) Schljakov

本属世界有4种,中国有1种。

纤细小广萼苔

Tetralophozia filiformis (Steph.) Urmi, J. Bryol. **2**: 394. 1983.

Chandonanthus filiformis Steph., Sp. Hepat. **3**: 644. 1909.

Chandonanthus pusillus Steph., Sp. Hepat. **3**: 645. 1909.

生境 高海拔的林下枯木上、石面上或冷杉树干上。

分布 湖南(Enroth and Koponen,2003)、四川、云南、西藏、台湾。印度、尼泊尔、不丹、印度尼西亚、日本、加拿大(Long and Grolle,1990,as *Chandonanthus filiformis*),欧洲。

大萼苔科 Cephaloziaceae Mig.

本科全世界有16属,中国有8属。

柱萼苔属 Alobiellopsis R. M. Schust.
Nova Hedwigia **10**(1-2): 25. 1965.

模式种:*A. ascroscyphus* (Spruce) R. M. Schust.

本属全世界现有5种,中国有1种。

柱萼苔

Alobiellopsis parvifolius (Steph.) R. M. Schust., Bull. Natl. Sci. Mus. **12**(3): 679. 1969. *Alobiella parvifolia* Steph., Sp. Hepat. **3**: 325. 1908.

生境 低洼地湿土上或岩面薄土上。

分布 浙江、云南、福建(张晓青等,2011)。日本。

大萼苔属 Cephalozia (Dumort.) Dumort.

Recueil Observ. Jungerm. 18. 1835.

模式种：*C. bicuspidata* (L.) Dumort.

本属全世界约有 35 种，中国有 12 种。

钝瓣大萼苔

Cephalozia ambigua C. Massal., Malpighia **21**: 310. 1907.

Cephalozia bicuspidata subsp. *ambigua* (C. Massal.) R. M. Schust., Hepat. Anthocer. N. Amer. **3**: 723. 1974.

生境　针叶林或阔叶林下湿倒木上。

分布　黑龙江(敖志文和张光初，1985)、辽宁、河北、山西、山东、甘肃(吴玉环等，2008)、新疆、浙江(Zhu et al.，1998)、江西(Ji and Qiang，2005)、湖南、贵州、福建(张晓青等，2011)。亚洲北部、欧洲、北美洲。

大萼苔

Cephalozia bicuspidata (L.) Dumort., Recueil Observ. Jungerm. 18. 1835. *Jungermannia bicuspidate* L., Sp. Pl. 1132. 1753.

Cephalozia lammersiana Spruce, Cephalozia 48. 1882.

生境　平原、低山林地腐木或岩面薄土上。

分布　黑龙江、吉林、辽宁、浙江(Zhu et al.，1998)、江西(Ji and Qiang，2005)、四川、云南、福建(汪楣芝，1994a)、台湾(Yang，1960)。日本、俄罗斯、玻利维亚(Gradstein et al.，2003)，欧洲、北美洲。

曲枝大萼苔

Cephalozia catenulata (Huebener) Lindb., Contr. Fl. Crypt. As. 262. 1872. *Jungermannia catenulata* Huebener, Hepat. Germ. 169. 1834.

生境　山区林下或沟谷溪流边的腐木。

分布　黑龙江(敖志文和张光初，1985)、吉林、山西、湖南、四川、重庆、贵州、西藏、台湾(Wang et al.，2011)、广西。朝鲜(Yamada and Choe，1997)，亚洲北部、欧洲、北美洲。

喙叶大萼苔

Cephalozia connivens (Dicks) Lindb., Contr. Fl. Crypt. As. 238. 1872. *Jungermannia connivens* Dicks., Pl. Crypt. Fasc. **4**: 19. 1801.

生境　山区林下腐木或泥炭上。

分布　黑龙江、吉林、山西、新疆、四川、云南。不丹、日本、俄罗斯、亚速尔群岛(葡属)，欧洲、北美洲(Long and Grolle，1990)。

南亚大萼苔

Cephalozia gollanii Steph., Sp. Hepat. **3**: 304. 1908. **Type**: India: Sikkim, Darjeeling, 8000ft, Oct. 29, 1900, *A. C. Hartless 3258* (holotype: G).

Cephalozia asymmetrica Horik., J. Sci. Hiroshima Univ., ser. B, Div. 2, Bot. **2** (2): 177. 1934. **Type**: China: Taiwan, Tainan Co., Mt. Morrison, Aug. 1932, *Y. Horikawa 9125 b*.

生境　山区林下腐木、湿土或腐殖土上。

分布　江西、湖南、湖北(何祖霞等，2010)、四川、重庆、贵州、云南、福建(张晓青等，2011)、台湾、广东(林邦娟等，1982，as *C. asymmetrica*)、广西。印度、不丹、泰国、日本(Long and Grolle，1990)。

弯叶大萼苔

Cephalozia hamatiloba Steph., Sp. Hepat. **3**: 303. 1908.

生境　阴湿土面上。

分布　湖南(Koponen et al.，2004)、福建(张晓青等，2011)、香港、澳门。日本、俄罗斯(萨哈林群岛)，亚洲东南部。

毛口大萼苔

Cephalozia lacinulata (J. B. Jack) Spruce, Cephalozia 45. 1882. *Jungermannia lacinulata* J. B. Jack ex Gottsche & Rabenh., Hepat. Eur. 624. 1877.

生境　山区林下腐木上。

分布　黑龙江、吉林、辽宁、浙江(Zhu et al.，1998)、四川、云南、福建(张晓青等，2011)、广西。朝鲜(Yamada and Choe，1997)、俄罗斯，欧洲、北美洲。

厚壁大萼苔

Cephalozia leucantha Spruce, Cephalozia 68. 1882.

生境　山区林下腐木或湿土上。

分布　吉林、浙江(Zhu et al.，1998)、江西、广西。朝鲜(Yamada and Choe，1997)、日本，欧洲、北美洲。

月瓣大萼苔

Cephalozia lunulifolia (Dumort.) Dumort., Recueil Observ. Jungerm. 18. 1835. *Jungermannia lunulifolia* Dumort., Syll. Jungerm. Eur. 61. 1831.

Cephalozia media Lindb., Meddeland. Soc. Fauna Fl. Fenn. **6**: 242. 1881.

生境　针阔混交林下腐木或湿岩面上。

分布　黑龙江、吉林、新疆、浙江(Zhu et al.，1998)、湖南、云南、西藏、福建(张晓青等，2011)。俄罗斯，欧洲、北美洲。

短瓣大萼苔

Cephalozia macounii (Austin) Austin, Hepat. Bor. Amer. No. 14. 1873. *Jungermannia macounii* Austin, Proc. Acad. Nat. Sci. Philadelphia **21**(1869): 222. 1870.

生境　林下腐木或沼泽地。

分布　黑龙江、吉林、辽宁、浙江(Zhu et al.，1998)、湖南、湖北、四川、贵州、云南、西藏、福建、广西、香港。俄罗斯，欧洲、北美洲。

薄壁大萼苔

Cephalozia otaruensis Steph., Sp. Hepat. **6**: 434. 1906.

Cephalozia japonica Horik. in Asahina, Nippon Indwasyokubutu Dukam: 831. 1939.

生境　林下腐木或湿土上。

分布　浙江(Zhu et al.，1998)、湖南、四川、重庆、云南、广西、香港。日本、朝鲜(Song and Yamada，2006)，北美洲。

细瓣大萼苔

Cephalozia pleniceps (Austin) Lindb., Meddeland. Soc. Fauna Fl. Fenn. **9**: 158. 1883. *Jungermannia pleniceps* Austin, Proc. Acad. Nat. Sci. Philadelphia **21**(1869): 222. 1870.

生境　山区林下腐木、湿石或湿土面上。

分布　黑龙江、吉林、河北、陕西(Levier，1906)、江西(Ji and

Qiang,2005)、新疆、四川、重庆、云南(Piippo et al.,1998)。不丹、俄罗斯(远东地区)、美国(夏威夷)、格陵兰岛(丹属)、阿根廷、智利、哥伦比亚(Long and Grolle,1990),欧洲、北美洲。

钝叶苔属 Cladopodiella H. Buch.
Mem. Soc. Fauna Fl. Fenn. **5**: 87. 1927.

模式种:*C. fluitans* (Nee) Jörg.

本属全世界现有2种,中国有1种。

角胞钝叶苔

Cladopodiella francisci (Hook.) Buch., Mem. Soc. Fauna Fl. Fenn. **1**: 189. 1927. *Jungermannia franicisi* Hook., Brit. Jungerm. Pl. 49. 1816.

生境　山区或溪边湿地上。

分布　西藏。欧洲、北美洲。

长胞苔属 Hygrobiella Spruce
Cephalozia 73. 1882.

模式种:*H. laxifolia* (Hook.) Spruce

本属全世界现有1种,中国有1种。

长胞苔

Hygrobiella laxifolia (Hook.) Spruce, Cephalozia 74. 1882. *Jungermannia laxifolia* Hook. Brit. Jungermann. Pl. 59. 1816.

生境　山区溪边湿石上,常与合叶苔、兔耳苔、壶苞苔等形成群落。

分布　云南。朝鲜、日本,欧洲、北美洲。

拳叶苔属 Nowellia Mitt.
Nat. Hist. Azores 321. 1870.

模式种:*N. curvifolia* (Dicks.) Mitt.

本属全世界现有9种,中国有2种。

无毛拳叶苔

Nowellia aciliata (P. C. Chen & P. C. Wu) Mizut., Hikobia **11**: 469. 1994. *Nowellia curvifolia* (Dicks.) Mitt. var. *aciliata* P. C. Chen & P. C. Wu, Observ. Fl. Hwangshan 6. 1965. **Type**: China: Anhui, Mt. Huangshan, 1840m, on rock, Apr. 26. 1957, *P. C. Chen et al. 6897* (holotype: PE).

生境　林下岩面薄土上。

分布　安徽、浙江、湖南(Koponen et al.,2004)、福建(吴鹏程等,1982)、台湾(Chiang and Lin,1984)、广西。日本(Yamada and Iwatsuki,2006)。

拳叶苔

Nowellia curvifolia (Dicks.) Mitt., Nat. Hist. Azores 321. 1870. *Jungermannia curvifolia* Dicks., Fasc. Pl. Crypt. Brit. **2**: 15. 1790.

生境　林下腐木或岩面薄土上。

分布　黑龙江、吉林、内蒙古、安徽、浙江、湖南、江西(Ji and Qiang,2005)、四川、重庆、贵州、云南、西藏、福建、台湾(Horikawa,1934)、广西。泰国(Kitagawa,1979)、朝鲜(Yamada and Choe,1997)。

裂齿苔属 Odontoschisma (Dumort.) Dumort.
Recueil Observ. Jungerm. 19. 1835.

模式种:*O. spagni* (Dicks.) Dumort.

本属全世界现有10～12种,中国有3种。

合叶裂齿苔

Odontoschisma denudatum (Dumort.) Dumort., Recueil Observ. Jungerm. 19. 1835. *Jungermannia denudatum* Nees, Mart. Fl. Erl. 183. 1817. **Type**: Germany: Erlangen, *Martius s. n.* (holotype: not located).

Odontoschisma cavifolium Steph., Bull. Herb. Boissier **5**: 102. 1897.

生境　林下腐木上。

分布　福建、台湾(Yang,2011)、广西(Zhu and So,2002)。尼泊尔、不丹(Long and Grolle,1990)、泰国、马来西亚、印度尼西亚、菲律宾、日本、朝鲜(Yamada and Choe,1997)、新喀里多尼亚岛(法属)、俄罗斯(远东地区)、南非(Long and Grolle,1990),欧洲、美洲。

粗疣裂齿苔

Odontoschisma grosseverrucosum Steph. Sp. Hepat. **3**: 377. 1908. **Type**: China: Taiwan, Mt. Taitum, May 7. 1903, *Faurie 22* (lectotype: G; isolectotypes: BM, FH).

生境　林下腐木上或岩面薄土。

分布　广西、福建(张晓青等,2011)、台湾。日本、泰国。

裂齿苔(湿生裂齿苔)

Odontoschisma sphagni (Dicks.) Dumort., Recueil Observ. Jungerm. 19. 1835. *Jungermannia sphagni* Dicks., Fasc. Pl. Crypt. Brit. **1**: 6. 1785.

生境　林下岩面或腐木上。

分布　重庆、贵州、广西。欧洲、北美洲。

侧枝苔属 Pleurocladula Grolle
J. Bryol. 10：269. 1979.

本属全世界现有1种。

侧枝苔

Pleurocladula albescens (Hook.) Grolle, J. Bryol. **10**：269. 1979. *Jungermannia albescens* Hook., Brit. Jungermann. Pl. 72. 1815.

Pleuroclada albescens (Hook.) Spruce, Cephalozia 74. 1882.

Cephalozia albescens Dumort., Recueil Observ. Jungerm. 18. 1835.

生境　山区岩面湿土或湿地上。

分布　辽宁、广西。日本，欧洲和北美洲。

塔叶苔属 Schiffneria Steph.
Oesterr. Bot. Z. 44：1. 1894.

模式种：*S. hyaline* Steph.

本属全世界现有2种，中国有2种。

塔叶苔

Schiffneria hyalina Steph., Oesterr. Bot. Z. **44**：1. 1894.

Schiffneria viridis Steph., Sp. Hepat. **3**：278. 1908.

生境　林下腐木上。

分布　浙江(Zhu et al., 1998)、江西、湖南(Koponen et al., 2004)、四川、贵州、云南、西藏、福建、台湾、海南。不丹(Long and Grolle, 1990)、印度、泰国、马来西亚、印度尼西亚、日本、巴布亚新几内亚(Piippo and Tan, 1992)。

云南塔叶苔

Schiffneria yunnanensis C. Gao & W. Li, Bull. Bot. Res., Harbin **26**：390. 2006. **Type**：China：Yunnan, Gongshan Co., *Zang Mu 4082* (holotype：HKAS).

生境　不详。

分布　云南。中国特有。

拟大萼苔科 Cephaloziellaceae Douin

本科全世界有8属，中国有2属。

拟大萼苔属 Cephaloziella (Spruce) Schiffn.
Cephalozia 62. 1882.

模式种：*C. byssaces* (G. Roth) Warnst.

本属全世界有90～100种，中国有11种，1变种。

短萼拟大萼苔

Cephaloziella breviperianthia C. Gao, Fl. Hepat. Chin. Boreali. -Orient. 131. 1981. **Type**：China：Heilongjiang, Shangzhi Co., Mt. Maoershan, July 9. 1963, *Aur Zen-Wen 5600* (holotype：IFSBH).

生境　山区林下湿岩面上。

分布　黑龙江、吉林、内蒙古、山东(赵遵田和曹同，1998)、贵州、福建(张晓青等，2011)。中国特有。

粗齿拟大萼苔

Cephaloziella dentata (Raddi) K. Müller, Rabenh. Krypt. Fl **6** (2)：198. 1913. *Jungermannia dentata* Raddi, Mem. Math. Fisica Modena **18**：22. 1920.

Cephalozia dentata Lindb., J. Linn. Soc., Bot. 13. 1873.

生境　山区土上或岩面薄土。

分布　江西、湖南、贵州。欧洲。

挺枝拟大萼苔

Cephaloziella divaricata (Sm.) Schiffn., Krypt. -Fl. Brandenburg, Leber- & Torfm. **3**：320. 1902. *Jungermannia divaricata* Sm., Engl. Bot. **10**：719. 1800.

Jungermannia starkei Funck ex Nees, Nat. Eur. Lab. **2**：223. 1836.

Cephaloziella starkei (Funck ex Nees) Schiffn., Sitzungsber. Deutsch. Naturwiss. -Med. Vereins Böhmen "Lotos" Prag **20**：341. 1900.

Cephalozia divaricata (Sm.) Dumort., Bull. Soc. Bot. Belgique **13**：89. 1874.

生境　山区林下腐木或岩面薄土上。

分布　黑龙江、山东、陕西(Levier, 1906, as *Cephalozia divaricata*)、贵州。朝鲜(Yamada and Choe, 1997)，亚洲北部、欧洲、北美洲。

狭叶拟大萼苔

Cephaloziella elachista (J. B. Jack) Schiffn., Sitzungsber. Deutsch. Naturwiss. -Med. Vereins Böhmen "Lotos" Prag **48**：338. 1900. *Jungermannia elachista* J. B. Jack, Hepat. Eur. 574. 1873.

Cephalozia dentata Lindb., J. Linn. Soc. Bot. 13. 1873.

生境　山区土上或岩面薄土上。

分布　江西、湖南。欧洲。

狭叶拟大萼苔刺苞叶变种

Cephaloziella elachista var. **spinophylla** (C. Gao) C. Gao, Fl. Bryo. Sin. **9**：179. 2003, *Cephaloziella spinophylla* C. Gao, Fl. Hepat. Chin. Boreali-Orient. 208 pl. **51**：1- 8. 1981. **Type**：China：Heilongjiang, Acheng Co., Aug. 5. 1959, *C. Gao 8631* (holotype：IFSBH).

生境　岩面薄土上。

分布　黑龙江(高谦和张光初，1981)。中国特有。

扭叶拟大萼苔(新拟)

Cephaloziella flexuosa C. Gao & G. C. Zhang, Bull. Bot. Res., Harbin **4**(3)：88 f. 5. 1984. **Type**：China：Zhejiang, Mt. Nanyandangshan, on moist clff, 250m, July 28. 1960, *Gao Chien 835* (holotype：IFSBH).

生境　潮湿的岩壁上，海拔 250m。

分布　浙江(Chang and Gao，1984)。中国特有。

哈氏拟大萼苔(新拟)

Cephaloziella hampeana (Nees) Schiffn. ex Loeske，Moosfl. Harz. 92. 1903. *Jungermannia hampeana* Nees，Naturgeschich. Eur. Leberm. **3**：560. 1838.

生境　不详。

分布　新疆。德国、瑞典、俄罗斯、墨西哥、美国、加拿大。

鳞叶拟大萼苔

Cephaloziella kiaeri (Austin) S. W. Arnell，Bot. Not. **3**：329. 1952. *Jungermannia kiaeri* Austin，Bull. Torrey Bot. Club **6**：18. 1875.

Cephalozia minutissima Kiaer & Pearson，Förh. Vidensk. -Selsk. Kristiania **1892**(14)：7. 1892.

Cephaloziella pentagona Schiffn. ex Douin，Mém. Bot. Soc. France **29**：79. 1920.

Cephaloziella willisana (Steph.) Kitag.，J. Hattori. Bot. Lab. **32**：295. 1969.

生境　林边或溪边湿石上。

分布　辽宁、山东(赵遵田和曹同，1998)、江苏(刘仲苓等，1989，as *C. willisana*)、浙江(Zhu et al.，1998)、江西(Ji and Qiang，2005)、湖南、贵州、云南、福建(张晓青等，2011)。印度、不丹、斯里兰卡、泰国、马来西亚、印度尼西亚(Long and Grolle，1990)、菲律宾(Piippo and Tan，1992)、日本、新喀里多尼亚岛(法属)、萨摩亚群岛、塞舌尔群岛、马达加斯加、莫桑比克、南非(Long and Grolle，1990)，欧洲、北美洲。

小叶拟大萼苔

Cephaloziella microphylla (Steph.) Douin，Mém. Bot. Soc. France **29**：59. 1920. *Cephalozia microphylla* Steph.，Sp. Hepat. **3**：343. 1908. **Type**：Japan：Tosa，*T. Makino 19* (holotype：G).

Cephalozia godajensis Steph.，Sp. Hepat. **6**：438. 1924.

Cephaloziella hunanensis W. E. Nicholson in Handel-Mazzetti，Sym. Sin. **5**：21. f. 7. 1930. **Type**：China：Hunan，Wukang，1180m，Aug. 15. 1918，*Handel-Mazzetti 12 473*.

生境　林下树基或湿土上。

分布　内蒙古、湖南、浙江(Zhu et al.，1998)、贵州、福建、广西、香港、澳门。印度、尼泊尔、不丹、泰国(Long and Grolle，1990)、日本和朝鲜。

红色拟大萼苔

Cephaloziella rubella (Nees) Warnst.，Fl.. Brandenburg **1**：231. 1902. *Jungermannia rubella* Nees，Nat. Eur. Lab. **2**：336. 1836.

Cephaloziella pulchella Douin，Mém. Soc. Bot. France **29**：84. 1920.

生境　林下腐木或岩面薄土上。

分布　黑龙江、吉林、辽宁、内蒙古、山东、河南(陈清等，2008)、陕西(陈清等，2008)、宁夏、湖南(Koponen et al.，2004)、贵州、云南。日本、俄罗斯(远东地区)，欧洲、北美洲。

刺茎拟大萼苔

Cephaloziella spinicaulis Douin，Mém. Soc. Bot. France **29**：62. 1920.

生境　潮湿岩面上，海拔 880m。

分布　黑龙江(敖志文和张光初，1985)、山东(赵遵田和曹同，1998)、陕西(陈清等，2008)、湖南(Enroth and Koponen，2003)、福建(张晓青等，2011)。日本、朝鲜，北美洲东部(Schuster，1980)。

仰叶拟大萼苔

Cephaloziella stepanii Schiffn. ex Douin，Mém. Bot. Soc. France **29**：85. 1920. **Type**：Indonesia：Java，Prov. Batavia，110m，on soil，*V. Schiffiner s. n.* (holotype：LY).

生境　林下腐木或湿土上。

分布　云南。泰国、印度尼西亚。

筒萼苔属 Cylindrocolea R. M. Schust.

Bull. Natl. Sci. Mus. (Tokyo) **12**：664. 666. 1969.

模式种：*C. chevalieri* (Steph.) R. M. Schust.

本属全世界现有 16 种，中国有 2 种。

弯叶筒萼苔(新拟)

Cylindrocolea recurvifolia (Steph.) Inoue，J. Jap. Bot. **47**：348. 1972. *Cephalozia recurvifolia* Steph.，Sp. Hepat. **3**：327. 1903.

Acolea formosae Steph.，Sp. Hepat. **6**：78. 1917.

Gymnomitrion formosae (Steph.) Horik.，J. Sci Hiroshima Univ.，ser. B，Div. 2，Bot. **2**：141. 1934.

生境　常绿阔叶林或落叶阔叶林下湿石上。

分布　湖南、浙江(Zhu et al.，1998)、福建、台湾。日本、朝鲜(Song and Yamada，2006)。

东亚筒萼苔

Cylindrocolea tagawae (N. Kitag.) R. M. Schust.，Nova Hedwigia **22**：174. 1971. *Cephaloziella tagawae* N. Kitag.，J. Hattori Bot. Lab. **32**：303. 1969. **Type**：Thailand：Loey，Mt. Phu Luang，1100m，on rock，*M. T. & N. K. T 1433* (holotype：NICH).

Marsupella fengchengensis C. Gao & G. C. Zhang，Fl. Hepat. Chin. Boreali. -Orient.：206. 1981. **Type**：China：Liaoning，Fengcheng Co.，Mt. Fenghuang，May 30. 1963，*Gao Chien & Nan Man-Shi 6983* (holotype：IFSBH).

生境　土面、岩面或倒木上。

分布　辽宁(高谦和张光初，1981，as *Marsupella fengchengensis*)、山东(赵遵田和曹同，1998，as *M. fengchengensis*)、福建(张晓青等，2011)、香港(So and Zhu，1996)。泰国、马来西亚、日本、所罗门群岛。

甲克苔科 **Jackiellaceae** R. M. Schust.

本科全世界有1属。

甲克苔属 Jackiella Schiffn.
Hepat. Fl. Buitenzorg 211. 1900.

模式种：*J. javanica* Schiffn.

本属全世界现有5～6种，中国有2种。

甲克苔(新拟)(爪哇甲克苔)

Jackiella javanica Schiffn., Hepat. Fl. Buitenzorg 212. 1900.

Jamensoniella brunnea Horik., J. Sci. Hiroshima Univ., ser. B, Div. 2, Bot. **2**: 146. 1934.

Jackiella brunnea (Horik.) S. Hatt., J. Hattori Bot. Lab. **3**: 21. 1947.

生境　热带、亚热带湿石上。

分布　湖南(Koponen et al., 2004)、云南、福建(张晓青等，2011)、台湾、香港。印度、不丹、菲律宾、印度尼西亚、日本、泰国、斯里兰卡、俄罗斯(远东地区)、巴布亚新几内亚、萨摩亚群岛、所罗门群岛、美国(夏威夷)，欧洲。

中华甲克苔

Jackiella sinensis (W. E. Nicholson) Grolle., Dester. Bot. Zeitschr. **111**: 186. 1964. *Aplozia sinensis* W. E. Nicholson in Handel-Mazzetii, Symb. Sin. **5**: 12. 1930. **Type**: China: Yunnan, *Handel-Mazzetti 6716* (NY).

生境　林下湿土面上。

分布　云南。中国特有。

裂叶苔科 **Lophoziaceae** Cavers

本科全世界有9属，中国有3属。

戈氏苔属 Gottschelia Grolle
J. Hattori Bot. Lab. **31**: 13. 1968.

模式种：*G. schizopleura* (Spruce) Grolle

本属全世界现有4种，中国有3种。

古氏戈氏苔(新拟)

Gottschelia grollei D. G. Long & Váňa, J. Bryol. **29**: 167. 2007. **Type**: China: Yunnan, Fugong Co., on wet rock on lake shore, 3613m, Aug. 16. 2005, *D. G. Long 34 890* (holotype: E; isotypes: CAS, KUN, MO).

生境　湖边岩石面上。海拔3613m。

分布　云南(Long and Váňa, 2007)。中国特有。

高山戈氏苔(新拟)

Gottschelia patoniae Grolle, D. B. Schill & D. G. Long, J. Bryol. **25**: 3. f. 1. 2003. **Type**: Nepal: Sankhuwansabha District, on shady rock on bouldery lake shore, 3880m, Oct. 19. 1991, *D. G. Long 21 382* (holotype: E; isotypes: H, JE).

生境　湖边岩石面上。海拔3880m。

分布　云南(Long and Váňa, 2007)。印度、尼泊尔。

戈氏苔(全缘戈氏苔)

Gottschelia schizopleura (Spruce) Grolle, J. Hattori Bot. Lab. **31**: 16. 1968. *Jungermannia schizopleura* Spruce, Trans. Proc. Bot. Soc. Edinburgh **15**: 517. 1885.

Anastrophyllum schizopleura (Spruce) Steph., Hedwigia **32**: 140. 1893.

Jamesoniella microphylla (Nees) Schiffn., Denkschr. Kaiserl. Akad. Wiss., Math. -Naturwiss. Kl. **67**: 198. 1898.

生境　高海拔山区潮湿的腐殖质或土面上。

分布　台湾。印度尼西亚(爪哇、苏门答腊)、斯里兰卡、菲律宾、巴布亚新几内亚、马达加斯加。

裂叶苔属 Lophozia (Dumort.) Dumort.
Recueil Observ. Jungerm. 17. 1835.

模式种：*L. ventricosa* (Dicks.) Dumort.

本属全世界现有70～80种，中国有18种。

倾立裂叶苔

Lophozia ascendens (Warnst.) R. M. Schust., Bryologist **55**: 180. 1952. *Sphenolobus ascendens* Warnst., Hedwigia **57**: 63. 1915.

Lophozia gracillima Buch, Ann. Bryol. **6**: 123. 1933.

Lophozia porphyroleuca K. Müller, Rabenh. Krypt. -Fl. (ed. 3), **6**: 669. 1954.

生境　潮湿的腐木上或腐殖质上。

分布　黑龙江(敖志文和张光初，1985)、吉林、内蒙古、新疆、云南、西藏。日本、朝鲜(Yamada and Choe, 1997, as *L. prorphyroleuca*)、俄罗斯(萨哈林岛)，欧洲、北美洲。

秩父裂叶苔

Lophozia chichibuensis Inoue, J. Jap. Bot. **36**: 41. 1961.

生境　高山碱性岩面或土面上。

分布　新疆。日本、不丹(Long and Grolle, 1990)。

波叶裂叶苔

Lophozia cornuta (Steph.) S. Hatt., Bull. Tokyo Sci. Mus. **2**: 35. 1944. *Schistochila conuta* Steph., Sp. Hepat. **4**: 84. 1909.

Lophozia undulata Horik., J. Sci. Hiroshima Univ., ser. B, Div. 2, Bot. **2**: 153. 1934.

生境　潮湿的岩面、树干或腐木上。

分布　吉林、云南、西藏。日本、朝鲜、俄罗斯(萨哈林岛)。

暗色裂叶苔(新拟)

Lophozia decolorans (Limpr.) Steph., Sp. Hepat. **2**: 147.

1902., *Jungermannia decolorans* Limpr., Jahresber. Schles. Ges. Vaterl. Cult. **57**: 116. 1880.

生境　溪边潮湿沙地上，海拔4300m。

分布　云南(Long, 2005)。印度、尼泊尔、不丹、俄罗斯(远东地区)、加拿大、阿根廷、喀麦隆、坦桑尼亚、扎伊尔，欧洲。

异瓣裂叶苔

Lophozia diversiloba S. Hatt., J. Jap. Bot. **20**: 265. 1944.

Acrobolbus diversilobus (S. Hatt.) S. Hatt., J. Hattori Bot. Lab. **12**: 76. 1954.

Hattoriella diversiloba (S. Hatt.) Inoue, J. Hattori Bot. Lab. **23**: 40. 1960.

生境　高海拔山区碱性潮湿岩面薄土上。

分布　四川。不丹、日本(Long and Grolle, 1990)。

阔瓣裂叶苔

Lophozia excisa (Dicks.) Dumort., Recueil Observ. Jungerm. 17. 1835. *Jungermannia excisa* Dicks., Fasc. Pl. Crypt. Brit. **3**: 11. 1793.

Lophozia jurensis Meyl. ex K. Müller, Rabenh. Krypt.-Fl. (ed. 2), **6**(2): 727. 1910.

Lophozia chinensis Steph., Sp. Hepat. **6**: 111. 1917. **Type**: China: Shaanxi, *Giraldi s. n.*

生境　山区林下潮湿的岩面或腐殖质上。

分布　黑龙江、吉林、内蒙古、河北、山西、四川。世界广布。

油滴裂叶苔(新拟)

Lophozia guttulata (Lindb. & Arnell) A. Evans, Proc. Wash. Acad. Sci. **2**: 302. 1900. *Jungermannia guttulata* Lindb. & Arnell, Kongl. Svenska Vetenskapsakad. Handl. **23** (5): 51. 1889.

生境　林地岩面，海拔1600m。

分布　吉林(Koponen et al., 1983)。北美洲。

全缘裂叶苔

Lophozia handelii Herzog Symb. Sin. **5**: 14. 1930. **Type**: China: Yunnan, Yungning, 3800～4030m, July 21. 1915, *Handel-Mazzetti 7131* (holotype: H-BR).

生境　不详。

分布　云南、西藏。尼泊尔、不丹(Long and Grolle, 1990)。

异沟裂叶苔

Lophozia heterocolpos (Thed. ex Hartm.) Howe, Mem. Torrey Bot. Club **7**: 108. 1899. *Jungermannia heterocolpos* Thed. ex Hartm., Kongl. Svenska Vetensk. Acad. Handl. **1837**: 52. 1838.

Leiocolea heterocolpos (Thed. ex Hartm.) H. Buch, Mem. Soc. Fauna Fl. Fenn. **8**: 284. 1932.

生境　林下溪边土面上或岩石上。

分布　黑龙江(敖志文和张光初, 1985)、吉林(Söderström, 2000)、内蒙古、陕西(Zhang and Guo, 1998)、新疆。喜马拉雅地区、日本、朝鲜(Yamada and Choe, 1997)、格陵兰岛(丹属)，欧洲、北美洲。

皱叶裂叶苔

Lophozia incisa (Schrad.) Dumort., Recueil Observ. Jungerm. 17. 1835. *Jungermannia incisa* Schrad., Syst. Samml. Krypt. Gewächse **2**: 5. 1797.

生境　腐木、树基腐殖质上或有时生于潮湿岩面上。

分布　黑龙江(敖志文和张光初, 1985)、吉林、内蒙古、甘肃(吴玉环等, 2008)、新疆、重庆、四川、云南、西藏、台湾。印度、尼泊尔、不丹(Long and Grolle, 1990)、日本、朝鲜、俄罗斯(西伯利亚)、玻利维亚(Gradstein et al., 2003)、格陵兰岛(丹属)，欧洲、北美洲。

刺瓣裂叶苔

Lophozia lacerata N. Kitag., Hikobia **3**: 172. 1963.

生境　林下潮湿的岩石表面或腐木上。

分布　四川、云南、西藏。日本。

长齿裂叶苔

Lophozia longidens (Lindb.) Macoun, Cat. Canad. Pl. Lich. & Hepat. 18. 1902. *Jungermannia longidens* Lindb., Bot. Not. **1877**: 27. 1877.

Lophozia ventricosa Dicks. var. *longidens* (Lindb.) Levier, Nuovo Giorn. Bot. Ital., n. s., **13**: 351. 1906.

生境　阴暗地潮湿的岩面、树干、腐木或腐殖质上。

分布　吉林、陕西(Levier, 1906. as *L. ventricosa* var. *longidens*)、四川(Furuki and Higuchi, 1997)。喜马拉雅地区、俄罗斯(西伯利亚)、冰岛、格陵兰岛(丹属)，欧洲、北美洲。

玉山裂叶苔

Lophozia morrisoncola Horik., J. Sci. Hiroshima Univ., ser. B, Div. 2, Bot. **2**: 150. 1934. **Type**: China: Taiwan, Tainan Co., Mt. Morrison, Aug. 1932, *Y. Horikawa 11 305* (holotype: HIRO).

生境　高山地区潮湿的岩面上。

分布　重庆、贵州、四川、云南、台湾。不丹、日本、俄罗斯(Bakalin, 2003)。

仲西裂叶苔(新拟)

Lophozia nakanishii Inoue, Bull. Natl. Sci. Mus. **9**: 37. 1966. **Type**: China: Taiwan, Kuan-kao, Nan-tou Co., *Nakanishi 13 760*.

Schistochilopsis nakanishii (Inoue) Konstantinova, Arctoa **3**: 125. 1994.

生境　不详。

分布　台湾。中国特有。

刺叶裂叶苔

Lophozia setosa (Mitt.) Steph., Sp. Hepat. **2**: 151. 1906.

Jungermannia setosa Mitt., J. Proc. Linn. Soc., Bot. **5**: 92. 1861.

生境　高海拔地区潮湿的岩面薄土上。

分布　贵州、云南、西藏。印度、尼泊尔、不丹(Long and Grolle, 1990)。

高山裂叶苔

Lophozia sudetica (Nees ex Huebener) Grolle, Trans. Brit. Bryol. Soc. **6**: 262. 1971. *Jungermannia sudetica* Nees ex Huebener, Hepat. Germanicae 142. 1834.

Jungermannia gelida Taylor, London J. Bot. **4**: 277. 1845.

Lophozia alpestris (Schleich.) A. Evans in Kennedy & Collins, Rhodora **3**: 181. 1901.

Lophozia gelida (Taylor) Steph., Sp. Hepat. **2**: 135. 1906.

生境　山区潮湿的岩面或土面上，稀见于腐木上。

分布　黑龙江、吉林、内蒙古、甘肃(吴玉环等,2008)、陕西(Zhang and Guo,1998)、云南。日本、喜马拉雅地区、俄罗斯(远东地区及萨哈林岛)、冰岛、格陵兰岛(丹属),欧洲、北美洲。

裂叶苔(囊苞裂叶苔)

Lophozia ventricosa (Dicks.) Dumort., Recueil Observ. Jungerm. 17. 1835. *Jungermannia ventricosa* Dicks., Fasc. Pl. Crypt. Brit. **2**: 14. 1790.

Lophozia longiflora (Nees) Schiffn., Sitzungsber. Deutsch. Naturwiss.-Med. Vereins Böhmen "Lotos" Prag **51**: 257. 1903.

Lophozia silvicoloides N. Kitag., J. Hattori Bot. Lab. **28**: 276. 1965.

生境　山区林下潮湿的岩石表面、土面上或稀生于腐木上。

分布　黑龙江(敖志文和张光初,1985)、吉林、内蒙古、河北(Li and Zhao,2002)、陕西(王玛丽等,1999)、新疆、四川。日本、朝鲜(Yamada and Choe,1997, as *L. longiflora*)、俄罗斯(西伯利亚),欧洲、北美洲。

圆叶裂叶苔

Lophozia wenzelii (Nees) Steph., Sp. Hepat. **2**: 135. 1906. *Jungermannia wenzelii* Nees, Naturgesch. Eur. Leberm. **2**: 358. 1836.

Lophozia confertifolia Schiffn., Oesterr. Bot. Z. **55**: 47. 1905.

Lophozia formosana Horik., J. Sci. Hiroshima Univ., ser. B, Div. 2, Bot. **2**: 152. 1934. **Type**: China: Taiwan, Tainan Co., Mt. Arisan, Aug. 1932, *Y. Horikawa 8999*.

生境　高山地潮湿沙质土面或潮湿岩石上。

分布　黑龙江(敖志文和张光初,1985)、吉林、内蒙古、陕西(Zhang and Guo,1988)、四川、云南、台湾。日本、俄罗斯(西伯利亚及萨哈林岛)、格陵兰岛(丹属),欧洲、北美洲。

三瓣苔属 Tritomaria Schiffn. ex Loeske
Hedwigia **49**: 13. 1909.

模式种:*T. exseta* (Schmid.) Loeske

本属全世界现有7~8种,中国有3种,1变型。

三瓣苔

Tritomaria exsecta (Schmid. ex Schrad.) Schiffn. ex Loeske, Hedwigia **49**: 13. 1909. *Jungermannia exsecta* Schmid. ex Schrad., Syst. Samml. Krypt. Gew. **2**: 5. 1797.

Sphenolobus exsecta Steph., Sp. Hepat. **2**: 170. 1906.

Tritomaria exsecta (Schmid. ex Schrad.) Schiffn., Ber. Nat. Med. Ver. Innsbruck. **31**: 12. 1908.

生境　高山、亚高山地区潮湿的岩面薄土、岩缝或沙土上,稀生于裸岩或腐木上。

分布　黑龙江、吉林、内蒙古、新疆、四川、云南、西藏、台湾。印度、尼泊尔、不丹、印度尼西亚(Long and Grolle,1990)、朝鲜(Yamada and Choe,1997)、墨西哥,欧洲、非洲(Long and Grolle,1990)。

多角胞三瓣苔

Tritomaria exsectiformis (Breidl.) Loeske, Hedwigia **49**: 43. 1909. *Jungermannia exsectiformis* Breidl., Mitt. Nat. Ver. Steirmark **30**: 321. 1894.

Lophozia exsectiformis Boulay, Musc. France **2**: 92. 1904.

Sphenolobus exsectiformis Steph., Sp. Hepat. **2**: 170. 1906.

Tritomaria exsectiformis (Breidl.) Schiffn., Ber. Nat. Med. Ver. Innsbruck **31**: 12. 1908.

Sphenolobus exsectiformis K. Müller, Rabenh. Krypt.-Fl. (ed. 3), **6**: 606. 1954.

生境　高山、亚高山地区沙质湿土上,岩面薄土、石缝中或生于稀腐木。

分布　黑龙江、吉林、内蒙古、陕西(Zhang and Guo,1998)、甘肃(吴玉环等,2008)、新疆。欧洲、北美洲。

密叶三瓣苔

Tritomaria quinquedentata (Huds.) H. Buch, Mem. Soc. Fauna Fl. Fenn. **8**: 290. 1932. *Jungermannia quinquedentata* Huds., Fl. Angl. (ed. 1), 511. 1762.

密叶三瓣苔原变型

Tritomaria quinquedentata fo. **quinquuedentata**

Jungermannia lyonii Taylor, Trans. Proc. Bot. Soc. Edinburgh **1**: 116. 1844.

Jungermannia trilobata Steph., Hedwigia **34**: 50. 1895.

Sphenolobus trilobatus Steph., Sp. Hepat. **2**: 167. 1906.

Barbilophozia quinquedentata (Huds.) Loeske, Verh. Bot. Ver. Proc. Brandengurg **49**: 37. 1907.

Lophozia asymmetrica Horik., J. Sci. Hiroshima Univ., ser. B, Div. 2, Bot. **2**: 153. 1934. **Type**: China: Taiwan, Tainan Co., Mt. Morrison, Aug. 1932, *Y. Horikawa 9140a*.

Lophozia quinquedentata K. Müller, Leberm. Eur. **6**: 624. 1954.

Tritomaria quinquuedentata var. *asymmerica* (Horik.) N. Kitag., Hikobia **3**: 171. 1963.

Tritomaria quinquuedentata subsp. *papillifera* R. M. Schust., Rev. Bryol. Lichenol. **34**: 275. 1966.

生境　高山、亚高山地区潮湿的岩面薄土上或沙质土面上。

分布　黑龙江、吉林、内蒙古、陕西、四川(Furuki and Higuch,1997)、甘肃、云南。朝鲜(Yamada and Choe,1997)、尼泊尔(Long,2005)、日本、俄罗斯(西伯利亚)、格陵兰岛(丹属),欧洲、北美洲。

密叶三瓣苔小叶变型

Tritomaria quinquedentata fo. **gracilis** (C. E. O. Jensen) R. M. Schust., Hepat. Anthocer. N. Amer. **2**: 691. 1969. *Jungermannia quinquedentata* fo. *gracilis* C. E. O. Jensen, Öfvers. Förh. Kgl. Vetensk.-Akad. **6**: 798. 1900.

生境　高山和亚高山地区潮湿沙质土面或岩面薄土上。

分布　黑龙江、吉林。格陵兰岛(丹属)。

折叶苔科 Scapaniaceae Mig.

本科全世界有3属,中国有2属。

折叶苔属 Diplophyllum (Dumort.) Dumort.
Recueil Observ. Jungerm. 15. 1835.

模式种:*D. albicans* (L.) Dumort.

本属全世界现有27种,中国有6种。

折叶苔

Diplophyllum albicans (L.) Dumort., Recueil Observ. Jungerm. 16. 1835. *Jungermannia albicans* L., Sp. Pl. 1, **2**: 1133. 1753.

生境 石上或土面上。

分布 黑龙江、吉林、台湾(Horikawa,1934)。日本、朝鲜、俄罗斯(西伯利亚),欧洲、北美洲。

尖瓣折叶苔

Diplophyllum apiculatum (A. Evans) Steph., Sp. Hepat. **4**: 110. 1910. *Diplophylleia apiculata* A. Evans, Bot. Gaz. **34**: 372. 1902.

生境 潮湿岩面上。

分布 安徽、贵州、云南、福建(张晓青等,2011)。北美洲。

钝瓣折叶苔

Diplophyllum obtusifolium (Hook.) Dumort., Recueil Observ. Jungerm. 16. 1835. *Jungermannia obtusifolia* Hook., Brit. Jungerm. Pl. 126. 1816.

Scapania microscopia Culmann, Bull. Soc. Bat. France **2**: 54. 1954.

生境 沙土或腐木上。

分布 甘肃(Han et al., 2011)、云南、台湾(Horikawa, 1934)。日本,欧洲、北美洲。

齿边折叶苔

Diplophyllum serrulatum (K. Müller) Steph., Sp. Hepat. **4**: 112. 1910. *Diplophylleia serrulata* K. Müller, Bull. Herb. Boissier **3**: 34. 1903.

生境 低海拔地区河岸边石上或土面上。

分布 浙江(Zhu et al., 1998)、湖南(Potemkin et al.,2004)、福建(张晓青等,2011)、台湾。日本、朝鲜(Song and Yamada,2006)。

鳞叶折叶苔

Diplophyllum taxifolium (Wahlenb.) Dumort., Recueil Observ. Jungerm. 16. 1835. *Jungermannia taxifolia* Wahlenb., Fl. Lapp. 389. 1812.

生境 石上或土面上。

分布 黑龙江、吉林(Söderström,2000)、辽宁、浙江(Zhu et al., 1998)、江西、湖南(Potemkin et al.,2004)、四川、福建、台湾(Yang,2011)。日本、朝鲜、俄罗斯(西伯利亚),欧洲、北美洲。

裂齿折叶苔(新拟)

Diplophyllum trollii Grolle, Khumbu Himal **1** (4): 273. f. 2i-q. 1966.

生境 岩面上,海拔3510~3840m。

分布 云南(Long,2005)。印度、尼泊尔、不丹。

合叶苔属 Scapania (Dumort.) Dumort.
Recueil Observ. Jungerm. 14. 1835.

模式种:*S. undulata* (L.) Dumort.

本属全世界约有90种,中国有49种,1变种。

尖瓣合叶苔

Scapania ampliata Steph., Bull. Herb. Boissier **5**: 106. 1897.

生境 土面或腐木,海拔2100~2900m。

分布 广东、台湾(左本荣和曹同,2007)。日本、韩国、澳大利亚(左本荣和曹同,2007)。

多胞合叶苔

Scapania apiculata Spruce, Ann. Mag. Nat. Hist. II, **4**: 106. 1849.

Scapania ensifolia Grolle, Khumbu Himal. **1**(4): 269. 1966.

生境 山区林下潮湿腐木上或稀生于岩面薄土。

分布 黑龙江、吉林、内蒙古、湖南、西藏。不丹(Long and Grolle, 1990, as *S. ensifolia*)、日本、朝鲜、俄罗斯(西伯利亚),欧洲、北美洲。

腋毛合叶苔

Scapania bolanderi Austin, Proc. Acad. Nat. Sci. Philadelphia **21**: 281. 1869.

Scapania caudata Steph., Sp. Hepat. **4**: 150. 1910.

Scapania densiloba Horik., J. Sci. Hiroshima Univ., ser. B, Div. 2, Bot. **1**: 82. 1932.

Scapania robusta Horik., J. Sci. Hiroshima Univ., ser. B, Div. 2, Bot. **1**: 124. 1932.

Scapania bolanderi var. *caudata* (Steph.) S. Hatt., J. Hattori Bot. Lab. **4**: 51. 1950.

Scapania major Amakawa & S. Hatt., J. Hattori Bot. Lab. **9**: 48. 1953, *nom. illeg.*

生境 林下岩石、岩面薄土上或稀生于树干,海拔1670~2800m。

分布 浙江、四川、贵州、西藏、云南、福建、台湾、广西。日本,北美洲。

厚边合叶苔

Scapania carinthiaca J. B. Jack in Lindb., Rev. Bryol. **7**: 77. 1880.

Scapaniella carinthiaca (J. B. Jack) H. Buch, Mem. Soc. Fauna Fl. Fenn. **3**(1): 37. 1928.

生境 林下潮湿腐木上或稀见于岩面薄土上。

分布 黑龙江、吉林、内蒙古、四川。朝鲜、俄罗斯(西伯利亚),欧洲、北美洲。

刺边合叶苔

Scapania ciliata Sande Lac. in Miguel, Ann. Mus. Bot. Lugduno-Batavi **3**: 209. 1867.

Scapania spinosa Steph., Bull. Herb. Boissier **5**: 107. 1897.

Scapania levieri K. Müller, Beih. Bot. Centralbl. **11**: 542. 1902.

生境 潮湿岩石、林下腐质或腐木上。

分布 甘肃(Han et al., 2011)、安徽、江苏、浙江、江西、湖南、湖北、四川、重庆、贵州、云南、西藏、福建、台湾、广东、广西、香港。印度、尼泊尔、不丹、日本、朝鲜(Long and Grolle, 1990)。

刺毛合叶苔

Scapania ciliatospinosa Horik., J. Sci. Hiroshima Univ., ser. B, Div. 2, Bot. **2**: 222. 1934. **Type**: China: Taiwan, Tainan Co., Mt. Morrison, Aug. 1932, *Y. Horikawa 9148*.

Scapania ferruginea (Lehm. & Lindenb.) Gottsche var. *minor* Amakawa, J. Hattori Bot. Lab. **27**: 9. 1964.

Scapania schiffneri Grolle, J. Jap. Bat. **40**: 215. 1966.

生境 岩面、土坡或林下腐质上,海拔 1670~3100m。

分布 内蒙古、宁夏、湖北、贵州、台湾。印度、尼泊尔、不丹、印度尼西亚、日本(Long and Grolle, 1990)。

卷边合叶苔

Scapania contorta Mitt., J. Proc. Linn. Soc. **5**: 101. 1860[1861].

Scapania oblongifolia Steph., Sp. Hepat. **4**: 142. 1910.

生境 不详。

分布 重庆(Potemkin, 2002)、四川(Piippo et al., 1997)。印度、不丹、尼泊尔(Potemkin, 2002)。

短合叶苔

Scapania curta (Mart.) Dumort., Recueil Observ. Jungerm. 14. 1835. *Jungermannia curta* Mart., Fl. Crypt. Erlang. 148. 1817.

Scapania diplophylloides Amakawa & S. Hatt., J. Hattori Bot. Lab. **9**: 59. 1953.

Scapania nana Amakawa & S. Hatt., J. Hattori Bot. Lab. **9**: 57. 1953.

生境 岩面薄土或土面上。

分布 黑龙江、吉林、湖南、湖北、四川、贵州、西藏、福建(张晓青等, 2011)、台湾。日本、朝鲜(Song and Yamada, 2006)、俄罗斯(西伯利亚和远东地区), 欧洲、北美洲。

兜瓣合叶苔

Scapania cuspiduligera(Nees) K. Müller, Rabenh. Krypt. -Fl. **6**(2): 472. 1915. *Jungermannia cuspiduligera* Nees, Naturgesch. Eur. Leberm. **1**: 180. 1833.

Scapania bartilingii Nees, Syn. Hepat. 64. 1844.

生境 岩石上。

分布 内蒙古、河北(Li and Zhao, 2002)、新疆、四川。日本, 欧洲、北美洲。

德氏合叶苔

Scapania delavayi Steph., Sp. Hepat. **4**: 140. 1910. **Type**: China: Yunnan, Maculchan, *Delavay s. d.*, *s. n.*

生境 不详。

分布 云南。中国特有。

凹瓣合叶苔(新拟)

Scapania davidii Potemkin, Ann. Bot. Fenn. **38**: 83. 2001. **Type**: India.

生境 灌丛下土面或岩面上,海拔 4040~4500m。

分布 西藏(Potemkin, 2002)。印度、尼泊尔(Potemkin, 2001)。

褐色合叶苔

Scapania ferruginea (Lehm. & Lindenb.) Lehm. & Lindenb., Syn. Hepat. 72. 1844. *Jungermannia ferruginea* Lehm. & Lindenb., Nov. Stirp. Pug. **4**: 20. 1832.

Diplophyllum ferrugineum (Lehm. & Lindenb.) Steph., Sp. Hepat. **4**: 115. 1910.

Scapania andreana Steph., Sp. Hepat. **6**: 501. 1924.

生境 高山岩面、草丛中,有时生于林下腐质或树干基部。

分布 甘肃(Han et al., 2011)、四川、贵州、云南、西藏、台湾。印度、尼泊尔、不丹(Long and Grolle, 1990)、印度尼西亚(爪哇)。

拟褐色合叶苔

Scapania ferrugineaoides T. Cao, C. Gao & J. Sun, Guihaia **24** (1): 23. 2004. **Type**: China: Sichuan Mt. Erlang, 1800 ~ 2400m, July 22. 1980, *C. Gao et al. 18 512* (holotype: IFSBH).

生境 石上,海拔 1800~2400m。

分布 四川。中国特有。

高氏合叶苔

Scapania gaochii X. Fu ex T. Cao, Acta Bot. Yunnan. **25** (5): 541. 2003. **Type**: China: Yunnan, Mt. Gaoligongshan, *Zang Mu 5462* (typus, HKAS, IFSBH). invalid, herbarium not indicated.

生境 高山或箭竹林下,海拔 3150~3400m。

分布 湖南、湖北、贵州、云南。中国特有。

紫色合叶苔(新拟)

Scapania gigantea Horik., J. Sci. Hiroshima Univ., ser. B, Div. 2 (Bot.) **1**: 15. f. 2; pl. **1**: 10-17. 1931.

生境 石上或草地上,海拔 2800~3100m。

分布 云南(Potemkin, 2002)。日本(Potemkin, 2002)。

长尖合叶苔

Scapania glaucocephala (Taylor) Austin, Bull. Torrey Bot. Club **6**: 85. 1876. *Jungermannia glaucocephala* Taylor, London J. Bot. **5**: 277. 1846.

生境 腐木上。

分布 四川。欧洲、北美洲。

灰绿合叶苔

Scapania glaucoviridis Horik., J. Sci. Hiroshima Univ., ser. B, Div. 2, Bot. **2**: 221. 1934. **Type**: China: Taiwan, Mt. Morrison, Aug. 1932, *Y. Horikawa 9222*.

生境 山地湿土面上。

分布 台湾。中国特有。

纤细合叶苔(新拟)

Scapania gracilis Lindb., Morgonbladet (helsinki) **1873** (286): 2. 1873.

生境 岩面上,海拔 1200m。

分布 台湾(Yang and Lee, 1964)。俄罗斯(远东地区), 欧洲。

格氏合叶苔

Scapania griffithii Schiffn., Oesterr. Bot. Z. **4**: 204. 1899.

Scapania sikkimensis Steph. in Renauld & Cardot, Bull. Soc. Bot. Belgique 255. 1899.

Scapania spathulata Steph. in Renauld & Cardot, Bull. Soc. Bot. Belgique 256. 1899.

生境　潮湿崖壁或砂石面上。

分布　贵州、云南、台湾。印度、尼泊尔、不丹(Long and Grolle, 1990)。

复疣合叶苔(复瘤合叶苔)

Scapania harae Amakawa, J. Hattori Bot. Lab. **27**: 5. 1964. **Type**: India: Sikkim, 3600～4000m, May 30. 1960, H. Hara *et al. 201 180* (holotype: NICH).

生境　树干、树枝或岩面上。

分布　云南。尼泊尔、印度、不丹。

秦岭合叶苔

Scapania hians K. Müller, Nova Acta Acad. Caes. Leop.-Carol. German. Nat. Cur. **83**: 223. 1905. **Type**: China: Shanxi, Mt. Taibaishan, Aug. 1896, *Giraldi s. n.* (holotype: G-011519).

生境　石面上。

分布　陕西、云南。中国特有。

湿生合叶苔*

Scapania irrigua (Nees) Nees, Syn. Hepat. 67. 1844. *Jungermannia irrigua* Nees, Naturgesch. Eur. Leberm. **1**: 193. 1833.

Scapania irrigua (Nees) Dumort., Recueil Observ. Jungerm. 14. 1835.

生境　沼泽地，常与水湿生藓类混生成群落。

分布　黑龙江、吉林(Södersfröm, 2000)、内蒙古。日本、朝鲜(Song and Yamada, 2006)、俄罗斯(西伯利亚和远东地区)，欧洲、北美洲。

爪哇合叶苔(新拟)

Scapania javanica Gottsche, Nat. Tijdschr. Ned.-Indië **4**: 574. 1853.

生境　不详。

分布　台湾(Inoue, 1961)。印度尼西亚。

克氏合叶苔

Scapania karl-muelleri Grolle, Khumbu Himal. **1**: 270. 1966. **Type**: Nepal: Vorhimalaya, 4000m, 1962, *Poelt, H155 p. p.* (holotype: MI; isotype: JE).

生境　高山石上或杜鹃灌丛地面上，海拔 3560～4150m。

分布　云南、西藏。尼泊尔。

柯氏合叶苔

Scapania koponenii Potemkin, Ann. Bot. Fenn. **37**: 41. 2000. **Type**: China: Hunan, Yizhang Co., on cliff, 1160m, Oct. 2. 1997, *T. Kopenon, S. Huttunen & P. C. Rao 50 767a* (holotype: H; isotype: LE).

生境　岩面或土壁上。

分布　湖南(Potemkin et al., 2004)、贵州、福建、广东。中国特有。

舌叶合叶苔(新拟)

Scapania ligulata Steph., Hedwigia **44**: 14. 1904. **Type**: Japan: Yakushima, 1900, *Faurie 882* (holotype: G-025969).

舌叶合叶苔原亚种

Scapania ligulata Steph. subsp. **ligulata**

生境　岩面、石上、岩壁、腐木或腐殖土上，海拔273～1280m。

分布　湖南(Potemkin et al., 2004)、台湾(Piippo, 1990)。日本。

舌叶合叶苔多齿亚种(新拟)(斯氏合叶苔)

Scapania ligulata subsp. **stephanii** (K. Müller) Potemkin, Piippo & T. J. Kop., Ann. Bot. Fenn. **41**: 423. 2004. *Scapania stephanii* K. Müller, Nova Acta Acad. Caes. German. Nat. Cur. **83**: 273. 1905.

Scapania subtilis Warnst., Hedwigia **57**: 65. 1916.

Scapania japonica Gottsche ex Warnst., Hedwigia **63**: 71. 1921.

Scapania japonica var. *nipponica* S. Hatt., Bull. Tokyo Sci. Mus. **11**: 70. 1944.

生境　岩石、土面上，有时生于腐木或树干上。

分布　辽宁、山东、安徽、浙江、江西、湖南、四川、重庆、贵州、云南、西藏、福建、台湾、广西、香港。朝鲜(Yamada and Choe, 1997)、尼泊尔、日本。

片毛合叶苔

Scapania macroparaphyllia T. Cao, C. Gao & J. Sun, Acta Phytotax. Sin. **42**(2): 180. 2004. **Type**: China: Xizang, Shejila, 5070m, Aug. 4. 1975, *Chen Shu-Kun 423-a* (holotype: HKAS; isotype: IFSBH).

生境　杜鹃丛下土面上，海拔 5070m。

分布　西藏。中国特有。

腐木合叶苔

Scapania massalongoi K. Müller, Beih. Bot. Centralbl. **2**: 3. 1901.

Scapania carinthiaca var. *massalongoi* (K. Müller) K. Müller, Bull. Herb. Boissier, sér. 2, **1**(6): 598. 1901.

Scapaniella massalongoi (K. Müller) Buch, Commentat. Biol. **3**(1): 40. 1928.

生境　腐木上、土坡壁或潮湿土面上。

分布　黑龙江(敖志文和张光初, 1985)、吉林、湖南、四川、重庆、贵州、云南。欧洲、北美洲。

尖叶合叶苔

Scapania mucronata H. Buch, Mem. Soc. Fauna Fl. Fenn. **42**: 91. 1916.

Scapania pilifira Amakawa & S. Hatt., J. Hattori Bot. Lab. 9: 60. 1953.

生境　林下岩面、湿土面上或稀生于湿腐木上。

分布　黑龙江(敖志文和张光初, 1985)、吉林(Söderström,

---

* Dumortier (Recueil Observ. Jungerm. 14, 1835) 在发表 *Scapania* 时 (Radula sect. Scapania Dumort.)，将 *S. irrigua* 作为裸名列出，没有给出描述，也没有给出原名，所以是 *Scapania irrigua* Dumort., nom. nud.，直至 1874 年 Dumortier 才提供描述，同时将 *Jungermannia irrigua* Nees (1833) 列为异名，但 Nees 已经在 1844 年，根据同一个原名 *Junbermannia irrigua* Nees 做了一个合并，*Scapania irrigua* (Nees) Nees，所以 Dumortier 和 Nees 认为 *Jungermannia irrigua* 是同一物，*Scapania irrigua* (Nees) Nees (1844) 具有优先权，因为 *Scapania irrigua* (Nees) Dumort. 还不成立，Dumortier 在 1835 年时没有提到 *Jungermannia irrigua* Nees (1833) 是该种的原名。

2000)、内蒙古、新疆、四川。日本、俄罗斯(西伯利亚和远东地区),欧洲、北美洲。

林地合叶苔

Scapania nemorea (L.) Grolle, Rev. Bryol. Lichénol. **32**: 160. 1963. *Jungermannia nemorea* L., Syst. Nat. (ed. 10), **2**: 1337. 1759.

Jungermannia nemorosa L., Sp. Pl. (ed. 2), 1598. 1763, *nom. illeg.*

Scapania nemorosa (L.) Dumort., Recueil Observ. Jungerm. 14. 1835, *nom. illeg.*

生境　山区林下腐木或高山草甸上。

分布　内蒙古、陕西(王玛丽等,1999)、甘肃(Han et al., 2011)、江西(何祖霞等,2010)、四川、云南、西藏。俄罗斯(西伯利亚),欧洲、北美洲。

尼泊尔合叶苔

Scapania nepalensis Nees, Syn. Hepat. 74. 1844.

Diplophyllum nepalense (Nees) Steph., Sp. Hepat. **4**: 116. 1910.

生境　林下潮湿岩石上或树干基部。

分布　四川、云南、西藏。印度、尼泊尔。

离瓣合叶苔

Scapania nimbosa Taylor, Lehm. Pug. Plant. 6. 1844.

离瓣合叶苔原变种

Scapania nimbosa var. **nimbosa**

生境　阴湿岩石面。

分布　贵州、西藏。尼泊尔、印度,欧洲。

离瓣合叶苔云南变种

Scapania nimbosa var. **yunnanensis** W. E. Nicholson in Handel-Mazzetti, Symb. Sin. **5**: 30. 1930. **Type**: China: Yunnan, 3500～3800m, July 10. 1916, *Handel-Mazzetti 9517* (holotype: H-BR).

生境　林下阴暗岩石面,海拔 3500～3800m。

分布　云南、西藏。中国特有。

东亚合叶苔

Scapania orientalis Steph. ex K. Müller, Bull. Herb. Boissier, sér. 2, **1**: 606. 1901.

Diplophyllum orientale (Steph. ex K. Müller) Steph., Sp. Hepat. **4**: 115. 1910.

生境　高山地区岩面上,海拔 3000～4500m。

分布　江西(何祖霞等,2010)、四川、贵州、云南。印度。

分瓣合叶苔

Scapania ornithopodioides (With.) Waddel, Hepat. Brit. Isl. 219. 1900. *Jungermannia ornithopodioides* With., Bot. Arr. **2**: 695. 1776.

Scapania planifolia Dumort., Recueil Observ. Jungerm. 14. 1835.

Scapania handelii W. E. Nicholson in Handel-Mazzetti, Symb. Sin. **5**: 30. 1930. **Type**: China: Yunnan, Yungning, 3800～4030m, July 21. 1915, *Handel-Mazzetti 7140*; 3600m, Sept. 23, 1915, *Handel-Mazzetti 8348*; 3115m, *Handel-Mazzetti 8250* (syntype: H-BR).

Scapania plagiochiloides Horik., J. Sci. Hiroshima Univ., ser. B, Div. 2, Bot. **1**: 83. 1932.

生境　岩石面或树干上。

分布　甘肃(Han et al., 2011)、浙江、湖南、四川、贵州、云南、西藏、福建(张晓青等,2011)、台湾。日本、不丹、菲律宾、美国(夏威夷),欧洲。

沼生合叶苔

Scapania paludicola Loeske & K. Müller, Rabenh. Krypt. -Fl. **6**(2): 425. 1915.

Scapania rotundata Warnst., Hedwigia **63**: 108. 1921.

生境　沼泽地,常与泥炭藓类(*Sphagnum*)混生成群落。

分布　黑龙江、吉林(Söderström, 2000)、内蒙古。日本、俄罗斯(西伯利亚和远东地区),欧洲、北美洲。

大合叶苔

Scapania paludosa (K. Müller) K. Müller, Mitt. Bad. Bot. Vereins **182-183**: 287. 1902. *Scapania undulata* var. *paludosa* K. Müller, Beih. Bot. Centralbl. **10**: 220. 1901.

生境　沼泽地、林下水湿处、有时生于潮湿土面或岩面薄土上。

分布　内蒙古、贵州。日本、朝鲜、俄罗斯(西伯利亚),欧洲、北美洲。

毛茎合叶苔

Scapania paraphyllia T. Cao & C. Gao, Acta Phytotax. Sin. **41** (2): 180. 2004. **Type**: China: Zhejiang, Shuichang Co., Mt. Jiulong, on rock, alt. 1360m, April, 23. 1981, *Liu Zhongling 553*, *554* (IFSBH, SHNU).

生境　石上,海拔 1360m。

分布　浙江。中国特有。

小合叶苔

Scapania parvifolia Warnst., Hedwigia 63: 78. 1921.

生境　岩面薄土土面上或稀生于腐木上。

分布　黑龙江(敖志文和张光初,1985)、吉林、内蒙古、新疆。日本、俄罗斯(西伯利亚和远东地区),欧洲、北美洲。

细齿合叶苔(弯瓣合叶苔)

Scapania parvitexta Steph., Bull. Herb. Boissier **5**: 107. 1897.

Scapania parvidens Steph., Hedwigia **44**: 15. 1904.

Scapania hirosakiensis Steph. ex K. Müller, Nova Acta Acad. Caes. Leop. -Carol. German. Nat. Cur. **83**: 120. 1905.

Scapania conifolia Steph., Sp. Hepat. **6**: 501. 1924.

Scapania parvitexta Steph. var. *minor* S. Hatt., Bull. Tokyo Sci. Mus. **11**: 71. 1944.

Scapania parvitexta var. *hiroshkiensis* (Steph.) S. Hatt., J. Hattori Bot. Lab. **4**: 52. 1950.

生境　花岗岩石、火山岩石面、灌丛林下岩面薄土上、有时生于树干或腐木上。

分布　吉林、辽宁、安徽、浙江、重庆、云南、西藏、福建、广西、台湾。日本、朝鲜(Yamada and Choe, 1997)。

褶萼合叶苔

Scapania plicata (Lindb.) Potemkin, Ann. Bot. Fenn. **39**: 332. 2002. *Diplophyllum plicatum* Lindb., Acta. Soc. Sci. Fenn. **17**: 235. 1872.

Macrodiplophyllum plicatum (Lindb.) Perss., Svansk. Bot. Tidskr. **43**: 507. 1949.

生境　高山地区岩面薄土或石壁上。

分布　黑龙江、陕西、四川。日本、朝鲜、俄罗斯（西伯利亚及远东地区），美国（阿拉斯加）。

圆叶合叶苔

Scapania rotundifolia W. E. Nicholson in Handel-Mazzetti, Symb. Sin. **5**: 31. 1930. **Type**: China: Yunnan, 2800～3450m, July 5. 1916, *Handel-Mazzetti 9366* (holotype: H-BR).

生境　阴暗岩面上，海拔 2400～3000m。

分布　云南、西藏。尼泊尔。

偏合叶苔

Scapania secunda Steph., Mem. Soc. Nat. Cherbourg **29**: 220. 1894.

生境　阴湿岩面上。

分布　云南。尼泊尔、印度。

香格里拉合叶苔(新拟)

Scapania sinikkae Potemkin, Ann. Bot. Fenn. **38**: 85. 2001. **Type**: China: Yunnan, zhongdian Co., June 12. 1993, *D. E. Long 24 242* (holotype: LE).

生境　腐木上，海拔 3100～3975m。

分布　云南、西藏(Potemkin, 2002)。中国特有。

亚高山合叶苔(新拟)

Scapania subalpina (Nees ex Lindenb.) Dumort., Recueil Observ. Jungerm. 14. 1835. *Jungermannia subalpina* Nees ex Lindenb. Nova Acta Phys.-Med. Acad. Caes. Leop.-Carol. Nat. Cur. **14**(Suppl.): 55. 1829.

生境　岩面或土面上。

分布　吉林(Söderström, 2000)。日本和俄罗斯(远东地区)。

粗壮合叶苔

Scapania subnimbosa Steph., Sp. Hepat. **4**: 150. 1910.

Scapania robusta Horik., J. Sci. Hiroshima Univ., ser. B, Div. 2, Bot. **1**: 124. 1932.

Scapania maxima Horik., J. Sci. Hiroshima Univ., ser. B, Div. 2, Bot. **2**: 223. 1934. **Type**: China: Taiwan, Tainan Co., Aug. 1932, *Y. Horikawa 11 161*.

Scapania bolanderi Austin var. *major* Amakawa & S. Hatt., J. Hattori Bot. Lab. **9**: 48. 1953.

生境　高山地区林下土面上。

分布　云南、福建(张晓青等, 2011)、台湾。不丹(Long and Grolle, 1990, as *S. maxima*)、日本。

粗疣合叶苔

Scapania verrucosa Heeg., Rev. Bryol. **20**: 81. 1893.

Scapania parva Steph., Mem. Soc. Nat. Cherbourg **29**: 226. 1896.

Scapania verrucifera C. Massal., Mem. Accad. Agric. Verona 73, ser. 3, fasc. **2**: 21. 1897.

生境　岩石或腐倒木上。

分布　河北、陕西、甘肃(Han et al., 2011)、安徽、浙江、江西、湖北、四川、重庆、贵州、云南、西藏、福建、广西。喜马拉雅西北部、不丹、日本、土耳其、高加索地区、俄罗斯(远东地区)、墨西哥(Long and Grolle, 1990)，欧洲。

湿地合叶苔

Scapania uliginosa (Swartz. in Lindb.) Dumort., Recueil Observ. Jungerm. 14. 1835. *Jungermannia uliginosa* Swartz. in Lindb., Syn. Hepat. Eur. 58. 1929.

Scapania undulata var. *paludosa* K. Müller, Beih. Bot. Centralbl. **10**: 220. 1901.

Scapania paludosa (K. Müller) K. Müller, Mitt. Bad. Bot. Vereins **182-183**: 287. 1902.

Scapania limprichtii Warnst., Hedwigia **63**: 73. 1921.

生境　生于潮湿岩面、河沟溪边石头或地上。

分布　黑龙江(敖志文和张光初, 1985)、重庆、福建(李登科和吴鹏程, 1993)。欧洲、北美洲。

斜齿合叶苔

Scapania umbrosa (Schrad.) Dumort., Recueil Observ. Jungerm. 14. 1835. *Jungcrmannia umbrosa* Schrad., Syst. Samml. Krypt. Gewächse **2**: 5. 1797.

Scapania convexa Pearson, Geol. Nat. Hist. Surv. Canada 15. 1890.

生境　背阴处潮湿腐木或潮湿石上。

分布　江西、湖南、四川、福建(张晓青等, 2011)。欧洲、北美洲。

合叶苔(新拟)(波瓣合叶苔)

Scapania undulata (L.) Dumort., Recueil Observ. Jungerm. 14. 1835. *Jungermannia undulata* L., Sp. Pl. 1, **2**: 1132. 1753.

Scapania dentata Dumort., Recueil Observ. Jungerm. 14. 1835.

Scapania falcata Steph. ex K. Müller, Nova Acta Acad. Caes. Leop.-Carol. German. Nat. Cur. **83**: 139. 1905.

生境　河沟或水溪边潮湿的岩石面上。

分布　甘肃、安徽、浙江、湖南、四川、西藏、福建、台湾、广西。日本、朝鲜、俄罗斯(西伯利亚)，欧洲、北美洲。

侧囊苔科 Delavayellaceae R. M. Schust.

本科全世界有 1 属。

侧囊苔属 Delavayella Steph.
Mem. Soc. Sci. Nat. Cherbourg **29**: 210. 1894.

模式种：*D. serrata* Steph.

本属全世界现有 1 种。

侧囊苔

Delavayella serrata Steph., Mem. Soc. Sci. Nat. Cherbourg **29**: 211. 1894.

Nowellia orientalis R. Chopra, Proc. Indian Acad. Sci. **8**: 433. 1938

Nowellia indica Pande & Sriv., Proc. Indian Acad. Sci. **16** (6): 175. 1942.

Delavayella serrata var. *purpurea* P. C. Chen, Feddes Repert. Spec. Nov. Regni Veg. **58**: 38. 1955. **Type**: China: Sichuan, Mt. Omei, Aug. 25. 1942, *Chen Pan-Chien 5545a* (PE).

Delavayella serrata fo. *stolonifera* S. Hatt. in Hara, Fl. E. Himalaya **1**: 513. 1966.

生境 高山地区、山沟内树干或朽木上。

分布 四川、云南。印度、不丹、尼泊尔、泰国(Long and Grolle,1990)。

绒苔目 Trichocoleales W. Frey & M. Stech
Nova Hedwigia **87**:263. 2008.

睫毛苔科 **Blepharostomataceae** W. Frey & M. Stech

本科全世界有1属。

睫毛苔属 Blepharostoma (Dumort.) Dumort.
Recueil Observ. Jungerm. 18. 1835.

模式种:*B. trichophyllum* (L.) Dumort

本属全世界现有3种,中国有2种。

小睫毛苔

Blepharostoma minus Horik., Hikobia **1**:104. 1952.

生境 腐木、树干或岩面上。

分布 陕西、浙江(Zhu et al.,1998)、四川、重庆、贵州、云南、西藏、福建(张晓青等,2011)、广西。日本、朝鲜(Song and Yamada,2006)。

睫毛苔

Blepharostoma trichophyllum (L.) Dumort., Recueil Observ. Jungerm. 18. 1835. *Jungermannia trichophylla* L., Sp. Pl. 1135. 1753.

生境 林下岩面上。

分布 黑龙江(敖志文和张光初,1985)、吉林、内蒙古、河北(Li and Zhao,2002)、山东(赵遵田和曹同,1998)、陕西、甘肃(吴玉环等,2008)、浙江(Zhu et al.,1998)、江西、四川、云南、西藏、福建、台湾。印度、不丹、尼泊尔(Long and Grolle,1990)、朝鲜、印度尼西亚(Long and Grolle,1990)、菲律宾(Long and Grolle,1990)、巴布亚新几内亚(Long and Grolle,1990)、俄罗斯,欧洲、美洲。

绒苔科 **Trichocoleaceae** Nakai

本科全世界有4属,中国有1属。

绒苔属 Trichocolea Dumort.
Comment. Bot. 113. 1822.

模式种:*T. tomentella* (Ehrh.) Dumort.

本属全世界约有2种,中国有2种。

台湾绒苔

Trichocolea merrillana Steph., Sp. Hepat. **6**: 374. 1923.

Trichocolea lumbricoides Horik., J. Sci. Hiroshima Univ., ser. B, Div. 2, Bot. **2**: 212 f. 37. 1934. **Type**: China: Taiwan, Taito Co., Jan. 1933, *Y. Horikawa 10 609a*.

生境 高山路边或林下岩面上。

分布 重庆、贵州、云南、台湾(Inoue, 1978, as *T. lumbricoides*)。泰国、菲律宾、印度尼西亚。

绒苔

Trichocolea tomentella (Ehrh.) Dumort., Syll. Jungerm. Europ. 67. 1831. *Jungermannia tomentella* Ehrh., Beitr. Naturk. **2**: 150. 1785.

Trichocolea pluma Dumort., Recueil Observ. Jungerm. 20. 1835.

生境 高山溪沟边潮湿岩面、土面上、有时生于阴湿处腐木或倒木上。

分布 黑龙江(敖志文和张光初,1985)、山东(赵遵田和曹同,1998)、陕西、甘肃(韩国营等,2009)、新疆、浙江、江西、湖南、湖北、四川、重庆、贵州、云南、西藏、福建、台湾(Inoue, 1978, as *T. pluma*)、广西、海南、香港。朝鲜、日本、不丹、菲律宾、印度尼西亚、巴布亚新几内亚、加罗林群岛、萨摩亚群岛、斐济、所罗门群岛、俄罗斯,欧洲、北美洲。

指叶苔目 Lepidoziales Schljakov

指叶苔科 **Lepidoziaceae** Limpr.

本科全世界有29属,中国有6属。

细鞭苔属 Acromastigum A. Evans
Bull. Torrey Bot. Club **27**:103. 1900.

模式种:*A. integrifolium* (Austin) A. Evans

本属全世界约有35种,中国有1种。

平叶细鞭苔

Acromastigum divaricatum (Gottsche, Lindenb. & Nees) A. Evans, Hedwigia **73**: 142. 1933. *Mastigobryum divaricatum* Gottsche, Lindenb. & Nees, Syn. Hepat. 219. 1845. **Type**: Indonesia: Java, *Blume s. n.* (holotype: STR).

Jungermannia divaricata Nees, Enum. Pl. Crypt. Jav. 60. 1830.

Bazzania lepidozioides Horik., J. Sci. Hiroshima Univ., ser. B, Div. 2 Bot. **2**: 191. pl. **16**: 7-12. 1934. **Type**: China: Taiwan, Tainan Co., Mt. Morrison, Aug. 1932, *Y. Horikawa 11 147*.

Acromastigum hainanense P. C. Wu & P. J. Lin, Acta Phytotax. Sin. **16**(2): 63 f. 6. 1978. **Type**: China: Hainan, Mt. Jianfengling, 820m, *P. C. Chen 323* (holotype: PE).

生境　林下腐木上。

分布　海南、台湾。菲律宾、印度尼西亚。

鞭苔属 Bazzania S. Gray
Nat. Arr. Brit. Pl. **1**:704. 1821.

模式种:*B. trilobata* (L.) S. Gray

本属全世界约有150种,中国有34种。

白叶鞭苔

Bazzania albifolia Horik., J. Sci. Hiroshima Univ., ser. B, Div. 2, Bot. **2**: 198. 1934. **Type**: China: Taiwan, Mt. Chipon, *Y. Horikawa 10 544* (holotype: HIRO).

生境　林下土面上。

分布　湖南、重庆、贵州、西藏、台湾。中国特有。

狭叶鞭苔

Bazzania angustifolia Horik., J. Sci. Hiroshima Univ., ser. B, Div. 2, Bot. **2**: 198. 1934. **Type**: China: Taiwan, Mt. Chipon, *Y. Horikawa 10 482* (holotype: HIRO).

生境　林下树干树皮上。

分布　云南、福建(张晓青等,2011)、台湾。越南。

基裂鞭苔

Bazzania appendiculata (Mitt.) S. Hatt. in Hara., Fl. E. Himalaya 505. 1966. *Mastigobryum appendiculatum* Mitt., J. Proc. Linn. Soc., Bot. **5**: 105. 1861. **Type**: India: Sikkim, 7000~8000ft., *J. D. Hooker 1595* (BM).

生境　林下树干上。

分布　云南、广西。印度、尼泊尔、不丹、缅甸、泰国。

阿萨姆鞭苔

Bazzania assamica (Steph.) S. Hatt., J. Hattori Bot. Lab. **2**: 15. 1947. *Mastigobryum assamicum* Steph., Hedwigia **24**: 216. 1886.

生境　林下及林边的岩面薄土或土面上。

分布　重庆、云南、广西。印度、不丹、缅甸、越南(Long and Grolle, 1990)。

双齿鞭苔

Bazzania bidentula (Steph.) Steph. ex Yasuda, Sp. Hepat. **3**: 425. 1909. *Pleuroschisma bidentulum* Steph., Mém. Soc. Sci. Nat. Cherbourg **29**: 222. 1894.

生境　林下土面上,海拔2000~4200m。

分布　黑龙江、吉林、江西(Ji and Qiang, 2005)、浙江(Zhu et al., 1998)、四川、重庆、贵州、云南、西藏、福建(张晓青等,2011)、台湾(Yang, 2009)。朝鲜、日本。

二瓣鞭苔

Bazzania bilobata N. Kitag., J. Hattori Bot. Lab. **30**: 257. 1967.

生境　林下腐木或树干基部上。

分布　福建(张晓青等,2011)、广西。泰国。

锡兰拉鞭苔

Bazzania ceylanica (Mitt.) W. E. Nicholson, Symb. Sin. **5**: 23. 1930. *Mastigobryum ceylanica* Mitt., J. Proc. Linn. Soc., Bot. **5**: 105. 1860.

生境　不详。

分布　云南(Nicholson, 1930)。日本。

圆叶鞭苔

Bazzania conophylla (Sande Lac.) Schiffn., Consp. Hepat. Archip. Ind. 150. 1898. *Mastigobryum conophylla* Sande Lac., Ann. Mus. Bot. Lugduno-Batavi **1**: 304. 1864.

生境　林下树干基部或腐木上。

分布　重庆、贵州、台湾。印度尼西亚。

裸茎鞭苔

Bazzania denudata (Torr. ex Gottsche, Lindenb. & Nees) Trevis., Mem. Reale Ist. Lombardo, ser. 3, Cl. Sci. Mat. **4**: 414. 1877. *Mastigobryum denudatum* Torr. ex Gottsche, Lindenb. & Nees Syn. Hepat. 216. 1845.

生境　林下树干基部、腐木或石头上。

分布　黑龙江、吉林、陕西(Zhang, 2005)、湖南、福建(张晓青等,2011)、西藏。朝鲜、日本,北美洲。

柔弱鞭苔

Bazzania debilis N. Kitag., J. Hattori Bot. Lab. **30**: 256. 1967. **Type**: Thailand: Loey, Mt. Phu Luang, 1100~1200m, on moist rock by a stream, *M. T & N. Kitga T 727* (holotype: Kyoto University).

生境　林下树干上。

分布　贵州、云南。泰国。

厚角鞭苔

Bazzania fauriana (Steph.) S. Hatt., Bot. Mag. (Tokyo) **59**: 27. 1946. *Mastigobryum faurianum* Steph., Sp. Hepat. **3**: 467. 1908.

Bazzania aequitexta Herzog, J. Hattori Bot. Lab. **14**: 41. 1955. **Type**: China: Taiwan, Botel Tobago, *G. H. Schwabe s. n.*

生境　林下岩面薄土或树干基部上。

分布　安徽(Mizutani and Chang, 1986)、浙江(Zhu et al., 1998)、江西(何祖霞等,2010)、贵州、云南、福建(张晓青等,2011)、台湾(Yang, 2009)、广西、海南、香港。日本、朝鲜(Song and Yamada, 2006)。

南亚鞭苔

Bazzania griffithiana (Steph.) Mizut., J. Hattori Bot. Lab.

30:82. 1967. *Mastigobryum griffithianum* Steph. ,Sp. Hepat. **3**: 509. 1908.

生境　高山冷杉林下地面腐殖质上。

分布　西藏。不丹、印度。

喜马拉雅鞭苔

Bazzania himlayana (Mitt.) Schiffn. , Oester. Bot. Zeitschr. **4**: 6. 1899. *Mastigobryum himalayanum* Mitt. , J. Proc. Linn. Soc. , Bot. **5**: 105. 1861. **Type**: India: Sikkim, 8000～10 000ft, *J. D. Hooker 1424*, *1426*, *1429*, *1432* (syntype: BM).

生境　林下岩面薄土、地面或树干上。

分布　重庆、贵州、西藏、广西。印度、尼泊尔、不丹、泰国、菲律宾、日本(Long and Grolle,1990)。

瓦叶鞭苔

Bazzania imbricata (Miff.) S. Hatt. in Hara. ,Fl. E. Himalaya 505. 1966. *Mastigobryum imbricatum* Miff. , J. Proc. Linn. Soc. London. **5**:104. 1861.

Bazzania cordifolia (Steph.) S. Hatt. , Bot. Mag. (Tokyo) **59**: 26. 1946.

生境　林下岩面薄土上或有时生于树干基部上。

分布　湖北、云南、台湾(Yamada and Lai,1979)、海南。不丹、尼泊尔、印度。

日本鞭苔

Bazzania japonica (Sande Lac.) Lindb. , Acta Soc. Sci. Fenn. **10**: 224. 1872. *Mastigobryum japonicum* Sande Lac. , Ann. Mus. Bot. Lugduno-Batavi **1**: 303. 1863.

Bazzania zhekiangensis G. C. Zhang, Bull. Bot. Res. , Harbin **4**(3): 86. 1984. **Type**: China: Zhejiang, Mt. Nanyandangshan, *C. Gao 780* (holotype: IFSBH).

生境　林下土面上。

分布　安徽、浙江、江西(何祖霞等,2010)、湖南、重庆、贵州、云南、福建、台湾(Inoue,1961)、广东、广西、海南、香港。日本、越南、泰国、印度尼西亚、菲律宾、萨摩亚群岛。

大叶鞭苔

Bazzania magna Horik. , J. Sci. Hiroshima Univ. , ser. B, Div. 2, Bot. **2**: 197. 1934. **Type**: China: Taiwan, Taiheizan, *Y. Horikawa 9375* (holotype: HIRO).

生境　亚热带林下地面上。

分布　福建(张晓青等,2011)、台湾。中国特有。

疣叶鞭苔(瘤叶鞭苔)

Bazzania mayabarae S. Hatt. , J. Hattori Bot. Lab. **19**: 91. 1958. **Type**: Japan: Koonose near Hitoyoshi, Kumamoto, 70m, on rocks, *K. Mayelara 2827* (holotype: NICH).

生境　山区岩面薄土或湿土面上。

分布　四川、贵州、云南、西藏、广西。日本。

白边鞭苔

Bazzania oshimensis (Steph.) Horik. , J. Sci. Hiroshima Univ. , Ser. B, Div. 2, Bot. **2**: 197. 1934. *Mastigobryum oshimensis* Steph. ,Sp. Hepat. **3**: 466. 1908.

生境　林下树干基部或岩面薄土上。

分布　湖南、四川、贵州、云南、福建、台湾(Inoue,1961)、广西、海南。日本、泰国、印度、斯里兰卡。

小叶鞭苔

Bazzania ovistipula (Steph.) Abeyw. , Ceylon J. Sci. , Biol. Sci. **2**: 45. 1959. *Mastigobryum ovistipulum* Steph. , Sp. Hepat. **3**: 444. 1908.

Bazzania kanemarui S. Hatt. ,J. Hattori Bot. Lab. **2**: 15. 1947.

Bazzania pusilla (Steph.) S. Hatt. in Hara, Fl. E. Himalaya: 506. 1966.

生境　林下岩面薄土或树干基部上。

分布　安徽(陈邦杰和吴鹏程,1965,as *B. kanemarui*)、江西(何祖霞等,2010)、浙江(Zhu et al. ,1998)、重庆、贵州(Mizutani and Chang,1986)、福建(Mizutani and Chang,1986)、台湾(Yamada and Lai,1979)、广西、海南(Mizutani and Chang, 1986)。印度、尼泊尔、不丹、斯里兰卡、泰国、菲律宾、越南、日本(Long and Grolle,1990)。

弯叶鞭苔

Bazzania pearsonii Steph. , Hedwigia **32**: 212. 1893.

Bazzania yunnanensis Nichols, Symb. Sin. **5**: 23. 1930. **Type**: China: Yunnan, 3900～4100m, Aug. 7. 1916, *Handel-Mazzetti 5914*.

生境　山区林下岩面薄土或树干基部上。

分布　安徽(陈邦杰和吴鹏程)、湖南、云南、西藏、福建(张晓青等,2011)、广西、海南。印度、不丹、斯里兰卡、泰国、日本、苏格兰、爱尔兰、加拿大、美国(阿拉斯加)(Long and Grolle, 1990)。

尖齿鞭苔

Bazzania pompeana (Sande Lac.) Mitt. , Trans. Linn. Soc. London, Bot. **3**: 200. 1891. *Mastigobryum pompeanum* Sande Lac. , Ann. Mus. Bot. Lugduno-Batavi **1**: 304. 1864.

生境　低海拔山区林下。

分布　香港。朝鲜(Yamada and Choe, 1997),亚洲东部特有。

东亚鞭苔

Bazzania praerupta (Reinw. , Blume & Nees) Trevis. , Mem. Reale Ist. Lombardo Sci. ser. 3, Cl. Sci. Mat. **4**: 414. 1877.

Jungermannia praerupta Reinw. , Blume & Nees, Nova Acta Phys. -Med. Acad. Caes. Leop. -Carol. Nat. Cur. **12**: 229 [Hepat. Jav.]. 1924.

Bazzania yakushimensis Horik. , J. Sci. Hiroshima Univ. , ser. B, Div. 2 Bot. **2**: 194. pl. **16**: 17-21. 1934.

Bazzania pseudotriangularis Horik. , J. Sci. Hiroshima Univ. , ser. B, Div. 2 Bot. **2**: 194. f. 31. 1934. **Type**: China: Taiwan, Jan. 1933, *Y. Horikawa 10 635*.

生境　山区林下树干或腐木上。

分布　江苏(刘仲苓等,1989)、浙江(Zhu et al. ,1998)、四川(Mizutani and Chang,1986)、重庆、云南、西藏(Mizutani and Chang,1986)、福建(张晓青等,2011)、台湾(Yang,2009)、广西(Mizutani and Chang, 1986)、海南(Mizutani and Chang, 1986)。印度、尼泊尔、不丹、斯里兰卡、菲律宾、印度尼西亚、日本、美国(夏威夷)(Long and Grolle,1990)。

仰叶鞭苔

Bazzania revoluta (Steph.) N. Kitag. , J. Hattori Bot. Lab. **36**: 450. 1972. *Mastigobryum revolutum* Steph. , Bull. Herb. Boissier, sér. 2, **8**: 961. 1908.

Bazzania madothecoides Horik., J. Sc. Hiroshima Univ. ser. B, Div. 2, Bot. **2**: 193. 1934. **Type**: China: Taiwan, Mt. Taiheizan, *Y. Horikawa 11 480* (holotype: HIRO).

生境　林下树干上。

分布　台湾。不丹、缅甸、泰国、越南(Long and Grolle, 1990)。

深绿鞭苔

Bazzania semiopacea N. Kitag., J. Hattori Bot. Lab. **30**: 261. 1967. **Type**: Thailand: Loey, Mt. Phu Luang, 1500m, on tree trunk, *M. T. & N. Kitag. T 1679* (holotype: Kyoto University).

生境　常绿阔叶林下树干上。

分布　福建、云南。泰国。

齿叶鞭苔

Bazzania serrulatoides Horik., J. Sci. Hiroshima Univ., ser. B, Div. 2, Bot. **2**: 200. 1934. **Type**: China: Taiwan, Shinsuiei-Shuchokyokai, *Y. Horikawa 10 608* (holotype: HIRO).

生境　树干树皮上。

分布　台湾。中国特有。

锡金鞭苔

Bazzania sikkimensis (Steph.) Herzog, Ann. Bryol. **12**: 78. 1938. *Mastigobryum sikkimense* Steph., Sp. Hepat. **3**: 434. 1908.

生境　林下腐木、土面上或有时生于岩面上。

分布　四川、云南、西藏、台湾(Yang, 2009)、广东(Mizutani and Chang, 1986)、广西(Mizutani and Chang, 1986)、香港。印度、尼泊尔、不丹、泰国、菲律宾(Long and Grolle, 1990)。

旋叶鞭苔

Bazzania spiralis (Reinw., Blume & Nees) Meijor, Blumea **10**: 381. 1960. *Jungermannia spiralis* Reinw., Blume & Nees, Nova Acta Phys.-Med. Acad. Caes. Leop.-Carol. Nat. Cur. **12**: 231 [Hepat. Jav.]. 1924.

生境　林下树干上。

分布　广西。泰国、马来西亚、印度尼西亚、菲律宾(Tan and Engel, 1986)。

吊罗鞭苔

Bazzania tiaoloensis Mizut. & G. C. Zhang, J. Hattori Bot. Lab. **60**: 432. 1986. **Type**: China: Hainan, Mt. Diaoluoshan, *B. Z. Lin 2887* (holotype: NICH).

生境　林下树干或岩面上。

分布　海南。中国特有。

三齿鞭苔

Bazzania tricrenata (Whalenb.) Trevis., Mem. Reale Ist. Lombardo Sci. ser. 3, Cl. Sci. Mat. **4**: 415. 1877. *Jungermannia tricrenata* Wahlenb., Fl. Carpat. Princ. 364. 1814.

Bazzania triangularis Lindb., Acta. Soc. Sci. Fenn. 499. 1874.

Bazzania remotifolia Horik., J. Sc. Hiroshima Univ., ser. B, Div. 2, Bot. **2**: 193. 1934. **Type**: China: Taiwan, Tainan Co., Mt. Morrison, Aug. 1932, *Y. Horikawa 9012b*.

生境　山区林下酸性岩面、树干基部或腐木上。

分布　黑龙江(敖志文和张光初, 1985)、吉林(Söderström, 2000)、内蒙古、江西(Ji and Qiang, 2005)、四川、重庆、云南、西藏、台湾、香港。印度、尼泊尔、不丹、日本、朝鲜、危地马拉, 欧洲、北美洲。

三裂鞭苔

Bazzania tridens (Reinw., Blume. & Nees) Trevis., Mem. Reale Ist. Lombardo Sci. Ser. 3, Cl. Sci. Mat. **4**: 415. 1877. *Jungermannia tridens* Reinw., Blume & Nees, Nova Acta Phys.-Med. Acad. Caes. Leop.-Carol. Nat. Cur. **12**: 228 [Hepat. Jav.]. 1924.

Bazzania sinensis Gott. ex Steph., Hedwigia **25**: 208. 1886.

Bazzania albicans Steph., Hedwigia **32**: 204. 1893.

Bazzania formosae (Steph.) Horik., J. Sc. Hiroshima Univ., ser. B, Div. 2, Bot. **2**: 196. 1934.

生境　林下、路边湿岩面或土面上。

分布　黑龙江(敖志文和张光初, 1985)、吉林、内蒙古、安徽(陈邦杰和吴鹏程, 1965, as *B. albicans*)、江苏、浙江(Zhu et al., 1998)、江西、湖南、湖北(Peng et al., 2000)、四川、重庆、贵州、云南、西藏、福建、台湾(Inoue, 1961, as *B. albicans*)、广西、香港、澳门。印度、尼泊尔、不丹、菲律宾、印度尼西亚、朝鲜、日本、巴布亚新几内亚、萨摩亚群岛。

鞭苔

Bazzania trilobata (L.) S. Gray, Nat. Arr. Brit. Pl. **1**: 704. 1821. *Jungermannia trilobata* L., Sp. Pl. 1133. 1753.

Bazzania tridentoides Nichols. in Handel-Mazzetti, Symb. Sin. **5**: 25. 1930. **Type**: China: Yunnan, 2300～2900m, June 29. 1916, *Handel-Mazzetti 9158*.

生境　林下岩面薄土或腐木上。

分布　安徽、浙江(Zhu et al., 1998)、湖南、四川、云南、福建。北半球温寒带地区。

越南鞭苔

Bazzania vietnamica Pócs, J. Hattori Bot. Lab. **32**: 90. 1969.

生境　林下树干基部上。

分布　广西、海南。越南。

假肋鞭苔

Bazzania vittata (Gottsche) Trevis., Mem. Reale Ist. Lombardo Sci. ser. 3, Cl. Sci. Mat. **4**: 414. 1877. *Mastigobryum vittatum* Gottsche, Syn. Hepat. 216. 1845.

生境　林下树干基部上。

分布　海南、台湾。菲律宾(Tan and Engel, 1986)、巴布亚新几内亚(Kitagawa, 1980)。

卷叶鞭苔

Bazzania yoshinagana (Steph.) Steph. ex Yasuda, Syokub. Kak. 711. 1911. *Mastigobryum yoshinaganum* Steph., Bull. Herb. Boissier, sér. 2, **8**: 866 [Sp. Hepat. 3: 490]. 1908.

生境　林下岩面薄土上。

分布　浙江(Zhu et al., 1998)、湖南、贵州、西藏。日本。

细指苔属 Kurzia Mart.

Flora **53**: 417. 1870.

模式种：*K. crenacanthoidea* Mart.（=***K. gonyotricha***）

本属全世界约有30种，中国有6种。

掌叶细指苔

Kurzia abietinella（Herzog）Grolle, Rev. Bryol. Lichénol. **32**: 170. 1963. *Lepidozia abietinella* Herzog, Trans. Brit. Bryol. Soc. **1**: 311. 1950.

生境　林下岩面薄土、树基或腐木上。

分布　云南、西藏。印度尼西亚。

细指苔(南亚细指苔)

Kurzia gonyotricha（Sande Lac.）Grolle, Rev. Bryol. Lichénol. **32**: 167. 1963. *Lepidozia gonyotricha* Sande Lac. Ned. Kruidk. Arch. **3**: 521. 1851.

Kurzia crenacanthoidea G. Martens, Flora **53**: 417. 1870.

生境　林下岩面薄土或腐木上。

分布　江西(何祖霞等,2010)、湖南、福建、台湾、广西、广东、海南、香港。日本、马来西亚、菲律宾、印度尼西亚、巴布亚新几内亚。

牧野细指苔

Kurzia makinoana（Steph.）Grolle, Rev. Bryol. Lichénol. **32**: 176. 1963. *Lepidozia makinoana* Steph., Bull. Herb. Boissier **5**: 94. 1897.

生境　林下岩面薄土、树干基部或腐木上。

分布　浙江、四川、贵州、台湾(Yang,2009)、广西。印度、不丹、菲律宾、日本、朝鲜、加拿大、美国(Long and Grolle, 1990)。

刺毛细指苔

Kurzia pauciflora（Dicks.）Grolle, Rev. Bryol. Lichénol. **22**: 175. 1963. *Jungermannia pauciflora* Dicks., Fasc. Pl. Crypt. Brit. **2**: 15. 1790.

Lepidozia setacea（Web.）Mitt., J. Proc. Linn. Soc. Bot. **5**: 103. 1860(1861).

Jungermannia setacea Weber, Spic. Fl. Goett. 155. 1778.

Microlepidozia setacea（Weber）Jörg., Gergens Mus. Skrifter **16**: 303. 1934.

生境　山区林下或泥炭沼泽中，多附生于其他藓类表面。

分布　福建、台湾。欧洲、北美洲。

中华细指苔

Kurzia sinensis G. C. Zhang, Bull. Bot. Res., Harbin **4**(3): 83. 1984. **Type**: China: Zhejiang, Mt. Nanyandangshan, 300m, July 28. 1960, *C. Gao 863*（IFSBH）.

生境　林下潮湿岩壁或土面上。

分布　湖北、湖南、江西(何祖霞等,2010)、浙江、贵州、四川、福建、澳门。中国特有。

林下细指苔

Kurzia sylvtica（A. Evens）Grolle, Herzogia **3**: 75. 1973.

Lepidozia sylvatica A. Evans, Rhodora **6**: 186. 1904.

Telaranea sylvatica（A. Evans）K. Müller, Die Leberm. Eur. **6**: 1136. 1956.

生境　林下岩面薄土、树基或腐木上。

分布　福建。欧洲、北美洲。

指叶苔属 Lepidozia (Dumort.) Dumort.

Recueil Observ. Jungerm. 19. 1835.

模式种：*L. reptans*（L.）Dumort.

本属全世界约有60种，中国有12种。

东亚指叶苔

Lepidozia fauriana Steph., Sp. Hepat. **3**: 631. 1908.

生境　林下岩面薄土或腐木上。

分布　吉林(高谦和曹同,1983)、湖南、云南、西藏、福建、台湾(Inoue,1961)、广东、广西、海南、香港。日本、朝鲜、菲律宾、印度尼西亚。

丝形指叶苔

Lepidozia filamentosa（Lehm. & Lindenb.）Gottsche, Lindenb. & Nees, Syn. Hepat. 206. 1845. *Jungermannia filamentosa* Lehm. & Lindenb., Nov. Stirp. Pug. **6**: 29. 1834.

生境　林下土面上。

分布　四川、云南、西藏。朝鲜、日本，北美洲。

曲叶指叶苔

Lepidozia flexuosa Mitt., J. Proc. Linn. Soc., Bot. **5**: 103. 1861.

生境　林下腐木或树干基部上。

分布　西藏。印度、不丹、缅甸、泰国、菲律宾(Long and Grolle, 1990)。

峨眉指叶苔

Lepidozia omeiensis Mizut. & G. C. Zhang, J. Hattori Bot. Lab. **60**: 421. 1986. **Type**: China: Sichuan, Mt. Omei, *P. C. Chen 5471*（holotype: NICH）.

生境　林下岩面薄土、树皮或腐木上，海拔2000～2800m。

分布　四川。中国特有。

指叶苔

Lepidozia reptans（L.）Dumort., Recueil Observ. Jungerm. 19. 1835. *Jungermannia reptans* L., Sp. Pl. 1133. 1753.

Lepidozia chinensis Steph., Sp. Hepat. **3**: 622. 1909. **Type**: China, *Delavay G. 9726*（NY）.

生境　林下腐木、土面、枯落树枝上或有时见于树干基部。

分布　黑龙江、吉林、辽宁、内蒙古、河北、山东、山西、陕西、甘肃(韩国营等,2009)、新疆、安徽、浙江(刘仲苓等,1989)、江西(Ji and Qiang,2005)、湖南、四川、重庆、贵州、云南、西藏、福建、台湾(Yang,2009)。印度、尼泊尔、不丹(Long and Grolle,1990)、朝鲜、日本，欧洲、美洲。

大指叶苔

Lepidozia robusta Steph., Mem. Soc. Sci. Nat. Cherbourg **29**: 217. 1894. **Type**: China: Yunnan, 1889, herb. Bescherella,

Delavay s. n. (ex) (holotype: G-9737).

Lepidozia plicatistipula Herzog, Ann. Bryol. **12**: 79. 1939. **Type**: India: Sikkim, Tsomgo Lake, 3600～3900m, 1937, *C. Troll s. n.* (holotype: JE).

生境　林下腐木或树基上。

分布　四川、云南、西藏、广东。印度、尼泊尔、不丹(Long and Grolle, 1990)。

深裂指叶苔

Lepidozia sandvicensis Lindenb., Syn. Hepat. 201. 1845.

生境　林下沼泽地中。

分布　云南。印度尼西亚、太平洋沿岸(包括美国夏威夷)。

鳞片指叶苔

Lepidozia subintegra Lindenb., Syn. Hepat. 201. 1845.

Lepidozia filum Steph., Sp. Hepat. **3**: 614. 1909.

Lepidozia squamifolia Nichols. in Handel-Mazzetti, Symb. Sin. **5**: 25. 1930 (non *L. squamifolia* Steph., Sp. Hepat. **6**: 341. 1922).

生境　林下树干基部上。

分布　云南。斯里兰卡、菲律宾、印度尼西亚。

圆钝指叶苔

Lepidozia subtransveersa Steph., Bull. Herb. Boissier **5**: 95. 1897.

生境　林下腐木、岩面薄土或腐殖质层上，海拔1240～4000m。

分布　吉林、四川。朝鲜、日本。

苏氏指叶苔

Lepidozia suyungii C. Gao & X. L. Bai, J. Hattori Bot. Lab. **92**: 192, f. 1. 2002. **Type**: China. Xizang, Medog Co., on rocks, *Su Yong-ge 5065* (holotype: IFSBH; isotype: KUN).

生境　林下岩面薄土或倒木上。

分布　云南、西藏。中国特有。

细指叶苔

Lepidozia trichodes (Reinw. ex Blume & Nees) Gottsche, Syn. Hepat. 203. 1845. *Jungermannia trichodes* Reinw. ex Blume & Nees, Acta Phys.-Med. Acad. Caes. Leop.-Carol. Nat. Cur. **12**: 199 (Hepat. Jav.). 1825.

Lepidozia remotifolia Horik., J. Sci. Hiroshima Univ., ser. B, Div. 2, Bot. **2**: 202. 1934. (non *L. remotifolia* Hodgs., Trans. Roy. Soc. New Zealand **83**: 603. 1956). **Type**: China: Taiwan, *Y. Horikawa 10 675* (holotype: HIRO).

生境　林下树干基部上。

分布　广西、台湾。马来西亚、泰国、菲律宾、印度尼西亚。

硬指叶苔

Lepidozia vitrea Steph., Bull. Herb. Boissier **5**: 96. 1897.

Lepidozia formosae Steph., Sp. Hepat. **3**: 624. 1909. **Type**: China: Taiwan, *Faurie 64* (G-16776).

生境　林下岩面薄土、树干基部或腐木上。

分布　浙江、湖北、福建、台湾、香港。朝鲜、日本、东非群岛。

皱指苔属 Telaranea Spruce ex Schiffn.
Hepat. (Engl.-Prantl) Nat. Pflanzenfam. 103. 1893.

模式种：*T. chaetophylla* (Spruce) Schiffn.

本属全世界现有约80种，中国有1种。

瓦氏皱指苔

Telaranea wallichiana (Gottsche) R. M. Schust., Phytologia **45**: 419. 1980. *Lepidozia wallichiana* Gottsche, Syn. Hepat. 204. 1845.

Lepidozia hainanensis G. C. Zhang, Bull. Bot. Res., Harbin **4** (3): 84. 1984. **Type**: China: Hainan, Mt. Diaoluoshan, on rotten log, Oct. 15. 1974, *Gao Chien 2899* (IFSBH).

生境　林下腐木或岩面薄土上。

分布　台湾(Herzog and Noguchi, 1955, as *Lepidozia wallichiana*)、广东(Mizutani and Chang, 1986, as *L. wallichiana*)、广西、海南、香港。日本、尼泊尔、印度、斯里兰卡、印度尼西亚。

虫叶苔属 Zoopsis Hook. f. ex Gottsche, Lindenb. & Nees
Syn. Hepat. 473. 1846.

模式种：*Z. argentea* (Hook. f. & Taylor) Gottsche, Lindenb. & Nees

本属全世界现有10种，中国有1种。

东亚虫叶苔

Zoopsis liukiuensis Horik., J. Sci. Hiroshima Univ., ser. B, Div. 2, Bot. **1**: 65. 1931.

生境　林下腐木或树干基部上。

分布　浙江、台湾、海南。日本、菲律宾、印度尼西亚、巴布亚新几内亚、澳大利亚、新喀里多尼亚岛(法属)。

复叉苔目 Lepicoleales Stotler & Crand.-Stotl.

复叉苔科 **Lepicoleaceae** R. M. Schust.

本科全世界有2属，中国有2属。

复叉苔属 Lepicolea Dumort

Recueil Observ. Jungerm. 20. 1835.

模式种：*L. scolopendra* (Hook.) Dumort

本属全世界现有 10 种，中国有 2 种。

复叉苔(新拟)(暖地复叉苔)

Lepicolea scolopendra (Hook.) Dumort. ex Trevis., Mem. Reale Ist. Lombardo Sci., ser. 3, Cl. Sci. Mat. **4**: 398. 1877. *Jungermannia scolopendra* Hook., Musci Exot. Pl. 40. 1818.

Leperoma scolopendra (Hook.) Bastow, Pap. & Pro. Roy. Soc. Tasmania **1887**: 249. 1888.

生境　热带林下岩面或树干上。

分布　台湾。新西兰、塔斯马尼亚、太平洋群岛，亚洲热带。

东亚复叉苔

Lepicolea yakushimensis (S. Hatt.) S. Hatt., J. Hattori Bot. Lab. **10**: 42. 1953. *Lepicolea scolopendra* (Hook.) Dumort. var. *yakusimensis* S. Hatt., J. Hattori Bot. Lab. **3**: 9. 1947.

生境　温热地区林下岩面或树干基部上。

分布　台湾。日本、泰国。

须苔科 **Mastigophoraceae** R. M. Schust.

J. Hattori Bot. Lab. **36**: 345. 1972.

本科全世界有 2 属，中国有 1 属。

须苔属 Mastigophora Nees

Naturgesch. Europ. Leberm. **3**: 89. 1838.

模式种：*M. woodsii* (Hook.) Nees

本属全世界现有 4 种，中国有 2 种。

硬须苔

Mastigophora diclados (Brid.) Nees, Naturgesch. Eur. Leberm. **3**: 95. 1838. *Jungermannia diclados* Brid. ex F. Weber, Hist. Musco. Hepatat. Prodr. 56. 1815.

Chandonanthus birmensis Steph., Bull. Soc. Bot. Belgique **38**: 43. 1899.

生境　热带林下岩面或树干基部上。

分布　海南、香港、台湾。泰国(Kitagawa, 1978)、日本、菲律宾、印度尼西亚、巴布亚新几内亚、澳大利亚、太平洋岛屿、萨摩亚群岛、东非群岛，中美洲、南美洲。

须苔

Mastigophora woodsii (Hook.) Nees, Naturgesch. Eur. Leberm. **3**: 95. 1838. *Jungermannia woodsii* Hook., Brit. Jung. Pl. **66**: 1814.

Blepharozia woodsii (Hook.) Dumort. Recueil Observ. Jungerm. 16. 1835.

Ptilidium woodsii Hook., Handb. Brit. Hepat. 68. 1894.

Mastigophora woodsii (Hook.) Nees var. *orientalis* Nich. in Handel-Mazzettii, Symb. Sin. **5**: 28. 1930.

生境　林下潮湿土面或巨型岩面上。

分布　台湾(Long and Grolle, 1990)、云南。印度、尼泊尔、不丹(Long and Grolle, 1990)、日本、加拿大(Long and Grolle, 1990)，欧洲。

剪叶苔科 **Herbertaceae** R. M. Schust.

本科全世界有 3 属，中国有 1 属。

剪叶苔属 Herbertus S. Gray

Nat. Arr. Brit. Pl. **1**: 705. 1821.

模式种：*H. aduncus* (Dicks.) S. Gray

本属全世界约有 25 种，中国有 15 种，1 亚种。

剪叶苔

Herbertus aduncus (Dicks.) S. Gray, Nat. Arr. Brit. Pl. 1: 105. 1821. *Jungermannia adunca* Dicks., Fasc. Pl. Crypt. Brit. **3**: 12. 1793. **Type**: Europe: *Dickson s. n.* (lectotype: BM—000661088, by Proskauer 1962).

剪叶苔原亚种

Herbertus aduncus subsp. **aduncus**

Herbertus minor Horik., J. Sci. Hiroshima Univ., ser. B, Div. 2, Bot. 2(2): 211. 1934.

Herbertus pusillus (Steph.) S. Hatt., Bot. Mag. **58**: 362. 1944.

Herbertus remotiusculifolia Horik., J. Sci. Hiroshima Univ., ser. B, Div. 2, Bot. **2**(2): 209. 1934. **Type**: China: Taiwan, Taihoku, Mt. Taiheizan, *Horikawa 9405* (holotype: HIRO).

生境　林下树干或石上。

分布　黑龙江、吉林、辽宁、山东(赵遵田和曹同, 1998)、陕西、湖南(Juslén, 2004)、江西、重庆、贵州、四川、云南、西藏、福建、广西、香港、台湾。菲律宾、印度尼西亚、日本、朝鲜、俄罗斯(远东地区)、加拿大、美国，欧洲。

剪叶苔纤细亚种

Herbertus aduncus subsp. **tenuis** (A. Evans) H. A. Mill. & Scott, Rev. Bryol. Lichénol. **29**: 29. 1960.

Herbertus aduncus fo. *minor* G. C. Zhang, in C. Gao & G. C. Zhang, Fl. Hepat. Chin. Boreali.—Orient. 205. 1981. **Type**: China: Liaoning, Fengcheng Co., Mt. Fenghuang, May 30. 1963, *Gao Chien 6986* (holotype: IFSBH).

Herbertus tenuis A. Evans, Bull. Torrey Bot. Club **44**: 219. 1917.

生境 林下岩面上。

分布 黑龙江、辽宁。北美洲。

钝角剪叶苔

Herbertus armitanus (Steph.) H. A. Mill., J. Hattori Bot. Lab. **28**: 324. 1965. *Schisma armitatum* Steph., Sp. Hepat. **4**: 28. 1909.

Herbertus divaricatus (Herzog) H. A. Mill., J. Hattori Bot. Lab. **28**: 325. 1965. *Schisma divaricatum* Herzog, Beih. Bot. Centralbl. **38**: 326. 1921.

Herbertus decurrense (Steph.) H. A. Mill., J. Hattori Bot. Lab. **28**: 317. 1965.

生境 林下湿石上。

分布 云南(高谦, 2003, as *H. decurrense*)、江西(高谦, 2003, as *H. divaricatus*)。亚洲东南部(Juslén, 2006)。

南亚剪叶苔

Herbertus ceylanicus (Steph.) H. A. Mill., J. Hattori Bot. Lab. **28**: 308. 1965. *Schisma ceylanum* Steph., Sp. Hepat. **4**: 22. 1909.

生境 林下石上。

分布 重庆、贵州、四川、云南。斯里兰卡、印度。

长角剪叶苔

Herbertus dicranus (Taylor) Trevis., Mem. Real. Ist. Lombardo Sci., Cl. Sci. Mat. **4**: 397. 1877. *Sendtnera dicrana* Taylor, Syn. Hepat. 239. 1845. **Type**: Nepal: 1820, *Wallich s. n.* (lectotype: FH, by Miller 1965).

Herbertus chinensis Steph., Hedwigia **34**: 43. 1895, *nom. illeg.* **Type**: China: Tan-Yang-Tschang, *Delavay s. n.*

Herbertus dicranus (Taylor) H. A. Mill., J. Hattori Bot. Lab. **28**: 306. 1965.

Herbertus longifolius Horik., J. Sci. Horisima Univ., ser. B, Div. 2, Bot. **2**: 208. 1934.

Herbertus sikkimensis (Steph.) W. E. Nicholson, Symb. Sin. **5**: 28. 1930.

Herbertus giraldianus (Steph.) W. E. Nicholson, Symb. Sin. **5**: 27. 1930. **Type**: China: Shaanxi, Kuan-tou-san, 1894, *Giraldi*, *Bryotheca E. Levier 934* (lectotype: G).

Herbertus giraldianus var. *verruculosa* S. Hatt. in Hara, Fl. E. Himalaya 223. 1971.

Herbertus pseudoceylanicus S. Hatt. in Hara, Fl. E. Himalaya 225. 1971.

Herbertus wichurae Steph., Hedwigia **34**: 45. 1895. **Type**: China: *Wichura 2752* (lectotype: G).

Herbertus sakuraii (Warnst.) H. A. Mill., J. Hattori Bot. Lab. **3**: 6. 1947.

Herbertus hainanensis P. J. Lin & Piippo, Bryobrothera **1**: 207. 1992. **Type**: China: Hainan, Mt. Jianfengling, on tree trunk, 1985, *Lin 4169* (*Wll85392*) (holotype: H; isotype: IBSC).

Herbertus himalayanus (Steph.) Herzog, Ann. Bryol. **12**: 18. 1939.

Herbertus mastigophoroides H. A. Mill., J. Hattori Bot. Lab. **28**: 324. 1965.

Herbertus minima Horik., J. Sci. Hiroshima Univ., ser. B, Div. 2 (Botany) **2**: 208. pl. **17**: 21-26. 1934. *Type*: China: Taiwan, mt. Morrison, 1932, *Horikawa 9203* (holotype: HIRO).

生境 林下岩面、树干或土面上。

分布 山东(赵遵田和曹同, 1998)、河南(Julén, 2006)、陕西、安徽(Julén, 2006)、湖北、湖南(Juslén, 2004)、江西(何祖霞等, 2010)、贵州、四川、云南、西藏、福建、台湾、广东(Julén, 2006)、广西、海南。印度、尼泊尔、不丹(Long and Grolle, 1990)、斯里兰卡、泰国(Kitagawa, 1979a)、日本、加拿大,非洲东部(Long and Grolle, 1990)。

纤细剪叶苔

Herbertus fragilis (Steph.) Herzog, Ann. Bryol. **12**: 80. 1937. *Schisma fragilis* Steph., Sp. Hepat. **6**: 359. 1922.

Herbertus suafungiensis G. C. Zhang, Fl. Hepat. Chin. Boreali-orient. **24**. 1981. **Type**: China: Liaoning, Mt. Fenghuangshan, May 30. 1963, *Gao Chien & Nan Man-Shi 6944* (holotype: IFSBH).

生境 林下树干或岩面上。

分布 黑龙江、安徽、江西、浙江、贵州、四川、云南。不丹和印度。

高氏剪叶苔

Herbertus gaochienii X. Fu, Fl. Bryophyt. Sin. **9**: 38. 2003. **Type**: China: Guangxi, Mt. Miaoershan, 3200m, on rock, *Gao Chien 1930* (holotype: IFSBH).

生境 林下石壁上。

分布 广西、四川。中国特有。

海南剪叶苔(新拟)

Herbertus guangdongii P. J. Lin & Piippo, Bryobrothera **1**: 206. 1992. **Type**: China: Hainan, Mt. Jianfengling, on tree trunk, 1360m, 1962, *P. C. Chen et al. 652a* (holotype: H; isotype: IBSC).

生境 树干上。

分布 海南(Lin et al., 1992)。中国特有。

卵叶剪叶苔

Herbertus herpocladioides Scott. & H. A. Mill., Bryologist **62**: 116. 1959. **Type**: U. S. A.: Hawaii, 4000ft, June 19. 1953, *H. A. Miller 4878* (holotype: BISH).

生境 林下岩面上。

分布 湖北、贵州、云南、西藏。美国(夏威夷)。

红枝剪叶苔

Herbertus huerlimannii H. A. Mill., J. Hattori Bot. Lab. **31**: 248. 1968.

生境 石上。

分布 西藏。新喀里多尼亚岛(法属)、斐济。

细指剪叶苔

Herbertus kurzii (Steph.) H. A. Mill., J. Hattori Bot. Lab. **28**: 320. 1965. *Schisma kurzii* Steph., Sp. Hepat. **4**: 24. 1909.

Herbertus handelii Nichols, in Handel-Mazzetti, Symb. Sin. **5**: 28. 1930. **Type**: China: Yunnan, 4350～4450m, June 23.

1915, *Handel-Mazzetti 6923* (holotype: H-BR).

Herbertus imbricate Horik., J. Sci. Hiroshima Univ., ser. B, Div. 2, Bot. 2(2): 207. 1934. Type: China: Taiwan, Taihoku, Mt. Taiheizan, 1932, *Horikawa 9380*(holotype: HIRO).

Herbertus neplensis H. A. Mill., J. Hattori Bot. Lab. **28**: 322. 1965.

生境 林下、高山灌丛、树干或石上。

分布 四川、云南、西藏、福建、台湾(Long and Grolle, 1990)。尼泊尔、印度和不丹(Long and Grolle, 1990)。

长肋剪叶苔

Herbertus longifissus Steph., Hedwigia **34**: 44. 1895.

Schisma longifissum (Steph.) Steph., Sp. Hepat. **4**: 27. 1909.

生境 林下树干或石上。

分布 四川、台湾(Inoue, 1961)、云南。泰国、喜马拉雅地区、日本、印度尼西亚、巴布亚新几内亚、萨摩亚群岛、塔希提岛和美国(夏威夷)。

长刺剪叶苔

Herbertus longispinus J. B. Jack & Steph., Hedwigia **31**: 15. 1909.

Schisma longispinum (J. B. Jack & Steph.) Steph., Sp. Hepat. **4**: 29. 1909.

Herbertus angustissima (Herzog) H. A. Miller, J. Hattori Bot. Lab. **28**: 326. 1965.

生境 林下树干上。

分布 江西(Ji and Qiang, 2005, as *H. angustissima*)、四川、云南、贵州、西藏、台湾(Juslén, 2006)。菲律宾。

长茎剪叶苔

Herbertus parisii (Steph.) H. A. Mill., J. Hattori Bot. Lab. **28**: 309. 1965. *Schisma parisii* Steph., Sp. Hepat. **6**: 361. 1922. **Type**: New Caledonia: In jugo Dogny, 1090m, *L. LeRat 206* (holotype: G).

生境 高山灌丛树枝上。

分布 重庆、云南、西藏、广西。新喀里多尼亚岛(法属)。

多枝剪叶苔

Herbertus ramosus (Steph.) H. A. Mill., J. Hattori Bot. Lab. **28**: 314. 1965. *Schisma ramosum* Steph., Sp. Hepat. **4**: 23. 1909. **Type**: Indonesia: Java, *Hasskarl s. n.*, ex hb Nees (G).

Herbertus javanicus (Steph.) H. A. Mill., J. Hattori Bot. Lab. **28**: 319. 1965. *Schisma javanicum* Steph., Sp. Hepat. **4**: 26. 1909.

生境 高山灌丛下枝干、岩面上或林下树干上。

分布 湖北、浙江(刘仲苓等, 1989, as *H. javanicus*)、贵州、四川、云南、西藏、福建、广西。泰国(Kitagawa, 1978)、印度尼西亚和喜马拉雅地区。

短叶剪叶苔

Herbertus sendtneri (Nees) A. Evans, Bll. Torrey Bot. Chub **44**: 212. 1917. *Schisma sendtneri* Nees, Naturgesch. Eur. Laberm. **3**: 525. 1838.

Herbertus delavayii Steph., Hedwigia **34**: 43. 1895. *Schisma delavayiii* Steph., Sp. Hepat. 4: 22. 1909. **Type**: China: Ma-eul-chan, *Delavay s. n.*

生境 林下岩石上,海拔1000~4000m。

分布 贵州、四川、云南、西藏、福建。不丹(Hattori, 1971),欧洲。

拟复叉苔目 Pseudolepicoleales W. Frey & M. Stech

拟复叉苔科 Pseudolepicoleaceae Fulford & J. Taylor

本科全世界有8属,中国有2属。

拟复叉苔属 Pseudolepicolea Fulford & Taylor Nova Hedwigia 1: 412. 1960.

模式种:*P. quadrilaciniata* (Sull.) Fulford & J. Taylor

本属全世界约4种,中国有1种。

拟复叉苔(东亚拟复叉苔,南亚拟复叉苔)

Pseudolepicolea quadrilaciniata (Sull.) Fulford & Taylor, Nova Hedwigia **1**: 413. 1960. *Sendtnera quadrilaciniata* Sull., Hooker's J. Bot. Kew Gard. Misc. **2**: 317. 1850.

Pseudolepicolea trollii (Herzog) Grolle & Ando, Hikobia **3**: 177. 1963.

Pseudolepicolea andoi (R. M. Schust.) Inoue, Bull. Natl. Sci. Mus., Tokyo, B. Bot., **4**: 94. 1978.

生境 阴湿的腐木、树干或岩面上。

分布 浙江(Zhu et al., 1998, as *P. andoi*)、四川(Ando, 1963, as *P. trollii*)、云南、台湾(Inoue, 1978)。印度、尼泊尔、不丹(Long and Grolle, 1990, as *P. trollii*)、印度尼西亚(婆罗洲)、日本。

裂片苔属 Temnoma Mitt. Handb. N. Zeal. Fl. 750, 753. 1867.

模式种:*T. pulchellum* (Hook.) Mitt. [=***T. Setigerum***(Lindenb.) R. M. Schust.]

本属全世界现有1种。

多毛裂片苔

Temnoma setigerum (Lindenb.) R. M. Schust., Nova Hedwigia **5**: 35. 1963. *Jungermannia setigera* Lindenb., Syn. Hepat. 131. 1844.

Lophozia pilifera Horik., J. Jap. Bot. **12**: 20. f. 9. 1936. **Type**: China: Taiwan, Mt. Taiheizan, Taihoku, Oct. 19. 1934, *S. Matsuura s. n.*

Temnoma pulchellum (Hook.) Miff., Pap. & Proc. Roy. Soc. Tasmania **1887**: 226. 1888.

生境 树干基部上。

分布 湖北、四川、台湾(Inoue, 1978)。印度、不丹、菲律宾、印度尼西亚(爪哇)、斐济、所罗门群岛、巴布亚新几内亚(Long and Grolle, 1990)。

齿萼苔目 Lophocoleales W. Frey & M. Stech

阿氏苔科 **Arnelliaceae** Nakai

本科全世界有 3 属,中国有 2 属。

对叶苔属 Gongylanthus Nees
Naturgesch. Eur. Leberm. 2: 405. 1836.

模式种:*G. ericetorum* (Raddi) Nees

本属全世界约有 10 种,中国有 1 种。

喜马拉雅对叶苔

Gongylanthus himalayensis Grolle, Ergebn. Forsch. Unternehm. Nepal Himalaya **1**: 287. 1966.

生境 碱性土面上。

分布 云南。喜马拉雅地区。

横叶苔属 Southbya Spruce
Trans. Bot. Soc. Edinburgh 3: 197. 1849.

模式种:*S. tophacea* (Spruce) Spruce

本属全世界现有 4 种,中国有 1 种。

圆叶横叶苔

Southbya gollanii Steph., Sp. Hepat. **3**: 37. 1906.

Gongylanthus gollanii (Steph.) Grolle, J. Hattori Bot. Lab. **61**: 250. 1986.

生境 泥土生。

分布 云南。尼泊尔。

羽苔科 **Plagiochilaceae** Müll. Frib.

本科全世界有 8 属,中国有 4 属。

平叶苔属 Pedinophyllum (Lindb.) Lindb.
Hepat. Hibern. 504. 1875.

模式种:*P. interruptum* (Nees) Lindb.

本属全世界现有 3 种,中国有 2 种。

平叶苔(广口平叶苔)

Pedinophyllum interruptum (Nees) Lindb., Hepat. Brit. Isl. 269. 1900. *Jungermannia interrupta* Nees, Naturgesch. Eur. Leberm. **1**: 105. 1833.

生境 山区林下湿石或腐木上。

分布 黑龙江(敖志文和张光初, 1985)、吉林、辽宁、内蒙古。俄罗斯, 欧洲。

截叶平叶苔(新拟)(平叶苔)

Pedinophyllum truncatum (Steph.) Inoue, J. Hattori Bot. Lab. **23**: 35. 1960. *Clasmatocolea truncata* Steph., Bull. Herb. Boissier **5**: 87. 1897.

Plagiochila integra Steph., Sp. Hepat. **6**: 170. 1918.

P. major-perianthium C. Gao & G. C. Zhang, Fl. Hepat. Chin. Boreali.-Orient. 111. 1981. **Type**: China: Liaoning, Benxi City, July 6. 1973, *Gao Chien & ChangKuang-Chu 8405* (holotype: IFSBH).

生境 高山灌丛下湿石、树干或腐木上。

分布 黑龙江、辽宁、内蒙古、河北、山东(赵遵田和曹同, 1998, as *P. major-perianthium*)、甘肃(Zhang and Li, 2005)、四川(Piippo et al., 1997)。朝鲜、日本。

羽苔属 Plagiochila (Dumort.) Dumort.
Recueil Observ. Jungerm. 14. 1835.

模式种:*P. asplenioides* (L.) Dumort.

本属全世界约有 400 种,中国有 84 种,2 亚种。

埃氏羽苔

Plagiochila akiyamae Inoue, Bull. Nat. Sci. Mus., Tokyo, B. **12**: 73. 1986. **Type**: Indonesia: Central Seram, 200 ~ 640m, *Akiyama c-10 532* (holotype: TNS; isotype: KYO).

生境 附叶生或树枝上,海拔 200~1000m。

分布 云南、广西、海南。菲律宾、马来西亚。

树形羽苔

Plagiochila arbuscula (Brid. ex Lehm. & Lindenb.) Lindenb.,

Sp. Hepat. **1**: 23. 1839. *Jungermannia arbuscula* Brid. ex Lehm. & Lindenb. in Lehm., Nov. Stirp. Pug. **4**: 63. 1832. **Type**: Indonesia: Java, Prov. Preanger, 1540m, Apr. 21. 1894, *Schiffner 667* (neotype: FH).

Plagiochila belangeriana Lindenb., Sp. Hepat. 109. 1840.

Plagiochila ferdinand-muelleri Steph., Bull. Herb. Boissier, sér. 2, **4**: 777. 1904.

Plagiochila heterospina Steph., J. Proc. Roy. Soc. New South Wales **48**: 128. 1914.

Plagiochila lanutensis Steph. in Rechinger, Denkschr. Kaiserl. Akad. Wiss., Math. -Naturwiss. Kl. **91**: 28. 1914.

Plagiochila palmicola Steph., J. Proc. Roy. Soc. New South Wales **48**: 129. 1914.

Plagiochila colonialis Steph., Sp. Hepat. **6**: 139. 1918.

Plagiochila formosae Steph., Sp. Hepat. **6**: 157. 1918. **Type**: China: Taiwan, Kushaku, 1903, *U. Faurie 65* (PC: G-001190).

Plagiochila fuscorufa Steph., Sp. Hepat. **6**: 158. 1918.

Plagiochila plicatula Steph., Sp. Hepat. **6**: 201. 1921.

Plagiochila taona Steph., Sp. Hepat. **6**: 233. 1921.

Plagiochila comptonii Pearson, J. Linn. Soc., Bot. **46**: 21. 1922.

Plagiochila laciniata Pearson, J. Linn. Soc., Bot. **46**: 21. 1922.

Plagiochila longa Dugas, Ann. Sci. Nat. Paris ser. 10, **11**: 131 & 186. 1928.

Plagiochila yuwandakensis Horik., Bot. Mag. (Tokyo) **49**: 50. 1935.

Plagiochila bilabiata Herzog, Hedwigia **78**: 227. 1938.

生境　树干或树枝上,海拔 100～1500m。

分布　江西(何祖霞等,2010)、云南、福建(So,2001a)、台湾、广东、海南。印度尼西亚、巴布亚新几内亚、新喀里多尼亚岛(法属)、萨摩亚群岛、菲律宾、马来西亚、日本(Inoue,1982)。

羽苔

Plagiochila asplenioides (L.) Dumort., Recueil Observ. Jungerm. 14. 1835. *Jungermannia asplenioides* L., Sp. Pl. 1131. 1753.

生境　岩面、潮湿腐木或腐殖质上。

分布　黑龙江(敖志文和张光初,1985)、内蒙古、贵州(彭晓磬,2002)。蒙古、俄罗斯(远东地区),欧洲、北美洲。

有刺羽苔

Plagiochila aspericaulis Grolle & M. L. So, Syst. Bot. **24**: 307. 1999. **Type**: China: Xizang, Yadong, 4760m, 1975, *Zang Mu 713* (holotype: HKAS; isotypes: HKBU, JE).

生境　树林下,海拔 4760m。

分布　山东(赵遵田和曹同,1998)、云南、西藏。尼泊尔。

阿萨羽苔

Plagiochila assamica Steph., Sp. Hepat. **6**: 125. 1917. **Type**: India: Assam, 4000ft., *E. H. Mann s. n.* (lectotype: G).

生境　枯枝或树干上,海拔 700～2200 m。

分布　云南。印度、不丹、泰国。

刀叶羽苔(毛囊羽苔)

Plagiochila bantamensis (Reinw., Blume & Nees) Mont. in D'orbigny, Voy. Amér. Mérid., Bot. **7**(2): 82. 1839. *Jungermannia bantamensis* Reinw., Blume & Nees, Nova Acta Phys. -Med. Acad. Caes. Leop. -Garol. Nat. Cur. **12**: 235. 1825. **Type**: Indonesia: Java, *Blume s. n.* (holotype: STR; isotype: FH).

Plagiochila batamensis var. *minor* Lindenb., Sp. Hepat. 105. 1843.

Plagiochila nicobarensis Reichardt, Verh. K. K. Zool. -Bot. Ges. Wien **16**: 959. 1866.

Plagiochila auriculata Mitt. in Seemann, Fl. Vit. 408. 1873.

Plagiochila mutabilis De Not, Epat Borneo 15. 1874.

Plagiochila lobulata Schiffn., Denkschr. Kaiserl. Akad. Wiss., Math. -Naturwiss. Kl. **70**: 191. 1900.

Plagiochila media Schiffn., Denkschr. Kaiserl. Akad. Wiss., Math. -Naturwiss. Kl. **70**: 192. 1900.

Plagiochila aequitexta Steph., Bull. Herb. Boissier, sér. 2, **3**: 531. 1903.

Plagiochila everettiana Steph., Bull. Herb. Boissier, sér. 2, **3**: 969. 1903.

Plagiochila meyeniana Steph., Bull. Herb. Boissier, sér. 2, **3**: 969. 1903.

Plagiochila parvisacculata Steph., Bull. Herb. Boissier, sér. 2, **3**: 973. 1903.

Plagiochila didrechsenii Steph., Bull. Herb. Boissier, sér. 2, **4**: 26. 1904.

Plagiochila modiglianii Steph., Bull. Herb. Boissier, sér. 2, **4**: 27. 1904.

Plagiochila siamensis Steph., Bull. Herb. Boissier, sér. 2, **4**: 28. 1904.

Plagiochila perdkensis Steph., Sp. Hepat. **6**: 198. 1921.

Plagiochila simillima Steph., Sp. Hepat. **6**: 208. 1921.

Plagiochila vesiculosa Herzog, Beih. Bot. Centralbl. **38** (2): 330. 1921.

Plagiochila radians Herzog, Ann. Bryol. **4**: 80. 1931.

Plagiochila yayeamaensis Horik., Bot. Mag. (Tokyo) **49**: 212. 1935.

Plagiochila richardsii Herzog, Trans. Brit. Bryol. Soc. **1**: 287. 1950.

Plagiochila onraedtii Inoue, J. Hattori Bot. Lab. **46**: 199. 1979.

Plagiochila scalpellifolia P. C. Chen & P. C. Wu, Acta Phytotax. Sin. **17**: 93. 1979. **Type**: China: Hainan, Mt. Jianfengling, 850m, on tree trunk, Feb. 1962, *P. C. Chen et al. 124* (holotype: PE).

生境　树干上,海拔 300～1500m。

分布　云南、海南。日本、菲律宾、柬埔寨、印度尼西亚、马来西亚、斯里兰卡、尼科巴群岛、美拉尼西亚。

贝多羽苔

Plagiochila beddomei Steph., Bull. Herb. Boissier, sér. 2, **3**: 876. 1903. **Type**: India: Tamil Nadu, *Beddome 359* (holotype: G; isotype: BM).

生境　树干上,海拔 2000m。

分布　云南。泰国、印度。

海岛羽苔(新拟)

Plagiochila blepharophora (Nees) Nees in Lindenb., Sp. Hepat. 102. 1842.

生境　不详。

分布　台湾(Inoue,1982)。印度尼西亚、菲律宾(Inoue,

1982)。

秦岭羽苔

Plagiochila biondiana C. Massal., Mem. Accad. Agric. Verona, ser. 3, **73** (2): 15. 1897. **Type**: China: Shanxi, Mt. Taibaishan, 1984, *J. Giraldi s. n.* (holotype: VER; isotype: G).

生境　树干上,海拔 4300m。

分布　山东(张艳敏等,2002)、陕西、四川、西藏。中国特有。

大明叶羽苔

Plagiochila bischleriana Grolle & M. L. So, Cryptog. Bryol. Lichénol. **18**: 191. 1997. **Type**: Nepal: N-facing slope of Dobala Danda above Kabeli Khola, 2350m, 1989, *D. G. Long 17 412* (holotype: E; isotype: JE).

生境　树干或岩面上。

分布　云南。尼泊尔。

加氏羽苔卢贝亚种

Plagiochila carringtonii (Balfour) Grolle subsp. **lobuchensis** Grolle, Trans. Brit. Bryol. Soc. **4**: 660. 1964. **Type**: Nepal: Mahalangur Himal. Khumbu. Hohe W. Lobuche, 5100m, 1962, *J. Poelt H88* (holotype: JE; isotypes: M, TNS).

生境　岸边湿石上,海拔 3700～5100m。

分布　云南。不丹、印度、尼泊尔。

瘤茎羽苔

Plagiochila caulimammillosa Grolle & M. L. So, J. Bryol. **20**: 42. 1998. **Type**: China: Xizang, Yadong, 4760m, 1975, *Zang Mu 713* (holotype: HKAS; isotypes: HKBU, JE).

生境　杉树树干上,海拔 3700～4000m。

分布　云南、西藏。中国特有。

陈氏羽苔

Plagiochila chenii Grolle & M. L. So, Syst. Bot. **25**: 6. 2000. **Type**: China: Anhui, Mt. Huangshan, 1800m, on tree trunk, *P. C. Chen 3835* (holotype: HSNU; isotypes: HKBU, JE).

生境　树干上,海拔 1800m。

分布　安徽、贵州。中国特有。

中华羽苔

Plagiochila chinensis Steph., Mém. Soc. Sci. Nat. Cherbourg **29**: 223. 1894. **Type**: China: Yunnan, 1889, *Delavay s. n.* (holotype: G).

Plagiochila simplex var. *parvifolia* C. Massal., Mem. Accad. Agric. Verona, ser. 3, **73**(2): 12. 1897.

Plagiochila hokinensis Steph., Bull. Herb. Boissier, sér. 2, **3**: 116. 1903.

Plagiochila maireana Steph., Sp. Hepat. **6**: 185. 1921.

Plagiochila tongtschuana Steph., Sp. Hepat. **6**: 232. 1921.

Plagiochila wilsoniana Steph., Sp. Hepat. **6**: 242. 1922.

Plagiochila irrigata Herzog Symb. Sin. **5**: 18. 1930. **Type**: China: Yunnan, Yunnanfu, 2050m, Mar. 3. 1914, *Handel-Mazzetti 1974*; Sichuan, Mt. Daliangshan, 3275m, Apr. 21. 1914, *Handel-Mazzetti 1528* (syntype: H-BR).

生境　林地石面或树干上,海拔 1000～4000m。

分布　河北、陕西、浙江、江西、湖南、四川、重庆、贵州、西藏、云南、香港、福建(So, 2001a)、台湾。越南、泰国、不丹、尼泊尔、印度、巴基斯坦。

树生羽苔

Plagiochila corticola Steph., Mém. Soc. Sci. Nat. Cherbourg **29**: 224. 1894. **Type**: China: Yunnan, *Delavay s. n.* (lectotype: G).

Plagiochila capillaries Schiffn. ex Steph., Sp. Hepat. **6**: 137. 1918.

Plagiochila forficate Schiffn. ex Steph., Sp. Hepat. **6**: 157. 1918.

Plagiochila togashii Inoue in Hara, Fl. E. Himalaya **1**: 520. 1966.

生境　林下树干、枯木或石面上,海拔 2000～3800m。

分布　四川、云南、西藏、福建、广西。尼泊尔、不丹、印度。

尖头羽苔

Plagiochila cuspidata Steph., Sp. Hepat. **6**: 144. 1918. **Type**: India: West Bengal, Darjeeling, Sal Dhoj pro Long, on rock, 3000ft, 1907, *Levier 5649* (lectotype: G; isolectotype: BM).

Plagiochila subsymmetrica Steph., Sp. Hepat. **6**: 212. 1921.

Plagiochila neorupicola Inoue, Bryologist **68**: 218. 1965.

生境　树干或石上,海拔 250～1685m。

分布　湖南、广东。孟加拉国、尼泊尔、不丹、泰国。

脆叶羽苔

Plagiochila debilis Mitt., J. Proc. Linn. Soc., Bot. **5**: 97. 1861. **Type**: India: Sikkim, 11 000ft, *J. D. Hooker 1360* (lectotype: NY; isolectotype: BM).

Plagiochila biloba Inoue in Hara, Fl. E. Himalaya **1**: 514. 1966.

生境　石上、树干或枯枝上,海拔 1450～4000m。

分布　四川、云南、西藏。不丹、尼泊尔、印度。

落叶羽苔

Plagiochila defolians Grolle & M. L. So, Syst. Bot. **23**: 459. 1999. **Type**: China: Yunnan, Dulongjiang, on tree trunk, 2200m, 1975, *Zang Mu 4852* (holotype: HKAS; isotypes: HKBU, JE).

生境　树干上,海拔 2200～2800m。

分布　贵州、云南、西藏。日本。

德氏羽苔

Plagiochila delavayi Steph., Mém. Soc. Sci. Nat. Cherbourg **29**: 224. 1894. **Type**: China: Yunnan, "Ma-Eul-Chan." *Delavay s. n.* (holotype: G; isotype: PC).

Plagiochila delavayi var. *subintegra* C. Massal., Mem. Accad. Agric. Verona ser. 3, **73**(2): 15. 1897.

Plagiochila sikutzuisana C. Massal., Mem. Accad. Agric. Verona, ser. 3, **73**(2): 13. 1897.

Plagiochila sikutzuisana var. *subedentula* C. Massal., Mem. Accad. Agric. Verona, ser. 3, **73**(2): 13. 1897.

生境　林下湿地、树根、石面或树干上,海拔 3100～5000m。

分布　陕西、四川、重庆、贵州、云南、西藏。尼泊尔。

羽状羽苔

Plagiochila dendroides (Nees) Lindenb., Sp. Hepat. **5**: 146. 1843. **Type**: Indonesia: Java, *Blume s. n.* (holotype: STR; isotypes: G, W).

Jungermannia dendroides Nees, Enum. Pl. Crypt. Jav. 77. 1830.

Plagiochila flagellifera Steph., Sp. Hepat. **6**: 155. 1918.
Chiastocaulon dendroides (Nees) Carl, Flora **126**: 59. 1931.
Plagiochila burgeffiana Herzog, Ann. Bryol. **5**: 75. 1932.
Plagiochila takakii Inoue in Kurokawa, Stud. Cryptog. Papua New Guinea 11. 1979.
生境 石上或树干上，海拔 650～2400m。
分布 贵州、云南、西藏、台湾、广东、海南。日本、菲律宾、韩国、马来西亚、印度尼西亚(爪哇)。

细齿羽苔

Plagiochila denticulata Mitt., J. Proc. Linn. Soc., Bot. **5**: 95. 1860. **Type**: India: Sikkim, 7000～8000ft, *J. D. Hooker 1356b* (holotype: NY).
Plagiochila horridula Steph., Sp. Hepat. **6**: 168. 1918.
生境 树林下石上，海拔 1000～2400m。
分布 湖北、四川、云南。印度、尼泊尔、泰国。

裸茎羽苔(新拟)

Plagiochila detecata M. L. So & Grolle, Nova Hedwigia **70**: 391. 2000. **Type**: China: Sichuan, Miyimalong, 3040m, 1983, *K. K. Chen 351* (holotype: IFP; isotype: JE).
生境 岩面或树干。
分布 四川(So, 2001b)。不丹(So, 2001b)和尼泊尔(So, 2001b)。

小叶羽苔

Plagiochila devexa Steph., Bull. Herb. Boissier, sér. 2, **3**: 340. 1903. **Type**: India: Sikkim, Himalaya, 700ft, *J. D. Hooker 1372* (lectotype: BM; isolectotype: NY).
Plagiochila deflexa Mitt., J. Proc. Linn. Soc., Bot. **5**: 57. 1861, *hom. illeg.*
Plagiochila microphylla Steph., Bull. Herb. Boissier, sér. 2, **3**: 526. 1903.
Plagiochila runcinata Herzog, Ann. Bryol. **12**: 76. 1939.
Plagiochila pseudomicrophylla Inoue in Hara, Fl. E. Himalaya **1**: 518. 1966.
生境 岩面、枯枝或树干上，海拔 3700～4000m。
分布 安徽、云南、西藏。不丹、印度、尼泊尔、斯里兰卡。

密鳞羽苔

Plagiochila durelii Schiffn., Oesterr. Bot. Z. **49**: 131. 1899. **Type**: India: West Bengal, Apr. 12. 1895, *Levier 160b* (holotype: FI; isotype: BM).

密鳞羽苔原亚种

Plagiochila durelii subsp. **durelii**
Plagiochila bhutanensis Schiffn., Oesterr. Bot. Z. **49**: 130. 1899.
Plagiochila ferruginea Steph., Bull. Herb. Boissier, sér. 2, **3**: 879. 1903.
Plagiochila thomsonii Steph., Bull. Herb. Boissier, sér. 2, **3**: 887. 1903.
Plagiochila subpropinqua Schiffn. ex Steph., Sp. Hepat. **6**: 211. 1921.
Plagiochila hamulispina Herzog, Symb. Sin. **5**: 19. 1930. **Type**: China: Yunnan, 2130m, *Handel-Mazzetti 9334*, 2800～3450m, July 5. 1916, *Handel-Mazzetti 4326* (syntype: H-BR).
Plagiochila torquescens Herzog Symb. Sin. **5**: 21. 1930. **Type**: China: Yunnan, 2950m, July 1. 1916, *Handel-Mazzetti 9179*; 3650m, July 2. 1916, *Handel-Mazzetti 9087* (syntype: H-BR).
Plagiochila sawadae Inoue, J. Jap. Bot. **34**: 93. 1959.
Plagiochila alata Inoue, Bull. Natl. Sci. Mus. **8**: 383. 1965.
Plagiochila harae Inoue in Hara, Fl. E. Himalaya **1**: 517. 1966.
Plagiochila vietnamica Inoue, J. Hattori Bot. Lab. **31**: 300. 1968.
Plagiochila unialata Inoue, J. Hattori Bot. Lab. **32**: 112. 1969. *Type*: China: Taiwan, Tai-yuen Shan, Ilan Hsien. 2000～2200m, *H. Inoue 16 964* (TNS).
生境 石面、枯木或树干上，海拔 1500～4000m。
分布 安徽、浙江、四川、贵州、云南、西藏、福建、台湾、广西。尼泊尔(Long and Grolle, 1990, as *P. alata*)、不丹(Long and Grolle, 1990, as *P. alata*)、印度(Long and Grolle, 1990, as *P. alata*)、泰国、越南。

密鳞羽苔贵州亚种

Plagiochila durelii subsp. **guizhouensis** Grolle & M. L. So, Syst. Bot. **24**: 304. 1999. **Type**: China: Guizhou, Jiangkou Co., on tree trunk, 2000m, 1983, *Jiang Shou-zhong 10 302* (holotype: GZNU; isotypes: HKBU, JE).
生境 树干上，海拔 1800～2300m。
分布 贵州、四川。中国特有。

圆叶羽苔

Plagiochila duthiana Steph., Bull. Herb. Boissier, sér. 2, **3**: 527. 1903.
Plagiochila himalayensis Steph., Bull. Herb. Boissier, sér. 2, **3**: 527. 1903.
Plagiochila seminude Inoue in Hara, Fl. E. Himalaya **1**: 520. 1966.
生境 石上、树基或树根上，海拔 1000～5000m。
分布 黑龙江、辽宁、陕西、四川、云南、西藏。日本、印度、巴基斯坦、不丹、尼泊尔。

大叶羽苔

Plagiochila elegans Mitt., J. Proc. Linn. Soc., Bot. **5**: 97. 1861. **Type**: India: Sikkim, 8000ft, *J. D. Hooker 1366* (holotype: NY; isolectotypes: BM, G).
Plagiochila hartlessiana Steph., Bull. Herb. Boissier, ser. 2, **3**: 881. 1903.
Plagiochila pluridentata Steph. in Renauld & Cardot, Bull. Soc. Roy. Bot. Belgique **41**: 122. 1905.
Plagiochila consimilis Steph., Sp. Hepat. **6**: 141. 1918.
Plagiochila madurensis Steph., Sp. Hepat. **6**: 183. 1921.
Plagiochila permagna Schiffn. ex Steph., Sp. Hepat. **6**: 198. 1921.
Plagiochila schutscheana Herzog, Symb. Sin. **5**: 18. 1930. **Type**: China: Yunnan, 2400～2800m, July 9. 1916, *Handel-Mazzetti 9469* (holotype: H-BR).
Plagiochila magnifolia Horik., J. Sci. Hiroshima Univ., ser. B, Div. 2, Bot. **2**: 161. 1934. **Type**: China: Taiwan, Mt. Taiheizan, Aug. 1932, *Y. Horikawa 9334*.

生境　林地、枯枝或石面上，海拔1600～2400m。

分布　浙江、四川、云南、西藏、台湾。不丹、尼泊尔、印度。

峨眉羽苔

Plagiochila emeiensis Grolle & M. L. So, Bryologist **101**: 282. 1998. **Type**: China: Sichuan, Mt. Omei, on tree bark, 3000m, 1968, *C. Gao & S. Z. Wang 40 328* (holotype: HKAS; isotype: JE).

生境　石上，海拔2400～4000m。

分布　四川、云南。中国特有。

二郎羽苔

Plagiochila erlangensis M. L. So, Haussknechtia Beih. **9**: 350. 1999. **Type**: China: Sichuan, Mt. erlangshan, in rock crevice, 2800m, 1980, *Gao Chien 17 986* (holotype: HKAS; isotype: JE).

生境　石上或林地，海拔3600～4200m。

分布　四川。中国特有。

纤幼羽苔

Plagiochila exigua (Taylor) Taylor, London J. Bot. **5**: 264. 1846. **Type**: Ireland: County Kerry, 1842, *Junger. exigua Mss. T. T. s. n.* (lectotype: FH).

Jungermannia exigua Taylor, Trans. Bot. Soc. Edinburgh **1**: 179. 1843[1844].

生境　石面或树干上，海拔500～3460m。

分布　湖南、四川、云南、西藏。世界广布。

长叶羽苔

Plagiochila flexuosa Mitt., J. Proc. Linn. Soc., Bot. **5**: 94. 1861. **Type**: India: Sikkim, 8000ft, *J. D. Hooker 1367* (holotype: NY; isotypes: BM, G).

Plagiochila rufa Steph., Bull. Herb. Boissier, sér. 2, **2**: 114. 1903.

Plagiochila kurseongensis Schiffn. ex Steph., Sp. Hepat. **6**: 173. 1918.

Plagiochila titibuensis S. Hatt. in Nakai, Iconogr. Pl. As. Orient. **4**: 410. 1942.

生境　湿石面、树干或枯木上，海拔400～2500m。

分布　安徽、浙江、四川、贵州、云南、福建、台湾、广东、广西、海南。日本、不丹、孟加拉国、印度、尼泊尔、越南、泰国、斯里兰卡。

福氏羽苔

Plagiochila fordiana Steph., Bull. Herb. Boissier, ser. 2, **3**: 104. 1902. **Type**: China: Hong Kong, 1889, *C. Ford s. n.*, *ex hb Joli 142* (holotype: G).

Plagiochila minor Horik., J. Sci. Hiroshima Univ., ser. B, Div. 2, Bot. **1**: 78. 1932.

Plagiochila trabeculata var. *bifida* S. Hatt., Bull. Tokyo Sci. Mus. **11**: 64. 1944.

Plagiochila dichotomoramosa Inoue, J. Hattori Bot. Lab. **30**: 125. 1967.

Plagiochila boninensis Inoue, Bull. Natl. Sci. Mus., Tokyo, B. **13**: 481. 1970.

生境　湿石面或树干上，海拔500m。

分布　湖北、重庆、贵州、云南、福建、台湾(Inoue, 1982)、广东、海南、香港。日本、印度、越南、泰国。

多枝羽苔(羽枝羽苔)

Plagiochila fruticosa Mitt., J. Proc. Linn. Soc., Bot. **5**: 94. 1861. **Type**: India: *J. D. Hooker 1353* (lectotype: NY).

Plagiochila bipinnata Steph., Sp. Hepat. **6**: 131. 1918.

Plagiochila tosana Steph., Sp. Hepat. **6**: 227. 1921.

生境　石上或树干上，海拔380～2200m。

分布　上海(刘仲苓等，1989)、江西(Ji and Qiang, 2005)、云南、西藏、福建、广东、台湾。日本、尼泊尔、印度、不丹、越南、泰国、菲律宾。

裂叶羽苔

Plagiochila furcifolia Mitt., Trans. Linn. Soc. London, Bot. **3**: 194. 1891. **Type**: Japan: 1875, *H. N. Moseley s. n.* (holotype: NY; isotype: G).

Plagiochila fissifolia Steph., Bull. Herb. Boissier, ser. 2, **3**: 118. 1903.

生境　石面或树皮上，海拔450～1000m。

分布　江西(何祖霞等，2010)、浙江、湖南、贵州、云南、福建、海南。日本、越南。

鸽尾羽苔

Plagiochila ghatiensis Steph., Sp. Hepat. **6**: 159. 1918. **Type**: India: Tamil Nadu, 1908, *André*, ex *hb Cardot 150* (holotype: G).

Tylimanthus indicus Steph., Sp. Hepat. **6**: 248. 1922.

Plagiochila acutiloba Inoue, Bull. Natl. Sci. Mus. **8**: 390. 1965.

生境　树干上，海拔2000～3400m。

分布　湖北、四川、贵州、云南、西藏。印度、斯里兰卡。

纤细羽苔

Plagiochila gracilis Lindenb. & Gottsche in Gottsche, Lindenb. & Nees, Syn. Hepat. 632. 1847. **Type**: Indonesia: Java, *Miquel s. n.* (holotype: S; isotype: G).

Plagiochila firma Mitt., J. Proc. Linn. Soc. Bot. **5**: 95. 1861. **Type**: India: Sikkim, 10 000ft, *J. D. Hooker 1364* (holotype: BM).

Plagiochila acicularis Herzog, Mem. Soc. Fauna Fl. Fenn. **26**: 40. 1951.

Plagiochila rhizophora S. Hatt., J. Jap. Bot. **25**: 141. 1951.

Plagiochila pseudopunctata Inoue, J. Hattori Bot. Lab. **20**: 65. 1958.

Plagiochila subrigidula Inoue, J. Hattori Bot. Lab. **23**: 35. 1958.

Plagiochila firma subsp. *rhizophora* (S. Hatt.) Inoue, J. Hattori Bot. Lab. **23**: 35. 1960.

Plagiochila schofieldiana Inoue, Bull. Natl. Sci. Mus. **15**: 183. 1972.

Plagiochila udarii S. C. Srivast. & Dixit, Yushania **11**: 108. 1994.

生境　湿石上，海拔2000～3800m。

分布　安徽、四川、贵州、云南、西藏、台湾。韩国、印度、日本、尼泊尔、不丹、菲律宾、泰国、印度尼西亚(爪哇)、斯里兰卡、加拿大。

古氏羽苔

Plagiochila grollei Inoue, Bull. Natl. Sci. Mus. **8**: 384. 1965. **Type**: Nepal: "Vorhimalaja, …westlich Rauje oberhalb Ringo, 4000～5000m, 1962, *J. Poelt H124 p. p.*" (holotype: M; isotypes: JE, TNS).

Plagiochila zongiensis Inoue in Hara, Fl. E. Himalaya **1**: 520. 1966.

生境　树干或湿地上，海拔 1800～3200m。

分布　贵州、云南、西藏。尼泊尔、不丹、孟加拉国、越南。

拟纤幼羽苔

Plagiochila grossa Grolle & M. L. So, Syst. Bot. **23**: 461. 1999. **Type**: China: Sichuan, Mt. Emei, on tree bark, 3077m, 1988, *C. Gao & S. Z. Wang 40 286* (holotype: HKAS; isotypes: HKBU, JE).

生境　石上或树干上，海拔 3000m。

分布　四川。中国特有。

裸茎羽苔

Plagiochila gymnoclada Sande Lac., Ned. Kruidk. Arch. **4**: 93. 1856. **Type**: Indonesia: Java, *Junghuhn s. n.* (lectotype: L; isolectotypes: H, H-SOL).

Plagiochila koghiensis Steph., Rev. Bryol. **35**: 33. 1908.

Plagiochila dilutebrunnea Beauverd in Steph., Sp. Hepat. **6**: 572. 1924.

Plagiochila warburgii Schiffn. ex Herzog, Hedwigia **78**: 231. 1938.

Plagiochila bismarckensis Inoue & Grolle in Inoue, Bull. Natl. Sci. Mus., Tokyo, B. **5**: 24. 1979.

生境　石面、枯枝、树根或树干上，海拔 1600～3000m。

分布　湖北、四川、云南、福建、台湾(Inoue, 1982)、广西。印度尼西亚、马来西亚、新喀里多尼亚岛(法属)、巴布亚新几内亚、菲律宾、孟加拉国。

齿萼羽苔

Plagiochila hakkodensis Steph., Bull. Herb. Boissier **5**: 103. 1897. **Type**: Japan: Hakkoida, 1886, *U. Faurie 827* (holotype: G; isotype: PC).

Tylimanthus paucidens Steph., Sp. Hepat. **6**: 250. 1922.

Plagiochila ishizuchiensis Horik., J. Sci. Hiroshima Univ., ser. B, Div. 2, Bot. **1**: 59. 1931.

Plagiochila lenis Inoue, J. Jap. Bot. **59**: 345. 1984.

生境　石隙或树干上，海拔 800～3000m。

分布　内蒙古、陕西、浙江、湖北、四川、重庆、福建(张晓青等, 2011)。日本、韩国。

喜马拉雅羽苔

Plagiochila himalayana Schiffn., Oesterr. Bot. Z. **49**: 131. 1899. **Type**: India: West Bengal, 5～6000ft, Apr. 1898, *Durel s. n.*, *Hb Levier 171* (holotype: FH; isotype: G).

Plagiochila palmiformis Steph., Bull. Herb. Boissier, sér. 2, **3**: 111. 1903.

Plagiochila kudremuktii Steph., Sp. Hepat. **6**: 173. 1918.

Plagiochila subpropinqua Schiffn. ex Steph., Sp. Hepat. **6**: 211. 1921.

生境　树干上，海拔 1800～2300m。

分布　云南。印度。

明层羽苔

Plagiochila hyalodermica Grolle & M. L. So, Bryologist **100**: 470. 1998. **Type**: Nepal: Sankhuwasabhb District, 2900m, 1991, *D. G. Long 21 157* (holotype: E; isotype: JE).

生境　湿土上，海拔 2800m。

分布　云南。尼泊尔。

背瓣羽苔*

Plagiochila integrilobula Schiffn., Hepat. Fl. Buitenzorg **1**: 170. 1900.

Plagiochila kurzii Steph., Bull. Herb. Boissier, sér. 2, **3**: 112. 1903. **Type**: India: South Andaman, *S. Kurz 1641*, *hb Gottsche* (lectotype: G; isolectotype: G).

Plagiochila sambusana Beauv. in Steph., Sp. Hepat. **6**: 572. 1924.

Plagiochila tobagensis Herzog & S. Hatt., J. Hattori Bot. Lab. **14**: 37. 1955. **Type**: China: Taiwan, Botel Tobago, *G. H. Schwabe 120* (holotype: JE; isotype: HKBU).

Plagiochila meijeri Inoue, J. Hattori Bot. Lab. **46**: 195. 1979.

生境　树干上，海拔 2000m。

分布　云南、台湾(Inoue, 1982)。印度尼西亚、斯里兰卡(Inoue, 1982)。

容氏羽苔

Plagiochila junghuhniana Sande Lac. in Dozy (ed.), Ned. Kruidk. Arch. **3**: 416. 1855. **Type**: Indonesia: Java, *Junghuhn s. n.* (lectotype: L; syntypes: FH, G, L).

Plagiochila massalongoana Schiffn., Denkschr. Kaiserl. Akad. Wiss., Math. -Maturwiss. Kl. **70**: 75. 1900.

Plagiochila daviesiana Steph., Bull. Herb. Boissier, sér. 2, **2**: 105. 1902.

Plagiochila vescoana Steph., Bull. Herb. Boissier, sér. 2, **2**: 108. 1902.

Plagiochila berkeleyana Gottsche ex Steph., Sp. Hepat. **6**: 129. 1918.

Plagiochila pulchra Steph., Sp. Hepat. **6**: 192. 1921.

Plagiochila tinctoria Herzog, Hedwigia **78**: 230. 1938.

Plagiochila lagunensis Inoue, Bull. Natl. Sci. Mus. ser. B, **5**: 31. 1979.

生境　枯树或树干上，海拔 700～1600m。

分布　福建、台湾、广西(贾鹏等, 2011)、海南。菲律宾、泰国、越南、印度尼西亚(苏门答腊、爪哇和婆罗洲)。

加萨羽苔

Plagiochila khasiana Mitt., J. Proc. Linn. Soc. Bot. **5**: 95. 1861. **Type**: India: Assam, Mt. Khasia, *J. D. Hooker & T. Thomson s. n.* (lectotype: NY; isolectotypes: FH, G).

Plagiochila monalata Inoue, Bull. Natl. Sci. Mus. ser. B, **13**: 48. 1987.

生境　树干上，海拔 1500～2000m。

分布　云南、台湾、广东。泰国、印度、不丹、尼泊尔、斯里兰卡。

昆明羽苔

Plagiochila kunmingensis Piippo, Ann. Bot. Fenn. **34**: 281. 1997. **Type**: China: Yunnan, Songming Co., 2100m, 1984, *Redfearn, He & Wang 2035* (holotype: H).

生境　林下，海拔 2100m。

分布　云南。中国特有。

---

* 苏美灵在《中国苔藓志》第 10 卷中将 *P. tobagensis* 作为 *P. kurzii* 的异名，而 Inoue(1982)将 *P. tobagensis* 作为 *P. integrilobula* 的异名，由于 *P. integrilobula* 发表在前，故采用此名称。

粗壮羽苔

Plagiochila magna Inoue, J. Hattori Bot. Lab. **28**: 216. 1965. **Type**: Japan: Shikoku, 1200m, *Inoue 1504* (holotype: TNS; isotypes: NICH, NY).

生境　树干上，海拔 900～2400m。

分布　台湾。日本。

微齿羽苔(新拟)

Plagiochila microdonta Mitt., J. Proc. Linn. Soc. London **5**: 97. 1861. **Type**: Sri Lanka (Ceylon): *Gardner s. n.* (NY).

生境　树干上，海拔 1700m。

分布　台湾(Inoue, 1982)。孟加拉国、马来西亚。

复枝羽苔

Plagiochila multipinnula Herzog & S. Hatt., J. Hattori Bot. Lab. **14**: 36. 1955. **Type**: China: Taiwan, Daiton, 500m, 1947, *G. H. Scwabe 24* (holotype: JE; isotype: NICH).

生境　树干上，海拔 500m。

分布　台湾。中国特有。

尼泊尔羽苔

Plagiochila nepalensis Lindenb., Sp. Hepatt. 93. 1840. **Type**: Nepal: *N. Wallich s. n.*, *Hb Hooker* (holotype: W; isotypes: BM, G, NY, STR).

Plagiochila salacensis var. *macrodonta* C. Massal., Mem. Accad. Agric. Verona, ser. 3, **73**(2): 17. 1897.

Plagiochila brevifolia Steph., Bull. Herb. Boissier, sér. 2, **3**: 876. 1903.

Plagiochila cornuta Steph., Bull. Herb. Boissier, sér. 2, **3**: 874. 1903.

Plagiochila gammiana Steph., Bull. Herb. Boissier, sér. 2, **3**: 963. 1903.

Plagiochila gollanii Steph., Bull. Herb. Boissier, sér. 2, **3**: 883. 1903.

Plagiochila lacerata Steph. in Levier, Nuovo Giorn. Bot. Ital. **13**: 354. 1906.

Plagiochila decolyana Schiffn. ex Steph., Sp. Hepat. **6**: 144. 1918.

Plagiochila grata Steph., Sp. Hepat. **6**: 160. 1918.

Plagiochila luethiana Steph., Sp. Hepat. **6**: 180. 1921.

Plagiochila remotistipula Steph., Sp. Hepat. **6**: 201. 1921.

Plagiochila semiaperta Schiffn. ex Steph., Sp. Hepat. **6**: 210. 1921.

Plagiochila gollani var. *triquetra* Herzog, Ann. Bryol. **12**: 76. 1939.

Plagiochila makinoana S. Hatt., J. Jap. Bot. **26**: 179. 1951.

Plagiochila pseudorientalis Inoue, J. Hattori Bot. Lab. **30**: 126. 1967.

Plagiochila richteri Steph. ex S. C. Srivast. & Dixit, Geophytology **25**: 101. 1996.

生境　林地石面、枯枝或树干上，海拔 1300～2600m。

分布　陕西、甘肃(Wu et al., 2002)、浙江、湖北、四川、贵州、云南、西藏、福建(So, 2001a)、台湾。日本、越南、泰国、不丹、缅甸、菲律宾、印度、尼泊尔。

明叶羽苔

Plagiochila nitens Inoue, Willdenowia **18**: 561. 1989. **Type**: Malaysia: Sabah, 1700m, *Menzel*, *Frahm*, *Frey & Kürschner 4612* (holotype: B; isotype: TNS).

生境　树干上，海拔 2000～3000m。

分布　湖北、贵州、云南。马来西亚。

矩叶羽苔(新拟)

Plagiochila oblonga Inoue, Bull. Natl. Sci. Mus. **8**: 398. 1965.

生境　不详。

分布　台湾(Inoue, 1982)。喜马拉雅地区、泰国(Inoue, 1982)。

钝叶羽苔

Plagiochila obtusa Lindenb., Sp. Hepat. 42. 1840. **Type**: Indonesia: Java, *Blume & Reinwardt s. n.* (holotype: W; isotypes: FH, S, STR, W).

Jungermannia cristata Nees, Enum. P1. Crypt. Jav. 70. 1830, *hom. illeg.*

Plagiochila hispida Steph., Bull. Herb. Boissier, sér. 2, **3**: 881. 1903.

Plagiochila eberhaldtii Steph. in Paris, Rev. Bryol. **34**: 49. 1907.

Plagiochila villosa Steph., Sp. Hepat. **6**: 239. 1921.

Plagiochila obtusa fo. *villosa* (Steph.) Herzog, Ann. Naturhist. Mus. Wien **53**: 362. 1943.

生境　树干上，海拔 450～1800m。

分布　海南、台湾(Inoue, 1982, as *P. eberhaldtii*)。越南、印度尼西亚(爪哇)、美拉尼西亚。

卵叶羽苔

Plagiochila ovalifolia Mitt., Trans. Linn. Soc. London, Bot. **3**: 193. 1891. **Type**: Japan: Honshu, *J. Bisset s. n.* (lectotype: NY; syntypes: BM, NY).

Plagiochila miyoshiana Steph., Bull. Herb. Boissier **5**: 104. 1897.

Plagiochila fauriana Steph., Bull. Herb. Boissier, sér. 2, **3**: 340. 1903.

Plagiochila ovalifolia var. *miyoshiana* (Steph.) S. Hatt., Bull Tokyo Sci. Mus. **11**: 60. 1944.

Plagiochila ovalifolia var. *orbicularis* S. Hatt., Bull. Tokyo Sci. Mus. **11**: 61. 1944.

Plagiochila orbicularis (S. Hatt.) S. Hatt., J. Hattori Bot. Lab. **3**: 26. 1948[1950].

Plagiochila ovalifolia fo. *descendens* S. Hatt., J. Hattori Bot. Lab. **3**: 27. 1948(1950).

Plagiochila asplenioides (L.) Dumort. subsp. *ovalifia* (Mitt.) Inoue, J. Hattori Bot. Lab. **19**: 45. 1958.

Plagiochila querpartensis Inoue, J. Jap. Bot. **37**: 188. 1962.

生境　湿石面或泥面上，海拔 200～4000m。

分布　吉林、辽宁、内蒙古、河北、山西、陕西、甘肃(Zhang and Li, 2005)、青海(吴玉环等, 2008)、新疆、安徽、湖南、湖北、浙江、江西、四川、贵州、云南、西藏、广西、福建(So, 2001)、台湾。日本、朝鲜、菲律宾。

拟刺羽苔

Plagiochila paraphyllosa Grolle & M. L. So, Syst. Bot. **24**: 298. 1999. **Type**: China: Yunnan, Dulongjiang, 3200m, 1982, *Zang Mu 697* (holotype: HKAS; isotype: JE).

生境　树干上，海拔 3000～3200m。

分布　云南。中国特有。

圆头羽苔

Plagiochila parvifolia Lindenb., Sp. Hepat. 28. 1839. **Type**: Myanmar: *Bélanger s. n.* (holotype: W; isotype: G).

Plagiochila phalangea Taylor, London J. Bot. **5**: 264. 1846.

Plagiochila yokogurensis Steph., Bull. Herb. Boissier **5**: 104. 1897. **Type**: Japan: Shikoku, 1896, *Inoue 6* (holotype: G; isotype: NY).

Plagiochila treubii Schiffn., Denkschr. Kaiserl. Akad. Wiss., Math.-Nalurwiss. Kl. **70**: 177. 1900.

Plagiochila birmensis Steph., Bull. Herb. Boissier, sér. 2, **3**: 964. 1903.

Plagiochila consociata Steph., Bull. Herb. Boissier, sér. 2, **3**: 885. 1903.

Plagiochila ventricosa Steph., Bull. Herb. Boissier, sér. 2, **3**: 964. 1903.

Plagiochila okamurana Steph., Sp. Hepat. **6**: 190. 1921.

Plagiochila stipulifera Steph., Sp. Hepat. **6**: 212. 1921.

Plagiochila yokogurensis var. *kiushiana* S. Hatt., Bull Tokyo Sci. Mus. **11**: 65. 1944.

Plagiochila yokogurensis fo. *kiushiana* (S. Hatt.) Inoue, J. Hattori Bot. Lab. **20**: 91. 1958.

Plagiochila pseudoventricosa Inoue, Bull. Natl. Sci. Mus. **8**: 393. 1965.

Plagiochila didyma Inoue, J. Hattori Bot. Lab. **38**: 558. 1974.

Plagiochila hattoriana Inoue, Bull. Natl. Sci. Mus. ser. B, **2**: 69. 1976.

生境　林下石面、枯枝或树干上，海拔 200～1800m。

分布　安徽、浙江、湖南、四川、云南、西藏、福建、台湾、香港。日本、韩国、缅甸、泰国、越南、孟加拉国、斯里兰卡、菲律宾、印度尼西亚（爪哇）。

小枝羽苔

Plagiochila parviramifera Inoue, J. Hattori Bot. Lab. **46**: 317. 1979. **Type**: Nepal: Topke, 3840m, 1977, *S. Takiguchi 218f* (holotype: NICH; isotype: TNS).

生境　枯枝或树干上，海拔 3500～4000m。

分布　四川。尼泊尔、不丹(Long and Grolle, 1990)。

大蠕形羽苔

Plagiochila peculiaris Schiffn., Denkschr. Kaiserl. Akad. Wiss., Math.-Naturwiss. Kl. **70**: 118. 1990. **Type**: Indonesia: Sumatra, 2800m, 1894, *Schiffner 1102* (lectotype: FH; isolectotypes: E, G, JE, MANCH).

Plagiochila griffthiana Steph., Sp. Hepat. **6**: 160. 1918.

生境　湿石上或树干上，海拔 600～2200m。

分布　浙江、江西、云南、福建、台湾、广东、海南、香港。日本、不丹、印度、尼泊尔、泰国、越南、印度尼西亚。

多齿羽苔

Plagiochila perserrata Herzog, Symb. Sin. **5**: 19. 1930. **Type**: China: Yunnan, 2400～2800m, 1915, *Handel-Mazzetti 9477* (lectotype: W; isolectotypes: E, JE, TNS).

Plagiochila hottae Inoue, Bull. Natl. Sci. Mus. ser. B, **1**: 83. 1975.

生境　湿地面、枯木或树基，海拔 1500～3500m。

分布　四川、云南、西藏、福建、台湾(Inoue, 1982)、广东。不丹、尼泊尔和印度尼西亚(婆罗洲)。

波氏羽苔

Plagiochila poeltii Inoue & Grolle, Trans. Brit. Bryol. Soc. 4: 656. 1964. **Type**: Nepal: Mahalangur Himal, 1962, *J. Poelt H78* (holotype: JE; isotype: TNS).

生境　林下树基或树干上，海拔 3000～5100m。

分布　四川、云南、西藏(Piippo et al., 1998)。尼泊尔、印度。

密齿羽苔

Plagiochila porelloides (Torrey ex Nees) Lindenb., Sp. Hepat. 61. 1841.

Jungermannia porelloides Torrey ex Nees, Naturg. Eur. Leberm. **1**: 169. 1833.

Plagiochila satoi S. Hatt., Bot. Mag. (Tokyo) **57**: 361. 1943.

生境　石面、枯木或湿土上，海拔 600～3900m。

分布　黑龙江、吉林、青海、新疆、湖北(Peng et al., 2000)、四川、云南(Piippo et al., 1998, as *P. satoi*)。日本、韩国，欧洲、北美洲。

粗齿羽苔

Plagiochila pseudofirma Herzog, Symb. Sin. **5**: 17. 1930. **Type**: China: Sichuan, Huili, Lungdschu-schan, *Handel-Mazzetti 992* (holotype: JE; isotype: W).

生境　枯枝或树干上，海拔 2500～3500m。

分布　四川、重庆、贵州、云南、西藏。不丹、印度、尼泊尔。

拟波氏羽苔

Plagiochila pseudopoeltii Inoue, Bull. Natl. Sci. Mus. **8**: 382. 1965. **Type**: India: West Bengal, Darjeeling, 3550m, June 5. 1960, *H. Hara et al.* (holotype: NICH; isotype: TNS).

生境　林下或树干上，海拔 3500～4030m。

分布　湖北、云南、西藏。印度、尼泊尔、菲律宾。

尖齿羽苔

Plagiochila pseudorenitens Schiffn., Oesterr. Bot. Z. **49**: 132. 1899. **Type**: India: West Bengal, 1898, *Durel, Levier 172* (lectotype: G; isolectotypes: BM, G, JE).

Plagiochila cardotii Steph., Bull. Herb. Boissier, sér. 2, **4**: 116. 1902.

生境　树干上，海拔约 2400m。

分布　湖北、重庆、云南、广西。印度、尼泊尔、不丹(Long and Grolle, 1990)、越南。

美姿羽苔

Plagiochila pulcherrima Horik., J. Sci. Hiroshima Univ., ser. B, Div. 2, Bot. **1**: 63. 1931. **Type**: Japan: Kyushu, Mt. Wanitsuka-yama, 1930, *A. Noguchi 171* (lectotype: HIRO).

生境　湿土面、树基、树干、枯枝或石上，海拔 100～2300m。

分布　湖南、浙江、江西、四川、贵州、云南、福建、台湾、广东、广西、海南。日本、泰国、菲律宾、越南。

反叶羽苔

Plagiochila recurvata (Nicholson) Grolle, Trans. Brit. Bryol. Soc. **4**: 654. 1964. **Type**: China: Yunnan, 4350～4450m, 1915, *Handel-Mazzetti 6939* (holotype: W; isotype: JE).

Jamesoniella carringtonii (Balf.) Schiffn. var. *recurvata* W. E. Nicholson, Symb. Sin. **5**: 13. 1930.

生境　林地湿石面，海拔3000～4800m。

分布　云南、西藏。不丹、印度、尼泊尔。

微凹羽苔

Plagiochila retusa Mitt., J. Proc. Linn. Soc., Bot. **5**: 96. 1861. **Type**: India: Sikkim, 12 000ft, *J. D. Hooker 1356* (holotype: NY; isotype: BM).

生境　林中石上，海拔3600～4200m。

分布　云南。印度、尼泊尔。

沙拉羽苔

Plagiochila salacensis Gottsche, Natuurk. Tidjschr. Ned. Indië **4**: 576. 1853. **Type**: Indonesia: Java, Mt. Salak, *H. Zollinger 3460c* (lectotype: G; isotype: FH).

Plagiochila padangensis Schiffn., Denkschr. Kaiserl. Akad. Wiss., Math.-Naturwiss. Kl. **70**: 172. 1900.

生境　树干上，海拔500～1200m。

分布　云南、广西。印度、泰国、菲律宾、苏拉威西、印度尼西亚（苏门答腊、爪哇）。

刺叶羽苔

Plagiochila sciophila Nees ex Lindenb., Sp. Hepat. 100. 1840. **Type**: Nepal: *N. Wallich s. n.*, *Hb. Neesii ab Esenbeck* (holotype: STR; isotype: FH).

Plagiochila orientalis Taylor, London J. Bot. **5**: 261. 1846.

Plagiochila ciliata Gottsche, Ann. Sci. Nat., Bot., sér. 4, **8**: 334. 1857.

Plagiochila acanthophylla Gottsche, Bot. Zeitung (Berlin) **16**: 37. 1858.

Plagiochila japonica Sande Lac., Ann. Mus. Bot. Lugduno-Batavi **1**: 290. 1864.

Plagiochila ferriena Steph., Bull. Herb. Boissier, sér. 2, **3**: 108. 1903.

Plagiochila sockawana Steph., Bull. Herb. Boissier, sér. 2, **2**: 120. 1903.

Plagiochila tonkinensis Steph., Rev. Bryol. **35**: 35. 1908.

Plagiochila flavovirens Steph., Sp. Hepat. **6**: 156. 1918.

Plagiochila quadriseta Steph., Sp. Hepat. **6**: 201. 1921.

Plagiochila trochantha Schiffn. ex Steph., Sp. Hepat. **6**: 226. 1921.

Plagiochila vygensis Steph., Sp. Hepat. **6**: 237. 1921.

Plagiochila euryphyllon Carl, Ann. Bryol., Suppl. **2**: 106. 1931.

Plagiochila minima Horik., J. Sci. Hiroshima Univ., ser. B, Div. 2, Bot. **1**: 78. 1932.

Plagiochila iriomotoejimaensis Horik., J. Sci. Hiroshima Univ., ser. B, Div. 2, Bot. **2**: 163. 1934.

Plagiochila minutistipula Herzog, J. Hattori Bot. Lab. **14**: 34. 1955. **Type**: China: Taiwan, 1200m, Aug. 20-30. 1947, *G. H. Schwabe s. n.* (holotype: JE).

Plagiochila subacanthophylla Herzog, J. Hattori Bot. Lab. **14**: 37. 1955. **Type**: China: Taiwan, Aug. 1947, *G. H. Schwabe s. n.* (holotype: JE).

Plagiochila subplanata Inoue, J. Hattori Bot. Lab. **31**: 297. 1968.

Plagiochila decidua Inoue & Grolle in Inoue, J. Hattori Bot. Lab. **33**: 321. 1970.

Plagiochila cadens Inoue, J. Hattori Bot. Lab. **46**: 216. 1979.

生境　石上、树干、树基、枯木或叶面上，海拔200～2000m。

分布　江苏、浙江、江西、湖南、湖北、四川、重庆、贵州、云南、西藏、福建、台湾、广东、广西、海南、香港。日本、韩国、菲律宾、泰国、不丹、尼泊尔、印度、巴基斯坦、美拉尼西亚。

疏叶羽苔

Plagiochila secretifolia Mitt., J. Proc. Linn. Soc., Bot. 5: 98. 1861. **Type**: India: Sikkim, 8000ft, *J. D. Hooker 1371* (holotype: NY; isotypes: BM, G).

生境　石面或湿土上，海拔2200～2700m。

分布　云南、西藏、台湾、广西。印度、不丹、尼泊尔、泰国、越南。

延叶羽苔

Plagiochila semidecurrens (Lehm. & Lindenb.) Lindenb., Sp. Hepat. **5**: 142. 1843. *Jungerwannia semidecurrens* Lehm. & Lindenb. in Lehm., Nov. Stirp. Pug. **4**: 21. 1832. **Type**: Nepal: *N. Wallich s. n.* (lectotype: W; isolectotype: S).

Plagiochila kamounensis Taylor, London J. Bot. **5**: 262. 1846.

Plagiochila yunnanensis Steph., Mém, Soc. Sci. Nat. Cherbourg **29**: 225. 1894. **Type**: China: Yunnan, Ma eul Chan, Sept. 9. 1889, *Delavay 3883*, *3891*.

Plagiochila longicalyx Steph., Bull. Herb. Boissier, sér. 2, **3**: 532. 1903.

Plagiochila asymmpetrica Steph., Sp. Hepat. **6**: 125. 1917.

Plagiochila grossevittata Steph., Sp. Hepat. **6**: 161. 1918.

Plagiochila inermis Schiffn. ex Steph., Sp. Hepat. **6**: 169. 1918.

Plagiochila nilgherriensis Steph., Sp. Hepat. **6**: 189. 1921.

Plagiochila schauliana Schiffn. ex Steph., Sp. Hepat. **6**: 210. 1921.

Plagiochila spinosissima Steph., Sp. Hepat. **6**: 189. 1921.

Plagiochila semidecurrens var. *undulata* Carl, Ann. Bryol., Suppl. **2**: 98. 1931.

Plagiochila nidulans Herzog, Ann. Bryol. **5**: 73. 1932.

Plagiochila robustissima Horik., J. Sci. Hiroshima Univ., ser. B, Div. 2, Bot. **1**: 78. 1932.

Plagiochila semidecurrens var. *grossidens* Herzog, Hedwigia **78**: 241. 1938.

Plagiochila shimizuana Hatt., J. Hattori Bot. Lab. **12**: 84. 1954.

生境　树干、泥面或石上，海拔2200～4500m。

分布　陕西（王玛丽等，1999，as *P. shimizuana*）、安徽、浙江、江西、四川、贵州、云南、西藏、福建、台湾、广西、香港。日本、韩国、尼泊尔、印度、不丹、斯里兰卡、泰国、菲律宾，北太平洋。

上海羽苔

Plagiochila shanghaica Steph., Sp. Hepat. **6**: 216. 1921. **Type**: China: Shanghai, *P. Coutois s. n.* (holotype: G).

生境　石上、树干上或湿土面上，海拔50～2060m。

分布　江苏、上海、湖南、贵州、广西。日本。

四川羽苔

Plagiochila sichuanensis Grolle & M. L. So, Bryologist **101**: 284. 1998. **Type**: China: Sichuan, Mt. Emeishan, 3000m, 1980, *Gao Chien 19 453* (holotype: HKAS; isotype: JE).

生境　石上，海拔3000m。

分布　四川、贵州、西藏。中国特有。

密疣羽苔

Plagiochila singularis Schiffn., Denkschr. Kaiserl. Akad. Wiss., Math.-Naturwiss. Kl. **70**: 187. 1900. **Type**: India: Nilgherry Montes, *collector unknown* (holotype: G; isotype: BM).

Jungermannia asplenioides L. var. *tenera* Nees, Enum. Pl. Crypt. Jav. 73. 1830.

Plagiochila trapezoidea Lindenb. var. *tenera* (Nees) Lindenb., Sp. Hepat. 113. 1840.

Plagiochila stenophylla Schiffn., Denkschr. Kaiserl. Akad. Wiss., Math.-Naturwiss. Kl. **70**: 175. 1900.

生境　石面或树干上，海拔1000～2000m。

分布　贵州、海南、台湾(Inoue, 1982, as *P. stenophylla*)。印度尼西亚、巴布亚新几内亚。

司氏羽苔

Plagiochila stevensiana Steph., Bull. Herb. Boissier, sér. 2, **2**: 110. 1902. **Type**: India: West Bengal, 1899, *Stevens 50* (lectotype: G).

生境　湿岩面上。

分布　湖南、四川、贵州。印度。

大耳羽苔

Plagiochila subtropica Steph., Bull. Soc. Roy. Bot. Belgique **38**: 46. 1900. **Type**: India: Assam, *Garden Collectors 931*, hb Gottsche (lectotype: G; isolectotypes: BM, G, JE, M).

Plagiochila determii Steph., Bull. Herb. Boissier, sér. 2, **3**: 876. 1903.

Plagiochila diffracta Herzog, Mem. Soc. Fauna Fl. Fenn. **26**: 25. 1951.

Plagiochila kitagawae Inoue, J. Hattori Bot. Lab. **38**: 560. 1974.

生境　枯木或树干上，海拔1000～2600m。

分布　云南。不丹、尼泊尔、印度、泰国。

戴氏羽苔

Plagiochila tagawae Inoue, J. Hattori Bot. Lab. **38**: 561. 1974. **Type**: Thailand: Nakawn Sritamarat, 1700m, on tree trunk, *M. Tagawa & N. Kitagawa 4996* (holotype: TNS).

生境　树干上，海拔1700m。

分布　海南。泰国。

台湾羽苔

Plagiochila taiwanensis Inoue, Bull. Natl. Sci. Mus., Tokyo, B. **8**: 136. 1982. **Type**: China: Taiwan, Ilan Hsien, *H. Inoue 17 318* (holotype: TNS).

生境　树干上。

分布　台湾。中国特有。

狭叶羽苔

Plagiochila trabeculata Steph., Bull. Herb. Boissier, sér. 2, **2**: 103. 1902. **Type**: Japan: Kyushu, 1900, *Faurie 916* (holotype: G).

Plagiochila pocsii Inoue, J. Hattori Bot. Lab. **31**: 304. 1968.

生境　石上或树干上，海拔400～3000m。

分布　浙江、江西、重庆、贵州、云南、西藏、福建、广东、广西、海南。朝鲜(Yamada and Choe, 1997)、日本、尼泊尔、不丹(Long and Grolle, 1990)、泰国、菲律宾、印度尼西亚。

短齿羽苔

Plagiochila vexans Schiffn. ex Steph., Sp. Hepat. **6**: 237. 1921. **Type**: India: West Bengal, 5500ft, 1899, *Decoly & Schaul s. n. hb Levier 756* (holotype: G; isotype: BM).

生境　枯木、石面或树干上，海拔700～1500m。

分布　安徽、四川、重庆、贵州、福建、台湾、广西。日本、尼泊尔、孟加拉国。

王氏羽苔

Plagiochila wangii Inoue, J. Jap. Bot. **37**: 187. 1962. **Type**: China: Taiwan, Mt. Siao-Hauch, 2994m, Feb. 17. 1960, *Wang 667* (holotype: NICH; isotype: TNS).

生境　树干上，海拔2990m。

分布　云南、台湾。中国特有。

韦氏羽苔

Plagiochila wightii Nees ex Lindenb., Sp. Hepat. 43. 1840. **Type**: India: in peninsula Indiae orientalis, *Wight s. n.* (holotype: W; isotypes: S, STR).

生境　树干或岩石面上，海拔2000～3000m。

分布　四川、云南、广西。印度。

玉龙羽苔

Plagiochila yulongensis Piippo, Ann. Bot. Fenn. **34**: 283. 1997. **Type**: China: Yunnan, Lijiang Co., Mt. Yulong, 3020～3050m, 1985, *Koponen 42 081* (holotype: H).

生境　树干上，海拔3020～3050m。

分布　云南。中国特有。

臧氏羽苔

Plagiochila zangii Grolle & M. L. So, Bryologist **100**: 467. 1998. **Type**: China: Yunnan, Dali, 3200m, 1981, *D. F. Chamberlain B 241* (holotype: E; isotype: JE).

生境　树干上，海拔3400～3750m。

分布　四川、云南、西藏。中国特有。

朱氏羽苔

Plagiochila zhuensis Grolle & M. L. So, Bryologist **102**: 200. 1999. **Type**: China: Guangdong, Babaoshan Nature Reserve, on tree bark, 1800m, 1989, *R. L. Zhu 89 998* (holotype: HSUN; isotypes: HKBU, JE).

生境　石上或树干上，海拔1800m。

分布　广东、广西。中国特有。

短羽苔

Plagiochila zonata Steph., Mem. Soc. Sci. Nat. Cherbourg **29**: 225. 1894. **Type**: China: Yunnan, 1889, *Delavay 4134* (holotype: G; isotypes: BM, FH).

Plagiochila handelii Herzog, Symb. Sin. **5**: 16. 1930. **Type**: China: Yunnan, Yungning, 3150m, Apr. 23, 1914, *Handel-Mazzetti 3162*; Sichuan, Muli Co., 3600～3700m, July 31.

1915, *Handel-Mazzetti 7362* (syntypes).

生境 树干上，海拔 3800～4000m。

分布 四川、重庆、贵州（彭晓磬，2002）、云南。不丹、印度。

对羽苔属 Plagiochilion S. Hatt.
Biosphaera 1: 7. 1947.

模式种：*P. oppositum* (Reinw., Blume & Nees) S. Hatt.

本属全世界现有 13 种，中国有 4 种。

褐色对羽苔

Plagiochilion braunianum (Nees) S. Hatt., Biosphaera **1**: 7. 1947. *Jungermannia brauniana* Nees, Enum. Pl. Crypt. Jav. 80. 1830. *Plagiochila brauniana* (Nees) Lindb., Monogr. Hep. Gen. Plagiochilae. 117. 1844.

生境 山区林下岩面薄土、腐殖层上或稀生于岩面。

分布 江西、四川、重庆、贵州、台湾（Horikawa, 1934, as *P. brauniana*）、广西。菲律宾、印度尼西亚、巴布亚新几内亚、新喀里多尼亚岛（法属）、喜马拉雅地区。

稀齿对羽苔

Plagiochilion mayebarae S. Hatt., J. Hattori Lab. Bot. **3**: 39. 1950.

生境 林下树干、岩面薄土或腐殖层上。

分布 浙江（Zhu et al., 1998）、湖北、四川、贵州、西藏、福建（汪楣芝，1994a）、台湾（Inoue, 1982）、广西。印度、日本。

对羽苔

Plagiochilion oppositum (Reinw., Blume & Nees) S. Hatt., Biosphaea **1**: 7. 1947. *Jungermannia opposita* Reinw., Blume & Nees, Hepatt. Jav. 236. 1824. *Plagiochila opposite* (Reinw., Blume & Nees) Dumort., Recueil Observ. 15. 1835.

Noguchia opposita (Reinw., Blume & Nees) Inoue, J. Hattori Bot. Lab. **20**: 102. 1958.

生境 林下或树干上。

分布 台湾（Inoue, 1982）、海南。越南、缅甸、斯里兰卡、菲律宾、印度尼西亚、巴布亚新几内亚。

卵叶对羽苔

Plagiochilion theriotianum (Steph.) Inoue, J. Hattori Bot. Lab. **27**: 59. 1964. *Plagiochilia theriotiana* Steph., Sp. Hepat. **6**: 228. 1924.

Plagiochilion hattorii (Inoue) Inoue, J. Hattori Bot. Lab. **23**: 362. 1960.

生境 岩面薄土或腐木上。

分布 四川、云南、福建（李登科和吴鹏程，1993）、海南。日本、印度尼西亚、新喀里多尼亚岛（法属）。

黄羽苔属 Xenochila R. M. Schust.
Amer. Midl. Naturalist 62: 15. 1959.

本属全世界现有 1 种。

黄羽苔

Xenochila integrifolia (Mitt.) Inoue, Bull. Natl. Sci. Mus. **6**: 373. 1963. *Plagiochila integrifolia* Mitt., J. Linn. Soc., Bot. London **5**: 96. 1861. **Type**: India: Sikkim, 5000～6000ft, *J. D. Hooker 1351* (holotype: BM).

生境 林下树干、树枝上或有时生于岩面薄土上。

分布 湖南（Koponen et al., 2004）、湖北、四川、贵州、云南、台湾（Inoue, 1982）、广西（贾鹏等，2011）。印度、不丹、朝鲜、日本（Long and Grolle, 1990）。

齿萼苔科 Lophocoleaceae Vanden Berghen

本科全世界有 22 属，中国有 3 属。

裂萼苔属 Chiloscyphus Corda in Opiz
Naturalientausch 12(Beitr. Naturg. 1): 651. 1829.

模式种：*C. polyanthus* (L.) Corda

本属世界约有 100 种，中国有 21 种，2 变种。

刺毛裂萼苔

Chiloscyphus aposinensis Piippo, J. Hattori Bot. Lab. **68**: 136. 1990. *Lophocolea chinensis* C. Gao & G. C. Zhang, Bull. Bot. Res., Harbin **4**(3): 87. 1984. **Type**: China: Guangxi, Mt. Chengwangshan, on bark, Oct. 4. 1974, *Gao Chien & Zhang Guang-chu 2487*, *2491* (IFSBH).

生境 山区林下，与其他苔藓混生于树干上。

分布 广西。中国特有。

台湾裂萼苔（新拟）

Chiloscyphus breviculus B. Y. Yang & W. C. Lee, Bot. Bull. Acad. Sin. **5**: 185. 1964. **Type**: China: Taiwan, Chi-tou, 1200m, on rock, Jan. 10. 1963, *KF-279*.

生境 岩面上，海拔 1200m。

分布 台湾（Yang and Lee, 1964）。中国特有。

毛口裂萼苔

Chiloscyphus ciliolatus (Nees) J. J. Engel & R. M. Schust., Nova Hedwigia **39**: 413. 1984. *Jungermannia ciliolata* Nees, Enum. Pl. Crypt. Jav. 68. 1830.

Lophocolea ciliolata (Nees) Gottsche, Bot. Zeitung (Berlin) **16**: 38. 1858.

生境 树干上。

分布 台湾。泰国（Kitagawa, 1979, as *Lophocolea ciliolata*）、印度尼西亚、斯里兰卡、美国（夏威夷）。

弯尖裂萼苔(新拟)

Chiloscyphus coadunatus(Sw.) J. J. Engel & R. M. Schust., Nova Hedwigia **39**: 413. 1984. *Jungermannia coadunata* Sw., Fl. Ind. Occid. **3**: 1850. 1806.

生境　路边岩壁上,海拔 900～1360m。

分布　湖南、云南、台湾。朝鲜,欧洲、北美洲、非洲。

大苞裂萼苔

Chiloscyphus costatus (Nees) J. J. Engel & R. M. Schust., Nova Hedwigia **39**: 413. 1984. *Jungermannia costata* Nees, Enum. P1. Crypt. Jav. 69. 1830.

Lophocolea costata (Nees) Gottsche, Bot. Zeitung (Berlin) **16**: 38. 1858.

Lophocolea formosana Horik., J. Sci. Hiroshima Univ., ser. B, Div. 2, Bot. **2**: 166. 1934. **Type**: China: Taiwan, Mt. Chipon, Dec. 1932, *Y. Horikawa 10 489*.

生境　老树干或腐木上。

分布　台湾。印度尼西亚、菲律宾。

尖叶裂萼苔

Chiloscyphus cuspidatus (Nees) J. J. Engel & R. M. Schust., Nova Hedwigia **39**: 413. 1984. *Lophocolea bidentata* var. *cuspidata* Nees, Naturgesch. Eur. Leberm. **2**: 227. 1836.

Lophocolea cuspidata (Nees) Limpr., Krypt.-Fl. Schlesien. **1**: 303. 1876.

Lophocolea arisancola Horik., J. Sci. Hiroshima Univ., ser. B, Div. 2, Bot. **2**: 169. 1934. **Type**: China: Taiwan, Tainan Co., Mt. Arisan, Aug. 1932, *Y. Horikawa 11 075*.

生境　林下树干、腐木或湿岩石上。

分布　吉林、河北、山西、甘肃、江西(何祖霞等,2010)、湖北、四川、重庆、贵州、云南、西藏、台湾。印度,欧洲、北美洲、非洲。

爽气裂萼苔

Chiloscyphus fragrans (Moris & De Not.) J. J. Engel & R. M. Schust., Nova Hedwigia **39**: 415. 1984. *Jungermannia fragrans* Moris & De Not., Fl. Caproriae 177. 1839.

Lophocolea fragrans (Moris & De Not.) Gottsche, Lindenb. & Nees, Syn. Hepat. 166. 1845.

生境　山区腐木或湿石上。

分布　上海(李登科和高彩华,1986, as *Lophocolea fragrans*)、四川、贵州(张雯等,2011)、西藏、福建(张晓青等,2011)、台湾。欧洲。

圆叶裂萼苔

Chiloscyphus horikawanus (S. Hatt.) J. J. Engel & R. M. Schust., Nova Hedwigia **39**: 416. 1984. *Lophocolea horikawana* S. Hatt., Bull. Tokyo Sci. Mus. **11**: 50. 1944.

生境　林下岩面湿土或湿土上。

分布　贵州。日本、朝鲜(Yamada and Choe, 1997, as *Lophocolea horikawana*)。

全缘裂萼苔

Chiloscyphus integristipulus (Steph.) J. J. Engel & R. M. Schust., Nova Hedwigia **39**: 417. 1984. *Lophocolea integristipula* Steph., Sp. Hepat. **3**: 121. 1906.

Lophocolea compacta Mitt., Trans. Linn. Soc. London, Bot. **3**: 198. 1891.

Lophocolea japonica Steph., Sp. Hepat. **3**: 122. 1906.

Chiloscyphus japonicus Steph., Sp. Hepat. **3**: 207. 1907.

Chiloscyphus japonicus (Steph.) J. J. Engel & R. M. Schust., Nova Hedwigia **39**: 417. 1984, *nom. illeg*.

生境　林下湿土、岩石或腐木上。

分布　黑龙江、吉林、辽宁、山东(赵遵田和曹同,1998, as *Lophocolea compacta*)、陕西、上海(刘仲苓等,1989, as *L. compacta*)、浙江(刘仲苓等,1989, as *L. compacta*)、湖南、四川、重庆、贵州(张雯等,2011)、云南、西藏、福建、广西。朝鲜(Yamada and Choe, 1997, as *L. compacta*),北半球。

疏叶裂萼苔

Chiloscyphus itoanus (Inoue) J. J. Engel & R. M. Schust., Nova Hedwigia **39**: 417. 1984. *Lophocolea itoana* Inoue, J. Jap. Bot. **31**: 340. 1955.

生境　岩面薄土或土面上。

分布　吉林(Söderström, 2000, as *Lophocolea itoana*)、湖南(Koponen et al., 2004)、四川、云南、福建(张晓青等,2011)。日本、朝鲜。

东亚裂萼苔(新拟)

Chiloscyphus japonicus Steph., Sp. Hepat. **3**: 207. 1907.

生境　不详。

分布　福建(张晓青等,2011)。日本。

双齿裂萼苔

Chiloscyphus latifolius (Nees) J. J. Engel & R. M. Schust., Nova Hedwigia **39**: 345. 1984. *Lophocolea latifolia* Nees, Naturgesch. Eur. Leberm. **2**: 334. 1936.

Jungermannia bidentata L., Sp. Pl. 1, **2**: 1132. 1753.

Lophocolea bidentata (L.) Dumort., Recueil Observ. Jungerm. 17. 1835.

生境　树干、腐木或岩石上。

分布　吉林、江西(严雄梁等,2009)、湖南、四川、重庆、贵州、云南、西藏、台湾。不丹(Long and Grolle, 1990, as *Lophocolea bidentata*)、马来西亚、朝鲜(Yamada and Choe, 1997, as *L. bidentata*)、巴布亚新几内亚、巴西(Yano, 1995, as *L. bidentata*)。

芽胞裂萼苔

Chiloscyphus minor (Nees) J. J. Engel & R. M. Schust., Nova Hedwigia **39**: 419. 1984. *Lophocolea minor* Nees, Naturgesch. Eur. Leberm. **2**: 330. 1836.

生境　林下、路边土面、岩石、树干或腐木上。

分布　黑龙江、吉林、辽宁、内蒙古、河北、山西、山东、甘肃(Zhang and Li, 2005)、新疆、江苏(刘仲苓等,1989)、上海(刘仲苓等,1989)、江西、湖南、湖北、重庆、贵州、云南、西藏、福建、广西、香港。喜马拉雅西北部、尼泊尔、不丹(Long and Grolle, 1990, as *Lophocolea minor*)、日本、朝鲜(Yamada and Choe, 1997, as *L. minor*)、蒙古、俄罗斯,欧洲、北美洲。

芽胞裂萼苔陕西变种(新拟)

Chiloscyphus minor var. **chinensis** (C. Massal.) Piippo, J. Hattori Bot. Lab. **68**: 133. 1990.

生境　不祥。

分布　陕西(Levier, 1906, as *Lophocolea minor* var. *chinensis*)。中国特有。

锐刺裂萼苔

Chiloscyphus muricatus (Lehm.) J. J. Engel & R. M. Schust., Nova Hedwigia **39**: 419. 1984. *Jungermannia muriscata* Lehm., Linnaea **4**: 363. 1829.

Lophocolea muricata (Lehm.) Nees, Syn. Hepat. 169. 1845.

生境　灌丛树干上。

分布　贵州(彭晓馨,2002,as *Lophocolea muriscata*)、云南、福建(张晓青等,2011)、台湾、广西。不丹(Long and Grolle,1990, as *L. muricata*)、泰国(Kitagawa,1979,as *L. muriscata*)、印度尼西亚、巴布亚新几内亚、澳大利亚、新西兰、巴西(Yano,1995,as *L. muriscata*),北美洲。

裂萼苔

Chiloscyphus polyanthos (L.) Corda, Opiz, Beitr. Natuf. **1**: 651. 1826. *Jungermannia polyanthos* L., Sp. Pl. 1, **2**: 1131. 1753.

裂萼苔原变种

Chiloscyphus polyanthos var. **polyanthos**

Chiloscyphus pallescens (Ehrh. ex Hoffm.) Dumort., Syll. Jungerm. Europ. 67. 1831.

生境　林下或路边泥土、岩面、树干或腐木上。

分布　黑龙江、吉林(Zhu et al.,1998)、辽宁(Zhu et al.,1998)、内蒙古(Zhu et al.,1998)、山东(Zhu et al.,1998)、河南、陕西(Zhu et al.,1998)、甘肃、江苏(刘仲苓等,1989)、上海(李登科和高彩华,1986)、浙江、江西(Zhu et al.,1998)、湖南(Koponen et al.,2004)、湖北、四川(Zhu et al.,1998)、贵州、云南(Zhu et al.,1998)、西藏(Zhu et al.,1998)、福建、台湾(Wang et al., 2011)、香港。印度、尼泊尔、不丹、朝鲜、日本、俄罗斯(远东地区),欧洲、北美洲、非洲北部(Long and Grolle,1990)。

裂萼苔脆叶变种

Chiloscyphus polyanthos var. **fragilis** (Roth) K. Müller, Lebermoose 823. 1911. *Jungermannia fragilis* Roth, Tent. Fl. Germ. **3**: 370. 1800.

生境　溪流水中。

分布　台湾(Horikawa,1934)。欧洲、北美洲(Horikawa,1934)。

裂萼苔水生变种

Chiloscyphus polyanthos var. **rivularis** (Schrad.) Nees, Naturgesch. Eur. Leberm. **2**: 374. 1836.

生境　沼泽或溪流水中石上。

分布　黑龙江、吉林、辽宁、山东(赵遵田和曹同,1998,as *Lophocolea compacta*)、贵州。日本、朝鲜(Song and Yamada, 2006),欧洲、北美洲。

异叶裂萼苔

Chiloscyphus profundus (Nees) J. J. Engel & R. M. Schust., Nova Hedwigia **39**: 421. 1984. *Lophocolea profunda* Nees, Naturgesch. Eur. Leberm. **2**: 346. 1836.

Jungermannia heterphylla Schrad., J. Fuerd. Bot. **5**: 66. 1801.

Lophocolea heterophylla (Schrad.) Dumort., Recueil Observ. Jungerm. 15. 1835.

生境　林下腐木、树干基部、岩面或湿土上。

分布　黑龙江、吉林、辽宁、内蒙古、河北、河南、新疆、江苏(刘仲苓等,1989,as *L. heterophylla*)、上海(刘仲苓等,1989,as *L. heterophylla*)、浙江(刘仲苓等,1989,as *L. heterophylla*)、江西(Ji and Qiang,2005)、四川、贵州、云南、西藏、福建、台湾(Horikawa,1934,as *L. heterophylla*)。喜马拉雅西北部、不丹(Long and Grolle,1990,as *L. heterophylla*)、日本、朝鲜、俄罗斯,欧洲、北美洲。

爪哇裂萼苔

Chiloscyphus schiffneri J. J. Engel & R. M. Schust., Nova Hedwigia **39**: 422. 1984.

Chiloscyphus javanicus Steph., Sp. Hepat. **5**: 308. 1922.

生境　林下腐木上。

分布　台湾。日本、巴布亚新几内亚、斯里兰卡、印度尼西亚。

大裂萼苔

Chiloscyphus semiteres (Lehm.) Lehm. & Lindb. in Gottsche, Lindenb. & Nees, Syn. Hepat. 190. 1845. *Jungermannia semiteres* Lehm., Linnaea **4**: 363. 1829.

Lophocolea magniperianthia Horik., J. Sci. Hiroshima Univ., ser. B, Div. 2, Bot. **2**: 166. 1934. **Type**: China: Taiwan, Mt. Daijurin, Jan. 1932, *Y. Horikawa 10 712*.

生境　岸边湿土或湿石上。

分布　台湾。印度尼西亚。

锡金裂萼苔

Chiloscyphus sikkimensis (Steph.) J. J. Engel & R. M. Schust., Nova Hedwigia **39**: 423. 1984. *Herpocladium sikkimense* Steph., Sp. Hepat. **6**: 349. 1922.

Lophocolea sikkimensis Herzog & Grolle, Rev. Bryol. Lichénol. **27**: 164. 1958.

生境　岩面上。

分布　云南、台湾(吴玉环和高谦,2008)。不丹、尼泊尔、印度、泰国、印度尼西亚(Kitagawa,1974; Long and Grolle,1990)。

中华裂萼苔

Chiloscyphus sinensis J. J. Engel & R. M. Schust., Nova Hedwigia **39**: 423. 1984. Replaced: *Lophocolea regularis* Steph., Sp. Hepat. **3**: 125. 1906. **Type**: China: Shaanxi, *Giraldi 1807* (herb. Stepheni).

生境　林下湿石或腐木上。

分布　陕西、贵州(张雯等,2011)。中国特有。

云南裂萼苔

Chiloscyphus yunnanensis C. Gao & Y. H. Wu, Acta Bot. Yunnan. 28: 119. 2006. Type: China: Yunnan, Bijiang Co., on stone, *Zang Mu 5849A* (holotype: IFSBH; isotype: HKAS).

生境　石上。

分布　云南(高谦和吴玉环, 2006)。中国特有。

异萼苔属 Heteroscyphus Schiffn.

Oesterr. Bot. Z. **60**: 171. 1910.

模式种: *H. aselliformis* (Reinw., Blume & Nees) Schiffn.

本属全世界约有 60 种,中国有 14 种。

锐齿异萼苔*

Heteroscyphus acutangulus (Schiffn.) Schiffn., Oesterr. Bot. Z. **60**: 172. 1910. *Chiloscyphus acutangulus* Schiffn., Denkschr. Kaiserl. Akad. Wiss., Math.-Naturwiss. Kl. **70**: 209. 1900.

四齿异萼苔

Heteroscyphus argutus (Reinw., Blume & Nees) Schiffn., Oesterr. Bot. Z. **60**: 172. 1910. *Jungermannia argutus* Reinw., Blume & Nees, Nova Acta Phys.-Med. Acad. Caes. Leop.-Carol. Nat. Cur. **12**: 206. 1824.

Chiloscyphus argutus (Reinw., Blume & Nees) Nees, Syn. Hepat. 183. 1845.

Chiloscyphus endlicherianus (Nees) Nees var. *chinensis* C. Massal., Mem. Accad. Agric. Veroma **73**(2): 19. 1897.

生境　林下树干、腐木、岩面或湿土上，海拔200～2800m。

分布　江苏、浙江、湖南、四川、贵州、云南、西藏、福建、台湾、广东、广西、海南、香港、澳门。印度、尼泊尔、不丹、越南、泰国、马来西亚、菲律宾，印度尼西亚、日本、朝鲜(Song and Yamada, 2006)、巴布亚新几内亚、澳大利亚、新西兰、萨摩亚群岛、所罗门群岛、加那利群岛、毛里求斯。

异萼苔(新拟)(厚角异萼苔)

Heteroscyphus aselliformis (Reinw., Blume & Nees) Schiffn., Oesterr. Bot. Z. **60**: 172. 1910. *Jungermannia aselliformis* Reinw., Blume & Nees, Acta. Nat. Cur. **12**(1): 412. 1824.

Saccogyna subcuriossima Horik., J. Sci. Hiroshima Univ., ser. B, Div. 2, Bot. **2**: 173. 1934. **Type**: China: Taiwan, Taihoku, Mt. Taiheizan, *S. Iwamasa no. 3347* (HIRO).

生境　山地潮湿林下树干基部或腐木上。

分布　台湾。印度尼西亚、巴布亚新几内亚。

双齿异萼苔

Heteroscyphus coalitus (Hook.) Schiffn., Oesterr. Bot. Z. **60**: 172. 1910. *Jungermannia coalita* Hook., Musci Exot. **2**: 123. 1820.

Chiloscyphus coalitus (Hook.) Nees, Syn. Hepat. 180. 1845.

Chiloscyphus communis Steph., Sp. Hepat. **3**: 211. 1906.

Heteroscyphus bescherelleri (Steph.) S. Hatt., Bot. Mag. (Tokyo) **58**: 39. 1944. *Chiloscyphus bescherellei* Steph., Bull. Herb. Boissier **5**: 87. 1897.

生境　林下或平原湿岩石上、腐木上或有时生于树上。

分布　黑龙江(敖志文和张光初，1985)、河南、江苏、上海(刘仲苓等，1989)、江西(Ji and Qiang, 2005)、浙江、湖南、四川、重庆、贵州、云南、西藏、福建、台湾、广东、广西、海南、香港。日本、朝鲜、尼泊尔、不丹、越南、柬埔寨、老挝、菲律宾、印度尼西亚、澳大利亚、巴布亚新几内亚、新西兰、加罗林群岛、斐济、新喀里多尼亚岛(法属)、萨摩亚群岛、所罗门群岛。

脆叶异萼苔

Heteroscyphus flaccidus (Mitt.) A. Srivast. & S. C. Srivast., Indian Geocalycaceae (Hepaticae): A Taxonomic Study 85. 2002. *Lophocolea flaccida* Mitt., J. Proc. Linn. Soc., Bot. **5**: 99. 1861. *Chiloscyphus flaccidus* (Mitt.) Steph., Sp. Hepat. **3**: 210. 1906.

生境　林下岩石或土面上。

分布　黑龙江、山西、安徽、四川、云南、广西。印度、尼泊尔、不丹(Long and Grolle, 1990, as *Chiloscyphus flaccidus*)。

叉齿异萼苔

Heteroscyphus lophocoleoides S. Hatt., Bull. Tokyo Sci. Mus. **11**: 45. 1944. **Type**: Japan.

生境　路边土壁、溪边土上或岩面薄土上。

分布　河北、江西(何祖霞等，2010)、四川、贵州、云南、台湾。日本。

平叶异萼苔

Heteroscyphus planus (Mitt.) Schiffn., Oesterr. Bot. Z. **60**: 171. 1910. *Chiloscyphus planus* Mitt., J. Linn. Soc., Bot. **8**: 157. 1865.

生境　林下树干、腐木或有时生于岩面薄土上，海拔600～2500m。

分布　吉林、江苏、上海(刘仲苓等，1989)、浙江(Zhu et al., 1998)、江西、湖南、四川、重庆、贵州、云南、西藏、福建、台湾、广东、广西、海南、香港、澳门。菲律宾、日本、朝鲜。

全缘异萼苔

Heteroscyphus saccogynoids Herzog, J. Hattori Bot. Lab. **14**: 40. 1955. **Type**: China: Taiwan, *G. H. Schwabe 3, 6, 62, 80*.

生境　林下或溪边湿石上。

分布　台湾。中国特有。

长齿异萼苔(新拟)

Heteroscyphus spiniferus C. Gao, T. Cao & Y. H. Wu, J. Bryol. **26**: 97. 2004. **Type**: China: Yunnan, Bijiang Co., on rock, *Zang Mu 5849B* (holotype: IFSBH).

生境　岩面上。

分布　四川、云南(Gao et al., 2004)。中国特有。

亮叶异萼苔

Heteroscyphus splendens (Lehm. & Lindenb. in Lehm.) Grolle in Grolle & Piippo, Acta Bot. Fenn. **125**: 68. 1984. *Jungermannia splendens* Lehm. & Lindenb., Nov. Stirp. Pug. **4**: 22. 1822.

生境　潮湿林下树干基部或腐木上。

分布　海南。印度尼西亚，巴布亚新几内亚，非洲。

鲜绿异萼苔

Heteroscyphus succulentus (Gottsche) Schiffn., Oesterr. Bot. Z. **68**: 171. 1910. *Chiloscyphus succulentus* Gottsche, Natuurk. Tijdsehr. Nederl. Ind. **4**: 574. 1853.

生境　热带潮湿雨林中的树干基部。

分布　海南。马来西亚、印度尼西亚、泰国和巴布亚新几内亚。

柔叶异萼苔(圆叶异萼苔)

Heteroscyphus tener (Steph.) Schiffn., Oesterr. Bot. Z. **60**: 172. 1910. *Chiloscyphus tener* Steph., Sp. Hepat. **3**: 205. 1910.

Saccogyna curiosissima Horik., J. Sci. Hiroshima Univ., ser. B, Div. 2 (Bot.) **1**: 79. f. 3; pl. **11**: 1-5. 1932.

生境　林下、路边泥土或岩石上。

分布　浙江(Zhu et al., 1998)、四川、云南、福建(张晓青等，2011)、台湾(Horikawa, 1934, as *Saccogyna curiosissima*)、广西。印度、尼泊尔、不丹、斯里兰卡、日本(Long and Grolle, 1990)。

---

* 在《中国苔藓志》第10卷上的标本是错误鉴定，故本种在中国没有分布(吴玉环和高谦，2008)。

三齿异萼苔

Heteroscyphus tridentatus (Sande Lac.) Grolle, Acta Bot. Fenn. **125**: 68. 1984. *Lophocolea tridentata* Sande Lac., Ann. Mus. Bot. Lugduno-Batavi **1**: 296. 1864.

生境　山区林下、平地的土面、断崖、灌丛或腐木上。

分布　台湾。日本。

膨体异萼苔

Heteroscyphus turgidus (Schiffn.) Schiffn., Oesterr. Bot. Z. **60**: 171. 1960. *Chiloscyphus turgidus* Schiffn., Denkschr. Kl. Akad. Wiss., Math.-Naturwiss. Kl. **70**: 121. 1900.

生境　树干或树干基部上。

分布　台湾。印度尼西亚、西美拉尼西亚。

南亚异萼苔

Heteroscyphus zollingeri (Gottsche) Schiffn., Oesterr. Bot. Z. **60**: 171. 1910. *Chiloscypus zollingeri* Gottsche, Natuurk. Tijdschr. Ned.-Indië **4**: 576. 1853.

Heteroscypus zollingeri fo. *pluridentata* Herzog in Herzog & Nog., J. Hattori Bot. Lab. **14**: 40. 1955.

生境　潮湿树干基部、腐木或土面上。

分布　河南、陕西、甘肃、安徽、江苏、浙江、湖南、湖北、四川、重庆、贵州、云南、西藏、福建、台湾、广西、海南。马来西亚、菲律宾、印度尼西亚、巴布亚新几内亚。

薄萼苔属 Leptoscyphus Mitt.
London J. Bot. **3**: 358. 1851.

模式种：*L. liebmannianus* (Lindenb. & Gottsche) Mitt.

本属全世界约有28种，中国有1种。

四川薄萼苔

Leptoscyplus sichuanensis C. Gao & Y. H. Wu, Fl. Bryophyt. Sin. **10**: 148. 2008. **Type**: China: Sichuan, Ya'an, Mt. Zhougong, 1020m, *Li Qian 849* (holotye: IFSBH).

生境　灌丛下湿砂石上。

分布　四川。中国特有。

毛叶苔目 Ptilidiales Schljakov

毛叶苔科 **Ptilidiaceae** H. Klinggr.

本科全世界有1属。

毛叶苔属 Ptilidium Nees
Naturgesch. Europ. Leberm. **1**: 95. 1833.

模式种：*P. ciliare* (L.) Nees

本属全世界现有3种，中国有2种。

毛叶苔

Ptilidium ciliare (L.) Hampe, Prodr. Fl. Hercyn. 76. 1836. *Jungermannia ciliare* L., Sp. Pl. 1, **2**: 1134. 1753.

生境　腐殖质层、湿石、树干基部或稀生于腐木上。

分布　黑龙江、吉林、内蒙古、甘肃(Wu et al., 2002)。北半球广布。

深裂毛叶苔

Ptilidium pulcherrimum (F. Weber) Hampe, Prodr. Fl. Hercyn. 76. 1836. *Jungermannia pulcherrima* F. Weber, Spic. Fl. Goetting. 150. 1778.

Ptilidium jishibae Steph., Sp. Hepat. **6**: 370. 1923.

生境　高寒地区、低山较干燥的林下的树基或岩石上。

分布　黑龙江(敖志文和张光初，1985)、内蒙古、陕西、新疆、云南。北半球广布。

新绒苔科 **Neotrichocoleaceae** Inoue

本科全世界有1属。

新绒苔属 Neotrichocolea S. Hatt.
J. Hattori Bot. Lab. **2**: 10. 1947.

模式种：*N. bissetii* (Mitt.) S. Hatt.

本属全世界现有1种。

新绒苔

Neotrichocolea bissetii (Mitt.) S. Hatt., J. Hattori Bot. Lab. **2**: 10. 1947. *Mastigophora bissetii* Mitt., Trans. Linn. Soc. London, Bot. **3**: 200. 1891.

Ptilidium bissetii (Mitt.) A. Evans, Rev. Bryol. **32**: 57. 1905.

Trichocoleopsis bissetii (Mitt.) Horik., J. Sci. Hiroshima Univ., ser. B, Div. 2, Bot. **2**: 212. 1934.

生境　林下溪流湿石生、湿土上或有时生于腐木上。

分布　安徽、贵州、福建。日本。

光萼苔目 Porellales Schljakov

多囊苔科 **Lepidolaenaceae** Nakai

本科全世界有 4 属，中国有 1 属。

囊绒苔属 Trichocoleopsis S. Okamura
Bot. Mag. (Tokyo) **25**: 159. 1911.

模式种：*T. sacculata* (Mitt.) S. Okamura

本属全世界现有 2 种，中国有 2 种。

囊绒苔

Trichocoleopsis sacculata (Mitt.) S. Okamura, Bot. Mag. (Tokyo) **25**: 159. 1911. *Blepharozia sacculata* Mitt., Trans. Linn. Soc. London, Bot. **3**: 200. 1891.

Ptilidium sacculatum (Mitt.) Steph., Bull. Herb. Boissier **5**: 82. 1887.

生境　阴湿林下腐木或湿岩面薄土上。

分布　安徽、浙江(Zhu et al., 1998)、四川、重庆、云南、福建(张晓青等，2011)。朝鲜、日本、缅甸。

秦岭囊绒苔

Trichocoleopsis tsinlingensis P. C. Chen & M. X. Zhang, Acta Bot. Yunnan. **4** (2): 171. 1983. **Type**: China: Shaanxi, Mt. Taibaishan, on rock, 2800～3000m, July 1963, *C. P. Wei 5482* (WUK).

生境　林下、山区阴湿石壁上或腐木上。

分布　陕西、浙江(Zhu et al., 1998)、重庆、云南、福建。中国特有。

光萼苔科 **Porellaceae** Cavers

本科全世界有 3 属，中国有 3 属。

耳坠苔属 Ascidiota C. Massal.
Nuovo Giorn. Bot. Ital., n. s., **5**: 256. 1898.

模式种：*A. blepharophylla* C. Massal.

本属全世界现有 1 种。

耳坠苔

Ascidiota blepharophylla C. Massal., Nuovo Giorn. Bot. Ital., n. s., **5**: 257. 1898.

Madotheca blepharophylla (C. Massal.) Steph., Sp. Hepat. **4**: 298. 1910.

生境　林下土坡或石缝中。

分布　陕西(Hattori and Zhang, 1985)、甘肃(韩国营等，2010)、云南。美国(阿拉斯加)。

多瓣苔属 Macvicaria W. E. Nicholson
Symb. Sin. **5**: 9. 1930.

本属全世界现有 1 种。

多瓣苔

Macvicaria ulophylla (Steph.) S. Hatt., J. Hattori Bot. Lab. **5**: 81. 1951. *Madotheca ulophylla* Steph., Bull. Herb. Boissier **5**: 97. 1897. *Porella ulophylla* (Steph.) S. Hatt., Bull. Tokyo Sci. Mus. **11**: 92. 1944.

Macvicaria fossombronioides W. E. Nicholson, Symb. Sin. **5**: 9. 1930. **Type**: China: Yunnan, Lijiang Co., Mt. Yulongxueshan, 2700m, June 26, 1915, *Handel-Mazzetti 7002* (holotype: H-BR).

生境　树干上。

分布　黑龙江(敖志文和张光初，1985)、内蒙古、山东(赵遵田和曹同，1998)、湖南、四川、重庆、云南、福建(张晓青等，2011，as *Porella ulophylla*)。日本、朝鲜、俄罗斯(远东地区)。

光萼苔属 Porella L.
Sp. Pl. **2**: 1106. 1753.

模式种：*P. pinnata* L.

本属全世界约有 80 种，中国有 39 种，3 亚种，12 变种。

尖瓣光萼苔

Porella acutifolia (Lehm. & Lindb.) Trevis., Mem. Reale Ist. Lombardo Sci., ser. 3, Cl. Sci Mat. **4**: 408. 1877. *Madotheca acutifolia* Lehm. & Lindb. in Lehm., syn. Hepat. 266. 1845.

尖瓣光萼苔原亚种

Porella acutifolia subsp. **acutifolia**

生境　岩面上。

分布　陕西、甘肃、浙江(Zhu et al., 1998)、湖南、四川、重庆、云南、西藏、福建(张晓青等，2011)。印度、斯里兰卡、印度尼西亚、菲律宾、越南、日本、巴布亚新几内亚。

尖瓣光萼苔暖地变种

Porella acutifolia var. **birmanica** S. Hatt., J. Hattori Bot. Lab. **33**: 44. 1970.

生境　岩面上。

分布　甘肃。缅甸、泰国、老挝、越南(Kitagawa, 1979)。

尖瓣光萼苔细叶亚种

Porella acutifolia var. **lancifolia** (Steph.) S. Hatt., J. Hattori Bot. Lab. **32**: 325. 1969. *Madotheca lancifolia* Steph., Sp. Hepat. **4**: 305. 1910.

Porella lancifolia (Steph.) Grolle, J. Hattori Bot. Lab. **28**: 51. 1965.

生境　阴湿的石上。

分布　四川。巴布亚新几内亚。

尖瓣光萼苔东亚亚种

Porella acutifolia subsp. **tosana** (Steph.) S. Hatt., J. Hattori Bot. Lab. **44**: 100. 1978. *Madotheca tosana* Steph., Bull. Herb. Boissier **5**: 97. 1897.

Madotheca ptychanthoides Horik., J. Sci. Hiroshima Univ. ser. B, Div. 2, Bot. **1**: 232. 1934. **Type**: China: Taiwan, Shichiku, June 1928, *Y. Shimada 368*.

Porella tosana (Steph.) S. Hatt., Bull. Tokyo Sci. Mus. **11**: 91. 1944.

生境　石上

分布　山东(赵遵田和曹同, 1998)、湖南、四川、云南、西藏、福建(张晓青等, 2011)、台湾(Horikawa, 1934, as *Madotheca ptychanthoides*)。日本、朝鲜、越南。

树生光萼苔

Porella arboris-vitae (With.) Grolle, Trans. Brit. Bryol. Soc. **5**: 770. 1969. *Jungermannia arboris-vitae* With., Bot. Arr. Veg. Nat. Gr. Brit. **2**: 697. 1776.

Porella laevigata (Schrad.) Pfeiff., Fl. Niederhessen **2**: 234. 1855.

生境　树干上。

分布　台湾(Yang, 1960, as *P. laevigata*)。土耳其、摩洛哥和高加索地区,欧洲。

丛生光萼苔

Porella caespitans (Steph.) S. Hatt., J. Hattori Bot. Lab. **33**: 50. 1970. *Madotheca caespitans* Steph., Mém. Soc. Sci. Nat. Cherbourg **29**: 218. 1894.

丛生光萼苔原变种

Porella caespitans var. **caespitans**

生境　林下岩壁上。

分布　山东(赵遵田和曹同, 1998)、陕西、甘肃、浙江(Zhu et al., 1998)、湖北、四川、重庆、贵州、云南、西藏、广西。印度、不丹(Long and Grolle, 1990)、日本、朝鲜。

丛生光萼苔心叶变种

Porella caespitans var. **cordifolia** (Steph.) S. Hatt. ex T. Katagiri & T. Yamag., Bryol. Res. **10**(5): 133. 2011. *Madotheca cordifolia* Steph., Sp. Hepat. **4**: 315. 1910.

Madotheca setigera Steph., Bull. Herb. Boissier **5**: 96. 1897.

Porella setigera (Steph.) S. Hatt., J. Jap. Bot. **20** (2): 107. 1944.

Porella caespitans var. *cordifolia* S. Hatt., Misc. Bryol. Lichenol. **8**: 79. 1979, *nom. illeg.*

生境　树干上。

分布　浙江(Zhu et al., 1998)、湖南(Koponen et al., 2004)、湖北、四川、重庆、贵州。日本、朝鲜、尼泊尔、印度、菲律宾。

丛生光萼苔日本变种

Porella caespitans var. **nipponica** S. Hatt., J. Hattori Bot. Lab. **33**: 57. 1970.

生境　树上或岩面上。

分布　甘肃、浙江(Zhu et al., 1998)、湖南、湖北、四川、重庆、贵州、云南、西藏、福建(张晓青等, 2011)、广西。日本、朝鲜、尼泊尔、印度、菲律宾。

丛生光萼苔尖叶变种

Porella caespitans var. **setigera** (Steph.) S. Hatt., J. Hattori Bot. Lab. **33**: 53. 1970. *Madotheca setigera* Steph., Bull. Herb. Boissier **5**: 96. 1897.

Madotheca urophylla C. Massal., Mem. Accad. Agr. Art. Comm. Verona, ser 2, **73**(2): 26. 1897.

Madotheca cordifolia Steph., Sp. Hepat. **4**: 315. 1910.

Madotheca nepalensis Steph., Sp. Hepat. **4**: 306. 1910.

Madotheca calcarata Steph., Sp. Hepat. **6**: 518. 1924.

Porella setigera (Steph.) S. Hatt., J. Jap. Bot. **20**: 107. 1944.

Porella setigera var. *cordifolia* (Steph.) S. Hatt., J. Jap. Bot. **20**: 107. 33. 1944.

Porella urophylla (C. Massal.) S. Hatt., Bull. Tokyo Sci. Mus. **11**: 93. 1944.

生境　树干或岩面上。

分布　黑龙江(敖志文和张光初, 1985)、山东(赵遵田和曹同, 1998)、甘肃、安徽、四川、重庆、云南、台湾(Inoue, 1961, as *P. setigera*)。越南、缅甸、尼泊尔、印度、不丹(Long and Grolle, 1990)、朝鲜、日本。

多齿光萼苔(粗齿光萼苔)

Porella campylophylla (Lehm. & Lindb.) Trevis., Mem. Reale Ist. Lombardo Sci., ser. 3, Cl. Sci. Mat. **4**: 408. 1877.

Jungermannia campylophylla Lehm. & Lindb., Nov. Stirp. Pug. **6**: 40. 1834.

多齿光萼苔原变种

Porella campylophylla var. **campylophylla**

Madotheca campylophylla (Lehm & Lindb.) Gottsche, Lindenb. & Nees, Syn. Hepat. 265. 1845.

Jungermannia neckeroides Griff., Not. Pl. Asiat. **2**: 313. 1849.

Madotheca gollanii Steph., Sp. Hepat. **4**: 303. 1910.

Madotheca indica Steph., Sp. Hepat. **6**: 524. 1924.

Madotheca madurensis Steph., Sp. Hepat. **6**: 525. 1924.

Porella plumosa (Mitt.) S. Hatt. var. *gollanii* (Steph.) Pócs, J. Hattori Bot. Lab. **31**: 79. 1968.

生境　生于树干上。

分布　陕西、浙江(Zhu et al., 1998)、四川、重庆、云南、西藏、福建(汪楣芝, 1994)、广西、香港。印度、尼泊尔、不丹、斯里兰卡、缅甸、越南。

多齿光萼苔舌叶变种

Porella campylophylla var. **ligulifera** (Taylor) S. Hatt., J. Hattori Bot. Lab. **32**: 333. 1969. *Madotheca ligulifera* Taylor in Lehm., Nov. stirp. Pug. **8**: 10. 1844.

Porella ligulifera (Taylor) Trevis., Mem. Reale Ist. Lombardo Sci., ser. 3, Cl. Sci. Mat. **4**: 408. 1877.
生境　林下树基。
分布　湖南、云南、西藏。尼泊尔、印度。

陈氏光萼苔(新拟)

Porella chenii S. Hatt., J. Hattori Bot. Lab. **30**: 129. f. 1. **Type**: China: Sichuan, Kwang-shien (Dujiangyan) Co., Mt. Chin-chen-shan (Qingchengshan), on tree trunk, Aug. 11. 1942, *P. C. Chen 5220* (holotype: NICH; isotype: PE).
生境　树干。
分布　四川(Hattori,1967)。中国特有。

中华光萼苔

Porella chinensis (Steph.) S. Hatt., J. Hattori Bot. Lab. **30**: 131. 1967. *Madotheca chinensis* Steph., Mém. Soc. Sci. Nat. Cherbourg **29**: 218. 1894. **Type**: China: Yunnan, Ma-Eul. Chan, *Delavay s. n.*

中华光萼苔原变种

Porella chinensis var. **chinensis**
Madotheca schiffneriana C. Massal., Mem. Accad. Arg. Art. Comm. Verona, ser. 3, **73**(2): 31. 1897.
Madotheca densiramea Steph., Sp. Hepat. **4**: 298. 1910.
Madotheca frullanioides Steph., Sp. Hepat. **4**: 310. 1910.
Madotheca gambleana Steph., Sp. Hepat. **4**: 289. 1910.
生境　树干上。
分布　黑龙江(敖志文和张光初,1985)、内蒙古、陕西(王玛丽等,1999)、山东(赵遵田和曹同,1998)、河北(Li and Zhao, 2002)、甘肃、新疆、浙江(Zhu et al.,1998)、湖北、四川、重庆、贵州、云南、西藏。印度、不丹、尼泊尔、俄罗斯(远东地区)。

中华光萼苔延叶变种

Porella chinensis var. **decurrens** (Steph.) S. Hatt., J. Hattori Bot. Lab. **44**: 102. 1978. *Madotheca decurrens* Steph., Sp. Hepat. **4**: 289. 1910.
Porella decurrens (Steph.) S. Hatt., J. Hattori Bot. Lab. **32**: 336. 1969.
生境　石壁或岩面上。
分布　甘肃。喜马拉雅西北部。

密叶光萼苔

Porella densifolia (Steph.) S. Hatt., J. Jap. Bot. **20**: 109. 1944. *Madotheca densifolia* Steph., Mém. Soc. Sci. Nat. Cherbourg **29**: 219. 1894.

密叶光萼苔原亚种

Porella densifolia subsp. **densifolia**
生境　树干或岩面上。
分布　陕西、甘肃、安徽、浙江、江西(Ji and Qiang, 2005)、湖南(Koponen et al., 2004)、四川、重庆、云南(Piippo et al., 1998)、西藏、福建(张晓青等,2011)、台湾(Inoue,1961)。日本、朝鲜、越南。

密叶光萼苔长叶亚种

Porella densifolia subsp. **appendiculata** (Steph.) S. Hatt., J. Hattori Bot. Lab. **32**: 343. 1969. *Madotheca appendiculata* Steph., Sp. Hepat. **4**: 301. 1910.
Porella appendiculata (Steph.) S. Hatt., Fl. E. Himalaya: 524. 1966.
生境　树上或岩面上。
分布　甘肃、浙江(Zhu et al.,1998)、四川、重庆、贵州、云南、西藏、福建(张晓青等,2011)。印度、尼泊尔、不丹(Long and Grolle, 1990)。

密叶光萼苔细尖叶变种

Porella densifolia var. **paraphyllina** (P. C. Chen.) Pócs., J. Hattori Bot. Lab. **31**: 84. 1968. *Madotheca paraphyllina* P. C. Chen, Feddes Repert. Spec. Nov. Regni Veg. **58** (1/3): 42. 1955. **Type**: China: Chongqing, Nanchuan Co., Mt. Jinfoshan, Aug. 1945, *C. C. Jao 24* (holotype: PE).
Porella apiculata P. C. Chen & P. C. Wu, Observ. Fl. Hwangshan. 10. 1965. **Type**: China: Anhui, Mt. Huangshan, *P. C. Chen et al. 7326* (holotype: PE).
Porella paraphyllina (P. C. Chen.) P. C. Chen & S. Hatt., J. Hattori Bot. Lab. **30**: 143. 1967.
生境　树干或石上。
分布　安徽、四川、重庆、贵州、云南。印度、尼泊尔、越南。

密叶光萼苔脱叶变种

Porella densifolia var. **fallax** (C. Massal.) S. Hatt., J. Hattori Bot. Lab. **32**: 341. 1969. *Madotheca fallax* C. Massal., Nuovo Giorn. Accad. Verona, ser. 3, **73**(2): 30. 1897.
Madotheca kojana Steph., Sp. Hepat. **4**: 313. 1910.
Porella kojana (Steph.) S. Hatt., J. Jap. Bot. **20**: 111. 1944.
Porella setigera var. *kojana* (Steph.) S. Hatt. in Kamim., Contr. Hepat. Fl. Shikoku. 86. 1952.
Porella densifolia (Steph.) S. Hatt. subsp. *fallax* (C. Massal.) S. Hatt. in Hara, Fl. E. Himalaya 524. 1966.
生境　石上。
分布　四川、甘肃、重庆。日本、朝鲜(Song and Yamada, 2006)。

小叶光萼苔

Porella fengii P. C. Chen & S. Hatt., J. Hattori Bot. Lab. **30**: 133. 1967. **Type**: China: Yunnan, Ta-chin, Tsi-chung, 2400～2500m, on tree trunk, July 20. 1940, *K. M. Feng 5649* (holotype: NICH; isotype: PE).
生境　树干上。
分布　陕西、湖北、云南。中国特有。

耳叶光萼苔

Porella frullanioides (Steph.) J. X. Luo, Bryofl. Xizang 517. 1985. *Madotheca frullanioides* Steph., Sp. Hepat. **4**: 310. 1910.
Porella chinensis (Steph.) S. Hatt. fo. *frullanioides* (Steph.) S. Hatt., J. Hattori Bot. Lab. **33**: 63. 1970.
生境　树干或石上。
分布　云南。中国特有。

细光萼苔

Porella gracillima Mitt., Trans. Linn. Soc. London, Bot. **3**: 202. 1891. *Madotheca gracillima* (Mitt.) Steph., Bull. Herb. Boissier **5**: 80. 1897.
Madotheca laevigata auct. non (Schrad.) Dumort., J. Proc. Linn. Soc., London, Bot. **5**: 108. 1861.
Madotheca angusta Steph., Sp. Hepat. **4**: 288. 1910.
Madotheca ussuriensis Steph., Sp. Hepat. **4**: 299. 1910.

Madotheca niitakensis Horik., J. Sci. Horishima Univ. ser. B, Div. 2, B, **1**: 233. 1934. **Type**: China: Taiwan, Tainan Co., Mt. Morrison, Aug. 1932, *Y. Horikawa 11279*.

Porella niitakensis (Horik.) S. Hatt., J. Jap. Bot. **20**: 110. 1944.

Porella vernicosa Lindb. subsp. *gracillima* (Mitt.) Ando, Hikobia **2**(1): 46. 1960.

生境　树干、岩面或林下石上。

分布　黑龙江（敖志文和张光初，1985）、吉林（Söderström, 2000）、山东（张艳敏等，2002）、陕西、甘肃、浙江（Zhu et al., 1998）、湖北、四川、重庆、云南、西藏、台湾（Horikawa, 1934, as *Madotheca niitakensis*）。日本、朝鲜、喜马拉雅地区、俄罗斯（远东地区）。

大叶光萼苔

Porella grandifolia (Steph.) S. Hatt., J. Hattori Bot. Lab. **30**: 136. 1967. *Madotheca grandifolia* Steph., Sp. Hepat. **4**: 289. 1910.

Madotheca parvistipula Steph., Bull. Herb. Boissier **5**: 96. 1897.

生境　树皮上。

分布　贵州（彭晓磬，2002）、台湾（Horikawa, 1934, as *Madotheca parvistipula*）。越南。

北亚光萼苔（巨瓣光萼苔，短瓣光萼苔）

Porella grandiloba Lindb., Contr. Fl. Crypt. As. 234. 1872.

生境　林下岩面薄土或树干基部。

分布　黑龙江、吉林、台湾。朝鲜、日本、俄罗斯西伯利亚地区。

尾尖光萼苔

Porella handelii S. Hatt., J. Hattori Bot. Lab. **33**: 65. 1970.

生境　树干或石上。

分布　湖南、湖北、贵州、云南、西藏。中国特有。

兴安光萼苔

Porella hsinganica C. Gao & C. W. Aur, Acta Phytotax. Sin. **16**(1): 88 f. 11. 1978. **Type**: China: Heilongjiang, Yichun City, Shi-He-Zi tree farm, July 4. 1957, *P. C. Chen & C. Gao 183* (holotype: IFSBH).

生境　岩面薄土或岩面上。

分布　黑龙江、河北（敖志文和张光初，1985）。中国特有。

日本光萼苔密齿变种

Porella japonica var. **dense-spinosa** S. Hatt. & M. X. Zhang, J. Jap. Bot. **60**: 324. 1985. **Type**: China: Shaanxi, Mt. Taibaishan, 2000m, *Wei Zhi-Ping 6501* (holotype: NICH).

生境　岩壁上，海拔 2000m。

分布　陕西（Hattori and Zhang, 1985）。中国特有。

日本光萼苔原变种

Porella japonica (Sande Lac.) Mitt. var. **japonica**, Trans. Linn. Soc. London, Bot. **3**: 202. 1891. *Madotheca japonica* Sande Lac., Syn. Hepat. Jav. 105. 1856.

Porella wataugensis Sull. in A. Gray, Manual (ed. 2), 700. 1856.

Porella japonica Mitt., Trans. Linn. Soc. London, Bot. **3**(3): 202. 1891.

Madotheca pusilla Steph., Sp. Hepat. **4**: 295. 1910.

Madothea sumatrana Steph., Sp. Hepat. **4**: 295. 1910.

Madotheca heterophylla Steph., Sp. Hepat. **6**: 526. 1924.

Madotheca pallida W. E. Nicholson in Handel-Mazzetti, Symb. Sin. **5**: 33. 1930. **Type**: China: Sichuan, Mt. Daliangshan, Ningyuan, 2600～2800m, Apr. 25. 1914, *Handel-Mazzetti 1691* (holotype: H-BR).

Porella heterophylla S. Hatt., J. Jap. Bot. **20**: 109. 1944.

Porella pusilla S. Hatt., J. Jap. Bot. **20**: 110. 1944.

Porella vernicosa Lindb. var. *chichibuensis* Inoue, Bull. Chichibu Mus. Nat. Hist. **6**: 31. 1955.

Porella fulfordiana Swails, Nova Hedwigia **19**: 242. 1970.

生境　树干上或岩面。

分布　黑龙江（敖志文和张光初，1985）、陕西（王玛丽等，1999）、山东（赵遵田和曹同，1998）、安徽、浙江（Zhu et al., 1998）、江西（Ji and Qiang, 2005）、湖南、四川、重庆、云南、西藏、广西。印度尼西亚、菲律宾、印度、不丹（Long and Grolle, 1990）、日本、朝鲜（Song and Yamada, 2006）。

全缘光萼苔

Porella javanica (Gottsche ex Steph.) Inoue, J. Hattori Bot. Lab. **30**: 60. 1967. *Madotheca javanica* Gottsche in Steph., Sp. Hepat. **4**: 290. 1910.

Madotheca crenilobula Herzog, Beih. Bot. Centralbl. **38**(2): 328. 1921.

生境　树干上。

分布　西藏。马来西亚、印度尼西亚。

宽叶光萼苔

Porella latifolia J. X. Lou & Q. Li, Acta Phytotax. Sin. **25**(6): 482. 1987. **Type**: China: Sichuan, Baoxing Co., 1600m, *Li Qian 2563-1* (isotype: PE).

生境　树干上。

分布　四川、贵州。中国特有。

长叶光萼苔

Porella longifolia (Steph.) S. Hatt., J. Hattori. Bot. Lab. **32**: 351. 1969. *Madotheca longifolia* Steph., Sp. Hepat. **4**: 305. 1910.

生境　树干上。

分布　四川、重庆、云南、西藏、广西。印度尼西亚。

基齿光萼苔

Porella madagascariensis (Nees & Mont.) Trevis., Mem. Reale Ist. Lombardo Sci, ser. 3, Cl. Sci. Mat. **4**: 407. 1877.

Lejeunea madagascariensis Nees & Mont., Ann. Sci. Nat., Bot., sér. 2, **5**: 6. 1836.

Madotheca nilgheriensis Mont., Ann. Sci. Nat., Bot., sér. 2, **17**: 15. 1842.

Madotheca madagascariensis (Nees & Mont.) Nees & Mont. in Gottsche, Lindenb. & Nees, Syn. Hepat. 272. 1845.

Porella nilgheriensis (Mont.) Trevis., Mem. Reale Ist. Lombardo Sci., ser. 3, Cl. Sci. Mat. **4**: 408. 1877.

生境　石上或树干上。

分布　四川、贵州、云南。印度、斯里兰卡、越南、马达加斯加。

亮叶光萼苔

Porella nitens (Steph.) S. Hatt. in Hara (ed.), Fl. E. Himalaya 525. 1966. *Madotheca nitens* Steph., Mem. Soc. Sci. Nat. Cherbourg **29**: 220. 1894.

生境　树干基部。

分布　山东(赵遵田和曹同,1998)、湖南、湖北、四川、重庆、云南、西藏、广西(贾鹏等,2011)。尼泊尔、印度、不丹(Long and Grolle,1990)。

绢丝光萼苔

Porella nitidula (C. Massal. ex Stephani) S. Hatt., J. Hattori Bot. Lab. **32**: 349. 1969. *Madotheca nitidula* C. Massal. ex Stephani, Spe. Hepat. 4: 296. 1910. **Type**: China: Shaanxi, J. *Giraldi s. n.* (G).

Porella arborisvitae subsp. *nitidula* (C. Massal. ex Stephani) S. Hatt., J. Hattori Bot. Lab. **40**: 123. 1976.

生境　岩面、岩壁、岩面薄土或树干上。

分布　陕西(Levier, 1906, as *Madotheca nitidula*)。中国特有。

高山光萼苔

Porella oblongifolia S. Hatt., J. Jap. Bot. **19**: 200. 1943.

Porlle takakii S. Hatt., J. Jap. Bot. **28**: 181. 1953.

Porlle oblongifolia var. *takakii* (S. Hatt.) Inoue, Bull. Chichibu Mus. Nat. Hist. **6**: 28. 1955.

生境　岩面上。

分布　黑龙江(敖志文和张光初,1985)、甘肃(Wu et al., 2002)、湖南、四川、贵州、云南、西藏、福建(张晓青等,2011)。不丹(Long and Grolle,1990)、日本、朝鲜、俄罗斯(远东地区)。

钝叶光萼苔

Porella obtusata (Taylor) Trevis., Mem. Reale Ist. Lombardo Sci., ser. 3, Cl. Mat. Nat. **4**: 497. 1877. *Madotheca obtusata* Taylor, London J. Bot. **5**: 380. 1846.

Madotheca thuja (Dicks.) Dumort., Commentationes Botanicae 111. 1822.

Porella thuja (Dicks.) Moore, Proc. Roy. Irish Acad. Ann. **1877**: 618. 1877.

Madotheca macroloba Steph., Sp. Hepat. **4**: 292. 1910.

Porella macroloba (Steph.) S. Hatt. & Inoue, J. Jap. Bot. **34**: 209. 1959.

Porella obtusata fo. *macroloba* (Steph.) S. Hatt., J. Hattori Bot. Lab. **44**: 106. 1978.

Porella obtusata var. *macroloba* (Steph.) S. Hatt. & M. X. Zhang, J. Jap. Bot. **60**: 325. 1985.

生境　林中石上、岩面或树干基部。

分布　甘肃、新疆、浙江(Zhu et al., 1998)、江西(Ji and Qiang, 2005)、湖南、湖北、四川、贵州、云南、西藏、福建(张晓青等, 2011)、台湾(Inoue, 1961)、广西。日本、印度,欧洲。

钝尖光萼苔(钝瓣光萼苔)

Porella obtusiloba S. Hatt., J. Hattori Bot. Lab. **33**: 69. 1970. **Type**: China: Yungbei, 2500～3000m, June 30. 1914, *Handel-Mazzetti 3338* (WU, W & NICH).

生境　树干上。

分布　四川、贵州、云南、福建(张晓青等,2011)。中国特有。

毛边光萼苔

Porella perrottetiana (Mont.) Trevis., Mem. Reale Ist. Lombardo Sci., ser. 3, Cl. Sci. Mat. **4**: 408. 1877. *Madotheca perrottetiana* Mont., Ann. Sci. Nat., Bot., sér. 2, **17**: 15. 1842.

毛边光萼苔原变种

Porella perrottetiana var. **perrottetiana**

Madotheca ciliaris Nees in Gottsche, Lindenb. & Nees, Syn. Hepat. 264. 1845.

Porella ciliaris (Nees) Trevis., Mem. Reale Ist. Lombardo Sci., ser. 3, Cl. Sci. Mat. **4**: 408. 1877.

Madotheca hirta Steph., Sp. Hepat. **6**: 423. 1924.

Porella hirta (Steph.) S. Hatt., J. Jap. Bot. **20**: 109. 1944.

生境　树上或林下岩面。

分布　甘肃、安徽、浙江、江西(Ji and Qiang, 2005)、湖北、湖南、四川、重庆、贵州、云南、西藏、福建、广东、广西、香港。日本、朝鲜、缅甸、菲律宾、不丹、尼泊尔、斯里兰卡、印度。

毛边光萼苔齿叶变种

Porella perrottetiana var. **ciliatodentata** (P. C. Chen & P. C. Wu) S. Hatt., J. Hattori Bot. Lab. **30**: 144. 1967. *Porella ciliatodentata* P. C. Chen & P. C. Wu, Observ. Fl. Hwangshan. 8. 1965. **Type**: China: Anhui, Mt. Huangshan, 1400m, on rock, Apr. 25. 1957, *P. C. Chen et al. 6779* (holotype: PE).

生境　林下土面。

分布　浙江(Zhu et al., 1998)、湖南、湖北、四川、重庆、贵州、云南、福建(张晓青等, 2011)。日本、朝鲜、老挝、缅甸、菲律宾、尼泊尔、不丹(Long and Grolle, 1990)、斯里兰卡、印度。

光萼苔

Porella pinnata L., Sp. Pl. 1106. 1753.

Jungermannia porella Dicks., Trans. Linn. Soc. London **3**: 293. 1799.

Madotheca porella (Dicks.) Nees, Naturgesch. Eur. Leberm. **3**: 201. 1838.

生境　石缝中岩面。

分布　河北(Li and Zhao, 2002)、山东(赵遵田和曹同, 1998)、甘肃、浙江(Zhu et al., 1998)、江西(Ji and Qiang, 2005)、湖南、湖北、四川、贵州、西藏、福建(张晓青等, 2011)。欧洲、北美洲。

平叶光萼苔

Porella planifolia J. X. Lou, Stud. Qinghai-Xiang (Tibet) Plateau Special Issue Hengduan Mt. Sci. Exp. **1**: 277. 1983. **Type**: China: Sichuan, Wenchuan Co., Wolong Nature Reserve, 1900m, on rock, Aug. 1982, *Lou Jian-shing 36 667-c* (holotype: PE).

生境　石上。

分布　四川。中国特有。

温带光萼苔

Porella platyphylla (L.) Pfeiff., Fl. Niederhessen **2**: 234. 1855. *Jungermannia platyphylla* L., Sp. Pl. 1134. 1753.

生境　岩面或石上。

分布　黑龙江(敖志文和张光初, 1985)、吉林(Koponen et al., 1983)、内蒙古、河北(Li and Zhao, 2002)、陕西(王玛丽等, 1999)、山东(赵遵田和曹同, 1998)、甘肃(Wu et al., 2002)、新疆、福建(李登科和吴鹏程, 1993)。蒙古、俄罗斯(远东地区),欧洲、北美洲。

温带光萼苔圆齿变种

Porella platyphylla var. **subcrenulata** (C. Massal.) Piippo, J. Hattori Bot. Lab. **68**: 134. 1990. *Madotheca platyphyl-*

la var. *subcrenulata* C. Massal., Mem. Accad. Agric. Verona **2**: 22. 1897. **Type**: China: Shaanxi.

生境　岩面。

分布　陕西(Levier, 1906, as *Madotheca platyphylla* var. *subcrenulata*)。中国特有。

褶叶光萼苔

Porella plicata J. X. Lou, Acta Phytotaxon. Sin. **18** (1): 119. 1980. **Type**: China: Xizang, Yadong Co., on tree, 2700m, Sept. 11. 1974, *Xizang expedition 7741* (holotype: PE).

生境　树上。

分布　云南、西藏。中国特有。

小瓣光萼苔

Porella plumosa (Mitt.) Inoue, Bull. Natl. Sci. Mus. **9** (3): 385. 1966. *Madotheca plumosa* Mitt., J. Proc. Linn. Soc., Bot. **5**: 108. 1861. **Type**: in montium Khasian, 4000ft, *J. D. Hooker & T. T. 1567* (holotype: BM).

Porella madagascariensis (Nees & Mont.) Trevis. fo. *integristipula* Pócs, J. Hattori Bot. Lab. **31**: 89. 1968.

生境　树上或岩面。

分布　浙江(Zhu et al., 1998)、四川、云南。越南、菲律宾、印度、喜马拉雅地区。

卷叶光萼苔

Porella revoluta (Lehm. & Lindenb.) Trevis., Mem. Reale Ist. Lombardo Sci., ser. 3, Cl. Sci. Mat. **4**: 407. 1877. *Jungermannia revoluta* Lehm. & Lindenb., Nov. Stirp. Pug. **4**: 18. 1832. **Type**: Nepal: Wallich s. n.

卷叶光萼苔原变种

Porella revoluta var. **revoluta**

生境　岩面薄土上。

分布　内蒙古、新疆、甘肃(安定国, 2002)、湖北、四川、云南、西藏。尼泊尔、不丹。

卷叶光萼苔陕西变种

Porella revoluta var. **propinqua** (C. Massal.) S. Hatt., J. Hattori Bot. Lab. **30**: 148. 1967. *Madotheca propinqua* C. Massal., Mem. Accad. Agr. Art. Comm. Verona, ser. 3, **73** (2): 27. 1897.

Porella proqinqua (C. Massal.) S. Hatt., J. Hattori Bot. Lab. **8**: 28. 1952.

生境　林下岩面。

分布　甘肃、湖北、四川、云南、西藏。中国特有。

疏刺光萼苔

Porella spinulosa (Steph.) S. Hatt., J. Hattori Bot. Lab. **33**: 74. 1970. *Madotheca spinulosa* Steph., Sp. Hepat. **6**: 529. 1924.

Madotheca kotukensis Ihsiba, Trans. Sapporo Nat. Hist. Soc. **13**: 396. 1934.

Porella vernicosa fo. *spinulosa* (Steph.) S. Hatt., Bot. Mag. (Tokyo) **57**: 361. 1943.

生境　树干上。

分布　黑龙江(敖志文和张光初, 1985)、四川、西藏。印度、日本、朝鲜、俄罗斯(远东地区)。

齿边光萼苔

Porella stephaniana (C. Massal.) S. Hatt., J. Hattori Bot. Lab. **5**: 81. 1951. *Madotheca stephaniana* C. Massal., Mem. Accad. Agr. Comm. Verona **73**(2): 23. 1897.

生境　岩面上。

分布　陕西(王玛丽等, 1999)、浙江(Zhu et al., 1998)、四川、云南。日本。

细齿光萼苔(钝瓣光萼苔)

Porella subobtusa (Steph.) S. Hatt., J. Jap. Bot. **20**: 111. 1944. *Madotheca subobtusa* Steph., Sp. Hepat. **4**: 311. 1910.

Porella heilingensis C. Gao & C. W. Aur, Acta Phytotax. Sin. **16**(1): 87 f. 10. 1978. **Type**: China: Heilongjiang, Haining Co., on bark, *C. Gao & M. X. Nan 6796* (holotype: IFSBH).

生境　林内潮湿树皮上。

分布　黑龙江(敖志文和张光初, 1985)、山东(赵遵田和曹同, 1998, as *P. heilingensis*)。日本。

齿尖光萼苔

Porella subparaphyllina J. X. Lou, Acta Phytotax. Sin. **25** (6): 483. 1987. **Type**: China: Yunnan, Gongshan Co., 1900～2000m, Sept. 1982, *Wang Mei-Zhi 11 493-b* (holotype: PE).

生境　树干上。

分布　云南。中国特有。

截叶光萼苔

Porella truncate J. X. Lou, Acta Phytotaxon. Sin. **18** (1): 119. 1980. **Type**: China: Xizang, Motou Co., 3160m, on tree trunk, Sept. 1974, *Yang Zhan-Jiang 695-d* (holotype: PE).

生境　树干。

分布　云南、西藏。中国特有。

毛缘光萼苔

Porella vernicosa Lindb., Acta Soc. Sci. Fenn. **10**: 223. 1872. *Madotheca vernicosa* (Lindb.) Steph., Bull. Herb. Boissier **5**: 80. 1897.

Madotheca nigricans Steph., Sp. Hepat. **4**: 314. 1910.

生境　树干上。

分布　黑龙江(敖志文和张光初, 1985)、吉林(Söderström, 2000)、山东(赵遵田和曹同, 1998)、云南、福建(张晓青等, 2011)。朝鲜、俄罗斯(远东地区)。

卷波光萼苔

Porella undato-revoluta J. X. Lou, Acta Phytotax. Sin. **25**(6): 485. 1987. **Type**: China: Yunnan, Gongshan Co., Mt. Gaoligongshan, 1700～1750m, July 1982, *Wang Mei-Zhi 90 002* (holotype: PE).

生境　岩面上。

分布　云南。中国特有。

美唇光萼苔(瓶萼光萼苔)

Porella urceolata S. Hatt., J. Hattori Bot. Lab. **33**: 66. 1970. **Type**: China: Sichuan, Mt. Omeishan, 2400m, on tree trunk, Aug. 29. 1942, *P. C. Chen 5480* (holotype: NICH).

生境　树干或石墙上。

分布　湖南(Koponen et al., 2004)、四川、云南(Piippo et al., 1998)、西藏。中国特有。

扁萼苔目 Radulales Stotler & Crand. -Stotl.

扁萼苔科 **Radulaceae** (Dumort.) K. Müller

本科全世界有1属。

扁萼苔属 Radula Dumort.
Comment. Bot. 112. 1822.

模式种：*R. complanata* (L.) Dumort.

本属全世界现有428种，中国有42种，1变种。

尖舌扁萼苔

Radula acuminata Steph., Sp. Hepat. **4**: 230. 1910.

Radula acuminata Steph. fo. *cortcola* S. Hatt., Bull. Tokyo Sci. Mus. **11**: 81. 1944.

Radula yunnanensis P. C. Chen, Feddes Repert. Spec. Nov. Regni Veg. **58**: 39. 1955. **Type**: China: Yunnan, Fuling, *C. W. Wang 13* (holotype: PE).

生境　树叶、树干或岩石上。

分布　安徽（刘仲苓等，1988）、浙江（Zhu et al., 1998）、江西（Ji and Qiang, 2005）、湖南、湖北、四川、云南（Yamada, 1982）、福建、台湾（Inoue, 1988）、广东（李植华和吴鹏程，1992）。泰国（Kitagawa, 1979b）、日本、菲律宾、印度、越南、印度尼西亚。

齿边扁萼苔

Radula anceps Sande Lac., Nederl. Kuidk. Arch. **3**: 419. 1854.

Radula acuta Mitt. in Seeman, Fl. Vitiensis 410. 1871.

生境　树干、腐木或岩面上。

分布　四川、台湾（Inoue, 1988）。印度（尼科巴群岛）、马来西亚、印度尼西亚、菲律宾、日本、巴布亚新几内亚、新喀里多尼亚岛（法属）、加罗林群岛（Yamada, 1979）。

美丽扁萼苔

Radula amoena Herzog, Mitt. Inst. Bot. Hamburg **7**: 192. 1931.

生境　林下树干上。

分布　湖南、四川、重庆、贵州、云南、福建。印度尼西亚、巴布亚新几内亚。

尖瓣扁萼苔

Radula apiculata Sande Lac. ex Steph., Hedwigia **23**: 150. 1884.

Radula paucidens Steph. ex Castle, Reve. Byrol. Lichénol. **30**: 39. 1961.

生境　林地岩面薄土上。

分布　安徽、浙江（Zhu et al., 1998）、江西、湖南、四川、重庆、贵州、福建、台湾、广西、香港。印度（尼科巴群岛）、日本、泰国、菲律宾、印度尼西亚、巴布亚新几内亚、加罗林群岛、萨摩亚群岛、社会群岛。

钝瓣扁萼苔

Radula aquiligia (Hook. f. & Taylor) Gottsche, Lindenb. & Nees, Syn. Hepat. 260. 1845. *Jungermannia aquiligia* Hook. f. & Taylor, London J. Bot. **3**: 291. 1844.

生境　树干或岩面石薄土上。

分布　黑龙江、吉林、辽宁、陕西（王玛丽等，1999）、山东（赵遵田和曹同，1998）。朝鲜、日本。

阿萨姆扁萼苔

Radula assamica Steph., Hedewigia **23**: 151. 1884. **Type**: India: Assam, *Griffith s. n.* (herb. Jack).

Radula platyglossa P. C. Chen, Acta Phytotax. Sin. **9** (3): 221. 1964. **Type**: China: Yunnan, Jinghong Co., *Wang C. W 9842* (holotype: PE).

生境　其他植物叶片上。

分布　云南、西藏（Yamada, 1982）、福建。印度、斯里兰卡、泰国、缅甸、越南（Zhu and Lai, 2003）。

耳瓣扁萼苔

Radula auriculata Steph., Bull. Herb. Boissier **5**: 105. 1897.

Radula heterophylla Steph., Sp. Hepat. **6**: 508. 1924.

生境　岩石上。

分布　四川、台湾。尼泊尔、印度、朝鲜、日本，北美洲。

婆罗洲扁萼苔

Radula borneensis Steph., Sp. Hepat. **4**: 209. 1910.

生境　林下树干或树枝上。

分布　福建、海南。越南、印度尼西亚。

断叶扁萼苔

Radula caduca K. Yamada, J. Hattori Bot. Lab. **45**: 225. 1979. **Type**: Thailand: Nakawan Suritamarat, Mt. Khao Luang, 400～1000m, on tree trunk, *M. Tagawa & N. Kitagawa 5372* (holotype: KYO; isotype: NICH).

生境　树皮上。

分布　重庆、贵州、云南、福建、海南。尼泊尔（Long, 2005）、不丹（Long and Grolle, 1990）、泰国、巴布亚新几内亚（Yamada and Piippo, 1989）。

钟萼扁萼苔

Radula campanigera Mont., London J. Bot. **3**: 630. 1844.

生境　树干、树枝或生于潮湿石上。

分布　西藏、台湾（Yamada, 1984）。泰国、马来西亚、印度尼西亚。

大瓣扁萼苔

Radula cavifolia Hampe, Syn. Hepat. 259. 1845.

Radula magnilobula Horik., J. Sci. Hiroshima Univ., ser. B, Div. 2, Bot. **1**(9): 127. 1932.

生境　树干或岩石上。

分布　安徽、浙江、江西、四川、重庆（Yamada, 1982）、贵州、云南、台湾、广西、香港。越南、日本、马来西亚、印度尼西亚、朝鲜、菲律宾。

中华扁萼苔

Radula chinensis Steph., Sp. Hepat. **4**: 164. 1910. **Type**: China: Shaanxi, Mt. Kuan-tou-san, *Giraldi s. n.* (syntype: G-19198).

生境　石灰岩石上。

分布　安徽、四川、云南、台湾(Inoue,1988)。不丹(Long and Grolle,1990)、日本。

扁萼苔

Radula complanata (L.) Dumort., Syll. Jungerm. Eur. 38. 1831. *Jungermannia complanata* L., Sp. Pl. 1, **2**: 1133. 1753.

Radula alpestris Lindb. ex Bergr., Bidr. Till. Skand. Bryol. 29. 1886.

Radula hyalina Steph., Sp. Hepat. **6**: 511. 1924.

生境　林内树干或树枝上。

分布　黑龙江、吉林、辽宁、内蒙古、山东(赵遵田和曹同,1998)、甘肃、青海、新疆、浙江(Zhu et al.,1998)、江西、湖南、湖北、四川、重庆、云南、福建、台湾(Horikawa,1934)。朝鲜(Yamada and Choe,1997)、日本、印度、巴西(Yano,1995)。

镰叶扁萼苔

Radula falcata Steph., Hedwigia **23**: 115. 1884. **Type**: Indonesia: Borneo, Pontianak, *Overschot 10 190* (holotype: G-15434).

生境　树干或湿岩石上。

分布　广西、海南。印度尼西亚、菲律宾、巴布亚新几内亚。

台湾扁萼苔

Radula formosa (C. F. W. Meissn. ex Spreng.) Nees, Syn. Hepat. 258. 1845. *Jungermannia formosa* Meissn. ex Spreng., Syst. Veg. **4**(2): 325. 1827.

Radula novae-guineae Steph., Sp. Hepat. **4**: 233. 1910.

生境　树干或树枝上。

分布　重庆、台湾、海南。泰国、印度尼西亚、菲律宾、日本、新西兰,非洲。

异胞扁萼苔

Radula gedena Gottsche ex Steph., Hedwigia **23**: 146. 1884. **Type**: Indonesia: Java, *Gede s. n.* (holotype: G-15421).

生境　树干上。

分布　四川(Furuki and Higuchi,1997)、福建(张晓青等,2011)、广西。泰国、越南(Zhu and Lai,2003)、印度尼西亚、日本。

圆瓣扁萼苔

Radula inouei K. Yamada, J. Hattori Bot. Lab. **45**: 262. 1979. **Type**: China: Taiwan, Ilan Co., Mt. Taiyuen Shan, 2000～2200m, *H. Inoue 17 131* (holotype: TNS; isotype: NICH).

生境　树干。

分布　贵州、台湾、广西。中国特有。

日本扁萼苔

Radula japonica Gottsche ex Steph., Hedwigia **23**: 152. 1884.

Radula sendaica Steph., Sp. Hepat. **6**: 514. 1924.

生境　树干、树枝或岩石上。

分布　辽宁、山东(赵遵田和曹同,1998)、江苏(刘仲苓等,1989)、上海(李登科和高彩华,1986)、浙江(Zhu et al., 1998)、江西(Ji and Qiang,2005)、湖南、重庆、西藏、福建(张晓青等,2011)、台湾(Inoue,1988)、广东、广西、海南、香港。朝鲜、日本。

爪哇扁萼苔

Radula javanica Gottsche, Syn. Hepat. 257. 1845. **Type**: Caroline Island: Kusaie (Ualan/Strong Island), 1825, *R. P. Lesson s. n.* as *R. boryana*, *misit Kunth 1833* (lectotype: PC; isolectotypes: B, W).

Radula cordiloba Taylor, London J. Bot. **5**: 375. 1846.

Radula saudei Steph., Hedwigia **23**: 130. 1884.

Radula nietneri Steph., Sp. Hepat. **6**: 512. 1924.

生境　树干、树枝或岩石上。

分布　浙江(Zhu et al.,1998)、江西(Ji and Qiang,2005)、湖北、云南、福建、台湾(Inoue,1988)、广东、广西、海南、香港。日本、朝鲜(Song and Yamada,2006)、印度、斯里兰卡、越南、泰国、马来西亚、菲律宾、印度尼西亚、巴布亚新几内亚、澳大利亚、社会群岛、萨摩亚群岛、玻利维亚(Gradstein et al., 2003)。

尖叶扁萼苔

Radula kojana Steph., Bull. Herb. Boissier **5**: 105. 1897.

Radula decliviloba Steph., Sp. Hepat. **4**: 153. 1910.

生境　土面、树基、腐木上或有时也生于岩面薄土上。

分布　新疆、安徽、浙江(Zhu et al.,1998)、江西、湖南、湖北、四川、重庆、贵州、云南(Piippo et al.,1998)、福建、台湾、广西、海南、香港。朝鲜、日本、菲律宾。

曲瓣扁萼苔

Radula kurzii Steph., Hedwigia **23**: 153. 1884.

Radula speciosa Gottsche ex Steph., Hedwigia **23**: 155. 1884.

Radula andreana Steph., Sp. Hepat. **4**: 182. 1910.

生境　林下树干、树枝上或稀生于湿石上。

分布　海南。斯里兰卡、印度。

刺边扁萼苔

Radula lacerata Steph., Sp. Hepat. **4**: 155. 1910.

Radula laciniata Herzog, Mitt. Inst. Bot. Hamburg **7**: 193. 1931.

生境　树干或湿岩石上。

分布　海南。泰国、印度尼西亚、巴布亚新几内亚、新喀里多尼亚岛(法属)。

芽胞扁萼苔(林氏扁萼苔)

Radula lindenbergiana Gottsche ex Hartm. f., Handb. Skand. Fl. (ed. 9), **2**: 98. 1864.

Radula constricta Steph., Sp. Hepat. **6**: 506. 1924.

生境　树干、树枝或岩石上。

分布　吉林、内蒙古、河北、山东(赵遵田和曹同,1998)、陕西、安徽、浙江、江西、湖南、四川、重庆(Yamada,1982, as *R. constricta*)、贵州、云南、西藏、福建、台湾(Inoue,1988, as *R. constricta*)、广西。北半球温带广布。

热带扁萼苔

Radula madagascariensis Gottsche, Abhandl. Naturwis. Vereine (Bremen) **7**: 349. 1882. **Type**: Madagascar: Ambaranavaranutata, 1877, *Rutenberg s. n.* (isotype: G).

生境　树干或岩石上,海拔1400～2600m。

分布　福建、广西。印度、尼泊尔、孟加拉国、菲律宾、印度尼西亚、马达加斯加(Yamada,1979)。

迈氏扁萼苔

Radula meyeri Steph., Hedwigia **27**: 62. 1888.

生境　树干上,海拔1500m。

分布　湖北、云南、海南。泰国、菲律宾、印度尼西亚,非洲(Yamada,1979)。

多萼扁萼苔

Radula multiflora Gottsche ex Schiffn., Gaz. Eped. **4**: 20. 1890.

Radula andulaflora Castle, Reve Bryol. Lichénol. **33**: 387. 1965.

生境　树干上。

分布　广西、海南。泰国、菲律宾、印度尼西亚、巴布亚新几内亚、新喀里多尼亚岛(法属)。

角瓣扁萼苔

Radula nymanii Steph., Sp. Hepat. **4**: 229. 1910.

生境　常绿阔叶林叶面上。

分布　台湾。越南、泰国、菲律宾、印度尼西亚、巴布亚新几内亚、斐济。

树生扁萼苔

Radula obscura Mitt., J. Proc. Linn. Soc., Bot. **5**: 107. 1861.

生境　树干、树枝上或岩石上。

分布　四川、台湾(Inoue,1988)、广东、海南。印度、尼泊尔、印度尼西亚、菲律宾、泰国。

钝瓣扁萼苔

Radula obtusiloba Steph., Bull. Herb. Boissier **5**: 105. 1897.

生境　树干或潮湿岩石上。

分布　黑龙江(敖志文和张光初,1985)、吉林(Yamada,1982)、浙江(Zhu et al.,1998)、香港。朝鲜(Song and Yamada,2006),亚洲东部。

长瓣扁萼苔(厚角扁萼苔)

Radula okamurama Steph., Sp. Hepat. **4**: 209. 1910.

生境　树干上。

分布　福建、台湾(Inoue,1988)、广西。日本。

南亚扁萼苔

Radula onraedtii K. Yamada, Misc. Bryol. Lichenol. **8** (6): 113. 1979.

生境　树干上。

分布　台湾、海南。斯里兰卡、泰国。

东亚扁萼苔

Radula oyamensis Steph., Hedwigia **23**: 149. 1884. **Type**: Japan: Mt. Oyama, *Dr. Gottsche s. n.* (herb. Gottsche).

生境　树干、树枝上或稀生于石上。

分布　浙江(Zhu et al.,1998)、福建(张晓青等,2011)、台湾、广西(Zhu and So,2002)、香港。日本。

直瓣扁萼苔

Radula perrottetii Gottsche ex Steph., Hedewigia **23**: 154. 1884. **Type**: India: Mt. Neelgherries, *Perrottet s. n.* (holotype: G-10652).

Radula valida Steph., Sp. Hepat. **4**: 164. 1910.

Radula gigantea Horik., Sci. Rep. Tohoku Univ. ser. 4, **5**: 636. 1930.

生境　树干、岩石或腐木上。

分布　浙江(Zhu et al.,1998)、湖北、湖南、西藏、福建、台湾(Inoue,1988)。日本、泰国、印度、印度尼西亚。

菲律宾扁萼苔

Radula philippinensis K. Yamada, J. Hattori Bot. Lab. **45**: 299. 1979. **Type**: Philippines: Luzon, Mt. Mackiling, 950m, *J. V. Pancho & L. D. Atienza 1009* (holotype: NICH-269752).

生境　岩石或泥土上。

分布　台湾。菲律宾。

长舌扁萼苔

Radula protensa Lindenb. in C. F. W. Meissn., Bot. Zeitung (Berlin) **6**: 462. 1848.

生境　活的植物叶片上。

分布　台湾。印度、印度尼西亚、菲律宾、马来西亚、巴布亚新几内亚。

曲瓣扁萼苔

Radula reflexa Nees & Mont., Ann. Sci. Nat., Bot., sér. 2, **19**: 255. 1843.

生境　树上。

分布　福建。印度、巴布亚新几内亚。

反叶扁萼苔

Radula retroflexa Taylor, London J. Bot. **5**: 378. 1846.

反叶扁萼苔原变种

Radula retroflexa var. **retroflexa**

Radula migueliana Taylor, London. J. Bot. **5**: 377. 1846.

Radula salakensis Steph., Sp. Hepat. **4**: 205. 1910.

生境　树干或岩石上。

分布　云南、福建、台湾、广西、海南。印度尼西亚、日本、菲律宾。

反叶扁萼苔月瓣变种

Radula retroflexa var. **fauciloba** (Steph.) K. Yamada, J. Hattori Bot. Lab. **45**: 282. 1979. *Radula fauciloba* Steph., Sp. Hepat. **4**: 188. 1910.

Radula lunulatilobuila Horik., J. Sci. Hiroshima Univ., ser. B, Div. 2, Bot. **2**: 22. 1934. **Type**: China: Taiwan, Taiheku Co., Mt. Taiheizan, Aug. 1932, *Y. Horikawa 11 361*.

生境　树干、树枝或岩石上。

分布　四川、海南。泰国、马来西亚、日本、菲律宾、巴布亚新几内亚、新西兰。

星苞扁萼苔

Radula stellatogemmipara C. Gao & Y. H. Wu, Nova Hedwigia **80**: 239. 2005. **Type**: China: Fujian Prov., Nanjing Co., Hexi Tropical Rain-forest Natural Reserve, Aug. 4. 1982, *Zhang Guang-Chu. & Feng Jin-Yu 86* (holotype: IFSBH).

生境　林下树皮上。

分布　福建、广西。中国特有。

大扁萼苔

Radula sumatrana Steph., Sp. Hepat. **4**: 204. 1910. **Type**: Indonesia: Sumatra, *Kehding s. n.* (holotype: G-15440).

Radula magnifica Herzog, Ann. Naturhist. Mus. Wien **58**: 368. 1943.

生境　热带常绿阔叶林内树干或岩石上。

分布　海南。泰国、印度尼西亚。

细茎扁萼苔

Radula tjibodensis Goebel, Ann. Jard. Bot. Buitzorg **7**: 533. 1888.

Radula flavescens Steph., Sp. Hepat. **4**: 203. 1910.

Radula reineckeama Steph., Sp. Hepat. **4**: 225. 1910.

Radula tayatensis Steph., Sp. Hepat. **6**: 516. 1924.
生境 树叶上。
分布 四川、贵州(彭涛和张朝辉,2007)、云南、福建。印度尼西亚、泰国、越南、印度、菲律宾。

东京扁萼苔

Radula tokiensis Steph., Hedwigia **23**: 150. 1884.
Radula kanemarui S. Hatt., J. Hattori Bot. Lab. **4**: 67. 1950.
生境 林下湿石上或树基部。
分布 吉林、辽宁(Yamada,1982)、浙江(Zhu et al.,1998)、四川(Piippo et al.,1997)、福建(张晓青等,2011)、台湾(Inoue,1988)、香港。朝鲜、日本。

短萼扁萼苔

Radula yangii K. Yamada, J. Hattori Bot. Lab. **45**: 279. 1979. Replaced: *Radula pinnulata* B. Y. Yang, Taiwania **7**: 36. 1960, *nom. illeg.* **Type**: China: Taiwan, Taipei, Ttiao-tze, Sept. 5. 1956, *M. T. 27b*.
生境 树干上。
分布 台湾。斯里兰卡、泰国、马来西亚、印度尼西亚(Yamada,1979)。

毛耳苔目 Jubulales W. Frey & M. Stech

耳叶苔科 **Frullaniaceae** Lorch

本科全世界有1属。

耳叶苔属 Frullania Raddi
Jungermanniogr. Etrusca 9. 1818.

模式种:*F. major* Raddi. [=**F. tamarisci** (L.) Dumort.]
本属全世界约有350种,中国有93种,4亚种,7变种,3变型。

喙尖耳叶苔

Frullania acutiloba Mitt., J. Proc. Linn. Soc., Bot. **5**: 120. 1861. **Type**: India: Nilgiri, *Perrottet s. n.* (NY).
Frullania hampeana Nees var. *acutiloba* (Mitt.) S. Hatt., Bull. Natl. Sci. Mus., Tokyo, B. **1**: 73. 1975.
生境 林下岩面、树干或树枝上,海拔1800m。
分布 云南、西藏、福建(张晓青等,2011)、台湾(Chao and Lin,1992)、广西。印度、斯里兰卡、印度尼西亚(爪哇)。

阿氏耳叶苔

Frullania alstonii Verd., Ann. Bryol., Suppl. **1**: 76. 1930. **Type**: Sri Lanka (Ceylon).
生境 树干或树枝上。
分布 台湾(Herzog and Noguchi,1955)。斯里兰卡。

黑耳叶苔

Frullania amplicrania Steph., Sp. Hepat. **4**: 404. 1910.
生境 不详。
分布 浙江(Zhu et al.,1998)、台湾(Inoue,1961)。日本。

青山耳叶苔

Frullania aoshimensis Horik., Sci. Rep. Tôhoku Imp. Univ., ser. 4, Biol. **4**: 64. 1929.
Frullania tsukushiensis Horik., Sci. Rep. Tôhoku Imp. Univ., ser. 4, Biol. **4**: 65. 1929.
生境 树干或树枝上。
分布 安徽(刘仲苓等,1988)、浙江(Zhu et al.,1998)、福建(张晓青等,2011)、台湾(Horikawa,1934, as *F. tsukushiensis*)、香港。亚洲东部。

尖叶耳叶苔

Frullania apiculata (Reinw., Blume & Nees) Dumort., Recueil Observ. Jungerm. 13. 1835. *Jungermannia apiculata* Reinw., Blume & Nees, Nova Acta Phys.-Med. Acad. Caes. Leop.-Carol. Nat. Cur. **12**: 222. 1824.
Frullania anamensis Steph., Sp. Hepat. **4**: 551. 1911.
生境 土面上。
分布 安徽、浙江(Zhu et al.,1998)、湖南、云南、福建(张晓青等,2011)、广东、广西、海南。印度(Nath and Asthana,1998)、印度尼西亚(爪哇)、缅甸、巴布亚新几内亚、新喀里多尼亚岛(法属)(Hattori,1986b)、老挝、澳大利亚、玻利维亚(Gradstein et al.,2003),非洲。

华夏耳叶苔(新拟)(类中华耳叶苔)

Frullania aposinensis S. Hatt. & P. J. Lin, J. Hattori Bot. Lab. **59**: 131. 1985. Replaced: *Frullania chinensis* Steph., Sp. Hepat. **4**: 469. 1911. **Type**: China: Shaanxi, J. *Girladis. n.*
生境 不详。
分布 陕西、江西、四川、广东(Hattori and Lin,1985)。尼泊尔(Yuzawa and koike,1994)。

马来耳叶苔

Frullania benjaminiana Inoue, Bull. Natl. Sci. Mus., Tokyo, B. **1**: 109. 1975.
生境 岩面,海拔2900m。
分布 云南(Piippo et al.,1998)。马来半岛。

折扇耳叶苔

Frullania arecae (Spreng.) Gottsche, Mexik. Leverm. 236. 1863. *Jungermannia arecae* Spreng., Neue Entdeck. Pflanzenk. **2**: 99. 1821.
生境 林下树皮、树干或岩面上,海拔1300~1900m。
分布 云南、西藏。尼泊尔(Yuzawa and Koike,1994)、玻利维亚(Gradstein et al.,2003)、巴西(Yano,1995),北美洲。

小褶耳叶苔

Frullania appendistipula S. Hatt. in Hara, Fl. E. Himalaya 505. 1966.
生境 林下树皮或腐木上,海拔2400~2800m。
分布 云南。巴布亚新几内亚。

缅甸耳叶苔

Frullania berthoumieuii Steph., Hedwigia **33**: 140. 1894.

Frullania fauriana auct. non Steph. 1897, Steph., Spec. Hepatat. **4**: 402. 1910.
生境　树干上。
分布　云南、广西。尼泊尔、缅甸、泰国、菲律宾。

细茎耳叶苔

Frullania bolanderi Austin, Proc. Acad. Nat. Sci. Philadelpha **21**: 226. 1870.
生境　林下树干上,海拔 1350m。
分布　吉林(Söderström,2000)、内蒙古、甘肃、湖南、四川、贵州、云南、福建(张晓青等,2011)。日本、俄罗斯(西伯利亚),北美洲。

小笠原耳叶苔

Frullania bonincola S. Hatt., J. Hattori Bot. Lab. **44**: 551. 1978. *Frullania viridis* Horik., Sci. Rep. Tôhoku Imp. Univ., ser. 4, Biol. **5**: 646. f. 13. 1930. *illegitimate, later homonym.*
生境　林内。
分布　台湾(Chao and Lin,1991)。日本。

早落耳叶苔

Frullania caduca S. Hatt., Bull. Natl. Sci. Mus., Tokyo, B. **6**: 33. f. 1. 1980. **Type**: China: Taiwan, Prov. Taipei, Urai, 500m, *Inoue 13 924* (holotype: NICH; isotype: TNS).
生境　不详。
分布　台湾(Hattori,1980a)。日本(Hattori,1982b)。

张氏耳叶苔

Frullania changii S. Hatt. & C. Gao, J. Jap. Bot. **60**: 1. f. 1. 1985. **Type**: China. Guangxi Prov., Xing-an Pref., Mt. Miaoershan, 2040m, *Gao Chien & Chang Kuang-chu 1723* (holotype: ICH; isotype: IFSBH).
生境　不详。
分布　广西(Hatoori and Gao, 1985)。中国特有。

陈氏耳叶苔

Frullania chenii S. Hatt. & P. J. Lin, J. Jap. Bot. **60** (4): 106. 1985. **Type**: China: Shaanxi, Mts. Qinling, 2300m, on rotten log, July 25. 1962, *P. C. Chen 531* (holotype: NICH).
生境　腐木或岩面上,海拔 2300m。
分布　陕西、云南。中国特有。

棒瓣耳叶苔(新拟)

Frullania claviloba Steph., Sp. Hepat. **4**: 651. 1911.
Frullania benguetensis Steph., Sp. Hepat. **4**: 651. 1911.
生境　地面。
分布　广西。马来西亚、印度尼西亚、菲律宾。

西南耳叶苔

Frullania consociata Steph., Sp. Hepat. **4**: 461. 1910. **Type**: China: Yunnan, Tchen-fong-chan, Oct. 7, 1894, *Delavay s. n.* (G-7929).
生境　林下腐木或岩面。
分布　甘肃、贵州、云南。中国特有。

达呼里耳叶苔

Frullania davurica Hampe, Syn. Hepat. 422. 1845.

达呼里耳叶苔原亚种

Frullania davurica subsp. **davurica**
Frullania japonica Sande Lac., Ann. Mus. Bot. Lugduno-Batavi **1**: 131. 1863.
Frullania jackii subsp. *japonica* (Sande Lac.) S. Hatt., J. Hattori Bot. Lab. **21**: 128. 1959.
Frullania rolundiseipula Seeph., Hedwigia *33* :147. 1894.
Type: China: Yunnan, Hekou Co., Yem-han, Dalavay 1644.
生境　林中树干上。
分布　内蒙古、河北(赵建成和崔彦伟,2002)、山东(赵遵田和曹同,1998)、陕西、甘肃(韩国营等,2010)、浙江(Zhu et al.,1998)、湖南、湖北(Peng et al.,2000)、四川(Piippo et al.,1997)、重庆、贵州、云南(Piippo et al.,1998)、西藏、福建(张晓青等,2011)、台湾(Chao et al.,1992)。朝鲜、日本、俄罗斯(远东地区)。

达呼里耳叶苔凹叶亚种

Frullania davurica subsp. **jackii** (Gottsche) S. Hatt., Bull. Natl. Sci. Mus., Tokyo, B. **2**: 21. 1976.
Frullania jackii Gottsche, Hepat. Eur. 294. 1863.
生境　林下树皮、岩面。
分布　甘肃(韩国营等,2010)、湖南、四川、重庆、云南、台湾、广西。日本、澳大利亚、欧洲。

达呼里耳叶苔芽胞变型

Frullania davurica fo. **dorsoblastos** (S. Hatt.) S. Hatt. & P. J. Lin, J. Hattori Bot. Lab. **59**: 132. 1985. *Frullania dorsoblastos* S. Hatt., Bull. Natl. Sci. Mus., Tokyo, B. **8** (3): 132. 1982. **Type**: China: Yunnan, Lijiang Co., Yu Long Mt., *Li Xing-Jiang 81-275* (holotype: NICH; isotypes: KUN, TNS).
生境　林下腐木、树干、岩面或土面上,海拔 2000~3500m。
分布　陕西、甘肃、四川、云南、西藏。中国特有。

达呼里耳叶苔小叶变型

Frullania davurica fo. **microphylla** (C. Massal.) S. Hatt., J. Hattori Bot. Lab. **59**: 133. 1985.
Frullania microta C. Massal. var. *microphylla* C. Massal., Mem. Accad. Agr. Art. Comm. Verona ser. 3, **73** (2): 43. 1897. **Type**: China: Shaanxi, Mt. Kuan-tou-san, *Giraldi s. n.*
生境　林下腐殖质层上,3400～3600m。
分布　陕西、甘肃、四川、贵州、云南、西藏。中国特有种。

密瓣耳叶苔(新拟)

Frullania densiloba Steph. ex A. Evans, Proc. Wash. Acad. Sci. **8**: 157. 1906.
生境　树干。
分布　福建(张晓青等,2011)、台湾(Hattori,1980a)。朝鲜。

筒瓣耳叶苔

Frullania diversitexta Steph., Bull. Herb. Boissier **5**: 89. 1897.
生境　岩面或树皮。
分布　辽宁、内蒙古、山东(张艳敏等,2002)、安徽、江西(Ji and Qiang,2005)、福建(张晓青等,2011)、台湾。朝鲜、日本、俄罗斯(远东地区)。

园瓣耳叶苔四川变种

Frullania duthiana Steph. var. **szechuanensis** S. Hatt. & C. Gao, J. Jap. Bot. **60** (1): 2. 1985. **Type**: China: Sichuan, Mt. Omei, *Gao Chien 18 815* (holotype: NICH; isotype: IFSBH).

生境　不详。

分布　四川(Bai,2002a)、重庆(Hattori and Lin,1985)、云南(Bai,2002a)、西藏(Bai,2002a)。中国特有。

皱叶耳叶苔

Frullania ericoides (Nees ex Mart.) Mont., Ann. Sci. Nat. Bot., sér. 2,**12**: 51. 1839. *Jungermannia ericoides* Nees ex Mart., Fl. Bras. **1**: 346. 1833.

皱叶耳叶苔原变种

Frullania ericoides var. **ericoides**

Jungermannia squarrosa Reinw., Blume & Nees, Nova Acta Phys. -Med. Acad. Caes. Leop. -Carol. Nat. Cur. **12**: 219. 1824, *hom. illeg.*

生境　林下、林缘岩面、腐木或树干上,海拔 1000～2500m。

分布　山东(赵遵田和曹同,1998)、甘肃、江苏、上海(李登科和高彩华,1986)、浙江(刘仲苓等,1989)、湖南、四川、云南、西藏、福建(张晓青等,2011)、台湾、广东、广西、香港。朝鲜、日本、菲律宾、印度、尼泊尔(Long and Grolle,1990)、不丹(Long and Grolle,1990)、印度尼西亚、巴布亚新几内亚、新喀里多尼亚岛(法属)(Hattori,1986b)、澳大利亚、巴西、玻利维亚(Gradstein et al.,2003)、东非群岛,欧洲、北美洲。

皱叶耳叶苔平叶变种

Frullania ericoides var. **planescens** (Verd.) S. Hatt., J. Hattori Bot. Lab. **57**: 412. 1984. *Frullania squarrosa* var. *planescens* Verd., Ann. Bryol. **2**: 134. 1929.

生境　山区林下岩面或树干。

分布　湖南、湖北、贵州(彭涛和张朝辉,2007)、西藏、广东。印度尼西亚(爪哇和苏门答腊)。

波脊耳叶苔

Frullania evelynae S. Hatt. & Thaithong, J. Hattori Bot. Lab. **44**: 455. 1978. **Type**: India: Khasi & Jainta Hills, between Circuit House and Mashwai Cave, Cherrapungi, 53km from Shillong, 4800ft, *Iwatsuki, E. & A. J. Sharp 7144* (holotype: NICH; isotype: TENN).

生境　河边树枝上。

分布　云南。印度。

波叶耳叶苔

Frullania eymae S. Hatt., J. Hattori Bot. Lab. **39**: 284. 1975. **Type**: New Guinea: Wissel Lake, 1750m, Apr. 5. 1939, *P. J. Eyma 4915* (holotype: L; isotype: NICH).

生境　树干或腐木上。

分布　云南。巴布亚新几内亚。

远东耳叶苔

Frullania fauriana Steph., Hedwigia **33**: 144. 1894.

生境　岩面或树皮上。

分布　内蒙古、河北(赵建成和崔彦伟,2002)、台湾。日本、朝鲜(Yamada and Choe,1997)。

凤阳山耳叶苔

Frullania fengyangshanensis R. L. Zhu & M. L. So, Bryologist **100**: 356. f. 1-21. 1997. **Type**: China: Zhejiang, Mt. Fengyangshan, *Zhu 961 118* (holotype: HSNU).

生境　树干上,海拔 1430m。

分布　浙江(Zhu and So,1997a)、福建(张晓青等,2011)。中国特有。

美丽岛耳叶苔

Frullania formosae Steph., Sp. Hepat. **6**: 539. 1924.

生境　不详。

分布　台湾(Hattori and Lin, 1985)。中国特有。

暗绿耳叶苔

Frullania fuscovirens Steph, Sp. Hepat. **4**: 401. 1910.

暗绿耳叶苔原变种

Frullania fuscovirens var. **fuscovirens**

生境　林下树干上,海拔 1600m。

分布　浙江、湖南、贵州、云南、广东、广西。朝鲜。

暗绿耳叶苔芽胞变种

Frullania fuscovirens var. **gemmipara** (R. M. Schust. & S. Hatt.) S. Hatt. & P. J. Lin, J. Hattori Bot. Lab. **59**: 135. 1985. *Frullania gemmipara* R. M. Schust. & S. Hatt., J. Hattori Bot. Lab. **44**: 547. 1978. **Type**: China: Yunnan, Yunnanfu, 2200m, Feb. 27. 1914, *Handel-Mazzetti 302* (holotype: FH, herb. Verdoorn No. 10 645 as Frullania muscicola; isotype: NICH).

生境　林下树干上,海拔 2200m。

分布　湖北、四川(Piippo et al.,1997)、云南。中国特有。

高黎贡耳叶苔

Frullania gaoligongensis X. L. Bai & C. Gao, Hikobia **13**: 87. 1999. **Type**: China: Yunnan, Bijiang Co., Mt. Gaoligongshan, on rock, July 29. 1978, *Zang Mu 5620* (holotype: HKAS).

生境　岩面。

分布　云南。中国特有。

短瓣耳叶苔

Frullania gaudichaudii (Nees & Mont.) Nees & Mont., Syn. Hepat. 435. 1845. *Jubula gaudichaudii* Nees & Mont., Ann. Sci. Nat., Bot., sér. 2,**4**: 523. 1911.

生境　树干或树皮上。

分布　云南。日本、印度、印度尼西亚(Hattori,1986a)、巴西(Hattori,1986a)、圭亚那(Hattori,1986a),非洲南部。

多胞耳叶苔

Frullania gemmulosa S. Hatt. & Thaithong, J. Hattori Bot. Lab. **43**: 449. 1977. **Type**: Thailand: Chiangmai, Doi Suthep-Doi Pui, 1600～1685m, *Kitagawa 3297* (Holotype: NICH; isotype: KYO).

生境　腐木上。

分布　四川、云南(Piippo et al.,1998)。泰国。

心叶耳叶苔

Frullania giraldiana C. Massal., Mem. Accad. Agr. Art. Comm. Verona ser. 3,**73**(2): 41. 1897.

心叶耳叶苔原变种

Frullania giraldiana var. **giraldiana**

Frullania nepalensis (Spreng.) Lehm. & Lindenb. fo. *rotundata* Verd., Symb. Sin. **5**: 41. 1930.

生境　树干上。

分布　陕西、四川、云南、西藏、台湾(Chao and Lin,1991)。

不丹、尼泊尔。

心叶耳叶苔耳基变种

Frullania giraldiana var. **handelii** (Verd.) S. Hatt., J. Hattori Bot. Lab. **36**: 123. 1972. *Frullania nepalensis* var. *handelii* Verd. in Handel-Mazzetti, Symb. Sin. **5**: 41. 1930. **Type**: China: Yunnan, Yunnanfu, Mar. 14, 1914, *Handel-Mazzetti 601*; Sichuan, Yanyuan Co., May 16. 1914, *Handel-Mazzetti 2258* (syntype: H-BR).

生境　树干上。

分布　云南、西藏。中国特有。

油胪耳叶苔

Frullania gracilis (Reinw., Blume& Nees) Dum., Recueil Observ. Jungerm. 13. 1835. 1835.

生境　不详。

分布　海南(Hattori and Lin, 1985)。亚洲热带地区。

钩瓣耳叶苔

Frullania hamatiloba Steph., Sp. Hepat. **4**: 400. 1910.

生境　林下岩面、树干或树枝上,海拔2000～3500m。

分布　安徽、西藏、福建(张晓青等,2011)、台湾、广东。朝鲜、日本。

海南耳叶苔

Frullania hainanensis S. Hatt. & P. J. Lin, J. Jap. Bot. **61**: 307. f. 1. 1986. **Type**: China: Hainan, Mt. Jianfengling, ca. 600m, *P. J. Lin 4025* (Holotype: NICH; isotype: IBSC).

生境　不详。

分布　海南(Hattori and Lin, 1986)。中国特有。

亨氏耳叶苔

Frullania handle-mazzettii S. Hatt., J. Hattori Bot. Lab. **49**: 150. 1981. **Type**: China: Yunnan, Yunnanfu, 2400m, Apr. 14. 1914, *Handel-Mazzetti 627* (holotype: WU; isotype: NICH).

生境　林下树干或落叶层上,海拔1400～3500m。

分布　四川、云南、西藏。中国特有。

韩氏耳叶苔

Frullania handelii Verd., Symb. Sin. **5**: 36. 1930. **Type**: China: Yunnan, Salwin, 2800～3450m, July 5. 1916, *Handel-Mazzetti 1769*.

生境　林下树干上,海拔2400～3500m。

分布　四川(Furuki and Higuchi, 1997)、云南。中国特有。

浩耳叶苔

Frullania hiroshii S. Hatt., Bull. Natl. Sci. Mus., Tokyo, B. **6**: 34. f. 2. 1980. **Type**: China: Taiwan, Nan Tow Hsien, Mt. Fon-fong, Chi-tou, 1200～1600m, *Inoue 14 794* (holotype: NICH; isotype: NICH).

生境　不详,海拔1200～1600m。

分布　台湾(Hattori, 1980a)。中国特有。

细瓣耳叶苔

Frullania hypoleuca Nees., Nov. Actorum Acad. Caes. Leop.-Carol. Nat. Cur. 19, Suppl. **1**: 470. 1843.

Frullania itoana Kamim., J. Hattori Bot. Lab. 24: 77. 1961.

生境　林下树干或树枝上,海拔1600～1700m。

分布　云南、福建(张晓青等,2011)、台湾。广泛分布于亚洲热带地区和太平洋岛屿。

石生耳叶苔

Frullania inflata Gottsche, Syn. Hepat. 424. 1845.

Frullania saxicola Austin, Proc. Acad. Nat. Sci. Philadelphia **21**: 225. 1870.

Frullania rappii A. Evans, Bryologist **15**(2): 22. 1912.

Frullania mayebarae S. Hatt., Bot. Mag. (Tokyo) **65**: 13. 1952. **Type**: Japan: Kyushu, Kumamoto: Ohno, Kuma River; on rock often wet or submerged; July 1950, *K. Mayebara 125* (isotype: MO).

生境　林下岩面。

分布　内蒙古、河北(Li and Zhao, 2002)、浙江(Zhu et al., 1998)、江西、湖南、湖北(Peng et al., 2000)、四川、重庆、贵州、西藏、台湾。朝鲜、日本、印度、巴西(Yano, 1995),欧洲、北美洲。

楔形耳叶苔

Frullania inflexa Mitt., J. Proc. Linn. Soc., Bot. **5**: 120. 1861.

Frullania delavayi Steph., Hedwigia **33**: 157. 1884.

Frullania bidentula Steph., Sp. Hepat. **4**: 398. 1910.

Frullania tamsuina Steph. fo. *reniformia* Kamim., Contr. Hepat. Shikoku. 133. 1952.

生境　林下树干或树皮,海拔1200～3600m。

分布　山东(赵遵田和曹同,1998, as F. delavayi)、浙江(Zhu et al., 1998)、四川、重庆、云南(Piippo et al., 1998)、西藏、台湾。朝鲜、日本、尼泊尔(Yuzawa and Koike, 1994)、不丹、印度。

圆叶耳叶苔

Frullania inouei S. Hatt., Bull. Natl. Sci. Mus., Ser. B, **6**(1): 36. 1980. **Type**: China: Taiwan, Ilan Shien, Tai-ping Shan, 2000m, *Inoue 17 276* (holotype: NICH; isotype: TNS).

生境　林下岩面、山脊岩石上或倒木上,海拔2000～2650m。

分布　甘肃、四川、重庆、云南、西藏、台湾。中国特有。

全缘耳叶苔

Frullania jackii Gottsche, Hepat. Eur. 294. 1863.

生境　不详。

分布　福建(李登科和吴鹏程,1993)。欧洲。

鹿儿岛耳叶苔(鹿耳岛耳叶苔)

Frullania kagoshimensis Steph., Sp. Hepat. **4**: 353. 1910.

鹿儿岛耳叶苔湖南亚种

Frullania kagoshimensis subsp. **hunanensis** (S. Hatt.) S. Hatt., J. Hattori Bot. Lab. **59**: 137. 1985. *Frullania hunanensis* S. Hatt., J. Hattori Bot. Lab. **49**: 152. 1981. **Type**: China: Hunan, *Handel-Mazzetti 11 190* (holotype: NICH; isotype: W).

生境　林下树皮上。

分布　湖南、云南、广东、广西。中国特有。

鹿儿岛耳叶苔小型亚种

Frullania kagoshimensis subsp. **minor** Kamim., J. Hattori Bot. Lab. **24**: 45 pl. 11, f. 19-25. 1961.

生境　不详,海拔500～1600m。

分布　台湾(Hattori, 1980a)。日本。

卡氏耳叶苔

Frullania kashyapii Verd., Ann. Bryol. **5**: 162. 1932.

生境　树皮上。

分布　贵州、西藏、福建(张晓青等,2011)。中国特有。

鞭枝耳叶苔

Frullania koponenii S. Hatt., Ann. Bot. Fenn. **15**: 111. f. 2. 1978.

生境　树干或树基。

分布　吉林(Söderström, 2000)。日本和俄罗斯。

光萼耳叶苔

Frullania laeviperiantha X. L. Bai & C. Gao, Nova Hedwigia **70**: 135. 2000. **Type**: China: Yunnan, Ruili Co., 770m, on tree trunk, July 8. 1977, *Li Xing-Jiang 89* (holotype: IFS-BH; isotype: HKAS).

生境　树干上,海拔700m。

分布　云南。中国特有。

弯瓣耳叶苔

Frullania linii S. Hatt., J. Hattori Bot. Lab. **49**: 155. 1981. **Type**: China: Guangdong, Mt. Tinggu-wushan, on branches of tree, June 16. 1957, *Wu Han B269* (holotype: NICH; isotype: IBSC).

生境　林下树皮或树干上。

分布　湖北、西藏、福建、广东、广西。中国特有。

庐山耳叶苔

Frullania lushanensis S. Hatt. & P. J. Lin, J. Hattori Bot. Lab. **59**: 137. 1985. **Type**: China: Jiangxi, Mt. Lushan, Aug. 1964, *P. J. Lin 297* (holotype: NICH).

生境　不详。

分布　江西、湖南。中国特有。

大叶耳叶苔

Frullania macrophylla S. Hatt., J. Hattori Bot. Lab. **47**: 220. f. 35. 1980. **Type**: China: Taiwan. Between Tuli Shan and Hoping, Tai-ping Shan, Ilan Hsien, 2100m; *Inoue 17 190* (holotype: NICH; isotype: TNS).

生境　树干,海拔1200～2100m。

分布　台湾(Hattori, 1980b)。中国特有。

美圆耳叶苔

Frullania meyeniana Lindenb., Syn. Hepat. 455. 1845.

生境　树干,海拔1200～1600m。

分布　福建(张晓青等,2011)、台湾(Hattori, 1980a)。广泛分布于亚洲热带、亚热带地区和太平洋群岛。

列胞耳叶苔

Frullania moniliata (Reinw., Blume & Nees) Mont., Ann. Sci. Nat., Bot., sér. 2, **18**: 13. 1842.

Jungermannia moniliata Reinw., Blume & Nees, Nova Acta Phys.-Med. Acad. Caes. Leop.-Carol. Nat. Cur. **12**: 224. 1824.

生境　林下树干或岩面上,1600～3400m。

分布　黑龙江、陕西(王玛丽等,1999)、山东(赵遵田和曹同,1998)、安徽、浙江、江西、湖南、湖北、四川、贵州、西藏、福建、台湾、广东、广西、海南、香港。印度、斯里兰卡、越南、柬埔寨、老挝、朝鲜、日本、俄罗斯(远东地区)。

羊角耳叶苔

Frullania monocera (Taylor) Gottsche, Lindenb. & Nees, Syn. Hepat. 418. 1845. *Jungermannia monocera* Taylor, London J. Bot. **4**: 89. 1845.

Frullania hampeana Nees, Syn. Hepat. 426. 1845.

Frullania tortuosa Verdoorn, Ann. Bryol. **2**: 136. 1929.

生境　树干。

分布　安徽、云南(Piippo et al., 1998)、福建(李登科和吴鹏程,1993)、台湾。太平洋群岛、澳大利亚(Bai, 2002a)。

短萼耳叶苔

Frullania motoyana Steph., Sp. Hepat. **4**: 646. 1911.

生境　林下树皮上。

分布　云南、福建、台湾、广西、广东、海南、香港。日本。

盔瓣耳叶苔

Frullania muscicola Steph., Hedwigia. **33**: 146. 1894. **Type**: China: Yunnan, Mt. Ma-eul-chan, *Dalavay s. n.*

生境　林下石上、林缘岩面、腐木或树干上,海拔1800～3500m。

分布　黑龙江(敖志文和张光初,1985)、内蒙古、河北(Li and Zhao, 2002)、山东(赵遵田和曹同,1998)、陕西(王玛丽等,1999)、甘肃、江苏(刘仲苓等,1989)、浙江(Zhu et al., 1998)、江西(Ji and Qiang, 2005)、湖南、湖北(Peng et al., 2000)、四川、云南、福建(张晓青等,2011)、台湾(Chao et al., 1992)、广西、香港、澳门。印度、巴基斯坦、蒙古、朝鲜、日本、越南(Zhu and Lai, 2003)、俄罗斯(远东地区和西伯利亚)。

尼泊尔耳叶苔

Frullania nepalensis (Spreng.) Lehm. & Lindenb., Sp. Hepat. **4**: 452. 1910. *Jungermannia nepalensis* Spreng., Syst. Veg. **4**: 324. 1827.

Frullania nishiyamensis Steph., Bull. Herb. Boissier **5**: 90. 1897.

生境　林下树皮、树干或岩面上,海拔1300～3000m。

分布　山东(赵遵田和曹同,1998)、陕西、甘肃、安徽、浙江(Zhu et al., 1998)、湖南、四川、贵州、云南、西藏、福建、台湾、广东、广西、香港。印度、不丹、尼泊尔、印度尼西亚、菲律宾、日本、朝鲜(Song and Yamada, 2006)、巴布亚新几内亚。

兜瓣耳叶苔

Frullania neurota Taylor, London J. Bot. **5**: 400. 1846.

生境　林下树干、树皮或岩面,海拔2000～2700m。

分布　云南(Piippo et al., 1998)、西藏。尼泊尔(Yuzawa and koike, 1994)、印度、缅甸、美国(夏威夷)。

雪山耳叶苔

Frullania nivimontana S. Hatt., Bull. Natl. Sci. Mus., Tokyo, B. **8**(3): 95. 1982. **Type**: China: Yunnan, Dechen Co., Yung Zhon Snow Mountains, 3400m, *Li Xing-jing 81-1683* (holotype: NICH; isotypes: HKAS, TNS).

生境　树干或土面上,海拔3400～3500m。

分布　云南、西藏。中国特有。

厚角耳叶苔

Frullania nodulosa (Reinw., Blume & Nees) Nees, Syn. Hepat.: 433. 1845. *Jungermannia nodulosa* Reinw., Blume & Nees, Nova Acta Phys.-Med. Acad. Caes. Leop.-Carol. Nat. Cur. **12**: 217. 1824.

生境　岩面上。

分布　云南、广西(贾鹏等,2011)、海南。缅甸、泰国、越南、印度尼西亚、新喀里多尼亚岛(法属)(Hattori,1986b)、日本、玻利维亚(Gradstein et al.,2003)、巴西(Yano,1995),非洲。

卵圆耳叶苔

Frullania obovata S. Hatt., Bull. Nat. Sci. Mus., Tokyo, B. **8** (3): 97. 1982. **Type**: China: Sichuan, Xiangcheng Co., *Wang Li-song 81-2561* (holotype: NICH; isotypes: KUN, TUN).

生境　树干上,海拔4100m。

分布　四川(Hattori,1982a)。中国特有。

东方耳叶苔

Frullania orientalis Sande Lac., Nederl. Kruidk. Arch. **4**: 94. 1855.

生境　树干上。

分布　云南。越南、印度、印度尼西亚(Hattori,1986a)、巴布亚新几内亚。

大隅耳叶苔

Frullania osumiensis (S. Hatt.) S. Hatt., J. Hattori Bot. Lab. **16**: 87. 1956. *Frullania hampeana* var. *osumiensis* S. Hatt., Bull. Tokyo Sci. Mus. **11**: 144. f. 90. 1944.

生境　树干或枯木上。

分布　福建(张晓青等,2011)、台湾(Chao and Lin,1991)。日本。

灰绿耳叶苔(淡色耳叶苔)

Frullania pallide-virens Steph., Sp. Hepat. **4**: 454. 1910. **Type**: China: Guizhou, Pin-fa, Dr. P. Fortunat, 29. 2. 1903, *Stephani 14*.

Frullania polyptera auct. non Taylor Symb. Sin. **5**: 38. 1930.

生境　林下树皮上。

分布　重庆、贵州、云南、福建(张晓青等,2011)、广西。尼泊尔。

圆片耳叶苔

Frullania pariharii S. Hatt. & Thaithong, Misc. Bryol. Lichenol. **53**: 130. 1978. **Type**: India: Darjeeling, *Parihar 1968/39* (holotype: NICH; isotype: herb. Parihar).

生境　枯木上,海拔3530m。

分布　台湾(Chao et al.,1992)。尼泊尔(Yuzawa and Koike, 1994)和印度。

小叶耳叶苔

Frullania parvifolia Steph., Sp. Hepat. **4**: 354. 1910.

生境　不详。

分布　广东(Hatorri and Lin, 1985)。中国特有。

钟瓣耳叶苔

Frullania parvistipula Steph., Sp. Hepat. **4**: 397. 1910.

Frullania caucasica Steph., Sp. Hepat. **4**: 440. 1910.

生境　林下树皮。

分布　黑龙江、吉林、山东、湖南、湖北、四川(Furuki and Higuchi,1997)、贵州、云南、西藏。不丹、泰国、日本、俄罗斯(远东地区)、高加索地区,欧洲。

喙瓣耳叶苔

Frullania pedicellata Steph., Bull. Herb. Boissier **5**: 90. 1897.

生境　林下树皮或岩面上。

分布　黑龙江、吉林(敖志文和张光初,1985)、浙江(刘仲苓等,1989)、台湾(Inoue,1961)。日本。

大萼耳叶苔(顶脊耳叶苔)

Frullania physantha Mitt., J. Proc. Linn. Soc. Bot. **5**: 121. 1861.

生境　林中石上。

分布　四川、云南、西藏。不丹、尼泊尔、印度、越南。

多褶耳叶苔

Frullania polyptera Taylor, London J. Bot. **5**: 401. 1846.

Frullania gollani Steph., Sp. Hepat. **4**: 445. 1910.

生境　树枝或树皮上。

分布　甘肃、湖南、重庆、西藏、广西。印度、喜马拉雅地区、斯里兰卡、泰国。

点胞耳叶苔

Frullania punctata Reimers, Hedwigia **71**: 36. 1931.

生境　树干。

分布　海南、广西(Hattori and Lin, 1985)。中国特有。

刺苞叶耳叶苔

Frullania ramuligera (Nees) Mont., Ann. Sci. Nat., Bot., sér. 2, **18**: 14. 1842. *Jungermannia ramuligera* Nees, Enum. Pl. Crypt. Jav. 52. 1830.

Frullania uvifera Horik., J. Sci. Hiroshima Univ., ser. B, Div. 2, Bot. **2**: 239. 1934.

生境　林下树干或树皮上,海拔1200～1600m。

分布　云南、福建(张晓青等,2011)、台湾、海南。斯里兰卡、越南、印度尼西亚(爪哇、北加里曼丹)、菲律宾、日本。

微凹耳叶苔毛萼变种

Frullania retusa Mitt. var. **hirsuta** S. Hatt. & Thaithong, J. Hattori Bot. Lab. **44**: 191. 1978.

生境　林下树皮,海拔1500m。

分布　云南。印度。

粗萼耳叶苔

Frullania rhystocolea Herzog ex Verd. in Handel-Mazzetti, Symb. Sin. **5**: 39. 1930. **Type**: China: Yunnan, Lijiang Co., 2700m, June 26. 1915, *Handel-Mazzetti 7001* (holotype: W).

生境　路边。

分布　甘肃、四川(Piippo et al.,1997)、云南(Bai,2002a)、西藏、福建(张晓青等,2011)。不丹。

微齿耳叶苔

Frullania rhytidantha S. Hatt., J. Hattori Bot. Lab. **47**: 97. f. 225. 1980.

生境　林下树干上,海拔1950m。

分布　湖北、云南。印度。

褶瓣耳叶苔

Frullania riojaneirensis (Raddi) Spruce, Trans. & Proc. Bot. Soc. Edinburgh **15**: 23. 1884. *Frullanoides rio-janeirensis* Raddi, Critt. Bras. 14. 1822.

Frullania galeata (Reinw., Blume & Nees) Dumort., Recueil Observ. Jungerm. 13. 1835.

生境　树干、树皮或腐殖土。

分布　云南、西藏。斯里兰卡、印度尼西亚(苏门答腊、爪哇)、菲律宾、泰国、越南、巴布亚新几内亚、玻利维亚(Gradstein et al.,2003),北美洲。

原瓣耳叶苔

Frullania riparia Hampe ex Lehm., Nov. Stirp. Pug. **7**: 14. 1838.

生境　不详。

分布　福建(Chao,1943)。美国、墨西哥。

离瓣耳叶苔

Frullania sackawana Steph.,Bull. Herb. Boissier **5**: 91. 1897

生境　林下树干或岩面上。

分布　云南、广西。泰国、老挝、日本。

陕西耳叶苔

Frullania schensiana C. Massal., Mem. Accad. Arg. Art. Comm. Verona, ser. 3, **73** (2): 40. 1897. **Type**: China: Shaanxi, Mt. Lao-y-san, Mar. 1896, *Giraldi s. n.*

Frullania ontakensis Steph., Sp. Hepat. **4**: 404. 1910.

Frullania schensiana var. *formosana* S. Hatt., J. Jap. Bot. **36**: 187. 1961, *nom. nud.*

Frullania schensiana subsp. *ontakensis* (Steph.) S. Hatt., Bull. Natl. Sci. Mus., Tokyo, B. **1**(4): 163. 1975.

生境　倒木、岩面或树干上,海拔1400～2400m。

分布　内蒙古、河北(Li and Zhao,2002)、山东(赵遵田和曹同,1998)、陕西、安徽、江西、湖南、四川、重庆、贵州、西藏、台湾。尼泊尔、印度、不丹、泰国、朝鲜、日本。

齿叶耳叶苔

Frullania serrata Gottsche, Syn. Hepat. 453. 1845.

生境　林下树皮上,海拔1240m。

分布　云南、台湾、海南。印度、斯里兰卡、越南、印度尼西亚(苏门答腊、爪哇)、菲律宾、巴布亚新几内亚、新喀里多尼亚岛(法属)(Hattori,1986)、澳大利亚,非洲。

中华耳叶苔

Frullania sinensis Steph. in Levier, Nuovo Giorn. Bot. Ital. **13**: 349. 1906. **Type**: China: Shaanxi, *Giraldi s. n.*

Frullania aeolatis auct. non Mont. & Nees, Mem. Accad. Agr. Art. Comm. Verona, ser. 3, **73**(2): 38. 1897.

Frullania dilatata auct. non (L.) Dumort, Nuovo Giorn. Bot. Ital. **13**: 348. 1906.

Frullania subdilatata C. Massal. in Levier, Levier, Nuovo Giorn. Bot. Ital. **13**: 349. 1906. **Type**: China: Shaanxi, *Giraldi s. n.*

生境　树干或树枝上,海拔3500m。

分布　黑龙江、河南、陕西、甘肃、湖南、四川、贵州、云南(Bai,2002a)、西藏、福建(张晓青等,2011)。印度(Hattori,1980b)。

无脊耳叶苔(平萼耳叶苔)

Frullania sinosphaerantha S. Hatt. & P. J. Lin, J. Hattori Bot. Lab. **59**: 144. 1985.

生境　路边树干上,海拔1400～2400m。

分布　贵州、云南。中国特有。

钝瓣耳叶苔

Frullania tagawana (S. Hatt. & Thaith.) S. Hatt., J. Hattori Bot. Lab. **59**: 160. 1985. *Frullania evoluta* Mitt. var. *tagawana* S. Hatt. & Thaithong, J. Hattori Bot. Lab. **43**: 441. 1977.

生境　林下树皮。

分布　云南。印度、泰国。

台北耳叶苔

Frullania taiheizana Horik., J. Sci. Hiroshima Univ., ser. B, Div. 2, Bot. **2**: 241. f. 46. 1934. **Type**: China: Taiwan, Taiheku Co., Mt. Taiheizan, Aug. 1932, *Y. Horikawa 9388*.

生境　腐木上。

分布　台湾(Horikawa,1934)。中国特有。

欧耳叶苔

Frullania tamarisci(L.) Dumort., Recueil Observe. Jungerm. 13. 1835. *Jungermania tamarisci* L., Sp. Pl. 1134. 1753.

Frullania major Raddi, Jungermanniogr. Etrusca 9. 1818.

欧耳叶苔原变种

Frullania tamarisci var. **tamarisci**

生境　树干上。

分布　陕西、甘肃(韩国营等,2010)、安徽、江苏、上海(李登科和高彩华,1986, as *F. major*)、浙江、江西、湖北、四川、贵州、云南、西藏、福建(张晓青等,2011)、台湾、广西、香港。印度、尼泊尔、不丹、日本、马来西亚、喜马拉雅地区、俄罗斯(西伯利亚)、巴西,欧洲、北美洲。

欧耳叶苔岷山变型

Frullania tamarisci fo. **minshanensis** (S. Hatt.) S. Hatt., J. Hattori Bot. Lab. **59**: 161. 1985. *Frullania tamarisci* var. *minshanensis* S. Hatt., J. Hattori Bot. Lab. **44**: 539 f. 210. 1978. **Type**: China: Gansu, Wenxian Co., May 1964, *Wei Zhi-ping 6799*.

生境　不详.

分布　甘肃(Hattori and Lin,1985)。中国特有。

欧耳叶苔卷边变种

Frullania tamarisci var. **viernamica** (S. Hatt.) S. Hatt., J. Hattori Bot. Lab. **59**: 162. 1985. *Frullania iwatsukii* S. Hatt. subsp. *vietnamica* S. Hatt., Misc. Bryol. Lichénol. **7** (5): 87. 1976.

生境　林下路边树皮上。

分布　四川、贵州、云南、西藏。越南。

欧耳叶苔长叶变种

Frullania tamarisci var. **elongatistipula** (Verd.) S. Hatt., J. Hattori Bot. Lab. **59**: 162. 1985. *Frullania elongatistipula* (Verd.) S. Hatt., J. Hattori Bot. Lab. **35**: 241. 1972.

生境　林下腐木,海拔1500～1650m。

分布　贵州、云南、西藏、福建(Chao,1943, as *F. moniliata* subsp. *obscura* var. *elongatistipula* f. *obtusiloba*)。中国特有。

欧耳叶苔高山亚种

Frullania tamarisci subsp. **obscura** (Verd.) S. Hatt., J. Hattori Bot. Lab. **35**: 216. 1972. *Frullania moniliata* (Reinw., Blume & Nees) Mont. subsp. *obscura* Verd., Ann. Bryol., Suppl. **1**: 80. 1930.

生境　树干基部,海拔500～2300m。

分布　四川(Furuki and Higuchi,1997)、西藏、台湾(Hattori,1980a)。印度、尼泊尔、不丹(Long and Grolle,1990)、日本、朝鲜、俄罗斯(远东地区)。

淡水耳叶苔

Frullania tamsuina Steph., Sp. Hepat. **4**: 444. 1910. **Type**: China: Taiwan, Tamsui.

生境　不详。

分布　广东、香港、台湾。日本、缅甸。

塔拉大克耳叶苔

Frullania taradakensis Steph., Sp. Hepat. **4**: 352. 1910.

生境　林下岩面、树上或树皮上,海拔 1300～2300m。

分布　黑龙江(Hatt and Lin, 1985)、吉林、辽宁、内蒙古、河北(Li and Zhao, 2002)、陕西(Hattori and Lin, 1985)、甘肃(Hatt and Lin, 1985)、浙江(Hattori and Lin, 1985)、云南。朝鲜、日本、俄罗斯(Bai, 2002a)。

卷茎耳叶苔

Frullania ternatensis Gottsche, Syn. Hepat. 465. 1846.

Frullania concava Horik., J. Sci. Hiroshima Univ., ser. B, Div. 2, Bot. **2**: 238. 1934. **Type**: China: Taiwan, Taitô Co., Jan. 1933, *Y. Horikawa 10 663d*.

生境　枯木上,海拔 1200m。

分布　台湾(Chao and Lin, 1991)。印度尼西亚、菲律宾。

油胞耳叶苔

Frullania trichodes Mitt., Bonplandia **10**: 19. 1862.

Frullania grebeana Steph., Sp. Hepat. **4**: 537. 1911.

Frullania tenuicaulis Mitt., Sp. Hepat. **4**: 613. 1911.

生境　岩面或树干上,海拔 800～1500m。

分布　云南、台湾、广东、海南、香港。日本、缅甸、印度尼西亚、巴布亚新几内亚、所罗门群岛、斐济。

疣萼耳叶苔(疣蒴耳叶苔,瘤萼耳叶苔)

Frullania tubercularis S. Hatt. & P. J. Lin, J. Jap. Bot. **60**(4): 107. 1985. **Type**: China: Shaanxi, Mts. Qinling, 2300m, on rock cliff, July 25. 1962, *P. C. Chen 465* (holotype: NICH).

生境　峭壁岩面。

分布　陕西、四川(Furuki and Higuchi, 1997)、云南。中国特有。

硬叶耳叶苔

Frullania valida Steph., Sp. Hepat. **4**: 402. 1910.

生境　林下树皮上。

分布　山东(赵遵田和曹同, 1998)、安徽、浙江、云南、福建(张晓青等, 2011)、台湾(Chao et al., 1992)、广东。日本。

本州耳叶苔

Frullania usamiensis Steph., Bull. Herb. Boissier **5**: 91. 1897.

生境　不详。

分布　福建(张晓青等, 2011)。日本。

圆基耳叶苔

Frullania wangii S. Hatt. & P. J. Lin, J. Hattori Bot. Lab. **59**: 146. 1985. **Type**: China: Xizang, Mt. Songtashan, 3000m, *Wang Mei Zhi 8342a* (holotype: NICH).

生境　林下树基部。

分布　云南、西藏。中国特有。

云南耳叶苔

Frullania yunnanensis Steph., Hedwigia **33**: 161. 1894. **Type**: China: Yunnan, Sylva, montis Ma-eul-chan, 2800m, *Dalavay s. n.*

云南耳叶苔原变种

Frullania yunnanensis var. **yunnanensis**

生境　林下树干、树皮或岩面上,1200～3500m。

分布　四川、贵州、云南、西藏、台湾、广东。不丹、尼泊尔、印度、泰国。

云南耳叶苔密叶变种

Frullania yunnanensis var. **siamensis** (N. Kitag., Thaithong & S. Hatt.) S. Hatt. & P. J. Lin, J. Hattori Bot. Lab. **59**: 133. 1985. *Frullania siamensis* N. Kitag., Thaithong & S. Hatt., J. Hattori Bot. Lab. **43**: 455. 1977. **Type**: Thailand: Chiangrai, Doi Phacho, north ridge, 1700m, *Kitagawa 3709* (holotype: NICH; isotype: KYO).

生境　林下树干、树皮或树上,海拔 2050～3480m。

分布　四川、贵州、云南、西藏、广西。泰国。

汤泽耳叶苔

Frullania yuzawana S. Hatt., J. Hattori Bot. Lab. **49**: 157 f. 246. 1981. **Type**: China: Taiwan, Nantuo Co., 1200m, *Yuzawa 16 661* (holotype: NICH; isotype: herb. Yuzawa).

生境　林内,海拔 1200m。

分布　台湾。中国特有。

半圆耳叶苔(疏瘤耳叶苔)

Frullania zangii S. Hatt. & P. J. Lin, J. Hattori Bot. Lab. **59**: 149. 1985

生境　树干上。

分布　四川(Bai, 2002a)、云南、西藏。中国特有。

浙江耳叶苔

Frullania zhenjingensis (C. Gao & G. C. Zhang) Y. Jia & S. He nov. com

Neohattoria zhenjingensis C. Gao & G. C. Zhang, Bull. Bot. Res., Harbin **4**(3): 90. f. 7. 1974. **Type**: China: Zhejiang, on moist rock, 250m, July 28. 1960, *Gao Chien 835* (holotype: ISPH).

生境　潮湿岩壁上,海拔 250m。

分布　浙江(Zhu et al., 1998, as *Neohattoria zhenjingensis*)。中国特有。

毛耳苔科 Jubulaceae H. Klinggr.

本科全世界有 2 属,中国有 1 属。

毛耳苔属 Jubula Dumort.

Comment. Bot. 112. 1822

模式种: *J. hutchinsiae* (Hook.) Dumort.

本属全世界现有 7～9 种,中国有 3 种。

广西毛耳苔

Jubula kwangsiensis C. Gao & G. C. Zhang, Bull. Bot. Res., Harbin **4**(3): 89. 1984. **Type**: China: Guangxi, Mt. Chenwanglao, 2062m, Oct. 4. 1974, *Gao Chien & Chang Kuang-Chu 2491* (holotype: IFSBH).

生境　树皮上。

分布　广西(Chang and Gao, 1984)。中国特有。

日本毛耳苔

Jubula japonica Steph., Bull. Herb. Boissier **5**: 92. 1897.

Jubula jaoii P. C. Chen, Feddes Repert. Spec. Nov. Regni Veg. **58**: 48. 1955. **Type**: China: Chongqing, Nanchuan Co., Mt. Jinfoshan, Aug. 16. 1945, *C. C. Jao 38* (holotype: PE).

生境　树干基部。

分布　湖南、湖北、四川、重庆、贵州、云南、福建(张晓青等, 2011)。日本、朝鲜。

爪哇毛耳苔

Jubula javanica Steph., Sp. Hapat. **4**: 691. 1911.

Jubula hutchinsiae (Hook.) Dumort. subsp. *javanica* (Steph.) Verd., Ann. Crypt. Exot. **1**: 216. 1928.

生境　林下腐殖质上或阴湿岩面上,海拔 1450～2400m。

分布　安徽、湖北、云南、福建、台湾、香港(So and Zhu, 1996)。印度、不丹(Long and Grolle, 1990, as *Jubula hutchinsiae* subsp. *javanica*)、印度尼西亚、巴布亚新几内亚、菲律宾、日本、美国(夏威夷)、萨摩亚群岛(Long and Grolle, 1990)、马达加斯加(Long and Grolle, 1990)。

细鳞苔科 Lejeuneaceae Cas.-Gil.

本科全世界约 95 属,中国有 28 属。

刺鳞苔属 Acanthocoleus R. M. Schust.
Bull. Torrey Bot. Club **97**: 339. 1971[1970].

模式种:*A. fulvus* R. M. Schust.

本属全世界现有 7～8 种,中国有 1 种。

东亚刺鳞苔

Acanthocoleus yoshinaganus (S. Hatt.) Kruijt, Bryophyt. Biblioth. **36**: 105. 1988. *Lopholejeunea subfusca* var. *yoshinagana* S. Hatt., Bot. Mag. (Tokyo) **58**: 38. 1944.

Lopholejeunea yoshinagana (S. Hatt.) S. Hatt., J. Hattori Bot. Lab. **8**: 33. 1952.

Dicranolejeunea yoshinagana (S. Hatt.) Mizut., J. Hattori Bot. Lab. **24**: 174. 1961.

生境　树皮、树干、腐木或湿石上。

分布　安徽、四川、云南。日本、朝鲜。

顶鳞苔属 Acrolejeunea (Spruce) Schiffn.
Nat. Pflanzenfam. Ⅰ(3): 128. 1893.

模式种:*A. torulosa* (Lehmann & Lindenb.) Schiffn.

本属全世界现有 15 种,中国有 6 种,1 亚种。

弯叶顶鳞苔

Acrolejeunea arcuata (Nees) Grolle & Gradst., J. Hattori Bot. Lab. **38**: 332. 1974. *Jungermannia arcuata* Nees, Enum. Plant. Crypt. Jav. **1**: 38. 1830.

Ptychocoleus arcuatus (Nees) Trevis., Mem. Reale Ist. Lombardo Sci., Ser. 3, Cl. Sci. Mat. **4**: 405. 1877.

生境　倒木或朽木上。

分布　海南。印度尼西亚、菲律宾、巴布亚新几内亚。

多形顶鳞苔(新拟)

Acrolejeunea polymorphus (Sande Lac.) B. Thiers & Gradst., Mem. New York Bot. Gard. **52**: 10. 1989.

生境　树干或树基上,海拔 810m。

分布　台湾(Yang, 2009)。印度、印度尼西亚、菲律宾、日本、巴布亚新几内亚、新喀里多尼亚岛(法属)(Yang, 2009)。

小顶鳞苔(细体顶鳞苔)

Acrolejeunea pusilla (Steph.) Grolle & Gradst., J. Hattori Bot. Lab. **38**: 332. 1974. *Archilejeunea pusilla* Steph., Sp. Hepat. **4**: 731. 1911. **Type**: Japan. Oshima, Dec. 1900, *Faurie 640* (holotype: G; isotype: PC).

Ptychanthus nipponicus S. Hatt., Bot. Mag. (Tokyo) **57**: 358. 1943.

生境　树干、树皮、腐木、岩石或叶面上。

分布　山东、浙江、贵州、福建、台湾、广东、广西、海南、香港、澳门。日本、朝鲜(Song and Yamada, 2006)。

密枝顶鳞苔

Acrolejeunea pycnoclada (Taylor) Schiffn., Nat. Pflanzenfam. Ⅰ(3): 128. 1893. *Ptychanthus pycnocladus* Taylor, London J. Bot. **5**: 385. 1846.

Lejeunea pycnoclada (Taylor) Mitt., J. Proc. Linn. Soc., Bot. **5**: 111. 1861.

Ptychocoleus pycnocladus (Taylor) Steph., Sp. Hepat. **5**: 52. 1912.

生境　树干上。

分布　安徽、浙江、江西、四川、福建、广东、广西、海南、香港。泰国、新加坡、斯里兰卡、马来西亚、印度尼西亚、菲律宾(Tan and Engel, 1986)、巴布亚新几内亚、斐济、塔西提岛、萨摩亚群岛、澳大利亚、密克罗尼西亚、塞舌尔、留尼旺岛、加纳、扎伊尔、马达加斯加。

折叶顶鳞苔

Acrolejeunea recurvata Gradst., Bryophyt. Biblioth. **4**: 79. 1975. **Type**: Thailand: Nakhon Sawan, "near Karen village of Sop Aep", Dec. 1965, *A Touw 9464* (holotype: L; isotype: U).

生境　树干上。

分布　湖南、云南。泰国、老挝、印度、尼泊尔。

竖叶顶鳞苔细齿亚种

Acrolejeunea securifolia (Endl.) Watts ex Steph. subsp. **hartmannii** (Steph.) Gradst., Bryophyt. Biblioth. **4**: 99. 1975.

Lejeunea hartmannii Steph., Hedwigia **28**: 164. 1889.

Ptychocoleus hartmannii (Steph.) Steph., Sp. Hepat. **5**: 44. 1912.

Acrolejeunea hartmannii (Steph.) Bonner, Index Hepat. **2**: 21. 1962.

生境　树干上。

分布　浙江、福建、广东、海南、澳门。印度尼西亚、马来西亚、菲律宾、巴布亚新几内亚。

锡金顶鳞苔

Acrolejeunea sikkimensis (Mizut.) Gradst., Bryophyt. Biblioth. **4**: 83. 1975. *Ptychocoleus sikkimensis* Mizut. in Hara, Fl. E. Himalayas 532. 1966. **Type**: India: Sikkim, Migothang-Nayathang, 3300～3900m, hanging from a twig with Frullania muscicola and Metzgeria sp., June 1960, *M. Togashi s. n.* (holotype: NICH).

生境　树枝上。

分布　安徽。印度。

原鳞苔属 Archilejeunea (Spruce) Schiffn.
Nat. Pflanzenfam. Ⅰ(3): 130. 1893.

模式种:*A. porelloides* (Spruce) Schiffn.

本属全世界现有16～20种,中国有3种。

尼川原鳞苔

Archilejeunea amakawana Inoue, J. Jap. Bot. **41**: 16. 1966.

Archilejeunea falcata Amakawa, J. Jap. Bot. **39**: 137. 1964, *nom. illeg.* non Stephani 1895. **Type**: Japan. Ryukyu, Ishigaki I., Mt. Fukai-omoto, Mar. 13. 1962, *T. Takara 3256* (holotype: MCH-77502).

生境　树皮或朽木上。

分布　安徽、浙江、江西、湖南、四川、贵州、福建、广西、海南。日本。

东亚原鳞苔(粗齿原鳞苔)

Archilejeunea kiushiana (Horik.) Verd., Ann. Bryol., Suppl. **4**: 46. 1934. *Lopholejeunea kiushiana* Horik., J. Sci. Hiroshima Univ., ser. B, Div. 2, Bot. **1**: 129. 1932. **Type**: Japan: Kiushiu, Mt. Aoidake, Prov. Hiuga, Apr. 9. 1927, *Y. Horikawa 413* (holotype: HIRO).

生境　树干、树基或树皮上。

分布　山东、浙江、江西、福建、广东、海南、香港。日本。

平叶原鳞苔

Archilejeunea planiuscula (Mitt.) Steph., Sp. Hepat. **4**: 731. 1911. *Lejeunea planiuscula* Mitt., J. Proc. Linn. Soc., Bot. **5**: 111. 1861.

Brachiolejeunea miyakeana Steph., Sp. Hepat. **5**: 130. 1912.

Ptychocoleus planiuscula (Mitt.) Verd., Ann. Bryol. Suppl. **4**: 126. 1934.

生境　树干或朽木上。

分布　浙江、贵州、云南、福建、台湾、广东、广西、海南、香港、澳门。南太平洋群岛、澳大利亚,亚洲东南部。

尾鳞苔属 Caudalejeunea (Steph.) Schiffn.
Nat. Pflanzenfam. Ⅰ(3): 129. 1893.

模式种:*C. lehmanniana* (Gottsche) A. Evans

本属全世界约有15种,中国有2种。

肾瓣尾鳞苔(反齿腮叶苔,长叶毛鳞苔)

Caudalejeunea recurvistipula (Gottsche) Schiffn., Nat. Pflanzenfam. Ⅰ(3): 129. 1893. *Lejeunea recurvistipula* Gottsche, Syn. Hepat. 326. 1845. **Type**: Mariana: *Martens s. n.* (isotype: G-035908).

Phragmicoma reniloba Gottsche, Syn. Hepat. 301. 1845.

Ptychocoleus renilobus (Gottsche) Trevis., Mem. Reale Ist. Lombardo Sci., ser. 3, Cl. Sci. Mat., **4**: 405. 1877.

Lejeunea reniloba (Gottsche) Spruce, Trans. & Proc. Bot. Soc. Edinburgh **15**: 106. 1884.

Thysananthus renilobus (Gottsche) Schiffn., Consp. Hepat. Arch. Ind. 306. 1898.

Caudalejeunea reniloba (Gottsche) Steph., Sp. Hepat. **5**: 16. 1912.

Brachiolejeunea recurvidentata P. C. Chen & P. C. Wu, Acta Phytotax. Sin. **9**(3): 225. 1964. **Type**: China: Yunnan, Yiwu, on the leaves of trees, Nov. 4～10, 1936, *Wang Qi-wu 10 047*, *10 058*, *10 066* (syntype: PE).

Thysananthus oblongifolius P. C. Chen & P. C. Wu, Acta Phytotax. Sin. **9**(3): 227. 1964. **Type**: China: Yunnan, Jinghong Co., on the leaves of trees, Aug. 29. 1936, *Wang Qi-wu 9445* (holotype: PE).

生境　树枝、朽木、树基、树干或叶片上。

分布　湖北、云南、台湾(Zhu and Lai, 2003)、广西、海南。亚洲、大洋洲的热带地区。

三齿尾鳞苔(新拟)

Caudalejeunea tridentata R. L. Zhu, Y. M. Wei & Q. He, Bryologist **114**(3): 469. 2011. **Type**: China: Guangxi, Shangsi Co., Mt. Shiwandashan, on base of tree trunk, 350m, *Zhu Rui-Liang, Wei Yu-Mei & He Qiong 20 100 822* (holotype: HSNU).

生境　树干基部,海拔350m。

分布　广西(Zhu et al., 2011)。中国特有(Zhu et al., 2011)。

角萼苔属 Ceratolejeunea (Spruce) Schiffn.
Nat. Pflanzenfam. Ⅰ(3): 125. 1893.

模式种:*C. cornuta* (Lindenb.) Steph.

本属全世界约有 45 种,中国有 2 种。

台湾角萼苔(贝氏角萼苔)

Ceratolejeunea belangeriana (Gottsche) Steph., Sp. Hepat. **5**: 396. 1913. *Lejeunea belandgeriana* Gottsche, Syn. Hepat. 398. 1845. **Type**: Mauritius: "in insula Franciae (Belanger in Hb Lehmann)," *Belanger s. n.* (holotype: S).

Ceratolejeunea oceanica (Mitt.) Steph., Sp. Hepat. **4**: 428. 1913. *Lejeunea oceanica* Mitt. in Seemann, Fl. Vit.: 414. 1871.

Ceratolejeunea exocellata Herzog, J. Hattori Bot. Lab. **14**: 47. 1955. **Type**: China: Taiwan, Botel Tobago, *G. H. Schwabe s. n.* (holotype: JE).

生境　湿石、树干、灌木或叶片上。

分布　台湾、海南。菲律宾、泰国、科摩罗、库克群岛、斐济、爪哇、马达加斯加、毛里求斯、巴布亚新几内亚、留尼旺岛、日本、萨摩亚群岛、斯兰岛、塞舌尔、所罗门群岛、塔希提岛、印度尼西亚(婆罗洲)。

小角萼苔(新拟)

Ceratolejeunea minor Mizut., J. Hattori Bot. Lab. **49**: 311. 1981. **Type**: Malaysia: Sabah, N of Mt. Kinabalu, Mt. Templer, on sandstone, *10 091 (no collector)* (holotype: L).

生境　树干或砂石上。

分布　海南。马来西亚。

唇鳞苔属 Cheilolejeunea(Spruce) Schiffn.
Nat. Pflanzenfam. Ⅰ(3): 118,129. 1893.

模式种:*C. decidua* (Spruce) A. Evans

本属全世界约有 90 种,中国有 24 种。

锡兰唇鳞苔

Cheilolejeunea ceylanica (Gottsche) R. M. Schust. & Kachroo, J. Proc. Linn. Soc., Bot. **56**: 509. 1961. *Lejeunea ceylanica* Gottsche, Syn. Hepat. 359. 1845.

Pycnolejeunea ceylanica (Gottsche) Schiffn., Nat. Pflanzenfam. Ⅰ(3): 124. 1893. **Type**: Sri Lanka (Ceylon): Inter Radulam sp., ex *Hb. Hook.* (holotype: B, destroyed; isotypes: G-19377, W).

生境　树干、树枝、朽木或叶片上。

分布　福建(张晓青等,2011)、台湾、广西、海南。孟加拉国、斯里兰卡、越南、菲律宾、泰国、柬埔寨、印度尼西亚、日本、新喀里多尼亚岛(法属)、密克罗尼西亚、萨摩亚群岛、澳大利亚。

陈氏唇鳞苔

Cheilolejeunea chenii R. L. Zhu & M. L. So, Taxon **48**: 663. 1999. Replaced: *Neurolejeunea fukiensis* P. C. Chen & P. C. Wu, Acta Phytotax. Sin. **9**(3): 227. 1964; non *Cheilolejeunea fukiensis* (P. C. Chen & P. C. Wu) Piippo 1990. **Type**: China: Fujian, Wu-yi Shan, on leaves of Symplocos, Apr. 19. 1955, *P. C. Chen et al. 840* (holotype: PE).

生境　叶片上。

分布　福建、台湾。中国特有。

阔齿唇鳞苔(宽齿唇鳞苔)

Cheilolejeunea eximia (Jovet-Ast & Tixier) R. L. Zhu & M. L. So, Nova Hedwigia **121**: 114. 2001. *Pycnolejeunea eximia* Jovet-Ast & Tixier, Rev. Bryol. Lichénol. **31**: 31. 1962. *Cheilolejeunea latidentata* P. C. Chen & P. C. Wu, Acta Phytotax. Sin. **9**(3): 236. 1964; **Type**: China. Yunnan. Meng-hai, on the leaves of Syzygium, 1300m alt., Feb. 25, 1957, *W.-S. Hsu 6148* (holotype: PE).

生境　树干或叶片上。

分布　云南、台湾、海南。越南、老挝、菲律宾。

假肋唇鳞苔

Cheilolejeunea falsinervis (Sande Lac.) Kachroo & R. M. Schust., Bot. J. Linn. Soc. **56**: 509. 1961. *Lejeunea falsinervis* Sande Lac., Ned. Kruidk. Arch. **3**: 421. 1854. **Type**: Indonesia: Java, "Herb. Junghuhn" (holotype: L; isotypes: FH, NY). *Pycnolejeunea falsinervis* (Sande Lac.) Schiffn., Consp. Hepat. Archip. Ind. 258. 1898. *Pycnolejeunea falsinervis* (Sande Lac.) Steph., Sp. Hepat. **5**: 622. 1914, *hom. illeg.*

生境　树干或树基部。

分布　台湾(Yang,2009)、海南。日本、新加坡、印度尼西亚、马来西亚、巴布亚新几内亚、澳大利亚。

高氏唇鳞苔

Cheilolejeunea gaoi R. L. Zhu, M. L. So & Grolle, Bryologist 103: 499. 2000. **Type**: China: Guangxi, Shangsi Co., Shiwandashan, Hongqilinchang, ca. 21°44′N, 10°80′E, Sept. 25. 1974, *C. Gao 1815* (holotype: HSNU; isotypes: IFSBH, JE).

生境　树干上。

分布　广西。中国特有。

圆叶唇鳞苔

Cheilolejeunea intertexta (Lindenb.) Steph., Bull. Herb. Boissier **5**: 79. 1897. *Lejeunea intertexta* Lindenb., Syn. Hepat. 379. 1845. **Type**: Caroline Island (Karolinen): *Mertens s. n.* (holotype: W; isotype: S).

Cheilolejeunea subrotunda Herzog, J. Hattori Bot. Lab. **14**: 48. 1955.

生境　低海拔地区的树皮或岩面上。

分布　湖南、湖北、贵州、云南、福建(张晓青等,2011)、台湾(Wang et al.,2011)、广东、广西、海南、香港。日本、印度、斯里兰卡、菲律宾、印度尼西亚、巴布亚新几内亚、密克罗尼西亚、萨摩亚群岛、社会群岛,非洲。

异苞唇鳞苔(新拟)

Cheilolejeunea kitagawae (N. Kitag.) W. Ye & R. L. Zhu, J. Bryol. **32**(4): 281. 2010. *Leucolejeunea paroica* N. Kitag., Acta Phytotax. Geobot. **16**: 191. 1960 **Type**: Japan: Honshu,

Wakayama Pref., Hira-dani, Kumanogawa-cho, on bark of Cryptomeria japonica growing by a stream, alt. 150m, *Kitagawa 2046* (holotype: KYO).

生境 树皮上。

分布 湖南、福建(张晓青等,2011)、台湾(Wang et al.,2011)。日本、印度、泰国。

亚洲唇鳞苔(新拟)

Cheilolejeunea krakakammae (Lindenb.) R. M. Schust., Beih. Nova Hedwigia **9**: 112. 1963. *Lejeunea krakakammae* Lindenb., Syn. Hepat. 353. 1845.

Lejeunea khasiana Mitt., J. Proc. Linn. Soc., Bot. **5**: 115. 1861.

Euosmolejeunea giraldiana C. Massal., Mem. Accad. Agric. Verona **73**: 34. 1897.

Strepsilejeunea giraldiana (C. Massal.) Steph., Sp. Hepat. **5**: 288. 1913.

Strepsilejeunea krakakammae (Lindenb.) Steph., Sp. Hepat. **5**: 276. 1913.

Strepsilejeunea khasiana (Mitt.) Steph., Sp. Hepat. **6**: 395. 1923.

Taxilejeunea krakakammae (Lindenb.) Sim, Trans. Roy. Soc. South Africa **15**: 65. 1926.

Strepsilejeunea gomphocalyx Herzog in Handel-Mazzetti, Symb. Sin. **5**: 47. 1930.

Euosmolejeunea gomphocalyx (Herzog) S. Hatt., Bull. Tokyo Sci. Mus. **11**: 106. 1944.

Cheilolejeunea giraldiana (C. Massal.) Mizut., J. Hattori Bot. Lab. **27**: 141. 1964.

Cheilolejeunea khasiana (Mitt.) N. Kitag., Hikobia Suppl. **1**: 68. 1981.

生境 树干、树枝、朽木、石上或土面上。

分布 陕西、浙江、江西、湖南、四川、重庆、贵州、云南、西藏、福建、广西(Zhu and So,2003)、海南。印度、不丹、尼泊尔、菲律宾、日本。

全缘唇鳞苔

Cheilolejeunea mariana (Gottsche) B. Thiers & Gradst., Mem. New York Bot. Gard. **52**: 75. 1989.

Spruceanthus marianus (Gottsche) Mizut., J. Hattori Bot. Lab. **29**: 290. 1966.

生境 树皮、偶尔土面上。

分布 香港(Wu and But, 2009, as *Spruceanthus marianus*)。热带亚洲地区。

日本唇鳞苔

Cheilolejeunea nipponica (S. Hatt.) S. Hatt., Misc. Bryol. Lichenol. **1**: 1 1957. *Strepsilejeunea nipponica* S. Hatt., Bull. Tokyo Sci. Mus. **11**: 134. 1944.

Euosmolejeunea nipponica (S. Hatt.) S. Hatt., J. Hattori Bot. Lab. **5**: 85. 1951.

生境 石上或树干上。

分布 贵州、福建(张晓青等,2011)、广西、海南、香港。日本、朝鲜(Song and Yamada,2006)。

钝叶唇鳞苔

Cheilolejeunea obtusifolia (Steph.) S. Hatt., Misc. Bryol. Lichenol. **1**: 1. 1957. *Harpalejeunea obtusfolia* Steph., Sp. Hepat. **5**: 265. 1913.

Strepsilejeunea obtusifolia (Steph.) S. Hatt., Bull. Natl. Sci. Mus. **15**: 76. 1944.

Euosmolejeunea obtusifolia (Steph.) S. Hatt., J. Hattori Bot. Lab. **5**: 85. 1951. **Type**: Japan: "Japonia meridionalis", Kagoshima Pref., Yakushima Is., July 1900, *U. Faurie 879* (holotype: G; isotypes: BM, FH).

生境 石上或腐木上。

分布 陕西、浙江、福建、台湾(Zhu et al.,2002)、广东、广西。尼泊尔、印度、日本、朝鲜。

钝瓣唇鳞苔

Cheilolejeunea obtusilobuda (S. Hatt.) S. Hatt., Misc. Bryol. Lichenol. **1**: 2. 1957. *Pycnolejeunea obtusilobula* S. Hatt., J. Hattori Bot. Lab. **3**: 44. 1950. **Type**: Japan. Kyushu. Miyazaki-ken, Minaminaka-gun, Sakatani-mura, ca. 150m, on branches of Cryptomeria japonica, Oct. 16. 1945, *S. Hattori s. n.* (holotype: NICH-12053).

生境 树干、树枝或叶片上。

分布 贵州、福建、台湾。日本、密克罗尼西亚。

东亚唇鳞苔(淡叶唇鳞苔)

Cheilolejeunea osumiensis (S. Hatt.) Mizut., Misc. Bryol. Lichenol. **8**: 148. 1980. *Euosmolejeunea osumiensis* S. Hatt., Bull. Tokyo Sci. Mus. **11**: 105. 1944. **Type**: Japan. Kyushu. Kagoshima-ken, Mt. Kunimi, on tree trunks, Mar. 1939, *S Hattori 1248*, *1246* (syntype: TNS; paratypes: NICH, TNS).

生境 树干、树枝、朽木或叶片上。

分布 福建(张晓青等,2011)、广东、广西(Zhu and So,2002)、海南、香港。日本。

多脊唇鳞苔

Cheilolejeunea pluriplicata (Pearson) R. M. Schust., Phytologia **45**: 430. 1980. *Lejeunea pluriplicata* Pearson, Kristiania Vidensk. -Selsk. Forhandl. **1887**(9): 5. 1887. **Type**: South Africa: Knysna. Herb. F. C. Kiaer SI (BM, O).

Anomalolejeunea pluriplicata (Pearson) Schiffn., Nat. Pflanzenfam. Ⅰ(3): 127. 1893.

生境 树干上。

分布 云南。印度、尼泊尔,非洲中部和南部。

琉球唇鳞苔

Cheilolejeunea ryukyuensis Mizut., J. Hattori Bot. Lab. **51**: 162. 1982. **Type**: Japan: Ryukyu. Okinawa Isl., Higashimura, Gesashi, *C. Miyagi 59* (holotype: NICH).

生境 树干、树基、灌木、腐木、湿石或叶片上。

分布 福建(张晓青等,2011)、广东、广西、海南、香港。日本。

匍匐唇鳞苔(新拟)

Cheilolejeunea serpentina (Mitt.) Mizut., J. Hattori Bot. Lab. **26**: 171. 1963. *Lejeunea serpentina* Mitt., J. Proc. Linn. Soc., Bot. **5**: 112. 1860. **Type**: Sri Lanka (Ceylon): Specific locality unknown, *Gardner s. n* (holotype: NY; isotype: G-19770).

Euosmolejeunea serpentina (Mitt.) Steph., Sp. Hepat. **5**: 590. 1914.

生境 树干、树基或石上。

分布　海南、澳门。古热带。

尖叶唇鳞苔(新拟)

Cheilolejeunea subopaca (Mitt.) Mizut., J. Hattori Bot. Lab. **26**: 183. 1963. *Lejeunea subopaca* Mitt., J. Proc. Linn. Soc., Bot. **5**: 116. 1860. **Type**: India: Khasia Mts., 5000ft, *J. D. Hooker & T. Thomson 1512* (holotype: NY, isotype: BM).

生境　树干、树基、石头或叶片上。

分布　安徽、贵州、西藏。不丹、印度、尼泊尔、斯里兰卡。

粗茎唇鳞苔

Cheilolejeunea trapezia (Nees) Kachroo & R. M. Schust., J. Proc. Linn. Soc., Bot. **56**: 509. 1961. *Jungermannia trapezia* Nees, Enum. Pl. Crypt. Jav. 41. 1830. **Type**: Indonesia: Java, "in Collemate bullata", *Blume & Reinwardt s. n.* (holotype: STR; isotypes: FH, W).

Jungermannia thymifolia Nees var. *imbricata* Nees, Enum. Pl. Crypt. Jav. 42. 1830.

Lejeunea imbricata (Nees) Gottsche, Lindenb. & Nees, Syn. Hepat. 359. 1845.

Lejeunea trapezia (Nees) Gottsche, Lindenb. & Nees, Syn. Hepat. 357. 1845.

Pycnolejeunea trapezia (Nees) Steph., Hedwigia **29**: 76. 1890, *nom. inval.* (Art. 43. 1).

Pycnolejeunea imbricata (Nees) Schiffn., Nat. Pflanzenfam. I (3): 124. 1893.

Pycnolejeunea trapezia (Nees) Schiffn., Nat. Pflanzenfam. I (3): 124. 1893.

Pycnolejeunea longiloba Steph. ex G. Hoffm., Ann. Bryol. **8**: 114. 1935.

Cheilolejeunea imbricata (Nees) S. Hatt., Misc. Bryol. Lichenol. **1**(14): 1. 1957.

Cheilolejeunea tosana (Steph.) Kachroo & R. M. Schust., J. Proc. Linn. Soc., Bot. **56**: 509. 1961.

Cheilolejeunea trapezia (Nees) Mizut., J. Hattori Bot. Lab. **24**: 282. 1961.

Cheilolejeunea longiloba (Steph. ex G. Hoffm.) J. J. Engel & B. C. Tan, J. Hattori Bot. Lab. **60**: 294. 1986.

生境　石上、树干、树基、树皮、朽木或叶片上。

分布　安徽、浙江、江西、湖南、湖北、四川、贵州、云南、西藏、福建(张晓青等, 2011)、台湾(Zhu and Lai, 2003, as *C. imbricata*)、广东、广西、海南、香港。印度、不丹(Long and Grolle, 1990, as *C. imbricata*)、斯里兰卡、泰国、柬埔寨、越南(Zhu and Lai, 2003, as *C. imbricata*)、马来西亚、印度尼西亚、菲律宾、日本、朝鲜(Song and Yamada, 2006)、新喀里多尼亚岛(法属)、巴布亚新几内亚、澳大利亚。

阔叶唇鳞苔

Cheilolejeunea trifaria (Reinw., Blume & Nees) Mizut., J. Hattori Bot. Lab. **27**: 132. 1964. *Jungermannia trifaria* Reinw., Blume & Nees, Nova Acta Phys.-Med. Acad. Caes. Leop.-Carol. Nat. Cur. **12**: 226. 1824.

Lejeunea trifaria (Reinw., Blume & Nees) Nees, Syn. Hepat. 361. 1845.

Euosmolejeunea trifaria (Reinw., Blume & Nees) Steph., Hedwigia **27**: 292. 1888.

生境　石头、树干或叶片上。

分布　云南、台湾(Wang et al., 2011)、广东、广西、海南、香港。日本、斯里兰卡、泰国、菲律宾、印度尼西亚、巴布亚新几内亚、澳大利亚、社会群岛、巴西、玻利维亚(Gradstein et al., 2003)、中美洲、非洲。

粗唇鳞苔(新拟)

Cheilolejeunea turgida (Mitt.) W. Ye & R. L. Zhu, J. Bryol. **32**(4): 281. 2010. *Lejeunea turgida* Mitt., J. Proc. Linn. Soc., Bot. **5**: 110. 1861.

Leucolejeunea turgida (Mitt.) Verd., Ann. Bryol. Suppl. **4**: 71. 1934.

Aureolejeunea turgida (Mitt.) R. M. Schust., Hepat. Anthocer. N. Amer **4**: 815. 1980.

生境　石头、树干、树皮或岩面薄土上。

分布　云南、西藏、福建(张晓青等, 2011)、台湾(Wang et al., 2011)、广东、广西、海南。不丹、印度、尼泊尔、泰国、越南(Zhu and Lai, 2003, as *Leucolejeunea turgida*)。

膨叶唇鳞苔

Cheilolejeunea ventricosa (Schiffn.) X. L. He, Acta Bot. Fenn. **163**: 60. 1999. *Pycnolejeunea ventricosa* Schiffn., Consp. Hepat. Arch. Ind. 261. 1898. **Type**: Indonesia: Moluccas Is., Amboina, 1875, *Naumann s. n.* (holotype: FH).

Pycnolejeunea ventricosa Schiffn. in Forschungsr. Gaz. **4** (4) (Bot.): 32. 1890, *nom. inval.*

Pycnolejeunea fitzgeraldii Steph., Sp. Hepat. **5**: 631 . 1914.

Cheilolejeunea fitzgeraldii (Steph.) X. L. He, Ann. Bot. Fenn. **32**: 253. 1995.

生境　树干或灌木枝条上。

分布　云南、海南、香港。日本、新加坡、印度尼西亚、马来西亚、巴布亚新几内亚、澳大利亚。

疣胞唇鳞苔(新拟)

Cheilolejeunea verrucosa Steph., Sp. Hepat. **5**: 673. 1914. **Type**: Indonesia: Sumatra. Specific locality unknown, *Kehding s. n.* (holotype: G-16321; isotypes: FH, JE-H2378).

生境　树干、树枝或叶片上。

分布　海南。印度尼西亚、马来西亚、巴布亚新几内亚。

南亚唇鳞苔

Cheilolejeunea vittata (Steph. ex G. Hoffm.) R. M. Schust. & Kachroo, J. Proc. Linn. Soc., Bot. **56**: 509. 1961. *Pycnolejeunea vittata* Steph. ex Hoffm., Ann. Bryol. **8**: 115. 1935. **Type**: Philippines: Lake Manguao, Palawan, *Merrill 9009* (holotype: G-10140; isotype: L)

生境　树干上。

分布　贵州、云南。菲律宾、印度尼西亚、斯里兰卡、马来西亚、澳大利亚、巴布亚新几内亚。

卷边唇鳞苔(新拟)

Cheilolejeunea xanthocarpa (Lehm. & Lindenb.) Malombe, Acta Bot. Hung. **51**: 326. 2009. *Jungermannia xanthocarpa* Lehm. & Lindenb., Nov. Strip. Pug. **5**: 8. 1833.

Lejeunea xanthocarpa (Lehm. & Lindenb.) Gottsche, Lindenb. & Nees, Syn. Hepat. 330. 1845.

Archilejeunea xanthocarpa (Lehm. & Lindenb.) Schiffn., Consp. Hepat. Arch. Ind. 316. 1898.

Leucolejeunea xanthocarpa (Lehm. & Lindenb.) A. Evans, Torreya **7**: 229. 1907. **Type**: Brazil. Definite locality unknown. *Beyrich s. n.* [lectotype designated by Grope & Piippo (1990): S; isolectotypes: NY, STR, W].

生境　朽木、石头、树干、树皮、树枝或岩面薄土上。

分布　浙江、江西、四川、贵州、福建(张晓青等,2011)、台湾(Wang et al.,2011)、广东、广西、海南、香港。泛热带地区。

硬鳞苔属 Chondriolejeunea (Benedix) Kis & Pócs Cryptog. Bryol. 22(4): 239. 2001.

模式种:*C. pseudostipulata* Schiffn.

本属全世界现有3种,中国有1种。

薄壁硬鳞苔

Chondriolejeunea chinii (Tixier) Kis. & Pócs, Cryptog. Bryol. **22**(4): 239. 2001. *Cololejeunea chinii* Tixier, Nat. Hist. Bull. Siam Soc. **24**: 439. 1973. **Type**: Malaysia: Selangor. Bukit Anak Takum, rocher calcaire a lombre, 30m, July 12. 1970, *C. S. Chung s. n.* [lectotype by Kis & Pócs, (2001): PC].

Cololejeunea shimizui N. Kitag. subsp. *shihuishanensis* M. L. So & R. L. Zhu, Bot. Helv. **109**: 194. 1999.

生境　岩石上。

分布　云南。马来西亚。

疣鳞苔属 Cololejeunea (Spruce) Schiffn. Nat. Pflanzenfam. I (3): 117. 1893.

模式种:*C. calcarea* (Lib.) Schiffn.

本属全世界约有200种,中国有73种。

耳萼疣鳞苔

Cololejeunea aequabilis (Sande Lac.) Schiffn., Consp. Hepat. Archip. Ind: 242. 1898. *Lejeunea aequabilis* Sande Lac., Ann. Mus. Bot. Lugduno-Batavi **1**: 310. 1864. **Type**: Indonesia: Java. Bantam, in cum ailis Lejeuniis, *Blume s. n.* (holotype: L-0060899).

Leptocolea yulensis Steph., Sp. Hepat. **5**: 856. 1916

Physocolea aequabilis (Sande Lac.) Steph., Sp. Hepat. **5**: 888. 1916.

Cololejeunea yulensis (Steph.) Benedix, Feddes Repert. Spec. Nov. Regni Veg. Beih. **134**: 64. 1953.

生境　叶片上。

分布　云南、台湾、海南。日本、越南、柬埔寨、菲律宾、印度尼西亚、马来西亚、巴布亚新几内亚、加罗林群岛、萨摩亚群岛。

刺边疣鳞苔

Cololejeunea albodentata P. C. Chen & P. C. Wu, Acta Phytotax. Sin. **9**(3): 252. 1964. **Type**: China: Yunnan, Kung-shan, 2800m, on the leaves of trees, Oct. 18. 1935, *Wang Qi-Wu 7106*(holotype: PE).

生境　叶面上。

分布　云南。中国特有。

狭叶疣鳞苔

Cololejeunea angustifolia (Steph.) Mizut., J. Hattori Bot. Lab. **28**: 113. 1965. *Leptocolea augustifolia* Steph., Sp. Hepat. **5**: 848. 1915. **Type**: New Guinea: collector and number unknown (holotype: G-1961).

Cololejeunea mackeeana Tixier, Bot. Not. **128**: 426. 1975.

生境　叶片上。

分布　台湾。菲律宾、印度尼西亚、马来西亚、巴布亚新几内亚、新喀里多尼亚岛(法属)。

薄叶疣鳞苔

Cololejeunea appressa (A. Evans) Benedix, Feddes Repert. Spec. Nov. Regni Veg. Beih. **134**: 31. 1953. *Leptocolea appressa* A. Evans, Bull. Torrey Bot. Club **39**: 606. 1912. *Taeniolejeunea appressa* (A. Evans) Zwick., Ann. Bryol. **6**: 107. 1933.

生境　叶面、有时生于树干、树基、树根、树桩或腐木上。

分布　浙江、贵州、云南、西藏、福建、台湾、广东、海南、香港。泛热带地区。

不丹疣鳞苔

Cololejeunea bhutanica Grolle & Mizut. in Grolle, J. Bryol. **15**: 281. 1988. **Type**: Bhutan: Tongsa District, W slopes below Yuto La, small valley in moist Quercus forest, 2960m, *D. G. Long 7986* (holotype: E; isotypes: JE, NICH).

生境　叶片上。

分布　贵州、广西。不丹、尼泊尔。

锡兰疣鳞苔

Cololejeunea ceylanica Onr., Acta Bot. Acad. Sci. Hung. **25**: 107. 1979. **Type**: Sri Lanka: Galle district, Hiniduma, Kanneliya Forest Reserve, foret dense, ombrophile, ca. 150m, *M. Onraedt 77. L. 4191* (holotype: herb. Onraedt; isotypes: EGR, JE, NICH).

生境　叶面上。

分布　西藏。斯里兰卡。

日本疣鳞苔

Cololejeunea ceratilobula (P. C. Chen) R. M. Schust., Beih. Nova Hedwigia **9**: 179. 1963. *Leptocolea ceratilobula* P. C. Chen, Feddes Repert. Spec. Nov. Regni Veg. **58**: 49. 1955.

Leptocolea ciliatilobula Horik., J. Sci. Hiroshima Univ., ser. B, Div. 2, Bot. **1**: 90. 1932.

Cololejeunea formosana Mizut., J. Hattori Bot. Lab. **24**: 250. 1961. **Type**: China: Taiwan, Taihoku, July 1928, *A Noguchi s. n.* (holotype: HIRO).

Cololejeunea ciliatilobula (Horik.) R. M. Schust., Beih. Nova Hedwigia **9**: 178. 1963.

Pedinolejeunea formosana (Mizut.) P. C. Chen & P. C. Wu var. *ceratilobula* P. C. Chen & P. C. Wu, Acta Phytotax. Sin. **9**: 265. 1964. **Type**: China: Hainan. Lingao "Lin-Kao", Nanyang "Nan-yang", am "Laubblatt", Mar. 10. 1952, *P. C. Chen 6154* (holotype: PE).

Pedinolejeunea formosana (Mizut.) P. C. Chen & P. C. Wu, Acta Phytotax. Sin. **9**(3): 264. 1964.

生境　叶片上。

分布　江西、贵州、云南、西藏、福建、台湾、广东、广西、海南、香港。印度、柬埔寨、印度尼西亚、马来西亚、斯里兰卡、越南、日本、萨摩亚群岛。

陈氏疣鳞苔

Cololejeunea chenii Tixier, Bryophyt. Biblioth. **27**: 219. 1985. Replaced: *Cololejeunea plagiophylla* Bened. var. *grossipapiillosa* P. C. Chen & P. C. Wu, Acta Phytotax. Sin. **9** (3): 254 f. 19. 1964.

生境　叶面上。

分布　贵州、云南、西藏。越南。

细齿疣鳞苔

Cololejeunea denticulata (Horik.) S. Hatt., Bull. Tokyo Sci. Mus. **11**: 99. 1944. *Physocolea denticulata* Horik., J. Sci. Hiroshima Univ., ser. B, Div. 2, Bot. 2: 287. 1934. **Type**: Japan: Kyushu. Yakushima Is., Kosugidani-Ishizuka, July 2. 1933, *Y. Horikawa 11 879* (holotype: HIRO).

Leptocolea denticulata (Horik.) P. C. Chen & P. C. Wu, Acta Phytotax. Sin. **9**: 262. 1964. **Type**: China: Yannan, Menghai Co., on the leaves, Feb. 24 1957, *w. s. Hsu 6066 — 1* (holotype: PE).

生境　叶片上。

分布　浙江、江西、云南、福建、台湾(Yang, 2009)。日本、朝鲜、孟加拉国。

线瓣疣鳞苔

Cololejeunea desciscens Steph., Hedwigia **34**: 248. 1895.

Physocolea desciscens (Steph.) Steph., Sp. Hepat. **5**: 891. 1916.

生境　叶面上。

分布　云南、海南。孟加拉国、柬埔寨、印度、印度尼西亚、巴布亚新几内亚、斯里兰卡、泰国、越南。

半透疣鳞苔(新拟)

Cololejeunea diaphana A. Evans, Bull. Torrey Bot. Club **32**: 184. 1905. **Type**: U. S. A.: Florida, homestead trail, between Cutler and Camp Longview, s. d., *Small & Carter 1365 pp.*

Aphanolejeunea truncatifolia Horik., J. Sci. Hiroshima Univ., ser. B, Div. 2, Bot. **2**: 284. 1934.

Cololejeunea truncatifolia (Horik.) Mizut., J. Hattori Bot. Lab. **24**: 282. 1961.

Aphanolejeunea diaphana (A. Evans) R. M. Schust., Hepat. Anthocer. N. Amer. **4**: 1294. 1980.

生境　树干、朽木或叶片上。

分布　云南、西藏、台湾。泛热带地区。

鼎湖疣鳞苔

Cololejeunea dinghushana R. L. Zhu & Y. F. Wang, J. E. China Normal Univ. (Nat. Sci.) **1992** (2): 91. 1992. **Type**: China: Guangdong, Dinghushan Nature Reserve, Dec. 28 1989, *R. L. Zhu 89 217* (holotype: HSNU).

生境　灌丛的叶面上。

分布　广东。中国特有。

匙叶疣鳞苔

Cololejeunea dozyana (Sande Lac.) Schiffn., Hedwigia **39**: 199. 1900. *Lejeunea dozyana* Sande Lac., Syn. Hepat. Jav.: 63. 1856. **Type**: Indonesia: Java. *Junghuhn s. n.* (holotype: L-910-292. 275).

Physocolea dozyana (Sande Lac.) Steph., Sp. Hepat. **5**: 891. 1916.

生境　树干或叶片上。

分布　云南、台湾。菲律宾、印度尼西亚、马来西亚。

平叶疣鳞苔

Cololejeunea equialbi Tixier, Ann. Fac. Sci. Univ. Phnom Pehh. **3**: 178. 1970. **Type**: Vietnam: Thua Thien, Bach Ma, 1400m, epiphylle en for&, Feb. 18. 1962, *P. Tixier 2309* (holotype: PC).

Cololejeunea chrysanthemi Tixier, Ann. Fac. Sci. Univ. Phnom Penh **3**: 179. 1970.

生境　叶片上。

分布　贵州、海南。越南、印度尼西亚、菲律宾、日本、巴布亚新几内亚。

镰叶疣鳞苔

Cololejeunea falcata (Horik.) Benedix, Feddes Repert. Spec. Nov. Regni Veg. Beih. **134**: 29. 1953. *Physocolea falcata* Horik., J. Hiroshima Univ., ser. B., Div. 2, Bot. **1**: 22. 1931.

Taeniolejeunea falcate (Horik.) Zwick., Ann. Bryol. **6**: 107. 1933.

Cololejeunea falcatoides Benedix, Feddes Repert. Spec. Nov. Regni Veg. Beih. **134**: 30. 1953.

生境　叶面上。

分布　台湾(Wang et al., 2011)、海南。斯里兰卡、泰国、柬埔寨、越南、印度尼西亚、马来西亚、菲律宾、日本、新喀里多尼亚岛(法属)、澳大利亚。

楔瓣疣鳞苔

Cololejeunea filicis (Herzog) Piippo, J. Hattori. Bot. Lab. **68**: 133. 1990. *Leptocolea filicis* Herzog, Symb. Sin. **5**: 52. 1930.

Cololejeunea pocsii Tixier, Ann. Hist. -Nat. Mus. Natl. Hung. **66**: 95. 1974.

生境　叶面上,海拔 150～400m。

分布　云南。越南。

棉毛疣鳞苔

Cololejeunea floccosa (Lehm. & Lindenb.) Steph., Hedwigia **29**: 135. 1890. *Jungermannia floccosa* Lehm. & Lindenb., Nov. Stirp. Pug. **5**: 26. 1833. **Type**: Philippines: Luzon, Sorzogon, *Presl s. n.* (holotype: W).

Lejeunea floccosa (Lehm. & Lindenb.) Lehm & Lindenb., Syn. Hepat. 324. 1845.

Symbiezidium floccosum (Lehm. & Lindenb.) Trevis., Mem. Reale Ist. Lombardo Sci., ser. 3, Cl. Sci. Mat., **4**: 403. 1877.

Leptocolea floccosa (Lehm. & Lindenb.) Steph., Sp. Hepat. **5**: 850. 1916.

Taeniolejeunea floccosa (Lehm. & Lindenb.) Zwick., Ann. Bryol. **6**: 107. 1933.

生境 朽木和叶片上。

分布 安徽、云南、福建、台湾、广东、海南、香港。斯里兰卡、日本、越南、菲律宾、印度尼西亚、马来西亚、澳大利亚、巴布亚新几内亚、新喀里多尼亚岛(法属)、斐济、马达加斯加,非洲。

格氏疣鳞苔

Cololejeunea gottschei (Steph.) Mizut., Hattori Bot. Lab. **28**: 117. 1965. *Physocolea gottschei* Steph., Sp. Hepat. **5**: 894. 1916. **Type**: Sri Lanka (Ceylon): *Thwaites s. n.* (holotype: G-010933).

Cololejeunea yunnanensis (P. C. Chen) Pócs, Bot. Zurn. (Moscow & Leningrad) **56**: 676. 1971. *Leptocolea yunnanensis* P. C. Chen, Acta Phytotax. Sin. **9** (3): 262. 1964. **Type**: China: Yunnan, Meng Yang, 900m, Feb. 1957, *W. S. Hsu 6757*.

生境 叶片上。

分布 四川、云南、台湾(Zhu and Lai, 2003)、海南。印度、孟加拉国、斯里兰卡、越南、柬埔寨、泰国(Zhu and Lai, 2003)、马来西亚、菲律宾、巴布亚新几内亚。

粗疣疣鳞苔

Cololejeunea grossepapillosa (Horik.) N. Kitag, Hikobia Suppl. **1**: 68. 1981. *Aphanolejeunea grossepapillosa* Horik., J. Sci. Hiroshima Univ., ser. B, Div. 2, Bot. **1**: 92. 1932. **Type**: China: Taiwan, Tainan, Arisan, Numano-daira, ca. 2500m. July 1928, *A. Noguchi s. n.* [holotype: HIRO; isotype: FH (Herb. Verdoorn no. 17 566)]

生境 树干或叶片上。

分布 云南、西藏、福建、台湾(Wang et al., 2011)、广东、海南。东南亚。

海南疣鳞苔

Cololejeunea hainanensis R. L. Zhu, J. Hattori Bot. Lab. **78**: 87. 1995. **Type**: China: Hainan. Bawangling Nature Reserve, 1100m, on ferns, Dec. 20. 1989, *R. -L. Zhu 89 552* (holotype: HSNU).

生境 叶片上。

分布 云南、台湾、海南(Zhu and So, 2001)。中国特有。

密刺疣鳞苔

Cololejeunea haskarliana (Lehm. & Lindenb.) Schiffn. Steph., Hedwigia **29**: 72. 1890. *Lejeunea haskarliana* Lehm. & Lindenb., Nov. Stirp. Pug. **8**: 26. 1844.

Phragmicoma haskarliana Gottsche, Syn. Hepat. 299. 1845.

Drepanolejeunea haskarliana (Lehm. & Lindenb.) Steph., Sp. Hepat. **5**: 345. 1913.

Leptocolea hispidissima Steph., Leafl. Philipp. Bot. **6**: 2287. 1914.

Cololejeunea hispidissima (Steph.) S. Hatt., J. Hattori Bot. Lab. **8**: 38. 1952.

Cololejeunea haskarliana var. *luzonensis* Tixier, Gard. Bull. Singapore **26**: 147. 1972.

Cololejeunea haskarliana var. *thermarum* Tixier, Gard. Bull. Singapore **26**: 148. 1972.

生境 叶面上。

分布 贵州(熊源新, 2007)、云南、福建(李登科和吴鹏程, 1993, *C. hispidissima*)、台湾、广西(Zhu and So, 2002)、海南、香港。印度、不丹、斯里兰卡、柬埔寨、越南、马来西亚、印度尼西亚、菲律宾、日本、新喀里多尼亚岛(法属)。

崛川疣鳞苔

Cololejeunea horikawana (S. Hatt.) Mizut., J. Hattori Bot. Lab. **24**: 254. 1961. *Leptocolea horikawana* S. Hatt., J. Jap. Bot. **18**: 653. 1942.

生境 叶面上或偶尔生于岩石上。

分布 湖南、贵州、云南、福建(张晓青等, 2011)。日本。

南亚疣鳞苔(长瓣疣鳞苔)

Cololejeunea indosinica Tixier, Bryophyt. Biblioth. **27**: 63. 1985. **Type**: Vietnam: Tuyen Duc, foret de Manline, epiphylle en foret, 1400～1500m, Oct. 10. 1957, *P. Tixier 2666* [2266] (holotype: PC).

生境 叶面上。

分布 海南。柬埔寨、越南。

白边疣鳞苔

Cololejeunea inflata Steph., Hedwigia **34**: 249. 1895. *Physocolea inflata* (Steph.) Steph., Sp. Hepat. 5: 896. 1916.

Physocolea oshimensis Horik., J. Sci. Hiroshima Univ., ser. B, Div. 2, Bot. **1**: 69 f. 8. 1931.

Cololejeunea oshimensis (Horik.) Benedix, Feddes Repert. Spec. Nov. Regni Veg. Beih. **134**: 42. 1953.

生境 叶面上或偶尔生于腐木上。

分布 安徽、浙江、贵州、云南、西藏、福建、台湾(Wang et al., 2001)、广东、广西(Zhu and So, 2002)、海南。斯里兰卡、泰国、老挝、越南、马来西亚、印度尼西亚、菲律宾、日本、新喀里多尼亚岛(法属)。

隐齿疣鳞苔

Cololejeunea inflectens (Mitt.) Benedix, Feddes Repert. Spec. Nov. Regni Veg. Beih. **134**: 79. 1953. *Lejeunea inflectens* Mitt., J. Proc. Linn. Soc., Bot. **5**: 117. 1861. **Type**: Sri Lanka (Ceylon): Horton Plains, in Macromitrium, *Gardner 36* (holotype: NY; isotype: FH).

Lejeunea ciliatilobula Schiffn., Nova Acta Acad. Caes. Leop. -Carol. German. Nat. Cur. **60**: 239. 1893.

Cololejeuna ciliatilobula (Schiffn.) Schiffn., Consp. Hepat. Arch. Ind. 242. 1898.

Physocolea ciliatilobula (Schiffn.) Steph., Sp. Hepat. **5**: 896. 1916.

Physocolea inflectens (Mitt.) Steph., Sp. Hepat. **5**: 896. 1916.

Physocola peculiaris Herzog, Mitt. Inst. Allg. Bot. Hamburg **7**: 216. 1931.

Cololejeunea peculiaris (Herzog) Benedix, Feddes Repert. Spec. Nov. Regni Veg. Beih. **134**: 80. 1953.

Campylolejeunea ciliatilobula (Schiffn.) S. Hatt., Biosphaera **1**: 6. 1957.

Campylolejeunea peculiaris (Herzog) Amakawa, J. Jap. Bot. **33**(5): 161. 1960.

Campylolejeunea inflectens (Mitt.) Mizut., J. Hattori Bot. Lab. **26**: 184. 1963.

生境　树干或叶片上。

分布　海南。斯里兰卡、越南、柬埔寨、马来西亚、印度尼西亚、菲律宾、日本、密克罗尼西亚、巴布亚新几内亚、新喀里多尼亚岛(法属),非洲。

东亚疣鳞苔

Cololejeunea japonica (Schiffn.) Mizut., J. Hattori Bot. Lab. **24**: 241. 1961. *Leptocolea japonica* Schiffn., Ann. Bryol. **2**: 92. 1929. **Type**: Japan: Hiroshima Pref. Miyajima Is., Dec. 2. 1924, *H. Molisch s. n.* (holotype: W).

Leptocolea japonica Schiffn. ex Molisch, Pflanzenbiol. Japan: 146. 1926, *nom. nud.*

Physocolea japonica (Schiffn.) Horik., Bot. Mag. (Tokyo) **46**: 181. 1932.

生境　树基或叶片上。

分布　江苏、上海、福建。日本、朝鲜。

单胞疣鳞苔

Cololejeunea kodamae Kamim., Feddes Repert. Spec. Nov. Regni Veg. **58**: 55. 1955. **Type**: Japan: Honshu, Prov. Yamato, Mt. Ohdaigahara, 500m, Aug. 1. 1953, *Kodama 4680* (holotype: NICH).

生境　叶片上。

分布　福建(张晓青等,2011)、广西。日本、朝鲜。

狭瓣疣鳞苔

Cololejeunea lanciloba Steph., Hedwigia **34**: 250. 1895. **Type**: Nicobar Is.: Katshall, Feb. 1875, *Kurz 3917* (holotype: G-003718).

Cololejeunea latilobula (Herzog) Tixier var. *dentata* (P. C. Chen & P. C. Wu) Piippo, J. Hattori Bot. Lab. **68**: 133. 1990.

Leptocolea lanciloba (Steph.) A. Evans, Bull. Torrey Bot. Club **38**: 268. 1911.

Pedinolejeunea himalayensis (Pande & Misra) P. C. Chen & P. C. Wu var. *dentata* P. C. Chen & P. C. Wu, Acta Phytotax. Sin. **9**(3): 268. 1964. **Type**: China, Hainan, Bai-po. oct. 10 1934, *C. Ho 3036* (holotype: PE).

Pedinolejeunea lanciloba (Steph.) P. C. Chen & P. C. Wu, Acta Phytotax. Sin. **9**: 266. 1964.

生境　树干或叶片上。

分布　江西、贵州、云南、福建(张晓青等,2011)、台湾、广东、广西、海南、香港。日本、印度(科尼巴群岛)、孟加拉国、斯里兰卡、柬埔寨、泰国、菲律宾、马来西亚、印度尼西亚、巴布亚新几内亚、波利尼西亚、澳大利亚、新喀里多尼亚岛(法属)、美国(夏威夷)、玻利维亚(Gradstein et al., 2003),非洲。

阔瓣疣鳞苔

Cololejeunea latilobula (Herzog) Tixier, Bryophyt. Biblioth. **27**: 156. 1985. *Leptocolea latilobula* Herzog in Handel-Mazzetti, Symb. Sin. **5**: 54. 1930.

Leptocolea himalayensis Pande & Misra, Proc. Natl. Inst. Sci. India **13**(1): 26. 1957.

Cololejeunea himalayensis (Pande & Misra) R. M. Schust., Beih. Nova Hedwigia **9**: 177. 1963.

Pedinolejeunea himalayensis (Pande & Misra) P. C. Chen & P. C. Wu, Acta Phytotax. Sin. **9**: 270. 1964.

Pedinolejeunea pseudolatilobula P. C. Chen & P. C. Wu, Acta Phytotax. Sin **9**: 270. f. 25. 1964. **Type**: China: Yunnan, Meng Yang, Oct. 3. 1957, *W. S. Hsu 11 483* (holotype: PE).

生境　树干、树基、岩面或叶面上。

分布　浙江、江西(Ji and Qiang, 2005)、湖南、云南、西藏、香港、澳门。印度、缅甸、越南、塞舌尔群岛(非洲),非洲。

阔体疣鳞苔

Cololejeunea latistyla R. L. Zhu, Hikobia **11**(4): 544. 1994. **Type**: China: Zhejiang, Baishanzu Nature Reserve, Shijiuyuan, on the leaves of *Sycopsis sinensis* Oliv., 1600m, 1990, *G.-Z. Zhang 90 909* (holotype: HSNU)

生境　叶面上或偶尔生于腐木上。

分布　浙江、云南、福建。中国特有。

鳞叶疣鳞苔(长叶疣鳞苔)

Cololejeunea longifolia (Mitt.) Benedix ex Mizut., J. Hattori Bot. Lab. **26**: 184. 1963. *Lejeunea longifolia* Mitt., J. Proc. Linn. Soc., Bot. **5**: 117. 1861. **Type**: India: Sikkim, 4～8000ft., *J. D. Hooker 1496* (holotype: NY; isotype: BM).

Physocolea oblonga Herzog in Handel-Mazzetti, Symb. Sin. **5**: 55. 1930. **Type**: China: Guizhou, July 20. 1917, *Handel-Mazzetti 10 890* (lectotype: WU).

Physocolea gemmifera P. C. Chen, Feddes Repert. Spec. Nov. Regni Veg. **58**: 50. 1955. **Type**: China: Chongqing, Mt. Jinfoshan, Aug. 18. 1945, *C. C. Jao 75a* (holotype: PE).

Cololejeunea gemmifera (P. C. Chen) R. M. Schust., Beih. Nova Hedwigia **9**: 174. 1963.

Leptocolea oblonga (Herzog) P. C. Chen & P. C. Wu, Acta Phytotax. Sin. **9**: 258. 1964.

生境　树干、树基、叶面、湿石或腐木上。

分布　陕西、安徽、浙江、江西、重庆、湖南、湖北、四川、贵州、云南、西藏、福建、台湾、广东、广西、海南。不丹、印度、日本、朝鲜。

距齿疣鳞苔

Cololejeunea macounii (Spruce ex Underw.) A. Evans, Mem. Torrey Bot. Club **8**: 171 pl. 22. 1902. *Physocolea macounii* (Underw.) Steph., Sp. Hepat. **5**: 914. 1916.

Physocolea rupicola Steph., Sp. Hepat. **5**: 904. 1916.

Physocolea handelii Herzog in Handel-Mazzetti, Symb. Sin. **5**: 55 f. 21. 1930.

生境　树枝、树干、树基、叶面上或偶尔也生于岩面上。

分布　浙江、湖南、四川、贵州、云南、台湾、广东、广西。日本、朝鲜、越南。

大苞疣鳞苔(新拟)

Cololejeunea madothecoides (Steph.) Benedix, Feddes Repert. Spec. Nov. Regni Veg. Beih. **134**: 81. 1953. *Physocolea madotheocoides* Steph., Sp. Hepat. **5**: 898. 1916. **Type**: Indonesia: Java, Tjikao, Krawang, Sept. 1899, *M. Fleischer s. n.* (G-16565).

生境　树干或湿石上。

分布　广西、海南。印度、不丹、越南、印度尼西亚、日本。

大瓣疣鳞苔

Cololejeunea magnilobula (Horik.) S. Hatt., Bull. Tokyo Sci. Mus. **11**: 99. 1944. *Physocolea magnilobula* Horik., J. Sci. Hiroshima, ser. B, Div. **2**, Bot. 2: 288. 1934. **Type**: China: Taiwan, Taitoku, Taiheizan (Mururoafu), on the leaves and branches of shrubs, Aug. 24. 1932, *S. Iwamasa 3454* (holotype: Herb. Horikawa no. 11 488, HIRO).

Leptocolea magnilobula (Horik.) P. C. Chen & P. C. Wu, Acta Phytotax. Sin. **9**: 260. 1964.

生境　叶片、灌木、树枝或树干上。

分布　浙江、贵州、福建(张晓青等,2011)、台湾、海南。日本(Yamada and Iwatsuki, 2006)。

条瓣疣鳞苔

Cololejeunea magnistyla (Horik.) Mizut., J. Hattori Bot. Lab. **24**: 243. 1961. *Leptocolea magnistyla* Horik., J. Sci. Hiroshima Univ., ser. B, Div. 2, Bot. **1**: 131. 1932. **Type**: Japan: Ryukyu, Okinawa, Katena, on wet rocks, Jan 1931, *Y. Horikawa 2370b* (HIRO).

生境　湿石或叶片上。

分布　湖南、贵州、台湾。日本。

圆叶疣鳞苔(细疣鳞苔,微齿疣鳞苔)

Cololejeunea minutissima (Sm.) Schiffn., Nat. Pflanzenfam. Ⅰ(3): 122. 1893. *Jungermannia minutissima* Sm., Engl. Bot. **23**: 1633. 1806. **Type**: England: Hampshire, New Forest, *Lyell s. n.*

Physocolea orbiculata Herzog in Handel-Mazzetti, Symb. Sin. **5**: 56. 1930.

Cololejeunea orbiculata (Herzog) S. Hatt., Bull. Tokyo Sci. Mus. **11**: 101. 1944.

生境　树皮、岩石、灌木或树枝上。

分布　云南、台湾、海南。印度、尼泊尔、不丹(Long and Grolle, 1990)、日本、朝鲜(Song and Yamada, 2006)、玻利维亚(Gradstein et al., 2003)、巴西(Yano, 1995),非洲、欧洲、北美洲。

粗萼疣鳞苔

Cololejeunea obliqua (Nees & Mont.) Schiffn., Bot. Jahrb. Syst. **23**: 586. 1897[1896]. *Lejeuna obliqua* Nees & Mont., Ann. Sci. Nat., Bot., sér. 2, **19**: 264. 1843. **Type**: Brazil: Collector and number unknown (holotype: STR).

Lejeunea scabriflora Gottsche, Abh. Naturwiss. Vereine Bremen **7**: 362. 1882, *nom. inval.*

Cololejeunea scabriflora Gottsche ex Steph., Hedwigia **34**: 251. 1895.

Leptocolea scabriflora (Gottsche ex Steph.) A. Evans, Bull. Torrey Bot. Club **38**: 262. 1911.

生境　叶片上。

分布　四川、台湾。印度(尼科巴群岛)、不丹、孟加拉国、苏里南、马提尼克岛(Long and Grolle, 1990)、巴西(Yano, 1995)、马达加斯加(Long and Grolle, 1990)。

列胞疣鳞苔

Cololejeunea ocellata (Horik.) Benedix, Feddes Repert. Spec. Nov. Regni Veg.. Beih. **134**: 38. 1953. *Leptocolea ocellata* Horik., J. Sci. Hiroshima Univ., ser. B, Div. **2** (Bot.) 1: 86. f. 11. 1932. **Type**: China: Taiwan, Mt. Arisan, on leaves, *A. Noguchi 6180* (holotype: HIRO).

生境　叶面上。

分布　浙江、江西、贵州、云南、西藏、福建、台湾、广东、广西、香港。不丹、泰国、越南和日本。

多胞疣鳞苔

Cololejeunea ocelloides (Horik.) S. Hatt., J. Hattori Bot. Lab. **19**: 138. 1958. *Leptocolea ocelloides* Horik., J. Sci. Hiroshima Univ., ser. B, Div. 2, Bot. **2**: 280 f. 60. 1934.

Taeniolejeunea ocelloides (Horik.) S. Hatt., J. Jap. Bot. **17**: 462. 1941.

Cololejeunea leonidens Benedix, Feddes Repert. Spec. Nov. Regni Veg. Beih. **134**: 39. 1953.

生境　叶面、树干、树基或腐木上。

分布　云南、福建(张晓青等,2011)、台湾、广东、海南、香港。不丹(Long and Grolle, 1990)、印度尼西亚、马来西亚、菲律宾、泰国、越南、柬埔寨、日本。

粗柱疣鳞苔

Cololejeunea ornata A. Evans, Bryologist **41**: 73. 1938.

生境　叶面上。

分布　安徽(刘仲苓等,1988)、浙江、四川(Piippo et al., 1997)。巴基斯坦、日本、美国。

粗疣鳞苔

Cololejeunea peraffinis (Schiffn.) Schiffn., Consp. Hepat. Arch. Ind. 245. 1898. *Lejeunea peraffinis* Schiffn., Nova Acta Acad. Caes. Leop.-Carol. German. Nat. Cur. **60**: 242. 1893.

Physocolea peraffinis (Schiffn.) Steph., Sp. Hepat. **5**: 900. 1916.

Leptocolea floccose (Lehm. & Lindenb.) Steph. var. *peraffinis* (Schiffn.) Herzog, Ann. Bryol. **4**: 94. 1931.

Taeniolejeunea peraffinis (Schiffn.) Zwick., Ann. Bryol. **6**: 107. 1933.

Leptocolea peraffinis (Schiffn.) Horik., J. Hiroshima Univ., ser. B., Div. 2, Bot. **2**: 280. 1934.

Taeniolejeunea magnipapillosa Kamim., Feddes Repert. Spec. Nov. Regni Veg. **58**: 57. 1955.

Cololejeunea magnipapillosa (Kamim.) P. C. Chen & P. C. Wu, Acta Phytotax. Sin. **9**: 251. 1964.

生境　叶面上。

分布　安徽、浙江、江西、湖南、云南、福建、台湾、广东、海南。柬埔寨、印度尼西亚、日本、马来西亚、菲律宾、斯里兰卡、越南、巴布亚新几内亚、新喀里多尼亚岛(法属)、斐济、澳大利亚,非洲。

粗齿疣鳞苔

Cololejeunea planissima (Mitt.) Abeyw., Ceylon J. Sci., Bio. Sci. **2**(1): 73. 1959. *Lejeunea planissima* Mitt., J. Proc. Linn. Soc., Bot. **5**: 117. 1861.

Physocolea planissima (Mitt.) Steph., Sp. Hepat. **5**:

900. 1916.

Leptocolea aoshimensis Horik., J. Sci. Hiroshima Univ., ser. B, Div. 2, Bot. **1**: 20. 1931.

Leptocolea nakaii Horik., J. Sci. Hiroshima Univ., ser. B, Div. 2, Bot. **1**: 18. 1931.

Leptocolea lanciloba (Steph.) A. Evans var. *nakaii* (Horik.) S. Hatt., J. Hattori Bot. Lab. **8**: 38. 1952.

Cololejeunea aoshimensis (Horik.) S. Hatt., J. Hattori Bot. Lab. **19**: 138. 1958.

Cololejeunea nakaii (Horik.) H. A. Mill., Bryologist **63**: 122. 1960.

Pedinolejeunea aoshimensis (Horik.) P. C. Chen & P. C. Wu, Acta Phytotax. Sin. **9**: 270. 1964.

Pedinolejeunea nakaii (Horik.) P. C. Chen & P. C. Wu, Acta Phytotax. Sin. **9**: 271. 1964.

Pedinolejeunea planissima (Mitt.) P. C. Chen & P. C. Wu, Acta Phytatox. Sin. **9**: 271. 1964.

生境　树枝、树干、树基、朽木或叶片上。

分布　安徽、浙江、江西、湖南、四川、贵州、云南、西藏、福建、台湾、广东、广西、海南、香港。泰国、印度、印度尼西亚、日本、朝鲜、老挝、马来西亚、密克罗尼西亚、斯里兰卡、坦桑尼亚。

假肋疣鳞苔

Cololejeunea platyneura (Spruce) A. Evans, Mem. Torrey Bot. Club **8**: 172. 1902. *Lejeunea platyneura* Spruce, Trans. & Proc. Bot. Soc. Edinburgh **15**: 299. 1884.

Physocolea vittata Steph., Sp. Hepat. **5**: 873. 1916.

Cololejeunea usambarica E. W. Jones, Trans. Brit. Bryol. Soc. **2**: 434. 1954.

Cololejeunea bichiana Tixier, Ann. Hist.-Nat. Mus. Natl. Hung. **66**: 94. 1974.

Cololejeunea astyla Mizut., J. Hattori Bot. Lab. **29**: 156. 1996.

生境　叶面上。

分布　云南。巴西(Yano, 1995)、泛热带分布。

多齿疣鳞苔

Cololejeunea pluridentata P. C. Wu & J. S. Luo, Acta Phytotax. Sin. **16**: 105. 1978. **Type**: China: Xizang, Motuo, Meto, Han-Mi, on leaves, Aug. 25. 1974, *Group of vegetation 2786-2* (holotype: PE).

生境　叶片上。

分布　云南、西藏。中国特有。

尖叶疣鳞苔

Cololejeunea pseudocristallina P. C. Chen & P. C. Wu, Acta Phytotax. Sin. **9**(3): 257. 1964. **Type**: China: Yunnan, Jinghong, Mengsun, in forests, on the leaves of trees, 1700m, Sept. 2. 1936, *C. W. Wang 9454* (holotype: PE).

生境　叶片上。

分布　湖北、贵州、云南、广东、香港。中国特有。

拟棉毛疣鳞苔

Cololejeunea pseudofloccosa (Horik.) Benedix., Peddes Repert. Spec. Nov. Regni Veg. Beih. **134**: 36. 1953. *Leptocolea pseudofloccosa* Horik., J. Sci. Hiroshima Univ., ser. B, Div. 2, Bot. **1**: 87 f. 12. 1932.

Taeniolejeunea pseudofloccosa (Horik.) S. Hatt., J. Jap. Bot. **17**: 465. 1941.

生境　叶面或腐木上。

分布　浙江、江西、四川、贵州、云南、西藏、福建、台湾、广东、广西(Zhu and So, 2002)。印度、不丹、斯里兰卡、尼泊尔、印度尼西亚、马来西亚、菲律宾、越南、日本、澳大利亚。

拟斜叶疣鳞苔

Cololejeunea pseudoplagiophylla P. C. Wu & J. S. Luo, Acta Phytotax. Sin. **16**(4): 106. 1978. **Type**: China: Xizang, Motuo Co., Beibeng, Sept. 8. 1974, *Vegetation group 3164* (holotype: PE).

生境　叶面上。

分布　云南、西藏、海南。印度、越南。

拟日本疣鳞苔

Cololejeunea pseudoschmidtii Tixier, Gard. Bull. Singapore **26**: 145. 1972. **Type**: Philippines: Luzon. Mt. Maquiling, July 10. 1965, *P. Tixier 1394* (holotype: PC).

生境　树干或叶片上。

分布　贵州、云南、广西、海南。菲律宾。

拟疣鳞苔

Cololejeunea raduliloba Steph., Hedwigia **34**: 251. 1895. **Type**: Vietnam: Tonkin, Khang-Thuong (Ma Co.), Nov. 9. 1885, *Bon s. n.* (holotype: G-1957).

Physocolea raduliloba (Steph.) Steph., Sp. Hepat. **5**: 903. 1916.

Leptocolea longilobula Horik., J. Sci. Hiroshima Univ., ser B, Div. 2, Bot. **1**: 73. 1931.

Cololejeunea longilobula (Horik.) S. Hatt., J. Hattori Bot. Lab. **17**: 75. 1956.

Cololejeunea uchimae Amakawa, J. Jap. Bot. **33**: 142. 1958.

Pedinolejeunea uchimae (Amakawa) P. C. Chen & P. C. Wu, Acta Phytotax. Sin. **9**: 264. 1964.

生境　岩石、树基、树枝、朽木、树干或叶片上。

分布　浙江、江西、湖南、云南、福建、台湾、广东、广西(Zhu and So, 2002)、海南、香港。朝鲜、日本、尼泊尔、印度、越南、印度尼西亚、澳大利亚、密克罗尼西亚、马达加斯加、塞舌尔群岛。

圆瓣疣鳞苔

Cololejeunea rotundilobula (P. C. Wu & P. J. Lin) Piippo, J. Hattori Bot. Lab. **68**: 134. 1990. *Pedinolejunea rotundilobula* P. C. Wu & P. J. Lin, Acta Phytotax. Sin. **16**: 69. 1978. **Type**: China: Hainan, Jianfengling, *P. C. Chen et al. 456* (IBSC).

生境　蕨类植物叶面上。

分布　云南、福建、台湾、广东、广西(Zhu and So, 2002)、海南。越南(Zhu and Lai, 2003)。

许氏疣鳞苔

Cololejeunea schmidtii Steph., Bot. Tidsskr. **24**: 278. 1902.

Physocolea schmidtii (Steph.) Steph., Sp. Hepat. **5**: 905. 1916.

Physocolea nipponoca Horik., J. Sci. Hiroshima Univ., ser. B, Div. 2, Bot. **1**: 172. 1931.

Cololejeunea nipponica (Horik.) S. Hatt., Bull. Tokyo

Sci. Mus. **11**: 100. 1944.

生境　叶面上。

分布　福建、广西(Zhu and So, 2002)、海南、香港。柬埔寨、日本、老挝、菲律宾、斯里兰卡、越南、泰国、巴布亚新几内亚。

全缘疣鳞苔

Cololejeunea schwabei Herzog, J. Hattori Bot. Lab. **14**: 54. 1955.

Pedinolejeunea schwabei (Herzog) P. C. Chen ex P. C. Wu & But, Hepat. Fl. Hong Kong p. 138. 2009. **Type**: China: Taiwan, Loco incerto, 1947, *G. H. Schwabe s. n.* (holotype: JE).

生境　潮湿岩面或偶尔生于叶面上。

分布　广东、海南、香港。日本。

锯齿疣鳞苔

Cololejeunea serrulata Steph., Hedwigia **34**: 252. 1895. **Type**: Vietnam: Tonkin, Nov. 16. 1887, *B. Balansa s. n.* (holotype: G-22053).

Physocola serrulata (Steph.) Steph., Sp. Hepat. **5**: 906. 1916.

生境　叶片上。

分布　云南、福建(张晓青等, 2011)、广西(Zhu and So, 2002)。越南。

卵叶疣鳞苔

Cololejeunea shibiensis Mizut., J. Haottri Bot. Lab. **57**: 437. 1984. **Type**: Japan: Kyushu. Kagoshima-ken, Mt. Shibi, 700m, on bark, Sept. 25. 1956, *T. Kodama 11 783* (holotype: NICH-62905).

生境　叶面上或偶尔生于腐木上。

分布　福建(Zhu and So, 2001)。日本。

东亚疣鳞苔

Cololejeunea shikokiana (Horik.) S. Hatt., Bull. Tokyo Sci. Mus. **11**: 101. 1944. *Physocolea shikokiana* Horik., Bot. Mag. (Tokyo) **46**: 182. 1932. **Type**: Japan: Shikoku, Prov. Iyo, Mt. Iwaya-san, Aug. 28. 1930, *S. Ochi s. n.* (holotype: HIRO).

Cololejeunea shikokiana (Horik.) S. Hatt. var. *subacuta* S. Hatt., Bull. Tokyo Sci. Mus. **11**: 101. 1944.

生境　树皮上。

分布　江西、台湾。日本。

单胞疣鳞苔

Cololejeunea sigmoidea Jovet-Ast. & Tixier, Rev. Bryol. Lichénol. **31**: 27. 1962.

Cololejeunea imperfecta Benedix, Feddes Repert. Spec. Nov. Regni Veg. Beih. **134**: 8. 1953.

生境　蕨类植物叶面上。

分布　台湾、海南。柬埔寨、印度、印度尼西亚、日本、马来西亚、泰国、越南。

岩生疣鳞苔(新拟)

Cololejeunea sintenisii (Steph.) Pócs, Cryptog. Bryol. **29**(3): 235. 2008. *Lejeunea sintenisii* Steph., Hedwigia **27**: 291. 1888. **Type**: Puerto Rico: s. d., Sintenis 136 p. p., *hb. Stephani 532* (holotype: G).

Aphanolejeunea angustiloba Horik., J. Sci. Hiroshima Univ., ser. B, Div. 2, Bot. **1**: 91. 1932.

Cololejeunea angustiloba (Horik.) Mizut., Proc. Bryol. Soc., Japan **6**: 246. 1996.

生境　叶片上。

分布　四川、贵州、西藏(高谦和吴玉环, 2010, as *Aphanolejeunea angustiloba*)、台湾、广西。日本、巴布亚新几内亚、澳大利亚。

短齿疣鳞苔

Cololejeunea sphaerodonta Mizut., J. Hattori Bot. Lab. **29**: 165. 1966.

生境　树干上,有时生于叶面上。

分布　云南。马来西亚、越南。

刺疣鳞苔

Cololejeunea spinosa (Horik.) S. Hatt., Bull. Tokyo Sci. Mus. **11**: 120. 1944. *Physocolea spinosa* Horik., J. Sci. Hiroshima Univ., ser. B, Div. 2, Bot. **1**: 70 f. 9. 1933.

Cololejeunea indica Pande & Misra, J. Indian. Bot. Soc. **22**: 166. 1943.

Cololejeunea haskarliana (Lehm. & Lindenb.) Schiffn. var. *spinosa* (Horik.) T. Kodama, J. Hattori Bot. Lab. **17**: 66. 1956.

生境　叶面上或偶尔生于树皮上。

分布　安徽、浙江、江西、湖南、四川、贵州、云南(Zhu and So, 2001)、西藏(吴鹏程, 1985b)、福建、台湾、广东、广西、海南、香港(Zhu and So, 2001)。印度、尼泊尔、菲律宾、日本、朝鲜。

斯氏疣鳞苔(新拟)

Cololejeunea stephanii Schiffn. ex Benedix, Feddes Repert. Spec. Nov. Regni Veg. Beih. **134**: 40. 1953.

生境　蕨类植物叶面上。

分布　海南。印度尼西亚、马来西亚、菲律宾、巴布亚新几内亚。

副体疣鳞苔

Cololejeunea stylosa (Steph.) A. Evans, Trans. Connecticut Acad. Arts **10**: 454. 1900. *Lejeunea stylosa* Steph., Hedwigia **27**: 289. 1888.

Physocolea stylosa (Steph.) Steph., Sp. Hepat. **5**: 906. 1916.

Leptocolea liukiuensis Horik., Bot. Mag. (Tokyo) **46**: 179. 1932.

Cololejeunea liukiuensis (Horik.) Mizut., J. Hattori Bot. Lab. **24**: 282. 1961.

Pedinolejeunea liukiuensis (Horik.) P. C. Chen & P. C. Wu, Acta Phytotax. Sin. **9**: 271. 1964.

Cololejeunea bokorensis Tixier, Bryophyt. Biblioth. **18**: 64. 1979.

生境　叶面或树皮上。

分布　安徽(刘仲苓等, 1988, as *Pedinolejeunea liukiuensis*)、江西(Ji and Qiang, 2005)、台湾、广东、香港。日本、老挝、马来西亚、菲律宾、越南。

短肋疣鳞苔

Cololejeunea subfloccosa Mizut., J. Hattori Bot. Lab. **57**: 168. 1984. **Type**: Japan: Honshu. Nara-ken, Nara-shi, Kasugayama, 400m, on tree-trunk, *T. Kodama 6100* (holotype:

NICH).
生境 树干、树基、树枝或叶片上。
分布 安徽、浙江、江西、贵州、福建、广东、海南。日本。

疣瓣疣鳞苔

Cololejeunea subkodamae Mizut., J. Hattori Bot. Lab. **60**: 448. 1986.
生境 叶面上。
分布 浙江、湖南、贵州、福建。日本。

拟多胞疣鳞苔

Cololejeunea subocelloides Mizut, J. Hattori Bot. Lab. **57**: 163. 1984.
生境 叶面、树干或灌丛。
分布 浙江、台湾。日本。

南亚疣鳞苔

Cololejeunea tenella Benedix, Feddes Repert. Spec. Nov. Regni Veg. Beih. **134**: 55. 1953.
生境 树干、腐木或叶面上。
分布 安徽、浙江、重庆、贵州、云南、西藏、福建、台湾。斯里兰卡、泰国、柬埔寨、越南、马来西亚、印度尼西亚、澳大利亚。

单体疣鳞苔

Cololejeunea trichomanis (Gottsche) Steph., Hedwigia **34**: 252. 1895. *Lejeunea trichomanis* Gottsche, Abh. Natures. Vereine Bremen **7**: 362. 1882. **Type**: Australia: Queensland, Bellenden Ker Range, 3000ft, 1881, *Karsten s. n.* [lectotype by Grolle (2001): G-17352, isotype: MEL (Thiers 1988); holotype in B destroyed].

Lejeunea goebelii Gottsche in K. I. Goebel, Ann. Jard. Bot. Buitenzorg **7**: 49. 1888, *nom. nud.*

Lejeunea goebelii Gottsche ex Schiffn., Nova Acta Acad. Caes. Leop.-Carol. German. Nat. Cur. **60**: 240. 1893.

Cololejeunea goebelii (Gottsche ex Schiffn.) Schiffn., Consp. Hepat. Arch. Ind.: 244. 1898.

Leptocolea goebelii (Gottsche ex Schiffn.) A. Evans, Bull. Torrey Bot. Club **38**: 265. 1911.

Physocolea trichomanis (Gottsche) Steph., Sp. Hepat. **5**: 912. 1916.

Leptocolea dolichostyla Herzog in Handel-Mazzetti, Symb. Sin. **5**: 54. 1930. **Type**: China: Guizhou, July 18. 1917, *Handel-Mazzetti 10 843*.
生境 树干、树基、湿石、树枝或叶片上。
分布 浙江、江西、四川、贵州、云南、西藏、福建、台湾、广东、广西、海南、香港。尼泊尔、泰国、老挝、柬埔寨、越南、马来西亚、印度尼西亚、菲律宾、朝鲜、日本、澳大利亚。

截叶疣鳞苔

Cololejeunea truncatifolia (Horik.) Mizut., J. Hattori Bot. Lab. **24**: 282. 1961. *Aphanolejeunea truncatifolia* Horik., J. Sci. Hiroshima Univ. ser. B, Div. 2, Bot. **2**: 284. 1934. **Type**: China: Taiwan, *Horikawa 11 448* (holotype: HIRO).
生境 叶面上。
分布 云南、台湾(Horikawa, 1934, as *Aphanolejeunea truncatifolia*)。不丹(Long and Grolle, 1990)和日本。

佛氏疣鳞苔

Cololejeunea verdoornii (S. Hatt.) Mizut., J. Hattori Bot. Lab. **24**: 273 f. 37. 1961. *Taeniolejeunea verdoornii* S. Hatt., J. Jap. Bot. **17**: 459 f. 1. 1941.
生境 叶面、树干或腐木。
分布 浙江、江西、四川、贵州、云南、福建。东亚地区特有。

密砂疣鳞苔

Cololejeunea verrucosa Steph., Hedwigia **34**: 253. 1895. **Type**: Indonesia: *Haskarl s. n.* (holotype: G-012566).

Physocolea verrucosa (Steph.) Steph., Sp. Hepat. **5**: 908. 1916.

Taeniolejeunea verrucosa (Steph.) S. Hatt. in Nakai, Iconogr. Pl. As Orient. **4**: 382. 1941.

Cololejeunea roselloides P. C. Wu & P. J. Lin, Acta Phytotax. Sin. **16**(2): 68. 1978. **Type**: China: Hainan, Mt. Jianfengling, *P. C. Chen et al. 202-a* (holotype: PE).
生境 叶面上。
分布 海南。印度尼西亚。

魏氏疣鳞苔

Cololejeunea wightii Steph., Hedwigia **34**: 253. 1895. **Type**: Malaya: Dulopenang, *Wallich s. n.* (holotype: G-22054).
生境 朽木上。
分布 广西、海南。泛热带分布。

九洲疣鳞苔

Cololejeunea yakusimensis (S. Hatt.) Mizut., J. Hattori Bot. Lab. **57**: 430. 1984. *Leptocolea lanciloba* var. *yakusimensis* S. Hatt., J. Jap. Bot. **18**: 655 f. 16. 1942.

Leptocolea lanciloba (Steph.) A. Evans var. *yakusimensis* S. Hatt., J. Jap. Bot. 18: 655. 1942.

Pedinolejeunea himalayensis (Pande & Misra) P. C. Chen & P. C. Wu var. *wuyiensis* P. C. Chen & P. C. Wu, Acta Phytotax. Sin. **9**: 268. 1964. **Type**: China: Fujian, Mt. Wuyi on the leaves, Apr. 21. 1955. *P. C. Chen et al. 968* (holotype: PE).

Pedinolejeunea latilobula (Herzog) Tixier var. *wuyiensis* (P. C. Chen & P. C. Wu) Piippo, J. Hattori Bot. Lab. **68**: 133. 1990.
生境 叶面上。
分布 浙江、江西、湖南、四川、云南、福建、台湾(Zhu and Lai, 2003)、广东。越南(Zhu and Lai, 2003)、日本。

顶边疣鳞苔

Cololejeunea yipii R. L. Zhu, Nova Hedwigia Beih. **121**: 346. 2001. **Type**: China: Yunnan. Gongshan, Dulongjiang, between Qinlangdang and Intersection (Jiebei) no. 41, 1240m, epiphyllous, *Zang Mu 2282* (holotype: HSNU; isotype: IFP).
生境 叶片上。
分布 云南、海南。中国特有。

臧氏疣鳞苔

Cololejeunea zangii R. L. Zhu & M. L. So, Syst. Bot. **24**: 501. 2000. **Type**: China: Yunnan, Gongshan, Dulongjiang "Du Long River", between Maku and Bapo, 1600m, 1982, *Zang Mu 2798* (holotype: HSNU; isotypes: IFP, JE, HKAS).

Cololejeunea marginata (Lehm. & Lindenb.) Steph. var. *alimbia* Schiffn., Hedwigia 39: 200. 1900, *nom. nud.* **Original materi-**

al: Indonesia: Java. Foret Tjibodas, Jan. 1895, *J. Massart 1606* (FH, JE).
生境　叶面上。
分布　云南、西藏。斯里兰卡、柬埔寨、越南、马来西亚、印度尼西亚、日本。

管叶苔属 Colura (Dumort.) Dumort. Recueil Observ. Jungerm. 12. 1835.

模式种:*C. calyptrifolia* (Hook.) Dumort.
本属全世界约有 70 种,中国有 7 种。

刀形管叶苔

Colura acroloba (Mont. ex Steph.) Jovet-Ast, Rev. Bryol. Lichénol. **22**: 297. 1953. *Lejeunea acroloba* Mont. ex Steph., Hedwigia **29**: 97, f. 135. 1890. **Type**: Philippines: Manila, Collector and number unknown (holotype: W).
Colurolejeunea acroloba (Mont.) Steph., Hedwigia **39**: 198. 1900.
生境　叶片上。
分布　台湾、海南。印度、斯里兰卡、泰国、柬埔寨、越南、菲律宾、马来西亚、印度尼西亚、巴布亚新几内亚、新喀里多尼亚岛(法属)、萨摩亚群岛、所罗门群岛、澳大利亚。

气生管叶苔

Colura ari (Steph.) Steph., Sp. Hepat. **5**: 936. 1916. *Colurolejeunea ari* Steph., Hedwigia **35**: 73. 1896. **Type**: Philippines: Insula Mindanao, in folio vivo Arum sp., *Micholitz 20* (holotype: G).
Colura javanica Steph., Sp. Hepat. **5**: 937. 1916.
生境　叶片上。
分布　海南。印度、斯里兰卡、孟加拉国、巴基斯坦、越南、柬埔寨、菲律宾、马来西亚、印度尼西亚、巴布亚新几内亚、新喀里多尼亚岛(法属)、萨摩亚群岛、斐济、澳大利亚。

尖囊管叶苔(锐囊管叶苔)

Colura conica (Sande Lac.) K. I. Goebel, Ann. Jard. Bot. Buitenzorg **39**: 3. 1928. *Lejeunea conica* Sande Lac., Ann. Mus. Bot. Lugduno-Batavi **1**: 311. 1864. **Type**: Indonesia: Sumatra occidentalis, in foliis Ficus diversifoliae, *Teysmann s. n.*
Coluralejeunea conica (Sande Lac.) Schiffn., Consp. Hepat. Arch. Ind. 258. 1898.
Colura acutifolia Jovet-Ast, Rev. Bryol. Lichénol. **25**: 281. 1953.
生境　叶片上。
分布　海南。泰国、越南、老挝、柬埔寨、菲律宾、马来西亚、印度尼西亚、澳大利亚、巴布亚新几内亚、新喀里多尼亚岛(法属)、萨摩亚群岛、斐济。

异瓣管叶苔

Colura corynephora (Gottsche, Lindenb. & Nees) Trevis., Mem. Reale Ist. Lombardo Sci., ser. 3, Cl. Sci. Mat., **4**: 402. 1877. *Lejeunea corynephora* Gottsche, Lindenb. & Nees, Nov. Actorum Acad. Caes. Leop-Carol. Nat. Cur. 19, Suppl. **1**: 474. 1843. **Type**: Philippines: Manila, *F. J. F. Meyen s. n.* (holotype: S).
生境　叶片上。
分布　贵州、云南、海南。泰国、柬埔寨、越南、马来西亚、印度尼西亚、菲律宾、巴布亚新几内亚、新喀里多尼亚岛(法属)、斐济、斯里兰卡。

印氏管叶苔

Colura inuii Horik., J. Sci. Hiroshima Univ., ser. B, Div. 2, Bot. **1**: 68. 1931. **Type**: Japan: Ryukyu "Liukiu. Mt. Gengadake, Insl. Okinawa", Jan. 2. 1931, *Y. Horikawa 2689* (holotype: HIRO).
生境　叶片上。
分布　台湾、海南。日本。

粗管叶苔

Colura karstenii K. I. Goebel, Pflanzenbiol. Schilde. **2**: 153. 1891. **Type**: Indonesia: Amboina. Wawani, Hila, *G. Karsten s. n.* (isotype: G-026527).
生境　叶片、树枝或树干上。
分布　海南。越南、老挝、马来西亚、印度尼西亚、巴布亚新几内亚。

细角管叶苔

Colura tenuicornis (A. Evans) Steph., Sp. Hepat. **5**: 942. 1916. *Colurolejeunea tenuicornis* A. Evans, Trans. Connecticut Acad. Arts **10**: 455. 1900.
Colura pseudocalyptrifolia Horik., J. Sci. Hiroshima Univ., ser. B, Div. 2, Bot. **2**: 289. 1934.
Colura calyptrifolia subsp. *tenuicornis* (A. Evans) Vanden Berghen, Bull. Jard. Bot. Belgique **42**: 463. 1972.
生境　叶片、树基或树干上。
分布　浙江、四川、贵州、云南、西藏、福建、台湾、广东、海南。巴西(Yano, 1995),泛热带分布。

双鳞苔属 Diplasiolejeunea (Spruce) Schiffn. Nat. Pflanzenfam. Ⅰ(3): 121. 1893.

模式种:*D. pellucida* (C. F. W. Meissn. ex Spreng.) Schiffn.
本属全世界现有 60 个种,泛热带分布。中国有 3 种。

凹叶双鳞苔

Diplasiolejeunea cavifolia Steph., Bot. Jahrb. Syst. **20**: 318. 1895.
Lejeunea cavilia Steph., Bot. Jahrb. Syst. **8**: 89. 1887 [1886], *nom. illeg.*
Diplasiolejeunea brachyclada A. Evans, Bull. Torrey Bot. Club **39**: 216. 1912.
Diplasiolejeunea javanica Steph., Sp. Hepat. **5**: 928. 1916.
Diplasiolejeunea ocellata Steph., Sp. Hepat. **5**: 920. 1916.
Diplasiolejeunea vandenberghenii Grope, Rev. Bryol. Li-

chenol. **29**：208. 1960，*nom. illeg.*

生境　树皮、树枝或叶片上。

分布　台湾、海南。玻利维亚(Gradstein et al.，2003)、巴西(Yano，1995)，泛热带分布。

曲瓣双鳞苔

Diplasiolejeunea cobrensis Gottsche ex Steph.，Sp. Hepat. **5**：923. 1916. **Type**：Cuba：Oriente，Cobre，*Wright s. n.* (holotype：G-16485).

Diplasiolejeunea harpaphylla Steph.，Sp. Hepat. **5**：919. 1916.

Diplasiolejeunea incurvata Jovet-Ast & Tixier，Rev. Bryol. Lichénol. **31**：29. 1962.

生境　叶片上。

分布　海南。古巴、巴西(Yano，1995)，泛热带分布。

长齿双鳞苔

Diplasiolejeunea rudolphiana Steph.，Hedwigia **35**：79. 1896. **Type**：Brazil：Prtropolis，1890，*Rudolph s. n.* (holotype：G-19381).

生境　树皮、树枝或叶片上。

分布　海南。越南、巴哈马群岛、古巴、海地、牙买加、巴拿马、秘鲁、斯里兰卡、美国、苏里南、巴西(Yano，1995)、玻利维亚(Gradstein et al.，2003)、波多黎各。

角鳞苔属 Drepanolejeunea(Spruce) Schiffn. Nat. Pflanzenfam. Ⅰ(3)：126. 1893.

模式种：*D. hamatifolia* (Hook.) Schiffn.

本属全世界有 100 余种，中国有 18 种，1 变种。

狭叶角鳞苔

Drepanolejeunea angustifolia (Mitt.) Grolle，J. Jap. Bot. **40**：206. 1965. *Lejeunea angustifolia* Mitt.，J. Proc. Linn. Soc.，Bot. **5**：116. 1861. **Type**：India：Sikkim，Tonglo，10 000ft，*J. D. Hooker 1498* (holotype：NY；isotype：BM).

Jungermannia tenuis Reinw.，Blum & Nees，Nova Acta Phys. -Med. Acad. Caes. Leop. -Carol. Nat. Cur. **12**：226. 1824，*nom. illeg.*

Jungermannia cucullata Reinw.，Blume & Nees var. *tennis* Nees，Enum. P1. Crypt. Jav. 57. 1830.

Lejeunea tenuis (Nees) Gottsche，Lindenb. & Nees，Syn. Hepat. 390. 1845，*nom. illeg.*

Drepanolejuenea tennis (Nees) Schiffn.，Consp. Hepat. Arch. Ind. 280. 1898.

Drepanolejeunea szechuanica P. C. Chen，Feddes Repert. Spec. Nov. Regni Veg. **58**：42. 1955. **Type**：China：Chongqing，Mt. Jinfoshan，Aug. 18. 1945，*C. C. Jao 56* (holotype：PE).

生境　树干、石头、朽木或叶片上。

分布　安徽、浙江、江西、湖南、四川、重庆、贵州、云南、西藏、福建、台湾、广东、广西、海南、香港。不丹、印度、斯里兰卡、泰国、柬埔寨、越南、印度尼西亚、菲律宾、日本、巴布亚新几内亚、新喀里多尼亚岛(法属)。

丛生角鳞苔(新拟)

Drepanolejeunea commutata Grolle & R. L. Zhu，Nova Hedwigia **70**：377. 2000. **Type**：Vietnam：Tuyen Duc，Mont Lang Bian，epiphylle en foret，1800m，Feb. 15. 1959，*Tixier s. n.* (holotype：JE-H3420；isotypes：HSNU，PC).

生境　生于灌木枝条或叶片上。

分布　江西、四川、云南、福建、台湾、广西、海南。越南。

粗齿角鳞苔

Drepanolejeunea dactylophora (Nees，Lindenb. & Gottsche) Schiffn.，Nat. Pflanzenfam. Ⅰ(3)：126. 1893. *Lejeunea dactylophora* Nees，Lindenb. & Gottsche，Nov. Actorum Acad. Caes. Leop-Carol. Nat. Cur. 19，Suppl. **1**：473. 1843. **Type**：Philippines：Manila，on fern fronds，*F. J. F. s. n.* (holotype：STR).

Drepanolejeunea grossidentata Horik.，J. Sci. Hiroshima Univ.，ser. 2，Div. 2，Bot. **2**：263. 1934.

生境　叶片、树干或树枝上。

分布　台湾、海南。越南、马来西亚、印度尼西亚、菲律宾、日本、澳大利亚。

日本角鳞苔

Drepanolejeunea erecta (Steph.) Mizut.，J. Hattori Bot. Lab. **40**：442. 1976. *Leptolejeunea erecta* Steph.，Bull. Soc. Roy. Bot. Belgique **38**：44. 1899. **Type**：India：Dajeeling，1894，*Stevens 509* (holotype：G-14859).

Ophthalmolejeunea erecta (Steph.) R. M. Schust.，Hepat. Anthocer. N. Amer. **4**：1178. 1980.

生境　生于树干、灌木或叶片上。

分布　浙江、江西、湖北、贵州、云南、西藏、福建、台湾、广东、广西(Zhu and So，2002)、海南、香港。不丹、尼泊尔、印度、老挝、越南、日本。

费氏角鳞苔

Drepanolejeunea fleischeri (Steph.) Grolle & R. L. Zhu，Nova Hedwigia **70**：379. 2000. *Leptolejeunea fleischeri* Steph.，Sp. Hepat. **5**：382. 1913. **Type**：Sri Lanka："Ins. Ceylon，prov. Centr.，Hantanna jungle supra Peradeniya，1400～1500m，Feb. 3. 1898，*Fleischer 2024*" [lectotype designated by Bischler (1969)：G-11858；isolectotype：FH].

Rhaphidolejeunea fleischeri (Steph.) Herzog，Mitth. Thüring. Bot. Vereins，n. s. **50**：104. 1943.

生境　叶片上。

分布　四川、云南、西藏、福建(张晓青等，2011)、海南。斯里兰卡。

叶生角鳞苔

Drepanolejeunea foliicola Horik.，J. Sci. Hiroshima Univ.，ser. B，Div. 2，Bot. **1**：85. 1932.

Drepanolejeunea serrulata Horik.，J. Sci. Hiroshima Univ.，ser. B，Div. 2，Bot. **1**：202. 1933.

Rhaphidolejeunea foliicola (Horik.) P. C. Chen，Feddes Repert. Spec. Nov. Regni Veg. **58**：45. 1955.

Leptolejeunea foliicola (Horik.) R. M. Schust.，Beih. Nova Hedwigia. **9**：116. 1963，*hom. illeg.*

Leptolejeunea yangii M. J. Lai，Taiwania **23**：170. 1976.

生境　生于灌木枝条或叶片上。

分布　浙江、江西、湖北、贵州、云南、西藏、福建、台湾、广东、海南、香港。越南(Zhu and Lai,2003)、印度。

大角鳞苔(新拟)

Drepanolejeunea grandis Herzog, Ann. Bryol. **12**: 113. 1939. **Type**: Indonesia: Molukken, *Warburg 8*.

生境　树干上。

分布　海南。印度尼西亚。

锡金角鳞苔

Drepanolejeunea herzogii R. L. Zhu & M. L. So, Nova Hedwigia Beih. **121**: 181. 2001.

Strepsilejeunea ocellata Herzog, Mem. Soc. Fauna Fl. Fenn. **26**: 57. 1951.

Harpalejeunea ocellata (Herzog) R. M. Schust., Beih. Nova Hedwigia **9**: 117. 1963.

Drepanolejeunea ocellata (Herzog) R. L. Zhu & M. L. So, Fl. Yunnanica **17**: 493. 2000, *nom. inval.*

生境　叶片上。

分布　贵州、云南、西藏。印度、尼泊尔。

平翼角鳞苔

Drepanolejeunea levicornua Steph., Sp. Hepat. **5**: 347. 1913. **Type**: Indonesia: Java, *Karsten s. n.* (holotype: G-008190).

生境　叶片上。

分布　海南。马来西亚、印度尼西亚、巴布亚新几内亚。

斜角角鳞苔(新拟)

Drepanolejeunea obliqua Steph., Hedwigia **35**: 82. 1896. **Type**: Indonesia: Salak Is. *Teysmann 39* (G).

生境　树干或朽木上。

分布　海南。马来西亚、印度尼西亚、巴布亚新几内亚。

细角鳞苔(知本角鳞苔)

Drepanolejeunea pentadactyla (Mont.) Steph., Sp. Hepat. **5**: 357. *Lejeunea pentadactyla* Mont., Ann. Sci. Sci. Nat., Bot., ser. 3, **10**: 113. 1848.

Drepanolejeunea micholitzii Steph., Sp. Hepat. **5**: 347. 1913.

Drepanolejeunea chiponensis Horik., J. Sci. Hiroshima Univ., ser. B, Div. **2**, Bot. 2: 262 pl. 20. 1934.

Drepanolejeunea tenuioides Horik., J. Sci. Hiroshima Univ., ser. B, Div. 2, Bot. **2**: 262. 1934.

生境　灌丛或蕨类植物的叶面上。

分布　云南、西藏、台湾、海南。泰国、柬埔寨、越南、马来西亚、印度尼西亚、菲律宾、新喀里多尼亚岛(法属)、美国(夏威夷)、塞兰岛、西伊里安、萨摩亚群岛、塔希提岛、马达加斯加。

长角鳞苔

Drepanolejeunea spicata (Steph.) Grolle & R. L. Zhu, Nova Hedwigia **70**: 384. 2000. *Leptolejeunea spicata* Steph., Hedwigia **35**: 108. 1896. **Type**: Vietnam: Tonkin, Foret d'Ouonlis, Nov. 9. 1885, *B. Balahsa 20* [holotype: G (male); isotypes: JE-H3409(male), PC].

Rhaphidolejeunea spicata (Steph.) Grolle, J. Hattori Bot. Lab. **28**: 53. 1965.

生境　叶片上。

分布　江西(Ji and Qiang, 2005)、云南、广西(Zhu and So, 2002)、海南、香港。印度、泰国、柬埔寨、老挝、越南、马来西亚、印度尼西亚、日本。

单齿角鳞苔

Drepanolejeunea ternatensis (Gottsche) Schiffn., Nat. Pflanzenfam. Ⅰ(3): 126. 1893. *Lejeunea ternatensis* Gottsche, Syn. Hepat. 346. 1845. **Type**: Indonesia: Moluccas, Ternate Is., collector and number unknown (isotypes: G-22368, S, W).

Drepanolejeunea unidentata Horik., Bot. Mag. (Tokyo) **49**: 589. 1935.

Drepanolejeunea ternatensis (Gottsche) Steph. var. *lancispina* Herzog, Ann. Bryol. **12**: 119. 1939.

生境　树干、朽木、岩面薄土或叶片上。

分布　浙江、福建、台湾、广东、广西(Zhu and So, 2002)、海南、香港。印度、斯里兰卡、马来西亚、印度尼西亚、菲律宾、日本、巴布亚新几内亚、密克罗尼西亚、加罗林群岛、斐济、塞兰岛、摩鹿加群岛、萨摩亚群岛、澳大利亚。

多油胞角鳞苔

Drepanolejeunea thwaitesiana (Mitt.) Steph., Sp. Hepat. **5**: 350. 1913. *Lejeunea thwaitesiana* Mitt., J. Proc. Linn. Soc., Bot. **5**: 117. 1861 [1860]. **Type**: Sri Lanka (Ceylon): *Thwaites s. n.* (holotype: NY)

多油胞角鳞苔原变种

Drepanolejeunea thwaitesiana var. **thwaitesiana**

生境　生于叶片上。

分布　海南。泰国、柬埔寨、越南、马来西亚、印度尼西亚、巴布亚新几内亚。

多油胞角鳞苔疣变种

Drepanolejeunea thwaitesiana var. **zhengii** R. L. Zhu, Nova Hedwigia Beih. **121**: 197. 2001. **Type**: China: Hainan. Jianfengling, 1200m, on leaves, *P. Z. Zheng 503* (holotype: HSNU; isotype: IBSC).

生境　叶片上。

分布　海南。斯里兰卡、泰国、越南、马来西亚。

西藏角鳞苔

Drepanolejeunea tibetana (P. C. Wu & J. S. Lou) Grolle & R. L. Zhu, Nova Hedwigia **70**: 386. 2000. *Rhaphidolejeunea tibetana* P. C. Wu & J. S. Lou, Acta Phytotax. Sin. **16**: 102. 1978. **Type**: China: Xizang. Motuo "Meto, the bridge of Teng-Lan, on leaves of Gersinum sp., 1974, *W. L. Chen 741*" [holotype: PE (male); isotype: JE (male)].

生境　叶片上。

分布　云南、西藏。中国特有。

南亚角鳞苔

Drepanolejeunea tridactyla (Gottsche) Steph., Sp. Hepat. **5**: 354. 1913. *Lejeunea tridactyla* Gottsche, Syn. Hepat. 347. 1844. **Type**: Indonesia: Java. Pauca specimina tantum inveni (G).

生境　树干上。
分布　海南。印度尼西亚。

短叶角鳞苔

Drepanolejeunea vesiculosa (Mitt.) Steph., Sp. Hepat. **5**: 356. 1913. *Lejeunea vesiculosa* Mitt., J. Proc. Linn. Soc., Bot. **5**: 116. 1861. **Type**: Sri Lanka (Ceylon): in Macromitrium, Hortons Plains, *Gardner 39* (holotype: NY).
生境　树干或叶片上。
分布　云南、福建、台湾、广东、广西、海南。古热带。

云南角鳞苔

Drepanolejeunea yunnanensis (P. C. Chen) Grolle & R. L. Zhu, Nova Hedwigia **70**: 388. 2000. *Rhaphidolejeunea yunnanensis* P. C. Chen, Feddes Repert. Spec. Nov. Regni Veg. **58**: 44. 1955. **Type**: China: Yunnan, Funing "Fu-ling", 1000m, "im warmtemperierten Laubhochwald, auf Blattern, 1940, *W.-C. Wang 6*" (holotype: PE; isotype: JE!); Sichuan. Erlangshan (Mt. Er Lang), epiphyllous, *Q. Li 7484* [epitype designated by Grolle & Zhu (2000): HSNU; isoepitype: JE].
Leptolejeunea yunnanensis (P. C. Chen) R. M. Schust., Beih. Nova Hedwigia **9**: 115. 1963.
生境　树枝或叶片上。
分布　浙江、江西、湖南、四川、贵州、云南、福建、台湾、广西、海南。印度(Udar and Awastih, 1984, as *Rhaphidolejeunea yunnanensis*)、日本。

镰叶苔属 Harpalejeunea (Spruce) Schiffn.
Nat. Pflanzenfam. I (3): 126. 1893.

模式种：*H. ovata* (Hook.) Schiffn.
本属全世界现有20～25种，中国有1种。

细枝镰叶苔

Harpalejeunea filicuspis (Steph.) Mizut., J. Hattori Bot. Lab. **37**: 197. 1973. *Drepanolejeunea filicuspis* Steph., Sp. Hepat. **5**: 344. 1913. **Type**: New Guinea: Samarai, 1895, *W. Fitzgerald s. n.* (holotype: F, G-5265).
生境　树枝上。
分布　台湾。印度尼西亚、巴布亚新几内亚。

细鳞苔属 Lejeunea Lib.
Ann. Gén. Sci. Phys. **6**: 372. 1820.

模式种：*L. serpillifolia* Lib.
本属全世界约有200种，中国有43种。

角萼细鳞苔

Lejeunea alata Gottsche, Syn. Hepat. 406. 1845. **Type**: Mascarene: "in Memecylo cordato; Sieber, Fl. Mixt. [Exs.] no. 170, a cl. Sonder illatum" [lectotype designated by Grope (1977): STR; isolectotypes: G-17836, S, W (Lindenb. Hepatat. 6876)].
Colura alata (Gottsche) Trevis., Mem. Reale Ist. Lombardo Sci., ser. 3, Cl. Sci. Mat. **4**: 407. 1877.
Hygrolejeunea alata (Gottsche) Steph., Sp. Hepat. **5**: 521. 1914.
Taxilejeunea mitracalyx Eifrig, Ann. Bryol. **9**: 94. 1936.
Lejeunea mitracalyx (Eifrig) Mizut., J. Hattori Bot. Lab. **33**: 244. 1970.
生境　叶片上。
分布　贵州、云南、西藏、海南。越南、马来西亚、印度尼西亚、巴布亚新几内亚、波利尼西亚、萨摩亚群岛，非洲。

狭瓣细鳞苔

Lejeunea anisophylla Mont., Ann. Sci. Nat., Bot., sér. 2., **19**: 263. 1843. **Type**: U. S. A.: Hawaii. "ad cortices inter uscos in insulis Sandwich". *Gaudichaud s. n.* (holotype: PC; isotypes: BM, G-18236).
Microlejeunea catanduana Steph., Hedwigia **35**: 113. 1896.
Lejeunea borneensis Steph., Sp. Hepat. **5**: 769. 1915.
Lejeunea boninensis Horik., J. Sci. Hiroshima Univ., ser. B, Div. 2, Bot. **1**: 24. 1931.
Rectolejeunea obliqua Herzog, J. Hattori Bot. Lab. **14**: 49. 1955.
Lejeunea catanduana (Steph.) H. A. Mill., Bonner & Bischl., Nova Hedwigia **14**: 66. 1967.
生境　树干、树基、土表、叶片、腐木或石上。
分布　山东、甘肃、安徽、浙江、江西、湖南、湖北、四川、贵州、云南、西藏、福建、台湾、广东、广西、海南、香港、澳门。斯里兰卡、泰国、越南、马来西亚、印度尼西亚、日本、澳大利亚、美国(夏威夷)、密克罗尼西亚、新喀里多尼亚岛(法属)、巴布亚新几内亚、菲律宾、萨摩亚群岛、塔希提岛、汤加。

湿生细鳞苔

Lejeunea aquatica Horik., Sci. Rep. Tohokuimp. Univ. ser. 4, **5**: 643. 1930. **Type**: Japan: Hiroshima Pref., Mitaki near Hiroshima, *Y. Horikawa 1795* (holotype: HIRO).
生境　水中石上。
分布　山东、安徽、浙江、江西、湖南、贵州、云南、福建、台湾、广东、广西、香港。日本。

多棍细鳞苔

Lejeunea barbata (Herzog) R. L. Zhu & M. J. Lai, Ann. Bot. Fenn. **48**: 376. 2011. *Rectolejeunea barbata* Herzog, J. Hattori Bot. Lab. **14**: 49. 1955. **Type**: China: Taiwan. Botel Tobago, 1947, *S. H. Schwabe 108 & 116* (syntypes: JE).
生境　树干上。
分布　台湾。中国特有。

双齿细鳞苔

Lejeunea bidentula Herzog, Symb. Sin. **5**: 51. 1930. **Type**: China: Yunnan, "Rinde von Schoepfia jasminodora in schattigen Graben des Keteleeria-Waldes in der wtp. St. beim Tempel Djindien-se nachst Yunnanfu", 2050m, Apr. 20. 1917,

Handel-Mazzetti 9372（holotype：W；isotypes：JE，NICH，WU）。
生境　树干上。
分布　四川、云南、台湾、海南。印度、尼泊尔、不丹（Long and Grolle，1990）。

兜叶细鳞苔

Lejeunea cavifolia（Ehrh.）Lindb.，Acta Soc. Sci. Fenn. **10**：43. 1871. *Jungermannia cavifolia* Ehrh.，Beitr. Naturk. **4**：45. 1779.
生境　土面、树皮或石上。
分布　黑龙江（敖志文和张光初，1985）、吉林、辽宁、河北、山西（王桂花等，2007）、山东。印度、尼泊尔、朝鲜（Yamada and Choe，1997）、俄罗斯（西伯利亚）、黑海、高加索地区、索科特拉岛，欧洲、北美洲。

柴山细鳞苔

Lejeunea chaishanensis S. H. Lin，Yushania **9**：7. 1992. **Type**：China：Taiwan，Kaohsung，Chaishan，on soil，150～300m，*Yang 200*（holotype：TIJNG；paratype：TUNG）。
生境　土面或岩面薄土上。
分布　台湾。中国特有。

中华细鳞苔

Lejeunea chinensis（Herzog）R. L. Zhu & M. L. So，Taxon **48**：491. 1999. *Trachylejeunea chinensis* Herzog in Handel-Mazzetti，Symb. Sin. **5**：49. 1930. **Type**：China：Sichuan，"Rinde von Tsuga and Siphonosmanthus delavayi bei Kwapi n. von Yenyuen"，2750m，May 20. 1914，*Handel-Mazzetti 2426*（lectotypes：W；isolectotypes：FH，JE，WU）。
生境　树干上。
分布　四川、重庆、云南、广西（贾鹏等，2011）。尼泊尔（Zhu and Long，2003）。

瓣叶细鳞苔（芽条细鳞苔）

Lejeunea cocoes Mitt.，J. Proc. Linn. Soc.，Bot. **5**：114. 1861. **Type**：Sri Lanka（Ceylon）：Balagom，"Ad truncos Cocos nucifera"，*Gardner 1399*（holotype：NY；isotype：BM）。
Lejeunea proliferans Herzog，J. Hattori Bot. Lab. **14**：51. 1955.
生境　树干、腐木或叶片上。
分布　浙江、湖北、贵州、云南、福建（张晓青等，2011）、台湾、广东、广西、海南、香港。马来西亚、印度尼西亚、巴布亚新几内亚。

耳瓣细鳞苔

Lejeunea compacts（Steph.）Steph.，Sp. Hepat. **5**：771. 1915. *Eulejeunea compacts* Steph.，Bull. Herb. Boissier **5**：93. 1897. **Type**：Japan：Shizuoka Pref.，Usami in Izu pen. Feb. 1895，*U. Faurie 15 266*（holotype：G）。
Euosmolejeunea compacts（Steph.）S. Hatt.，J. Hattori Bot. Lab. **5**：48. 1951.
生境　树干上。
分布　安徽、浙江、江西、湖北、四川、贵州、云南、福建、台湾、海南。日本、朝鲜。

凹瓣细鳞苔

Lejeunea convexiloba M. L. So & R. L. Zhu，Bryologist **101**（1）：137. 1998. **Type**：China：Zhejiang，Baishanzu Nature Reserve，Shijiuyuan，on tree trunk，1600m，with *Radula cavifolia* and *Haplohymenium longinerve*，*R. L. Zhu 90 495*（holotype：HSNU；isotype：JE）。
生境　树干上。
分布　陕西、浙江、贵州、福建。中国特有。

弯叶细鳞苔

Lejeunea curviloba Steph.，Sp. Hepat. **5**：774. 1915. **Type**：Japan：Shikoku. Kochi-ken，Mt. Yanasae，*S. Okamura 213*（holotype：G-12895）。
生境　树干、石头、腐木、树枝、灌木或叶片上。
分布　安徽、浙江、江西、湖南、四川、重庆、贵州、云南、西藏、福建、台湾、广东、广西、海南、香港。不丹、印度、日本。

长叶细鳞苔（疏叶细鳞苔）

Lejeunea discreta Lindenb.，Syn. Hepat. 361. 1845. **Type**：Indonesia：Java. "inter L，thymifolium 13 discretam"，collector and number unknown（holotype：STR；isotype：W）。
Hygrolejeunea discreta（Lindenb.）Schiffn.，Consp. Hepat. Arch. Ind. 266. 1898.
Lejeunea vagiuata Steph.，Sp. Hepat. **5**：791. 1915.
Taxilejeunea discreta（Lindenb.）R. M. Schust.，Beih. Nova Hedwigia **9**：138. 1963.
生境　树干、树枝、腐木或叶片上。
分布　安徽、浙江、江西、湖南、湖北、四川、重庆、贵州、云南、西藏、福建、台湾、广东、广西、海南。印度、不丹、尼泊尔、斯里兰卡、日本、朝鲜、柬埔寨、马来西亚、印度尼西亚、菲律宾、新喀里多尼亚岛（法属）、澳大利亚。

神山细鳞苔

Lejeunea eifrigii Mizut.，J. Hattori Bot. Lab. **33**：244. 1970. Replaced：*Taxilejeunea acutiloba* Eifrig，Ann. Bryol. **9**：94. 1936[non *Lejeunea acutiloba*（Hook. f. & Taylor）Gottsche et al.，Syn. Hepat.：321. 1845]. **Type**：Indonesia：Sumatra，400～1600m，July 1894，*V. Schiffner 2962*（holotype：FH）。
生境　树干、叶片、岩壁或石上。
分布　贵州、福建（张晓青等，2011）、台湾、广东、广西、海南、香港。马来西亚、印度尼西亚、菲律宾、日本、新喀里多尼亚岛（法属）、巴布亚新几内亚。

纤细细鳞苔

Lejeunea exilis（Reinw.，Blume & Nees）Grolle，J. Hattori Bot. Lab. **46**：353. 1979. *Jungermannia exilis* Reinw.，Blume & Nees，Nova Acta Phys.-Med. Acad. Caes. Leop.-Carol. Nat. Cur. **12**：227. 1824. **Type**：Indonesia：Java，collector and number known（holotype：STR；isotypes：PC，S，W）。
Jungermannia cucullata Reinw.，Blume & Nees var. *pexilis*（Reinw.，Blume & Nees）Nees，Enum. P1. Crypt. Jav. Hepat. 57. 1830.
Lejeunea cucullata（Reinw.，Blume & Nees）Nees var. *pexilis*（Reinw.，Blume & Nees）Gottsche，Syn. Hepat. 390. 1845.

Eulejeunea cucullata (Reinw., Blume & Nees) Schiffn. var. *pexilis* (Reinw., Blume & Nees) Schiffn., Consp. Hepat. Arch. Ind. 254. 1898.

Microlejeunea subacuta Horik., J. Sci. Hiroshima Univ., ser. B, Div. **2**, Bot. 2: 275. 1934.

Drepanolejeunea subacuta (Horik.) H. A. Mill, Bonner & Bischl., Nova Hedwigia **4**: 560. 1962.

Microlejeunea exilis (Reinw. Blume & Nees) Bischl., Bonner & H. A. Mill., Nova Hedwigia **3**: 452. 1962.

生境 树干上。

分布 台湾、海南。马来西亚、印度尼西亚、菲律宾、日本、巴布亚新几内亚。

黄色细鳞苔

Lejeunea flava (Sw.) Nees, Naturgesch. Eur. Leberm. **3**: 277. 1838. *Jungermannia flava* Sw., Prodr. 144. 1788.

Taxilejeunea crassiretis Herzog in Handel-Mazzetti, Symb. Sin. **5**: 51. 1930.

生境 生在不同的基质上，海拔 2500m。

分布 河北、安徽、浙江、江西、湖南、湖北、四川、贵州、云南、西藏、福建、台湾、广东、广西、海南、香港。朝鲜、日本、印度、尼泊尔(Long and Grolle, 1990)、不丹(Long and Grolle, 1990)、越南、菲律宾、印度尼西亚、巴布亚新几内亚、澳大利亚、新西兰、萨摩亚群岛、巴西(Yano, 1995)、玻利维亚(Gradstein et al., 2003)、东非群岛，非洲、欧洲、中美洲。

胡氏细鳞苔

Lejeunea hui R. L. Zhu, Nova Hedwigia Beih. **121**: 134. 2001. **Type**: China: Yunnan, Gongshan, Dulongjiang, between Maku and Bapo, 1400m, Aug. 7. 1982, *D. C. Zhang 725* (holotype: HSNU!; isotypes: IFSBH, HKAS).

生境 叶片上。

分布 云南。中国特有。

芽胞细鳞苔(有芽细鳞苔)

Lejeunea infestans (Steph.) Mizut., J. Hattori Bot. Lab. **27**: 143. 1964. *Eulejeunea infestans* Steph., Hedwigia **35**: 90. 1896. **Type**: Vietnam: Tonkin, *Balansa s. n.* (holotype: G-008165; isotype: JE-H2209).

Rectolejeunea infestans (Steph.) Steph., Sp. Hepat. **5**: 697. 1914.

生境 树干上。

分布 湖北、云南。越南、印度尼西亚。

日本细鳞苔

Lejeunea japonica Mitt., Trans. Linn. Soc. London, Bot. **3**: 203. 1891. **Type**: Japan: Hakone Pass, *J. Biss& 18 p. p.*; Challenger Expedition, 1875, *Moseley s. n.* (NY).

Cheilolejeunea scalaris Steph., Bull. Herb. Boissier **5**: 93. 1897.

Lejeunea scalaris (Steph.) S. Hatt., Bot. Mag. (Tokyo) **58**: 1. 1944.

生境 湿石、树干、叶片或土面上。

分布 吉林、辽宁、山东、陕西、安徽、江苏、浙江、江西、湖南、湖北、四川、贵州、福建、台湾、广东、海南、香港。日本、朝鲜。

巨齿细鳞苔(单胞细鳞苔)

Lejeunea kodamae Ikegami & Inoue, J. Jap. Bot. **36**: 7. 1961. **Type**: Japan: Saitama Pref., Ohchigawa valley in Chichibu Mts., *H. Inoue 8488* (holotype: TNS).

生境 树皮上。

分布 贵州。日本。

科诺细鳞苔(新拟)

Lejeunea konosensis Mizut., J. Hattori Bot. Lab. **71**: 127. 1992. **Type**: Japan: Kyushu, Kumamoto-ken, Kuma-gun, Konose, 150m, Jan. 20. 1952, *K. Mayebara 3320* (holotype: NICH; isotype: NICH).

生境 石上。

分布 浙江、贵州、广东、广西。日本。

赖氏细鳞苔

Lejeunea laii R. L. Zhu, J. Bryol. **30**: 173. 2008. **Type**: China: Taiwan, *G. H. Schwabe s. n.* (JE)

Microlejeunea ramulosa Herzog, J. Hattori Bot. Lab. **14**: 51. 1955.

Lejeunea ramulosa (Herzog) R. M. Schust, Beih. Nova Hedwigia **9**: 133. 1963, *hom. illeg.*

生境 树干上。

分布 台湾。中国特有。

宽叶细鳞苔(新拟)

Lejeunea latilobula (Herzog) R. L. Zhu & M. L. So, J. Bryol. **22**: 168. 2002. *Taxilejeunea latilobula* Herzog, Symb. Sin. **5**: 51. 1930. **Type**: China: Hunan: Feuchte Tonschieferfelsen im wtp. Hochwalde des Yun-schan dei Wukang, 1300m, July 18. 1918. *Handel-Mazzetti 12 297* (holotype: WU; isotypes: JE, W).

生境 与藓类混生。

分布 湖南(Herzog, 1930, as *Taxilejeunea latilobula*)。中国特有。

里拉细鳞苔

Lejeunea lepatii (Steph.) Mizut., J. Hattori Bot. Lab. **33**: 243. 1970. *Hygrolejeunea leratii* Steph., Sp. Hepat. **5**: 562. 1914. **Type**: New Caledonia: Poindimie, Feb. 1910, *Le Rat s. n.* (holotype: G).

Hygrolejeunea formosana Horik., J. Sci. Hiroshima Univ., ser. B, Div. 2, Bot. **2**: 269. 1934.

生境 树干上。

分布 台湾。印度尼西亚、马来西亚。

树生细鳞苔(新拟)

Lejeunea lumbricoides (Nees) Nees in Gottsche, Lindenb. & Nees, Syn. Hepat. 342. 1845. *Jungermannia lumbricoides* Nees, Enum. Pl. Crypt. Jav. 40. 1830. **Type**: Indonesia: Java, *Brume s. n.* (holotype: STR).

Omphalanthus lumbricoides (Nees) Gottsche, Lindenb. & Nees, Syn. Hepat. 748. 1847.

Taxilejeunea lumbricoides (Nees) Schiffn., Consp. Hepat. Arch. Ind. 270. 1898.

生境 树枝上。

分布 海南。马来西亚。

吕宋细鳞苔

Lejeunea luzonensis (Steph.) R. L. Zhu & M. J. Lai, Ann. Bot. Fenn. 2010. *Taxilejeunea luzonensis* Steph., Hedwigia **35**：134. 1896. **Type**：Philippines：Insula Luzon，*Micholitz s. n.*

生境　树干上。

分布　台湾、海南。菲律宾。

三重细鳞苔

Lejeunea magohukui Mizut.，Misc. Bryol. Lichenol. **7**：133. 1977. **Type**：Japan：Honshu，Mie Pref.，Ise-shi，Gegu，10～60m，on tree trunks，May 30. 1954，*T. Magohuku 507*（holotype：NICH）.

生境　树干、树基、树枝、腐木或叶片上。

分布　安徽、贵州、云南、福建、广东、海南、香港。日本。

麦氏细鳞苔

Lejeunea micholitzii Mizut.，J. Hattori Bot. Lab. **33**：236. 1970. **Type**：Philippines：Luzon Benguet，1884，*Micholitz s. n.*（holotype：G）

生境　树基或岩面薄土上。

分布　海南。马来西亚、菲律宾、巴布亚新几内亚。

尖叶细鳞苔

Lejeunea neelgherriana Gottsche，Syn. Hepat. 354. 1845.

Strepsilejeunea claviflora Steph.，Sp. Hepat. **5**：287. 1913.

Strepsilejeunea neelgherriana（Gottsche）Steph.，Sp. Hepat. **5**：288. 1913.

Harpalejeunea indica Steph.，Sp. Hepat. **6**：392. 1923.

Euosmolejeunea claviflora（Steph.）S. Hatt.，Misc. Bryol. Lichenol. **1**(14)：1. 1957.

生境　树干、腐木或岩石上。

分布　安徽、浙江、江西、湖北、贵州、云南、西藏、福建、广东、广西。不丹、印度、尼泊尔、斯里兰卡、日本、朝鲜。

暗绿细鳞苔

Lejeunea obscura Mitt.，J. Proc. Linn. Soc.，Bot. **5**：112. 1861. **Type**：India：Sikkim，5～6000ft.，*J. D. Hooker 1420*（holotype：NY；isotype：BM）.

Hygrolejeunea obscura（Mitt.）Steph.，Sp. Hepat. **5**：565. 1914.

Taxilejeunea obscura（Mitt.）Eifrig，Ann. Bryol . **9**：93. 1937.

Taxilejeunea subcompressiuscula Herzog in Herzog & Noguchi，J. Hattori Bot. Lab. **14**：47. 1955，*nom. inval.*

生境　树干、土表、石头或叶片上。

分布　江西、湖南、四川、重庆、贵州、云南、西藏、福建（张晓青等，2011）、台湾、广东、广西、海南、香港。印度、尼泊尔、斯里兰卡、印度尼西亚。

角齿细鳞苔

Lejeunea otiana S. Hatt.，Bot. Mag.（Tokyo）**65**：15. 1952. **Type**：Japan：Shikoku，Prov. Iyo，Sijo-Shi，Nakahagi，on damp rock，Aug. 10. 1944，*K. Oti 734*（holotype：NICH）.

生境　湿石或岩面薄土上。

分布　香港（Wu and But，2009）。日本。

淡绿细鳞苔（白绿细鳞苔）

Lejeunea pallide-virens S. Hatt.，J. Hattori Bot. Lab. **12**：80. 1954. **Type**：Japan：Kyushu，Yakushima Is.，Susukawa，Sept. 23. 1940，*S. Hattori 7073*（holotype：NICH-11913）.

Microlejeunea rotundistipula Steph. var. *pallida* S. Hatt.，J. Hattori Bot. Lab. **5**：53. 1951.

Lejeunea pallida（S. Hatt.）S. Hatt.，J. Hattori Bot. Lab. **8**：36. 1952，*nom. inval.*

Lejeunea pallide-virens（S. Hatt.）S. Hatt.，J. Hattori Bot. Lab. **10**：71. 1953，*nom. inval.*

生境　叶片、树干、石头、土面或腐木上。

分布　浙江、四川、福建、广东、广西、海南、香港。日本。

小叶细鳞苔

Lejeunea parva（S. Hatt.）Mizut.，Misc. Bryol. Lichenol. **5**：178. 1971. *Microlejeunea rotundistipula* Steph. fo. *parva* S. Hatt.，Bull. Tokyo Sci. Mus. **11**：123. 1944.

Microlejeunea rotundistipula Steph.，Hedwigia **35**：115. 1896.

Lejeunea rotundistipula（Steph.）S. Hatt.，J. Hattori Bot. Lab. **8**：36. 1952.

Lejeunea patens Lindb. var. *uncrenata* G. C. Zhang，Fl. Hepat. Chin. Boreali-Orient. 208. 1981. **Type**：China：Liaoning，Mt. Fenghuangshan，May 30. 1963，*Gao chien 6955*（holotype：IFSBH）.

生境　树干、腐木、土面上或偶尔生于叶面上。

分布　辽宁、山东、浙江、江西、湖南、四川、重庆、贵州、云南、西藏、台湾、广东、广西、海南、香港。朝鲜、日本、萨摩亚群岛。

平瓣细鳞苔

Lejeunea planiloba A. Evans，Proc. Wash. Acad. Sci. **8**：147. 1906. **Type**：Japan：Kochi Pref.，Tosa，Mt. Yukogura，Mar. 1904，*S. Okamura 67*（holotype：YU）.

生境　树基或叶片上。

分布　安徽、浙江、江西、台湾。日本、朝鲜（Song and Yamada，2006）。

斑叶细鳞苔

Lejeunea punctiformis Taylor，Syn. Hepat. 767. 1847. **Type**：India：“East Indies”，*Wight s. n.*（holotype：FH）.

Microlejeunea punctiformis（Taylor）Steph.，Hedwigia **29**：90. 1890.

生境　树干、腐木、叶片或湿石上。

分布　安徽、浙江、江西、湖南、湖北、四川、重庆、贵州、云南、西藏、福建、台湾、广东、广西、海南、香港。不丹、印度、尼泊尔、斯里兰卡、泰国、越南、日本。

湄生细鳞苔

Lejeunea riparia Mitt.，J. Proc. Linn. Soc.，Bot. **5**：113. 1861. **Type**：Sri Lanka（Ceylon）：Peradenia，banks of the Mahanelle ganga，Mar. 1. 1849，*Gardner 1319*（holotype：NY）.

Rectolejeunea riparia（Mitt.）Steph.，Sp. Hepat. **5**：699. 1914.

生境　不详。

分布　台湾。印度、斯里兰卡。

大叶细鳞苔

Lejeunea sordida（Nees）Nees，Naturgesch. Eur. Leberm. **3**：278. 1838. *Jungermannia sordida* Nees，Enum. P1. Crypt. Jav. 41. 1830. **Type**：Indonesia：Java，“in tumulisBaduorum sanctis”，collector and number unknown（holotype：STR；isotype：W）.

Lejeunea sordida（Nees）Mont.，Ann. Sci. Nat.，Bot.，sér. 2，

3: 21. pl. I. 1835, *nom. inval.*

Hygrolejeunea sordida (Nees) Steph., Sp. Hepat. **5**: 570. 1914.

Taxilejeunea sordida (Nees) Eifrig, Ann. Bryol. **9**: 101. 1937.

生境　树干或叶片上。

分布　台湾、海南。泰国、马来西亚、印度尼西亚、日本、加罗林群岛、巴布亚新几内亚、新喀里多尼亚岛(法属)、密克罗尼西亚、斐济、所罗门群岛、萨摩亚群岛、澳大利亚。

喜马拉雅细鳞苔

Lejeunea stevensiana (Steph.) Mizut., J. Hattori Bot. Lab. **34**: 452. 1971. *Taxilejeunea stevensiana* Steph., Hedwigia **35**: 136. 1896. **Type**: India: Darjeeling, 1893, *Stevehs 511* (ex Herb. Cardot) (G).

生境　树干上。

分布　贵州、云南。不丹、印度、尼泊尔。

落叶细鳞苔

Lejeunea subacuta Mitt., J. Proc. Linn. Soc., Bot. **5**: 113. 1861. **Type**: India: Sikkim, 7000ft., *J. D. Hooker* & *T. Thomson 1466* (BM, NY).

生境　树干上。

分布　贵州、云南、广西。印度、尼泊尔、斯里兰卡。

四川细鳞苔

Lejeunea szechuanensis (P. C. Chen) R. M. Schust., Beih. Nova Hedwigia **9**: 133. 1963. *Microlejeunea szechuanensis* P. C. Chen, Feddes Repert. Spec. Nov. Regni Veg. **58**: 46. 1955. **Type**: Chongqing, Nanchuan Co., Mt jinfoshan, Aug. 16. 1945, *C. C. Jao 46a*.

生境　不详。

分布　重庆(Chen, 1955)。中国特有。

疣萼细鳞苔

Lejeunea tuberculosa Steph., Sp. Hepat. **5**: 790. 1915. **Type**: India: West Bengal, Ryang Valley, 5000ft. *Gammie s. n.* (holotype: G-14270).

生境　湿石、树干或叶片上。

分布　贵州、云南、广东、广西、海南、香港。不丹、尼泊尔、印度、印度尼西亚、菲律宾，非洲。

疏叶细鳞苔

Lejeunea ulicina (Taylor) Gottsche, Syn. Hepat. 387. 1845. *Jungermannia ulicina* Taylor, Trans. & Proc. Bot. Soc. Edinburgh **1**: 115. 1841. **Type**: British Isl.: Ireland.

Microlejeunea lunulatiloba Horik., J. Sci. Hiroshima Univ., ser. B, Div. 2, Bot. **1**: 27. 1932.

Lejeunea lunulatiloba (Horik.) Mizut., J. Hattori Bot. Lab. **24**: 283. 1961.

生境　树干、树枝、树皮、朽木、叶片或岩石上面。

分布　安徽、上海、浙江、江西、湖南、四川、贵州、云南、西藏、福建、台湾、广东、广西、海南、香港。世界广布。

魏氏细鳞苔

Lejeunea wightii Lindenb., Syn. Hepat. 379. 1845. **Type**: Asia: Peninsula Indiae orientalis *Wight 12* (isosyntype: W).

生境　树干或腐木上。

分布　陕西、湖南、重庆、贵州、云南、福建(张晓青等, 2011)、台湾、广西、海南。印度、尼泊尔、斯里兰卡、泰国、印度尼西亚、菲律宾。

指鳞苔属 Lepidolejeunea R. M. Schust.
Beih. Nova Hedwigia 9: 139. 1963.

模式种: *L. facata* (Herzog) R. M. Schust.

本属全世界约有 15 种，中国有 1 种。

二齿指鳞苔

Lepidolejeunea bidentula (Steph.) R. M. Schust., Phytologia **45**: 425. 1980. *Pycnolejeunea bidentula* Steph. in J. B. Jack & Steph., Bot. Centralbl. **60**: 107. 1894. **Type**: Papua New Guinea: Western Prov., Fly river branch, 1885, *Bauerlen s. n.* (holotype: JE; isotype: FH).

Crossotolejeunea pellucida Horik., J. Sci. Hiroshima Univ., ser. B, Div. 2, Bot. **2**: 260. 1934.

Cheilolejeunea bidentula (Steph.) Inoue, J. Jap. Bot. **34**: 270. 1959.

Pycnolejeunea pellucida (Horik.) Amakawa, J. Jap. Bot. **36**: 402. 1961.

Lepidolejeunea pellucida (Horik.) R. M. Schust., Beih. Nova Hedwigia 9: 139. 1963.

生境　树干、树基或叶片上。

分布　台湾、海南。印度、斯里兰卡、越南、柬埔寨、马来西亚、印度尼西亚、菲律宾、日本、加罗林群岛、新喀里多尼亚岛(法属)、巴布亚新几内亚、斐济、塞舌尔、所罗门群岛、澳大利亚、马达加斯加。

薄鳞苔属 Leptolejeunea (Spruce) Schiffn.
Nat. Pflanzenfam. I (3): 126. 1893.

模式种: *L. vitrea* (Nees) Schiffn.

本属全世界约有 25 种，中国有 10 种。

斑点薄鳞苔(新拟)

Leptolejeunea amphiophthalma Zwichel, Ann. Bryol. **6**: 117. 1933. **Type**: Indonesia: West-Borneo, auf dem Bukit Raja, 1400m, Dec. 19. 1924, *H. Winkler 3364b* (holotype: HBG).

Leptolejeunea picta Herzog, Flora **35**: 430. 1942.

生境　叶片上。

分布　台湾(Yang and Lin, 2008, as *L. picta*)。柬埔寨、马来半岛、印度尼西亚、日本、巴布亚新几内亚、新喀里多尼亚岛(法属)。

拟薄鳞苔

Leptolejeunea apiculata (Horik.) S. Hatt., J. Hattori Bot. Lab. **5**: 46. 1951. *Drepanolejeunea apiculata* Horik., J. Sci. Hiroshim Univ., ser. B, Div. 2, Bot. **2**: 266. 1934. **Type**: China: Taiwan "Formosa", Taito, Mt. Chipon (Miyama-Kiriyama), *Y. Horikawa 10 436* (HIRO).

生境 叶片或树干上。

分布 云南、西藏、台湾、海南。日本。

巴氏薄鳞苔

Leptolejeunea balansae Steph., Hedwigia **35**: 105. 1896.

生境 叶片上。

分布 贵州(彭涛和张朝辉,2007)、云南、西藏、福建(张晓青等,2011)。印度、泰国、越南、柬埔寨、老挝、马来西亚、印度尼西亚。

尖叶薄鳞苔

Leptolejeunea elliptica (Lehm. & Lindenb.) Schiffn., Nat. Pflanzenfam. Ⅰ(3): 126. 1893. *Jungermannia elliptica* Lehm. & Lindenb. in Lehmann, Nov. Strip. Pug. **5**: 13. 1833. **Type**: Surinam: collector and number unknown [holotype: W6854; isotype: G-O 12007].

Lejeunea elliptica (Lehm. & Lindenb.) Mont., Ann. Sci. Nat., Bot., sér. 2, **14**: 335. 1840.

Leptolejeunea dapitana Steph., Bull. Herb. Boissier **5**: 79. 1897.

Leptolejeunea subacuta Steph. ex A. Evans, Proc. Wash. Acad. Sci. **8**: 149. 1906.

生境 石头、树干、朽木或叶片上。

分布 安徽、浙江、江西、湖南、湖北、四川、贵州、云南、西藏、福建、台湾、广东、广西、海南、香港。日本、印度、尼泊尔、不丹、菲律宾、新西兰、巴西、东非群岛、北美洲。

微齿薄鳞苔(新拟)

Leptolejeunea emarginata (Horik.) S. Hatt., J. Hattori Bot. Lab. **5**: 46. 1951.

Drepanolejeunea emarginata Horik., J. Sci. Hiroshima Univ., ser. B, Div. 2, Bot. **2**: 267. pl. 21, f. 20-24. 1934. **Type**: China: Taiwan, Prov. Taito, *Y. Horikawa 10 740*.

生境 叶片上。

分布 台湾(Yang,2009)。中国特有。

小瓣薄鳞苔

Leptolejeunea epiphylla (Mitt.) Steph., Sp. Hepat. **5**: 380. 1913. *Lejeunea epiphylla* Mitt., J. Proc. Linn. Soc., Bot. **5**: 118. 1861. **Type**: Sri Lanka (Ceylon): Padacumtra, *Gardner 1395* (holotype: NY; isotype: BM).

生境 叶片上。

分布 云南、台湾、海南。斯里兰卡、泰国、老挝、柬埔寨、菲律宾、日本、巴布亚新几内亚、所罗门群岛、非洲。

阔叶薄鳞苔

Leptolejeunea latifolia Herzog, Mem. Soc. Fauna Fl. Fenn. **26**: 58. 1951. **Type**: India: Sikkim-Himalayas Tiger Hill bei Darjeeling, an dunnen Astchen, eine Frullania uberkriechend, sparlich, 1935, *Kerstan s. n.* (holotype: JE).

Drepanolejeunea latifolia (Herzog) R. M. Schust., Beih. Nova Hedwigia **9**: 114. 1963.

生境 叶片上。

分布 广东(雷纯义和刘蔚秋,2007)。不丹、印度。

散生薄鳞苔(海南薄鳞苔、大薄鳞苔)

Leptolejeunea maculata (Mitt.) Schiffn., Consp. Hepat. Arch. Ind. 275. 1898. *Lejeunea maculata* Mitt., J. Proc. Linn. Soc., Bot. **5**: 118. 1861. **Type**: Sri Lanka (Ceylon): Pas-dum-korle, Dec. 1848, *Gardner 1494* (holotype: NY; isotype: BM).

Lejeunea repanda Schiffn., Bot. Centralbl. **27**: 208. 1886.

Leptolejeunea hainanensis P. C. Chen, Sunyatsenia **6** (2): 186. 1941. **Type**: China: Hainan, Apr. 28. 1933, *C. W. Wang 34 323a* (holotype: PE; isotypes: HSUN, IBSC).

生境 叶片上。

分布 台湾、广东、海南。斯里兰卡、印度尼西亚、菲律宾、巴布亚新几内亚、新喀里多尼亚岛(法属)、萨摩亚、澳大利亚、墨西哥、圭亚那、巴西(Piippo and Tan,1992)。

弱齿薄鳞苔(新拟)

Leptolejeunea subdentata Schiffn. ex Herzog, Flora **135**: 403. 1942. **Type**: Indonesia: Java. Tjiburrum, *Massart s. n.* (FH, JE).

生境 叶片上。

分布 云南、西藏。越南、印度尼西亚、马来西亚、菲律宾、新喀里多尼亚岛(法属)。

截叶薄鳞苔

Leptolejeunea truncatifolia Steph., Sp. Hepat. **5**: 388. 1913. **Type**: Philippines: *Merrill 10 567* (holotype: G)

Leptolejeunea aberrantia Horik., Bot. Mag. (Tokyo) **49**: 590. 1935.

生境 叶片上。

分布 台湾。菲律宾。

冠鳞苔属 Lopholejeunea (Spruce) Schiffn.
Nat. Pflanzenfam. Ⅰ(3): 119. 1893.

模式种: *L. sagraeana* (Mont.) Schiffn.

本属全世界约有 30 种,中国有 8 种。

锡兰冠鳞苔(新拟)

Lopholejeunea ceylanica Steph., Sp. Hepat. **5**: 86. 1912. **Type**: Sri Lanka: Horton Plains, *Giesenhagen s. n.* (lectotype: Verdoorn, 1934: G-17885 sterile).

Lopholejeunea longiloba Steph., Sp. Hepat. **5**: 92. 1912.

Lopholejeunea levieri Schiffn., Ann. Bryol. **6**: 134. 1933.

Lopholejeunea schiffneri Verd., Ann. Bryol. **6**: 134. 1933.

生境 树干、树枝或腐木上。

分布 海南。斯里兰卡、泰国、柬埔寨、马来西亚、印度尼西亚。

大叶冠鳞苔

Lopholejeunea eulopha (Taylor) Schiffn., Nat. Pflanzenfam. Ⅰ(3): 129. 1893. *Lejeunea eulopha* Taylor, London J. Bot. **5**: 391. 1846. **Type**: Pacific Islands: locality unknown, *Nightingale s. n.* (holotype: FH; isotypes: FH, NY).

Phragmicoma eulopha (Taylor) Mitt. in Seeman, Fl. Vit. 413. 1873.

Symbiezidium eulophum (Taylor) Trevis., Mem. Reale Ist. Lombardo Sci., ser. 3, Cl. Sci. Mat., **4**: 403. 1877.

Lopholejeunea nicobarica Steph., Hedwigia **35**: 111. 1896.

Lopholejeunea magniamphigastria Horik., J. Sci. Hiroshima Univ., ser. B, Div. 2, Bot. **2**: 254. 1934.

Lopholejeunea schwabei Herzog, J. Hattori Bot. Lab. **14**: 43. 1955.

生境 湿石、树干或叶片上。

分布 台湾、广东、海南、香港。日本、菲律宾、印度尼西亚、巴布亚新几内亚、澳大利亚、萨摩亚群岛、中美洲、南美洲、非洲。

赫氏冠鳞苔

Lopholejeunea herzogiana Verd., Rec. Trav. Bot. Need. **30**: 217. 1933. **Type**: Indonesia: Java, Prov. Preanger, Tjibodas, “ad arborum truncos,” 1420m, 1894, *V. Schiffner s. n.* (lectotype: FH-Verdoorn 21 878).

Lopholejeunea pullei Verd., Nova Guinea **18**: 4. 1935[1934].

生境 朽木上。

分布 海南。印度尼西亚、马来西亚、巴布亚新几内亚、新喀里多尼亚岛(法属)。

阔瓣冠鳞苔

Lopholejeunea latilobula Verd., Nova Guinea **18**: 4. 1935 [1934]. **Type**: Indonesia: Irian Java, Mt. Perameles, “auf Weinmannia”, 1100m, Nov. 27. 1912, *A. Pulle 470* (holotype: FH-Verdoorn 19805; isotype: U).

生境 树枝上。

分布 海南。印度尼西亚。

黑冠鳞苔

Lopholejeunea nigricans (Lindenb.) Schiffn., Consp. Hepat. Arch. Ind. 293. 1898. *Lejeunea nigricans* Lindenb., Syn. Hepat. 316. 1845. **Type**: Indonesia: Java, without locality, collector unknown (holotype: G, S-B30635, S-B30634).

Lejeunea javanica Nees, Syn. Hepat. 320. 1845.

Symbiezidium javanicum (Nees) Trevis., Mem. Reale Ist. Lombardo Sci., ser. 3, Cl. Sci. Mat., **4**: 403. 1877.

Lopholejeunea javanica (Nees) Schiffn., Nat. Pflanzenfam. Ⅰ(3): 129. 1893.

Lopholejeunea sikkimensis Steph., Sp. Hepat. **5**: 87. 1912.

Lopholejeunea brunnea Horik., J. Sci. Hiroshima Univ., ser. B, Div. 2, Bot. **1**: 28. 1931.

生境 石头、树干、朽木或叶片上。

分布 安徽、浙江、四川、重庆、贵州、云南、福建、台湾、广东、广西(Zhu and So, 2002)、海南、香港。印度、尼泊尔、不丹(Long and Grolle, 1990, as *Lopholejeunea sikkimensis*)。

苏氏冠鳞苔

Lopholejeunea soae R. L. Zhu & Gradst., Syst. Bot. Monogr. **74**: 69. 2005. **Type**: China: Zhejiang, Fengyangshan Nature Reserve, Shibaku, 1430m, on tree trunks, Nov. 1. 1996, *R. L. Zhu 9 611 198* (holotype: HSNU).

生境 树干上。

分布 浙江、福建(Zhu and Gradstein, 2005)。中国特有。

褐冠鳞苔

Lopholejeunea subfusca (Nees) Schiffn., Bot. Jahrb. Syst. **23**: 593. 1897. *Jungermannia subfusca* Nees, Enum. Pl. Crypt. Jav. 36. 1830.

Lejeunea subfusca (Nees) Nees & Mont., Ann. Sci. Nat., Bot., sér. 2, **5**: 61. 1836.

Phragmicoma subfusca (Nees) Nees, Naturgesch. Eur. Leberm. **3**: 248. 1838.

Symbiezidium subfuscum (Nees) Trevis., Mem. Reale Ist. Lombardo Sci., ser. 3, Cl. Sci. Mat. **4**: 403. 1877.

Lopholejeunea sagraeana (Mont.) Schiffn. var. *subfusca* (Nees) Schiffn., Consp. Hepat. Archip. Ind. 294. 1898.

Lopholejeunea formosana Horik., J. Sci. Hiroshima Univ., ser. B., Div. 2, Bot. **2**: 256. 1934. **Type**: China: Taiwan, Prov. Taihoku, *Y. Horikawa 8856*.

生境 树干、树枝、灌木、朽木、土面、石头或叶片上。

分布 安徽、浙江、江西、贵州、云南、西藏、福建、台湾、广东、广西、海南、香港。印度、尼泊尔、不丹(Long and Grolle, 1990)、朝鲜、日本、菲律宾、印度尼西亚、巴布亚新几内亚、巴西，北美洲、非洲。

宽叶冠鳞苔(新拟)

Lopholejeunea zollingeri (Steph.) Schiffn., Consp. Hepat. Arch. Ind. 296. 1898. *Lejeunea zollingeri* Steph., Hedwigia **29**: 14. 1890. **Type**: Indonesia: Java.

Lopholejeunea nipponica Horik., J. Sci. Hiroshima Univ., ser. B, Div. 2, Bot. **1**: 200. 1933.

Lopholejeunea brunnea var. *nipponica* (Horik.) S. Hatt., Bull. Tokyo Sci. Mus. **11**: 119. 1944.

生境 树干、树枝、灌木或朽木上。

分布 浙江、福建(张晓青等, 2011)、台湾(Kuo and Chiang, 1988)、海南(Zhu and Gradstein, 2005)。斯里兰卡、印度尼西亚、菲律宾(Piippo and Tan, 1992)、日本、斐济。

鞭鳞苔属 Mastigolejeunea (Spruce) Schiffn. Nat. Pflanzenfam. Ⅰ(3): 129. 1893.

模式种：*M. auriculata* (Wilson & Hook.) Schiffn.

本属全世界约有 15 种，中国有 3 种。

鞭鳞苔(小鞭鳞苔、耳叶鞭鳞苔)

Mastigolejeunea auriculata (Wilson & Hook.) Schiffn., Nat. Pflanzenfam. Ⅰ(3): 129. 1893. *Jungermannia auriculata*

Wilson & Hook., Drummond Musci Amer. (Exsicc.): 170. 1841. **Type**: U. S. A.: Louisiana, New Orleans, *Drummond s. n.* (holotype: BM; isotypes: MANCH, PC).

Phragmicoma humilis Gottsche, Syn. Hepat. 299. 1845. **Type**: Indonesia: Java, *herb. Lindenberg 6012* (isotype: G).

Ptychocoleus auriculatus (Wilson & Hook.) Trevis., Mem. Reale Ist. Sci. ser. 3, Cl. Mat. Nat. **4**: 405. 1877.

Mastigolejeunea humilis (Gottsche) Steph. in Engler & Prantl, Nat. Pflanzenfam. Ⅰ(3): 129. 1893.

Thysananthus liukiuensis Horik., J. Sci. Rep. Hiroshima Univ., ser. B, Div. 2, Bot. **2**: 252. 1934.

生境　树皮上。

分布　浙江、江西、贵州、云南、西藏、福建、台湾、广东、广西、海南、香港。印度、尼泊尔(Long and Grolle, 1990, as *M. humilis*)、不丹(Long and Grolle, 1990, as *M. humilis*)、缅甸、泰国、柬埔寨、印度尼西亚、菲律宾、日本、巴布亚新几内亚、密克罗尼西亚、安达曼、俾斯麦群岛、巴西(Yano, 1995)。

大瓣鞭鳞苔

Mastigolejeunea indica Steph., Sp. Hepat. **4**: 776. 1912. **Type**: India: Nicobar Is., *Man s. n.* (holotype: G).

Thysananthus integrifolius Steph., Sp. Hepat. **4**: 788. 1912.

Mastigolejeunea integrifolia (Steph.) Verd., Blumea **1**: 231, 239. 1934.

生境　树干上。

分布　云南、福建(张晓青等, 2011)、海南、香港。印度、泰国、印度尼西亚、马来西亚、菲律宾、澳大利亚、尼科巴群岛(印度属)。

南亚鞭鳞苔

Mastigolejeunea repleta (Taylor) Steph., Hedwigia **29**: 139. 1890. *Lejeunea repleta* Taylor, London J. Bot. **5**: 392. 1846. **Type**: India: Madras, *Wight s. n.* (isotypes: G, W).

Thysananthus setacea B. Y. Yang, Taiwania **9**: 27. 1963. **Type**: China: Taiwan, Hualien Co., Dec. 27. 1961, *Kao 316*.

生境　树干上。

分布　云南、福建(张晓青等, 2011)、台湾(Yang, 1963, as *Thysananthus setacea*)、广东、香港。印度、不丹、安达曼、菲律宾、泰国、印度尼西亚、巴布亚新几内亚。

假细鳞苔属 Metalejeunea Grolle
Bryophyt. Biblioth. **48**: 17. 1995

模式种: *M. cucullata* (Reinw., Blume & Nees) Grolle

本属全世界现有2种，中国有1种。

假细鳞苔

Metalejeunea cucullata (Reinw., Blume & Nees) Grolle, Bryophyt. Biblioth. **48**: 100. 1995. *Jungermannia cucullata* Reinw., Blume & Nees, Nova Acta Phys.-Med. Acad. Caes. Leop.-Carol. Nat. Cur. **12**: 227. 1825. **Type**: Indonesia.

Lejeunea cucullata (Reinw., Blume & Nees) Nees, Naturgesch. Eur. Leberm. **3**: 293. 1838.

Microlejeunea cucullata (Reinw., Blume & Nees) J. B. Jack & Steph., Bot. Central. **60**: 106. 1894.

Euejeunea cucullata (Reinw., Blume & Nees) Schiffn. Consp. Hepat. Arch. Ind. 254. 1898.

Microlejeunea sundaica Steph., Sp. Hepat. **5**: 826. 1915.

生境　树干上，海拔1200m。

分布　台湾、广西、海南(Zhu and So, 2001)。泛热带分布(Grolle, 1995)。

耳鳞苔属 Otolejeunea Grolle & Tixier
Nova Hedwigia **32**: 609. 1980.

模式种: *O. moniliata* Grolle.

本属全世界现有10种，中国有1种。

森泊耳鳞苔

Otolejeunea semperiana (Gottsche ex Steph.) Grolle, Haussknechtia **2**: 53. 1985. *Prionolejeunea semperiana* Gottsche ex Steph., Sp. Hepat. **5**: 227. 1913. **Type**: Philippines: Luzon, *Semper 768* [lectotype designated by Grope (1986 "1985"): G-14277].

生境　叶片上。

分布　福建、海南(Zhu and So, 1997b)。印度尼西亚、马来西亚、菲律宾、巴布亚新几内亚(Zhu and So, 2001)。

黑鳞苔属 Phaeolejeunea Mizut.
J. Hattori Bot. Lab. **31**: 130. 1968.

模式种: *P. latistipula* (Schiffn.) Mizut.

本属全世界现有3种，中国有1种。

黑鳞苔

Phaeolejeunea latistipula (Schiffn.) Mizut., J. Hattori Bot. Lab. **31**: 130. 1968. *Lejeunea latistipula* Schiffn., Forschungsr. Gaz. **4**: 30. 1890.

Lopholejeunea latistipula (Schiffn.) Schiffn., Consp. Hepat. Archip. Indici: 292. 1898.

Archilejeunea kaernbachii Steph., Denkschr. Kaiserl. Akad. Wiss., Math.-Naturwiss. Kl. **85**: 195. 1910.

Hygrolejeunea latistipula (Schiffn.) Steph., Sp. Hepat. **5**: 552. 1914.

生境 不详。

分布 台湾。菲律宾、马来西亚、巴布亚新几内亚、所罗门群岛。

皱萼苔属 Ptychanthus Nees

Naturgesch. Eur. Leberm. **3**: 211. 1838.

模式种:*P. striatus* (Lehm. & Lindenb.) Nees

本属全世界现有1种。

皱萼苔

Ptychanthus striatus (Lehm. & Lindenb.) Nees, Naturgesch. Eur. Leberm. **3**: 212. 1838. *Jungermannia striata* Lehm. & Lindenb. in Lehmann, Nov. Strip. Pug. **4**: 16. 1832. **Type**: Nepal: locality unknown, *N. Wallich s. n.* (holotype: W; isotypes: G, W).

Frullania striata (Lehm. & Lindenb.) Mont., Ann. Sci. Nat., Bot. **2**: 17. 1842.

Bryopteris striata (Lehm. & Lindenb.) Mitt. in Seemann, Fl. Vit. 411. 1873.

Lejeunea striata (Lehm. & Lindenb.) Steph., Hedwigia **29**: 140. 1890.

Ptycholejeunea striata (Lehm. & Lindenb.) Steph., Pflanzenw. Ost-Afrikas C, **5**: 65. 1895.

Ptychanthus caudatus Herzog in Handel-Mazzetti, Symb. Sin. **5**: 43. 1930. **Type**: China: Hunan, Wukang, Yun-Shan, 1150m, June 21. 1918, *Handel-Mazzetti 12 811* (holotype: W).

Ptychanthus integerrimus Horik., J. Sci. Hiroshima Univ., ser. B, Div. 2, Bot. **2**: 245. 1934.

生境 树基、树干、树枝或叶片上。

分布 山东、陕西、安徽、浙江、江西、湖南、湖北、四川、贵州、云南、西藏、福建、台湾、广东、广西、海南(Zhu and So, 2001)。日本、印度、尼泊尔、不丹、菲律宾、印度尼西亚、巴布亚新几内亚、澳大利亚、太平洋群岛,非洲。

密鳞苔属 Pycnolejeunea (Spruce) Schiffn.

Nat. Pflanzenfam. I (3): 124. 1893.

模式种:*P. contigua* (Nees) Grolle

本属全世界现有10种,中国有1种。

大胞密鳞苔(新拟)

Pycnolejeunea grandiocellata Steph. in Schmidt, Bot. Tidsskr. **24**: 279. 1902. **Type**: Thailand: Jungle near Klong Munse, on trees, Dendanske Siamexpedition 1899～1900, *Johs. Schmidt 6* (holotype: G-008164).

生境 树干上。

分布 海南(Lin and Yang, 1992)。斯里兰卡、泰国、印度尼西亚、巴布亚新几内亚、新喀里多尼亚岛(法属)、澳大利亚。

尼鳞苔属 Schiffneriolejeunea Verd.

Ann. Bryol. **6**: 88. 1933.

模式种:*S. omphalanthoides* Verd.

本属全世界有14种,中国有1变种。

希福尼鳞苔平边变种(新拟)

Schiffneriolejeunea tumida (Nees & Mont.) Gradst. var. **haskarliana** (Gottsche) Gradst. & Terken, Occas. Pap. Farlow Herb. **16**: 77. 1981. *Phragmicoma haskarliana* Gottsche, Syn. Hepat. 299. 1845. **Type**: Indonesia: Java, *Hasskarl s. n.* (holotype: B, destroyed; isotypes: G, S, W).

Acrolejeunea haskarliana (Gottsche) Schiffn., Nat. Pflanzenfam. I (3): 129. 1893.

Ptychocoleus haskarliana (Gottsche) Steph., Sp. Hepat. **5**: 44. 1912.

生境 树干上。

分布 台湾、海南。印度、斯里兰卡、越南、泰国、新加坡、菲律宾、马来西亚、印度尼西亚、日本、澳大利亚、汤加、巴布亚新几内亚、新喀里多尼亚岛(法属)、萨摩亚群岛、塞舌尔。

多褶苔属 Spruceanthus Verd.

Ann. Bryol. Suppl. **4**: 159. 1934.

模式种:*S. semirepandus* (Nees) Verd.

本属全世界现有7种,中国有3种。

疣叶多褶苔(新拟)

Spruceanthus mamillilobulus (Herzog) Verd., Hepat. Select. Crit. 9, n. 447. 1936. *Ptychanthus mamillilobulus* Herzog in Handel-Mazzetti, Symb. Sin. **5**: 44. 1930. **Type**: China: Guizhou "KWEITSCHOU". Auf Walderde (Konglomerat) in der str. St. Beim Tempel Yanggumiao nachst Gudschou, 300m, July 20. 1917, *Handel-Mazzetti 10 867* (holotype: WU or JE; isotype: W).

生境 岩面薄土或树干上。

分布 贵州、广东、广西。中国特有。

变异多褶苔

Spruceanthus polymorphus (Sande Lac.) Verd., Ann. Bryol., Suppl. **4**: 155. 1934. *Phragmicoma polymorpha* Sande Lac., Ned. Kruidk. Arch. **34**: 420. 1854. **Type**: Indonesia: Java,

Junghuhn s. n. (holotype: L; isotype: NY).

Phragmolejeunea polymorpha (Sande Lac.) Schiffn. in Engler, Forschungsr. Gaz. **4**: 25. 1890.

Thysananthus polymorphus (Sande Lac.) Schiffn., Consp. Hepat. Arch. Ind. 305. 1898.

Archilejeunea caledonica Steph., Sp. Hepat. **4**: 724. 1911.

Archilejeunea polymorpha (Sande Lac.) B. Thiers & Gradst., Mem. New York Bot. Gard. **52**: 10. 1989.

生境　树干、树基或树皮上。

分布　江西、云南、西藏、福建、台湾、广东、广西、海南、香港。印度、菲律宾、印度尼西亚、马来西亚、日本、巴布亚新几内亚、新喀里多尼亚岛(法属)、塔希提岛、美国(夏威夷)、萨摩亚群岛、所罗门群岛。

多褶苔

Spruceanthus semirepandus (Nees) Verd., Ann. Bryol. Suppl. **4**: 153. 1934. *Jungermannia semirepanda* Nees, Enum. Pl. Crypt. Jav. 39. 1830.

Ptychanthus semirepandus (Nees) Nees, Naturgesch. Eur. Leberm. **3**: 212. 1838.

Thysananthus fragillimus Herzog in Handel-Mazzetti, Symb. Sin. **5**: 45. f. 16. 1930.

Ptychanthus madothecoides Horik., J. Sci. Hiroshima Univ., ser. B, Div. 2, Bot. **2**: 248. f. 48. 1934.

Thysananthus obovatus B. Y. Yang, Taiwania **9**: 24. 1963. **Type**: China: Taiwan, Hualien Co., 1961. 12, *T. Shimizu & M. T. Kao 317*.

生境　树干或岩面上，海拔 500～3000m。

分布　安徽、浙江、江西、湖南、四川、重庆、贵州、云南、西藏、福建、台湾、广东、广西、海南、香港。印度、尼泊尔、不丹(Long and Grolle, 1990)、日本、泰国(Zhu and Lai, 2003)、印度尼西亚、菲律宾。

狭鳞苔属 Stenolejeunea R. M. Schust.
Beih. Nova Hedwigia **9**: 144. 1963.

模式种：*S. thallophora* (Eifrig) R. M. Schust.

本属全世界有 7 种，中国有 1 种。

尖叶狭鳞苔(狭鳞苔)

Stenolejeunea apiculata (Sande Lac.) R. M. Schust., Beih. Nova Hedwigia **9**: 144. 1963. *Lejeunea apiculata* Sande Lac., Ned. Kruidk. Arch. **3**: 421. 1851. **Type**: Indonesia: Java. collector and number unknown (holotype: L).

Eulejeunea apiculata (Sande Lac.) Schiffn., Consp. Hepat. Arch. Ind. 247. 1898.

Taxilejeunea apiculata (Gottsche) Steph., Sp. Hepat. **5**: 459. 1913.

Hygrolejeunea apiculata (Sande Lac.) Steph., Sp. Hepat. **5**: 556. 1914.

Drepanolejeunea formosana Horik., J. Sci. Hiroshima Univ., ser. B, Div. 2, Bot. **2**: 264. 1934. **Type**: China: Taiwan, Taihoku, Aug. 1932, *Y. Horikawa 11 381* (holotype: HIRO).

Taxilejeunea apiculata (Sande Lac.) Eifrig, Ann. Bryol. **9**: 99. 1937, *nom. illeg.*

Prionolejeunea ungulata Herzog, J. Hattori Bot. Lab. **14**: 45. 1955. **Type**: China: Taiwan, June 5. 1947, *G. H. Schwabe 115* (holotype: JE).

生境　石头、树干、朽木或叶片上。

分布　台湾、广东、海南、香港。新西兰、澳大利亚、柬埔寨、菲律宾、斯里兰卡、印度尼西亚、日本、马来西亚、新喀里多尼亚岛(法属)、越南。

毛鳞苔属 Thysananthus Lindenb.
Nov. Strip. Pug. **8**: 24. 1844.

模式种：*T. comosus* Lindenb.

本属全世界现有 11～13 种，中国有 3 种。

东亚毛鳞苔

Thysananthus aculeatus Herzog, Ann. Bryol. **4**: 89. 1931. **Type**: Philippines: Mt. Banahao, Centr. Luzon, Dec. 12. 1913, *C. J. Baker s. n.* (holotype: JE).

Thysanthus formosanus Horik., J. Sci. Hiroshima Univ., ser. B, Div. 2, Bot. **2**: 252. 1934. **Type**: China: Taiwan, Taito, *Y. Horikawa 10 622*.

生境　湿石或树皮上。

分布　台湾、海南。日本、菲律宾、印度尼西亚。

黄叶毛鳞苔

Thysananthus flavescens (S. Hatt.) Gradst., Trop. Bryol. **4**: 89. 1991. *Archilejeunea flavesceus* S. Hatt., Bull. Tokyo Sci. Mus. **11**: 95. f. 60-61. 1944. **Type**: Japan: Kyushu, Kagoshima-ken (Osumi), Sata-mura, Ketka, On barks, Apr. 1939, *S. Hattori 2399* (holotype: TNS; isotype: NICH: 15904).

Zeucolejeunea flavescens (S. Hatt.) S. Hatt., J. Hattori Bot. Lab. **8**: 33. 1952.

Mastigolejeunea flavescens (S. Hatt.) Mizut., J. Hattori Bot. Lab. **24**: 159. 1961.

生境　树皮上。

分布　台湾、福建(张晓青等, 2011)、广西、香港。日本。

棕红毛鳞苔

Thysananthus spathulistipus (Reinw.) Lindenb., Syn. Hepat. 287. 1845. *Jungermannia spathulistipa* Reinw., Acta Phys.-Med. Acad. Caes. Leop.-Carol. Nat. Cur. **12**: 212. 1824. **Type**: Indonesia: Java, Bantam, Leback, *Blume s. n.* (holotype: STR; isotypes: G, W).

Thysananthus fuscobrunneus Horik., J. Sci. Hiroshima Univ. ser. B, Div. 2, Bot. **2**: 251. 1934.

生境　树皮上。

分布　福建(张晓青等,2011)、台湾、广西、海南。古热带。

瓦鳞苔属 Trocholejeunea Schiffn.
Ann. Bryol. 5: 160. 1932.

模式种:*T. levieri* Steph.
本属全世界现有3种,中国有2种。

浅棕瓦鳞苔

Trocholejeunea infuscata (Mitt.) Verd., Ann. Bryol., Suppl. **4**: 190. 1934. *Lejeunea infuscata* Mitt., J. Proc. Linn. Soc., Bot. **5**: 111. 1861. **Type**: China: Sichuan, Trockene Diabasfelsen der tp. St. des Lungdschu-schan bei Huili, 3000m, Mar. 26. 1914, *Handel-Mazzetti 963* (W, Herzog 1930 reported as *Ptychocoleus cordistipulus* Steph.; syntype: NY).
Trocholejeunea bidenticulata P. C. Wu, Acta Phytotax. Sin. **20**(3): 351. 1982. **Type**: China: Xizang, Motuo Co., 700m, Aug. 11. 1974, *Lang K. Y. 463-e* (holotype: PE).
生境　树干、树基、岩石或土面。
分布　江西、湖北、四川、重庆、贵州、云南、西藏、台湾。不丹、印度、尼泊尔、斯里兰卡、缅甸、泰国。

南亚瓦鳞苔

Trocholejeunea sandvicensis (Gottsche) Mizt., Misc. Bryol. Lichenol. **2**(12): 169. 1962. *Phragmicoma sandvicensis* Gottsche, Ann. Sci. Nat., Bot., sér. 4, **8**: 344. 1857. **Type**: U. S. A.: Hawaii, collector and number unknown (holotype: B, destroyed).
Lejeunea sandvicensis (Gottsche) A. Evans, Trans. Connecticut Acad. Arts **8**: 253. 1892.
Brachiolejeunea chinensis Steph., Hedwigia **34**: 63. 1895. **Type**: China: *Wichura 1736*, Herb. Musei Berol.
Mastigolejeunea sandvicensis (Gottsche) Steph., Bull. Herb. Boissier **5**: 842. 1897.
Brachiolejeunea sandvicensis (Gottsche) A. Evans, Trans. Connecticut Acad. Arts **10**: 419. 1900.
Mastigolejeunea formosensis Steph., Sp. Hepat. **5**: 136. 1912. **Type**: China: Taiwan.
Brachiolejeunea sandvicensis (Gottsche) A. Evans fo. *chinensis* (Steph.) Herzog in Handel-Mazzetti, Symb. Sin. **5**: 46. 1930. Syntypes: China: Hunan, 25～1200m, *Handel-Mazzetti 11 405, 11 433, 11 512, 11 889, 12 163*; Guizhou, Liping Co., 750m, *Handel-Mazzetti 10 982*; Yunnan, *Handel-Mazzetti 451, 583* (syntype: H-BR).
生境　树干、岩石、腐木、倒木上或偶尔生于叶面上,海拔50～1920m。
分布　全国各地。巴基斯坦、印度、尼泊尔、不丹、斯里兰卡、越南、马来西亚、日本、朝鲜、美国(夏威夷)。

异鳞苔属 Tuzibeanthus S. Hatt.
Biosphaera 1: 7. 1947.

模式种:*T. porelloides* S. Hatt.
本属全世界现有1种。

异鳞苔

Tuzibeanthus chinensis (Steph.) Mizut., J. Hattori Bot. Lab. **24**: 151. 1961. *Ptychanthus chinensis* Steph., Sp. Hepat. **4**: 744. 1912. **Type**: China: Shaanxi, Mt. Kuan-tou-san, *Giraldi 1878* (holotype: G).
生境　岩面薄土或树干上。
分布　陕西、四川、重庆、贵州、云南、西藏。印度(Mizutani and Hattori, 1967)、尼泊尔、不丹、缅甸、泰国、朝鲜(Yamada and Choe, 1997)、日本。

鞍叶苔属 Tuyamaella S. Hatt.
J. Hattori Bot. Lab. 5: 60. 1951

模式种:*T. molischii* (Schiffn.) S. Hatt.
本属全世界现有7种,中国有2种,2变种。

细齿鞍叶苔

Tuyamaella angulistipa (Steph.) R. M. Schust. & Kachroo, J. Linn. Soc., Bot. **56**: 508. 1961. *Pycnolejeunea angulistipa* Steph., Hedwigia **35**: 123. 1896. **Type**: Malaysia: Perak, *Wray 1563 p. p.* (holotype: G).
生境　树干、树枝、朽木或叶片上。
分布　海南。越南、柬埔寨、印度尼西亚、马来西亚、巴布亚新几内亚。

鞍叶苔

Tuyamaella molischii (Schiffn.) S. Hatt., J. Hattori Bot. Lab. **5**: 62. 1951. *Pycnolejeunea molischii* Schiffn., Ann. Bryol. **2**: 97. 1929. **Type**: Japan: Hiroshima Pref., Miyajima Is., Dec. 1924, *Molisch s. n.* (holotype: FH).

鞍叶苔原变种

Tuyamaella molischii var. **molischii**
Pycnolejeunea molischii Schiffn. ex Molisch, Pflanzenfam.-Biol. Jap. 146. 1926, *nom. nud.*
Pycnolejeunea boninensis Horik., J. Sci. Hiroshima Univ., ser. B., Div. 2, Bot. **1**: 25. 1931.
生境　树干、树枝、灌木、朽木或叶片上。
分布　浙江、江西、福建(张晓青等,2011)、台湾、广东、广西、海南、香港。越南、马来西亚、日本。

鞍叶苔短齿变种

Tuyamaella molischii var. **brevistipa** P. C. Wu & P. J. Lin, Acta Phytotax. Sin. **16**: 65. 1978. **Type**: China: Hainan, Jianfengling, Duling, 1150m, on the living leaves of *Beilschmiedia* sp., Feb. 6. 1962, *P. C. Chen et al. 468* (holotype: IBSC).

生境　树干或叶片上。

分布　海南。中国特有。

鞍叶苔台湾变种

Tuyamaella molischii var. **taiwanensis** R. L. Zhu & M. L. So, Nova Hedwigia 70: 190. 2000. **Type**: China: Taiwan, Taito, Shinsuiei-Shuchokyokai, Jan. 3. 1933, *Y. Horikawa 10 729* (holotype: HIRO).

生境　叶片上。

分布　台湾。中国特有。

紫叶苔目 Pleuroziales Schljakov

紫叶苔科 **Pleuroziaceae** Müll. Frib.

本科全世界有 1 属。

紫叶苔属 Pleurozia Dumort.
Recueil Observ. Jungerm. 15. 1835.

模式种: *P. sphagnoides* Dumort. [= ***P. gigantea*** (F. Weber Lindb.)]

本属全世界现有 11 种,中国有 5 种。

南亚紫叶苔

Pleurozia acinosa (Mitt.) Trevis., Mem. Reale Ist. Lombardo Sci., ser. 3, Cl. Sci. Mat. **4**: 412. 1877. *Physiotium acinosa* Mitt., J. Proc. Linn. Soc. Bot. **5**: 102. 1861. **Type**: Sri Lanka (Ceylon): Adam's Peak, 1846, *Gardner 136* (lectotype: NY; isolectotype: BM).

生境　林下树干、树枝或稀生于石上。

分布　湖南(Koponen et al., 2004)、台湾、海南(白占奎和李登科, 1998)。日本、缅甸、马来西亚、印度尼西亚、斯里兰卡、泰国、菲律宾。

宽叶紫叶苔

Pleurozia caledonica (Gottsche ex J. B. Jack) Steph. in Paris, Rev. Bryol. **33**: 29. 1906. *Physiotium caledonicum* Gottsche ex J. B. Jack, Hedwigia **25**: 81. 1886. **Type**: New Caledonia: Mt. Humboldt, *Balana 2590 p. p.* (holotype: G; isotype: BM).

生境　林中倒木,海拔 980m。

分布　海南(白占奎和李登科, 1998)。新喀里多尼亚岛(法属)。

大紫叶苔

Pleurozia gigantea (F. Weber) Lindb., Lindberg & Lackstroem, Hepat. Scand. Exsicc. n. 5. 1874. *Jungermannia gigantea* F. Weber, Hist. Musc. Hepat. Prodr. 57. 1815. **Type**: Africa: Réunion, insula Bourbonia, *Bory s. n.* ex herb. Richard (lectotype: PC, isolectotypes: BM, S, W).

Pleurozia sphagnoides Dumort., Recueil observ. Jungerm.: 15. 1835. nom inval.

生境　热带雨林树干上。

分布　江西、台湾、广东、海南。马来西亚、印度尼西亚、菲律宾、斯里兰卡、泰国、英国、坦桑尼亚。

紫叶苔

Pleurozia purpurea Lindb., Hepaticol. Utveckl. 16. 1877. **Type**: Scotland: Hibernia, Connor-hill, *S. O. Linbergia s. n.* (lectotype: H; isolectotypes: MANCH, NY, PC, BM).

Jungermannia purpurea Scop., Fl. Carniol. (ed. 2), **2**: 347. 1772.

Pleurozia arcuata Horik., Sci. Rep. Tôhoku Imp. Univ., ser. 4, Biol. **4**: 58. f. 2, pl. 9. 1929.

生境　高山林下树干或腐殖质上。

分布　台湾、广西。印度、不丹(Long and Grolle, 1990)、尼泊尔、日本、挪威、加拿大。

拟紫叶苔

Pleurozia subinflata (Austin) Austin, Bull. Torrey Bot. Club **5**: 17. 1874. *Physiotium subinflatum* Austin, Proc. Acad. Nat. Sci. Philadelphia **21**: 224. 1869. **Type**: U. S. A.: Hawaii, Oahu, *Mann & Brigham s. n.* (lectotype: MANCH; isolectotype: BM, FH, H, NY).

Pleurozia giganteoides Horik., J. Sci. Hiroshima Univ., ser. B, Div. 2, Bot. **2**: 229. 1934.

Eoplheurozia giganteoides (Hork.) Inoue, Ill. Jap. Hepat. **2**: 181. 1976.

生境　树干或树枝上。

分布　浙江(白占奎和李登科, 1998)、福建、海南。斯里兰卡、泰国、越南、日本。

绿片苔目 Aneurales W. Frey & M. Stech

绿片苔科 **Aneuraceae** H. Klinggr.

本科全世界有 4 属,中国有 3 属。

绿片苔属 Aneura Dumort.
Comment. Bot. 115. 1822.

模式种：*A. pinguis* (L.) Dumort.
本属全世界约有 15 种，中国有 2 种。

大绿片苔(新拟)

Aneura maxima (Schiffn.) Steph., Sp. Hepat. 1: 270. 1899. *Riccardia maxima* Schiffn., Denks. Kaiserl. Akad. Wiss.. Math.-Nat. Kl. 67: 178. 1898.
Riccardia pellioides Horik., Bot. Mag. Tokyo 51: 429. 1937.
生境　树干。
分布　台湾(Yang, 1960, as *Riccardia pellioides*)。印度、印度尼西亚、日本、新喀里多尼亚岛(法属)、美国(Schuster, 1992)。

绿片苔

Aneura pinguis (L.) Dumort., Comment. Bot. 115. 1822. *Jungermannia pinguis* L., Sp. Pl. 1136. 1753. *Riccardia pinguis* (L.) Gray, Nat. Arr. Brit. Pl. **1**: 683. 1821.
生境　林下腐木上或有时生于湿石上。
分布　黑龙江(敖志文和张光初，1985)、吉林、内蒙古、陕西(王玛丽等，1999)、山东(赵遵田和曹同，1998)、新疆、浙江(Zhu et al., 1998)、江西(何祖霞等，2010)、湖北、四川(Piippo et al., 1997)、贵州、云南、福建(张晓青等，2011)、台湾、香港、澳门。印度、尼泊尔、不丹(Long and Grolle, 1990)、菲律宾(Furuki, 2006)、日本、朝鲜(Yamada and Choe, 1997)、玻利维亚(Grardstein et al., 2003.)，欧洲、北美洲。

宽片苔属(新拟)Lobatiriccardia (Mizut. & S. Hatt.) Furuki
J. Hattori Bot. Lab. 70: 319. 1991.

模式种：*L. lobata* (Schiffner) Furuki(=***L. coronopus***)
本属全世界有 7 种，中国有 2 种。

宽片苔(新拟)

Lobatiriccardia coronopus (De Not.) Furuki, J. Hattori Bot. Lab. **100**: 90. 2006. *Aneura coronopus* De Not., Hedwigia **32**: 19. 1893.
Lobatiriccardia lobata (Schiffn.) Furuki, J. Hattori Bot. Lab. **70**: 319. 1991. *Riccardia lobata* Schiffn., Denkschr. Kaiser. Akad. Wiss., Math.-Naturwiss. Kl. **67**: 178. 1898.
Aneura lobata (Schiffn.) Steph., Sp. Hepat. **1**: 271. 1899.
生境　岩面上。
分布　海南(Lin et al., 1992)。印度尼西亚、马来西亚、日本、新喀里多尼亚岛(法属)和新西兰。

云南宽片苔(新拟)

Lobatiriccardia yunnanensis Furuki & D. G. Long, J. Bryol. **29**: 161. 2007. **Type**: China: Yunnan, Gongshan Co., 1425m, Nov. 5 2004, *D. G. Long 33 940* (holotype: E; isotypes: CBM, KUN, CAS, MO).
生境　滴水岩石上。
分布　云南(Furuki and Long, 2007)。中国特有。

片叶苔属 Riccardia Gray
Nat. Arr. Brit. Pl. 1: 679. 1821.

模式种：*R. multifida* (L.) Gray
本属全世界约有 175 种，中国有 17 种。

狭片叶苔

Riccardia angustata Horik., J. Sci. Hiroshima Univ., ser. B, Div. 2, Bot. **2**: 156. f. 6. 1934. **Type**: China: Taiwan, Mt. Chipon, Dec. 1932, *Y. Horikawa 10 398*.
生境　土面上。
分布　台湾(Horikawa, 1934)、海南(Lin et al., 1992)。中国特有。

波叶片叶苔

Riccardia chamaedryfolia (With.) Grolle, Trans. Brit. Bryol. Soc. **5**: 772. 1969. *Jungermannia chamedryfolia* With., Bot. Arr. Veg. Nat. Gr. Brit. **2**: 699. 1776.
生境　林下腐木或岩石上。
分布　我国各省(自治区)均有分布。朝鲜(Song and Yamada, 2006)、巴西(Yano, 1995)，欧洲、北美洲。

长白山片叶苔

Riccardia changbaishanensis C. Gao, Fl. Hepat. Chin. Boreali-Orient. 168. 1981. **Type**: China: Jilin, Districtus Changbai, Chaoxianzu Zizhi Xia, Mt. Changbaishan, 1240m, *Gao Chien 7539* (holotype: IFSBH).
生境　林下腐木上，海拔 1240m。
分布　吉林。中国特有。

中华片叶苔

Riccardia chinensis C. Gao, Fl. Hepat. Chin. Boreali-Orient. 209. 1981. **Type**: China: Jilin, Wangqing Co., 750m, *Gao Chien & Chang Kuang-chu 8724* (holotype: IFSBH).
生境　林下腐木上。
分布　吉林、江西(何祖霞等，2010)、云南。中国特有。

细圆齿片叶苔

Riccardia crenulata Schiffn., Denkschr. Kaiserl. Akad. Wiss., Math.-Naturwiss. Kl. **67**: 173. 1898.
生境　不详。
分布　台湾(Inoue, 1961)。马来西亚、印度尼西亚、菲律宾。

线枝片叶苔

Riccardia diminuta Schiffn., Denkschr. Kaiserl. Akad. Wiss. Math.-Naturwiss. Kl. **67**. 1898.
生境　岩面。

分布　海南(Lin et al.，1992)。印度尼西亚。

鞭枝片叶苔

Riccardia flagelifrons C. Gao，Fl. Hepat. Chin. Boreali-Orient. 170. 1981. **Type**：China：Heilongjiang，Xiao Xinganling Wuying，*Chen Pan-chien & Gao Chien 567* (holotype：IFS-BH).

生境　树干基部。

分布　黑龙江、云南。中国特有。

南亚片叶苔

Riccardia jackii Schiffn.，Denkschr. Kaiserl. Akad. Wiss.，Math.-Naturwiss. Kl. **67**：165. 1898.

生境　流水的岩石或土面上。

分布　香港。菲律宾。

单胞片叶苔

Riccardia kodamae Mizut. & S. Hatt.，J. Hattori Bot. Lab. **18**：57. 1957.

生境　流水的岩石上。

分布　香港。东南亚地区、日本。

宽片叶苔

Riccardia latifrons (Lindb.) Lindb.，Acta Soc. Sci. Fenn. **10**：513. 1875. *Aneura latifrons* Lindb.，Nov. Stirp. Pug. 1873.

生境　林下腐木上。

分布　黑龙江、吉林、内蒙古、新疆、浙江(Zhu et al.，1998)、江西(何祖霞等，2010)、湖南、湖北、重庆、贵州、云南、福建(张晓青等，2011)、台湾、香港。尼泊尔、日本、俄罗斯(远东地区)，北美洲。

东亚片叶苔

Riccardia miyakeana Schiffn.，Oesterr. Bot. Z. **49**：388. 1899. *Aneura onigajona* Steph.，Sp. Hepat. **6**：36. 1917.

生境　腐木或阴湿林地上。

分布　香港。日本。

片叶苔

Riccardia multifida (L.) Gray，Nat. Arr. Brit. Pl. **1**：684. 1821. *Jungermannia multifida* L.，Sp. Pl. 1136. 1753.

生境　林下、沟谷湿土上、腐木上或有时也生于溪边湿石上。

分布　黑龙江、吉林、浙江(Zhu et al.，1998)、江西(Ji and Qiang，2005)、重庆、贵州、云南、福建(张晓青等，2011)、台湾、香港。日本、朝鲜、巴布亚新几内亚、新西兰、萨摩亚群岛、美国(夏威夷)、俄罗斯、格陵兰岛(丹属)，欧洲、北美洲、非洲。

掌状片叶苔

Riccardia palmata (Hedw.) Carr.，J. Bot. **13**：302. 1865. *Jungermannia palmata* Hedw.，Theoria Generat. 87. 1784.

生境　林下树干基部或稀生于湿石上。

分布　黑龙江(敖志文和张光初，1985)、吉林(Söderström，2000)、山东(赵遵田和曹同，1998)、新疆、浙江(Zhu et al.，1998)、江西(Ji and Qiang，2005)、湖南、湖北、四川(Piippo et al.，1997)、云南、福建、台湾、香港、澳门。日本、俄罗斯(远东地区)，欧洲、北美洲。

宽枝片叶苔(新拟)

Riccardia platyclada Schiffn.，Denkschr. Kaiserl. Akad. Wiss.，Math.-Nat. Kl. **67**：167. 1898.

Aneura platyclada (Schiffn.) Steph.，Sp. Hepat. **1**：249. 1899.

生境　不详。

分布　台湾(Inoue，1961)。印度尼西亚。

具羽片叶苔

Riccardia plumosa (Mitt.) E. O. Campb.，J. Royal Soc. New Zealand **1**：24. 1971.

生境　岩面。

分布　海南(Lin et al.，1992)。印度尼西亚和美国(夏威夷)。

波叶片叶苔

Riccardia sinuata (Hook.) Trevis.，Mem. Reale Ist. Lombardo Sci.，ser. 3，Cl. Sci，Mat. **4**：431. 1877. *Jungermannia multifida* var. *sinuata* Hook.，Brit. Jungermann. Tab. 45. 1813.

生境　林下倒木、树干基部或有时生于潮湿岩面上。

分布　黑龙江、吉林、四川、云南、台湾、广东。北半球广泛分布。

羽枝片叶苔(新拟)

Riccardia submultifida Horik.，J. Sci. Hiroshima Univ.，ser B，Div. 2，**23**：128. pl. 11，f. 1-3. 1934. **Type**：China：Taiwan，Mt. Chipon，Dec. 1932，*Y. Horikawa 10 375*.

生境　潮湿岩面上。

分布　台湾(Herzog and Noguchi，1955)。中国特有。

叉苔目 Metzgeriales Chalaud

叉苔科 Metzgeriaceae H. Klinggr.

本科全世界共有4属，中国有2属。

毛叉苔属 Apometzgeria Kuwah.
Rev. Bryol.，n. s.，**34**：212. 1966.

模式种：*A. pubescens* (Schrank.) Kuwah.

本属全世界现有2种，中国有1种。

毛叉苔

Apometzgeria pubescens (Schrank.) Kuwah.，Rev. Bryol.，n. s.，**34**：212. 1966. *Jungermannia pubescens* Schrank.，Prim. Fl. Salisb. 231. 1792. **Type**：Austria：“An feuchten，schattigen Kalkfelsen der Gebirge um Salzburg.” Sauter (Rabenth.，Hep. Europ. Exs. no. 84) (neotype：W).

毛叉苔原变种

Apometzgeria pubescens var. **pubescens**

Metzgeria pubescens (Schrank.) Raddi, Jungerm. Etrusca 46. 1818.

生境　石上或树干基部。

分布　黑龙江、吉林、辽宁、内蒙古、山东(张艳敏等,2002)、陕西、甘肃(Zhang and Li,2005)、新疆、湖北、四川、云南、福建(张晓青等,2011)、台湾。不丹(Long and Grolle,1990)、日本、朝鲜(Song and Yamada,2006)、克什米尔地区,欧洲、北美洲。

叉苔属 Metzgeria Raddi

Jungerm. Etrusca 34. 1818.

模式种:*M. glabra* Raddi, *nom. illeg.*

本属全世界约有 100 种,中国有 13 种。

平叉苔

Metzgeria conjugata Lindb., Acta Soc. Sci. Fenn. **10**: 495. 1875.

Metzgeria conjugata var. *japonica* S. Hatt., J. Hattori Bot. Lab. **15**:80. 1955.

Metzgeria conjugata subsp. *japonica* S. Hatt., J. Hattori Bot. Lab. **20**: 135. 1958.

生境　山区树干基部或湿土石面。

分布　黑龙江、吉林、内蒙古、山东(赵遵田和曹同,1998)、甘肃(Wu et al.,2002)、上海(刘仲苓等,1989)、浙江(刘仲苓等,1989)、江西(何祖霞等,2010)、湖南、湖北、重庆、贵州、云南、福建(张晓青等,2011)、台湾、香港。印度(Kuwahara,1975)、尼泊尔、日本、朝鲜、俄罗斯(远东地区)、巴布亚新几内亚、澳大利亚、萨摩亚群岛,欧洲、南美洲、北美洲。

狭尖叉苔

Metzgeria consanguinea Schiffn., Nova Acta Acad. Caes. Leop. -Carol. German. Nat. Cur. **60**: 271. 1893. **Type**: Indonisia: Java, in summo apice montis Pangerango, Feb. 20. 1890, *G. Karsten s. n.* (holotype: FH; isotypes: BM, FH, G, S, W).

Metzgeria sinensis P. C. Chen, Feddes Repert. Spec. Nov. Regni Veg. **58**: 38. 1955. **Type**: China: Chongqing, Mt. Jinfoshan, Aug. 1945, *C. C. Jao 7*.

生境　阔叶林下,海拔 1800m。

分布　浙江、四川(Piippo et al.,1997)、重庆、贵州、云南、台湾、香港。印度、不丹、尼泊尔、斯里兰卡、越南、印度尼西亚、菲律宾、朝鲜、日本、巴布亚新几内亚,非洲。

背胞叉苔

Metzgeria crassipilis (Lindb.) A. Evans, Rhodora **11**: 188. 1909. *Metzgeria furcata* subsp. *crassipilis* Lindb., Acta Soc. Fauna Fl. Fenn. **1**(2): 42. 1877[1878]. **Type**: U. S. A.: "Pennsilvania, Laurel Hill", June 23. 1843, *W. S. Sullivant s. n.*

Metzgeria propagulifera Vanden Berghen, Bull. Jard. Bot. Etat **19**: 194. 1948.

Metzgeria novicrassipilis Kuwah., J. Hattori Bot. Lab. **20**: 138. 1958.

Metzgeria indica Udar & Srivastava, Rev. Bryol. Lichénol. **37**: 361. 1970[1971].

Metzgeria pandei S. C. Srivast. & Udar, New Bot. **2**: 16. 1975.

生境　不详,海拔 600～3000m。

分布　四川(So,2003b)、云南。印度、印度尼西亚、斯里兰卡、日本。

蓝叉苔

Metzgeria darjeelinguinea Schiffn., J. Hattori Bot. Lab. **39**: 2. 1975. **Type**: India: West Bengal, Darjeeling area, Tongloo, around Dak Bangalow, ca. 1000ft., *Iwatsuki & A. J. & E. Sharp s. n.* (holotype: NICH).

生境　生于。

分布　贵州。印度。

细肋叉苔(新拟)

Metzgeria duricosta Steph., Sp. Hepat. **6**: 50. 1917. **Type**: Korea: Quelpart Island, *Faurie 223* (G-009716).

Apometzgeria longifrondis (C. Gao) G. C. Zhang, Fl. Heilongjiang. **1**: 189. 1985.

Metzgeria longifrandis C. Gao, Fl. Hepat. Chin. Boreali-Orient. 210. 1981. **Type**: China: Heilongjiang, Xiaoxinganling, Aug. 2. 1957, *Gao Chien 6571* (holotype: IFSBH).

生境　土面、岩面或树干。

分布　吉林(Masuzaki et al., 2010)、黑龙江(敖志文和张光初, 1985, as *Apometzgeria longifrondis*)、四川(Masuzaki et al., 2010)。朝鲜和日本。

背毛叉苔(新拟)

Metzgeria foliicola Schiffn., Denkschr. Kaiserl. Akad. Wiss., Math. -Naturwiss. Kl. **67**: 181. 1898. **Type**: Indonesia: Java, Prov. Preanger, montis Pangerango; Tjibodas, 1640m, Apr. 24. 1894, *Schiffner 320* (lectotype: FH; isolectotypes: G, L, M, STR, W).

Metzgeria cristata Steph., Sp. Hepat. **6**: 49. 1917.

Metzgeria dubia Herzog, Ann. Naturhist. Mus. Wien **53**: 361. 1942[1943], *nom. inval.*

Metzgeria cristatissima Herzog, Mem. Soc. Fauna Fl. Fenn. **26**: 38. 1951.

生境　不详。

分布　湖南、台湾(So,2003b)。印度尼西亚、巴布亚新几内亚、瓦努阿图。

台湾叉苔(新拟)

Metzgeria formosana Masuzaki, Hikobia **15**: 441. 2010. **Type**: China: Taiwan, nantou Co., on soil, *T. Furuki* 2278 (holotype: TUNG; isotypes: CBM, HIRO).

生境　土面。

分布　台湾(Masuzaki et al., 2010)。北美洲(Masuzaki et al., 2010)。

大叉苔

Metzgeria fruticulosa (Dicks.) A. Evans, Ann. Bot. **24**: 293. 1910. *Riccia fruticulosa* Dicks., Index Bryol. (ed. 2), 1785. 1785.

生境　树干或岩面上。

分布　湖南、贵州、台湾(Horikawa, 1934)。玻利维亚(Gradstein et al.,2003)、巴西(Yano,1995)。

叉苔

Metzgeria furcata（L.）Dumort.，Recueil Observ. Jungerm. 26. 1835. *Jungermannia furcata* L.，Sp. Pl.（ed. 1），**2**：1136. 1753. **Type**：Europe：epitype，designated by Grolle & So（2002）：OXF（Herb. Dillenius fol. 163，n. 45）；isoepitype：H-SOL（ex Herb. Dillenius fol. 163，n. 45）.

Metzgeria ciliata Raddi，Critt. Brasil. 17. 1822.

Metzgeria decipiens（C. Massal.）Schiffn. in Engler. Forschungsr. Gazelle，Bot. **4**(4)：43. 1890.

Metzgeria quadriseriata A. Evans，Proc. Wash. Acad. Sci. **8**：142. 1906.

Metzgeria fauriana Steph.，Sp. Hepat. **6**：50. 1917.

Metzgeria lutescens Steph.，Sp. Hepat. **6**：54. 1917.

Metzgeria planifrons Steph.，Sp. Hepat. **6**：59. 1917.

Metzgeria cilifera（Schwein.）Frye & L. Clark，Univ. Washington Publ. Biol. **6**：139. 1937.

Metzgeria crispula Herzog，Ann. Bryol. **12**：72. 1939.

Metzgeria philippinensis Kuwah.，J. Hattori Bot. Lab. **31**：168. 1968.

Metzgeria amakawae Kuwah.，Rev. Bryol. Lichénol. **36**：534. 1969[1970].

Metzgeria involvens S. Hatt. in Hara，Bull. Univ. Mus.，Univ. Tokyo **8**：240. 1975.

Metzgeria mitrata Kuwah.，J. Hattori Bot. Lab. **39**：371. 1975.

Metzgeria orientalis（Kuwah.）Kuwah.，Rev. Bryol. Lichénol. **44**：394. 1978.

Metzgeria liaoningensis C. Gao，Fl. Hepat. Chin. Boreali-Orient. 175. 1981. **Type**：China：Liaoning，Fengcheng Co.，Mt. Fenghuangshan，July 5. 1961，*Gao Chien 6931*（holotype：IFSBH）.

生境　树干或岩面上。

分布　黑龙江、吉林、辽宁(高谦和张光初，1981)、内蒙古、陕西、安徽、浙江、江西、湖南、四川、重庆、贵州、云南、福建(张晓青等，2011)、台湾、广东、广西、香港。不丹、朝鲜、日本、蒙古、越南(Zhu and Lai，2003)、俄罗斯(远东地区)、印度尼西亚、菲律宾、澳大利亚、新西兰、东非群岛、巴西，北美洲。

二歧叉苔(新拟)

Metzgeria kinabaluensis（Kuwah）Masuzaki，Hikobia **15**：436. 2010.

Apometzgeria pubescens var. *kinabaluensis* Kuwah.，J. Hattori Bot. Lab. **28**：166. 1965.

生境　腐木或树基部，稀生于岩面上。

分布　河北、四川、重庆、云南、西藏、台湾(Masuzaki et al.，2010)。尼泊尔和菲律宾。

钩毛叉苔

Metzgeria leptoneura Spruce，Trans. & Proc. Bot. Soc. Edinburgh **15**：555. 1885. **Type**：Peru：in monte Campana andium，*Spruce s. n.*（holotype：MANCH；isotypes：F，G. W）.

Metzgeria hamata Lindb.，Acta Soc. Sci. Fenn. **1**（2）：10. f. 25. 1877[1878]，*nom. illeg.*

Metzgeria hamatiformis Schiffn.，Nova Acta Acad. Caes. Leop-Carol. German. Nat. Cur. **60**：272. 1893.

Metzgeria sandei Schiffn.，Denkschr. Kaiserl. Akad. Wiss.，Math. -Naturwiss. Kl. **67**：181. 1898.

Metzgeria fuscescens Mitt. ex Steph.，Bull. Herb. Boissier **7**：945[Sp. Hepat. **1**：293]. 1899.

Metzgeria curviseta Steph.，Hedwigia **44**：72. 1905.

Metzgeria subhamata S. Hatt. in Herzog & Noguchi，J. Hattori Bot. Lab. **14**：30. 1955. **Type**：China：Taiwan，1400～1500m，*G. H. Schwabe 101*.

Metzgeria borneensis Kuwah.，J. Hattori Bot. Lab. **28**：167. 1965.

Metzgeria iwatskii Kuwah.，J. Hattori Bot. Lab. **31**：162. 1968.

Metzgeria sharpii Kuwah.，J. Hattori Bot. Lab. **31**：171. 1968.

生境　林下腐木上。

分布　黑龙江(敖志文和张光初，1985，as *Metzgeria hamata*)、吉林、陕西(王玛丽等，1999，as *M. hamata*)、安徽、浙江、江西、四川、云南、西藏、台湾。印度、尼泊尔、不丹(Long and Grolle，1990)、斯里兰卡、泰国、马来西亚、印度尼西亚、菲律宾、日本(So，2003)、朝鲜(Song and Yamada，2006)、巴布亚新几内亚、澳大利亚、新西兰、玻利维亚(Gradstein et al.，2003)，欧洲。

林氏叉苔(新拟)

Metzgeria lindbergii Schiffn.，Denkschr. Kaiserl. Akad. Wiss.，Math. -Naturwiss. Kl. **67**：182. 1898. **Type**：Indonesia：Java，Prov. Batavia，200～260m，*V. Schiffner 340*（lectotype：FH；isolectotypes：L，M，S，UC，W，WRSL）.

Metzgeria himalayensis Kashyap，J. Bombay Nat. Hist. Soc. **25**：280. 1917.

Metzgeria conjugata Lindb. var. *japonica* S. Hatt.，J. Hattori Bot. Lab. **15**：80. 1955.

Metzgeria minuta Kuwah.，J. Hattori Bot. Lab. **31**：166. 1968.

Metzgeria assamica S. C. Srivast.，J. Indian Bot. Soc. **55**：194. 1976.

Metzgeria fukuokana Kuwah.，J. Jap. Bot. **53**：264. 1978.

Metzgeria minor（Schiffn.）Kuwah.，J. Jap. Bot. **53**：269. 1978.

生境　岩面或倒木上。

分布　安徽、浙江(So，2003b)、江西、四川、云南、福建(张晓青等，2011)、台湾(Herzog and Noguchi，1955)。不丹、尼泊尔、斯里兰卡、马来西亚、印度尼西亚、菲律宾、日本、朝鲜(Yamada and Choe，1997)、澳大利亚(So，2003b)。

长叉苔

Metzgeria mauina Steph.，Sp. Hepat. **6**：55. 1917. **Type**：U. S. A.：Hawai.

生境　不详。

分布　贵州。美国(夏威夷)。

角苔门 Anthocerotophyta Rohm. ex Stotler & Crand-Stotl.

角苔纲 Anthocerotopsida de Bary ex Jancz

角苔目 Anthocerotales Limpr.

角苔科 **Anthocerotaceae** Dumort.

本科全世界共有2属，中国有1属。

角苔属 Anthoceros L. Sp. Pl. **1**(2)：1139. 1753.

模式种：*A. punctatus* L.

本属全世界约有80种，中国有5种。

空腔角苔

Anthoceros aerolatus (Steph.) P. C. Chen ex Y. Jia & S. He, nov. comb. *Aspiromitus areolatus* Steph., Sp. Hepat. **5**: 969. 1916.

生境 土面上。

分布 中国特有。

台湾角苔

Anthoceros angustus Steph., Sp. Hepat. **5**: 1001. 1916.

Anthoceros formosae Steph., Sp. Hepat. **5**: 977. 1916. **Type**: China: Kushku, *Faurie* 47 (holotype: G).

生境 泥土上。

分布 贵州、福建(张晓青等, 2011)、台湾(Wang et al., 2011)。尼泊尔、不丹(Long and Grolle, 1990, as *A. formosae*)、印度和日本。

钟氏角苔

Anthoceros chungii Khanna., J. Indian Bot. Soc. **17**: 316. 1938. **Type**: China: Jiangxi, *H. H. Chung s. n.*

生境 泥土上。

分布 江西(Khanna, 1938)、台湾。印度。

纺锤角苔(新拟)

Anthoceros fusiformis Austin, Bull. Torrey Bot. Club **6**(4): 28. 1875. **Type**: U. S. A.: San Francisco, *Bolender s. n.* (isolectotype: G).

生境 土面上。

分布 台湾(Yang, 1960)。日本，北美洲。

角苔(卷叶角苔)

Anthoceros punctatus L., Sp. Pl. **1**(2): 1139. 1753.

Anthoceros crispulus (Mont.) Douin, Rev. Bryol. **32**: 27. 1905.

Anthoceros nagasakiensis Steph., Sp. Hepat. **5**: 1005. 1916.

生境 山区阴湿溪边、山坡或田野土面上。

分布 黑龙江、吉林、辽宁、安徽、浙江、江西、湖北、贵州、云南、福建(张晓青等, 2011)、台湾、广东、香港。朝鲜(Yamada and Choe, 1997)、印度、日本、俄罗斯、澳大利亚、新喀里多尼亚岛(法属)，欧洲、南美洲、北美洲和非洲。

褐角苔科 **Foliocerotaceae** Hässel

本科全世界有1属。

褐角苔属 Folioceros D. C. Bharadw. Geophytology **1**: 9. 1971.

模式种：*F. assamicus* D. C. Bhardw.

本属全世界现有17种，中国有4种。

乳孢褐角苔

Folioceros amboinensis (Schiffn.) Piippo, Acta Bot. Fenn. **148**: 36. 1993. *Anthoceros amboinensis* Schiffn., Forschungsr. Gazell **4**(4): 45. 1889.

Folioceros spinisporus (Steph.) Bharadw., Geophytology **5** (2): 227. 1975.

生境 林地上，海拔220m。

分布 台湾(Hasegawa, 1993, as *Anthoceros amboinensis*)。印度、斯里兰卡、印度尼西亚、菲律宾、巴布亚新几内亚、斐济(Hasegawa, 1993)。

褐角苔

Folioceros fuciformis (Mont.) Bhardw., Geophytology **5**: 227. 1975. *Anthoceros fuciformis* Mont., Ann. Sci. Nat., Bot., sér. 2, **20**: 296. 1843. **Type**: Africa: Réunion, Bourbon, 1837, *Goudichaud s. n.* (holotype: PC).

Anthoceros miyabeanus Steph., Bull. Herb. Boisser 5.

85. 1897.

Dendroceros lacerus Nees, Syn. Hepat. 581. 1846.

Folioceros vesiculosus (Austin) D. C. Bhardw., Geophytology **5**: 227. 1975. *Anthoceros vesiculosus* Austin, Bull. Torrey Bot. Club **5**: 17. 1874.

生境　潮湿泥土上。

分布　陕西(Guo and Zhang, 1999)、云南、福建(张晓青等, 2011)、台湾(Herzog and Noguchi, 1955, as *A. miyabeanus*)、广西、海南、香港、澳门。印度、印度尼西亚、菲律宾、巴布亚新几内亚、日本、东非群岛、北美洲。

腺褐褐角苔

Folioceros glandulosus (Lehm. & Lindenb.) D. C. Bhardwaj, Geophytology **5**: 227. 1975. *Anthoceros glandulosus* Lehm. & Lindenb., Nov. Stirp. Pug. **4**: 26. 1832.

生境　土面上。

分布　台湾、澳门。斯里兰卡、马来西亚、印度尼西亚、菲律宾、马鹿古群岛、西伊里安、萨摩亚群岛、巴布亚新几内亚和澳大利亚。

细疣褐角苔(新拟)

Folioceros verruculosus (J. Haseg.) R. L. Zhu & M. J. Lai, Ann. Bot. Fenn. **48**: 383. 2011. *Anthoceros verruculosus* J. Haseg., Acta Phytotax. Geobot. **44**: 103. f. 3. 1993. **Type**: China: Taiwan, Chayi Co., 300m, Feb. 27. 1967, *C. K. Wang 50 110* (holotype: NICH).

生境　岩面上,海拔 300m。

分布　台湾(Hasegawa, 1993, as *Anthoceros verruculosus*)。中国特有。

短角苔目 Notothyladales Hyvönen & Piippo

短角苔科 **Notothyladaceae** Müll. Frib. ex Prosk.

本科全世界有 5 属,中国有 4 属。

服角苔属 Hattorioceros (J. Haseg.) J. Haseg.
J. Hattori Bot. Lab. **76**: 32. 1994.

模式种:*H. striatisporus* (J. Haseg.) J. Haseg.

本属全世界现有 1 种。

服角苔(新拟)

Hattorioceros striatisporus (J. Haseg.) J. Haseg., Bryol. Res. **7**: 273. 2000. *Phaeoceros striatisporus* J. Haseg., J. Hattori Bot. Lab. **75**: 268. f. 1-2. 1994. **Type**: India: Western Himalayas, Naggar, Kulu, Panjab, on rock in forest, 5000ft., May 22. 1931, *Walter Koelz 2002* (holotype: NY).

生境　林中土面,海拔 2020m。

分布　西藏(Zhang et al., 2011)。印度和斐济。

中角苔属 Mesoceros Piippo
Acta Botanica Fennica **148**: 30. 1993.

模式种:*Mesoceros mesophoros* Piippo

本属全世界现有 3 种,中国有 1 种。

版纳中角苔(新拟)

Mesoceros porcatus Piippo, Haussknechtia Beiheft **9**: 279. f. 1. 1999. **Type**: China. "Yunnan: Xishuangbanna, Mengla County, north facing wooded slope, Mamo tree, calcareous rocks, Hwy Menglun to Mengbang, 1200～1260m.", Dec 22, 1986, *Redfearn 33 899* (Holotype: H).

生境　岩面上,海拔 1200～1600m。

分布　云南(Piippo, 1999)。中国特有(Piippo, 1999)。

短角苔属 Notothylas Sull. ex A. Gray
Amer. J. Sci. Arts **51**: 74. 1846.

模式种:*N. orbicularis* (Schwein.) A. Gray

本属全世界约有 10 种,中国有 4 种。

东亚短角苔

Notothylas japonica Horik., Sci. Rep. Tôhoku Imp. Univ., ser. 4 Biol. **4**:425. 1929.

生境　阴湿沟边湿土上。

分布　云南、台湾(Horikawa,1934)。朝鲜和日本。

爪哇短角苔

Notothylas javanica (Sande Lac.) Gottsche, Bot. Zeitung (Berlin) **16**: 20. 1858.

Blasia javanica Sande Lac., Verh. Kon. Ned. Akad. Wetensch., Afd. Natuurk. **5**: 94. 1856.

生境　阴湿土面上。

分布　台湾、澳门。菲律宾和日本。

南亚短角苔

Notothylas levier Schiffn. ex Steph., Sp. Hepat. **5**: 1021. 1917.

生境　阴湿土上。

分布　云南。喜马拉雅地区。

短角苔

Notothylas orbicularis (Schwein.) Sull. ex A. Gray, Amer. J. Sci. Arts **51**: 75. 1846. *Targionia orbicularis* Schwein., Sp. Fl. Amer. Crypt. 23. 1821.

Carpobolus orbicularis (Schwein.) Schwein., J. Acad. Nat. Sci. Philadelphia **2**: 366. 1822.

Notothylas japonica Horik., Sci. Rep. Tähoku Imp. Univ., ser. 4 Biol. **4**: 425. 1929.

生境　阴山坡、溪边、田野的湿土上。

分布　黑龙江(敖志文和张光初, 1985)、云南、台湾(Wang et al., 2011)。朝鲜(Yamada and Choe, 1997)、俄罗斯,欧洲、北美洲。

黄角苔属 Phaeoceros Prosk.

Bull. Torrey Bot. Club 78: 346. 1951.

模式种:*P. laevis* (L.) Prosk.

本属全世界现有 22 种,中国有 8 种。

球根黄角苔(叉角苔)

Phaeoceros bulbiculosus (Brot.) Prosk., Rapp. Comm., VIII. Congr. Int. Bot. (14—16): 69. 1954. *Anthoceros bulbiculosus* Brot., Fl. Lusit. **2**: 430. 1804.

Anthoceros dichotomus Raddi, Atti Accad. Sci. Siena **10**: 289. 1808.

生境　湿土面上。

分布　吉林、陕西(Guo and Zhang, 1999)、四川、云南。欧洲和北美洲。

高领黄角苔

Phaeoceros carolinianus (Michx.) Prosk., Bull. Torrey Bot. Club **78**: 347. 1951. *Anthoceros carolinianus* Michx., Fl. Bor.-Amer. **2**: 280. 1803.

生境　不详,海拔 400～2500m。

分布　福建(张晓青等, 2011)、台湾(Wang et al., 2011)。世界广布(Hasegawa, 1993)。

贵州黄角苔

Phaeoceros esquiirolli (Steph.) Udar & Singh, Geophytology **11**: 257. 1981. *Anthoceros esquirolii* Steph., Sp. Hepat. **6**: 427. 1923.

生境　不详。

分布　贵州。中国特有。

小黄角苔(新拟)

Phaeoceros exiguus (Steph.) J. Haseg., J. Hattori Bot. Lab. **60**: 387. 1986. *Anthoceros exiguus* Steph., Sp. Hepat. **5**: 988. 1916.

生境　不详,海拔 2000m。

分布　台湾(Hasegawa, 1993)。新喀里多尼亚岛(法属)(Hasegawa, 1993)。

黄角苔

Phaeoceros laevis (L.) Prosk., Bull. Torrey Bot. Club 78: 347. 1951. *Anthoceros laevis* L., Sp. Pl. 1139. 1753. **Syntypes**: Italy: Hort. *Cliff. 477*; North America: *Roy. Lugdb. 507*.

生境　阴湿河边、田野和土坡上。

分布　黑龙江、吉林、辽宁、河北、陕西(Guo and Zhang, 1999)、浙江、江西、贵州(彭晓磬, 2002)、云南、福建、台湾、广东、广西、香港。朝鲜、日本、印度、菲律宾、印度尼西亚、澳大利亚、新西兰、俄罗斯、巴西,欧洲、北美洲。

东亚黄角苔

Phaeoceros miyakeanus (Schiffn.) S. Hatt., J. Hattori Bot. Lab. **12**: 83. 1954. *Anthoceros miyabenus* Steph., Bull. Herbier Boissier **5**: 85. 1897.

Anthoceros elmeri Steph., Sp. Hep. **5**: 989. 1916.

Anthoceros faurianus Steph., Sp. Hep. **5**: 1002. 1916.

Anthoceros radicellosus Steph., Sp. Hepat. **5**: 987. 1916.

生境　不详。

分布　陕西(Guo and Zhang, 1999)、台湾。菲律宾、日本和朝鲜。

培氏黄角苔

Phaeoceros pearsonii (M. Howe) Prosk., Bärlappgewächse **78**: 347. 1951. *Anthoceros pearsonii* M. Howe, Bull. Torrey Bot. Club **25**: 8. 1898.

生境　潮湿溪边或滴水的岩石上。

分布　台湾。北美洲。

亚高山黄角苔

Phaeoceros subalpinus (Steph.) Udar & Singh, Geophytology **11**: 257. 1981. *Anthoceros subalpinus* Steph., Sp. Hepat. **6**: 429. 1923. **Type**: China: Yunnan.

生境　不详。

分布　云南。中国特有。

树角苔目 Dendrocerotales Hässel

树角苔科 Dendrocerotaceae Hässel

树角苔属 Dendroceros Nees

Syn. Hepat. 4: 579. 1846.

模式种:*D. crispus* (Sw.) Nees.

本属全世界约有 30 种,中国有 3 种。

日本树角苔

Dendroceros japonicus Steph., Sitzungsber. Naturf. Ges. Leipzig **36**: 15. 1909. **Type**: Japan: Mt. Yokogura, May 1901, *T. Yoshinaga 26* (holotype: G).

Dendroceros tosanus Steph., Sitzungsb. Naturf. Ges. Leipzig. **36**: 16. 1909.

生境　潮湿的谷地溪边的树干上,有时生于溪边的湿石上。

分布　云南、台湾。日本。

爪哇树角苔

Dendroceros javanicus (Nees) Nees, Syn. Hepat. 582. 1846.

Anthoceros javanicus Nees, Enum. Pl. Crypt. Jav. **1**: 1. 1830.

生境　潮湿的土面上。

分布　台湾。印度尼西亚。

东亚树角苔

Dendroceros tubercularis S. Hatt., Bot. Mag. (Tokyo) **58**: 6. 1944. **Type**: Japan: Bonin Islands, June 1938, *S. Hattori 3161* (holotype: TNS).

生境　潮湿的土面上。

分布　台湾、香港。日本。

大角苔属 Megaceros D. Campb.

Ann. Bot. **21**: 484. 1907.

模式种:*M. tjibodensis* Campb.

本属全世界现有 20 种,中国有 1 种。

东亚大角苔

Megaceros flagellaris (Mitt.) Steph., Sp. Hepat. **5**: 951. 1916. *Anthoceros flagellaris* Mitt., Fl. Vit. 419. 1871.

Megaceros tosanus Steph., Sp. Hepat. **6**: 424. 1923.

生境　潮湿谷地溪流岩石上。

分布　湖南、云南、福建(张晓青等, 2011)、台湾、香港。印度、泰国、菲律宾、印度尼西亚、日本、巴布亚新几内亚、新喀里多尼亚岛(法属)、萨摩亚群岛、社会群岛、美国(夏威夷),非洲。

参 考 文 献

安定国.2002.甘肃省小陇山高等植物志.兰州:民族出版社:1-1249.

敖志文,张光初.1985.黑龙江植物志.第1卷(苔类,角苔类).哈尔滨:东北林业大学出版社:1-231.

白学良.1997.内蒙古苔藓植物.呼和浩特:内蒙古大学出版社:1-541.

白学良.2010.贺兰山苔藓植物.银川:宁夏人民出版社:1-281.

白占奎,李登科.1998.中国紫叶苔科研究.云南植物研究,20(2):174-178.

曹同 2000.紫萼藓科.见:黎兴江.中国苔藓志 第3卷.北京:科学出版社:1-80.

曹同,付星,高谦,等.1999.中国新记录光藓科 Schistostegaceae 植物在长白山的发现.植物分类学报,37(4):403-406.

陈邦杰.1958.中国苔藓植物生态群落和地理分布的初步报告.植物分类学报,7(4):271-293.

陈邦杰,万宗玲,高谦,等.1963.中国藓类植物属志(上册).北京:科学出版社

陈邦杰,吴鹏程.1964.中国叶附生苔类植物的研究(一).植物分类学报,9(3):213-276.

陈邦杰,吴鹏程.1965.黄山苔藓植物的初步研究.见:徐炳声等.黄山植物的研究.上海:上海科学技术出版社:1-59.

陈清,王玛丽,张满祥.2008.陕西秦岭拟大萼苔科的2个新记录种.西北植物学报,28(2):408-411.

高彩华,李登科.1985.中国裸蒴苔科(Haplomitriaceae)(苔纲)的初步研究.武夷科学,5:231-234.

高谦,曹同.1983.长白山苔藓植物的初步研究.森林生态系统研究,3:82-118.

高谦,曹同.2000.云南植物志.17卷(苔藓植物:苔纲、角苔纲).北京:科学出版社:1-641.

高谦,曹同,傅星.1992.中国藓类植物新记录.Chenia,1:7-9.

高谦.1977.东北藓类植物志.北京:科学出版社:1-404.

高谦.1994.中国苔藓志(第1卷).北京:科学出版社:1-368.

高谦.1996.中国苔藓志(第2卷).北京:科学出版社:1-293.

高谦.2003.中国苔藓志(第9卷).北京:科学出版社:1-323.

高谦,吴玉环.2008.中国苔藓志(第10卷).北京:科学出版社:1-464.

高谦,吴玉环.2006.中国地萼苔科新种——云南地萼苔.云南植物研究,28(2):119-120.

高谦,吴玉环.2010.中国苔纲和角苔纲植物属志.北京:科学出版社:1 - 636.

高谦,张光初.1978.中国东北地区钱苔科新植物.植物分类学报,16(4):113-118.

高谦,张光初.1981.东北苔类植物志.北京:科学出版社:1-220.

高谦,张光初,曹同.1981.西藏苔藓新植物.云南植物研究,3(4):389-399.

韩国营,任强,赵遵田.2009.甘肃省苔类植物新资料.西北林学院学报,24(1):20-21.

韩国营,宋培浪,何先贵,等.2010.中国濒危苔藓植物耳坠苔分布的新发现及错误更正.种子,29(3):70-71.

韩国营,于美玲,宋培浪,等.2010.甘肃省耳叶苔科植物小记.贵州师范大学学报(自然科学版),28(4):9-11.

韩留福,张秀萍,刘伟,等.2001.河北省木灵藓属植物的初步研究.河北师范大学学报(自然科学版),25(1):106-108.

韩留福,张秀萍,赵建成.1999.新疆木灵藓科植物的初步研究.西北植物学报,19(3):519-529.

何丽佳,白学良.2010.中国沙漠区一个新记录属-列胞藓属.西北植物学报,30 (8):1703-1706.

何祖霞,严岳鸿,等.2008.产自齐云山的江西藓类植物新记录.植物研究,28(5):527-534.

何祖霞,严岳鸿,徐婧宇,等.2010.江西齐云山自然保护区苔藓植物研究.热带亚热带植物学报,18(1):32-39.

何祖霞,张力,谢国忠,等.2004.广东石门台自然保护区藓类植物.热带亚热带植物学报,12(6):541-551.

何祖霞.2005.湖南藓类植物新资料.植物研究,25(2):138-139.

洪如林,胡人亮.1984.浙江九龙山藓类植物的研究.森林生态系统研究,4:207-241.

胡人亮,王幼芳.1981.浙江西天目山苔藓植物的调查研究.华东师范大学学报(自然科学版),(1):85-104.

胡人亮,王幼芳.1985.青藓科.见:黎兴江.西藏苔藓植物志.北京:科学出版社:357-375.

胡人亮,王幼芳.2005.中国苔藓志(第7卷).北京:科学出版社:1-288.

胡晓云,吴鹏程.1991.四川金佛山藓类植物区系的研究.植物分类学报,29(4):315-334.

黄正莉,姚秀英,赵遵田.2010.六盘山苔藓植物研究.贵州师范大学学报(自然科学版),28(4):162-165.

季梦成,罗健馨,刘仲苓.2000.江西蔓藓科分类及地理分布.江西农业大学学报,22(3):381-387.

季梦成,汪楣芝,张志勇,等.1998.中国塔叶苔属及其新分布.云南植物研究,20(2):179-182.

季梦成.1993.赣北云居山苔藓植物的研究.江西农业大学学报 15(2):174-181.

贾鹏,熊源新,王美会,等.2011.广西那坡县苔藓植物初步研究,广西植物,31(5):627-635.

贾渝,汪楣芝,吴鹏程.2003.中华高地藓目前在西藏的记录基于错误鉴定.植物分类学报,41(6):582-582.

贾渝,王庆华,于宁宁.2011.木灵藓科.见:吴鹏程,贾渝.中国苔藓志第五卷.北京:科学出版社:20-108.

姜业芳,熊源新.2004.贵州羽藓科植物的种类与分布.山地农业生物学报,23(3):224-229.

雷纯义,刘蔚秋.2007.广东黑石顶自然保护区苔藓资源新资料.中山大学学报论丛,27(12):299-300.

黎兴江.1985.西藏苔藓植物志.北京:科学出版社:1-581.

黎兴江.2000.中国苔藓志(第3卷).北京:科学出版社:1-157.

黎兴江.2006.中国苔藓志(第4卷).北京:科学出版社:1-263.

李登科,高彩华.1986.上海地区苔藓植物区系的初步观察.考察与研究,6:135-148.

李登科,吴鹏程.1993.武夷山自然保护区苔藓地衣考察报告.见:赵修复.武夷山自然保护区科学考察报告集.福州:福建科学技术出版社:131-149.

李燕，熊源新．2002. 贵州青藓属的分类及新记录．贵州大学学报，21(3)：171-181.
李洋，曹同，张娇娇．2009. 浙江省藓类植物新记录陈氏藓及其地理分布．福建林业科技，36(2)：115-118.
李植华，吴鹏程．1992. 中国叶附生苔类的研究(五)——广东黑石顶自然保护区的叶附生苔类．华南植物学报(试刊 I)：23-27.
李祖凰，于晶，曹同，李乾．2010. 四川王朗自然保护区藓类植物初报．贵州师范大学学报(自然科学版)，28(4)：156 - 161.
梁阿喜，朗玉卓，熊源新．2008. 贵州省大帽藓科植物的分类．山地农业生物学报，27(6)：491-497.
林邦娟，杨燕仪，李植华．1982. 鼎湖山的苔藓植物．热带亚热带森林生态系统研究 1：58 - 76.
刘倩，王幼芳，左勤．2010. 中国青藓科新资料．武汉植物学研究，28(1)：10-15.
刘艳，曹同．2007. 浙江省藓类植物新记录．华东师范大学学报，6：131-134.
刘艳，曹同，Iwatsuki Z. 2006. 浙江省藓类植物新记录．上海师范大学学报，35(1)：79-82.
刘永英，卜崇峰，孟杰，等．2011. 旱生藓类植物——厚肋流苏藓(*Crossidium crassinerve*)在陕西省的新记录及其生态作用．干旱区研究，28(5)：820-825.
刘永英，牛俊英，李琳，等．2008a. 河南省苔藓植物新记录——残齿藓属(*Forsstroemia* Lindberg). 植物研究，28(5)：516-519.
刘永英，赵建成．2011. 缺齿藓科新种——昆仑合齿藓(*Synthetodontium kunlunense*)在中国的发现．河北师范大学学报(自然科学版)，35(3)：296-298.
刘永英，赵建成，李琳，等．2006. 河南省丛藓科新记录．植物研究，26(3)：261-265.
刘永英，赵建成，李琳，等．2008b. 河南省苔藓植物新记录属种．河北师范大学学报，32(3)：392-395.
刘仲苓，郭新弧，胡人亮．1988. 皖南叶附生苔研究——安徽苔藓植物研究之一．华东师范大学学报，4：89-96.
罗健馨．1983. 中国西藏藓类植物新种．植物分类学报，21(2)：224-228.
罗健馨．1985. 蔓藓科．见：黎兴江西藏苔藓植物志．北京：科学出版社：259-278.
罗健馨，汪楣芝．1983. 横断山脉东亚光萼苔科植物的分布中心．见：中国科学院青藏高原综合考察委员．青藏高原研究．横断山区考察专集一．北京：北京科学技术出版社：1-480.
罗健馨，汪楣芝．1986. 横断山脉苔藓植物特有属和新记录属初报．见：中国科学院青藏高原综合科学考察队．青藏高原研究．横断山考察专集．北京：北京科学技术出版社：442-452.
罗健馨，张艳敏，陈学森．1991. 崂山苔藓植物初报．山东农业大学学报，22：63-70.
买买提明・苏莱曼，艾力瓦尔・阿不都热依木，艾美拉古丽・克尤木．2000. 新疆泥炭藓科植物的初步研究．新疆大学学报，17(3)：52-55.
买买提明・苏莱曼，热孜玩姑・艾则孜，迪力努儿・艾尼玩，等．2010. 新疆棉藓属植物的分类及新记录．贵州师范大学学报(自然科学版)，28(4)：1-3.
毛俐慧，陈家伟，俞英，等．2008. 浙江省藓类植物的新记录种．浙江师范大学学报，31(4)：457-460.
彭丹，彭光银，彭亚军，等．1998. 神农架国家级自然保护区提灯藓科植物资源的研究．华中师范大学学报，32(3)：337-343.
彭涛，张朝辉．2007. 贵州省苔藓植物新记录．贵州师范大学学报，25(2)：20-24.
彭晓磬．2002. 贵州百里杜鹃林区苔藓植物名录及其分布类型．贵州大学学报，21(6)：414-419.
钱琳，蔡空辉．1989. 安徽产苔藓植物新记录种．植物研究，9(1)：81-84.
任美谔．1985. 中国自然地理纲要．北京：商务印书馆：1-412.
任昭杰，于宁宁，邵娜，等．2009. 甘肃白龙江流域提灯藓科研究．植物研究，29(6)：641-646.
上海自然博物馆．1989. 苔藓植物．见：徐炳声．长江三角洲及邻近地区孢子植物志．上海：上海科学技术出版社：272-413.
石雷，李振宇，王祺．2011. 周口店遗址植物．北京：北京出版集团北京出版社：1-252.
石磊，梁阿喜，雷孝平，等．2011. 贵州苔类一新记录属——浮苔属 *Ricciocarpus*. 山地农业生物学报，30(4)：372-373.
汪德秀，熊源新．2004. 贵州真藓属植物分类及新记录．山地农业生物学报，23(1)：28-40.
汪楣芝，1994a. 苔藓植物名录．见：李振宇龙栖山植物．北京：中国科学技术出版社：251-270.
汪楣芝，罗健馨．1994. 横断山区金发藓科植物．Chenia，2：33-46.
王桂花，谢树莲，刘晓玲，等．2010. 山西提灯藓科的研究．山西大学学报，33(3)：430-435.
王桂花，谢树莲，张峰，等．2007. 山西蟒河自然保护区苔藓植物研究．山西大学学报，30(4)：532-537.
王玛丽，任毅，党高第．1999. 佛坪国家级自然保护区苔类植物的调查研究．西北大学学报，29(1)：50-51.
王玛丽，任毅，张满祥，等．2002. 秦岭藓类植物新纪录属种．西北大学学报(自然科学版)，32(1)：74-76.
王向川，郭萍，卢元，等．2010. 黄土高原藓类植物分布新记录．西北大学学报，40(3)：477-480.
王晓宇，汪德秀，2005. 中国短月藓属一新记录种和真藓属一新记录变种．广西植物，25(2)：102-103.
王晓宇，熊源新．2003. 中国大帽藓科一新记录种．广西植物，23(4)：309-310.
王晓宇．2004. 贵州格凸河景区藓类植物研究．山地农业生物学报，23(5)：412-416.
温学森．1998. 东绢藓属一新种．云南植物研究，20(1)：47-48.
吴明开，张小平，曹同．2010. 安徽藓类植物地理分布新记录．安徽农业科学，38(3)：1650-1651.
吴鹏程．1985a. 船叶藓科．见：黎兴江西藏苔藓植物志．北京：科学出版社：288-90.
吴鹏程．1985b. 细鳞苔科．见：黎兴江西藏苔藓植物志．北京：科学出版社：527-544.
吴鹏程．1998. 苔藓植物生物学．北京：科学出版社：1-357.
吴鹏程．2000. 横断山区苔藓志．北京：科学出版社：1-742.
吴鹏程．2002. 中国苔藓志(第 6 卷). 北京：科学出版社：1-290.
吴鹏程，贾渝．2004. 中国苔藓志(第 8 卷). 北京：科学出版社：1-482.
吴鹏程，贾渝．2006. 中国苔藓植物的地理及分布类型．植物资源与环境，15(1)：1-8.
吴鹏程，贾渝．2011. 中国苔藓志(第 5 卷). 北京：科学出版社：1-493.
吴鹏程，李登科，高彩华．1981. 武夷苔藓新分布(一). 武夷科学，1：16-18.

吴鹏程,李登科,高彩华.1982. 武夷苔藓新分布(二). 武夷科学,1: 1416.
吴鹏程,凌元洁,谢树莲.1987. 山西苔藓植物初报. 山西大学学报,2: 88-92.
吴鹏程,罗健馨.1982. 东喜马拉雅南翼苔藓植物的区系特性及其来源. 植物分类学报,20(4):392-401.
吴玉环,高谦.2006. 中国光苔属资料. 植物研究,26(5): 522-526.
吴玉环,高谦.2008. 地萼苔科锡金裂萼苔(*Chiloscyphus sikkimensis*)在中国大陆的新分布. 植物研究,28 (5): 520-521.
吴玉环,高谦,程国栋.2008. 祁连山地区苔类植物的初步研究. 植物研究,28(2): 147-150.
西北植物研究所.1978. 秦岭植物志(第3卷)(苔藓植物). 北京:科学出版社:1-329.
熊源新,1998. 贵州曲尾藓科 Dicranaceae 的研究 I. 种类与分布. 山地农业生物学报,17(2): 96-105.
熊源新.2007. 黔渝湘鄂交界地区物种多样性研究. 贵阳:贵州科技出版:1-281.
严雄梁,吴路路,季梦成.2009. 江西苔藓植物新资料. 浙江大学学报(理学版),35(6): 720-722.
杨朝东,熊源新.2002. 贵州湿地藓属 *Hyophila*(丛藓科 Pottiaceae)植物分布及其新分布. 贵州大学学报,21(2): 99-104.
杨志平,熊源新,吴翠珍,等.2006. 贵州珠藓科植物种类记述. 山地农业生物学报,25(3): 208-216.
叶永忠,李孝伟,袁志良.2003. 河南凤尾藓属植物新记录. 河南农业大学学报,37(2): 169-170.
袁志良,李建军,杨新生,等.2005. 河南牛舌藓科植物研究. 河南师范大学学报,33(3): 113-115.
曾淑英,1990. 云南牛毛藓属的分类. 云南植物研究,12(3): 293-300.
翟德逞,王幼芳.2007. 中国青藓科一新记录种——杜氏长喙藓. 西北植物学报,27(12): 2568-2570.
张大成,1991. 中国西南地区叉苔科的订正. 云南植物研究,13(3): 283-289.
张力.1993. 海南岛之凤尾藓属植物. Yushania,10:81-90.
张力.2010. 澳门苔藓植物志. 澳门:澳门特别行政区民政总署园林绿化部:1-361.
张满祥.1978. 秦岭植物志. 第三卷(苔藓植物门)(第一册). 北京:科学出版社:1-327.
张雯,熊源新,马建鹏,等.2011. 贵州省地萼苔科植物初步研究. 贵州大学学报,28(5): 12-17.
张晓青,朱瑞良,黄志森,等.2011. 福建苔类和角苔类最新名录与区系分析. 植物分类与资源学报,33(1): 101-122.
张艳敏,林群,张锐.2002. 山东苔藓植物新记录. 山东师范大学学报,17(4): 81-85.
张艳敏,汪楣芝.2003. 细疣高山苔——中国高山苔属一新记录种. 植物分类学报,41(4): 395-397.
张玉龙,吴鹏程.2006. 中国苔藓植物孢子形态. 青岛:青岛出版社:1-339.
张政,曹同,王剑,等.2006. 江苏省苔藓植物新记录. 上海师范大学学报 35(1): 75-78
赵建成.1993. 新疆东部天山苔藓植物区系. Chenia,1: 99-112.
赵建成,崔彦伟.2002. 河北省苔类植物新记录属的研究. 植物研究,22(4): 412-416.
赵建成,范庆书,李孟军.1996. 河北苔藓植物新记录(一). 河南科学,14(增刊): 60-63.
赵建成,李琳,王晓蕊.2004. 河北省绢藓属(*Entodon*)植物的分类与地理分布. 植物研究,24(2): 226-234.
赵建成,李敏,买买提明·苏莱曼.1999. 中国及欧亚大陆新记录种——美洲葫芦藓. 植物研究,19(2): 121-123.
赵智艳,熊源新,杨冰,等.2011. 贵州省地萼苔科植物种类及区系分析. 山地农业生物学学报,30(4): 309-313.
赵遵田,曹同.1998. 山东苔藓植物志. 济南:山东科学技术出版社:1-339.
中国科学院中国自然地理编辑委员会.1985. 植物地理(上册). 北京:科学出版社:1-129.
钟本固,熊源新.1989. 贵州藓类植物名录(I). 贵州师大自然科学专集,(1): 41-51.
钟本固,熊源新.1990. 贵州藓类植物名录(II). 贵州师范大学学报(自然科学版),14(3): 22-32.
左本荣,曹同,2007. 中国苔类植物新记录种——尖瓣合叶苔(*Scapania ampliata*). 植物研究,27(2): 135-137.
左勤,刘倩,王幼芳.2010. 广西猫儿山自然保护区藓类植物区系研究. 广西植物,30(6): 850-858.
Akiyama H. 1988a. Studies on Leucodon (Leucodontaceae, Musci) and related genera in East Asia. IV. Taxonomic revision of Leucodon. J Hattori Bot Lab, 65: 1-80.
Akiyama H. 1988b. Rearrangement of two species of *Leucodon* (Leucodontaceae, Musci) with a note on Felipponea. J Jap Bot, 63(8): 265-272.
Allen B. 1999. Conspectus of the mosses of Central Asia. Monogr. Syst. Bot. Missouri Bot. Gard., 73: 1-70.
Ando H. 1963. A *Pseudolepicolea* found in the middle Honshu of Japan. Hikobia, 3: 177-183.
Arikawa T A. 2004. Taxonomic study of the genus *Pylaisia* (Hypnaceae, Musci). J. Hattori Bot. Lab., 95: 71-154.
Asthana G, Murti. 2009. *Geocalyx lancistipulus* (Geocalycaceae), a marsupiate liverwort new to the Indian bryoflora. Bryologist, 112(2): 359-362.
Bai X L, Hao L F. 1996. Some moss species new to china. Acta Sci Nat Univ Nei Monggol, 27(3): 412-416.
Bai X L, Tan B C. 2000. Tayloria rudimenta (Musci, Splachnaceae), a new species from Ningxia Huizu Autonomous Region of China. Cryptog Bryol, 21(1): 3-5.
Bai X L, Zhao J C, Tan B C. 2006. On *Acaulon triquetrum* and *Didymodon hedysariformis* (Musci, Pottiaceae), two new xeric moss records from China. Crypto Bryol, 27(4): 433-438.
Bai X L. 2002a. *Frullania* flora of Yunnan, China. Chenia, 7: 1-27.
Bai X L. 2002b. *Crossidium aberrans* Holz. & Bartr. (Musci, Pottiaceae), a new record from Asia. Hikobia, 13: 637-640.
Bakalin V A. 2003. The status and treament of the genus *Hattoriella* (H. Inoue) H. inoue. Arctoa, 12: 91-96.
Bartram E B. 1935. Additions to the flora of China. Ann Bryol, 8: 6-21.
Bednarek-Ochyra H. 2004a. Does Racomitrium aciculare Occur in China and South Africa. Bryologist, 107(2): 197-201.
Bednarek-Ochyra H. 2004b. Codriophorus corrugatus (Bryopsida, Grimmiaceae), A New species from East Asia and Southern Alaska. Bryologist, 107(3): 377-384.
Bescherelle E. 1891. Énumeration des mousses nouvelles récoltées par M. l'abbé Delavay au Yunnan (Chine) das les environ d'Hokin et de

Tali. Rev Bryol, 18: 87-89.

Bescherelle E. 1892. Musci yunnanenses. énumération et description des mousses nouvelles récoltées par M. L'abbé Delavay au Yunnnan en Chine, das les envrions d'Hokin et de Tali (Yunnan). Ann Sci Bot Ser, 7, 15: 47-94.

Bischler H. 1979. Plagiochasma Lehm. Et Lindenb. III. Les Taxa D'Asie et D'Océanie. J Hattori Bot Lab, 45: 25-79.

Bizot M. 1973. Mousses africaines récoltées par M. Dénes Balázs. Acta Bot Acad Sci Hung, 18: 139-144.

Blom H H, Shevock J R, Long D G, et al. 2011. Two new rheophytic species of *Schistidium* (Grimmiaceae) from China. J Bryol, 33(3): 179-188.

Brotherus V F. 1924. Musci novi sinenses collecti a Dre Henr. Handel-Mazzetti. II. Akad. Wiss. Wien- Sitzungsber., Math. -Naturwiss. Kl Abt 1, 133: 559-584.

Brotherus V F. 1928. Musci Novi japonica. Ann Bryol, 1: 2-27.

Brotherus V F. 1929. *In*: Handel-Mazzetti H. Symbolae Sinicae. Botanische Ergebnisse der Expedition der Akademie der Wissenschaften in Wien nach Sudwest-China 1914/1918. IV. Musci: Julius Springer: 1-147.

Buck W R. 1987. Notes on asian hypnaceae and associated taxa. Mem. New York Bot Gard, 45: 519-527.

Cao T, Li X, Zuo B, et al. 2010. *Plaubelia involuta*—a moss genus and species of Pottiaceae new to China. Acta Bryollichen. Asiat, 3: 47-50.

Cao N, Zhao J C. 2008. *Bryum amblyodon* Mull. Hal. (Bryaceae, Musci) newly reported for China. Hikobia, 15: 231-237.

Cao T, Belland R J, Vitt D H. 2002. New records of Bryophytes Northeast China Collected from Changbai Mountain. J. Shanghai Teacher Univer. (Nat. Sci.), 31(1): 1-6.

Cao T, Gao C, Wu Y H. 1998. A synopsis of Chinese *Racomitrium* (Bryopsida, Grimmiaceae). J Hattori Bot Lab, 84: 11-19.

Cao T, Gao C. 1995. A revised taxonomic account of the genus*Andreaea* (Andreaeaceae, Musci) in China. Contribution to the Bryoflora of China 6. Harvard Papers in Botany, 7: 11-24.

Cao T, Guo S L. 2001. Ptychomitrium yulongshanum *n.* sp. From China. Bryologist, 104(2): 303-305.

Cao T. 1994. *Grimmia incurva* Schwägr. New to Taiwan. Yushania 11: 35-37.

Caparrós R, Lara F, Long D G, et al. 2011. Two Species of *Ulota* (Orthotrichaceae, Bryopsida) with multicellular spores from the Hengduan Mountains, Southwestern China. J Bryol, 33(3): 210-220.

Cardot J. 1905. Mousses de l'ile Formosae. Beih Bot Centralbl, 19: 85-148.

Chamberlain D F. 1978. *Pottia*. *In*: Smith A J E, The Moss Flora of Britain and Ireland. Cambridge: Cambridge University Press: 234-342.

Chang K C, Gao C. 1984. Plantae novae Hepaticarum Sinarum. Bull Bot Res, 4(3): 83-99.

Chao H C. 1943. Studies on the hepaticae of fukien. Collected Papers, National University of Amoy, 1: 101-144.

Chao R F, Lin S H, Chan J R. 1992. A taxonomic study of Frullaniaceae from Taiwan (II). *Frullania* in Abies forest. Yushania, 9: 13-21.

Chao R F, Lin S H. 1991. A taxonomic study of Frullaniaceae fromTaiwan (I). Yushania, 8: 7-19.

Chao R F, Lin S H. 1992. A taxonomic study of Frullaniaceae from Taiwan (III). Yushania, 9: 195-217.

Chen P C. 1955. Bryophyta nova sinica. Feddes Repert, 58: 23-52.

Chen P C. 1943. Musci Sinici Exsiccati Series I. Contribution from the Institute of Biology Graduate School of College of Science, National Central University, Chungking, China Vol. 1: 1-12.

Chiang T Y, Kuo C M. 1989. Notes on bryophytes of Taiwan (1-36). Taiwania, 34: 74-156.

Chiang T Y, Hsu W H. 1997a. *Chenia leptophylla* (Mull. Hal.) Zand. (Family Pottiaceae), a generic and species record new to Moss Flora of Taiwan. Taiwania, 42(3): 161-164.

Chiang T Y, Hsu W H. 1997b. *Dichodontium pellucidum* (Hedw.) Schimp. (Dicranaceae), a species new to Moss Flora of Taiwan. Taiwania, 42(4): 263-266.

Chiang T Y, Lin S H. 1984. Some bryophytes from the southern-cross-Island Highway and Sanchiaonan Shan. Yushania, 1(1): 34-36.

Chiang T Y, Lin S H. 2001. Taxonomic revision and cladistic analysis of *Diphyscium* (Family Diphysciaceae) of Taiwan. Bot Bull Acad Sin, 42: 215-222.

Chiang T Y. 1997. *Miehea* (Family Leskeaceae), a genus new to moss flora of China. Bot Bull Acad Sin, 38: 263-266.

Chiang T Y. 1998a. Taxonomic revision of *Andreaea* (Mosses, Andreaeaceae) of Taiwan. Bot Bull Acad Sin, 39: 57-68.

Chiang T Y. 1998b. A reassessment of the taxonomic position of *Miehea* Ochyra. Bot Bull Acad Sin, 39: 131-136.

Chuang C C, Iwatsuki Z. 1970. On someTaiwan mosses. Misc Bryol Lichenol, 5: 68-69.

Chuang C C. 1973. A moss flora of Taiwan exclusive of essentially pleurocarpous families. J Hattori Bot Lab, 37: 419-509.

Churchill S P. 1998. Catalog of Amazonian mosses. J Hattori Bot Lab, 85: 191-238.

Coppy M A. 1911. Mousses nouvelees de l'Indo-Chine et du Yunnan. Bull Séanc Soc Sci Nancy. 3: 6-17.

Crosby M R, Magill R E, Allen B, et al. 1999. A checklist of the Mosses. St. Louis: Missouri Botanical Garden Press: 1-306.

Crosby M R. 1967. Notes on the Moss Flora of Puerto Rico. Bryologist, 70(1): 122-123.

Delgadillo M C. 2007. Aloina. *In*: Flora of North America (Vol. 27: Bryophytes: Mosses, part 1). New York: Oxford University Press: 614-617.

Dixon H N. 1928. Mosses collected in North China, Mongolia, and Tibet by Rev. E Licent Rev Bryol, n s, 1: 177-191.

Dixon H N. 1933. Mosses of Hong Kong: With other Chinese mosses. Hong Kong Naturalist Supplement, 2: 1-31.

Enroth J, Ji M C. 2010. *Neckera xizangensis* (Neckeraceae, Bryopsida), a new species from China. Tropical Bryology, 31: 131-133.

Enroth J, Koponen T. 2003. Bryophyte flora of Hunan Province, China. 8. A dditions to the checklist. Hikobia, 14: 79-86.

Fang Y M, Koponen T. 2001. A revision of *Thuidium*, *Haplocladium*, and *Claopodium* (Musci, Thuidiaceae) in China. Bryobrothera, 6: 1-81.

Feldberg K, Váňa J, Hentschel J. 2010. Currently accepted species and new combinations in Jamesonielloides (Adelanthaceae, Jungermanniales). Crytogamie

Bryologie,31(2): 141-146.
Frahm J P. 1984. Ergänzungen zur Laubmoosflora der Elfenbeikuste. Cryptogamie,Bryol Lichenol, 5: 281-283.
Frahm J P. 1992. A revison of the East-Asian species of *Campylopus*. J Hattori Bot Lab, 71: 133-164.
Frahm J P. 1997. A taxonomic revision of *Dicranodontium* (Musci). Ann Bot Fenn, 34: 179-204.
Frey W,Stech M. 2009. Bryophytes and seedless vascular plants. 3: I-IX,. *In*: Syl Pl Fam. 13. Gebr. Borntraeger Verlagsbuchhandlung,Berlin, Stuttgart,Germany.
Furuki T, Higuchi M. 2006. A New Species of *Exormotheca* (Exormothecaceae,Hepaticae) from China. Cryptog. Bryol. 27(1): 97-102.
Furuki T,Higuchi M. 1997. Oil Bodies and Oil Droplets of Some hepatics from Sichuan, China. Bull. Nat. Sci. Mus. , Tokyo, ser. B, 23(3): 81-102.
Furuki T,Long D G. 2007. *Lobatiriccardia yunnanensis*,sp. nov. (Metzgeriales,Aneuraceae) from Yunnan,China. J. Bryol. ,29: 161-164.
Furuki T. 2006. Taxonomic studies of The family Aneuraceae (Hepaticae) based on the Philippine collections made by Dr. and Mrs. A. J. Sharp and Dr. Z. Iwatski. J Hattori Bot Lab, 100: 89-99.
Gangulee H C. 1976. Mosses of Eastern India and Adjacent Regions. Fasc. S. Published by the Author,Calcutta.
Gangulee H C. 1980. Mosses of Estern India and Adjacent Regions. Fasc. 8. Published by the author,Calcutta.
Gao C,Cao T,Sun J. 2002. The Genus *Mnioloma* (Hepaticae,Calypogeiaceae) new to China discovered from Taiwan. Arctoa,11: 23-26.
Gao C,Cao T,Wu Y H,et al. 2004. A new species and three new records of *Heteroscyphus* (Jungermanniopsida: Geocalycaceae) to China. J Bryol 26: 97-102.
Gao C,Cao T. 1992. Studies of chinese bryophytes (4):the family theliaceae (Musci). J hattori Bot Lab, 71: 367-375.
Gao C,Chang K C. 1983. Index muscorum chinae boreali-orientalis. J Hattori Bot Lab,54: 187-205.
Gao C,Crosby M R,He S. 2003. Moss Flora of China Vol. 3. Science Press (Beijing,New York) & Missouri Botanical Garden (St. Louis):Pp1-141.
Gao C,Crosby M R,He S. 1999. Moss Flora of China Vol. 1. Science Press (Beijing,New York) & Missouri Botanical Garden (St. Louis):Pp1-273.
Gary L,Merrill S. 2007. Polytrichaceae. *In*: Flora of North America(Vol. 27: Bryophytes: Mosses, part 1). New York: Oxford University Press:121-164.
Gradstein S R, Váňa J. 1987. On the occurrence of Laurasian liverworts in the tropica. Mem N Y Bot Garden,45: 388-425.
Gradstein S R,Meneses Q R I,Arbe B A. 2003. Catalogue of the Hepaticae and Anthocerotae of Boliva. J Hattori Bot Lab,93: 1-67.
Gradstein S R,Tan B C,Zhu R L,et al. 2005. A Catalogue of the Bryophytes of Sulawesi,Indonesia. J Hattori Bot Lab, 98: 213-257.
Grolle R. 1995. The hepaticae and anthocerotae of the east african islands an annotated catalogue. bryophyt Biblioth,48: 1-178.
Guo S L, Cao T, Tan B C. 2007. Three new species records of Orthotrichaceae (Bryopsida) in China, with comments on their type specimens. Crypto. Bryol,28(2): 149-158.
Guo W,Zhang M X. 1999. The taxonomic study of Anthocerotaceae in Shaanxi,Northwest China. Chenia,6: 21-33.
Han G Y,Song P L,Zhao Z T. 2011. Study on scapaniaceae of bailongjiang valley in gansu province,NW China. Chenia,10: 79-85.
Hasegawa J. 1993. Taxonomical studies on Asian Anthocerotae V. A short revision of Taiwanese Anthocerotae. Acta Phytotax Geobot, 44: 97-112.
Hattori S,Gao C. 1985. Two new Frullania taxa from China. J Jap Bot,60: 1-4.
Hattori S,Lin P J. 1985. A preliminary study of Chinese *Frullania* flora. J Hattori Bot Lab, 59: 123-169.
Hattori S,Lin P J. 1986. A new species of Frullania from Hainan Island,China J Jap Bot,61: 307-309.
Hattori S. 1971. Hepaticae. *In*: Hara H. The Flora of Eastern Himalaya . Tokyo: University Press,222-240.
Hattori S. 1980a. Dr. H. Inoue's frullania collection made in formosa. Bull Natl Sci Mus,Tokyo,B, 6: 33-40.
Hattori S. 1980b. Notes of the Asiatic species of the genus *Frullania*,Hepaticae. XII. J Hattori Bot Lab, 47: 85-125.
Hattori S. 1982a. A small collection of *Frullania* from Yunnan and Sichuan. Bull Nat Sci Mus,Tokyo,ser B,8(3): 93-100.
Hattori S. 1982b. *Frullania caduca* from Amami Island. J Jap Bot,57(11): 8-11.
Hattori S. 1986a. *Frullania* collection made by Mr. H. Akiyama on Seram island. J Hattori Bot Lab,60:239-253.
Hattori S. 1986b. A synopsis of New Caledonian Frullaniaceae. J Hattori Bot Lab,60:203-237.
Hattori S. 1949. A new species of *Riccia* found in Prov. Shansi,North China. Bot. Mag. Tokyo,62: 109.
Hattori S. 1967. Studies of the Asiatic species of the Genus *Porella* (Hepaticae). 1. Some New or Little Know Asiatic Species of *Porella*. J. Hattori Bot. Lab. ,30: 129-151.
Hattori,S,Zhang M X. 1985. Porellaceae of Shensi Province China. J Jap Bot,60(11): 321-326.
He S,Zhang L. 2008. *Symphysodontella siamensis* (Pterobryaceae),a moss genus confirmed for China. Bryologist,111(3): 501-504.
He S. 1998. A checklist of the mosses of Chile. J Hattori Bot Lab, 85: 103-189.
He S. 2005. A revision of the genus *Leptopterigynandrum* (Bryopsida,Leskeaceae). J Hattori Bot Lab,97: 1-38.
He S. 2006. Notes on the genus *Diaphanodon*,with a new interpretation of *Diaphanodon blandus* (Leskeaceae,Bryopsida). J Hattori Bot Lab, 100: 119-124.
Hedenäs L. 1989. The Genera *Scorpidium* and *Hamatocaulis*,gen. nov. ,in Northern Europe. Lindbergia,15: 8-36.
Hedenäs L. 2002. An overview of the family Brachytheciaceae (Bryophyta) in Australia. J Hattori Bot Lab, 92: 51-90.
Hentschel J,Paton J A,Schneider H,et al. 2007. Acceptance of Liochlaena Nees and Solenostoma Mitt. ,the systematic position of Eremonotus Pearson and notes on Jungermannia L. s. l. (Jungermanniidae) based on chloroplast DNA sequence data. Pl Syst Evol,268: 147-157.
Herzog T,Noguchi A. 1955. Beitrag zur Kenntnis der Bryophytenflora von Formosa und der benachbarten Inseln Botel Tobago und Kwashyo-

to. J Hattori Bot Lab, 14: 29-70.

Herzog T. 1925. Beiträge zur Bryophytenflora von Yunnan. Hedwigia, 65: 147-168.

Herzog T. 1930a. Lejeuneaceae. *In*: von Handel-Mazzetti H. Symbolae Sinicae, 5: 43-57.

Herzog T. 1930b. Ricciaceae. *In*: von Handel-Mazzetti H. Symbolae Sinicae, 5: 1-2.

Higuchi M, Lin S H. 1984. *Homomallium connexum* (Cardot) Broth. (Musci) found in Taiwan. Yushania, 1(2): 61-63.

Higuchi M, Nishimura N. 2003. Mosses of pakistan. J Hattori Bot Lab, 93: 273-291.

Higuchi M, Wang L S, Long D G. 2000. *Haplomitrium hookeri* (Sm.) Nees new to China and *Apotreubia yunnanensis* Higuchi new to Sichuan. Bryological Research, 7: 309-313.

Higuchi M. 1998. A new species of Apotreubia (Treubiaceae, Hepaticae) from China. Cryptog Bryol., Lichénol, 19: 320-322.

Higuchi M. 1985. A Taxonomic Revision of the Genus *Gollania* Broth. (Musci). J Hattori Bot Lab, 59: 1-77.

Hofmann H. 1997. A monograph of the genus *Palamocladium* (Brachytheciaceae, Musci). Lindbergia, 22: 3-20.

Horikawa Y. 1934. Monographia hepaticarum australi-japonicarum. J Sci Hiroshima Univ, ser B, div 2, 2: 101-325.

Horikawa Y. 1935. Contributions to the bryological flora ofEastern Asia. II. J Jap Bot, 11: 499. 508.

Horikawa Y. 1951. Enumeratio Bryophytarum Archipelago-Japonicarum. J Sci Hiroshima Univ, ser B, div 2, 6: 11-25.

Hu R L, Wang Y F, Crosby M R. 2008. Moss Flora of China Vol. 7. Beijing & New York: Science Press & Missouri Botanical Garden Press: 1-258.

Hu R L. 1990. Distribution of bryophytes in China. Tropical Bryology, 2: 133-137.

Huttunen S. 2008. Bryophyte flora of Hunan Province, China. 9. Meteoriaceae (Musci) I. Chrysocladium, Duthiella, Meteorium, Pseudospiridentopsis, Toloxis and Trachypodopsis, with identification key for Meteoriaceae in Hunan. Nova hedwigia, 86: 367-399.

Hyvönen J, Lai M J. 1991. Polytrichaceae (Musci) in Taiwan (China). J Hattori Bot Lab, 70: 119-141.

Ignatov E, Muñoz J. 2004. The genus *Grimmia* Hedw. (Grimmiaceae, Musci) in Russia. Arctoa, 13: 101-182.

Ignatov M S, Huttunen S, Koponen T. 2005. Bryophyte flora of Hunan Province, China. 5. Brachytheciaceae (Musci), with an overview of *Eurhynchiadelphus* and *Rhynchostegiella* in SE Asia. Acta Bot Fenn, 178: 1-56. 2005.

Ignatov M S, Milyutina I A, Huttunen S. 2006. On two East Asian species of *Brachythecium* (Brachytheciaceae, Musci). J Hattori Bot Lab, 100: 191-199.

Ignatov M, Ignatov E A, Cherdantseva V Y. 2005. *Oedipodium griffithianmu* (Oedipodiopsida, Bryophyta)-new species and new class for Russian Flora. Arctoa, 15: 211-214.

Inoue H. 1961. Hepatics collected by Mr. K. Sawada inFormosa. J Jap Bot, 36: 184-188.

Inoue H. 1977. Studies on Taiwan Hepaticae, II. Herbertaceae. Bull Natl. Sci Mus, Tokyo, B, 3(1): 1-11.

Inoue H. 1978. Studies onTaiwan hepaticae, Ⅲ. Subord. Herbertinae and Subord. Ptilidiinae. Bull Natl. Sci Mus, Tokyo, B, 4(3): 93-103.

Inoue H. 1982. Studies on Taiwan hepaticae IV. Plagiochilaceae. Bull Natl Sci Mus, Tokyo, B, 8(4): 125-144.

Inoue H. 1988. Studies on Taiwan hepaticae VII. Radulaceae. Bull Natl Sci Mus, Tokyo, B, 14(2): 41-51.

Ivanova E I, Ignatov M S. 2007. The genus *Lyellia* in Russia. Arctoa, 16: 169-174.

Iwatsuki Z, Suzuki T. 1989. New Caledonia Fissidentaceae (Musci). J Hattori Bot Lab, 67: 267-290.

Iwatsuki Z, Mohamed M A H. 1987. The genus *Fissidens* in Penisular Malaysia and Singapore (A preliminary study). J Hattori Bot Lab, 62: 339-360.

Iwatsuki Z, Sharp A J. 1970. Interesting mosses from Formosa. J Hattori Bot Lab, 33: 161-170.

Iwatsuki Z, Suzuki T, Lin S H. 1980. Notes on Fissidens in Taiwan. Misc. Bryol. & Lichenol., 8(7): 134-135.

Iwatsuki Z. 1979a. Re-examination of *Myurium* and its related genera from Japan and its adjacent area. J Hattori Bot Lab, 46: 257-283.

Iwatsuki Z. 1979b. Mosses from central Nepal collected by the Kochi Himalaya expedition, 1976. J Hattori Bot Lab, 46: 373-384.

Iwatsuki Z. 1979c. Mosses from Eastern Nepal collected by Himalayan expedition of Chiba University in 1977. J Hattori Bot Lab, 46: 289-310.

Iwatsuki Z. 1980. A preliminary Study of *Fissidens* in China. J Hattori Bot Lab, 48: 171-186.

Iwatsuki Z. 1987. Two species of *Fissidens* (Musci) new to China. Hikobia, 10: 69-71.

Iwatsuki Z. 2004. New catalog of the mosses of Japan. J Hattori Bot Lab, 96: 1-182.

Ji M C, Enroth J. 2010. Contribution to *Neckera* (Neckeraceae, Musci) in China. Acta Bryollichen Asiat, 3: 61-68.

Ji M C, Qiang S. 2005. Bryophytes of the Matoshan Natural conservation region, Jiangxi Province, China. Chenia, 8: 101-118.

Jia Y, Xu J M. 2006. A new species and a new record of *Brotherella* (Musci, Sematophyllaceae) from China, with a key to the Chinese species of *Brotherella*. Bryologist, 109(4): 579-585.

Juslén A. 2004. Bryophyte flora ofHunan Province, China. 7. *Herbertus* (Herbertaceae, Hepaticae). Ann Bot Fenn, 41: 393-404.

Juslén A. 2006. Revision of Asian Herbertus (Herterbertaceal, Marchantiophyta). Ann Bot Fennici 43: 409-436.

Kapila S, Kumar S S. 2003. Cytological observations on some West Himalayan Mosses. Cryptog. Bryol, 24(3): 271-273.

Karén V, Enroth J, Koponen T. 2010. Bryophyte flora of Hunnan Province, China. 12. Diphysciaceae (Musci) Ann Bot Fenn, 47: 208-214.

Khanna L P. 1938. On two species of *Anthoceros* from China. J Indian Bot Soc, 17: 311-323.

Kitagawa N. 1974. A study of *Lophocolea sikkimensis*. Bull Nara Univ Educ, 23: 31-40.

Kitagawa N. 1979a. The Hepaticae of Thailand collected by Dr. A. Touw (I). Acta Phytotax. Geobot, 29(1-5): 47-64.

Kitagawa N. 1979b. The Hepaticae of Thailand collected by Dr. A. Touw (II). Acta Phytotax. Geobot, 30(1-3): 31-40.

Kitagawa N. 1980. New Guinean Species of *Bazzania*, I. J Hattori Bot Lab, 47: 127-143.

Klazenga N. 1999. A revision of the Malesian species of *Dicranoloma* (Dicranaceae, Musci). J Hattori Bot Lab, 87: 1-130.

Koponen T, Luo J S. 1982. Miscellaneous notes on Mniaceae (Bryophyta). XII. Revison of specimens in the Institute of Botany, Academia Sinica,Beijing,China. Ann Bot Fennic,19: 67-72.

Koponen T, Touw A. 2003. Synopsis and nomenclature of *Thuidium* and related genera in China. Ann Bot Fenn,40(2): 129-133.

Koponen T,Cao T,Huttunen S,et al. 2004. Bryophyte flora of Hunan Province,China. 3. Bryophytes from Taoyuandong and Yankou nature reserves and Badagongshan and Hupingshan National Nature Reserves,with additions to floras of Mangshan Nature Reserve and Wulingyuan Global Cultural Heritage Area. Acta Bot Fenn, 177: 1-47.

Koponen T,Gao C,Luo J X,et al. 1983. Bryophytes from Mt. Chang Bai,Jilin Province,Northeast China. Ann Bot Fenn,20: 215-232.

Koponen T,Ji M C. 2006. *Rhizomnium hattorii* (Cinclidiaceae,Musci) an addition to Sino-Japanese distribution element on bryophytes. J Hattori Bot Lab,100: 305-309.

Koponen T,Koponen A. 1974. *Tayloria* subgenus *Orthodon* (Splachnaceae) in East Asia. Ann Bot Fenn,11: 216-222.

Koponen T,Luo J X. 1992. Moss flora of Wo-long Nature Reserve,Sichuan Province,China. Bryobrothera,1: 161-175.

Koponen T. 1979. Contributions to the East Asiatic bryoflora. III. *Hylocomium himalayanum* and *H. umbratum*. Ann Bot Fenn,16: 102-107.

Koponen T. 1998. Notes on *Philonotis* (Musci,Bartramiaceae). 3. A synopsis of the genus in China. J Hattori Bot Lab, 84: 21-27.

Koponen T. 2010. Bryophyte flora of Hunan Province,China. 14. *Philonotis laii*,species nova (Bartramiaceae,Musci). Acta Bryollichen Asiat,3: 137-144.

Koponen T. 2010. Notes on *Philonotis* (Bartramiaceae,Musci). 9. *Philonotis lizangii*,species nova,from Yunnan Province of China. Acta Bryollichen Asiat,3: 91-94.

Koponen T. 2007. *Orthomnion wui* (Mniaceae,Musci),a new species from Hubei,China. Ann. Bot. Fenn. ,44: 376-378.

Krayesky D M,Crandall-Stotler B,Stotler R E. 2005. A revision of the genus *Fossombronia* Raddi in East Asia and Oceania. J Hattori Bot Lab, 98: 1-45.

Kruijer J D. 2002. Hypopterygiaceae of the world. Blumea Suppl. ,13: 1-388.

Kuo C M,Chiang T Y. 1988. Index of Taiwan Hepaticae. Taiwania,33: 1-46.

Kuwahara Y. 1975. A recent collection of Metzgeriaceae in the Eastern Himalayas. J. Hattori Bot. Lab. ,39: 363-371.

Levier E. 1906. Muscinee raccolte nello Schen-si (Cina) dal Rev. Giusepp Girald. Nuovo Giorn Bot Ital,n s,13: 237-280.

Lewinsky J. 1992. The Genus *Orthotrichum* Hedw. (Orthotrichaceae,Musci) in Southeast Asia. A taxonomic revision. J Hattori Bot Lab,72: 1-88.

Lewinsky-Haapasaari J. 1995. *Orthotrichum notabile* Lewinsky-Haapasaari,a new moss species from Sichuan,China. Lindergia,20: 102-105.

Li D K,Wu P C. 1995. *Physcomitrella* (Musci) new to China. Acta Phytotax. Sinica 33(1): 103-104.

Li L, Li M, Zhao J C. 2006. *Encalypta asiatica* (Encalyptaceae, Bryopsida), a new species from Taihang Mountain Range of North China. Hikobia,14: 383-386.

Li M,Zhao J C. 2002. The bryophytes in Mt. Xiaowutai of Hebei Province,North China. Chenia,7: 111-124.

Li X J,Crosby M R,He S. 2007. Moss Flora of China Vol. 4. Beijing,New York:Science Press;St. Louis:Missouri Botanical Garden:1-211.

Li X J,Zang M. 2007. *Leptodontium chenianum*,A new species of Pottiaceae from China. Chenia,9: 23-24.

Li X J,Crosby M R,He S. 2001. Moss Flora of China Vol. 2. Beijing:New York:Science Press;St. Louis:Missouri Botanical Garden :1-283.

Li X Q,Zhao J C,Liu B C. 2001. New record of Pleurocarpous Mosses to Hebei Province,China (I). J Hebei Norm Univ,25(2): 245-250.

Li Z H, Piippo S. 1994. Preliminary list of bryophytes of Heishiding Reserve,Guangdong,China. Trop Bryol, 9: 35-41.

Li Z H,Cao T,Yu J,et al. 2011. New records of mosses to Sichuan Province ,China. Guihaia,31(6): 314-317.

Lin C Y,Hsu T W,Moore S J,et al. 2010. *Pylaisia buckii*,sp. nov. (Pylasiaceae,Bryophyta) from Taiwan. Nova Hedwigia 91(1-2): 187-191.

Lin P J,Koponen T,Piippo S. 1992. Bryophyte flora of Jianfengling Mts. ,Hainan Island,China. Bryobrotherea,1: 195-214.

Lin P J,Tan B C. 1995. Contribution to the bryoflora of China (12): A taxonomic revision of Chinese Hookeriaceae (Musci). Havard Papers in Botany,7: 25-68.

Lin S H,Yang C S. 1992. Bryophytes of Chaishan,Taiwan. Yushania,9: 1-13.

Lin S H. 1986. *Horikawaea dubia* (Pterobryaceae) newly found in Xizang. Yushania,3(1): 1-2.

Lin S H. 1988. List of Mosses of Taiwan. Yushania,5(4): 1-39.

Linis V C,Tan B C. 2010. Eleven new records of Philippine mosses. Acta Bryolichenologica Asiatica,3: 95-100.

Long D G,Grolle R. 1990. Hepaticae of Bhutan. II. J Hattori Bot Lab,68: 381-440.

Long D G,Váňa J. 2007. The genus *Gottschelia* Grolle (Jungermanniopsida,Lophoziaceae) in China,with a description of G. Grollei,sp. nov. J Bryol,29: 165-168.

Long D G. 1997. Studies on the genus Asterella P. Beauv. III: Asterella cruciata (Steph.) Horik. in Eastern Asia. Cryptog Bryol, 18(3): 169-176.

Long D G. 2001. Studies on the genus *Asterella* (Aytoniaceae). V. Miscellaneous notes on Asiatic *Asterella*. Lindergia,26: 43-45.

Long D G. 2005a. Notes on Himalayan Hepaticae 2: New records and extensions of range from some Himalayan leafy liverworts. Cryptog. ,Bryol. e,26: 97-107.

Long D G. 2005b. Notes on Himalayan Hepaticae 3: New records and extensions of range for some Himalayan and Chinese marchantiales. Cryptog Bryol, 27(1): 119-129.

Lou J S,Koponen T. 1986. A revision of *Atrichum* (Musci,Polytrichaceae) in China. Ann Bot Fenn,23: 33-47.

Luo J S,Wu P C. 1980. A preliminary report on the new bryophytes of Xizang (Tibet). Acta Phytotax Sin, 18(1): 119-125.

Magombo Z L K. 2003. Taxonomic revision of the moss Family Diphysciaceae M. Fleisch. (Musci). J Hattori Bot Lab,94: 1-86.

Majestyk P. 2009. A taxonomic revision of *Erythrodontium* (Entodontaceae). Bryologist,112(4): 804-822.

Mao L H,Lin P J,He S,et al. 2010. *Syntrichia amphidiacea* (Müll. Hal.) R. H. Zander new to continental Asia from China. Acta Bryol Asiat-

ic,3: 101-104.
Mao L H,Zhang L. 2011. Mosses of Lancangjiang River valley (Yunlong-Deqin section),Yunnan,China. J Fairy Bot Gard,10(1): 11-20.
Masuzaki H,Tsubota H,Shimamura M,et al. 2010. A taxonomic revision of the genus Apometzgeria (Metzgeriaceae,Marchantiophyta). Hikobia,15: 427-452.
Matsui T,Iwatsuki Z. 1990. A taxonomic revision of the family Ditrichaceae (Musci) of Japan,Korea and Taiwan. J Hattori Bot Lab,68: 317-366.
Meagher D. 2002. *Cyathodium cavernarum* Kunze in Western Australia. Hikobia,13: 633-635.
Menzel M,Schultze-Motel W. 1994. Taonomische Notizen zur Gattung Trachycladiella (Fleisch.) stat. Nov. (Meteoriaceae,Leucodontales). J Hattori Bot Lab,75: 73-83.
Menzel M. 1992. Preliminary checklist of the mosses of Peru. J Hattori Bot Lab,71: 173-254.
Mitten W. 1859. Musci Indiae Orientalis. An Enumeration of the Mosses of the East Indies. J Proc Linn Soc Suppl Bot,1: 1-171.
Mitten W. 1864. On some species of Musci and Hepaticae,additional to the floras of Japan and the coast of China. J Proc Linn Soc,Bot,8: 148-162.
Mizutani M,Chang K C. 1986. A preliminary study of Chinese Lepidoziaceae flora. J Hattori Bot Lab,60: 419-437.
Mizutani M,Haffori S. 1967. The distribution of Tuzibeanthus(Hepaticae). J Jap Bot,42(2):124-128.
Müller C. 1896—1898. Bryologia Provinciae Schen-si Sinensis. I. Nouv Giorn. Bot. Ital. , n. s. , 3: 89- 129; II. Ibid 4: 245- 276; III. Ibid 5: 158-209.
Müller F,Pursell R A. 2003. The genus *Fissidens* (Musci,Fissidentaceae) in Chile. J Hattori Bot Lab, 93: 117-139.
Nath V,Asthana A K. 1998. Diversity and distribution of Genus *Frullania* Raddi in south India. J Hattori Bot Lab,85: 63-82.
Nicholson W E. 1930. Hepaticae. *In*: Handel-Mazzetti H,Symbolae Sinicae,5: 7-15.
Noguchi A. 1934. Contributions to the moss flora of Formosa I. & II. Trans Nat Hist Soc Formosa,24: 289-297; 469-473.
Noguchi A. 1937. Contributions to the moss flora of Japan and Formosa. (VII). J Jap Bot,13: 407-413.
Noguchi A. 1938. Studies on the Japanese Mosses of the Orders Isobryales and Hookeriales III. J Sci Hirosima Univ,Ser B,Div 2,Bot. 1-18.
Noguchi A. 1944. Notes on Japanese Musci (V). J Jap Bot,20(3): 142-149.
Noguchi A. 1947. Notulae bryologicae I. J Hattori Bot Lab,2: 60-82.
Noguchi A. 1950. A review of the Leucodontineae and Neckerineae of Japan,Loo Choo andFormosa,III. J Hattori Bot Lab,4: 1-48.
Noguchi A. 1968. Notulae Bryologicae VIII. -Status of Some Asiatic Mosses and the Description of a new species of *Glyphomitrium*. J Hattori Bot Lab,68: 312-316.
Noguchi A. 1971. Musci. *In*: Hara H. The Flora of Eastern Himalaya . Tokyo: University Press:241-258.
Noguchi A. 1985. On *Pseudopleuropus morrisonensis* Takaki (Musci). Yushannia,2(1): 23.
Noguchi A. 1976. A Taxonomic Revision of the Family Meteoriaceae of Aisa. J. Hattori Bot. Lab. ,41: 231-357.
Noguchi A. 1978. New distribution. Misc. Bryol. & Lichenol. ,8(1): 12.
O'Shea B J, Matcham H W. 2005. The genus *Levierella* Müll. Hal. (Bryopsida: Fabroniaceae) in Africa,and a review of the genus worldwide. J Bryol,27: 97-103.
O'Shea B J. 2002. Checklist of the mosses of Srilanka. J Hattori Bot Lab,92: 125-164.
O'Shea B J. 2003. An overview of the mosses of Bangladesh. J Hattori Bot Lab,93: 259-272.
Ochi H. 1972. A revision of the African Bryoideae,Musci (first part). J Fac Educ Tottori Univ Nat Sci,23: 1-126.
Ochyra R,Bednarek-Ochyra H. 2002. *Pleurozium schreberi* (Musci,Hylocomiaceae) recorded for tropical Africa and a review of its world distribution. Cryptog Bryol,23(4): 355-360.
Ochyra R,Sharp A J. 1988. Results of a bryogeographical expedition to East Africa in 1968,IV. J Hattori Bot Lab,65: 335-377.
Ochyra R. 1986. A taxonomic study of the genus *Handeliobryum* Broth. (Musci,Thamnobryaceae). J Hattori Bot Lab,61: 65-74.
Olsson S,Enroth J,Buchbender V,et al. 2011. Neckera and Thamnobryum (Neckeraceae,Bryopsida): Paraphyletic assemblages. Taxon,60(1): 35-50.
Paris E G. 1901. Muscinées de Quang Tcheou Wan. Rev. Bryol. ,28: 37-38.
Paris E G. 1908. Muscinées de l'Asie Orientale. 7. Rev Bryol,35: 125-129.
Paris E G. 1909. Muscinées de l'Asie Orientale. 9. Rev Bryol,36: 8-13.
Paris E G. 1910. Muscinées de l'Asie Orientale. 11. Rev Bryol,37: 1-4.
Pei L Y,Wang Q H,Jia Y,et al. 2011. *Homaliodendron pulchrum*,a new species of Neckeraceae from China and its phylogenetic position based on molecular data. J Bryol, 33(2): 134-139.
Peng C L,Enroth J,Koponen T,et al. 2000. The bryophytes of Hubei Province,China: An annotated checklist. Hikobia,13: 195-211.
Piippo S,He X L,Koponen T,et al. 1998. Hepaticae fromYunnan,China,with a checklist of Yunnan Hepaticae and Anthocerotae. J Hattori Bot Lab,84: 135-158.
Piippo S,He X L,Koponen T. 1997. Hepatics from northwestern Sichuan,China,with a checklist of Sichuan hepatics. Ann Bot Fennici,34: 51-63.
Piippo S,Tan B C. 1992. Novelties for the Philippine hepatic flora. J Hattori Bot Lab,72: 117-126.
Piippo S. 1990. Annotated catalogue of Chinese Hepaticae and Anthocerotae. J Hattori Bot Lab,68: 1-192.
Piippo S. 1991. Bryophyte flora of the HuonPeninisula,Papua New Guinea. XXXIX. *Fossombronia* (Fossombroniaceae) and *Metzgeria* (Metzgeriaceae,Hepaticae). Acta Bot Fenn,143: 1-22. 1991.
Piippo S. 1999. *Mesoceros porcatus*,a new hornwort from Yunnan,Haussknechtia,Beiheft,9: 279-282.

Piippo S. 2010. Bryophyte flora of Hunan Province, China. 15. Genera *Asterella*, *Fossombronia*, *Isotachis*, *Jubula* and Metzgeria (Aytoniaceae, Fossombroniaceae, Balantiopsaceae, Jubulaceae and Metzgeriaceae). Acta Bryol Asiat, 3: 145-150.

Potemkin A, Piippo S, Koponen T. 2004. Bryophyte flora of Hunan Province, China. 4. Diplophyllaceae and Scapaniaceae (Hepaticae). Ann Bot Fenn, 41: 415-427.

Potemkin A. 2002. Phylogenetic system and Classification of the family Scapaniaceae Mig. emend. Potemkin (Hepaticae). Ann. Bot. Fennici, 39: 309-334.

Potier de la Varde R. 1937. Contribution a la flore bryologique de la Chine. Rev Bryol Lichenol, 10: 136-145.

Pursell R A. 2007. Fissidentaceae. *In*: Flora of North America Editorial Committee: Flora of North America Vol. 27 bryophytes: Mosses, part 1. New York: Oxford University Press: 331-357.

Ramsay H P, Schofield W B, Tan B C. 2004. The Family Sematophyllaceae (Bryopsida) inAustralia part 2. *Acroporium*, *Clastobryum*, *Macrohymenium*, *Meiotheciella*, *Meiothecium*, *Papillidiopsis*, *Radulina*, *Rhaphidorrhynchium*, *Trichosteleum* and *Warburgiella*. J Hattori Bot Lab. 95: 1-69.

Rao P C, Enroth J. 1999. Taxonomic studies on cryphaea (Cryphaeaceae, Bryopsida). 1. The Chinese species and notes on cyptodontopsis. Bryobrothera, 5: 177-188.

Rao P C. 2000. Taxonomic studies on *Cryphaea* (Cryphaeceae, Bryopsida) 2. Revision of Asian spp. Ann Bot Fenn, 37(1): 45-56.

Redfearn P R J, Allen B, He S. 1994. New distributional records for Chinese mosses. Bryologist, 97: 275-276.

Redfearn P R J, Tan B C, He S. 1996. A newly updated and annotated checklist of Chinese mosses. J Hattori Bot Lab, 79: 163-357.

Redfearn P R J, Wu P C, He S, et al. 1989. Mosses new to Mainland China. Bryologist, 92(2): 183-185.

Redfearn P R. J, Allen B. 2005. A Re-examination of *Orthothecium hyalopiliferum* (Hypnales). Bryologist, 108(3): 406-411.

Reimers H. 1931. Beiträge zur Moosflora Chinas I. Hedwigia, 71: 1-77.

Rubasinghe S C K, Long D G, Milne R. 2011a. A new combination and three new synonyms in the genus *Clevea* Lindb. (Marchantiopsida, Cleveaceae). J Bryol, 33(2): 166-168.

Rubasinghe S C K, Milne R, Forrest L L, et al. 2011b. Realignment of the genera of Cleveaceae(Marchantiopsida, Marchantiidae). Bryologist, 114 (1): 116-127.

Saito K. 1975. A monograph of Japanese Pottiaceae (Musci). J Hattori Bot Lab, 59: 241-278.

Sakurai K. 1949. Musci of Province Shansi, North China. Bot Mag (Tokyo), 62: 104-108.

Sakurai K. 1950. Classification on the Genus *Taxiphyllum* in Japn. Bot Mag (Tokyo), 63: 198-202.

Salmon E S. 1900. On some mosses from China and Japan. J Linn Soc Bot, 34: 449-474.

Schill D, Long D G, Kockinger. 2008. Taxonomy of *Mannia controversa* (Marchantiidae, Aytoniaceae) including a new subspecies from east Asia. Edinburgh J. Bot., 65(1): 35-47.

Schill D, Long D G. 2002. *Anastrophyllum lignicola* (Lophoziaceae), a new species from the Sino-Himalaya, and *A. hellerianum* new to China. Ann Bot Fenn, 39 (3): 129-132.

Schill D, Long D G. 2003. A revision of *Anastrophyllum* (Spruces) Steph. (Jungermanniales, Lophoziaceae) in the Himalayan region and Western China. J Hattori Bot Lab, 94: 115-157.

Schuster R M. 1980. The Hepaticae and Anthocerotae of North America. Vol. IV. Columbia Univ Press: 1-1334.

Schuster R M. 1992. The Hepaticae and Anthocerotae of North America. Vol. V. New York: Columbia Univ Press: 1-854.

Scott E B. 1960. A monograph of the genus *Lepicolea* (Hepaticae). Nova Hedwigia, 2: 129-172.

Seppelt R. 2007. Ditrichaceae. *In*: "Flora of North America" (Vol. 27: Bryophytes: Mosses, part 1). New York: Oxford University Press: 443-467.

Shevock J R, Ryszard O'He S, Long D G. 2011. *Yunnanobryon*, a new rheophytic moss genus from southwest China. Bryologist, 114 (1): 194-203.

Shevock J R. 2005. *Bryophium norvegicum* (Brid.) Mitt. subsp. *japonicum* (Berggren) Á. Löve & D. Löve, a Moss genus and Family Reported New for Yunnan Province. Acta Bot Yunnan, 27(4): 383-384.

Shim D, Hattori S. 1954. Marchantiales of Japan III. J Hattori Bot Lab, 12: 53-75.

Smith A J E. 1990. The Liverworts of Britain and Ireland. Cambridge: Cambridge University Press: 1-349.

So M L. 2001a. *Plagiochila* (Hepaticae, Plagiochilaceae) in China. Systematic Botany Monographs, 60: 1-214.

So M L, 2001b. On Plagiochila section Cobanae Carl in Asia and Melanesia. Cryptogamie, Bryol, 22(3): 179-186.

So M L, Zhu R L. 1996. Studies on Hong Kong Hepatics II. Notes on some Newly Recorded Liverworts from Hong Kong. Trop Bryol, 12: 11-19.

So M L. 2003a. The Genus *Schistochila* in Asia. J Hattori Bot Lab, 93: 79-100.

So M L. 2003b. The Genus *Metzgeria* (Hepaticae) in Asia. J Hattori Bot Lab, 94: 159-177.

Song J S, Yamada K. 2006. Hepatic flora from Jeju (Cheju) island, Korea. J Hattori Bot Lab, 100: 443-450.

Sonoyama K, Sulayman M, Shimamura M, et al. 2007. New records of 19 mosses from Xinjiang, China. Hikokia, 15: 87-97.

Spence J R. 2007. Archidiaceae. *In*: Flora of North America(Vol. 27: Bryophytes: Mosses, part 1). New York: Oxford University Press: 314 - 319.

Srivastava S C, Dixit R. 1996. The genus *Cyathodium* Kunze. J Hattori Bot Lab, 149-215.

Stephani V F. 1895. Hepaticarum Species novae VII. Hedwigia, 34: 43-65.

Stephani V F. 1917. Species Hepaticarum. Vol. VI. Geneve et Bale.

Suzuki T, Iwatsuki Z, Kiguchi H. 2006. The Family Seligeriaceae (Bryopsida) in Japan. J Hattori Bot Lab, 100: 469-493.

Szweykowski J,Buczkowska K,Odrzykoski I J. 2005. Conocephalum salebrosum (Marchantiopsida,Conocephalaceae)—a new Holarctic liverwort species. Pl. Syst. Evol. ,253: 133-158.

Söderström, L, Roo R, Hedderson T. 2010. Taxonomic novelties resulting from recent reclassification of the Lophoziaceae/Scapaniaceae clade. Phytotaxa,3: 47-53.

Söderström L. 2000. Hepatics from Changbai Mountain,Jilin Province,China. Lindbergia,25: 41-47.

Tan B C,Boufford D E,Cheng H X,et al. 1996. A Contribution to the Moss Flora of Henan Province,China. Acta Bot Yunnanica,18(1): 67-71.

Tan B C,Engel J J. 1986. An annotated checklist of Philippine Hepaticae. J Hattori Bot Lab,60: 283-355.

Tan B C,Iwatsuki Z. 1993. A checklist of Indochinese mosses. J Hattori Bot Lab,74: 325-405.

Tan B C,Jia Y. 1997. Mosses of Qinghai-Tibetan Plateau,China. J Hattori Bot Lab,82: 305-320.

Tan B C,Jia Y. 1999. A Preliminary Revision of Chinese Sematophyllaceae. J. Hattori Bot. Lab. ,86: 1-70.

Tan B C, Koponen T, Norris D H. 2011. Bryophyt flora of the Huon Peninsula, Papua New Guinea. LXXII. Sematophyllaceae (Musci) 2. Brotherella, Clastobryum, Clastobryopsis, Heterophyllium, Isocladiella, Isocladiellopsis, Meiotheciella, Meiothecium, Papillidiopsis, Rhaphidostichum and Wijkia. Acta Bryolichenogica Asiatica,4: 3-58.

Tan B C,Li Z H,Lin P J. 1987. Preliminary list of mosses reported from Hainan Island,China. Yushania,4(4): 5-8.

Tan B C,Lin P J. 1995. Three new species species of mosses fromChina. Trop Bryol,10: 55-63.

Tan B C,Lin Q W,Crosby M R,et al. 1994. A report on 1991 Sino-American Bryological expedition to Guizhou Province,China:New and noteworthy additions of Chinese moss taxa. Bryologist,97 (2): 127-137.

Tan B C,Zhao J C, Hu R L. 1995. An updated checklist of the mosses of Xinjiang,China. Arctoa,4: 1-14.

Tan B C,Zhao J C. 1997. New moss records and range extension of some xeric and alpine moss species in China. Cryptog Bryol Lichènol,18(3): 207-212.

Tan B C. 1990. On the Himalayan Struckia Mull. Hal. And Russian *Cephalocladium* Lazar. (Musci,Hypnaceae). Lindbergia,16: 100-104.

Tan B C. 1994. Noteworthy range extensions of some East Asiatic moss taxa and a new species of Philippine *Barbula*,*B. zennoskeanna*. Hikobia, 11(4): 415-421.

Tan B C. 2000a. Addition to the moss Floras of Mt. Wilhelm Nature Reserve and Mt. Gahavisuka provincial Park,Papua New Guinea. J Hattori Bot Lab,89: 173-196.

Tan B C. 2000b. A revision of Yunnan Sematophyllaceae,a new variety (*Brotherella nictans* var. *zangmu-xingjiangii*),a new combination (Sematophyllum curvirostre),and two new records of non-Sematophyllaceae mosses for China.

Thériot I. 1908. Diagnoses d'espécies et variétés nouvelles de mousses. 5. Bull Acad Int Geogr Bot,18: 250-254.

Thériot I. 1911. Diagnoses d'espécies et variétés nouvelles de mousses. 9. Bull Acad Int Geogr Bot,19: 269-272.

Thériot I. 1932. Mousses dela Chine orientale. Ann Crypt Exot,5: 167-189.

Thériot I. 1906. Diagnoses de quelques mousses nouvelles. Bull. Acad Int Geogr Bot,15: 40.

Thériot I. 1907. Diagnoses d'espèces nouvelles. Monde Pl. Ser. 2,9: 21-22.

Tixier P. 1988. Le Genre *Glossadelphus* Fleisch. (Sematophyllaceae,Musci) et su valuer. Nova hedwigia,46 : 319-356.

Touw A. 1968a. Miscellaneous notes on Thai mosses. Nat Hist Bull Siam Soc,22(3-4): 217-244.

Touw A. 1968b. Een nieuw Nederlands bladmos:*Eurhynchium angustirete* (Broth.). Kop Over Gort,4: 126-130.

Touw A. 1992. A survey of the mosses of the Lesser Sunda Islands (Nusa Tenggara),Indonesia. J. Hattori Bot. Lab. ,71: 289-366.

Touw A. 2001. A taxonomic revision of the Thuidiaceae (Musci) of tropical Asia,the western Pacific,and Hawaii. J Hattori Bot Lab,91: 1-136.

Tsegmed T,Ignatov E A. 2007. Distribution and ecology of *Grimmia* (Grimmiaceae,Bryophyta) in Mongolia. Arctoa,16: 157-162.

Udar R,Awastih U S. 1984. The Genus *Rhaphidolejeunea* Hori. In India. Yushania,1(2): 15-17.

Udar R,Singh D K. 1976. A new *Cyathodium* form Inida. Bryologist,79: 234-238.

Vitt D H,Cao T. 1989. Mosses new to China from Heilongjiang and Jilin Provinces. Cryptog Bryol Lichénol,10(4): 283-287.

Vitt D H. 1972. A monograph of the genus *Drummondia*. Canad J Bot,50: 1191-1208.

Váňa J,Inoue H. 1983. Studies in Taiwan Hepaticae. V. Jungermanniaceae. Bull Natl Sci Mus,Tokyo,B,9(4): 125-142.

Váňa J,Long D G. 2009. Jungermanniaceae of the Sino-Himalayan region. Nova Hedwigia,89(3-4): 485-517.

Váňa J,Piippo S,Koponen T. 2005. Bryophyte flora of Hunan Province,China. 6. Jungermanniaceae and Gymnomitriaceae (Hepaticae). Acta Bot Fenn,178: 57-78.

Váňa J,Long D G,Ochyra R,et al. 2010. Range extensions of Prasanthus suecicus (Gymnomitriaceae,Marchantiophyta),with a review of its global distribution. Nova Hedwigia,91(3-4): 459-469.

Wang C K, Lin S H. 1975. *Entodon taiwanensis* and *Floribundaria torquata*, new species of mosses from Taiwan. Bot Bull Acad Sin, 16: 200-204.

Wang C K. 1970. Phytogeography of the Mosses of Formosa. Taichung:Tunghai University:1-576.

Wang J,Lai M J,Zhu R L. 2011. Liverworts and Horworts of Taiwan: An updated checklist and Floristic accouts. Ann Bot Fenn,48: 369-395.

Wang M Z. 1998. *Dendroceros javanicus* (Nee.) Nee. Newly found in mainland China. Chenia,5: 23-24.

Wang M Z. 2005. *Braunfelsia* Paris,a new addition to the *Flora Bryophytorum Sinicorum* (Musci: Dicranaceae). Chenia,8: 55-57.

Wang W H,Yi Y J,Lang K C. 1994. New additions to the Bryophytes on Mt. Guancen,Shanxi Province,North China. Chenia,2: 89-96.

Watanabe R. 1980a. A note on Thuidium tibetanum Salmon from Tibet,China. Misc. Bryol. Lichenol. ,8: 145.

Watanabe R. 1980b. *Thuidium* species collected by Dr. & Mrss. Sharp and Dr. Iwatsuki in Taiwan in 1965. Misc Bryol Lichenol,8: 155-157.

Watanabe R. 1991. Notes on the Thuidiaceae in Asia. J hattori Bot Lab,69: 37-47.

Wen X S. 1998. A new species of *Entodon* from Shandong. Acta Bot Yunnan,20(1): 47-48.

Wilbraham J, Long D G. 2005. Zygodon Hook & Taylor and Bryomaltaea Goffinet(Bryopsida: Orthotrichaceae) in the Sino-Himalaya. J Bryol, 27: 329-342.

Wilson W. 1848. Mosses collected by T. Anderson, Esq. Surgeon of H. M. S. Plover, on the Coast, from Chusan to Hong Kong; Dec. 1845, to Mar. 1946. London J Bot, 7: 273-279.

Wu P C, But P P H, 2009. Hepatic Flora of Hong Kong. Harbin: Northeast Forestry University Press: 1-193.

Wu P C, Crosby M R, He S. 2002. Moss Flora of China Vol. 6.

Wu P C, Crosby M R. 2011. Moss Flora of China Vol. 5. Beijing & New York: Science Press & Missouri Botanical Garden Press: 1-423.

Wu P C, Jia Y, Wang M Z. 2002. The bryological relationship between the tropical bryophytes of Taiwan, Southeast China and Hengduan Mts., Southwest China. Chenia, 7: 187-192.

Wu P C. 1992a. The moss flora of Xishuangbanna, southern Yunnan, China. Trop Bryol, 5: 27-33.

Wu P C. 1992b. The east Asiatic genera and endemic genera of the bryophytes in China. Bryobrothera, 1: 99-117.

Wu S H, Lin S H. 1985a. A taxonomic study of the Genera of *Papillaria* and *Aerobryum* (Meteoriaceae, Musci) of Taiwan. Yushannia, 2(3): 11-16.

Wu S H, Lin S H. 1985b. A taxonomic study of the genera of *Aerobryidium* and *Meteoriopsis* (Meteoriaceae) of Taiwan. Yushania, 3(1): 3-16.

Wu S H, Lin S H. 1986. A taxonomic study of the genus of *Meteorium* (Meteoriaceae, Musci) of Taiwan. Yushania, 3(4): 5-12.

Wu S H, Lin S H. 1987. A taxonomic study of the genus of *Barbella* (Meteoriaceae, Musci) of Taiwan. Yushania, 4(4): 13-18.

Wu Y H, Gao C. 2002. A new record of the genus *Cryptocoleopsis* (Hepaticae, Jungermanniaceae) in Yunnan, China. Crytog Brol, 23(3): 217-219.

Wu Y H, Gao C, Tan B C. 2002. New checklist of bryophytes of Gansu Province, China. Arctoa, 11: 11-22.

Wu Y H, Gao C. 2003. *Nardia macroperiantha* (Jungermanniaceae, Hepaticae), a new species from Guizhou, China. Nova Hedwigia, 77(1-2): 195-198.

Xiong Y X. 2001a. A moss family Rhachitheciaceae new to Guizhou, China. Guihaia, 21(2): 103-105.

Xiong Y X. 2001b. Some additions to the moss flora of Guizhou province, China. Guizhou Science, 19(1): 37-41.

Yamada K, Choe D M. 1997. A checklist of Hepaticae and Anthocerotae in the Korean peninsula. J Hattori Bot Lab, 81: 281-306.

Yamada K, Iwatsuki Z. 2006. Catalog of the Hepatics of Japan. J Hattori Bot Lab, 99: 1-106.

Yamada K, Lai M J. 1979. Five *Bazzania* species new to Taiwan. Misc Bryol Lichenol, 8(5): 87.

Yamada K, Piippo S. 1989. Bryophyte Flora of the Huon Peninsula, Papua New Guinea. XXVII. Radula (Radulaceae, Hepaticae). Ann Bot Fenn, 26: 349-387.

Yamada K. 1979. A revision of Asian taxa of *Radula*, Hepaticae. J Hattori Bot Lab, 45: 201-322.

Yamada K. 1982. Some new records on *Radula* collections from China. Misc Bryol Lichenol, 9(6): 129-130.

Yamada K. 1984. *Radula campanigera* Mont. New to Taiwan. Yushania, 1(2): 45-46.

Yamaguchi T. 1993. A revision of the genus *Leucobryum* (Musci) in Asia. J Hattori Bot Lab, 73: 1-123.

Yang B Y, Lee W C. 1964. Bryophytic Flora of Chi-Tou. Bot Bull Acad Sinica, 5: 181-193.

Yang B Y. 1960. Studies on Taiwan Hepaticae, A preliminary List of the Hepaticae of Taiwan (1). Quart. J Taiwan Museum, 13: 231-235.

Yang B Y. 1963. Further Studies onTaiwan Hepaticae the Genus *Thysananthus*. Taiwania, 9: 23-31.

Yang C S, Lin S H. 1992. A taxonomic study of Fissidentaceae (Musci) from Taiwan. Yushania, 9: 23-87.

Yang C Y. 1936. An enumeration of moss flora in Chihli Province. Sci Rep Nat Tsing Hua Univ, B, Biol Sci, 2: 111-135.

Yang J D. 2009. Liverworts and Hornworts of Taiwan I. Lejeuneaceae. Taichung: Taiwan Endemic Species Research Institute: 1-62.

Yang J D. 2011. Liverworts and Hornworts of Taiwan II. Taichung: Taiwan Endemic Species Research Institute: 1-50.

Yang J D, Lin S H. 2008. Leptolejeunea picta Herz, a liverwort new to Taiwan. Taiwania, 55(3): 308-310.

Yano O. 1995. A new additional annotated Checklist of Brazilian bryophytes. J Hattori Bot Lab, 78: 137-182.

Yatsentyu S P, Nadezhda, Konstantinova N A, et al. 2004. On phylogeny of Lophoziaceae and related families (Hepaticae, Jungermanniales) based on trnL-trnF intron-spacer sequences of chloroplast DNA. Monogr. Syst Bot Bot Missouri Bot Gard, 98: 150-167.

Yip K L. 1999. Pleuridium japonicum newly reported from China. Cryptog Bryol, 20(4): 255-256.

Yuzawa Y, Koike N. 1994. A Frullania (Hepaticae) collection made By Dr. M. Higuchi in Nepal. J Hattori Bot Lab, 75: 193-199.

Zander R H, Weber W A. 1997. *Didymodon anserinocapitatus* (Musci, Pottiaceae) new to the New World. Bryologist, 100 (2): 237-238.

Zander R H. 1972. Revision of the genus*Leptodontium* (Musci) in the New world. Bryologist, 75: 213-280.

Zander R H. 2007. *Microbryum*. *In*: Flora of North America Editorial Committee. Flora of North America of Mexico 27. New York: Oxford University Press: 627-631.

Zanten B O. 2006. A synoptic review of the Racopilaceae (Bryophyta, Musci). I. Asian, Pacific and Australasian species of the Genus *Racopilum*. J Hattori Bot Lab, 100: 527-552.

Zhang J S, Zhao J C. 2000. New Datum of Bryoflora to Hebei Province, China. J Hbei Norm Univ, 24(2): 247-251.

Zhang L, Corlett R T, Chaul L. 1998a. Eccremidium Wils., a moss genus new to China from Hong Kong. J Bryol, 20: 518-521.

Zhang L, Hong P L. 2011. A new species of *Fissidens* with remarkable rhizoidal tubers and gemmae from Macao, China. J Bryol, 33(1): 50-53.

Zhang L, Lin P J, Chau L, et al. 1998b. Taxonomical studies on the Bryophytes from Hong Kong I. Fissidenstaceae. J Hattori Bot Lab, 84: 1-10.

Zhang L, Zhou L P, Li J Y. 2011. The genus *Hattorioceros* (Notothyladaceae) new to China. Bryologist, 114(1): 190-193.

Zhang L. 1993. Notes on Chinese Bryophytes I. Bryologist, 96: 248-249.

Zhang M X, Guo W. 1998. Lophoziaceae of Qinling (Chinling) Mts., NW China. Chenia, 5: 9-22.

Zhang M X, Li J Z. 2005. Notes on the Bryophytes in Alpine forest regions of Southern Gansu, China. Chenia, 8: 97-100.

Zhang M X. 2005. The taxonomic study of Lepidoziaceae in Shaanxi northwest China. Chenia, 8: 47-53.

Zhao D P, Bai X L, Wang L H, et al. 2009. *Microbryum* (Pottiaceae) in mainland China. Bryologist, 112(2): 337-341.

Zhao D P, Bai X L, Wang L H. 2011. Observation of spore morphology of some hepatic species (Marchantiophyta) in China. Arctoa, 20: 205-210.

Zhao D P, Bai X L, Zhao N. 2008. Genus *Pterygoneurum* (Pottiaceae, Musci) in China. Ann Bot Fenn, 45(2): 121-128.

Zhao J C, Li X Q, Han L F, et al. 2001. *Cratoneuron taihangense* (Musci: Amblystegiaceae), A new species from Hebei Province, China. J Hebei Norm Univ, 25(1): 104-105.

Zhou L P, Xing F W. 2010. Additions to the bryophyte flora of Guangdong, China. Guihaia, 30(6): 821-824.

Zhu R L, Gradstein S R. 2005. Monograph of the genus *Lopholejeunea* (Spruce) Schiffn. (Lejeuneaceae, Hepaticae) in Asia. Michigan: The American Society of Plant Taxonomists(Systematic Botany Monographs 74: 1-98).

Zhu R L, Gradstein S R. 2005. Monograph of Lopholejeunea (Lejeuneaceae, Hepaticae) in Asia. Syst Bot Monogr, 74: 1-98.

Zhu R L, Lai M J. 2003. Epiphyllous liverworts from several recent collections from Taiwan, Thailand, and Vietnam. Cryptog Bryol. 24(3): 265-270.

Zhu R L, Long D G. 2003. Lejeuneaceae (Hepaticae) from Several Recnt Collections from the Himalaya. J Hattori Bot Lab, 93: 101-115.

Zhu R L, So M L, Wang Y F. 2002. The genus *Cheilolejeunea* (Hepaticae, Lejeuneaceae) in China. Nova Hedwigia, 75(3-4): 387-408.

Zhu R L, So M L, Ye L X. 1998. A synopsis of the Hepaticae flora of Zhejiang, China. J Hattori Bot Lab, 84: 159-174.

Zhu R L, So M L. 1997a. *Frullania fengyangshanensis* (Hepaticae), a New species from China. Bryologist, 100(3): 356-358.

Zhu R L, So M L. 1997b. A new record of the genus *Otolejeunea* (Hepaticae, Lejeuneaceae) in subtropical China. Ann Bot Fenn, 34: 285-289.

Zhu R L, So M L. 2001. Epiphyllous liverworts of China. J. Cramer. 1-418. Berlin: J. Cramer(Nova Hedwigia Beiheft 121: 1-418).

Zhu R L, So M L. 2002. Liverworts and hornworts of Shangsi County of Guangxi (Kwangsi), with an updated checklist of the hepatic flora of guangxi Province of China. Cryptog Bryol, 24(4): 319-334.

Zhu R L, Wei Y M, He Q. 2011. Caudalejeunea tridentata, a remarkable new species of Lejeuneaceae (Marchantiophyta) from China. Bryologist, 114(3): 469-473.

Zhu R L, Zheng M, Nan Z, et al. 2005. The genus *Ceratolejeunea* (Lejeuneaceae, Hepaticae) in China. Cryptog Bryol, 26(1): 91-96.

Zhu R L. 1990. The bryoflora of Wuyanling Nature Preserve in Zhejiang Province, China. Acta Bryol Asiat, 2: 25-32.

Zhu Y Q, Buck W R, Wang Y F. 2010. A revision of *Entodon* (Entodontaceae) in East Asia. Bryologisy, 113(3): 516-589.

中文名索引

C

D

E

F

G

J

M

N

O

P

T

Y

拉丁名索引

B

C

E

G

H

I

J

K

L

M

N

O

P

R

S

T

U

X

Y

Z